“十三五”国家重点出版物出版规划项目
卓越工程能力培养与工程教育专业认证系列规划教材
（电气工程及其自动化、自动化专业）

信号、系统与控制

浙大宁波理工学院电气工程与自动化类专业理论课程教改组 编写

主 编 刘毅华 赵光宙

参 编 何小其 崔家林
马龙华 裘 君

机 械 工 业 出 版 社

根据教育部高等学校自动化类专业教学指导委员会关于“拟通过精简内容大幅度减少专业基础课课时”的教改部署，考虑信号与系统（包括控制系统）的有机联系和紧密相关性，以及“信号分析与处理”（或“信号与系统”）、“自动控制原理”和“现代控制理论”具有共同的数学基础，将上述三门课程的内容通过梳理整合，编写成为本书。本书主要内容包括数学基础、信号、系统、控制四部分。数学基础部分介绍时域、频域、复频域三个讨论域相互变换的数学问题，信号和系统以及它们的联系在信号、系统部分按时域、频域、复频域分别讨论，控制系统的特定分析方法及综合方法单独在控制部分介绍。

本书有别于传统同类教材，具有体系新颖、理论联系实际和较强的实用性等特点，本书可作为普通高校自动化类、电气类等专业的教材，也可作为相关技术人员的学习参考资料。

本书配有电子课件，欢迎选用本书作教材的教师登录 www.cmpedu.com 注册下载，或发邮件至 jinacmp@ 163.com 索取。

图书在版编目（CIP）数据

信号、系统与控制/浙大宁波理工学院电气工程与自动化类专业理论课程教改组编写；刘毅华，赵光宙主编．—北京：机械工业出版社，2021.5

“十三五”国家重点出版物出版规划项目　卓越工程能力培养与工程教育专业认证系列规划教材．电气工程及其自动化、自动化专业

ISBN 978-7-111-67556-3

Ⅰ.①信…　Ⅱ.①浙…②刘…③赵…　Ⅲ.①信号系统-高等学校-教材②自动控制理论-高等学校-教材　Ⅳ.①TN911.6②TP13

中国版本图书馆 CIP 数据核字（2021）第 029710 号

机械工业出版社（北京市百万庄大街 22 号　邮政编码 100037）
策划编辑：吉　玲　责任编辑：吉　玲　王　荣
责任校对：王明欣　责任印制：李　昂
北京捷迅佳彩印刷有限公司印刷
2021 年 10 月第 1 版第 1 次印刷
184mm×260mm · 30 印张 · 746 千字
标准书号：ISBN 978-7-111-67556-3
定价：89.00 元

电话服务	网络服务
客服电话：010-88361066	机　工　官　网：www.cmpbook.com
010-88379833	机　工　官　博：weibo.com/cmp1952
010-68326294	金　　书　　网：www.golden-book.com
封底无防伪标均为盗版	机工教育服务网：www.cmpedu.com

前　言

教育部高等学校自动化类专业教学指导委员会（以下简称自动化教指委）针对信息化、智能化背景下自动化专业教学内容陈旧、滞后，与自动化新技术、新设备、新系统发展不相适应的现状，主导实施了“自动化专业课程体系改革与建设”的教改项目，尝试建设一个新的自动化专业课程体系，通过去除过时内容，增加现代自动化原理、设备、系统等方式大幅度改革专业课程内容。

为了配合自动化教指委的教改部署，我们开展了“应用技术型本科自动化专业理论类课程群建设”课题的研究。我们认为，“信号分析与处理”（或“信号与系统”）、“自动控制原理”和“现代控制理论”三门课程是自动化专业偏理论的课程（我们称之为自动化专业理论类课程），在专业知识体系中占有重要地位，国内高校自动化专业对这几门课程基本上采用分别开课的方式，在教学过程中比较强调各门课程的理论性、系统性，较少考虑几门课程间的关联性和知识衔接，而且各课程讲授的内容陈旧、过多，偏重理论，有较多的数学推导，结合实际不够。通过调研，绝大部分应用技术型本科学生感觉这些课程比较难学，学了比较难用，存在不少内容在多门课程中重复等问题。

我们在对上述课程知识点进行梳理、整顿的基础上，根据知识结构的特点，考虑信号与系统（包括控制系统）的有机联系和紧密相关性，认为上述三门课程都分别在时域、频域、复频域讨论问题，具有共同的数学基础，将上述三门课程的内容通过整合编写一本《信号、系统与控制》是合适的。书中主要内容包括数学基础、信号、系统、控制四部分，数学基础介绍时域、频域、复频域三个讨论域相互变换的数学问题，一般的信号、系统分析问题在信号、系统部分按时域、频域、复频域分别讨论，然后讨论它们相结合的内容，控制系统的特定分析方法及综合方法单独在控制部分介绍。如此安排，使本书具有如下特点：

1）以自动化专业核心理论课程为基础构建了应用技术型自动化专业理论类课程群知识结构，尽量避免与学术型自动化专业同类教材雷同。

2）较好地理顺了信号、一般系统、控制系统之间的关系，强化了信号与系统的有机联系和紧密关联性，并强调了自动控制系统的普适性和特殊性。

3）去除陈旧、重复的内容，精简了篇幅，可以大幅度减少课时。

4）突出基本概念、原理、方法，淡化数学推导，通过贯穿全书的语音信号和双轴飞行器的具体实例，学生通过学习能更好地掌握自动化专业所必需的基本理论知识。

5）每章引入 MATLAB 及 Simulink 工具，便于学生随时应用刚学的知识分析问题，搭建合适的实践实验平台，培养综合实践能力，提高学习理论类课程的兴趣，能较好地提高应用理论知识解决实际问题的能力。

本书是自动化教指委教改项目“应用技术型本科自动化专业理论类课程群建设”课题

组的研究成果。本书大纲由赵光宙主导制定，赵光宙编写了第一、二章，崔家林编写了第三、四、八章，马龙华编写了第五~七章大部分内容，何小其编写了第九~十一章和第五章第三节、第七章第三节，刘毅华编写了第十二、十三章和第五章第二节的部分内容，裘君编写了各章的 MATLAB 和 Simulink 内容。在本书编写过程中，参阅了国内外一些学者的有关教材和著作，在此一并致以谢意。

由于编者水平有限，加上多人分工编写，本书在内容安排和衔接、知识阐述、书写表述等方面难免存在不足甚至错误之处，敬请同行教师和广大读者批评指正。

编　者

目　录

第一章

绪 论

第一节 信 号

一、信号的概念

什么是信号？“信号”一词在人们的日常生活和社会活动中并不陌生，时钟报时声、汽车喇叭声、交通红绿灯、战场信号弹等，都是人们熟悉的信号。但是，要给信号下一个确切的定义，还必须先搞清它和信息、消息之间的联系。为此，先举一个人们通电话的例子。甲通过电话告诉了乙一个消息，如果这是一件乙事先不知道的事情，可以说乙从中得到了信息，而电话传输线上传送的是包含有甲语言的电物理量。这里，语言是甲传递给乙的消息，该消息中蕴含有一定量的信息，电话传输线上变化的电物理量是运载消息、传送信息的信号。

可见，信息是指人类社会和自然界中需要传送、交换、存储和提取的内容。首先，信息具有客观性，它存在于一切事物之中，事物的一切变化和运动都伴随着信息的发生、交换和传送。同时，信息具有抽象性，只有通过一定的形式才能把它表现出来。

人们把能够表示信息的语言、文字、图像、数据等称为消息。可见，信息是消息所包含的内容，而且是预先不知道的内容。人们所说的“这个讲座信息量大”或“那张报纸没有多少信息”就体现了消息和信息之间的关系。

一般情况下，消息不便于传送和交换，往往需要借助于某种便于传送和交换的物理量作为运载手段，人们把声、光、电等用来运载消息的物理量称为信号，它们通常是时间或空间的函数，所携带的消息则体现在它们的变化之中。在作为信号的众多物理量中，电信号是应用最广泛的物理量，因为它容易产生、传输和控制，也容易实现与其他物理量的相互转换。

信号是信息的载体，为了有效地获取信息以及利用信息，必须对信号进行分析与处理。可以说，信号中信息的利用程度在一定意义上取决于信号的分析与处理技术。

信号分析最直接的意义在于通过解析法或测试法找出不同信号的特征，从而了解其特性，掌握它的变化规律。简言之，就是从客观上认识信号。通常，人们通过信号分析，将一个复杂信号分解成若干个简单信号分量之和，或者用有限的一组参量去表示一个复杂的信号，从这些分量的组成情况或这组有限的参量去考察信号的特性；另一方面，信号分析是获取信号源特征信息的重要手段，人们往往可以通过对信号特征的详细了解，得到信号源的特性、运行状况等信息，这正是故障诊断的基础。

信号处理是指通过对信号的加工和变换，把一个信号变换成另一个信号的过程。例如为了有效地利用信号中所包含的有用信息，采用一定的手段剔除原始信号中混杂的噪声，削弱多余的内容，这个过程就是最基本的信号处理过程。因此，也可以把信号处理理解为为了特定的目的，通过一定的手段去改造信号。

信号的分析和处理是互相关联的两个方面，前者主要指认识信号，后者主要指改造信号。它们的偏重面不同，采取的手段也不同。但是，它们又是密不可分的，只有通过信号的分析，充分了解信号的特性，才能更有效地对它进行处理和加工，可见信号分析是信号处理的基础。另一方面，通过对信号的一定加工和变换，可以突出信号的特征，便于更有效地认识信号的特性。从这一意义上说，信号处理又可认为是信号分析的手段。认识信号、改造信号的共同目的都是为了获取并有效利用信号中所包含的信息。

信息时代的到来使信息科学技术渗透到社会活动、生产活动甚至日常生活的各个方面。作为信息科学技术的基础——信号分析与处理的原理及技术已经广泛地应用于通信、自动化、航空航天、生物医学、遥感遥测、语言处理、图像处理、故障诊断、振动学、地震学、气象学等各个科学技术领域，成为各门学科发展的技术基础和有力工具。

按对信号分析和处理方法的不同，有模拟信号处理系统和数字信号处理系统两大类。

模拟信号处理系统输入模拟信号，通过模拟元件（*RLC* 等）和模拟电路构成的模拟系统的加工处理，输出的仍然是模拟信号，其基本形式如图 1-1 所示。人们常用的模拟滤波器是模拟信号处理系统最典型的例子。

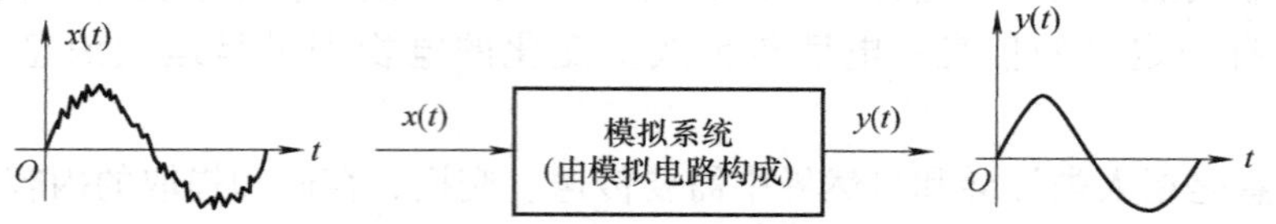

图 1-1　模拟信号处理系统框图

数字信号处理是 20 世纪 60 年代以后发展起来的技术，它依赖于大规模集成电路和数字处理算法的发展，其核心是用数字计算机（或专用数字装置）的运算功能代替模拟电路处理功能，达到信号加工、变换的目的。图 1-2 表示了数字信号处理系统的基本结构，系统首先通过模/数（A/D）转换把原始模拟信号转换成数字信号，当然，如果原始信号是离散时间信号，只要经过量化过程就能成为数字信号。数字系统是通用数字计算机或者专用数字硬件构成的系统，它按预先给定的程序对数字信号进行运算处理，处理结果是数字形式的。在一些情况下，这些数字结果就能满足处理的要求，直接可用。在另一些情况下，为了得到模拟信号输出，将数字信号经过数/模（D/A）转换即可。

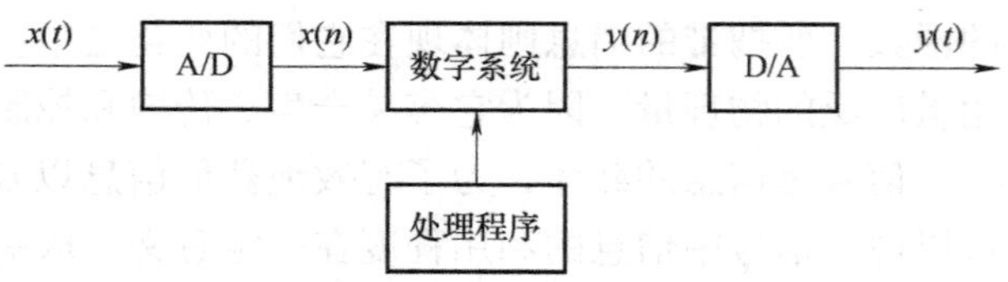

图 1-2　数字信号处理系统框图

数字信号处理系统以数学运算的形式对信号实现分析和处理，摒弃了传统的模拟电路处理信号的形式，因而具有处理功能强、精度高、灵活性大、稳定性好等优点，并且随着大规模集成电路技术的不断发展，处理的实时性不断得到提高。可以说，数字信号处理是信号处理的发展趋势，特别是一些复杂的信号处理任务更是如此。

微电子技术和计算机硬件技术的发展为数字信号处理提供了必要的物质基础。但是，由于数字信号处理的核心是处理算法，因此，我们不能不提到库利（J. W. Cooley）和图基（J. W. Tukey）在 1965 年发明的一种快速傅里叶变换（FFT）算法，它的出现使数字信号处理的速度提高了几个数量级，真正开创了数字信号处理的新时代。随后，在大规模集成电路技术以及处理算法的进一步发展和推动下，数字信号处理得到了迅猛发展和广泛应用，各种专用器件和设备不断涌现，特别是 20 世纪 80 年代推出了高速数字信号处理（DSP）芯片，极大地提高了信号处理能力，并使设计开发工作简单易行，是数字信号处理技术发展的又一个里程碑。

二、信号的分类

信号作为时间或空间的函数可以用数学解析式子表达，也可以用图形表示。我们观测到的信号一般是一个或一个以上独立变量的实值函数，具体地说，是时间或空间坐标的纯量函数。例如由语音转换得到的电信号，信号发生器产生的正弦波、方波等信号都是时间 t 的函数 $x(t)$；一幅静止的黑白平面图像，由位于平面上不同位置的灰度像点组成，是两个独立变量的函数 $I(x, y)$；而黑白电视图像，像点的灰度还随时间 t 变化，是 3 个独立变量的函数 $I(x, y, t)$；……。具有一个独立变量的信号函数称为一维信号，同样，有二维信号、三维信号等多维信号。本书主要以一维信号 $x(t)$ 为对象，其中独立变量 t 根据具体情况，可以是时间，也可以是其他物理量。

根据信号所具有的时间函数特性，可以分为确定性信号与随机信号、连续信号与离散信号、周期信号与非周期信号、能量信号与功率信号，现分述如下。

1. 确定性信号与随机信号

按确定性规律变化的信号称为确定性信号。确定性信号可以用数学解析式或确定性曲线准确地描述，在相同的条件下能够重现，因此，只要掌握了变化规律，就能准确地预测它的未来。例如正弦信号，它可以用正弦函数描述，对给定的任一时刻都对应有确定的函数值，包括未来时刻。

不遵循确定性规律变化的信号称为随机信号。随机信号不能用精确的时间函数描述，无法准确地预测其未来值，在相同的条件下，它也不能准确地重现。马路上的噪声、电网电压的波动量、生物电信号、地震波等都是随机信号。

2. 连续信号与离散信号

按自变量 t 的取值特点可以把信号分为连续信号和离散信号。连续信号如图 1-3a 所示，它的描述函数的定义域是连续的，即对于任意时间值其描述函数都有定义，所以也称为连续时间信号，用 $x(t)$ 表示。离散信号如图 1-3b 所示，它的描述函数的定义域是某些离散点的集合，也即其描述函数仅在规定的离散时刻才有定义，所以也称为离散时间信号，用 $x(t_n)$ 表示，其中 t_n 为特定时刻。图 1-3b 表示的是离散点在时间轴上均匀分布的情况，但也可以不均匀分布。均匀分布的离散信号可以表示为 $x(nT_s)$ 或 $x(n)$，也称为时间序列。

离散信号可以是连续信号的抽样信号，但不一定都是从连续信号采样得到的，有些信号确实只是在特定的离散时刻才有意义，例如人口的年平均出生率、纽约股票市场每天的道琼斯指数等。

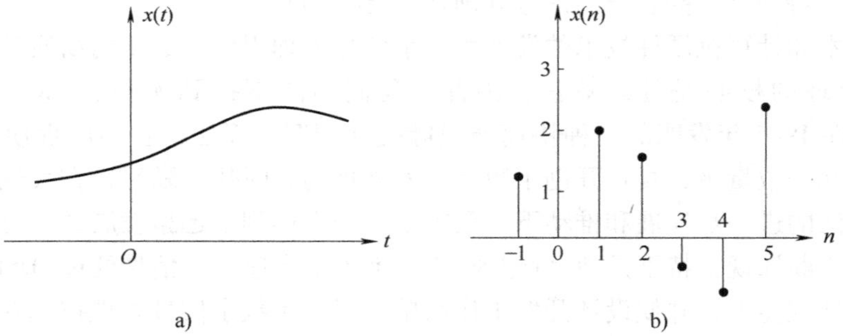

图 1-3 连续信号与离散信号

a）连续信号 b）离散信号

顺便指出，连续信号只强调时间坐标上的连续，并不强调函数幅度取值的连续，因此，一个时间坐标连续、幅度经过量化(幅度经过近似处理只取有限个离散值)的信号仍然是连续信号，对应地，把那些时间和幅度均为连续取值的信号称为模拟信号。显然，模拟信号是连续信号，而连续信号不一定是模拟信号。同理，时间和幅度均为离散取值的信号称为数字信号，数字信号是离散信号，而离散信号不一定是数字信号。

3. 周期信号与非周期信号

周期信号是依时间周而复始的信号。

对于连续信号，若存在 $T_0>0$，使

$$x(t)=x(t+nT_0) \qquad n\text{ 为整数} \tag{1-1}$$

对于离散信号，若存在整数 $N>0$，使

$$x(n)=x(n+kN) \qquad k\text{ 为整数} \tag{1-2}$$

则称 $x(t)$、$x(n)$为周期信号，T_0 和 N 分别为 $x(t)$ 和 $x(n)$ 的周期。显然，知道了周期信号在一个周期内的变化过程，就可以确定整个定义域的信号取值。

不具有周期性质的信号就是非周期信号，它们一定不满足式(1-1)或式(1-2)。

4. 能量信号与功率信号

如果从能量的观点来研究信号，可以把信号 $x(t)$看作是流过单位电阻的电流，则在时间$-T<t<T$ 内单位电阻所消耗的信号能量为 $\int_{-T}^{T}|x(t)|^2\mathrm{d}t$，其平均功率为 $\frac{1}{2T}\int_{-T}^{T}|x(t)|^2\mathrm{d}t$。

信号的能量定义为在时间区间$(-\infty,\infty)$内单位电阻所消耗的信号能量，即

$$E=\lim_{T\to\infty}\int_{-T}^{T}|x(t)|^2\mathrm{d}t \tag{1-3}$$

而信号的功率定义为在时间区间$(-\infty,\infty)$内信号 $x(t)$的平均功率，即

$$P=\lim_{T\to\infty}\frac{1}{2T}\int_{-T}^{T}|x(t)|^2\mathrm{d}t \tag{1-4}$$

若一个信号的能量 E 有界，则称其为能量有限信号，简称能量信号。根据式(1-4)，能量信号的平均功率为 0。仅在有限时间区间内幅度不为 0 的信号是能量信号，如单个矩形脉

冲信号等。客观存在的信号大多是持续时间有限的能量信号。

另一种情况，若一个信号的能量 E 无限，而平均功率 P 为不等于 0 的有限值，则称其为功率有限信号，简称功率信号。幅度有限的周期信号、随机信号等属于功率信号。

一个信号可以既不是能量信号，也不是功率信号，但不可能既是能量信号又是功率信号。

对于离散信号可以得出类似的定义和结论。

例 1-1　判断下列信号哪些属于能量信号，哪些属于功率信号。

$$x_1(t)=\begin{cases}A & 0<t<1\\ 0 & \text{其他}\end{cases}$$

$$x_2(t)=A\cos(\omega_0 t+\theta)\quad -\infty<t<\infty$$

$$x_3(t)=\begin{cases}t^{-\frac{1}{4}} & t\geqslant 1\\ 0 & \text{其他}\end{cases}$$

解　根据式(1-3)及式(1-4)，上述 3 个信号的 E、P 可分别计算如下：

$$E_1=\lim_{T\to\infty}\int_0^1 A^2\mathrm{d}t=A^2\qquad P_1=0$$

$$E_2=\lim_{T\to\infty}\int_{-T}^{T} A^2\cos^2(\omega_0 t+\theta)\mathrm{d}t=\infty\qquad P_2=\lim_{T\to\infty}\frac{A^2}{2T}\int_{-T}^{T}\cos^2(\omega_0 t+\theta)\mathrm{d}t=\frac{A^2}{2}$$

$$E_3=\lim_{T\to\infty}\int_1^T t^{-\frac{1}{2}}\mathrm{d}t=\infty\qquad P_3=\lim_{T\to\infty}\frac{1}{2T}\int_1^T t^{-\frac{1}{2}}\mathrm{d}t=0$$

因此，$x_1(t)$ 为能量信号；$x_2(t)$ 为功率信号；$x_3(t)$ 既非能量信号又非功率信号。

第二节　系　　统

如本章第一节所述，信号处理是对信号实现有目的的加工，将一个信号变为另一个信号的过程。信号处理的任务由具有一定功能的器件、装置、设备及其组合完成。例如放大器将微弱信号变成所需强度的可用信号，滤波器按一定要求尽可能多地剔除混在有用信号中的无用信号，更复杂一点，自动控制系统通过控制器的作用将输入信号变为满足实际要求的输出信号等等。人们把为了达到一定目的而对信号进行处理的器件、装置、设备及其组合称为系统。从这一意义出发，在信息学科领域，系统可以理解为是对信号进行加工、处理的工具。上述的放大器、滤波器、自动控制系统等都是系统。

一、系统的描述

系统是一个极具广泛性的概念，除了通信、自动化、机械等工程领域的系统外，还可以包括经济、管理、社会等系统，甚至各种生理、生态系统，凡是具有信息加工和交换的场所都是系统存在的地方。系统可以小到一个电阻或一个细胞，甚至基本粒子，也可以复杂到诸如人体、全球通信网，乃至整个宇宙。它们可以是自然的，也可以是人造的，但是，众多领域各不相同的系统都对施加于它的信号做出响应，产生出另外的信号。人们把施加于系统的信号称为系统的输入信号，由此产生出来的响应信号称为系统的输出信号。有时将系统的输入及其对应的响应表示为 $x(t)\to y(t)$，如图 1-4 所示。

系统物理形态的多样性要求人们在研究它时最好抛开其物理属性，用一种称为系统模型的对象来研究它。通常，用描述系统中各个变量之间关系的数学式子作为系统模型，所以也称数学模型，系统模型是对系统进行抽象化的结果。

图 1-4　系统框图

在用数学模型表示系统时，把系统所处的状态分为运动状态（动态）和静止状态（静态），所谓运动状态是指系统中的变量尚处于变化过程的状态，而静止状态是指系统中的变量已达到某一定值并不再变化的状态，即系统的各项活动处在平衡状态，使各变量表现为不变化了。

各种系统的动态和静态都要满足一定的规律，这些规律用系统中各个变量之间的相关关系表示出来，这就是用一个数学式子表示的系统数学模型。描述系统运动状态的数学式子是系统的动态模型，它通常是包含微分、积分的方程式；描述系统静止状态的数学式子是系统的静态模型，通常是一个代数方程。一般，人们较关注的是系统的动态，所以描述系统动态的动态模型是系统研究的主要对象。

系统的数学模型通常可以分为两大类：一类是只反映系统输入和输出之间的关系，或者说只反映系统的外特性，称为输入输出模型，通常由包含输入量和输出量的方程描述；另一类不仅反映系统的外特性，而且更着重描述系统的内部状态，称之为状态空间模型，通常由状态方程和输出方程描述。对于仅有一个输入信号并产生一个输出信号的简单系统，通常采用输入输出模型，而对于多变量系统或者诸如具有非线性关系等的复杂系统，往往采用状态空间模型。

在研究系统时，根据其数学模型描述的差异，可以有连续时间系统和离散时间系统之分。如果系统的输入、输出信号，甚至中间变量都是连续时间信号，则它就是连续时间系统；与之相对应，如果系统的输入、输出信号，或者中间变量中有离散时间信号，则称这种系统为离散时间系统。连续时间系统通常用微分方程或连续时间状态方程描述，而离散时间系统通常用差分方程或离散时间状态方程描述。此外，还有单输入单输出系统和多输入多输出系统之分，如果系统只有一个输入信号，也只有一个输出信号，则为单输入单输出系统；反之，如果一个系统有多个输入信号和（或）多个输出信号，就称为多输入多输出系统。

此外，还可以有总集参数系统与分布参数系统等之分。

二、系统的性质

下面介绍系统的主要属性，这些性质具有重要的物理意义，据此可以得到系统在属性上相应的分类。

1. 记忆性：无记忆系统和记忆系统

对于任意输入信号，如果每一时刻系统的输出信号值仅仅取决于该时刻的输入信号值，而与别的时刻值无关，则称该系统具有无记忆性，否则，该系统为有记忆的。无记忆的系统称为无记忆系统或瞬时系统，有记忆的系统称为记忆系统或动态系统。

一个电阻器是一个最简单的无记忆系统，因为电阻器两端某时刻的电压值 $y(t)$ 完全由该时刻流过电阻值为 R 的电流值 $x(t)$ 决定，即 $y(t)=Rx(t)$。同理，数乘器、加法器、相乘器等都是无记忆系统，无记忆系统通常由代数方程描述。可见，无记忆系统与前面所述的静态模型描述的系统是一致的。

含有储能元件的系统是一种记忆系统，这种系统即使在输入信号去掉后（等于0），仍能产生输出信号，因为它所含的储能元件记忆着输入信号曾经产生的影响。例如一个电容器 C 是一个动态系统，它两端的电压 $y(t)$ 与流过它的电流 $x(t)$ 具有关系式

$$y(t)=\frac{1}{C}\int_{-\infty}^{t}x(\tau)\mathrm{d}\tau$$

系统在 t 时刻的输出是 t 时刻以前输入的积累。记忆系统通常可用微分方程或差分方程描述。此外，延迟单元 $y(t)=x(t-t_0)$ 是连续时间记忆系统，因为系统在 t 时刻的输出总是由该时刻以前的 $t-t_0$ 时刻的输入决定，说明该系统具有记忆以前输入的能力，同理，$y(n)=y(n-1)$ 是离散时间记忆系统。可见，记忆系统与前面所述的动态模型描述的系统是一致的。

2. 因果性：因果系统和非因果系统

对于任意的输入信号，如果系统在任何时刻的输出值，只取决于该时刻和该时刻以前的输入值，而与将来时刻的输入值无关，就称该系统具有因果性；否则，如果某个时刻的输出值还与将来时刻的输入值有关，则为非因果的。具有因果性的系统为因果系统，具有非因果性的系统为非因果系统。

数学上，若把 t_0 或 n_0 看作现在时刻，则 $t<t_0$ 或 $n<n_0$ 的时刻就是以前时刻，而 $t>t_0$ 或 $n>n_0$ 的时刻为将来时刻，因果系统可表示为

$$y(t)=f\{x(t-\tau),\ \tau\geqslant 0\} \tag{1-5}$$

或

$$y(n)=f\{x(n-k),\ k\geqslant 0\} \tag{1-6}$$

按定义，$y(t)=\int_{-\infty}^{t}x(\tau)\mathrm{d}\tau$ 和 $y(n)=\sum_{k=-\infty}^{n}x(k)$ 表示的系统是因果系统。$y(t)=x(t+1)$ 表示的系统是非因果系统，因为系统的输出显然与将来时刻的输入有关，例如 $y(0)$ 取决于 $x(1)$。$y(t)=x(-t)$ 表示的系统是非因果系统，当 $t=-1$ 时，$y(-1)$ 取决于 $x(1)$，与将来时刻的输入有关。$y(n)=x(n)-x(n+1)$ 也表示了一个非因果系统，因为 $y(0)$ 不仅与 $x(0)$ 有关，还与将来时刻的输入 $x(1)$ 有关。

因果系统的输出只能反映从过去到现在的输入作用的结果，体现了“原因在前，结果在后”的原则，它不能预见将来输入的影响，具有不可预见性。现实世界中，就真实时间系统而言，只存在因果系统。但是非因果系统在非真实时间系统（例如自变量是空间变量的情况）和在具有处理延时（输出信号有一定的附加延时）的系统中仍然具有实际意义。

通常，瞬时系统必定是因果系统，而动态系统有些是因果的，如积分器、累加器，另一些是非因果的，例如离散平滑器 $y(n)=\frac{1}{2N+1}\sum_{K=-N}^{\infty}x(n-K)$ 是非因果系统。

3. 可逆性：可逆系统和不可逆系统

如果一个系统对不同的输入信号产生不同的输出信号，即系统的输入、输出信号成一一对应的关系，则称该系统是可逆的，或称为可逆系统，否则就是不可逆系统。

一个系统与另一个系统级联后构成一个恒等系统，则该系统是可逆的，与它级联的系统称为该系统的逆系统，如图 1-5 所示。一个系统，如果能找到它的逆系统，则该系统一定是可逆的。

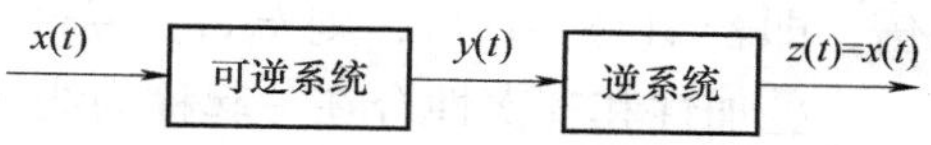

图 1-5 系统与逆系统级联

因此，下列系统是可逆的：

1) $y(t)=2x(t)$，因为它有逆系统 $z(t)=0.5y(t)$。

2）$y(t)=x(t-t_0)$，因为它有逆系统 $z(t)=y(t+t_0)$。

3）$y(n)=\sum_{k=-\infty}^{n}x(k)$，因为它有逆系统 $z(n)=y(n)-y(n-1)$。

下列系统是不可逆系统：

1）$y(t)=0$，因为系统对任何输入信号产生同样的输出。

2）$y(t)=\cos[x(t)]$，因为系统对输入 $x(t)+2k\pi(k=0, \pm1, \cdots)$ 都有相同的输出。

3）$y(n)=x^2(n)$，因为系统对 $x(n)$ 和 $-x(n)$ 这两个不同的输入信号产生相同的输出。

4）$y(n)=x(n)x(n-1)$，因为系统的输入信号为 $x(n)=\delta(n)$ 和 $x(n)=\delta(n+1)$ 时，有相同的输出信号 $y(n)=0$。

在实际应用中，可逆性和可逆系统有着十分重要的意义。首先，对于许多信号处理问题，最后都希望能从被处理或变换后的信号中恢复出原信号，最典型的例子是通信系统中发送端的编码器、调制器等都应该是可逆的，以便在接收端用相应的解码器、解调器等逆系统实现发送端的原信号。其次，逆系统在系统的自动控制中也有重要的应用。

4. 时不变性：时变系统和定常系统

对于一个系统，如果其输入信号在时间上有一个任意的平移，导致输出信号仅在时间上产生一个相同的平移，则该系统具有时不变性，或称系统为时不变系统（通常称为定常系统），否则就是时变系统。即对于定常系统，若 $x(t)\to y(t)$，有 $x(t-t_0)\to y(t-t_0)$。

定常系统的物理含义很清楚，即系统的特性是确定的，不随时间的变化而变化，某一时刻对系统施加一个输入信号，系统会产生一个输出响应信号，当其他另外时刻施加相同的输入信号时它都会产生与前相同的响应信号。系统的时不变性给人们带来方便，是大家希望的系统性质，它以构成系统的所有的元部件的参数不随时间变化为基础。

检验一个系统的时不变性，可从定义出发，对于 $x_1(t)$，有 $y_1(t)$，令 $x_2(t)=x_1(t-t_0)$，检验 $y_2(t)$ 是否等于 $y_1(t-t_0)$，若是，则系统是时不变的，否则，系统就是时变的。

1）$y(t)=\cos[x(t)]$ 是时不变的，因为 $y_1(t)=\cos[x_1(t)]$，$y_1(t-t_0)=\cos[x_1(t-t_0)]$，对于 $x_2(t)=x_1(t-t_0)$，有 $y_2(t)=\cos[x_2(t)]=\cos[x_1(t-t_0)]=y_1(t-t_0)$。

2）反转系统 $y(t)=x(-t)$ 是时变的，因为 $y_1(t)=x_1(-t)$，$y_1(t-t_0)=x_1(-t+t_0)$，对于 $x_2(t)=x_1(t-t_0)$，有 $y_2(t)=x_2(-t)=x_1(-t-t_0)\neq y_1(t-t_0)$。

3）调制系统 $y(t)=x(t)\cos\omega t$ 也是时变系统，因为 $y_1(t)=x_1(t)\cos\omega t$，$y_1(t-t_0)=x_1(t-t_0)\cos\omega(t-t_0)$，对于 $x_2(t)=x_1(t-t_0)$，有 $y_2(t)=x_2(t)\cos\omega t=x_1(t-t_0)\cos\omega t\neq y_1(t-t_0)$。

5. 线性：线性系统、增量线性系统和非线性系统

同时满足叠加性和齐次性的系统称为线性系统，否则为非线性系统。

所谓叠加性是指几个输入信号同时作用于系统时，系统的响应等于每个输入信号单独作用所产生的响应之和，即若 $x_1(t)\to y_1(t)$，$x_2(t)\to y_2(t)$，则

$$x_1(t)+x_2(t)\to y_1(t)+y_2(t)$$

齐次性是指当输入信号为原输入信号的 k 倍时，系统的输出响应也为原输出响应的 k 倍，即若 $x(t)\to y(t)$，则 $kx(t)\to ky(t)$。

叠加性和齐次性合在一起称为线性条件。综合上面的条件，一个线性系统应满足

$$ax_1(t)+bx_2(t)\to ay_1(t)+by_2(t) \tag{1-7}$$

由线性系统的齐次性，可以直接得出线性系统的另一个重要性质，即零输入信号必然产

生零输出信号。因此，不具备这一性质的系统必定不是线性系统，但是反过来则不成立，零输入信号产生零输出信号的系统不一定是线性系统，还要看它是否满足叠加性。

例 1-2 判断系统 $y(t)=tx(t)$ 是否为线性系统。

解

$$x_1(t)\to y_1(t)=tx_1(t)$$
$$x_2(t)\to y_2(t)=tx_2(t)$$

令 $$x_3(t)=ax_1(t)+bx_2(t) \quad a，b \text{ 为任意常数}$$

有 $$y_3(t)=tx_3(t)=t[ax_1(t)+bx_2(t)]=atx_1(t)+btx_2(t)=ay_1(t)+by_2(t)$$

所以系统是线性系统。

例 1-3 判断系统 $y(t)=x(t)x(t-1)$ 是否为线性系统。

解

$$x_1(t)\to y_1(t)=x_1(t)x_1(t-1)$$
$$x_2(t)\to y_2(t)=x_2(t)x_2(t-1)$$

令 $$x_3(t)=ax_1(t)+bx_2(t) \quad a，b \text{ 为任意常数}$$

有

$$\begin{aligned} y_3(t)&=x_3(t)x_3(t-1)=[ax_1(t)+bx_2(t)][ax_1(t-1)+bx_2(t-1)]\\ &=a^2x_1(t)x_1(t-1)+b^2x_2(t)x_2(t-1)+abx_1(t)x_2(t-1)+abx_1(t-1)x_2(t)\\ &=a^2y_1(t)+b^2y_2(t)+ab[x_1(t)x_2(t-1)+x_1(t-1)x_2(t)]\\ &\neq ay_1(t)+by_2(t) \end{aligned}$$

所以系统是非线性系统。

从上面例子中可以看到，线性系统由线性方程描述，而非线性方程描述的是非线性系统，下面再看一个线性方程描述的系统。

例 1-4 判断系统 $y(t)=2x(t)+3$ 是否为线性系统。

解

$$x_1(t)\to y_1(t)=2x_1(t)+3$$
$$x_2(t)\to y_2(t)=2x_2(t)+3$$

令 $$x_3(t)=ax_1(t)+bx_2(t) \quad a，b \text{ 为任意常数}$$

有 $$y_3(t)=2x_3(t)+3=2[ax_1(t)+bx_2(t)]+3=2ax_1(t)+2bx_2(t)+3$$

显然与 $ay_1(t)+by_2(t)=2ax_1(t)+3a+2bx_2(t)+3b$ 不相等，所以系统是非线性系统。

这一例子说明由线性方程表示的系统并不一定就是线性系统。进一步分析可知，该系统既不满足叠加性，也不满足齐次性，究其原因在于输出中的常数项始终与输入信号没有关系。如果考虑系统输出的差和输入的差之间的关系，即

$$x_1(t)\to y_1(t)=2x_1(t)+3$$
$$x_2(t)\to y_2(t)=2x_2(t)+3$$

令 $$\Delta x(t)=x_2(t)-x_1(t)$$

可得 $$\Delta y(t)=y_2(t)-y_1(t)=[2x_2(t)+3]-[2x_1(t)+3]=2[x_2(t)-x_1(t)]=2\Delta x(t)$$

容易看出，这是一个既满足叠加性，又满足齐次性的表达式，它表示了这个系统输出的增量与输入增量之间呈线性关系，把这一类系统称为增量线性系统。实际上一个增量线性系统可以表示成如图 1-6 所示的结构形式，即它的输出由两部分组成：一部分是一个线性系统对输入信号的响应 $z(t)$，另一部分是与系统输入无关的信号 $y_0(t)$。可见一个增量线性系统的特征可以借助线性系统的分析方法

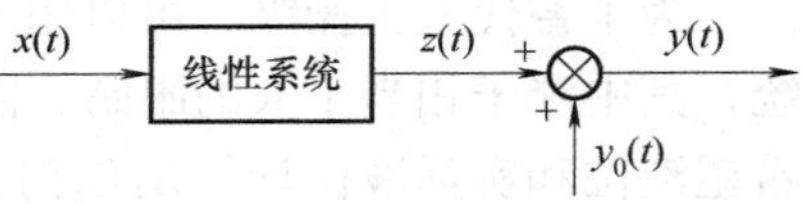

图 1-6 增量线性系统的结构

来研究。

6. 稳定性：稳定系统和不稳定系统

稳定性是系统的一个十分重要的特性，一个稳定的系统才是有意义的，不稳定的系统难以被实际应用。可以从多个方面给系统的稳定性下定义，一个直观、简单的定义是：如果一个系统对其有界的输入信号的响应也是有界的，则该系统具有稳定性，或称该系统是稳定系统；否则，如果对有界输入产生的输出不是有界的，则系统是不稳定的。

由于稳定性对于一个系统具有重要意义，因此在系统分析中把它放在非常重要的地位，并给出一系列稳定性判据，在系统设计中也把它作为一项基本原则。在信号处理中，作为信号处理的工具，系统的稳定性要求也是显然的。

7. 线性定常系统

同时满足线性和时不变性的系统称为线性定常系统，通常用线性常系数微分方程或差分方程描述它们。由于这类系统具有良好的特性，因此已有一整套完整、严密且十分有效的方法对它进行分析和综合。

第三节　控 制 系 统

所谓控制是指对某个对象(通常称为被控对象)的掌握，使其按控制主体的意愿进行活动。在工程中，控制通过控制系统来实现，而且往往是自动(在没有人参与或尽量少人参与)实现的，所以通常称这种控制系统为自动控制系统。自动控制系统是工程技术领域的人造系统，通常由控制部分和控制对象组成。

一、自动控制的基本原理

看一个简单的水箱液位控制的例子，图 1-7 表示了它的基本原理。如果用人去控制水箱的液位，一定是这样的一个过程：操作者一边用眼睛观察水箱的实际液位，并用大脑判断实际液位是否高于(或低于)所希望的值，一边用手去关小(或开大)进水的控制阀，并通过重复上述操纵过程，力图保持水箱液位处在所希望的值。为了表示方便起见，人们可以用如图 1-8 所示的框图把人工操作液位控制的原理表示出来。

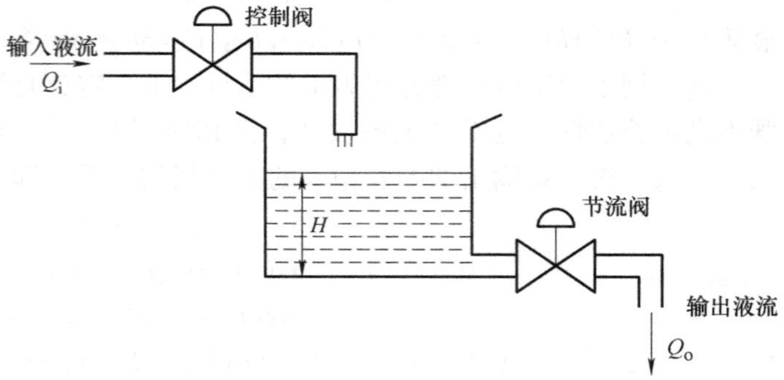

图 1-7　液位控制系统原理图

为了替代人工操纵，可以用一些自动化部件构成如图 1-9 所表示的水箱液位自动控制系统，其中浮子相当于人的眼睛，随时观察水箱中的实际液位，控制器相当于人的大脑，根据希望液位和实际液位计算出如何操作控制阀，电动阀门替代了人的手和原来手工操作的阀门。同样，可以用图 1-10 所示框图来表示这一液位自动控制系统的原理。

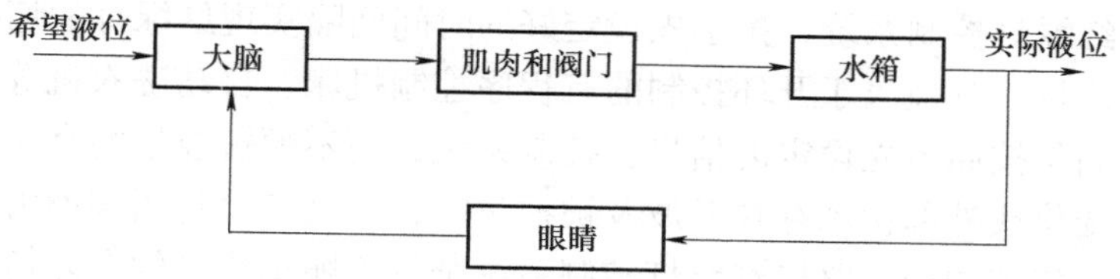

图 1-8　人工操作液位控制系统原理图

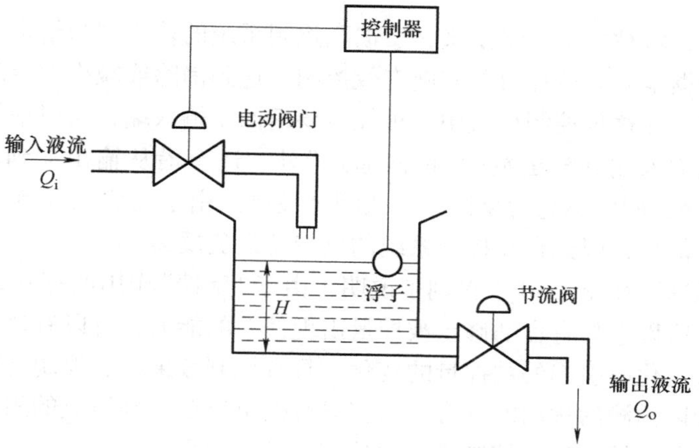

图 1-9　水箱液位自动控制系统

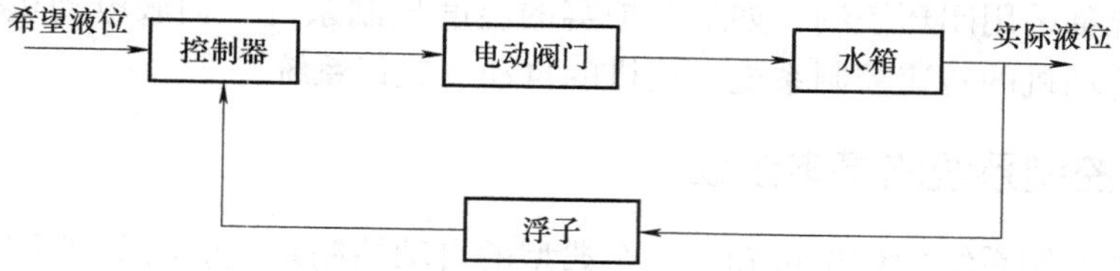

图 1-10　液位自动控制系统原理图

二、自动控制的基本形式

自动控制可分为开环控制和闭环控制两种基本形式，它们是按信号的传递路径来区分的。

1. 开环控制

开环控制是指被控量不反馈至输入端，信号由输入端至输出端单方向传递的控制，其控制系统的框图如图 1-11 所示。开环控制的特点是结构简单、成本低廉。

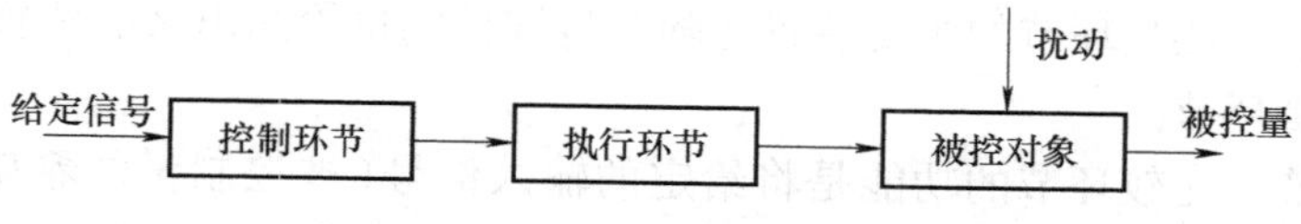

图 1-11　开环控制系统框图

开环控制适用于系统结构参数稳定，外部干扰弱以及系统工作过程明确的场合。例如，传统的交通路口红绿灯控制系统，按事先设定好的时间间隔实现红绿灯的切换，来控制路口各个方向的车辆流量。其他属于开环控制的有程序控制机床、自动洗衣机等。

由于开环控制是按照事先设定的信号去控制系统，而不顾被控量的真实情况，因此它在系统的特征参数变化或外部扰动存在并波及被控量时，不具备自身纠偏能力，控制精度难以得到保证。例如，传统的交通路口红绿灯控制系统全然不顾车流量的实际情况，可能造成某些方向车辆堵塞而某些方向无车的状况。

2. 闭环控制

前面已经提到，将被控量测量出来，反馈至控制系统的输入端与给定信号进行比较得出偏差信号，然后根据偏差对被控对象实施有效控制，达到消除或减少偏差的目的，这是自动控制最基本的形式。在这种控制形式中，被控量要返回至输入端，所以信号的流程除了与开环控制一样有沿从输入端到输出端的“前向通道”外，还有沿从输出端到输入端的“反馈通道”，形成闭合环路，所以称它为反馈控制或闭环控制。由于在比较环节中反馈信号与给定信号相减产生偏差信号，因此自动控制系统的反馈总是负反馈。

闭环控制的原理已在图 1-10 中得到了说明，由于“反馈”作用的存在以及以消除或减少偏差为控制目的，所以它具有自动修正被控量出现偏差的能力，可以有效地抑制外界扰动或系统内部结构参数变化所引起的被控量的变化，具有控制效果好、控制精度高等特点，特别适用于存在事先难以预测的扰动的场合。其实只有按负反馈原理组成的闭环控制系统才是真正意义下的自动控制系统，反馈控制是自动控制最基本的形式。

图 1-9 所示的水箱液位控制系统是闭环控制最简单的应用例子，实际上大多数要求较高的自动控制系统都采用闭环控制，如工业炉窑的温度控制系统、伺服电动机位置控制系统、轧钢机主传动电动机的转速控制系统、飞机的自动驾驶仪系统等。

三、自动控制系统的基本组成

从上面关于控制系统的讨论可知，一个典型的自动控制系统应由下列不同功能的基本部分组成：

（1）被控对象　被控对象指控制系统所要控制的设备或过程，它的输出就是被控量，而被控量总是与自动控制系统的任务和目标紧密联系。在液位控制系统中，水槽的液位是被控量，水槽就是控制对象。

（2）给定环节　给定环节产生给定输入信号的环节，给定的输入信号通常与人们希望的被控量相关，它可以是一定值，对应的控制系统就是恒值控制系统，希望控制系统的被控量稳定在一个固定值上；它也可以是一变值，对应的控制系统是随动系统，希望被控量跟随给定输入信号变化。上述液位控制系统是一恒值控制系统，水箱水位的希望值（即给定输入信号）在控制器的刻度盘上设定。

（3）测量环节　测量环节的主要装置为随时将被控制量检测出来的装置。浮子是上述液位控制系统的测量环节。

（4）比较环节　比较环节的功能是将给定的输入信号（被控制量的希望值）与测量环节得到的被控制量实际值进行比较，得到偏差信号。自动控制系统的“反馈”在比较环节中实现，如前所述，在自动控制系统中总是采用负反馈，这是由于自动控制系统总是力求消除或减少偏差的特性所决定的，所以，在比较环节中，给定输入信号与被控量反馈信号实施相减运算。

(5) 控制环节 控制环节的功能是根据偏差信号，决策如何去操作被控对象，实现被控量达到所希望的目标。这一环节是自动控制系统实现有效控制的核心，因为要得出正确的、有效的、优秀的决策并不是一件容易的事，它要根据对控制对象的了解和对控制系统性能要求，遵循一定的控制规律，经过反复推导和设计才能完成。

(6) 执行环节(执行机构) 执行环节按控制环节的控制决策，具体实施对控制对象的操作。上述电动阀门是液位控制系统的执行环节。

按照各环节(部件)的功能，可以组成典型的自动控制系统框图如图 1-12 所示。

从上面的讨论中可以看出，自动控制系统各环节之间相联系的是表示一定信息的信号，系统原理图中用带箭头的线段来表示环节间的联系及信息流向。实际上，可以把一个自动控制系统看成是一个将输入信号加工或变换为所期望的输出信号的装备，系统的控制过程就是信号的加工、处理过程。

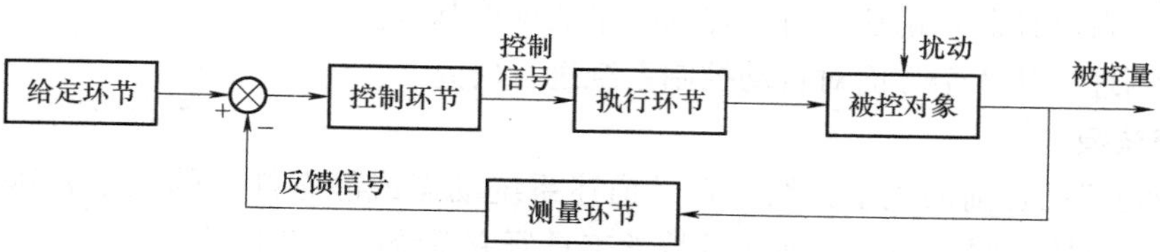

图 1-12 典型自动控制系统框图

四、自动控制系统的基本性能要求

一个自动控制系统在受到外界各种形式干扰或人为改变给定值时，被控量都会发生变化，偏离期望值，但是它应该能在系统的自我作用下，经过一定的时间过程，恢复到原来的稳定值或者一个新的稳定值，这时系统的活动从原来的平衡状态过渡到一个新的平衡状态。通常把系统在实现两个平衡状态之间的过渡过程称为动态，把系统处于平衡状态称为静态。

根据控制系统的动态行为和静态，一般对自动控制系统的基本性能提出 3 个方面的要求。

1. 稳定性

稳定性是一个系统最基本的要求，也是控制系统最基本的要求。一个不稳定的控制系统不能正常工作，如被控量单调发散过程和发散振荡过程都是不稳定系统的过渡过程，被控量单调收敛过程和衰减振荡过程都是稳定系统的过渡过程，被控量等幅振荡过程可视为临界稳定系统的过渡过程。

与稳定性相关，还可以用平稳性来衡量一个控制系统过渡过程的好坏。即使对一个稳定的系统，也需要它的被控量的变化过程不能起伏太大，起伏次数太多。从这一点出发，同是稳定的单调收敛过程要强于衰减振荡过程，实际上有些特定的自动化系统只允许单调收敛过程。

2. 快速性

快速性反映控制系统的响应能力。人们总希望系统的过渡过程持续时间尽可能短，也即要求系统的响应快速。快速性好的自动控制系统才能适应快速变化的指令信号(给定信号)。

从这一点出发，衰减振荡过程要优于单调收敛过程。实际上，平稳性和快速性是一对矛盾的特性，一个性能优良的自动控制系统应较好地兼顾到这两方面的要求。

3. 准确性

准确性描述控制系统的控制精度。系统进入新的平衡状态后，被控量的实际值与期望值之差(通常称为静态误差，简称静差)越小越好，最好静差为0，这样的系统称为无差系统。

稳定性(包括平稳性)和快速性反映对系统过渡过程的要求，称为自动控制系统的动态特性，准确性反映对系统平衡状态的要求，称为自动控制系统的静态特性。对自动控制系统的研究就是从动态、静态两方面围绕上面3个特性进行的。

五、自动控制系统所要研究的问题

为了实现自动控制的目的，控制器所要遵循的控制规律是自动控制系统所要研究的主要内容，形成了自动控制理论这一自动控制技术的理论基础。

自动控制理论从3个方面对自动控制系统进行研究。

1. 系统建模

“系统模型”已在前面做了介绍，它是描述系统动态或静态规律的数学表达式，它抛开了系统的物理属性，便于抽象化地通过数学工具研究系统的运动特性。

可以有多种方式的数学表达式描述系统，还可以在不同的表达域表达系统，从而形成不同的数学模型。例如，对于一个线性定常系统，在时域可以用高阶常微分方程描述，在频域可以用频率特性描述，在复频域可以用传递函数描述。同样的线性定常系统，在时域还可以用状态方程描述，在复频域可以用传递函数矩阵描述。

建立系统数学模型的方法主要有解析法和实验法两种。对于较简单的系统，其动态特性能用成熟的物理、化学定律描述，依据被控对象各变量之间所满足的物理(化学)定律，列出方程式，经过一定的数学处理和推导，建立起各变量之间的关系，就得出按解析法建立的系统数学模型。所谓实验法建模，就是把需建模的系统看成为一个“黑箱”，通过对它施加的输入信号以及由此所产生的输出响应来确定它的数学模型，即用一个最能拟合它的输入、输出关系的数学式子来近似地描述它的动态行为。这种以对象外部所表现出来的动态行为出发建立起来的模型称为辨识模型，它的建立涉及实验设计、输入信号选择、输出信号观测、实验数据处理方法、数学模型结构的选择、参数的估算方法等。

2. 系统分析

已经知道一个系统的结构组成，也即给出了表示系统运动规律的数学模型，那么这个系统具有什么样的特性呢？当然，这些特性主要包括上面提到的稳定性、快速性及准确性。这是自动控制理论所研究的第二方面的问题。系统特性的分析建立在系统数学模型的基础上，自动控制理论有一套定性或定量分析系统特性的方法。

3. 控制系统综合

根据需求对控制系统性能指标提出具体要求，在此基础上确定出控制系统应具有怎样的结构组成才能满足所提出的性能指标的要求，这是系统分析的逆命题。因为自动控制系统中被控对象、测量环节等都是确定的，可变的只有控制环节，所以控制系统所应具有的结构组成只能落实到控制环节中实现，这时也可以理解为控制器应采用什么样的控制规律去满足控制系统的性能指标要求。这就是控制器的设计问题，也即控制系统的综合问题，是自动控制系统设计的基础。在这里，所关注的是控制器的表达形式（即它的数学描述），而不关心它的具体物理实现，所以通常称之为“系统综合”。

本章要点

1. 携带有信息、便于传送和交换的物理量称为信号，在数学上往往表示为一个或一个以上独立变量的实值函数。根据信号的函数特性，可以分为确定性信号与随机信号、连续信号与离散信号、周期信号与非周期信号、能量信号与功率信号等类型。

信号分析和信号处理是学习信号的主要内容。信号分析的意义在于通过解析法或测试法找出不同信号的特征，从而了解其特性，掌握它的变化规律。信号处理是指为了特定的目的通过对信号的加工和变换，把一个信号变换成另一个信号的过程。

2. 为了达到一定目的而对信号进行处理的器件、装置、设备及其组合称为系统。系统通常用称为数学模型的数学式表示，描述系统运动状态的数学式是系统的动态模型，它通常是包含微分、积分的方程式；描述系统静止状态的数学式是系统的静态模型，通常是一个代数方程，描述系统动态的动态模型是系统研究的主要对象。

了解系统的基本特性对于实现信号处理具有重要意义，其中主要的有记忆性、因果性、可逆性、时不变性、线性、稳定性等。

3. 控制系统是将输入信号加工为人们所期望输出信号的特殊系统，稳定性、快速性、准确性是控制系统的基本性能要求。闭环控制是自动控制的基本形式，其中的控制器是自动控制系统的重要组成部分。

习 题

1. 指出图 1-13 所示各信号是连续时间信号，还是离散时间信号。

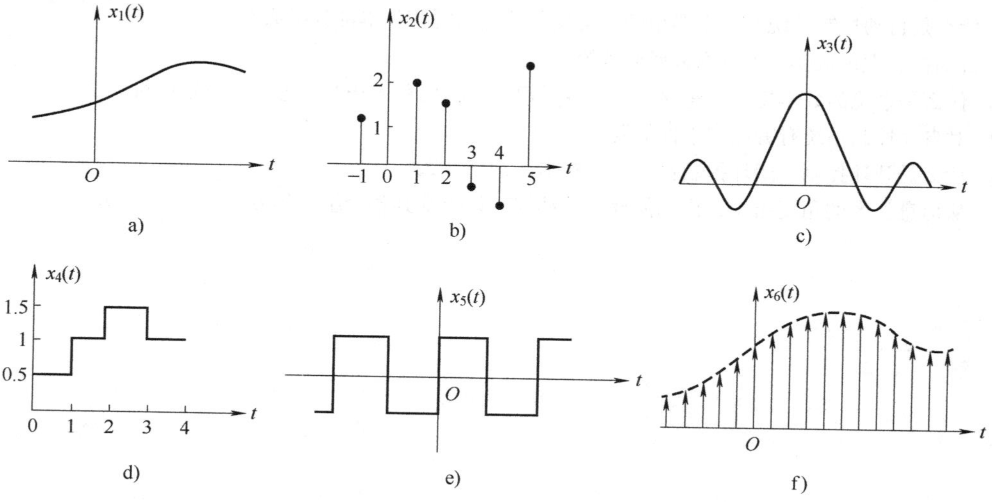

图 1-13 习题 1 图

2. 判断下列各信号是否是周期信号；如果是周期信号，求出它的基波周期。

1) $x(t)=2\cos\left(3t+\frac{\pi}{4}\right)$　　2) $x(n)=\cos\left(\frac{8\pi n}{7}+2\right)$

3) $x(t)=e^{j(\pi t-1)}$　　4) $x(n)=e^{j\left(\frac{n}{8}-\pi\right)}$

5) $x(n)=\sum_{m=0}^{\infty}[\delta(n-3m)-\delta(n-1-3m)]$

6) $x(t)=\cos 2\pi t\times u(t)$　　7) $x(n)=\cos\left(\frac{n}{4}\right)\cos\left(\frac{n\pi}{4}\right)$

8) $x(n)=2\cos\left(\frac{n\pi}{4}\right)+\sin\left(\frac{n\pi}{8}\right)-2\sin\left(\frac{n\pi}{2}+\frac{\pi}{6}\right)$

3. 试判断下列信号是能量信号还是功率信号。

1) $x_1(t)=Ae^{-t}\quad t\geqslant 0$　　2) $x_2(t)=A\cos(\omega_0 t+\theta)$

3) $x_3(t)=\sin 2t+\sin 2\pi t$　　4) $x_4(t)=e^{-t}\sin 2t$

4. 对下列每一个信号求能量 E 和功率 P。

1) $x_1(t)=e^{-2t}u(t)$　　2) $x_2(t)=e^{j\left(2t+\frac{\pi}{4}\right)}$　　3) $x_3(t)=\cos t$

4) $x_1[n]=\left(\frac{1}{2}\right)^n u[n]$　　5) $x_2[n]=e^{j\left(\frac{\pi}{2n}+\frac{\pi}{8}\right)}$　　6) $x_3[n]=\cos\left(\frac{\pi}{4}n\right)$

5. 考虑一离散时间系统，其输入为 $x(n)$，输出为 $y(n)$，系统的输入-输出关系为 $y(n)=x(n)x(n-2)$。请问：

1) 系统是无记忆的吗？

2) 系统是可逆的吗？

6. 考虑一个连续时间系统，其输入 $x(t)$ 和输出 $y(t)$ 的关系为 $y(t)=x(\sin t)$，请问：

1) 该系统是因果的吗？

2) 该系统是线性的吗？

7. 判断下列输入-输出关系的系统是否具有线性、时不变性，或两者都有。

1) $y(t)=t^2x(t-1)$

2) $y[n]=x^2[n-2]$

3) $y[n]=x[n+1]-x[n-1]$

8. 什么是自动控制系统？一个典型的自动控制系统由哪些基本部分组成？

9. 自动控制理论从哪 3 个方面去研究系统？

10. 什么是系统的数学模型？建立系统的数学模型有哪两种方法？你怎样理解这两种方法？

11. 对自动控制系统有哪些基本性能要求？

12. 什么是开环控制、闭环控制？它们的根本区别是什么？

13. 从信息技术的角度出发，你如何理解自动控制系统及其各个组成部分？

第二章

数学基础

前面已述，信号和系统是紧密相关联的，在研究它们及其关系时，往往采用数学描述的形式进行，而为了研究的方便，这种数学描述又分别表达为时域、频域、复频域3个不同的表达域。其中，时域是最直接、最直观的表达形式，因为正如前面所说的，一个信号总是可以用一个时间函数描述，而一个系统（线性时不变系统）可以用一个线性常微分方程描述。如果在频域中研究信号和系统，则能突出它们的频域特性，如信号所含各种不同频率的正弦型信号，系统对不同频率信号的响应能力等。复频域的表达形式则对于控制系统的分析和综合会带来诸多方便。

3个表达域以时域为基础，表达域之间的关系是通过数学变换实现的。对于连续的情况，傅里叶变换实现时域到频域的变换，拉普拉斯变换实现时域到复频域的变换。对于离散的情况，离散时间傅里叶变换实现时域到频域的变换，Z变换实现时域到复频域的变换。本章介绍这几种数学变换。

第一节　傅里叶变换

一、连续傅里叶变换（CFT）

（一）周期函数的傅里叶级数展开式

周期函数是定义在$(-\infty,\infty)$区间，每隔一定时间T按相同规律重复变化的函数，可表示为

$$x(t)=x(t+mT)\qquad m=0,\ \pm1,\ \pm2,\ \cdots \tag{2-1}$$

满足式(2-1)的最小T值称为函数的周期，其倒数$\frac{1}{T}$称为周期函数的频率，表示了单位时间内函数的重复次数，通常用f表示。频率的2π倍，即$2\pi f$或$\frac{2\pi}{T}$称为周期函数的角频率，常记为ω。

人们已被告知，一个周期为 $T_0=\dfrac{2\pi}{\omega_0}$ 的周期函数，只要满足狄里赫利(Dirichlet)条件㊀，都可以分解成三角函数表达式，即

$$x(t)=\frac{a_0}{2}+\sum_{n=1}^{\infty}(a_n\cos n\omega_0 t+b_n\sin n\omega_0 t) \tag{2-2}$$

式(2-2)的无穷级数称为函数的三角傅里叶级数展开式。式中，$a_n(n=0, 1, 2, \cdots)$、$b_n(n=0, 1, 2, \cdots)$为傅里叶系数。

为了求得傅里叶系数，可将式(2-2)两边在一个周期内(为简单起见，选取$-\dfrac{T_0}{2}\sim\dfrac{T_0}{2}$)对时间进行积分，即

$$\int_{-\frac{T_0}{2}}^{\frac{T_0}{2}}x(t)\,\mathrm{d}t=\int_{-\frac{T_0}{2}}^{\frac{T_0}{2}}\frac{a_0}{2}\mathrm{d}t+0=\frac{1}{2}a_0T_0$$

$$a_0=\frac{2}{T_0}\int_{-\frac{T_0}{2}}^{\frac{T_0}{2}}x(t)\,\mathrm{d}t \tag{2-3}$$

同理，将式(2-2)两边乘以 $\cos n\omega_0 t$ 后在一个周期内求积分，并利用三角函数集的正交特性，有

$$\int_{-\frac{T_0}{2}}^{\frac{T_0}{2}}x(t)\cos n\omega_0 t\mathrm{d}t=\int_{-\frac{T_0}{2}}^{\frac{T_0}{2}}a_n\cos n\omega_0 t\cdot\cos n\omega_0 t\mathrm{d}t=\frac{1}{2}a_nT_0$$

得

$$a_n=\frac{2}{T_0}\int_{-\frac{T_0}{2}}^{\frac{T_0}{2}}x(t)\cos n\omega_0 t\mathrm{d}t \qquad n=1, 2, \cdots \tag{2-4}$$

类似地，将式(2-2)两边乘以 $\sin n\omega_0 t$ 后在一个周期内求积分，得

$$b_n=\frac{2}{T_0}\int_{-\frac{T_0}{2}}^{\frac{T_0}{2}}x(t)\sin n\omega_0 t\mathrm{d}t \qquad n=1, 2, \cdots \tag{2-5}$$

显然式(2-3)可以合并到式(2-4)中，并且 a_n 和 b_n 分别是 n 的偶函数和奇函数。将式(2-2)中的同频率项合并，得

$$x(t)=\frac{A_0}{2}+\sum_{n=1}^{\infty}A_n\cos(n\omega_0 t+\varphi_n) \tag{2-6}$$

式中

$$\begin{cases}A_0=a_0\\ A_n=\sqrt{a_n^2+b_n^2}\\ \varphi_n=-\arctan\dfrac{b_n}{a_n}\end{cases}\qquad n=1, 2, \cdots$$

式(2-6)是周期函数三角傅里叶级数展开式的另一种形式，可以理解为一个周期函数表

㊀ 狄里赫利条件是指：①函数 $x(t)$ 在一个周期内绝对可积，即 $\int_{-\frac{T_0}{2}}^{\frac{T_0}{2}}|x(t)|\mathrm{d}t<\infty$；②函数在一个周期内只有有限个不连续点，在这些点上函数取有限值；③函数在一个周期内只有有限个极大值和极小值。通常的周期函数都满足该条件。

示的周期信号由直流分量和一系列具有离散角频率的余弦或正弦形式(称为正弦型函数)的交流分量组成，其中的直流分量是信号在一个周期内的平均值。傅里叶系数 A_n 表示了对应角频率为 $n\omega_0$ 的正弦型交流分量在周期信号中所占的权重，φ_n 表示了该频率正弦型交流分量的相位移。我们称它为周期函数(或信号)的频域表示形式。

函数的三角傅里叶级数形式具有比较明确的物理意义，但运算不方便。利用欧拉公式 $e^{j\omega t}=\cos\omega t+j\sin\omega t$，$e^{-j\omega t}=\cos\omega t-j\sin\omega t$，有

$$A\cos(\omega t+\varphi)=\frac{A}{2}[e^{j(\omega t+\varphi)}+e^{-j(\omega t+\varphi)}]=A\mathrm{Re}[e^{j(\omega t+\varphi)}]$$

$$A\sin(\omega t+\varphi)=\frac{A}{2j}[e^{j(\omega t+\varphi)}-e^{-j(\omega t+\varphi)}]=A\mathrm{Im}[e^{j(\omega t+\varphi)}]$$

则式(2-6)可进一步写成

$$\begin{aligned}x(t)&=\frac{A_0}{2}+\sum_{n=1}^{\infty}\frac{A_n}{2}[e^{j(n\omega_0 t+\varphi_n)}+e^{-j(n\omega_0 t+\varphi_n)}]\\&=\frac{A_0}{2}+\frac{1}{2}\sum_{n=1}^{\infty}A_n e^{j\varphi_n}e^{jn\omega_0 t}+\frac{1}{2}\sum_{n=1}^{\infty}A_n e^{-j\varphi_n}e^{-jn\omega_0 t}\end{aligned}$$

由式(2-6)可知，A_n 是 n 的偶函数，φ_n 是 n 的奇函数，上式则可写为

$$x(t)=\frac{A_0}{2}+\frac{1}{2}\sum_{n=1}^{\infty}A_n e^{j\varphi_n}e^{jn\omega_0 t}+\frac{1}{2}\sum_{n=-1}^{-\infty}A_n e^{j\varphi_n}e^{jn\omega_0 t}$$

考虑到 $\varphi_0=0$，A_0 可以表示为 $A_0 e^{j\varphi_0}e^{jn\omega_0 t}$，上式可进一步写为

$$x(t)=\frac{1}{2}\sum_{n=-\infty}^{\infty}A_n e^{j\varphi_n}e^{jn\omega_0 t}=\sum_{n=-\infty}^{\infty}X(n\omega_0)e^{jn\omega_0 t} \tag{2-7}$$

式(2-7)是傅里叶级数展开式的指数形式，其中复数量 $X(n\omega_0)=\frac{1}{2}A_n e^{j\varphi_n}$ 称为复傅里叶系数，是 n(或 $n\omega_0$)的函数，可求得如下：

$$\begin{aligned}X(n\omega_0)&=\frac{1}{2}A_n e^{j\varphi_n}=\frac{1}{2}[A_n\cos\varphi_n+jA_n\sin\varphi_n]=\frac{1}{2}(a_n-jb_n)\\&=\frac{1}{T_0}\int_{-\frac{T_0}{2}}^{\frac{T_0}{2}}x(t)\cos n\omega_0 t\mathrm{d}t-j\frac{1}{T_0}\int_{-\frac{T_0}{2}}^{\frac{T_0}{2}}x(t)\sin n\omega_0 t\mathrm{d}t\\&=\frac{1}{T_0}\int_{-\frac{T_0}{2}}^{\frac{T_0}{2}}x(t)[\cos n\omega_0 t-j\sin n\omega_0 t]\mathrm{d}t\\&=\frac{1}{T_0}\int_{-\frac{T_0}{2}}^{\frac{T_0}{2}}x(t)e^{-jn\omega_0 t}\mathrm{d}t\qquad n=0,\ \pm1,\ \pm2,\ \cdots\end{aligned} \tag{2-8}$$

式中，$A_n\cos\varphi_n=a_n$，$A_n\sin\varphi_n=-b_n$，很容易从式(2-6)得出。

对比周期函数的三角傅里叶级数展开式和复指数形式傅里叶级数表示式可看到，前者只存在正频率，而后者除了正频率，还存在负频率。当然，根据定义，频率应该是正数，实际上，复指数形式傅里叶级数表示式中的负频率只是正弦型函数通过欧拉公式表示时，进行数学处理的结果，并不存在实际的物理意义。只要把成对频率的复指数分量合并，就是该频率的正弦型分量。由于复指数形式更便于数学运算，所以实际上它较三角形式得到更广泛的

采用。

例 2-1 求图 2-1 所表示的周期矩形脉冲函数 $x(t)$ 的复指数形式傅里叶级数表示式。

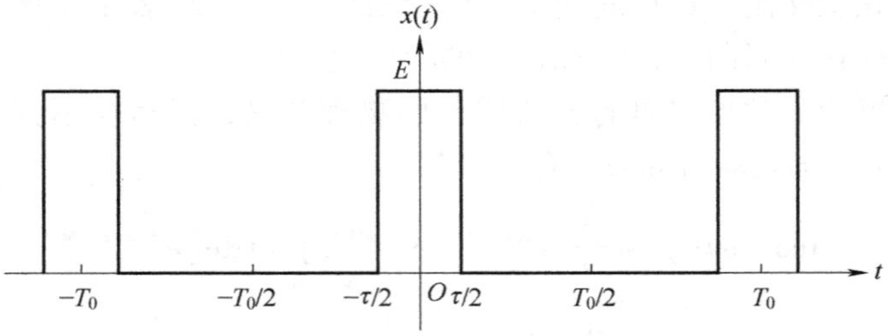

图 2-1 例 2-1 的周期矩形脉冲函数

解 如图 2-1 所示的矩形脉冲函数在一个周期内可表示为

$$x(t)=\begin{cases}E & -\dfrac{\tau}{2}\leqslant t\leqslant\dfrac{\tau}{2}\\ 0 & 其他\end{cases}$$

按式(2-8)可求得复傅里叶系数为

$$X(n\omega_0)=\frac{1}{T_0}\int_{-\frac{T_0}{2}}^{\frac{T_0}{2}}x(t)\mathrm{e}^{-\mathrm{j}n\omega_0 t}\mathrm{d}t=\frac{1}{T_0}\int_{-\frac{\tau}{2}}^{\frac{\tau}{2}}E\mathrm{e}^{-\mathrm{j}n\omega_0 t}\mathrm{d}t$$

$$=\frac{E}{T_0}\frac{1}{-\mathrm{j}n\omega_0}\mathrm{e}^{-\mathrm{j}n\omega_0 t}\Big|_{-\frac{\tau}{2}}^{\frac{\tau}{2}}=\frac{E\tau}{T_0}\frac{\sin\frac{1}{2}n\omega_0\tau}{\frac{1}{2}n\omega_0\tau}$$

式中，出现$\frac{\sin x}{x}$形式的函数称为取样函数，记作 $\mathrm{Sa}(x)$，其变化规律如图 2-2 所示。它是偶函数，当 $x\to 0$ 时，$\mathrm{Sa}(x)=1$ 为最大值，随着 $|x|$ 的增大而总趋势衰减，$x=\pm\pi$，$\pm 2\pi$，$\pm 3\pi$，… 为过零点，每 2π 起伏一次。

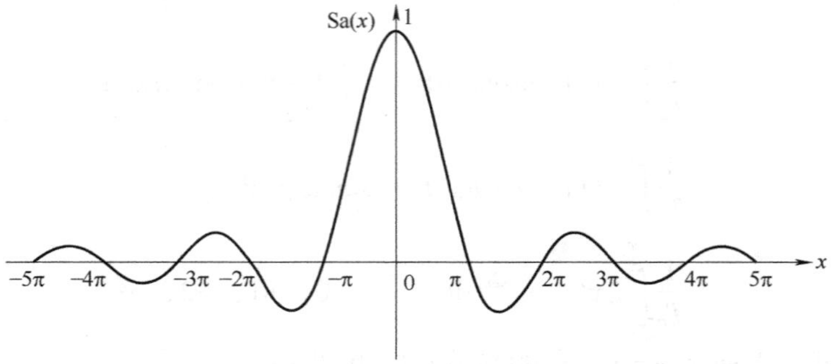

图 2-2 取样函数 Sa(x)

于是 $X(n\omega_0)$ 可写成

$$X(n\omega_0)=\frac{E\tau}{T_0}\mathrm{Sa}\left(\frac{n\omega_0\tau}{2}\right)\qquad n=0,\ \pm1,\ \pm2,\ \cdots$$

可画出其复傅里叶系数如图 2-3 所示。

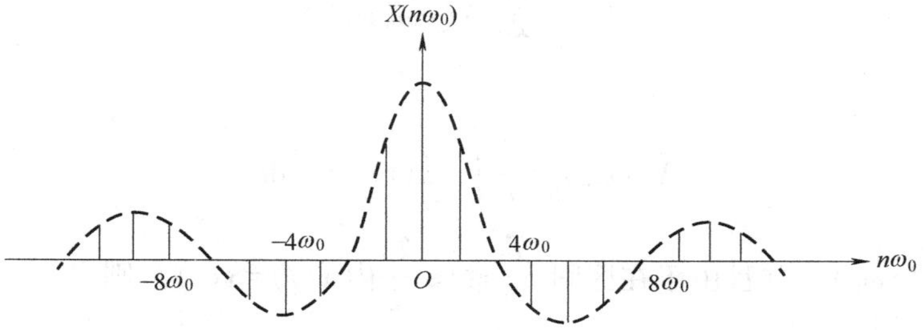

图 2-3　周期矩形脉冲的复傅里叶系数（$E=1$，$T_0=4\tau$ 的情况）

可见，图 2-1 所示的周期矩形脉冲函数的复傅里叶系数是在 $\mathrm{Sa}\left(\frac{\omega\tau}{2}\right)$ 上以 ω_0 等间隔取得的样本，其最大值（$n=0$ 处）和过零点都由占空比$\frac{\tau}{T_0}$决定。因此，可写出上述周期矩形脉冲函数复指数形式傅里叶级数展开式为

$$x(t)=\frac{E\tau}{T_0}\sum_{n=-\infty}^{\infty}\mathrm{Sa}\left(\frac{n\omega_0\tau}{2}\right)\mathrm{e}^{\mathrm{j}n\omega_0 t}$$

（二）傅里叶变换

对于非周期函数，可以把它看作是周期无穷大的周期函数，从这一思想出发，可以在周期函数傅里叶级数的基础上讨论非周期函数的傅里叶表达式。从上面的讨论可知，如果周期 T_0 趋于无穷大，则其傅里叶系数将变成无穷小量，为了避免在一系列无穷小量中讨论问题，我们考虑 $T_0X(n\omega_0)$ 这一物理量，由于 T_0 因子的存在，克服了 T_0 对 $X(n\omega_0)$ 幅值的影响。这时有 $T_0X(n\omega_0)=\frac{2\pi X(n\omega_0)}{\omega_0}$，所以 $T_0X(n\omega_0)$ 含有单位角频率的密度的意义。

1. 从傅里叶级数到傅里叶变换

现在我们按上述思想建立非周期函数的频域表示。考虑如图 2-4a 所示的一个非周期函数 $x(t)$，它具有有限持续期，即当 $|t|>T_1$ 时，$x(t)=0$。从这个非周期函数出发，构造一个周期函数 $\hat{x}(t)$，使 $\hat{x}(t)$ 是 $x(t)$ 进行周期为 T_0 的周期性延拓的结果，如图 2-4b 所示。

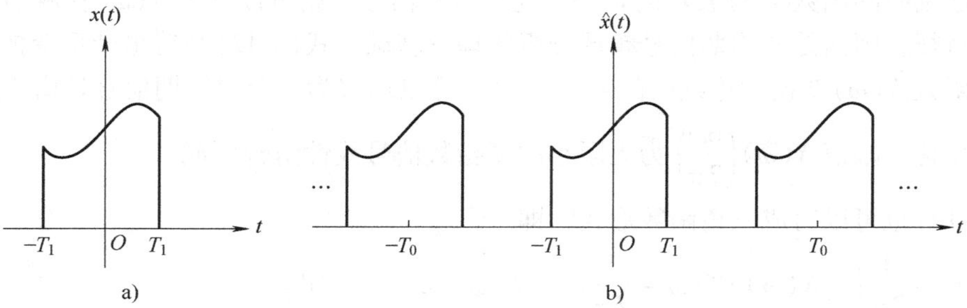

图 2-4　非周期函数及其周期性延拓

a）非周期函数 $x(t)$　b）由 $x(t)$ 周期性延拓构成的周期函数 $\hat{x}(t)$

对于周期函数 $\hat{x}(t)$，根据式（2-7）可以展开成指数形式的傅里叶级数

$$\hat{x}(t)=\sum_{n=-\infty}^{\infty}\hat{X}(n\omega_0)\mathrm{e}^{\mathrm{j}n\omega_0 t} \tag{2-9}$$

式中

$$\hat{X}(n\omega_0)=\frac{1}{T_0}\int_{-\frac{T_0}{2}}^{\frac{T_0}{2}}\hat{x}(t)\mathrm{e}^{-\mathrm{j}n\omega_0 t}\mathrm{d}t$$

现考虑 $T_0\hat{X}(n\omega_0)$，并且由于在区间$-\frac{T_0}{2}\leqslant t\leqslant\frac{T_0}{2}$内 $\hat{x}(t)=x(t)$，则

$$T_0\hat{X}(n\omega_0)=\int_{-\frac{T_0}{2}}^{\frac{T_0}{2}}x(t)\mathrm{e}^{-\mathrm{j}n\omega_0 t}\mathrm{d}t \tag{2-10}$$

当 $T_0\to\infty$ 时，$\hat{x}(t)\to x(t)$，$\hat{X}(n\omega_0)\to X(n\omega_0)$，$\omega_0\to\mathrm{d}\omega$，$n\omega_0\to\omega$(连续量)，$T_0X(n\omega_0)$成为具有密度意义的连续函数，记为 $X(\omega)$，式(2-10)变为

$$X(\omega)=\int_{-\infty}^{\infty}x(t)\mathrm{e}^{-\mathrm{j}\omega t}\mathrm{d}t \tag{2-11}$$

而式(2-9)变为

$$\begin{aligned}x(t)&=\lim_{T_0\to\infty}\sum_{n=-\infty}^{\infty}\hat{X}(n\omega_0)\mathrm{e}^{\mathrm{j}n\omega_0 t}=\lim_{T_0\to\infty}\sum_{n=-\infty}^{\infty}T_0\hat{X}(n\omega_0)\mathrm{e}^{\mathrm{j}n\omega_0 t}\cdot\frac{1}{T_0}\\&=\lim_{T_0\to\infty}\sum_{n=-\infty}^{\infty}\frac{1}{2\pi}T_0\hat{X}(n\omega_0)\mathrm{e}^{\mathrm{j}n\omega_0 t}\cdot\omega_0\end{aligned}$$

显然有

$$x(t)=\frac{1}{2\pi}\int_{-\infty}^{\infty}X(\omega)\mathrm{e}^{\mathrm{j}\omega t}\mathrm{d}\omega \tag{2-12}$$

式(2-11)和式(2-12)构成了傅里叶变换对，通常表示成

$$\mathcal{F}[x(t)]=X(\omega)\quad \mathcal{F}^{-1}[X(\omega)]=x(t)$$

或

$$x(t)\xleftrightarrow{\mathcal{F}}X(\omega)$$

其中，式(2-11)为傅里叶变换式，它将连续时间函数 $x(t)$ 变换为频率的连续函数 $X(\omega)$，因此 $X(\omega)$称为 $x(t)$的傅里叶变换，为一复函数，即 $X(\omega)=|X(\omega)|\mathrm{e}^{\mathrm{j}\varphi(\omega)}$。其模$|X(\omega)|$表示了幅值随频率的变化，称为幅值函数；辐角 $\varphi(\omega)$表示了相位随频率的变化，称为相位函数。如果连续时间函数 $x(t)$表示的是一个连续时间信号，则可以认为 $X(\omega)$在频域描述了信号的基本特征，因而是非周期信号频域分析的理论基础。式(2-12)为傅里叶反变换式，它把连续频率函数 $X(\omega)$变换为连续时间函数 $x(t)$，可以理解为一个非周期信号是由无限多个频率为连续变化、幅值 $X(\omega)\left(\frac{\mathrm{d}\omega}{2\pi}\right)$ 为无限小的复指数信号线性组合而成。

式(2-12)也可以写成三角函数形式，即

$$\begin{aligned}x(t)&=\frac{1}{2\pi}\int_{-\infty}^{\infty}X(\omega)\mathrm{e}^{\mathrm{j}\omega t}\mathrm{d}\omega=\frac{1}{2\pi}\int_{-\infty}^{\infty}|X(\omega)|\mathrm{e}^{\mathrm{j}[\omega t+\varphi(\omega)]}\mathrm{d}\omega\\&=\frac{1}{2\pi}\int_{-\infty}^{\infty}|X(\omega)|\cos[\omega t+\varphi(\omega)]\mathrm{d}\omega+\frac{\mathrm{j}}{2\pi}\int_{-\infty}^{\infty}|X(\omega)|\sin[\omega t+\varphi(\omega)]\mathrm{d}\omega\end{aligned}$$

由于$|X(\omega)|$是 ω 的偶函数，$\varphi(\omega)$是 ω 的奇函数，故上式的第一个积分的被积函数是 ω 的偶函数，第二个积分的被积函数是 ω 的奇函数，因此有

$$x(t)=\frac{1}{\pi}\int_{0}^{\infty}|X(\omega)|\cos[\omega t+\varphi(\omega)]\mathrm{d}\omega$$

表明一个非周期函数包含了频率从 0 到∞ 的一切频率的正弦型分量，而各分量的振幅 $\frac{1}{\pi}|X(\omega)|\mathrm{d}\omega$ 是无穷小量，$|X(\omega)|$可以看作为单位频率的振幅。

上面傅里叶变换的推导是由傅里叶级数演变来的，可以预料，一个函数 $x(t)$ 的傅里叶变换是否存在应该看它是否满足狄里赫利条件，现在重新列出任意非周期函数 $x(t)$ 存在傅里叶变换 $X(\omega)$ 的狄里赫利条件如下：

1）$x(t)$ 在无限区间内是绝对可积的，即

$$\int_{-\infty}^{\infty}|x(t)|\mathrm{d}t<\infty$$

2）在任意有限区间内，$x(t)$ 只有有限个不连续点，在这些点上函数取有限值。

3）在任意有限区间内，$x(t)$ 只有有限个极大值和极小值。

值得注意的是，上述条件只是充分条件，后面将会看到，倘若在变换中可以引入冲激函数或极限处理，那么在一个无限区间内不绝对可积的函数也可以认为具有傅里叶变换。

例 2-2　如图 2-5a 所示的单矩形脉冲函数 $g(t)$ 表示为

$$x(t)=g(t)=\begin{cases}E & |t|<\dfrac{\tau}{2}\\[2mm] 0 & |t|>\dfrac{\tau}{2}\end{cases} \tag{2-13}$$

式中，E 为脉冲幅值；τ 为脉冲宽度，求出函数的傅里叶变换。

解　由式(2-11)可求出其傅里叶变换为

$$X(\omega)=\int_{-\infty}^{\infty}g(t)\mathrm{e}^{-\mathrm{j}\omega t}\mathrm{d}t=\int_{-\frac{\tau}{2}}^{\frac{\tau}{2}}E\mathrm{e}^{-\mathrm{j}\omega t}\mathrm{d}t=\frac{2E}{\omega}\sin\frac{\omega\tau}{2}=E\tau\mathrm{Sa}\left(\frac{\omega\tau}{2}\right) \tag{2-14}$$

因为 $X(\omega)$ 为一实函数，可用一条 $X(\omega)$ 曲线同时表示幅值和相位，如图 2-5b 所示。

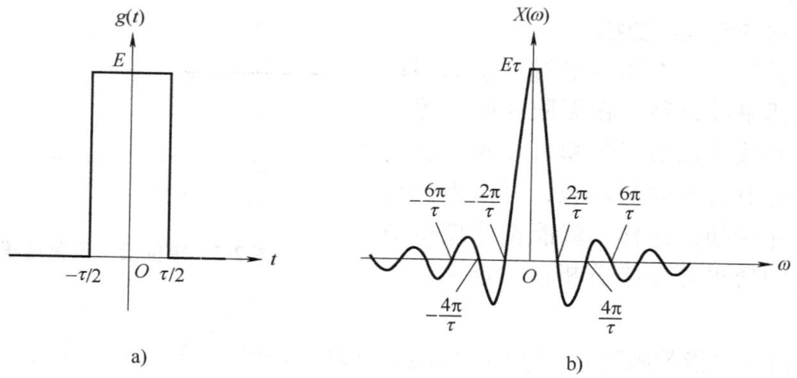

图 2-5　矩形脉冲函数及其傅里叶变换

例 2-3　求单位函数 $x(t)=1(-\infty<t<\infty)$ 的傅里叶变换。

解　单位函数显然不满足绝对可积条件，现把它看作双边指数函数 $\mathrm{e}^{-a|t|}(a>0)$ 当 $a\to 0$ 时的极限，如图 2-6a 所示，图中 $a_1>a_2>a_3>a_4=0$。因此，单位函数的傅里叶变换应该是

$e^{-a|t|}(a>0)$的傅里叶变换当$a\to 0$时的极限。

对于双边指数函数的傅里叶变换，可以求得为

$$\int_{-\infty}^{\infty} e^{-a|t|}e^{-j\omega t}dt = \int_{-\infty}^{0} e^{-at}e^{-j\omega t}dt + \int_{0}^{\infty} e^{at}e^{-j\omega t}dt = \frac{1}{a-j\omega} + \frac{1}{a+j\omega} = \frac{2a}{a^2+\omega^2} \tag{2-15}$$

故单位函数的傅里叶变换为

$$X(\omega) = \lim_{a\to 0}\frac{2a}{a^2+\omega^2} = \begin{cases} 0 & \omega \neq 0 \\ \infty & \omega = 0 \end{cases}$$

其极限过程表示在图 2-6b 中。

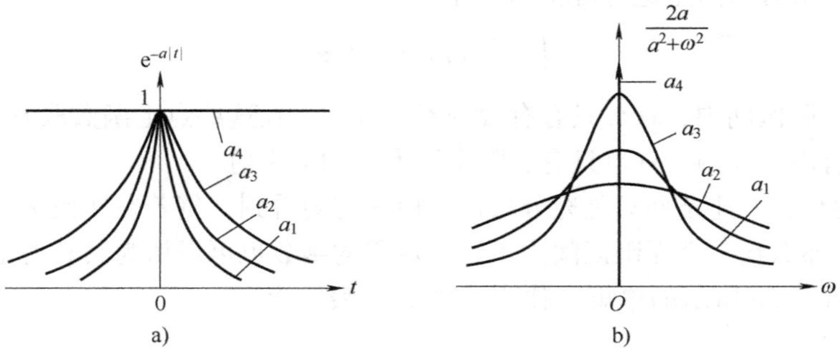

图 2-6　单位函数及其傅里叶变换的极限过程

表明$X(\omega)$是ω的冲激函数，其强度为

$$\lim_{a\to 0}\int_{-\infty}^{\infty}\frac{2a}{a^2+\omega^2}d\omega = \lim_{a\to 0}\int_{-\infty}^{\infty}\frac{2}{1+\left(\frac{\omega}{a}\right)^2}d\left(\frac{\omega}{a}\right) = \lim_{a\to 0}2\arctan\left(\frac{\omega}{a}\right)\Big|_{-\infty}^{\infty} = 2\pi$$

即

$$X(\omega) = 2\pi\delta(\omega)$$

或写为

$$1 \xleftrightarrow{\mathcal{F}} 2\pi\delta(\omega) \tag{2-16}$$

图 2-7 表示了单位函数及其傅里叶变换。

2. 周期函数的傅里叶变换

前面讨论了在一个周期内绝对可积的周期函数可以展成傅里叶级数，在无限区间内绝对可积的非周期函数可以展成傅里叶变换。实际上，通过在变换中引入冲激函数，可以得出周期函数的傅里叶变换，这样，就能把周期函数与非周期函数的傅里叶变换分析统一起来，给分析带来便利。

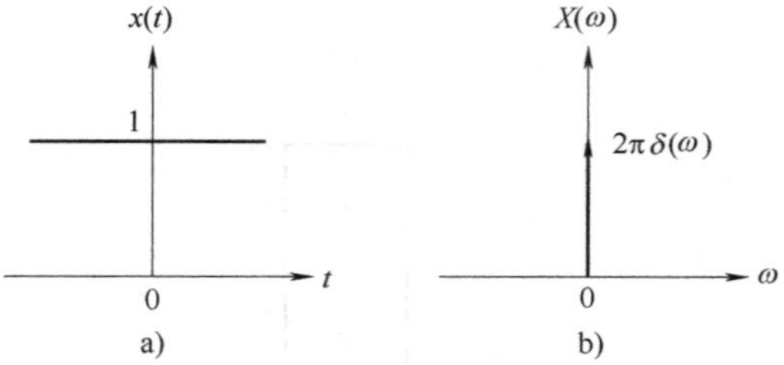

图 2-7　单位函数及其傅里叶变换

我们首先讨论复指数函数$e^{j\omega_0 t}$傅里叶变换。考虑$x(t)e^{j\omega_0 t}$的傅里叶变换为

$$\int_{-\infty}^{\infty} x(t)e^{j\omega_0 t}e^{-j\omega t}dt = \int_{-\infty}^{\infty} x(t)e^{-j(\omega-\omega_0)t}dt$$

设$x(t)$的傅里叶变换为$X(\omega)$，则上式为$X(\omega-\omega_0)$。

令$x(t)=1$，由式(2-16)，$X(\omega)=2\pi\delta(\omega)$，于是得$e^{j\omega_0 t}$的傅里叶变换为

$$X_e(\omega) = X(\omega-\omega_0) = 2\pi\delta(\omega-\omega_0)$$

即

$$e^{j\omega_0 t} \overset{\mathcal{F}}{\longleftrightarrow} 2\pi\delta(\omega-\omega_0) \tag{2-17}$$

现讨论一般周期函数 $x(t)$ 的傅里叶变换，显然它可以按式(2-7)展开成指数形式的傅里叶级数，得

$$x(t)=\sum_{n=-\infty}^{\infty}X(n\omega_0)e^{jn\omega_0 t}$$

对上式取傅里叶变换，有

$$X(\omega)=\mathcal{F}[x(t)]=\mathcal{F}\left[\sum_{n=-\infty}^{\infty}X(n\omega_0)e^{jn\omega_0 t}\right]=\sum_{n=-\infty}^{\infty}X(n\omega_0)\mathcal{F}[e^{jn\omega_0 t}]$$

已知 $e^{jn\omega_0 t}$ 的傅里叶变换为 $2\pi\delta(\omega-n\omega_0)$，则得

$$X(\omega)=\sum_{n=-\infty}^{\infty}2\pi X(n\omega_0)\delta(\omega-n\omega_0) \tag{2-18}$$

式(2-18)表明，周期函数的傅里叶变换由无穷多个冲激函数组成，这些冲激函数位于周期函数的各谐波频率 $n\omega_0$($n=0$，±1，±2，…)处，其强度为各相应幅值 $X(n\omega_0)$ 的 2π 倍。

例 2-4 求出例 2-1 中的周期矩形脉冲函数的傅里叶变换。

解 例 2-1 已求出周期矩形脉冲函数的傅里叶级数展开式为

$$X(n\omega_0)=\frac{E\tau}{T_0}\mathrm{Sa}\left(\frac{1}{2}n\omega_0\tau\right)$$

代入式(2-18)，即得出周期矩形脉冲函数的傅里叶变换为

$$\begin{aligned}X(\omega)&=\sum_{n=-\infty}^{\infty}2\pi\frac{E\tau}{T_0}\mathrm{Sa}\left(\frac{1}{2}n\omega_0\tau\right)\delta(\omega-n\omega_0)\\&=\omega_0 E\tau\sum_{n=-\infty}^{\infty}\mathrm{Sa}\left(\frac{1}{2}n\omega_0\tau\right)\delta(\omega-n\omega_0)\end{aligned}$$

图 2-8a 表示了当 $T_0=2\tau$ 时周期矩形脉冲函数的傅里叶变换 $X(\omega)$，并将该函数傅里叶级数的复系数 $X(n\omega_0)$ 示于图 2-8b 中。比较 $X(\omega)$ 和 $X(n\omega_0)$ 的图形可以看到，首先，它们都是频率离散的，其次，它们具有相同的包络线。然而它们又有一定的区别，复傅里叶系数 $X(n\omega_0)$ 表示的是各谐波分量的幅值，它们是有限值；而傅里叶变换 $X(\omega)$ 则含单位频率所具有的傅里叶系数的物理意义，因此，它们是位于各谐波频率 $n\omega_0$ 处的冲激函数，其强度为各相应 $X(n\omega_0)$ 的 2π 倍。

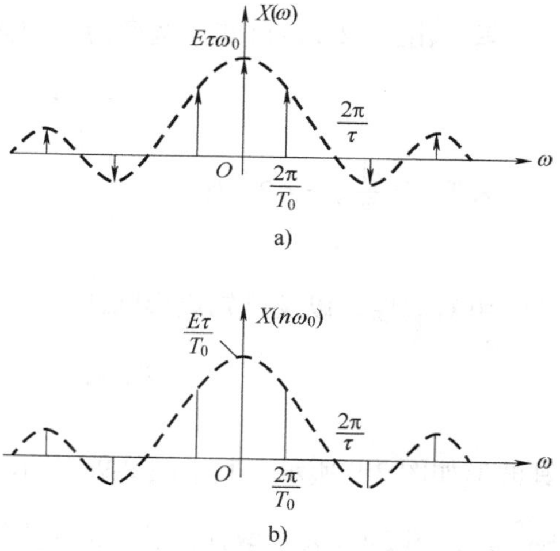

图 2-8 周期矩形脉冲函数的傅里叶变换与傅里叶级数

(三) 傅里叶变换的性质

傅里叶变换具有一系列重要性质，它们能简化傅里叶变换或反变换的运算。本书对这些性质不做严格的数学证明，有兴趣的读者可参阅有关书籍。

1. 线性

若

$$x_1(t)\overset{\mathcal{F}}{\longleftrightarrow}X_1(\omega)$$

$$x_2(t) \stackrel{\mathcal{F}}{\longleftrightarrow} X_2(\omega)$$

则
$$a_1x_1(t)+a_2x_2(t) \stackrel{\mathcal{F}}{\longleftrightarrow} a_1X_1(\omega)+a_2X_2(\omega) \tag{2-19}$$

式中，a_1、a_2 为任意常数，并可以推广到多个函数的情况中去。

2. 奇偶性

若

$$x(t) \stackrel{\mathcal{F}}{\longleftrightarrow} X(\omega)$$

则有
$$x^*(t) \stackrel{\mathcal{F}}{\longleftrightarrow} X^*(-\omega) \tag{2-20}$$

式中，上角标“ * ”表示复共轭。

当 $x(t)$ 为实函数时，则有

$$X(\omega)=X^*(-\omega) \tag{2-21}$$

表明实函数的傅里叶变换具有共轭对称性。

3. 对偶性

若
$$x(t) \stackrel{\mathcal{F}}{\longleftrightarrow} X(\omega)$$

则
$$X(t) \stackrel{\mathcal{F}}{\longleftrightarrow} 2\pi x(-\omega) \tag{2-22}$$

表明了时域函数 $x(t)$ 和频域函数 $X(\omega)$ 之间的对偶关系。

例 2-5 求取样函数 $\mathrm{Sa}(t)=\dfrac{\sin t}{t}$的傅里叶变换。

解 由式(2-14)可知，宽度为 τ、幅值为 E 的矩形脉冲函数 $g(t)$ 的傅里叶变换为

$$\mathcal{F}[g(t)]=E\tau\mathrm{Sa}\left(\frac{\omega\tau}{2}\right)$$

若取 $E=\dfrac{1}{2}$，$\tau=2$，则

$$\mathcal{F}[g(t)]=\mathrm{Sa}(\omega)$$

由对偶性，以及已知矩形脉冲函数 $g(t)$ 是偶函数，有

$$\mathcal{F}[\mathrm{Sa}(t)]=2\pi g(\omega)=\begin{cases}\pi & |\omega|<1\\ 0 & |\omega|>1\end{cases}$$

其波形如图 2-9 所示，其中图 2-9a 表示 $E=\dfrac{1}{2}$，$\tau=2$ 的矩形脉冲函数 $g(t)$ 及其傅里叶变换 $\mathrm{Sa}(\omega)$，图 2-9b 表示取样函数 $\mathrm{Sa}(t)$ 及其傅里叶变换 $2\pi g(\omega)$，非常明显地表示了它们之间的对偶关系。

4. 尺度变换性质

若
$$x(t) \stackrel{\mathcal{F}}{\longleftrightarrow} X(\omega)$$

则对于实常数 a 有

$$x(at) \stackrel{\mathcal{F}}{\longleftrightarrow} \frac{1}{|a|}X\left(\frac{\omega}{a}\right) \tag{2-23}$$

傅里叶变换的这一性质表明，在时域将函数 $x(t)$ 压缩到原来的$\dfrac{1}{a}$，则在频域其傅里叶变换扩展为原来的 a 倍，同时幅值相应地减小到原来的$\dfrac{1}{a}$。

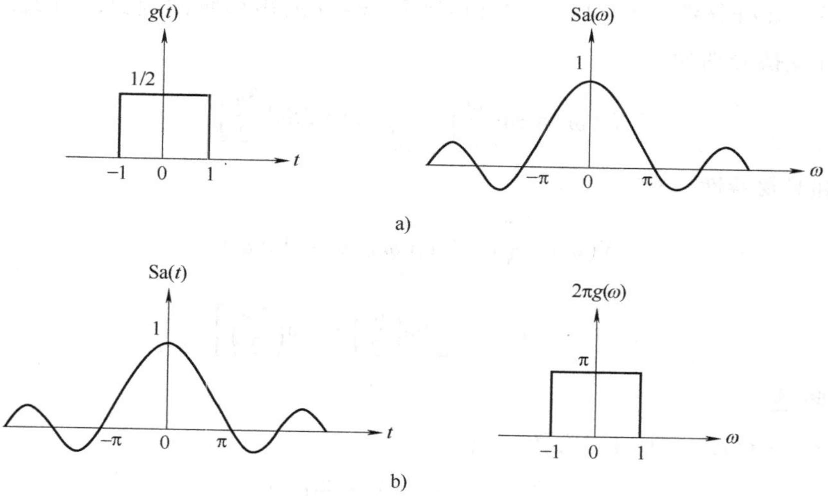

图 2-9　矩形脉冲函数 $g(t)$ 与取样函数 $\mathrm{Sa}(t)$ 的对偶性

式(2-23)中，若取 $a=-1$，则有

$$x(-t) \xleftrightarrow{\mathcal{F}} X(-\omega) \tag{2-24}$$

表明函数在时域的翻转，对应着其傅里叶变换在频域的翻转。

5. 时移特性

若 $x(t) \xleftrightarrow{\mathcal{F}} X(\omega)$，则对于常数 t_0 有

$$x(t \pm t_0) \xleftrightarrow{\mathcal{F}} \mathrm{e}^{\pm \mathrm{j}\omega t_0} X(\omega) \tag{2-25}$$

这一性质表明，函数在时域中沿时间轴右移(或左移)t_0，即延时(或超前)t_0，则在频域中，其傅里叶变换幅值不变，而相位则产生$-\omega t_0$(或$+\omega t_0$)的变化。

若函数 $x(t)$ 既有时移，又有尺度变换时，则有

$$\mathcal{F}[x(at-b)] = \frac{1}{|a|}\mathrm{e}^{-\mathrm{j}\frac{b}{a}\omega} X\left(\frac{\omega}{a}\right) \tag{2-26}$$

式中，a 和 b 为实常数，且 $a \neq 0$。

例 2-6　求图 2-10a 所示的 $x(t)$ 的傅里叶变换。

解　$x(t)$ 可看成是如图 2-10b、c 所示的 $x_1(t)$ 和 $x_2(t)$ 的组合，即

$$x(t) = \frac{1}{2}x_1\left(t-\frac{5}{2}\right) + x_2\left(t-\frac{5}{2}\right)$$

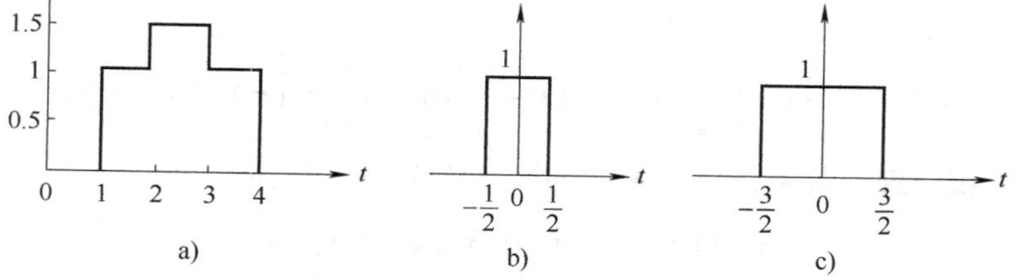

图 2-10　例 2-6 的函数 $x(t)$、$x_1(t)$、$x_2(t)$

式中，$x_1(t)$和$x_2(t)$分别为$E=1$、$\tau=1$和$E=1$、$\tau=3$的矩形脉冲函数，由式(2-14)可知，它们的傅里叶变换分别为

$$X_1(\omega)=\mathrm{Sa}\left(\frac{\omega}{2}\right),\ X_2(\omega)=3\mathrm{Sa}\left(\frac{3\omega}{2}\right)$$

由线性和时移特性，有

$$X(\omega)=\frac{1}{2}\mathrm{e}^{-\mathrm{j}\frac{5}{2}\omega}X_1(\omega)+\mathrm{e}^{-\mathrm{j}\frac{5}{2}\omega}X_2(\omega)$$
$$=\mathrm{e}^{-\mathrm{j}\frac{5}{2}\omega}\left[\frac{1}{2}\mathrm{Sa}\left(\frac{\omega}{2}\right)+3\mathrm{Sa}\left(\frac{3\omega}{2}\right)\right]$$

6. 频移特性

若$x(t)\xleftrightarrow{\mathcal{F}}X(\omega)$，则对于常数$\omega_0$有

$$x(t)\mathrm{e}^{\pm\mathrm{j}\omega_0 t}\xleftrightarrow{\mathcal{F}}X(\omega\mp\omega_0) \tag{2-27}$$

7. 微分性质

若$x(t)\xleftrightarrow{\mathcal{F}}X(\omega)$，则有

$$\frac{\mathrm{d}^n x(t)}{\mathrm{d}t^n}\xleftrightarrow{\mathcal{F}}(\mathrm{j}\omega)^n X(\omega) \tag{2-28}$$

这一性质表明，时域的微分运算对应于频域乘以$\mathrm{j}\omega$因子，相应地增强了高频成分。

8. 积分性质

若$x(t)\xleftrightarrow{\mathcal{F}}X(\omega)$，则有

$$\int_{-\infty}^{t}x(\tau)\mathrm{d}\tau\xleftrightarrow{\mathcal{F}}\frac{1}{\mathrm{j}\omega}X(\omega)+\pi X(0)\delta(\omega) \tag{2-29}$$

与微分性质相似，以上的结果可以推广到函数在时域的多重积分。

如果$X(\omega)\big|_{\omega=0}=0$，则有

$$\int_{-\infty}^{t}x(\tau)\mathrm{d}\tau\xleftrightarrow{\mathcal{F}}\frac{1}{\mathrm{j}\omega}X(\omega) \tag{2-30}$$

这一性质表明，时域的积分运算对应于频域乘以$\frac{1}{\mathrm{j}\omega}$因子，相应地增强了低频成分，减少了高频成分。

9. 卷积定理

两个函数的卷积积分运算(简称卷积运算)在信号处理和其他科学领域具有重要的意义，通常定义为

$$x_1(t)*x_2(t)=\int_{-\infty}^{\infty}x_1(\tau)x_2(t-\tau)\mathrm{d}\tau=\int_{-\infty}^{\infty}x_2(\tau)x_1(t-\tau)\mathrm{d}\tau \tag{2-31}$$

(1) 时域卷积定理　若$x_1(t)\xleftrightarrow{\mathcal{F}}X_1(\omega)$，$x_2(t)\xleftrightarrow{\mathcal{F}}X_2(\omega)$，则

$$x_1(t)*x_2(t)\xleftrightarrow{\mathcal{F}}X_1(\omega)\cdot X_2(\omega) \tag{2-32}$$

式(2-32)表明，两个函数在时域的卷积积分，对应了频域中两傅里叶变换的乘积，由此可以把时域的卷积运算转化为频域的乘法运算，简化了运算过程。

(2) 频域卷积定理 若 $x_1(t) \xleftrightarrow{\mathcal{F}} X_1(\omega)$，$x_2(t) \xleftrightarrow{\mathcal{F}} X_2(\omega)$，则

$$x_1(t) \cdot x_2(t) \xleftrightarrow{\mathcal{F}} \frac{1}{2\pi} X_1(\omega) * X_2(\omega) \tag{2-33}$$

式(2-33)表明，两个函数在时域的相乘对应了在频域中它们傅里叶变换的卷积。

由式(2-32)和式(2-33)可知，时域卷积和频域卷积形成对偶关系，这当然是由傅里叶变换的对偶性决定的。

例 2-7 求函数 $x(t)=\dfrac{\sin t \cdot \sin \dfrac{t}{2}}{\pi t^2}$ 的傅里叶变换 $X(\omega)$。

解 $x(t)$ 可表示为

$$x(t)=\frac{1}{2\pi}\frac{\sin t}{t} \cdot \frac{\sin\left(\dfrac{t}{2}\right)}{t/2}=\frac{1}{2\pi}\mathrm{Sa}(t) \cdot \mathrm{Sa}\left(\frac{t}{2}\right)$$

由频域卷积定理，有

$$X(\omega)=\frac{1}{4\pi^2}\mathcal{F}[\mathrm{Sa}(t)] * \mathcal{F}\left[\mathrm{Sa}\left(\frac{t}{2}\right)\right]$$

例 2-5 已求得

$$\mathcal{F}[\mathrm{Sa}(t)]=2\pi g(\omega)=\begin{cases}\pi & |\omega|<1 \\ 0 & |\omega|>1\end{cases}$$

根据傅里叶变换的尺度变换特性，有

$$\mathcal{F}\left[\mathrm{Sa}\left(\frac{t}{2}\right)\right]=4\pi g(2\omega)=\begin{cases}2\pi & |\omega|<\dfrac{1}{2} \\ 0 & |\omega|>\dfrac{1}{2}\end{cases}$$

为了计算方便，取 $X_1(\omega)=\dfrac{1}{2\pi}\mathcal{F}[\mathrm{Sa}(t)]=\begin{cases}\dfrac{1}{2} & |\omega|<1 \\ 0 & |\omega|>1\end{cases}$

和

$$X_2(\omega)=\frac{1}{2\pi}\mathcal{F}\left[\mathrm{Sa}\left(\frac{t}{2}\right)\right]=\begin{cases}1 & |\omega|<\dfrac{1}{2} \\ 0 & |\omega|>\dfrac{1}{2}\end{cases}$$

分别表示在图 2-11a、b 中，$X(\omega)$ 可表示为

$$X(\omega)=X_1(\omega) * X_2(\omega)=\int_{-\infty}^{\infty} X_1(\tau) \cdot X_2(\omega-\tau)\,\mathrm{d}\tau$$

按卷积积分的计算，可得 $X(\omega)$ 如图 2-11c 所示。

为了使用方便，将上述傅里叶变换的基本性质汇总于表 2-1，并在表 2-2 中给出了常用函数的傅里叶变换。

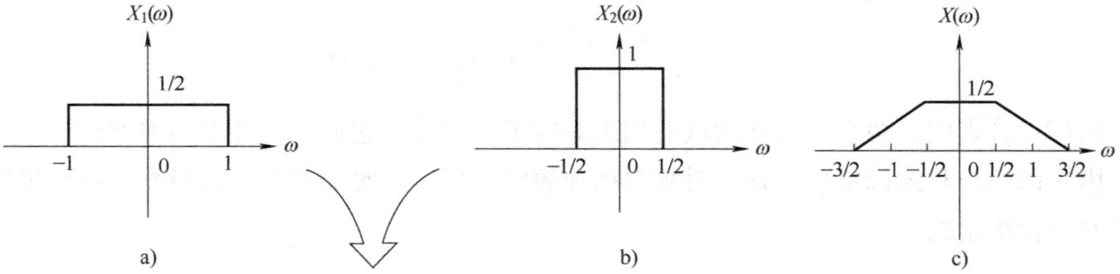

图 2-11　例 2-7 中的 $X_1(\omega)$、$X_2(\omega)$ 和 $X(\omega)$

表 2-1　傅里叶变换的基本性质

性质	时域 $x(t)$	频域 $X(\omega)$
定义	$x(t)=\dfrac{1}{2\pi}\int_{-\infty}^{\infty}X(\omega)e^{j\omega t}d\omega$	$X(\omega)=\int_{-\infty}^{\infty}x(t)e^{-j\omega t}dt$ $=\lvert X(\omega)\rvert e^{j\varphi(\omega)}=R(\omega)+jI(\omega)$
线性	$a_1x_1(t)+a_2x_2(t)$	$a_1X_1(\omega)+a_2X_2(\omega)$
奇偶性	$x^*(t)$	$X^*(-\omega)$
	$x(t)$ 为实函数	$X(\omega)=X^*(-\omega)$ 或 $X(-\omega)=X^*(\omega)$ $\lvert X(\omega)\rvert=\lvert X(-\omega)\rvert$ $\varphi(\omega)=-\varphi(-\omega)$ $R(\omega)=R(-\omega)$ $I(\omega)=-I(-\omega)$
	$x(t)$ 为实偶函数 $x(t)=x(-t)$	$X(\omega)=R(\omega)\quad I(\omega)=0$
	$x(t)$ 为实奇函数 $x(t)=-x(-t)$	$X(\omega)=jI(\omega)\quad R(\omega)=0$
对偶性	$X(t)$	$2\pi x(-\omega)$
尺度变换	$x(at)\quad a\neq0$	$\dfrac{1}{\lvert a\rvert}X\left(\dfrac{\omega}{a}\right)$
翻转	$x(-t)$	$X(-\omega)$
时移	$x(t\pm t_0)$ $x(at-b)\quad a\neq0$	$e^{\pm j\omega t_0}X(\omega)$ $\dfrac{1}{\lvert a\rvert}X\left(\dfrac{\omega}{a}\right)e^{-j\frac{b}{a}\omega}$
频移	$x(t)e^{\pm j\omega_0 t}$	$X(\omega\mp\omega_0)$
时域微分	$\dfrac{d^n x(t)}{dt^n}$	$(j\omega)^n X(\omega)$
时域积分	$\int_{-\infty}^{t}x(\tau)d\tau$	$\dfrac{1}{j\omega}X(\omega)+\pi X(0)\delta(\omega)$
时域卷积	$x_1(t)*x_2(t)$	$X_1(\omega)\cdot X_2(\omega)$
频域卷积	$x_1(t)\cdot x_2(t)$	$\dfrac{1}{2\pi}X_1(\omega)*X_2(\omega)$

表 2-2 常用函数的傅里叶变换

函数 $x(t)$	傅里叶变换 $X(\omega)$
$\delta(t)$	1
$\delta(t-t_0)$	$e^{-j\omega t_0}$
1	$2\pi\delta(\omega)$
$u(t)$	$\pi\delta(\omega)+\frac{1}{j\omega}$
$\mathrm{sgn}(t)$	$\frac{2}{j\omega}$
$e^{-at}u(t)$ （a 为大于 0 的实数）	$\frac{1}{j\omega+a}$
$g(t)=\begin{cases}1 & \|t\|<\frac{\tau}{2}\\ 0 & \|t\|>\frac{\tau}{2}\end{cases}$	$\tau\mathrm{Sa}\left(\frac{\omega\tau}{2}\right)$
$\mathrm{Sa}(\omega_c t)$	$\frac{\pi}{\omega_c}g(\omega),\ g(\omega)=\begin{cases}1 & \|\omega\|<\omega_c\\ 0 & \|\omega\|>\omega_c\end{cases}$
$e^{-a\|t\|}$ （$a>0$）	$\frac{2a}{\omega^2+a^2}$
$e^{-(at)^2}$	$\frac{\sqrt{\pi}}{a}e^{-\left(\frac{\omega}{2a}\right)^2}$
$e^{j\omega_0 t}$	$2\pi\delta(\omega-\omega_0)$
$\cos\omega_0 t$	$\pi[\delta(\omega+\omega_0)+\delta(\omega-\omega_0)]$
$\sin\omega_0 t$	$j\pi[\delta(\omega+\omega_0)-\delta(\omega-\omega_0)]$
$e^{-at}\cos\omega_0 t\cdot u(t)$ （$a>0$）	$\frac{j\omega+a}{(j\omega+a)^2+\omega_0^2}$
$e^{-at}\sin\omega_0 t\cdot u(t)$ （$a>0$）	$\frac{\omega_0}{(j\omega+a)^2+\omega_0^2}$
$te^{-at}u(t)$（a 为大于 0 的实数）	$\frac{1}{(j\omega+a)^2}$
$\frac{t^{n-1}}{(n-1)!}e^{-at}u(t)$ （a 为大于 0 的实数）	$\frac{1}{(j\omega+a)^n}$
$\delta_T(t)=\sum_{n=-\infty}^{\infty}\delta(t-nT_0)$	$\omega_0\sum_{n=-\infty}^{\infty}\delta(\omega-n\omega_0)\quad \omega_0=\frac{2\pi}{T_0}$
$x(t)=\sum_{n=-\infty}^{\infty}X(n\omega_0)e^{jn\omega_0 t}$	$X(\omega)=2\pi\sum_{n=-\infty}^{\infty}X(n\omega_0)\delta(\omega-n\omega_0)$

二、离散时间傅里叶变换（DTFT）

随着计算机技术和数字技术的发展，离散时间函数（序列）和离散系统的分析越来越显出其重要性，离散时间傅里叶变换是它们的数学基础。通常，离散时间函数可以认为是连续时间函数采样的结果。

（一）离散傅里叶级数

与连续周期函数一样，离散周期函数(周期序列)也可以展成傅里叶级数形式，并由此得出一新的变换对——离散傅里叶级数(discrete Fourier series，DFS)。

可以从连续周期函数傅里叶级数的复指数形式导出周期序列的DFS。连续周期函数傅里叶级数的复指数形式已由式(2-7)和式(2-8)给出，现重写如下：

$$x(t)=\sum_{k=-\infty}^{\infty}X(k\omega_0)\mathrm{e}^{\mathrm{j}k\omega_0 t}$$

$$X(k\omega_0)=\frac{1}{T_0}\int_0^{T_0}x(t)\mathrm{e}^{-\mathrm{j}k\omega_0 t}\mathrm{d}t \quad k=0,1,2,\cdots$$

对连续周期函数$x(t)$在一个周期T_0内进行N点采样，即$T_0=NT$，$\omega_0=2\pi/T_0=2\pi/(NT)$，$T$为采样周期，这样采样得到的离散序列$x(n)$是以$N$为周期的周期序列，即

$$x(n)=x(n+mN) \quad m\text{ 为任意整数}$$

记$\Omega_0=\omega_0 T=2\pi/N$为离散域的基本数字频率，单位为弧度，$k\Omega_0$是$k$次谐波的数字频率。于是，在连续周期函数的傅里叶系数表达式中，有$t=nT$，$\mathrm{d}t=T$，在一个周期内的积分变为在一个周期内的累加，即

$$X\left(k\frac{\Omega_0}{T}\right)=\frac{1}{NT}\sum_{n=0}^{N-1}x(nT)\mathrm{e}^{-\mathrm{j}k\frac{\Omega_0}{T}nT}\cdot T=\frac{1}{N}\sum_{n=0}^{N-1}x(nT)\mathrm{e}^{-\mathrm{j}k\Omega_0 n} \tag{2-34}$$

在序列表示中，可用$x(n)$表示$x(nT)$，对应地，可用$X(k\Omega_0)$表示$X\left(k\frac{\Omega_0}{T}\right)$，则式(2-34)为

$$X(k\Omega_0)=\frac{1}{N}\sum_{n=0}^{N-1}x(n)\mathrm{e}^{-\mathrm{j}k\Omega_0 n}=\frac{1}{N}\sum_{n=-\frac{N}{2}}^{\frac{N}{2}}x(n)\mathrm{e}^{-\mathrm{j}k\Omega_0 n} \quad k=0,1,2,\cdots,N-1 \tag{2-35}$$

$X(k\Omega_0)$是变量k的周期函数，周期为N，因为对任意整数q有

$$\begin{aligned}X[(k+qN)\Omega_0]&=\frac{1}{N}\sum_{n=0}^{N-1}x(n)\mathrm{e}^{-\mathrm{j}(k+qN)\Omega_0 n}=\frac{1}{N}\sum_{n=0}^{N-1}x(n)\mathrm{e}^{-\mathrm{j}k\Omega_0 n-\mathrm{j}qN\Omega_0 n}\\&=\frac{1}{N}\sum_{n=0}^{N-1}x(n)\mathrm{e}^{-\mathrm{j}k\Omega_0 n-\mathrm{j}q2\pi n}\\&=\frac{1}{N}\sum_{n=0}^{N-1}x(n)\mathrm{e}^{-\mathrm{j}k\Omega_0 n}=X(k\Omega_0)\end{aligned}$$

我们知道，周期序列的数字频率Ω的取值范围是$0\sim2\pi$，因此，它只含有有限个谐波分量，其谐波数为$k=\frac{2\pi}{\Omega_0}=N$。所以在连续周期函数的傅里叶级数表达式离散化处理后可写为

$$x(n)=\sum_{k=0}^{N-1}X(k\Omega_0)\mathrm{e}^{\mathrm{j}k\Omega_0 n}=\sum_{k=-\frac{N}{2}}^{\frac{N}{2}}X(k\Omega_0)\mathrm{e}^{\mathrm{j}k\Omega_0 n} \quad n=0,1,2,\cdots,N-1 \tag{2-36}$$

式(2-35)和式(2-36)描述了$x(n)$和$X(k\Omega_0)$相互计算的一对关系式。其中式(2-36)可以看作周期序列$x(n)$的傅里叶级数展开式，而$X(k\Omega_0)$则可以看作是$x(n)$的傅里叶级数展开

式的系数。称满足这对关系式的周期序列 $x(n)$ 和 $X(k\Omega_0)$ 为离散傅里叶级数变换对，简记为

$$x(n) \xleftrightarrow{\text{DFS}} X(k\Omega_0) \tag{2-37}$$

或者表示为 $\text{DFS}[x(n)]=X(k\Omega_0)$ 和 $\text{IDFS}[X(k\Omega_0)]=x(n)$。即正变换为式(2-35)，反变换为式(2-36)。

例 2-8　已知一周期序列 $x(n)$，周期 $N=6$，如图 2-12 所示，求该序列的傅里叶级数展开式系数 $X(k\Omega_0)$ 及时域表示式 $x(n)$。

解　序列的基本频率为

$$\Omega_0=\frac{2\pi}{N}=\frac{\pi}{3}$$

按式(2-35)求得周期序列的傅里叶级数展开式系数为

$$\begin{aligned}
X(k\Omega_0) &= \frac{1}{6}\sum_{n=0}^{5} x(n)\,\mathrm{e}^{-\mathrm{j}k\frac{\pi}{3}n} \\
&= \frac{1}{6}\left[x(0)+x(1)\,\mathrm{e}^{-\mathrm{j}k\frac{\pi}{3}}+x(5)\,\mathrm{e}^{-\mathrm{j}k\frac{5\pi}{3}}\right] \\
&= \frac{1}{6}\left(1+\mathrm{e}^{-\mathrm{j}k\frac{\pi}{3}}+\mathrm{e}^{\mathrm{j}k\frac{\pi}{3}}\right) \\
&= \frac{1}{6}\left(1+2\cos\frac{\pi k}{3}\right)\quad k=0,\ 1,\ 2,\ 3,\ 4,\ 5
\end{aligned}$$

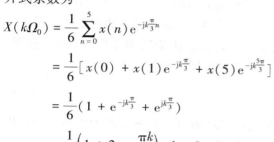

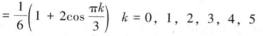

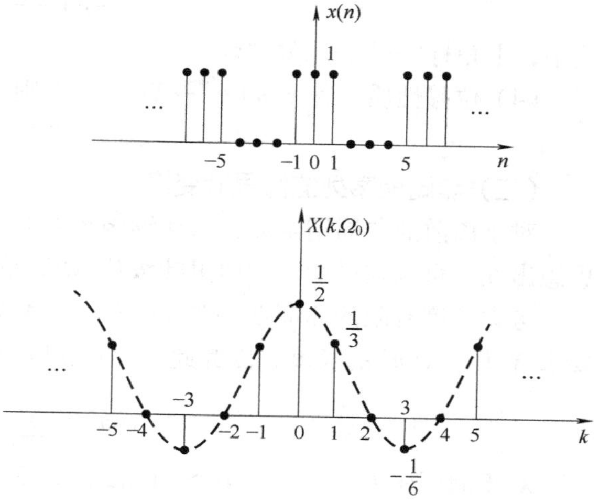

图 2-12　例 2-8 序列 $x(n)$ 及其傅里叶级数展开式系数 $X(k\Omega_0)$

故得 $X(k\Omega_0)$ 的取值如下：

$$X(0)=\frac{1}{2},\ X(\Omega_0)=\frac{1}{3},\ X(2\Omega_0)=0,\ X(3\Omega_0)=-\frac{1}{6},\ X(4\Omega_0)=0,\ X(5\Omega_0)=\frac{1}{3}$$

而 $x(n)$ 的表达式可通过式(2-36)求得

$$\begin{aligned}
x(n) &= \sum_{k=0}^{5} X(k\Omega_0)\,\mathrm{e}^{\mathrm{j}k\frac{\pi}{3}n} \\
&= \frac{1}{2}+\frac{1}{3}\mathrm{e}^{\mathrm{j}\frac{\pi}{3}n}-\frac{1}{6}\mathrm{e}^{\mathrm{j}\pi n}+\frac{1}{3}\mathrm{e}^{\mathrm{j}\frac{5\pi}{3}n}=\frac{1}{2}-\frac{1}{6}\cos\pi n+\frac{2}{3}\cos\frac{\pi n}{3}
\end{aligned}$$

或写成集合形式为

$$x(n)=[\cdots 1,\ 0,\ 0,\ 0,\ 1,\ \underset{\substack{\uparrow\\ n=0}}{1},\ 1,\ 0,\ 0,\ 0,\ 1,\ 1,\ 1,\ 0\cdots]$$

离散傅里叶级数(DFS)的主要性质如下：

（1）线性性质　若 $x(n)\xleftrightarrow{\text{DFS}}X(k\Omega_0)$，$y(n)\xleftrightarrow{\text{DFS}}Y(k\Omega_0)$，则

$$ax(n)+by(n)\xleftrightarrow{\text{DFS}}aX(k\Omega_0)+bY(k\Omega_0) \tag{2-38}$$

（2）周期卷积定理　若 $x(n)\xleftrightarrow{\text{DFS}}X(k\Omega_0)$，$h(n)\xleftrightarrow{\text{DFS}}H(k\Omega_0)$，则

$$x(n)\circledast h(n)\xleftrightarrow{\text{DFS}}X(k\Omega_0)H(k\Omega_0) \tag{2-39}$$

$$x(n)h(n)\xleftrightarrow{\text{DFS}}\frac{1}{N}X(k\Omega_0)\circledast H(k\Omega_0) \tag{2-40}$$

式中，“$\circledast$”为周期卷积的符号，两周期序列 $x(n)$ 和 $h(n)$ 的周期卷积定义为

$$x(n)\circledast h(n)=h(n)\circledast x(n)=\sum_{k=0}^{N-1}x(k)h(n-k)$$

周期卷积与线性卷积的唯一区别在于，周期卷积仅仅在单个周期内求和，而线性卷积则是对所有的 k 值求和。

(3) 复共轭　若 $x(n)\xleftrightarrow{\text{DFS}}X(k\Omega_0)$，则

$$x^*(-n)\xleftrightarrow{\text{DFS}}X^*(k\Omega_0) \tag{2-41}$$

式中，上角标“ * ”表示复共轭。

(4) 位移性质　若 $x(n)\xleftrightarrow{\text{DFS}}X(k\Omega_0)$，则

$$x(n-m)\xleftrightarrow{\text{DFS}}\mathrm{e}^{-\mathrm{j}k\Omega_0 m}X(k\Omega_0) \tag{2-42}$$

（二）非周期序列的傅里叶变换

对于离散的非周期函数，与连续函数类似，可以看成为周期无穷大的周期序列，从这一思想出发，可以在周期序列傅里叶级数(DFS)的基础上推导出非周期序列的傅里叶展开式。

考虑长度有限的非周期序列 $x(n)$，以 N 为周期，将其延拓为周期序列 $x_N(n)$，这里，要求 N 大于 $x(n)$ 的长度，因为此时 $x_N(n)$ 是 $x(n)$ 的原样按周期重复，即

$$x_N(n)=\sum_{m=-\infty}^{\infty}x(n-mN) \tag{2-43}$$

对于周期序列 $x_N(n)$ 的 DFS 可由式(2-35)和式(2-36)表示，考虑周期为无穷大时，即 $N\to\infty$，则有 $\Omega_0=2\pi/N\to\mathrm{d}\Omega$，$k\Omega_0\to\Omega=\omega T$(为连续量)，$\dfrac{1}{N}=\dfrac{\Omega_0}{2\pi}\to\dfrac{\mathrm{d}\Omega}{2\pi}$，$\sum\limits_{k=0}^{N-1}\to\int_0^{2\pi}$，$x_N(n)\to x(n)$；同时，由上面的描述可知，当 k 在 0 和 $N-1$ 之间变化时，Ω 在 0 和 2π 之间变化。另外，由式(2-35)，当 $N\to\infty$ 时，$X(k\Omega_0)$ 的幅值趋于无穷小，如同连续时间函数的处理思想，采用密度函数来描述非周期序列傅里叶级数系数的分布规律，可得

$$X(\Omega)=\lim_{N\to\infty}NX(k\Omega_0)=\sum_{n=-\infty}^{\infty}x(n)\mathrm{e}^{-\mathrm{j}\Omega n} \tag{2-44}$$

和

$$x(n)=\lim_{N\to\infty}x_N(n)=\lim_{N\to\infty}\sum_{k=0}^{N-1}X(k\Omega_0)\mathrm{e}^{\mathrm{j}k\Omega_0 n}=\lim_{N\to\infty}\sum_{k=0}^{N-1}\frac{1}{N}X(\Omega)\mathrm{e}^{\mathrm{j}\Omega n}=\frac{1}{2\pi}\int_0^{2\pi}X(\Omega)\mathrm{e}^{\mathrm{j}\Omega n}\mathrm{d}\Omega \tag{2-45}$$

式(2-44)称为离散时间函数的傅里叶变换，简称离散时间傅里叶变换(DTFT)，式(2-45)则为离散时间傅里叶反变换。

称满足式(2-44)和式(2-45)的 $x(n)$ 和 $X(\Omega)$ 为离散时间傅里叶变换(DTFT)对，并将它们简记为

$$x(n)\xleftrightarrow{\text{DTFT}}X(\Omega) \tag{2-46}$$

$X(\Omega)$ 是变量 Ω 的周期函数，周期为 2π。因为对任意整数 q，有

$$X(\Omega+2\pi q)=\sum_{n=-\infty}^{\infty}x(n)\mathrm{e}^{-\mathrm{j}(\Omega+2\pi q)n}=\sum_{n=-\infty}^{\infty}x(n)\mathrm{e}^{-\mathrm{j}\Omega n}=X(\Omega)$$

同时，$X(\Omega)$ 是一复函数，其模 $|X(\Omega)|$ 表示了其幅值随频率的变化，称为幅值函数，辐角 $\varphi(\Omega)$ 表示了其相位随频率的变化，称为相位函数。可以认为 $X(\Omega)$ 在频域描述了函数的基本特征，因而是非周期序列进行频域分析的理论基础。

式(2-45)把序列 $x(n)$ 分解为复指数序列的线性组合，这些复指数序列的频率无限靠近，

形成连续变化，其幅值为 $X(\Omega)\left(\frac{\mathrm{d}\Omega}{2\pi}\right)$。$x(n)$可以是有限长序列也可以是无限长序列，但在无限长情况下，必须考虑式(2-44)无限项求和的收敛问题。因此 DTFT 存在条件与连续函数的傅里叶变换(CTFT)相对应，为了保证求和式收敛，要求 $x(n)$是绝对可和的，即

$$\sum_{n=-\infty}^{\infty} |x(n)| < \infty$$

或序列的能量是有限的，即

$$\sum_{n=-\infty}^{\infty} |x(n)|^2 < \infty$$

例 2-9　求 1）序列 $x_1(n)=a^n u(n)\ (|a|<1)$和 2）$x_2(n)=-a^n u(-n-1)\ (|a|>1)$的傅里叶变换。

解　1）由式(2-44)有

$$X_1(\Omega)=\sum_{n=0}^{\infty} a^n \mathrm{e}^{-\mathrm{j}\Omega n}=\sum_{n=0}^{\infty} (a\mathrm{e}^{-\mathrm{j}\Omega})^n$$

再利用几何级数求和公式，得

$$X_1(\Omega)=\frac{1}{1-a\mathrm{e}^{-\mathrm{j}\Omega}}$$

2）类似地，由式(2-44)有

$$X_2(\Omega)=\sum_{n=-\infty}^{\infty} x_2(n)\mathrm{e}^{-\mathrm{j}\Omega n}=-\sum_{n=-\infty}^{-1} a^n \mathrm{e}^{-\mathrm{j}\Omega n}$$

改变求和的上下限，得

$$X_2(\Omega)=-\sum_{n=1}^{\infty} a^{-n}\mathrm{e}^{\mathrm{j}\Omega n}=-\sum_{n=0}^{\infty} (a^{-1}\mathrm{e}^{\mathrm{j}\Omega})^n+1$$

因为$|a|>1$，所以有

$$X_2(\Omega)=-\frac{1}{1-a^{-1}\mathrm{e}^{\mathrm{j}\Omega}}+1=\frac{1}{1-a\mathrm{e}^{-\mathrm{j}\Omega}}$$

（三）DTFT 的性质

离散时间傅里叶变换与连续时间傅里叶变换类似，具有若干有用的性质，它们在实际应用中对简化信号分析与运算起着重要作用。表 2-3 列出了一系列 DTFT 的重要性质，在表 2-4 中则给出了常用的离散序列的 DTFT。

表 2-3　DTFT 的性质

性　质	序　列	离散时间傅里叶变换(DTFT)
定义	$x(n)=\frac{1}{2\pi}\int_0^{2\pi} X(\Omega)\mathrm{e}^{\mathrm{j}\Omega n}\mathrm{d}\Omega$	$X(\Omega)=\sum_{n=-\infty}^{\infty} x(n)\mathrm{e}^{-\mathrm{j}\Omega n}$
线性	$ax(n)+by(n)$	$aX(\Omega)+bY(\Omega)$
时域平移	$x(n-n_0)$	$\mathrm{e}^{-\mathrm{j}\Omega n_0}X(\Omega)$
频域平移	$\mathrm{e}^{\mathrm{j}\Omega_0 n}x(n)$	$X(\Omega-\Omega_0)$
时间翻转	$x(-n)$	$X(-\Omega)$

（续）

性　　质	序　　列	离散时间傅里叶变换(DTFT)
共轭对称	$x^*(n)$	$X^*(-\Omega)$
时域卷积(卷积和)	$x(n)*y(n)$	$X(\Omega)Y(\Omega)$
频域卷积	$x(n)y(n)$	$\frac{1}{2\pi}\int_{-\pi}^{\pi}X(\lambda)Y(\Omega-\lambda)\mathrm{d}\lambda$
调制	$x(n)\cos\Omega_0 n$	$\frac{1}{2}[X(\Omega+\Omega_0)+X(\Omega-\Omega_0)]$
频域微分	$nx(n)$	$\mathrm{j}\frac{\mathrm{d}X(\Omega)}{\mathrm{d}\Omega}$

注：给定 $x(n)$ 和 $y(n)$ 的 DTFT 为 $X(\Omega)$ 和 $Y(\Omega)$，这个表列出由 $x(n)$ 和 $y(n)$ 形成序列的 DTFT。

表 2-4　一些常见离散序列的 DTFT

序　　列	离散时间傅里叶变换(DTFT)
$\delta(n)$	1
$\delta(n-n_0)$	$\mathrm{e}^{-\mathrm{j}\Omega n_0}$
1	$2\pi\delta(\Omega)$
$\mathrm{e}^{\mathrm{j}\Omega_0 n}$	$2\pi\delta(\Omega-\Omega_0)$
$a^n u(n)$，$\lvert a \rvert<1$	$\frac{1}{1-a\mathrm{e}^{-\mathrm{j}\Omega}}$
$-a^n u(-n-1)$，$\lvert a \rvert>1$	$\frac{1}{1-a\mathrm{e}^{-\mathrm{j}\Omega}}$
$(n+1)a^n u(n)$，$\lvert a \rvert<1$	$\frac{1}{(1-a\mathrm{e}^{-\mathrm{j}\Omega})^2}$
$\cos\Omega_0 n$	$\pi\delta(\Omega+\Omega_0)+\pi\delta(\Omega-\Omega_0)$

此外，DTFT 有一些可以用来简化求解 DTFT 或反 DTFT 的对称性，这些对称性见表 2-5。

表 2-5　一些 DTFT 的对称性质

$x(n)$	$X(\Omega)$	$x(n)$	$X(\Omega)$
实且偶	实且偶	虚且偶	虚且偶
实且奇	虚且奇	虚且奇	实且奇

注意到这些对称性质可能是综合的。例如，如果 $x(n)$ 是共轭对称的，它的实部是偶函数，虚部是奇函数，于是可得 $X(\Omega)$ 是实值的。类似地，注意到如果 $x(n)$ 是实信号，则 $X(\Omega)$ 的实部是偶函数，虚部是奇函数，于是，$X(\Omega)$ 是共轭对称的。

三、离散傅里叶变换(DFT)

离散时间傅里叶变换(DTFT)对给出了离散时间函数时域与频域之间的变换关系，给离散时间函数的时域分析和频域分析建立联系。这时，虽然函数的时域表达式是离散的，但得到的频域表达式是 Ω 的连续周期函数，而利用计算机来分析信号时，显然要求信号的时域和频域都必须为离散的，为此我们需要寻求一种时域和频域都离散的傅里叶变换对。从上面的讨论可知，离散傅里叶级数(DFS)满足时域、频域都是离散序列的要求，但它只适应离散周期序列。我们将待分析的时间有限非周期序列进行周期延拓，使之成为周期序列，然后通过离散傅里叶级数(DFS)求得相应的周期的离散序列 $X(k\Omega_0)$，这就是得到一种时域和频域都离散的傅里叶变换对的基本思路。

(一) 从离散傅里叶级数(DFS)到离散傅里叶变换(DFT)

考虑有限长序列 $x(n)$ $(0 \leqslant n \leqslant N-1)$，将其按周期 N 进行延拓，得到周期序列

$$x_p(n) = \sum_r x(n + rN) \qquad (r\text{ 为任意整数})$$

我们把 $x(n)$ 称为主值序列，它也是周期序列 $x_p(n)$ 的主值区间序列。由于 $x_p(n)$ 是周期为 N 的周期序列，因此可以按式(2-35)展成离散傅里叶级数(DFS)，即

$$X_p(k\Omega_0) = \frac{1}{N}\sum_{n=0}^{N-1} x_p(n)\mathrm{e}^{-\mathrm{j}k\Omega_0 n} \quad k=0,\ 1,\ 2,\ \cdots,\ N-1 \tag{2-47}$$

$X_p(k\Omega_0)$ 是周期为 N 的、离散的频域函数序列。按式(2-36)可得它的反变换

$$x_p(n) = \sum_{k=0}^{N-1} X_p(k\Omega_0)\mathrm{e}^{\mathrm{j}k\Omega_0 n} \quad n=0,\ 1,\ 2,\ \cdots,\ N-1 \tag{2-48}$$

它是周期为 N 的、离散的时域函数序列。由于 $X_p(k\Omega_0)$ 的周期性，我们可以取它的一个周期(主值区间为 $0 \leqslant k \leqslant N-1$)的值，记为 $X(k\Omega_0)$。当 $x_p(n)$ 和 $X_p(k\Omega_0)$ 都取主值区间序列时，显然有

$$X(k\Omega_0) = \frac{1}{N}\sum_{n=0}^{N-1} x(n)\mathrm{e}^{-\mathrm{j}k\Omega_0 n} \quad k=0,\ 1,\ 2,\ \cdots,\ N-1 \tag{2-49}$$

和

$$x(n) = \sum_{k=0}^{N-1} X(k\Omega_0)\mathrm{e}^{\mathrm{j}k\Omega_0 n} \quad n=0,\ 1,\ 2,\ \cdots,\ N-1 \tag{2-50}$$

前面已述，非周期序列的傅里叶变换是密度函数，所以必须将式(2-49)乘以周期 N，同时考虑到离散的频域函数可用序列表示，所以有

$$X(k) = NX(k\Omega_0) = \sum_{n=0}^{N-1} x(n)\mathrm{e}^{-\mathrm{j}k\Omega_0 n} = \sum_{n=0}^{N-1} x(n)\mathrm{e}^{-\mathrm{j}k\frac{2\pi}{N}n} \quad k=0,\ 1,\ 2,\ \cdots,\ N-1 \tag{2-51}$$

同时可得其反变换有

$$x(n) = \frac{1}{N}\sum_{k=0}^{N-1} NX(k\Omega_0)\mathrm{e}^{\mathrm{j}k\Omega_0 n} = \frac{1}{N}\sum_{k=0}^{N-1} X(k)\mathrm{e}^{\mathrm{j}k\Omega_0 n} = \frac{1}{N}\sum_{k=0}^{N-1} X(k)\mathrm{e}^{\mathrm{j}k\frac{2\pi}{N}n} \quad n=0,\ 1,\ 2,\ \cdots,\ N-1 \tag{2-52}$$

把满足式(2-51)和式(2-52)的 $x(n)$ 和 $X(k)$ 称为有限长序列的离散傅里叶变换(DFT)对，简记为

$$x(n) \xleftrightarrow{\text{DFT}} X(k) \tag{2-53}$$

由上述推导可以看出，只要从 DFS 变换对截取序列的主值，就构成了 DFT 变换对。但是它们在本质意义上是有区别的，DFS 是按傅里叶分析严格定义的，而 DFT 是一种“借用”的形式。因为我们知道，有限长序列 $x(n)$ 是非周期的，它的傅里叶变换应该是连续的、周期性的，现在，我们人为地把 $x(n)$ 按周期延拓成离散的、周期性的序列 $x_p(n)$，得到离散的、周期性的频域函数 $X_p(k\Omega_0)$，然后利用 $x(n)$ 是 $x_p(n)$ 的主值序列，“借用”取主值的方

法，得出离散傅里叶变换(DFT)，这样处理的结果相当于把原来 $x(n)$ 的连续的、周期性的频域函数离散化了。事实上，我们完全可以从非周期序列的傅里叶变换(DTFT)出发，在主周期$[-\pi,\ \pi]$内按采样间隔 $\Omega_0=\dfrac{2\pi}{N}$ 实现原连续频域函数 $X(\Omega)$ 离散化，来得到离散傅里叶变换(DFT)，即

$$X(k)=X(\Omega)\Big|_{\Omega=k\frac{2\pi}{N}}=\sum_{n=0}^{N-1}x(n)\mathrm{e}^{-\mathrm{j}k\frac{2\pi}{N}n}=\sum_{n=0}^{N-1}x(n)\mathrm{e}^{-\mathrm{j}k\Omega_0 n}=\mathrm{DFT}[x(n)]$$

当然，频域离散化要求满足频域采样定理。可以证明，如果时域样点数为 L，频域样点数为 N，必须满足 $L\leqslant N$，才能保证频域采样定理的要求，通常为了计算统一，取 $L=N$。这就是式(2-51)和式(2-52)所表示的离散傅里叶变换对。

(二) DFT 的性质

离散傅里叶变换(DFT)是傅里叶变换在时域、频域均离散化的一种形式，因而它与其他傅里叶变换有着相似的性质。但是它又是由其他傅里叶变换派生而来，所以又具有一些独自的特性，其中最主要的是圆周移位性质和圆周卷积性质。

1. 线性性质

若 $x_1(n)\xleftrightarrow{\mathrm{DFT}}X_1(k)$，$x_2(n)\xleftrightarrow{\mathrm{DFT}}X_2(k)$，那么

$$ax_1(n)+bx_2(n)\xleftrightarrow{\mathrm{DFT}}aX_1(k)+bX_2(k) \tag{2-54}$$

应用这个性质时，很重要的一点是要保证两个序列有相同的长度。如果 $x_1(n)$、$x_2(n)$ 长度不同，长度短的序列要补零，使它与另一序列长度相同。例如，如果 $x_1(n)$ 的长度为 N_1，$x_2(n)$ 的长度为 N_2，且 $N_2>N_1$，那么 $x_1(n)$ 可以看作长度为 N_2 的序列，后 N_2-N_1 个值等于 0，并对两个序列都做 N_2 点 DFT。

2. 圆周移位性质

为了方便研究有限长序列的位移特性，首先建立“圆周移位”的概念。若有限长序列 $x(n)$，$0\leqslant n\leqslant N-1$，则经时移后的序列 $x(n-m)$ 仍为有限长序列，其位置移至 $m\leqslant n\leqslant N+m-1$，如图 2-13 所示。当用式(2-51)求它们的 DFT 时，取和的范围出现了差异，前者从 0 到 $N-1$，后者从 m 到 $N+m-1$，当时移位数不同时，DFT 取和范围也要随之改变，这给位移序列 DFT 的计算带来不便。为解决此问题，我们这样来理解有限长序列的位移：先将原序列 $x(n)$ 按 N 周期延拓成 $x_p(n)$，然后移 m 位得到 $x_p(n-m)$，最后取 $x_p(n-m)$ 的主值区间$(0\sim N-1)$。这一过程如图 2-14 所示，图中表示了 $m=2$ 的情况。

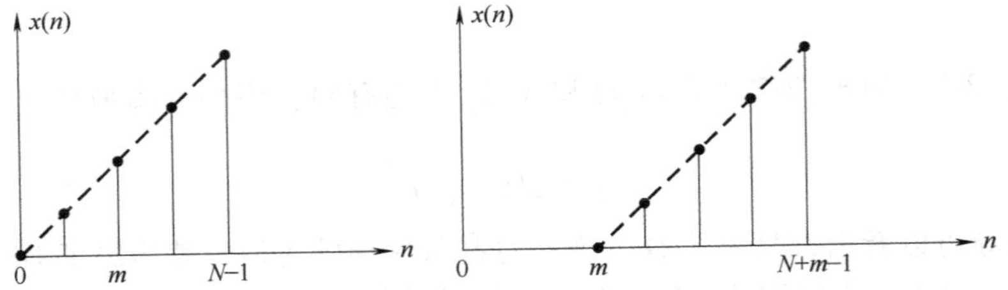

图 2-13　有限长序列的移位

可以看出，这样的移位具有循环的特性，即 $x(n)$ 向右移 m 位时，右边超出 $N-1$ 的 m 个样值又从左边依次填补了空位。如果把序列 $x(n)$ 排列在一个 N 等分($N=8$)的圆周上，N 个

样点首尾相接，上面所述的移位可以表示为 $x(n)$ 在圆周上旋转 m 位($m=2$)，如图 2-15 所示，所以通常称为圆周移位，也可称为循环移位。当有限长序列进行任意位数的圆周移位后，求序列的 DFT 时取值范围就仍然保持在($0\sim N-1$)了。

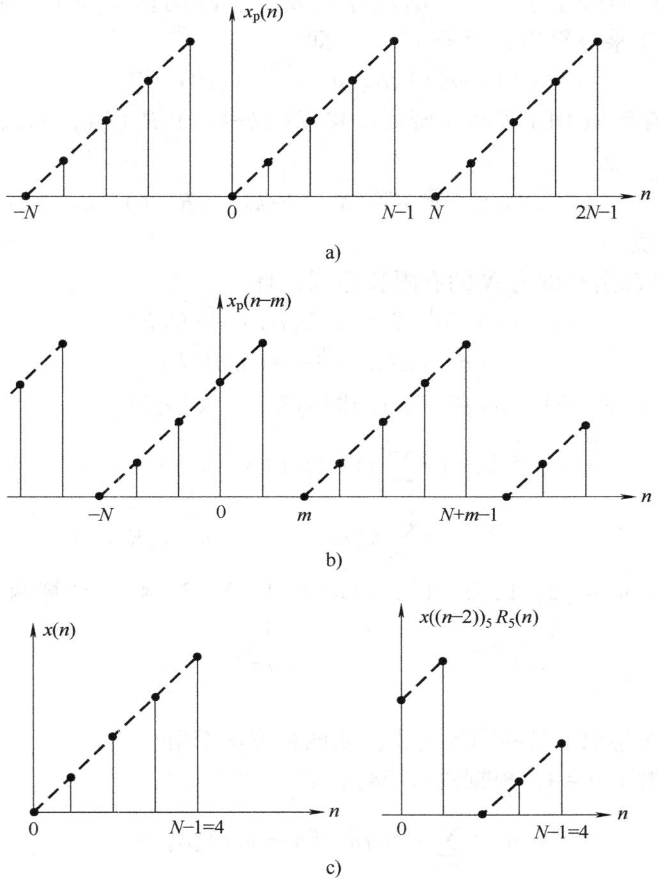

图 2-14 有限长序列的圆周移位

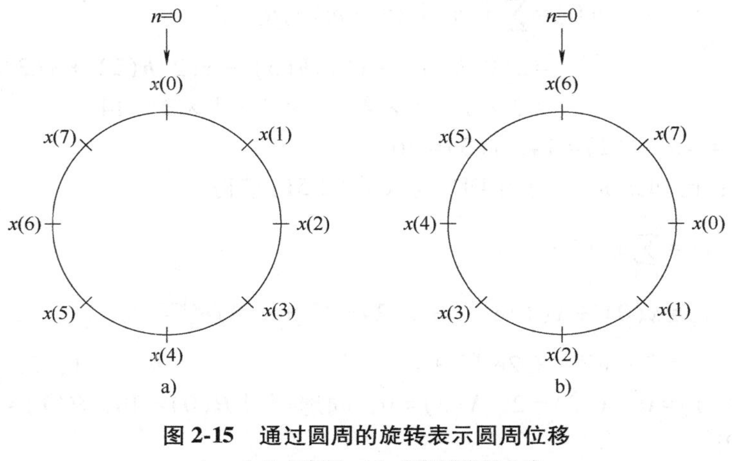

图 2-15 通过圆周的旋转表示圆周位移

a) 一个 8 点序列 b) 右圆周位移 2 位

序列 $x(n)$ 的圆周移位表示为 $x((n-m))_N R_N(n)$，其中 $((n-m))_N$ 表示"$(n-m)$ 对 N 取模值"，即 $(n-m)$ 被 N 除，整除后所得的余数就是 $((n-m))_N$，而 $R_N(n)$ 是以 N 为长度的矩形序列，这里是取主值范围的意思。

时域圆周移位性质表示了，如果时域序列发生了圆周移位 m 位，那么移位后序列的 DFT 为原序列的 DFT 乘以复指数因子 $e^{-jk\Omega_0 m}$，即

$$x((n-m))_N R_N(n) \xleftrightarrow{\text{DFT}} X(k)e^{-jk\Omega_0 m} \tag{2-55}$$

类似地，如果在频域 DFT 发生了圆周位移 $X((k-k_0))_N R_N(k)$，那么时域序列就乘以一个复指数因子 $e^{jk_0\Omega_0 n}$，即

$$x(n)e^{jk_0\Omega_0 n} \xleftrightarrow{\text{DFT}} X((k-k_0))_N R_N(k) \tag{2-56}$$

3. 圆周卷积性质

若 $x(n)$、$h(n)$ 都是长度为 N 的有限长序列，且

$$x(n) \xleftrightarrow{\text{DFT}} X(k),\quad h(n) \xleftrightarrow{\text{DFT}} H(k)$$

则

$$x(n) \circledast h(n) \xleftrightarrow{\text{DFT}} X(k)H(k) \tag{2-57}$$

式中，$x(n)\circledast h(n)$ 表示序列 $x(n)$ 和 $h(n)$ 的圆周卷积，定义为

$$\begin{aligned} x(n) \circledast h(n) &= \sum_{m=0}^{N-1} x(m)h((n-m))_N R_N(n) \\ &= \sum_{m=0}^{N-1} h(m)x((n-m))_N R_N(n) \end{aligned} \tag{2-58}$$

例 2-10 已知 $x(n)=[\underset{\substack{\uparrow\\ n=0}}{2},1,2,1]$，$h(n)=[\underset{\substack{\uparrow\\ n=0}}{1},2,3,4]$，计算两个序列的圆周卷积 $y(n)=x(n)\circledast h(n)$。

解 可以用圆周卷积定义和圆周卷积性质两种方法求解。

第一种方法：由于 $N=4$，根据式(2-58)，有

$$y(n) = \sum_{m=0}^{3} x(m)h((n-m))_4 R_4(n)$$

即

$$\begin{aligned} y(0) &= \sum_{m=0}^{3} x(m)h((-m))_4 R_4(n) \\ &= x(0)h(0) + x(1)h(3) + x(2)h(2) + x(3)h(1) \\ &= 2\times 1 + 1\times 4 + 2\times 3 + 1\times 2 = 14 \end{aligned}$$

同理可求得 $y(1)=16$，$y(2)=14$，$y(3)=16$。

第二种方法：已知 $x(n)$，可由 DFT 定义式(2-51)求得

$$\begin{aligned} X(k) &= \sum_{n=0}^{3} x(n)e^{-jk\Omega_0 n} \\ &= x(0) + x(1)e^{-jk\frac{\pi}{2}} + x(2)e^{-jk\pi} + x(3)e^{-jk\frac{3\pi}{2}} \\ &= 2 + e^{-jk\frac{\pi}{2}} + 2e^{-jk\pi} + e^{-jk\frac{3\pi}{2}} \qquad k=0,1,2,3 \end{aligned}$$

可得 $X(0)=6$，$X(1)=0$，$X(2)=2$，$X(3)=0$，同理可得 $H(0)=10$，$H(1)=-2+2j$，$H(2)=-2$，$H(3)=-2-2j$。

根据圆周卷积性质式(2-57)，有

$$Y(k)=X(k)H(k)=[60,\ 0,\ -4,\ 0]$$
$$\uparrow$$
$$k=0$$

由 DFT 反变换式(2-52)，可求得

$$y(n)=\frac{1}{4}\sum_{k=0}^{3}Y(k)e^{jk\frac{2\pi}{4}n}=\frac{1}{4}(60-4e^{j\pi n})$$

代入 $n=0$，1，2，3，得

$$y(n)=x(n)\circledast h(n)=[14,\ 16,\ 14,\ 16]$$
$$\uparrow$$
$$n=0$$

显然，两种方法的计算结果完全相同。

DFT 的其他性质不再一一说明，综合列于表 2-6 中以供查用。此外，DFT 对奇、偶序列和虚、实序列的对称性会使运算简化，现将它们列于表 2-7 中。

表 2-6　DFT 的性质

性　质	序　列	离散傅里叶变换(DFT)
线性	$ax(n)+by(n)$	$aX(k)+bY(k)$
周期性	$x(n)=x(n+N)$	$X(k)=X(k+N)$
时域圆周移位	$x((n-m))_N R_N(n)$	$e^{-j\Omega_0 mk}X(k)$
频域圆周移位	$e^{j\Omega_0 k_0 n}x(n)$	$X((k-k_0))_N R_N(k)$
时间翻转	$x(-n)$	$X(-k)$
复共轭	$x^*(n)$	$X^*(N-k)$
时域圆周卷积	$x(n)\circledast h(n)$	$X(k)H(k)$
频域圆周卷积	$x(n)h(n)$	$\frac{1}{N}X(k)\circledast H(k)$
调制	$x(n)\cos\Omega_0 n$	$\frac{1}{2}[X(\Omega+\Omega_0)+X(\Omega-\Omega_0)]$
圆周相关	$x(n)\circledast h^*(-n)$	$X(k)H^*(k)$

表 2-7　DFT 的奇偶虚实特性

$x(n)$	$X(k)$
实数	实部为偶，虚部为奇
虚数	实部为奇，虚部为偶
实且偶	实且偶
实且奇	虚且奇
虚且偶	虚且偶
虚且奇	实且奇

四、快速傅里叶变换(FFT)

快速傅里叶变换(fast Fourier transformation，FFT)是计算离散傅里叶变换(DFT)的快速

算法。它的出现和发展对推动信号的数字处理技术起着关键作用。本节重点阐明 DFT 运算的内在规律，在此基础上提出快速傅里叶变换(FFT)的基本思路，同时介绍一种常用的 FFT 算法——基 2FFT 算法。

(一) FFT 的基本思路

已知 N 点有限长序列 $x(n)$ 的 DFT 为

$$X(k)=\sum_{n=0}^{N-1}x(n)\mathrm{e}^{-\mathrm{j}\frac{2\pi}{N}nk}\qquad k=0,\ 1,\ \cdots,\ N-1$$

通常 $X(k)$ 为复数，给定的数据 $x(n)$ 可以是实数也可以是复数。为了简化，令指数因子(也有称为旋转因子或加权因子的)为

$$W_N=\mathrm{e}^{-\mathrm{j}2\pi/N}\tag{2-59}$$

当 N 给定时，W_N 是一个常数，则 $X(k)$ 可写成

$$X(k)=\sum_{n=0}^{N-1}x(n)W_N^{nk}\qquad k=0,\ 1,\ \cdots,\ N-1\tag{2-60}$$

因而 DFT 可看作是以 W_N^{nk} 为加权系数的一组样点 $x(n)$ 的线性组合，是一种线性变换。

将式(2-60)展开，得

$$\begin{aligned}
X(0)&=W_N^{0\cdot0}x(0)+W_N^{1\cdot0}x(1)+\cdots+W_N^{(N-1)\cdot0}x(N-1)\\
X(1)&=W_N^{0\cdot1}x(0)+W_N^{1\cdot1}x(1)+\cdots+W_N^{(N-1)\cdot1}x(N-1)\\
X(2)&=W_N^{0\cdot2}x(0)+W_N^{1\cdot2}x(1)+\cdots+W_N^{(N-1)\cdot2}x(N-1)\\
&\ \ \vdots\\
X(N-1)&=W_N^{0\cdot(N-1)}x(0)+W_N^{1\cdot(N-1)}x(1)+\cdots+W_N^{(N-1)\cdot(N-1)}x(N-1)
\end{aligned}$$

或写成矩阵表示式(为便于讨论，写出 $N=4$ 的情况)

$$\begin{bmatrix}X(0)\\X(1)\\X(2)\\X(3)\end{bmatrix}=\begin{bmatrix}W_4^0&W_4^0&W_4^0&W_4^0\\W_4^0&W_4^1&W_4^2&W_4^3\\W_4^0&W_4^2&W_4^4&W_4^6\\W_4^0&W_4^3&W_4^6&W_4^9\end{bmatrix}\begin{bmatrix}x(0)\\x(1)\\x(2)\\x(3)\end{bmatrix}\tag{2-61}$$

可见，每完成一个 DFT 样点的计算，需要做 N 次复数乘法和 $N-1$ 次复数加法。整个 $X(k)$ 序列的 N 个 DFT 样点的计算，就得做 N^2 次复数乘法和 $N(N-1)$ 次复数加法。而且每一次复数乘法又含有 4 次实数乘法和 2 次实数加法，每一次复数加法包含有 2 次实数加法。这样的运算过程对于一个实际的信号，当样点数较多时，势必占用很长的计算时间，严重影响信号处理的实时性。可见，DFT 虽然给出了利用计算机进行信号频域分析的可能性，但由于其计算量大，计算费时多，在实际应用中有其局限性。为此，寻找一种 DFT 的高效、快速算法具有重要的实际意义。

提高 DFT 运算的速度和效率，关键在于寻找 DFT 运算的规律性以及利用这些规律。由于在计算 $X(k)$ 时，需要大量地计算 W_N^{nk}，我们首先来分析一下 W_N^{nk} 所具有的一些有用的特点。很显然有

$$W_N^0=1,\ W_N^N=1,\ W_N^{N/2}=-1,\ W_N^{N/4}=-\mathrm{j},\ W_{2N}^k=W_N^{k/2}$$

此外，它有如下特性：

1) W_N^{nk} 具有周期性，其周期为 N，很容易证明

$$W_N^k=W_N^{k+lN}\qquad l\text{ 为整数}\tag{2-62}$$

及

$$W_N^{nk}=W_N^{(n+mN)(k+lN)} \qquad l,\ m\ 为整数 \tag{2-63}$$

所以有

$$W_N^{lN}=1$$

例如，对于 $N=4$，有 $W_4^6=W_4^2$、$W_4^9=W_4^1$。于是式(2-61)可写为

$$\begin{bmatrix}X(0)\\X(1)\\X(2)\\X(3)\end{bmatrix}=\begin{bmatrix}W_4^0 & W_4^0 & W_4^0 & W_4^0\\W_4^0 & W_4^1 & W_4^2 & W_4^3\\W_4^0 & W_4^2 & W_4^0 & W_4^2\\W_4^0 & W_4^3 & W_4^2 & W_4^1\end{bmatrix}\begin{bmatrix}x(0)\\x(1)\\x(2)\\x(3)\end{bmatrix} \tag{2-64}$$

利用 W_N^{nk} 的周期性，原来式(2-61)需要求 7 个 W_N^{nk} 的值，现减少为求 4 个 W_N^{nk} 的值。

2）W_N^{nk} 具有对称性。由于 $W_N^{N/2}=-1$，可以得到

$$W_N^{(nk+N/2)}=-W_N^{nk} \tag{2-65}$$

仍以 $N=4$ 为例，有 $W_4^3=-W_4^1$、$W_4^2=-W_4^0$。于是式(2-64)可写为

$$\begin{bmatrix}X(0)\\X(1)\\X(2)\\X(3)\end{bmatrix}=\begin{bmatrix}W_4^0 & W_4^0 & W_4^0 & W_4^0\\W_4^0 & W_4^1 & -W_4^0 & -W_4^1\\W_4^0 & -W_4^0 & W_4^0 & -W_4^0\\W_4^0 & -W_4^1 & -W_4^0 & W_4^1\end{bmatrix}\begin{bmatrix}x(0)\\x(1)\\x(2)\\x(3)\end{bmatrix} \tag{2-66}$$

利用对称性，求 W_N^{nk} 的个数更是减少到了 2 个。

3）由于求 DFT 时所做的复数乘法和复数加法次数都与 N^2 成正比，因此若把长序列分解为短序列，例如把 N 点的 DFT 分解为 2 个 $N/2$ 点 DFT 之和时，其结果使复数乘法次数减少到 $2\times(N/2)^2=N^2/2$，是分解前的一半。

综上，FFT 的基本思想是把原始的 N 点序列依次分解成一系列短序列，并充分利用 W_N^{nk} 所具有的对称性质和周期性质，求出这些短序列相应的 DFT，并进行适当组合，最终达到删除重复运算、减少乘法运算、提高运算速度的目的。

（二）基 2FFT 算法

最基本的 FFT 算法是将 $x(n)$ 按时间分解（抽取）成较短的序列，然后从这些短序列的 DFT 中求得 $X(k)$ 的方法。

设序列 $x(n)$ 的长度为 $N=2^\nu$（ν 为整数），先按 n 的奇、偶将序列分成两部分，则由式(2-60)可写出序列 $x(n)$ 的 DFT 为

$$X(k)=\sum_{n=0}^{N-1}x(n)W_N^{nk}=\sum_{n偶}x(n)W_N^{nk}+\sum_{n奇}x(n)W_N^{nk}$$

当 n 为偶数时，令 $n=2l$；当 n 为奇数时，令 $n=2l+1$，其中 l 为整数。则上式为

$$X(k)=\sum_{l=0}^{\frac{N}{2}-1}x(2l)W_N^{2lk}+\sum_{l=0}^{\frac{N}{2}-1}x(2l+1)W_N^{(2l+1)k} \tag{2-67}$$

可见，这时序列 $x(n)$ 先被分解（抽取）成两个子序列，每个子序列长度为 $N/2$，如图 2-16 所示，第一个序列 $x(2l)$ 由 $x(n)$ 的偶数项组成，第二个序列 $x(2l+1)$ 由 $x(n)$ 的奇数项组成。

由于

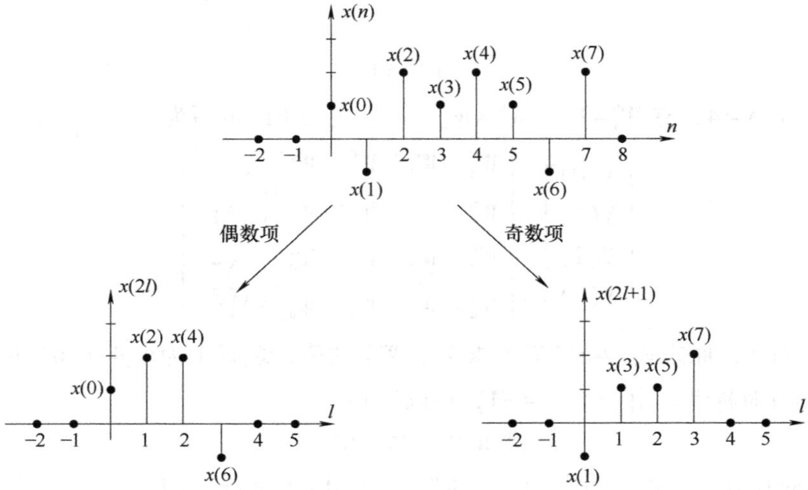

图 2-16　以因子 2 分解长度为 $N=8$ 的序列

$$W_N^2=e^{-j2\frac{2\pi}{N}}=e^{-j\frac{2\pi}{N/2}}=W_{N/2}^1$$

式(2-67)可以表示为

$$X(k)=\sum_{l=0}^{\frac{N}{2}-1}x(2l)W_{N/2}^{lk}+W_N^k\sum_{l=0}^{\frac{N}{2}-1}x(2l+1)W_{N/2}^{lk}$$

注意到上式第一项是 $x(2l)$ 的 $N/2$ 点 DFT，第二项是 $x(2l+1)$ 的 $N/2$ 点 DFT，若分别记

$$G(k)=\sum_{l=0}^{\frac{N}{2}-1}x(2l)W_{N/2}^{lk},\qquad H(k)=\sum_{l=0}^{\frac{N}{2}-1}x(2l+1)W_{N/2}^{lk}$$

则有

$$X(k)=G(k)+W_N^kH(k)\qquad k=0,1,\cdots,N-1\tag{2-68}$$

显然 $G(k)$、$H(k)$ 是长度为 $N/2$ 点的 DFT，它们的周期都应是 $N/2$，即

$$G\left(k+\frac{N}{2}\right)=G(k)\qquad H\left(k+\frac{N}{2}\right)=H(k)$$

再利用式(2-65) $W_N^{k+\frac{N}{2}}=-W_N^k$ 的对称性，式(2-68)又可表示为

$$X(k)=G(k)+W_N^kH(k)\qquad k=0,1,\cdots,\frac{N}{2}-1\tag{2-69}$$

$$X\left(k+\frac{N}{2}\right)=G(k)-W_N^kH(k)\qquad k=0,1,\cdots,\frac{N}{2}-1\tag{2-70}$$

前 $N/2$ 个 $X(k)$ 由式(2-69)求得，后 $N/2$ 个 $X(k)$ 由式(2-70)求得，而二者只差一个符号。一个 8 点序列按时间抽取的 FFT，第一次分解进行运算的框图如图 2-17 所示。

如果 $N/2$ 是偶数，则 $x(2l)$ 和 $x(2l+1)$ 还可以再被分解(抽取)。在计算 $G(k)$ 时可以将序列 $x(2l)$ 按 l 的奇偶分为两个子序列，每个子序列长度为 $N/4$。当 l 为偶数时，令 $l=2r$；当 l 为奇数时，令 $l=2r+1$，其中 r 为整数。于是，可得 $G(k)$ 为

$$G(k)=\sum_{l=0}^{\frac{N}{2}-1}x(2l)W_{N/2}^{lk}=\sum_{l偶}x(2l)W_{N/2}^{lk}+\sum_{l奇}x(2l)W_{N/2}^{lk}=\sum_{r=0}^{\frac{N}{4}-1}x(4r)W_{N/2}^{2rk}+\sum_{r=0}^{\frac{N}{4}-1}x(4r+2)W_{N/2}^{(2r+1)k}$$
$$=\sum_{r=0}^{\frac{N}{4}-1}x(4r)W_{N/4}^{rk}+W_{N/2}^{k}\sum_{r=0}^{\frac{N}{4}-1}x(4r+2)W_{N/4}^{rk}=A(k)+W_N^{2k}B(k)\qquad k=0,\ 1,\ \cdots,\ \frac{N}{2}-1 \tag{2-71}$$

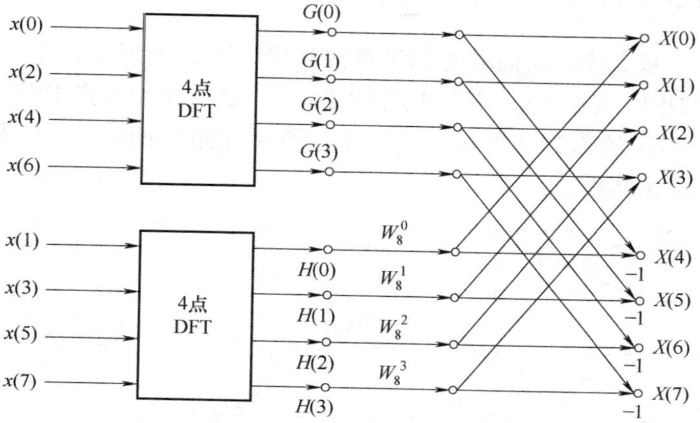

图 2-17　一个 8 点序列按时间抽取 FFT 算法的第一次分解

式(2-71)的推导过程中应用了等式 $W_{N/2}^{k}=W_N^{2k}$。显然，$A(k)$、$B(k)$是长度为 $N/4$ 点的 DFT，它们的周期应是 $N/4$，若再利用等式 $W_N^{2\left(k+\frac{N}{4}\right)}=W_N^{2k+\frac{N}{2}}=-W_N^{2k}$，则式(2-71)可写为

$$G(k)=A(k)+W_N^{2k}B(k)\qquad k=0,\ 1,\ \cdots,\ \frac{N}{4}-1 \tag{2-72}$$

$$G\left(k+\frac{N}{4}\right)=A(k)-W_N^{2k}B(k)\qquad k=0,\ 1,\ \cdots,\ \frac{N}{4}-1 \tag{2-73}$$

式中，$A(k)=\sum_{r=0}^{\frac{N}{4}-1}x(4r)W_{N/4}^{rk}$，$B(k)=\sum_{r=0}^{\frac{N}{4}-1}x(4r+2)W_{N/4}^{rk}$，$k=0,\ 1,\ \cdots,\ \frac{N}{4}-1$。前 $N/4$ 点 $G(k)$ 由式(2-72)求得，后 $N/4$ 点 $G(k)$ 由式(2-73)求得，二者也只差一个符号。这是第二次按时间抽取的 FFT，图 2-18 表示了这次分解后的 $G(k)$ 的运算框图。

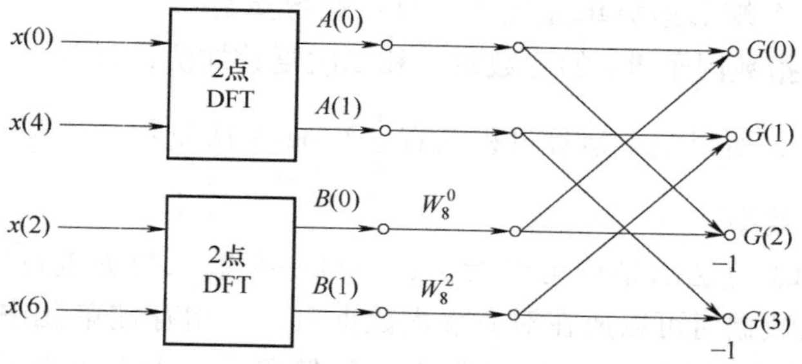

图 2-18　4 点 DFT 求 $G(k)$ 分解为两个 2 点 DFT 求 $G(k)$

同样的处理方法也应用于计算 $H(k)$，得到计算 $H(k)$ 的式子为

$$H(k)=C(k)+W_N^{2k}D(k) \qquad k=0,\ 1,\ \cdots,\ \frac{N}{4}-1 \tag{2-74}$$

$$H\left(k+\frac{N}{4}\right)=C(k)-W_N^{2k}D(k) \qquad k=0,\ 1,\ \cdots,\ \frac{N}{4}-1 \tag{2-75}$$

式中，$C(k)=\sum\limits_{r=0}^{\frac{N}{4}-1}x(4r+1)W_{N/4}^{rk}$，$D(k)=\sum\limits_{r=0}^{\frac{N}{4}-1}x(4r+3)W_{N/4}^{rk}$，$k=0,\ 1,\ \cdots,\ \frac{N}{4}-1$。

一个完整的 8 点基 2 按时间抽取的 FFT 算法流程如图 2-19 所示，它自左至右分为三级：第一级是 4 个 2 点 DFT，第二级是 2 个 4 点 DFT，第三级是 1 个 8 点 DFT。而每一级的运算都由 4 个如图 2-20 所示的称为蝶形运算的基本运算单元组合而成，每一蝶形运算单元有 2 个输入数据和 2 个输出数据。

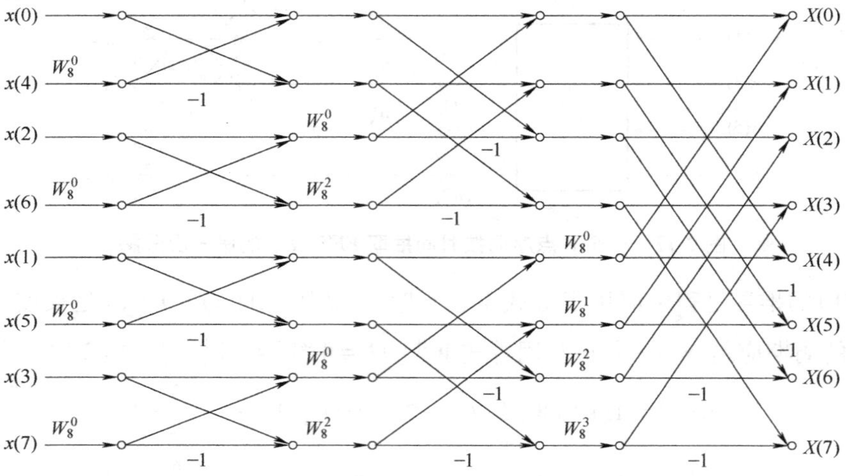

图 2-19　一个完整的 8 点基 2 按时间抽取的 FFT 算法流程

实际上，基 2FFT 算法是一种不断将数据序列进行抽取，每抽取一次就把 DFT 的计算宽度降为原来一半，最后成为 2 点 DFT 运算的算法。因此，一个长度为 $N=2^\nu$（ν 为整数）的序列 $x(n)$，通过基 2 按时间抽取可以分解为 $\log_2 N=\nu$ 级运算，每级运算由 $N/2$ 个蝶形运算单元完成，每一蝶形运算单元只需进行一次与指数因子 W_N^r 的复数乘法和二次复数加法，每一级运算则有 $N/2$ 次复数乘法和 N 次复数加法，所以整个运算过程共有 $\frac{1}{2}N\log_2 N$ 次复数乘法和 $N\log_2 N$ 次复数加法，极大地提高了计算的效率。

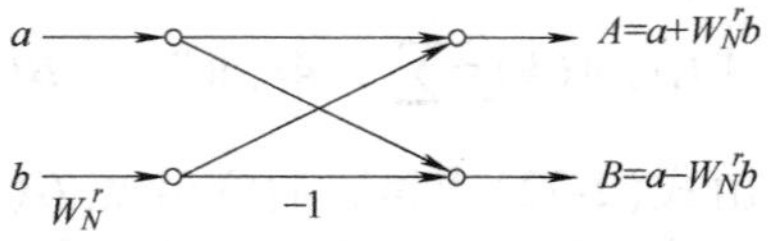

图 2-20　蝶形运算示意图

由按时间抽取 FFT 算法的结构可以看出，一旦一对输入数据进行完蝶形运算后，就不需要再保留了，输出数据对可以放在对应输入数据对的一组存储单元中，即所谓的“原位运算”。所以，长度为 N 的数据序列，只需要 N 个存储单元，大大减少了计算机的存储开支。但是为了进行同址运算，输入序列不能按原来自然顺序排列，而要进行变址，变址的规律是：把原来按自然顺序表示序列（正序）的十进制数先换成二进制数，然后把这些二进制数

的首位至末位的顺序进行颠倒(码位倒置)，再重新换成十进制，这样得到的序列称为反序。表 2-8 列出了 $N=8$ 时的正序及反序序列。

表 2-8　自然顺序与相应的码位倒置

n	二进制	码位倒置二进制	n'
0	000	000	0
1	001	100	4
2	010	010	2
3	011	110	6
4	100	001	1
5	101	101	5
6	110	011	3
7	111	111	7

归纳上面的推导过程，对于 $N=2^{\nu}$(ν 为整数)，输入反序、输出正序的 FFT 算法流程可表示如下：

1）将运算过程分解为 ν 级(也称 ν 次迭代)。

2）把输入序列 $x(n)$进行码位倒置，按反序排列。

3）每级都包含了 $N/2$ 个蝶形运算单元，但它们的几何图形各不相同。自左至右第 1 级的 $N/2$ 个蝶形运算单元组成 $N/2$ 个“群”(蝶形运算单元之间有交叉的称为“群”)，第 2 级的 $N/2$ 个蝶形运算单元组成 $N/4$ 个“群”，…，第 i 级的 $N/2$ 个蝶形运算单元组成 $N/2^{i}$ 个“群”，最末级为 $N/2^{\nu}=1$ 个“群”。

4）每个蝶形运算单元完成如图 2-20 所示的 1 次与指数因子 W_N^r 的复数乘法和 2 次复数加(减)法。

5）同级各“群”的指数因子 W_N^r 分布规律相同，各级每“群”的指数因子 W_N^r 为

第 1 级：W_N^0

第 2 级：W_N^0，$W_N^{N/4}$

…

第 i 级：W_N^0，$W_N^{N/2^i}$，$W_N^{2N/2^i}$，…，$W_N^{(2^{i-1}-1)N/2^i}$

…

也可以把输入序列按自然顺序排列(正序)进行 FFT 运算，这时所执行的运算内容与前面介绍的相同，只是输出变成了码位倒置后的序列。因此，输入反序时，输出为正序；输入正序时，输出为反序。

FFT 算法也可以用于离散傅里叶变换 DFT 的反变换，即由频域序列 $X(k)$求出对应的时间数据序列 $x(n)$，通常把它称为 FFT 反变换。

如果序列长度 N 不是 2 的整数幂次，也可以列出 FFT 算法流程，这称为任意因子的 FFT 算法。从基本的 FFT 算法诞生以来，各种改进的或派生的 FFT 算法层出不穷，它们都以快速、高效地计算数据序列的 DFT 为目的。实际上，现在已有许多成熟的 FFT 计算机程序可以直接使用。

第二节　拉普拉斯变换

傅里叶变换要求函数满足狄里赫利条件，即函数 $x(t)$ 在 $(-\infty, \infty)$ 上有定义，且绝对可积。但是，有一些重要函数，如功率型非周期函数、指数增长型函数 $e^{at}(a>0)$ 等，难以求出其傅里叶变换，使傅里叶变换的应用受到限制。若将傅里叶变换的频域推广到复频域，构成一种新的变换——拉普拉斯变换，就能克服上述傅里叶变换的局限性，进一步扩大傅里叶变换分析的范围。

一、从傅里叶变换到拉普拉斯变换

由上面讨论可知，函数 $x(t)$ 的傅里叶变换及反变换分别由式(2-11)和式(2-12)表示，对于一些诸如增长型指数函数 $e^{at}(a>0)$ 等不满足绝对可积的函数，如果乘以一个随时间逐步衰减的因子 $e^{-\sigma t}$（σ 为大于 0 并使 $\lim\limits_{t\to\infty}|x(t)|e^{-\sigma t}=0$ 的实常数），使 $x(t)e^{-\sigma t}$ 符合绝对可积条件，则其傅里叶变换为

$$\mathcal{F}[x(t)e^{-\sigma t}]=\int_{-\infty}^{\infty}x(t)e^{-\sigma t}e^{-j\omega t}dt$$
$$=\int_{-\infty}^{\infty}x(t)e^{-(\sigma+j\omega)t}dt$$

上述积分结果是 $(\sigma+j\omega)$ 的函数，记为 $X_b(\sigma+j\omega)$，即

$$X_b(\sigma+j\omega)=\int_{-\infty}^{\infty}x(t)e^{-(\sigma+j\omega)t}dt \tag{2-76}$$

相应的傅里叶反变换为

$$x(t)e^{-\sigma t}=\frac{1}{2\pi}\int_{-\infty}^{\infty}X_b(\sigma+j\omega)e^{j\omega t}d\omega$$

上式两边同时乘以 $e^{\sigma t}$，得

$$x(t)=\frac{1}{2\pi}\int_{-\infty}^{\infty}X_b(\sigma+j\omega)e^{(\sigma+j\omega)t}d\omega \tag{2-77}$$

令复变量 $s=\sigma+j\omega$，因 σ 为实常数，故 $ds=jd\omega$，且当 ω 趋于 $\pm\infty$ 时，有 s 趋于 $\sigma\pm j\infty$，于是式(2-76)和式(2-77)分别变为

$$X_b(s)=\int_{-\infty}^{\infty}x(t)e^{-st}dt \tag{2-78}$$

和

$$x(t)=\frac{1}{2\pi j}\int_{\sigma-j\infty}^{\sigma+j\infty}X_b(s)e^{st}ds \tag{2-79}$$

它们已不是原来意义的傅里叶变换对，称它们为双边拉普拉斯变换对，双边指的是以上积分变换式的上下限包括了时域的正、负区间，记为

$$\mathcal{L}[x(t)]=X_b(s)$$
$$\mathcal{L}^{-1}[X_b(s)]=x(t)$$

或

$$x(t)\xleftrightarrow{\mathcal{L}}X_b(s)$$

其中式(2-78)为双边拉普拉斯变换式，$X_b(s)$ 称为 $x(t)$ 的双边拉普拉斯变换，它是复频率 $s=\sigma+j\omega$ 的函数。式(2-79)为双边拉普拉斯反变换，表明函数 $x(t)$ 是复指数函数 $e^{st}=e^{\sigma t}e^{j\omega t}$ 的线

性组合。针对一般的函数 $x(t)$，由于 σ 可正、可负，也可为0，复指数函数 e^{st} 可能是由增幅振荡函数、减幅振荡函数、等幅振荡函数组成。如果 $\sigma=0$，则完全与傅里叶变换一致。$x(t)$ 的拉普拉斯变换 $X_b(s)$ 与傅里叶变换 $X(\omega)$ 类似，也反映了函数 $x(t)$ 的基本特征，而且正因为拉普拉斯变换把函数 $x(t)$ 分解为一系列变振幅的复指数函数，它比傅里叶变换更具有普遍意义，对函数 $x(t)$ 的限制约束更少，从这一角度来看，可以认为拉普拉斯变换是傅里叶变换的推广，而傅里叶变换是拉普拉斯变换当 $\sigma=0$ 的特殊情况。

二、拉普拉斯变换的收敛域

当我们把拉普拉斯变换理解为 $x(t)e^{-\sigma t}$ 的傅里叶变换，期望通过衰减因子 $e^{-\sigma t}$ 迫使 $x(t)e^{-\sigma t}$ 满足绝对可积的条件时，必须注意到如下两个事实：

1）$e^{-\sigma t}$ 为一指数型衰减因子，它顶多能使指数增长型函数满足绝对可积条件，或满足

$$\lim_{t\to\infty}|x(t)|e^{-\sigma t}=0 \tag{2-80}$$

有些函数，如 e^{t^2}、t^t 等，它们随 t 的增长速率比 $e^{-\sigma t}$ 的衰减速度快，找不到能满足式(2-80)的 σ 值，因而这些函数乘上衰减因子后仍不满足绝对可积条件，它们的拉普拉斯变换便不存在，所幸的是这些函数在工程实际中很少遇到，因此并不影响拉普拉斯变换的实际意义。

2）即使 $x(t)$ 乘上衰减因子 $e^{-\sigma t}$ 后能满足绝对可积条件，也存在 σ 的取值问题。例如 $x(t)=e^{7t}$，只有在 $\sigma\geqslant 7$ 的情况下，$x(t)e^{-\sigma t}$ 积分才会收敛，$X_b(s)$ 才存在。

可见，乘上衰减因子 $e^{-\sigma t}$ 后，$x(t)e^{-\sigma t}$ 能否满足绝对可积条件，既取决于函数 $x(t)$ 的性质，也取决于 σ 的取值。我们把能使函数 $x(t)$ 的拉普拉斯变换 $X_b(s)$ 存在的 s 值的范围称为函数 $x(t)$ 的拉普拉斯变换的收敛域，记为 ROC。

下面通过例子来说明函数的拉普拉斯变换收敛域。

例 2-11 求右边函数 $x(t)=e^{-t}u(t)$ 的拉普拉斯变换及其收敛域。

解 由式(2-78)，有

$$\begin{aligned}X_b(s)&=\int_{-\infty}^{\infty}e^{-t}u(t)e^{-st}dt\\&=\int_0^{\infty}e^{-(s+1)t}dt\\&=-\frac{1}{s+1}e^{-(s+1)t}\Big|_0^{\infty}\end{aligned}$$

上式积分只有在 $\sigma>-1$ 时收敛，这时

$$X_b(s)=\frac{1}{s+1}\qquad \sigma>-1$$

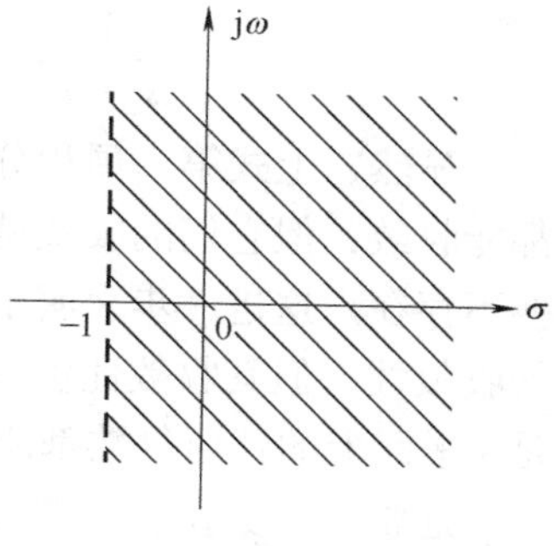

图 2-21 例 2-11 的收敛域

其收敛域表示在以 σ 轴为横轴、$j\omega$ 轴为纵轴的 s 平面上，如图 2-21 所示。

例 2-12 求左边函数 $x(t)=-e^{-t}u(-t)$ 的拉普拉斯变换及其收敛域。

解 同上，我们有

$$X_b(s)=\int_{-\infty}^{\infty}[-e^{-t}u(-t)]e^{-st}dt=\int_{-\infty}^{0}-e^{-(s+1)t}dt=\frac{1}{s+1}e^{-(s+1)t}\Big|_{-\infty}^{0}$$

上式积分只有在 $\sigma<-1$ 时收敛，这时

$$X_b(s)=\frac{1}{s+1}\qquad \sigma<-1$$

其收敛域如图 2-22 所示。

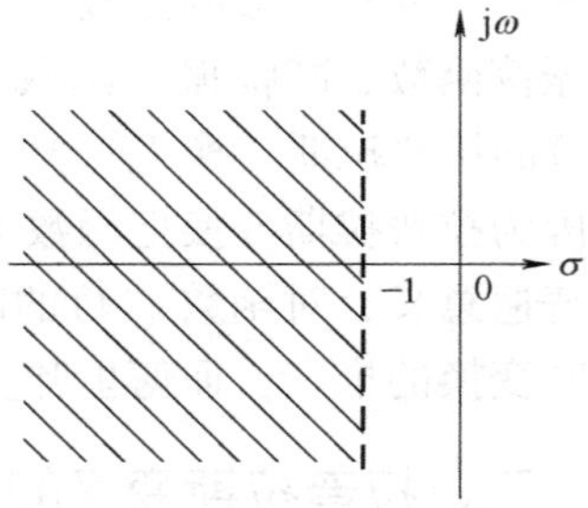

图 2-22　例 2-12 的收敛域

上面两例中，两个完全不同的函数对应了相同的拉普拉斯变换，而它们的收敛域不同。这说明收敛域在拉普拉斯变换中的重要意义，一个拉普拉斯变换式只有和其收敛域一起才能与函数建立起对应关系。

例 2-13　研究双边函数 $x(t)=\mathrm{e}^{-|t|}$的拉普拉斯变换及其收敛域。

解

$$\begin{aligned}X_b(s)&=\int_{-\infty}^{\infty}\mathrm{e}^{-|t|}\mathrm{e}^{-st}\mathrm{d}t\\&=\int_{-\infty}^{0}\mathrm{e}^{t}\mathrm{e}^{-st}\mathrm{d}t+\int_{0}^{\infty}\mathrm{e}^{-t}\mathrm{e}^{-st}\mathrm{d}t\\&=-\frac{1}{s-1}\mathrm{e}^{-(s-1)t}\Big|_{-\infty}^{0}-\frac{1}{s+1}\mathrm{e}^{-(s+1)t}\Big|_{0}^{\infty}\end{aligned}$$

显然，上式第一项积分的收敛域为 $\sigma<1$，第二项积分的收敛域为 $\sigma>-1$，整个积分的收敛域应该是它们的公共部分，即 $-1<\sigma<1$，如图 2-23 所示。这时有

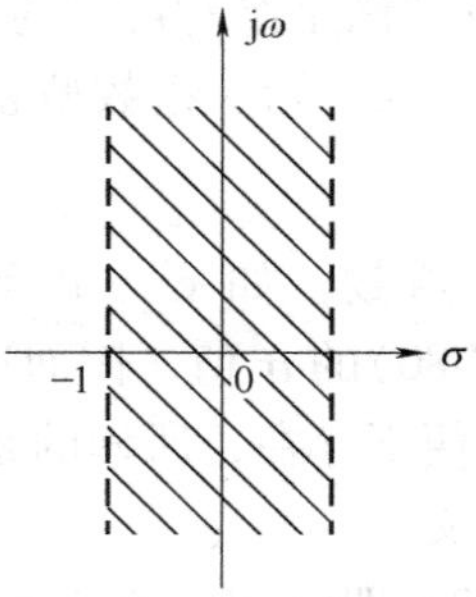

图 2-23　例 2-13 的收敛域

$$X_b(s)=-\frac{1}{s-1}+\frac{1}{s+1}=\frac{-2}{s^2-1}\qquad -1<\sigma<1$$

例 2-14　讨论双边函数 $x(t)=\mathrm{e}^{|t|}$的拉普拉斯变换。

解

$$\begin{aligned}X_b(s)&=\int_{-\infty}^{\infty}\mathrm{e}^{|t|}\mathrm{e}^{-st}\mathrm{d}t\\&=\int_{-\infty}^{0}\mathrm{e}^{-t}\mathrm{e}^{-st}\mathrm{d}t+\int_{0}^{\infty}\mathrm{e}^{t}\mathrm{e}^{-st}\mathrm{d}t\\&=-\frac{1}{s+1}\mathrm{e}^{-(s+1)t}\Big|_{-\infty}^{0}-\frac{1}{s-1}\mathrm{e}^{-(s-1)t}\Big|_{0}^{\infty}\end{aligned}$$

显然，上式第一项积分的收敛域为 $\sigma<-1$，第二项积分的收敛域为 $\sigma>1$，虽然两项积分都能收敛，但它们的收敛域没有公共部分，整个积分不能收敛，所以函数 $\mathrm{e}^{|t|}$的拉普拉斯变换不存在。这进一步表明了尽管由于衰减因子的引入使拉普拉斯变换具有比傅里叶变换更强的收敛性，但其收敛性仍是有限的。换言之，并不是任何函数的拉普拉斯变换都存在，也不是 s 平面上的任何复数都能使拉普拉斯变换收敛。

通常，函数拉普拉斯变换的收敛域具有如下基本特点：

1）连续函数 $x(t)$ 的拉普拉斯变换 $X_b(s)$ 的收敛域的边界是 s 平面上平行于 $\mathrm{j}\omega$ 轴的直线。这是因为决定 $x(t)\mathrm{e}^{-\sigma t}$是否绝对可积的只是 s 的实部，而与虚部无关。

2）右边函数 $x(t)u(t-t_0)$ 的拉普拉斯变换如果存在，则它的收敛域具有 $\sigma>\sigma_0$ 形式，即收敛域具有左边界 σ_0。这是因为，对于右边函数 $x(t)u(t-t_0)$，有

$$x(t)u(t-t_0)=0\qquad t<t_0$$

3）左边函数 $x(t)u(-t+t_0)$ 的拉普拉斯变换如果存在，则其收敛域具有右边界 σ_0，说明同上。

4）双边函数 $x(t)$ 的拉普拉斯变换如果存在，则其收敛域必为 s 平面上具有左边界和右边界的带状区域。

5）如果时限函数 $x(t)$ 的拉普拉斯变换 $X_b(s)$ 存在，则其收敛域必为整个 s 平面。

式(2-79)给出了由 $X_b(s)$ 求 $x(t)$ 的拉普拉斯反变换，这是一个复变函数积分，在数学上可以应用留数定理来求解。对于 $X_b(s)$ 为 s 的有理分式的情况，较为简单的方法是将 $X_b(s)$ 展开为部分分式和，再求出 $x(t)$。前面已经提到，一个拉普拉斯变换式只有和其收敛域一起才能与函数建立一一对应的关系，换言之，撇开收敛域，仅仅由拉普拉斯反变换式是无法求得唯一的 $x(t)$ 的。正如例 2-12 和例 2-13，右边函数 $e^{-t}u(t)$ 和左边函数 $-e^{-t}u(-t)$ 对应了同一拉普拉斯变换式 $\frac{1}{s+1}$，因此仅由 $\frac{1}{s+1}$ 通过拉普拉斯反变换去求对应的函数 $x(t)$ 时，无法确定是上述两个函数中的哪一个。

下面再来看一个有关的例子。

例 2-15　已知 $X_b(s)=\frac{2s+3}{(s+1)(s+2)}$，分别求出其收敛域为以下三种情况时的 $x(t)$：1）$\sigma>-1$；2）$\sigma<-2$；3）$-2<\sigma<-1$。

解　将 $X_b(s)$ 展开为部分分式，有

$$X_b(s)=\frac{2s+3}{(s+1)(s+2)}=\frac{1}{s+1}+\frac{1}{s+2}$$

1）收敛域为 $\sigma>-1$ 时，可得 $x(t)=(e^{-t}+e^{-2t})u(t)$。

2）收敛域为 $\sigma<-2$ 时，可得 $x(t)=(-e^{-t}-e^{-2t})u(-t)$。

3）收敛域为 $-2<\sigma<-1$ 时，对于分式 $X_{b1}(s)=\frac{1}{s+1}$，只对应左边函数 $x_1(t)=-e^{-t}u(-t)$；对于分式 $X_{b2}(s)=\frac{1}{s+2}$，只对应右边函数 $x_2(t)=e^{-2t}u(t)$。所以 $x(t)=x_1(t)+x_2(t)=-e^{-t}u(-t)+e^{-2t}u(t)$。

三、拉普拉斯变换的性质

拉普拉斯变换的性质对于拉普拉斯变换和反变换的运算起重要作用，由于拉普拉斯变换是傅里叶变换的推广，其大部分性质与傅里叶变换的性质类似，因此在这里不再做详细讨论，只将它们汇总在表 2-9 中，使用时应着重注意收敛域的变化。

表 2-9　拉普拉斯变换的基本性质

性质	时域 $x(t)$	复频域 $X_b(s)$	收敛域
定义	$x(t)=\frac{1}{2\pi j}\int_{\sigma-j\omega}^{\sigma+j\omega}X_b(s)e^{st}ds$	$X_b(s)=\int_{-\infty}^{\infty}x(t)e^{-st}dt$	R
线性	$a_1x_1(t)+a_2x_2(t)$	$a_1X_{b1}(s)+a_2X_{b2}(s)$	$R_1\cap R_2$，有可能扩大
尺度变换	$x(at)$	$\frac{1}{\mid a\mid}X_b\left(\frac{s}{a}\right)$	aR
时移	$x(t-t_0)$	$e^{-st_0}X_b(s)$	R

（续）

性质	时域 $x(t)$	复频域 $X_b(s)$	收敛域
频移	$x(t)e^{s_0 t}$	$X_b(s-s_0)$	$R+\sigma_0$（表示 R 有一个 σ_0 的平移）
时域微分	$\frac{dx(t)}{dt}$	$sX_b(s)$	R，有可能扩大
时域积分	$\int_{-\infty}^{t} x(\tau)d\tau$	$s^{-1}X_b(s)$	$R\cap\sigma>0$，有可能为 R
复频域微分	$-tx(t)$	$\frac{d}{ds}X_b(s)$	R
复频域积分	$t^{-1}x(t)$	$\int_{s}^{\infty} X_b(\tau)d\tau$	R
时域卷积	$x_1(t)*x_2(t)$	$X_{b1}(s)\cdot X_{b2}(s)$	$R_1\cap R_2$，有可能扩大

注：收敛域有可能扩大的情况发生在复频域运算时有零、极点相消现象发生。

表 2-10 列出了常用函数的拉普拉斯变换式。对于这些拉普拉斯变换，可以用拉普拉斯变换定义直接求得，也可以根据拉普拉斯变换的性质求得，许多有关的书上都做了详细讨论，在这里只列出以便查用，同样，在使用时要注意其收敛域。

表 2-10　常用函数的拉普拉斯变换式

函数 $x(t)$	拉普拉斯变换 $X_b(s)$	收敛域
$\delta(t)$	1	整个 s 平面
$u(t)$	$\frac{1}{s}$	$\sigma>0$
$-u(-t)$	$\frac{1}{s}$	$\sigma<0$
$t^n u(t)$	$\frac{n!}{s^{n+1}}$	$\sigma>0$
$-t^n u(-t)$	$\frac{n!}{s^{n+1}}$	$\sigma<0$
e^{-at}	$\frac{-2a}{s^2-a^2}$	$-a<\sigma<a$
$e^{-at}u(t)$	$\frac{1}{s+a}$	$\sigma>-a$
$-e^{-at}u(-t)$	$\frac{1}{s+a}$	$\sigma<-a$
$t^n e^{-at}u(t)$	$\frac{n!}{(s+a)^{n+1}}$	$\sigma>-a$
$-t^n e^{-at}u(-t)$	$\frac{n!}{(s+a)^{n+1}}$	$\sigma<-a$
$\delta(t-T)$	e^{-sT}	整个 s 平面
$\sin\omega_0 t\cdot u(t)$	$\frac{\omega_0}{s^2+\omega_0^2}$	$\sigma>0$

（续）

函数 $x(t)$	拉普拉斯变换 $X_b(s)$	收敛域
$\cos\omega_0 t \cdot u(t)$	$\dfrac{s}{s^2+\omega_0^2}$	$\sigma>0$
$e^{-at}\cos\omega_0 t \cdot u(t)$	$\dfrac{s+a}{(s+a)^2+\omega_0^2}$	$\sigma>-a$
$e^{-at}\sin\omega_0 t \cdot u(t)$	$\dfrac{\omega_0}{(s+a)^2+\omega_0^2}$	$\sigma>-a$

四、单边拉普拉斯变换

对于具有初始时刻的函数(如$\{x(t)=0,\ t<0\}$的因果信号)。函数的拉普拉斯变换式(2-78)可写为

$$X(s)=\int_{0^-}^{\infty}x(t)e^{-st}dt \tag{2-81}$$

符号$X(s)$中取消了表示双边的下标 b，而积分下限取0^-是为了处理在$t=0$包含冲激函数及其导数的$x(t)$时较方便，式(2-81)称为函数$x(t)$的单边拉普拉斯变换。

从式(2-81)可知，单边拉普拉斯变换只考虑函数$t\geqslant0$区间，与$t<0$区间的函数是否存在或取什么值无关，因此，对于在$t<0$区间内不同而在$t\geqslant0$区间内相同的两个函数，会有相同的单边拉普拉斯变换，例如对于$x_1(t)=e^{-t}u(t)$、$x_2(t)=e^{-t}$、$x_3(t)=e^{-|t|}$这 3 个函数，由于在$t\geqslant0$区间内它们是相同的，3 个函数的单边拉普拉斯变换是相同的，即

$$X_1(s)=X_2(s)=X_3(s)=\frac{1}{s+1} \qquad \sigma>-1$$

但是它们的双边拉普拉斯变换是不相同的，这在上面的例题中已得到证明。

从上面的讨论可以看出，对于具有初始时刻的函数$x(t)$，单边拉普拉斯变换和双边拉普拉斯变换具有相同的变换结果，因此，我们可以把函数$x(t)$的单边拉普拉斯变换看成是函数$x(t)u(t)$的双边拉普拉斯变换。于是对于单边拉普拉斯变换，我们可以得出如下的结论：

1）单边拉普拉斯变换具有$\sigma>\sigma_0$的收敛域，即它的收敛域具有左边界。正是由于单边拉普拉斯变换的收敛域单值，所以在研究函数的单边拉普拉斯变换时，视为变换式已包含了它的收敛域，一般不再另外强调。

2）既然函数$x(t)$的单边拉普拉斯变换可看成函数$x(t)u(t)$的双边拉普拉斯变换，我们可以用式(2-82)求出$x(t)u(t)$：

$$x(t)u(t)=\frac{1}{2\pi j}\int_{\sigma-j\omega}^{\sigma+j\omega}X(s)e^{st}dt \tag{2-82}$$

式中，$X(s)$为单边拉普拉斯，故称式(2-82)为单边拉普拉斯反变换，由于$X(s)$的收敛域的单值性，保证了拉普拉斯反变换的单值性质，即$X(s)$和$x(t)u(t)$为一一对应的关系，使拉普拉斯反变换的求取变得简单。

3）单边拉普拉斯变换除了时域微分和时域积分外，绝大部分性质与双边拉普拉斯变换相同，只是不再像双边拉普拉斯变换那样去强调收敛域。此外，单边拉普拉斯变换的时移性质中时移函数指的是函数$x(t)u(t)$的时延函数$x(t-t_0)u(t-t_0)$。在使用时请注意这几点略有

差别的性质。

单边拉普拉斯变换还有两个重要性质，即初值定理和终值定理。

1）初值定理：对于在 $t=0$ 处不包含冲激及各阶导数的因果信号 $x(t)$，若其单边拉普拉斯变换为 $X(s)$，则 $x(t)$ 的初值 $x(0^+)$ 可由式(2-83)得到

$$x(0^+)=\lim_{s\to\infty} sX(s) \tag{2-83}$$

2）终值定理：对于满足以上条件的因果信号 $x(t)$，若其终值 $x(\infty)$ 存在，则它可由式(2-84)得到

$$x(\infty)=\lim_{s\to 0} sX(s) \tag{2-84}$$

利用单边拉普拉斯变换的初值定理和终值定理，可以不经过拉普拉斯反变换，直接从 $X(s)$ 求出 $x(t)$ 的初值和终值，这在信号和系统的分析中特别有用。

第三节　Z 变换

与拉普拉斯变换是连续时间函数傅里叶变换的直接推广相同，Z 变换也是离散时间傅里叶变换(DTFT)的直接推广。它用复变量 z 表示一类更为广泛的函数，拓宽了离散时间傅里叶变换的应用范围。

一、从离散时间傅里叶变换(DTFT)到 Z 变换

增长的离散时间函数(序列) $x(n)$ 的傅里叶变换是不收敛的，为了满足傅里叶变换的收敛条件，类似拉普拉斯变换，将 $x(n)$ 乘以一衰减的实指数函数 $r^{-n}(r>1)$，使函数 $x(n)r^{-n}$ 满足收敛条件。这样，可得离散时间傅里叶变换

$$\mathcal{F}[x(n)r^{-n}]=\sum_{n=-\infty}^{\infty}[x(n)r^{-n}]\mathrm{e}^{-\mathrm{j}\Omega n}=\sum_{n=-\infty}^{\infty}x(n)\,(r\mathrm{e}^{\mathrm{j}\Omega})^{-n} \tag{2-85}$$

令复变量 $z=r\mathrm{e}^{\mathrm{j}\Omega}$，代入式(2-85)，则式子右边为复变量 Z 的函数，我们把它定义为离散时间函数(序列) $x(n)$ 的 Z 变换，记作 $X(z)$，即

$$X(z)=\sum_{n=-\infty}^{\infty}x(n)z^{-n} \tag{2-86}$$

显然，$X(z)$ 是 z 的一个幂级数序列，可看出，其系数就是 $x(n)$ 的值，因此可以把它看作是一个表示时序的量。

综合上面的讨论，我们可以用式(2-87)表示一个序列的 Z 变换

$$X(z)=\mathcal{F}[x(n)r^{-n}]=\mathcal{Z}[x(n)] \tag{2-87}$$

假设 r 的取值使上式收敛，对其进行反 DTFT，得

$$x(n)r^{-n}=\mathcal{F}^{-1}[X(z)]=\frac{1}{2\pi}\int_0^{2\pi}X(z)\mathrm{e}^{\mathrm{j}\Omega n}\mathrm{d}\Omega$$

故有

$$x(n)=\frac{1}{2\pi}\int_0^{2\pi}X(z)\,(r\mathrm{e}^{\mathrm{j}\Omega})^{n}\mathrm{d}\Omega \tag{2-88}$$

由于 $z=r\mathrm{e}^{\mathrm{j}\Omega}$，对 Ω 在 $0\sim2\pi$ 区域(实际上是 Ω 的整个取值范围)内积分，对应了沿 $|z|=r$

的圆逆时针环绕一周的积分，可得 $dz=jre^{j\Omega}d\Omega=jzd\Omega$，即 $d\Omega=\frac{1}{j}z^{-1}dz$，代入式(2-88)得

$$x(n)=\frac{1}{2\pi j}\oint_c X(z)\cdot z^{n-1}dz \tag{2-89}$$

式(2-89)为 Z 变换的反变换式，式中 $\oint_c$ 表示在以 r 为半径、以原点为中心的封闭圆周上沿逆时针方向的围线积分。式(2-86)和式(2-89)构成了双边 Z 变换对，这里双边 Z 变换指的是 n 取值为 $-\infty\sim+\infty$。记为

$$\mathcal{Z}[x(n)]=X(z)$$
$$\mathcal{Z}^{-1}[X(z)]=x(n)$$

或

$$x(n)\xleftrightarrow{\mathcal{Z}}X(z)$$

二、Z 变换的收敛域

与拉普拉斯变换类似，即使引入指数型衰减因子 r^{-n}，对于不同的序列 $x(n)$ 也存在为保证 $x(n)r^{-n}$ DTFT 收敛的 r 的取值问题，也就是 Z 变换存在的 z 值取值问题。同理，把 Z 变换存在的 z 值取值范围称为 Z 变换的收敛域(ROC)，显然，Z 反变换的积分围线必须是位于 ROC 内的任意 $|z|=r$ 的圆周。

下面通过例子来说明 Z 变换的收敛域。

例 2-16 求序列 $x(n)=a^nu(n)$ 的 Z 变换。

解 由式(2-86)，序列 $x(n)$ 的 Z 变换应为

$$X(z)=\sum_{n=-\infty}^{\infty}a^nu(n)z^{-n}=\sum_{n=0}^{\infty}a^nz^{-n}=\sum_{n=0}^{\infty}\left(\frac{a}{z}\right)^n$$

为使 $X(z)$ 收敛，根据几何级数的收敛定理，必须满足 $\left|\frac{a}{z}\right|<1$，即 $|z|>|a|$。此时

$$X(z)=\frac{1}{1-az^{-1}}=\frac{z}{z-a}\qquad |z|>|a|$$

图 2-24 在 z 平面上表示出了例 2-17 的收敛域，其中 z 平面是以 $\mathrm{Re}(z)$ 为横坐标轴、$\mathrm{Im}(z)$ 为纵坐标轴的平面。图中同时还表示出了上式的零、极点位置，其中极点用“×”表示，零点用“∘”表示。

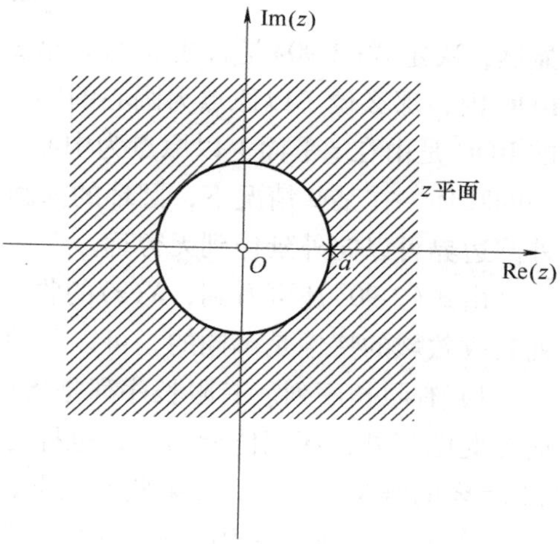

图 2-24 例 2-16 的零、极点和收敛域(阴影区)

例 2-17 求序列 $x(n)=-a^nu(-n-1)$ 的 Z 变换。

解 由式(2-86)，序列 $x(n)$ 的 Z 变换应为

$$X(z)=\sum_{n=-\infty}^{\infty}[-a^nu(-n-1)]z^{-n}=\sum_{n=-\infty}^{-1}(-a^nz^{-n})$$

令 $m=-n$，则

$$X(z)=\sum_{m=1}^{\infty}(-a^{-m}z^m)=\sum_{m=0}^{\infty}-(a^{-1}z)^m+a^0z^0=1-\sum_{m=0}^{\infty}(a^{-1}z)^m$$

显然上式只有当 $\left|\frac{z}{a}\right|<1$，即 $|z|<|a|$ 时收敛，此时

$$X(z)=1-\frac{1}{1-a^{-1}z}=1-\frac{a}{a-z}=\frac{z}{z-a}=\frac{1}{1-az^{-1}} \qquad |z|<|a|$$

其收敛域如图 2-25 所示，同样也表示出了变换式的零、极点位置。

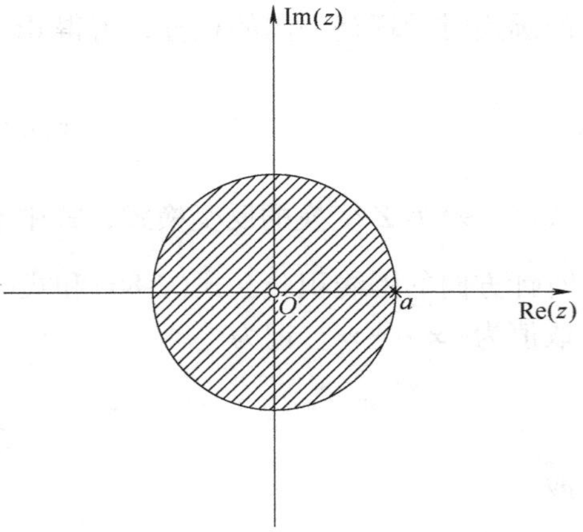

图 2-25　例 2-17 的零、极点和收敛域（阴影区）

在例 2-16 和例 2-17 中，它们的 Z 变换式是完全一样的，不同的仅是 Z 变换的收敛域。这说明收敛域在 Z 变换中的重要意义，一个 Z 变换式只有和它的收敛域结合在一起，才能与函数建立起对应关系。因此，和拉普拉斯变换一样，Z 变换的表述既要求它的变换式，又要求其相应的收敛域。另外，还可看到在这两个例子中，序列都是指数型的，所得到的变换式是有理的。事实上，只要 $x(n)$ 是实指数或复指数序列的线性组合，$X(z)$ 就一定是有理的。

进一步分析，可以认为 Z 变换的收敛域（ROC）是由满足 $x(n)r^{-n}$ 绝对可和的所有 $z=re^{j\Omega}$ 的值组成，即满足

$$\sum_{n=-\infty}^{\infty}|x(n)|r^{-n}<\infty \tag{2-90}$$

显然，决定式(2-90)是否成立的只是 z 值的模 r，而与 Ω 无关。由此可见，若某一 z_0 值在 ROC 内，那么位于以原点为圆心的同一圆上的全部 z 值也一定在该 ROC 内，换言之，$X(z)$ 的 ROC 是由在 z 平面上以原点为中心的圆环组成。事实上，ROC 必须是而且只能是一个单一的圆环，在某些情况下，圆环的内圆边界可以向内延伸到原点，而在另一些情况下，它的外圆边界可以向外延伸到无穷远。

由式(2-90)还可看到，$X(z)$ 的收敛域还与 $x(n)$ 的性质有关，具体地说，不同类型的序列其收敛域的特性是不同的，可以归纳为以下几种情况：

1）有限长序列。有限长序列是指在有限区间 $n_1\leqslant n\leqslant n_2$ 之内序列才具有非零的有限值，而在此区间外，序列值皆为零，也称有始有终序列。这类序列 Z 变换的收敛域至少是除 $z=0$ 和 $z=\infty$ 的整个 z 平面，在某些情况下，收敛域还可以扩大到包含 $z=0$ 或 $z=\infty$。

2）右边序列。右边序列是有始无终的序列，即当 $n<n_1$ 时，$x(n)=0$。这类序列 Z 变换的收敛域为 $R_{x-}<|z|<\infty$，其中 R_{x-} 为一个存在的收敛半径。若 $n_1\geqslant 0$，则收敛域还包括 $z=\infty$，即为 $R_{x-}<|z|$。

3）左边序列。左边序列是无始有终序列，即当 $n>n_2$ 时，$x(n)=0$。这类序列 Z 变换的收敛域为 $0<|z|<R_{x+}$，其中 R_{x+} 为一个存在的收敛半径。若 $n_2\leqslant 0$，则收敛域还包括 $z=0$，即为 $|z|<R_{x+}$。

4）双边序列。双边序列是无始无终序列，可以把它看成是一个右边序列和一个左边序列的和。这类序列 Z 变换的收敛域为 $R_{x-}<|z|<R_{x+}$，其中，R_{x-}、R_{x+} 分别是存在的收敛半径，且 $R_{x-}<R_{x+}$，所以收敛域是一个环形区域。

例 2-18 求双边序列 $x(n)=b^{|n|}$，$-\infty\leqslant n\leqslant\infty$，$b>0$ 的 Z 变换。

解 可以将该双边序列表示成一个右边序列和一个左边序列之和，即

$$x(n)=\underbrace{b^n u(n)}_{n\geqslant 0}+\underbrace{b^{-n}u(-n-1)}_{n<0}$$

第一项 $b^n u(n)$ 是右边序列，例 2-16 已求得 Z 变换为

$$\mathcal{Z}[b^n u(n)]=\frac{1}{1-bz^{-1}}\qquad |z|>b$$

第二项是左边序列，可以写成 $b^{-n}u(-n-1)=-[-(b^{-1})^n u(-n-1)]$，例 2-17 已求得 Z 变换为

$$\mathcal{Z}[b^{-n}u(-n-1)]=-\mathcal{Z}[-(b^{-1})^n u(-n-1)]=\frac{-1}{1-b^{-1}z^{-1}}\qquad |z|<b^{-1}$$

对于 $b\geqslant 1$，上面两个式子没有任何公共的 ROC，因此序列 $x(n)$ 的 Z 变换不收敛，尽管此时分开的两个序列都有单独的 Z 变换，但整个序列不存在 Z 变换。对于 $b<1$，上面两个式子的 ROC 有重叠，因此此时序列 $x(n)$ 的 Z 变换为

$$X(z)=\frac{1}{1-bz^{-1}}-\frac{1}{1-b^{-1}z^{-1}}\qquad b<|z|<\frac{1}{b},\ b<1$$

三、Z 变换的性质

Z 变换也有很多重要的性质，这些性质反映了离散时间函数的时域特性与 Z 域特性之间的关系，它们不仅能够帮助人们对 Z 变换本质的进一步了解，而且对简化序列的 Z 变换往往也很有用。由于 Z 变换是 DTFT 的推广，大部分性质与 DTFT 的性质相似，因此在此不再详细讨论，将它们汇总列于表 2-11 中，供大家查阅使用，在使用中，应着重注意收敛域的变化。

表 2-11 Z 变换的主要性质

性质	时域	Z 变换域(z 域)	收敛域
	$x(n)$	$X(z)$	$\mathrm{ROC}=R_x$：$R_{x^-}<\|z\|<R_{x^+}$
	$y(n)$	$Y(z)$	$\mathrm{ROC}=R_y$：$R_{y^-}<\|z\|<R_{y^+}$
线性	$ax(n)+by(n)$	$aX(z)+bY(z)$	$\max\{R_{x^-},R_{y^-}\}<\|z\|<\min\{R_{x^+},R_{y^+}\}$
时移	$x(n-n_0)$	$z^{-n_0}X(z)$	$R_{x^-}<\|z\|<R_{x^+}$
z 域尺度变换	$a^n x(n)$	$X(a^{-1}z)$	$\|a\|R_{x^-}<\|z\|<\|a\|R_{x^+}$
z 域微分	$nx(n)$	$-z\dfrac{\mathrm{d}X(z)}{\mathrm{d}z}$	$R_{x^-}<\|z\|<R_{x^+}$
时间翻转	$x(-n)$	$X(z^{-1})$	$R_{k^-}^{-1}<\|z\|<R_{k^+}^{-1}$
卷积	$x(n)*y(n)$	$X(z)Y(z)$	$\max\{R_{x^-},R_{y^-}\}<\|z\|<\min\{R_{x^+},R_{y^+}\}$
乘积	$x(n)y(n)$	$\dfrac{1}{2\pi\mathrm{j}}\cdot\oint_c X(\nu)Y(z\nu^{-1})\nu^{-1}\mathrm{d}\nu$	$R_{x^-}R_{y^-}<\|z\|<R_{x^+}R_{y^+}$
共轭	$x^*(n)$	$X^*(z^*)$	$R_{x^-}<\|z\|<R_{x^+}$
累加	$\sum\limits_{k=-\infty}^{n}x(k)$	$\dfrac{1}{1-z^{-1}}X(z)$	至少包含 $R_x\cap\|z\|>1$

（续）

性质	时域	Z 变换域（z 域）	收敛域
初值定理	$x(0)=\lim\limits_{z\to\infty}X(z)$		$x(n)$为因果序列，$\|z\|>R_{x^-}$
终值定理	$x(\infty)=\lim\limits_{z\to 1}(z-1)X(z)$		$x(n)$为因果序列，且当$\|z\|\geqslant 1$时，$(z-1)X(z)$收敛

为了便于 Z 变换及反变换的计算，把一些常用序列的 Z 变换列于表 2-12 中，供大家使用时查阅。

表 2-12　常用序列的 Z 变换

$x(n)$	$X(z)$	收敛域
$\delta(n)$	1	$0\leqslant\|z\|\leqslant\infty$
$u(n)$	$\dfrac{z}{z-1}$	$1<\|z\|\leqslant\infty$
$-u(-n-1)$	$\dfrac{z}{z-1}$	$0\leqslant\|z\|<1$
$a^n u(n)$	$\dfrac{z}{z-a}$	$\|a\|<\|z\|\leqslant\infty$
$-a^n u(-n-1)$	$\dfrac{z}{z-a}$	$0\leqslant\|z\|<\|a\|$
$\dfrac{(n+1)(n+2)\cdots(n+m)}{m!}a^n u(n)$	$\dfrac{z^{m+1}}{(z-a)^{m+1}}$	$\|a\|<\|z\|\leqslant\infty$
$-\dfrac{(n+1)(n+2)\cdots(n+m)}{m!}a^n u(-n-1)$	$\dfrac{z^{m+1}}{(z-a)^{m+1}}$	$0\leqslant\|z\|\leqslant\|a\|$
$na^n u(n)$	$\dfrac{az}{(z-a)^2}$	$\|a\|<\|z\|\leqslant\infty$
$-na^n u(-n-1)$	$\dfrac{az}{(z-a)^2}$	$0\leqslant\|z\|<\|a\|$
$\sin(n\Omega_0)u(n)$	$\dfrac{z\sin\Omega_0}{z^2-2z\cos\Omega_0+1}$	$1<\|z\|\leqslant\infty$
$\cos(n\Omega_0)u(n)$	$\dfrac{z(z-\cos\Omega_0)}{z^2-2z\cos\Omega_0+1}$	$1<\|z\|\leqslant\infty$
$a^n\sin(n\Omega_0)u(n)$	$\dfrac{az\sin\Omega_0}{z^2-2az\cos\Omega_0+a^2}$	$\|a\|<\|z\|\leqslant\infty$
$a^n\cos(n\Omega_0)u(n)$	$\dfrac{z(z-a\cos\Omega_0)}{z^2-2az\cos\Omega_0+a^2}$	$\|a\|<\|z\|\leqslant\infty$

下面举一些例子说明 Z 变换性质的应用。

例 2-19　求序列 $x(n)=a^n u(n)-a^n u(n-1)$ 的 Z 变换。

解　令 $x_1(n)=a^n u(n)$，$x_2(n)=a^n u(n-1)$

由 Z 变换定义式可得

$$X_1(z)=\sum_{n=-\infty}^{\infty}a^n u(n)\cdot z^{-n}=\frac{z}{z-a}\qquad |z|>|a|$$

$$X_2(z)=\sum_{n=-\infty}^{\infty}a^n u(n-1)\cdot z^{-n}=\frac{a}{z-a}\quad |z|>|a|$$

所以

$$\mathcal{Z}[x(n)]=X_1(z)-X_2(z)=1\qquad 0\leqslant|z|\leqslant\infty$$

例中，$x(n)$实际上就是单位脉冲序列$\delta(n)$，其 Z 变换为常数 1，收敛域为包含 0 和∞的全部 z 平面。可见，线性叠加后会使新序列的 Z 变换 ROC 边界发生改变，在此例中，ROC 就由原来的$|z|>|a|$扩展到新序列的全部 z 平面。

例 2-20 设$x(n)=a^n u(n)$，$y(n)=b^n u(n)-ab^{n-1}u(n-1)$，求出它们的卷积和$x(n)*y(n)$。

解

$$X(z)=\mathcal{Z}[x(n)]=\frac{1}{1-az^{-1}}\qquad |z|>|a|$$

根据线性性质和时移性质，有

$$\mathcal{Z}[ab^{n-1}u(n-1)]=a\mathcal{Z}[b^{n-1}u(n-1)]=\frac{az^{-1}}{1-bz^{-1}}\qquad |z|>|b|$$

故

$$Y(z)=\mathcal{Z}[y(n)]=\frac{1}{1-bz^{-1}}-\frac{az^{-1}}{1-bz^{-1}}=\frac{1-az^{-1}}{1-bz^{-1}}\qquad |z|>|b|$$

根据卷积定理

$$\mathcal{Z}[x(n)*y(n)]=X(z)Y(z)=\frac{1}{1-bz^{-1}}$$

Z 反变换为

$$x(n)*y(n)=\mathcal{Z}^{-1}[X(z)Y(z)]=b^n u(n)$$

显然，若$|b|>|a|$，$X(z)Y(z)$的收敛域为$|z|>|b|$；若$|b|<|a|$，$X(z)Y(z)$的收敛域为$|z|>|a|$。

式(2-89)给出了 Z 反变换的表达式，可以由给定的 Z 变换闭合表达式 $X(z)$求出原序列$x(n)$。这是一个复变函数的回线积分，在数学上可以借助于复变函数的留数定理求解，对于$X(z)$为有理分式的情况，部分分式展开法使求解 Z 反变换简化。此外，由于$X(z)$可视为z^{-1}的幂级数，可以通过幂级数展开(如用长除法)，其幂级数的系数就是待求序列$x(n)$的值。无论采用哪一种方法，都要慎重关注收敛域对求 Z 反变换的影响，因为前面我们已经再三强调，一个 Z 变换表达式只有与它的收敛域结合在一起才能与序列建立对应的关系。

例 2-21 已知$X(z)=\dfrac{2z+4}{(z-1)(z-2)^2}$，$|z|>2$，试用部分分式法求其反变换。

解 将等式两端同除以 z 并展开成部分分式得

$$\frac{X(z)}{z}=\frac{2z+4}{z(z-1)(z-2)^2}=\frac{A_1}{z}+\frac{A_2}{z-1}+\frac{C_1}{z-2}+\frac{C_2}{(z-2)^2}$$

各个部分分式中的待定系数为

$$A_1=\left[\frac{X(z)}{z}\cdot z\right]_{z=0}=-1$$

$$A_2=\left[\frac{X(z)}{z}\cdot(z-1)\right]_{z=1}=6$$

$$C_1=\left\{\frac{\mathrm{d}}{\mathrm{d}z}\left[\frac{X(z)}{z}\cdot(z-2)^2\right]\right\}_{z=2}=-5$$

$$C_2=\left[\frac{X(z)}{z}(z-2)^2\right]_{z=2}=4$$

代入得

$$\frac{X(z)}{z}=\frac{-1}{z}+\frac{6}{z-1}+\frac{-5}{z-2}+\frac{4}{(z-2)^2}$$

即
$$X(z)=-1+\frac{6z}{z-1}-5\frac{z}{z-2}+2\frac{2z}{(z-2)^2}$$

利用表 2-12，并由收敛域$|z|>2$得

$$x(n)=-\delta(n)+6u(n)-5\cdot 2^n u(n)+2n\cdot 2^n u(n)$$

由例 2-21 可看出，由于$\frac{z}{z-z_m}$是 Z 变换的基本形式，在应用部分分式展开法时，通常先将$\frac{X(z)}{z}$展开，然后每个分式乘以 z，$X(z)$便可展开成$\frac{z}{z-z_m}$的形式。

例 2-22 已知 $X(z)=\frac{5z}{z^2+z-6}$，$2<|z|<3$，用部分分式展开法求 $x(n)$。

解
$$\frac{X(z)}{z}=\frac{5}{z^2+z-6}=\frac{5}{(z+3)(z-2)}=\frac{A_1}{z+3}+\frac{A_2}{z-2}$$

可求得
$$A_1=\left[\frac{X(z)}{z}(z+3)\right]_{z=-3}=-1$$

$$A_2=\left[\frac{X(z)}{z}(z-2)\right]_{z=2}=1$$

故有
$$X(z)=-\frac{z}{z+3}+\frac{z}{z-2}=X_1(z)+X_2(z)$$

对于 $X_2(z)=\frac{z}{z-2}$，$|z|>2$，为右边序列，有

$$x_2(n)=2^n u(n)$$

对于 $X_1(z)=-\frac{z}{z+3}$，$|z|<3$，为左边序列，有

$$x_1(n)=(-3)^n u(-n-1)$$

所以
$$x(n)=x_1(n)+x_2(n)=2^n u(n)+(-3)^n u(-n-1)$$

或写为
$$x(n)=\begin{cases}(-3)^n & n<0\\ 1 & n=0\\ 2^n & n>0\end{cases}$$

例 2-23 已知 $X(z)=\frac{z}{(z-1)^2}$，收敛域为$|z|>1$，应用幂级数展开方法，求其 Z 反变换 $x(n)$。

解 根据 $X(z)$的收敛域是$|z|>1$，$x(n)$必然是右边序列，此时 $X(z)$应为 z 的降幂级数，因此可以将 $X(z)$的分子、分母多项式按 z 降幂(z^{-1}的升幂)排列进行长除

$$X(z)=\frac{z}{z^2-2z+1}$$

其长除结果为

$$\begin{array}{r l}
 & z^{-1}+2z^{-2}+3z^{-3}+\cdots \\
z^2-2z+1\,\big) & z \\
 & \underline{z\ \ -2\ \ +z^{-1}} \\
 & \quad 2\ \ -z^{-1} \\
 & \quad \underline{2\ \ -4z^{-1}+2z^{-2}} \\
 & \qquad 3z^{-1}-2z^{-2} \\
 & \qquad \underline{3z^{-1}-6z^{-2}+3z^{-3}} \\
 & \qquad\quad 4z^{-2}-3z^{-3} \\
 & \qquad\qquad \cdots
\end{array}$$

即

$$X(z)=z^{-1}+2z^{-2}+3z^{-3}+\cdots=\sum_{n=0}^{\infty}nz^{-n}$$

得

$$x(n)=nu(n)$$

实际应用中，如果只需要求序列 $x(n)$ 的前几个值，则幂级数展开方法就很方便。但使用幂级数展开法的缺点是不容易求得 $x(n)$ 的闭合表达式。

用幂级数展开法求 Z 反变换对非有理函数的 Z 变换特别有用。

例 2-24　求下列 $X(z)$ 的 Z 反变换 $x(n)$。

$$X(z)=\lg(1+az^{-1}),\qquad |z|>|a|$$

解　由 $|z|>|a|$，可得 $|az^{-1}|<1$，因此，可将上式展成台劳级数

$$\lg(1+az^{-1})=\sum_{n=1}^{\infty}\frac{(-1)^{n+1}(az^{-1})^n}{n}$$

即

$$X(z)=\sum_{n=1}^{\infty}\frac{(-1)^{n+1}(az^{-1})^n}{n}=\sum_{n=1}^{\infty}\frac{-(-a)^n}{n}z^{-n}$$

根据收敛域 $|z|>|a|$，$x(n)$ 为右边序列，又由于 n 取值为 $1\sim\infty$，可以得到 $x(n)$ 为

$$x(n)=\frac{-(-a)^n}{n}u(n-1)$$

四、单边 Z 变换

前面讨论的 Z 变换一般称为双边 Z 变换，因为被变换序列的时间范围 n 为 $(-\infty\sim+\infty)$。和拉普拉斯变换一样，还有另外一种称之为单边 Z 变换的形式，它仅考虑 n 为 $(0\sim\infty)$ 的序列变换，其定义为

$$X(z)=\sum_{n=0}^{\infty}x(n)z^{-n} \tag{2-91}$$

单边 Z 变换和双边 Z 变换的差别在于，单边 Z 变换求和仅在 n 的非负值上进行，而不管 $n<0$ 时 $x(n)$ 是否为 0。因此，$x(n)$ 的单边 Z 变换可看作是 $x(n)u(n)$ 的双边 Z 变换。特别地，对一个因果序列，当 $n<0$ 时，$x(n)=0$，其单边 Z 变换和双边 Z 变换是一致的，或者

说 $x(n)$ 的单边 Z 变换就是 $x(n)u(n)$ 的双边 Z 变换。此时它的收敛域总是位于某一个圆的外边，所以对于单边 Z 变换，并不特别强调收敛域。

由于单边 Z 变换和双边 Z 变换有紧密的联系，因此单边 Z 变换和双边 Z 变换的计算方法相似，只是要区别求和极限而已。同理，单边 Z 反变换和双边 Z 反变换的计算方法也基本相同，只要考虑到对单边 Z 变换而言，其收敛域总是位于某一个圆的外边。

例 2-25 求序列 $x(n)=a^n u(n)$ 的单边 Z 变换。

解 按单边 Z 变换的定义

$$X(z)=\sum_{n=0}^{\infty}x(n)z^{-n}=\sum_{n=0}^{\infty}a^n u(n)z^{-n}=\sum_{n=0}^{\infty}a^n z^{-n}=\frac{1}{1-az^{-1}}\qquad |z|>|a|$$

显然与 $x(n)$ 的双边 Z 变换相同。

例 2-26 求序列 $x(n)=a^{n+1}u(n+1)$ 的单边 Z 变换。

解 $X(z)=\sum_{n=0}^{\infty}a^{n+1}u(n+1)z^{-n}$

令 $m=n+1$，有

$$X(z)=\sum_{m=1}^{\infty}a^m u(m)z^{-m+1}=\sum_{m=0}^{\infty}a^m u(m)z^{-m}\cdot z-z$$

$$=\frac{z}{1-az^{-1}}-z=\frac{a}{1-az^{-1}}\qquad |z|>|a|$$

可见与 $x(n)$ 的双边 Z 变换

$$X(z)=\frac{z}{1-az^{-1}}\qquad |z|>|a|$$

不同。

由于单边 Z 变换的反变换一般都是因果序列，所以在求其反变换时也不再特别强调 Z 变换式的收敛域。

例 2-27 求单边 Z 变换式 $X(z)=\dfrac{10z^2}{(z-1)(z-2)}$ 所对应的序列 $x(n)$。

解 由于 $X(z)=\dfrac{10z^2}{(z-1)(z-2)}$ 为单边 Z 变换式，它的收敛域必为 $|z|>2$，应用部分分式展开法，得

$$\frac{X(z)}{z}=\frac{10z}{(z-1)(z-2)}=\frac{A_1}{z-1}+\frac{A_2}{z-2}$$

可求得

$$A_1=\left[\frac{X(z)}{z}(z-1)\right]_{z=1}=-10$$

$$A_2=\left[\frac{X(z)}{z}(z-2)\right]_{z=2}=20$$

即

$$X(z)=-\frac{10z}{z-1}+\frac{20z}{z-2}$$

所以

$$x(n)=-10u(n)+20\times 2^n u(n)=10(2^{n+1}-1)u(n)$$

由式(2-91)可看到，如果将单边 Z 变换式展开成幂级数的形式，它的各项系数就是序

列 $x(n)$ 的值，但是幂级数展开式中只能包含 z 的负幂次项，而不应包含 z 的正幂次项，亦即应按右边序列所对应的展开方法进行，即把 $X(z)$ 展开成 z 的降幂(z^{-1}的升幂)排列。

单边 Z 变换的绝大部分性质与双边 Z 变换对应的性质相同，下面只介绍与双边 Z 变换不同的几个性质。

(1) 时移定理　若 $x(n)$ 是双边序列，其单边 Z 变换为 $X(z)$，则序列左移后，它的单边 Z 变换为

$$\mathcal{Z}[x(n+m)u(n)] = z^{m}\left[X(z) - \sum_{k=0}^{m-1} x(k)z^{-k}\right] \tag{2-92}$$

序列右移后，其单边 Z 变换为

$$\mathcal{Z}[x(n-m)u(n)] = z^{-m}\left[X(z) + \sum_{k=-m}^{-1} x(k)z^{-k}\right] \tag{2-93}$$

显然，单边 Z 变换的时移性质与双边 Z 变换是不相同的，这种不同体现在双边 Z 变换的时间区域为 $-\infty \sim +\infty$，序列时移时，无法考虑序列的初始状态，而单边 Z 变换可以考虑初始状态。这一点对于研究初始储能不为 0 的离散系统特别有用。

如果 $x(n)$ 是因果序列，则式(2-93)右边的 $\sum\limits_{k=-m}^{-1} x(k)z^{-k}$ 项等于 0，于是右移序列的单边 Z 变换就是

$$\mathcal{Z}[x(n-m)u(n)] = z^{-m}X(z) \tag{2-94}$$

而左移序列的单边 Z 变换仍为式(2-92)。

例 2-28　求 $x(n) = \sum\limits_{k=0}^{\infty} \delta(n-2k)$ 的单边 Z 变换。

解　由题意，$x(n)$ 为因果序列，因为 $\mathcal{Z}[\delta(n)]=1$。根据式(2-94)，其右移序列的单边 Z 变换为

$$\mathcal{Z}[\delta(n-2k)] = z^{-2k}$$

由 Z 变换的线性性质，得 $x(n)$ 的单边 Z 变换为

$$X(z) = \sum_{k=0}^{\infty} z^{-2k} = \frac{1}{1-z^{-2}} \qquad |z| > 1$$

(2) 初值定理　对于因果序列 $x(n)$，若其单边 Z 变换为 $X(z)$，而且 $\lim\limits_{z\to\infty} X(z)$ 存在，则

$$x(0) = \lim_{z\to\infty} X(z) \tag{2-95}$$

(3) 终值定理　对于因果序列 $x(n)$，若其单边 Z 变换为 $X(z)$，而且 $\lim\limits_{n\to\infty} x(z) = x(\infty)$ 存在，则

$$\lim_{n\to\infty} x(n) = \lim_{z\to 1}[(z-1)X(z)] \tag{2-96}$$

单边 Z 变换的初值定理和终值定理也已列在表 2-11 中，与拉普拉斯变换类似，如果已知序列 $x(n)$ 的 Z 变换 $X(z)$，则在不求出其反变换的情况下，利用它们可方便地求出序列的初值 $x(0)$ 和终值 $x(\infty)$。这两个定理对于离散系统的分析非常有用。

第四节　几个数学变换之间的关系

前面介绍了连续函数的傅里叶变换、拉普拉斯变换，离散序列的离散时间傅里叶变换、离散傅里叶变换和 Z 变换，它们之间有着紧密的联系，例如离散序列的变换可以通过连续

函数的采样推导获得，连续函数的拉普拉斯变换是傅里叶变换的推广等。本节将几个数学变换之间的关系做一汇总。

一、拉普拉斯变换与傅里叶变换的关系

如前所述，拉普拉斯变换是将傅里叶变换中的 $e^{-j\omega}$ 拓展到 $e^{-(\sigma+j\omega)}$ 的结果，从而表达域由频域变为复频域 $s=\sigma+j\omega$，克服了傅里叶变换对函数绝对可积要求的局限性，进一步扩大了傅里叶变换分析的范围。与通过傅里叶变换将函数 $x(t)$ 视为指数函数 $e^{\omega t}$ 的线性组合相对应，通过拉普拉斯变换，函数 $x(t)$ 可视为复指数函数 $e^{st}=e^{\sigma t}\cdot e^{j\omega t}$ 的线性组合。由于 σ 为实数，其取值可正、可负，也可为 0，复指数函数 e^{st} 则可能是增幅振荡函数，或减幅振荡函数，或等幅振荡函数。如果 $\sigma=0$，则完全与傅里叶变换一致。$x(t)$ 的拉普拉斯变换 $X_b(s)$ 与傅里叶变换 $X(\omega)$ 类似，也反映了函数的基本特征，而且正因为拉普拉斯变换把函数 $x(t)$ 分解为一系列变振幅的复指数函数，它比傅里叶变换更具有普遍意义，对函数 $x(t)$ 的限制约束更少，从这一角度来看，可以认为拉普拉斯变换是傅里叶变换的推广，而傅里叶变换是拉普拉斯变换当 $\sigma=0$ 的特殊情况。

那么是不是任何函数的拉普拉斯变换都可以通过 $s=j\omega$ 与它的傅里叶变换联系起来呢？情况远没有那么简单。一般地说，一个存在拉普拉斯变换的函数，其傅里叶变换不一定存在，而一个存在傅里叶变换的函数除个别函数外其拉普拉斯变换是存在的。另一方面，对于那些既存在拉普拉斯变换，又存在傅里叶变换的函数，也不能简单地用 $s=j\omega$ 将二者联系起来。

究其原因二者的根本区别在于变换的讨论域不同，拉普拉斯变换的讨论域是 s 平面中的整个收敛区域，而傅里叶变换的讨论域只是 $j\omega$ 轴，因此讨论它们的关系时，根据拉普拉斯变换收敛区域的不同特点，存在三种情况：

(1) 收敛域包含 $j\omega$ 轴　这时，$j\omega$ 轴的任一点上的拉普拉斯变换的积分收敛，函数的拉普拉斯变换 $X_b(s)$ 存在。而由于 $\sigma=0$，该积分式子就是傅里叶积分，函数的傅里叶变换 $X(\omega)$ 也存在，而且它们是一致的，所以只要将 $X_b(s)$ 中的 s 代以 $j\omega$，即为函数的傅里叶变换，即

$$X(\omega)=X_b(s)\big|_{s=j\omega} \tag{2-97}$$

例 2-12 和例 2-14 就是这种情况。

(2) 收敛域不包含 $j\omega$ 轴　这时虽然函数的拉普拉斯变换存在，但是在 $j\omega$ 轴的点上拉普拉斯变换的积分不收敛，即傅里叶变换的积分不收敛，所以这时不存在函数的傅里叶变换，当然也就不能用 $X_b(s)$ 中的 s 代以 $j\omega$ 来求得傅里叶变换。例 2-13 就是这种情况的例子。

(3) 收敛域的收敛边界位于 $j\omega$ 轴上　这时，拉普拉斯变换的积分在虚轴上不收敛，根据上面的讨论，不能直接用式(2-97)求傅里叶变换。由于 $j\omega$ 轴是收敛边界，$X_b(s)$ 在 $j\omega$ 轴上必有极点，设 $j\omega_i(i=1,2,\cdots,p)$ 为 $X_b(s)$ 在 $j\omega$ 上的 p 个极点，为讨论简单起见，并设其余 $n-p$ 个极点位于 s 左半平面，则 $X_b(s)$ 可以展成部分分式形式：

$$X_b(s)=X_{b1}(s)+\sum_{i=1}^{p}\frac{k_i}{s-j\omega_i}$$

式中，$X_{b1}(s)$ 为由位于 s 左半平面的极点对应的部分分式构成，设 $\mathcal{L}^{-1}[X_{b1}(s)]=x_1(t)$，则 $X_b(s)$ 的反变换为

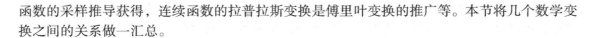

$$x(t)=x_1(t)+\sum_{i=1}^{p}k_i e^{j\omega_i t}u(t)$$

现在求 $x(t)$ 的傅里叶变换 $X(\omega)$，对于 $x_1(t)$，由于其对应的 $X_{b1}(s)$ 的极点均在 s 左半平面，$j\omega$ 轴包含在其收敛域内，由上讨论，它的傅里叶变换为

$$X_1(\omega)=X_{b1}(s)\big|_{s=j\omega}$$

而 $e^{j\omega_i t}u(t)$ 的傅里叶变换为 $\dfrac{1}{j(\omega-\omega_i)}+\pi\delta(\omega-\omega_i)$，所以 $X(\omega)$ 为

$$X(\omega)=X_{b1}(s)\big|_{s=j\omega}+\sum_{i=1}^{p}k_i\left[\frac{1}{j(\omega-\omega_i)}+\pi\delta(\omega-\omega_i)\right]$$

$$=X_{b1}(s)\big|_{s=j\omega}+\sum_{i=1}^{p}\frac{k_i}{s-j\omega_i}\bigg|_{s=j\omega}+\sum_{i=1}^{p}k_i\pi\delta(\omega-\omega_i)$$

所以有

$$X(\omega)=X_b(s)\big|_{s=j\omega}+\pi\sum_{i=1}^{p}k_i\delta(\omega-\omega_i) \tag{2-98}$$

表明 $X_b(s)$ 在 $j\omega$ 轴有极点时，其相应的傅里叶变换由两部分组成，一部分是直接由 $s=j\omega$ 得到，另一部分则是由在虚轴上每个极点 $j\omega_i$ 对应的冲激项 $\pi k_i\delta(\omega-\omega_i)$ 组成，其中 k_i 是相应拉普拉斯变换部分分式展开式的系数。上述结论针对 $j\omega$ 轴上极点为单极点的情况，对于 $j\omega$ 轴上具有多重极点的情况，不在此展开讨论。

例 2-29 已知 $X_b(s)=\dfrac{s}{s^2+\omega_0^2}$，$\sigma>0$，求其对应的函数 $x(t)$ 的傅里叶变换 $X(\omega)$。

解 将 $X_b(s)$ 展开成部分分式为

$$X_b(s)=\frac{s}{s^2+\omega_0^2}=\frac{1/2}{s+j\omega_0}+\frac{1/2}{s-j\omega_0}$$

$j\omega$ 轴上有两个单极点 $-j\omega_0$ 和 $j\omega_0$，由式(2-98)，得

$$X(\omega)=X_b(s)\big|_{s=j\omega}+\pi\sum_{i=1}^{2}k_i\delta(\omega-\omega_i)=\frac{j\omega}{(j\omega)^2+\omega_0^2}+\frac{\pi}{2}[\delta(\omega+\omega_0)+\delta(\omega-\omega_0)]$$

二、Z 变换与傅里叶变换的关系

1. Z 变换与离散时间傅里叶变换(DTFT)的关系

离散序列 $x(n)$ 的 Z 变换是 $x(n)$ 乘以实指数函数 r^{-n} 后的离散时间傅里叶变换，即

$$X(z)=\mathcal{F}\{x(n)r^{-n}\}=\sum_{n=-\infty}^{\infty}[x(n)r^{-n}]e^{-jn\Omega}$$

如果 $X(z)$ 在 $|z|=1$(即 $z=e^{j\Omega}$ 或 $r=1$)处收敛，上式取 $|z|=1$(即 $z=e^{j\Omega}$ 或 $r=1$)，有

$$X(z)\big|_{z=e^{j\Omega}}=\sum_{n=-\infty}^{\infty}x(n)e^{-jn\Omega}=X(\Omega)=\mathcal{F}\{x(n)\} \tag{2-99}$$

可见，离散时间傅里叶变换就是在 z 平面单位圆上的 Z 变换，前提当然是单位圆应包含在 Z 变换的收敛域内。根据式(2-99)，求某一序列的频域描述，可以先求出该序列的 Z 变换，然后将 z 直接代以 $e^{j\Omega}$ 即可，同样，其前提是该序列 Z 变换的收敛域必须包括单位圆。

例 2-30 求序列

$$x(n)=\left(\frac{1}{2}\right)^n u(n)$$

的离散时间傅里叶变换。

解 查表 2-12 可得序列的 Z 变换为

$$X(z)=\sum_{n=-\infty}^{\infty}x(n)z^{-n}=\frac{1}{1-\frac{1}{2}z^{-1}}\qquad |z|>\frac{1}{2}$$

由于 $X(z)$ 的收敛域包括了单位圆，根据式(2-99)，将 $z=\mathrm{e}^{\mathrm{j}\Omega}$ 代入 $X(z)$ 就得到序列的DTFT，即

$$X(\Omega)=X(z)\Big|_{z=\mathrm{e}^{\mathrm{j}\Omega}}=\frac{1}{1-\frac{1}{2}z^{-1}}\Big|_{z=\mathrm{e}^{\mathrm{j}\Omega}}=\frac{1}{1-\frac{1}{2}\mathrm{e}^{-\mathrm{j}\Omega}}$$

2. Z 变换与离散傅里叶变换(DFT)的关系

有限长序列 $x(n)(0\leqslant n\leqslant N-1)$ 的 Z 变换可以写为

$$X(z)=\sum_{n=0}^{N-1}x(n)z^{-n}$$

由 Z 变换的收敛域讨论可知，一般情况下，若有限长序列满足绝对可和条件，则它的收敛域至少是除 $z=0$ 和 $z=\infty$ 外的整个 z 平面，当然包括单位圆。令 $z=\mathrm{e}^{\mathrm{j}k\frac{2\pi}{N}}$，则上式变为

$$X(z)\Big|_{z=\mathrm{e}^{\mathrm{j}k\frac{2\pi}{N}}}=\sum_{n=0}^{N-1}x(n)\mathrm{e}^{-\mathrm{j}kn\frac{2\pi}{N}}=\sum_{n=0}^{N-1}x(n)\mathrm{e}^{-\mathrm{j}kn\Omega_0}$$

将该式与有限长序列 $x(n)$ 的离散傅里叶变换式(2-51)比较，可知

$$X(k)=X(z)\Big|_{z=\mathrm{e}^{\mathrm{j}k\frac{2\pi}{N}}}\qquad k=0,\ 1,\ 2,\ \cdots,\ N-1 \tag{2-100}$$

$z=\mathrm{e}^{\mathrm{j}k\frac{2\pi}{N}}$ 表示在 z 平面的单位圆上的第 k 个抽样点。式(2-100)表明，有限长序列的离散傅里叶变换(DFT)就是该序列的 Z 变换在单位圆上每隔 $\frac{2\pi}{N}=\Omega_0$ 弧度的均匀抽样。具体地说，在 z 平面的单位圆上，取辐角为 $\Omega=\frac{2\pi}{N}k(k=0,\ 1,\ 2,\ \cdots,\ N-1)$ 的第 k 个等分点，计算出其 Z 变换，就是离散傅里叶变换的第 k 个抽样值 $X(k)$，如图 2-26 所示。

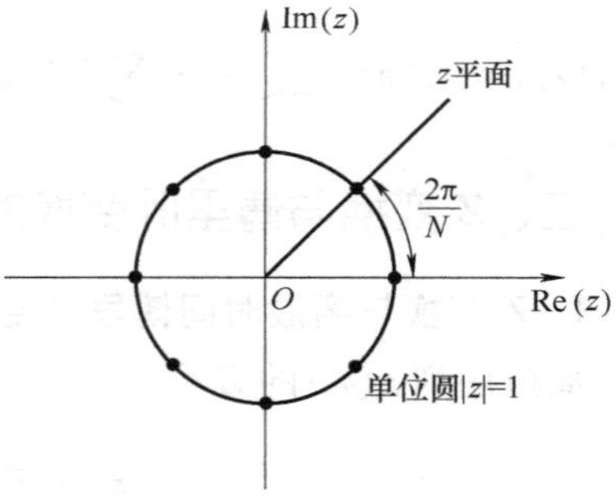

图 2-26 Z 变换在单位圆上的均匀抽样就是离散傅里叶变换

从前面的讨论可知，离散时间傅里叶变换(DTFT)是 z 平面单位圆上的 Z 变换，而一个 N 点序列的离散傅里叶变换(DFT)可视为序列的离散时间傅里叶变换(DTFT)在频域的等间隔取样，其取样间隔为 $\Omega_0=\frac{2\pi}{N}$，所以，它当然可视为序列的 Z 变换在单位圆上取样间隔为 $\Omega_0=\frac{2\pi}{N}$ 的均匀取样。

三、Z变换与拉普拉斯变换的关系

一个离散序列可视为连续函数进行脉冲调制的结果，即可表示为

$$x_s(t)=x(t)\delta_T(t)=x(t)\sum_{n=-\infty}^{\infty}\delta(t-nT)=\sum_{n=-\infty}^{\infty}x(nT)\delta(t-nT)$$

对上式两边取拉普拉斯变换并应用时移性质，可得

$$X_s(s)=\sum_{n=-\infty}^{\infty}x(nT)\mathrm{e}^{-nsT}$$

令复变量 $z=\mathrm{e}^{sT}$，即 $s=\frac{1}{T}\ln z$，上式为

$$X_s(s)\Big|_{s=\frac{1}{T}\ln z}=\sum_{n=-\infty}^{\infty}x(n)z^{-n}=X(z)$$

即

$$\mathcal{L}[x_s(t)]\Big|_{s=\frac{1}{T}\ln z}=\mathcal{Z}[x(n)] \tag{2-101}$$

式(2-101)表明，序列的Z变换可以看作是产生序列的理想冲激抽样函数拉普拉斯变换进行 $z=\mathrm{e}^{sT}$映射的结果，该映射由复变量 s 平面映射到复变量 z 平面。

由于 $z=\mathrm{e}^{sT}=\mathrm{e}^{(\sigma+\mathrm{j}\omega)T}=|z|\mathrm{e}^{\mathrm{j}\Omega}$，其中 $|z|=\mathrm{e}^{\sigma T}$，$\Omega=\omega T$，所以有

$$\sigma<0 \quad |z|<1$$
$$\sigma=0 \quad |z|=1$$
$$\sigma>0 \quad |z|>1$$

表明 s 左半平面映射到 z 平面的单位圆内部，s 右半平面映射到 z 平面的单位圆外部，而 s 平面的虚轴($s=\mathrm{j}\omega$)对应 z 平面的单位圆。另外还要注意的是这种映射不是单值的，所有 s 平面上 $s=\sigma+\mathrm{j}k\omega_s$(其中 $\omega_s=\frac{2\pi}{T}$)，$k=0$，±1，±2，…的点都映射到 z 平面上 $z=\mathrm{e}^{\sigma T}$的一个点，这是因为

$$z=\mathrm{e}^{sT}=\mathrm{e}^{(\sigma+\mathrm{j}k\omega_s)T}=\mathrm{e}^{\sigma T}\cdot\mathrm{e}^{\mathrm{j}k\omega_sT}=\mathrm{e}^{\sigma T}\cdot\mathrm{e}^{\mathrm{j}k2\pi}=\mathrm{e}^{\sigma T}$$

第五节 应用 MATLAB 的积分变换

本节主要介绍 MATLAB 在常见的积分变换傅里叶变换和拉普拉斯变换中的一些简单应用。

一、傅里叶变换

在 MATLAB 语言中，使用 fourier( )函数来实现傅里叶变换，该函数的使用方法如下：

(1) F=fourier(f)　实现对信号 $f(x)$的傅里叶变换，其结果为 F(w)，实现公式为 F(w)=c * int(f(x) * exp(s * i * w * x),x,-inf,inf)。式中，c 默认为 1，s 默认为-1，可以通过 SYMPREF('FourierParameters',[c,s])来设置 c 和 s 的数值，int( )表示对符号表达式做积分运算，inf 表示无穷大。

(2) F=fourier(f,v)　实现对信号 $f(x)$的傅里叶变换，其中变量 v 用来替代默认变量 w，

其结果为 F(v)，实现公式为 F(v)=c * int(f(x) * exp(s * i * v * x),x,-inf,inf)。

(3) F=fourier(f,v,u)　实现对信号 $f(u)$ 的傅里叶变换，其中变量 v 用来替代默认变量 w，u 用来替代默认变量 x，其结果为 F(v)，实现公式为 F(v)=c * int(f(u) * exp(s * i * v * u), u,-inf,inf)。

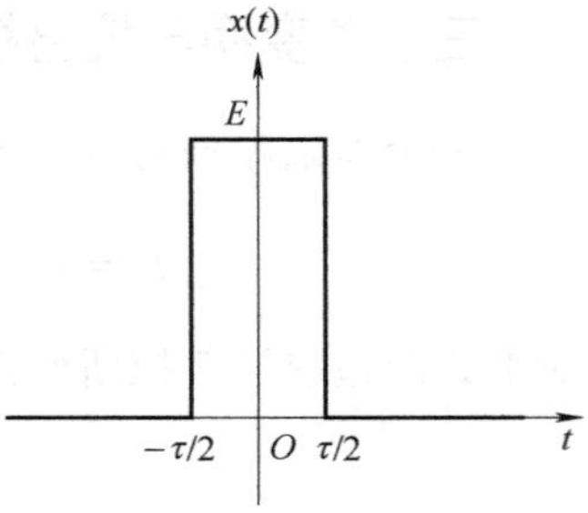

图 2-27　例 2-31 信号图

例 2-31　求图 2-27 所表示的单矩形脉冲信号的复指数形式傅里叶变换，其中 $\tau=3$，$E=3$。

解　上述单矩阵脉冲信号可以表示为 $f(t)=E[u(t+\tau/2)-u(t-\tau/2)]$。所以 MATLAB 的参考运行程序如下：

```
close all;clear;clc;
syms tau w                                               %定义两个符号变量 tau,w
Gt=sym('3 * (heaviside(tau+1.5)-heaviside(tau-1.5))');  %产生门函数
Fw=fourier(Gt,tau,w);                                    %对门函数做傅里叶变换
ezplot(Fw,[-10 * pi 10 * pi])                            %绘制函数图形
axis([-10 * pi 10 * pi-2 9])                             %限定坐标轴范围
grid on                                                  %显示网格
```

运行结果如图 2-28 所示。

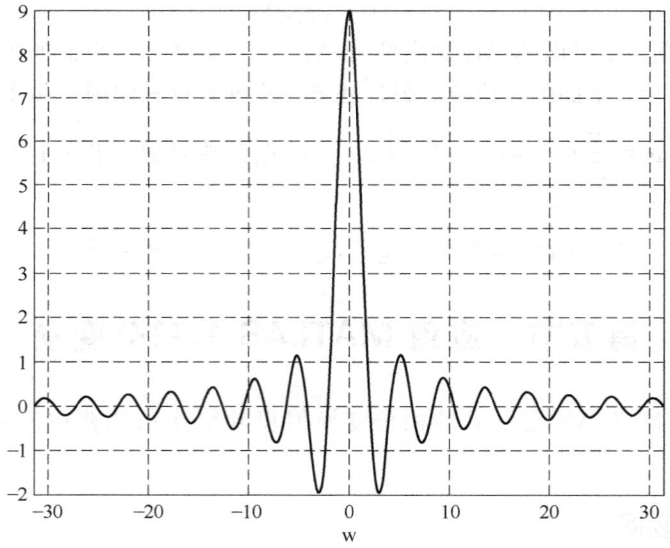

图 2-28　例 2-31 运行结果图

例 2-32　求信号 $f(t)=\frac{1}{5}e^{-3t}u(t)$ 的幅度频谱。

解　根据题意，fourier( ) 函数可以实现函数频谱的计算，阶跃响应可以用 heaviside( ) 函数实现，通过定义符号变量来进行求解。其 MATLAB 的参考运行程序如下：

```
close all;clear;clc;
syms t v w x                                %定义符号变量 t v w x
x=1/2*exp(-2*t)*sym('heaviside(t)');       %生成符号变量表达式 x
F=fourier(x);                               %对符号变量表达式 x 进行傅里叶变换
subplot(2,1,1);                             %选择作图区域 1
ezplot(x)                                   %画出符号变量表示 x 的波形
subplot(2,1,2);                             %选择作图区域 2
ezplot('abs(F)')                            %画出傅里叶变换的幅度频谱
```

运行结果如图 2-29 所示，其中图 2-29a 为信号 $f(t)$，图 2-29b 为其幅度频谱。

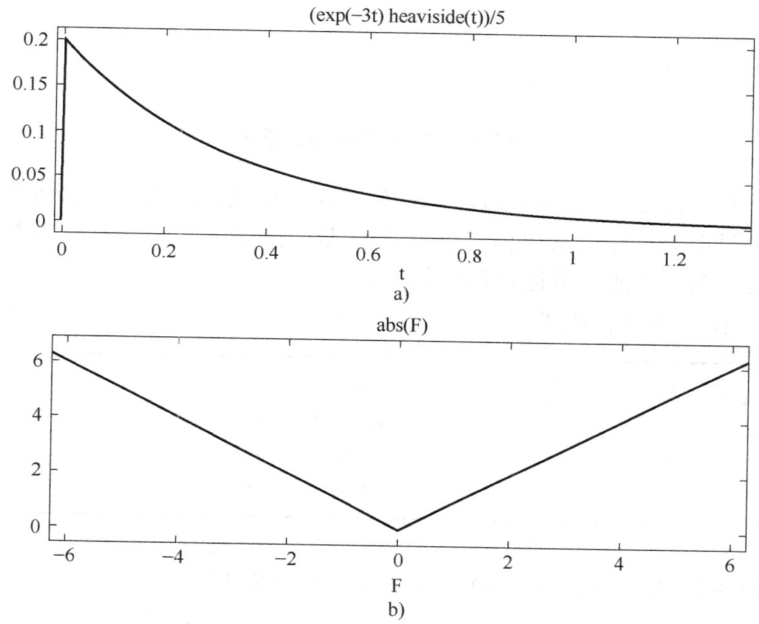

图 2-29 例 2-32 运行结果图

二、拉普拉斯变换及其反变换

（一）拉普拉斯变换

拉普拉斯变换是另一种重要的积分变换，它是将傅里叶变换的核稍加改造而得到。在 MATLAB 中，使用 laplace( )函数实现拉普拉斯变换，该函数的使用方法如下：

（1）L=laplace(F) 对符号函数 $F(t)$进行拉普拉斯变换，其结果为 $L(s)$，定义公式为 L(s)= int(F(t) * exp(−s * t),t,0,inf)。

（2）L=laplace(F,u) 对 $F(t)$进行拉普拉斯变换，用 u 来替换默认的拉普拉斯变量 s，其结果为 $L(u)$，定义公式为 L(u)= int(F(t) * exp(−u * t),t,0,inf)。

（3）L=laplace(F,w,u) 对 $F(w)$进行拉普拉斯变换，以 u 替换拉普拉斯变量 s，w 替换积分变量 t，其结果为 $L(u)$，定义公式为 L(u)= int(F(w) * exp(−u * w),w,0,inf)。

例 2-33 求右边信号 $x(t)=e^{-t}u(t)$的拉普拉斯变换。

解 在 MATLAB 中，laplace( )函数可以实现一个符号函数的拉普拉斯变换，例 2-33 的

MATLAB 参考运行程序如下：

```
close all;clear;clc;
syms t s                                     %定义符号变量
xt=sym('exp(-t) * heaviside(t)');            %生成符号变量表达式 x(t)
Fs=laplace(xt)                               %求 x(t)的拉普拉斯变换式 F(s)
```

运行结果如图 2-30 所示，结果为用符号变量表示的表达式。

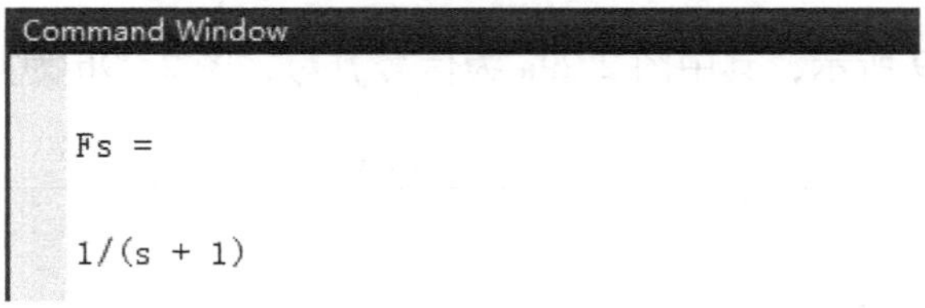

图 2-30　例 2-33 运行结果图

例 2-34　求右边信号 $f(t)=\cos(t)u(t)$ 的拉普拉斯变换，并画出其曲面图。

解　该题从两步走，首先求出信号的拉普拉斯变换表达式，然后根据拉普拉斯变换结果，画出变换曲面图，具体参考运行程序如下：

1）求取拉普拉斯变换表达式。

```
close all;clear;clc;
syms t s                                     %定义符号变量
ft=sym('cos(t) * heaviside(t)');             %生成符号变量表达式 f(t)
Fs=laplace(ft)                               %求 f(t)的拉普拉斯变换式 F(s)
```

运行结果如图 2-31a 所示，得出拉普拉斯变换结果为 $F(s)=\dfrac{s}{s^2+1}$。

2）根据拉普拉斯变换结果，画出变换曲面图。

```
close all;clear;clc;
syms x y s                                   %定义符号变量
s=x+i * y;                                   %生成复变量 s
FFs=s/(s^2+1);                               %将 F(s)表示成复变函数形式
FFss=abs(FFs);                               %求出 F(s)的模
ezsurf(FFss)                                 %画出带阴影效果的三维曲面图
colormap(hsv);                               %设置 hsv 颜色图
```

上述程序中，ezsurf(f)函数表示绘制一个带有网格的 f(x,y)的表面图，其中 f 是一个包含两个自变量的符号表达式。colormap(hsv)表示创建一个 hsv 标准颜色图。运算结果如图 2-31b 所示。

（二）拉普拉斯反变换

在 MATLAB 中可以通过 ilaplace()实现拉普拉斯反变换，该函数使用方法如下：

（1）F=ilaplace(L)　对符号变量 $L(s)$ 进行拉普拉斯反变换，其结果为 $F(t)$，实现方法

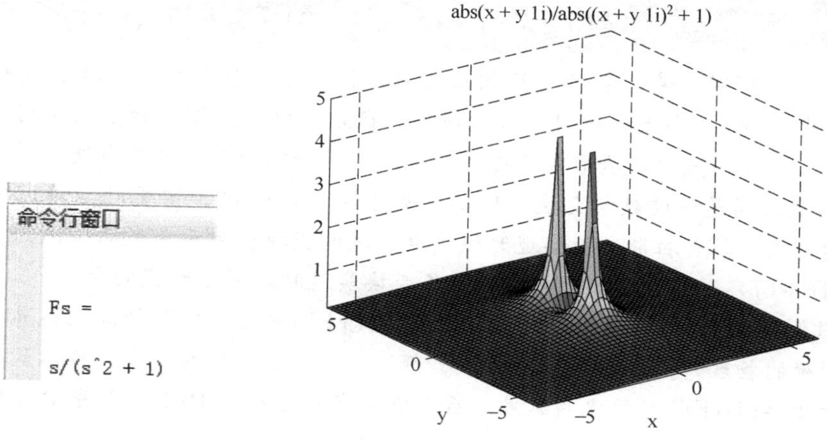

a)　　　b)

图 2-31　例 2-34 运行结果图

定义为F(t)= int(L(s) ∗ exp(s ∗ t),s,c−i ∗ inf,c+i ∗ inf)/(2 ∗ pi ∗ i)。

(2) F=ilaplace(L,y)　对 $L(s)$ 进行拉普拉斯反变换，其结果为 $F(y)$，用变量 y 替换默认变量 t，实现方法定义为 F(y)= int(L(s) ∗ exp(s ∗ y),s,c−i ∗ inf,c+i ∗ inf)/(2 ∗ pi ∗ i)。

(3) F=ilaplace(L,x,y)　对 $L(x)$ 进行拉普拉斯反变换，其结果为 $F(y)$，用变量 y 替换变量 t，变量 x 替换积分变量 s，实现方法定义为 F(y)= int(L(x) ∗ exp(x ∗ y),x,c−i ∗ inf,c+i ∗ inf)/(2 ∗ pi ∗ i)。

例 2-35　求出信号 $F(s)=\dfrac{1}{s+1}$ 的拉普拉斯反变换式。

解　首先定义符号变量，然后通过 ilaplace( ) 函数进行拉普拉斯反变换运算。MATLAB 参考运行程序如下：

```
close all;clear;clc;
syms t s                          %定义符号变量
Fs=sym('1/(1+s)');                %生成符号变量表达式 F(s)
ft=ilaplace(Fs)                   %求 F(s)的拉普拉斯反变换式 f(t)
```

运行结果如图 2-32 所示。

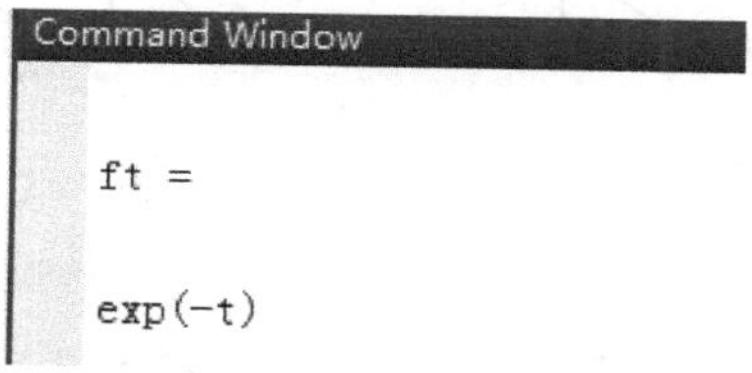

图 2-32　例 2-35 运行结果图

本章要点

1. 为了方便研究信号、系统及其相互关系，往往分别在时域、频域、复频域3个不同的表达域中进行。3个表达域以时域为基础，在频域中研究信号和系统，则能突出它们的频域特性；而复频域的表达形式给控制系统的分析和综合带来诸多方便。

2. 表达域之间是通过数学变换实现的，对于连续的情况，傅里叶变换(CFT)实现时域到频域的变换，拉普拉斯变换实现时域到复频域的变换；对于离散的情况，离散时间傅里叶变换(DTFT)实现时域到频域的变换，Z变换实现时域到复频域的变换。

3. 离散傅里叶变换(DFT)和快速傅里叶变换(FFT)是为了实现计算机运算而导出的变换，没有明确的物理意义。前者满足时域、频域都是离散序列的要求，可以认为是非周期序列傅里叶变换(DTFT)离散化的结果，后者则是在充分利用DFT运算中潜在规律而得到的DFT高效、快速运算方法。

4. 一系列数学变换的性质对认识变换及利用变换具有重要作用。

5. 对于拉普拉斯变换和Z变换要特别关注它们存在的条件，即变换的收敛域问题。

习　题

1. 求下列函数的傅里叶级数表达式：

1) $x(t)=\cos 4t+\sin 6t$。

2) $x(t)$是以2为周期的函数，且$x(t)=e^{-t}$，$-1<t<1$。

2. 有一实值连续时间周期函数$x(t)$，其基波周期$T=8s$，$x(t)$的非零傅里叶级数系数是$a_1=a_{-1}=2$，$a_3=a_{-3}^*=4j$，试将$x(t)$表示成如下形式：$x(t)=\sum_{n=0}^{\infty}A_k\cos(\omega_k t+\Phi_k)$。

3. 如图2-33所示是4个周期相同的函数。

1) 用直接求傅里叶系数的方法求图2-33a所示函数的傅里叶级数(三角形式)。

2) 将图2-33a所示的函数$x_1(t)$左移或右移$T/2$，得到图2-33b所示函数$x_2(t)$，利用1)的结果求$x_2(t)$的傅里叶级数。

3) 利用以上结果求图2-33c所示的函数$x_3(t)$的傅里叶级数。

4) 利用以上结果求图2-33d所示的函数$x_4(t)$的傅里叶级数。

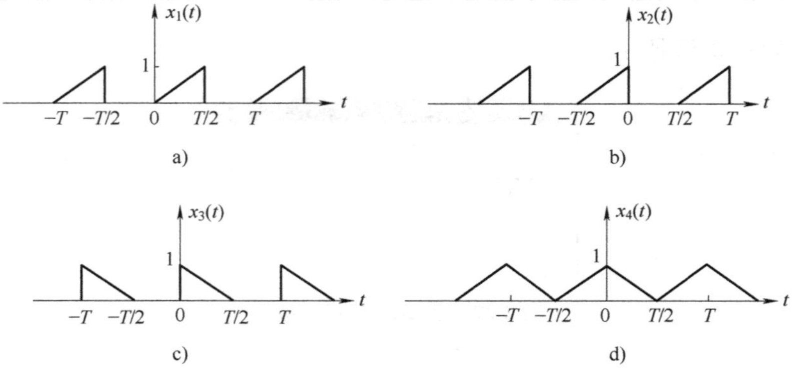

图2-33　习题3图

4. 求图 2-34 所示各函数的傅里叶变换。

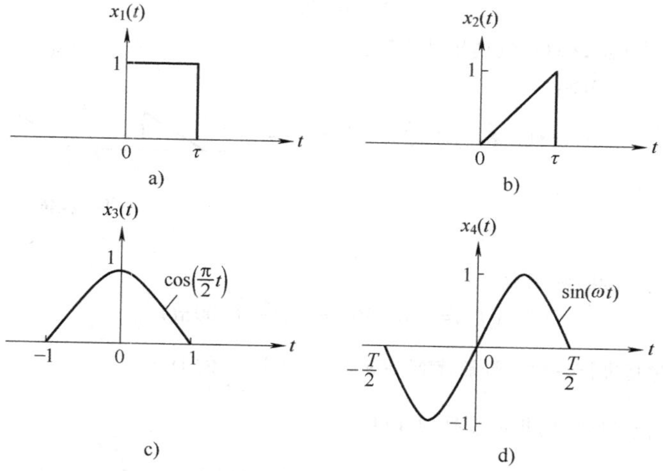

图 2-34　习题 4 图

5. 求下列函数的傅里叶反变换：

1） $X(\omega)=\begin{cases}1 & |\omega|<\omega_0 \\ 0 & |\omega|>\omega_0\end{cases}$

2） $X(\omega)=\delta(\omega+\omega_0)-\delta(\omega-\omega_0)$

3） $X(\omega)=2\cos(3\omega)$

4） $X(\omega)=[u(\omega)-u(\omega-2)]\mathrm{e}^{-\mathrm{j}\omega}$

5） $X(\omega)=\sum_{n=0}^{2}\frac{2\sin\omega}{\omega}\mathrm{e}^{-\mathrm{j}(2\pi+1)\omega}$

6. 利用傅里叶变换的性质，求图 2-35 所示函数的傅里叶反变换。

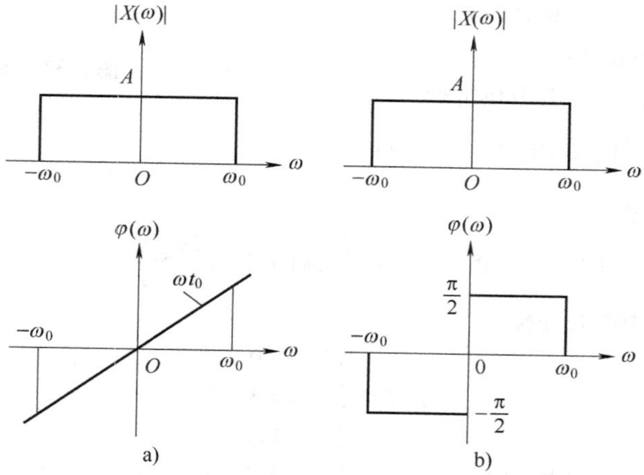

图 2-35　习题 6 图

7. 利用能量等式 $\int_{-\infty}^{\infty}x^2(t)\,\mathrm{d}t=\frac{1}{2\pi}\int_{-\infty}^{\infty}|X(\omega)|^2\mathrm{d}\omega$ 计算下列积分的值：

1） $\int_{-\infty}^{\infty}\left[\frac{\sin(t)}{t}\right]^2\mathrm{d}t$

2） $\int_{-\infty}^{\infty}\frac{\mathrm{d}x}{(1+x^2)^2}$

8. 利用傅里叶变换的性质，求下列傅里叶变换的反变换。

1）$\mathrm{sgn}(\omega)$　　2）$\cos(2\omega)$

9. 求图 2-36 所示周期函数 $x(t)$ 的傅里叶变换。

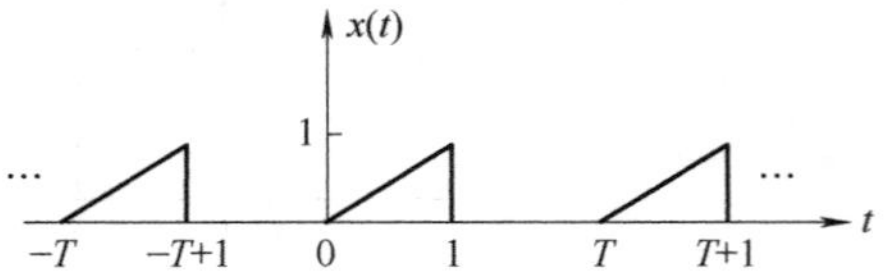

图 2-36　习题 9 图

10. 求下列周期序列的 DFS：

1）$(\alpha^n u(n)) * \tilde{\delta}_8(n)$（$0<\alpha<1$，$\tilde{\delta}_8(n)$ 表示采样点个数为 8 的周期序列）

2）$\cos\left(\frac{\pi}{4}n\right)$

11. 设 $x_a(t)$ 是周期连续时间函数

$$x_a(t)=A\cos(200\pi t)+B\cos(500\pi t)$$

以采样频率 $f_s=1\text{kHz}$ 对其进行采样，计算序列 $x(n)=x_a(t)\big|_{t=nT_s}$ 的 DFS。

12. 求下列序列的离散时间傅里叶变换（DTFT）。

1）$x_1(n)=\left(\frac{1}{2}\right)^n u(n+3)$　　2）$x_2(n)=a^n\sin(n\omega_0)u(n)$

3）$x_3(n)=\begin{cases}\left(\frac{1}{2}\right)^n & n=0,\ 2,\ 4,\ \cdots \\ 0 & \text{其他}\end{cases}$

13. 求图 2-37 所示的 $X(\Omega)$ 的反 DTFT。

14. 设 $x(n)\xleftrightarrow{\text{DTFT}}X(\Omega)$，对于如下序列，用 $X(\Omega)$ 表示其 DTFT。

1）$x(\alpha n)$　　2）$x^*(\alpha n)$

3）$x(n)-x(n-2)$　　4）$x(n)\times x(n-1)$

其中，* 表示共轭，α 为任意常数。

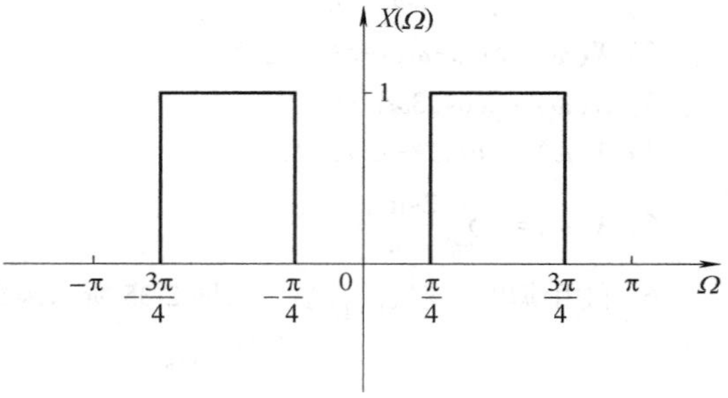

图 2-37　习题 13 图

15. 计算下列序列的 N 点 DFT：

1）$x_1(n)=\delta(n)-\delta(n-n_0)$，其中 $0<n_0<N$

2）$x_2(n)=a^n$，其中 $0\leqslant n<N$

3）$x_3(n)=u(n)+u(n-n_0)$，其中 $0<n_0<N$

4）$x_5(n)=4+\cos^2\left(\frac{2\pi n}{N}\right)$，$n=0,\ 1,\ \cdots,\ N-1$

16. 求下列 DFT 反变换：

1）求 $X_1(k)$ 的 16 点 DFT 反变换，$X_1(k)=\cos\left(\frac{2\pi}{16}3k\right)+3\mathrm{j}\sin\left(\frac{2\pi}{16}5k\right)$

2）求 $X_2(k)$ 的 10 点 DFT 反变换，

$$X_2(k)=\begin{cases}3 & k=0 \\ 2 & k=3,\ 7 \\ 1 & \text{其他}\end{cases}$$

17. 当 DFT 的点数是 2 的整数幂时，可以用基 2FFT 算法。但是当 $N=4^v$ 时，用基 4FFT 算法效率更高。

1）推导 $N=4^v$ 时的基 4 按时间抽取 FFT 算法。

2）画出基 4FFT 算法的蝶形图，比较基 4FFT 算法和基 2FFT 算法的复数乘法和复数加法次数。

18. 用定义计算下列函数的拉普拉斯变换及收敛域。

1）$\mathrm{e}^{at}u(t)$，$a>0$　　2）$t\mathrm{e}^{at}u(t)$，$a>0$

3）$\mathrm{e}^{-at}u(-t)$，$a>0$　　4）$(\cos\omega_c t)u(-t)$

5）$[\cos(\omega_c t+\theta)]u(t)$

6）$[e^{-at}\sin(\omega_c t)]u(t)$，$a>0$

7）$\delta(at-b)$，a 和 b 为实数

8）$x(t)=\begin{cases} e^{-2t}, & t>0 \\ e^{3t}, & t<0 \end{cases}$

19. 用定义计算图 2-38 所示各函数的拉普拉斯变换。

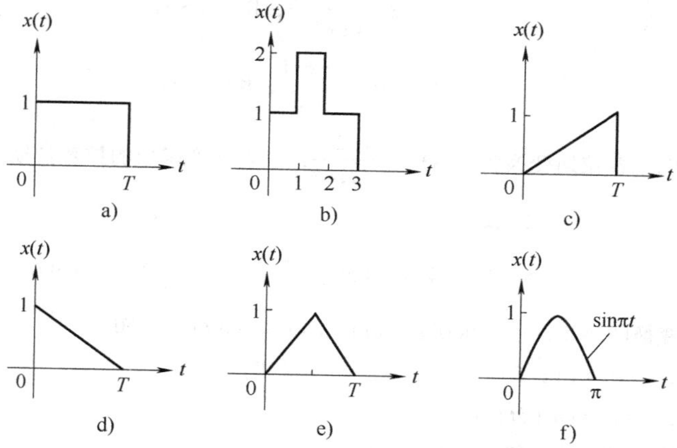

图 2-38　习题 19 图

20. 指出下列函数哪些存在拉普拉斯变换，哪些同时存在拉普拉斯变换和傅里叶变换。

1）$e^{-10t}u(t)$　　2）$e^{10t}u(t)$　　3）$e^{-10|t|}$　　4）$te^{-10t}u(t)$

21. 确定下列函数 $x(t)$ 的拉普拉斯变换及其收敛域。

1）$x(t)=e^{-2t}u(t)+e^{-3t}u(t)$

2）$x(t)=e^{-4t}u(t)+e^{-5t}(\sin 5t)u(t)$

3）$x(t)=e^{2t}u(-t)+e^{3t}u(-t)$

4）$x(t)=te^{-2|t|}$

5）$x(t)=|t|e^{-2|t|}$

6）$x(t)=|t|e^{2t}u(-t)$

7）$x(t)=\begin{cases} 1 & 0\leqslant t\leqslant 1 \\ 0 & \text{其他} \end{cases}$

8）$x(t)=\begin{cases} t & 0\leqslant t\leqslant 1 \\ 2-t & 1\leqslant t\leqslant 2 \end{cases}$

9）$x(t)=\delta(t)+u(t)$

10）$x(t)=\delta(3t)+u(3t)$

22. 若已知 $u(t)$ 的拉普拉斯变换为$\frac{1}{s}$，收敛域为 $\mathrm{Re}\{s\}>0$，试利用拉普拉斯变换的性质，求下列函数的拉普拉斯变换式及其收敛域：

1）$[\cos(\omega_c t)]u(t)$

2）$[\sin(\omega_c t)+\cos(\omega_c t)]u(t)$

3）$[e^{-at}\cos(\beta t)]u(t)$

4）$[t\cos(\omega_c t)]u(t)$

5）$[te^{-at}\cos(\omega_c t)]u(t)$

6）$e^{-t}u(t-T)$

7）$te^{-t}u(t-T)$

8）$t\delta'(t)$

9）$t^2\delta''(t)$

10）$\sum_{k=0}^{\infty} a^k\delta(t-kT)$

11）$t^2u(t-1)$

12）$e^{-t+t_0}u(t-T)$

13）$[t^2\cos(\omega_c t)]u(t)$

14）$[\sin(\omega_c t)]u(t-T)$

15）$\int_0^t \sin(\omega_c\tau)\mathrm{d}\tau$

16）$t^{-1}(1-e^{-at})u(t)$

23. 求下列函数的拉普拉斯反变换：

1）$\frac{1}{s^2+9}$，$\mathrm{Re}\{s\}>0$

2）$\frac{s}{s^2+9}$，$\mathrm{Re}\{s\}<0$

3) $\dfrac{s+1}{(s+1)^2+9}$, $\mathrm{Re}\{s\}<-1$　　4) $\dfrac{3s}{(s^2+1)(s^2+4)}$, $\mathrm{Re}\{s\}>0$

5) $\dfrac{s+1}{s^2+5s+6}$, $-3<\mathrm{Re}\{s\}<-2$　　6) $\dfrac{s+2}{s^2+7s+12}$, $-4<\mathrm{Re}\{s\}<-3$

7) $\dfrac{(s+1)^2}{s^2-s+1}$, $\mathrm{Re}\{s\}>\dfrac{1}{2}$　　8) $\dfrac{s^2-s+1}{(s+1)^2}$, $\mathrm{Re}\{s\}>-1$

9) $\dfrac{s^2+4s+5}{s^2+3s+2}$, $\mathrm{Re}\{s\}>-1$　　10) $\dfrac{s^2-s+1}{s^3-s^2}$, $\mathrm{Re}\{s\}>1$

24. 已知函数 $x(t)$ 的拉普拉斯变换为 $X(s)=\dfrac{s+2}{s^2+4s+5}$，试求下列函数的拉普拉斯变换：

1) $x(2t-1)u(2t-1)$　　2) $tx(t)$　　3) $\mathrm{e}^{-3t}x(t)$

4) $\dfrac{\mathrm{d}x(t)}{\mathrm{d}t}$　　5) $2x(t/4)+3x(5t)$　　6) $x(t)\cos 7t$

25. 应用拉普拉斯变换的卷积性质，求函数 $y(t)=x_1(t)*x_2(t)$，已知

1) $x_1(t)=\mathrm{e}^{-2t}u(t)$，$x_2(t)=u(t-5)$

2) $x_1(t)=\mathrm{e}^{-2t}u(t)$，$x_2(t)=\cos(5t)u(t)$

26. 由下列各象函数求原函数的傅里叶变换 $X(\omega)$。

1) $\dfrac{1}{s}$　　2) $\dfrac{2}{s^2+1}$　　3) $\dfrac{s+2}{s^2+4s+8}$　　4) $\dfrac{s}{(s+4)^2}$

27. 求下列象函数 $X(s)$ 的原函数的初值 $x(0_+)$ 和终值 $x(\infty)$。

1) $X(s)=\dfrac{2s+3}{(s+1)^2}$　　2) $X(s)=\dfrac{3s+1}{s(s+1)}$

28. 已知函数 $\mathrm{e}^{-at}u(t)$ 的拉普拉斯变换为 $\dfrac{1}{s+a}$，其中 $\mathrm{Re}\{s\}>\mathrm{Re}\{-a\}$。求 $X(s)=\dfrac{2(s+2)}{s^2+7s+12}$，$\mathrm{Re}\{s\}>-3$ 的拉普拉斯反变换。

29. 求下列序列的 Z 变换，并画出零极点图和收敛域。

1) $x(n)=a^{|n|}$

2) $x(n)=\begin{cases}1, & 0\leqslant n\leqslant N-1\\ 0, & n<0,\ n>N-1\end{cases}$

3) $x(n)=\begin{cases}n, & 0\leqslant n\leqslant N\\ 2N-n, & N+1\leqslant n\leqslant 2N\\ 0, & \text{其他}\end{cases}$

4) $x(n)=n$，$n\geqslant 0$

5) $x(n)=\dfrac{1}{n!}$，$n\geqslant 0$

6) $x(n)=\cos an$，$n\geqslant 0$（a 为常数）

30. 设 $X(z)=\dfrac{-3z^{-1}}{2-5z^{-1}+2z^{-2}}$，试问 $x(n)$ 在以下 3 种收敛域下，哪一种是左边序列？哪一种是右边序列？哪一种是双边序列？并求出各对应的 $x(n)$。

1) $|z|>2$　　2) $|z|<0.5$　　3) $0.5<|z|<2$

31. 求下列 $X(z)$ 的 Z 反变换：

1) $\dfrac{1-az^{-1}}{z^{-1}-a}$，$|z|>\dfrac{1}{a}$　　2) $\dfrac{1+z^{-1}}{1-z^{-1}2\cos\omega_0+z^{-2}}$，$|z|>1$　　3) $\dfrac{z^{-n_0}}{1+z^{-n_0}}$，$|z|>1$，$n_0$ 为某整数。

第三章

信号的时域描述与分析

通常，信号是时间的函数，在时间域内对其进行定量和定性的描述、分析是一种最基本的方法，这种方法比较直观、简便，物理概念强，易于理解。本书考虑两种基本类型的信号：连续时间信号和离散时间信号。在前一种情况下，自变量是连续可变的，因此信号在自变量的连续值上都有定义；而后者仅仅定义在离散时刻点上，也就是自变量仅取在一组离散值上。

第一节　连续信号的时域描述和计算

连续的确定性信号(简称连续信号)是可用时域上连续的确定性函数描述的信号，是一类在描述、分析上最简单的信号，同时又是其他信号分析的基础。本章着重讨论这类信号的分析方法，包括时域分析、频域分析及复频域分析。

一、连续信号的描述

信号是可以描述范围极为广泛的一类物理现象。信号可以用许多方式来表示，一种最简单而常用的情况是信号随时间变化，信号可表示为时间的函数。以时间为横坐标、物理量值为纵坐标，绘制出来的图形称为信号波形。图 3-1 所示是语音信号“你好”经送话器录音后绘制出的音频波形。

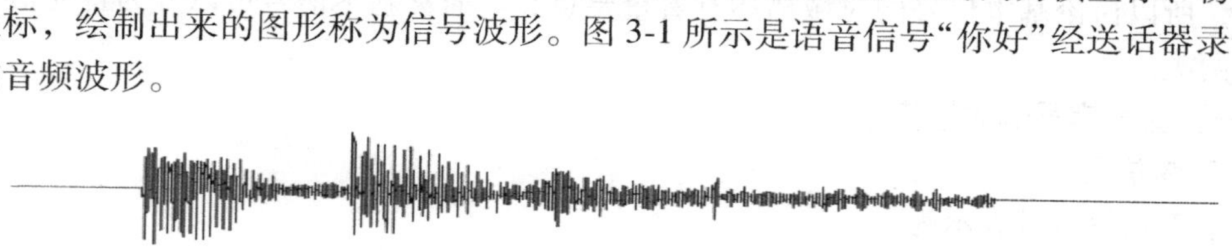

图 3-1　语音信号“你好”的音频波形

在数学描述上，信号可以表示为一个或多个独立变量的函数，“信号”和“函数”两个名词常常可以通用。物理量值为一个独立变量的函数时，称为一维函数，记为 $x(t)$，如图 3-1 所示的语音信号。若物理量值是两个独立变量的函数，如一幅静止图像，每点的亮度(或灰度)随二维空间坐标 (x, y) 变化，它可以表示为二维函数 $f(x, y)$。再进一步，活动图像可表示为亮度随二维空间 x、y 及时间 t 变化的函数，记为 $f(x, y, t)$，这是一个三维函数。本书讨论范围仅限于一维函数表示的信号。

信号的特性可以从时间特性和频率特性两方面来描述。信号的时间特性是从时间域(简称时域)对信号进行分析。例如，信号是时间的函数，具有一定的波形。早期的信号波形分析，只是计算信号波形的最大值、平均值、最小值；随后发展到波形的时间域分析，如出现时间的先后、持续时间的长短、重复周期的大小、随时间变化的快慢以及波形的分解和合成；现在发展到随机波形的相关分析，即波形与波形的相似程度等。

信号的频率特性是从频率域(简称频域)对信号进行分析。时域和频域反映了对信号的两个不同的观测面，即两种不同观察和表示信号的方法。信号 $x(t)=\sum_{n=-5}^{5}\mathrm{Sa}(n\pi)\mathrm{e}^{jn\pi t}$ 的时域波形如图 3-2a 所示，它由 1 次、3 次和 5 次谐波组成，这些谐波的波形如图 3-2b 所示，图 3-2c 是从频域观测到的各次谐波的幅值。由此可见，信号的时间特性和频率特性有着密切的联系，不同的时间特性将导致不同的频率特性。

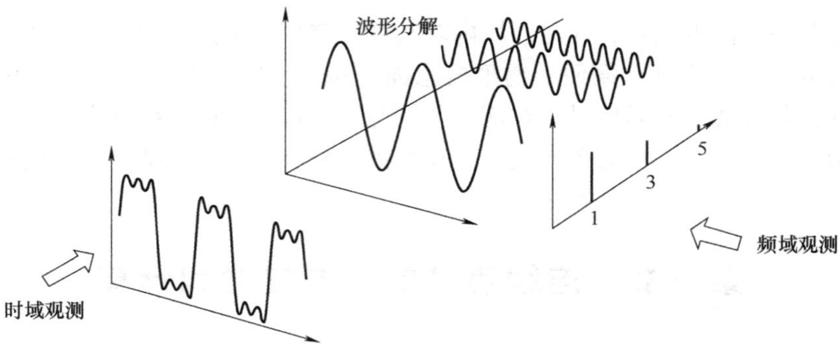

图 3-2　多角度观察信号的方法

二、典型连续信号

在多种多样的连续确定性信号中，有一些信号可以用常见的基本函数表示，如正弦函数、指数函数、阶跃函数等，人们把这类信号称为基本信号。可以将它们组合成许多更复杂的信号，所以讨论基本信号的时域描述有着重要意义。通常基本信号可以分为普通信号和奇异信号两类。

(一) 普通信号的时域描述

1. 正弦信号

一个正弦信号可表示为

$$x(t)=A\sin(\omega_0 t+\varphi_0)=A\cos\left(\omega_0 t+\varphi_0-\frac{\pi}{2}\right)\qquad -\infty<t<\infty \tag{3-1}$$

式中，A 为振幅；ω_0 为角频率(rad/s)；φ_0 为初相位(rad)，如图 3-3 所示。

正弦信号是周期信号，其周期为

$$T_0=\frac{2\pi}{\omega_0}=\frac{1}{f_0} \tag{3-2}$$

式中，T_0 为基波周期(s)；f_0 为基波频率(Hz)。

余弦信号与正弦信号只是在相位上相差$\frac{\pi}{2}$［见式(3-1)］，所以通常也把它归属为正弦信号。

正弦信号在实际中得到广泛的应用，因为它具有一系列对运算非常有用的性质：

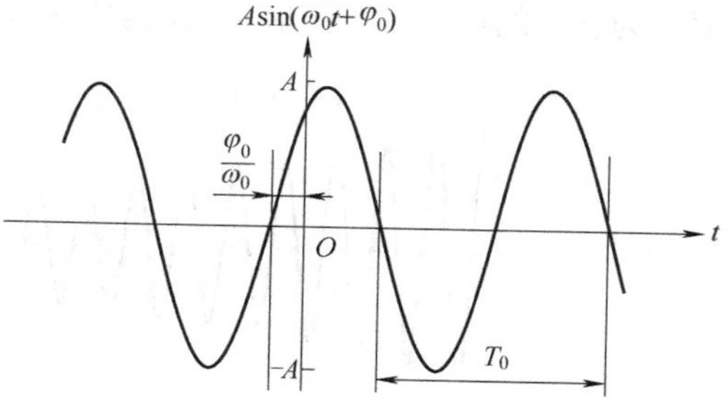

图 3-3　正弦信号

1）两个同频率的正弦信号相加，即使它们的振幅和相位不同，但相加的结果仍是原频率的正弦信号。

2）如果一个正弦信号 $x_1(t)=A\sin(\omega_0 t+\varphi_0)$ 的基波频率为f_0，信号 $x_2(t)=B\sin(n\omega_0 t+\varphi_1)$（$n$ 为整数）的频率 $f_1=nf_0$，则 $x_2(t)$ 为 $x_1(t)$ 的 n 次谐波。

3）正弦信号的微分和积分仍然是同频率的正弦信号。

2. 指数信号

一个指数信号可以表示为

$$x(t)=Ae^{st}\qquad -\infty<t<\infty \tag{3-3}$$

式中，$s=\sigma+j\omega_0$ 为复数。

如果 $\sigma=0$、$\omega_0=0$，则 $x(t)=A$，即为直流信号。

如果 $\sigma\neq0$、$\omega_0=0$，则 $x(t)=Ae^{\sigma t}$，即为实指数信号，其中 $\sigma<0$ 表示了 $x(t)$ 随时间按指数衰减，如放射性衰变、RC 电路及有阻尼的机械系统的响应等各种现象。$\sigma>0$ 表示了 $x(t)$ 随时间按指数增长，如原子弹爆炸或者复杂化学反应中的连锁反应等很多不同的物理过程。信号的衰减或增长速度可以用实指数信号的时间常数 τ 表示，它是$|\sigma|$的倒数，即 $\tau=\frac{1}{|\sigma|}$。

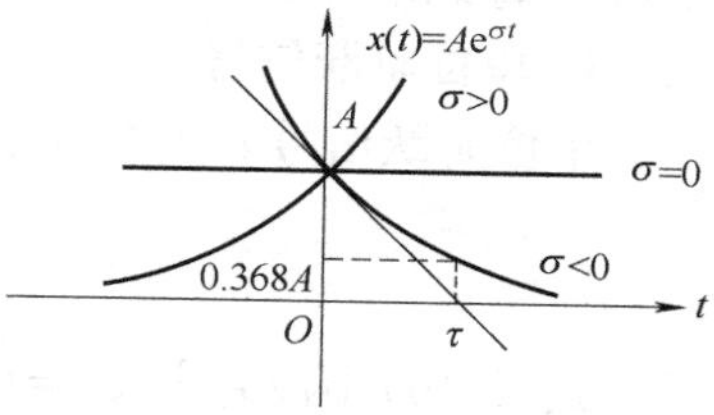

图 3-4　不同 σ 值的指数信号

图 3-4 分别表示了不同 σ 值的指数信号。

如果 $\sigma\neq0$、$\omega_0\neq0$，则 $x(t)=Ae^{\sigma t}e^{j\omega_0 t}$，即为复指数信号，其中 $s=\sigma+j\omega_0$ 称为复指数信号的复频率。

按欧拉(Euler)公式，复指数信号可以写成

$$x(t)=Ae^{st}=Ae^{\sigma t}e^{j\omega_0 t}=Ae^{\sigma t}\cos\omega_0 t+jAe^{\sigma t}\sin\omega_0 t=\mathrm{Re}[x(t)]+j\mathrm{Im}[x(t)] \tag{3-4}$$

可见，$x(t)$可以分解为实部和虚部两个部分：

$$\mathrm{Re}[x(t)]=Ae^{\sigma t}\cos\omega_0 t \tag{3-5}$$

$$\mathrm{Im}[x(t)]=Ae^{\sigma t}\sin\omega_0 t \tag{3-6}$$

分别称为幅值变化的余弦和正弦信号，$Ae^{\sigma t}$反映了它们振荡幅值的变化情况，即信号的包络线。图 3-5 表示了 $\sigma<0$ 时的 $\mathrm{Re}[x(t)]$和 $\mathrm{Im}[x(t)]$，其中虚线为包络线 $Ae^{\sigma t}$。

显然，如果 $\sigma=0$、$\omega_0\neq0$，则 $x(t)=Ae^{j\omega_0 t}$，按欧拉公式，其实部和虚部分别为等幅的余弦和正弦信号。

实际的信号总是实的，即都是时间 t 的实函数，复指数信号为复函数，所以不可能实际产生。但是一方面如上所述，它的实部和虚部表示了指数包络的正弦型振荡，这本身具有一定的实际意义。其次，它把直流信号、指数型信号、正弦型信号以及具有包络线的正弦型信号

表示为统一的形式，并使信号的数学运算简练、方便，所以在信号分析理论中更具普遍意义。

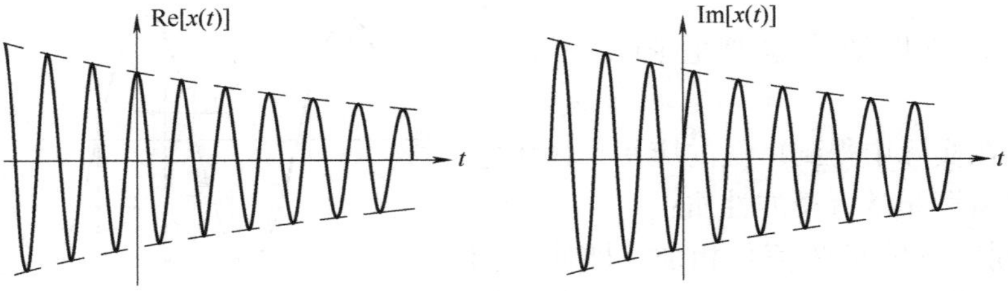

图 3-5　复指数信号(σ<0)

在信号的数学运算中经常会用到欧拉公式，如下：

$$e^{j\omega t}=\cos\omega t+j\sin\omega t \tag{3-7}$$

$$A\cos(\omega t+\varphi)=\frac{A}{2}[e^{j(\omega t+\varphi)}+e^{-j(\omega t+\varphi)}]=A\mathrm{Re}[e^{j(\omega t+\varphi)}] \tag{3-8}$$

$$A\sin(\omega t+\varphi)=\frac{A}{2j}[e^{j(\omega t+\varphi)}-e^{-j(\omega t+\varphi)}]=A\mathrm{Im}[e^{j(\omega t+\varphi)}] \tag{3-9}$$

(二) 奇异信号的描述

奇异信号是用奇异函数表示的一类特殊的连续时间信号，其函数本身或者函数的导数(包括高阶导数)具有不连续点。它们是从实际信号中抽象出来的典型信号，在信号的分析中占有重要的地位。

1. 单位阶跃信号

单位阶跃信号 $u(t)$ 的定义为

$$u(t)=\begin{cases}1 & t>0\\ 0 & t<0\end{cases} \tag{3-10}$$

式(3-10)中没有定义 $t=0$ 时的取值，因为在 $t=0$ 处函数出现了跳变。如果必要，则可以取 $u(t)\big|_{t=0}=\frac{1}{2}$，即取其左、右极限的平均值。单位阶跃信号的波形如图 3-6 所示。

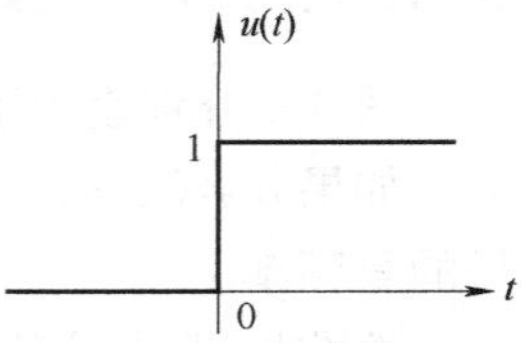

图 3-6　单位阶跃信号

阶跃信号具有单边特性，即信号在接入时刻 t_0 以前的值为 0，因此，可以用来描述信号的接入特性，例如 $x(t)=\sin\omega_0 t\cdot u(t-t_0)$ 表示 t_0 以前的值为 0，t_0 以后的值为 $\sin\omega_0 t$。

通过阶跃函数，可以表示出如图 3-7 所示的矩形脉冲信号。

$$G_\tau(t)=A\left[u\left(t+\frac{\tau}{2}\right)-u\left(t-\frac{\tau}{2}\right)\right] \tag{3-11}$$

2. 单位冲激信号

狄拉克(Dirac)把单位冲激信号定义为

$$\begin{cases}\delta(t)=0 & t\neq 0\\ \int_{-\infty}^{\infty}\delta(t)\,\mathrm{d}t=1\end{cases} \tag{3-12}$$

即非零时刻的函数值均为 0，而它与时间轴覆盖的面积为 1。为了便于理解，也可以把单位

冲激信号视为幅度为$\frac{1}{\tau}$、脉宽为τ的矩形脉冲当$\tau\to0$时的极限情况，即

$$\delta(t)=\lim_{\tau\to0}\frac{1}{\tau}\left[u\left(t+\frac{\tau}{2}\right)-u\left(t-\frac{\tau}{2}\right)\right]$$

图 3-8 表示了$\tau\to0$时上述矩形脉冲的变化过程。

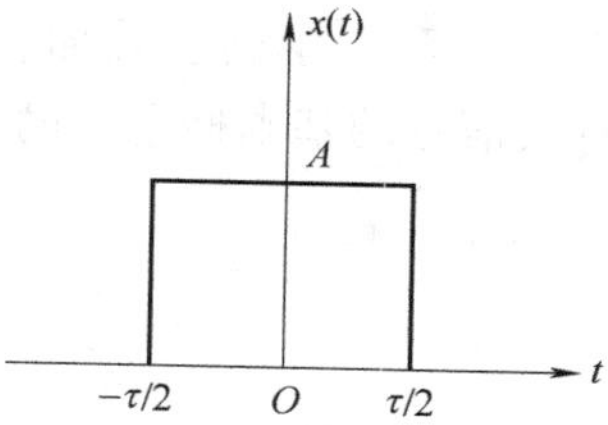

图 3-7 矩形脉冲信号

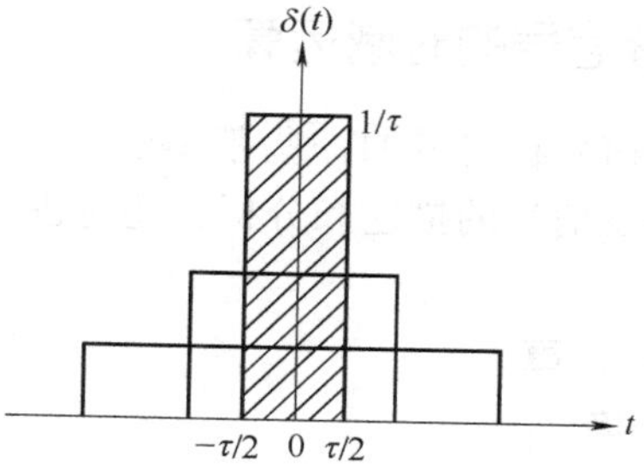

图 3-8 矩形脉冲向冲激信号的过渡

由上可知，当$t=0$时，$\delta(t)$的幅值应为∞，无明确的物理意义。但是由式(3-12)，$\int_{-\infty}^{\infty}\delta(t)\,\mathrm{d}t=\int_{0^-}^{0^+}\delta(t)\,\mathrm{d}t=1$，故称$\delta(t)$的强度为 1，用带箭头的直线段表示，并在箭头旁边标以强度 1，如图 3-9 所示。如果一个冲激信号与时间轴覆盖的面积为A，表示其强度是单位冲激信号的A倍，用在带箭头的直线段旁边标以A来表示。

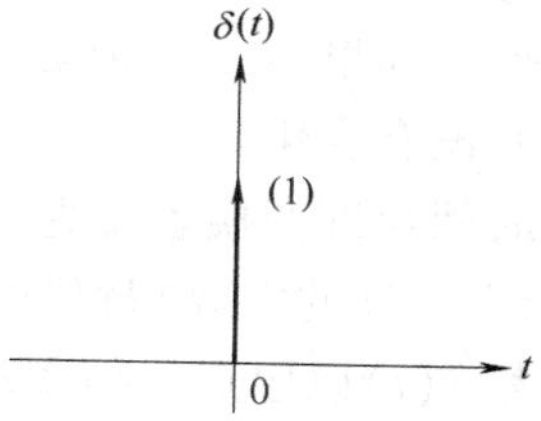

图 3-9 单位冲激信号的表示

冲激信号具有以下一系列重要性质：

1）若$x(t)$在$t=0$处连续，则有

$$\int_{-\infty}^{\infty}x(t)\delta(t)\,\mathrm{d}t=x(0) \tag{3-13}$$

这是因为$\delta(t)$在$t\neq0$处为 0，故有

$$\int_{-\infty}^{\infty}x(t)\delta(t)\,\mathrm{d}t=\int_{0^-}^{0^+}x(t)\delta(t)\,\mathrm{d}t=x(0)\int_{0^-}^{0^+}\delta(t)\,\mathrm{d}t=x(0)$$

一个任意信号$x(t)$经与$\delta(t)$相乘后再取积分，就是该信号在$t=0$处的取值，表明$\delta(t)$具有取样(筛选)特性。由于$\delta(t)$的取样特性，很容易理解式子$x(t)\delta(t)=x(0)\delta(t)$。

根据上面结论，不难得出$x(t)\delta(t-t_0)=x(t_0)\delta(t-t_0)$。

2）冲激信号具有偶函数特性，这是因为如令$\tau=-t$，则有

$$\int_{-\infty}^{\infty}x(t)\delta(-t)\,\mathrm{d}t=\int_{\infty}^{-\infty}x(-\tau)\delta(\tau)\,\mathrm{d}(-\tau)=\int_{-\infty}^{\infty}x(-\tau)\delta(\tau)\,\mathrm{d}\tau=x(0)$$

再结合式(3-13)，有

$$\delta(-t)=\delta(t) \tag{3-14}$$

3）冲激信号与阶跃信号互为积分和微分关系，即

$$\int_{-\infty}^{t}\delta(\tau)\,\mathrm{d}\tau=u(t) \tag{3-15}$$

$$\frac{\mathrm{d}u(t)}{\mathrm{d}t}=\delta(t) \tag{3-16}$$

这是因为由冲激信号的定义式(3-12)有

$$\int_{-\infty}^{t}\delta(\tau)\mathrm{d}\tau=\begin{cases}\int_{-\infty}^{\infty}\delta(\tau)\mathrm{d}\tau=1 & t>0\\ 0 & t<0\end{cases}$$

结合 $u(t)$ 的定义式(3-10)，即可得式(3-15)，进一步可得式(3-16)。

三、连续信号的时域运算

连续时间信号在时域的一些基本运算——尺度变换、平移、翻转、叠加、相乘、微分、积分等不仅涉及信号的描述和分析，还对进一步建立有关信号的基本概念和简化信号运算有着一定的意义。

（一）基本运算

1. 尺度变换

尺度变换可分为幅值尺度变换和时间尺度变换，幅值尺度变换表现对原信号的放大或缩小，如 $x_1(t)=2x(t)$ 表示信号 $x_1(t)$ 是把原信号 $x(t)$ 的幅值放大了一倍，$x_2(t)=x(t)/2$ 则表示信号 $x_2(t)$ 是把原信号 $x(t)$ 的幅值缩小为一半。一般地说，幅值尺度变换不改变信号的基本特性，如果 $x(t)$ 表示某一语音信号，则 $x_1(t)$ 和 $x_2(t)$ 仅仅使声音的大小发生了变化，语音特征并没有变化。

时间尺度变换表现为信号横坐标尺度的展宽或压缩，通常横坐标的展缩可以用变量 at（a 为大于 0 的常数）替代原信号的自变量 t 来实现，即将原信号 $x(t)$ 变换为 $x(at)$。$x(at)$ 将原信号 $x(t)$ 以原点（$t=0$）为基准沿横坐标轴展缩为原来的 $1/a$。图 3-10 分别表示了两种信号在 $a=2$ 和 $a=1/2$ 情况下的时间尺度变换波形。可见，当 $0<a<1$ 时，原信号 $x(t)$ 沿横坐标轴展宽了；当 $a>1$ 时，原信号 $x(t)$ 沿横坐标轴压缩了，而信号的幅值都保持不变。一般地说，时间尺度变换会改变信号的基本特征，原因是信号的频谱发生了变化。实际上，若 $x(t)$ 表示录音带的正常速度放音信号，则 $x(2t)$ 表示了两倍于正常速度放音的信号，放出的声音比原信号尖锐刺耳，而 $x(t/2)$ 表示了放慢一倍于正常速度放音的信号，放出的声音较为低沉。声音声调的变化正是由于信号的频率特性变化引起的。由此也可以认识到，信号的频率特性与幅值不同，它是信号的基本特征。

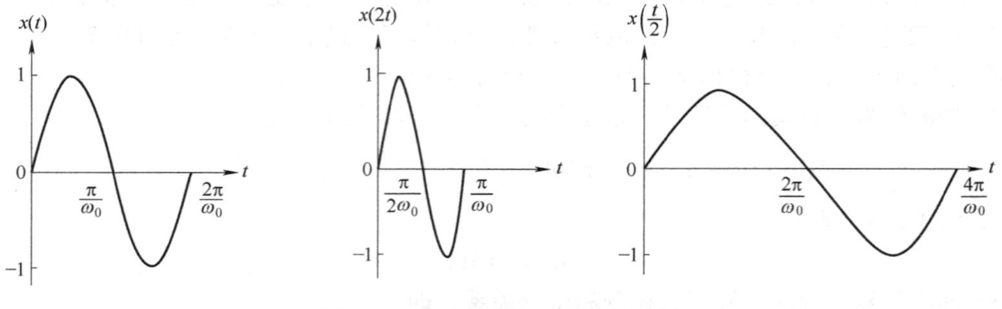

图 3-10　信号的时间尺度变换波形

2. 翻转

将信号以纵坐标轴为中心进行对称映射，就实行了信号的翻转。信号的翻转也可以表示为用变量$-t$替代原信号的自变量t而得到的信号$x(-t)$，即$x(at)$在$a=-1$时的情况。图3-11表示了信号翻转的情况，其中，图3-11a表示原信号$x(t)$，图3-11b表示翻转信号$x(-t)$。当$x(at)$的变量a取小于0的常数时，就使原信号既作时间尺度变换又进行翻转，图3-11c表示了信号$x(-2t)$。当然，在运算时可以将原信号先进行时间尺度变换然后翻转，也可以先翻转然后进行时间尺度变换。

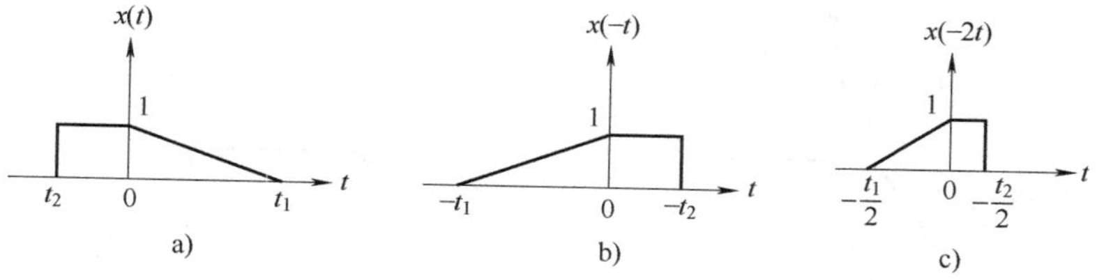

图3-11　信号的翻转

3. 平移

平移也称时移，对于信号$x(t)$，考虑大于0的常数t_0，则得平移信号$x(t-t_0)$或$x(t+t_0)$，其中$x(t-t_0)$表示$t=t_0$时刻的值等于原信号$t=0$时刻的值，即将原信号沿时间轴的正方向平移（右移）了t_0，是原信号的延时。同理，$x(t+t_0)$将原信号沿时间轴的反方向平移（左移）了t_0，是原信号的前移。图3-12表示了信号的平移。

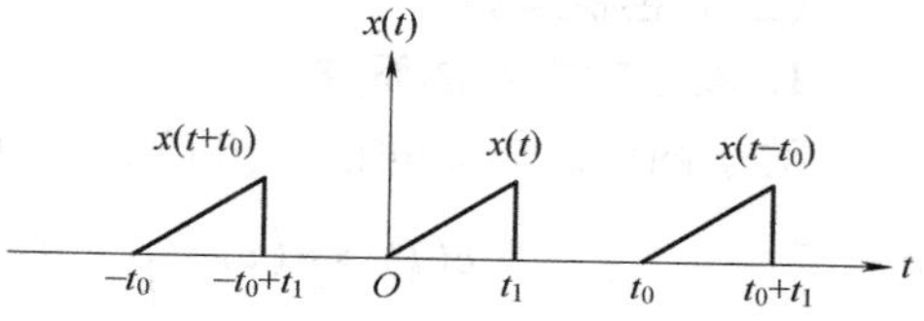

图3-12　信号的平移

将单位冲激信号$\delta(t)$向右平移t_0，得到延时冲激信号$\delta(t-t_0)$，它是出现在$t=t_0$时刻的冲激信号，即

$$\begin{cases}\delta(t-t_0)=0 \quad t\neq t_0\\ \int_{-\infty}^{+\infty}\delta(t-t_0)\mathrm{d}t=1\end{cases} \tag{3-17}$$

故有

$$\int_{-\infty}^{\infty}x(t)\delta(t-t_0)\mathrm{d}t=\int_{t_0^-}^{t_0^+}x(t)\delta(t-t_0)\mathrm{d}t=x(t_0)\int_{t_0^-}^{t_0^+}\delta(t-t_0)\mathrm{d}t=x(t_0) \tag{3-18}$$

表明冲激函数在任意时刻都具有取样特性，同样很容易理解式子$x(t)\delta(t-t_0)=x(t_0)\delta(t-t_0)$。因此，可以根据需要设计冲激函数序列，来获得连续信号的一系列取样值。

例3-1　已知连续时间信号$f(t)$如图3-13a所示，绘制出$f(1-t/2)$的波形图。

解　解此题的方法是按3种运算一步步进行，由于3种运算的次序可任意排列。下面讲解其中一种步骤与大家分享练习。

1）尺度变换：将$t\to t/2$，得原信号$f(t)$的拉伸一倍后得到$f(t/2)$，如图3-13b所示。

2）翻转：将步骤1）中得到的$f(t/2)$，令其中的$t\to -t$，得$f(-t/2)$，如图3-13c所示。

3）移位：为达到题目要求的$f(1-t/2)$，通过变换$f(1-t/2)=f[(t-2)/2]$可见$t\to t-2$，使得图3-13c所示波形沿t轴右移2s，得到最终结果如图3-13d所示。

除上面的步骤之外，还有拉伸→翻转→移位、移位→翻转→拉伸、翻转→移位→拉伸等。

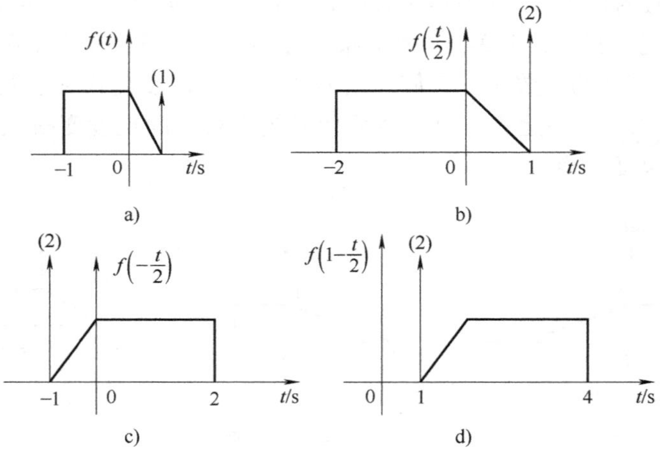

图 3-13　由尺度变换→翻转→移位得到 $f(1-t/2)$

本例尤其注意 $f(t)$ 中包含 $\delta(t-1)$，其中 $\delta(t-1)\to\delta(t/2-1)=2\delta(t-1)$

（二）卷积运算

1. 卷积定义及图解法

对于两个连续时间信号 $e(t)$、$h(t)$，可以定义它们的卷积积分运算，简称卷积运算。

$$e(t)*h(t)=\int_{-\infty}^{\infty}e(\tau)h(t-\tau)\mathrm{d}\tau=\int_{-\infty}^{\infty}e(\tau)h(t-\tau)\mathrm{d}\tau \tag{3-19}$$

卷积积分在信号处理及其他许多科学领域具有重要的意义，它的图解方法能直观地说明其真实含义，有助于对卷积积分概念的理解。

设进行卷积运算的两个信号 $e(t)$ 和 $h(t)$ 分别如图 3-14 所示，表示为

$$e(t)=\begin{cases}1 & -\dfrac{1}{2}\leqslant t\leqslant 1\\ 0 & \text{其他}\end{cases}$$

$$h(t)=\begin{cases}\dfrac{t}{2} & 0\leqslant t\leqslant 2\\ 0 & \text{其他}\end{cases}$$

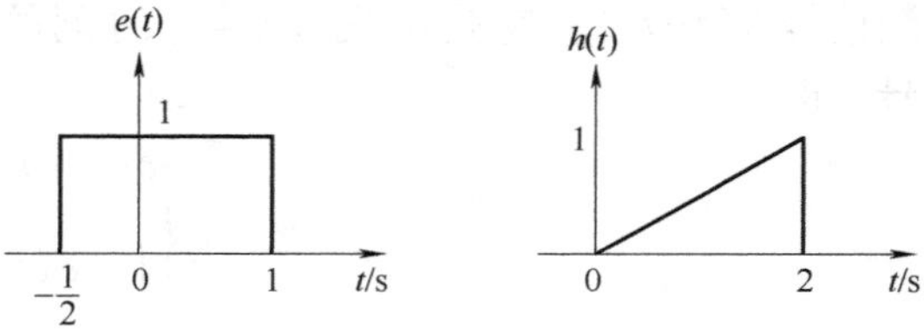

图 3-14　进行卷积运算的信号 $e(t)$ 和 $h(t)$

根据卷积定义式(3-19)，$y(t)=e(t)*h(t)=\int_{-\infty}^{\infty}e(\tau)h(t-\tau)\mathrm{d}\tau$，其运算过程包含如下 4 个步骤：

1）将 $e(t)$、$h(t)$ 进行变量替换，成为 $e(\tau)$、$h(\tau)$；并对 $h(\tau)$ 进行翻转运算，成为 $h(-\tau)$，如图 3-15a 所示。

2）将 $h(-\tau)$ 平移 t，得到 $h(t-\tau)$，如图 3-15b 所示。

3）将 $e(\tau)$ 和平移后的 $h(t-\tau)$ 相乘，得到被积函数 $e(\tau)h(t-\tau)$。

4）将被积函数进行积分，即为所求的卷积积分，它是 t 的函数。

在运算过程中必须注意的是，这里的 t 是参变量，它的取值不同，表示平移后 $h(t-\tau)$ 的位置不同，引起被积函数 $e(\tau)h(t-\tau)$ 的波形不同以及积分的上、下限不同。因此，在计算

卷积积分过程中正确地划分 t 的取值区间和确定积分的上、下限十分重要。

按上述步骤完成的卷积积分结果如下：

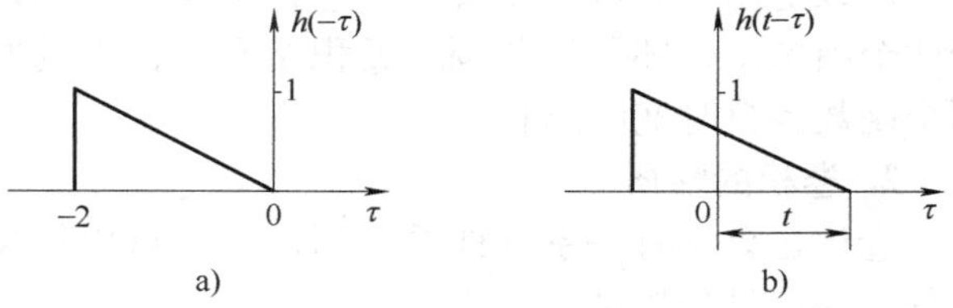

图 3-15　$h(t)$ 变量替换翻转平移

1）$t\leqslant-\dfrac{1}{2}$ 或 $t\geqslant3$，如图 3-16a、b 所示。

$$e(t)*h(t)=0$$

2）$-\dfrac{1}{2}<t\leqslant1$，如图 3-16c 所示。

$$\begin{aligned}e(t)*h(t)&=\int_{-\frac{1}{2}}^{t}1\times\frac{1}{2}(t-\tau)\mathrm{d}\tau\\&=\frac{t^2}{4}+\frac{t}{4}+\frac{1}{16}\end{aligned}$$

3）$1<t\leqslant\dfrac{3}{2}$，如图 3-16d 所示。

$$\begin{aligned}e(t)*h(t)&=\int_{-\frac{1}{2}}^{1}1\times\frac{1}{2}(t-\tau)\mathrm{d}\tau\\&=\frac{3}{4}t-\frac{3}{16}\end{aligned}$$

4）$\dfrac{3}{2}<t\leqslant3$，如图 3-16e 所示。

$$\begin{aligned}e(t)*h(t)&=\int_{t-2}^{1}1\times\frac{1}{2}(t-\tau)\mathrm{d}\tau\\&=-\frac{t^2}{4}+\frac{t}{2}+\frac{3}{4}\end{aligned}$$

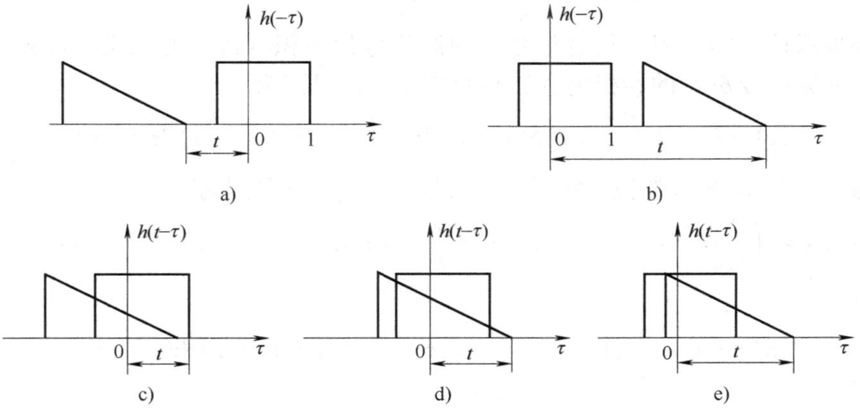

图 3-16　卷积积分的图解法求解过程

最后以 t 为横坐标，将各部分对应的积分值绘制成曲线，就是 $e(t)*h(t)$ 的函数曲线图。如图 3-17 所示。

从以上图解分析可以看出，卷积中积分限的确定取决于两个图像交叠部分的范围。卷积结果所占有的时宽等于两个函数各自时宽的总和。

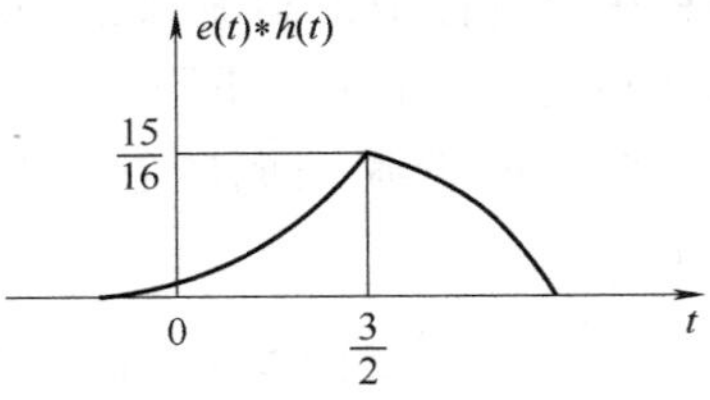

图 3-17　连续时间信号 $e(t)*h(t)$ 的卷积计算结果

2. 卷积的性质

卷积运算具有一系列性质，利用它们可以简化其运算过程，为信号分析带来方便。

（1）交换律

$$x_1(t)*x_2(t)=x_2(t)*x_1(t) \tag{3-20}$$

（2）分配律

$$x(t)*[x_1(t)+x_2(t)]=x(t)*x_1(t)+x(t)*x_2(t) \tag{3-21}$$

（3）结合律

$$[x(t)*x_1(t)]*x_2(t)=x(t)*[x_1(t)*x_2(t)] \tag{3-22}$$

以上 3 个性质说明卷积运算也符合初等代数的基本运算规律，其证明很简单，读者可以自行按定义证明。

（4）卷积的微分

$$\frac{\mathrm{d}}{\mathrm{d}t}[x_1(t)*x_2(t)]=x_1(t)*\frac{\mathrm{d}}{\mathrm{d}t}x_2(t)=\frac{\mathrm{d}}{\mathrm{d}t}x_1(t)*x_2(t) \tag{3-23}$$

这是因为

$$\frac{\mathrm{d}}{\mathrm{d}t}[x_1(t)*x_2(t)]=\frac{\mathrm{d}}{\mathrm{d}t}\int_{-\infty}^{\infty}x_1(\tau)x_2(t-\tau)\mathrm{d}\tau=\int_{-\infty}^{\infty}x_1(\tau)\frac{\mathrm{d}}{\mathrm{d}t}x_2(t-\tau)\mathrm{d}\tau=x_1(t)*\frac{\mathrm{d}}{\mathrm{d}t}x_2(t)$$

（5）卷积的积分

$$\int_{-\infty}^{t}[x_1(\lambda)*x_2(\lambda)]\mathrm{d}\lambda=x_1(t)*\left[\int_{-\infty}^{t}x_2(\lambda)\mathrm{d}\lambda\right]=\left[\int_{-\infty}^{t}x_1(\lambda)\mathrm{d}\lambda\right]*x_2(t) \tag{3-24}$$

这是因为

$$\int_{-\infty}^{t}[x_1(\lambda)*x_2(\lambda)]\mathrm{d}\lambda=\int_{-\infty}^{t}\left[\int_{-\infty}^{\infty}x_1(\tau)x_2(\lambda-\tau)\mathrm{d}\tau\right]\mathrm{d}\lambda=\int_{-\infty}^{\infty}x_1(\tau)\left[\int_{-\infty}^{t}x_2(\lambda-\tau)\mathrm{d}\lambda\right]\mathrm{d}\tau$$
$$=x_1(t)*\left[\int_{-\infty}^{t}x_2(\lambda)\mathrm{d}\lambda\right]$$

（6）与冲激信号的卷积　任意信号与冲激信号的卷积有特殊的意义，首先，任意信号 $x(t)$ 与单位冲激信号 $\delta(t)$ 的卷积仍然是 $x(t)$ 本身，这是因为

$$x(t)*\delta(t)=\int_{-\infty}^{+\infty}x(\tau)\delta(t-\tau)\mathrm{d}\tau=\int_{-\infty}^{+\infty}x(\tau)\delta(\tau-t)\mathrm{d}\tau=x(t) \tag{3-25}$$

其次，任意信号与 $\delta(t-t_0)$ 卷积，相当于原信号延迟 t_0，这是因为

$$x(t)*\delta(t-t_0)=\int_{-\infty}^{+\infty}x(\tau)\delta(t-t_0-\tau)\mathrm{d}\tau=\int_{-\infty}^{+\infty}x(\tau)\delta[\tau-(t-t_0)]\mathrm{d}\tau=x(t-t_0) \tag{3-26}$$

进一步，有

$$\begin{aligned}x(t-t_1)*\delta(t-t_2)&=\int_{-\infty}^{+\infty}x(\tau-t_1)\delta(t-t_2-\tau)\mathrm{d}\tau\\&=\int_{-\infty}^{+\infty}x(\tau-t_1)\delta[\tau-(t-t_2)]\mathrm{d}\tau\\&=\int_{-\infty}^{+\infty}x(\lambda)\delta[\lambda-(t-t_1-t_2)]\mathrm{d}\lambda\\&=x(t-t_1-t_2)\end{aligned}$$

此外，还有下面等式：

$$\delta(t)*\delta(t)=\delta(t) \tag{3-27}$$

$$\delta(t)*\delta(t-t_0)=\delta(t-t_0) \tag{3-28}$$

$$\delta(t-t_1)*\delta(t-t_2)=\delta(t-t_1-t_2) \tag{3-29}$$

$$x(t)*\delta'(t)=x'(t) \tag{3-30}$$

（7）与阶跃信号的卷积　任意信号与单位阶跃信号的卷积相当于对该信号积分，即

$$x(t)*u(t)=\int_{-\infty}^{t}x(\tau)\mathrm{d}\tau \tag{3-31}$$

这是因为

$$x(t)*u(t)=\int_{-\infty}^{\infty}x(\tau)u(t-\tau)\mathrm{d}\tau=\int_{-\infty}^{t}x(\tau)\mathrm{d}\tau$$

其中

$$u(t-\tau)=\begin{cases}0 & \tau>t\\ 1 & \tau<t\end{cases}$$

四、连续信号的时域分解

为了便于信号的分析，常把复杂信号分解成一些简单信号或基本信号。例如，可以把一个平均值不为 0 的信号分解为直流分量和交流分量，还可以把任一信号分解为偶分量和奇分量等。这里介绍两种在信号分析和处理中常用的时域分解。

（一）分解成冲激函数之和

任意信号 $x(t)$ 可以近似地用一系列等宽度的矩形脉冲之和表示，如图 3-18 所示。如果矩形脉冲的宽度为 Δt，则从 0 时刻起的第 $k+1$ 个矩形脉冲可表示为 $x(k\Delta t)\{u(t-k\Delta t)-u[t-(k+1)\Delta t]\}$，于是，$x(t)$ 近似地表示为

$$\begin{aligned}x(t)&\approx\sum_{K=-\infty}^{+\infty}x(k\Delta t)\{u(t-k\Delta t)-u[t-(k+1)\Delta t]\}\\&=\sum_{k=-\infty}^{+\infty}x(k\Delta t)\frac{u(t-k\Delta t)-u[t-(k+1)\Delta t]}{\Delta t}\Delta t\end{aligned} \tag{3-32}$$

在 $\Delta t\to0$ 的极限情况下，$\Delta t\to\mathrm{d}\tau$、$k\Delta t\to\tau$，而

$$\lim_{\Delta t\to0}\frac{u(t-k\Delta t)-u[t-(k+1)\Delta t]}{\Delta t}=\delta(t-\tau)$$

式(3-32)就变为

$$x(t)=\int_{-\infty}^{\infty}x(\tau)\delta(t-\tau)\mathrm{d}\tau \tag{3-33}$$

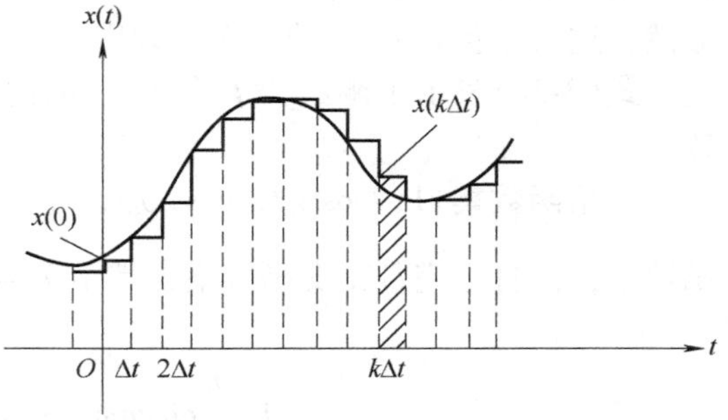

图 3-18　信号 $x(t)$ 的矩形脉冲表示

式(3-32)表明，任意信号 $x(t)$ 可以用经平移的无穷多个单位冲激函数加权后的连续和（积分）表示，换言之，任意信号 $x(t)$ 可以分解为一系列具有不同强度的冲激函数。

式(3-33)的右边即为信号 $x(t)$ 与 $\delta(t)$ 的卷积积分，即

$$x(t)=x(t)*\delta(t)=\int_{-\infty}^{\infty}x(\tau)\delta(t-\tau)\mathrm{d}\tau=\int_{-\infty}^{\infty}\delta(\tau)x(t-\tau)\mathrm{d}\tau \tag{3-34}$$

（二）正交分解

众所周知，一个平面矢量可以分解为相互垂直的两个分量，或者说可以用二维正交矢量集的分量组合表示，其中二维正交矢量集由水平方向和垂直方向的单位矢量组成。同理在 n 维线性空间中的任意矢量 $\boldsymbol{A}$ 可以用 n 维正交矢量集的分量组合表示，n 维正交矢量集由相互正交的 n 个单位矢量组成，即

$$\boldsymbol{A}=\sum_{i=1}^{n}C_i\boldsymbol{v}_i \tag{3-35}$$

式中，$\boldsymbol{v}_i(i=1, 2, \cdots, n)$为相互正交的单位矢量；$C_i$ 为对应于 $\boldsymbol{v}_i$ 的系数。实际上它就是矢量 $\boldsymbol{A}$ 在单位矢量 $\boldsymbol{v}_i$ 方向上的投影。值得注意的是，一般情况下 n 维矢量必须用 n 个正交分量表示，如果把它表示成不是 n 个正交分量的线性组合，就会产生误差。

空间矢量正交分解的概念可以推广到信号空间，在信号空间中如果能找到一系列相互正交的信号，并以它们为基本信号，信号空间中的任一信号就可表示为它们的线性组合。

1. 正交函数集

在(t_1, t_2)区间内定义的两个非零实函数$f_1(t)$与$f_2(t)$，若满足

$$\int_{t_1}^{t_2}f_1(t)f_2(t)\mathrm{d}t=0 \tag{3-36}$$

则称$f_1(t)$与$f_2(t)$在区间(t_1, t_2)内正交。

若有 n 个非零实函数$f_1(t)$，$f_2(t)$，…，$f_n(t)$构成一个函数集，且这些函数在区间(t_1, t_2)内满足

$$\int_{t_1}^{t_2}f_i(t)f_j(t)\mathrm{d}t=\begin{cases}0 & i\neq j\\ k_i & i=j\end{cases} \tag{3-37}$$

式中，k_i 为常数，则称此函数集为在区间(t_1, t_2)内的正交函数集。如果在(t_1, t_2)区间内，除正交函数集$\{f_1(t), f_2(t), \cdots, f_n(t)\}$之外，不存在非零函数 $\varphi(t)$满足

$$\int_{t_1}^{t_2}\varphi(t)f_i(t)\mathrm{d}t=0 \qquad i=1, 2, \cdots, n \tag{3-38}$$

则称此正交函数集为完备正交函数集。反言之，如果存在 $\varphi(t)$满足式(3-38)，即它与正交函数集中的每个函数$f_i(t)(i=1, 2, \cdots, n)$都正交，那么它本身也应该属于此正交函数集。显然，这时不包含 $\varphi(t)$的正交函数集是不完备的。

式(3-36)表示了函数$f_1(t)$与$f_2(t)$的内积为 0，这一点与两矢量为正交矢量的定义是一致的。

三角函数集$\{1, \cos\omega_0t, \cos2\omega_0t, \cdots, \sin\omega_0t, \sin2\omega_0t, \cdots\}$在区间$(t_0, t_0+T_0)$内为正交函数集，而且是完备正交函数集，其中 $T_0=\dfrac{2\pi}{\omega_0}$。这是因为

$$\int_{t_0}^{t_0+T_0}\cos m\omega_0t\cdot\cos n\omega_0t\mathrm{d}t=\begin{cases}0 & m\neq n\\ \dfrac{T_0}{2} & m=n\end{cases}$$

$$\int_{t_0}^{t_0+T_0}\sin m\omega_0t\cdot\sin n\omega_0t\mathrm{d}t=\begin{cases}0 & m\neq n\\ \dfrac{T_0}{2} & m=n\end{cases}$$

$$\int_{t_0}^{t_0+T_0} \sin m\omega_0 t \cdot \cos n\omega_0 t \mathrm{d}t = 0 \qquad \text{对所有的 } m, n$$

显然，集合$\{\cos\omega_0 t, \cos 2\omega_0 t, \cdots\}$在区间$(t_0, t_0+T_0)$内也是正交函数集，但不是完备正交函数集，因为$\sin\omega_0 t$，$\sin 2\omega_0 t$，…函数也与此集合中的函数正交。

对于复函数，两个函数$\varphi_1(t)$与$\varphi_2(t)$正交是指在区间(t_1, t_2)内，一个函数与另一个函数的共轭复函数满足

$$\int_{t_1}^{t_2} \varphi_1(t)\varphi_2^*(t)\mathrm{d}t = \int_{t_1}^{t_2} \varphi_1^*(t)\varphi_2(t)\mathrm{d}t = 0 \tag{3-39}$$

同样，我们也可以把复函数集$\{\varphi_1(t), \varphi_2(t), \cdots \varphi_n(t)\}$称为正交函数集，只要它们在区间$(t_1, t_2)$内满足

$$\int_{t_1}^{t_2} \varphi_i(t)\varphi_j^*(t)\mathrm{d}t = \begin{cases} 0 & i \neq j \\ k_i & i = j \end{cases} \tag{3-40}$$

显然，复指数函数集$\{\mathrm{e}^{\mathrm{j}n\omega_0 t}\}$$(n=0, \pm1, \pm2, \cdots)$在区间$(t_0, t_0+T)$内是完备正交函数集，其中$T_0=\dfrac{2\pi}{\omega_0}$。因为

$$\int_{t_0}^{t_0+T_0} \mathrm{e}^{\mathrm{j}m\omega_0 t}(\mathrm{e}^{\mathrm{j}n\omega_0 t})^* \mathrm{d}t = \int_{t_0}^{t_0+T_0} \mathrm{e}^{\mathrm{j}(m-n)\omega_0 t}\mathrm{d}t = \begin{cases} 0 & m \neq n \\ T_0 & m = n \end{cases} \tag{3-41}$$

2. 信号的正交分解

像矢量空间一样，在信号空间中若有 n 个函数$f_1(t)$，$f_2(t)$，…，$f_n(t)$在区间(t_1, t_2)内构成正交函数集，则信号空间中的任一信号 $x(t)$可以表示为它们的线性组合，设 $x_e(t)$为这种表示引起的误差，$x(t)$可表示为

$$x(t) = \sum_{i=1}^{n} c_i f_i(t) + x_e(t) \tag{3-42}$$

现在的问题是如何选取系数 $c_i(i=1, 2, \cdots, n)$，使这种线性组合表示最接近原信号 $x(t)$。为此，我们首先要确定一个量作为表示接近程度的衡量指标，显然，应该用均方误差$\overline{x_e^2(t)}$最小作为衡量指标。

由式(3-42)可得

$$\overline{x_e^2(t)} = \frac{1}{t_2 - t_1}\int_{t_1}^{t_2} \left[x(t) - \sum_{i=1}^{n} c_i f_i(t)\right]^2 \mathrm{d}t$$

为求得使均方误差最小的第 j 个系数 c_j，必须使

$$\frac{\partial \overline{x_e^2(t)}}{\partial c_j} = \frac{\partial}{\partial c_j}\left\{\int_{t_1}^{t_2} \left[x(t) - \sum_{i=1}^{n} c_i f_i(t)\right]^2 \mathrm{d}t\right\} = 0$$

注意到正交函数集$\{f_i(t)\}$$(i=1, 2, \cdots, n)$中的函数满足式(3-37)，以及不含 c_j 的各项对 c_j 的导数等于 0，上式可以写成

$$\frac{\partial}{\partial c_j}\int_{t_1}^{t_2} [-2c_j x(t) f_j(t) + c_j^2 f_j^2(t)]\mathrm{d}t = 0$$

求得

$$c_j=\frac{\int_{t_1}^{t_2}x(t)f_j(t)\,dt}{\int_{t_1}^{t_2}f_j^2(t)\,dt}=\frac{1}{k_j}\int_{t_1}^{t_2}x(t)f_j(t)\,dt \tag{3-43}$$

根据式(3-37)，有

$$\int_{t_1}^{t_2}f_j^2(t)\,dt=k_j$$

按这样求得的 c_j 使均方误差最小，这时有

$$\begin{aligned}\overline{x_e^2(t)}&=\frac{1}{t_2-t_1}\int_{t_1}^{t_2}\left[x(t)-\sum_{i=1}^{n}c_if_i(t)\right]^2dt\\&=\frac{1}{t_2-t_1}\left[\int_{t_1}^{t_2}x^2(t)\,dt+\sum_{i=1}^{n}c_i^2\int_{t_1}^{t_2}f_i^2(t)\,dt-2\sum_{i=1}^{n}c_i\int_{t_1}^{t_2}x(t)f_i(t)\,dt\right]\\&=\frac{1}{t_2-t_1}\left[\int_{t_1}^{t_2}x^2(t)\,dt+\sum_{i=1}^{n}c_i^2k_i-2\sum_{i=1}^{n}c_i^2k_i\right]\\&=\frac{1}{t_2-t_1}\left[\int_{t_1}^{t_2}x^2(t)\,dt-\sum_{i=1}^{n}c_i^2k_i\right]\end{aligned} \tag{3-44}$$

如果此时均方误差为 0，则式(3-42)中的误差项 $x_e(t)$ 必为 0，$x(t)$ 可以完全由 n 个正交函数精确描述，即

$$x(t)=\sum_{i=1}^{n}c_if_i(t) \tag{3-45}$$

与 n 维矢量空间中任意矢量的分解一样，这时正交函数集 $\{f_i(t)\}$ $(i=1, 2, \cdots, n)$ 应该是完备正交函数集。

一般情况下，$\overline{x_e^2(t)}>0$，由式(3-42)可见，用正交函数的线性组合去近似 $x(t)$ 时，所取的项数越多，引起的均方误差越小。当 $n\to\infty$ 时，$\overline{x_e^2(t)}=0$，则得等式

$$\int_{t_1}^{t_2}x^2(t)\,dt=\sum_{i=1}^{\infty}c_i^2k_i \tag{3-46}$$

这被称为帕斯瓦尔(Parseval)方程的等式表示了信号分解的能量关系，它反映了信号 $x(t)$ 的能量等于此信号在完备正交函数集中各分量的能量之和。

式(3-46)也反映了一般情况下一个完备的正交函数集应该由无穷多个相互正交的函数组成，即 $x(t)$ 表示为

$$x(t)=\sum_{i=1}^{\infty}c_if_i(t) \tag{3-47}$$

但是对于不完备的正交函数集，即使当 $n\to\infty$ 时，也不能使 $\overline{x_e^2(t)}=0$，这时信号在正交函数集中各分量的能量总和小于信号本身的能量。因此又可以由帕斯瓦尔方程是否成立来考察描述任意信号 $x(t)$ 的正交函数集是否完备。

前面已说明三角函数集 $\{1, \cos n\omega_0t, \sin n\omega_0t\}$ $(n=1, 2, \cdots, n)$ 在 $\left(t_0, t_0+\dfrac{2\pi}{\omega_0}\right)$ 区间内是完备正交函数集，显然在 $\left(t_0, t_0+\dfrac{2\pi}{\omega_0}\right)$ 区间内有定义的任意信号都可以分解(展开)为三角

函数表达式，这就是信号的频谱表示。除此之外，已研究出了多种完备的正交函数集，都可以用来对信号进行正交分解，其中常见的有勒让德(Legendre)函数集、切比雪夫(Chebyshev)多项式集合、沃尔什(Walsh)函数集等。

第二节　离散信号的时域描述和计算

一、连续信号的采样和恢复

连续信号的离散化可以由图 3-19 所示的连续信号 $x(t)$ 经过一个采样开关的采样过程完成。该采样开关周期性地开闭，其中开闭周期为 T_s，每次闭合时间为 τ，有 $\tau \ll T_s$，这样，在采样开关的输出端得到的是一串时间上离散的脉冲信号 $x_s(t)$。为简化讨论，考虑 T_s 是定值的情况，即均匀采样，称 T_s 为采样周期，其倒数 $1/T_s = f_s$ 为采样频率，或 $\omega_s = 2\pi f_s = 2\pi/T_s$ 为采样角频率。按理想化的情况，由于 $\tau \ll T_s$，因此可认为 $\tau \to 0$，即 $x_s(t)$ 由一系列冲激函数构成，每个冲激函数的强度等于连续信号在该时刻的抽样值 $x(nT_s)$。于是就可以用图 3-20 所示框图来表示连续信号的采样过程。

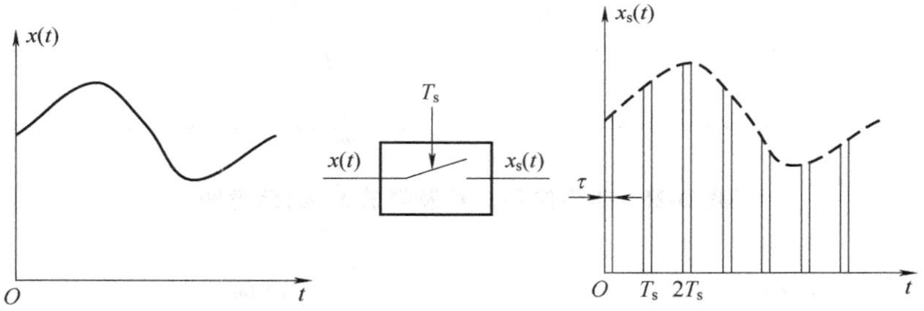

图 3-19　连续信号的采样过程

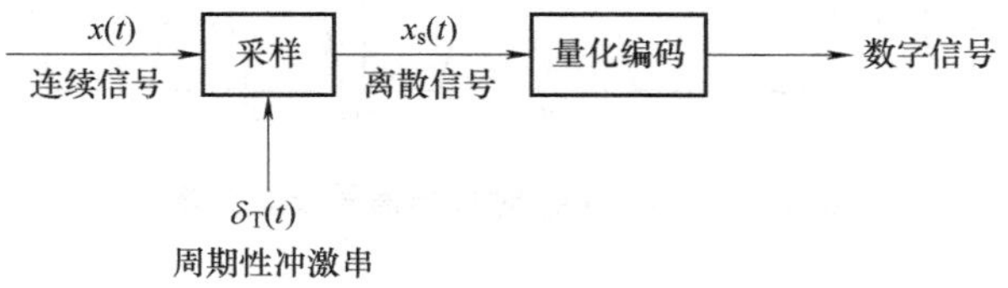

图 3-20　采样过程框图

根据图 3-20，理想化的采样过程是一个将连续信号进行脉冲调制的过程，即 $x_s(t)$ 可表示为连续信号 $x(t)$ 与周期性冲激串 $\delta_T(t) = \sum_{n=-\infty}^{\infty} \delta(t - nT_s)$ 的乘积，即

$$x_s(t) = x(t)\delta_T(t) = x(t)\sum_{n=-\infty}^{\infty}\delta(t - nT_s) = \sum_{n=-\infty}^{\infty} x(nT_s)\delta(t - nT_s) \tag{3-48}$$

图 3-20 中，$x_s(t)$ 是经过采样处理后时间上离散化而幅值上仍然连续变化的信号，必须经过幅值上量化、编码等离散取值处理后才能成为计算机能处理或能用来传输的数字信号。

一个连续信号离散化后，有两个问题需要进行讨论，它们是：

1）采样得到的信号 $x_s(t)$ 在频域上有什么特性，它与原连续信号 $x(t)$ 的频域特性有什么联系？

2）连续信号采样后，它是否保留了原信号的全部信息，或者说，从采样的信号 $x_s(t)$ 能否无失真地恢复原连续信号 $x(t)$？

（一）时域采样定理

时域采样定理（香农定理）：对于频谱受限的信号 $x(t)$，如果其最高频率分量为 ω_m（或 f_m），为了保留原信号的全部信息，或能无失真地恢复原信号，在通过采样得到离散信号时，其采样频率应满足 $\omega_s \geqslant 2\omega_m$（或 $f_s \geqslant 2f_m$）。通常把最低允许的采样频率 $\omega_s = 2\omega_m$ 称为奈奎斯特（Nyquist）频率。

带限信号 $x(t)$ 及频谱 $X(\omega)$ 示意图如图 3-21 所示。从图 3-22 中可看出，以采样频率 $\omega_s > 2\omega_m$ 对信号采样之后，信号频谱以 ω_s 为间隔周期化了，采样所得的频谱可通过理想低通滤波器进行恢复。若以 $\omega_s < 2\omega_m$ 频率采样，得到的频谱如图 3-23 所示，周期化后的频谱相互重叠产生“混叠现象”，再也不能从采样信号中不失真地恢复原信号。

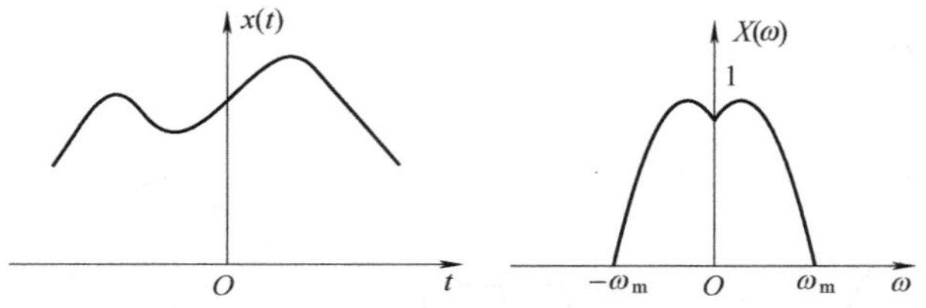

图 3-21　带限信号 $x(t)$ 及频谱 $X(\omega)$ 示意图

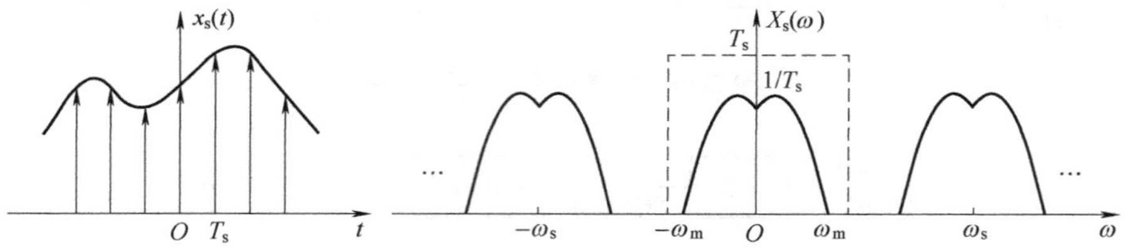

图 3-22　$\omega_s > 2\omega_m$ 时采样信号及其频谱

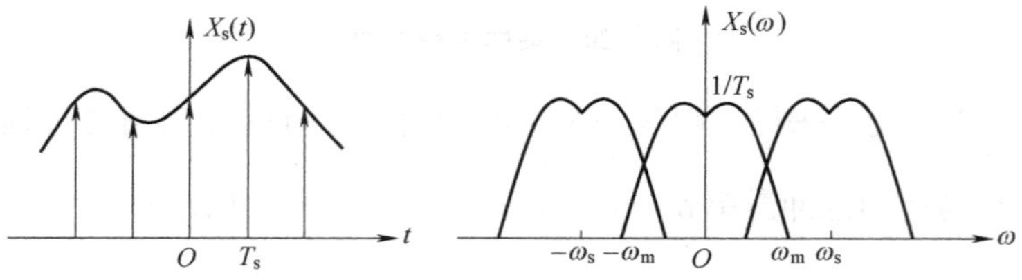

图 3-23　$\omega_s < 2\omega_m$ 时采样信号及其频谱

与时域采样定理相对应，对于一个具有连续频谱的信号，如果在频域进行采样，也存在是否能准确地恢复原信号连续频谱的问题。信号的频域采样定理和时域采样定理原理类似，可查阅信号处理的其他相关教材进行学习，本书中就不展开讨论了。

（二）信号的重建

为了从采样信号 $x_s(t)$ 中恢复原信号 $x(t)$，可将采样信号的频谱 $X_s(\omega)$ 乘上幅度为 T_s 的矩形窗函数

$$G(\omega)=\begin{cases}T_s & |\omega|\leqslant\omega_s/2\\ 0 & |\omega|>\omega_s/2\end{cases}$$

它将原信号的频谱 $X(\omega)$ 从 $X_s(\omega)$ 中完整地提取出来，即

$$X(\omega)=X_s(\omega)G(\omega)$$

根据傅里叶时域卷积定理（见式(2-32)），有

$$x(t)=x_s(t)*g(t)$$

从表 2-2 查得 $G(\omega)$ 对应的时域函数为

$$g(t)=\mathrm{Sa}\left(\frac{\omega_s}{2}t\right)$$

所以，可求得

$$\begin{aligned}x(t)&=\sum_{n=-\infty}^{\infty}x(nT_s)\delta(t-nT_s)*\mathrm{Sa}\left(\frac{\omega_s}{2}t\right)\\&=\sum_{n=-\infty}^{\infty}x(nT_s)\mathrm{Sa}\left(\frac{\omega_s}{2}(t-nT_s)\right)\end{aligned}\tag{3-49}$$

如果正好取 $\omega_m=\dfrac{1}{2}\omega_s$，则有

$$\begin{aligned}x(t)&=\sum_{n=-\infty}^{\infty}x(nT_s)\mathrm{Sa}[\omega_m(t-nT_s)]\\&=\sum_{n=-\infty}^{\infty}x(nT_s)\frac{\sin\omega_m(t-nT_s)}{\omega_m(t-nT_s)}\end{aligned}$$

上式说明，如果知道连续时间信号的最高角频率 ω_m，则在采样频率 $\omega_s\geqslant2\omega_m$ 的条件下，把各采样样本值 $x(nT_s)$ 代入式(3-49)，就能无失真地求得原信号 $x(t)$。原信号的恢复过程可用图 3-24 表示。

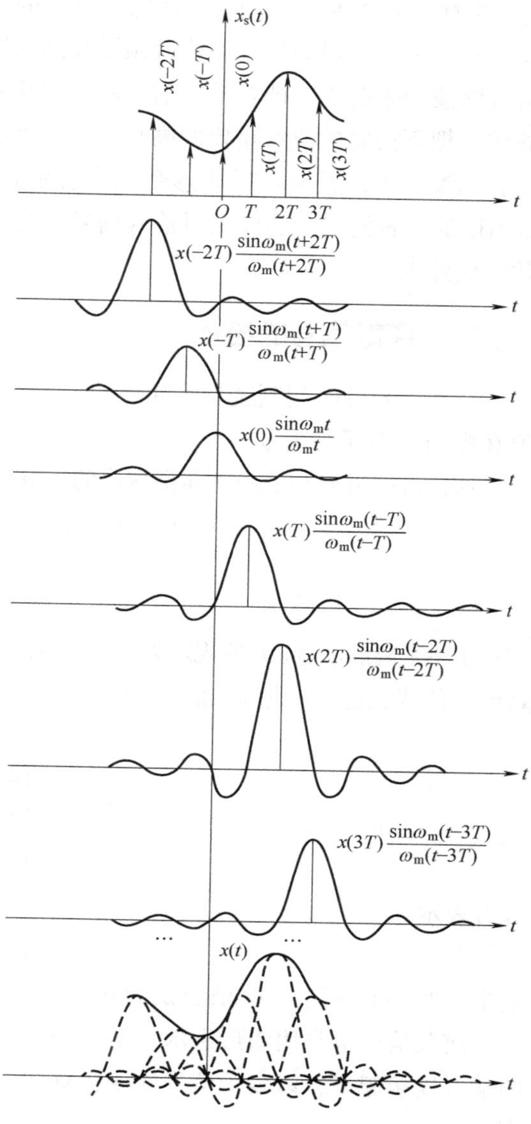

图 3-24 由样本值恢复原连续信号的过程

以取 $\omega_m=\dfrac{1}{2}\omega_s$ 为例，由于 $x(nT_s)\mathrm{Sa}[\omega_m(t-nT_s)]$ 是一个以 nT_s 为中心呈偶对称的衰减正弦函数，除中心点为峰值外，还具有等间隔的过零点，可以求得，该间隔正好是采样间隔 T_s。因此在某一采样时刻（如 $t=3T_s$），除了取峰值为 1 的 $\mathrm{Sa}[\omega_m(t-nT_s)]$（如 $n=3$）外，其他各 $\mathrm{Sa}[\omega_m(t-nT_s)]$（如 $n\neq3$）均为 0，所以有 $x(t)=x(nT_s)$（如 $n=3$），即每个采样时刻能给出准确的 $x(t)$ 值。而非采样时刻，式(3-49)中的各项均不为 0，即样本点之间任意时刻的 $x(t)$ 由无限项的和决定，所以通常把式(3-49)称为恢复连续时间信号的内插公式。

时域采样定理表明，为了保留原连续信号某一频率分量的全部信息，至少对该频率分量一个周期采样两次。由此可以理解为对于快变信号要提高采样频率，但是并不能认为采样频率越高越

好，采样频率过高，一方面会增加硬件实现的难度和成本，另一方面还会造成采样过程不稳定。

对于不是带限的信号，或者频谱在高频段衰减较慢的信号，可以根据实际的情况采用抗混叠滤波器来解决。即在采样前，用一截止频率为 ω_c 的低通滤波器对信号 $x(t)$ 进行抗混叠滤波，把不需要的或不重要的高频成分去除，然后再进行采样和数据处理。例如在 Hi-Fi 数字音响设备中，因为人耳能感受到声音的最高频率是 20kHz，所以通常选择截止频率 $f_c=$ 20kHz 的前置抗混叠滤波器对输入信号进行预处理，然后再用 40kHz 的采样频率采样并进行数字化处理。

二、离散信号的描述

离散信号的时间刻度是等间隔的，我们可以用序列 $x(n)$ 来表示它们，这里 n 是各函数值在序列中出现的序号。

通常可以用 $x(n)$ 在整个定义域内的一组有序数列的集合 $\{x(n)\}$ 来表示一个离散信号，例如

$$\{x(n)\}=\{\cdots,\ 0,\ 0,\ 1,\ 2,\ 3,\ \underset{\substack{\uparrow\\ n=0}}{4},\ 3,\ 2,\ 1,\ 0,\ 0,\ \cdots\}$$

表示了一个离散信号，n 值规定为自左向右逐一递增。显然，这里 $x(0)=4$、$x(1)=3$、…。如果 $x(n)$ 有闭式表达式，则离散信号也可以用闭式表达式表示。例如上述的离散信号可表示为

$$x(n)=\begin{cases}0 & 4\leqslant n<\infty\\ 4-n & 0\leqslant n<4\\ 4+n & -3\leqslant n<0\\ 0 & -\infty<n<-3\end{cases}$$

或者表示为

$$x(n)=4-|n| \qquad |n|\leqslant 3$$

式中，对 $|n|>3$ 的 $x(n)$ 值默认为 0。

离散信号也常用图形表示，图 3-25 表示了上面所述的离散信号。有时，也可以将它们的端点连接起来，以表示信号的变化规律，但是一定要注意，$x(n)$ 只有在 n 的整数值处才有定义。

与连续信号类似，也可定义离散信号的能量

$$W=\sum_{n=-\infty}^{\infty}|x(n)|^2 \tag{3-50}$$

下面给出几种常用的典型离散信号(典型序列)。

1. 单位脉冲序列

$$\delta(n)=\begin{cases}1 & n=0\\ 0 & n\neq 0\end{cases} \tag{3-51}$$

此序列只在 $n=0$ 处取单位值 1，如图 3-26 所示。类似于连续信号中的单位冲激函数 $\delta(t)$，它也具有取样特性，如

$$x(n)\delta(n)=x(0)\delta(n)$$

$$x(n)\delta(n-m)=x(m)\delta(n-m)$$

$$\sum_{n=-\infty}^{\infty} x(n)\delta(n-n_0)=\sum_{n=-\infty}^{\infty} x(n_0)\delta(n-n_0)=x(n_0)$$

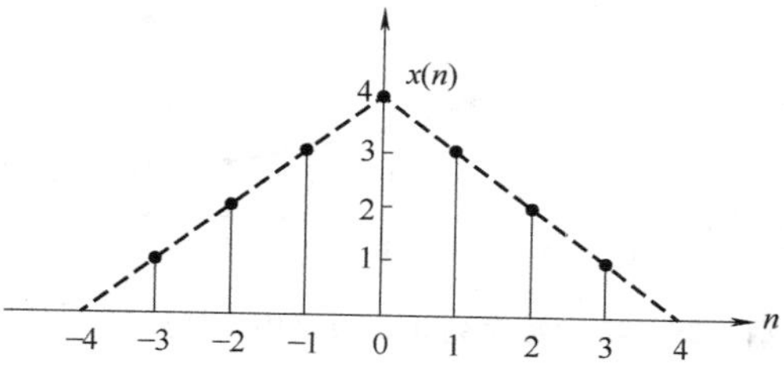

图 3-25　离散信号的图形表示

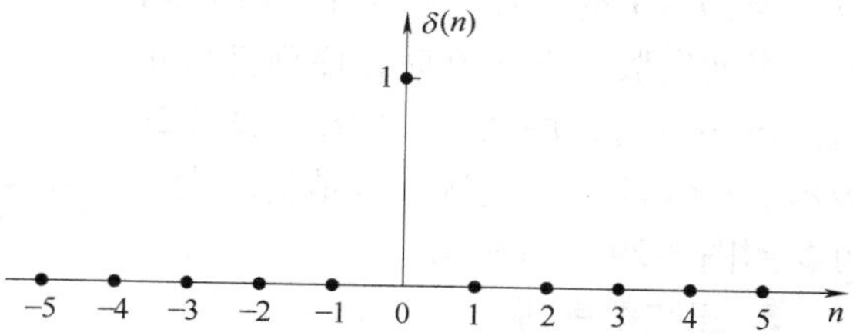

图 3-26　单位脉冲序列 $\delta(n)$

因而又被称为单位样值信号。但是，应注意它与 $\delta(t)$ 之间有重要区别，$\delta(t)$ 是广义函数，在 $t=0$ 时幅度趋向于无穷大，而 $\delta(n)$ 在 $n=0$ 处取值为有限值 1。

任意一个序列，一般都可以用单位脉冲序列表示为

$$x(n)=\sum_{k=-\infty}^{\infty} x(k)\delta(k-n) \tag{3-52}$$

2. 单位阶跃序列

$$u(n)=\begin{cases}1 & n\geqslant 0\\ 0 & n<0\end{cases} \tag{3-53}$$

它是一个右边序列，如图 3-27 所示。$u(n)$ 在 $n=0$ 处有明确规定值 1，这一点不同于 $u(t)$ 在 $t=0$ 处的取值。此外，经常将 $u(n)$ 与其他序列相乘，构成一个因果性序列。

单位阶跃序列 $u(n)$ 与单位脉冲序列 $\delta(n)$ 之间有如下关系：

$$\delta(n)=u(n)-u(n-1) \tag{3-54}$$

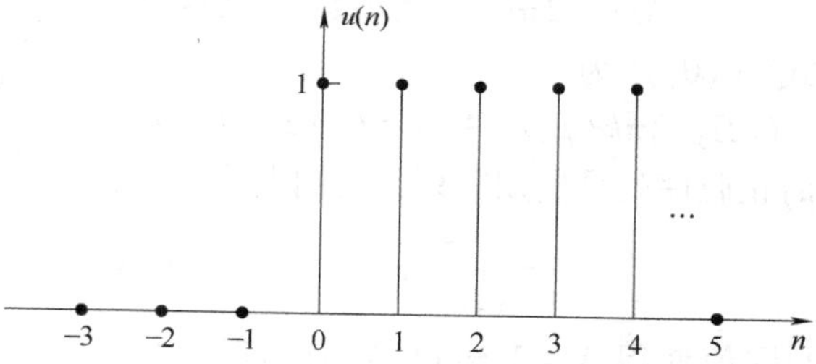

图 3-27　单位阶跃序列 $u(n)$

$$u(n)=\sum_{k=0}^{\infty}\delta(n-k) \tag{3-55}$$

3. 矩形序列

$$R_N(n)=\begin{cases}1 & 0\leqslant n\leqslant N-1\\ 0 & \text{其他}\end{cases} \tag{3-56}$$

如图 3-28 所示，此序列从 0 到 $N-1$，共有 N 个为 1 的数值，当然也可用 $R_N(n-m)$ 表示从 m 到 $m+N-1$ 的 N 个为 1 的数值。如果用单位阶跃序列表示矩形序列，则有

$$R_N(n)=u(n)-u(n-N) \tag{3-57}$$

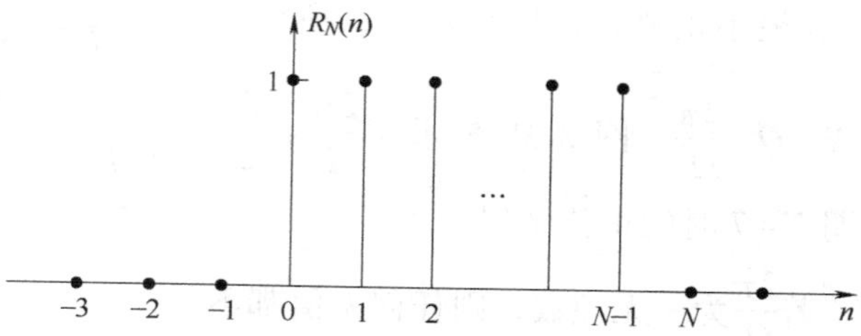

图 3-28　矩形序列 $R_N(n)$

4. 实指数序列

$$x(n)=a^{n}u(n) \tag{3-58}$$

它是单边指数序列，其中 a 为常数。当 $|a|<1$ 时，序列收敛；当 $|a|>1$ 时，序列发散。当 $a>0$ 时，序列都取正值；当 $a<0$ 时，序列正负摆动。图 3-29 表示了 $0<a<1$ 时的情况，其他情况大家可参照图 3-29 自行画出。

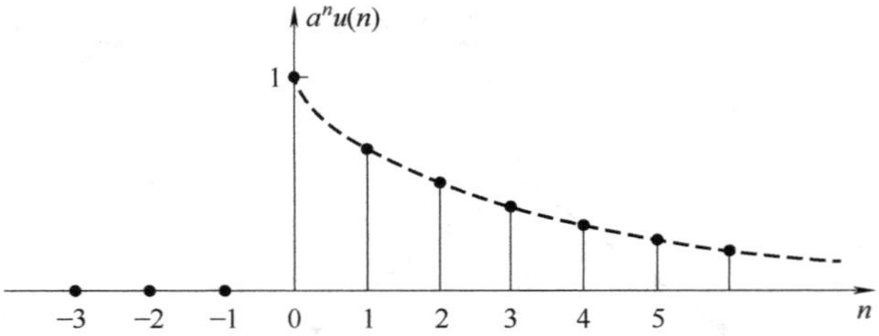

图 3-29 实指数序列 $a^n u(n)$ $(0<a<1)$

5. 正弦型序列

正弦型序列可理解为从连续时间正弦信号经采样得到，即

$$x(n)=A\sin(\omega_0 t+\varphi_0)\Big|_{t=nT_s}=A\sin(n\omega_0 T_s+\varphi_0)=A\sin(n\Omega_0+\varphi_0) \tag{3-59}$$

式中，A 为幅值；T_s 为采样周期；$\Omega_0=\omega_0 T_s$ 表示离散域的角频率，称为数字角频率，单位为弧度(rad)；φ_0 为正弦信号的初始相位。

值得注意的是，连续时间正弦信号一定是周期信号，其周期为 $T_0=2\pi/\omega_0$，经采样离散化后的正弦序列就不一定是周期性序列，只有满足某些条件时，它才是周期性序列。

这是由于

$$x(n+N)=A\sin[(n+N)\Omega_0+\varphi_0]=A\sin(n\Omega_0+N\Omega_0+\varphi_0)$$

若

$$N\Omega_0=2\pi k，k\text{ 为整数} \tag{3-60}$$

则式(3-60)成为

$$A\sin(n\Omega_0+2\pi k+\varphi_0)=A\sin(n\Omega_0+\varphi_0)=x(n)$$

此时正弦序列是周期序列，其周期为

$$N=\left(\frac{2\pi}{\Omega_0}\right)k \tag{3-61}$$

k 的取值使得 $N=2k\pi/\Omega_0$ 为最小正整数，此时正弦序列是以 N 为周期的正弦型序列。图 3-30 表示周期 $N=12$ 的余弦序列。

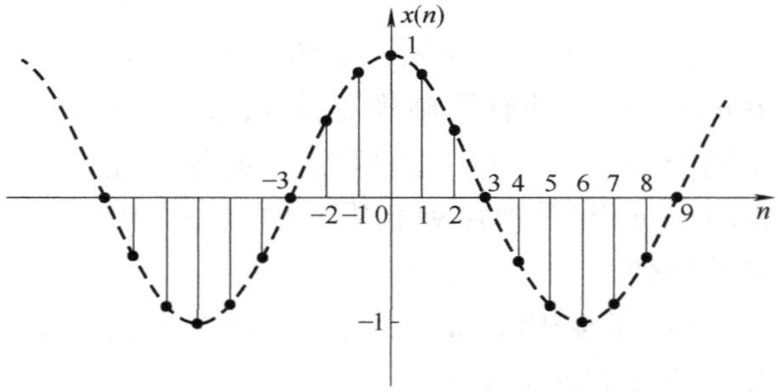

图 3-30 周期性余弦序列($N=12$)

若 $\dfrac{2\pi}{\Omega_0}=\dfrac{Q}{P}=$有理数(这里的 Q、P 是互为素数的整数)，此时要使 $N=\dfrac{2\pi}{\Omega_0}k=\dfrac{Q}{P}k$ 为最小正整数，只有 $k=P$，所以周期 $N=Q>\dfrac{2\pi}{\Omega_0}$。图 3-31 表示了 $\dfrac{2\pi}{\Omega_0}=\dfrac{7}{2}$、周期 $N=7$ 时的正弦序列。

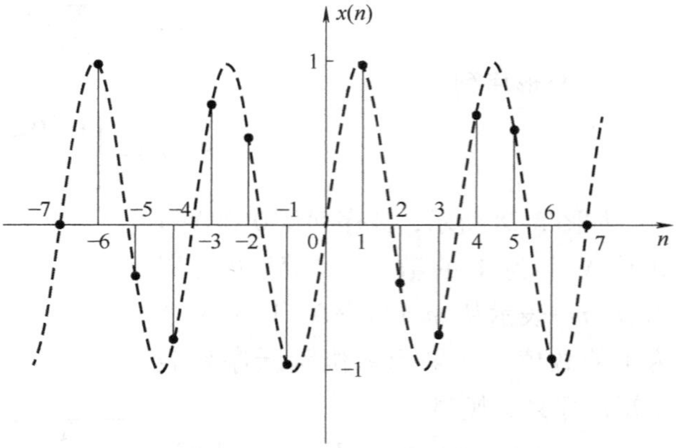

图 3-31 周期性正弦序列($N=7$)

若 $\dfrac{2\pi}{\Omega_0}$ 为一无理数，则任何 k 值都不能满足 N 为正整数，此时正弦型序列就

不可能是周期性序列。

6. 复指数序列

复指数序列表示为

$$x(n)=e^{(\sigma+j\Omega_0)n}=e^{\sigma n}(\cos\Omega_0 n+j\sin\Omega_0 n) \tag{3-62}$$

当 $\sigma=0$ 时，复指数序列 $e^{j\Omega_0 n}$ 和正弦型序列一样，只有当 $2\pi/\Omega_0$ 为整数或有理数时，才是周期性序列。复指数序列 $e^{j\Omega_0 n}$ 和时域连续信号的复指数信号 $e^{j\omega_0 t}$ 一样，在信号分析中扮演重要角色。

比较连续正弦型信号 $\cos\omega_0 t$(复指数信号 $e^{j\omega_0 t}$)和正弦型序列 $\cos\Omega_0 n$(复指数序列 $e^{j\Omega_0 n}$)，除了连续正弦型信号(复指数信号)一定是周期信号，正弦型序列(复指数序列)不一定是周期性序列外，信号频率取值范围的变化也特别值得注意。对于连续时间信号而言，其频率值 ω_0 可以在 $-\infty<\omega<\infty$ 区间任意取值，而对离散时间信号来说，由于

$$e^{j(\Omega_0\pm 2k\pi)n}=e^{j\Omega_0 n}\cdot e^{\pm j2kn\pi}=e^{j\Omega_0 n}\qquad (k\ 为正整数)$$

表明正弦型序列(复指数序列)作为 Ω 的函数是以 2π 为周期的。换言之，离散信号的数字频率的有效取值范围是 $0\leqslant\Omega\leqslant 2\pi$ 或 $-\pi\leqslant\Omega\leqslant\pi$。由此可见，经过采样周期为 T_s 的离散化后，使原来连续信号所具有的无限频率范围映射到离散信号的有限频率范围 2π。这一基本结论对任意信号都是适用的，所以在离散信号和数字系统的频域分析时，数字频率 Ω 的取值范围为 $0<\Omega\leqslant 2\pi$ 或 $-\pi<\Omega\leqslant\pi$。

三、离散信号的时域运算

离散信号的时域运算包括平移、翻转、累加、差分运算、时间尺度(比例)变换、卷积和、两序列相关运算等。

1. 平移

如果有序列 $x(n)$，当 m 为正时，$x(n-m)$ 是指序列 $x(n)$ 逐项依次延时(右移)m 位得到的一个新序列，而 $x(n+m)$ 则指依次超前(左移)m 位。m 为负时，则相反。

例 3-2　设

$$x(n)=\begin{cases}2^{-(n+1)} & n\geqslant -1\\ 0 & n<-1\end{cases}$$

有

$$x(n+1)=\begin{cases}2^{-(n+1+1)} & n+1\geqslant -1\\ 0 & n+1<-1\end{cases}$$

即

$$x(n+1)=\begin{cases}2^{-(n+2)} & n\geqslant -2\\ 0 & n<-2\end{cases}$$

$x(n)$ 及 $x(n+1)$ 如图 3-32 所示。

2. 翻转

如果有序列 $x(n)$，则 $x(-n)$ 是以纵轴为对称轴将序列 $x(n)$ 进行翻转得到的新序列。

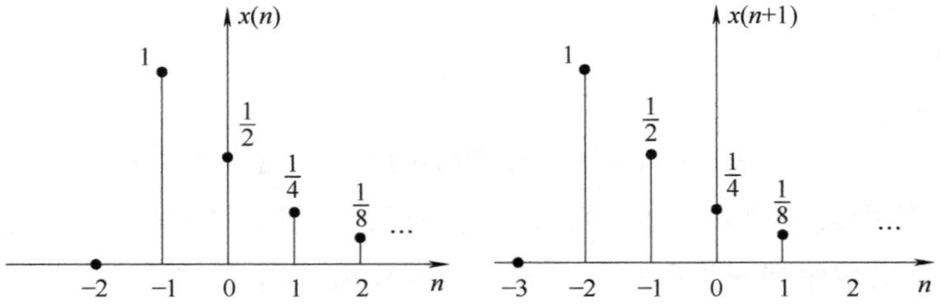

图 3-32　序列 $x(n)$ 及超前序列 $x(n+1)$

例 3-3　设 $x(n)$ 表达式同例 3-2，翻转后的序列为

$$x(-n)=\begin{cases}2^{-(-n+1)} & -n\geqslant -1\\ 0 & -n<-1\end{cases}$$

得

$$x(-n)=\begin{cases}2^{(n-1)} & n\leqslant 1\\ 0 & n>1\end{cases}$$

$x(-n)$ 如图 3-33 所示。

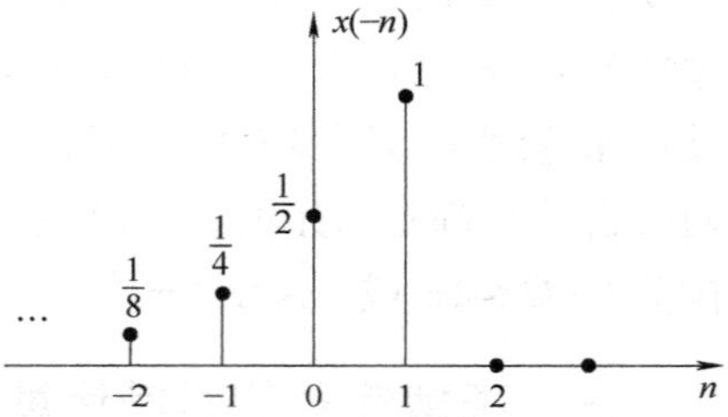

图 3-33　序列 $x(n)$ 的翻转序列 $x(-n)$

3. 累加

如果有序列 $x(n)$，则 $x(n)$ 的累加序列 $y(n)$ 为

$$y(n)=\sum_{k=-\infty}^{n}x(k)$$

它表示 $y(n)$ 在 n_0 上的值等于 n_0 上及 n_0 以前所有 $x(n)$ 值之和。

例 3-4　设 $x(n)$ 表达式同例 3-2，则其累加序列

$$y(n)=\begin{cases}\sum\limits_{k=-1}^{n}2^{-(k+1)} & n\geqslant -1\\ 0 & n<-1\end{cases}$$

累加序列 $y(n)$ 也可表示为

$$y(n)=y(n-1)+x(n)$$

因而有

$$y(-1)=1$$

$$y(0)=y(-1)+x(0)=1+\frac{1}{2}=\frac{3}{2}$$

$$y(1)=y(0)+x(1)=\frac{3}{2}+\frac{1}{4}=\frac{7}{4}$$

$$y(2)=y(1)+x(2)=\frac{7}{4}+\frac{1}{8}=\frac{15}{8}$$

$$\vdots$$

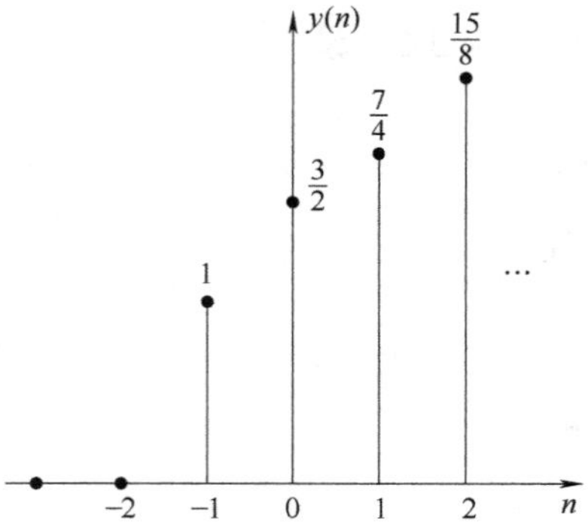

图 3-34　序列 $x(n)$ 的累加序列 $y(n)$

累加序列 $y(n)$ 如图 3-34 所示。

4. 差分运算

如果有序列 $x(n)$，则 $x(n)$ 的前向差分和后向差分分别为

前向差分　　$\Delta x(n)=x(n+1)-x(n)$

后向差分　　$\nabla x(n)=x(n)-x(n-1)$

由此可得出　　$\nabla x(n)=\Delta x(n-1)$

例 3-5　设 $x(n)$ 表达式同例 3-2，则它的前向差分为

$$\Delta x(n)=x(n+1)-x(n)=\begin{cases}0 & n<-2\\ 1 & n=-2\\ 2^{-(n+2)}-2^{-(n+1)}=-2^{-(n+2)} & n>-2\end{cases}$$

而后向差分为

$$\nabla x(n)=x(n)-x(n-1)=\begin{cases}0 & n<-1\\ 1 & n=-1\\ 2^{-(n+1)}-2^{-n}=-2^{-(n+1)} & n>-1\end{cases}$$

$\Delta x(n)$ 及 $\nabla x(n)$ 如图 3-35 所示。

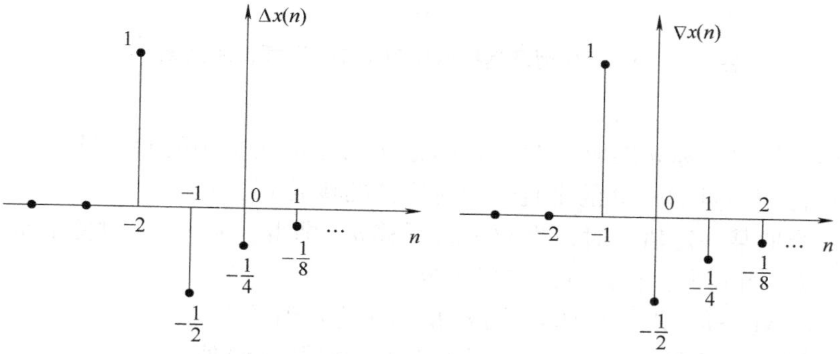

图 3-35　例 3-2 $x(n)$ 的前向差分 $\Delta x(n)$ 及后向差分 $\nabla x(n)$

5. 时间尺度(比例)变换

对于序列 $x(n)$，其时间尺度变换序列为 $x(mn)$ 或 $x\left(\frac{n}{m}\right)$，其中 m 为正整数。

以 $m=2$ 为例，$x(2n)$ 不是简单地将 $x(n)$ 在时间轴上按比例地压缩一倍，而是从序列 $x(n)$ 的每 2 个相邻样点中取 1 点。如果把 $x(n)$ 看作是连续时间信号 $x(t)$ 按采样间隔 T 的采样，则 $x(2n)$ 相当于将采样间隔从 T 增加到 $2T$，即 $x(2n)=x(t)\big|_{t=n2T}$。这种运算也称为抽取，即 $x(2n)$ 是 $x(n)$ 的抽取序列。$x(n)$ 及 $x(2n)$ 分别如图 3-36a、b 所示。

同样地，$x\left(\frac{n}{2}\right)=x(t)\Big|_{t=nT/2}$ 表示采样间隔由 T 变成了 $\frac{T}{2}$，即在原序列 $x(n)$ 的两个相邻样点之间插入一个新样点。所以，也可将 $x\left(\frac{n}{2}\right)$ 称为是 $x(n)$ 的插值序列，如图 3-36c 所示。

6. 卷积和

设 $x(n)$ 和 $y(n)$ 是两个序列，它们的卷积和定义为

$$z(n)=\sum_{m=-\infty}^{\infty}x(m)y(n-m)=x(n)*y(n) \tag{3-63}$$

卷积和运算的一般步骤如下：

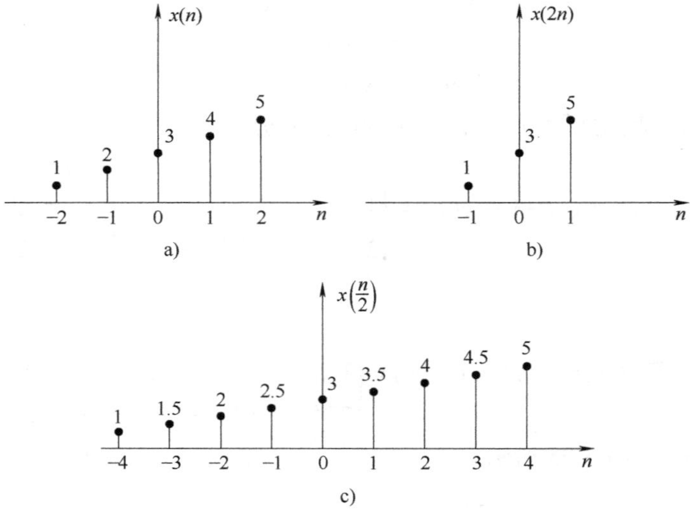

图 3-36　$x(n)$ 序列及其抽取序列 $x(2n)$ 和插值序列 $x\left(\frac{n}{2}\right)$

1）换坐标：将原坐标 n 换成 m 坐标，而把 n 视为 m 坐标中的参变量。

2）翻转：将 $y(m)$ 以 $m=0$ 的垂直轴为对称轴翻转成 $y(-m)$。

3）平移：当取某一定值 n 时，将 $y(-m)$ 平移 n，即得 $y(n-m)$。对变量 m，当 n 为正整数时，右移 n 位；当 n 为负整数时，左移 n 位。

4）相乘：将 $y(n-m)$ 和 $x(m)$ 的相同 m 值的对应点值相乘。

5）累加：把以上所有对应点的乘积累加起来，即得 $z(n)$ 值。

按上述步骤，取 $n=\cdots,\ -2,\ -1,\ 0,\ 1,\ 2,\ \cdots$ 各值，即可得新序列 $z(n)$。通常，两个长度分别为 N 和 M 的序列求卷积和，其结果是一个长度为 $L=N+M-1$ 的序列。

具体求解时，可以考虑将 n 分成几个不同的区间来分别计算，用例 3-6 说明。

例 3-6　设

$$x(n)=\begin{cases}\frac{1}{2}n & 1\leqslant n\leqslant 3\\ 0 & \text{其他}\end{cases}$$

$$y(n)=\begin{cases}1 & 0\leqslant n\leqslant 2\\ 0 & \text{其他}\end{cases}$$

则有

$$z(n)=x(n)*y(n)=\sum_{m=1}^{3}x(m)y(n-m)$$

分段考虑如下：

1）当 $n<1$ 时，$x(m)$ 和 $y(n-m)$ 相乘，处处为 0，故

$$z(n)=0,\quad n<1$$

2）当 $1\leqslant n\leqslant 2$ 时，$x(m)$ 和 $y(n-m)$ 有交叠的非零项是从 $m=1$ 到 $m=n$，故

$$z(n)=\sum_{m=1}^{n}x(m)y(n-m)=\sum_{m=1}^{n}\frac{1}{2}m=\frac{1}{2}\times\frac{1}{2}n(1+n)=\frac{1}{4}n(1+n)$$

也就是

$$z(1)=\frac{1}{2},\qquad z(2)=\frac{3}{2}$$

3）当$3\leqslant n\leqslant 5$时，$x(m)$和$y(n-m)$交叠，但非零项对应的m下限是变化的（$n=3$、4、5分别对应m的下限为$m=1$、2、3），而m的上限是3，有

$$z(3)=\sum_{m=1}^{3}x(m)y(3-m)=\sum_{m=1}^{3}\frac{1}{2}m=\frac{1}{2}\times(1+2+3)=3$$

$$z(4)=\sum_{m=2}^{3}x(m)y(4-m)=\sum_{m=2}^{3}\frac{1}{2}m=\frac{1}{2}\times(2+3)=\frac{5}{2}$$

$$z(5)=x(3)y(5-3)=\frac{3}{2}\times 1=\frac{3}{2}$$

4）当$n\geqslant 6$时，$x(m)$和$y(n-m)$没有非零项的交叠部分，故$z(n)=0$。

例3-6卷积和的图解表示在图3-37中。

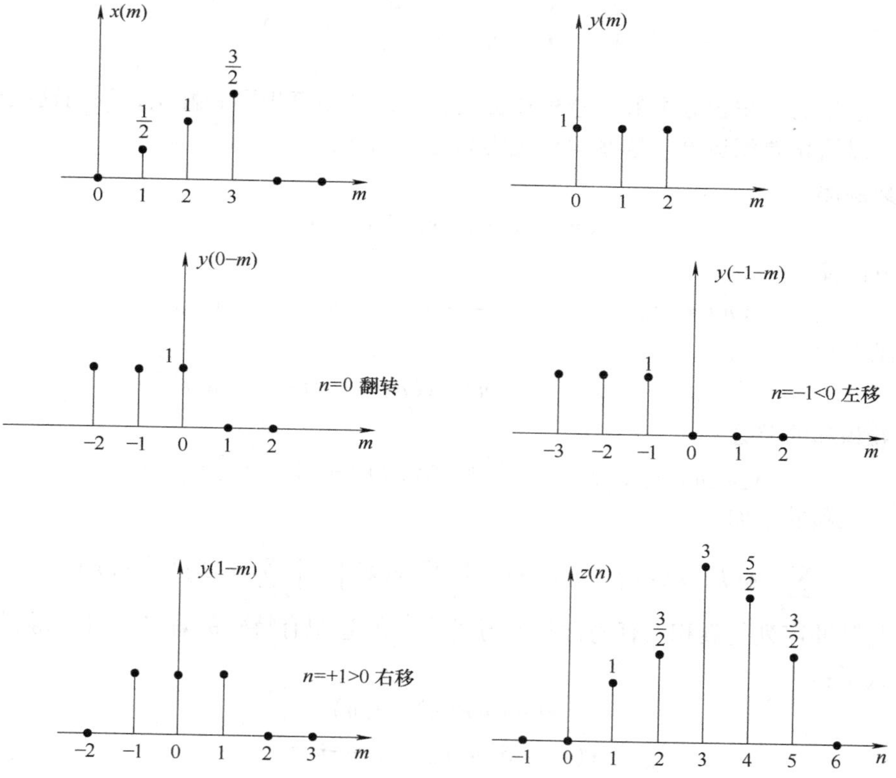

图 3-37　$x(n)$和$y(n)$的卷积和图解

例 3-7　用序列相乘法计算$x_1(n)$和$x_2(n)$卷积和，$x_1(n)=\{2\quad \underset{\substack{\uparrow\\ n=0}}{1}\quad 5\quad 3\quad 1\}$，$x_2(n)=\{\underset{\substack{\uparrow\\ n=0}}{1/2}\quad 1\quad 3\quad 4\}$。

解 利用两序列直接相乘的方法，计算如下：

$x_1(n)$:				2	1	5	3	1
$x_2(n)$:					$\frac{1}{2}$	1	3	4
				8	4	20	12	4
			6	3	15	9	3	
		2	1	5	3	1		
	1	$\frac{1}{2}$	$\frac{5}{2}$	$\frac{3}{2}$	$\frac{1}{2}$			
$x(n)$:	1	$\frac{5}{2}$	$\frac{19}{2}$	$\frac{35}{2}$	$\frac{45}{2}$	30	15	4

即

$$x(n)=\left\{1 \quad \underset{\uparrow}{\frac{5}{2}} \quad \frac{19}{2} \quad \frac{35}{2} \quad \frac{45}{2} \quad 30 \quad 15 \quad 4\right\}$$

与连续信号的卷积积分类似，卷积和也具有一系列运算规则和性质，利用这些运算规则和性质，可以简化卷积运算。这些运算规则和性质如下：

（1）交换律

$$x(n)*y(n)=y(n)*x(n) \tag{3-64}$$

（2）分配律

$$x(n)*[y_1(n)+y_2(n)]=x(n)*y_1(n)+x(n)*y_2(n) \tag{3-65}$$

（3）结合律

$$[x(n)*y_1(n)]*y_2(n)=x(n)*[y_1(n)*y_2(n)] \tag{3-66}$$

（4）卷积和的差分

$$\Delta[x(n)*y(n)]=x(n)*[\Delta y(n)]=[\Delta x(n)]*y(n) \tag{3-67}$$

（5）卷积和的累加

$$\sum_{k=-\infty}^{n}[x(k)*y(k)]=x(n)*\left[\sum_{k=-\infty}^{n}y(k)\right]=\left[\sum_{k=-\infty}^{n}x(k)\right]*y(k) \tag{3-68}$$

（6）与脉冲序列的卷积　任意序列与脉冲序列的卷积有特殊的意义，可以得到如下一些很有用的式子：

$$x(n)*\delta(n)=x(n) \tag{3-69}$$

$$x(n)*\delta(n-n_0)=x(n-n_0) \tag{3-70}$$

$$x(n-n_1)*\delta(n-n_2)=x(n-n_1-n_2) \tag{3-71}$$

7. 两序列相关运算

两个序列的相关运算定义为

$$R_{xy}(m)=\sum_{n=-\infty}^{\infty}x(n)y(n+m) \tag{3-72}$$

与连续信号相关运算类似，离散信号相关运算也不存在翻转的过程，所以它与离散信号卷积运算的关系为

$$R_{xy}(m)=x(m)*y(-m)$$

式(3-72)中，当 $y(n)=x(n)$ 时，则有自相关序列

$$R_{xx}(m)=\sum_{n=-\infty}^{\infty}x(n)x(n+m)=x(m)*x(-m)$$

它也具有偶对称性，即

$$R_{xx}(m)=R_{xx}(-m)$$

当 $m=0$ 时，它也表示了序列的总能量

$$R_{xx}(0)=\sum_{n=-\infty}^{\infty}x^2(n)$$

第三节　信号的相关分析

在信号的分析中，有时需要对两个以上信号的相互关系进行研究，例如在通信系统、雷达系统中，发送端发出的信号波形是已知的，在接收端的接收信号(或回波信号)中，我们必须判断是否存在由发送端发出的信号。困难在于接收信号中即使包含了发送端发出的信号，也往往因各种原因产生了畸变。一个很自然的想法是用已知的发送波形去与畸变了的接收波形进行比较，利用它们的相似性或相依性做出判断，这就需要首先解决信号之间的相似性或相依性的度量问题，这正是相关分析要解决的问题。

一、连续信号的相关分析

(一) 相关系数

参照信号的正交分解叙述[见式(3-42)]，当用另一个信号 $y(t)$ 去近似一个信号 $x(t)$ 时，$x(t)$ 可表示为

$$x(t)=a_{xy}y(t)+x_e(t) \tag{3-73}$$

式中，a_{xy} 为实系数；$x_e(t)$ 为近似误差信号。对于能量型信号 $x(t)$、$y(t)$，可得这种近似的误差信号能量为

$$\varepsilon=\int_{-\infty}^{\infty}x_e^2(t)\mathrm{d}t=\int_{-\infty}^{\infty}[x(t)-a_{xy}y(t)]^2\mathrm{d}t \tag{3-74}$$

为求得使误差信号能量最小的 a_{xy} 值，必须使

$$\frac{\partial\varepsilon}{\partial a_{xy}}=\frac{\partial}{\partial a_{xy}}\left\{\int_{-\infty}^{\infty}[x(t)-a_{xy}y(t)]^2\mathrm{d}t\right\}=0 \tag{3-75}$$

由此可求得用 $y(t)$ 表示的 $x(t)$ 的最佳系数 a_{xy}，即

$$a_{xy}=\frac{\int_{-\infty}^{\infty}x(t)y(t)\mathrm{d}t}{\int_{-\infty}^{\infty}y^2(t)\mathrm{d}t} \tag{3-76}$$

将其代入式(3-74)，得到这时的最小误差信号能量值为

$$\varepsilon_{\min}=\int_{-\infty}^{\infty}x^2(t)\mathrm{d}t-\frac{\left[\int_{-\infty}^{\infty}x(t)y(t)\mathrm{d}t\right]^2}{\int_{-\infty}^{\infty}y^2(t)\mathrm{d}t} \tag{3-77}$$

式中右边第一项表示了原信号 $x(t)$ 的能量。若将式(3-77)用原信号能量归一化为相对误差，则有

$$\bar{\varepsilon}_{\min}=\frac{\varepsilon_{\min}}{\int_{-\infty}^{\infty}x^2(t)\,\mathrm{d}t}=1-\frac{\left[\int_{-\infty}^{\infty}x(t)y(t)\,\mathrm{d}t\right]^2}{\int_{-\infty}^{\infty}x^2(t)\,\mathrm{d}t\int_{-\infty}^{\infty}y^2(t)\,\mathrm{d}t} \tag{3-78}$$

令

$$\rho_{xy}=\frac{\int_{-\infty}^{\infty}x(t)y(t)\,\mathrm{d}t}{\sqrt{\int_{-\infty}^{\infty}x^2(t)\,\mathrm{d}t}\sqrt{\int_{-\infty}^{\infty}y^2(t)\,\mathrm{d}t}} \tag{3-79}$$

则式(3-78)表示的相对误差可写为

$$\bar{\varepsilon}_{\min}=\frac{\varepsilon_{\min}}{\int_{-\infty}^{\infty}x^2(t)\,\mathrm{d}t}=1-\rho_{xy}^2 \tag{3-80}$$

通常把 ρ_{xy} 称为信号 $y(t)$ 与 $x(t)$ 的相关系数，在 $x(t)$ 和 $y(t)$ 都是实信号的情况下，由式(3-79)可知，ρ_{xy} 为一实数；此外，根据积分的施瓦兹(Schwartz)不等式 $\left|\int_{-\infty}^{\infty}x(t)y(t)\,\mathrm{d}t\right|^2\leqslant\int_{-\infty}^{\infty}x^2(t)\,\mathrm{d}t\int_{-\infty}^{\infty}y^2(t)\,\mathrm{d}t$，不难证明有

$$|\rho_{xy}|\leqslant 1 \tag{3-81}$$

相关系数 ρ_{xy} 可以用来描述两个信号波形的相似或相依程度。一般情况下，$0<|\rho_{xy}|<1$，这时可以用一个信号近似地表示另一个信号，其近似程度就用 $|\rho_{xy}|$ 来描述，$|\rho_{xy}|$ 越接近于 1，表示近似程度越高，近似误差越小；反之，$|\rho_{xy}|$ 越接近于 0，表示近似程度越低，近似误差越大。

以上描述是针对能量型信号的，对于功率型信号，相关系数应为

$$\rho_{xy}=\frac{\lim\limits_{T\to\infty}\frac{1}{2T}\int_{-T}^{T}x(t)y(t)\,\mathrm{d}t}{\sqrt{\lim\limits_{T\to\infty}\frac{1}{2T}\int_{-T}^{T}x^2(t)\,\mathrm{d}t}\sqrt{\lim\limits_{T\to\infty}\frac{1}{2T}\int_{-T}^{T}y^2(t)\,\mathrm{d}t}} \tag{3-82}$$

这时描述信号近似的指标量实际上成了均方误差。对于周期为 $2T$ 的周期信号 $x(t)$、$y(t)$，式(3-82)中的极限符号可以去掉。

两个实信号的相关系数及其特性可推广到一般的复信号，此时 a_{xy} 和相关系数 ρ_{xy} 应为复数，式(3-81)意味着相关系数的模小于或等于 1。

（二）相关函数

相关系数 ρ_{xy} 定量地描述了两个信号 $x(t)$ 和 $y(t)$ 之间的相似或相依关系，但它有很大的局限性。一个典型的例子如图 3-38 所示，图中 $y(t)=x(t-T)$，它是持续时间为 T 的信号 $x(t)$ 延时了 T 的结果，从波形看，两个信号有最紧密的关系，因为它们的波形是完全一致的，但是如果按式(3-79)求它们的相关系数，则有 $\rho_{xy}=0$。可见用相关系数 ρ_{xy} 来描述两个信号的相似性有其局限性或不合理性，问题出在相关系数 ρ_{xy} 仅仅描述了在时间轴上两个固定信号的相关特性。为了表示其中一个信号在时间轴上平移后两个信号的相关特性，必须引入

一个新的度量，它应该是关于其中一个信号在时间轴上的平移量的函数，即

$$R_{xy}(\tau)=\int_{-\infty}^{\infty}x(t)y(t+\tau)\mathrm{d}t=\int_{-\infty}^{\infty}x(t-\tau)y(t)\mathrm{d}t \tag{3-83}$$

$R_{xy}(\tau)$ 称为两个信号 $x(t)$ 和 $y(t)$ 的互相关函数。当然还可以定义另一种互相关函数 $R_{yx}(\tau)$ 为

$$R_{yx}(\tau)=\int_{-\infty}^{\infty}y(t)x(t+\tau)\mathrm{d}t=\int_{-\infty}^{\infty}y(t-\tau)x(t)\mathrm{d}t \tag{3-84}$$

显然，这两种定义的互相关函数并不相等，互相关函数下标 x 和 y 的先后次序，表示了一个信号相对于另一个信号的平移方向，故有

$$R_{yx}(\tau)=R_{xy}(-\tau) \tag{3-85}$$

可见 $R_{yx}(\tau)$ 仅仅是 $R_{xy}(\tau)$ 对纵坐标轴 $R_{xy}(\tau)$（$\tau=0$）的翻转，它们对度量 $x(t)$ 和 $y(t)$ 的相似性或相依程度具有完全相同的信息。

若 $y(t)=x(t)$，则表示了信号 $x(t)$ 与其自身的相互关系，称为信号 $x(t)$ 的自相关函数，为

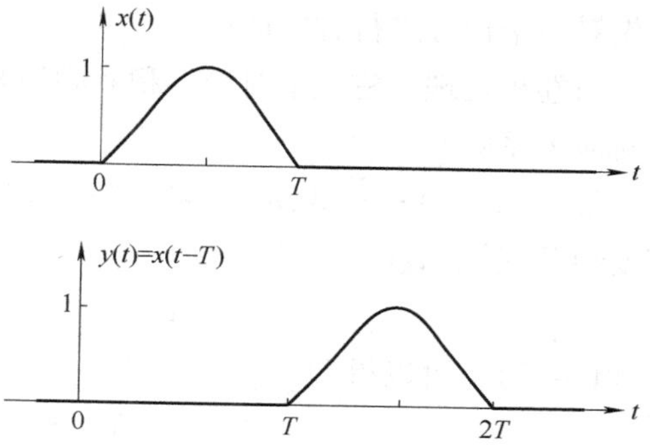

图 3-38　$x(t)$ 和 $y(t)=x(t-T)$

$$R_{xx}(\tau)=\int_{-\infty}^{\infty}x(t)x(t+\tau)\mathrm{d}t=\int_{-\infty}^{\infty}x(t-\tau)x(t)\mathrm{d}t \tag{3-86}$$

显然有

$$R_{xx}(\tau)=R_{xx}(-\tau) \tag{3-87}$$

对于功率型信号，可以有与式（3-83）、式（3-86）相对应的定义，为

$$R_{xy}(\tau)=\lim_{T\to\infty}\frac{1}{2T}\int_{-T}^{T}x(t)y(t+\tau)\mathrm{d}t \tag{3-88}$$

$$R_{xx}(\tau)=\lim_{T\to\infty}\frac{1}{2T}\int_{-T}^{T}x(t)x(t+\tau)\mathrm{d}t \tag{3-89}$$

若 $x(t)$、$y(t)$ 是两个周期为 $2T$ 的周期信号，则它们的 $R_{xy}(\tau)$ 和 $R_{xx}(\tau)$ 可表示为

$$R_{xy}(\tau)=\frac{1}{2T}\int_{-T}^{T}x(t)y(t+\tau)\mathrm{d}t \tag{3-90}$$

$$R_{xx}(\tau)=\frac{1}{2T}\int_{-T}^{T}x(t)x(t+\tau)\mathrm{d}t \tag{3-91}$$

由以上定义可知，互相关函数是彼此有位移的两个信号之间相似或相依程度的度量，是两个信号相对位移 τ 的函数，因而在考察接收信号（或回波信号）时，不仅可以用来确定发送信号是否存在，还能用来测量发送信号到达的时间及发送端、接收端彼此之间的距离。

通常相关函数由定义直接求取，可以分为解析法和图解法。

（三）相关定理

对于两个信号 $x(t)$ 和 $y(t)$，可以按式（2-31）进行卷积运算，也可按式（3-83）进行相关运算，为了便于比较重列于下：

$$x(\tau)*y(\tau)=\int_{-\infty}^{\infty}x(t)y(\tau-t)\mathrm{d}t$$

$$R_{xy}(\tau)=\int_{-\infty}^{\infty}x(t)y(\tau+t)\mathrm{d}t$$

可见，这两种运算非常相似，都有一个位移、相乘、求和(积分)的过程，差别仅仅在于卷积运算先要进行翻转运算，所以有

$$R_{yx}(\tau)=R_{xy}(-\tau)=\int_{-\infty}^{\infty}x(t)y(t-\tau)\mathrm{d}t=x(\tau)*y(-\tau) \tag{3-92}$$

式(3-92)表明，可以通过两个信号的卷积运算求取它们的相关函数，只要在卷积运算之前先对一个信号进行翻转即可。

由卷积定理，建立了时域卷积和频域相乘的对应关系，那么相关函数在频域是否有类似的对应关系呢?

设已知 $x(t)\xleftrightarrow{\mathcal{F}}X(\omega)$，$y(t)\xleftrightarrow{\mathcal{F}}Y(\omega)$，根据傅里叶变换卷积定理[见式(2-32)]及尺度变换公式[见式(2-23)]，有

$$x(t)*y(-t)\xleftrightarrow{\mathcal{F}}X(\omega)Y(-\omega)$$

由式(3-92)，可以得到

$$R_{yx}(\tau)\xleftrightarrow{\mathcal{F}}X(\omega)Y(-\omega)$$

对于实函数 $y(t)$，有 $Y(-\omega)=Y^*(\omega)$，故有

$$R_{yx}(\tau)=R_{xy}(-\tau)\xleftrightarrow{\mathcal{F}}X(\omega)Y^*(\omega) \tag{3-93}$$

$X(\omega)Y^*(\omega)$称为互能量密度谱，它与互相关函数 $R_{yx}(\tau)$互为傅里叶变换对。

更进一步，若 $y(t)$为实偶函数，则 $Y(\omega)=Y^*(\omega)$也是实偶函数，故有

$$R_{yx}(\tau)=R_{xy}(-\tau)\xleftrightarrow{\mathcal{F}}X(\omega)Y(\omega) \tag{3-94}$$

将上面讨论用于自相关函数，可得到实函数 $x(t)$的自相关函数为

$$R_{xx}(\tau)\xleftrightarrow{\mathcal{F}}X(\omega)X^*(\omega)=|X(\omega)|^2=E(\omega) \tag{3-95}$$

这就是相关定理，表明一个信号的自相关函数和该信号的自能量密度谱互为傅里叶变换对，式(3-95)即为

$$R_{xx}(\tau)=\frac{1}{2\pi}\int_{-\infty}^{\infty}|X(\omega)|^2\mathrm{e}^{\mathrm{j}\omega\tau}\mathrm{d}\omega$$

故有

$$R_{xx}(0)=\frac{1}{2\pi}\int_{-\infty}^{\infty}|X(\omega)|^2\mathrm{d}\omega$$

而由上面的讨论，信号 $x(t)$的总能量为

$$R_{xx}(0)=\int_{-\infty}^{\infty}x^2(t)\mathrm{d}t$$

由此得到

$$R_{xx}(0)=\int_{-\infty}^{\infty}x^2(t)\mathrm{d}t=\frac{1}{2\pi}\int_{-\infty}^{\infty}|X(\omega)|^2\mathrm{d}\omega \tag{3-96}$$

显然这就是实连续信号的能量帕斯瓦尔公式。

对一般的功率型信号，类似地可得出

$$R_{yx}(\tau)\xleftrightarrow{\mathcal{F}}p_{yx}=\lim_{T\to\infty}\frac{1}{2T}X_{\mathrm{T}}(\omega)Y_{\mathrm{T}}^*(\omega) \tag{3-97}$$

$$R_{xx}(\tau) \overset{\mathcal{F}}{\longleftrightarrow} p_{xx} = \lim_{T\to\infty}\frac{1}{2T}\,|X_{\mathrm{T}}(\omega)|^2 \tag{3-98}$$

式中，p_{yx}、p_{xx}分别表示功率型信号的互功率密度谱和自功率密度谱，它们分别与信号的互相关函数、自相关函数互为傅里叶变换对。

式(3-97)和式(3-98)中 $X_{\mathrm{T}}(\omega)$和 $Y_{\mathrm{T}}(\omega)$分别是 $x(t)$和 $y(t)$一个周期截短后的傅里叶变换，即

$$x_{\mathrm{T}}(t)=\begin{cases} x(t) & |t|<T \\ 0 & |t|>T \end{cases} \overset{\mathcal{F}}{\longleftrightarrow} X_{\mathrm{T}}(\omega)$$

$$y_{\mathrm{T}}(t)=\begin{cases} y(t) & |t|<T \\ 0 & |t|>T \end{cases} \overset{\mathcal{F}}{\longleftrightarrow} Y_{\mathrm{T}}(\omega)$$

并且可类似地证明功率信号帕斯瓦尔公式

$$\lim_{T\to\infty}\frac{1}{2T}\int_{-T}^{T}|x(t)|^2\mathrm{d}t = \frac{1}{2\pi}\int_{-\infty}^{\infty}\lim_{T\to\infty}\frac{|X_{\mathrm{T}}(\omega)|^2}{2T}\mathrm{d}\omega \tag{3-99}$$

二、两序列相关运算

两个序列的相关运算定义为

$$R_{xy}(m) = \sum_{n=-\infty}^{\infty} x(n)y(n+m) \tag{3-100}$$

与连续信号相关运算类似，离散信号相关运算也不存在翻转的过程，所以它与离散信号卷积运算的关系为

$$R_{xy}(m)=x(m) * y(-m)$$

式(3-100)中，当 $y(n)=x(n)$时，则有自相关序列

$$R_{xx}(m) = \sum_{n=-\infty}^{\infty} x(n)x(n+m) = x(m) * x(-m)$$

它也具有偶对称性，即

$$R_{xx}(m)=R_{xx}(-m)$$

当 $m=0$ 时，它也表示了序列的总能量

$$R_{xx}(0) = \sum_{n=-\infty}^{\infty} x^2(n)$$

第四节　应用 MATLAB 进行信号的时域描述和分析

连续信号又称为模拟信号，其信号存在于整个时间范围内，包括单位阶跃信号，单位冲激信号，正弦信号，实指数信号，虚指数信号，复指数信号。

例 3-8　假设单位阶跃信号的定义如下：

$$u(t)=\begin{cases} 0 & t<0 \\ 1 & t>0 \end{cases}$$

请用 MATLAB 绘制单位阶跃信号波形。

解 单位阶跃信号的 MATLAB 程序如下：

```
t=-0.5:0.01:5;
t0=1.0;
q=stepfun(t,t0);
plot(t,q)
axis equal
```


波形如图 3-39 所示。

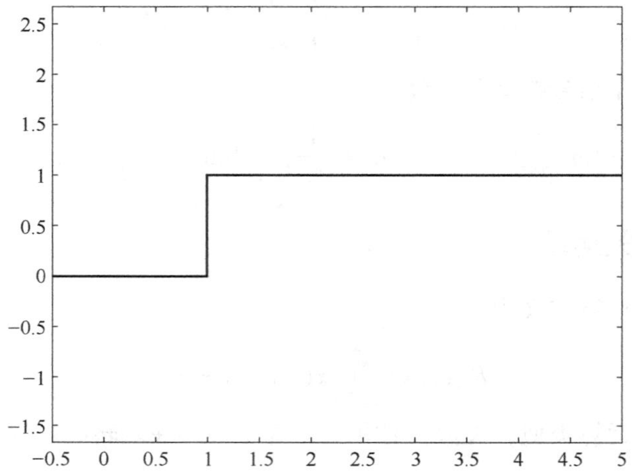

图 3-39　例 3-8 波形图

例 3-9 请用 MATLAB 绘制单位冲激信号、正弦信号和实指数信号。

解 单位冲激信号可以通过如下 MATLAB 程序实现：

```
t=-5:0.01:5;
a=(t==0);
plot(t,a)
```

波形如图 3-40a 所示。

假设正弦信号为 $u=6\sin(3\times5\pi t+1)$，那么可通过如下 MATLAB 程序实现：

```
t=-1:0.0001:1;
A=6;
f=5;
b=1;
u=A*sin(3*pi*f*t+b);
plot(t,u)
axis([-1  1-6.5  6.5])
```

波形如图 3-40b 所示。

假设实指数为 $f(t)=2e^{0.6t}$，那么可通过如下 MATLAB 程序实现：

```
t=0:0.002:3;
A=2;
a=0.6;
b=A*exp(a*t);
plot(t,b)
axis([-0.2 3.1 -0.2 14])
```


波形如图 3-40c 所示。

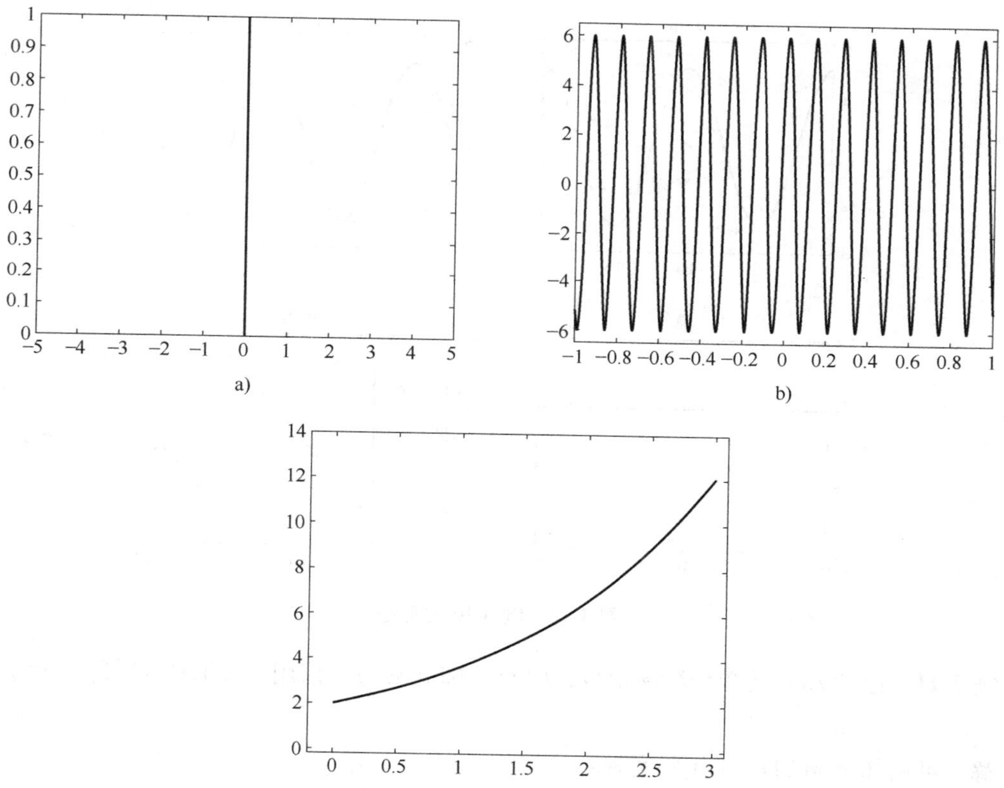

图 3-40　例 3-9 波形图

例 3-10　已知有虚指数函数

$$f(t)=3e^{i\pi t/5}$$

请用 MATLAB 绘制出对应波形。

解　例 3-10 的 MATLAB 实现代码如下：

```
t=0:0.001:20;
a=3;
w=pi/5;
```

（续）

```
b=a*exp(i*w*t);
subplot(2,2,1),plot(t,real(b)),axis([0,20,-4,4]),title('实部')
subplot(2,2,2),plot(t,imag(b)),axis([0,20,-4,4]),title('虚部')
subplot(2,2,3),plot(t,abs(b)),axis([0,20,1,4]),title('模')
subplot(2,2,4),plot(t,angle(b)),axis([0,20,-4,4]),title('辐角')
```


波形如图 3-41 所示。

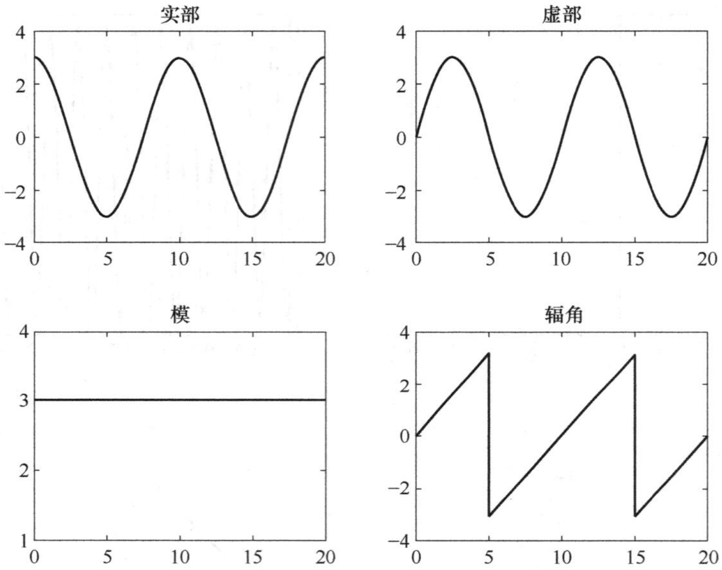

图 3-41　例 3-10 波形图

例 3-11　已知$f_1(t)$为单位阶跃信号，$f_2(t)=3\sin(3\pi t)$，请用 MATLAB 计算$f(t)=f_1(t)+f_2(t)$。

解　可用如下 MATLAB 代码实现：

```
t=-6:0.0002:10;
t0=2;
a=stepfun(t,t0);
b=3*sin(3*pi*t);
f=b+a;
plot(t,f)
axis([-6  10 -5  5])
```

运行结果如图 3-42 所示。

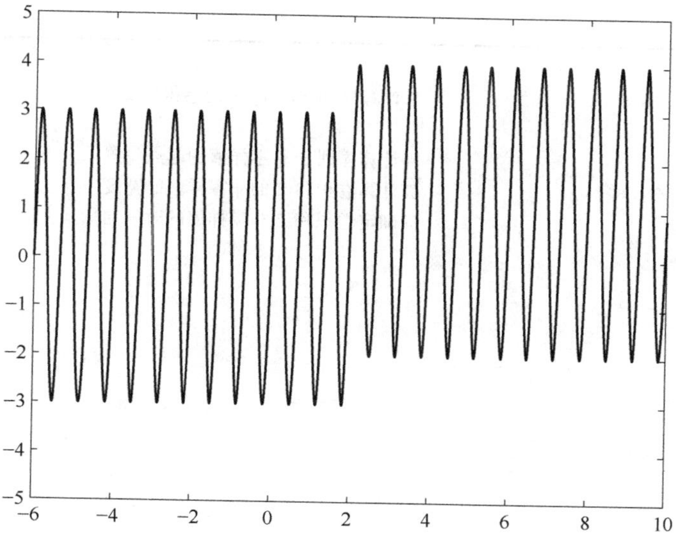

图 3-42　例 3-11 运行结果图

例 3-12　试求图 3-43 所示 $f_1(t)$、$f_2(t)$ 的卷积波形 $f_1(t) \cdot f_2(t)$。

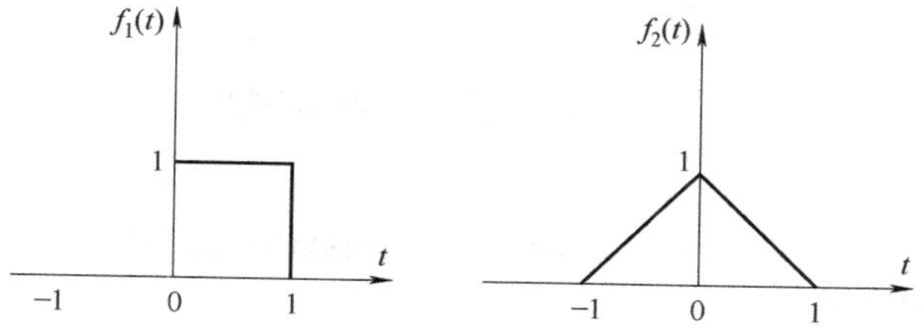

图 3-43　例 3-12 图

解　可以用如下 MATLAB 代码实现：

```
clear;
close all;
clc;
p=0.01;
k1=0:p:1;
f1=ones(1,length(k1));
k2=-1:p:1;
f2=(k2+1).*(k2<0)+(-k2+1).*(k2>=0);
[f,k]=sconv(f1,f2,k1,k2,p);

function [f,k]=sconv(f1,f2,k1,k2,p);
%计算连续信号卷积积分 f(t)=f1(t)*f2(t)
%f:  卷积积分 f(t)对应的非零样值向量
%k:  f(t)的对应时间向量
%f1:f1(t)非零样值向量
%f2:f2(t)的非零样值向量
%k1:f1(t)的对应时间向量
%k2:  序列 f2(t)的对应时间向量
```

（续）

```
%p:  取样时间间隔
f=conv(f1,f2);                          %计算序列 f1 与 f2 的卷积和 f
f=f*p;
k0=k1(1)+k2(1);                         %计算序列 f 非零样值的起点位置
k3=length(f1)+length(f2)-2;             %计算卷积和 f 的非零样值的宽度
if(k0>=0)                               %确定卷积和 f 非零样值的时间向量
   k=k0:p:k3*p;
else
   k=0:p:k3*p;
end
subplot(2,2,1)
plot(k1,f1)                             %在子图 1 绘 f1(t)时域波形图
title('f1(t)')
xlabel('t')
ylabel('f1(t)')
subplot(2,2,2)
plot(k2,f2)                             %在子图 2 绘 f2(t)时波形图
title('f2(t)')
xlabel('t')
ylabel('f2(t)')
subplot(2,2,3)
plot(k,f)                               %画卷积 f(t)的时域波形
h=get(gca,'position');
h(3)=2.5*h(3);
set(gca,'position',h)                   %将第三个子图的横坐标范围扩为原来的 2.5 倍
title('f(t)=f1(t)*f2(t)')
xlabel('t')
ylabel('f(t)')
```


运行结果如图 3-44 所示。

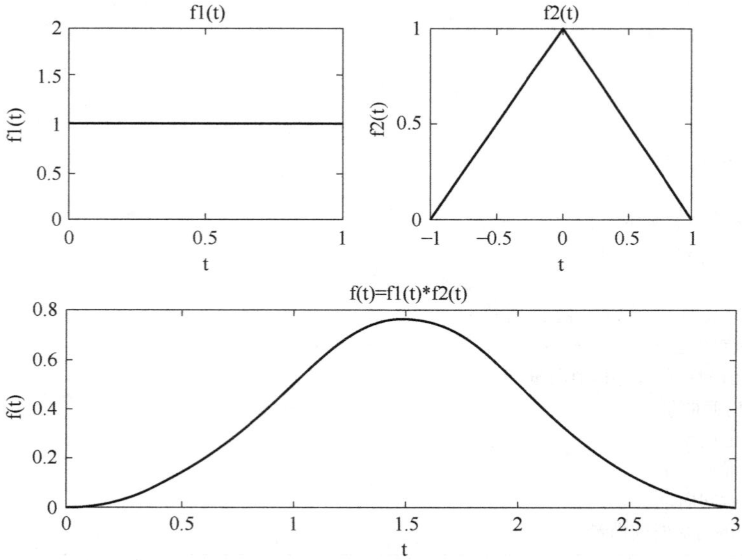

图 3-44　例 3-12 运行结果图

本章要点

1. 信号分析的本质就是利用数学的手段分析信号的特性，进而能用各种变换的手段对信号进行有效处理。信号的时域分析也是最基本、最直观的分析方法，包括信号的描述、信号的基本运算。

2. 典型连续时间信号和离散时间信号的特性，后续章节的信号变换的对象都是典型信号或典型信号的组合。

3. 本章揭示了连续时间信号和离散时间信号的区别与两者之间的联系(信号的采样)，另外两个信号的相互关系又可以从信号的相关性中得到启示。

习 题

1. 应用冲激信号的抽样特性，求下列各表达式的函数值。

1) $\int_{-\infty}^{\infty} f(t-t_0)\delta(t)\,\mathrm{d}t$ 2) $\int_{0^-}^{\infty}(\mathrm{e}^t+t)\delta(t+2)\,\mathrm{d}t$

3) $\int_{-\infty}^{\infty} f(t-t_0)\delta(t-t_0)\,\mathrm{d}t$ 4) $\int_{-\infty}^{\infty}(t+\sin t)\delta\left(t-\frac{\pi}{6}\right)\mathrm{d}t$

5) $\int_{0^-}^{\infty}\delta(t-t_0)u\left(t-\frac{t_0}{2}\right)\mathrm{d}t$ 6) $\int_{-\infty}^{\infty}\mathrm{e}^{-\mathrm{j}\omega t}[\delta(t)-\delta(t-t_0)]\mathrm{d}t$

2. 绘出下列各时间函数的波形图，注意它们的区别。

1) $f_1(t)=\sin(\omega t)u(t)$ 2) $f_2(t)=\sin(\omega t)u(t-t_0)$

3) $f_3(t)=\sin[\omega(t-t_0)]u(t-t_0)$ 4) $f_4(t)=\sin[\omega(t-t_0)]u(t)$

3. 连续时间信号 $x_1(t)$ 和 $x_2(t)$ 如图 3-45 所示，试画出下列信号的波形。

1) $2x_1(t)$ 2) $2x_1(t-2)$ 3) $x_1(2t-1)$

4) $x_2(2-t/3)$ 5) $-x_2(-2t+1/2)$ 6) $x_1(t)x_2(t)$

7) $x_1(2t)u(t)+x_2(-2t)u(-2t)$ 8) $x_3(t)$

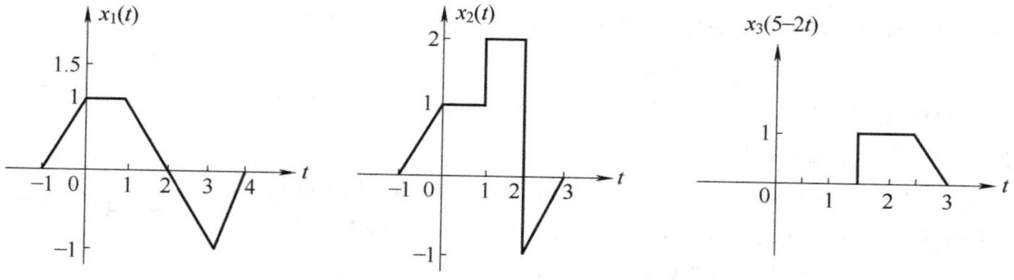

图 3-45 习题 3 图

4. 画出下列各信号的波形图。

1) $x(t)=(2-\mathrm{e}^{-t})u(t)$ 2) $x(t)=\mathrm{e}^{-t}\cos 10\pi t[u(t-1)-u(t-2)]$

3) $x(t)=u(t^2-9)$ 4) $x(t)=\dfrac{\sin(3t)}{\pi t}$ 5) $x(t)=\dfrac{\sin[\pi(t-t_0)]}{t-t_0}$

5. 已知信号 $x(t)=\sin t\times[u(t)-u(t-\pi)]$，求：

1) $x_1(t)=\dfrac{\mathrm{d}^2}{\mathrm{d}t^2}x(t)+x(t)$ 2) $x_2(t)=\int_{-\infty}^{t}x(\tau)\mathrm{d}\tau$

6. 计算下列积分：

1) $\int_{-\infty}^{\infty}\sin t\cdot\delta\left(t-\frac{T_1}{2}\right)\mathrm{d}t$　　2) $\int_{-\infty}^{\infty}\mathrm{e}^{-t}\delta(t+2)\mathrm{d}t$

3) $\int_{-\infty}^{\infty}(t^3+t+2)\delta(t-1)\mathrm{d}t$　　4) $\int_{-\infty}^{\infty}u\left(t-\frac{t_0}{2}\right)\delta(t-t_0)\mathrm{d}t$

5) $\int_{-\infty}^{\infty}\mathrm{e}^{-\tau}\delta(\tau)\mathrm{d}\tau$　　6) $\int_{-1}^{1}\delta(t^2-4)\mathrm{d}t$

7. 证明 $\cos t$，$\cos(2t)$，…，$\cos(nt)$（n 为正整数）是在区间$(0,\ 2\pi)$的正交函数集。它是否是完备的正交函数集？函数集在区间$(0,\ \pi)$是否是正交函数集？

8. 实周期信号 $x(t)$ 在区间$(-T/2,\ T/2)$内的能量定义为 $E=\int_{-\frac{T}{2}}^{\frac{T}{2}}x^2(t)\mathrm{d}t$，现有和信号 $x(t)=x_1(t)+x_2(t)$。

1）若 $x_1(t)$ 和 $x_2(t)$ 在区间$(-T/2,\ T/2)$内相互正交，证明和信号的总能量等于各信号的能量之和。

2）若 $x_1(t)$ 和 $x_2(t)$ 不是相互正交的，求和信号的总能量。

9. $x_1(t)$ 与 $x_2(t)$ 的波形如图 3-46a、b 所示，求 $x_1(t)*x_2(t)$，并画出波形。

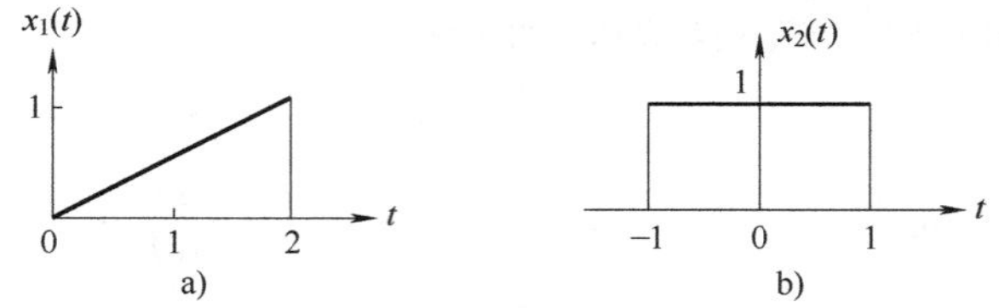

图 3-46　习题 9 图

10. 已知：1) $x_1(t)*tU(t)=(t+\mathrm{e}^{-t}-1)U(t)$

2) $x_1(t)*[\mathrm{e}^{-t}U(t)]=(1-\mathrm{e}^{-t})U(t)-[1-\mathrm{e}^{-(t-1)}]U(t-1)$

求 $x_1(t)$。

11. 已知三角脉冲如图 3-47 所示，试求：

1）三角脉冲的频谱。

2）画出对 $x(t)$ 以等间隔 $T_0/8$ 进行理想采样所构成的采样信号 $x_s(t)$ 的频谱 $X_s(\omega)$。

3）将 $x(t)$ 以周期 T_0 重复，构成周期信号 $x_p(t)$，画出对 $x_p(t)$ 以 $T_0/8$ 进行理想采样所构成的采样信号 $x_{ps}(t)$ 的频谱 $X_{ps}(\omega)$。

4）已知 $x(t)$ 的频谱函数 $X(\omega)$，对 $X(\omega)$ 进行频率采样，若想不失真地恢复信号 $x(t)$，需满足哪些条件？

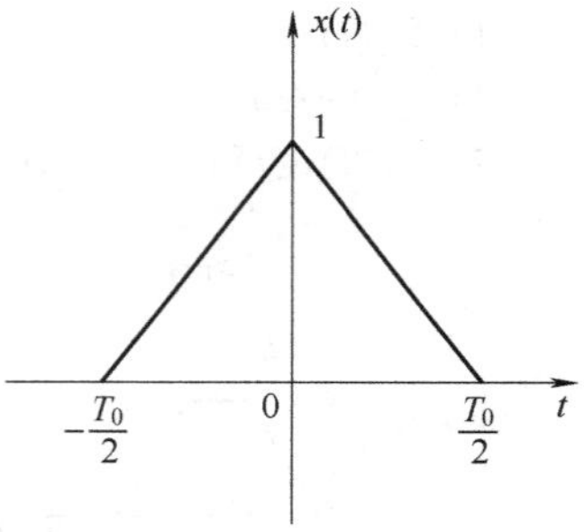

图 3-47　习题 11 图

12. 对正弦信号 $x_{a1}(t)=\cos2\pi t$，$x_{a2}(t)=-\cos6\pi t$，$x_{a3}(t)=\cos10\pi t$ 进行理想采样，采样频率为 $\Omega_s=8\pi\mathrm{rad/s}$，求其采样输出序列并比较其结果。画出 $x_{a1}(t)$、$x_{a2}(t)$、$x_{a3}(t)$ 的波形及采样点位置，解释频谱混叠现象。

13. 画出下列序列的图形。

1) $x(n)=(-1/2)^n u(n)$

2) $x(n)=n[u(n+3)-u(n-5)]$

3) $x(n)=\sin(5\pi n/3)$

4) $x(n)=0.5^{|n|}$

5) $x(n)=\sum_{k=-\infty}^{+\infty}\delta(n-3k)$

14. 两个正弦序列相加一定是周期的吗？假设 $x_1(n)$ 和 $x_2(n)$ 是周期正弦序列，周期分别为 N_1 和 N_2，

那么 $x(n)=x_1(n)+x_2(n)$ 是否是周期的？如果是，周期为多少？

15. 判断下列序列是否是周期的。如果是周期的，写出其周期；如果不是，说明原因

1）$x(n)=\sum_{m=0}^{\infty}[\delta(n-3m)-\delta(n-1-3m)]$

2）$x(n)=\cos(8\pi n/7+2)$

3）$x(n)=2\cos(n\pi/4)+\sin(n\pi/8)-2\sin(n\pi/2+\pi/6)$

4）$x(n)=\cos(n/4)\times\cos(n\pi/4)$

16. 试画出正弦序列 $\sin\left(\frac{16}{5}\pi n+\frac{\pi}{4}\right)$ 的图形，并判断它可否是周期序列。若是，求其周期。

17. 试画出如下序列的图形：

$$x(n)=5\delta(n+4)+2\delta(n+1)-4\delta(n-1)+3\delta(n-3)$$

18. 计算两序列的卷积和 $y(n)=h(n)*x(n)$，已知

$$h(n)=\begin{cases}\alpha^n & 0\leqslant n\leqslant N-1\\ 0 & \text{其他}\end{cases},\quad x(n)=\begin{cases}\beta^{n-n_0} & n_0\leqslant n\\ 0 & n_0>n\end{cases}$$

19. 计算下列两序列的卷积和。

1）$x_1(n)=\{\underset{\substack{\uparrow\\ n=0}}{2}\quad 1\quad 5\quad 6\}$，$x_2(n)=\{3\quad 2\quad \underset{\substack{\uparrow\\ n=0}}{3}\quad 4\quad 3\quad 9\}$

2）$x_1(n)=\{9\quad \underset{\substack{\uparrow\\ n=0}}{2}\quad 0\quad 1\quad 3\}$，$x_2(n)=\{5\quad \underset{\substack{\uparrow\\ n=0}}{2.5}\quad 1\quad 2\quad 7\}$

20. 试求下列每个连续时间信号的自相关函数。

1）$x(t)=\cos\omega_0 t$。

2）图 3-48a 所示的信号 $x(t)$。

3）图 3-48b 所示信号 $x(t)$。

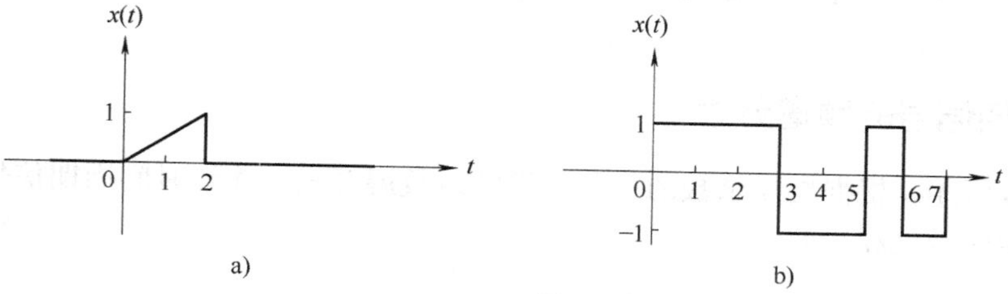

图 3-48　习题 20 图

21. $x_1(t)$ 和 $x_2(t)$ 分别为如图 3-49 所示的矩形和三角形信号，用图解法求出当 $\tau=-2$，$\tau=2$ 时的卷积积分值以及 $\tau=-2$，$\tau=2$ 时的自相关函数值。

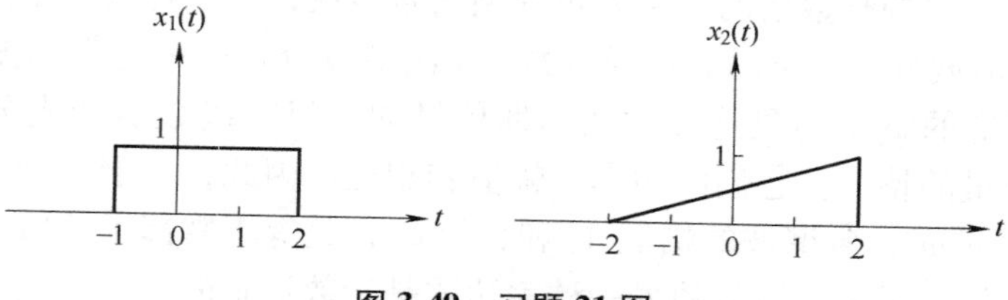

图 3-49　习题 21 图

第四章

信号的频域描述与分析

信号的频域描述、分析的基础是傅里叶变换，第二章中已说明一个时间函数可以通过傅里叶变换表示为频率的函数，作为时间函数的信号当然可以由此表示为频率的函数，即一个信号可以由不同频率的正弦型信号组成。这些正弦型信号的频率、相位等特性势必反映了原信号的性质，这就是用频率域的特性描述时间域信号的方法，即信号的频域分析法。实际上，信号的频域特性具有明显的物理意义，例如颜色是由光信号的频率决定的，声音音调的不同也在于声波信号的频率差异，人耳对声音音调变化的敏感程度远大于对强度变化的敏感程度等。可见，频率特性是信号的客观性质，在很多情况下，它更能反映信号的基本特性，因此，我们有必要讨论信号的频域性质。

第一节　连续时间信号的频域描述与分析

一、周期信号的频谱分析

如第二章所述，根据周期函数的三角傅里叶级数展开式，连续时间周期信号可以分解为一系列正弦型信号之和，即

$$x(t)=\frac{A_0}{2}+\sum_{n=1}^{\infty}A_n\cos(n\omega_0 t+\varphi_n) \tag{4-1}$$

它表明一个周期为 $T_0=\dfrac{2\pi}{\omega_0}$ 的信号，由直流分量（信号在一个周期内的平均值）、频率为原信号频率以及原信号频率的整数倍的一系列正弦型信号组成，分别将这些正弦型信号称为基波分量($n=1$)，2 次谐波分量($n=2$)，以及 3 次、4 次谐波分量……它们的振幅分别为对应的 A_n，相位分别为对应的 φ_n。可见连续时间周期信号的傅里叶级数展开式全面地描述了组成原信号的各谐波分量的特征：它们的频率、幅值和相位。因此，对于一个周期信号，只要掌握了信号的基波频率 ω_0、各谐波的幅值 A_n 和相位 φ_n，就等于掌握了该信号的所有特征。

连续时间周期信号傅里叶级数的另一种表达式是指数形式的，它的基本表达式为

$$x(t)=\sum_{n=-\infty}^{\infty}X(n\omega_0)\mathrm{e}^{\mathrm{j}n\omega_0 t} \tag{4-2}$$

和

$$X(n\omega_0)=\frac{1}{T_0}\int_{-\frac{T_0}{2}}^{\frac{T_0}{2}}x(t)\mathrm{e}^{-\mathrm{j}n\omega_0 t}\mathrm{d}t \qquad n=0,\ \pm1,\ \pm2,\ \cdots \tag{4-3}$$

式中，复数量 $X(n\omega_0)=\frac{1}{2}A_n\mathrm{e}^{\mathrm{j}\varphi_n}$是离散频率 $n\omega_0$ 的复函数，其模 $|X(n\omega_0)|=\frac{1}{2}A_n$ 反映了各谐波分量的幅值，它的相角 $\angle X(n\omega_0)=\varphi_n$ 反映了各谐波分量的相位，因此它能完全描述任意波形的周期信号。我们把复数量 $X(n\omega_0)$随频率 $n\omega_0$ 的分布称为信号的频谱，$X(n\omega_0)$也称为周期信号的频谱函数，正如波形是信号在时域的表示，频谱是信号在频域的表示。有了频谱的概念，可以在频域描述信号和分析信号，实现从时域到频域的转变。

由于 $X(n\omega_0)$包含了幅值和相位的分布，通常把其幅值$|X(n\omega_0)|$随频率的分布称为幅值频谱，简称幅频，相位 φ_n 随频率的分布称为相位频谱，简称相频。为了直观起见，往往以频率为横坐标，各谐波分量的幅值或相位为纵坐标，画出幅频和相频的变化规律，称为信号的频谱图。

（一）周期矩形脉冲信号的频谱

第二章例 2-1 已求得周期矩形脉冲信号的频谱函数为

$$X(n\omega_0)=\frac{E\tau}{T_0}\mathrm{Sa}\left(\frac{n\omega_0\tau}{2}\right) \tag{4-4}$$

$X(n\omega_0)$为实数，其相位只有 0 和$\pm\pi$，故可以直接画出其频谱图，即把幅频和相频合成一个图，图 4-1 中画出了 $E=1$、$T_0=4\tau$ 的频谱图。

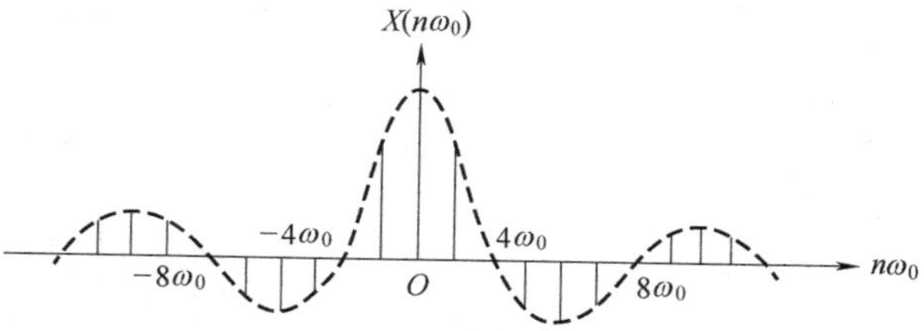

图 4-1　周期矩形脉冲信号的频谱（$E=1$、$T_0=4\tau$ 的情况）

由上述频谱图可以得出周期矩形脉冲信号的频谱具有 3 个特点：

（1）离散性　频谱呈非周期性的、离散的线状，称它们为谱线，连接各谱线顶点的曲线为频谱的包络线，它反映了各频率分量的幅值随频率变化的情况。

（2）谐波性　谱线以基波频率 ω_0 为间隔等距离分布，表明周期矩形脉冲信号只包含直流分量、基波分量和各次谐波分量。

进一步分析还可以看到，当 T_0 不变而改变 τ，从而使信号的占空比改变时，由于 ω_0 不变，所以谱线之间的间隔不变，但随着 τ 的减小（脉冲宽度减小），第一个过零点的频率增大，谱线的幅值减少。图 4-2 给出了 T_0 不变，τ 取几个不同值时周期性矩形脉冲信号的频谱。

而将 τ 固定，通过改变 T_0 来改变信号的占空比时，随着 T_0 增大，基波频率 ω_0 减少，谱线将变得更密集，但第一个过零点的频率不变，谱线的幅值有所降低（见图 4-3）。作为极端情况，如果周期 T_0 无限增长，周期信号变成了非周期信号，这时，相邻谱线的间隔将趋于 0，成为连续频谱。

（3）收敛性　谱线幅值整体上具有减小的趋势，同时，由于各谱线的幅值按包络线 $\mathrm{Sa}\left(\frac{1}{2}n\omega_0\tau\right)$ 的规律变化而等间隔地经过零点，较高幅值的谱线都集中在第一个过零点

$\left(\omega=n\omega_0=\dfrac{2\pi}{\tau}\right)$范围内，表明信号的能量（或平均功率）绝大部分由该频率范围的各谐波分量决定，通常把这个频率范围称为周期矩形脉冲信号的频带宽度或带宽，用符号 ω_b 或 f_b 表示。

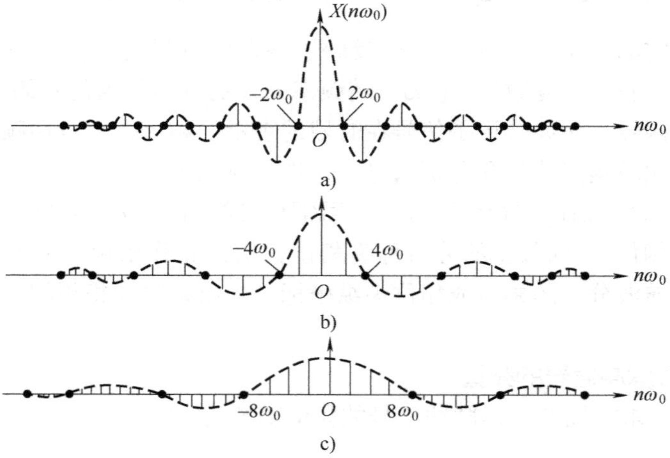

图 4-2　T_0 不变，τ 取不同值时周期性矩形脉冲信号的频谱

a）$\tau=\dfrac{T_0}{2}$　b）$\tau=\dfrac{T_0}{4}$　c）$\tau=\dfrac{T_0}{8}$

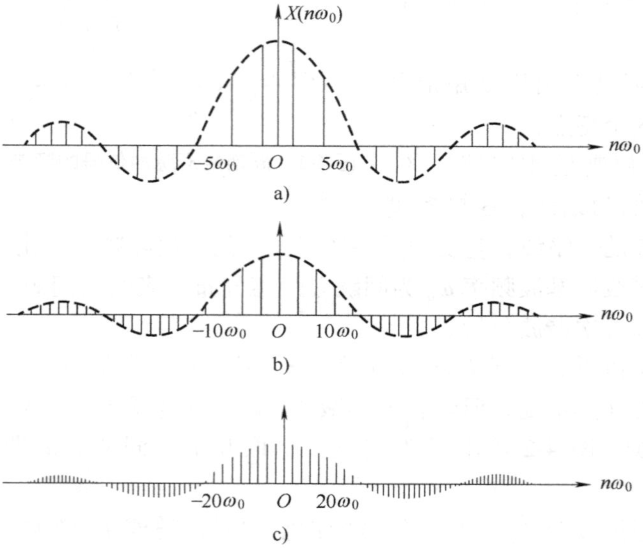

图 4-3　周期 T_0 增大对频谱的影响

a）$T_0=5\tau$　b）$T_0=10\tau$　c）$T_0=20\tau$

信号带宽的一般定义是正频率上最大值和最小值的差，在此区间，幅值谱大于或等于 a 倍的幅值谱最大值，其中因子 a 根据不同应用场合可取不同的值，常用取值为 $a=\dfrac{1}{\sqrt{2}}=0.707$，得到的带宽称为半功率带宽或者 3dB 带宽。

双边频谱中，有正负两个对称的频率部分，信号带宽仅看正频率部分，负频率部分不是另外的带宽。

信号的带宽是信号频率特性中的重要指标，它具有实际意义。首先，如上所述，信号在其带宽内集中了绝大部分的能量(或平均功率)，因此在允许一定失真的条件下，只需传送带宽内的各频率分量就行了；其次，当信号通过某一系统时，要求系统的带宽与信号的带宽匹配，否则，若系统的带宽小于信号的带宽，信号所包含的一部分谐波分量和能量就不能顺利地通过系统。由上可知，脉冲宽度 τ 越小，带宽 ω_b 越大，频带内所含的分量越多。

以上 3 个特点是任何满足狄里赫利条件的周期信号的频谱所共同具有的。

例 4-1　求出复指数信号 $e^{j\omega_0 t}$ 的频谱。

解　由式(4-3)，复指数信号 $e^{j\omega_0 t}$ 的复傅里叶系数为

$$X(n\omega_0)=\frac{1}{T_0}\int_{-\frac{T_0}{2}}^{\frac{T_0}{2}}e^{j\omega_0 t}e^{-jn\omega_0 t}dt=\frac{1}{T_0}\int_{-\frac{T_0}{2}}^{\frac{T_0}{2}}e^{j(1-n)\omega_0 t}dt$$

$$=\frac{1}{T_0 j(1-n)\omega_0}e^{j(1-n)\omega_0 t}\Big|_{-\frac{T_0}{2}}^{\frac{T_0}{2}}=\frac{1}{2j(1-n)\pi}\left[e^{j(1-n)\pi}-e^{-j(1-n)\pi}\right]$$

$$=\frac{\sin(1-n)\pi}{(1-n)\pi}$$

$$=\begin{cases}1 & n=1\\0 & n\neq 1\end{cases}$$

其频谱图如图 4-4 所示，可见仅在 ω_0 处有幅值为 1 的分量，这说明复指数信号是正弦型信号的一种表现形式。

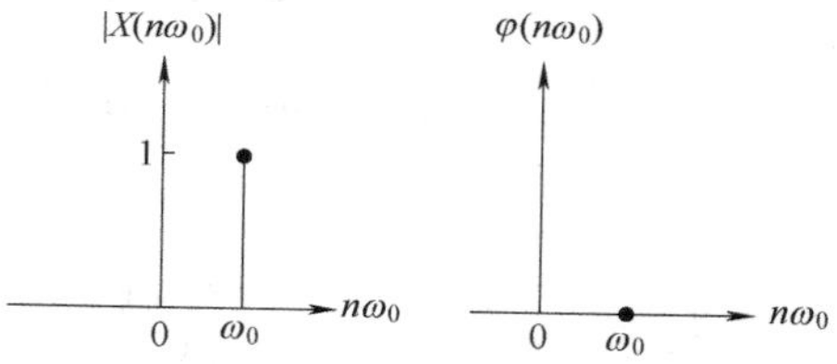

图 4-4　复指数信号 $e^{j\omega_0 t}$ 的频谱

例 4-2　分别求出 $\cos\omega_0 t$ 和 $\sin\omega_0 t$ 的频谱。

解　由式(4-3)，对于余弦信号 $\cos\omega_0 t$，有

$$X(n\omega_0)=\frac{1}{T_0}\int_{-\frac{T_0}{2}}^{\frac{T_0}{2}}\cos\omega_0 t e^{-jn\omega_0 t}dt=\frac{1}{2T_0}\int_{-\frac{T_0}{2}}^{\frac{T_0}{2}}(e^{j\omega_0 t}+e^{-j\omega_0 t})e^{-jn\omega_0 t}dt$$

$$=\frac{1}{2T_0}\int_{-\frac{T_0}{2}}^{\frac{T_0}{2}}\left[e^{j(1-n)\omega_0 t}+e^{-j(1+n)\omega_0 t}\right]dt$$

$$=\begin{cases}\dfrac{1}{2} & n=\pm 1\\0 & n\neq \pm 1\end{cases}$$

对于正弦信号 $\sin\omega_0 t$，有

$$X(n\omega_0)=\frac{1}{T_0}\int_{-\frac{T_0}{2}}^{\frac{T_0}{2}}\sin\omega_0 t\cdot e^{-jn\omega_0 t}dt=\frac{1}{2jT_0}\int_{-\frac{T_0}{2}}^{\frac{T_0}{2}}(e^{j\omega_0 t}-e^{-j\omega_0 t})e^{-jn\omega_0 t}dt$$

$$=\frac{1}{2jT_0}\int_{-\frac{T_0}{2}}^{\frac{T_0}{2}}\left[e^{j(1-n)\omega_0 t}-e^{-j(1+n)\omega_0 t}\right]dt$$

$$= \frac{1}{2\mathrm{j}T_0}\left[\frac{1}{\mathrm{j}(1-n)\omega_0}\mathrm{e}^{\mathrm{j}(1-n)\omega_0 t}\Bigg|_{-\frac{T_0}{2}}^{\frac{T_0}{2}} + \frac{1}{\mathrm{j}(1+n)\omega_0}\mathrm{e}^{-\mathrm{j}(1+n)\omega_0 t}\Bigg|_{-\frac{T_0}{2}}^{\frac{T_0}{2}}\right]$$

$$= \frac{1}{2\mathrm{j}}\left[\frac{\sin(1-n)\pi}{(1-n)\pi} - \frac{\sin(1+n)\pi}{(1+n)\pi}\right]$$

$$= \begin{cases} -\dfrac{\mathrm{j}}{2} & n=1 \\ \dfrac{\mathrm{j}}{2} & n=-1 \\ 0 & n \neq \pm 1 \end{cases}$$

图 4-5a、b 分别表示了 $\cos\omega_0 t$ 和 $\sin\omega_0 t$ 的频谱，可见它们的幅频是相同的，在 $\pm\omega_0$ 处各为 $\frac{1}{2}$。正如上面所述，在双边频谱中正、负频率两个分量合起来（正、负频率的幅值之和）才表示一个实际存在的正弦谐波分量，可见 $\cos\omega_0 t$ 和 $\sin\omega_0 t$ 都是 ω_0 处幅值为 1 的信号。此外，$\cos\omega_0 t$ 和 $\sin\omega_0 t$ 的相频是不同的，$\sin\omega_0 t$ 信号的相位滞后于 $\cos\omega_0 t$ 信号的相位 $\frac{\pi}{2}$。

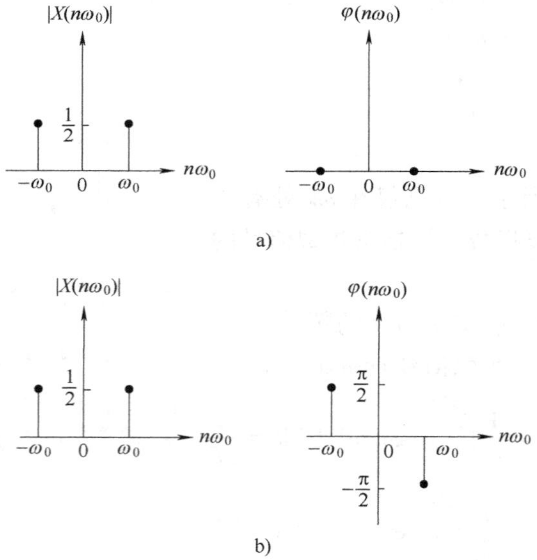

图 4-5　正弦型信号的频谱

a) $\cos\omega_0 t$　b) $\sin\omega_0 t$

（二）周期信号的功率分配

如第一章中所述，幅值有限的周期信号是功率信号，如果把信号 $x(t)$ 视为流过 1Ω 电阻两端的电流，那么电阻上消耗的平均功率为

$$p = \frac{1}{T_0}\int_{-\frac{T_0}{2}}^{\frac{T_0}{2}} x^2(t)\,\mathrm{d}t$$

将 $x(t) = \frac{A_0}{2} + \sum_{n=1}^{\infty} A_n\cos(n\omega_0 t + \varphi_n)$ 代入，并考虑余弦函数集的正交性，有

$$p=\frac{1}{T_0}\int_{-\frac{T_0}{2}}^{\frac{T_0}{2}}\left[\frac{A_0}{2}+\sum_{n=1}^{\infty}A_n\cos(n\omega_0 t+\varphi_n)\right]^2\mathrm{d}t=\left(\frac{A_0}{2}\right)^2+\sum_{n=1}^{\infty}\frac{1}{2}A_n^2 \tag{4-5}$$

即有

$$\frac{1}{T_0}\int_{-\frac{T_0}{2}}^{\frac{T_0}{2}}x^2(t)\mathrm{d}t=\left(\frac{A_0}{2}\right)^2+\sum_{n=1}^{\infty}\frac{1}{2}A_n^2 \tag{4-6}$$

或者将 $x(t)=\sum_{n=-\infty}^{\infty}X(n\omega_0)\mathrm{e}^{\mathrm{j}n\omega_0 t}$ 代入，可得

$$\begin{aligned}\frac{1}{T_0}\int_{-\frac{T_0}{2}}^{\frac{T_0}{2}}x^2(t)\mathrm{d}t&=\frac{1}{T_0}\int_{-\frac{T_0}{2}}^{\frac{T_0}{2}}x(t)x^*(t)\mathrm{d}t=\frac{1}{T_0}\int_{-\frac{T_0}{2}}^{\frac{T_0}{2}}x(t)\left[\sum_{n=-\infty}^{\infty}X^*(n\omega_0)\mathrm{e}^{-\mathrm{j}n\omega_0 t}\right]\mathrm{d}t\\&=\sum_{n=-\infty}^{\infty}X^*(n\omega_0)\left[\frac{1}{T_0}\int_{-\frac{T_0}{2}}^{\frac{T_0}{2}}x(t)\mathrm{e}^{-\mathrm{j}n\omega_0 t}\mathrm{d}t\right]=\sum_{n=-\infty}^{\infty}X^*(n\omega_0)X(n\omega_0)\\&=\sum_{n=-\infty}^{\infty}|X(n\omega_0)|^2\\&=X^2(0)+2\sum_{n=1}^{\infty}|X(n\omega_0)|^2\end{aligned} \tag{4-7}$$

式(4-6)、式(4-7)表明了周期信号在时域的平均功率等于信号所包含的直流、基波及各次谐波的平均功率之和，反映了周期信号的平均功率对离散频率的分配关系，即为连续周期功率信号的帕斯瓦尔公式。如果参照周期信号的幅值频谱，将各次谐波(包括直流)的平均功率分配关系表示成谱线形式，就得到周期信号的功率频谱。

例 4-3　求周期矩形脉冲信号的平均功率 P，有效频带宽度($0\sim2\pi/\tau$)内谐波分量所具有的平均功率 P_1。其中 $E=1$，$T_0=0.25$，$\tau=0.05$。

解　由平均功率计算公式，周期矩形脉冲信号的平均功率为

$$P=\frac{1}{T_0}\int_{-T_0/2}^{T_0/2}x^2(t)\mathrm{d}t=\frac{1}{T_0}\int_{-\tau/2}^{\tau/2}1^2\mathrm{d}t=\frac{1}{0.25}\int_{-0.05/2}^{0.05/2}1^2\mathrm{d}t=0.2$$

在有效带宽($0\sim2\pi/\tau$)内，含有直流分量和 $T_0/\tau-1=4$ 个谐波分量。其中

$$X(0)=\frac{E\tau}{T_0}=0.2$$

$$X(n\omega_0)=\frac{E\tau}{T_0}\mathrm{Sa}\left(\frac{n\omega_0\tau}{2}\right)=0.2\mathrm{Sa}\left(\frac{n\pi}{5}\right),\ n=1,2,3,4$$

$$\begin{aligned}P_1&=X^2(0)+2\sum_{n=1}^{\infty}|X(n\omega_0)|^2=X^2(0)+2[X^2(\omega_0)+X^2(2\omega_0)+X^2(3\omega_0)+X^2(4\omega_0)]\\&=0.2^2+2\times0.2^2\left[\mathrm{Sa}^2\left(\frac{\pi}{5}\right)+\mathrm{Sa}^2\left(\frac{2\pi}{5}\right)+\mathrm{Sa}^2\left(\frac{3\pi}{5}\right)+\mathrm{Sa}^2\left(\frac{4\pi}{5}\right)\right]\\&=0.04+0.08\times(0.8751+0.5764+0.2546+0.0457)=0.18\end{aligned}$$

$$\frac{P_1}{P}=\frac{0.18}{0.2}=90\%$$

即周期矩形脉冲信号 90%的平均功率落在有效频带宽度内。

(三) 周期信号的傅里叶级数近似

无论是三角傅里叶级数形式[见式(4-1)]，还是指数傅里叶级数形式[见式(4-2)]，都表明了在一般情况下，一个周期信号是由无穷多项正弦型信号(直流、基波及各项谐波)组

合而成。也就是说，一般情况下，无穷多项正弦型信号的和才能完全逼近一个周期信号。如果采用有限项级数表示周期信号，则势必产生表示误差。下面通过例子说明有限项正弦型信号(包括直流、基波及各次谐波)对周期信号的逼近以及分析所产生的误差。

例 4-4 求图 4-6a 所示的周期方波信号的三角形傅里叶级数展开式。

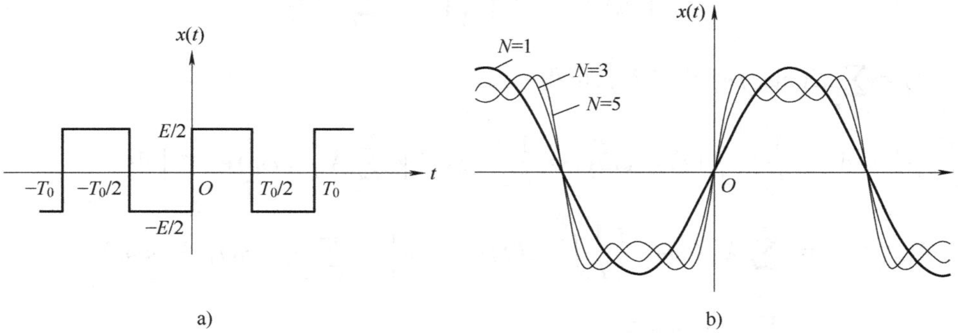

图 4-6 例 4-4 的周期方波信号及其逼近波形

a）周期方波信号 b）取不同项数时的逼近波形

解 如图 4-6a 所示的周期方波信号在一个周期内的解析式可表示为

$$x(t)=\begin{cases}-\dfrac{E}{2} & -\dfrac{T_0}{2}\leqslant t<0\\[2mm] \dfrac{E}{2} & 0\leqslant t<\dfrac{T_0}{2}\end{cases}$$

按式(2-4)和式(2-5)可求得傅里叶系数

$$\begin{aligned}a_n &= \frac{2}{T_0}\int_{-\frac{T_0}{2}}^{\frac{T_0}{2}}x(t)\cos n\omega_0 t\mathrm{d}t\\ &= \frac{2}{T_0}\int_{-\frac{T_0}{2}}^{0}\left(-\frac{E}{2}\right)\cos n\omega_0 t\mathrm{d}t+\frac{2}{T_0}\int_{0}^{\frac{T_0}{2}}\left(\frac{E}{2}\right)\cos n\omega_0 t\mathrm{d}t\\ &= \frac{2}{T_0}\left(-\frac{E}{2}\right)\frac{1}{n\omega_0}(\sin n\omega_0 t)\Big|_{-\frac{T_0}{2}}^{0}+\frac{2}{T_0}\frac{E}{2}\frac{1}{n\omega_0}(\sin n\omega_0 t)\Big|_{0}^{\frac{T_0}{2}}\end{aligned}$$

考虑到 $\omega_0=\dfrac{2\pi}{T_0}$，可得

$$a_n=0 \qquad\qquad n=0,\ 1,\ 2,\ \cdots$$

$$\begin{aligned}b_n &= \frac{2}{T_0}\int_{-\frac{T_0}{2}}^{\frac{T_0}{2}}x(t)\sin n\omega_0 t\mathrm{d}t\\ &= \frac{2}{T_0}\int_{-\frac{T_0}{2}}^{0}\left(-\frac{E}{2}\right)\sin n\omega_0 t\mathrm{d}t+\frac{2}{T_0}\int_{0}^{\frac{T_0}{2}}\left(\frac{E}{2}\right)\sin n\omega_0 t\mathrm{d}t\\ &= \frac{2}{T_0}\cdot\left(-\frac{E}{2}\right)\cdot\frac{1}{n\omega_0}(-\cos n\omega_0 t)\Big|_{-\frac{T_0}{2}}^{0}+\frac{2}{T_0}\cdot\frac{E}{2}\cdot\frac{1}{n\omega_0}(-\cos n\omega_0 t)\Big|_{0}^{\frac{T_0}{2}}\\ &= \frac{E}{n\pi}[1-\cos(n\pi)]\end{aligned}$$

$$=\begin{cases}\dfrac{2E}{n\pi} & n=1,\ 3,\ 5,\ \cdots\\ 0 & n=2,\ 4,\ 6,\ \cdots\end{cases}$$

将它们代入式(2-2)，$x(t)$的三角形傅里叶级数展开式为

$$x(t)=\frac{2E}{\pi}\left(\sin\omega_0t+\frac{1}{3}\sin3\omega_0t+\frac{1}{5}\sin5\omega_0t+\cdots\right)$$

上式表明上述周期方波信号含有与原信号相同频率的正弦信号、频率为原信号频率3倍以及其他奇数倍的正弦信号，而各正弦波的幅值随频率的增大而成比例减小。

若取傅里叶级数的前N(N为奇数)项来逼近周期方波信号$x(t)$，则$x_N(t)$为

$$x_N(t)=\sum_{n=1}^{N}b_n\sin n\omega_0t$$

引起的误差函数为

$$\varepsilon_N(t)=x(t)-x_N(t)$$

均方误差为

$$\begin{aligned}\overline{\varepsilon_N^2(t)}&=\frac{1}{T_0}\int_{-\frac{T_0}{2}}^{\frac{T_0}{2}}\varepsilon_N^2(t)\,\mathrm{d}t\\&=\frac{1}{T_0}\int_{-\frac{T_0}{2}}^{\frac{T_0}{2}}[x(t)-x_N(t)]^2\mathrm{d}t\\&=\overline{x^2(t)}-\frac{1}{2}\sum_{n=1}^{N}b_n^2=\frac{E^2}{4}-\frac{1}{2}\sum_{n=1}^{N}b_n^2\end{aligned}$$

图4-6b表示了傅里叶级数取项不同时对原周期方波信号的逼近情况。其中$N=1$为只取基波一项时的波形，这时均方误差为

$$\overline{\varepsilon_1^2(t)}=\frac{E^2}{4}-\frac{1}{2}\cdot\left(\frac{2E}{\pi}\right)^2\approx0.05E^2$$

$N=3$为取基波和3次谐波时的波形，这时的均方误差为

$$\overline{\varepsilon_3^2(t)}=\frac{E^2}{4}-\frac{1}{2}\left[\left(\frac{2E}{\pi}\right)^2+\left(\frac{2E}{3\pi}\right)^2\right]\approx0.02E^2$$

$N=5$为取基波、3次谐波、5次谐波时的波形，这时的均方误差为

$$\overline{\varepsilon_5^2(t)}=\frac{E^2}{4}-\frac{1}{2}\left[\left(\frac{2E}{\pi}\right)^2+\left(\frac{2E}{3\pi}\right)^2+\left(\frac{2E}{3\pi}\right)^2\right]\approx0.015E^2$$

从图4-6可以看出：①傅里叶级数所取项数越多，叠加后波形越逼近原信号，两者之间的均方误差越小。显然，当$N\to\infty$，$x_N(t)\to x(t)$；②当信号$x(t)$为方波等脉冲信号时，其高频分量主要影响脉冲的跳变沿，低频分量主要影响脉冲的顶部，所以，$x(t)$波形变化越激烈，所包含的高频分量越丰富，变化越缓慢，所包含的低频分量越丰富；③组成原信号$x(t)$的任一频谱分量(包括幅值、相位)发生变化时，信号$x(t)$的波形也会发生变化。

二、非周期信号的频谱分析

非周期信号可以看作周期是无穷大的周期信号，在上面讨论周期矩形脉冲信号的频谱时，我们已经指出，当τ不变而增大周期T_0时，随着T_0的增大，谱线将越来越密，同时谱

线的幅值将越来越小。如果 T_0 趋于无穷大，则周期矩形脉冲信号将演变成非周期的矩形脉冲信号，其谱线将会无限密集而演变成连续的频谱，与此同时，谱线的幅值将变成无穷小量。为了避免在一系列无穷小量中讨论频谱关系，我们考虑 $T_0X(n\omega_0)$ 这一物理量，T_0 因子的存在，克服了 T_0 对 $X(n\omega_0)$ 幅值的影响。这时有 $T_0X(n\omega_0)=\dfrac{2\pi X(n\omega_0)}{\omega_0}$，即 $T_0X(n\omega_0)$ 含有单位角频率所具有的复频谱的物理意义，故称为频谱密度函数，简称为频谱。

此时，傅里叶级数演变成了傅里叶变换，时域和频域形成变换对，其变换式为

$$x(t)=\frac{1}{2\pi}\int_{-\infty}^{\infty}X(\omega)\mathrm{e}^{\mathrm{j}\omega t}\mathrm{d}\omega \tag{4-8}$$

和

$$X(\omega)=\int_{-\infty}^{\infty}x(t)\mathrm{e}^{-\mathrm{j}\omega t}\mathrm{d}t \tag{4-9}$$

它们是非周期信号频谱分析的数学基础，而傅里叶变换一系列性质的应用有助于非周期信号频谱分析。

（一）几个常见信号的频谱

1. 矩形脉冲信号

第二章例 2-2 已经求得单矩形脉冲函数 $g(t)$ 的傅里叶变换为 $X(\omega)=E\tau\mathrm{Sa}\left(\dfrac{\omega\tau}{2}\right)$，其频谱图表示在图 2-5b 中，与周期矩形脉冲的频谱图（见图 4-1）相比可以看出，单矩形脉冲的频谱 $X(\omega)$ 与周期矩形脉冲频谱 $X(n\omega_0)$ 的包络线形状完全相同，这正是由于将非周期的单矩形脉冲看作周期是无穷大的周期矩形脉冲，从而其频谱由周期矩形脉冲的离散频谱演变为连续频谱的结果。另一方面，$X(\omega)$ 是 $X(n\omega_0)$ 乘上因子 T_0 的结果，这是由于两者的不同定义决定的。

由于单脉冲信号与周期性脉冲信号的频谱存在上述联系，所以周期信号频谱的某些特点在单脉冲信号中仍有保留。单脉冲信号的频谱也具有收敛性，它的大部分能量集中在一个有限的频率范围（频率宽度 ω_b）内，显然，矩形脉冲越窄，它的频带宽度越宽。

2. 单边指数信号

如图 4-7a 所示的单边指数信号 $x(t)$ 表示为

$$x(t)=\begin{cases}\mathrm{e}^{-at} & t>0,\ a>0\\ 0 & t<0\end{cases} \tag{4-10}$$

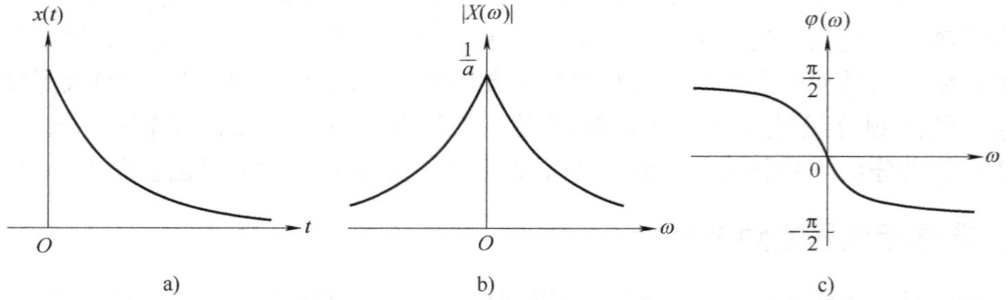

图 4-7　单边指数信号及其频谱

可求得其傅里叶变换为

$$X(\omega)=\int_{-\infty}^{\infty}x(t)e^{-j\omega t}dt=\int_{0}^{\infty}e^{-at}e^{-j\omega t}dt=\frac{1}{a+j\omega} \tag{4-11}$$

幅频和相频分别为$|X(\omega)|=\dfrac{1}{\sqrt{a^2+\omega^2}}$和$\varphi(\omega)=-\arctan\left(\dfrac{\omega}{a}\right)$，分别表示在图 4-7b、c 中。

3. 双边指数信号

图 4-8a 所示的双边指数信号$x(t)$表示为

$$x(t)=e^{-a|t|} \qquad a>0 \tag{4-12}$$

可求得该信号的傅里叶变换为

$$\begin{aligned}X(\omega)&=\int_{-\infty}^{\infty}e^{-a|t|}e^{-j\omega t}dt=\int_{-\infty}^{0}e^{-at}e^{-j\omega t}dt+\int_{0}^{\infty}e^{at}e^{-j\omega t}dt\\&=\frac{1}{a-j\omega}+\frac{1}{a+j\omega}=\frac{2a}{a^2+\omega^2}\end{aligned} \tag{4-13}$$

$X(\omega)$是实数，$\varphi(\omega)=0$，其频谱可直接表示为如图 4-8b 所示曲线。

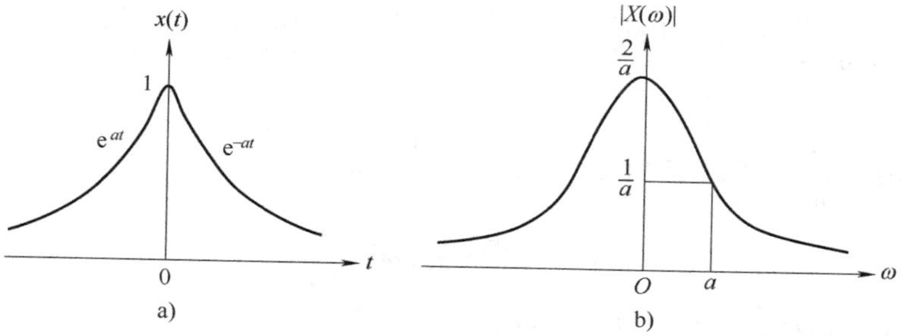

图 4-8 双边指数信号及其频谱

4. 单位冲激信号

由于冲激函数的抽样特性，有

$$\int_{-\infty}^{\infty}\delta(t)e^{-j\omega t}dt=e^{0}=1$$

所以单位冲激信号的频谱为常数 1，即

$$\delta(t)\xleftrightarrow{\mathcal{F}}1 \tag{4-14}$$

以上结果也可由单矩形脉冲取极限得到，如果把单位冲激信号视为幅值为$\dfrac{1}{\tau}$、宽度为τ的矩形脉冲当$\tau\to0$时的极限，由前面的讨论可知，其频谱可由下式求出

$$X(\omega)=\mathcal{F}[\delta(t)]=\lim_{\tau\to0}\frac{1}{\tau}\cdot\tau\mathrm{Sa}\left(\frac{\omega\tau}{2}\right)=1$$

在时域中冲激信号在$t=0$处幅值发生巨大的变化，在频域中表现为具有极其丰富的频率成分，以至频谱占据整个频率域，且成均匀分布，常称之为均匀频谱或白色频谱，如图 4-9 所示。

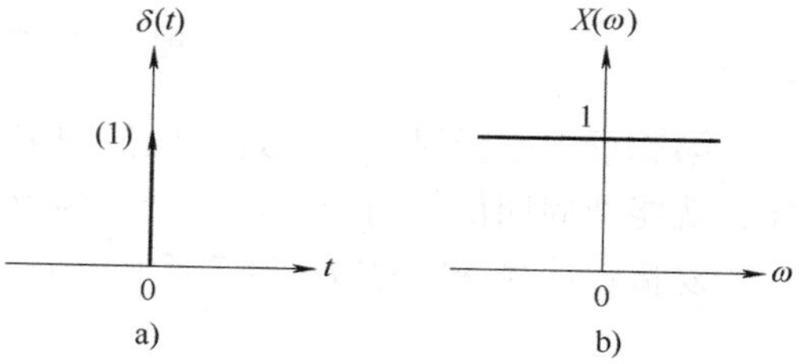

图 4-9 单位冲激信号及其频谱

5. 单位阶跃信号

该信号不满足绝对可积的条件，可把它视为单边指数信号当 $a\to0$ 时的极限，因此其频谱应该是单边指数信号的频谱当 $a\to0$ 时的极限。已求得单边指数信号的频谱为$\frac{1}{a+\mathrm{j}\omega}$，故有

$$X(\omega)=\lim_{a\to0}\frac{1}{a+\mathrm{j}\omega}=\lim_{a\to0}\frac{a}{a^2+\omega^2}+\lim_{a\to0}\mathrm{j}\,\frac{-\omega}{a^2+\omega^2}$$

其中，实部为

$$\lim_{a\to0}\frac{a}{a^2+\omega^2}=\begin{cases}0 & \omega\neq0\\ \infty & \omega=0\end{cases}$$

虚部为

$$\lim_{a\to0}\frac{-\mathrm{j}\omega}{a^2+\omega^2}=\begin{cases}\dfrac{1}{\mathrm{j}\omega} & \omega\neq0\\ 0 & \omega=0\end{cases}$$

可见 $X(\omega)$ 在 $\omega=0$ 处为实冲激函数，其强度为

$$\lim_{a\to0}\int_{-\infty}^{\infty}\frac{a}{a^2+\omega^2}\mathrm{d}\omega=\lim_{a\to0}\int_{-\infty}^{\infty}\frac{1}{1+\left(\frac{\omega}{a}\right)^2}\mathrm{d}\left(\frac{\omega}{a}\right)=\lim_{a\to0}\arctan\left(\frac{\omega}{a}\right)\Bigg|_{-\infty}^{\infty}=\pi$$

而 $\omega\neq0$ 处为虚函数$\frac{1}{\mathrm{j}\omega}$，所以有 $X(\omega)=\pi\delta(\omega)+\frac{1}{\mathrm{j}\omega}$，即

$$u(t)\xleftrightarrow{\mathcal{F}}\pi\delta(\omega)+\frac{1}{\mathrm{j}\omega}\tag{4-15}$$

图 4-10 表示了单位阶跃信号及其频谱。

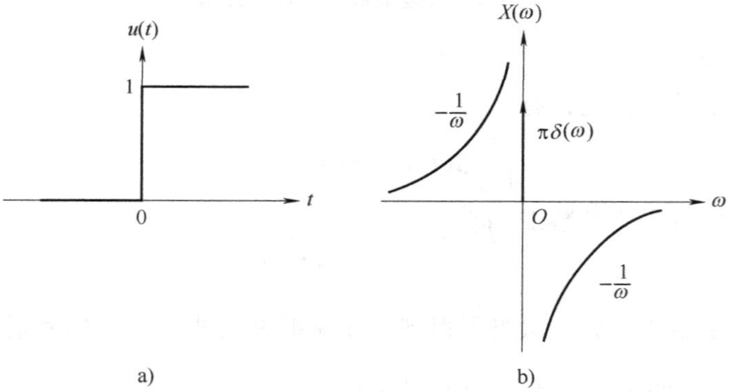

图 4-10　单位阶跃信号及其频谱

第二章中已经讨论了通过在变换中引入冲激函数，可以得出周期信号的傅里叶变换，这样，就能把周期信号与非周期信号的频域分析统一起来，给分析带来便利。

复指数信号 $\mathrm{e}^{\mathrm{j}\omega_0t}$ 的傅里叶变换已在第二章中求得，为

$$X_{\mathrm{e}}(\omega)=2\pi\delta(\omega-\omega_0)\tag{4-16}$$

显然，它是频率只在 $\omega=\omega_0$ 处幅值为 2π 的单频率谐波信号，符合前面关于复指数信号的描述，频谱如图 4-11a 所示。

6. 正弦信号 $\sin\omega_0 t$

由欧拉公式，有

$$\sin\omega_0 t=\frac{1}{2j}(e^{j\omega_0 t}-e^{-j\omega_0 t})$$

应用复指数信号的傅里叶变换式[见式(4-16)]，有

$$X_s(\omega)=\mathcal{F}(\sin\omega_0 t)=\frac{1}{2j}[2\pi\delta(\omega-\omega_0)-2\pi\delta(\omega+\omega_0)]=-j\pi\delta(\omega-\omega_0)+j\pi\delta(\omega+\omega_0)$$

即

$$\sin\omega_0 t\xleftrightarrow{\mathcal{F}}-j\pi\delta(\omega-\omega_0)+j\pi\delta(\omega+\omega_0) \tag{4-17}$$

其频谱如图 4-11b 所示。

7. 余弦信号 $\cos\omega_0 t$

同理，$\cos\omega_0 t=\frac{1}{2}(e^{j\omega_0 t}+e^{-j\omega_0 t})$，故有

$$X_c(\omega)=\mathcal{F}(\cos\omega_0 t)=\frac{1}{2}[2\pi\delta(\omega-\omega_0)+2\pi\delta(\omega+\omega_0)]=\pi\delta(\omega-\omega_0)+\pi\delta(\omega+\omega_0)$$

即

$$\cos\omega_0 t\xleftrightarrow{\mathcal{F}}\pi\delta(\omega-\omega_0)+\pi\delta(\omega+\omega_0) \tag{4-18}$$

其频谱如图 4-11c 所示。

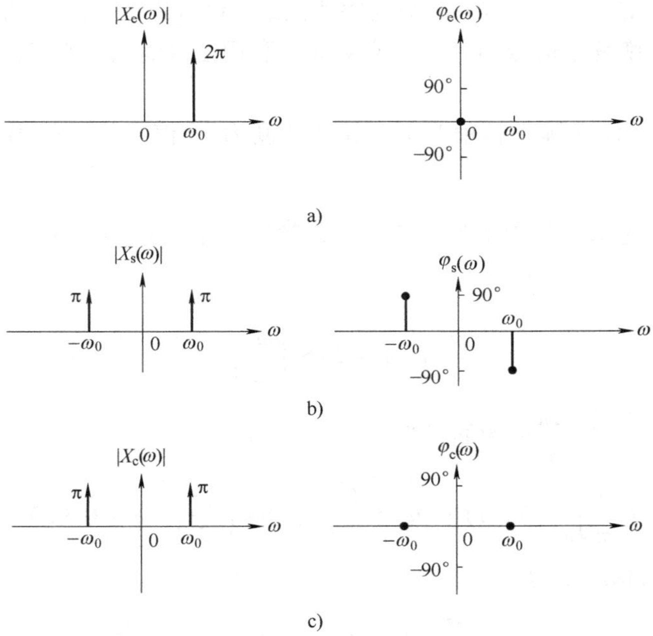

图 4-11　$e^{j\omega_0 t}$、$\sin\omega_0 t$ 和 $\cos\omega_0 t$ 的频谱

第二章中给出了一些常用信号的傅里叶变换，用时可查阅。

（二）非周期信号的能量密度谱

由傅里叶变换式，可以得出连续非周期信号的能量为

$$\int_{-\infty}^{\infty}|x(t)|^2\mathrm{d}t=\int_{-\infty}^{\infty}x(t)x^*(t)\mathrm{d}t=\frac{1}{2\pi}\int_{-\infty}^{\infty}x(t)\left[\int_{-\infty}^{\infty}X^*(\omega)\mathrm{e}^{-\mathrm{j}\omega t}\mathrm{d}\omega\right]\mathrm{d}t$$

$$=\frac{1}{2\pi}\int_{-\infty}^{\infty}X^*(\omega)\left[\int_{-\infty}^{\infty}x(t)\mathrm{e}^{-\mathrm{j}\omega t}\mathrm{d}t\right]\mathrm{d}\omega=\frac{1}{2\pi}\int_{-\infty}^{\infty}X^*(\omega)X(\omega)\mathrm{d}\omega$$

$$=\frac{1}{2\pi}\int_{-\infty}^{\infty}|X(\omega)|^2\mathrm{d}\omega$$

即有

$$\int_{-\infty}^{\infty}|x(t)|^2\mathrm{d}t=\frac{1}{2\pi}\int_{-\infty}^{\infty}|X(\omega)|^2\mathrm{d}\omega \tag{4-19}$$

这是连续非周期信号的帕斯瓦尔公式。等式左边表示有限能量信号 $x(t)$ 的总能量 E，对

于实信号有 $x^2(t)=|x(t)|^2$。帕斯瓦尔定理表明，信号的总能量也可由频域求得，即从单位频率的能量($|X(\omega)|^2/2\pi$)在整个频率范围内积分得到。因此，$|X(\omega)|^2$(或 $|X(\omega)|^2/2\pi$)反映了信号的能量在各频率的相对大小，常称为能量密度谱，简称能谱，记为 $E(\omega)$，即

$$E(\omega)=|X(\omega)|^2 \tag{4-20}$$

显然，信号的能谱 $E(\omega)$ 是 ω 的偶函数，因此，信号的总能量也可写为

$$E=\frac{1}{\pi}\int_{0}^{\infty}E(\omega)\mathrm{d}\omega \tag{4-21}$$

式(4-20)表明，信号的能谱 $E(\omega)$ 只与幅值频谱 $|X(\omega)|$ 有关，不含相位信息，因而不可能从能谱 $E(\omega)$ 中恢复原信号 $x(t)$，但它对充分利用信号能量，确定信号的有效带宽起着重要作用。

例 4-5 求矩形脉冲(脉冲幅值为 E，脉冲宽度为 τ)信号频谱的第一过零点内占有的能量。

解 矩形脉冲信号及其频谱如图 2-5 所示，频谱的第一过零点为 $\omega=\frac{2\pi}{\tau}$，由式(2-14)，信号的频谱为

$$X(\omega)=E\tau\mathrm{Sa}\left(\frac{\omega\tau}{2}\right)$$

根据式(4-21)，在频率 $0\sim\frac{2\pi}{\tau}$ 内的能量为

$$E_1=\frac{1}{\pi}\int_{0}^{\frac{2\pi}{\tau}}|X(\omega)|^2\mathrm{d}\omega=\frac{E^2\tau^2}{\pi}\int_{0}^{\frac{2\pi}{\tau}}\mathrm{Sa}^2\left(\frac{\omega\tau}{2}\right)\mathrm{d}\omega=0.903E^2\tau$$

从时域可求出信号的总能量为

$$E_2=\int_{-\infty}^{\infty}x^2(t)\mathrm{d}t=\int_{-\frac{\tau}{2}}^{\frac{\tau}{2}}E^2\mathrm{d}t=E^2\tau$$

可得到 $\omega=\frac{2\pi}{\tau}$ 内的能量占有率为

$$\frac{E_1}{E_2}=\frac{0.903E^2\tau}{E^2\tau}=0.903$$

表明信号总能量的90.3%集中在$0\sim\frac{2\pi}{\tau}$频率范围内，所以可以将此频率范围确定为矩形脉冲信号的有效频带。

由例4-5可以得到启示，一般地，信号占有的等效带宽与脉冲的持续时间成反比，在工程中为了有利于信号的传输，往往生成各种能量比较集中的信号。

有限能量信号的帕斯瓦尔公式[见式(4-19)]与周期信号的帕斯瓦尔公式[见式(4-7)]是直接对应的，前者描述了能量有限信号总能量对各频率(连续)的分配关系，后者描述了功率有限信号的总平均功率对各频率(离散)的分配关系。

第二节　离散信号的频域分析

在频域分析离散信号，一方面通过频域分析能进一步认识离散信号的特性，深刻理解连续信号离散化后的谐波组成发生什么样的变化；另一方面，离散化信号的傅里叶变换是应用计算机进行信号处理的重要工具。

一、周期信号的频域分析

离散信号频域分析的数学基础是离散傅里叶级数(DFS)，第二章已给出了其相应的数学式，即

$$X(k\Omega_0)=\frac{1}{N}\sum_{n=0}^{N-1}x(n)\mathrm{e}^{-\mathrm{j}k\Omega_0 n}\quad k=0,\ 1,\ 2,\ \cdots,\ N-1 \tag{4-22}$$

和

$$x(n)=\sum_{k=0}^{N-1}X(k\Omega_0)\mathrm{e}^{\mathrm{j}k\Omega_0 n}\quad n=0,\ 1,\ 2,\ \cdots,\ N-1 \tag{4-23}$$

(一) 离散周期信号的频谱

由式(4-23)可见，可以通过有限项的复指数序列$X(k\Omega_0)$来表示周期序列$x(n)$，不同的$x(n)$反映在具有不同的复振幅$X(k\Omega_0)$，所以可以说$X(k\Omega_0)$完整地描述了$x(n)$，我们把离散时间傅里叶级数的系数$X(k\Omega_0)$的表示式(4-22)称为周期序列$x(n)$在频域的分析。那么，如果$x(n)$是从连续周期信号$x(t)$采样得来，$x(n)$的频谱$X(k\Omega_0)$是否等效于$x(t)$的频谱$X(k\omega_0)$？下面将通过实例的频谱计算回答这个问题。

例4-6　有连续周期信号$x(t)=6\cos\pi t$，现以采样间隔$T=0.25\mathrm{s}$对它进行采样，求采样后周期序列的频谱并与原始信号$x(t)$的频谱进行比较。

解　已知$\omega_0=\pi\mathrm{rad/s}$，则$f_0=\frac{1}{2}\mathrm{Hz}$，$T_0=2\mathrm{s}$，$\Omega_0=\frac{\pi}{4}\mathrm{rad/s}$，在一周期内样点数$N=T_0/T=8$，按题意得

$$x(n)=x(t)\big|_{t=0.25n}=6\cos\left(\frac{\pi n}{4}\right)$$

信号如图4-12a所示，由式(4-22)有

$$X(k\Omega_0)=\frac{1}{N}\sum_{n=0}^{N-1}x(n)\mathrm{e}^{-\mathrm{j}k\frac{\pi}{4}n}=\frac{1}{8}\sum_{n=0}^{7}x(n)\mathrm{e}^{-\mathrm{j}k\frac{\pi}{4}n}$$

即

$$|X(k\Omega_0)|=\begin{cases}3 & k=1,\ 7\\ 0 & k=0,\ 2,\ 3,\ 4,\ 5,\ 6\end{cases}$$

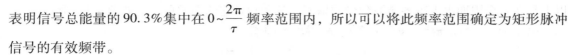

以上是在一个周期内求得各谐波分量的幅值，其余则是它的周期重复，如图 4-12b 所示。

由于 $x(t)=6\cos\pi t=3(\mathrm{e}^{\mathrm{j}\pi t}+\mathrm{e}^{-\mathrm{j}\pi t})$，故得离散频谱为

$$X(k\omega_0)=\begin{cases}3 & k=1,\ -1\\ 0 & 其他\end{cases}$$

频谱如图 4-12c 所示。比较图 4-12b、c 可见，在一个周期内 $|X(k\Omega_0)|=|X(k\omega_0)|$。这说明在 $-\pi<\Omega<\pi$ 范围内，离散周期信号的离散频谱准确地等同于连续时间周期信号的离散频谱，那么是否在任何情况下，这个结论都是正确的？我们再看下面的例子。

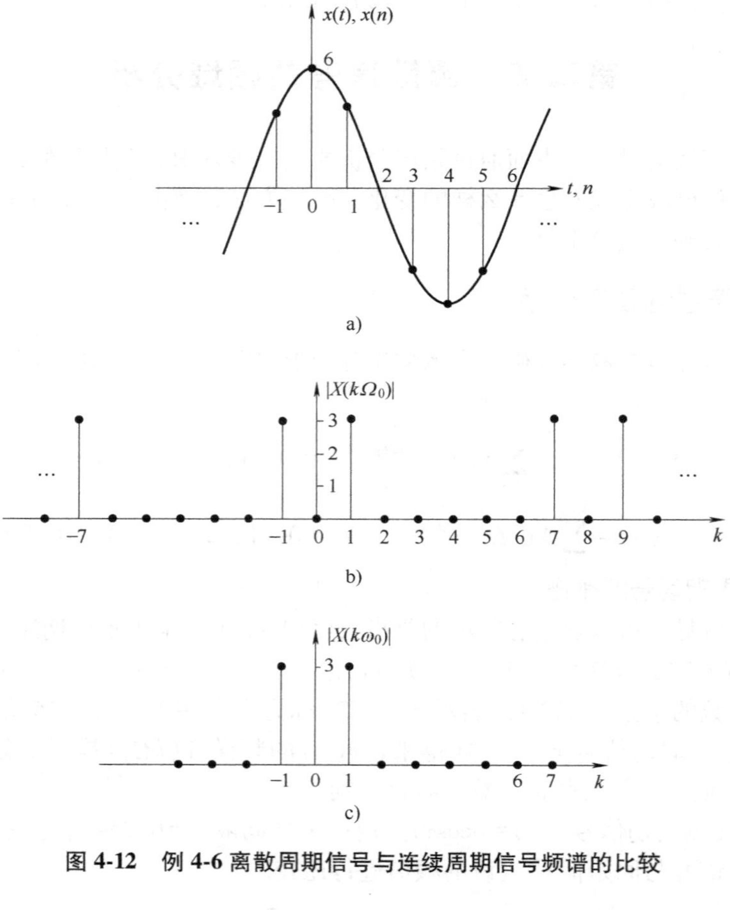

图 4-12　例 4-6 离散周期信号与连续周期信号频谱的比较

例 4-7　已知连续时间周期信号 $x(t)=2\cos6\pi t+4\sin10\pi t$，现以采样频率 $f_{s1}=16$ 样点/周期和 $f_{s2}=8$ 样点/周期对它进行采样。试分别求出采样后周期序列的频谱并与原始信号的频谱做比较。

解　1）按题意，不妨设周期信号的基本周期为 $T_0=1\mathrm{s}$，对于采样频率 $f_{s1}=16$ 样点/周期，采样周期 $T_{s1}=1/16\mathrm{s}$，有

$$x_1(n)=x(t)\big|_{t=nT_{s1}}=2\cos6\pi\times\frac{1}{16}n+4\sin10\pi\times\frac{1}{16}n=2\cos\frac{3\pi}{8}n+4\sin\frac{5\pi}{8}n$$

又，序列 $x_1(n)$ 的周期 $N_1=16$，基本频率 $\Omega_{01}=\dfrac{\pi}{8}$，则有

$$x_1(n)=2\cos 3\Omega_{01}n+4\sin 5\Omega_{01}n=(\mathrm{e}^{\mathrm{j}3\Omega_{01}n}+\mathrm{e}^{-\mathrm{j}3\Omega_{01}n})-2\mathrm{j}(\mathrm{e}^{\mathrm{j}5\Omega_{01}n}+\mathrm{e}^{-\mathrm{j}5\Omega_{01}n})$$

对应

$$x_1(n)=\sum_{k=-\frac{N}{2}}^{\frac{N}{2}}X(k\Omega_{01})\mathrm{e}^{\mathrm{j}k\Omega_{01}n}$$

可得出它的幅值频谱为 $|X(-3\Omega_{01})|=1$，$|X(3\Omega_{01})|=1$，$|X(-5\Omega_{01})|=2$，$|X(5\Omega_{01})|=2$，其余均为 0，如图 4-13a 所示。

2）对于采样频率 $f_{s2}=8$ 样点/周期，采样周期 $T_{s2}=1/8\mathrm{s}$，有

$$x_2(n)=x(t)\mid_{t=nT_{s2}}=2\cos 6\pi\times\frac{1}{8}n+4\sin 10\pi\times\frac{1}{8}n$$

$$=2\cos\frac{3\pi}{4}n+4\sin\frac{5\pi}{4}n=2\cos\frac{3\pi}{4}n-4\sin\frac{3\pi}{4}n$$

又，$x_2(n)$ 的周期 $N_2=8$，基本频率 $\Omega_{02}=\frac{\pi}{4}$，则有

$$x_2(n)=2\cos 3\Omega_{02}n-4\sin 3\Omega_{02}n=(\mathrm{e}^{\mathrm{j}3\Omega_{02}n}+\mathrm{e}^{-\mathrm{j}3\Omega_{02}n})+2\mathrm{j}(\mathrm{e}^{\mathrm{j}3\Omega_{02}n}-\mathrm{e}^{-\mathrm{j}3\Omega_{02}n})$$

$$=(1+2\mathrm{j})\mathrm{e}^{\mathrm{j}3\Omega_{02}n}+(1-2\mathrm{j})\mathrm{e}^{-\mathrm{j}3\Omega_{02}n}=\sqrt{5}\,\mathrm{e}^{\mathrm{j}\arctan 2}\mathrm{e}^{\mathrm{j}3\Omega_{02}n}+\sqrt{5}\,\mathrm{e}^{-\mathrm{j}\arctan 2}\mathrm{e}^{-\mathrm{j}3\Omega_{02}n}$$

同样对应

$$x_2(n)=\sum_{k=-\frac{N}{2}}^{\frac{N}{2}}X(k\Omega_{02})\mathrm{e}^{\mathrm{j}k\Omega_{02}n}$$

可得出它的幅值频谱为 $|X(-3\Omega_{02})|=\sqrt{5}$，$|X(3\Omega_{02})|=\sqrt{5}$，其余均为 0，如图 4-13b 中的黑点所示。

而由题意给出的连续信号 $x(t)=2\cos(2\pi\times 3)t+4\sin(2\pi\times 5)t$，只有 3 次和 5 次两个频率分量，即其最高频率分量为 $f_m=5$。信号的幅值频谱显然为 $|X(-3\omega_0)|=1$，$|X(3\omega_0)|=1$，$|X(-5\omega_0)|=2$，$|X(5\omega_0)|=2$，其余均为 0，如图 4-13c 所示。

比较图 4-13a 与图 4-13c 可见，在 $f_{s1}=16$ 的情况下

$$X_1(k\Omega_{01})=X(k\omega_0)\qquad -8<k<8$$

比较图 4-13b 与图 4-13c 可见，在 $f_{s2}=8$ 的情况下

$$X_2(k\Omega_{02})\neq X(k\omega_0)\qquad -4<k<4$$

这时，$|X(\pm 5\omega_0)|=0$，$|X(\pm 3\omega_0)|$ 的值不等于 1。

通过以上讨论，可以有以下结论：

1）连续时间周期信号的频谱 $X(k\omega_0)$ 是离散的非周期序列，而离散时间周期信号的频谱 $X(k\Omega_0)$ 是离散的周期序列，它们都具有谐波性。

2）在满足采样定理的条件下（如 $f_{s1}=16>2f_m=10$），从一个连续时间、频带有限的周期信号得到的周期序列，其频谱在 $|\Omega|<\pi$ 或 $|f|<f_s/2$ 范围内等于原始信号的离散频谱。因此可以通过截取任一个周期的样点 $x(n)$，按式(4-22)求出离散周期信号的频谱 $X(k\Omega_0)$，从而准确地得到连续周期信号 $x(n)$ 的频谱 $X(k\omega_0)$。

3）在不满足采样定理的条件下（$f_{s2}=8<2f_m=10$），这时就不能用 $X(k\Omega_0)$ 准确地表示 $X(k\omega_0)$，会产生一些频率的幅值叠加到别的频率上去的情况，把这种现象称为频谱混叠现象。这时，在误差允许的前提下，仍可以用一个周期的 $X(k\Omega_0)$ 近似地表示 $X(k\omega_0)$，但为了减小近似误差，应尽可能地提高采样频率。

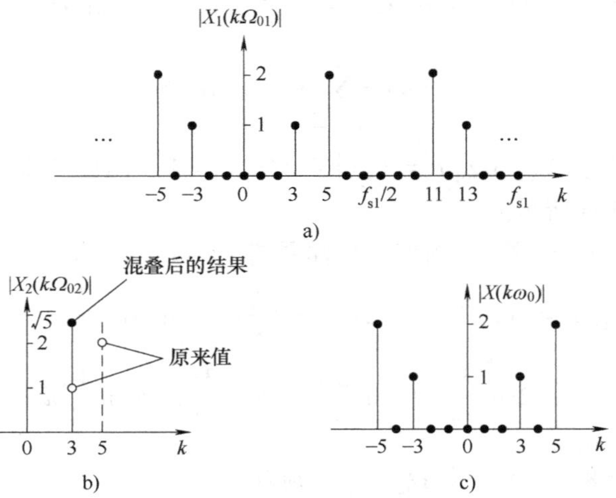

图 4-13　例 4-7 频谱图

a）$f_{s1}=16$ 幅值频谱　b）$f_{s2}=8$ 幅值频谱　c）原始信号频谱

（二）混叠与泄漏

1. 混叠

混叠现象前面已有提及，现进一步做一讨论。设连续正弦型信号为

$$x(t)=A\sin(2\pi f_0t+\varphi_0)$$

以采样周期 T_s 进行均匀采样，则得

$$x(n)=A\sin(2\pi f_0nT_s+\varphi_0)$$

若选取的 T_s 合适，使正弦型序列 $x(n)$ 仍为周期序列，即

$$\begin{aligned}x(n)&=A\sin(2\pi f_0nT_s+\varphi_0)=A\sin(2\pi f_0nT_s+\varphi_0\pm2k\pi)\\&=A\sin\left[2\pi\left(f_0\pm\frac{k}{nT_s}\right)nT_s+\varphi_0\right]=A\sin\left[2\pi\left(f_0\pm\frac{m}{T_s}\right)nT_s+\varphi_0\right]\\&=A\sin[2\pi(f_0\pm mf_s)nT_s+\varphi_0]\end{aligned}$$

式中，$m=\dfrac{k}{n}$，n、m、k 均为整数。可见，以采样周期 T_s 对正弦型连续信号进行均匀采样时，频率为 $f_0\pm mf_s$ 的一些正弦型信号与频率为 f_0 的正弦型信号有完全相同的样点。这在频域就造成频谱混叠现象。可以得出可能混叠到 f_0 上的信号频率为

$$f_A=f_0\pm mf_s\qquad m=\pm1,\ \pm2,\ \cdots\tag{4-24}$$

根据时域采样定理，最低允许的采样频率 $f_s=2f_m$（奈奎斯特频率），即 $f_s/2$ 可视为针对采样频率 f_s 的信号最大允许频率，即信号中存在大于该频率的正弦型信号时，离散化后必将产生频谱混叠现象。

在例 4-7 中，$x(t)$ 包含了 $f_1=3$ 和 $f_2=5$ 的两种正弦型信号，当采样频率 $f_{s1}=16$ 时，它们都没有超过最大允许频率 $f_{s1}/2=8$，所以不会产生频谱混叠现象。当采样频率 $f_{s2}=8$ 时，$f_1=3$ 分量没有超过最大允许频率 $f_{s2}/2=4$，离散化后能保持原来的谱线，但 $f_2=5$ 分量已经超过最大允许频率 4，会产生频谱混叠现象，由式(4-24)，它将混叠到频率为

$$f_0=f_A\pm mf_s=5-8=-3$$

的正弦型信号上，正如例 4-7(2)及图 4-13b 所表示的。

同理，在频域的采样间隔 $\omega_0>\dfrac{\pi}{t_m}$ 的情况下，由于出现信号波形混叠而无法恢复原频谱所对应的信号，因而人们不能从频域样点重建原连续频谱。对于周期信号而言，混叠所造成的影响与上述结论一样，只是这时的频谱是离散的而且具有谐波性。

可见，一个离散时间周期信号 $x(n)$，对应的是一个周期性且只具有有限数字频率分量的离散频谱，因此对那些具有无限频谱分量的连续时间周期信号（如矩形、三角形等脉冲串），必然无法准确地从有限样点求得原始信号的频谱，而只能通过恰当地提高采样频率，增加样点数，来减少混叠对频谱分析所造成的影响。

2. 泄漏

上面已经说明，通过截取一个周期的样点 $x(n)$，可以求出离散周期信号的频谱，进而得到原信号的频谱。但是在事先不知道信号确切周期的情况下，会由于截取波形的时间长度不恰当而使求得的频谱出现误差。如在例 4-6 中，若将周期 $T_0=2\text{s}$ 的正弦型信号 $x(t)=6\cos\pi t$ 截取长度变为 $T_1=2.75\text{s}$，采样周期仍为 $T=0.25\text{s}$，则得样点数为 $N=2.75/0.25=11$，如图 4-14a 所示，将采样后的序列 $x(n)=6\cos(\pi n/4)$ 及 $N=11$ 代入式(4-22)，可以求得其频谱 $X(k\Omega_0)$，如图 4-14b 中黑点所示（图中空心圆圈表示 $x(t)$ 真实的频谱）。从图中可见，这时 $X(k\Omega_0)$ 虽然也是离散和周期的，但频谱的分布与例 4-6 的图 4-12b 有很大不同。具体地说，在一个周期内后者谱线集中在原连续信号谱线 $k=\pm1$ 处，而前者谱线却分散在原连续信号谱线的附近。这种由于截取信号周期不准确而出现的谱线分散现象，称为频谱泄漏或功率泄漏。

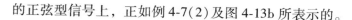

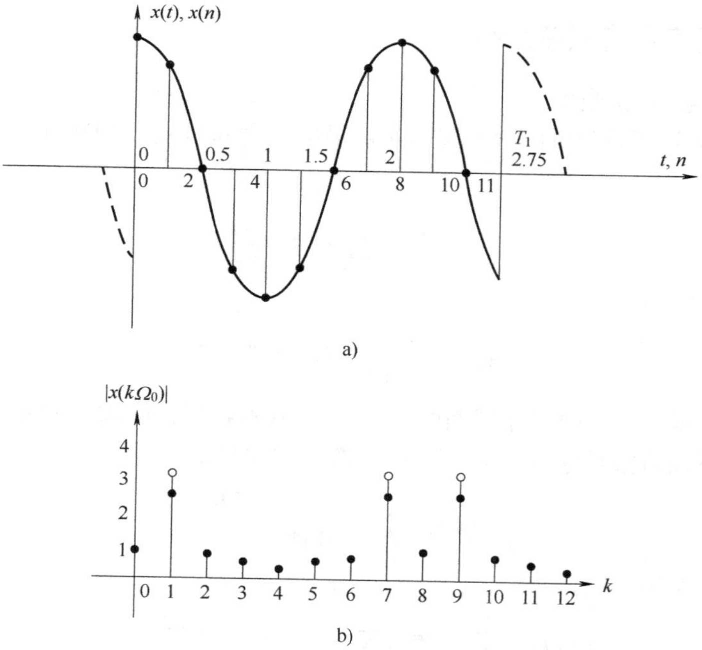

图 4-14　信号截取长度不当造成频谱泄漏

显然，频谱泄漏会给频谱分析带来误差。产生这一现象的原因在于这时实际上把原来周期 $T_0=2$ 的周期正弦型信号改变成为周期 $T_1=2.75$ 的非正弦周期信号了，其结果不仅使信号的基本频率从 $f_0=1/T_0=1/2$ 变为 $f_1=1/T_1=1/2.75$，还导致谐波分量大大增加(由于在 $t=T_1$ 处突然截断而出现跳变，使频谱宽度大为增加)，还会导致频谱混叠现象。

由此可见，泄漏与混叠是两种不同的现象，一般情况下各自产生，有时会同时产生。为了克服泄漏误差的产生，式(4-22)中的 $x(n)$ 必须取自一个基本周期或基本周期的整倍数。如果待分析的信号事先不能精确地知道其周期，则可以截取较长时间长度的样点进行分析，以减小频谱泄漏引起的泄漏误差。当然，尽量在采样频率满足采样定理的条件下进行，否则混叠与泄漏会同时存在，给频谱分析造成更大的困难。对减小频谱泄漏还可以选用合适窗的方法，至于窗函数的功能和选取将在后面章节中讨论。

(三) 离散周期信号的功率密度谱

由离散傅里叶级数，可求得离散周期信号在一个周期内的平均功率为

$$P=\frac{1}{N}\sum_{n=0}^{N-1}|x(n)|^2=\frac{1}{N}\sum_{n=0}^{N-1}x(n)x^*(n)=\frac{1}{N}\sum_{n=0}^{N-1}x(n)\left[\sum_{k=0}^{N-1}X^*(k\Omega_0)\mathrm{e}^{-\mathrm{j}k\Omega_0 n}\right]$$
$$=\sum_{k=0}^{N-1}X^*(k\Omega_0)\left[\frac{1}{N}\sum_{n=0}^{N-1}x(n)\mathrm{e}^{-\mathrm{j}k\Omega_0 n}\right]=\sum_{k=0}^{N-1}X^*(k\Omega_0)X(k\Omega_0)=\sum_{k=0}^{N-1}|X(k\Omega_0)|^2$$

即有

$$\frac{1}{N}\sum_{n=0}^{N-1}|x(n)|^2=\sum_{k=0}^{N-1}|X(k\Omega_0)|^2 \tag{4-25}$$

这是离散傅里叶级数的帕斯瓦尔公式，可知，信号的平均功率是各个频率成分的功率之和。

二、非周期信号的频域分析

(一) 非周期信号的频谱

离散非周期信号频域分析的数学基础是离散时间傅里叶变换(DTFT)，第二章已给出其数学式为

$$X(\Omega)=\sum_{n=-\infty}^{\infty}x(n)\mathrm{e}^{-\mathrm{j}\Omega n} \tag{4-26}$$

和

$$x(n)=\frac{1}{2\pi}\int_0^{2\pi}X(\Omega)\mathrm{e}^{\mathrm{j}\Omega n}\mathrm{d}\Omega \tag{4-27}$$

$X(\Omega)$ 是频谱密度函数，反映了非周期序列 $x(n)$ 的基本特征，简称为 $x(n)$ 的频谱。

例 4-8 求下面有限长序列 $x(n)$ 的频谱(当 $M=2$ 时)。

$$x(n)=\begin{cases}1 & -M\leqslant n\leqslant M\\ 0 & 其他\end{cases}$$

解 根据式(4-26)，有

$$X(\Omega)=\sum_{n=-M}^{M}\mathrm{e}^{-\mathrm{j}\Omega n}=\sum_{L=0}^{2M}\mathrm{e}^{-\mathrm{j}\Omega(L-M)}=\mathrm{e}^{\mathrm{j}\Omega M}\sum_{L=0}^{2M}\mathrm{e}^{-\mathrm{j}\Omega L}$$
$$=\mathrm{e}^{\mathrm{j}\Omega M}\left[\frac{1-\mathrm{e}^{-\mathrm{j}\Omega(2M+1)}}{1-\mathrm{e}^{-\mathrm{j}\Omega}}\right]=\frac{\sin(M+1/2)\Omega}{\sin(\Omega/2)}$$

其幅频与相频分别为

$$|X(\Omega)| = \left|\frac{\sin(M+1/2)\Omega}{\sin(\Omega/2)}\right|$$

$$\varphi(\Omega) = \begin{cases} 0 & X(\Omega)>0 \\ \pm\pi & X(\Omega)<0 \end{cases}$$

当 $M=2$ 时的序列 $x(n)$ 及其频谱如图 4-15 所示。

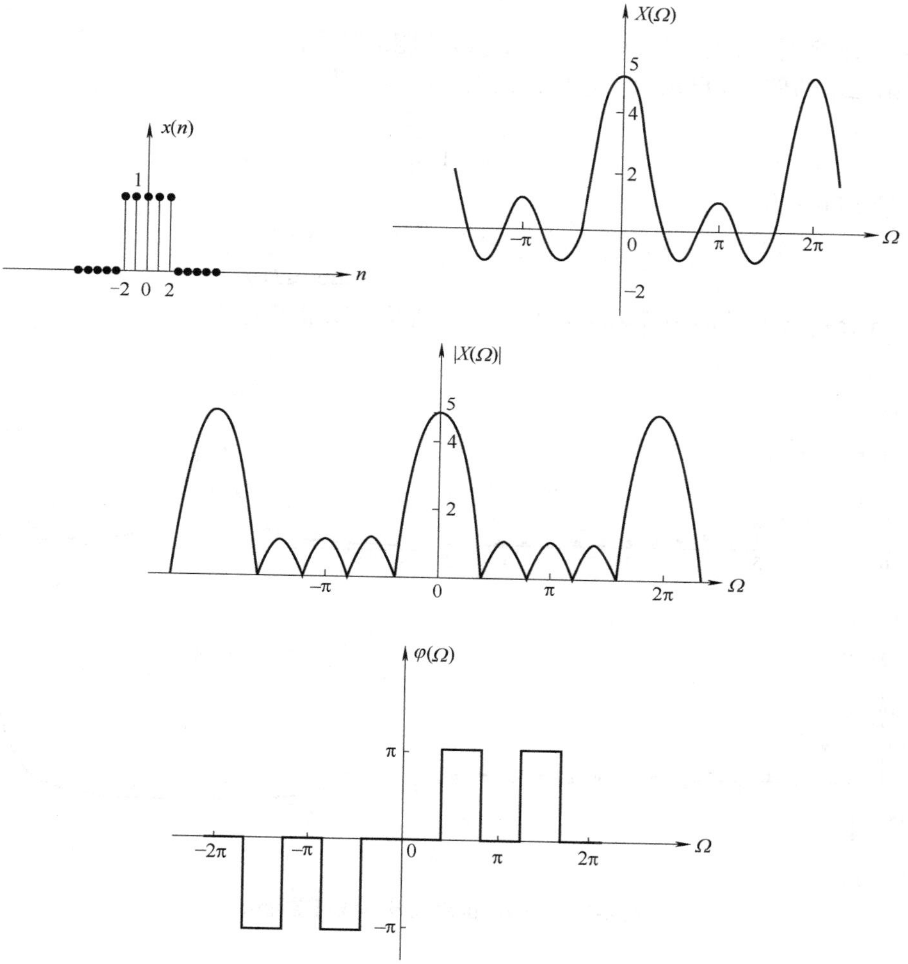

图 4-15　例 4-8 的 $x(n)$ 及其频谱

（二）非周期序列的能量密度谱

由离散时间傅里叶变换，可求得离散非周期信号的能量为

$$\sum_{n=-\infty}^{\infty}|x(n)|^2 = \sum_{n=-\infty}^{\infty}x(n)x^*(n) = \sum_{n=-\infty}^{\infty}x(n)\left[\frac{1}{2\pi}\int_{-\pi}^{\pi}X^*(\Omega)\mathrm{e}^{-\mathrm{j}\Omega n}\mathrm{d}\Omega\right]$$

$$= \frac{1}{2\pi}\int_{-\pi}^{\pi}X^*(\Omega)\left[\sum_{n=-\infty}^{\infty}x(n)\mathrm{e}^{-\mathrm{j}\Omega n}\right]\mathrm{d}\Omega = \frac{1}{2\pi}\int_{-\pi}^{\pi}X^*(\Omega)X(\Omega)\mathrm{d}\Omega$$

$$= \frac{1}{2\pi}\int_{-\pi}^{\pi}|X(\Omega)|^2\mathrm{d}\Omega$$

即有

$$\sum_{n=-\infty}^{\infty} |x(n)|^2 = \frac{1}{2\pi}\int_{-\pi}^{\pi} |X(\Omega)|^2 \mathrm{d}\Omega \tag{4-28}$$

这是离散时间傅里叶变换的帕斯瓦尔公式，是分析非周期序列的能量密度谱的基础，式(4-28)表明，非周期序列 $x(n)$ 的能量可通过它的频谱计算得到，其幅频的二次方 $|X(\Omega)|^2$ 表示了非周期序列 $x(n)$ 的单位频率能量，即能量密度谱。显然，能量密度谱与相位无关。

例 4-9 求序列 $x(n)=a^n u(n)\quad(|a|<1)$ 的能量密度谱。

解 第二章的例 2-9 已求得上述序列的傅里叶变换为

$$X(\Omega)=\frac{1}{1-a\mathrm{e}^{-\mathrm{j}\Omega}}$$

所以，能量密度谱为

$$|X(\Omega)|^2=\left(\frac{1}{1-a\mathrm{e}^{-\mathrm{j}\Omega}}\right)^2=\frac{1}{1-2a\cos\Omega+a^2}$$

图 4-16a、b 分别给出了 $a=0.7$ 和 $a=-0.7$ 的序列及其能量密度谱。

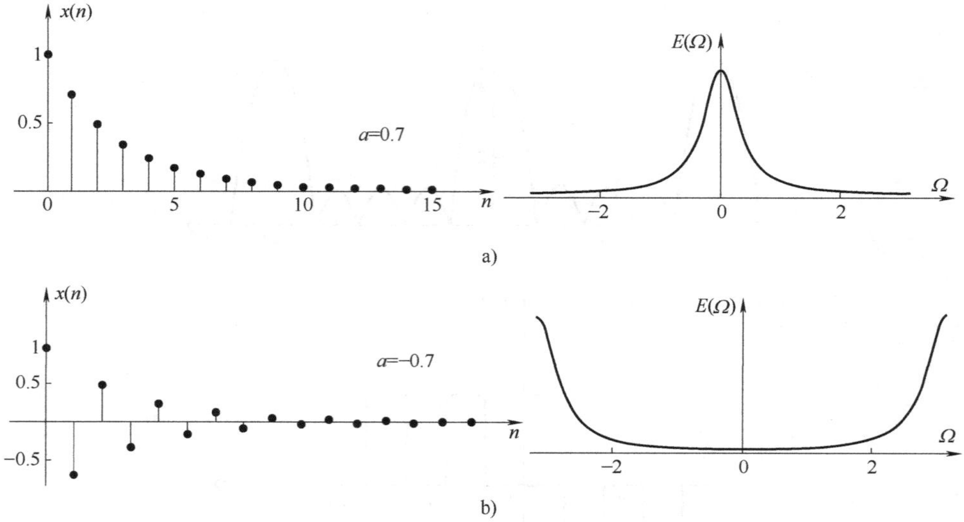

图 4-16 例 4-9 的序列及其能量密度谱

三、4 种信号频谱分析小结

至此我们已经介绍了 4 种不同信号的频谱分析，它们各自对应了 4 种不同的傅里叶变换：连续时间周期信号对应连续傅里叶级数变换对(CFS)，连续非周期信号对应连续傅里叶变换对(CTF)，离散时间周期信号对应离散傅里叶级数变换对(DFS)和离散非周期信号对应离散时间傅里叶变换对(DTFT)。为了能更好地理解这些信号及其对应变换的内涵，也便于大家记忆和应用，现做如下小结。

1）级数变换适用于周期信号，一般傅里叶变换适用于非周期信号。

2）时域的周期性对应了频域的离散性，时域的离散性对应了频域的周期性。

时域周期信号表现出谐波性，可以理解为它是由有限个正弦型信号组合而成的，在频域呈现出相互间隔的频谱；而时域离散信号由一系列冲激信号组成，表现出非常丰富的频率成分，往往可达 0～∞，但离散信号对应的数字频率 Ω 的取值范围为 0～2π，所以形成了以 2π 为周期的周期性。

3）时域的非周期性对应了频域的连续性，时域的连续性对应了频域的非周期性。

非周期性时域信号不具谐波性，它必由一系列频率密集的正弦型信号组成，表现为具有连续的频谱；与时域离散信号在频域具有周期性相反，连续时间信号在频域必定是非周期性的。

可见，离散性和周期性，非周期性和连续性，在时域与频域间表现出很有意思的对称关系，这正是信号及其对应变换的内涵所决定的。

4）周期信号对应的是频谱函数，非周期信号对应的是频谱密度函数。

时域周期信号的谐波性在频域表现为一些间隔的有限值的谱线，体现了一系列正弦型信号的加权组合；而非周期信号对应的真正谱线无限密集、幅度趋于无穷小，通过乘上无穷大的周期值（即除以无穷小的角频率值）来显现其频域特性，所以实际上具有单位角频率所具频谱的物理意义，即频谱密度函数。

由上面讨论，可以得出 4 种不同信号及其对应的频谱，见表 4-1。

表 4-1　不同时域信号及其频谱

时域信号	频谱形式	对应的傅里叶变换对
连续、周期	非周期、离散 频谱函数	连续傅里叶级数（CFS）： $x(t)=\sum_{n=-\infty}^{\infty}X(n\omega_0)e^{jn\omega_0 t}$ $X(n\omega_0)=\frac{1}{T_0}\int_{T_0}x(t)e^{-jn\omega_0 t}dt$ $n=0,\ \pm1,\ \pm2,\ \cdots$
连续、非周期	非周期、连续 频谱密度函数	连续傅里叶变换（CFT）： $x(t)=\frac{1}{2\pi}\int_{-\infty}^{\infty}X(\omega)e^{j\omega t}d\omega$ $X(\omega)=\int_{-\infty}^{\infty}x(t)e^{-j\omega t}dt$
离散、周期	周期、离散 频谱函数	离散傅里叶级数（DFS）： $x(n)=\sum_{k=0}^{N-1}X(k\Omega_0)e^{jk\Omega_0 n}$ $n=0,\ 1,\ 2,\ \cdots,\ N-1$ $X(k\Omega_0)=\frac{1}{N}\sum_{n=0}^{N-1}x(n)e^{-jk\Omega_0 n}$ $k=0,\ 1,\ \cdots,\ N-1$
离散、非周期	周期、连续 频谱密度函数	离散时间傅里叶变换（DTFT）： $x(n)=\frac{1}{2\pi}\int_0^{2\pi}X(\Omega)e^{j\Omega n}d\Omega$ $X(\Omega)=\sum_{n=-\infty}^{\infty}x(n)e^{-j\Omega n}$

四、应用 DFT 和 FFT 的频谱分析

前面已经说明，离散傅里叶变换(DFT)是为了实现计算机运算而导出的一种时域、频域都离散化的变换，而快速傅里叶变换(FFT)是一种 DFT 的高效、快速运算方法，DFT 的应用往往伴随着 FFT 算法的实施，因此，DFT 和 FFT 的应用是相辅相成的。它们虽然只是数学处理方法，没有明确的物理意义，但在数字信号处理的实现中起着重要作用。

FFT 既可以用来处理离散数据序列，也可以实现对连续时间信号分析的逼近。限于本书的篇幅及使用范围，下面仅就 DFT、FFT 典型、普遍的应用问题做一粗浅介绍。

(一) 求线性卷积

第二章的圆周卷积中已经介绍两个有限长序列通过补零值扩展至一定长度后，它们的圆周卷积和线性卷积结果一致，据此我们可以通过求解圆周卷积来求取两个序列的线性卷积。其原理框图如图 4-17 所示。图中，若 $x(n)$ 长度为 N，$h(n)$ 长度为 M，则首先将它们补零值扩展到长 $L=N+M-1$(如按基 2FFT 计算，还必须使 L 为 2 的整数次幂)，然后分别对它们进行 FFT 计算，求得 $X(k)$、$H(k)$，它们的长度也是 L，再将 $X(k)$ 与 $H(k)$ 相乘，最后根据圆周卷积性质式(2-57)，经 FFT 反变换得到 $x(n)\circledast h(n)$，得到的圆周卷积结果就是线性卷积。按图 4-17 求 $y(n)$，要对 $L=N+M-1$ 长的序列做 2 次 FFT，1 次反 FFT，相当于 3 次 FFT 运算量，每次 FFT 要做 $\frac{1}{2}L\log_2 L$ 次复数乘法，另外还要加上 $X(k)$ 和 $H(k)$ 相乘时做的 L 次复数乘法，一共需做 $\left(3\times\frac{1}{2}L\log_2 L+L\right)$ 次复数乘法，即做 $(6L\log_2 L+4L)$ 次实数乘法(一次复数乘法对应四次实数乘法)。如直接对 N 长序列 $x(n)$ 和 M 长序列 $h(n)$ 求线性卷积，需做 $(M\times N)$ 次实数乘法。表 4-2 列出了两种方法求卷积时所需的实数乘法次数，以供比较。由表 4-2 可见，序列长度较长时，利用 FFT 求卷积的计算量具有明显优势。实际上，在某些场合(例如求离散系统对输入序列的响应)，利用 FFT 求卷积还会省去不少计算量。

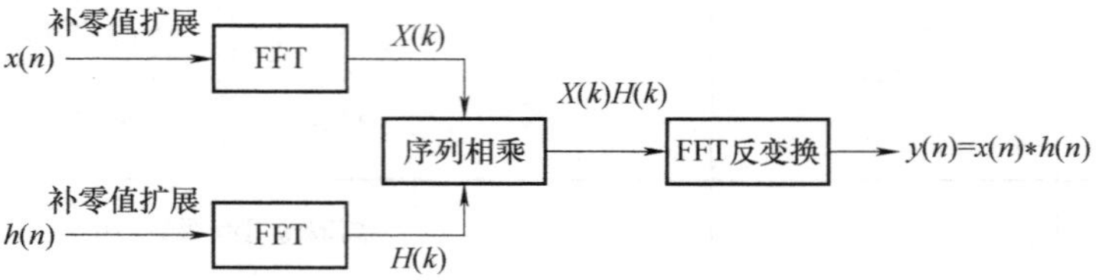

图 4-17　用 FFT 计算线性卷积原理框图

表 4-2　利用 FFT 求卷积与直接卷积实数乘法次数比较

数据长($N=M$)	8	64	128	256	512	1024
直接卷积	64	4096	16384	65536	262144	1048576
FFT 求卷积	448	5888	13312	29696	65536	143360

当两个序列的长度相差太多(如 $M\gg N$)时，用上述方法显然不妥，一方面会使补零值甚多，降低计算效率，增加太多存储空间；另一方面在进行卷积计算之前必须得到整个长序列，这对于许多场合(如语音信号、雷达信号处理)不实用。此时可采用分段卷积的方法，

把长序列分成若干小段，每小段与短序列做卷积运算，再把各部分结果进行整合，但这里整合不是简单的相加，而是要考虑各部分之间的关系，不同的卷积计算要用不同的方法整合。读者要计算长序列卷积时可参阅有关书籍。

（二）求线性相关

两个序列的相关运算可用来分析它们的相似或相依性，实际应用中常用来确定隐藏在可加噪声中雷达信号、声呐信号的时延。根据表 2-6 中的圆周相关性质，可以与求线性卷积类似地利用 FFT 求出两序列的线性相关，其原理框图如图 4-18 所示。

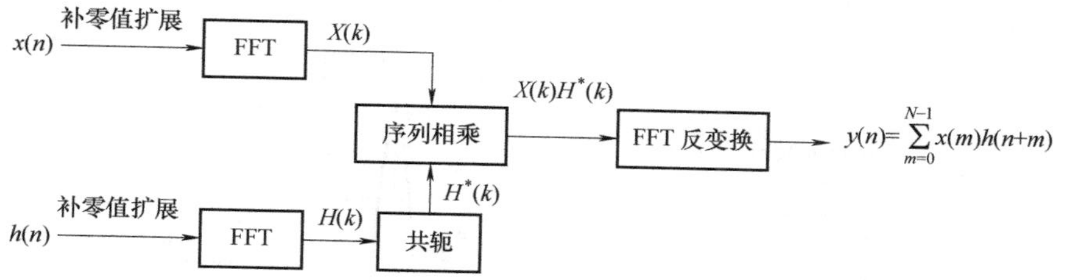

图 4-18 用 FFT 计算线性相关原理框图

若 $h(n)=x(n)$，求得的 $y(n)$ 就是自相关，由于自相关与能谱或功率谱关系密切，所以上述方法也是计算信号能谱或功率谱的重要途径。

（三）对连续时间信号进行频谱分析

FFT 可以直接处离散数据序列，但为了借助 FFT 在计算机上处理连续时间信号，首先必须进行采样、截断等前期处理，处理不当会使结果产生较大误差，甚至得出错误结论。因此在利用 FFT 对连续时间信号进行分析、处理时，要特别关注如何减少采样、截断等前期处理带来的误差。下面分别就几种典型的信号类型，讨论由 DFT 带来的误差以及减少误差的办法。

1. 时限连续信号

它与 DFT 所分析的信号在时域上是对应的，但由于一般时限信号具有无限带宽，根据时域采样定理，无论怎样减小采样间隔 T_s 都不可避免产生频谱混叠。而且过度减小采样间隔，会极大地增加 DFT 计算工作量和计算机存储单元，实际应用中并不可取。解决的方法：一方面是利用抗混叠滤波器去除连续信号中次要的高频成分，再进行采样；另一方面是在选取 T_s 时充分考虑混叠误差的允许范围。

2. 带限连续信号

带限信号的采样频率选取比较容易，但一般带限信号的时宽是无限的，不符合 DFT 在时域对信号的要求，为此要进行加窗截断。连续时间信号加窗截断时一定会造成频谱泄漏，一个典型的例子，单位直流信号加单位矩形窗截断后的信号频谱如图 4-19 所示。很显然，时宽无限的信号由于截断会造成谱峰下降、频带扩展的频谱泄漏。为减小频谱泄漏，一种办法是加大窗宽 τ，以此可以减少谱峰下降和频带扩展的影响，但使信号时宽加大，经采样后增大序列长度，增加 DFT 的计算量及计算机存储单元。另一种办法是根据原信号形式选取形状合适的窗函数，分析表明，矩形窗在时域的突变会导致频域中高频成分衰减慢，造成的频谱泄漏最严重，而三角形窗、升余弦窗[海宁窗(Hanning 窗)]、改进的升余弦窗[海明窗(Hamming 窗)]等在频域有较低的旁瓣，使频谱泄漏现象减弱。

在考虑了频谱泄漏的影响后，还要调整采样频率，否则会引起由于频带扩展导致的混叠。

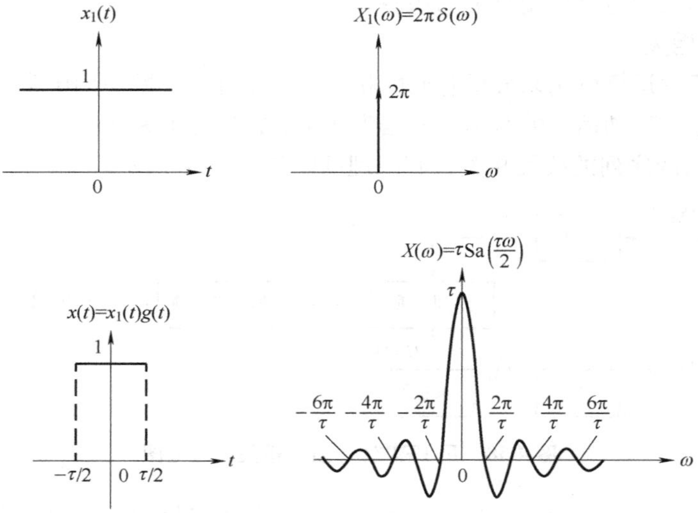

图 4-19　单位直流信号加窗截断后产生的频谱泄漏

3. 连续周期信号

如果周期信号是带限信号，则合理选取采样频率可以避免混叠，但对于频带无限的周期信号，与时限信号一样不可避免产生混叠，要设法把混叠产生的误差限制在允许的范围之内。

连续周期信号是非时限信号，做 DFT 处理时也要加窗截断。从图 4-12 和图 4-14 中可知，当截断长度正好是信号周期时，不会产生频谱泄漏，但当截断长度不是信号周期时，则会产生频谱泄漏现象。例 4-6 是从离散傅里叶级数(DFS)的角度讨论的，实际上离散傅里叶变换(DFT)和 DFS 虽然含义不同，但数学式上只差一个周期点数 N 的因子，所以从结果的形式上是一致的。可见合理地选取截断长度(整周期截断)，能避免 DFT 的频谱泄漏。

由于 DFT 离散化了原连续频谱，因此进行信号分析时，在频域就像通过一个“栅栏”观看一个景象一样，只能在离散点处看到真实景象，这种现象称为栅栏效应。栅栏效应有可能使信号频谱中的一些有用成分漏掉，从而影响信号分析处理结果。减少栅栏效应最基本的方法是提高频域的采样点数 N，这是因为 DFT 实际上是通过对 DTFT 的主周期[$-\pi$, π]内按采样间隔 $\Omega_0=\dfrac{2\pi}{N}$采样得到，增加 N 值就使离散频谱的间隔 Ω_0 减少，使谱线更密集，得到更多的频谱分量信息。根据 $L=N$，在不改变时域数据长度 L 的情况下，增加 N 就必须在时域数据补零值。

连续时间信号离散化后，在频域还会出现幅值的变动，即离散化后信号的频谱幅值为原连续信号频谱幅值除以采样周期值 T_s。因此用 DFT 求出频谱后，乘上一个采样周期值 T_s 才是连续信号的频谱近似值。实际应用中，往往只关心正、反傅里叶变换的相对值结果，所以大都不大强调该因子。

在用 DFT 求连续信号的频谱时，还有一个概念值得注意，就是频率分辨力。它是指 DFT 中谱线间的最小间隔，单位是 Hz(或 rad)，它等于信号的基波频率 f_0(或 Ω_0)，f_0 越小，则频率分辨力越高。对于长度为 N 的数据序列，频率分辨力为 f_s/N，其中 f_s 为采样频率。

例 4-10　用 FFT 分析一最高频率 $f_m=1.25\text{kHz}$ 的连续时间信号，要求频率分辨力为 $f_0\leqslant 5\text{Hz}$。试确定：1）最小的信号采样记录长度(持续时间)；2）最大采样间隔；3）最少采样记录点数。

解　1）由 DFT 和分辨力 f_0 的概念，最小的采样记录长度 T_0 为

$$T_0=\frac{1}{f_0}\geqslant\frac{1}{5}\text{s}=0.2\text{s}$$

2）由时域采样定理，最大采样间隔

$$T_s\leqslant\frac{1}{2f_m}=\frac{1}{2\times1.25\times10^3}\text{s}=0.4\times10^{-3}\text{s}$$

3）最少采样记录点数为

$$N=\frac{f_s}{f_0}=\frac{T_0}{T_s}\geqslant\frac{0.2}{0.4\times10^{-3}}=500$$

为方便基 2FFT 计算，取 N 为 2 的整数次幂，即取

$$N=512=2^9$$

例 4-11　利用 DFT 求图 4-20a 所示三角脉冲的频谱，假设信号的最高频率为 $f_m=25\text{kHz}$，要求频率分辨力 $f_0=100\text{Hz}$。

解　由 f_m 得出对最大采样周期 T_s 的要求

$$T_s\leqslant\frac{1}{2f_m}=\frac{1}{2\times25\times10^3}\text{s}=0.02\text{ms}$$

由频率分辨力决定数据记录长度为

$$T_0=\frac{1}{f_0}=\frac{1}{100}\text{s}=10\text{ms}$$

最少采样点数为

$$N=\frac{T_0}{T_s}\geqslant\frac{10}{0.02}=500$$

取 $N=512=2^9$，便于基 2FFT 运算，由于 N 修正了，T_s 也应修正为

$$T_s=\frac{T_0}{N}=\frac{10\times10^{-3}}{512}\text{s}=19.53125\mu\text{s}$$

$x(t)$采样后经过周期延拓，然后取主值区间序列 $x(n)$(n：0~511)如图 4-20b 所示。经 FFT 运算后得到如图 4-20c 所示的频谱，当然它是对 $X(kf_0)$的幅值乘上 T_s 因子，然后画出包络线。它与直接通过连续信号傅里叶变换求得的结果是一致的，误差在 10^{-8}数量级。

由离散傅里叶变换(DFT)也可以得出离散序列能量为

$$\begin{aligned}\sum_{n=0}^{N-1}|x(n)|^2&=\sum_{n=0}^{N-1}x(n)x^*(n)=\sum_{n=0}^{N-1}x(n)\left[\frac{1}{N}\sum_{k=0}^{N-1}X^*(k)\text{e}^{-\text{j}k\frac{2\pi}{N}n}\right]\\&=\frac{1}{N}\sum_{k=0}^{N-1}X^*(k)\left[\sum_{n=0}^{N-1}x(n)\text{e}^{-\text{j}k\frac{2\pi}{N}n}\right]=\frac{1}{N}\sum_{k=0}^{N-1}X^*(k)X(k)=\frac{1}{N}\sum_{k=0}^{N-1}|X(k)|^2\end{aligned}$$

即有

$$\sum_{n=0}^{N-1} |x(n)|^2 = \frac{1}{N}\sum_{k=0}^{N-1} |X(k)|^2 \tag{4-29}$$

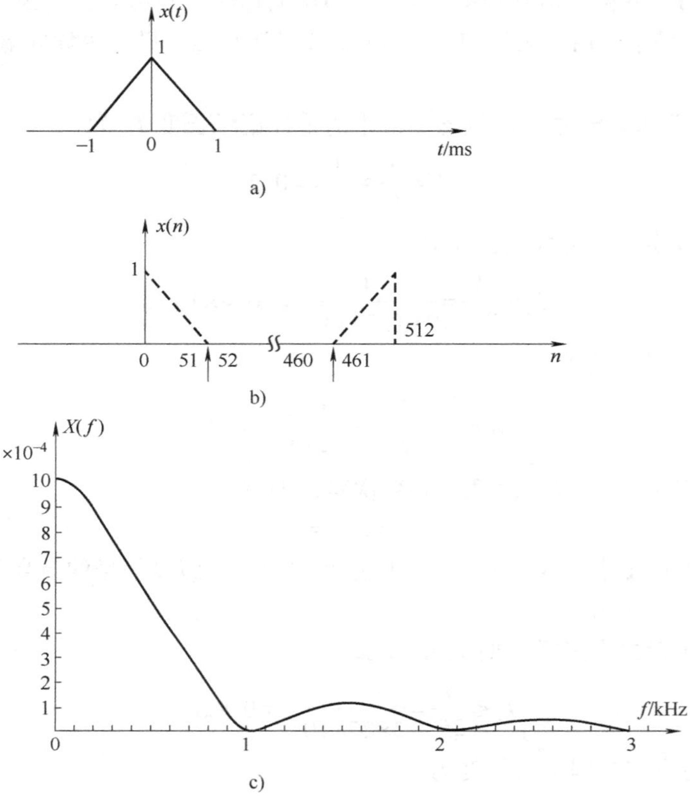

图 4-20 例 4-11 的三角形脉冲及其用 DFT 求得的频谱

这是离散傅里叶变换的帕斯瓦尔公式，是应用计算机进行离散序列能谱分析的基础。

第三节 应用 MATLAB 的信号频域分析

在 MATLAB 中，可以通过离散序列卷积函数 conv( ) 计算两个离散序列的卷积，其调用方式为

$$\mathbf{y}=\mathrm{conv}(\mathbf{x},\mathbf{h})$$

其中 **x** 和 **h** 分别是有限长度序列向量，**y** 是 **x** 和 **h** 的卷积结果序列向量。

函数 conv( ) 的返回值 **y** 中只有卷积的结果，没有取值范围。由离散序列卷积的性质可知，当序列向量 **x** 和 **h** 的起始点都为 0 时，**y** 序列的长度为 length(x)+length(h)−1。

例 4-12 求序列信号：$\{x(k)\}=\{1 \quad 2 \quad 3 \quad 4 \quad 7\}$，$\{h(k)\}=\{1 \quad 2 \quad 3 \quad 3 \quad 5\}$ 的卷积。

解 根据题意，$x(k)$ 序列有 5 个元素，$h(k)$ 序列有 5 个元素，因此卷积结果的序列长度为 5+5−1=9，其 MATLAB 参考运行程序如下：

```
close all;clear;clc;
N=5;                          %x 序列长度
M=5;                          %h 序列长度
L=N+M-1;                      %计算卷积序列长度
x=[1,2,3,4,5];                %x 序列值
h=[1,2,1,3,4];                %h 序列值
y=conv(x,h);                  %y 求出卷积序列值
n=0:(L-1)                     %画图横坐标
stem(n,y)                     %画出卷积序列
grid on                       %打开网格
```


运行结果如图 4-21 所示。

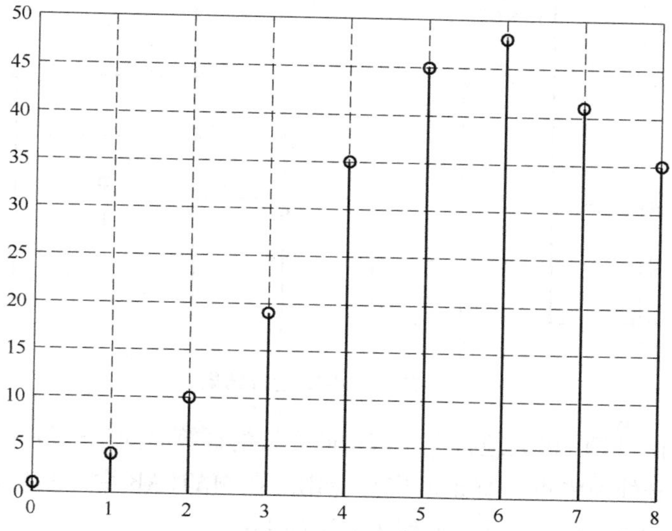

图 4-21　例 4-12 运行结果

例 4-13　已知一个信号$\{x(n)\}=\{0, 1, 2, 3, 4, 5, 6\}$，$N=7$，求该信号的离散傅里叶变换。

解　根据题意，其 MATLAB 参考运行程序如下：

```
clear all;close all;clc;                  %初始化工作环境
xn=[0,1,2,3,4,5,6];                       %生成离线信号 x(n)
N=7;                                      %生成采样点数为 N
n=[0:1:N-1];                              %生成 DFT 结果的下标 n 向量
WN=exp(-j*2*pi/N);                        %计算数值
for k=0: N-1                              %设置外循环
Xk(k+1)=0;                                %设置傅里叶变换初值为 0,MATLAB 数组下标从 1 开始
  for n=0:N-1                             %设置内循环
    nk=k*n;                               %计算 nk 的乘积
    Xk(k+1)=Xk(k+1)+xn(n+1)*WN^nk;        %计算累加和
  end
end
```

（续）

```
stem(abs(Xk))                    %画出幅频特性
axis([0 7 0 16])                 %设置坐标轴范围
grid on                          %显示网格
```

运行结果如图 4-22 所示。

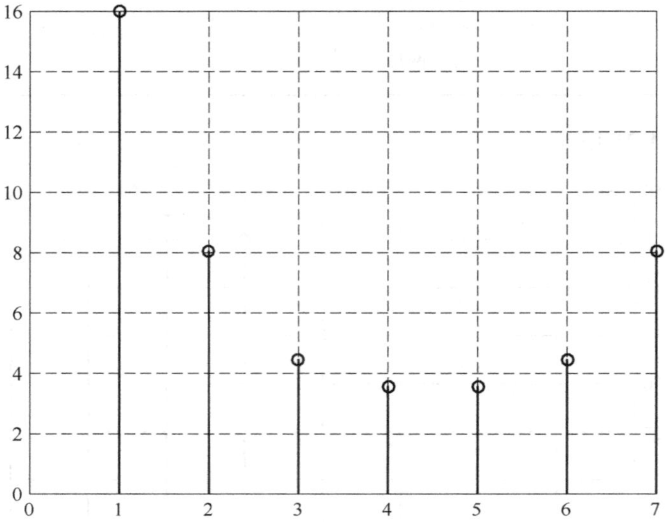

图 4-22　例 4-13 运行结果

快速傅里叶变换（FFT）极大地减少了傅里叶变换的计算时间和运算压力，使得离散傅里叶变换（DFT）在信号处理中得到真正的广泛应用。在 MATLAB 中，实现信号快速傅里叶变换的函数有 fft( ) 函数和 ifft( )，其主要使用方法如下：

（1）**Y**=fft(**X**)　将输入量 **X** 实现快速傅里叶变换计算，返回离散傅里叶变换结果，**X** 可以是向量、矩阵。

（2）**Y**=fft(**X**,n)　将输入量 **X** 实现快速傅里叶变换计算，返回离散傅里叶变换结果，**X** 可以是向量、矩阵和多维数组，n 为输入量 **X** 的每个向量取值点数，如果 **X** 的对应向量长度小于 n，则会自动补零；如果 **X** 的长度大于 n，则会自动截断。当 n 取 2 的整数幂时，傅里叶变换的计算速度最快。通常 n 取大于又最靠近 **X** 长度的幂次。

（3）**Y**=ifft(**X**)　实现对输入量 **X** 的快速傅里叶反变换，返回离散傅里叶反变换结果，**X** 可以为向量、矩阵。

（4）**Y**=ifft(**X**,n)　实现对输入量 **X** 的快速傅里叶反变换，返回离散傅里叶反变换结果，**X** 可以为向量、矩阵，n 为输入量 **X** 的每个向量序列长度。

例 4-14　对连续的单一频率周期信号 $x(t)=\sin(3\pi f_a t)$ 按采样频率 $f_s=16f_a$ 进行采样，截取长度 N 分别选 $N=20$ 和 $N=16$，观察其幅值谱。

解　根据题意，可以得到 $x(n)=\sin(3\pi n f_a/f_s)=\sin(3\pi n/16)$，应用 fft( ) 函数，可以求得连续信号的离散频谱，其 MATLAB 参考运行程序如下：

```
close all;clear;clc;
k=16;                          %采样频率为 16
n1=[0:1:19];                   %fft 采样点坐标,共 20 点
xa1=sin(2*pi*n1/k);            %得出离散序列 x(n)
figure(1)                      %打开画图 1
subplot(1,2,1)                 %选择作图区域 1
stem(n1,xa1)                   %画出 x(n)
xlabel('t/T'),ylabel('x(n)')   %设置坐标轴显示文本
title('20 个采样点信号')        %设置标题
xk1=fft(xa1);xk1=abs(xk1);     %进行快速傅里叶变换,并且取得幅值
subplot(1,2,2)                 %选择作图区域 2
stem(n1,xk1)                   %画出傅里叶变换幅值
xlabel('k'),ylabel('X(k)')     %设置坐标轴显示文本
title('20 个点采样的傅里叶幅值') %设置标题
n2=[0:1:15];                   %fft 采样点坐标,共 16 点
xa2=sin(2*pi*n2/k);            %得出离散序列 x(n)
figure(2)                      %打开画图 2
subplot(1,2,1)                 %选择作图区域 3
stem(n2,xa2)                   %画出 x(n)
xlabel('t/T'),ylabel('x(n)')   %设置坐标轴显示文本
title('16 个采样点信号')        %设置标题
xk2=fft(xa2);xk2=abs(xk2);     %进行快速傅里叶变换,并且取得幅值
subplot(1,2,2)                 %选择作图区域 4
stem(n2,xk2)                   %画出采样数据
xlabel('k'),ylabel('X(k)')     %设置坐标轴显示文本
title('16 个点采样的傅里叶幅值') %设置标题
```

运行结果如图 4-23 所示。其中图 4-23a 为截取长度 $N=20$，图 4-23b 为截取长度 $N=16$。

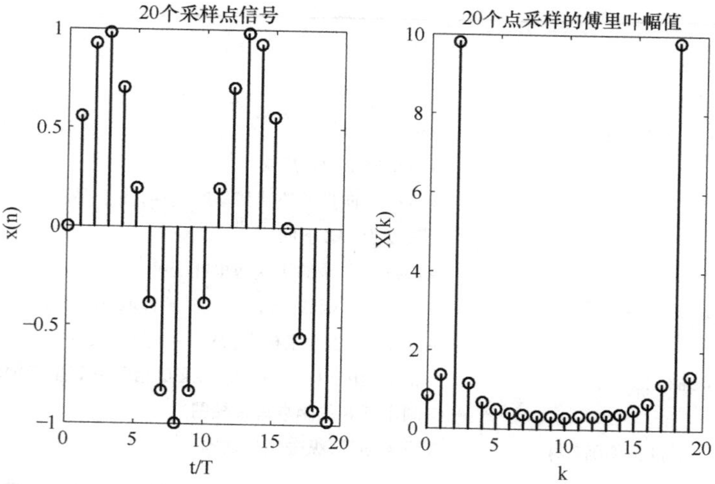

a)

图 4-23 例 4-14 运行结果

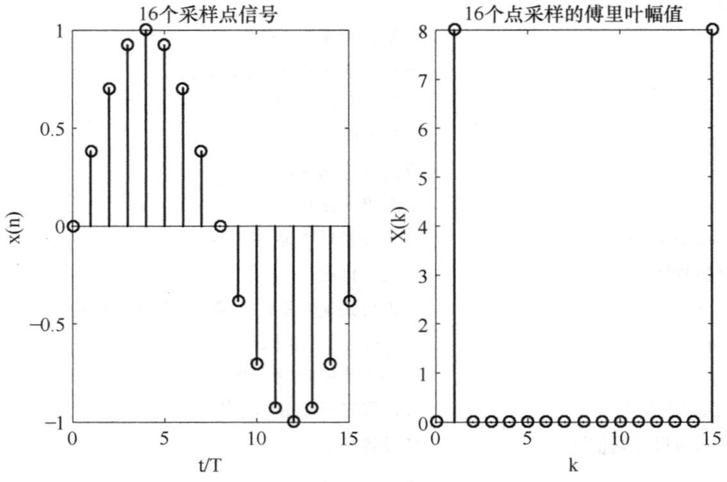

b)

图 4-23　例 4-14 运行结果(续)

例 4-15　应用快速傅里叶变换(FFT)计算两个序列

$$x(n)=\{1\quad 3\quad -1\quad 1\quad 2\quad 3\quad 3\quad 1\quad 4\quad 1\}$$

$$y(n)=\{2\quad 1\quad -1\quad 1\quad 2\quad 0\quad -1\quad 3\quad 2\quad 1\}$$

的互相关函数 $r_{xy}(m)$。

解　求两个序列的互相关函数可以利用傅里叶变换中的卷积定理进行，即 rm = ifft(fft(x)×fft*(y))，式中 fft*(y)表示对信号 y 进行傅里叶变换后取共轭。因此，求序列 x 和 y 的互相关函数时，首先对 x 和 y 分别进行傅里叶变换得 xk 和 yk，再将 xk 与 yk 的共轭相乘，最后求出乘积的傅里叶反变换，即为互相关函数。如果序列 x 和 y 为同一序列时，即得该序列的自相关函数。例 4-15 的 MATLAB 参考运行程序如下：

```
close all;clear;clc;
x=[1 3 -1  1 2 3  3 1 4 1];          %输入 x 向量
y=[2 1 -1  1 2 0 -1  3 2 1];         %输入 y 向量
k=length(x);                         %取得向量的长度 k
xk=fft(x,2*k);                       %进行 x 向量的快速傅里叶变换,由于要进行卷积运算,因此取信号
                                     %长度为 2k,下同
yk=fft(y,2*k);                       %进行 y 向量的快速傅里叶变换
rm=ifft(conj(xk).*yk);               %求得相关函数 rm,conj()函数取 xk 信号的共轭
m=(-k+1):(k-1);                      %获得 rm 信号坐标点,从-k+1 到 k-1
rm=[rm(k+2:2*k) rm(1:k)];            %将 rm 中下标为(k+2)~2k 的信号移到坐标轴原点左侧
stem(m,rm)                           %画出互相关函数火柴梗图
xlabel('m'),ylabel('自相关函数')      %设置横轴、纵轴坐标文本
```

运行结果如图 4-24 所示。

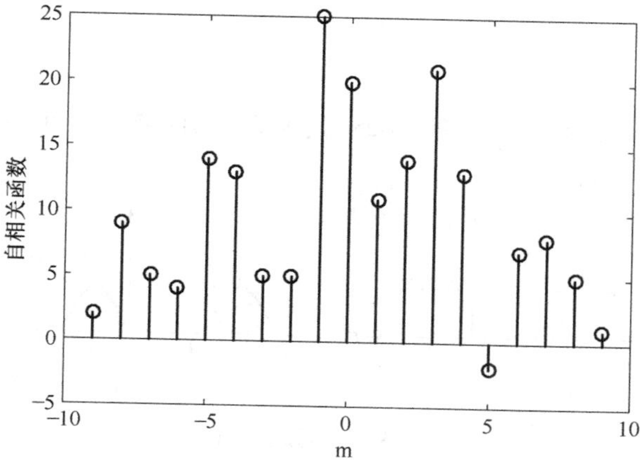

图 4-24　例 4-15 运行结果

本章要点

1. 信号频域分析的数学基础是傅里叶变换，通过傅里叶变换，将作为时间函数的信号表示为频率的函数，它有明确的物理意义，即表示了该信号由哪些正弦型信号组成，包括这些正弦型信号的频率、相位以及权重。信号的这一特性称为信号的频率特性(频谱)，或者谐波特性。信号频率特性的幅值随频率的分布称为幅值频谱，简称幅频；相位随频率的分布称为相位频谱，简称相频。

2. 4 种常用的傅里叶变换对：连续时间周期信号对应连续傅里叶级数变换对(CFS)，连续非周期信号对应连续傅里叶变换对(CTF)，离散时间周期信号对应离散傅里叶级数变换对(DFS)和离散非周期信号对应离散时间傅里叶变换对(DTFT)。通过 $\delta(t)$ 冲激函数的引入，可以将针对周期信号的傅里叶级数与傅里叶变换统一起来。

3. 信号时域的特点对应了其频谱的频域特点，这些特点形成一定的对偶关系，主要有：

1）时域的周期性对应了频域的离散性，时域的离散性对应了频域的周期性。

2）时域的非周期性对应了频域的连续性，时域的连续性对应了频域的非周期性。

4. 周期信号对应的是频谱函数，非周期信号对应的是频谱密度函数。

5. 各种信号对应的傅里叶变换都具有帕斯瓦尔定理，它们是讨论各种信号能量(平均功率)关系的基础，表明一个信号的能量(平均功率)也可以在频域得到计算。

6. 离散傅里叶变换(DFT)以及快速傅里叶变换(FFT)是应用计算机进行信号频域分析的工具，没有明确的物理意义。前者的原理实质上是将频域连续的 DTFT 离散化，后者则充分利用指数因子的对称性质和周期性质，实行对 DFT 快速、高效的计算。FFT 针对不同情况有许多不同的成熟算法，用来在计算机上解决各种数字信号处理问题。

习　题

1. 用直接计算傅里叶系数的方法，求出图 4-25 所示周期信号的频谱(三角形式或指数形式)。

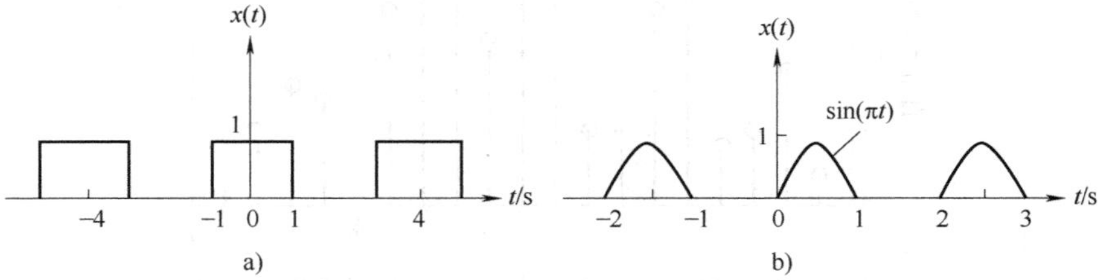

图 4-25　习题 1 图

2. 求下列信号的频谱。

1) $x(t)=e^{-jt}\delta(t-2)$

2) $x(t)=e^{-3(t-1)}\delta'(t-1)$

3) $x(t)=\mathrm{sgn}(t^2-9)$

4) $x(t)=e^{-2t}u(t+1)$

5) $x(t)=u\left(\dfrac{t}{2}-1\right)$

3. 已知周期信号的频谱 $X(n\omega_0)$，求下列各频谱函数相对应的时域表达式 $x(t)$。

1) $X(n\omega_0)=\dfrac{2}{j}[\delta(n\omega_0-2\omega_0)-\delta(n\omega_0+2\omega_0)]+3[\delta(n\omega_0-3\omega_0)+\delta(n\omega_0+3\omega_0)]$。

2) $X(n\omega_0)=\left(\dfrac{1}{2}\right)^{[n]}e^{\frac{jn\omega_0}{20}}$，已知 $\omega_0=\pi$。

4. 已知周期为 T_0 的周期函数 $x(t)$ 的频谱函数为 $X(n\omega_0)$，试证明：

1) $x(-t)$ 的频谱函数为 $X(-n\omega_0)=X^*(n\omega_0)$，并说明其物理意义。

2) $x(at)$（a 为正实数）可表示为

$$x(at)=\sum_{n=-\infty}^{\infty}X(n\omega_1)e^{jn\omega_1 t}\ ,\ \omega_1=a\omega_0$$

并作图说明信号在时域的展缩不改变频域各谐波的频谱。

5. 试用时域积分性质，求图 4-26 所示信号的频谱。

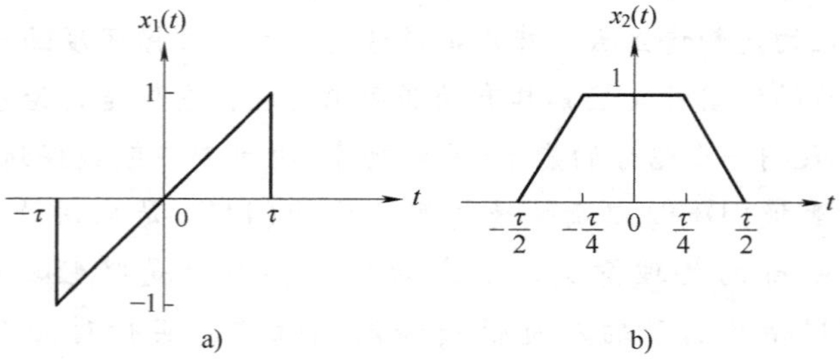

图 4-26　习题 5 图

6. 利用傅里叶变换的性质，求下列信号的频谱密度函数。式中，a，b 均为常数。

1) $x(at-b)$　　　　2) $x(at-b)u(t)$

3）$x(at-b)u(at-b)$

4）$x(t)=\dfrac{1}{t^2+1}$

5）$x(t)=\dfrac{\cos\omega_0 t}{t}$

6）$x(t)=\dfrac{\sin 2\pi(t-2)}{\pi(t-2)}$

7）$x(t)=\dfrac{2a}{a^2+t^2}$

8）$x(t)=\mathrm{sgn}(t-1)$

9）$x(t)=\dfrac{\mathrm{d}}{\mathrm{d}t}[\mathrm{e}^{-at}u(t)]$

10）$x(t)=\dfrac{\mathrm{d}}{\mathrm{d}t}[2t\mathrm{e}^{-2t}u(t)]$

7. 利用对偶性质求下列函数的傅里叶变换：

1）$x(t)=\dfrac{\sin[2\pi(t-2)]}{\pi(t-2)}$，$-\infty<t<\infty$

2）$x(t)=\dfrac{2a}{a^2+t^2}$，$-\infty<t<\infty$

3）$x(t)=\left[\dfrac{\sin(2\pi t)}{2\pi t}\right]^2$，$-\infty<t<\infty$

8. 若已知 $x(t)$ 的傅里叶变换 $X(\omega)$，试求下列函数的频谱：

1）$tx(2t)$

2）$(t-2)x(t)$

3）$t\dfrac{\mathrm{d}x(t)}{\mathrm{d}t}$

4）$x(1-t)$

5）$(1-t)x(1-t)$

6）$x(2t-5)$

7）$\int_{-\infty}^{1-0.5t}x(\tau)\mathrm{d}\tau$

8）$\mathrm{e}^{\mathrm{j}t}x(3-2t)$

9）$\dfrac{\mathrm{d}x(t)}{\mathrm{d}t}*\dfrac{1}{\pi t}$

9. 试求图 4-27 所示周期信号的频谱函数，图 4-27b 中冲激函数的强度均为 1。

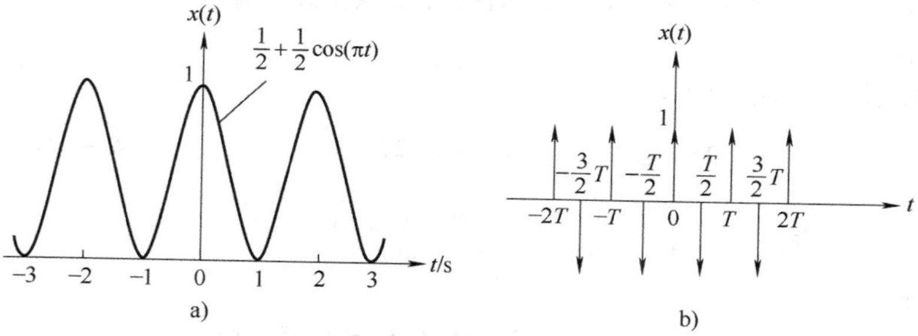

图 4-27　习题 9 图

10. 考虑信号

$$x(t)=\begin{cases}0, & t<-\dfrac{1}{2}\\ t+\dfrac{1}{2} & -\dfrac{1}{2}\leqslant t\leqslant\dfrac{1}{2}\\ 1 & t>\dfrac{1}{2}\end{cases}$$

1）利用傅里叶变换的积分性质，求 $X(\omega)$；

2）求 $g(t)=x(t)-\dfrac{1}{2}$ 的频谱。

11. 已知三角脉冲如图 4-28 所示，试求：

1）三角脉冲的频谱；

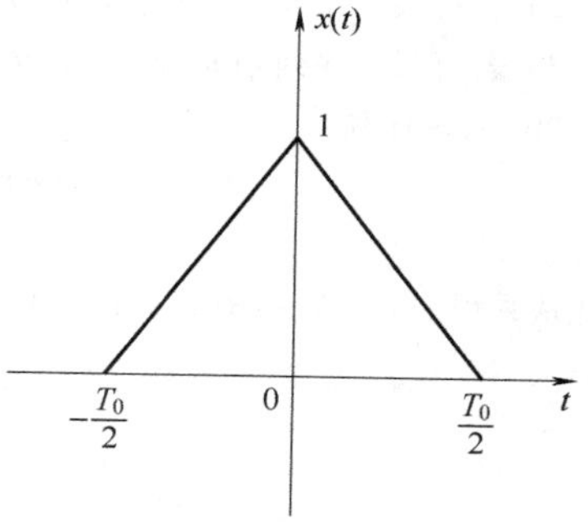

图 4-28　习题 11 图

2）画出对 $x(t)$ 以等间隔 $T_0/8$ 进行理想采样所构成的采样信号 $x_s(t)$ 的频谱 $X_s(\omega)$；

3）将 $x(t)$ 以周期 T_0 重复，构成周期信号 $x_p(t)$，画出对 $x_p(t)$ 以 $T_0/8$ 进行理想采样所构成的采样信号 $x_{ps}(t)$ 的频谱 $X_{ps}(\omega)$；

4）已知 $x(t)$ 的频谱函数 $X(\omega)$，对 $X(\omega)$ 进行频率采样，若想不失真地恢复信号 $x(t)$，需满足哪些条件？

12. 已知信号 $x(t)=2\cos(10^4\pi t)\sin^2(2\times10^4\pi t)$。

1）求信号的平均功率；

2）若 $x(t)$ 经传输，在接收端滤除了直流和 12kHz 以上高频成分后，求接收功率与传输功率之比。

13. 对正弦信号 $x_{a1}(t)=\cos2\pi t$，$x_{a2}(t)=-\cos6\pi t$，$x_{a3}(t)=\cos10\pi t$ 进行理想采样，采样频率为 $\Omega_s=8\pi$，求其采样输出序列并比较其结果。画出 $x_{a1}(t)$、$x_{a2}(t)$、$x_{a3}(t)$ 的波形及采样点位置，解释频谱混叠现象。

14. 已知周期信号 $x(t)$，周期 $T_0=2\text{s}$，$|X(k\omega_0)|=0\quad(k>20)$，试确定参数 f_m、f_s、T 及 N，使应用 DFT 计算 $X(k\omega_0)$ 时不存在混叠和泄漏误差。

15. 一个周期信号在一周期内按 $T=1\text{s}$ 进行均匀采样，其采样值为

$$x(0)=0.0,\ x(1)=0.5,\ x(2)=1.0,\ x(3)=0.5$$

试求 $X(k\Omega_0)$，并证明 $X(-k\Omega_0)=X^*(k\Omega_0)$，其中 $X(k\Omega_0)$ 的周期为 f_s。

16. 求下列离散时间周期信号的周期 N 及相应的离散频谱 $X(k\Omega_0)$。

1）$x(n)=\sin[\pi(n-1)/4]$

2）$x(n)=\cos(2\pi n/3)+\sin(2\pi n/7)$

3）$x(n)=\cos(11\pi n/4-\pi/3)$

4）$x(n)=1+\sin\left(\dfrac{2\pi}{N}\right)n+3\cos\left(\dfrac{2\pi}{N}\right)n+\cos\left(\dfrac{4\pi}{N}n+\dfrac{\pi}{2}\right)$，$N=10$

17. 一个连续时间周期信号存在傅里叶变换(DTFT)，试求出以 N 为周期的离散时间周期信号 $x_p(n)$ 的离散傅里叶变换表示式。

18. 求出下列离散序列的频谱函数。

1）$2^n u(-n)$　　2）$\left(\dfrac{1}{2}\right)^n[u(n+3)-u(n-2)]$　　3）$\delta(4-2n)$

4）$\sum\limits_{k=0}^{\infty}\left(\dfrac{1}{4}\right)^n\delta(n-3k)$　　5）$\left(\dfrac{\sin(\pi n/3)}{\pi n}\right)\cdot\left(\dfrac{\sin(\pi n/4)}{\pi n}\right)$

19. 已知序列

$$x(n)=4\delta(n)+3\delta(n-1)+2\delta(n-2)+\delta(n-3)$$

$X(k)$ 是 $x(n)$ 的 6 点 DFT，则

1）若有限长序列 $y(n)$ 的 6 点 DFT 是 $Y(k)=w_6^{-4k}X(k)$，求 $y(n)$；

2）若有限长序列 $w(n)$ 的 6 点 DFT 等于 $X(k)$ 的实部，求 $w(n)$；

3）若有限长序列 $q(n)$ 的 3 点 DFT 满足：$Q(k)=X(2k)$，$k=0,1,2$，求 $q(n)$。

20. 考虑序列：

$$x(n)=\delta(n)+3\delta(n-1)+3\delta(n-2)+2\delta(n-3)$$

$$h(n)=\delta(n)+\delta(n-1)+\delta(n-2)+\delta(n-3)$$

若组成乘积 $Y(k)=X(k)H(k)$，其中 $X(k)$、$H(k)$ 分别是 $x(n)$ 和 $h(n)$ 的 5 点 DFT，求 $Y(k)$ 的 DFT 反变换 $y(n)$。

第五章

系统的时域分析

第一节　线性系统的时域描述和分析

一、线性系统的时域响应

第一章中已说明，通常用线性常系数微分方程或差分方程描述线性定常系统，即

$$\sum_{k=0}^{n} a_k y^{(k)}(t) = \sum_{k=0}^{m} b_k x^{(k)}(t) \tag{5-1}$$

或

$$\sum_{k=0}^{N} a_k y(n-k) = \sum_{k=0}^{M} b_k x(n-k) \tag{5-2}$$

式中，$y(t)$、$y(n)$为系统输出；$x(t)$、$x(n)$为系统输入；$a_k(k=0,\ \cdots,\ n$ 或 $k=0,\ \cdots,\ N)$、$b_k(k=0,\ \cdots,\ m$ 或 $k=0,\ \cdots,\ M)$为由系统结构参数决定的常数。

线性系统时域分析最直接的方法就是求解上述微分(差分)方程得出系统输出响应的函数表达式。根据常微分(差分)方程理论，为了求得上述微分(差分)方程的解，除了知道系统输入信号及其各阶导数外，还必须已知系统输出及其各阶导数的初值(称为系统的初始条件、起始条件或初始状态、起始状态等)：对于连续系统，它们是 $y^{(k)}(0)$，其中 $k=0$，1，$\cdots$，$n-1$；对于离散系统，它们是 $y(-k)$，其中 $k=1$，2，$\cdots$，N。

如果在进行系统时域分析时，将系统的初始状态视作是与系统输入激励具有同等的作用，那么，系统的输出响应应该由两部分组成：一部分是系统在零初始状态情况下仅由输入激励所引起的响应，称之为“零状态响应”；另一部分是将输入激励置零时，系统仅由非零起始条件产生的输出，称之为“零输入响应”。根据线性系统的叠加性，系统输出响应的这两个部分是相加的关系，如图 5-1 所示。因此，一个线性定常系统对任意输入信号的响应可表示为

$$y(t) = y_{zs}(t) + y_{zi}(t) \tag{5-3}$$

或

$$y(n)=y_{zs}(n)+y_{zi}(n) \tag{5-4}$$

式中，$y_{zs}(t)$、$y_{zs}(n)$为零状态响应；$y_{zi}(t)$、$y_{zi}(n)$为零输入响应。式(5-3)和式(5-4)分别称为线性定常连续系统和线性定常离散系统的完全响应。在信号和系统的分析中，我们重点研究系统在零初始状态情况下对输入激励的响应，即零状态响应。

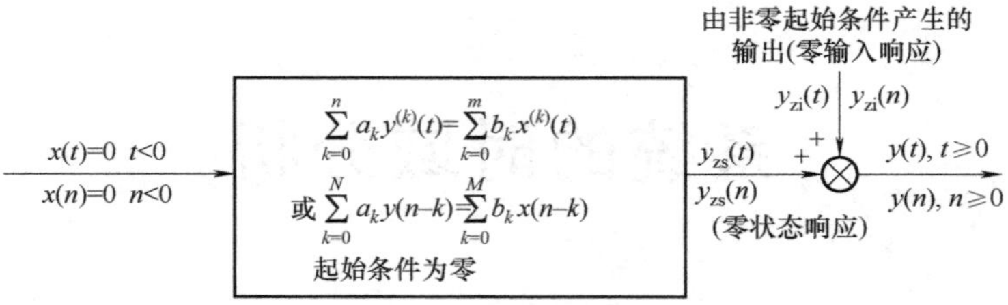

图 5-1　线性定常系统的输出响应结构

二、线性连续系统的响应

(一) 线性定常连续系统的单位冲激响应

线性定常连续系统的单位冲激响应是指系统在零初始条件下对激励为单位冲激函数$\delta(t)$所产生的响应，记为$h(t)$。

对于式(5-1)所示的线性定常连续系统，分别将输入激励$\delta(t)$及其输出响应$h(t)$代入，可得

$$\sum_{k=0}^{n} a_k h^{(k)}(t)=\sum_{k=0}^{m} b_k \delta^{(k)}(t) \tag{5-5}$$

这是一个特殊的微分方程，方程右边由单位冲激函数$\delta(t)$及其各阶导数组成，通过求解该方程得到的$h(t)$有以下两个特点：

1）当$t>0$时，由于$\delta(t)$及其各阶导数均等于0，$h(t)$应满足齐次方程

$$\sum_{k=0}^{n} a_k h^{(k)}(t)=0,\quad t>0 \tag{5-6}$$

同时，由系统的因果性，$h(t)$又要满足

$$h(t)=0,\ t<0$$

所以，$h(t)$应具有齐次微分方程解的基本形式。例如，在式(5-6)的齐次方程有n个不同的单特征根$\lambda_i(i=1, 2, \cdots, n)$时，$h(t)$应具有如下函数形式：

$$h(t)=\sum_{i=1}^{n} A_i e^{\lambda_i t} u(t) \tag{5-7}$$

2）根据方程两边函数项匹配的原则，$h(t)$的形式与n、m值的相对大小密切相关，具体地有：

① 当$n>m$时，$h(t)$对应着$\delta(t)$的一次以上积分，不会包含$\delta(t)$及其导数，此时$h(t)$仅具有式(5-7)所表示的基本形式，这是一个物理上可实现系统的一般形式。

② 当$n=m$时，$h(t)$对应着$\delta(t)$，此时除了式(5-7)所示的基本形式外，$h(t)$应该还包含$\delta(t)$项，但不包含$\delta(t)$的各阶导数项，即$h(t)$具有如下形式：

$$h(t)=c\delta(t)+\sum_{i=1}^{n} A_i e^{\lambda_i t} u(t) \tag{5-8}$$

③ 当$n<m$时，$h(t)$除了基本形式外，还会包含$\delta(t)$直至其$m-n$阶导数项，具有如

下形式：

$$h(t)=\sum_{j=0}^{m-n} c_j\delta^{(j)}(t)+\sum_{i=1}^{n} A_i e^{\lambda_i t}u(t) \tag{5-9}$$

式(5-8)和式(5-9)中的待定常系数 c、c_j、A_i 可以根据微分方程两边各奇异函数项系数对应相等的方法求取。

例 5-1　试求如下微分方程所描述系统的单位冲激响应。

$$y''(t)+4y'(t)+3y(t)=x'(t)+2x(t)$$

解　系统对应的特征方程为 $\lambda^2+4\lambda+3=0$，求得其两个特征根分别为

$$\lambda_1=-1,\ \lambda_2=-3$$

根据上面所讨论的结果，本例中 $n=2$，$m=1$，$h(t)$ 应具有如下形式：

$$h(t)=(A_1e^{-t}+A_2e^{-3t})u(t)$$

将 $y(t)=h(t)$ 和 $x(t)=\delta(t)$ 代入原方程，即

$$h''(t)+4h'(t)+3h(t)=\delta'(t)+2\delta(t)$$

其中

$$\begin{aligned}h'(t)&=(A_1e^{-t}+A_2e^{-3t})\delta(t)-(A_1e^{-t}+3A_2e^{-3t})u(t)\\&=(A_1+A_2)\delta(t)-A_1e^{-t}u(t)-3A_2e^{-3t}u(t)\\h''(t)&=(A_1+A_2)\delta'(t)-[A_1e^{-t}\delta(t)-A_1e^{-t}u(t)]-[3A_2e^{-3t}\delta(t)-9A_2e^{-3t}u(t)]\\&=(A_1+A_2)\delta'(t)-(A_1+3A_2)\delta(t)+(A_1e^{-t}+9A_2e^{-3t})u(t)\end{aligned}$$

所以，有

$$(A_1+A_2)\delta'(t)-(A_1+3A_2)\delta(t)+(A_1e^{-t}+9A_2e^{-3t})u(t)+4(A_1+A_2)\delta(t)-$$
$$4(A_1e^{-t}+3A_2e^{-3t})u(t)+3(A_1e^{-t}+A_2e^{-3t})u(t)=\delta'(t)+2\delta(t)$$

整理后，得

$$(A_1+A_2)\delta'(t)+(3A_1+A_2)\delta(t)=\delta'(t)+2\delta(t)$$

方程两边各奇异函数项系数相等，有

$$\begin{cases}A_1+A_2=1\\3A_1+A_2=2\end{cases}$$

解得 $A_1=1/2$、$A_2=1/2$，代入 $h(t)$ 得系统的单位冲激响应为

$$h(t)=\left(\frac{1}{2}e^{-t}+\frac{1}{2}e^{-3t}\right)u(t)$$

（二）线性定常连续系统的时域分析

线性定常连续系统的时域分析就是在时域求解输入信号通过线性定常连续系统时系统的输出响应，根据前面的讨论，它应该是包括零状态响应和零输入响应的全响应。在系统的零初始状态情况下，它就是系统的零状态响应。

由于任意连续时间信号可分解为一系列冲激函数之和，即 $x(t)=\sum_{K=-\infty}^{+\infty}x(k\Delta t)\Delta t\delta(t-k\Delta t)$，所以如若一个线性定常连续系统的单位冲激响应为 $h(t)$，就表明系统在零初始条件下，输入为单位冲激信号 $\delta(t)$ 时，输出为 $h(t)$，即有

$$\delta(t)\rightarrow h(t)$$

则由系统的时不变性，有

$$\delta(t-k\Delta t)\to h(t-k\Delta t)$$

又由系统的齐次性，有

$$x(k\Delta t)\Delta t\delta(t-k\Delta t)\to x(k\Delta t)\Delta t h(t-k\Delta t)$$

按照系统信号的叠加性，将不同延时和不同强度的冲激信号叠加后输入系统，系统的输出响应必是不同延时和不同强度冲激响应的叠加，即

$$\sum_{k=-\infty}^{\infty} x(k\Delta t)\delta(t-k\Delta t)\Delta t \to \sum_{k=-\infty}^{\infty} x(k\Delta t)h(t-k\Delta t)\Delta t$$

当 $\Delta t\to 0$ 时，有 $k\Delta t\to\tau$，$\Delta t\to \mathrm{d}\tau$，于是有

$$x(t)=\int_{-\infty}^{\infty} x(\tau)\delta(t-\tau)\mathrm{d}\tau \to y(t)=\int_{-\infty}^{\infty} x(\tau)h(t-\tau)\mathrm{d}\tau = x(t)*h(t)$$

表明线性定常连续系统对任意输入信号 $x(t)$ 的响应是信号 $x(t)$ 与系统单位冲激响应 $h(t)$ 的卷积，即

$$y(t)=x(t)*h(t) \tag{5-10}$$

线性定常连续系统对任意输入信号 $x(t)$ 的响应过程可用图 5-2 表示，其中图 5-2b 表示了不同延时不同强度的冲激信号的叠加，图 5-2c 表示系统对冲激信号 $x(k\Delta t)\delta(t-k\Delta t)\Delta t$ 的响应 $x(k\Delta t)h(t-k\Delta t)\Delta t$，图 5-2d 则给出了各冲激响应叠加的结果。

值得注意的是，当信号有不连续点或为有限长时域信号时，卷积积分上下限要根据实际情况确定。例如对于连续时间系统，如果当 $t<0$ 时有 $x(t)=0$，则积分下限取 0。此外，对于物理上可实现的因果系统，由于在 $t<0$ 时 $h(t)=0$，所以 $\tau>t$ 时，有 $h(t-\tau)=0$，积分上限应取 t，即对于 $t=0$ 时刻加入激励信号 $x(t)$ 的线性定常因果系统的输出响应为 $y(t)=\int_0^t x(\tau)h(t-\tau)\mathrm{d}\tau$。

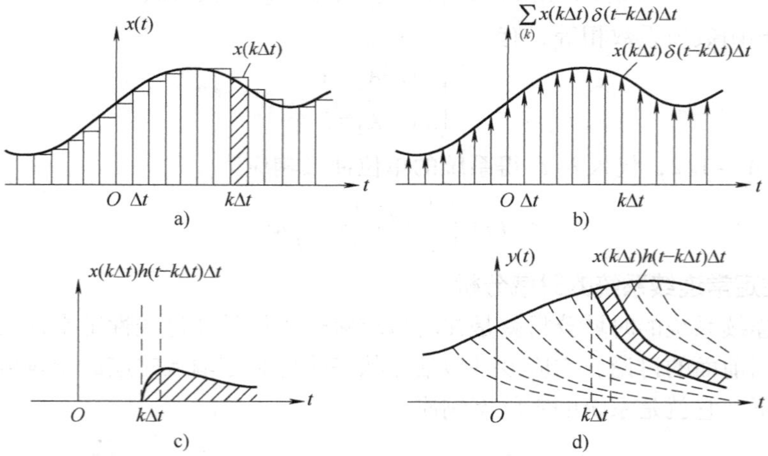

图 5-2　线性定常连续系统对任意输入信号 $x(t)$ 的响应过程

例 5-2　已知一个线性定常连续系统的单位冲激响应 $h(t)=3\delta(t)-0.5\mathrm{e}^{-0.5t}$，$t\geqslant 0$，试求系统在输入 $x(t)=u(t)$ 情况下的零状态响应。

解　按题意，即求系统的单位阶跃响应。由式(5-10)，得

$$\begin{aligned}y(t) &= x(t) * h(t) = \int_{-\infty}^{\infty} x(\tau)h(t-\tau)\mathrm{d}\tau \\ &= \int_0^t [3\delta(t-\tau) - 0.5\mathrm{e}^{-0.5(t-\tau)}]u(\tau)\mathrm{d}\tau \\ &= \int_0^t 3\delta(t-\tau)\mathrm{d}\tau - \int_0^t 0.5\mathrm{e}^{-0.5(t-\tau)}\mathrm{d}\tau \\ &= 3u(t) - 0.5\mathrm{e}^{-0.5t}\int_0^t \mathrm{e}^{0.5\tau}\mathrm{d}\tau \\ &= 3u(t) + (\mathrm{e}^{-0.5t} - 1)u(t) = (2 + \mathrm{e}^{-0.5t})u(t)\end{aligned}$$

其中，考虑到$x(t)=u(t)$是$t=0$时刻加入的激励信号，所以输出响应为$y(t) = \int_0^t x(\tau)h(t-\tau)\mathrm{d}\tau$。

（三）系统时域响应的动态性能指标

系统在单位阶跃函数的作用下，其动态过程随时间t变化所具有的一些指标，称为动态性能指标，它对系统特别是控制系统动态过程及其特性的认识和分析具有重要意义。图 5-3 为系统典型的单位阶跃响应曲线，各动态性能指标的定义如下：

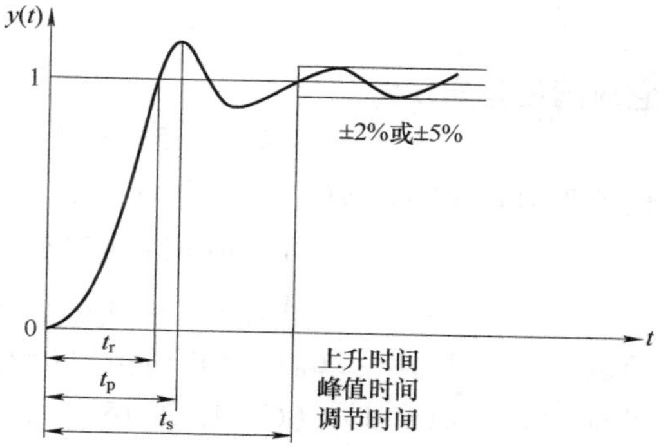

图 5-3 系统典型的单位阶跃响应曲线

1）上升时间 t_r：$y(t)$第一次上升到稳态值所需的时间。

2）峰值时间 t_p：$y(t)$第一次达到峰值所需的时间。

3）调节时间 t_s：$y(t)$和$y(\infty)$之间的偏差达到允许范围(2%或 5%)时所需的时间。

上述 3 个指标表征系统动态响应的快慢。

4）超调量 $\sigma\%$：$y(t)$的最大值与稳态值之差与稳态值之比，一般用百分比表示，即

$$\sigma\% = \frac{h(t_p) - h(\infty)}{h(\infty)} \times 100\%$$

三、线性离散系统的响应

（一）线性定常离散系统的单位脉冲响应

线性定常离散系统的单位脉冲响应是指系统在零初始条件下，对单位脉冲序列$\delta(n)$的响应，记为$h(n)$。它是一种零状态响应。

对于线性定常离散系统，分别将激励$\delta(n)$及其响应$h(n)$代入式(5-2)，得

$$\sum_{k=0}^{N} a_k h(n-k) = \sum_{k=0}^{M} b_k \delta(n-k) \tag{5-11}$$

与连续系统相类似，可得到单位脉冲响应$h(n)$为

$$h(n) = \begin{cases} \sum_{i=1}^{N} A_i \lambda_i^n u(n) & N > M \\ \sum_{j=0}^{N-M} C_j \delta(n-j) + \sum_{i=1}^{N} A_i \lambda_i^n u(n) & N \leqslant M \end{cases} \tag{5-12}$$

式中，待定系数 A_i、C_j 同样可以通过方程两边各对应项系数相等的方法求得。

由于单位阶跃序列 $u(n)$ 可以表示为 $u(n)=\sum_{k=0}^{\infty}\delta(n-k)$，因此式(5-12)中各 $A_i\lambda_i^n u(n)$ 项都包含 $\delta(n-k)$，$(k=0,\ 1,\ \cdots,\ M)$，即 $A_i\lambda_i^n u(n)$ 可写成如下形式：

$$A_i\lambda_i^n u(n)=A_i\lambda_i^n\sum_{k=0}^{\infty}\delta(n-k)=A_i\delta(n)+A_i\lambda_i\delta(n-1)+\cdots+A_i\lambda_i{}^M\delta(n-M)+\cdots$$

例 5-3 已知线性定常离散系统的差分方程为

$$y(n)-5y(n-1)+6y(n-2)=x(n)-3x(n-2)$$

试求出该系统的单位脉冲响应。

解 系统的特征方程为 $\lambda^2-5\lambda+6=0$，可求得两个特征根分别为

$$\lambda_1=3,\quad \lambda_2=2$$

又由于 $N=M=2$，根据式(5-12)，$h(n)$ 为

$$h(n)=C_0\delta(n)+A_1 3^n u(n)+A_2 2^n u(n)$$

它应满足差分方程

$$h(n)-5h(n-1)+6h(n-2)=\delta(n)-3\delta(n-2)$$

而 $A_1 3^n u(n)$ 和 $A_2 2^n u(n)$ 分别可写为

$$A_1 3^n u(n)=A_1\delta(n)+3A_1\delta(n-1)+9A_1\delta(n-2)+\cdots$$

$$A_2 2^n u(n)=A_2\delta(n)+2A_2\delta(n-1)+4A_2\delta(n-2)+\cdots$$

所以 $\quad h(n)=(C_0+A_1+A_2)\delta(n)+(3A_1+2A_2)\delta(n-1)+(9A_1+4A_2)\delta(n-2)+\cdots$

且有 $\quad h(n-1)=(C_0+A_1+A_2)\delta(n-1)+(3A_1+2A_2)\delta(n-2)+\cdots$

$$h(n-2)=(C_0+A_1+A_2)\delta(n-2)+\cdots$$

将它们代入上面的差分方程并加以整理得

$$(C_0+A_1+A_2)\delta(n)+(-5C_0-2A_1-3A_2)\delta(n-1)+6C_0\delta(n-2)=\delta(n)-3\delta(n-2)$$

等式两边对应项系数相等，则有

$$\begin{cases}C_0+A_1+A_2=1\\5C_0+2A_1+3A_2=0\\6C_0=-3\end{cases}$$

解此联立方程，得

$$C_0=-1/2,\quad A_1=2,\quad A_2=-1/2$$

故系统的单位脉冲响应为

$$h(n)=-0.5\delta(n)+2\times3^n u(n)-0.5\times2^n u(n)$$

也可以用迭代法确定 $h(n)$ 的待定系数。

（二）线性定常离散系统的时域分析

任一离散时间信号 $x(n)$ 都可以表示为单位脉冲信号 $\delta(n)$ 的移位、加权和，即

$$x(n)=\sum_{k=-\infty}^{\infty}x(k)\delta(n-k)$$

根据线性定常系统的性质，离散时间系统对 $x(n)$ 的响应就是系统单位脉冲响应 $h(n)$ 的移位、加权和，因此有

$$y(n)=\sum_{k=-\infty}^{\infty}x(k)h(n-k)=x(n)*h(n) \tag{5-13}$$

式(5-13)表明：线性定常离散系统对任一输入序列 $x(n)$ 的响应等于该输入信号 $x(n)$ 与系统单位脉冲响应 $h(n)$ 的卷积和。

类似线性定常连续系统，如果 $n=0$ 时刻加入激励信号 $x(n)$，则其输出响应为

$$y(n)=\sum_{k=0}^{n}x(k)h(n-k)$$

例 5-4　已知一个线性定常离散系统的单位脉冲响应序列为 $h(n)=[2,\ 2,\ 3,\ 3]$，求系统对输入序列 $x(n)=[1,\ 1,\ 2]$ 的零状态响应。

解　由式(5-13)及考虑到系统激励信号 $x(n)$ 是 $n=0$ 时刻加入的，所以有

$$y(n)=x(n)*h(n)=\sum_{k=0}^{n}x(k)h(n-k)$$

求得

$$y(0)=x(0)h(0)=1\times2=2$$

$$y(1)=\sum_{k=0}^{1}x(k)h(n-k)=x(0)h(1)+x(1)h(0)=1\times2+1\times2=4$$

$$y(2)=\sum_{k=0}^{2}x(k)h(n-k)=x(0)h(2)+x(1)h(1)+x(2)h(0)=1\times3+1\times2+2\times2=9$$

$$y(3)=\sum_{k=0}^{3}x(k)h(n-k)=x(0)h(3)+x(1)h(2)+x(2)h(1)=1\times3+1\times3+2\times2=10$$

$$y(4)=\sum_{k=0}^{4}x(k)h(n-k)=x(1)h(3)+x(2)h(2)=1\times3+2\times3=9$$

$$y(5)=\sum_{k=0}^{5}x(k)h(n-k)=x(2)h(3)=2\times3=6$$

即

$$y(n)=[2,\ 4,\ 9,\ 10,\ 9,\ 6]$$

第二节　线性系统状态空间描述和分析

系统的数学模型是研究系统、进行系统分析或综合的基础。在经典控制理论中，通常用高阶常微分方程或者由它演变来的传递函数作为描述系统动态的数学模型，这种模型表达了系统的输入量和输出量之间的关系，完全不理会系统内部各变量的变化，所以它只是描述了系统的外部特性，没有包含系统的全部信息；此外，传递函数又仅仅是零初始条件下的描述形式，不足以揭示系统的全部运动特征。实际上，系统除了输入量、输出量之外，还包含有其他相互独立的中间变量，而这些系统内部的中间变量往往更加能体现系统动态过程的基本特性。例如，系统输出量对输入量的响应变化过程实质上是这时系统内部各变量相互作用和变化的结果。

状态空间法描述系统的基础是由系统的一组独立变量(包括系统内部中间变量)构成的一阶微分方程组，它能反映系统全部独立变量的变化，从而描述了系统内部变量、输出变量与输入变量之间的关系，既揭示了系统内部的运动规律，也反映了系统的外部特性，同时，

还可以方便地处理初始条件的作用，揭示出系统的全部运动特征，而且也很容易地从线性定常系统拓展到对非线性系统、时变系统、多输入多输出系统甚至随机系统等的描述。

一、线性系统状态空间描述

（一）线性系统的状态空间表达式

看一个关于电路网络的例子。图 5-4 是一个简单的 *RLC* 串联电路，根据电路理论我们可以容易地得到关于该电路的两个方程式，即

$$u_i(t)=L\frac{\mathrm{d}i}{\mathrm{d}t}+Ri+u_C(t) \tag{5-14}$$

和

$$i(t)=C\frac{\mathrm{d}u_C(t)}{\mathrm{d}t} \tag{5-15}$$

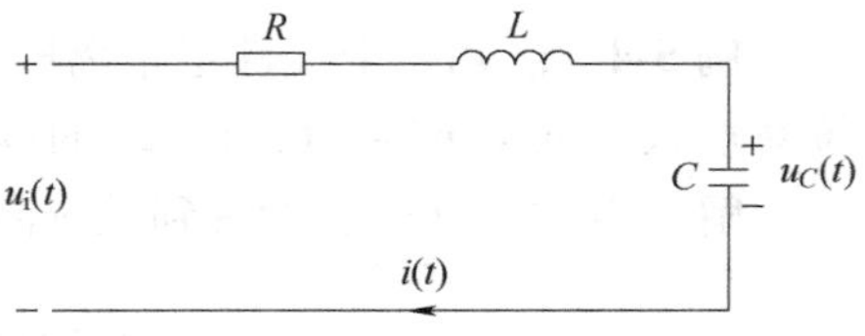

图 5-4　*RLC* 串联电路

式中，$i(t)$为回路电流；$u_i(t)$为回路电压；$u_C(t)$为电容两端电压。

如果视 $u_i(t)$ 为系统输入量，$u_C(t)$ 为系统输出量，通过消去中间变量 $i(t)$，可以得到描述该电路系统的微分方程为

$$LC\frac{\mathrm{d}^2u_C}{\mathrm{d}t^2}+RC\frac{\mathrm{d}u_C}{\mathrm{d}t}+u_C=u_i \tag{5-16}$$

式(5-16)通过输入量和输出量的关系来表示系统的动态行为，不关心回路电流 $i(t)$ 的变化情况。

还可以有另外一种系统的表示形式，即把式(5-14)和式(5-15)这两个系统的原始方程式整理为如下一阶微分方程组的形式：

$$\begin{cases}\dfrac{\mathrm{d}i}{\mathrm{d}t}=-\dfrac{R}{L}i-\dfrac{1}{L}u_C+\dfrac{1}{L}u_i\\[2mm]\dfrac{\mathrm{d}u_C}{\mathrm{d}t}=\dfrac{1}{C}i\end{cases} \tag{5-17}$$

变量 $i(t)$ 和 $u_C(t)$ 完整地描述了系统的动态特性，而且它们之间是相互独立的，将系统中具有上述特征的一组变量称为状态变量，现采用 x_1 和 x_2 表示它们，并用 $u(t)$ 表示输入量 $u_i(t)$，用向量的形式表示这组状态变量，则式(5-17)可改写成

$$\begin{bmatrix}\dot{x}_1(t)\\ \dot{x}_2(t)\end{bmatrix}=\begin{bmatrix}-\dfrac{R}{L} & -\dfrac{1}{L}\\ \dfrac{1}{C} & 0\end{bmatrix}\begin{bmatrix}x_1(t)\\ x_2(t)\end{bmatrix}+\begin{bmatrix}\dfrac{1}{L}\\ 0\end{bmatrix}u(t) \tag{5-18}$$

或

$$\dot{\boldsymbol{x}}=\begin{bmatrix}-\dfrac{R}{L} & -\dfrac{1}{L}\\ \dfrac{1}{C} & 0\end{bmatrix}\boldsymbol{x}+\begin{bmatrix}\dfrac{1}{L}\\ 0\end{bmatrix}u \tag{5-19}$$

同时，用变量 y 表示系统输出量 $u_C(t)$，则系统的输出量可表示为

$$y=\begin{bmatrix}0 & 1\end{bmatrix}\begin{bmatrix}x_1\\x_2\end{bmatrix} \tag{5-20}$$

式(5-19)称为 *RLC* 电路系统的状态方程，式(5-20)称为系统的输出方程。通常由状态方程和输出方程同时构成系统的状态空间表达式，前者是一个向量微分方程，描述系统的动态，后者是一个向量代数方程，描述系统的输出。

一般系统的状态空间表达式为

$$\begin{cases}\dot{\boldsymbol{x}}=\boldsymbol{f}(\boldsymbol{x},\ \boldsymbol{u},\ t)\\ \boldsymbol{y}=\boldsymbol{g}(\boldsymbol{x},\ \boldsymbol{u},\ t)\end{cases} \tag{5-21}$$

式中，$\boldsymbol{x}$ 为 n 维状态向量；$\boldsymbol{u}$ 为 p 维输入向量；$\boldsymbol{y}$ 为 q 维输出向量；$\boldsymbol{f}$、$\boldsymbol{g}$ 分别是 n、q 维的任意向量函数，即

$$\boldsymbol{f}(\boldsymbol{x},\ \boldsymbol{u},\ t)=\begin{bmatrix}f_1(\boldsymbol{x},\ \boldsymbol{u},\ t)\\ f_2(\boldsymbol{x},\ \boldsymbol{u},\ t)\\ \vdots\\ f_n(\boldsymbol{x},\ \boldsymbol{u},\ t)\end{bmatrix} \text{和}\ \boldsymbol{g}(\boldsymbol{x},\ \boldsymbol{u},\ t)=\begin{bmatrix}g_1(\boldsymbol{x},\ \boldsymbol{u},\ t)\\ g_2(\boldsymbol{x},\ \boldsymbol{u},\ t)\\ \vdots\\ g_q(\boldsymbol{x},\ \boldsymbol{u},\ t)\end{bmatrix}$$

如果式(5-21)中向量函数 $\boldsymbol{f}$、$\boldsymbol{g}$ 的所有元素都是状态变量 x_1、x_2、…、x_n 和输入变量 u_1、u_2、…、u_p 的线性函数，相应的系统就是线性系统，这时式(5-21)可以表示为

$$\begin{cases}\dot{\boldsymbol{x}}=\boldsymbol{A}(t)\boldsymbol{x}+\boldsymbol{B}(t)\boldsymbol{u}\\ \boldsymbol{y}=\boldsymbol{C}(t)\boldsymbol{x}+\boldsymbol{D}(t)\boldsymbol{u}\end{cases} \tag{5-22}$$

式中，$\boldsymbol{A}(t)$、$\boldsymbol{B}(t)$、$\boldsymbol{C}(t)$ 和 $\boldsymbol{D}(t)$ 为参数矩阵，它们都不依赖于状态 $\boldsymbol{x}$ 和输入 $\boldsymbol{u}$。其中 $\boldsymbol{A}(t)$ 为 $n\times n$ 维系统矩阵，表示了系统内部状态变量之间的联系，由系统的内部结构和作用机理决定；$\boldsymbol{B}(t)$ 为 $n\times p$ 维输入矩阵，表示了输入量对状态的作用；$\boldsymbol{C}(t)$ 为 $q\times n$ 维输出矩阵，表示了状态对系统输出的映射关系；$\boldsymbol{D}(t)$ 为 $q\times p$ 维直接传输矩阵，表示了系统输入不经系统内部作用而直接传输到系统输出的关系。式(5-22)中，$\boldsymbol{A}(t)$、$\boldsymbol{B}(t)$、$\boldsymbol{C}(t)$ 和 $\boldsymbol{D}(t)$ 表示了 4 个矩阵中的某些元素或全部元素是时间变量 t 的函数，所以它所表示的是线性时变系统。如果上述 4 个参数矩阵的所有元素都是常量，则系统是线性定常系统，对应的状态方程、输出方程为

$$\begin{cases}\dot{\boldsymbol{x}}=\boldsymbol{A}\boldsymbol{x}+\boldsymbol{B}\boldsymbol{u}\\ \boldsymbol{y}=\boldsymbol{C}\boldsymbol{x}+\boldsymbol{D}\boldsymbol{u}\end{cases} \tag{5-23}$$

由于 4 个参数矩阵表征了线性系统的结构特征，系统的特性也完全由它们所决定，所以也可以用 $\boldsymbol{\Sigma}[\boldsymbol{A}(t),\ \boldsymbol{B}(t),\ \boldsymbol{C}(t),\ \boldsymbol{D}(t)]$ 和 $\boldsymbol{\Sigma}(\boldsymbol{A},\ \boldsymbol{B},\ \boldsymbol{C},\ \boldsymbol{D})$ 分别表示线性时变系统和线性定常系统。

在工程中，系统输入不经系统内部作用而直接传输到系统输出的情况是不多见的，即大多情况下有 $\boldsymbol{D}(t)=0$ 或 $\boldsymbol{D}=0$，所以通常线性时变系统和线性定常系统的表示形式为 $\boldsymbol{\Sigma}[\boldsymbol{A}(t),\ \boldsymbol{B}(t),\ \boldsymbol{C}(t)]$ 或 $\boldsymbol{\Sigma}(\boldsymbol{A},\ \boldsymbol{B},\ \boldsymbol{C})$，它们对应的状态空间描述式子分别是

$$\begin{cases}\dot{\boldsymbol{x}}=\boldsymbol{A}(t)\boldsymbol{x}+\boldsymbol{B}(t)\boldsymbol{u}\\ \boldsymbol{y}=\boldsymbol{C}(t)\boldsymbol{x}\end{cases} \tag{5-24}$$

和

$$\begin{cases}\dot{\boldsymbol{x}}=\boldsymbol{A}\boldsymbol{x}+\boldsymbol{B}\boldsymbol{u}\\ \boldsymbol{y}=\boldsymbol{C}\boldsymbol{x}\end{cases} \tag{5-25}$$

线性系统状态空间表达式可用框图的形式形象地表示出来，图 5-5a 和图 5-5b 分别为由式(5-24)和式(5-25)所描述的线性定常系统的框图。图中双线箭头表示了向量信号(以后的图中，在不产生误解的情况下也可简化为用单线箭头表示向量信号)，而且对于框图的每一方框的输入输出关系规定为：输出信号 = 方框内容×输入信号。

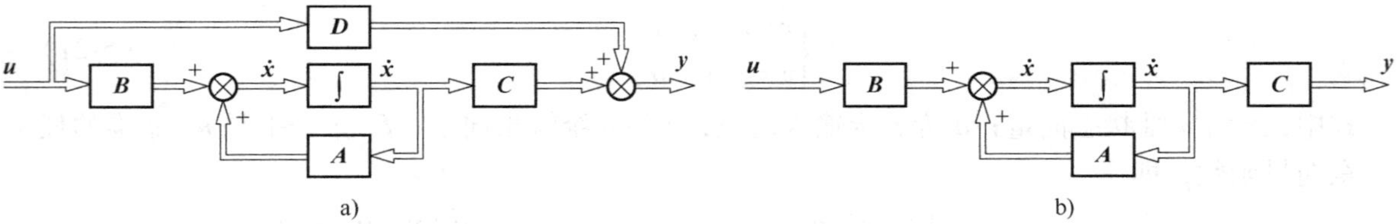

图 5-5　线性定常系统框图

状态变量图是系统框图的详细解释，它反映了系统各个变量之间的信息传递关系。状态变量图由积分器(用内含积分符号的方框表示)、加法器(用符号⊗表示)和比例器(用内含比例系数的方框表示)组成，上面所述的串联电路系统的状态变量图如图 5-6 所示。

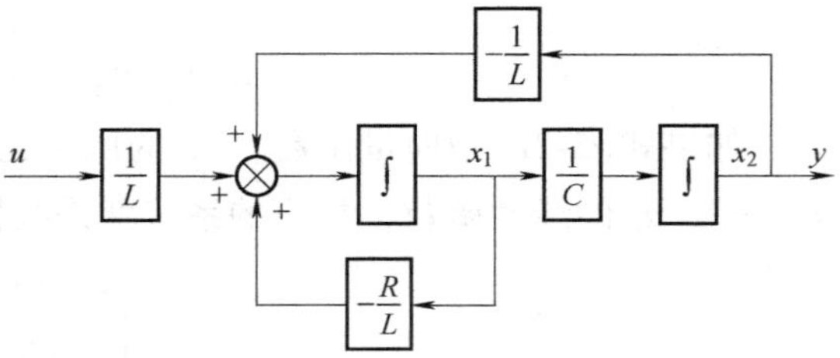

图 5-6　串联电路系统的状态变量图

下面再通过一个例子来说明建立状态空间表达式的机理分析方法。

例 5-5　考察图 5-7 所示的电路网络系统，令输入端电压 u 为系统输入量，输出端的 2 个空载电压 u_1 和 u_2 为输出量，写出系统的状态空间表达式。

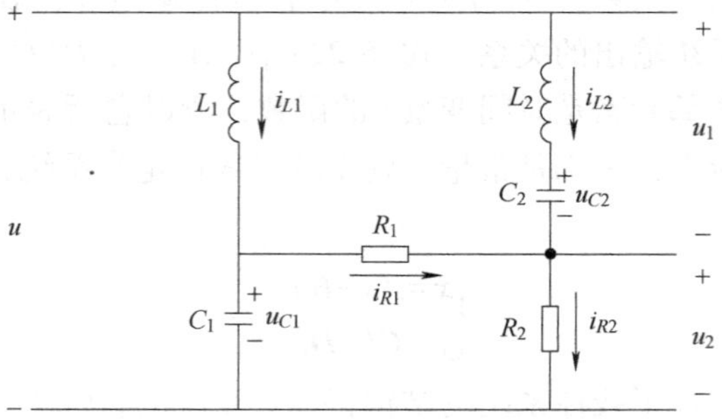

图 5-7　*RLC* 电路网络系统

解　对于 *RLC* 电路网络，我们首选设定的状态变量可以是与系统初始储能相关的电容两端的电压和流过电感的电流。为此，根据电路的相关定律(基尔霍夫电流定律、基尔霍夫电压定律、欧姆定律等)写出下列方程式：

$$C_1\frac{\mathrm{d}u_{C1}}{\mathrm{d}t}=i_{L1}-i_{R1} \tag{5-26}$$

$$C_2\frac{\mathrm{d}u_{C2}}{\mathrm{d}t}=i_{L2} \tag{5-27}$$

$$L_1\frac{\mathrm{d}i_{L1}}{\mathrm{d}t}+u_{C1}=u \tag{5-28}$$

$$L_2\frac{\mathrm{d}i_{L2}}{\mathrm{d}t}+u_{C2}+R_2 i_{R2}=u \tag{5-29}$$

式(5-26)~式(5-29)中 i_{R1} 和 i_{R2} 是多余的变量，为了消去它们，列出如下等式：

$$R_1 i_{R1}+R_2 i_{R2}=u_{C1} \tag{5-30}$$

$$i_{R2}=i_{L2}+i_{R1} \tag{5-31}$$

求解式(5-30)和式(5-31)的联立方程，可得

$$i_{R1}=\frac{1}{R_1+R_2}u_{C1}-\frac{R_2}{R_1+R_2}i_{L2} \tag{5-32}$$

$$i_{R2}=\frac{1}{R_1+R_2}u_{C1}+\frac{R_1}{R_1+R_2}i_{L2} \tag{5-33}$$

代入式(5-26)~式(5-29)，并令 $x_1=u_{C1}$、$x_2=u_{C2}$、$x_3=i_{L1}$、$x_4=i_{L2}$，写出上述电路网络的状态方程为

$$\begin{bmatrix}\dot{x}_1\\ \dot{x}_2\\ \dot{x}_3\\ \dot{x}_4\end{bmatrix}=\begin{bmatrix}-\dfrac{1}{C_1(R_1+R_2)} & 0 & \dfrac{1}{C_1} & \dfrac{R_2}{C_1(R_1+R_2)}\\ 0 & 0 & 0 & \dfrac{1}{C_2}\\ -\dfrac{1}{L_1} & 0 & 0 & 0\\ -\dfrac{R_2}{L_2(R_1+R_2)} & -\dfrac{1}{L_2} & 0 & -\dfrac{R_1R_2}{L_2(R_1+R_2)}\end{bmatrix}\begin{bmatrix}x_1\\ x_2\\ x_3\\ x_4\end{bmatrix}+\begin{bmatrix}0\\ 0\\ \dfrac{1}{L_1}\\ \dfrac{1}{L_2}\end{bmatrix}u \tag{5-34}$$

161

为了得到系统的输出方程，先写出如下式子：

$$u_1=u-u_2 \tag{5-35}$$

$$u_2=R_2 i_{R2} \tag{5-36}$$

令 $y_1=u_1$、$y_2=u_2$，将式(5-33)代入式(5-35)和式(5-36)，并用相应的状态变量表示变量，可得出系统的输出方程为

$$\begin{bmatrix}y_1\\ y_2\end{bmatrix}=\begin{bmatrix}-\dfrac{R_2}{R_1+R_2} & 0 & 0 & -\dfrac{R_1R_2}{R_1+R_2}\\ -\dfrac{R_2}{R_1+R_2} & 0 & 0 & -\dfrac{R_1R_2}{R_1+R_2}\end{bmatrix}\begin{bmatrix}x_1\\ x_2\\ x_3\\ x_4\end{bmatrix}+\begin{bmatrix}1\\ 0\end{bmatrix}u \tag{5-37}$$

仅选取空载电压 u_1 作为系统输出 $y=u_1$，则有

$$y=\begin{bmatrix}-\dfrac{R^2}{R_1+R_2} & 0 & 0 & -\dfrac{R_1R_2}{R_1+R_2}\end{bmatrix}\begin{bmatrix}x_1\\ x_2\\ x_3\\ x_4\end{bmatrix}+u$$

构成一个经典控制理论中讨论的单输入单输出线性定常系统，对应至状态空间法描述时，只要把它看作是上面多输入多输出线性定常系统在 $p=q=1$ 时的特例即可。这时，一个 n 阶系

统的状态空间描述式子为

$$\begin{cases}\dot{\boldsymbol{x}}=\boldsymbol{A}\boldsymbol{x}+\boldsymbol{b}u\\ y=\boldsymbol{c}\boldsymbol{x}+du\end{cases}$$

其中，$\boldsymbol{x}$ 为 n 维状态向量；u 和 y 都是标量；此时 $\boldsymbol{A}$ 仍为 $n\times n$ 维系统矩阵；$\boldsymbol{b}=[b_1\quad b_2\quad \cdots\quad b_n]^{\mathrm{T}}$ 是 $n\times1$ 维输入矩阵，实际上它是一个列向量，一般用小写字母表示；$\boldsymbol{c}=[c_1\quad c_2\quad \cdots\quad c_n]$ 是 $1\times n$ 维输出矩阵，实际上它是一个行向量，也用小写字母表示；d 是直接传输矩阵，在单输入单输出系统中它是标量，这时也称直接传输系数。

建立系统状态空间表达式时，状态变量的选取不是唯一的，但是系统的输入-输出关系是唯一的。通常，把一个输入-输出关系明确的系统所对应的一个状态空间表达式称为系统的一个实现，所以一个系统可以对应多个不同的实现形式。

当然，对于一个已知输入-输出关系的系统，也容易通过按一定规律设定系统状态变量建立系统的状态空间表达式。

（二）状态空间的线性变换

1. 状态变量的线性变换

前面已表述，系统状态变量的选取不是唯一的，由此所建立的状态空间表达式也不同，我们有理由认为，这些不同的状态空间表达式之间一定存在着某种联系。

设 $\boldsymbol{x}=[x_1\quad x_2\quad \cdots\quad x_n]^{\mathrm{T}}$ 是系统的由 n 个状态变量构成的一个状态向量，设有另一组状态变量构成的向量 $\bar{\boldsymbol{x}}=[\bar{x}_1\quad \bar{x}_2\quad \cdots\quad \bar{x}_n]^{\mathrm{T}}$，它们由 $\boldsymbol{x}=[x_1\quad x_2\quad \cdots\quad x_n]^{\mathrm{T}}$ 的线性组合而成，即

$$\begin{cases}\bar{x}_1=q_{11}x_1+q_{12}x_2+\cdots+q_{1n}x_n\\ \bar{x}_2=q_{21}x_1+q_{22}x_2+\cdots+q_{2n}x_n\\ \quad\vdots\\ \bar{x}_n=q_{n1}x_1+q_{n2}x_2+\cdots+q_{nn}x_n\end{cases}\tag{5-38}$$

如果式(5-38)的各式线性无关，则向量 $\bar{\boldsymbol{x}}=[\bar{x}_1\quad \bar{x}_2\quad \cdots\quad \bar{x}_n]^{\mathrm{T}}$ 也是该系统的一组状态向量。将式(5-38)写成向量形式为

$$\bar{\boldsymbol{x}}=\boldsymbol{Q}\boldsymbol{x}\tag{5-39}$$

式中，$\boldsymbol{Q}$ 是 $n\times n$ 非奇异矩阵。

同理，也可以有

$$\boldsymbol{x}=\boldsymbol{P}\bar{\boldsymbol{x}}\tag{5-40}$$

式中，$\boldsymbol{P}$ 也应是 $n\times n$ 非奇异矩阵。显然可得出

$$\boldsymbol{P}\boldsymbol{Q}=\boldsymbol{I}\tag{5-41}$$

即

$$\boldsymbol{P}^{-1}=\boldsymbol{Q}\ \text{或}\ \boldsymbol{Q}^{-1}=\boldsymbol{P}\tag{5-42}$$

上面的讨论表明，对于同一个系统的不同状态变量组之间存在线性变换的关系，而且必是非奇异变换。

对于线性定常系统，在选取 $\boldsymbol{x}=[x_1\quad x_2\quad \cdots\quad x_n]^{\mathrm{T}}$ 为状态向量时有状态空间表达式

$$\begin{cases}\dot{\boldsymbol{x}}=\boldsymbol{A}\boldsymbol{x}+\boldsymbol{B}\boldsymbol{u}\\ \boldsymbol{y}=\boldsymbol{C}\boldsymbol{x}+\boldsymbol{D}\boldsymbol{u}\end{cases}\tag{5-43}$$

在求取通过非奇异变换 $\boldsymbol{x}=\boldsymbol{P}\bar{\boldsymbol{x}}$ 的 $\bar{\boldsymbol{x}}=[\bar{x}_1 \quad \bar{x}_2 \quad \cdots \quad \bar{x}_n]^{\mathrm{T}}$ 为状态向量的状态空间表达式时，将式(5-40)代入式(5-43)，稍加整理即可得

$$\begin{cases}\dot{\bar{\boldsymbol{x}}}=\boldsymbol{P}^{-1}\boldsymbol{A}\boldsymbol{P}\bar{\boldsymbol{x}}+\boldsymbol{P}^{-1}\boldsymbol{B}\boldsymbol{u}=\bar{\boldsymbol{A}}\bar{\boldsymbol{x}}+\bar{\boldsymbol{B}}\boldsymbol{u}\\ \boldsymbol{y}=\boldsymbol{C}\boldsymbol{P}\bar{\boldsymbol{x}}+\boldsymbol{D}\boldsymbol{u}=\bar{\boldsymbol{C}}\bar{\boldsymbol{x}}+\bar{\boldsymbol{D}}\boldsymbol{u}\end{cases} \tag{5-44}$$

可见，非奇异变换后新状态空间表达式的系统矩阵、输入矩阵、输出矩阵以及直接传输矩阵与原状态空间表达式相应的矩阵之间存在如下关系：

$$\begin{cases}\bar{\boldsymbol{A}}=\boldsymbol{P}^{-1}\boldsymbol{A}\boldsymbol{P}\\ \bar{\boldsymbol{B}}=\boldsymbol{P}^{-1}\boldsymbol{B}\\ \bar{\boldsymbol{C}}=\boldsymbol{C}\boldsymbol{P}\\ \bar{\boldsymbol{D}}=\boldsymbol{D}\end{cases} \tag{5-45}$$

2. 变换为特征值规范型

特征值规范型具有状态量之间最简单的结构形式，这里介绍怎样构造一个变换矩阵，将系统的一般状态空间表达式变换为特征值规范形式。

设系统矩阵 $\boldsymbol{A}$ 具有 n 个互不相同的特征值 λ_1，λ_2，$\cdots$，λ_n，非奇异变换 $\boldsymbol{x}=\boldsymbol{P}\bar{\boldsymbol{x}}$ 将系统 $\Sigma(\boldsymbol{A}, \boldsymbol{B}, \boldsymbol{C}, \boldsymbol{D})$ 化为特征值规范型 $\bar{\Sigma}(\bar{\boldsymbol{A}}, \bar{\boldsymbol{B}}, \bar{\boldsymbol{C}}, \bar{\boldsymbol{D}})$，而变换矩阵写为由 n 个列向量组成的形式，即

$$\boldsymbol{P}=[\boldsymbol{\nu}_1 \quad \boldsymbol{\nu}_2 \quad \cdots \quad \boldsymbol{\nu}_n] \tag{5-46}$$

式中，$\boldsymbol{\nu}_i=\begin{bmatrix}\nu_{1i}\\ \nu_{2i}\\ \vdots\\ \nu_{ni}\end{bmatrix}$，由式(5-45)有

$$\bar{\boldsymbol{A}}=\boldsymbol{P}^{-1}\boldsymbol{A}\boldsymbol{P}=\begin{bmatrix}\lambda_1 & 0 & \cdots & 0\\ 0 & \lambda_2 & \cdots & 0\\ \vdots & \vdots & & \vdots\\ 0 & 0 & \cdots & \lambda_n\end{bmatrix} \tag{5-47}$$

所以有

$$\boldsymbol{A}\boldsymbol{P}=\boldsymbol{P}\begin{bmatrix}\lambda_1 & 0 & \cdots & 0\\ 0 & \lambda_2 & \cdots & 0\\ \vdots & \vdots & & \vdots\\ 0 & 0 & \cdots & \lambda_n\end{bmatrix} \tag{5-48}$$

即

$$\boldsymbol{A}[\boldsymbol{\nu}_1 \quad \boldsymbol{\nu}_2 \quad \cdots \quad \boldsymbol{\nu}_n]=[\boldsymbol{\nu}_1 \quad \boldsymbol{\nu}_2 \quad \cdots \quad \boldsymbol{\nu}_n]\begin{bmatrix}\lambda_1 & 0 & \cdots & 0\\ 0 & \lambda_2 & \cdots & 0\\ \vdots & \vdots & & \vdots\\ 0 & 0 & \cdots & \lambda_n\end{bmatrix} \tag{5-49}$$

根据矩阵乘法法则，可得 n 个向量等式

$$\boldsymbol{A}\boldsymbol{v}_i=\lambda_i\boldsymbol{v}_i \quad i=1,\ 2,\ \cdots,\ n \tag{5-50}$$

$\boldsymbol{v}_i$ 为矩阵 $\boldsymbol{A}$ 属于特征值 λ_i 的特征向量，可见，将系统 $\boldsymbol{\Sigma}(\boldsymbol{A},\ \boldsymbol{B},\ \boldsymbol{C},\ \boldsymbol{D})$ 变换成对角线规范型的变换矩阵 $\boldsymbol{P}$ 由系统矩阵 $\boldsymbol{A}$ 的 n 个线性无关的特征向量组成。

例 5-6 将下列系统的表达式变换为特征值规范型

$$\begin{cases}\dot{\boldsymbol{x}}=\begin{bmatrix}2 & -1 & -1\\ 0 & -1 & 0\\ 0 & 2 & 1\end{bmatrix}\boldsymbol{x}+\begin{bmatrix}7\\ 2\\ 3\end{bmatrix}u\\ y=\begin{bmatrix}1 & 0 & 0\end{bmatrix}\boldsymbol{x}\end{cases}$$

解 1）确定系统的特征值。由

$$|s\boldsymbol{I}-\boldsymbol{A}|=\begin{vmatrix}s-2 & 1 & 1\\ 0 & s+1 & 0\\ 0 & -2 & s-1\end{vmatrix}=(s-2)(s+1)(s-1)=0$$

可求得系统的特征值为：$\lambda_1=2$，$\lambda_2=1$，$\lambda_3=-1$。

2）确定属于各个特征值的特征向量。对于特征值 $\lambda_1=2$，根据 $\boldsymbol{A}\boldsymbol{v}_1=\lambda_1\boldsymbol{v}_1$，有

$$\begin{bmatrix}2 & -1 & -1\\ 0 & -1 & 0\\ 0 & 2 & 1\end{bmatrix}\begin{bmatrix}v_{11}\\ v_{21}\\ v_{31}\end{bmatrix}=\begin{bmatrix}2v_{11}\\ 2v_{21}\\ 2v_{31}\end{bmatrix}$$

即

$$\begin{cases}2v_{11}-v_{21}-v_{31}=2v_{11}\\ -v_{21}=2v_{21}\\ 2v_{21}+v_{31}=2v_{31}\end{cases} \quad 或 \quad \begin{cases}v_{21}+v_{31}=0\\ 3v_{21}=0\\ 2v_{21}-v_{31}=0\end{cases}$$

求得 $v_{21}=0$、$v_{31}=0$，而 v_{11} 任取，为保证 $\boldsymbol{v}_1$ 非零，取 $v_{11}=1$，即得 $\boldsymbol{v}_1=\begin{bmatrix}1\\ 0\\ 0\end{bmatrix}$。同理可求得 $\boldsymbol{v}_2=\begin{bmatrix}1\\ 0\\ 1\end{bmatrix}$，$\boldsymbol{v}_3=\begin{bmatrix}0\\ 1\\ -1\end{bmatrix}$。

3）构造变换矩阵并求逆。3 个特征值两两相异，它们对应的特征向量必线性无关，将它们构造为变换矩阵 $\boldsymbol{P}$，即

$$\boldsymbol{P}=\begin{bmatrix}1 & 1 & 0\\ 0 & 0 & 1\\ 0 & 1 & -1\end{bmatrix}$$

求得其逆为

$$\boldsymbol{P}^{-1}=\begin{bmatrix}1 & -1 & -1\\ 0 & 1 & 1\\ 0 & 1 & 0\end{bmatrix}$$

4）求出新状态空间的相应矩阵。由式(5-45)，可求得

$$\bar{A}=P^{-1}AP=\begin{bmatrix}1&-1&-1\\0&1&1\\0&1&0\end{bmatrix}\begin{bmatrix}2&-1&-1\\0&-1&0\\0&2&1\end{bmatrix}\begin{bmatrix}1&1&0\\0&0&1\\0&1&-1\end{bmatrix}=\begin{bmatrix}2&0&0\\0&1&0\\0&0&-1\end{bmatrix}$$

$$\bar{b}=P^{-1}b=\begin{bmatrix}1&-1&-1\\0&1&1\\0&1&0\end{bmatrix}\begin{bmatrix}7\\2\\3\end{bmatrix}=\begin{bmatrix}2\\5\\2\end{bmatrix}$$

$$\bar{c}=cP=\begin{bmatrix}1&0&0\end{bmatrix}\begin{bmatrix}1&1&0\\0&0&1\\0&1&-1\end{bmatrix}=\begin{bmatrix}1&1&0\end{bmatrix}$$

5）写出对角线规范型的状态空间表达式。

$$\begin{cases}\dot{\bar{x}}=\begin{bmatrix}2&0&0\\0&1&0\\0&0&-1\end{bmatrix}\bar{x}+\begin{bmatrix}2\\5\\2\end{bmatrix}u\\y=\begin{bmatrix}1&1&0\end{bmatrix}\bar{x}\end{cases}$$

二、线性系统状态空间分析

（一）线性定常连续系统状态方程的解

1. 线性定常连续系统齐次状态方程的解

线性定常连续系统齐次状态方程是指系统输入量为零时的状态方程，所以它描述了系统只受初始状态影响的系统状态的演变情况，也即系统自由运动的情况。这时系统的状态方程表示为

$$\dot{x}=Ax \tag{5-51}$$

式中，A 为 $n\times n$ 维系统矩阵；x 为 n 维状态向量，并且具有初始状态值

$$x(t)\big|_{t=t_0}=x(t_0) \tag{5-52}$$

设方程式(5-51)的解为向量幂级数

$$x(t)=b_0+b_1(t-t_0)+b_2(t-t_0)^2+\cdots+b_k(t-t_0)^k+\cdots \tag{5-53}$$

将它代入式(5-51)，得

$$\begin{aligned}&b_1+2b_2(t-t_0)+3b_3(t-t_0)^2+\cdots+kb_k(t-t_0)^{k-1}+\cdots\\&=A[b_0+b_1(t-t_0)+b_2(t-t_0)^2+\cdots+b_k(t-t_0)^k+\cdots]\end{aligned} \tag{5-54}$$

等式两边同幂次项的系数应相等，即

$$\begin{cases}b_1=Ab_0\\b_2=\dfrac{1}{2}Ab_1=\dfrac{1}{2!}A^2b_0\\b_3=\dfrac{1}{3}Ab_2=\dfrac{1}{3!}A^3b_0\\\quad\vdots\\b_k=\dfrac{1}{k!}A^kb_0\end{cases} \tag{5-55}$$

将初始条件式(5-52)代入式(5-53)，有 $\boldsymbol{b}_0=\boldsymbol{x}(t_0)$。所以式(5-51)的解为

$$\boldsymbol{x}(t)=\left[\boldsymbol{I}+\boldsymbol{A}(t-t_0)+\frac{1}{2!}\boldsymbol{A}^2(t-t_0)^2+\cdots+\frac{1}{k!}\boldsymbol{A}^k(t-t_0)^k+\cdots\right]\boldsymbol{x}(t_0) \tag{5-56}$$

仿照标量指数函数 $\mathrm{e}^{a(t-t_0)}=1+a(t-t_0)+\frac{1}{2!}a^2(t-t_0)^2+\cdots+\frac{1}{k!}a^k(t-t_0)^k+\cdots=\sum_{k=0}^{\infty}\frac{1}{k!}a^k(t-t_0)^k$ 的级数表示形式，我们将式(5-56)右端方括号内的矩阵级数记为矩阵指数表达式，即

$$\mathrm{e}^{\boldsymbol{A}(t-t_0)}=\boldsymbol{I}+\boldsymbol{A}(t-t_0)+\frac{1}{2!}\boldsymbol{A}^2(t-t_0)^2+\cdots+\frac{1}{k!}\boldsymbol{A}^k(t-t_0)^k+\cdots=\sum_{k=0}^{\infty}\frac{1}{k!}\boldsymbol{A}^k(t-t_0)^k \tag{5-57}$$

式中，规定 $\boldsymbol{A}^0=\boldsymbol{I}$，并可证明：对于任意的矩阵 $\boldsymbol{A}$，该矩阵级数绝对收敛。而对于 $\boldsymbol{A}=0$，有 $\mathrm{e}^{\boldsymbol{A}t}=\mathrm{e}^0=\boldsymbol{I}$。这样，式(5-51)的解可用系统矩阵 $\boldsymbol{A}$ 的矩阵指数表示，即为

$$\boldsymbol{x}(t)=\mathrm{e}^{\boldsymbol{A}(t-t_0)}\boldsymbol{x}(t_0) \tag{5-58}$$

式(5-58)表明，线性定常系统自由运动的状态 $\boldsymbol{x}(t)$ 可视为是由它的初始状态 $\boldsymbol{x}(t_0)$ 通过矩阵指数 $\mathrm{e}^{\boldsymbol{A}(t-t_0)}$ 的转移作用而得到的，因此又将矩阵指数 $\mathrm{e}^{\boldsymbol{A}(t-t_0)}$ 称为线性定常系统的状态转移矩阵，记作 $\boldsymbol{\Phi}(t-t_0)$。于是，式(5-58)又可表示为

$$\boldsymbol{x}(t)=\boldsymbol{\Phi}(t-t_0)\boldsymbol{x}(t_0) \tag{5-59}$$

当初始时刻 $t_0=0$ 时，初始条件成为

$$\boldsymbol{x}(t)\big|_{t=0}=\boldsymbol{x}(0) \tag{5-60}$$

这时系统自由运动的解为

$$\boldsymbol{x}(t)=\boldsymbol{\Phi}(t)\boldsymbol{x}(0)=\mathrm{e}^{\boldsymbol{A}t}\boldsymbol{x}(0) \tag{5-61}$$

而

$$\mathrm{e}^{\boldsymbol{A}t}=\boldsymbol{I}+\boldsymbol{A}t+\frac{1}{2!}\boldsymbol{A}^2t^2+\cdots+\frac{1}{k!}\boldsymbol{A}^kt^k+\cdots=\sum_{k=0}^{\infty}\frac{1}{k!}\boldsymbol{A}^kt^k \tag{5-62}$$

2. 状态转移矩阵的性质

线性定常系统状态转移矩阵 $\boldsymbol{\Phi}(t)=\mathrm{e}^{\boldsymbol{A}t}$ 具有一系列重要的性质，它们对于 $\mathrm{e}^{\boldsymbol{A}t}$ 的计算以及分析系统的运动特性都有重要作用。

1）$\dot{\boldsymbol{\Phi}}(t)=\boldsymbol{A}\cdot\boldsymbol{\Phi}(t)=\boldsymbol{\Phi}(t)\cdot\boldsymbol{A}$

2）$\boldsymbol{\Phi}(0)=\boldsymbol{I}$

3）$\boldsymbol{\Phi}(t_1\pm t_2)=\boldsymbol{\Phi}(t_1)\cdot\boldsymbol{\Phi}(\pm t_2)=\boldsymbol{\Phi}(\pm t_2)\cdot\boldsymbol{\Phi}(t_1)$

4）$[\boldsymbol{\Phi}(t)]^{-1}=\boldsymbol{\Phi}(-t)$

5）$\boldsymbol{\Phi}(t_2-t_0)=\boldsymbol{\Phi}(t_2-t_1)\cdot\boldsymbol{\Phi}(t_1-t_0)$

6）当且仅当 $\boldsymbol{AB}=\boldsymbol{BA}$，即矩阵 $\boldsymbol{A}$ 和 $\boldsymbol{B}$ 可交换时，有

$$\mathrm{e}^{\boldsymbol{A}t}\mathrm{e}^{\boldsymbol{B}t}=\mathrm{e}^{(\boldsymbol{A}+\boldsymbol{B})t}$$

7）$\mathcal{L}(\mathrm{e}^{\boldsymbol{A}t})=(s\boldsymbol{I}-\boldsymbol{A})^{-1}$

8）非奇异变换 $\boldsymbol{x}=\boldsymbol{P}\bar{\boldsymbol{x}}$ 将系统矩阵 $\boldsymbol{A}$ 变换为 $\overline{\boldsymbol{A}}=\boldsymbol{P}^{-1}\boldsymbol{AP}$，状态转移矩阵 $\boldsymbol{\Phi}(t)$ 有同样的变换，即

$$\overline{\boldsymbol{\Phi}}(t)=\boldsymbol{P}^{-1}\boldsymbol{\Phi}(t)\boldsymbol{P}$$

式中，$\overline{\boldsymbol{\Phi}}(t)$为在新状态空间的状态转移矩阵，即$\overline{\boldsymbol{\Phi}}(t)=\mathrm{e}^{\overline{A}t}$。

9）对应于对角阵$\boldsymbol{A}=\mathrm{diag}(\lambda_1,\ \lambda_2,\ \cdots,\ \lambda_n)$的状态转移矩阵也是对角矩阵，为

$$\mathrm{e}^{At}=\mathrm{diag}(\mathrm{e}^{\lambda_1 t},\ \mathrm{e}^{\lambda_2 t},\ \cdots,\ \mathrm{e}^{\lambda_n t})$$

3. 矩阵指数 e^{At} 的计算方法

线性定常连续系统的状态转移矩阵 e^{At}决定了系统状态的运动，所以，在线性定常连续系统的运动分析中计算 e^{At}成为重要的一步，下面介绍几种 e^{At}的计算方法。

（1）频域法求解　由线性定常系统状态转移矩阵的性质 7 有 $\mathcal{L}(\mathrm{e}^{At})=(s\boldsymbol{I}-\boldsymbol{A})^{-1}$，表示$(s\boldsymbol{I}-\boldsymbol{A})^{-1}$为矩阵指数 e^{At}的拉普拉斯变换形式，若对上式实施拉普拉斯反变换，则得到时域的矩阵指数 e^{At}，即

$$\mathrm{e}^{At}=\mathcal{L}[(s\boldsymbol{I}-\boldsymbol{A})^{-1}] \tag{5-63}$$

例 5-7　已知$\boldsymbol{A}=\begin{bmatrix}0 & 1\\-2 & -3\end{bmatrix}$，利用频域法求状态转移矩阵 e^{At}。

解　已知$\boldsymbol{A}=\begin{bmatrix}0 & 1\\-2 & -3\end{bmatrix}$，对应的$s\boldsymbol{I}-\boldsymbol{A}=\begin{bmatrix}s & -1\\2 & s+3\end{bmatrix}$，求逆得

$$(s\boldsymbol{I}-\boldsymbol{A})^{-1}=\frac{1}{(s+1)(s+2)}\begin{bmatrix}s+3 & 1\\-2 & s\end{bmatrix}=\begin{bmatrix}\dfrac{2}{s+1}-\dfrac{1}{s+2} & \dfrac{1}{s+1}-\dfrac{1}{s+2}\\ \dfrac{-2}{s+1}+\dfrac{2}{s+2} & \dfrac{-1}{s+1}+\dfrac{2}{s+2}\end{bmatrix}$$

所以有

$$\mathrm{e}^{At}=\mathcal{L}^{-1}[(s\boldsymbol{I}-\boldsymbol{A})^{-1}]=\begin{bmatrix}2\mathrm{e}^{-t}-\mathrm{e}^{-2t} & \mathrm{e}^{-t}-\mathrm{e}^{-2t}\\-2\mathrm{e}^{-t}+2\mathrm{e}^{-2t} & -\mathrm{e}^{-t}+2\mathrm{e}^{-2t}\end{bmatrix}$$

（2）利用特征值规范型求解　根据线性定常系统状态转移矩阵的性质 9，对角线规范型的系统矩阵对应了对角线型的矩阵指数。我们可以通过非奇异变换，先将系统矩阵变换成对角线规范型形式，在新状态空间中就可得到具有对角线型的矩阵指数，然后再根据状态转移矩阵的性质 8 实施反变换，得到原状态空间的状态转移矩阵。

例 5-8　利用特征值规范型求例 5-7 的 e^{At}。

解　已知$\boldsymbol{A}=\begin{bmatrix}0 & 1\\-2 & -3\end{bmatrix}$，求得它的两个特征值为$\lambda_1=-2$、$\lambda_2=-1$。对应可求得两个特征向量$\boldsymbol{v}_1=\begin{bmatrix}1\\-2\end{bmatrix}$和$\boldsymbol{v}_1=\begin{bmatrix}1\\-1\end{bmatrix}$，可构成变换矩阵为$\boldsymbol{P}=\begin{bmatrix}1 & 1\\-2 & -1\end{bmatrix}$，并求得$\boldsymbol{P}^{-1}=\begin{bmatrix}-1 & -1\\2 & 1\end{bmatrix}$。

于是，在新的状态空间中，系统矩阵为

$$\overline{\boldsymbol{A}}=\boldsymbol{P}^{-1}\boldsymbol{A}\boldsymbol{P}=\begin{bmatrix}\lambda_1 & 0\\0 & \lambda_1\end{bmatrix}=\begin{bmatrix}-2 & 0\\0 & -1\end{bmatrix}$$

由线性定常系统状态转移矩阵的性质 9，可得到新状态空间中的状态转移矩阵为

$$\mathrm{e}^{\overline{A}t}=\begin{bmatrix}\mathrm{e}^{\lambda_1 t} & 0\\0 & \mathrm{e}^{\lambda_2 t}\end{bmatrix}=\begin{bmatrix}\mathrm{e}^{-2t} & 0\\0 & \mathrm{e}^{-t}\end{bmatrix}$$

再根据线性定常系统状态转移矩阵的性质 8，得到原状态空间的状态转移矩阵为

$$e^{At}=Pe^{\bar{A}t}P^{-1}=\begin{bmatrix}1 & 1\\ -2 & -1\end{bmatrix}\begin{bmatrix}e^{-2t} & 0\\ 0 & e^{-t}\end{bmatrix}\begin{bmatrix}-1 & -1\\ 2 & 1\end{bmatrix}=\begin{bmatrix}2e^{-t}-e^{-2t} & e^{-t}-e^{-2t}\\ -2e^{-t}+2e^{-2t} & -e^{-t}+2e^{-2t}\end{bmatrix}$$

4. 线性定常连续系统非齐次状态方程的解

线性定常连续系统非齐次状态方程是指系统输入量不为零时的状态方程，它描述系统在输入量作用下系统状态的演变情况，也即系统强迫运动的情况。这时系统的状态方程表示为

$$\dot{\boldsymbol{x}}=\boldsymbol{Ax}+\boldsymbol{Bu} \tag{5-64}$$

按上面的约定，设初始时刻 $t_0=0$，初始状态为 $x(0)$。将式(5-64)改写为 $\dot{\boldsymbol{x}}-\boldsymbol{Ax}=\boldsymbol{Bu}$，并在等式两边左乘 e^{-At}，得

$$e^{-At}(\dot{\boldsymbol{x}}-\boldsymbol{Ax})=e^{-At}\boldsymbol{Bu} \tag{5-65}$$

由微分运算法则，并利用状态转移矩阵的性质 1，式(5-65)左边即为$\frac{d}{dt}(e^{-At}x)$，所以有

$$\frac{d}{dt}(e^{-At}\boldsymbol{x})=e^{-At}\boldsymbol{Bu} \tag{5-66}$$

对式(5-66)两边在[0，t]区间积分，可得

$$e^{-At}\boldsymbol{x}(t)-\boldsymbol{x}(0)=\int_0^t e^{-A\tau}\boldsymbol{Bu}(\tau)d\tau \tag{5-67}$$

即

$$\boldsymbol{x}(t)=e^{At}\boldsymbol{x}(0)+\int_0^t e^{\boldsymbol{A}(t-\tau)}\boldsymbol{Bu}(\tau)d\tau \tag{5-68}$$

此式就是线性定常连续系统非齐次状态方程的解，也可写成

$$\boldsymbol{x}(t)=\boldsymbol{\Phi}(t)\boldsymbol{x}(0)+\int_0^t \boldsymbol{\Phi}(t-\tau)\boldsymbol{Bu}(\tau)d\tau \tag{5-69}$$

当初始时刻为 t_0、初始状态为 $\boldsymbol{x}(t_0)$时，显然有非齐次状态方程解的更一般形式

$$\boldsymbol{x}(t)=e^{\boldsymbol{A}(t-t_0)}\boldsymbol{x}(t_0)+\int_{t_0}^t e^{\boldsymbol{A}(t-\tau)}\boldsymbol{Bu}(\tau)d\tau=\boldsymbol{\Phi}(t-t_0)\boldsymbol{x}(t_0)+\int_{t_0}^t \boldsymbol{\Phi}(t-\tau)\boldsymbol{Bu}(\tau)d\tau \tag{5-70}$$

从线性定常连续系统非齐次状态方程的解式(5-70)可知，系统在输入量作用下的运动由两部分组成，一部分是与系统初始状态决定的自由运动，称为系统状态的零输入响应；另一部分则是零初始状态下源于系统输入量作用的强迫运动，称为状态的零状态响应。

（二）线性定常离散系统状态方程的解

考虑线性定常离散系统

$$\boldsymbol{x}(k+1)=\boldsymbol{Gx}(k)+\boldsymbol{Hu}(k) \tag{5-71}$$

在给定初始状态 $\boldsymbol{x}(0)$和输入信号序列 $\boldsymbol{u}(0)$、$\boldsymbol{u}(1)$、$\boldsymbol{u}(2)$、…的前提下，分别取 $k=0$，1，2，…，显然有

$k=0$ 时　$\boldsymbol{x}(1)=\boldsymbol{Gx}(0)+\boldsymbol{Hu}(0)$

$k=1$ 时　$\boldsymbol{x}(2)=\boldsymbol{Gx}(1)+\boldsymbol{Hu}(1)=\boldsymbol{G}^2\boldsymbol{x}(0)+\boldsymbol{GHu}(0)+\boldsymbol{Hu}(1)$

$k=2$ 时　$\boldsymbol{x}(3)=\boldsymbol{Gx}(2)+\boldsymbol{Hu}(2)=\boldsymbol{G}^3\boldsymbol{x}(0)+\boldsymbol{G}^2\boldsymbol{Hu}(0)+\boldsymbol{GHu}(1)+\boldsymbol{Hu}(2)$

⋮

$k=k$ 时　$\boldsymbol{x}(k)=\boldsymbol{Gx}(k-1)+\boldsymbol{Hu}(k-1)=\boldsymbol{G}^k\boldsymbol{x}(0)+\sum_{i=0}^{k-1}\boldsymbol{G}^{k-i-1}\boldsymbol{Hu}(i)$　(5-72)

式(5-72)为线性定常离散系统的通解，k 表示了给定问题的末时刻。如果初始时刻设为 k_0，则状态解应为

$$\boldsymbol{x}(k)=\boldsymbol{G}^{k-k_0}\boldsymbol{x}(k_0)+\sum_{i=k_0}^{k-1}\boldsymbol{G}^{k-i-1}\boldsymbol{H}\boldsymbol{u}(i) \tag{5-73}$$

离散系统状态解形式上与连续系统类似，也由两部分组成，一部分是由系统初始状态引起的零输入响应，另一部分是由系统输入量作用引起的零状态响应。因此，类似地可定义 $\boldsymbol{G}^k$(对应于初始时刻为零)或 $\boldsymbol{G}^{k-k_0}$(对应于初始时刻为 k_0)为线性定常离散系统的状态转移矩阵，分别记为 $\boldsymbol{\Phi}(k)=\boldsymbol{G}^k$、$\boldsymbol{\Phi}(k-k_0)=\boldsymbol{G}^{k-k_0}$，它们具有与线性定常连续系统状态转移矩阵相似的一系列性质。

离散系统状态解是递推式子，即 $\boldsymbol{x}(0)\to\boldsymbol{x}(1)\to\boldsymbol{x}(2)\to\cdots\to\boldsymbol{x}(k)$，非常适合计算机计算，缺点是会导致累积误差。

(三)线性连续系统的离散化

在连续系统中应用计算机求解问题时，有必要将连续系统的状态空间表达式化离散化。连续系统的离散化是通过按一定时间间隔的采样以及一定形式的保持实现的，这里认为采样过程满足香农采样定理的要求以及保持方式为零阶保持。常用的离散化方法有近似离散化和由连续系统状态解离散化两种，我们主要介绍近似离散化。

考虑线性时变连续系统的状态方程

$$\dot{\boldsymbol{x}}(t)=\boldsymbol{A}(t)\boldsymbol{x}(t)+\boldsymbol{B}(t)\boldsymbol{u}(t) \tag{5-74}$$

当采样周期 T 较小的情况下，可以用式(5-75)近似地表示状态量的微分：

$$\dot{\boldsymbol{x}}(t)=\frac{\mathrm{d}\boldsymbol{x}}{\mathrm{d}t}\approx\frac{\Delta\boldsymbol{x}}{\Delta t}=\frac{\boldsymbol{x}[(k+1)T]-\boldsymbol{x}(kT)}{T} \tag{5-75}$$

将式(5-75)代入式(5-74)，并令 $t=kT$，则有

$$\frac{\boldsymbol{x}[(k+1)T]-\boldsymbol{x}(kT)}{T}=\boldsymbol{A}(kT)\boldsymbol{x}(kT)+\boldsymbol{B}(kT)\boldsymbol{u}(kT) \tag{5-76}$$

整理后即为

$$\boldsymbol{x}[(k+1)T]=[\boldsymbol{I}+T\boldsymbol{A}(kT)]\boldsymbol{x}(kT)+T\boldsymbol{B}(kT)\boldsymbol{u}(kT) \tag{5-77}$$

或简写成

$$\boldsymbol{x}(k+1)=[\boldsymbol{I}+T\boldsymbol{A}(kT)]\boldsymbol{x}(k)+T\boldsymbol{B}(kT)\boldsymbol{u}(k) \tag{5-78}$$

这就是离散化后的时变系统状态方程。显然，系统矩阵和输入矩阵分别为

$$\boldsymbol{G}(k)=\boldsymbol{I}+T\boldsymbol{A}(kT) \tag{5-79}$$

$$\boldsymbol{H}(k)=T\boldsymbol{B}(kT) \tag{5-80}$$

由于输出方程所描述的各量之间的关系并没有因离散化而改变，所以离散化结果只是用采样时刻 kT 替代连续时间 t，有

$$\boldsymbol{y}(k)=\boldsymbol{C}(k)\boldsymbol{x}(k)+\boldsymbol{D}(k)\boldsymbol{u}(k) \tag{5-81}$$

例 5-9　将下列系统用近似法离散化：

$$\begin{cases}\dot{\boldsymbol{x}}(t)=\begin{bmatrix}0 & 1\\ -2 & -3\end{bmatrix}\boldsymbol{x}(t)+\begin{bmatrix}0\\ 1\end{bmatrix}u(t)\\ y(t)=[1\quad 0]\boldsymbol{x}(t)\end{cases}$$

设采样周期 $T=0.1\mathrm{s}$。

解 这是一个线性定常系统，由式(5-79)和式(5-80)可分别求得离散化后系统的系统矩阵及输入矩阵

$$\boldsymbol{G}=\boldsymbol{I}+T\boldsymbol{A}=\begin{bmatrix}1 & 0\\0 & 1\end{bmatrix}+\begin{bmatrix}0 & T\\-2T & -3T\end{bmatrix}=\begin{bmatrix}1 & 0.1\\-0.2 & 0.7\end{bmatrix}$$

$$\boldsymbol{H}=T\boldsymbol{b}=\begin{bmatrix}0\\T\end{bmatrix}=\begin{bmatrix}0\\0.1\end{bmatrix}$$

同时，输出方程离散化只要用采样时刻 kT 替代连续时间 t 即可，所以得到离散化后的系统动态方程为

$$\begin{cases}\boldsymbol{x}(k+1)\approx\begin{bmatrix}1 & 0.1\\-0.2 & 0.7\end{bmatrix}\boldsymbol{x}(k)+\begin{bmatrix}0\\0.1\end{bmatrix}u(k)\\ y(k)=\begin{bmatrix}1 & 0\end{bmatrix}\boldsymbol{x}(k)\end{cases}$$

三、线性系统的结构特性分析

系统的能控性和能观性概念是卡尔曼(R. E. Kalman)在 20 世纪 60 年代提出来的，分别揭示了系统的输入量对系统状态的控制能力和系统的输出量对系统状态的测辨能力，系统的能控性和能观性是系统的重要结构特性。

(一) 系统能控性及其判据

1. 系统能控性

1) 对于线性连续系统

$$\begin{cases}\dot{\boldsymbol{x}}=\boldsymbol{A}(t)\boldsymbol{x}+\boldsymbol{B}(t)\boldsymbol{u}\\ \boldsymbol{y}=\boldsymbol{C}(t)\boldsymbol{x}+\boldsymbol{D}(t)\boldsymbol{u}\end{cases}$$

状态能控：对于在指定初始时刻 t_0 的非零初始状态 $\boldsymbol{x}(t_0)=\boldsymbol{x}_0$，如果能找到一个无约束的容许控制 $\boldsymbol{u}(t)$，使系统状态在有限的时间区间 $[t_0, t_f]$ 内在该控制量的作用下运动到终止状态 $\boldsymbol{x}(\boldsymbol{t}_f)=0$，则称该状态 $\boldsymbol{x}_0$ 在 t_0 时刻是能控的。

系统能控：如果状态空间中所有的初始状态 $\boldsymbol{x}_0\neq0$ 在 t_0 时刻都是能控的，则称该系统在 t_0 时刻是状态完全能控的，简称系统在 t_0 时刻能控。

定常系统的能控性与初始时刻 t_0 无关，所以不必强调"t_0 时刻"的能控性，而称状态能控或系统能控。

输出能控：如果存在控制作用 $\boldsymbol{u}(t)$，在有限的时间区间 $[t_0, t_f]$ 内，将任一给定的初始输出 $\boldsymbol{y}(t_0)$ 推向所规定的任意终点输出 $\boldsymbol{y}(\boldsymbol{t}_f)$，则称系统是输出完全能控的，简称系统输出能控。系统的输出能控性描述系统的输入量对输出量的控制能力。

2) 对于线性离散系统

$$\begin{cases}\boldsymbol{x}(k+1)=\boldsymbol{G}(k)\boldsymbol{x}(k)+\boldsymbol{H}(k)\boldsymbol{u}(k)\\ \boldsymbol{y}(k)=\boldsymbol{C}(k)\boldsymbol{x}(k)\end{cases}$$

指定初始时刻 h 及任意非零初始状态 $\boldsymbol{x}(h)=\boldsymbol{x}_0$，如果能找到一个无约束的容许控制序列 $\boldsymbol{u}(k)$，使系统状态在有限的时间区间 $[h, l]$ 内运动到原点 $\boldsymbol{x}(l)=0$，则称系统在 h 时刻是能控的。对于线性定常离散系统，由于其能控性与初始时刻无关，所以不再强调"h 时刻"的能控性，而称系统能控。

2. 定常连续系统能控性判据

考虑线性定常连续系统的状态方程

$$\dot{\boldsymbol{x}}=\boldsymbol{Ax}+\boldsymbol{Bu}$$

式中，$\boldsymbol{x}$ 为 n 维状态向量；$\boldsymbol{u}$ 为 p 维输入向量；$\boldsymbol{A}$ 为 $n\times n$ 维常数系统矩阵；$\boldsymbol{B}$ 为 $n\times p$ 维常数输入矩阵。

（1）代数判据　线性定常连续系统状态完全能控的充要条件是系统的能控性矩阵的秩为 n，即

$$\text{rank}\boldsymbol{Q}_{\text{c}}=\text{rank}[\boldsymbol{B}\quad \boldsymbol{AB}\quad \boldsymbol{A}^2\boldsymbol{B}\quad \cdots\quad \boldsymbol{A}^{n-1}\boldsymbol{B}]=n \tag{5-82}$$

引入非奇异线性变换 $\boldsymbol{x}=\boldsymbol{P}\overline{\boldsymbol{x}}$后新状态空间的系统矩阵和输入矩阵分别为

$$\overline{\boldsymbol{A}}=\boldsymbol{P}^{-1}\boldsymbol{AP}\text{ 和 }\overline{\boldsymbol{B}}=\boldsymbol{P}^{-1}\boldsymbol{B}$$

在新状态空间中，系统的能控性矩阵为

$$\begin{aligned}\overline{\boldsymbol{Q}}_{\text{c}}&=[\overline{\boldsymbol{B}}\quad \overline{\boldsymbol{AB}}\quad \overline{\boldsymbol{A}}^2\overline{\boldsymbol{B}}\quad \cdots\quad \overline{\boldsymbol{A}}^{n-1}\overline{\boldsymbol{B}}]=[\boldsymbol{P}^{-1}\boldsymbol{B}\quad (\boldsymbol{P}^{-1}\boldsymbol{AP})\boldsymbol{P}^{-1}\boldsymbol{B}\quad \cdots\quad (\boldsymbol{P}^{-1}\boldsymbol{AP})^{n-1}\boldsymbol{P}^{-1}\boldsymbol{B}]\\&=[\boldsymbol{P}^{-1}\boldsymbol{B}\quad \boldsymbol{P}^{-1}\boldsymbol{AB}\quad \cdots\quad \boldsymbol{P}^{-1}\boldsymbol{A}^{n-1}\boldsymbol{B}]=\boldsymbol{P}^{-1}[\boldsymbol{B}\quad \boldsymbol{AB}\quad \cdots\quad \boldsymbol{A}^{n-1}\boldsymbol{B}]=\boldsymbol{P}^{-1}\boldsymbol{Q}_{\text{c}}\end{aligned}$$

由于非奇异变换，$\boldsymbol{P}^{-1}$存在并满秩，所以有

$$\text{rank}\overline{\boldsymbol{Q}}_{\text{c}}=\text{rank}\boldsymbol{Q}_{\text{c}}$$

表明非奇异变换不改变系统的能控性。

例 5-10　已知线性定常连续系统的状态方程如下所示，试判别该系统的能控性。

$$\dot{\boldsymbol{x}}=\begin{bmatrix}-4 & 5\\ 1 & 0\end{bmatrix}\boldsymbol{x}+\begin{bmatrix}-2\\ 1\end{bmatrix}u$$

解　将 $\boldsymbol{A}=\begin{bmatrix}-4 & 5\\ 1 & 0\end{bmatrix}$ 和 $\boldsymbol{b}=\begin{bmatrix}-2\\ 1\end{bmatrix}$ 代入式(5-82)，得

$$\boldsymbol{Q}_{\text{c}}=[\boldsymbol{b}\quad \boldsymbol{Ab}]=\begin{bmatrix}-2 & 13\\ 1 & -2\end{bmatrix}$$

其秩 $\text{rank}\boldsymbol{Q}_{\text{c}}=2=n$，系统状态完全能控。

（2）PBH 判据　线性定常连续系统状态完全能控的充要条件是系统矩阵 $\boldsymbol{A}$ 的所有特征值 $\lambda_i(i=1,\ 2,\ \cdots,\ n)$满足

$$\text{rank}[\lambda_i\boldsymbol{I}-\boldsymbol{A}\quad \boldsymbol{B}]=n \tag{5-83}$$

例 5-11　线性定常系统的状态方程如下所示，试应用 PBH 判据判别其能控性。

$$\dot{\boldsymbol{x}}=\begin{bmatrix}-4 & 5\\ 1 & 0\end{bmatrix}\boldsymbol{x}+\begin{bmatrix}-2\\ 1\end{bmatrix}u$$

解　先求得系统的特征值为 $\lambda_1=-5$，$\lambda_2=1$。

对于 $\lambda_1=-5$ 有

$$[\lambda_1\boldsymbol{I}-\boldsymbol{A}\quad \boldsymbol{B}]=\begin{bmatrix}-1 & -5 & -2\\ -1 & -5 & 1\end{bmatrix}\text{，其秩为 2；}$$

对于 $\lambda_2=1$ 有

$$[\lambda_2\boldsymbol{I}-\boldsymbol{A}\quad \boldsymbol{B}]=\begin{bmatrix}5 & -5 & -2\\ -1 & 1 & 1\end{bmatrix}\text{，其秩也为 2；}$$

满足 PBH 判据条件，故系统的状态是完全能控的。

（3）对角线规范型判据　系统矩阵 $\boldsymbol{A}$ 为对角阵，且对角线上元素互异时，系统状态完全能控的充要条件是输入矩阵 $\boldsymbol{B}$ 不存在元素全为 0 的行。

例 5-12　下列系统的能控性可直接应用对角线规范型判据得以判别：

1）$\dot{\boldsymbol{x}}=\begin{bmatrix}-1 & 0\\ 0 & -2\end{bmatrix}\boldsymbol{x}+\begin{bmatrix}1\\ 2\end{bmatrix}u$　系统能控

2）$\dot{\boldsymbol{x}}=\begin{bmatrix}-1 & 0 & 0\\ 0 & -2 & 0\\ 0 & 0 & -3\end{bmatrix}\boldsymbol{x}+\begin{bmatrix}0 & 0\\ 5 & 0\\ 8 & 5\end{bmatrix}\boldsymbol{u}$　系统不能控

3）$\dot{\boldsymbol{x}}=\begin{bmatrix}-1 & 0\\ 0 & -1\end{bmatrix}\boldsymbol{x}+\begin{bmatrix}1\\ 2\end{bmatrix}u$，系统矩阵虽为对角阵，但由于对角线上元素不互异，所以不能用对角线规范型判据。实际上，该系统的能控性矩阵为

$$\boldsymbol{Q}_{\mathrm{c}}=[\boldsymbol{b}\quad \boldsymbol{Ab}]=\begin{bmatrix}1 & -1\\ 2 & -2\end{bmatrix}$$

不是满秩阵，系统不能控。

（4）约当规范型判据　系统矩阵 $\boldsymbol{A}$ 为约当阵且不同约当块具有不同对角元素时，系统状态完全能控的充要条件是输入矩阵 $\boldsymbol{B}$ 的与每个约当块末行对应的行元素不全为 0。

当系统矩阵 $\boldsymbol{A}$ 既有相异的对角元素，又有约当块时，可依据不同情况联合应用上述判据对系统能控性进行判别。

例 5-13　下列系统的能控性可直接应用约当规范型判据得以判别：

1）$\dot{\boldsymbol{x}}=\begin{bmatrix}-4 & 1\\ 0 & -4\end{bmatrix}\boldsymbol{x}+\begin{bmatrix}0\\ 2\end{bmatrix}u$　系统能控

2）$\dot{\boldsymbol{x}}=\begin{bmatrix}-2 & 1\\ 0 & -2\end{bmatrix}\boldsymbol{x}+\begin{bmatrix}2\\ 0\end{bmatrix}u$　系统不能控

3）$\dot{\boldsymbol{x}}=\begin{bmatrix}-1 & 1 & 0\\ 0 & -1 & 1\\ 0 & 0 & -1\end{bmatrix}\boldsymbol{x}+\begin{bmatrix}0 & 0\\ 1 & 0\\ 0 & 1\end{bmatrix}\boldsymbol{u}$　系统能控

（5）输出能控性代数判据　线性定常系统输出完全能控的充要条件是 $q\times[(n+1)p]$ 维输出能控性矩阵 $\boldsymbol{Q}_{\mathrm{s}}$ 的秩为 q（p 为输入向量 $\boldsymbol{u}$ 的维数，q 为输出向量 $\boldsymbol{y}$ 的维数），即

$$\mathrm{rank}\boldsymbol{Q}_{\mathrm{s}}=\mathrm{rank}[\boldsymbol{CB}\quad \boldsymbol{CAB}\quad \cdots\quad \boldsymbol{CA}^{n-1}\boldsymbol{B}\quad \boldsymbol{D}]=q \tag{5-84}$$

当直接传输矩阵 $\boldsymbol{D}=0$ 时，有

$$\boldsymbol{Q}_{\mathrm{s}}=[\boldsymbol{CB}\quad \boldsymbol{CAB}\quad \cdots\quad \boldsymbol{CA}^{n-1}\boldsymbol{B}]=\boldsymbol{CQ}_{\mathrm{c}} \tag{5-85}$$

式中，$\boldsymbol{Q}_{\mathrm{c}}$ 为系统的能控性矩阵。

例 5-14　试分析下述系统的状态能控性和输出能控性。

$$\begin{cases}\dot{\boldsymbol{x}}=\begin{bmatrix}-2 & 2\\ 0 & 3\end{bmatrix}\boldsymbol{x}+\begin{bmatrix}1\\ 0\end{bmatrix}u\\ y=[1\quad -1]\boldsymbol{x}\end{cases}$$

解　系统的状态能控性矩阵为

$$\boldsymbol{Q}_{\mathrm{c}}=[\boldsymbol{b}\quad \boldsymbol{Ab}]=\begin{bmatrix}1 & -2\\ 0 & 0\end{bmatrix}$$

其秩为 $1<2=n$，所以系统状态不完全能控。

系统的输出能控性矩阵为

$$\boldsymbol{Q}_s=[\boldsymbol{cb}\quad \boldsymbol{cAb}]=[1\quad -2]$$

其秩为 $1=q$，所以系统是输出能控的。该系统状态不能控而输出能控。

3. 定常离散系统能控性判据

考虑状态方程为

$$\boldsymbol{x}(k+1)=\boldsymbol{G}\boldsymbol{x}(k)+\boldsymbol{H}\boldsymbol{u}(k)$$

的线性定常离散系统，其中 $\boldsymbol{G}$、$\boldsymbol{H}$ 分别为常数系统矩阵和输入矩阵。

1）系统矩阵 $\boldsymbol{G}$ 非奇异时，系统状态完全能控的充要条件是

$$\text{rank}[\boldsymbol{H}\quad \boldsymbol{GH}\quad \cdots\quad \boldsymbol{G}^{n-1}\boldsymbol{H}]=n \tag{5-86}$$

2）系统矩阵 $\boldsymbol{G}$ 非奇异时，多输入系统 l 步($l<n$)状态完全能控的充要条件是

$$\text{rank}[\boldsymbol{H}\quad \boldsymbol{GH}\quad \cdots\quad \boldsymbol{G}^{l-1}\boldsymbol{H}]=n \tag{5-87}$$

例 5-15　试判别下面系统的能控性：

$$\boldsymbol{x}(k+1)=\begin{bmatrix}-2 & 2 & -1\\ 0 & -2 & 0\\ 1 & -4 & 0\end{bmatrix}\boldsymbol{x}(k)+\begin{bmatrix}0 & 0\\ 0 & 1\\ 1 & 0\end{bmatrix}\boldsymbol{u}(k)$$

解　系统矩阵为非奇异，因为

$$\det\begin{bmatrix}-2 & 2 & -1\\ 0 & -2 & 0\\ 1 & -4 & 0\end{bmatrix}=-2\neq 0$$

系统的能控性矩阵的秩为

$$\text{rank}[\boldsymbol{H}\quad \boldsymbol{GH}\quad \boldsymbol{G}^2\boldsymbol{H}]=\text{rank}\begin{bmatrix}0 & 0 & \vdots & -1 & \\ 0 & 1 & \vdots & 0 & \cdots\\ 1 & 0 & \vdots & 0 & \end{bmatrix}=3=n$$

由式(5-86)，系统是状态完全能控的。当取 $l=2$ 时

$$\text{rank}[\boldsymbol{H}\quad \boldsymbol{GH}\quad \cdots\quad \boldsymbol{G}^{l-1}\boldsymbol{H}]=\text{rank}[\boldsymbol{H}\quad \boldsymbol{GH}]=\text{rank}\begin{bmatrix}0 & 0 & \vdots & -1 & \\ 0 & 1 & \vdots & 0 & \cdots\\ 1 & 0 & \vdots & 0 & \end{bmatrix}=3=n$$

由式(5-87)，系统是 2 步状态完全能控的。又取 $l=1$ 时

$$\text{rank}[\boldsymbol{H}\quad \boldsymbol{GH}\quad \cdots\quad \boldsymbol{G}^{l-1}\boldsymbol{H}]=\text{rank}[\boldsymbol{H}]=\text{rank}\begin{bmatrix}0 & 0\\ 0 & 1\\ 1 & 0\end{bmatrix}=2\neq n$$

系统是 1 步状态不能控的。

4. 线性定常系统的能控规范型

以单输入系统的能控规范型为例。对于 n 阶单输入单输出线性定常系统可用高阶微分方程表示为

$$y^{(n)}+a_{n-1}y^{(n-1)}+\cdots+a_1\dot{y}+a_0y=b_mu^{(m)}+b_{m-1}u^{(m-1)}+\cdots+b_1\dot{u}+b_0u \tag{5-88}$$

其中，不妨取 $m=n-1$。

n 阶单输入单输出线性定常系统可用下述的状态空间表达式来描述：

$$\begin{cases}\begin{bmatrix}\dot{x}_1\\ \dot{x}_2\\ \vdots\\ \dot{x}_{n-1}\\ \dot{x}_n\end{bmatrix}=\begin{bmatrix}0 & 1 & 0 & \cdots & 0\\ 0 & 0 & 1 & \cdots & 0\\ \vdots & \vdots & \vdots & & \vdots\\ 0 & 0 & 0 & \cdots & 1\\ -a_0 & -a_1 & -a_2 & \cdots & -a_{n-1}\end{bmatrix}\begin{bmatrix}x_1\\ x_2\\ \vdots\\ x_{n-1}\\ x_n\end{bmatrix}+\begin{bmatrix}0\\ 0\\ \vdots\\ 0\\ 1\end{bmatrix}u\\ y=\begin{bmatrix}b_0 & b_1 & \cdots & b_{n-2} & b_{n-1}\end{bmatrix}\begin{bmatrix}x_1\\ x_2\\ \vdots\\ x_{n-1}\\ x_n\end{bmatrix}\end{cases} \tag{5-89}$$

式中，$\boldsymbol{A}$ 矩阵的特点是主对角线上方的元素均为 1，最后一行的元素按系统特征多项式系数反号升幂排列（系统的特征多项式具体可表示为 $\varphi(s)=D(s)=s^n+a_{n-1}s^{n-1}+\cdots+a_1s+a_0$），其余元素均为 0；而 $\boldsymbol{b}$ 矩阵是最后元素为 1、其余元素均为 0 的列向量。将具有上面特点 $\boldsymbol{A}$、$\boldsymbol{b}$ 矩阵的状态空间表达形式称为能控规范型。

对于单输入线性定常系统的能控规范型，可以得出如下两点结论：

1）状态方程为能控规范型的单输入线性定常系统一定是状态完全能控的。

2）一个能控的 n 阶单输入系统 $\Sigma(\boldsymbol{A},\ \boldsymbol{b},\ \boldsymbol{C})$，一定可以通过非奇异变换 $\boldsymbol{x}=\boldsymbol{P}\bar{\boldsymbol{x}}$ 化为具有式(5-89)状态方程所表示的能控规范型形式，其中变换矩阵 $\boldsymbol{P}$ 为

$$\boldsymbol{P}=\begin{bmatrix}\boldsymbol{p}_1 & \boldsymbol{p}_2 & \boldsymbol{p}_3 & \cdots & \boldsymbol{p}_n\end{bmatrix}=\begin{bmatrix}\boldsymbol{b} & \boldsymbol{A}\boldsymbol{b} & \boldsymbol{A}^2\boldsymbol{b} & \cdots & \boldsymbol{A}^{n-1}\boldsymbol{b}\end{bmatrix}\begin{bmatrix}a_1 & a_2 & \cdots & a_{n-1} & 1\\ a_2 & a_3 & \cdots & 1 & 0\\ \vdots & \vdots & & \vdots & \vdots\\ a_{n-1} & 1 & \cdots & 0 & 0\\ 1 & 0 & \cdots & 0 & 0\end{bmatrix} \tag{5-90}$$

例 5-16 给定下述的线性定常系统，试判断其能控性；如能控，则将它化为能控规范型。

$$\begin{cases}\dot{\boldsymbol{x}}=\begin{bmatrix}2 & 0 & 0\\ 0 & 4 & 1\\ 0 & 0 & 4\end{bmatrix}\boldsymbol{x}+\begin{bmatrix}1\\ 0\\ 1\end{bmatrix}u\\ \boldsymbol{y}=\begin{bmatrix}1 & 1 & 0\\ 0 & 1 & 1\end{bmatrix}\boldsymbol{x}\end{cases}$$

解 系统的能控性矩阵为

$$\boldsymbol{Q}_c=\begin{bmatrix}\boldsymbol{b} & \boldsymbol{A}\boldsymbol{b} & \boldsymbol{A}^2\boldsymbol{b}\end{bmatrix}=\begin{bmatrix}1 & 2 & 4\\ 0 & 1 & 8\\ 1 & 4 & 16\end{bmatrix}$$

其秩为 3，系统能控，可将它化为能控规范型。下面将其化为能控规范型，先求出系统的特征多项式为

$$\varphi(s)=|s\boldsymbol{I}-\boldsymbol{A}|=\begin{vmatrix}s-2&0&0\\0&s-4&-1\\0&0&s-4\end{vmatrix}=s^3-10s^2+32s-32$$

即 $a_0=-32$，$a_1=32$，$a_2=-10$，按式(5-90)得出变换矩阵 $\boldsymbol{P}$ 为

$$\boldsymbol{P}=\boldsymbol{Q}_c\begin{bmatrix}a_1&a_2&1\\a_2&1&0\\1&0&0\end{bmatrix}=\begin{bmatrix}1&2&4\\0&1&8\\1&4&16\end{bmatrix}\begin{bmatrix}32&-10&1\\-10&1&0\\1&0&0\end{bmatrix}=\begin{bmatrix}16&-8&1\\-2&1&0\\8&-6&1\end{bmatrix}$$

其逆为

$$\boldsymbol{P}^{-1}=\begin{bmatrix}16&-8&1\\-2&1&0\\8&-6&1\end{bmatrix}^{-1}=\frac{1}{4}\begin{bmatrix}1&2&-1\\2&8&-2\\4&32&0\end{bmatrix}$$

求得新状态空间表达式的系统矩阵、输入矩阵、输出矩阵分别为

$$\overline{\boldsymbol{A}}=\boldsymbol{P}^{-1}\boldsymbol{A}\boldsymbol{P}=\frac{1}{4}\begin{bmatrix}1&2&-1\\2&8&-2\\4&32&0\end{bmatrix}\begin{bmatrix}2&0&0\\0&4&1\\0&0&4\end{bmatrix}\begin{bmatrix}16&-8&1\\-2&1&0\\8&-6&1\end{bmatrix}=\begin{bmatrix}0&1&0\\0&0&1\\32&-32&10\end{bmatrix}$$

$$\overline{\boldsymbol{b}}=\boldsymbol{P}^{-1}\boldsymbol{b}=\frac{1}{4}\begin{bmatrix}1&2&-1\\2&8&-2\\4&32&0\end{bmatrix}\begin{bmatrix}1\\0\\1\end{bmatrix}=\begin{bmatrix}0\\0\\1\end{bmatrix}$$

$$\overline{\boldsymbol{C}}=\boldsymbol{C}\boldsymbol{P}=\begin{bmatrix}1&1&0\\0&1&1\end{bmatrix}\begin{bmatrix}16&-8&1\\-2&1&0\\8&-6&1\end{bmatrix}=\begin{bmatrix}14&-7&1\\6&-5&1\end{bmatrix}$$

显然是能控规范型形式。

（二）系统能观性及其判据

对于一个系统，输出量总是可以直接测量的，而状态量的各个分量往往不能全部通过直接测量得到。但在后续的系统分析与综合中，又需要状态量的信息，特别是在系统的状态反馈控制中，状态量的获得是反馈控制的前提条件。所以，在状态量不能直接测量的情况下，必须研究从能测量的输出量间接获取不能直接测量的状态量的问题，而首先要研究的是系统是否具备这种能力，即系统的能观性。

1. 系统能观性

1）对于线性连续系统（因为能观性讨论输出量对状态量的反映能力，与系统的输入量无关，所以，令系统的输入 $\boldsymbol{u}(t)=0$）

$$\begin{cases}\dot{\boldsymbol{x}}=\boldsymbol{A}(t)\boldsymbol{x}\\\boldsymbol{y}=\boldsymbol{C}(t)\boldsymbol{x}\end{cases}$$

状态能观：对于指定的初始时刻 t_0，能够根据有限的时间区间 $[t_0,\ t_f]$ 内测量到的输出量 $\boldsymbol{y}(t)$ 唯一地确定系统任意的非零初始状态 $\boldsymbol{x}(t_0)=\boldsymbol{x}_0$，则称该状态 $\boldsymbol{x}_0$ 在 t_0 时刻是能观的。

系统能观：如果状态空间中所有的非零状态在 t_0 时刻都是能观的，则称系统在 t_0 时刻是状态完全能观的，简称系统在 t_0 时刻能观。

定常系统的能观性与初始时刻 t_0 无关，所以不必强调“t_0 时刻”的能观性，而称状态能

观或系统能观。

2）对于线性离散系统，指定初始时刻 h，在已知输入向量序列 $\boldsymbol{u}(k)$ 的情况下，能够根据有限采样区间 $[h,\ l]$ 内测量到的输出向量序列 $\boldsymbol{y}(k)$，唯一地确定系统任意的非零初始状态 $\boldsymbol{x}(h)=\boldsymbol{x}_0$，则称系统在 h 时刻是能观的。对于线性定常离散系统，由于其能观性与初始时刻无关，所以不再强调"h 时刻"的能观性，而称系统能观。

2. 连续系统能观性判据

考虑线性定常系统

$$\begin{cases}\dot{\boldsymbol{x}}=\boldsymbol{A}\boldsymbol{x}+\boldsymbol{B}\boldsymbol{u}\\ \boldsymbol{y}=\boldsymbol{C}\boldsymbol{x}\end{cases}$$

式中，$\boldsymbol{x}$ 为 n 维状态向量；$\boldsymbol{u}$ 为 p 维输入向量；$\boldsymbol{y}$ 为 q 维输出向量；$\boldsymbol{A}$ 为 $n\times n$ 维常数系统矩阵；$\boldsymbol{B}$ 为 $n\times p$ 维常数输入矩阵；$\boldsymbol{C}$ 为 $q\times n$ 维常数输出矩阵。

（1）代数判据　线性定常连续系统状态完全能观的充要条件是系统的能观性矩阵的秩为 n，即

$$\operatorname{rank}\boldsymbol{Q}_o=\operatorname{rank}\begin{bmatrix}\boldsymbol{C}\\ \boldsymbol{C}\boldsymbol{A}\\ \vdots\\ \boldsymbol{C}\boldsymbol{A}^{n-1}\end{bmatrix}=n \tag{5-91}$$

例 5-17　判别下面线性定常连续系统的能观性

$$\begin{cases}\dot{\boldsymbol{x}}=\begin{bmatrix}2&1\\1&-3\end{bmatrix}\boldsymbol{x}+\begin{bmatrix}-1\\1\end{bmatrix}u\\ y=\begin{bmatrix}1&0\\-1&0\end{bmatrix}\boldsymbol{x}\end{cases}$$

解　将 $\boldsymbol{A}=\begin{bmatrix}2&1\\1&-3\end{bmatrix}$ 和 $\boldsymbol{C}=\begin{bmatrix}1&0\\-1&0\end{bmatrix}$ 代入式(5-91)，得

$$\boldsymbol{Q}_o=\begin{bmatrix}\boldsymbol{C}\\ \boldsymbol{C}\boldsymbol{A}\end{bmatrix}=\begin{bmatrix}1&0\\-1&0\\2&1\\-2&-1\end{bmatrix}$$

其秩 $\operatorname{rank}\boldsymbol{Q}_o=2=n$，系统状态完全能观。

同样可以证明非奇异变换不改变系统的能控性。

（2）PBH 判据　线性定常连续系统状态完全能观的充要条件是系统矩阵 $\boldsymbol{A}$ 的所有特征值 $\lambda_i(i=1,\ 2,\ \cdots,\ n)$ 满足

$$\operatorname{rank}\begin{bmatrix}\lambda_i\boldsymbol{I}-\boldsymbol{A}\\ \boldsymbol{C}\end{bmatrix}=n \tag{5-92}$$

例 5-18　线性定常系统为

$$\begin{cases}\dot{\boldsymbol{x}}=\begin{bmatrix}-2&0\\0&-5\end{bmatrix}\boldsymbol{x}+\begin{bmatrix}1\\2\end{bmatrix}u\\ y=\begin{bmatrix}0&1\end{bmatrix}\boldsymbol{x}\end{cases}$$

试应用 PBH 判据判别其能观性。

解　先求得系统的特征值为 $\lambda_1=-2$，$\lambda_2=-5$。

对于 $\lambda_1=-2$，有

$$\begin{bmatrix}\lambda_1 \boldsymbol{I}-\boldsymbol{A}\\ \boldsymbol{C}\end{bmatrix}=\begin{bmatrix}0&0\\0&3\\0&1\end{bmatrix}，其秩为 1；$$

对于 $\lambda_2=-5$，有

$$\begin{bmatrix}\lambda_2 \boldsymbol{I}-\boldsymbol{A}\\ \boldsymbol{C}\end{bmatrix}=\begin{bmatrix}-3&0\\0&0\\0&1\end{bmatrix}，其秩为 2；$$

显然，λ_1 不满足 PBH 判据条件，故系统的状态是不完全能观的。

（3）对角线规范型判据　系统矩阵 $\boldsymbol{A}$ 为对角阵，且对角线上元素互异时，系统状态完全能观的充要条件是输出矩阵 $\boldsymbol{C}$ 不存在元素全为 0 的列。

例 5-19　下列系统的能观性可直接应用对角线规范型判据得以判别：

1）$\begin{cases}\dot{\boldsymbol{x}}=\begin{bmatrix}-1&0\\0&-2\end{bmatrix}\boldsymbol{x}\\ y=[1\quad 0]\boldsymbol{x}\end{cases}$　　系统不能观

2）$\begin{cases}\dot{\boldsymbol{x}}=\begin{bmatrix}-7&0&0\\0&-5&0\\0&0&-3\end{bmatrix}\boldsymbol{x}+\begin{bmatrix}0&2\\5&0\\8&5\end{bmatrix}\boldsymbol{u}\\ \boldsymbol{y}=\begin{bmatrix}1&2&3\\1&5&8\end{bmatrix}\boldsymbol{x}\end{cases}$　　系统能观

3）$\begin{cases}\dot{\boldsymbol{x}}=\begin{bmatrix}1&0\\0&1\end{bmatrix}\boldsymbol{x}\\ y=[1\quad 1]\boldsymbol{x}\end{cases}$，系统矩阵虽为对角阵，但由于对角线上元素不互异，所以不能用对角线规范型判据。实际上，该系统的能观性矩阵为

$$\boldsymbol{Q}_{\mathrm{o}}=\begin{bmatrix}\boldsymbol{c}\\ \boldsymbol{cA}\end{bmatrix}=\begin{bmatrix}1&1\\1&1\end{bmatrix}$$

不是满秩阵，系统不能观。

（4）约当规范型判据　系统矩阵 $\boldsymbol{A}$ 为约当阵且不同约当块具有不同对角元素时，系统状态完全能观的充要条件是输出矩阵 $\boldsymbol{C}$ 的与每个约当块首列对应的列元素不全为 0。

例 5-20　下列系统的能观性可直接应用约当规范型判据得以判别：

1）$\begin{cases}\dot{\boldsymbol{x}}=\begin{bmatrix}-4&1\\0&-4\end{bmatrix}\boldsymbol{x}+\begin{bmatrix}0\\2\end{bmatrix}u\\ y=[1\quad 0]\boldsymbol{x}\end{cases}$　　系统能观

2）$\begin{cases}\dot{\boldsymbol{x}}=\begin{bmatrix}-1&1&0\\0&-1&1\\0&0&-1\end{bmatrix}\boldsymbol{x}+\begin{bmatrix}0&0\\1&0\\0&1\end{bmatrix}\boldsymbol{u}\\ \boldsymbol{y}=\begin{bmatrix}0&1&-2\\0&3&0\end{bmatrix}\boldsymbol{x}\end{cases}$　　系统不能观

当系统矩阵 $\boldsymbol{A}$ 既有相异的对角元素，又有约当块时，可依据不同情况联合应用上述判据对系统能观性进行判别。

3. 定常离散系统能观性判据

考虑线性定常离散系统并令系统的输入 $\boldsymbol{u}(t)=0$，则系统为

$$\begin{cases}\boldsymbol{x}(k+1)=\boldsymbol{G}\boldsymbol{x}(k)\\ \boldsymbol{y}(k)=\boldsymbol{C}\boldsymbol{x}(k)\end{cases}$$

式中，$\boldsymbol{G}$、$\boldsymbol{C}$ 分别为常数系统矩阵、输出矩阵。其状态完全能观的充要条件是

$$\operatorname{rank}\boldsymbol{Q}_o=\operatorname{rank}\begin{bmatrix}\boldsymbol{C}\\ \boldsymbol{C}\boldsymbol{G}\\ \vdots\\ \boldsymbol{C}\boldsymbol{G}^{n-1}\end{bmatrix}=n \tag{5-93}$$

式中，$\boldsymbol{Q}_o$ 为线性定常离散系统的能观性矩阵。

4. 线性定常系统的能观规范型

以单输入单输出系统为例，n 阶单输入单输出线性定常系统可用下述状态空间表达式描述：

$$\begin{cases}\begin{bmatrix}\dot{x}_1\\ \dot{x}_2\\ \vdots\\ \dot{x}_{n-1}\\ \dot{x}_n\end{bmatrix}=\begin{bmatrix}0 & 0 & \cdots & 0 & -a_0\\ 1 & 0 & \cdots & 0 & -a_1\\ \vdots & \vdots & & \vdots & \vdots\\ 0 & 0 & \cdots & 0 & -a_{n-2}\\ 0 & 0 & \cdots & 1 & -a_{n-1}\end{bmatrix}\begin{bmatrix}x_1\\ x_2\\ \vdots\\ x_{n-1}\\ x_n\end{bmatrix}+\begin{bmatrix}b_0\\ b_1\\ \vdots\\ b_{n-2}\\ b_{n-1}\end{bmatrix}u\\ y=\begin{bmatrix}0 & 0 & \cdots & 0 & 1\end{bmatrix}\begin{bmatrix}x_1\\ x_2\\ \vdots\\ x_{n-1}\\ x_n\end{bmatrix}\end{cases} \tag{5-94}$$

具有式中 $\boldsymbol{A}$ 矩阵形式和 $\boldsymbol{c}$ 矩阵形式的状态空间表达形式称为能观规范型。

对于单输出线性定常系统的能观规范型，也可以得出如下两点结论：

1）具有能观规范型的线性定常系统一定是状态完全能观的。

2）一个能观的 n 阶系统 $\Sigma(\boldsymbol{A},\ \boldsymbol{B},\ \boldsymbol{c})$，一定可以通过非奇异变换 $\boldsymbol{x}=\boldsymbol{P}\bar{\boldsymbol{x}}$ 化为其系统矩阵和输出矩阵具有式(5-94)所表示的能观规范型形式，其中变换矩阵 $\boldsymbol{P}$ 的逆阵 $\boldsymbol{P}^{-1}$ 为

$$\boldsymbol{P}^{-1}=\begin{bmatrix}\boldsymbol{q}_1\\ \boldsymbol{q}_2\\ \boldsymbol{q}_3\\ \vdots\\ \boldsymbol{q}_n\end{bmatrix}=\begin{bmatrix}a_1 & a_2 & \cdots & a_{n-1} & 1\\ a_2 & a_3 & \cdots & 1 & 0\\ \vdots & \vdots & & \vdots & \vdots\\ a_{n-1} & 1 & \cdots & 0 & 0\\ 1 & 0 & \cdots & 0 & 0\end{bmatrix}\begin{bmatrix}\boldsymbol{c}\\ \boldsymbol{c}\boldsymbol{A}\\ \boldsymbol{c}\boldsymbol{A}^2\\ \vdots\\ \boldsymbol{c}\boldsymbol{A}^{n-1}\end{bmatrix} \tag{5-95}$$

式中，a_0，…，a_{n-1} 为系统特征多项式 $\varphi(s)=D(s)=s^n+a_{n-1}s^{n-1}+\cdots+a_1s+a_0$ 的各项系数。

例 5-21　给定线性定常系统为

$$\begin{cases}\dot{\boldsymbol{x}}=\begin{bmatrix}1 & -1\\0 & 2\end{bmatrix}\boldsymbol{x}+\begin{bmatrix}1\\1\end{bmatrix}u\\ y=\begin{bmatrix}-1 & -\dfrac{1}{2}\end{bmatrix}\boldsymbol{x}\end{cases}$$

试判断它的能观性，如能观则将它化为能观规范型。

解　系统的能观性矩阵为

$$\boldsymbol{Q}_o=\begin{bmatrix}\boldsymbol{c}\\\boldsymbol{cA}\end{bmatrix}=\begin{bmatrix}-1 & -\dfrac{1}{2}\\-1 & 0\end{bmatrix}$$

$\boldsymbol{Q}_o$ 满秩，系统能观，可将它化为能观规范型。求出系统的特征多项式为

$$\varphi(s)=|s\boldsymbol{I}-\boldsymbol{A}|=\begin{vmatrix}s-1 & 1\\0 & s-2\end{vmatrix}=s^2-3s+2$$

即 $a_0=2$，$a_1=-3$，按式(5-95)得出变换矩阵的逆阵 $\boldsymbol{P}^{-1}$ 为

$$\boldsymbol{P}^{-1}=\begin{bmatrix}a_1 & 1\\1 & 0\end{bmatrix}\begin{bmatrix}\boldsymbol{c}\\\boldsymbol{cA}\end{bmatrix}=\begin{bmatrix}-3 & 1\\1 & 0\end{bmatrix}\begin{bmatrix}-1 & -\dfrac{1}{2}\\-1 & 0\end{bmatrix}=\begin{bmatrix}2 & \dfrac{3}{2}\\-1 & -\dfrac{1}{2}\end{bmatrix}$$

求逆得变换矩阵 $\boldsymbol{P}$ 为

$$\boldsymbol{P}=\begin{bmatrix}2 & \dfrac{3}{2}\\-1 & -\dfrac{1}{2}\end{bmatrix}^{-1}=\begin{bmatrix}-1 & -3\\2 & 4\end{bmatrix}$$

求得新状态空间表达式的系统矩阵、输入矩阵、输出矩阵分别为

$$\overline{\boldsymbol{A}}=\boldsymbol{P}^{-1}\boldsymbol{AP}=\begin{bmatrix}2 & \dfrac{3}{2}\\-1 & -\dfrac{1}{2}\end{bmatrix}\begin{bmatrix}1 & -1\\0 & 2\end{bmatrix}\begin{bmatrix}-1 & -3\\2 & 4\end{bmatrix}=\begin{bmatrix}0 & -2\\1 & 3\end{bmatrix}$$

$$\overline{\boldsymbol{b}}=\boldsymbol{P}^{-1}\boldsymbol{b}=\begin{bmatrix}2 & \dfrac{3}{2}\\-1 & -\dfrac{1}{2}\end{bmatrix}\begin{bmatrix}1\\1\end{bmatrix}=\begin{bmatrix}\dfrac{7}{2}\\-\dfrac{3}{2}\end{bmatrix}$$

$$\overline{\boldsymbol{c}}=\boldsymbol{cP}=\begin{bmatrix}-1 & -\dfrac{1}{2}\end{bmatrix}\begin{bmatrix}-1 & -3\\2 & 4\end{bmatrix}=\begin{bmatrix}0 & 1\end{bmatrix}$$

显然是能观规范型形式。

（三）能控性与能观性的对偶关系

从上面对系统能控性和能观性的讨论中，我们可以看到，如果有两个系统 Σ_1 和 Σ_2，系统 Σ_1 的系统矩阵等于系统 Σ_2 的系统矩阵的转置，Σ_1 的输入矩阵等于 Σ_2 的输出矩阵的转置，Σ_1 的输出矩阵等于 Σ_2 的输入矩阵的转置，那么，系统 Σ_1 的能控性就等价于 Σ_2 的能观性，系

统 Σ_1 的能观性也等价于 Σ_2 的能控性。称满足上述关系的两个系统 Σ_1 和 Σ_2 互为对偶系统。

系统 Σ_1 及其对偶系统 Σ_2 的框图分别表示在图 5-8a、b 中。由此可以得出关于系统能控性和能观性的对偶性原理：互为对偶的系统 $\Sigma_1[\boldsymbol{A}(t),\ \boldsymbol{B}(t),\ \boldsymbol{C}(t)]$ 和 $\Sigma_2[\boldsymbol{A}^{\mathrm{T}}(t),\ \boldsymbol{C}^{\mathrm{T}}(t),\ \boldsymbol{B}^{\mathrm{T}}(t)]$，它们的能控性和能观性也成对偶关系，即系统 Σ_1 的能控性等价于系统 Σ_2 的能观性，系统 Σ_1 的能观性等价于系统 Σ_2 的能控性。

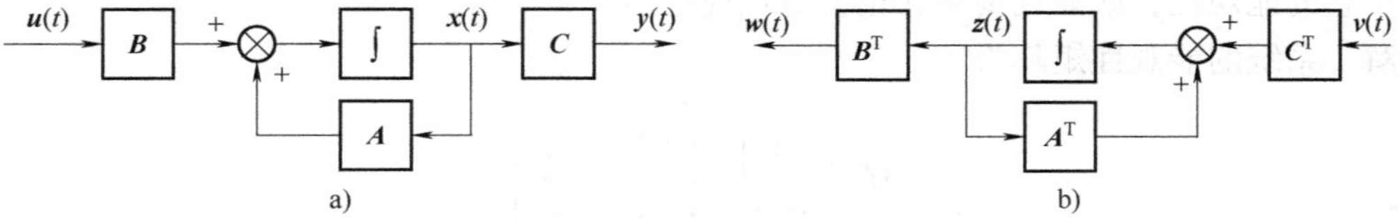

图 5-8　互为对偶系统的框图

对偶性原理给我们研究系统的能控、能观性带来很大方便，我们可以通过讨论系统 Σ_1 的能控性来研究系统 Σ_2 的能观性，同样，也可以通过讨论系统 Σ_1 的能观性来研究系统 Σ_2 的能控性，或者相反。

（四）线性系统的结构分解

线性系统结构分解的目的在于深入了解不完全能控或不完全能观系统的结构特性，研究其按能控性或能观性或者同时按能控性能观性分解的方法和途径，揭示系统的状态空间描述与输入输出描述之间的关系。系统结构分解的基本途径是选取合适的非奇异变换。

考虑多输入多输出线性定常系统

$$\begin{cases}\dot{\boldsymbol{x}}=\boldsymbol{A}\boldsymbol{x}+\boldsymbol{B}\boldsymbol{u}\\ \boldsymbol{y}=\boldsymbol{C}\boldsymbol{x}\end{cases} \tag{5-96}$$

式中，$\boldsymbol{x}$ 为 n 维状态向量；$\boldsymbol{u}$ 为 p 维输入向量；$\boldsymbol{y}$ 为 q 维输出向量；$\boldsymbol{A}$ 为 $n\times n$ 维常数系统矩阵；$\boldsymbol{B}$ 为 $n\times p$ 维常数输入矩阵；$\boldsymbol{C}$ 为 $q\times n$ 维常数输出矩阵。

1. 按能控性分解

考虑多输入多输出线性定常系统[式(5-96)]状态不完全能控的情况，并设

$$\mathrm{rank}\boldsymbol{Q}_{\mathrm{c}}=\mathrm{rank}[\boldsymbol{B}\quad \boldsymbol{A}\boldsymbol{B}\quad \boldsymbol{A}^2\boldsymbol{B}\quad \cdots\quad \boldsymbol{A}^{n-1}\boldsymbol{B}]=k<n \tag{5-97}$$

表明能控性矩阵 $\boldsymbol{Q}_{\mathrm{c}}$ 中有且仅有 k 个列向量线性无关。取 $\boldsymbol{Q}_{\mathrm{c}}$ 中 k 个线性无关的列向量 $\boldsymbol{p}_1$，$\boldsymbol{p}_2$，…，$\boldsymbol{p}_k$，再另外选取 $n-k$ 个线性无关并与 $\boldsymbol{p}_1$，$\boldsymbol{p}_2$，…，$\boldsymbol{p}_k$ 线性无关的列向量 $\boldsymbol{p}_{k+1}$，$\boldsymbol{p}_{k+2}$，…，$\boldsymbol{p}_n$，构成非奇异变换矩阵 $\boldsymbol{P}$，即

$$\boldsymbol{P}=[\boldsymbol{p}_1\quad \cdots\quad \boldsymbol{p}_k\ \vdots\ \boldsymbol{p}_{k+1}\quad \cdots\quad \boldsymbol{p}_n] \tag{5-98}$$

其逆矩阵 $\boldsymbol{P}^{-1}$ 则为

$$\boldsymbol{P}^{-1}=\boldsymbol{Q}=\begin{bmatrix}\boldsymbol{q}_1\\ \vdots\\ \boldsymbol{q}_k\\ \text{---}\\ \boldsymbol{q}_{k+1}\\ \vdots\\ \boldsymbol{q}_n\end{bmatrix} \tag{5-99}$$

式中，$\boldsymbol{q}_i(i=1,\ 2,\ \cdots,\ n)$ 为行向量。变换矩阵 $\boldsymbol{P}$ 及其逆阵 $\boldsymbol{Q}$ 具有如下性质：

1）$\boldsymbol{q}_i\boldsymbol{p}_j=0 \quad i=k+1,\ \cdots,\ n;\ j=1,\ 2,\ \cdots,\ k$ （5-100）

这是因为$\boldsymbol{QP}=\boldsymbol{I}$，对于$i\neq j$有$\boldsymbol{q}_i\boldsymbol{p}_j=0$。

2）$\boldsymbol{q}_i\boldsymbol{A}\boldsymbol{p}_j=0 \quad i=k+1,\ \cdots,\ n;\ j=1,\ 2,\ \cdots,\ k$ （5-101）

这是因为向量$\boldsymbol{p}_1$，$\boldsymbol{p}_2$，…，$\boldsymbol{p}_k$线性无关，向量$\boldsymbol{A}\boldsymbol{p}_1$，$\boldsymbol{A}\boldsymbol{p}_2$，…，$\boldsymbol{A}\boldsymbol{p}_k$也必线性无关，由式(5-100)可得式(5-101)。

3）$\boldsymbol{q}_i\boldsymbol{B}=0 \quad i=k+1,\ \cdots,\ n$ （5-102）

这是因为由式(5-97)和式(5-98)可知，$\boldsymbol{B}$的列或者就是$\boldsymbol{p}_1$，$\boldsymbol{p}_2$，…，$\boldsymbol{p}_k$中的列向量，或者是$\boldsymbol{p}_1$，$\boldsymbol{p}_2$，…，$\boldsymbol{p}_k$的线性组合。

经非奇异变换$\boldsymbol{x}=\boldsymbol{P}\overline{\boldsymbol{x}}$，新状态空间的各系数矩阵分别为

$$\overline{\boldsymbol{A}}=\boldsymbol{P}^{-1}\boldsymbol{A}\boldsymbol{P}=\begin{bmatrix}\boldsymbol{q}_1\\ \vdots\\ \boldsymbol{q}_k\\ \hline \boldsymbol{q}_{k+1}\\ \vdots\\ \boldsymbol{q}_n\end{bmatrix}\boldsymbol{A}\left[\begin{array}{ccc|ccc}\boldsymbol{p}_1 & \cdots & \boldsymbol{p}_k & \boldsymbol{p}_{k+1} & \cdots & \boldsymbol{p}_n\end{array}\right]$$

$$=\left[\begin{array}{ccc|ccc}\boldsymbol{q}_1\boldsymbol{A}\boldsymbol{p}_1 & \cdots & \boldsymbol{q}_1\boldsymbol{A}\boldsymbol{p}_k & \boldsymbol{q}_1\boldsymbol{A}\boldsymbol{p}_{k+1} & \cdots & \boldsymbol{q}_1\boldsymbol{A}\boldsymbol{p}_n\\ \vdots & & \vdots & \vdots & & \vdots\\ \boldsymbol{q}_k\boldsymbol{A}\boldsymbol{p}_1 & \cdots & \boldsymbol{q}_k\boldsymbol{A}\boldsymbol{p}_k & \boldsymbol{q}_k\boldsymbol{A}\boldsymbol{p}_{k+1} & \cdots & \boldsymbol{q}_k\boldsymbol{A}\boldsymbol{p}_n\\ \hline \boldsymbol{q}_{k+1}\boldsymbol{A}\boldsymbol{p}_1 & \cdots & \boldsymbol{q}_{k+1}\boldsymbol{A}\boldsymbol{p}_k & \boldsymbol{q}_{k+1}\boldsymbol{A}\boldsymbol{p}_{k+1} & \cdots & \boldsymbol{q}_{k+1}\boldsymbol{A}\boldsymbol{p}_n\\ \vdots & & \vdots & \vdots & & \vdots\\ \boldsymbol{q}_n\boldsymbol{A}\boldsymbol{p}_1 & \cdots & \boldsymbol{q}_n\boldsymbol{A}\boldsymbol{p}_k & \boldsymbol{q}_n\boldsymbol{A}\boldsymbol{p}_{k+1} & \cdots & \boldsymbol{q}_n\boldsymbol{A}\boldsymbol{p}_n\end{array}\right]=\begin{bmatrix}\overline{\boldsymbol{A}}_c & \overline{\boldsymbol{A}}_{12}\\ \boldsymbol{0} & \overline{\boldsymbol{A}}_{\bar{c}}\end{bmatrix} \tag{5-103}$$

其中左下角矩阵块为$\boldsymbol{0}$应用了式(5-100)所示的性质；

$$\overline{\boldsymbol{B}}=\boldsymbol{P}^{-1}\boldsymbol{B}=\begin{bmatrix}\boldsymbol{q}_1\boldsymbol{B}\\ \vdots\\ \boldsymbol{q}_k\boldsymbol{B}\\ \hline \boldsymbol{q}_{k+1}\boldsymbol{B}\\ \vdots\\ \boldsymbol{q}_n\boldsymbol{B}\end{bmatrix}=\begin{bmatrix}\overline{\boldsymbol{B}}_c\\ \boldsymbol{0}\end{bmatrix} \tag{5-104}$$

其中下矩阵块为$\boldsymbol{0}$应用了式(5-102)所示的性质；

$$\overline{\boldsymbol{C}}=\boldsymbol{C}\boldsymbol{P}=\left[\begin{array}{ccc|ccc}\boldsymbol{C}\boldsymbol{p}_1 & \cdots & \boldsymbol{C}\boldsymbol{p}_k & \boldsymbol{C}\boldsymbol{p}_{k+1} & \cdots & \boldsymbol{C}\boldsymbol{p}_n\end{array}\right]=\begin{bmatrix}\overline{\boldsymbol{C}}_c & \overline{\boldsymbol{C}}_{\bar{c}}\end{bmatrix} \tag{5-105}$$

因此，可以得出结论，状态不完全能控的系统[式(5-96)]在如式(5-98)所示的变换矩阵$\boldsymbol{P}$的非奇异线性变换$\boldsymbol{x}=\boldsymbol{P}\overline{\boldsymbol{x}}$下，可使系统实现按能控性的结构分解，即

$$\begin{cases}\dot{\overline{\boldsymbol{x}}}=\begin{bmatrix}\dot{\overline{\boldsymbol{x}}}_c\\ \dot{\overline{\boldsymbol{x}}}_{\bar{c}}\end{bmatrix}=\begin{bmatrix}\overline{\boldsymbol{A}}_c & \overline{\boldsymbol{A}}_{12}\\ \boldsymbol{0} & \overline{\boldsymbol{A}}_{\bar{c}}\end{bmatrix}\begin{bmatrix}\overline{\boldsymbol{x}}_c\\ \overline{\boldsymbol{x}}_{\bar{c}}\end{bmatrix}+\begin{bmatrix}\overline{\boldsymbol{B}}_c\\ \boldsymbol{0}\end{bmatrix}\boldsymbol{u}\\ \boldsymbol{y}=\begin{bmatrix}\overline{\boldsymbol{C}}_c & \overline{\boldsymbol{C}}_{\bar{c}}\end{bmatrix}\begin{bmatrix}\overline{\boldsymbol{x}}_c\\ \overline{\boldsymbol{x}}_{\bar{c}}\end{bmatrix}\end{cases} \tag{5-106}$$

式中，$\bar{\boldsymbol{x}}_c$ 为 k 维能控分状态向量；$\bar{\boldsymbol{x}}_{\bar{c}}$为 $n-k$ 维不能控分状态向量。

通过按能控性分解，一个不完全能控的系统可以显式地表示为能控部分和不能控部分。其中能控部分是 k 维能控子系统

$$\begin{cases}\dot{\bar{\boldsymbol{x}}}_c=\bar{\boldsymbol{A}}_c\bar{\boldsymbol{x}}_c+\bar{\boldsymbol{A}}_{12}\bar{\boldsymbol{x}}_{\bar{c}}+\bar{\boldsymbol{B}}_c\boldsymbol{u}\\ \boldsymbol{y}_1=\bar{\boldsymbol{C}}_c\bar{\boldsymbol{x}}_c\end{cases}\tag{5-107}$$

不能控部分是 $n-k$ 维不能控子系统

$$\begin{cases}\dot{\bar{\boldsymbol{x}}}_{\bar{c}}=\bar{\boldsymbol{A}}_{\bar{c}}\bar{\boldsymbol{x}}_{\bar{c}}\\ \boldsymbol{y}_2=\bar{\boldsymbol{C}}_{\bar{c}}\bar{\boldsymbol{x}}_{\bar{c}}\end{cases}\tag{5-108}$$

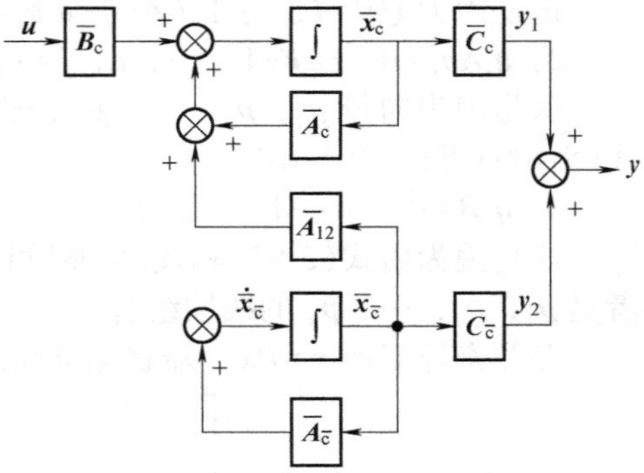

图 5-9 按能控性分解后的系统框图

并可画出按能控性分解后系统的框图如图 5-9 所示。由图可见，不能控部分不受输入 $\boldsymbol{u}$ 的直接或间接影响。

例 5-22 给定线性定常系统为

$$\begin{cases}\dot{\boldsymbol{x}}=\begin{bmatrix}1&2&-1\\0&1&0\\1&-4&3\end{bmatrix}\boldsymbol{x}+\begin{bmatrix}0\\0\\1\end{bmatrix}u\\ y=\begin{bmatrix}1&-1&1\end{bmatrix}\boldsymbol{x}\end{cases}$$

如果系统状态不完全能控，试将它按能控性分解。

解 $\operatorname{rank}\boldsymbol{S}_c=\operatorname{rank}[\boldsymbol{b}\quad \boldsymbol{Ab}\quad \boldsymbol{A}^2\boldsymbol{b}]=\operatorname{rank}\begin{bmatrix}0&-1&-4\\0&0&0\\1&3&8\end{bmatrix}=2$

可知系统状态不完全能控，且分解后能控分状态向量为二维。按式(5-98)的原则构造非奇异变换矩阵 $\boldsymbol{P}$，并求出其逆阵，有

$$\boldsymbol{P}=\left[\begin{array}{cc:c}0&-1&0\\0&0&1\\1&3&0\end{array}\right],\quad \boldsymbol{P}^{-1}=\begin{bmatrix}3&0&1\\-1&0&0\\0&1&0\end{bmatrix}$$

在新状态空间中各系数矩阵分别为

$$\bar{\boldsymbol{A}}=\boldsymbol{P}^{-1}\boldsymbol{AP}=\begin{bmatrix}3&0&1\\-1&0&0\\0&1&0\end{bmatrix}\begin{bmatrix}1&2&-1\\0&1&0\\1&-4&3\end{bmatrix}\begin{bmatrix}0&-1&0\\0&0&1\\1&3&0\end{bmatrix}=\begin{bmatrix}0&-4&2\\1&4&-2\\0&0&1\end{bmatrix}$$

$$\bar{\boldsymbol{b}}=\boldsymbol{P}^{-1}\boldsymbol{b}=\begin{bmatrix}3&0&1\\-1&0&0\\0&1&0\end{bmatrix}\begin{bmatrix}0\\0\\1\end{bmatrix}=\begin{bmatrix}1\\0\\0\end{bmatrix}$$

$$\bar{\boldsymbol{c}}=\boldsymbol{cP}=[1\quad -1\quad 1]\begin{bmatrix}0&-1&0\\0&0&1\\1&3&0\end{bmatrix}=[1\quad 2\quad -1]$$

得到按能控性分解的状态空间表达式

$$\begin{cases}\dot{\bar{x}}=\begin{bmatrix}\dot{\bar{x}}_c\\ \hdashline \dot{\bar{x}}_{\bar{c}}\end{bmatrix}=\left[\begin{array}{cc:c}0 & -4 & 2\\ 1 & 4 & -2\\ \hdashline 0 & 0 & 1\end{array}\right]\begin{bmatrix}\bar{x}_c\\ \hdashline \bar{x}_{\bar{c}}\end{bmatrix}+\begin{bmatrix}1\\0\\ \hline 0\end{bmatrix}u\\ y=\left[\begin{array}{cc:c}1 & 2 & -1\end{array}\right]\begin{bmatrix}\bar{x}_c\\ \hdashline \bar{x}_{\bar{c}}\end{bmatrix}\end{cases}$$

显然，它具有式(5-106)所示的表达形式。由此也很容易写出能控子系统和不能控子系统。

2. 按能观性分解

系统按能观性分解对偶于按能控性分解，由此给出按能观性分解的方法。考虑多输入多输出线性定常系统[式(5-96)]状态不完全能观的情况。并设

$$\mathrm{rank}\boldsymbol{Q}_o=\mathrm{rank}\begin{bmatrix}\boldsymbol{C}\\ \boldsymbol{CA}\\ \vdots\\ \boldsymbol{CA}^{n-1}\end{bmatrix}=m<n \tag{5-109}$$

表明能观性矩阵 $\boldsymbol{Q}_o$ 中有且仅有 m 个行向量线性无关。取 $\boldsymbol{Q}_o$ 中 m 个线性无关的行向量 $\boldsymbol{q}_1$，$\boldsymbol{q}_2$，…，$\boldsymbol{q}_m$，再另外选取 $n-m$ 个线性无关并与 $\boldsymbol{q}_1$，$\boldsymbol{q}_2$，…，$\boldsymbol{q}_m$ 线性无关的行向量 $\boldsymbol{q}_{m+1}$，$\boldsymbol{q}_{m+2}$，…，$\boldsymbol{q}_n$，构成非奇异变换矩阵 $\boldsymbol{P}$ 的逆矩阵 $\boldsymbol{P}^{-1}$，即

$$\boldsymbol{P}^{-1}=\boldsymbol{Q}=\begin{bmatrix}\boldsymbol{q}_1\\ \vdots\\ \boldsymbol{q}_m\\ \hdashline \boldsymbol{q}_{m+1}\\ \vdots\\ \boldsymbol{q}_n\end{bmatrix} \tag{5-110}$$

求逆得变换矩阵 $\boldsymbol{P}$ 为

$$\boldsymbol{P}=\left[\begin{array}{ccc:ccc}\boldsymbol{p}_1 & \cdots & \boldsymbol{p}_m & \boldsymbol{p}_{m+1} & \cdots & \boldsymbol{p}_n\end{array}\right] \tag{5-111}$$

有对应结论：状态不完全能观的系统[式(5-96)]在如式(5-111)所示的变换矩阵 $\boldsymbol{P}$ 的非奇异线性变换 $\boldsymbol{x}=\boldsymbol{P}\bar{\boldsymbol{x}}$下，可使系统实现按能观性的结构分解，即

$$\begin{cases}\dot{\bar{\boldsymbol{x}}}=\begin{bmatrix}\dot{\bar{\boldsymbol{x}}}_o\\ \dot{\bar{\boldsymbol{x}}}_{\bar{o}}\end{bmatrix}=\begin{bmatrix}\bar{\boldsymbol{A}}_o & \boldsymbol{0}\\ \bar{\boldsymbol{A}}_{21} & \bar{\boldsymbol{A}}_{\bar{o}}\end{bmatrix}\begin{bmatrix}\bar{\boldsymbol{x}}_o\\ \bar{\boldsymbol{x}}_{\bar{o}}\end{bmatrix}+\begin{bmatrix}\bar{\boldsymbol{B}}_o\\ \bar{\boldsymbol{B}}_{\bar{o}}\end{bmatrix}\boldsymbol{u}\\ \boldsymbol{y}=\begin{bmatrix}\bar{\boldsymbol{C}}_o & \boldsymbol{0}\end{bmatrix}\begin{bmatrix}\bar{\boldsymbol{x}}_o\\ \bar{\boldsymbol{x}}_{\bar{o}}\end{bmatrix}\end{cases} \tag{5-112}$$

式中，$\bar{\boldsymbol{x}}_o$ 为 m 维能观分状态向量；$\bar{\boldsymbol{x}}_{\bar{o}}$为 $n-m$ 维不能观分状态向量。

通过按能观性分解，一个不完全能观的系统可以显式地表示为能观部分和不能观部分。其中能观部分是 m 维能观子系统：

$$\begin{cases}\dot{\boldsymbol{x}}_{\mathrm{o}}=\overline{\boldsymbol{A}}_{\mathrm{o}}\overline{\boldsymbol{x}}_{\mathrm{o}}+\overline{\boldsymbol{B}}_{\mathrm{o}}\boldsymbol{u}\\ \boldsymbol{y}_1=\overline{\boldsymbol{C}}_{\mathrm{o}}\overline{\boldsymbol{x}}_{\mathrm{o}}\end{cases}\tag{5-113}$$

不能观部分是 $n-m$ 维不能观子系统：

$$\begin{cases}\dot{\overline{\boldsymbol{x}}}_{\bar{\mathrm{o}}}=\overline{\boldsymbol{A}}_{\bar{\mathrm{o}}}\overline{\boldsymbol{x}}_{\bar{\mathrm{o}}}+\overline{\boldsymbol{A}}_{21}\overline{\boldsymbol{x}}_{\mathrm{o}}+\overline{\boldsymbol{B}}_{\bar{\mathrm{o}}}\boldsymbol{u}\\ \boldsymbol{y}_2=\boldsymbol{0}\end{cases}\tag{5-114}$$

同样可画出按能观性分解后的系统框图如图 5-10 所示。由图可见，不能观部分与系统输出 $\boldsymbol{y}$ 既无直接又无间接联系。

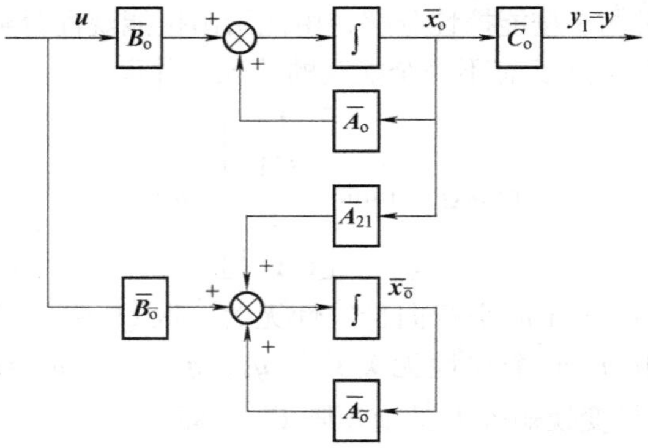

图 5-10　按能观性分解后的系统框图

例 5-23　给定线性定常系统为

$$\begin{cases}\dot{\boldsymbol{x}}=\begin{bmatrix}1&2&-1\\0&1&0\\1&-4&3\end{bmatrix}\boldsymbol{x}+\begin{bmatrix}0\\0\\1\end{bmatrix}u\\ y=\begin{bmatrix}1&-1&1\end{bmatrix}\boldsymbol{x}\end{cases}$$

如果系统不完全能观，试将它按能观性分解。

解　$\mathrm{rank}\boldsymbol{S}_{\mathrm{o}}=\mathrm{rank}\begin{bmatrix}\boldsymbol{c}\\ \boldsymbol{cA}\\ \boldsymbol{cA}^2\end{bmatrix}=\mathrm{rank}\begin{bmatrix}1&-1&1\\2&-3&2\\4&-7&4\end{bmatrix}=2$

可知系统不完全能观，且分解后能观分状态向量为二维。按式(5-110)的原则构成非奇异变换矩阵 $\boldsymbol{P}$ 的逆矩阵 $\boldsymbol{P}^{-1}$，并求逆得变换矩阵 $\boldsymbol{P}$，有

$$\boldsymbol{P}^{-1}=\begin{bmatrix}1&-1&1\\2&-3&2\\ \hdashline 0&0&1\end{bmatrix},\quad \boldsymbol{P}=\begin{bmatrix}3&-1&-1\\2&-1&0\\0&0&1\end{bmatrix}$$

在新状态空间中各系数矩阵分别为

$$\overline{\boldsymbol{A}}=\boldsymbol{P}^{-1}\boldsymbol{A}\boldsymbol{P}=\begin{bmatrix}1&-1&1\\2&-3&2\\0&0&1\end{bmatrix}\begin{bmatrix}1&2&-1\\0&1&0\\1&-4&3\end{bmatrix}\begin{bmatrix}3&-1&-1\\2&-1&0\\0&0&1\end{bmatrix}=\begin{bmatrix}0&1&0\\-2&3&0\\-5&3&2\end{bmatrix}$$

$$\bar{b}=P^{-1}b=\begin{bmatrix}1&-1&1\\2&-3&2\\0&0&1\end{bmatrix}\begin{bmatrix}0\\0\\1\end{bmatrix}=\begin{bmatrix}1\\2\\1\end{bmatrix}$$

$$\bar{c}=cP=[1\quad -1\quad 1]\begin{bmatrix}3&-1&-1\\2&-1&0\\0&0&1\end{bmatrix}=[1\quad 0\quad 0]$$

得到按能观性分解的状态空间表达式

$$\begin{cases}\dot{\bar{x}}=\begin{bmatrix}\dot{\bar{x}}_{o}\\ \text{---}\\ \dot{\bar{x}}_{\bar{o}}\end{bmatrix}=\left[\begin{array}{cc:c}0&1&0\\-2&3&0\\ \hdashline -5&3&2\end{array}\right]\begin{bmatrix}\bar{x}_{o}\\ \text{---}\\ \bar{x}_{\bar{o}}\end{bmatrix}+\begin{bmatrix}1\\2\\ \text{---}\\1\end{bmatrix}u\\ y=[1\quad 0\ \vdots\ 0]\begin{bmatrix}\bar{x}_{o}\\ \text{---}\\ \bar{x}_{\bar{o}}\end{bmatrix}\end{cases}$$

显然，它具有式(5-112)所示的表达形式。由此也很容易写出能观子系统和不能观子系统。

3. 系统结构的规范分解

系统结构的规范分解是指：对于既不完全能控又不完全能观的系统按能控性和能观性进行结构分解。考虑多输入多输出线性定常系统[式(5-96)]状态既不完全能控又不完全能观的情况，可以先按能控性分解，然后再按能观性分解；也可以先按能观性分解，然后再按能控性分解。这里仅介绍先按能控性分解再按能观性分解的过程。

设 n 维系统[式(5-96)]的能控性矩阵有 $\mathrm{rank}\boldsymbol{Q}_{c}=k<n$，根据前面的讨论，可以按式(5-98)的原则构造变换矩阵 $\boldsymbol{P}_1$，通过非奇异变换 $\boldsymbol{x}=\boldsymbol{P}_1\tilde{\boldsymbol{x}}$（其中 $\tilde{\boldsymbol{x}}=\begin{bmatrix}\tilde{\boldsymbol{x}}_{c}\\ \tilde{\boldsymbol{x}}_{\bar{c}}\end{bmatrix}$）将原系统按能控性分解成 k 维能控子系统

$$\begin{cases}\dot{\tilde{\boldsymbol{x}}}_{c}=\tilde{\boldsymbol{A}}_{c}\tilde{\boldsymbol{x}}_{c}+\tilde{\boldsymbol{A}}_{12}\tilde{\boldsymbol{x}}_{\bar{c}}+\tilde{\boldsymbol{B}}_{c}\boldsymbol{u}\\ \boldsymbol{y}_1=\tilde{\boldsymbol{C}}_{c}\tilde{\boldsymbol{x}}_{c}\end{cases}\tag{5-115}$$

和 $n-k$ 维不能控子系统

$$\begin{cases}\dot{\tilde{\boldsymbol{x}}}_{\bar{c}}=\tilde{\boldsymbol{A}}_{\bar{c}}\tilde{\boldsymbol{x}}_{\bar{c}}\\ \boldsymbol{y}_2=\tilde{\boldsymbol{C}}_{\bar{c}}\tilde{\boldsymbol{x}}_{\bar{c}}\end{cases}\tag{5-116}$$

设子系统[式(5-115)]的能观性矩阵有 $\mathrm{rank}\boldsymbol{Q}_{o}=m<k$，可以按式(5-110)的原则构造变换矩阵 $\boldsymbol{P}_2$ 的逆矩阵 $\boldsymbol{P}_2^{-1}$，通过非奇异变换 $\tilde{\boldsymbol{x}}_{c}=\boldsymbol{P}_2\bar{\boldsymbol{x}}_{c}$（其中 $\bar{\boldsymbol{x}}_{c}=\begin{bmatrix}\bar{\boldsymbol{x}}_{co}\\ \bar{\boldsymbol{x}}_{c\bar{o}}\end{bmatrix}$）将子系统[式(5-115)]变换为

$$
\begin{cases}
\begin{bmatrix} \dot{\bar{\boldsymbol{x}}}_{co} \\ \dot{\bar{\boldsymbol{x}}}_{c\bar{o}} \end{bmatrix} = \begin{bmatrix} \bar{\boldsymbol{A}}_{co} & \boldsymbol{0} \\ \bar{\boldsymbol{A}}_{c21} & \bar{\boldsymbol{A}}_{c\bar{o}} \end{bmatrix} \begin{bmatrix} \bar{\boldsymbol{x}}_{co} \\ \bar{\boldsymbol{x}}_{c\bar{o}} \end{bmatrix} + \begin{bmatrix} \bar{\boldsymbol{B}}_{co} \\ \bar{\boldsymbol{B}}_{c\bar{o}} \end{bmatrix} \boldsymbol{u} + \boldsymbol{P}_2^{-1} \tilde{\boldsymbol{A}}_{12} \tilde{\boldsymbol{x}}_{\bar{c}} \\
\boldsymbol{y}_1 = [\bar{\boldsymbol{C}}_{co} \quad \boldsymbol{0}] \begin{bmatrix} \bar{\boldsymbol{x}}_{co} \\ \bar{\boldsymbol{x}}_{c\bar{o}} \end{bmatrix}
\end{cases} \tag{5-117}
$$

设子系统[式(5-116)]的能观性矩阵有 $\operatorname{rank}\boldsymbol{Q}_o = l < n-k$，同样可以按式(5-110)的原则构造变换矩阵 $\boldsymbol{P}_3$ 的逆矩阵 $\boldsymbol{P}_3^{-1}$，通过非奇异变换 $\tilde{\boldsymbol{x}}_{\bar{c}} = \boldsymbol{P}_3 \bar{\boldsymbol{x}}_{\bar{c}}$（其中 $\bar{\boldsymbol{x}}_{\bar{c}} = \begin{bmatrix} \bar{\boldsymbol{x}}_{\bar{c}o} \\ \bar{\boldsymbol{x}}_{\bar{c}\bar{o}} \end{bmatrix}$）将子系统[式(5-116)]变换为

$$
\begin{cases}
\begin{bmatrix} \dot{\bar{\boldsymbol{x}}}_{\bar{c}o} \\ \dot{\bar{\boldsymbol{x}}}_{\bar{c}\bar{o}} \end{bmatrix} = \begin{bmatrix} \bar{\boldsymbol{A}}_{\bar{c}o} & \boldsymbol{0} \\ \bar{\boldsymbol{A}}_{\bar{c}21} & \bar{\boldsymbol{A}}_{\bar{c}\bar{o}} \end{bmatrix} \begin{bmatrix} \bar{\boldsymbol{x}}_{\bar{c}o} \\ \bar{\boldsymbol{x}}_{\bar{c}\bar{o}} \end{bmatrix} \\
\boldsymbol{y}_2 = [\bar{\boldsymbol{C}}_{\bar{c}o} \quad \boldsymbol{0}] \begin{bmatrix} \bar{\boldsymbol{x}}_{\bar{c}o} \\ \bar{\boldsymbol{x}}_{\bar{c}\bar{o}} \end{bmatrix}
\end{cases} \tag{5-118}
$$

将 $\tilde{\boldsymbol{x}}_{\bar{c}} = \boldsymbol{P}_3 \bar{\boldsymbol{x}}_{\bar{c}}$ 代入式(5-117)状态方程的最后一项，有 $\boldsymbol{P}_2^{-1} \tilde{\boldsymbol{A}}_{12} \tilde{\boldsymbol{x}}_{\bar{c}} = \boldsymbol{P}_2^{-1} \tilde{\boldsymbol{A}}_{12} \boldsymbol{P}_3 \bar{\boldsymbol{x}}_{\bar{c}}$，其中 $\bar{\boldsymbol{x}}_{\bar{c}} = \begin{bmatrix} \bar{\boldsymbol{x}}_{\bar{c}o} \\ \bar{\boldsymbol{x}}_{\bar{c}\bar{o}} \end{bmatrix}$。可以证明，$\boldsymbol{P}_2^{-1} \tilde{\boldsymbol{A}}_{12} \boldsymbol{P}_3$ 具有 $\boldsymbol{P}_2^{-1} \tilde{\boldsymbol{A}}_{12} \boldsymbol{P}_3 = \begin{bmatrix} \bar{\boldsymbol{A}}_{13} & \boldsymbol{0} \\ \bar{\boldsymbol{A}}_{23} & \bar{\boldsymbol{A}}_{24} \end{bmatrix}$ 的结构形式，所以，式(5-117)状态方程可写为

$$
\begin{bmatrix} \dot{\bar{\boldsymbol{x}}}_{co} \\ \dot{\bar{\boldsymbol{x}}}_{c\bar{o}} \end{bmatrix} = \begin{bmatrix} \bar{\boldsymbol{A}}_{co} & \boldsymbol{0} \\ \bar{\boldsymbol{A}}_{c21} & \bar{\boldsymbol{A}}_{c\bar{o}} \end{bmatrix} \begin{bmatrix} \bar{\boldsymbol{x}}_{co} \\ \bar{\boldsymbol{x}}_{c\bar{o}} \end{bmatrix} + \begin{bmatrix} \bar{\boldsymbol{B}}_{co} \\ \bar{\boldsymbol{B}}_{c\bar{o}} \end{bmatrix} \boldsymbol{u} + \begin{bmatrix} \bar{\boldsymbol{A}}_{13} & \boldsymbol{0} \\ \bar{\boldsymbol{A}}_{23} & \bar{\boldsymbol{A}}_{24} \end{bmatrix} \begin{bmatrix} \bar{\boldsymbol{x}}_{\bar{c}o} \\ \bar{\boldsymbol{x}}_{\bar{c}\bar{o}} \end{bmatrix} \tag{5-119}
$$

综合上面的分解过程，可得出多输入多输出线性定常系统[式(5-96)]在状态既不完全能控又不完全能观的情况下的规范结构分解，即

$$
\begin{cases}
\dot{\bar{\boldsymbol{x}}} = \begin{bmatrix} \dot{\bar{\boldsymbol{x}}}_{co} \\ \dot{\bar{\boldsymbol{x}}}_{c\bar{o}} \\ \hdashline \dot{\bar{\boldsymbol{x}}}_{\bar{c}o} \\ \dot{\bar{\boldsymbol{x}}}_{\bar{c}\bar{o}} \end{bmatrix} = \left[\begin{array}{cc:cc} \bar{\boldsymbol{A}}_{co} & \boldsymbol{0} & \bar{\boldsymbol{A}}_{13} & \boldsymbol{0} \\ \bar{\boldsymbol{A}}_{21} & \bar{\boldsymbol{A}}_{c\bar{o}} & \bar{\boldsymbol{A}}_{23} & \bar{\boldsymbol{A}}_{24} \\ \hdashline \boldsymbol{0} & \boldsymbol{0} & \bar{\boldsymbol{A}}_{\bar{c}o} & \boldsymbol{0} \\ \boldsymbol{0} & \boldsymbol{0} & \bar{\boldsymbol{A}}_{43} & \bar{\boldsymbol{A}}_{\bar{c}\bar{o}} \end{array}\right] \begin{bmatrix} \bar{\boldsymbol{x}}_{co} \\ \bar{\boldsymbol{x}}_{c\bar{o}} \\ \hdashline \bar{\boldsymbol{x}}_{\bar{c}o} \\ \bar{\boldsymbol{x}}_{\bar{c}\bar{o}} \end{bmatrix} + \begin{bmatrix} \bar{\boldsymbol{B}}_{co} \\ \bar{\boldsymbol{B}}_{c\bar{o}} \\ \hdashline \boldsymbol{0} \\ \boldsymbol{0} \end{bmatrix} \boldsymbol{u} \\
\boldsymbol{y} = [\bar{\boldsymbol{C}}_{co} \quad 0 \ \vdots \ \bar{\boldsymbol{C}}_{\bar{c}o} \quad 0] \begin{bmatrix} \bar{\boldsymbol{x}}_{co} \\ \bar{\boldsymbol{x}}_{c\bar{o}} \\ \hdashline \bar{\boldsymbol{x}}_{\bar{c}o} \\ \bar{\boldsymbol{x}}_{\bar{c}\bar{o}} \end{bmatrix}
\end{cases} \tag{5-120}
$$

为统一起见，将 $\bar{\boldsymbol{A}}_{c21}$、$\bar{\boldsymbol{A}}_{\bar{c}21}$ 分别表示为 $\bar{\boldsymbol{A}}_{21}$ 和 $\bar{\boldsymbol{A}}_{43}$。式中，$\bar{\boldsymbol{x}}_{co}$ 为 m 维能控能观分状态向量；$\bar{\boldsymbol{x}}_{c\bar{o}}$ 为 $k-m$ 维能控不能观分状态向量；$\bar{\boldsymbol{x}}_{\bar{c}o}$ 为 l 维不能控能观分状态向量；$\bar{\boldsymbol{x}}_{\bar{c}\bar{o}}$ 为 $n-k-l$ 维不能控不能观分状态向量。

可见，一个状态不完全能控又不完全能观的 n 维线性定常系统，通过结构的规范分解可以分解为 4 个子系统，并可以显式地表示出来，它们分别是能控能观子系统

$$\begin{cases}\dot{\bar{\boldsymbol{x}}}_{co}=\bar{\boldsymbol{A}}_{co}\bar{\boldsymbol{x}}_{co}+\bar{\boldsymbol{A}}_{13}\bar{\boldsymbol{x}}_{\bar{c}o}+\bar{\boldsymbol{B}}_{co}\boldsymbol{u}\\ \boldsymbol{y}_1=\bar{\boldsymbol{C}}_{co}\bar{\boldsymbol{x}}_{co}\end{cases}\tag{5-121}$$

能控不能观子系统

$$\begin{cases}\dot{\bar{\boldsymbol{x}}}_{c\bar{o}}=\bar{\boldsymbol{A}}_{21}\bar{\boldsymbol{x}}_{co}+\bar{\boldsymbol{A}}_{c\bar{o}}\bar{\boldsymbol{x}}_{c\bar{o}}+\bar{\boldsymbol{A}}_{23}\bar{\boldsymbol{x}}_{\bar{c}o}+\bar{\boldsymbol{A}}_{24}\bar{\boldsymbol{x}}_{\bar{c}\bar{o}}+\bar{\boldsymbol{B}}_{c\bar{o}}\boldsymbol{u}\\ \boldsymbol{y}_2=0\end{cases}\tag{5-122}$$

不能控能观子系统

$$\begin{cases}\dot{\bar{\boldsymbol{x}}}_{\bar{c}o}=\bar{\boldsymbol{A}}_{\bar{c}o}\bar{\boldsymbol{x}}_{\bar{c}o}\\ \boldsymbol{y}_3=\bar{\boldsymbol{C}}_{\bar{c}o}\bar{\boldsymbol{x}}_{\bar{c}o}\end{cases}\tag{5-123}$$

和不能控不能观子系统

$$\begin{cases}\dot{\bar{\boldsymbol{x}}}_{\bar{c}\bar{o}}=\bar{\boldsymbol{A}}_{43}\bar{\boldsymbol{x}}_{\bar{c}o}+\bar{\boldsymbol{A}}_{\bar{c}\bar{o}}\bar{\boldsymbol{x}}_{\bar{c}\bar{o}}\\ \boldsymbol{y}_4=0\end{cases}\tag{5-124}$$

系统结构规范分解后的框图如图 5-11 所示，图中 Σ_{ij} 表示了积分器与相应子系统系统矩阵的组合。由图可见，不能控的子系统不受输入 $\boldsymbol{u}$ 的直接或间接影响，不能观的子系统与系统输出 $\boldsymbol{y}$ 既无直接又无间接联系。

系统结构的规范分解由于变换次序和变换矩阵的不唯一性，分解结果也是不唯一的，但是，分解后的形式一定是如式(5-120)所表示的，是唯一的。

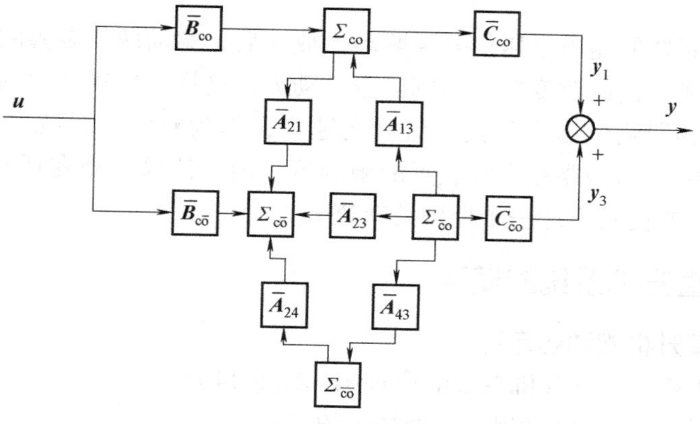

图 5-11　系统结构规范分解框图

第三节　双转子直升机系统

可重构动态元件的双转子航空控制系统 Quanser AERO，是加拿大 Quanser 公司研发的一个集成各组件于一体满足实验室使用需求的系统。该系统可以用于重构多种航空器控制实验，如单自由度姿态控制、2 自由度直升机控制以及半旋翼控制系统等。

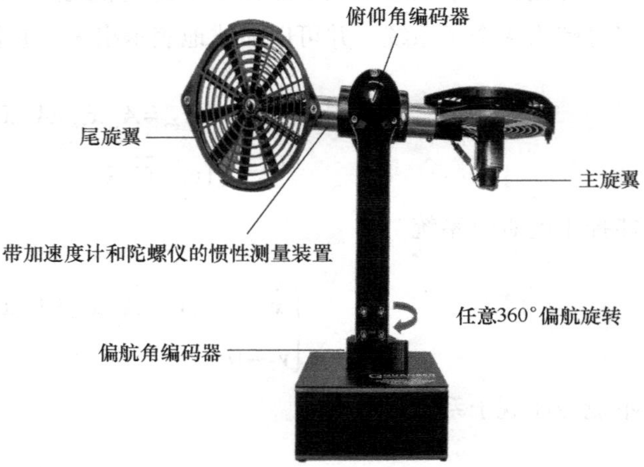

图 5-12　Quanser AERO 系统示意图

Quanser AERO 系统主要由基本部件、旋翼、横梁、位置传感器(如轴角编码器)、惯性测量装置和直流电机(含测速机)等组成，如图 5-12 所示。

系统具有两个直流电动机驱动的旋翼，分别为主旋翼和尾旋翼，其旋转面互相垂直，并通过横梁连接在一起。双转子控制系统的输入指令为俯仰角和偏航角的期望值，通过位置传感器(轴角编码器)将系统的输出俯仰角和偏航角反馈给控制器，构成一个闭环控制系统，如图 5-13 所示。

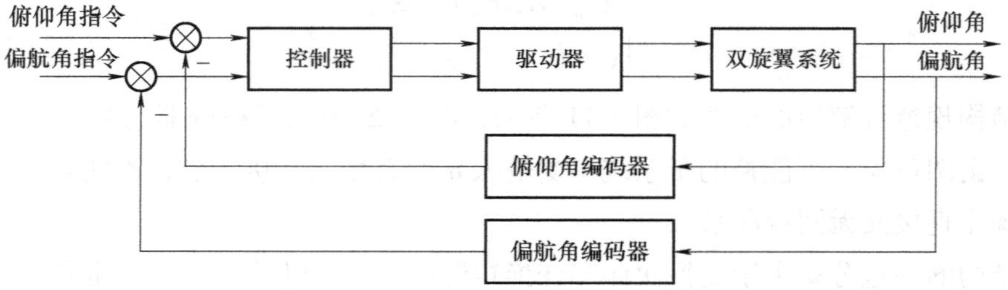

图 5-13　双转子控制系统原理图

双转子系统控制器的输出电压信号经驱动器放大后，驱动两个旋翼的直流电动机，随之改变旋翼的旋转速率，进而改变旋翼周围的空气动力，这样，旋翼产生的空气动力可控制横梁的相应位置。传感器测量横梁的角位置和角速度，作为双转子系统的输出量反馈给控制器。控制这个系统的目的是要在实验装置的限制范围内，使横梁稳在任意期望的位置(垂直方向和水平方向)，或使其跟踪一个期望的轨迹。

一、双转子直升机系统的模型

(一) 双转子直升机的动态方程

Quanser AERO 双转子直升机系统的原理图如图 5-14 所示。

在双转子直升机系统建模过程中，做如下约定：

1) 当俯仰角(pitch angle) $\theta=0$ 时，直升机系统处于水平状态，且与地面平行。

2）当主旋翼向上运动，直升机机体绕 Y 轴逆时针旋转时，俯仰角 $\theta(t)$ 增加，即 $\dot{\theta}(t)>0$。

3）当直升机机体绕 Z 轴逆时针旋转时，偏航角 $\psi(t)$ 增加，即 $\dot{\psi}(t)>0$。

4）当主旋翼电动机的输入电压 $U_p>0$ 时，俯仰角 $\theta(t)$ 增加，即 $\dot{\theta}(t)>0$。

5）当尾旋翼电动机的输入电压 $U_y>0$ 时，偏航角 $\psi(t)$ 增加，即 $\dot{\psi}(t)>0$。

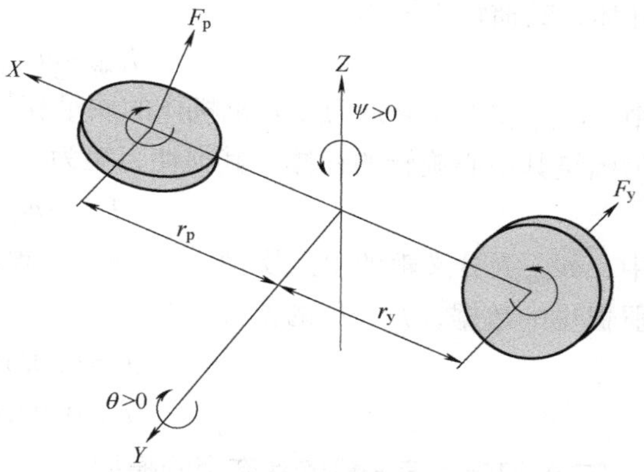

图 5-14 Quanser AERO 双转子直升机系统原理图

当对俯仰电动机(主旋翼电动机)输入电压 V_p，主旋翼旋转，并在距离俯仰轴(Y 轴)r_p 的位置产生一个垂直与机体的力 F_p。同时，桨叶的旋转产生一个围绕俯仰电动机轴向的力矩，该力矩引起直升机机体同时围绕俯仰轴和偏航轴运动(Y 轴)。传统直升机往往包含一个尾桨，目的是产生一个逆力矩，以补偿主旋翼产生的力矩对偏航轴的影响，从而保持直升机机体的平衡。偏航电动机也会在距离偏航轴 r_y 的位置产生一个力 F_y，其桨叶旋转产生的力矩同样可会为俯仰轴造成影响。

我们建立一个简单的线性模型，用于表示 Quanser AERO 双转子直升机系统在水平方向的运动特性。双转子直升机系统运动方程如下：

$$J_p\ddot{\theta}+D_p\dot{\theta}=\tau_p$$
$$J_y\ddot{\psi}+D_y\dot{\psi}=\tau_y \tag{5-125}$$

式中，J_p 为关于俯仰轴的总惯性力矩；D_p 为关于俯仰轴的阻尼；J_y 为关于偏航轴的总惯性力矩；D_y 为关于偏航轴的阻尼；τ_p 为作用于俯仰轴的力矩；τ_y 为作用于偏航轴的力矩。τ_p、τ_y 的计算公式如下：

$$\tau_p=K_{pp}V_p+K_{py}V_y$$
$$\tau_y=K_{yp}V_p+K_{yy}V_y$$

式中，K_{pp}为俯仰电动机转子的转矩推力增益；K_{py}为偏航电动机转子作用在俯仰轴上的交叉转矩推力增益；V_p 为俯仰电动机的输入电压；K_{yy}为偏航电动机转子的转矩推力增益；K_{yp}为俯仰电动机转子作用在偏航轴上的交叉转矩推力增益；V_y 为偏航电动机的输入电压。

由于俯仰电动机转子和偏航电动机转子间存在耦合作用，俯仰轴和偏航轴上的总力矩是由俯仰电动机转子和偏航电动机转子共同作用产生。因此，俯仰轴的总惯性力矩 $\tau_p=K_{pp}V_p+K_{py}V_y$，偏航轴的总惯性力矩 $\tau_y=K_{yp}V_p+K_{yy}V_y$。

另外，作用于俯仰轴和偏航轴上的总惯性力矩可以表示为

$$J_p=J_{body}+2J_{prop}$$
$$J_y=J_{body}+2J_{prop}+J_{yoke}$$

如果将电动机转子表示为单点质量 m_{prop}，对于来自单个转子的作用于俯仰轴或偏航轴的惯性力矩为

$$J_{prop}=m_{prop}r_{prop}^2$$

式中，r_{prop}为电动机转子质元到转轴的垂直距离。如果将直升机机体表示为绕其中心旋转的

圆柱体，其惯性力矩为

$$J_{\text{body}}=m_{\text{body}}L_{\text{body}}^2/12$$

式中，m_{body}和L_{body}分别为直升机机体的质量和长度。最后，围绕偏航轴旋转的分叉轭可以近似为围绕其中心旋转的柱体，其惯性力矩为

$$J_{\text{yoke}}=m_{\text{yoke}}r_{\text{fork}}^2/2$$

式中，m_{yoke}为分叉轭的单点质量；r_{fork}为分叉轭到转轴的垂直距离。根据 Quanser AERO 用户手册提供的数据，J_{p}、J_{y} 的值分别为

$$J_{\text{p}}=0.0219\text{kg}\cdot\text{m}^2$$

$$J_{\text{y}}=0.0220\text{kg}\cdot\text{m}^2$$

（二）双转子直升机的状态空间模型

根据式(5-125)所示的双转子直升机系统的运动方程，定义双转子直升机系统的状态向量

$$\boldsymbol{x}=[\theta(t)\quad\psi(t)\quad\dot{\theta}(t)\quad\dot{\psi}(t)]^{\text{T}}$$

输出向量

$$\boldsymbol{y}=[\theta(t)\quad\psi(t)]^{\text{T}}$$

输入向量

$$\boldsymbol{u}=[V_{\text{p}}(t)\quad V_{\text{y}}(t)]^{\text{T}}$$

式中，θ 和 ψ 分别为俯仰角和偏航角；V_{p} 和 V_{y} 分别为俯仰电动机(主旋翼电动机)和偏航电动机(尾旋翼电动机)的输入电压。因此，根据式(5-125)，可以得到双转子直升机系统的状态空间模型为

$$\dot{\boldsymbol{x}}=\begin{bmatrix}0&0&1&0\\0&0&0&1\\0&0&\dfrac{-D_{\text{p}}}{J_{\text{p}}}&0\\0&0&0&\dfrac{-D_{\text{y}}}{J_{\text{y}}}\end{bmatrix}\boldsymbol{x}+\begin{bmatrix}0&0\\0&0\\\dfrac{K_{\text{pp}}}{J_{\text{p}}}&\dfrac{K_{\text{py}}}{J_{\text{p}}}\\\dfrac{K_{\text{yp}}}{J_{\text{y}}}&\dfrac{K_{\text{yy}}}{J_{\text{y}}}\end{bmatrix}\boldsymbol{u} \tag{5-126}$$

$$\boldsymbol{y}=\begin{bmatrix}1&0&0&0\\0&1&0&0\end{bmatrix}\boldsymbol{x}+\begin{bmatrix}0&0\\0&0\end{bmatrix}\boldsymbol{u}$$

式(5-126)中的各个参数的取值见表 5-1。

表 5-1　双转子直升机系统的状态空间模型参数表

参数	值	单位	参数	值	单位
J_{p}	0.0219	kg · m²	K_{pp}	0.0015	N · m/V
J_{y}	0.0220	kg · m²	K_{yy}	0.0040	N · m/V
D_{p}	0.0226	V · s/rad	K_{py}	0.0017	N · m/V
D_{y}	0.0211	V · s/rad	K_{yp}	−0.0017	N · m/V

二、时域分析

由于俯仰电动机转子和偏航电动机转子间存在耦合作用，造成双转子直升机系统的时域分析较为复杂。为了简化分析过程，将尾旋翼锁定，只考虑主旋翼的时域性能。此时，系统简化为仅有俯仰角的单自由度系统，系统运动方程简化为

$$J_p\ddot{\theta}+D_p\dot{\theta}=K_{pp}V_p$$

转换成系统状态空间模型为

$$\dot{\boldsymbol{x}}=\begin{bmatrix}0 & 1\\ 0 & -\dfrac{D_p}{J_p}\end{bmatrix}\boldsymbol{x}+\begin{bmatrix}0\\ \dfrac{K_{pp}}{J_p}\end{bmatrix}u$$

$$y=[1\quad 0]\boldsymbol{x}$$

式中，$\boldsymbol{x}=[\theta\quad\dot{\theta}]^{T}$，$u=V_p$，$y=\theta$，$D_p=0.0226V\cdot s/rad$，$J_p=0.0219kg\cdot m^2$，$K_{pp}=0.0015N\cdot m/V$。

当该开环系统输入单位阶跃信号 $u(t)=1$，$t>0$，系统结构图如图 5-15 所示，输出 y 的时间响应曲线如图 5-16 所示。很明显，该系统不稳定，其阶跃响应曲线随着时间增加而发散。

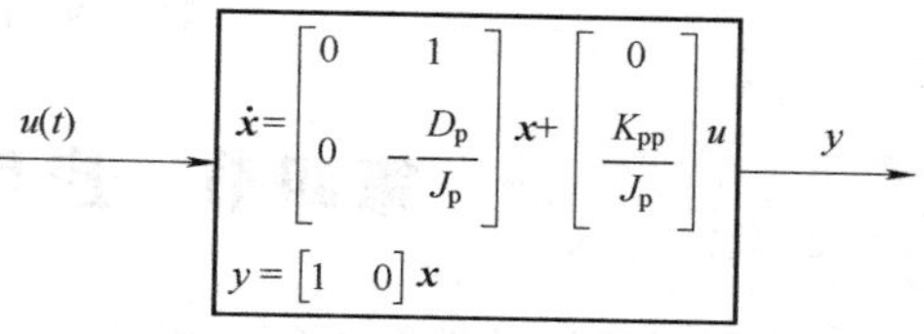

图 5-15　开环系统结构图

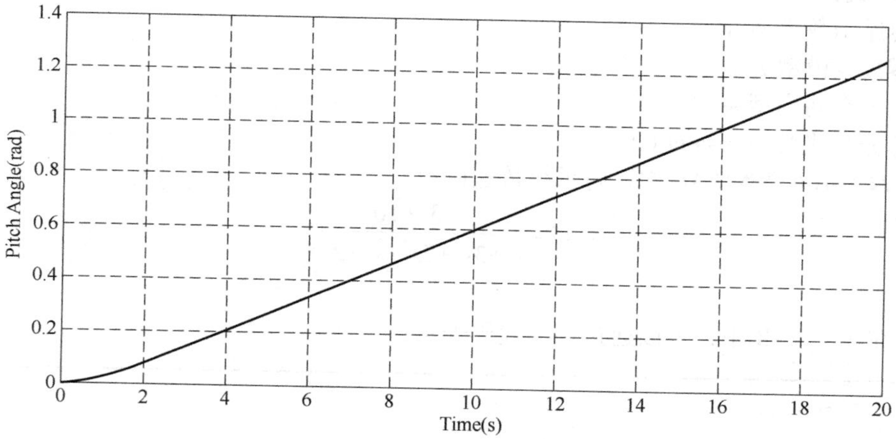

图 5-16　开环系统的阶跃响应曲线

现在原系统的基础上，引入比例增益环节，并形成单位负反馈的闭环控制系统，系统结构如图 5-17 所示。当 $r(t)=1$，$t>0$，$K=10$ 时，系统稳定，动态过程各项指标分别为超调量 $\sigma\%=8.16\%$，峰值时间 $t_p=4.9s$，上升时间 $t_r=3.6s$，调整时间 $t_s=7.3s$。闭环系统单位阶跃响应曲线如图 5-18 所示。

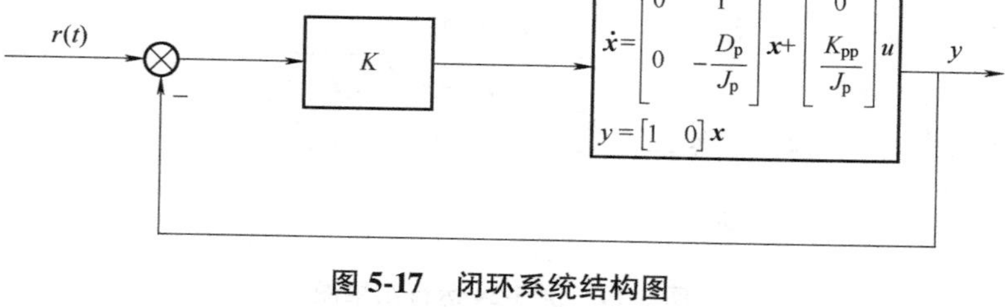

图 5-17　闭环系统结构图

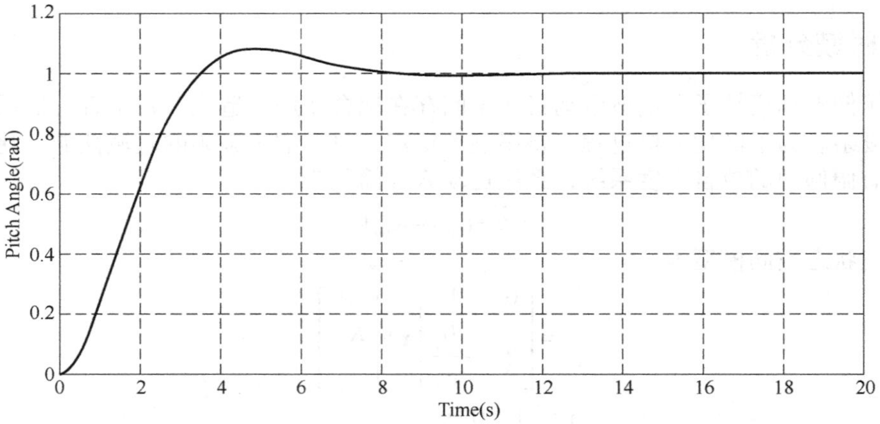

图 5-18 闭环系统单位阶跃响应曲线

第四节 应用 MATLAB 的积分变换

为了对系统的性能进行分析首先要建立其数学模型，在 MATLAB 中提供了 4 种数学模型描述的形式：

1）传递函数模型 tf( )。

2）零极点模型 zpk( )。

3）状态空间模型 ss( )。

4）部分分式模型 residue( )。

例 5-24 请在 MATLAB 中，将系统传递函数

$$G(s)=\frac{3s+10}{s^5+3s^4+2s^3+s^2+2s+3}$$

进行表示。

解 在 MATLAB 中，可以通过如下代码表示：

```
clc;clear;close all;
num=[3 10];
den=[1 3 2 1 2 3];
sys=tf(num,den)
```

运行结果如图 5-19 所示。

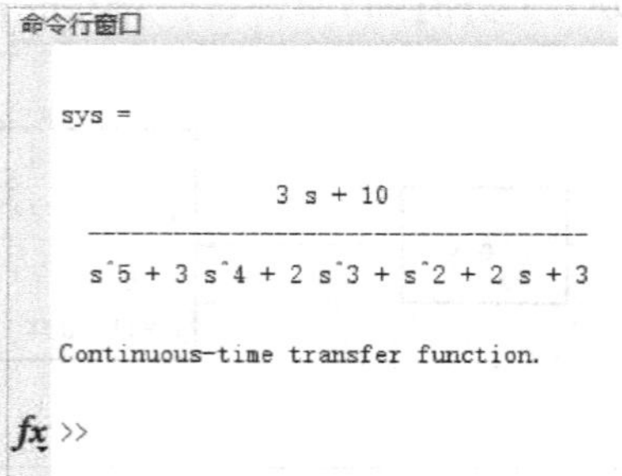

图 5-19 例 5-24 运行结果图

例 5-25　已知系统传递函数为

$$G(s)=\frac{3(s+3)(s+10)}{(s+4)(s+1)(s+6)}$$

请用 MATLAB 将上述模型表示出来。

解　在 MATLAB 中，可以通过如下代码表示：

```
clc;clear;close all;
k=3;
z=[-3 -10];
p=[-4 -1 -6];
sys=zpk(z,p,k)
```

运行结果如图 5-20 所示。

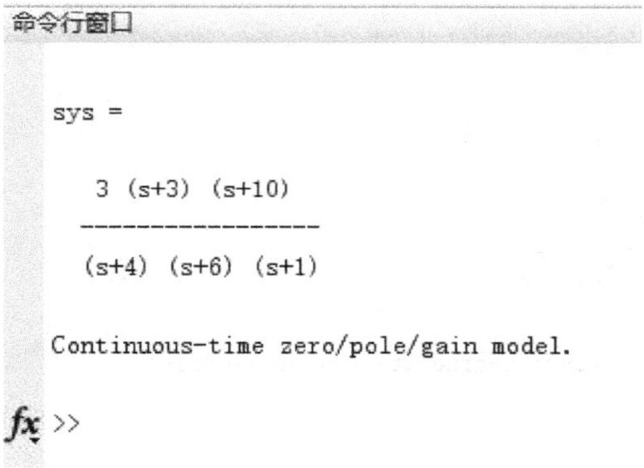
命令行窗口
sys =
3 (s+3) (s+10)

(s+4) (s+6) (s+1)
Continuous-time zero/pole/gain model.
fx >>

图 5-20　例 5-25 运行结果图

例 5-26　已知状态空间可以表示为

$$\begin{cases}\dot{\boldsymbol{x}}=\begin{bmatrix}1 & 2 & -1\\0 & 1 & 0\\1 & -4 & 3\end{bmatrix}\boldsymbol{x}+\begin{bmatrix}0\\0\\1\end{bmatrix}u\\ y=\begin{bmatrix}1 & -1 & 1\end{bmatrix}\boldsymbol{x}\end{cases}$$

请用 MATLAB 将上述模型进行描述。

解　在 MATLAB 中，可以通过如下代码实现：

```
clc;clear;close all;
a=[1 2 -1;0 1 0;1 -4 3];
b=[0;0;1];
c=[1 -1 1];
d=0;
sys=ss(a,b,c,d)
```

运行结果如图 5-21 所示。

```
命令行窗口

sys =

  a =
       x1  x2  x3
   x1   1   2  -1
   x2   0   1   0
   x3   1  -4   3

  b =
       u1
   x1   0
   x2   0
   x3   1

  c =
       x1  x2  x3
   y1   1  -1   1

  d =
       u1
   y1   0

Continuous-time state-space model.

fx >>
```


图 5-21　例 5-26 运行结果图

本章要点

1. 动态系统的时域描述包括输入输出描述和状态空间描述。输入输出描述主要体现单输入单输出系统的输入量与输出量之间的关系，包括描述连续系统的微分方程和描述离散系统的差分方程两种形式；状态空间描述侧重于体现系统内部状态向量与输入向量和输出向量之间的关系，是一种更完善的系统描述形式。

2. 动态系统的时域分析是通过求解系统的输入输出描述或状态空间描述来实现的，前者主要得出系统的输出响应 $y(t)$（或 $y(k)$），后者主要得出系统的状态解 $x(t)$（或 $x(k)$），是一种定量分析方法。

3. 系统的能控性和能观性分别揭示了线性系统在状态空间描述情况下系统的控制量对状态量的支配能力和输出量对状态量的测辨能力，是线性系统的重要结构特性。本章介绍了一系列关于系统能控性和能观性的判据。

4. 线性系统的结构分解能显式地将系统的能控（能观）和不能控（不能观）状态分开表示，从而更深刻地揭示系统的结构特性。线性系统的结构分解可以通过构建合适的非奇异变换实现。

习　题

1. 观察图 5-22 所示电路，取电压源 e 为输入变量，电阻 R_1 上的电压为输出变量，试建立该电路网络的状态空间表达式。

2. 有 *RLC* 网络如图 5-23 所示，设 u_i、u_o 分别为输入变量和输出变量，试写出该电网络的状态空间表达式。

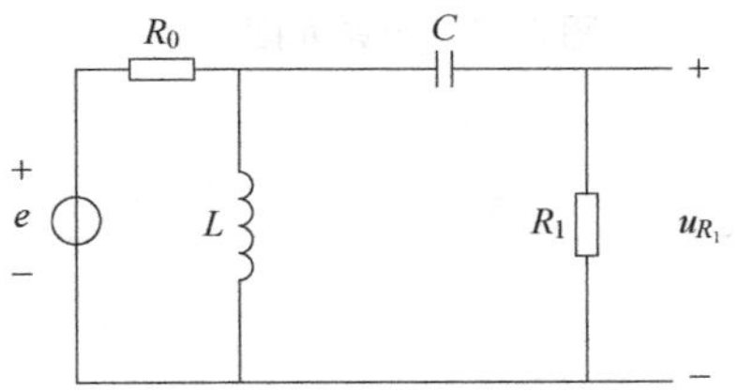

图 5-22　习题 1 图

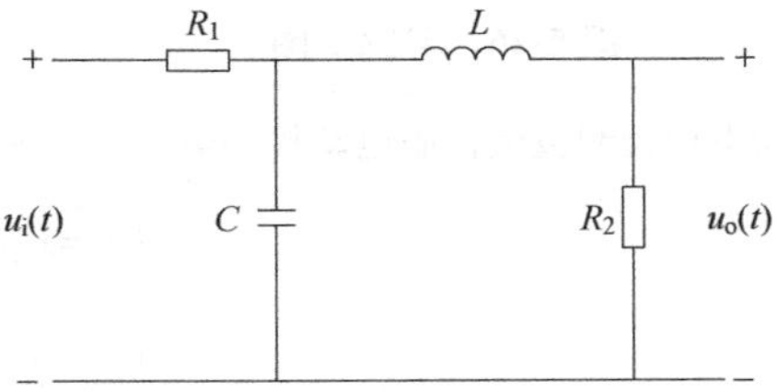

图 5-23　习题 2 图

3. 观察图 5-24 所示电路，取 u_1、u_2 为输入变量，u_A 为输出变量，并选 i_1 和 i_2 为状态变量，试建立该电网络的状态空间表达式。

4. 图 5-25 为电枢控制直流他励电动机工作原理示意图，励磁电流为恒定，通过调节电枢供电电压 u 实现调速。其中，R、L 分别为电动机电枢回路的电阻和电感，J 为电动机轴上的等效总转动惯量，f 为电动机轴上的等效总黏性摩擦系数，ω 为电动机角速度。电动机的电动势常数和转矩常数分别表示为 K_e、K_m。试建立电动机的状态空间模型。

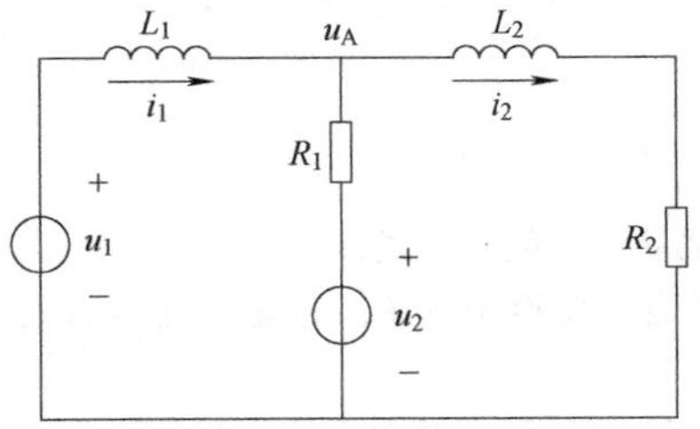

图 5-24　习题 3 图

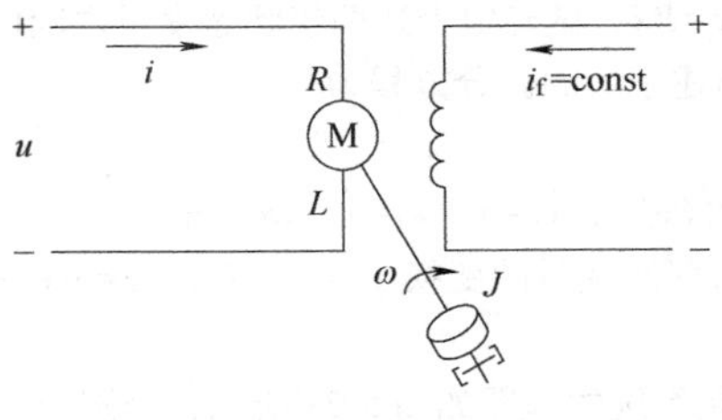

图 5-25　习题 4 图

5. 一机械运动系统如图 5-26 所示，如忽略小车与地面的摩擦力，并设弹簧的线性弹性系数为 k，小车质量为 m。试写出在外力 F 作用下，位移 y 为输出变量的系统状态空间表达式。

6. 直流发电机-电动机组如图 5-27 所示，R_f、L_f 分别为发动机励磁回路电阻和电感，R_G、L_G 分别为发电机电枢的电阻和电感，R_M、L_M 分别为电动机电枢的电阻和电感，J 为电动机轴上的等效总转动惯量，f 为电动机轴上的等效总黏性摩擦系数，设电动机励磁电流为恒定。输入为发电机励磁电压 $u_f(t)$，输出为电动机的角速度 $\omega(t)$。

1）列出该机组的微分方程式；

2）列出该机组的状态空间表达式；

3）画出系统的状态变量图；

4）分别由微分方程式、状态空间表达式求出机组的传递函数。

7. 已知描述系统的微分方程如下面式子，试各写出它们的状态空间表达式：

1）$\dddot{y}+9\ddot{y}+5\dot{y}+3y=\ddot{u}+4\dot{u}+u$

2）$\dddot{y}+7\ddot{y}+3y=\dot{u}+2u$

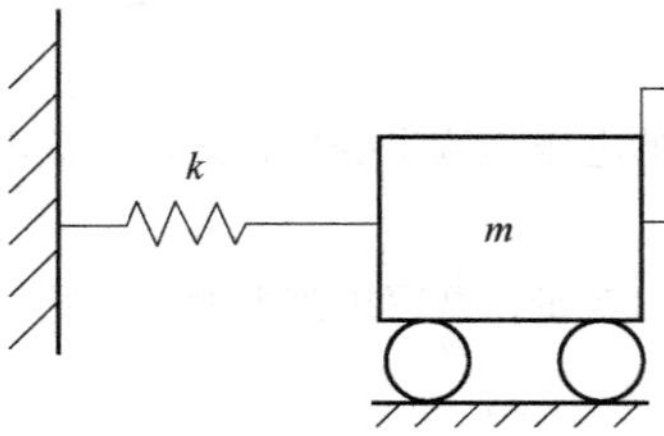

图 5-26　习题 5 图

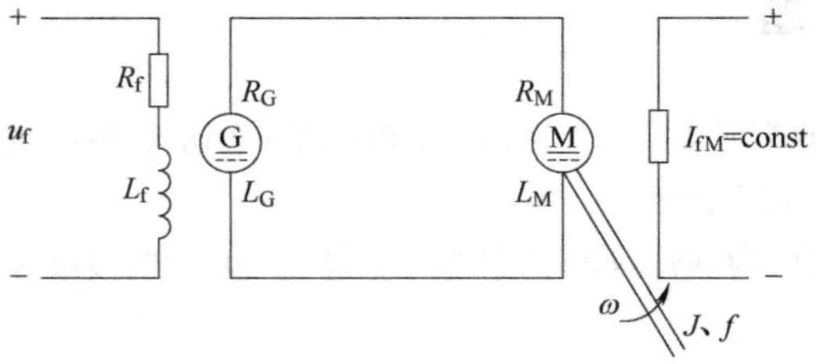

图 5-27　习题 6 图

8. 已知电枢控制直流伺服电动机的运动方程式为

$$\begin{cases} u_a=R_a i_a+L_a\dfrac{di_a}{dt}+E_b \\ E_b=K_b\dfrac{d\theta_m}{dt} \\ M_m=C_m i_a \\ M_m=J_m\dfrac{d^2\theta_m}{dt^2}+f_m\dfrac{d\theta_m}{dt} \end{cases}$$

其传递函数为

$$\frac{\Theta_m(s)}{U_a(s)}=\frac{C_m}{s[L_aJ_ms^2+(L_af_m+J_mR_a)s+(R_af_m+K_bC_m)]}$$

1）设状态变量 $x_1=\theta_m$，$x_2=\dot{\theta}_m$，$x_3=\ddot{\theta}_m$，输出量 $y=\theta_m$，建立系统的状态空间表达式；

2）设状态变量 $\bar{x}_1=i_a$，$\bar{x}_2=\theta_m$，$\bar{x}_3=\dot{\theta}_m$，输出量 $y=\theta_m$，建立系统的状态空间表达式；

3）设 $\boldsymbol{x}=\boldsymbol{P}\bar{\boldsymbol{x}}$，试确定上述两组状态变量之间的变换矩阵 $\boldsymbol{P}$。

9. 设描述系统的微分方程为

$$\ddot{x}+3\dot{x}+2x=u$$

1）设状态变量 $x_1=x$，$x_2=\dot{x}$，输出量 $y=x$，建立系统的状态空间表达式；

2）设有状态变量的变换 $x_1=\bar{x}_1+\bar{x}_2$，$x_2=-\bar{x}_1-2\bar{x}_2$，试确定变换矩阵 $\boldsymbol{P}$，并建立变换后的状态空间表达式。

10. 控制系统的框图如图 5-28 所示，分别画出系统的状态变量图，并建立其状态空间表达式。

11. 已知两个子系统的系数矩阵分别为

$$\boldsymbol{\Sigma}_1:\ \boldsymbol{A}_1=\begin{bmatrix}0 & 1\\ -2 & -3\end{bmatrix},\ \boldsymbol{b}_1=\begin{bmatrix}0\\1\end{bmatrix},\ \boldsymbol{c}_1=[1\quad 0]$$

$$\boldsymbol{\Sigma}_2:\ \boldsymbol{A}_2=\begin{bmatrix}0 & 1\\ -4 & -4\end{bmatrix},\ \boldsymbol{b}_2=\begin{bmatrix}0\\1\end{bmatrix},\ \boldsymbol{c}_2=[1\quad 2]$$

试求出：

1）两系统并联系统的系统矩阵、输入矩阵和输出矩阵；

2）$\boldsymbol{\Sigma}_1$ 在前、$\boldsymbol{\Sigma}_2$ 在后的串联系统的系统矩阵、输入矩阵和输出矩阵；

3）$\boldsymbol{\Sigma}_1$ 为前向通道、$\boldsymbol{\Sigma}_2$ 为反馈通道的负反馈连接系统的系统矩阵、输入矩阵和输出矩阵。

12. 已知系统矩阵

$$\boldsymbol{A}=\begin{bmatrix}0 & 1 & 0 & 0\\ 0 & 0 & 1 & 0\\ 0 & 0 & 0 & 1\\ 1 & 0 & 0 & 0\end{bmatrix}$$

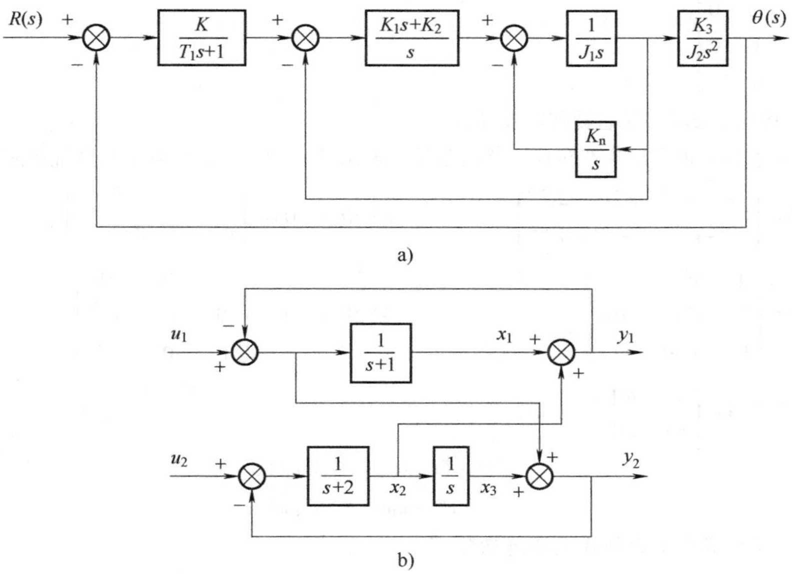

图 5-28　习题 10 图

试求 $\boldsymbol{A}$ 的特征方程、特征值、特征向量，并求出将 $\boldsymbol{A}$ 变换为对角阵（或约旦阵）的变换矩阵。

13. 试将下列系统方程变换为特征值规范型：

1）$\begin{cases}\dot{\boldsymbol{x}}=\begin{bmatrix}0&1&-1\\-6&-11&6\\-6&-11&5\end{bmatrix}\boldsymbol{x}+\begin{bmatrix}0\\0\\1\end{bmatrix}u\\ y=\begin{bmatrix}1&0&0\end{bmatrix}\boldsymbol{x}\end{cases}$　　2）$\begin{cases}\dot{\boldsymbol{x}}=\begin{bmatrix}0&1&0\\0&0&1\\-6&-11&-6\end{bmatrix}\boldsymbol{x}+\begin{bmatrix}0\\0\\1\end{bmatrix}u\\ y=\begin{bmatrix}1&2&0\end{bmatrix}\boldsymbol{x}\end{cases}$

3）$\begin{cases}\dot{\boldsymbol{x}}=\begin{bmatrix}0&1&0\\0&0&1\\2&-1&2\end{bmatrix}\boldsymbol{x}+\begin{bmatrix}0\\0\\1\end{bmatrix}u\\ y=\begin{bmatrix}1&2&0\end{bmatrix}\boldsymbol{x}\end{cases}$　　4）$\begin{cases}\dot{\boldsymbol{x}}=\begin{bmatrix}0&0&-2\\1&0&-4\\0&1&-3\end{bmatrix}\boldsymbol{x}+\begin{bmatrix}1\\0\\0\end{bmatrix}u\\ y=\begin{bmatrix}1&0&1\end{bmatrix}\boldsymbol{x}\end{cases}$

14. 试将下列系统的状态方程变换为特征值规范型：

1）$\dot{\boldsymbol{x}}(t)=\begin{bmatrix}0&1&0\\0&0&1\\2&-5&4\end{bmatrix}\boldsymbol{x}(t)+\begin{bmatrix}0\\0\\1\end{bmatrix}u(t)$　　2）$\dot{\boldsymbol{x}}(t)=\begin{bmatrix}4&1&-2\\1&0&2\\1&-1&3\end{bmatrix}\boldsymbol{x}(t)+\begin{bmatrix}3&1\\2&7\\5&3\end{bmatrix}\begin{bmatrix}u_1(t)\\u_2(t)\end{bmatrix}$

15. 已知离散系统的差分方程为

$$y(k+3)+3y(k+2)+5y(k+1)+y(k)=u(k+1)+2u(k)$$

试写出系统的状态空间表达式，并画出系统结构图（状态变量图）。

16. 线性定常系统齐次状态方程为 $\dot{\boldsymbol{x}}=\boldsymbol{A}\boldsymbol{x}$，其中矩阵 $\boldsymbol{A}$ 为

1）$\boldsymbol{A}=\begin{bmatrix}0&1\\-1&-1\end{bmatrix}$　　2）$\boldsymbol{A}=\begin{bmatrix}2&2&1\\1&3&1\\1&2&2\end{bmatrix}$

试用频域法求出状态转移矩阵 $\boldsymbol{\Phi}(t)$。

17. 线性定常系统齐次状态方程为 $\dot{\boldsymbol{x}}=\boldsymbol{A}\boldsymbol{x}$，其中矩阵 $\boldsymbol{A}$ 为

1）$\boldsymbol{A}=\begin{bmatrix}0&1\\-5&-6\end{bmatrix}$　　2）$\boldsymbol{A}=\begin{bmatrix}0&-5\\2&-2\end{bmatrix}$

3) $A=\begin{bmatrix}1 & -1 & 0\\ -1 & 1 & 0\\ 0 & 0 & 1\end{bmatrix}$

试利用特征值规范型方法求出状态转移矩阵 $\boldsymbol{\Phi}(t)$。

18. 验证下列矩阵是否满足状态转移矩阵的条件，若满足，试求出相应系统的系统矩阵 $\boldsymbol{A}$：

1) $\boldsymbol{\Phi}(t,\ 0)=\begin{bmatrix}2e^{-t}-e^{-2t} & -2e^{-t}+2e^{-2t}\\ e^{-t}-e^{-2t} & -e^{-t}+2e^{-2t}\end{bmatrix}$

2) $\boldsymbol{\Phi}(t,\ 0)=\begin{bmatrix}1 & (1-2e^{-2t})/2\\ 0 & e^{-2t}\end{bmatrix}$

3) $\boldsymbol{\Phi}(t,\ 0)=\begin{bmatrix}1 & 0 & 0\\ 0 & \sin t & \cos t\\ 0 & -\cos t & \sin t\end{bmatrix}$

4) $\boldsymbol{\Phi}(t,\ 0)=\begin{bmatrix}e^{-t} & 0 & 0\\ 0 & e^{-5t} & te^{-5t}\\ 0 & 0 & e^{-5t}\end{bmatrix}$

19. 设系统矩阵 $\boldsymbol{A}=\begin{bmatrix}\sigma & \omega\\ -\omega & \sigma\end{bmatrix}$，试证明

$$e^{At}=\begin{bmatrix}e^{\sigma t}\cos\omega t & e^{\sigma t}\sin\omega t\\ -e^{\sigma t}\sin\omega t & e^{\sigma t}\cos\omega t\end{bmatrix}$$

20. 用多种方法计算以下矩阵 $\boldsymbol{A}$ 的矩阵指数 e^{At}：

1) $\boldsymbol{A}=\begin{bmatrix}0 & 1\\ 0 & -2\end{bmatrix}$

2) $\boldsymbol{A}=\begin{bmatrix}0 & -4\\ 1 & -4\end{bmatrix}$

21. 求以下矩阵 $\boldsymbol{A}$ 的矩阵指数 e^{At}：

1) $\boldsymbol{A}=\begin{bmatrix}0 & 1\\ -1 & -2\end{bmatrix}$

2) $\boldsymbol{A}=\begin{bmatrix}0 & 1\\ -1 & 0\end{bmatrix}$

3) $\boldsymbol{A}=\begin{bmatrix}3 & 1 & 0\\ -4 & -1 & 0\\ 4 & -8 & -2\end{bmatrix}$

4) $\boldsymbol{A}=\begin{bmatrix}0 & 1 & 0\\ 0 & 0 & 1\\ -25 & -35 & -11\end{bmatrix}$

5) $\boldsymbol{A}=\begin{bmatrix}1 & -1 & 0\\ -1 & 1 & 0\\ 0 & 0 & 1\end{bmatrix}$

6) $\boldsymbol{A}=\begin{bmatrix}3 & 0 & 0 & 0\\ 0 & -2 & 1 & 0\\ 0 & 0 & -2 & 1\\ 0 & 0 & 0 & -2\end{bmatrix}$

22. 已知线性定常系统的状态转移矩阵为

$$e^{At}=\begin{bmatrix}2e^{-t}-e^{-2t} & e^{-t}-e^{-2t}\\ -2e^{-t}+2e^{-2t} & -e^{-t}+2e^{-2t}\end{bmatrix}$$

试求该系统的系统矩阵 $\boldsymbol{A}$。

23. 已知线性定常系统为

$$\begin{cases}\dot{\boldsymbol{x}}=\begin{bmatrix}0 & 1\\ -6 & -5\end{bmatrix}\boldsymbol{x}+\begin{bmatrix}1\\ 0\end{bmatrix}u\\ y=\begin{bmatrix}1 & -1\end{bmatrix}\boldsymbol{x}\end{cases}$$

试求出输入量 $u(t)$ 和初始状态 $\boldsymbol{x}(0)$ 为以下值时的状态响应及输出响应：

1) $u(t)=0$，$\boldsymbol{x}(0)=\begin{bmatrix}1\\ 1\end{bmatrix}$

2) $u(t)=1(t)$，$\boldsymbol{x}(0)=\begin{bmatrix}0\\ 0\end{bmatrix}$

3) $u(t)=1(t)$，$\boldsymbol{x}(0)=\begin{bmatrix}1\\ 0\end{bmatrix}$

4）$u(t)=t\cdot 1(t)$，$\boldsymbol{x}(0)=\begin{bmatrix}0\\0\end{bmatrix}$

24. 已知线性定常系统的状态方程及初始条件为

$$\begin{cases}\dot{\boldsymbol{x}}=\begin{bmatrix}-1&1&0\\0&-1&0\\0&0&-2\end{bmatrix}\boldsymbol{x}+\begin{bmatrix}0\\1\\4\end{bmatrix}u\\ \boldsymbol{x}(0)=\begin{bmatrix}1\\2\\1\end{bmatrix}\end{cases}$$

试求系统在单位阶跃信号下的响应。

25. 已知线性定常离散系统的状态方程式为

$$\boldsymbol{x}(k+1)=\begin{bmatrix}0&1\\-0.1&-0.7\end{bmatrix}\boldsymbol{x}(k)+\begin{bmatrix}0\\1\end{bmatrix}u(k)$$

试求出系统的状态转移矩阵。

26. 求出下述线性定常离散系统在单位阶跃信号下的状态响应及输出响应：

$$\begin{cases}\boldsymbol{x}(k+1)=\begin{bmatrix}0&1\\-0.16&-1\end{bmatrix}\boldsymbol{x}(k)+\begin{bmatrix}1\\1\end{bmatrix}u(k)\\ y(k)=[1\quad 1]\boldsymbol{x}(k)\end{cases}$$

系统的初始状态为 $\boldsymbol{x}(0)=\begin{bmatrix}1\\-1\end{bmatrix}$。

27. 试将下面线性定常连续系统按等采样周期 T 离散化：

$$\dot{\boldsymbol{x}}=\begin{bmatrix}0&1\\0&-2\end{bmatrix}\boldsymbol{x}+\begin{bmatrix}0\\1\end{bmatrix}u$$

28. 判断下列系统的状态能控性：

1）$\dot{\boldsymbol{x}}=\begin{bmatrix}1&0\\-1&0\end{bmatrix}\boldsymbol{x}+\begin{bmatrix}1\\0\end{bmatrix}u$

2）$\dot{\boldsymbol{x}}=\begin{bmatrix}0&1&0\\0&0&1\\-2&-4&-3\end{bmatrix}\boldsymbol{x}+\begin{bmatrix}1&0\\0&1\\-1&1\end{bmatrix}u$

3）$\dot{\boldsymbol{x}}=\begin{bmatrix}\lambda&1&0&0\\0&\lambda&0&0\\0&0&\lambda&0\\0&0&0&\lambda\end{bmatrix}\boldsymbol{x}+\begin{bmatrix}0\\1\\1\\1\end{bmatrix}u$

29. 判断下列系统的输出能控性：

1）$\begin{cases}\dot{\boldsymbol{x}}=\begin{bmatrix}-3&1&0\\0&-3&0\\0&0&-1\end{bmatrix}\boldsymbol{x}+\begin{bmatrix}1&-1\\0&0\\2&0\end{bmatrix}u\\ \boldsymbol{y}=\begin{bmatrix}1&0&1\\-1&1&0\end{bmatrix}\boldsymbol{x}\end{cases}$

2）$\begin{cases}\dot{\boldsymbol{x}}=\begin{bmatrix}0&1&0\\0&0&1\\-6&-11&-6\end{bmatrix}\boldsymbol{x}+\begin{bmatrix}0\\0\\1\end{bmatrix}u\\ y=[1\quad 0\quad 0]\boldsymbol{x}\end{cases}$

30. 判断下列系统的能控性：

1）$\dot{\boldsymbol{x}}=\begin{bmatrix}0&1&0\\0&0&1\\-2&-4&-6\end{bmatrix}\boldsymbol{x}+\begin{bmatrix}1\\0\\1\end{bmatrix}u$

2）$\dot{\boldsymbol{x}}=\begin{bmatrix}3&0&0&0\\0&2&0&0\\0&0&5&1\\0&0&0&5\end{bmatrix}\boldsymbol{x}+\begin{bmatrix}1&0\\0&2\\0&0\\1&0\end{bmatrix}\boldsymbol{u}$

3) $\dot{\boldsymbol{x}}=\begin{bmatrix}6&1&0&0\\0&6&0&0\\0&0&6&1\\0&0&0&6\end{bmatrix}\boldsymbol{x}+\begin{bmatrix}0&0\\1&2\\0&0\\2&1\end{bmatrix}\boldsymbol{u}$

31. 给定系统

$$\dot{\boldsymbol{x}}=\begin{bmatrix}a&1\\-1&b\end{bmatrix}\boldsymbol{x}+\begin{bmatrix}b\\-1\end{bmatrix}u$$

求系统状态完全能控时系数 a 和 b 的关系。

32. 给定系统

$$\begin{cases}\dot{\boldsymbol{x}}=\begin{bmatrix}a&1\\0&b\end{bmatrix}\boldsymbol{x}+\begin{bmatrix}1\\1\end{bmatrix}u\\ y=[1\quad -1]\boldsymbol{x}\end{cases}$$

求系统状态完全能控和能观时参数 a 和 b 之值。

33. 给定系统有关的参数矩阵为

$$\boldsymbol{A}=\begin{bmatrix}1&0&-1\\0&1&0\\0&0&2\end{bmatrix},\quad \boldsymbol{b}=\begin{bmatrix}a\\b\\c\end{bmatrix}$$

试证明无论参数 a、b 和 c 如何取值，系统都不是状态完全能控的。

34. 判断下列系统的能观性：

1) $\begin{cases}\dot{\boldsymbol{x}}=\begin{bmatrix}0&1&0\\0&0&1\\-2&-4&-3\end{bmatrix}\boldsymbol{x}\\ y=[1\quad 4\quad 2]\boldsymbol{x}\end{cases}$

2) $\begin{cases}\dot{\boldsymbol{x}}=\begin{bmatrix}-4&0&0\\0&-4&0\\0&0&1\end{bmatrix}\boldsymbol{x}\\ y=[1\quad 1\quad 4]\boldsymbol{x}\end{cases}$

3) $\begin{cases}\dot{\boldsymbol{x}}=\begin{bmatrix}0&1&0\\0&0&1\\-2&-4&-3\end{bmatrix}\boldsymbol{x}\\ \boldsymbol{y}=\begin{bmatrix}0&0&-1\\1&2&1\end{bmatrix}\boldsymbol{x}\end{cases}$

4) $\begin{cases}\dot{\boldsymbol{x}}=\begin{bmatrix}-3&1&0\\0&-3&0\\0&0&-3\end{bmatrix}\boldsymbol{x}\\ \boldsymbol{y}=\begin{bmatrix}1&0&4\\2&0&8\end{bmatrix}\boldsymbol{x}\end{cases}$

5) $\begin{cases}\dot{\boldsymbol{x}}=\begin{bmatrix}1&3&2\\1&4&6\\2&1&7\end{bmatrix}\boldsymbol{x}\\ \boldsymbol{y}=\begin{bmatrix}1&0&0\\2&1&0\end{bmatrix}\boldsymbol{x}\end{cases}$

35. 判断下列线性定常离散系统的能控性和能观性：

1) $\begin{cases}\boldsymbol{x}(k+1)=\begin{bmatrix}1&3\\2&1\end{bmatrix}\boldsymbol{x}(k)+\begin{bmatrix}1\\0\end{bmatrix}u(k)\\ y(k)=[0\quad 1]\boldsymbol{x}(k)\end{cases}$

2) $\begin{cases}\boldsymbol{x}(k+1)=\begin{bmatrix}2&0&0\\-1&-2&0\\0&1&2\end{bmatrix}\boldsymbol{x}(k)+\begin{bmatrix}0\\0\\1\end{bmatrix}u(k)\\ \boldsymbol{y}(k)=\begin{bmatrix}1&0&1\\0&1&0\end{bmatrix}\boldsymbol{x}(k)\end{cases}$

3) $\begin{cases}\boldsymbol{x}(k+1)=\begin{bmatrix}1&2&3\\1&4&6\\2&1&7\end{bmatrix}\boldsymbol{x}(k)+\begin{bmatrix}1&9\\0&0\\2&0\end{bmatrix}\boldsymbol{u}(k)\\ \boldsymbol{y}(k)=\begin{bmatrix}1&0&0\\2&1&0\end{bmatrix}\boldsymbol{x}(k)\end{cases}$

36. 判断下列系统的能控性，若完全能控，则将系统化为能控规范型；若不完全能控，则将系统按能控性分解：

1）$\boldsymbol{A}=\begin{bmatrix}-1 & 0\\ 0 & -2\end{bmatrix}$，$\boldsymbol{b}=\begin{bmatrix}1\\ 1\end{bmatrix}$，$\boldsymbol{c}=[0\quad 1]$　　2）$\boldsymbol{A}=\begin{bmatrix}-1 & 0\\ 1 & -2\end{bmatrix}$，$\boldsymbol{b}=\begin{bmatrix}1\\ 1\end{bmatrix}$，$\boldsymbol{c}=[0\quad 1]$

3）$\boldsymbol{A}=\begin{bmatrix}1 & 0 & 0\\ 2 & 2 & 3\\ -1 & 0 & 1\end{bmatrix}$，$\boldsymbol{b}=\begin{bmatrix}1\\ 2\\ -2\end{bmatrix}$，$\boldsymbol{c}=[0\quad 1\quad 0]$　　4）$\boldsymbol{A}=\begin{bmatrix}2 & 0 & 0\\ 0 & 4 & 1\\ 0 & 0 & 4\end{bmatrix}$，$\boldsymbol{b}=\begin{bmatrix}1\\ 0\\ 1\end{bmatrix}$，$\boldsymbol{c}=[1\quad 1\quad 0]$

37. 判断下列系统的能观性，若完全能观则将系统化为能观规范型；若不完全能观，则将系统按能观性分解：

1）$\boldsymbol{A}=\begin{bmatrix}1 & 0\\ -2 & 4\end{bmatrix}$，$\boldsymbol{b}=\begin{bmatrix}1\\ 1\end{bmatrix}$，$\boldsymbol{c}=[-1\quad 1]$　　2）$\boldsymbol{A}=\begin{bmatrix}-2 & 2\\ 0 & 24\end{bmatrix}$，$\boldsymbol{b}=\begin{bmatrix}1\\ 0\end{bmatrix}$，$\boldsymbol{c}=[1\quad 1]$

3）$\boldsymbol{A}=\begin{bmatrix}1 & 2 & 0\\ 3 & -1 & 1\\ 0 & 2 & 0\end{bmatrix}$，$\boldsymbol{b}=\begin{bmatrix}2\\ 1\\ 2\end{bmatrix}$，$\boldsymbol{c}=[0\quad 0\quad 1]$　　4）$\boldsymbol{A}=\begin{bmatrix}-1 & 0 & 0\\ 0 & -2 & 0\\ 0 & 0 & -3\end{bmatrix}$，$\boldsymbol{b}=\begin{bmatrix}2\\ 3\\ 4\end{bmatrix}$，$\boldsymbol{c}=[1\quad -1\quad 2]$

38. 将下面给定系统进行非奇异变换

$$\begin{cases}\begin{bmatrix}\dot{x}_1\\ \dot{x}_2\\ \dot{x}_3\end{bmatrix}=\begin{bmatrix}1 & 0 & 0\\ 2 & 2 & 3\\ -2 & 0 & 1\end{bmatrix}\begin{bmatrix}x_1\\ x_2\\ x_3\end{bmatrix}+\begin{bmatrix}1\\ 2\\ -2\end{bmatrix}u\\ y=[1\quad 1\quad 2]\begin{bmatrix}x_1\\ x_2\\ x_3\end{bmatrix}\end{cases}$$

1）找出既能控又能观的分状态向量 $\boldsymbol{x}_{co}$，表示为 x_1、x_2 和 x_3 的组合形式；

2）找出不能控但能观的分状态向量 $\boldsymbol{x}_{\bar{c}o}$，表示为 x_1、x_2 和 x_3 的组合形式。

39. 给定系统有关的参数矩阵为

$$\boldsymbol{A}=\begin{bmatrix}-1 & 0 & 0 & 0\\ 2 & -3 & 0 & 0\\ 1 & 0 & -2 & 0\\ 4 & -1 & 2 & -4\end{bmatrix},\ \boldsymbol{b}=\begin{bmatrix}0\\ 0\\ 1\\ 2\end{bmatrix},\ \boldsymbol{c}=[3\quad 0\quad 1\quad 0]$$

分别找出属于能控能观、能控不能观、不能控但能观、不能控又不能观部分的状态分向量。

第六章

系统的频域描述与分析

第一节　系统的频率特性

一、频率特性的基本概念

频率特性的概念分连续系统和离散系统两种情况。

（一）连续系统情况

首先考察单位冲激响应为 $h(t)$ 的线性定常系统对复指数信号 $x(t)=e^{j\omega t}$ 的响应，根据前面的讨论，系统的输出响应 $y(t)$ 为

$$y(t)=x(t)*h(t)=\int_{-\infty}^{\infty}h(\tau)x(t-\tau)d\tau=\int_{-\infty}^{\infty}h(\tau)e^{j\omega(t-\tau)}d\tau=\int_{-\infty}^{\infty}h(\tau)e^{-j\omega\tau}d\tau\cdot e^{j\omega t} \tag{6-1}$$

令 $H(\omega)=\int_{-\infty}^{\infty}h(\tau)e^{-j\omega\tau}d\tau$，由傅里叶变换定义，它即为系统单位冲激响应 $h(t)$ 的傅里叶变换，我们称它为频率特性函数(或频率响应函数)，于是有

$$y(t)=H(\omega)e^{j\omega t} \tag{6-2}$$

（二）离散系统情况

与连续系统相对应，离散信号通过离散系统后其频谱结构的变化是由离散系统与频率相关的特性所决定的。可以推想，单位脉冲响应 $h(n)$ 的傅里叶变换 $H(\Omega)$ 是描述离散系统与频率相关的特性的特征量，称它为离散系统频率特性函数(或频率响应函数)。

现在考察单位脉冲响应为 $h(n)$ 的线性定常系统对复指数序列 $x(n)=e^{j\Omega n}$ 的响应，根据前面的讨论，系统的输出响应 $y(n)$ 为

$$y(n)=h(n)*x(n)=\sum_{k=-\infty}^{\infty}h(k)x(n-k)=\sum_{k=-\infty}^{\infty}h(k)e^{j\Omega(n-k)}=\sum_{k=-\infty}^{\infty}h(k)e^{-j\Omega k}\cdot e^{j\Omega n} \tag{6-3}$$

令 $H(\Omega)=\sum_{k=-\infty}^{\infty}h(k)e^{-j\Omega k}$，由离散时间傅里叶变换(DTFT)定义，它就是系统单位脉冲响应 $h(n)$ 的离散时间傅里叶变换，$H(\Omega)$ 是数字频率 Ω 的复函数，可表示为

$$H(\Omega)=|H(\Omega)|\mathrm{e}^{\mathrm{j}\varphi_{\mathrm{h}}(\Omega)} \tag{6-4}$$

式中，$|H(\Omega)|$和 $\varphi_{\mathrm{h}}(\Omega)$分别为离散系统的幅频特性和相频特性，于是有

$$y(n)=H(\Omega)x(n)=|H(\Omega)|\mathrm{e}^{\mathrm{j}[\Omega n+\varphi_{\mathrm{h}}(\Omega)]} \tag{6-5}$$

可见复指数序列通过离散系统后其幅值和相位发生了改变，而它们的改变取决于离散系统频率特性函数 $H(\Omega)$。

二、系统的频率响应

（一）频域性能指标

1. 零频振幅比 $A(0)$

零频振幅比 $A(0)$指零频($\omega=0$)时系统稳态输出与输入的振幅比。$A(0)$与 1 之差的大小反映了系统的稳态精度，$A(0)$越接近 1，系统的稳态精度越高。如 $A(0)=1$，则表示系统阶跃响应的终值等于输入，系统的稳态误差为 0。$A(0)\neq1$，则表明系统有差。

2. 谐振峰值 A_{r}

谐振峰值 A_{r} 是指幅频特性 $A(\omega)$的最大值，如图 6-1 所示。它表明系统在频率为 ω_{r} 的正弦输入作用下有共振的倾向，反映了系统的平稳性。

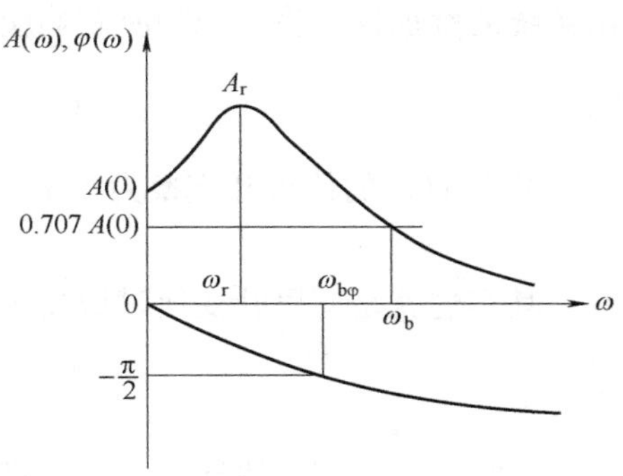

图 6-1　频域性能指标图示

一般而言，峰值 A_{r} 越大，系统的平稳性越差，系统的阶跃响应将产生较大的超调量。为保证系统具有较好的平稳性，一般在实际应用中要求 $A_{\mathrm{r}}\leqslant1.4A(0)$。

3. 频带宽度 ω_{b}

频带宽度 ω_{b} 是指幅频特性 $A(\omega)$从 $A(0)$衰减到 $0.707A(0)$时所对应的频率。ω_{b} 越高，则 $A(\omega)$曲线由 $A(0)$到 $0.707A(0)$所覆盖的频率区间$(0,\ \omega_{\mathrm{b}})$就越宽，意味着系统所包括的各种频率的成分就越丰富。这样，系统复现快速变化的信号的能力就越强，失真越小，这也就意味着系统快速性好，对应于阶跃响应的上升时间短。反之，系统的反应则可能比较迟钝，失真大，快速性差。

4. 相频宽 $\omega_{\mathrm{b}\varphi}$

相频宽 $\omega_{\mathrm{b}\varphi}$是指相频特性 $\varphi(\omega)$一般为负数，表明系统的稳态输出一般在相位上滞后于输入。相频宽 $\omega_{\mathrm{b}\varphi}$越大，则系统对于同样频率的输入信号的滞后就相对越小。这就意味着系统跟踪输入的能力强，反应迅速，快速性好。

上述几个频域性能指标，都在一定程度上反映了稳定系统的动态和静态响应行为。

（二）信号频谱和系统频率特性的关系

频率分析法的基本思想是把控制系统中的所有变量看成一些信号，而每个信号又是由许多不同频率的正弦信号所合成；各个变量的运动就是系统对各个不同频率信号的响应的总和。

按照频率响应的观点，一个控制系统的运动无非是信号在一个一个环节之间一次传递的过程；每个信号又由一些不同频率的正弦信号合成；在传递过程中，这些正弦信号的振幅和

相位依严格的函数关系变化，产生形式多样的运动。

系统的频域法分析就是研究信号通过系统以后在频谱结构上所发生的变化，即输出响应随频率变化的规律。

三、利用系统频率特性求系统响应

（一）连续系统情况

线性定常系统对复指数信号的响应仍是一个同频率的复指数信号，只是其幅值和相位发生了改变，而它们的改变由频率响应函数 $H(\omega)$ 决定。

对于任意信号 $x(t)$，由傅里叶反变换

$$x(t)=\frac{1}{2\pi}\int_{-\infty}^{\infty}X(\omega)\mathrm{e}^{\mathrm{j}\omega t}\mathrm{d}\omega \tag{6-6}$$

即信号 $x(t)$ 可看作是无穷多个不同频率的复指数信号分量的和，其中频率为 ω 的复指数信号分量为 $\frac{1}{2\pi}X(\omega)\mathrm{d}\omega\mathrm{e}^{\mathrm{j}\omega t}$，由上面讨论和系统的齐次性，系统对该分量的响应为 $\frac{1}{2\pi}X(\omega)\mathrm{d}\omega\mathrm{e}^{\mathrm{j}\omega t}\cdot H(\omega)$，由系统的叠加性，将系统的所有响应分量相加（积分），即为系统对 $x(t)$ 的响应，即

$$y(t)=\frac{1}{2\pi}\int_{-\infty}^{\infty}X(\omega)H(\omega)\mathrm{e}^{\mathrm{j}\omega t}\mathrm{d}\omega \tag{6-7}$$

若令 $y(t)$ 的傅里叶变换为 $Y(\omega)$，由式(6-7)显然有

$$Y(\omega)=X(\omega)H(\omega) \tag{6-8}$$

其实这就是傅里叶变换时域卷积定理的内容，因为由上面的讨论已知

$$x(t)\xleftrightarrow{\mathcal{F}}X(\omega) \tag{6-9}$$

$$h(t)\xleftrightarrow{\mathcal{F}}H(\omega) \tag{6-10}$$

由时域法分析，线性定常系统对任意输入信号 $x(t)$ 的响应 $y(t)$ 为

$$y(t)=x(t)*h(t) \tag{6-11}$$

根据傅里叶变换的时域卷积定理，直接可得到

$$Y(\omega)=X(\omega)H(\omega) \tag{6-12}$$

这种时域与频域的对应关系可以用图 6-2 表示。

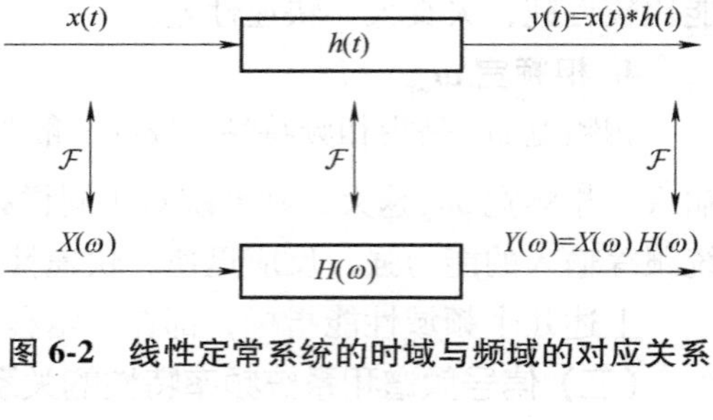

图 6-2　线性定常系统的时域与频域的对应关系

由式(6-8)，有

$$H(\omega)=\frac{Y(\omega)}{X(\omega)} \tag{6-13}$$

式(6-13)表明系统的频率特性函数是系统在零初始条件下，系统输出响应的傅里叶变换 $Y(\omega)$ 与输入信号的傅里叶变换 $X(\omega)$ 之比。与单位冲激响应 $h(t)$ 在时域完全充分地描述了线性定常系统的特性和功能相对应，频率特性函数 $H(\omega)$ 在频域完全充分地描述了线性定常系统的特性和功能。$H(\omega)$ 是频率（角频率）的复函数，可表示为

$$H(\omega)=|H(\omega)|\mathrm{e}^{\mathrm{j}\varphi_{\mathrm{h}}(\omega)} \tag{6-14}$$

式中，$|H(\omega)|$ 和 $\varphi_h(\omega)$ 分别称为系统的幅频特性和相频特性。于是有

$$Y(\omega)=X(\omega)\,|H(\omega)|\,e^{j\varphi_h(\omega)} \tag{6-15}$$

由式(6-15)可知，当信号 $x(t)$ 通过线性定常系统时，$H(\omega)$ 从幅值和相位两个方面改变了 $X(\omega)$ 的频谱结构。例如，当 $x(t)=\delta(t)$ 时，其频谱 $X(\omega)=1$，这是一个具有均匀频谱的输入信号（幅度频谱恒为 1，相位频谱恒为 0），线性定常系统的响应信号 $y(t)$ 的频谱 $Y(\omega)=H(\omega)$，即单位冲激信号 $\delta(t)$ 通过线性定常系统时，输出信号的频谱改变了（幅度频谱由 1 变为 $|H(\omega)|$，相位频谱由 0 变为 $\varphi_h(\omega)$）。一般情况下，输出信号的频谱改变表现为

$$|Y(\omega)|=|X(\omega)|\cdot|H(\omega)| \tag{6-16}$$

$$\varphi_y(\omega)=\varphi_x(\omega)+\varphi_h(\omega) \tag{6-17}$$

显然，这种改变是由系统的频率特性 $H(\omega)$ 决定的。系统的频率特性 $H(\omega)$ 体现了系统本身与频率相关的内在特性，是由系统的结构决定的。

系统的频率特性函数可以用极坐标图表示，称为奈奎斯特图（简称奈氏图），工程上还往往将幅频和相频分别画成对数坐标图的形式，称为伯德图，它们都为分析系统的特性带来很大方便。

利用系统的频率特性函数，可以在频域方便地研究信号的处理问题，通过傅里叶变换对又可以和时域分析联系起来。

例 6-1　已知某线性定常系统的幅频特性 $|H(\omega)|$ 和相频特性 $\varphi_h(\omega)$ 如图 6-3 所示，求系统对信号 $x(t)=2+4\cos5t+4\cos10t$ 的响应 $y(t)$。

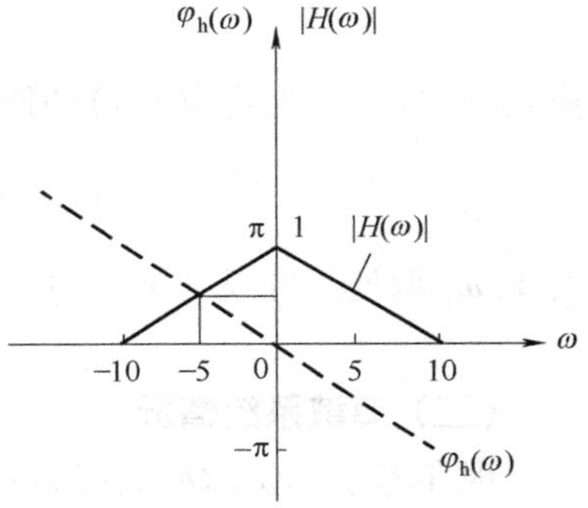

图 6-3　例 6-1 图

解　查表 2-2，有

$$\begin{aligned}X(\omega)&=4\pi\delta(\omega)+4\pi[\delta(\omega+5)+\delta(\omega-5)]+\\&\quad 4\pi[\delta(\omega+10)+\delta(\omega-10)]\\&=4\pi\sum_{n=-2}^{2}\delta(\omega-n\omega_0)\end{aligned}$$

式中，$\omega_0=5$，由式(6-8)，有

$$\begin{aligned}Y(\omega)&=X(\omega)H(\omega)\\&=4\pi\sum_{n=-2}^{2}H(\omega)\delta(\omega-n\omega_0)\\&=4\pi\sum_{n=-2}^{2}H(n\omega_0)\delta(\omega-n\omega_0)\\&=4\pi[H(-10)\delta(\omega+10)+H(-5)\delta(\omega+5)+H(0)\delta(\omega)+\\&\quad H(5)\delta(\omega-5)+H(10)\delta(\omega-10)]\end{aligned}$$

由图 6-3，有

$$H(-10)=H(10)=0$$

$$H(-5)=0.5e^{j\frac{\pi}{2}}$$

$$H(5)=0.5e^{-j\frac{\pi}{2}}$$

$$H(0)=1$$

代入上式得

$$Y(\omega)=4\pi[0.5e^{j\frac{\pi}{2}}\delta(\omega+5)+\delta(\omega)+0.5e^{-j\frac{\pi}{2}}\delta(\omega-5)]$$

取傅里叶反变换，得

$$y(t)=e^{-j\left(5t-\frac{\pi}{2}\right)}+2+e^{j\left(5t-\frac{\pi}{2}\right)}=2+2\cos\left(5t-\frac{\pi}{2}\right)$$

可见，输入信号 $x(t)$ 经过系统后，直流分量不变，基波分量衰减为原信号的1/2，且相位滞后了 $\frac{\pi}{2}$，二次谐波分量则完全被滤除。

例 6-2 已知描述某系统的微分方程为

$$y'(t)+2y(t)=x(t)$$

求系统对输入信号 $x(t)=e^{-t}u(t)$ 的响应。

解 对系统的微分方程两边取傅里叶变换，得

$$j\omega Y(\omega)+2Y(\omega)=X(\omega)$$

得系统的频率特性函数为

$$H(\omega)=\frac{Y(\omega)}{X(\omega)}=\frac{1}{j\omega+2}$$

对 $x(t)$ 取傅里叶变换，有

$$X(\omega)=\frac{1}{j\omega+1}$$

由式(6-8)，系统响应 $y(t)$ 的傅里叶变换为

$$Y(\omega)=X(\omega)H(\omega)=\frac{1}{j\omega+1}\cdot\frac{1}{j\omega+2}=\frac{1}{j\omega+1}-\frac{1}{j\omega+2}$$

对 $Y(\omega)$ 取傅里叶反变换，得

$$y(t)=e^{-t}u(t)-e^{-2t}u(t)=(e^{-t}-e^{-2t})u(t)$$

（二）离散系统情况

现在考察单位脉冲响应为 $h(n)$ 的线性定常系统对复指数序列 $x(n)=e^{j\Omega n}$ 的响应，由前面的讨论，系统的输出响应 $y(n)$ 为

$$y(n)=h(n)*x(n)=\sum_{k=-\infty}^{\infty}h(k)x(n-k)=\sum_{k=-\infty}^{\infty}h(k)e^{j\Omega(n-k)}=\sum_{k=-\infty}^{\infty}h(k)e^{-j\Omega k}\cdot e^{j\Omega n} \tag{6-18}$$

令 $H(\Omega)=\sum_{k=-\infty}^{\infty}h(k)e^{-j\Omega k}$，由离散时间傅里叶变换(DTFT)定义，它就是系统单位脉冲响应 $h(n)$ 的离散时间傅里叶变换，$H(\Omega)$ 是数字频率 Ω 的复函数，可表示为

$$H(\Omega)=|H(\Omega)|e^{j\varphi_h(\Omega)} \tag{6-19}$$

式中，$|H(\Omega)|$ 和 $\varphi_h(\Omega)$ 分别为离散系统的幅频特性和相频特性，于是有

$$y(n)=H(\Omega)x(n)=|H(\Omega)|e^{j[\Omega n+\varphi_h(\Omega)]} \tag{6-20}$$

可见，复指数序列通过离散系统后其幅值和相位发生了改变，而它们的改变取决于离散系统频率特性函数 $H(\Omega)$。

对于任意序列 $x(n)$，根据离散时间傅里叶变换卷积性质，有

$$Y(\Omega)=H(\Omega)X(\Omega) \tag{6-21}$$

或可写成

$$H(\Omega)=\frac{Y(\Omega)}{X(\Omega)} \tag{6-22}$$

式中，$X(\Omega)$、$Y(\Omega)$分别表示输入序列和输出序列的离散时间傅里叶变换，式(6-22)表明离散系统的频率特性函数是系统在零初始条件下，系统输出响应的离散时间傅里叶变换$Y(\Omega)$与输入信号的离散时间傅里叶变换$X(\Omega)$之比，它在频域描述了离散系统的特性和功能，由系统的结构决定。进一步，输出响应的频谱改变表现为

$$|Y(\Omega)|=|X(\Omega)|\cdot|H(\Omega)| \tag{6-23}$$

$$\varphi_y(\Omega)=\varphi_x(\Omega)+\varphi_h(\Omega) \tag{6-24}$$

例 6-3　已知描述离散系统的差分方程为

$$y(n)-0.9y(n-1)=0.1x(n)$$

求系统对输入信号 $x(n)=5+12\sin\frac{\pi}{2}n-20\cos\left(\pi n+\frac{\pi}{4}\right)$ 的响应。

解　根据表 2-3 离散时间傅里叶变换的时域平移性质，差分方程的频域表达式可写为

$$Y(\Omega)-0.9\mathrm{e}^{-\mathrm{j}\Omega}Y(\Omega)=0.1X(\Omega)$$

从而求得离散系统频率特性函数为

$$H(\Omega)=\frac{Y(\Omega)}{X(\Omega)}=\frac{0.1}{1-0.9\mathrm{e}^{-\mathrm{j}\Omega}}$$

即有

$$|H(\Omega)|=\frac{0.1}{\sqrt{1+0.81-1.8\cos\Omega}}$$

$$\varphi_h(\Omega)=-\arctan\frac{0.9\sin\Omega}{1-0.9\cos\Omega}$$

由于输入信号包含了 $\Omega=0$，$\frac{\pi}{2}$，π 这 3 个频率成分，因此可相应求出它们对应的幅频特性和相频特性为

$$|H(0)|=\frac{0.1}{\sqrt{1+0.81-1.8}}=1,\ \varphi_h(0)=-\arctan\frac{0}{1-0.9}=0$$

$$\left|H\left(\frac{\pi}{2}\right)\right|=\frac{0.1}{\sqrt{1+0.81}}=0.074,\ \varphi_h\left(\frac{\pi}{2}\right)=-\arctan 0.9=-42^\circ$$

$$|H(\pi)|=\frac{0.1}{\sqrt{1+0.81+1.8}}=0.053,\ \varphi_h(\pi)=-\arctan\frac{0}{1+0.9}=0$$

系统的输出响应是系统对 3 个谐波序列信号响应的合成，即

$$\begin{aligned}y(n)&=5|H(0)|+12\left|H\left(\frac{\pi}{2}\right)\right|\sin\left[\frac{\pi}{2}n+\varphi_h\left(\frac{\pi}{2}\right)\right]-20|H(\pi)|\cos\left[\pi n+\frac{\pi}{4}+\varphi_h(\pi)\right]\\&=5\times1+12\times0.074\sin\left(\frac{\pi}{2}n-42^\circ\right)-20\times0.053\cos\left(\pi n+\frac{\pi}{4}\right)\\&=5+0.8884\sin\left(\frac{\pi}{2}n-42^\circ\right)-1.06\cos\left(\pi n+\frac{\pi}{4}\right)\end{aligned}$$

第二节　系统频率特性的几何表示法

一、幅相频率特性曲线

（一）系统幅相频率特性曲线的概念

幅相频率特性曲线（简称幅相曲线）又称极坐标图、奈氏图，在分析闭环系统稳定性的场合也称奈奎斯特曲线（简称奈氏曲线）。以横轴为实轴，纵轴为虚轴，构成复数平面。对于任一给定的频率 ω，频率特性值为复数。若将频率特性表示为实数和虚数和的形式，则实部为实轴坐标值，虚部为虚轴坐标值。若将频率特性表示为复指数形式，则为复平面上的向量，而向量的长度为频率特性的幅值，向量与实轴正方向的夹角等于频率特性的相位。由于幅频特性为 ω 的偶函数，相频特性为 ω 的奇函数，则 ω 从 0 变化至 $+\infty$ 和 ω 从 0 变化至 $-\infty$ 的幅相曲线关于实轴对称，因此一般只绘制 ω 从 0 变化至 $+\infty$ 的幅相曲线。在系统幅相曲线中，频率 ω 为参变量，一般用小箭头表示 ω 增大时幅相曲线的变化方向。

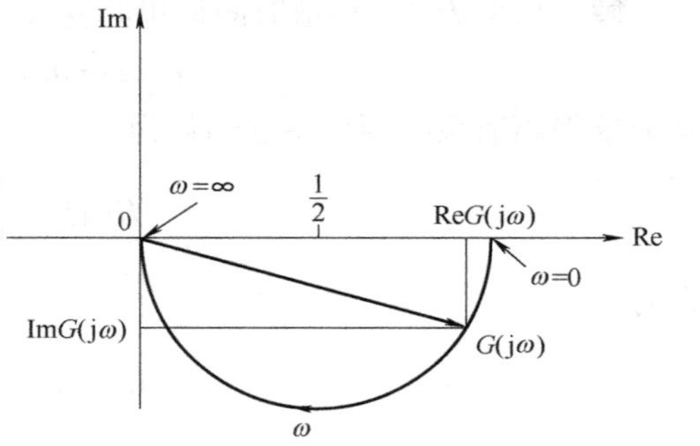

图 6-4　系统的幅相曲线

对于 RC 网络，其频率响应函数为

$$H(\omega)=\frac{1}{1+\mathrm{j}T\omega}=\frac{1-\mathrm{j}T\omega}{1+(T\omega)^2} \tag{6-25}$$

故有

$$\left[\mathrm{Re}H(\omega)-\frac{1}{2}\right]^2+\mathrm{Im}^2H(\omega)=\left(\frac{1}{2}\right)^2 \tag{6-26}$$

表明 RC 网络的幅相曲线是以 $\left(\frac{1}{2},\ \mathrm{j}0\right)$ 为圆心，半径为 $\frac{1}{2}$ 的半圆，如图 6-4 所示。

（二）典型环节的幅相曲线

1. 积分环节

根据频率特性

$$G(\mathrm{j}\omega)=\frac{1}{\mathrm{j}\omega}=-\mathrm{j}\frac{1}{\omega}=0-\mathrm{j}\frac{1}{\omega} \tag{6-27}$$

不难看出，ω 从 $0\to\infty$ 变化时，幅相频率特性是沿负虚轴变化的一条直线，如图 6-5 所示。

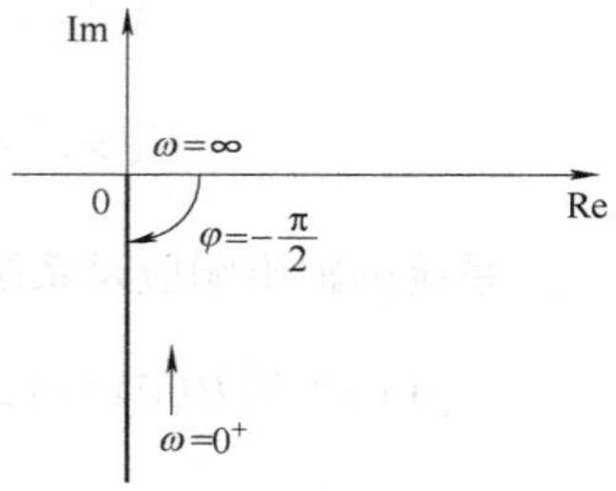

图 6-5　积分环节的幅相曲线

2. 一阶系统（惯性环节）

将 $G(\mathrm{j}\omega)$ 随 ω 的变化轨迹画在复数平面上，所得到的曲线称为频率特性的幅相频率特性或极坐标图。对于一阶系统，有

$$G(\mathrm{j}\omega)=\frac{1}{1+\mathrm{j}\omega T}=\frac{1}{1+(\omega T)^2}-\mathrm{j}\frac{\omega T}{1+(\omega T)^2}=U+\mathrm{j}V \tag{6-28}$$

据此画出的幅相曲线如图 6-6 所示。

不难看出，当 $\omega=1/T$ 时，$G(\mathrm{j}\omega)=\frac{1}{2}-\mathrm{j}\frac{1}{2}$，$A(\omega)=1/\sqrt{2}=0.707$，$\varphi(\omega)=-45°$。

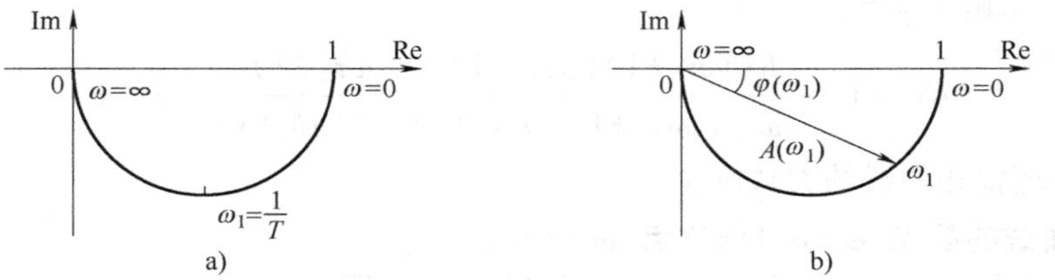

图 6-6　一阶系统的幅相曲线

当 ω 从 0 变到 $1/T$ 时，$A(\omega)$ 变化较小，信号衰减较慢；当 $\omega>5/T$ 时，$A(\omega)\to 0$，$\varphi(\omega)\to -90°$，信号衰减较快。

由此亦可看出一阶系统的低通频率特性。另外，由于

$$\left(U-\frac{1}{2}\right)^2+V^2=\left[\frac{1-\omega^2T^2}{2(1+\omega^2T^2)}\right]^2+\left[\frac{-\omega T}{1+\omega^2T^2}\right]^2=\left(\frac{1}{2}\right)^2 \tag{6-29}$$

所以，对应 $0\leqslant\omega\leqslant\infty$，一阶系统的幅相频率特性是一个以(0.5，j0)为圆心，0.5 为半径的半圆。

3. 二阶系统(振荡环节)

典型振荡环节(二阶系统)的频率特性为

$$\begin{aligned}G(j\omega)&=\frac{1}{(j\omega/\omega_n)^2+2\zeta(j\omega/\omega_n)+1}\\&=\frac{1-\left(\frac{\omega}{\omega_n}\right)^2}{\left(1-\frac{\omega^2}{\omega_n^2}\right)^2+\left(2\zeta\frac{\omega}{\omega_n}\right)^2}-j\frac{2\zeta\frac{\omega}{\omega_n}}{\left(1-\frac{\omega^2}{\omega_n^2}\right)^2+\left(2\zeta\frac{\omega}{\omega_n}\right)^2}\\&=U+jV\end{aligned} \tag{6-30}$$

据此在复平面上可画出幅相曲线如图 6-7 所示。

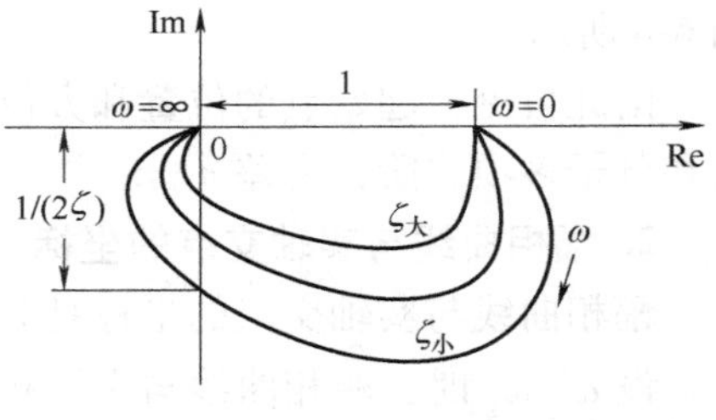

图 6-7　振荡环节的幅相曲线

1）当 $\omega=0$ 时，$U(\omega)=1$，$V(\omega)=0$。起始点在实轴上的(1，j0)处。

2）当 $\omega=\omega_n$ 时，$U(\omega)=0$，$V(\omega)=-\frac{1}{2\zeta}$。此时幅相频率特性与负虚轴相交。

3）当 $\omega\to\infty$ 时，$A(\omega)=0$，$\varphi(\omega)\to-\pi$。$G(j\omega)$ 与负实轴相切并终止于坐标原点。

因此，振荡环节的幅相曲线是从正实轴开始，经过第四象限，穿过负虚轴，在第三象限与负实轴相切，终止于坐标原点。若 $\zeta\leqslant 0.707$，$A(\omega)$ 会有一个大于 1 的幅值，其大小取决于 ζ 值的大小。

（三）开环系统的幅相曲线

根据系统开环频率特性表达式，可以通过描点法绘制出系统开环幅相曲线。所谓幅相曲线是指当频率 ω 从 0^+ 变化到 $+\infty$ 时，频率特性矢量的矢端在 GH 平面上描绘的轨迹。描点法绘制系统幅相曲线的方法比较简单，但很烦琐，在此略去。事实上，在实际的系统分析与设计中，经常使用到近似的幅相曲线。

设系统开环频率特性为

$$G(j\omega)=\frac{K(j\omega\tau_1+1)(j\omega\tau_2+1)\cdots(j\omega\tau_m+1)}{(j\omega)^{\nu}(j\omega T_1+1)(j\omega T_2+1)\cdots(j\omega T_n+1)},\quad n\geqslant m \tag{6-31}$$

下面来分析开环幅相曲线的大致画法。

1. 幅相曲线的起点($\omega=0^+$)与终点($\omega=+\infty$)

对于最小相位系统来说，幅相曲线的起点如图 6-8 所示。

取 $\lim\limits_{\omega\to0^+}G(j\omega)$ 的极限，可得到幅相曲线的起点坐标。

对于 0 型系统($\nu=0$)，起点在正实轴 K 处。

对于Ⅰ型系统($\nu=1$)，起点在负虚轴无穷远处。

对于Ⅱ型系统($\nu=2$)，起点在负实轴无穷远处。

对于Ⅲ型系统($\nu=3$)，起点在正虚轴无穷远处。

以此类推，可以看出：从起点处，幅相特性随 ω 开始变化，有相位超前则曲线逆时针方向转，有相位滞后则曲线顺时针方向转。

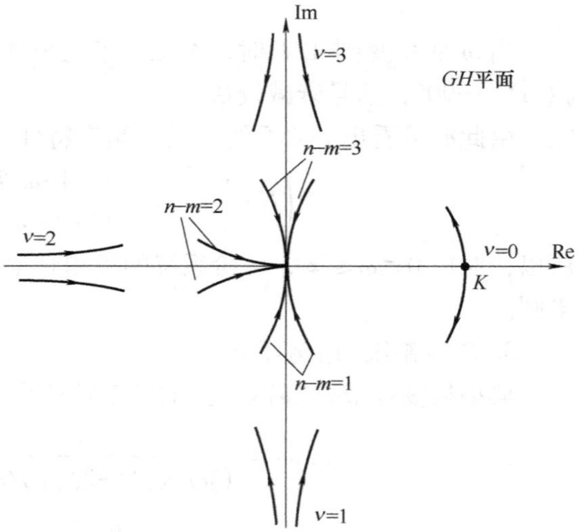

图 6-8　幅相曲线的起点与终点

幅相曲线的终点是指 $\omega\to\infty$ 时的点，即 $|G(j\omega)|_{\omega=\infty}$ 的极限。由于一般实际系统 $n>m$，$\lim\limits_{\omega\to\infty}|G(j\omega)|=0$，所以图中曲线终点一般都在 GH 平面的原点处，趋向 GH 平面的原点的方位由 $\lim\limits_{\omega\to\infty}\angle G(j\omega)=(n-m)\left(-\frac{\pi}{2}\right)$ 决定，如图 6-8 所示。

由此可见，起始点的位置和方位取决于 K 和积分环节数 ν，终点的方位取决于分母多项式和分子多项式阶数之差 $n-m$。

2. 幅相曲线与实轴交点的坐标

幅相曲线与实轴交点的坐标是曲线上一个重要的参数，绘制时应精确计算出来。

设 $\omega=\omega_g$ 时，幅相曲线与实轴有交点，则有

$$\text{Im}[G(j\omega_g)]=0 \tag{6-32}$$

或

$$\varphi(\omega_g)=\angle G(j\omega_g)=k\pi\quad k=0,\ \pm1,\ \cdots \tag{6-33}$$

称 ω_g 为穿越频率，意为穿越实轴的频率，而幅相曲线与实轴交点的坐标值为

$$\text{Re}[G(j\omega_g)]=G(j\omega_g) \tag{6-34}$$

3. 开环幅相曲线的变化规律

从典型环节的幅相曲线可知，凡分子上有时间常数的环节，幅相特性的相位超前，曲线向逆时针方向变化，而分母上有时间常数的环节，相位滞后，幅相曲线向顺时针方向变化。

有了以上 3 点，就可以快速绘制出幅相曲线的大致图形。

二、伯德图

（一）伯德图的概念

伯德（Bode）图即对数频率特性曲线，由对数幅频特性曲线和对数相频特性曲线组成，是工程中广泛使用的一组曲线。

对数频率特性曲线的横坐标按 $\lg\omega$ 分度，单位为弧度/秒（rad/s），对数幅频曲线的纵坐标按 $L(\omega)=20\lg|H(\omega)|$ 线性分度，单位是分贝（dB）。对数相频曲线纵坐标按 $\varphi(\omega)$ 线性分度，单位为度（°）。由此构成的坐标系称为半对数坐标系。

对数分度和线性分度如图 6-9 所示，在线性分度中，当变量增大或减小 1 时，坐标间距离变化一个单位长度，而在对数分度中，当变量增大或减小 10 倍，称为十倍频程（dec），坐标间距离变化一个单位长度。设对数分度中单位长度为 l，ω 的某个十倍频程的左端点为 ω_0，则坐标点相对于左端点的距离为表 6-1 所示值乘以 l。

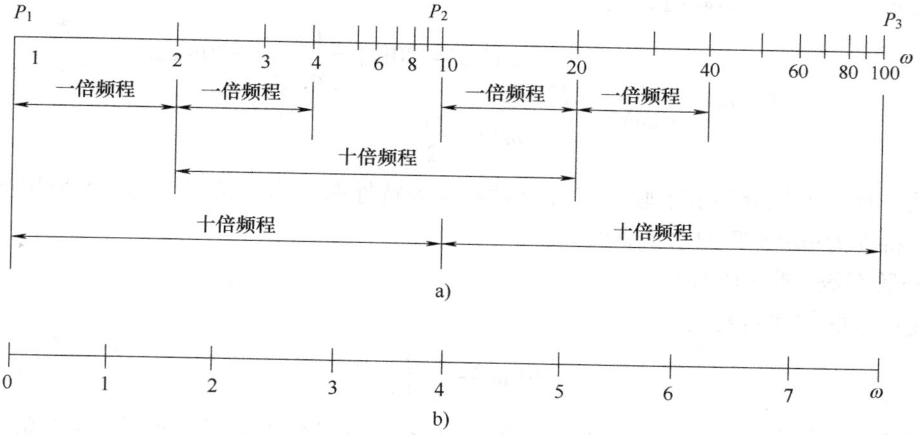

图 6-9　对数分度和线性分度

表 6-1　十倍频程中的对数分度

ω/ω_0	1	2	3	4	5	6	7	8	9	10
$\lg(\omega/\omega_0)$	0	0.301	0.477	0.602	0.699	0.788	0.845	0.903	0.954	1

对数频率特性采用 ω 的对数分度实现了横坐标的非线性压缩，便于在较大频率范围反映频率特性的变化情况。对数幅频特性采用 $20\lg|H(\omega)|$ 则将幅值的乘除转化为加减运算，可以简化曲线的绘制过程。

（二）典型环节的伯德图

1. 积分环节

积分环节的频率特性为

$$G(j\omega)=\frac{1}{j\omega}=\frac{1}{\omega}e^{j\left(-\frac{\pi}{2}\right)} \tag{6-35}$$

（1）幅频特性 $A(\omega)$ 及相频特性 $\varphi(\omega)$

$$A(\omega)=\frac{1}{\omega} \tag{6-36}$$

$$\varphi(\omega)=-\frac{\pi}{2} \tag{6-37}$$

幅频特性曲线为双曲函数，随 ω 变化逐渐衰减到 0。相频特性为一常数 $-\pi/2$，与 ω 变化无关。这种环节是相位滞后环节，它的低通特性较好。

（2）对数频率特性

$$L(\omega)=20\lg A(\omega)=-20\lg\omega \tag{6-38}$$

$$\varphi(\omega)=-\frac{\pi}{2} \tag{6-39}$$

积分环节的对数幅频特性是一条斜率为 -20dB/dec 的直线，相频特性为一条 $-\pi/2$ 的水平直线，如图 6-10 所示。

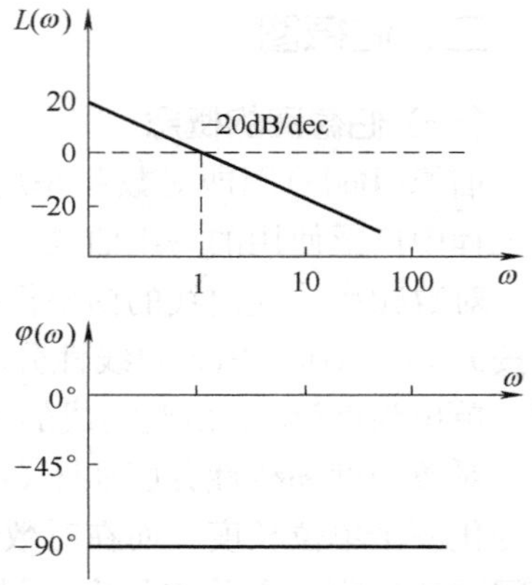

图 6-10　积分环节的对数频率特性曲线

若有 n 个积分环节串联时，则有

$$G(j\omega)=\frac{1}{(j\omega)^n}\to\begin{cases}20\lg A(\omega)=20\lg\left|\dfrac{1}{(j\omega)^n}\right|=-20n\lg\omega\\ \varphi(\omega)=-\dfrac{n\pi}{2}\end{cases} \tag{6-40}$$

可见，有 n 个积分环节串联，其合成对数幅频特性曲线为一条斜率为 $-n\times20\text{dB/dec}$ 的直线，相频特性为 $-n\times\pi/2$ 的水平直线。

2. 一阶系统（惯性环节）

惯性环节的频率特性为

$$G(j\omega)=\frac{1}{j\omega T+1} \tag{6-41}$$

频率特性一般有以下 3 种图示形式：幅频 $A(\omega)$ 和相频 $\varphi(\omega)$ 特性曲线（在直角坐标系直接图示）；对数频率特性曲线（伯德图）；幅相频率特性曲线（又称极坐标图）。

（1）幅频 $A(\omega)$ 和相频 $\varphi(\omega)$ 特性曲线　根据

$$G(j\omega)=|G(j\omega)|e^{j\angle G(j\omega)}=\frac{1}{\sqrt{\omega^2T^2+1}}e^{j\arctan(\omega T)}=A(\omega)e^{j\varphi(\omega)} \tag{6-42}$$

幅频特性为

$$A(\omega)=\frac{1}{\sqrt{\omega^2T^2+1}} \tag{6-43}$$

相频特性为

$$\varphi(\omega)=-\arctan\omega T \tag{6-44}$$

当 ω 从 $0\to\infty$ 变化时，在直角坐标系中可得一阶系统的 $A(\omega)$、$\varphi(\omega)$ 特性曲线。

$A(\omega)$ 从 1 开始单调衰减，无谐振峰值。其中 $A(0)=1$，$A(\infty)=0$，$\varphi(\omega)$ 由 $0\to-\pi/2$。当 $\omega=1/T$ 时，有

$$\begin{cases}A(\omega)=0.707A(0)\\ \varphi(\omega)=-\pi/4\end{cases} \tag{6-45}$$

由频带宽的定义，当 $A(\omega)$ 衰减到 $A(0)$ 的 0.707 时所对应的角频率为频带宽度，因此

$\omega_b=1/T$。由于一阶系统阶跃响应的调节时间 $t_s=3T=3/\omega_b$，所以，频带越宽，调节时间越短。

（2）对数频率特性曲线（伯德图）　通常在对数 $\lg A(\omega)$ 前面乘以 20，使其计算单位变成分贝，用 dB 表示，称 $L(\omega)=20\lg A(\omega)$ 为对数幅频特性。

1）对数幅频特性曲线。已知一阶系统的幅频特性为

$$A(\omega)=\frac{1}{\sqrt{\omega^2T^2+1}} \tag{6-46}$$

$$L(\omega)=20\lg A(\omega)=20\lg\frac{1}{\sqrt{\omega^2T^2+1}}=-20\lg\sqrt{\omega^2T^2+1} \tag{6-47}$$

当 ω 取不同的值时，逐点求得相应的分贝值，在半对数坐标系中绘出的对数幅频特性如图 6-11 中虚线①所示，由图可见，随着 ω 的增加，一阶系统的对数幅频特性由 0dB 逐渐下降至 $-\infty$。

2）对数相频特性曲线。相频特性的表达式为 $\varphi(\omega)=-\arctan(\omega T)$。当 ω 取不同的值时，逐点求得相应弧度值，绘出的对数相频特性曲线如图 6-11 所示。由图可见，随 ω 增加，$\varphi(\omega)$ 从 0 变化至 $-\pi/2$。

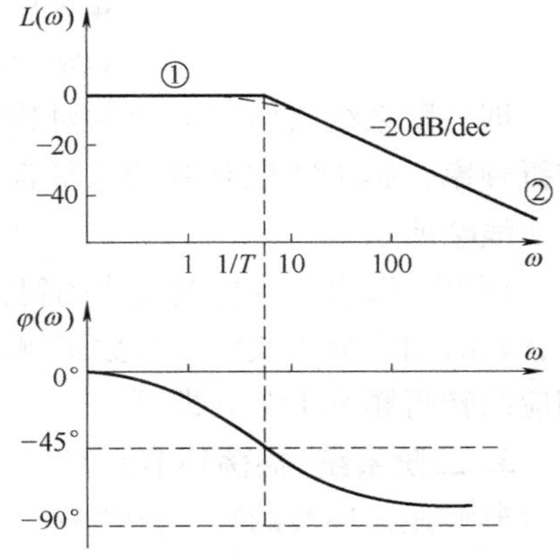

图 6-11　一阶系统的对数频率特性曲线

由图 6-11 可见，一阶系统频率特性的特征点为 $\omega=1/T$。当 $\omega=1/T$ 时，有

$$L(\omega)=20\lg A(\omega)=-20\lg\sqrt{\omega^2T^2+1}=-20\lg\sqrt{2}=-3\text{dB} \tag{6-48}$$

$$\varphi(\omega)=-\arctan(\omega T)=-\frac{\pi}{4} \tag{6-49}$$

所以，在对数图中，一阶系统的频带宽 ω_b 可由 $20\lg A(\omega)$ 衰减至 -3dB，或者由 $\varphi(\omega)=-\pi/4$ 时所对应的 ω 值确定。一阶系统（惯性环节）的频率特性 $1/(\mathrm{j}\omega T+1)$ 具有低通滤波器的作用。这是因为，对于高于 $\omega=1/T$ 的频率，其对数幅值迅速地向 $-\infty$ 降落。这说明，在一阶系统中，输出仅可正确地跟踪低频输入。在高频（$\omega\geqslant1/T$）时，由于输出的幅值趋近于 0，输出的相位趋近于 $-90°$，所以，如果输入函数中包含有许多谐波成分，经过此环节后，输入中的低频分量能够得到较为准确的反映。而高频分量的幅值由于被严重衰减，并产生较大相位移，输入中的高频分量几乎不能得到反映。因此，一阶系统（元件）只能较精确地复现定常或缓慢变化的信号。

3）$20\lg A(\omega)$ 的实用（近似）曲线。由于 $20\lg A(\omega)$ 是一条曲线，需要计算许多点才能精确绘制出来。在实际中，常用近似曲线来取代。

对于一阶系统，已知 $L(\omega)=20\lg A(\omega)=-20\lg\sqrt{\omega^2T^2+1}$，当 $\omega\ll1/T$ 时，即 $\omega T\ll1$ 时，忽略 ω^2T^2，有

$$20\lg A(\omega)\approx-20\lg1=0$$

亦即在 $\omega\ll1/T$ 范围内，$20\lg A(\omega)$ 可近似看作 0dB 的一条水平直线。

当 $\omega\gg1/T$ 时，即 $\omega T\gg1$ 时，

$$20\lg A(\omega)\approx -20\lg\omega T$$

亦即在 $\omega\gg 1/T$ 范围内，$20\lg A(\omega)$ 可近似看作一条斜线。另外

$\omega=1/T$ 时，$-20\lg(\omega T)=-20\lg 1=0\text{dB}$（原应为 3dB）

$\omega=10/T$ 时，$-20\lg(\omega T)=-20\lg 10=-20\text{dB}$

$\omega=10^2/T$ 时，$-20\lg(\omega T)=-20\lg 100=-40\text{dB}$

$\omega=10^n/T$ 时，$-20\lg(\omega T)=-20\lg 10^n=-20n\text{dB}$

ω 每上升为原来的 10 倍，$-20\lg(\omega T)$ 下降 20dB。所以，$-20\lg(\omega T)$ 是一条斜率为 -20dB/dec 的直线。

综上所述，惯性环节的对数幅频特性可近似为

$$\omega\ll 1/T,\ 取\ 20\lg A(\omega)=0 \tag{6-50}$$

$$\omega\gg 1/T,\ 取\ 20\lg A(\omega)=-20\lg(\omega T) \tag{6-51}$$

即一阶系统（惯性环节）的对数幅频特性曲线可近似看作由两条直线组成：以 $\omega=1/T$ 为转折频率，$\omega<1/T$ 取 0dB 的水平直线，$\omega>1/T$ 时取斜率为 -20dB/dec 的直线，如图 6-11 中的实线②所示。

可见，以直线取代曲线作图很方便，而产生的最大误差在 $\omega=1/T$ 处，其值为 -3dB。此外，若时间常数 T 改变，对数幅频、相频特性曲线的形状将完全不变，只需将曲线左右平移相应的转折频率 $1/T$ 处即可。

3. 二阶系统（振荡环节）

典型振荡环节的频率特性为

$$G(\mathrm{j}\omega)=\frac{1}{(\mathrm{j}\omega/\omega_n)^2+2\zeta(\mathrm{j}\omega/\omega_n)+1} \tag{6-52}$$

（1）幅频特性 $A(\omega)$ 及相频特性 $\varphi(\omega)$

$$A(\omega)=|G(\mathrm{j}\omega)|=\frac{\omega_n^2}{\sqrt{(\omega_n^2-\omega^2)^2+(2\zeta\omega_n\omega)^2}}=\frac{1}{\sqrt{\left[1-\left(\frac{\omega}{\omega_n}\right)^2\right]^2+\left(2\zeta\frac{\omega}{\omega_n}\right)^2}} \tag{6-53}$$

$$\varphi(\omega)=\angle G(\mathrm{j}\omega)=-\arctan\frac{2\zeta\omega_n\omega}{\omega_n^2-\omega^2}=-\arctan\frac{2\zeta\frac{\omega}{\omega_n}}{1-\left(\frac{\omega}{\omega_n}\right)^2} \tag{6-54}$$

从式(6-53)、式(6-54)可知，当 ω 从 $0\to\infty$ 变化时，$A(\omega)$ 从 1 开始，最终衰减为 0，有无峰值取决于阻尼比 ζ 的取值，而相频 $\varphi(\omega)$ 则由 $0\to-\pi$。

振荡环节的频率特性有两个特征点：

1）特征点 1。当 $\omega=\omega_n$ 时

$$\begin{cases}A(\omega_n)=1/(2\zeta)\\ \varphi(\omega_n)=-\pi/2\end{cases}$$

2）特征点 2。令 $\dfrac{\mathrm{d}A(\omega)}{\mathrm{d}(\omega)}=0$，可求得 $A(\omega)$ 的谐振频率为

$$\omega_r=\omega_n\sqrt{1-2\zeta^2} \tag{6-55}$$

将 ω_r 代入 $A(\omega)$ 中，可得振荡环节的谐振峰值

$$A_r=\frac{1}{2\zeta\sqrt{1-\zeta^2}} \tag{6-56}$$

由式(6-55)和式(6-56)可以看出：

当 $0.707\leqslant\zeta<1$ 时，ω_r 为虚数，说明谐振频率不存在，不会有谐振峰值发生，$A(\omega)$ 随频率的变化是单调衰减的。应当指出的是，此时环节的阶跃响应随时间的变化仍为振荡性质的，但是，振幅随频率的变化却是单调衰减的。

当 $0<\zeta<0.707$ 时，ω_r 为实数，$A(\omega)$ 出现峰值，$A_r=\dfrac{1}{2\zeta\sqrt{1-\zeta^2}}>1$。并且，$\zeta$ 越小，谐振峰值 A_r 及谐振频率 ω_r 越高，并有 $\omega_r=\omega_n\sqrt{1-2\zeta^2}<\omega_n$。

$\zeta=0$，$A_r\to\infty$，$\omega\to\omega_n$，谐振峰值与环节的自然振荡频率相同，引起环节共振，处于临界不稳定状态。

当 $\zeta=0.707$ 时，阶跃响应既快又稳，比较理想(也称为“二阶最佳”)，在 $\zeta=0.707$，$\omega=\omega_n$ 时，可由式(6-53)解出

$$A(\omega)=\frac{1}{\sqrt{\left[1-\left(\frac{\omega}{\omega_n}\right)^2\right]^2+\left(2\zeta\frac{\omega}{\omega_n}\right)^2}}=0.707 \tag{6-57}$$

亦即这种情况下的频带宽 $\omega_b=\omega_n$。

当 $\zeta>1$ 时，幅频特性与一阶系统相似(当 ζ 足够大时，可将二阶系统 $G(s)$ 的一个极点忽略，近似为一阶系统)。

(2) 对数频率特性

$$\begin{aligned}L(\omega)&=20\lg A(\omega)\\&=20\lg\frac{1}{\lg\sqrt{\left(1-\left(\frac{\omega}{\omega_n}\right)^2\right)^2+\left(2\zeta\frac{\omega}{\omega_n}\right)^2}}\\&=-20\lg\sqrt{\left(1-\left(\frac{\omega}{\omega_n}\right)^2\right)^2+\left(2\zeta\frac{\omega}{\omega_n}\right)^2}\end{aligned} \tag{6-58}$$

$$\varphi(\omega)=\angle G(j\omega)=-\arctan\frac{2\zeta\frac{\omega}{\omega_n}}{1-\left(\frac{\omega}{\omega_n}\right)^2} \tag{6-59}$$

对于不同的 ζ 值，可绘出对应的对数频率特性曲线如图6-12所示。

由频带宽度的定义可知，此时频带 ω_b 应对应于 $20\lg A(\omega)$ 衰减至 -3dB 时所对应的角频率。

同样，振荡环节的对数幅频特性曲线也可近似表示。

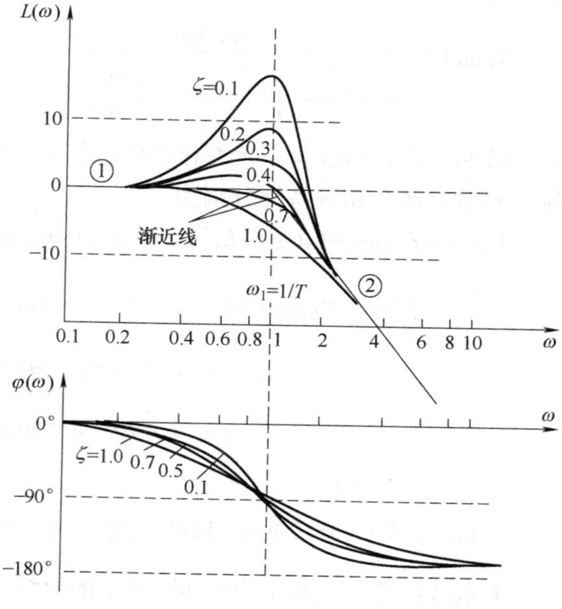

图 6-12　二阶系统的对数频率特性曲线

当 $\omega/\omega_b \ll 1$ 时，忽略 ω/ω_b 的影响，可得

$$20\lg A(\omega) \approx -20\lg 1 = 0$$

当 $\omega/\omega_b \gg 1$ 时，可得

$$20\lg A(\omega) \approx -20\lg\sqrt{\left[1-\left(\frac{\omega}{\omega_n}\right)^2\right]^2} \approx -20\lg\left(\frac{\omega}{\omega_n}\right)^2 = -40\lg\frac{\omega}{\omega_n}$$

上式为 $\lg\omega$ 的一次函数，故在半对数坐标中为一条直线，直线的斜率为-40dB/dec，所以振荡环节对数幅频特性曲线的近似做法是：以 ω_n 为分界线，当 $\omega<\omega_n$ 时，取 $20\lg A(\omega)=0$。当 $\omega>\omega_n$ 时，取斜率为-40dB/dec 的直线。在 $\omega=\omega_n$ 处，产生的误差为 $20\lg A(\omega)=-20\lg(2\zeta)$。在 $\zeta=0.4\sim0.7$ 时，曲线的近似程度较好，ζ 过大、过小都会存在较大误差。

（三）开环系统的伯德图

由各典型环节串联组成的开环系统，其对数幅频、相频特性之间为加、减关系。设

$$G(j\omega)=G_1(j\omega)G_2(j\omega)G_3(j\omega)\cdots G_n(j\omega) \tag{6-60}$$

则有

$$\begin{aligned} L(\omega) &= 20\lg|G(j\omega)| \\ &= 20\lg|G_1(j\omega)|+20\lg|G_2(j\omega)|+20\lg|G_3(j\omega)|+\cdots+20\lg|G_n(j\omega)| \end{aligned} \tag{6-61}$$

$$\varphi(\omega)=\angle G(j\omega)=\angle G_1(j\omega)+\angle G_2(j\omega)+\cdots\angle G_n(j\omega) \tag{6-62}$$

因此，只要画出了各环节的伯德图后，利用图形的叠加方法就可得到开环系统的伯德图。

例 6-4 绘制图 6-13 所示系统的开环伯德图。

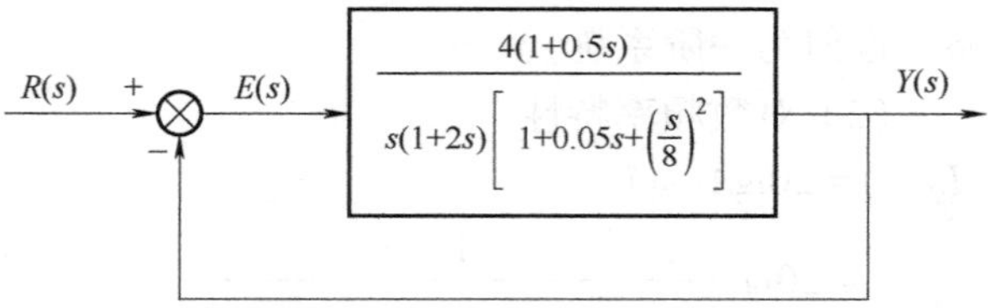

图 6-13 例 6-4 系统结构图

解 由图 6-13 可知，系统的开环频率特性为

$$G(j\omega)=\frac{4(1+j0.5\omega)}{j\omega(1+j2\omega)\left[1+j0.05\omega+\left(\frac{j\omega}{8}\right)^2\right]}$$

按照上式，可以将系统看作是由比例、积分、惯性、一阶微分和振荡环节组成的开环系统。对数幅频和相频特性分别为

$$\begin{aligned} L(\omega) &= L_1(\omega)+L_2(\omega)+L_3(\omega)+L_4(\omega)+L_5(\omega) \\ &= 20\lg4-20\lg\omega-20\lg\sqrt{1+(2\omega)^2}+20\lg\sqrt{1+(0.5\omega)^2}-20\lg\sqrt{\left(1-\frac{\omega^2}{64}\right)^2+(0.05\omega)^2} \end{aligned}$$

$$\begin{aligned} \varphi(\omega) &= \varphi_1(\omega)+\varphi_2(\omega)+\varphi_3(\omega)+\varphi_4(\omega)+\varphi_5(\omega) \\ &= 0°-90°-\arctan2\omega+\arctan0.5\omega-\arctan\frac{0.05\omega}{1-\left(\frac{\omega}{8}\right)^2} \end{aligned}$$

$L_1(\omega)$：$L_1(\omega)=20\lg4=12\text{dB}$，为一条水平直线，$\varphi_1(\omega)=0$

$L_2(\omega)$：是一条斜率为-20dB/dec 的直线，穿越频率 $\omega=1$，$\varphi_2(\omega)=-\frac{\pi}{2}$

$L_3(\omega)$：在 $\left.\begin{array}{ll}\omega<\omega_1\text{ 时，} & \text{为零} \\ \omega>\omega_1\text{ 时，} & \text{为}-20\text{dB 的直线}\end{array}\right\}$，转折频率 $\omega_1=0.5$，$\varphi_3(\omega)=0\sim-\frac{\pi}{2}$

$L_4(\omega)$：在 $\left.\begin{array}{ll}\omega<\omega_2\text{ 时，} & \text{为零} \\ \omega>\omega_2\text{ 时，} & \text{为 20dB 的直线}\end{array}\right\}$，转折频率 $\omega_2=2$，$\varphi_4(\omega)=0\sim\frac{\pi}{2}$

$L_5(\omega)$：在 $\left.\begin{array}{ll}\omega<\omega_3\text{ 时，} & \text{为零} \\ \omega>\omega_3\text{ 时，} & \text{为}-40\text{dB 的直线}\end{array}\right\}$，转折频率 $\omega_3=8$，$\varphi_5(\omega)=0\sim-\pi$

根据以上分析结果，将 $L_i(\omega)$、$\varphi_i(\omega)$ 分别画出，然后在进行图形叠加，就可画出该系统的伯德图，如图 6-14 所示。

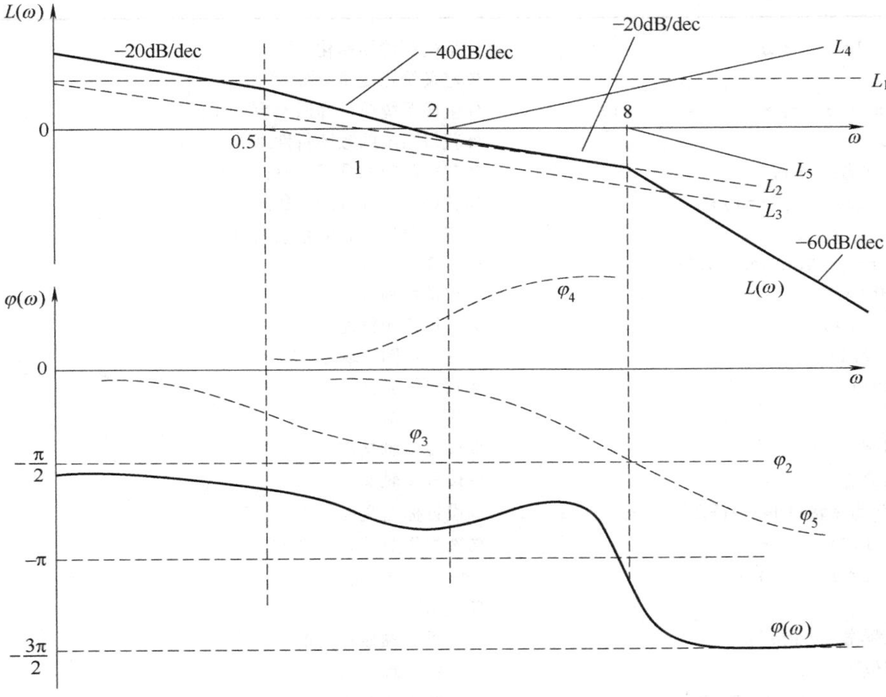

图 6-14　例 6-4 系统的伯德图

第三节　应用 MATLAB 的系统频域分析

一、连续系统的频率特性

MATLAB 提供了专门求取连续时间系统频率特性的函数 freqs( )。该函数可以实现系统频率响应的数值解。该函数的常用方法为

[h,**w**]=freqs(sys,n)

其中，h 为返回向量 **w** 所定义的频率点上的系统频率特性；sys 为连续系统表达式，可由函数 tf( )转换而来，也可用输入项系数向量 **num** 和输出项系数向量 **den** 直接表示；n 为输出

频率点个数。

求得系统频率特性后，利用 MATLAB 的 abs( )、angle( ) 可求得对应的幅频特性和相频特性。

例 6-5 已知一个系统的单位冲激响应为 $h(t)=8te^{-3t}u(t)$，应用 MATLAB 求出系统的频率特性，并求出系统在输入 $x(t)=e^{-t}u(t)$ 作用下的输出响应 $y(t)$。

解 根据题意，可以对 $h(t)$、$x(t)=e^{-t}u(t)$ 求傅里叶变换分别求得系统的频率特性和输入信号的傅里叶变换，然后用 freqs( ) 函数求得频域表达式 $H(\omega)$，通过 fourier( ) 函数求得输入信号 $x(t)=e^{-t}u(t)$ 的频域表达式 $X(\omega)$，通过 $Y(\omega)=H(\omega)X(\omega)$ 求得系统输出频域表达式 $Y(\omega)$，通过 ifourier( ) 得到系统输出时域表达式 $y(t)$ 并画图。其 MATLAB 参考运行程序如下：

```
close all;clear;clc;                  %系统环境初始化
syms w t                              %定义符号变量 w t
h=8*t*exp(-3*t)*heaviside(t);         %生成系统单位冲激响应 h(t)
H=fourier(h);                         %获得系统的频率特性函数 H(w)
[Hn,Hd]=numden(H);                    %获得函数的分子、分母部分
Hnum=abs(sym2poly(Hn));               %获得分子部分的系数向量
Hden=abs(sym2poly(Hd));               %获得分母部分的系数向量
[Hh,Hw]=freqs(Hnum,Hden,500);         %计算频率特性
Hh1=abs(Hh);                          %求得幅频特性
Hw1=angle(Hh);                        %求得相频特性
subplot(2,1,1)                        %选择作图区域 1
plot(Hw,Hh1)                          %画出幅频特性
grid on                               %显示网格
xlabel('角频率 \omega')               %设置 x 轴文本
ylabel('幅值')                        %设置 y 轴文本
title('H(j \omega)的幅频特性')        %设置标题文本
subplot(2,1,2)                        %选择作图区域 2
plot(Hw,Hw1*180/pi)                   %画出相频特性
grid on                               %显示网格
xlabel('角频率 \omega')               %设置 x 轴显示文本
ylabel('相位')                        %设置 y 轴显示文本
title('H(j \omega)的相频特性')        %设置标题文本
x=exp(-t)*heaviside(t);               %生成输入信号符号表达式 x(t)
X=fourier(x);                         %求得傅里叶变换 X(w)
Y=X*H;                                %计算输出的频域表达式
y=ifourier(Y);                        %对 Y(w)傅里叶反变换求得 y(t)
figure(2)                             %打开画图 2
ezplot(y,[-4,20])                     %进行符号表达式 y(t)的绘图
axis([-2  10 0 1.3])                  %设定坐标轴范围
grid on                               %显示网格
title('通过频域 Y(\omega)计算 y(t)')  %设置标题文本
xlabel('t')                           %设置 x 轴文本
ylabel('y(t)')                        %设置 y 轴文本
```

程序运行结果如图 6-15 所示，其中图 6-15a 为系统的频率特性（包括幅频特性和相频特性），图 6-15b 为通过频域计算求得的系统输出响应 $y(t)$。

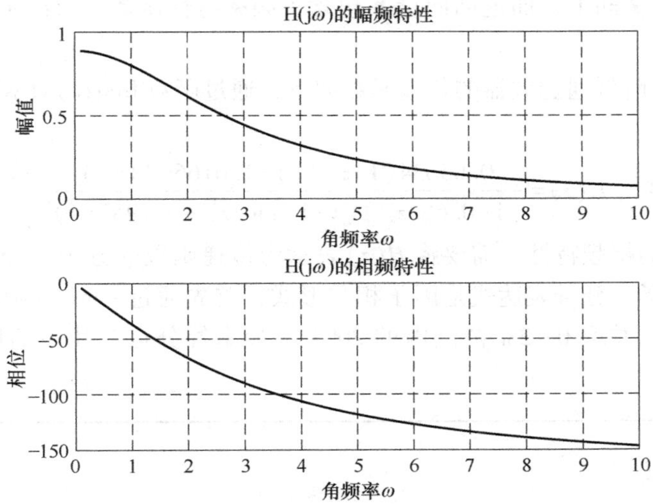

a)

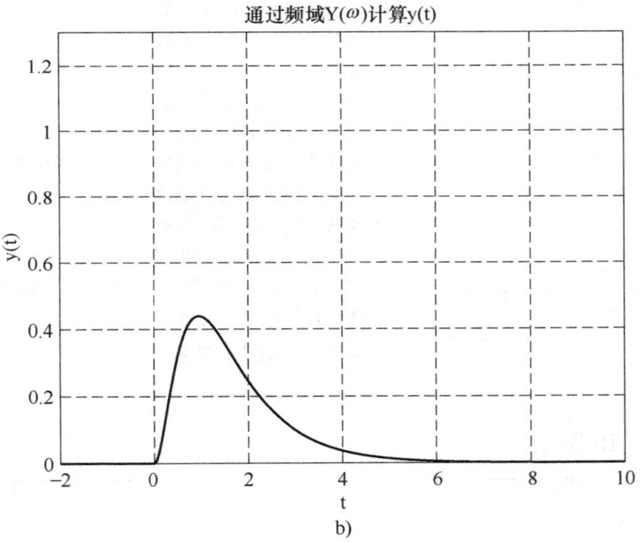

b)

图 6-15　例 6-5 运行结果图

a）系统的频率特性　b）系统的输出响应曲线

二、离散系统的频率特性

MATLAB 提供了求取离散时间系统频率特性的函数 freqz( )，其常用的函数格式如下：

[**h**,**w**] = freqz(sys,n,Fs)

其中，sys 为连续系统表达式，可由函数 tf( )转换而来，也可用输入项系数向量 **num** 和输出项系数向量 **den** 直接表示；n 为正整数，n 的默认值为 n = 512；返回向量 **h** 为离散系统频率响应函数 $H(\Omega)$在 **w** 向量所对应的频率等分点的值；返回的频率等分点向量 **w** 的采样频率为 Fs，当 Fs 缺省时，向量 **w** 则为 0～π 范围内的 n 个频率等分点。

[**h**,**w**] = freqz(sys,n,'whole')

其中，sys 和 n 的意义同上，而返回向量 **h** 包含了频率特性函数 $H(\Omega)$ 在 $0\sim2\pi$ 范围内 n 个频率等分点的值。

例 6-6 一个三阶低通滤波器的传递函数如下，通过函数 freqz( ) 计算并画出该滤波器的幅频特性。

$$H(z)=\frac{0.05634(1+z^{-1})(1-1.0166z^{-1}+z^{-2})}{(1-0.683z^{-1})(1-1.4461z^{-1}+0.7957z^{-2})}$$

解 求滤波器的幅频特性，需要将 $H(z)$ 表示为传递函数的分子、分母多项式的系数向量，由于给出的分子、分母表达式是因子相乘形式，首先通过 conv( ) 函数将其转换成多项式的系数向量形式，并取 $0\sim2\pi$ 范围内的 2001 个频率等分点。其 MATLAB 参考运行程序如下：

```
close all;clear;clc;
b0=0.05634;                                  %分子系数项
b1=[1  1];                                   %分子第一个因子系数
b2=[1 -1.0166 1];                            %分子第二个因子系数
a1=[1 -0.683];                               %分母第一个因子系数
a2=[1 -1.4461 0.7957];                       %分母第二个因子系数
b=b0*conv(b1,b2);                            %得出分子多项式的系数向量
a=conv(a1,a2);                               %得出分母多项式的系数向量
[h,w]=freqz(b,a,2001,'whole');               %计算 0~2π 范围内取 2001 个频率等分点的频率特性
plot(w/pi,20*log10(abs(h)))                  %画出幅频特性曲线,横坐标为角频率,纵坐标为对数幅值
ax=gca;                                      %获得当前画图的句柄
ax.YLim=[-100 20]                            %设置 y 轴坐标的范围
ax.XTickLabel={'0','0.5\pi','1\pi','1.5\pi','2\pi'}  %设置 x 轴坐标显示内容
xlabel('频率/rad')                           %设置 x 轴显示文本
ylabel('幅值/dB')                            %设置 y 轴显示文本
```


运行结果如图 6-16 所示。

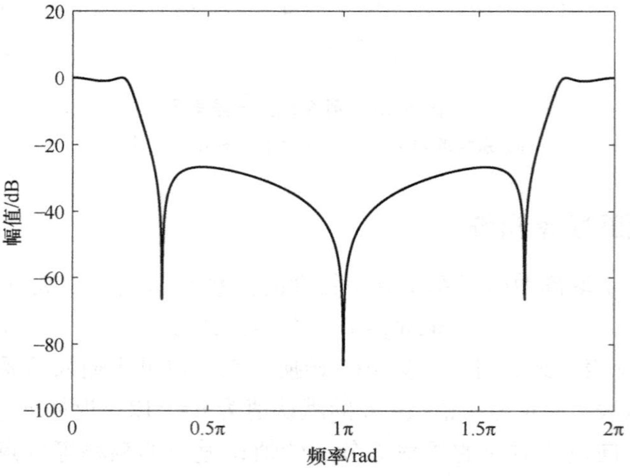

图 6-16 例 6-6 运行结果

本章要点

1. 频率分析法是应用频率特性分析自动控制系统的一种经典方法，是在频域范围内应用图解分析法评价系统性能的一种工程方法，物理意义明确。本章分别给出了连续系统和离散系统的频率特性定义。

2. 介绍了频域特性的几个性能指标，在一定程度上反映了稳定系统的动态和静态响应行为。

3. 利用系统频率特性可以求取连续系统和离散系统的响应。

4. 频域特性的图形化表示包括极坐标图和伯德图，在介绍典型环节的极坐标图和伯德图的基础上给出了开环系统极坐标图和伯德图的绘制方法。

习　题

1. 某对象的频率特性为$\frac{K}{j\omega}$，若(1) $K=3$，(2) $K=0.05$，分别画出它的对数频率特性图。

2. 某对象的频率特性为$\frac{K}{j\omega T+1}$，若(1) $K=20$，$T=4$，(2) $K=0.8$，$T=0.1$，分别画出它的近似对数幅频特性、对数幅频特性和对数相频特性图。

3. 某对象的频率特性为$\frac{K}{j\omega+\lambda}$，其中$K=12$，$\lambda=2.5$，画出它的近似对数幅频特性、对数幅频特性和对数相频特性图。

4. 某对象的频率特性为$\frac{5.2}{(1-0.1\omega^2)+j0.32\omega}$，画出它的对数频率特性图。

5. 某对象的频率特性为$\frac{0.2}{(10-\omega^2)+j1.9\omega}$，画出它的对数频率特性图。

6. 某对象的频率特性为$\frac{2.8}{j\omega(j0.15\omega+1)}$，画出它的近似对数幅频特性、对数幅频特性和对数相频特性图。

7. 某对象的频率特性为$\frac{2.8(j\tau\omega+1)}{j\omega(j0.15\omega+1)}$，若(1) $\tau=0.05$，(2) $\tau=0.5$，画出它的对数幅频特性和对数相频特性图。

第七章

系统的复频域描述与分析

第一节　系统传递函数

一、连续系统的传递函数

线性定常连续系统的传递函数，定义为零初始条件下，系统输出量的拉普拉斯变换与输入量的拉普拉斯变换之比。

设线性定常连续系统由下述 n 阶线性常微分方程描述：

$$\begin{aligned}&a_n\frac{\mathrm{d}^n}{\mathrm{d}t^n}y(t)+a_{n-1}\frac{\mathrm{d}^{n-1}}{\mathrm{d}t^{n-1}}y(t)+\cdots+a_1\frac{\mathrm{d}}{\mathrm{d}t}y(t)+a_0y(t)\\&=b_m\frac{\mathrm{d}^m}{\mathrm{d}t^m}u(t)+b_{m-1}\frac{\mathrm{d}^{m-1}}{\mathrm{d}t^{m-1}}u(t)+\cdots+b_1\frac{\mathrm{d}}{\mathrm{d}t}u(t)+b_0u(t)\end{aligned} \tag{7-1}$$

式中，$y(t)$是系统输出量；$u(t)$是系统输入量；$a_i(i=1,\ 2,\ \cdots,\ n)$和 $b_j(j=1,\ 2,\ \cdots,\ m)$是与系统结构和参数相关的常系数。设 $u(t)$和 $y(t)$及其各阶导数在 $t=0$ 时的值均为 0，即零初始条件，则对式(7-1)中各项分别求拉普拉斯变换，并令 $Y(s)=\mathcal{L}[y(t)]$，$U(s)=\mathcal{L}[u(t)]$，可得

$$(a_ns^n+a_{n-1}s^{n-1}+\cdots+a_1s+a_0)C(s)=(b_ms^m+b_{m-1}s^{m-1}+\cdots+b_1s+b_0)R(s) \tag{7-2}$$

于是，由定义得系统传递函数为

$$G(s)=\frac{Y(s)}{U(s)}=\frac{b_ms^m+b_{m-1}s^{m-1}+\cdots+b_1s+b_0}{a_ns^n+a_{n-1}s^{n-1}+\cdots+a_1s+a_0}=\frac{\sum\limits_{j=0}^{m}b_js^j}{\sum\limits_{i=0}^{n}a_is^i} \tag{7-3}$$

$G(s)$的作用是将输入信号 $U(s)$经它传递到输出 $Y(s)$，如图 7-1 所示。

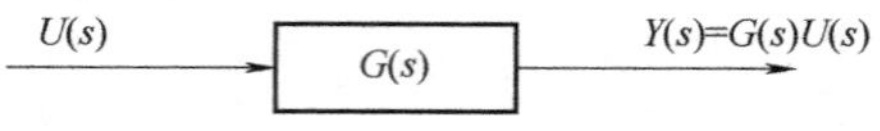

图 7-1　系统传递函数的功能

当输入信号为单位冲激信号 $\delta(t)$时，显然这时 $U(s)=1$，而系统的输出为单位冲激响应 $h(t)$，其拉普拉斯变换为 $\mathcal{L}[h(t)]$，将它们代入式(7-3)，有

$$G(s)=\mathcal{L}[h(t)] \tag{7-4}$$

即连续系统的传递函数就是系统的单位冲激响应的拉普拉斯变换，这一关系表示了系统特性在时域和复频域之间的联系。

由于传递函数 $G(s)$ 较易获得，因此往往可以通过对 $G(s)$ 的反变换求系统的单位冲激响应。另外，也可以由 $G(\omega)=G(s)\mid_{s=j\omega}$ 求取系统的频率特性函数，给系统的分析带来极大方便。当然，根据式(7-3)及其反变换求得系统的零状态响应也是传递函数 $G(s)$ 的一个用途。

除此之外，传递函数在系统理论中占有十分重要的地位，它的零、极点的分布与系统的稳定性、瞬态响应都有明确的对应关系，在反馈控制系统的分析和综合中更是重要的工具。

例 7-1　求下述线性定常系统的单位冲激响应

$$y''(t)+2y'(t)+2y(t)=u'(t)+3u(t)$$

解　设系统的初始条件为零，对系统方程取拉普拉斯变换，得

$$s^2Y(s)+2sY(s)+2Y(s)=sU(s)+3U(s)$$

整理后有

$$G(s)=\frac{Y(s)}{U(s)}=\frac{s+3}{s^2+2s+2}=\frac{s+1}{(s+1)^2+1}+\frac{2}{(s+1)^2+1}$$

由于

$$\mathcal{L}^{-1}\left[\frac{s+1}{(s+1)^2+1^2}\right]=\mathrm{e}^{-t}\cos tu(t)$$

$$\mathcal{L}^{-1}\left[\frac{1}{(s+1)^2+1^2}\right]=\mathrm{e}^{-t}\sin tu(t)$$

所以系统的单位冲激响应为

$$h(t)=\mathcal{L}^{-1}[G(s)]=\mathrm{e}^{-t}[\cos t+2\sin t]u(t)$$

例 7-2　已知线性定常系统对 $u(t)=\mathrm{e}^{-t}$ 的零状态响应为

$$y(t)=3\mathrm{e}^{-t}-4\mathrm{e}^{-2t}+\mathrm{e}^{-3t}$$

试求该系统的单位冲激响应，并写出描述该系统的微分方程。

解　由 $u(t)=\mathrm{e}^{-t}$ 得

$$U(s)=\frac{1}{s+1}$$

再由系统的零状态响应得

$$Y(s)=\frac{3}{s+1}-\frac{4}{s+2}+\frac{1}{s+3}=\frac{2(s+4)}{(s+1)(s+2)(s+3)}$$

由式(7-3)，得

$$G(s)=\frac{Y(s)}{U(s)}=\frac{2(s+4)}{(s+1)(s+2)(s+3)}(s+1)=\frac{2(s+4)}{(s+2)(s+3)}=\frac{4}{s+2}-\frac{2}{s+3}$$

系统的单位冲激响应为

$$h(t)=\mathcal{L}^{-1}[G(s)]=4\mathrm{e}^{-2t}-2\mathrm{e}^{-3t}$$

$G(s)$ 也可写为

$$G(s)=\frac{Y(s)}{U(s)}=\frac{2(s+4)}{(s+2)(s+3)}=\frac{2s+8}{s^2+5s+6}$$

则有

$$s^2Y(s)+5sY(s)+6Y(s)=2sU(s)+8U(s)$$

求 s 反变换，并注意到系统的初始条件为零，得

$$y''(t)+5y'(t)+6y(t)=2u'(t)+8u(t)$$

即为描述系统的微分方程。

二、离散系统的脉冲传递函数

类似地，对于离散系统，如果仅考虑零状态响应，系统的输出为

$$Y(z)=\frac{\sum_{k=0}^{M}b_kz^{-k}}{\sum_{k=0}^{N}a_kz^{-k}}U(z) \tag{7-5}$$

定义在零初始条件下，系统输出的 Z 变换与输入的 Z 变换之比为离散系统的脉冲传递函数，记作 $G(z)$，即

$$G(z)=\frac{Y(z)}{U(z)}=\frac{\sum_{k=0}^{M}b_kz^{-k}}{\sum_{k=0}^{N}a_kz^{-k}} \tag{7-6}$$

显然，线性定常离散系统的传递函数 $G(z)$ 是 z 的有理函数，它由离散系统的结构及其参数完全确定，反映了离散系统的特性和功能。进一步考察可知，根据系统具体情况不同（实际上体现在系统参数取值不同），存在如下 3 种情况：

1）当 $a_k=0$，$1\leqslant k\leqslant N$，并设 $a_0=1$，则式(7-6)为

$$G(z)=\sum_{k=0}^{M}b_kz^{-k} \tag{7-7}$$

这时离散系统传递函数 $G(z)$ 只有 M 个零点，无有限极点，称为全零点型系统或滑动平均(MA)模型。

2）当 $b_k=0$，$1\leqslant k\leqslant M$，并设 $a_0=1$，则式(7-6)为

$$G(z)=\frac{b_0}{\sum_{k=0}^{N}a_kz^{-k}}=\frac{b_0}{1+\sum_{k=1}^{N}a_kz^{-k}} \tag{7-8}$$

这时离散系统传递函数 $G(z)$ 只有 N 个极点，无有限零点，称为全极点型系统或自回归(AR)模型。

3）当离散系统传递函数 $G(z)$ 以式(7-6)的通式表示时，它既含有极点又含有零点，称为极点、零点型系统或自回归滑动平均(ARMA)模型。

由式(7-6)可得离散系统从输入信号 $U(z)$ 到输出响应 $Y(z)$ 的传递关系，即

$$Y(z)=G(z)U(z) \tag{7-9}$$

实际上，由 Z 变换的时域卷积定理也很容易得出式(7-9)的关系。

当输入信号为单位脉冲序列 $\delta(n)$ 时，其 Z 变换 $U(z)=1$，对应的系统输出为单位脉冲响应 $h(n)$，其 Z 变换为 $\mathcal{Z}[h(n)]$，将它们代入式(7-6)，有

$$G(z)=\mathcal{Z}[h(n)] \tag{7-10}$$

即离散系统的传递函数就是离散系统的单位脉冲响应的 Z 变换，表示了系统特性在时域和 Z 域之间的联系。

另外，当传递函数 $G(z)$ 的极点全部位于 z 平面单位圆内时，离散系统的频率特性函数 $G(\Omega)$ 也可由 $G(z)$ 求取，即

$$G(\Omega)=G(z)\big|_{z=e^{j\Omega}} \tag{7-11}$$

同样地，离散系统传递函数在离散系统理论中占有十分重要的地位，它的零、极点的分布与系统的稳定性、响应特性都有明确的对应关系，在离散控制系统的分析和综合中是重要的工具。

三、传递函数矩阵

（一）传递函数矩阵的定义

传递函数矩阵表示线性定常控制系统输入向量对状态向量、输入向量对输出向量传递关系的矩阵，用于多输入多输出控制系统的分析研究。

一个多输入多输出的线性定常系统可以表示成图 7-2 的示意图形式，可看出，它是一个具有 p 个输入量和 q 个输出量的 n 阶系统。其状态空间表达式为

$$\begin{cases}\dot{\boldsymbol{x}}=\boldsymbol{A}\boldsymbol{x}+\boldsymbol{B}\boldsymbol{u}\\ \boldsymbol{y}=\boldsymbol{C}\boldsymbol{x}+\boldsymbol{D}\boldsymbol{u}\end{cases} \tag{7-12}$$

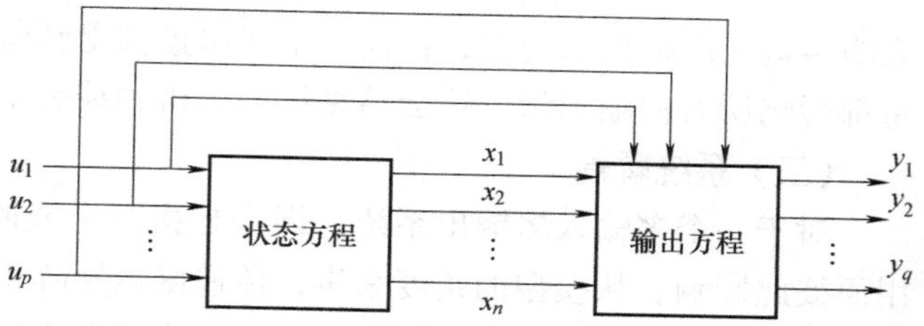

图 7-2　多输入多输出的线性定常系统示意图

式中，$\boldsymbol{x}$ 为 n 维状态向量；$\boldsymbol{u}$ 为 p 维输入向量；$\boldsymbol{y}$ 为 q 维输出向量；$\boldsymbol{A}$ 为 $n\times n$ 维常数系统矩阵；$\boldsymbol{B}$ 为 $n\times p$ 维常数输入矩阵；$\boldsymbol{C}$ 为 $q\times n$ 维常数输出矩阵；$\boldsymbol{D}$ 为 $q\times p$ 维直接传输矩阵。

假设系统的初始条件为零，对式(7-12)进行拉普拉斯变换(这里指分别对向量施加拉普拉斯变换)，与单输入单输出系统的情况一样，可以得到

$$\boldsymbol{y}(s)=[\boldsymbol{C}(s\boldsymbol{I}-\boldsymbol{A})^{-1}\boldsymbol{B}+\boldsymbol{D}]\boldsymbol{u}(s) \tag{7-13}$$

式中，$\boldsymbol{y}(s)=\begin{bmatrix}y_1(s)\\ y_2(s)\\ \vdots\\ y_q(s)\end{bmatrix}$ 为 q 维输出向量的拉普拉斯变换；$\boldsymbol{u}(s)=\begin{bmatrix}u_1(s)\\ u_2(s)\\ \vdots\\ u_p(s)\end{bmatrix}$ 为 p 维输入向量的拉普拉斯变换。

我们定义一个 $q\times p$ 矩阵

$$\boldsymbol{G}(s)=\boldsymbol{C}(s\boldsymbol{I}-\boldsymbol{A})^{-1}\boldsymbol{B}+\boldsymbol{D}=\begin{bmatrix}g_{11}(s) & g_{12}(s) & \cdots & g_{1p}(s)\\ g_{21}(s) & g_{22}(s) & \cdots & g_{2p}(s)\\ \vdots & \vdots & & \vdots\\ g_{q1}(s) & g_{q2}(s) & \cdots & g_{qp}(s)\end{bmatrix} \tag{7-14}$$

则有

$$\boldsymbol{y}(s)=\boldsymbol{G}(s)\boldsymbol{u}(s) \tag{7-15}$$

或写为

$$\begin{bmatrix} y_1(s) \\ y_2(s) \\ \vdots \\ y_q(s) \end{bmatrix}=\begin{bmatrix} g_{11}(s) & g_{12}(s) & \cdots & g_{1p}(s) \\ g_{21}(s) & g_{22}(s) & \cdots & g_{2p}(s) \\ \vdots & \vdots & & \vdots \\ g_{q1}(s) & g_{q2}(s) & \cdots & g_{qp}(s) \end{bmatrix}\begin{bmatrix} u_1(s) \\ u_2(s) \\ \vdots \\ u_p(s) \end{bmatrix} \tag{7-16}$$

矩阵 $\boldsymbol{G}(s)$ 表示了输出向量 $\boldsymbol{y}(s)$ 对输入向量 $\boldsymbol{u}(s)$ 的关系，称为传递函数矩阵。它的元素 $g_{ij}(s)(i=1,\ 2,\ \cdots,\ q;\ j=1,\ 2,\ \cdots,\ p)$ 通常为有理分式，表示了系统的第 j 个输入变量对第 i 个输出变量的传递关系，即

$$g_{ij}(s)=\frac{y_i(s)}{u_j(s)} \tag{7-17}$$

由式(7-16)有

$$y_i(s)=g_{i1}(s)u_1(s)+g_{i2}(s)u_2(s)+\cdots+g_{ip}(s)u_p(s) \quad i=1,\ 2,\ \cdots,\ q \tag{7-18}$$

表明多输入多输出系统中，任何一个输出量都受到所有输入量的影响，或者说任何一个输入量都影响所有的输出量。这会给系统的分析和控制带来诸多不便。

（二）系统解耦

对于一个多输入多输出系统，耦合是指两个或两个以上的输出（被控变量）存在相互作用而彼此影响。从模型的角度来讲，传递函数矩阵不是对角阵的系统就是耦合系统。

从控制理论的角度解释，解耦控制分为两个步骤。第一步，使用补偿算法来消除各被控变量耦合作用，使（解耦后）每一个输入只控制相应的一个输出，每一个输出又只受到一个控制的作用。从数学上说，解耦补偿就是把一个非对角传递函数矩阵变成一个对角矩阵。第二步，使用单变量控制技术，多为 PID 控制，为解耦后的对角系统设计单变量控制器。注意，就算第二步的 PID 设计不需要模型，第一步的解耦补偿是需要被控对象的数学模型的。

在工程应用中，上面两步又常常是倒过来的。第一步，控制工程师对多变量耦合系统进行输入输出配对，一对叫一个回路，并设计相应的单变量 PID 控制器；第二步，对各回路的耦合作用进行“前馈补偿”，其实就是解耦补偿，很多只是静态补偿。两步都没有使用显式的模型，只是通过试错实验。电厂的协调控制就是这样做的。

（三）非奇异变换下系统特征结构的不变性

如第五章所述，对于线性定常系统，在选取 $\boldsymbol{x}=[x_1 \quad x_2 \quad \cdots \quad x_n]^{\mathrm{T}}$ 为状态向量时有状态空间表达式

$$\begin{cases} \dot{\boldsymbol{x}}=\boldsymbol{A}\boldsymbol{x}+\boldsymbol{B}\boldsymbol{u} \\ \boldsymbol{y}=\boldsymbol{C}\boldsymbol{x}+\boldsymbol{D}\boldsymbol{u} \end{cases} \tag{7-19}$$

若引入非奇异变换

$$\boldsymbol{x}=\boldsymbol{P}\overline{\boldsymbol{x}} \tag{7-20}$$

式中，$\boldsymbol{P}$ 应是 $n\times n$ 非奇异矩阵，则可得出以 $\overline{\boldsymbol{x}}=[\overline{x}_1 \quad \overline{x}_2 \quad \cdots \quad \overline{x}_n]^{\mathrm{T}}$ 为状态向量的状态空间表达式，即

$$
\begin{cases}\dot{\overline{x}}=P^{-1}AP\overline{x}+P^{-1}Bu=\overline{A}\overline{x}+\overline{B}u\\ y=CP\overline{x}+Du=\overline{C}\,\overline{x}+\overline{D}u\end{cases} \tag{7-21}
$$

非奇异变换后新状态空间表达式的系统矩阵、输入矩阵、输出矩阵以及直接传输矩阵与原状态空间表达式相应的矩阵之间存在如下关系：

$$
\begin{cases}\overline{A}=P^{-1}AP\\ \overline{B}=P^{-1}B\\ \overline{C}=CP\\ \overline{D}=D\end{cases} \tag{7-22}
$$

由于式(7-19)和式(7-21)是在不同的状态空间中描述的同一个系统，它们应该表达了系统相同的运动信息，所以，从系统描述的角度看，它们是等价的，式(7-19)和式(7-21)描述的系统为等价系统。实际上，也可从数学上证明它们的等价性。

1. 系统传递关系的不变性

系统在非奇异变换后的状态空间的传递函数矩阵为

$$
\begin{aligned}\overline{G}(s)&=\overline{C}(sI-\overline{A})^{-1}\overline{B}+\overline{D}=CP(sI-P^{-1}AP)^{-1}P^{-1}B+D\\ &=CP(sP^{-1}P-P^{-1}AP)^{-1}P^{-1}B+D=CP[P^{-1}(sI-A)P]^{-1}P^{-1}B+D\\ &=CP[P^{-1}(sI-A)^{-1}P]P^{-1}B+D=C(sI-A)^{-1}B+D=G(s)\end{aligned} \tag{7-23}
$$

它与系统在原状态空间的传递函数矩阵是一样的。这表明一个系统在不同的状态空间，其输入输出关系不发生变化，这一点也是显然的，因为状态空间的变换只涉及系统内部表达形式的改变，系统的外特性(系统的输入量、输出量以及它们之间的关系)并没有改变。

2. 系统特征值的不变性

系统在新状态空间中的特征多项式为

$$
\begin{aligned}\det(sI-\overline{A})&=\det(sI-P^{-1}AP)=\det(sP^{-1}P-P^{-1}AP)=\det[P^{-1}(sI-A)P]\\ &=\det(P^{-1})\cdot\det(sI-A)\cdot\det(P)=\det(sI-A)\end{aligned} \tag{7-24}
$$

它与系统在原状态空间的特征多项式是一样的。更进一步，如果系统的特征多项式表示为

$$
\varphi(s)=s^{n}+a_{n-1}s^{n-1}+\cdots+a_1s+a_0 \tag{7-25}
$$

那么在任意一个状态空间中参数$\{a_{n-1},\ a_{n-2},\ \cdots,\ a_1,\ a_0\}$是不变的。特征多项式的根即系统的特征值也没有变化，前面已说过，系统的特征值表征了系统的动态特性，可见一个系统在不同的状态空间其动态特性并不发生变化。

系统经过非奇异变换，其基本特性不发生变化，这使我们在系统分析与系统综合时可以放心地利用这一手段。因为通过状态空间变换，在一些特定的状态空间，特别是状态空间描述是某种规范型的状态空间，能方便地揭示系统的某些特性或者给系统分析、综合带来极大方便。但应注意的是，当系统通过状态空间变换，在新的状态空间完成系统分析或综合工作后，一般应该将结果重新变换回原来的状态空间，这是因为问题的提出是在原状态空间，问题解决的结果也往往应该体现在原状态空间。这样，状态空间的变换可理解为只是解决问题的一种手段。

第二节 复频域分析

一、连续系统复频域分析

（一）连续系统分析

设线性定常连续系统的微分方程为

$$\sum_{i=0}^{n} a_i y^{(i)}(t) = \sum_{j=0}^{m} b_j u^{(j)}(t) \tag{7-26}$$

式中，$u(t)$为$t=0$时接入的输入信号；$y(t)$为系统的输出信号。为了更具普遍性，设$u(t)$接入前，系统不处于静止状态，也即系统具有非零初始条件，它们是$y^{(i)}(0^-)(i=0,1,\cdots,n)$。

根据单边拉普拉斯变换及其时域微分性质

$$\mathcal{L}[y^{(i)}(t)] = s^i Y(s) - \sum_{k=0}^{i-1} s^{i-1-k} y^{(k)}(0^-) \qquad i=0,1,\cdots,n \tag{7-27}$$

$$\mathcal{L}[u^{(j)}(t)] = s^j U(s) \tag{7-28}$$

式(7-28)中，由于$u(t)$是$t=0$时接入的因果信号，故$u^{(j)}(0^-)=0(j=0,1,\cdots,m)$。将式(7-26)两边取拉普拉斯变换，并代以式(7-27)和式(7-28)，得

$$\sum_{i=0}^{n} a_i \left[s^i Y(s) - \sum_{k=0}^{i-1} s^{i-1-k} y^{(k)}(0^-) \right] = \sum_{j=0}^{m} b_j s^j U(s) \tag{7-29}$$

即

$$\left[\sum_{i=0}^{n} a_i s^i\right] Y(s) - \sum_{i=0}^{n} a_i \left[\sum_{k=0}^{i-1} s^{i-1-k} y^{(k)}(0)\right] = \left[\sum_{j=0}^{m} b_j s^j\right] U(s) \tag{7-30}$$

$$Y(s) = \frac{\sum_{j=0}^{m} b_j s^j}{\sum_{i=0}^{n} a_i s^i} U(s) + \frac{\sum_{i=0}^{n} a_i \left[\sum_{k=0}^{i-1} s^{i-1-k} y^{(k)}(0^-)\right]}{\sum_{i=0}^{n} a_i s^i} \tag{7-31}$$

式(7-31)右边第二项是一个s的有理函数，它与输入的拉普拉斯变换无关，仅取决于输出及其各阶导数的初始值$y(0^-)$，$y'(0^-)$，…，$y^{(n-1)}(0^-)$，它们正是微分方程式(7-26)的n个非零初始条件，因此这一项表示了系统在输入为零时仍存在的输出，即零输入响应$y_{zi}(t)$的拉普拉斯变换$Y_{zi}(s)$；右边第一项是s的有理函数与输入信号的拉普拉斯变换$U(s)$相乘，表示了系统在零初始状态情况下对激励的响应，因此这一项表示了系统零状态响应$y_{zs}(t)$的拉普拉斯变换$Y_{zs}(s)$。由此，式(7-29)可以写为

$$Y(s) = Y_{zs}(s) + Y_{zi}(s) \tag{7-32}$$

两边取拉普拉斯反变换，得

$$y(t) = y_{zs}(t) + y_{zi}(t) \tag{7-33}$$

式中，$y_{zs}(t) = \mathcal{L}^{-1}\left[\frac{\sum_{j=0}^{m} b_j s^j}{\sum_{i=0}^{n} a_i s^i} U(s)\right]$；$y_{zi}(t) = \mathcal{L}^{-1}\left[\frac{\sum_{i=0}^{n} a_i \left[\sum_{k=0}^{i-1} s^{i-1-k} y^{(k)}(0^-)\right]}{\sum_{i=0}^{n} a_i s^i}\right]$。

利用复频域分析法，能方便地求取系统的零输入响应、零状态响应和全响应。

例 7-3　线性定常系统 $y''(t)+3y'(t)+2y(t)=2u'(t)+6u(t)$ 的初始状态为 $y(0^-)=2$，$y'(0^-)=1$，求在输入信号 $u(t)=1(t)$ 的作用下，系统的零输入响应、零状态响应和全响应。

解　对系统方程取单边拉普拉斯变换，有

$$s^2Y(s)-sy(0^-)-y'(0^-)+3sY(s)-3y(0^-)+2Y(s)=2sU(s)+6U(s)$$

整理得

$$(s^2+3s+2)Y(s)-y'(0^-)-(s+3)y(0^-)=(2s+6)U(s)$$

即

$$Y(s)=\frac{2s+6}{s^2+3s+2}U(s)+\frac{y'(0^-)+(s+3)y(0^-)}{s^2+3s+2}=Y_{zs}(s)+Y_{zi}(s)$$

将初始条件 $y(0^-)=2$，$y'(0^-)=1$ 代入，有

$$Y_{zi}(s)=\frac{y'(0^-)+(s+3)y(0^-)}{s^2+3s+2}=\frac{1+2(s+3)}{s^2+3s+2}=\frac{2s+7}{(s+1)(s+2)}=\frac{5}{s+1}-\frac{3}{s+2}$$

将 $U(s)=\mathcal{L}[1(t)]=\dfrac{1}{s}$代入，有

$$Y_{zs}(s)=\frac{2s+6}{s^2+3s+2}U(s)=\frac{2s+6}{s(s+1)(s+2)}=\frac{3}{s}-\frac{4}{s+1}+\frac{1}{s+2}$$

对上两式取反变换，得零输入响应和零状态响应分别为

$$y_{zi}(t)=5e^{-t}-3e^{-2t}$$

$$y_{zs}(t)=3-4e^{-t}+e^{-2t}$$

系统的全响应为两式之和，即

$$y(t)=y_{zi}(t)+y_{zs}(t)=3+e^{-t}-2e^{-2t}$$

如果只求全响应，可将 $U(s)$ 和初始条件直接代入 $Y(s)$ 的式子，得

$$Y(s)=\frac{2s+6}{s^2+3s+2}\cdot\frac{1}{s}+\frac{1+2(s+3)}{s^2+3s+2}=\frac{2s^2+9s+6}{s(s+1)(s+2)}=\frac{3}{s}+\frac{1}{s+1}-\frac{2}{s+2}$$

取反变换直接得到全响应 $y(t)$，结果同上。

（二）二阶连续系统分析

以二阶微分方程作为运动方程的控制系统，称为二阶系统。二阶系统是最常见的一类系统，很多高阶系统也可以简化为二阶系统，在控制理论中极具代表性，所以对二阶系统的研究具有十分重要的价值。

虽然在工程实践中很少遇到二阶系统，更多碰到的是三阶或者更高阶的系统，但往往可以用二阶系统去近似替代。同时，二阶系统的动态性能指标和系统参数之间的关系非常简明，便于对系统进行分析和设计，所以工程上常用所谓二阶系统的最佳工程参数作为系统设计依据。

本节将针对二阶系统进行重点研究。首先，介绍典型的二阶控制系统，其结构图如图 7-3 所示。

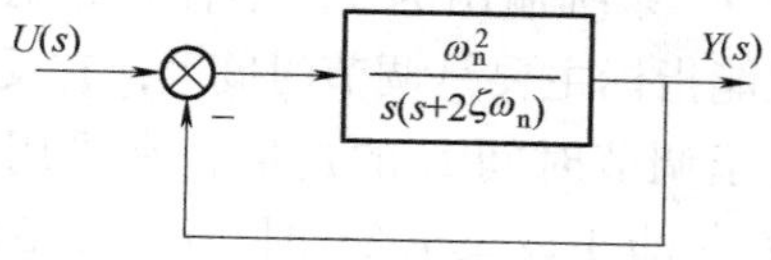

图 7-3　典型二阶控制系统结构图

可以求得系统的开环传递函数为

$$G(s)=\frac{\omega_n^2}{s^2+2\zeta\omega_n s}\tag{7-34}$$

闭环传递函数为

$$\Phi(s)=\frac{G(s)}{1+G(s)}=\frac{\omega_n^2}{s^2+2\zeta\omega_n s+\omega_n^2} \tag{7-35}$$

式中，ζ 为阻尼系数；ω_n 为无阻尼振荡频率或自然频率。

系统的特征方程为

$$s^2+2\zeta\omega_n s+\omega_n^2=0$$

系统的特征根即闭环极点，当 $|\zeta|<1$ 时为

$$s_1=-\zeta\omega_n+j\omega_n\sqrt{1-\zeta^2}=-\sigma+j\omega_d$$

$$s_2=-\zeta\omega_n-j\omega_n\sqrt{1-\zeta^2}=-\sigma-j\omega_d$$

式中，ω_d 为阻尼振荡频率，$\omega_d=\omega_n\sqrt{1-\zeta^2}$。

显然，当 ζ 取不同值时，系统的闭环极点有不同的分布情况，系统阶跃响应的形式也不同。

1. 二阶系统单位阶跃响应的 4 种不同情况

(1) 过阻尼($\zeta>1$)　阻尼比 $\zeta>1$ 时，系统处于过阻尼状态，系统特征方程有两个不相等的实数极点 $s_{1,2}=-\zeta\omega_n\pm\omega_n\sqrt{\zeta^2-1}$，图 7-4 为这两个实数极点在 s 平面上的分布图。

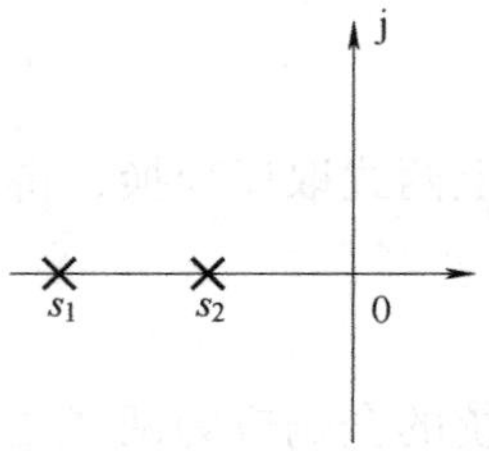

图 7-4　$\zeta>1$ 时二阶系统的闭环极点分布图

当输入信号为单位阶跃函数 $u(t)=1$ 时，$U(s)=1/s$，系统的闭环传递函数和输出响应分别为

$$\Phi(s)=\frac{Y(s)}{U(s)}=\frac{1/T_1T_2}{(s+1/T_1)(s+1/T_2)}=\frac{1}{(T_1s+1)(T_2s+1)} \tag{7-36}$$

$$Y(s)=\Phi(s)U(s)=\frac{1}{(T_1s+1)(T_2s+1)}\frac{1}{s}$$

$$=\frac{1}{s}+\frac{1}{(T_2/T_1-1)(s+1/T_1)}+\frac{1}{(T_1/T_2-1)(s+1/T_2)} \tag{7-37}$$

式中，$T_1=-\frac{1}{s_1}=\frac{1}{\omega_n(\zeta+\sqrt{\zeta^2-1})}$；$T_2=-\frac{1}{s_2}=\frac{1}{\omega_n(\zeta-\sqrt{\zeta^2-1})}$。

对式(7-37)进行拉普拉斯反变换，可得系统输出的时域响应为

$$y(t)=1+\frac{1}{T_2/T_1-1}e^{-\frac{1}{T_1}t}+\frac{1}{T_1/T_2-1}e^{-\frac{1}{T_2}t} \tag{7-38}$$

由此可见：过阻尼二阶系统可以看作是两个时间常数不同的惯性环节的串联，其响应是非振荡的、无超调，如图 7-5 所示。

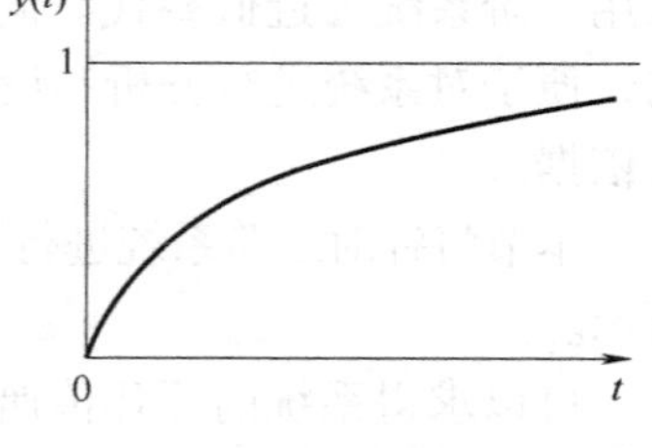

图 7-5　过阻尼二阶系统的单位阶跃响应曲线

当时间变量 t 趋于无穷大时，响应中的瞬态分量都将趋于 0，系统输出为 1，不存在稳态误差。过阻尼二阶系统的性能指标主要是调节时间 t_s，它反映了系统响应速度的快慢。对于调节时间 t_s 的选取，常采用工程近似的方法：当 $T_2\leqslant 4T_1$，即 $1<\zeta\leqslant 1.25$ 时，$t_s\approx 3.3T_1$；当 $T_2>4T_1$，即 $\zeta>1.25$ 时，$t_s\approx 3T_1$。

（2）临界阻尼（$\zeta=1$）　阻尼比 $\zeta=1$ 时，系统闭环特征方程的根即闭环系统极点为 $s_{1,2}=-\omega_n$。在 s 平面上，s_1 和 s_2 为重极点，如图 7-6 所示。

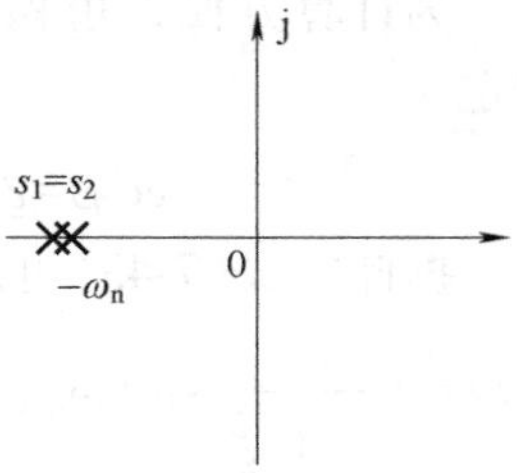

图 7-6　$\zeta=1$ 时二阶系统的闭环极点分布图

此时，系统的闭环传递函数为

$$\Phi(s)=\frac{Y(s)}{U(s)}=\frac{\omega_n^2}{(s+\omega_n)^2}$$

那么输出响应为

$$Y(s)=\Phi(s)U(s)=\frac{\omega_n^2}{(s+\omega_n)^2}\frac{1}{s}=\frac{1}{s}-\frac{1}{s+\omega_n}-\frac{\omega_n}{(s+\omega_n)^2} \tag{7-39}$$

对式(7-39)取拉普拉斯反变换，得临界阻尼二阶系统的单位阶跃响应为

$$y(t)=1-e^{-\omega_n t}(1+\omega_n t) \tag{7-40}$$

临界阻尼二阶系统的单位阶跃响应曲线如图 7-7 所示。

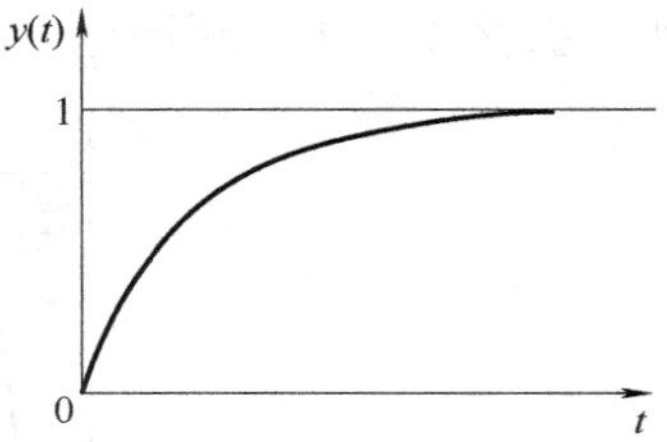

图 7-7　临界阻尼二阶系统的单位阶跃响应曲线

此时，二阶系统的单位阶跃响应是稳态值为 1 的无超调单调上升过程，其变化率为

$$\frac{dy(t)}{dt}=\omega_n^2 t e^{-\omega_n t} \tag{7-41}$$

当 $t=0$ 时，$\frac{dy(t)}{dt}=0$；当 $t>0$ 时，$\frac{dy(t)}{dt}>0$，响应过程单调递增；当 $t\to\infty$ 时，$\frac{dy(t)}{dt}\to 0$，响应趋向于常值 1。

（3）欠阻尼（$0<\zeta<1$）　此时，二阶系统的闭环极点为

$$s_{1,2}=-\zeta\omega_n\pm\omega_n\sqrt{\zeta^2-1}=-\zeta\omega_n\pm j\omega_n\sqrt{1-\zeta^2}=-\zeta\omega_n\pm j\omega_d$$

式中，ω_d 为阻尼振荡频率，$\omega_d=\omega_n\sqrt{1-\zeta^2}$。闭环极点在 s 平面上的分布如图 7-8 所示。

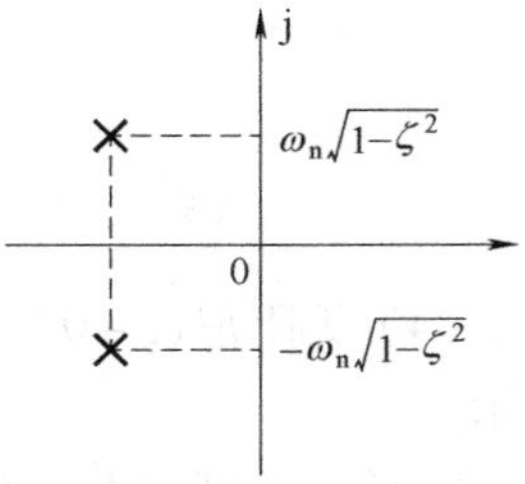

图 7-8　$0<\zeta<1$ 时二阶系统的闭环极点分布图

当 $u(t)=1$ 时，系统的输出响应为

$$\begin{aligned}Y(s)=\Phi(s)U(s)&=\frac{\omega_n^2}{(s+\zeta\omega_n+j\omega_d)(s+\zeta\omega_n-j\omega_d)}\cdot\frac{1}{s}\\&=\frac{1}{s}-\frac{s+\zeta\omega_n}{(s+\zeta\omega_n)^2+\omega_d^2}-\frac{\zeta\omega_n}{(s+\zeta\omega_n)^2+\omega_d^2}\end{aligned} \tag{7-42}$$

对式(7-42)进行拉普拉斯反变换，可得其时域响应为

$$\begin{aligned}y(t)&=\mathcal{L}^{-1}[Y(s)]\\&=1-e^{-\zeta\omega_n t}\left(\cos\omega_d t+\frac{\zeta}{\sqrt{1-\zeta^2}}\sin\omega_d t\right)\\&=1-\frac{e^{-\zeta\omega_n t}}{\sqrt{1-\zeta^2}}\left(\sqrt{1-\zeta^2}\cos\omega_d t+\zeta\sin\omega_d t\right)\\&=1-\frac{e^{-\zeta\omega_n t}}{\sqrt{1-\zeta^2}}\sin\left(\omega_n\sqrt{1-\zeta^2}\,t+\arctan\frac{\sqrt{1-\zeta^2}}{\zeta}\right)\end{aligned} \tag{7-43}$$

为计算方便，可做如图 7-9 所示的变换关系，亦即定义

$$\cos\beta=\zeta,\ \sin\beta=\sqrt{1-\zeta^2} \tag{7-44}$$

据此，式(7-43)可改写为

$$y(t)=1-\frac{e^{-\zeta\omega_n t}}{\sqrt{1-\zeta^2}}\sin(\omega_n\sqrt{1-\zeta^2}\,t+\beta)=1-\frac{e^{-\zeta\omega_n t}}{\sqrt{1-\zeta^2}}\sin(\omega_d t+\beta) \tag{7-45}$$

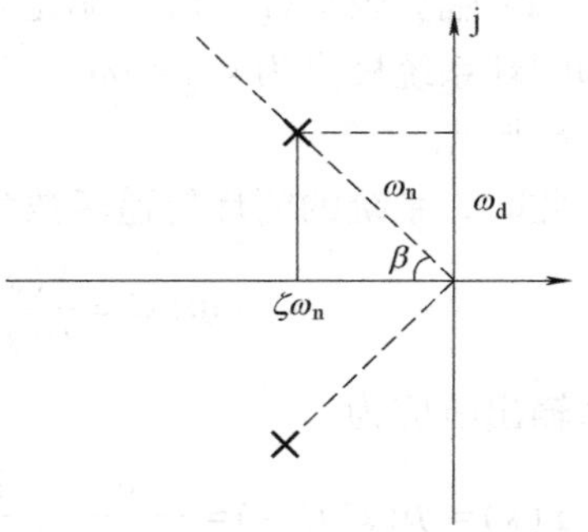

图 7-9 闭环极点坐标与阻尼比的关系

欠阻尼二阶系统的单位阶跃响应如图 7-10 所示。欠阻尼二阶系统的单位阶跃响应由稳态分量和瞬态分量组成：稳态分量为 1，表明了二阶系统在单位阶跃函数作用下不存在稳态误差；瞬态分量为阻尼正弦振荡项，其振荡频率为 ω_d。当 $0<\zeta<1$ 时，ζ 越小，振荡越严重，超调越大(最大超调量为 100%)，衰减越慢。

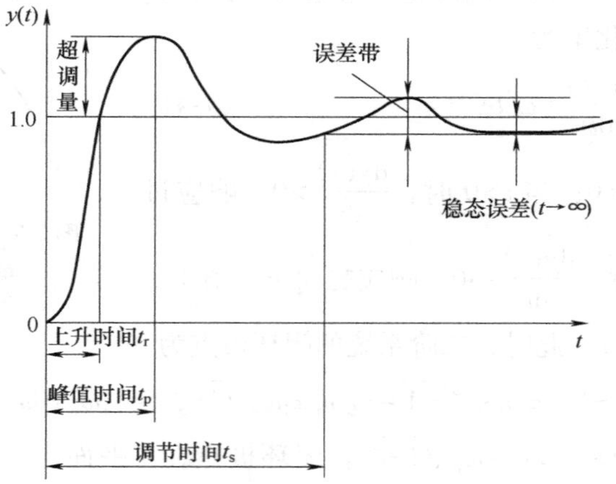

图 7-10 欠阻尼二阶系统的单位阶跃响应曲线

(4) 无阻尼($\zeta=0$) 此时，二阶系统的闭环极点为 $s_{1,2}=\pm j\omega_n$，在 s 平面上的分布如图 7-11 所示。

在单位阶跃函数作用下，系统的输出响应为

$$Y(s)=\Phi(s)U(s)=\frac{\omega_n^2}{(s-j\omega_n)(s+j\omega_n)}\cdot\frac{1}{s}=\frac{1}{s}-\frac{s}{s^2+\omega_n^2} \tag{7-46}$$

对式(7-46)进行拉普拉斯反变换，可得其时间响应为

$$y(t)=1-\cos\omega_n t=1-\sin(\omega_n t+90°) \tag{7-47}$$

无阻尼二阶系统的单位阶跃响应曲线如图 7-12 所示，这是一均值为 1 的余弦形式的等幅振荡，其振荡频率为 ω_n，故称之为无阻尼振荡频率，它通常是由系统本身的结构参数所决定的。

2. 欠阻尼二阶系统的动态性能指标

在二阶系统中，欠阻尼二阶系统最为常见，其单位阶跃响应为衰减振荡的动态过程，下面着重分析欠阻尼二阶系统的各动态性能指标。

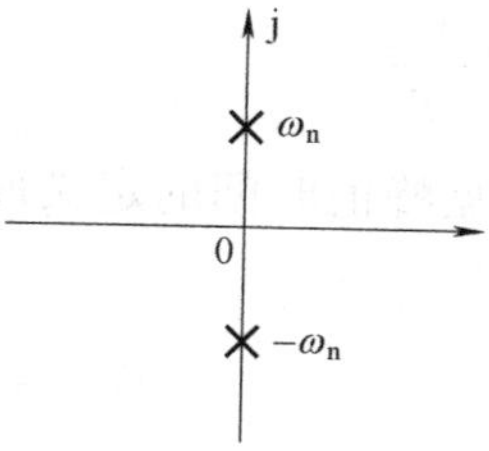

图 7-11　$\zeta=0$ 时二阶系统的闭环极点分布图

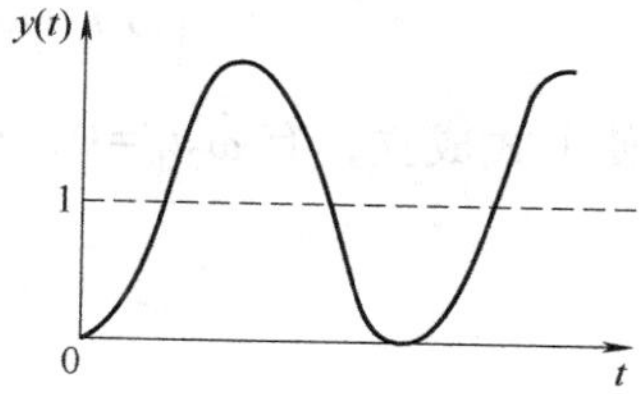

图 7-12　无阻尼二阶系统的单位阶跃响应曲线

（1）上升时间 t_r　根据上升时间的定义，当 $t=t_r$ 时，$y(t)=1$，由式(7-43)所示的欠阻尼二阶系统的单位阶跃响应可得

$$1-e^{-\zeta\omega_n t_r}\left(\cos\omega_d t_r+\frac{\zeta}{\sqrt{1-\zeta^2}}\sin\omega_d t_r\right)=1$$

即

$$\cos\omega_d t_r+\frac{\zeta}{\sqrt{1-\zeta^2}}\sin\omega_d t_r=0$$

亦即

$$\tan\omega_d t_r=-\frac{\sqrt{1-\zeta^2}}{\zeta}$$

设 $\beta=\arctan\dfrac{\sqrt{1-\zeta^2}}{\zeta}$，则有 $\arctan\left(-\dfrac{\sqrt{1-\zeta^2}}{\zeta}\right)=k\pi-\beta$，$k\in\mathbf{Z}$，结合上式可得

$$\omega_d t_r=k\pi-\beta \tag{7-48}$$

根据 t_r 的定义，应取 $k=1$，即有

$$t_r=\frac{\pi-\beta}{\omega_d}=\frac{\pi-\beta}{\omega_n\sqrt{1-\zeta^2}} \tag{7-49}$$

要使系统反应快，t_r 要短，当 ζ 一定时，ω_n 必须加大；若 ω_n 一定，则 ζ 越小，t_r 越短。

（2）峰值时间 t_p　将欠阻尼二阶系统的单位阶跃响应对时间 t 求导，并令其为 0，即可求得峰值时间，具体如下：

$$\left.\frac{dy(t)}{dt}\right|_{t=t_p}=\sin\omega_d t_p\cdot\frac{\omega_n}{\sqrt{1-\zeta^2}}e^{-\zeta\omega_n t_p}=0$$

则有

$$\sin\omega_d t_p=0,\quad \omega_d t_p=0,\ \pi,\ 2\pi,\ \cdots$$

根据峰值时间的定义，t_p 对应于第一个峰值时间，故有

$$t_p=\frac{\pi}{\omega_d}=\frac{\pi}{\omega_n\sqrt{1-\zeta^2}}$$

或者由

$$\omega_d\cos\left(\omega_d t_p+\arctan\frac{\sqrt{1-\zeta^2}}{\zeta}\right)-\zeta\omega_n\sin\left(\omega_d t_p+\arctan\frac{\sqrt{1-\zeta^2}}{\zeta}\right)=0$$

整理得

$$\tan\left(\omega_d t_p+\arctan\frac{\sqrt{1-\zeta^2}}{\zeta}\right)=\frac{\omega_d}{\zeta\omega_n}=\frac{\sqrt{1-\zeta^2}}{\zeta}$$

显然要使上式成立，有 $\omega_d t_p=0$，π，2π，…，同理根据峰值时间的定义取 $\omega_d t_p=\pi$，于是有

$$t_p=\frac{\pi}{\omega_d} \tag{7-50}$$

不难发现，峰值时间与闭环极点的虚部成反比，即当阻尼比 ζ 为一定时，峰值时间与阻尼振荡频率成反比。

(3) 调节时间 t_s　根据调节时间的定义，当 $t\geqslant t_s$ 时，有 $|y(t)-y(\infty)|\leqslant y(\infty)\times\Delta$，其中 $\Delta=2\%$ 或 5%。

由式(7-43)，当 $t\geqslant t_s$，可得

$$|y(t)-y(\infty)|=|y(t)-1|=\frac{e^{-\zeta\omega_n t}}{\sqrt{1-\zeta^2}}\sin\left(\omega_d t+\arctan\frac{\sqrt{1-\zeta^2}}{\zeta}\right) \tag{7-51}$$

在具体计算过程中发现，要获得式(7-51)中 t_s 的解析解是很困难的。由于系统的实际响应曲线 $y(t)$ 总是被包含在一对上下包络线 $1\pm e^{-\zeta\omega_n t}/\sqrt{1-\zeta^2}$ 之内，因此在工程实践中，求取 t_s 近似解的方法是通过用 $y(t)$ 的包络线来取代 $y(t)$ 的实际响应曲线。

当 $|y(t)-y(\infty)|=y(\infty)\cdot\Delta$ 时，对应的调节时间为 t_s，即

$$\frac{e^{-\zeta\omega_n t}}{\sqrt{1-\zeta^2}}\sin\left(\omega_d t+\arctan\frac{\sqrt{1-\zeta^2}}{\zeta}\right)=\Delta$$

由于正弦函数的存在，t_s 和 ζ 的关系是不连续的，为简单起见，可以近似计算如下：

$$e^{-\zeta\omega_n t}/\sqrt{1-\zeta^2}=\Delta$$

解出 t_s 的近似解为

$$t_s\approx\frac{1}{\zeta\omega_n}\left|\ln(\Delta\sqrt{1-\zeta^2})\right| \tag{7-52}$$

当取 $0<\zeta<0.8$ 时，式(7-52)可近似为

$$t_s=\frac{4}{\zeta\omega_n}(\Delta=2\%)\text{ 或 }t_s=\frac{3}{\zeta\omega_n}(\Delta=5\%) \tag{7-53}$$

由式(7-53)可以看出，欠阻尼二阶系统的调节时间与阻尼比 ζ 和 ω_n 的乘积成反比，即调整时间与闭环极点的实数部分成反比，极点距离虚轴越远，系统调节时间越短。

(4) 超调量 $\sigma\%$　由于超调量发生在峰值时间，此时 $t=t_p$，所以将式(7-50)代入式(7-43)，可得

$$y(t)_{\max}=y(t_p)=1-\frac{e^{-\zeta\omega_n t_p}}{\sqrt{1-\zeta^2}}\sin(\omega_d t_p+\beta)=1-\frac{e^{-\pi\zeta/\sqrt{1-\zeta^2}}}{\sqrt{1-\zeta^2}}\sin(\pi+\beta)$$

由图 7-9 可知，存在

$$\sin(\pi+\beta)=-\sin\beta=-\sqrt{1-\zeta^2}$$

所以，有

$$y(t_p)=1+e^{-\pi\zeta/\sqrt{1-\zeta^2}}$$

于是，根据超调量 $\sigma\%$ 的定义，有

$$\sigma\%=\frac{y(t_p)-y(\infty)}{y(\infty)}\times100\%=\frac{y(t_p)-1}{1}\times100\%=e^{-\pi\zeta/\sqrt{1-\zeta^2}}\times100\% \tag{7-54}$$

由式(7-54)可见，二阶系统在欠阻尼条件下的超调量完全取决于阻尼比ζ的取值，ζ越小，$\sigma\%$越大。

通过以上分析可以看出：欠阻尼二阶系统在单位阶跃输入下的各项动态性能指标之间存在着一定的矛盾，如为了提高系统的响应速度，需选取较大的ω_n和较小的ζ，而这又会影响系统的超调量。因此在工程实践中，需要寻找合理的系统参数，使各项性能指标都到达一定的合适范围。

（三）高阶连续系统分析

在工程实际中，几乎所有的控制系统都是高阶系统，因此需用高阶微分方程加以描述。但是对于高阶微分方程，要得到精确的解析解是困难的，更难以获得所描述系统的动态性能指标。在工程上常采用主导极点的概念对高阶系统进行简化，以得到近似的结果。

假设高阶控制系统的系统结构图如图7-13所示。

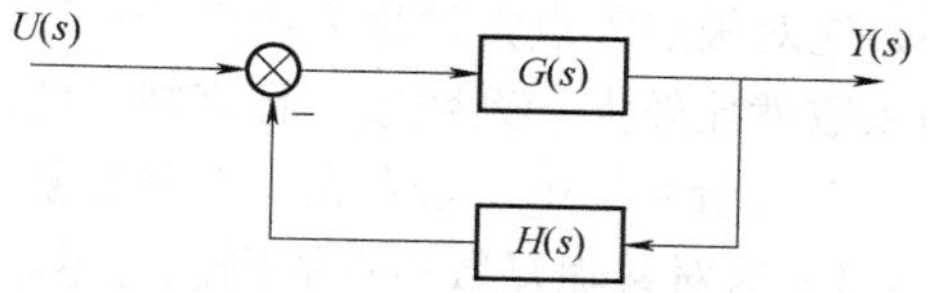

图7-13　高阶控制系统的系统结构图

系统的闭环传递函数为

$$\Phi(s)=\frac{Y(s)}{U(s)}=\frac{G(s)}{1+G(s)H(s)}$$
$$=\frac{b_ms^m+b_{m-1}s^{m-1}+\cdots+b_1s+b_0}{a_ns^n+a_{n-1}s^{n-1}+\cdots+a_1s+a_0}\quad(m\leqslant n) \tag{7-55}$$

在单位阶跃函数作用下，系统输出响应的拉普拉斯变换为

$$Y(s)=\Phi(s)U(s)=\frac{b_ms^m+b_{m-1}s^{m-1}+\cdots+b_1s+b_0}{a_ns^n+a_{n-1}s^{n-1}+\cdots+a_1s+a_0}\frac{1}{s}$$
$$=\frac{K\prod_{i=1}^{m}(s+z_i)}{\prod_{j=1}^{q}(s+s_j)\prod_{k=1}^{r}(s^2+2\zeta_k\omega_ks+\omega_k^2)}\frac{1}{s} \tag{7-56}$$

式中，q为实数极点的个数；r为共轭复数极点的对数，$q+2r=n\geqslant m$。设上述极点互异并都位于s左半平面，经过整理后，可得

$$Y(s)=\frac{A_0}{s}+\sum_{j=1}^{q}\frac{A_j}{s+s_j}+\sum_{k=1}^{r}\frac{B_ks+C_k}{s^2+2\zeta_k\omega_ks+\omega_k^2} \tag{7-57}$$

式中，$0<\zeta_k<1$；$A_0=\lim\limits_{s\to0}Y(s)=\dfrac{b_0}{a_0}$；$A_j$是$Y(s)$在闭环实数极点$s_j$处的留数，可按下式计算：

$$A_j=\lim_{s\to s_j}(s+s_j)Y(s)\quad(j=1,2,\cdots,q) \tag{7-58}$$

B_k和C_k是与$Y(s)$在闭环复数极点$s=-\zeta_k\omega_k\pm j\omega_k\sqrt{1-\zeta_k^2}$处的留数有关的常系数。

对式(7-57)进行拉普拉斯反变换，可得系统的单位阶跃响应表达式为

$$y(t)=A_0+\sum_{j=1}^{q}A_je^{-s_jt}+\sum_{k=1}^{r}\left(B_ke^{-\zeta_k\omega_kt}\cos\sqrt{1-\zeta_k^2}\,\omega_kt+C_ke^{-\zeta_k\omega_kt}\sin\sqrt{1-\zeta_k^2}\,\omega_kt\right) \tag{7-59}$$

式(7-59)表明，高阶系统的时间响应是由若干一阶系统和二阶系统的时间响应函数项组成的。如果高阶系统的全部闭环极点都具有负实部，那么随着时间 t 的增长，式(7-59)中的指数项和阻尼正弦(余弦)项均趋于0，高阶系统稳定，其稳定输出值为 A_0。因此，动态响应的性质可以根据其传递函数的零、极点在 s 平面的分布情况进行分析。

通过以上分析，可得到以下结论：

1）对于闭环极点均位于 s 左半平面的高阶系统，极点为实数或共轭复数决定了各函数项的性质(即相应的函数项为指数项或衰减正、余弦函数项)。各函数项衰减的快慢取决于极点与虚轴的距离，离虚轴越远的极点相应的函数项衰减越快。

2）各函数项的系数取决于闭环系统极点、零点分布。若某极点远离原点，则相应项的系数很小；若某对极点零点非常靠近，同时又远离其他极点和零点，则相应项的系数也很小，这对极点零点常被称为偶极子；若某极点远离零点而又接近原点或其他极点，则相应项的系数就比较大。系数较大且衰减慢的哪些项在系统的动态过程中起主要的作用。

在高阶系统中，若存在一对共轭复数极点且满足如下条件：

1）这对共轭复数极点周围没有零点，且距离虚轴最近。

2）其他闭环极点与虚轴的距离是这一对共轭复数极点与虚轴的距离4倍以上。

则这一对共轭复数极点在输出时间响应 $y(t)$ 中对应项系数较大且衰减最慢。其对系统的动态响应过程起主要作用，高阶系统的单位阶跃响应形式和动态性能指标主要由它来决定，这对共轭复数极点称为闭环主导极点。满足闭环主导极点条件的高阶系统可以近似成为二阶系统，这样就可以将二阶系统的分析方法用于对高阶系统的分析。

应当强调，针对高阶系统引入主导极点概念的目的，是为分析和研究高阶系统提供思路，能够对所研究的问题有一个快捷、简明的判断。在工程实践中，计算机技术的完善和发展，为定量分析高阶系统提供了便利，如利用 MATLAB 仿真软件对系统进行动态响应分析，可获得准确的时间响应曲线。

二、离散系统复频域分析

（一）离散系统分析

与微分方程在 s 域求解类似，首先利用 Z 变换把描述离散时间系统的时域差分方程变换成 z 域的代数方程，解此代数方程后，再经 Z 反变换求得系统的响应。

设 N 阶线性定常离散时间系统的差分方程为

$$\sum_{k=0}^{N} a_k y(n-k) = \sum_{k=0}^{M} b_k u(n-k) \tag{7-60}$$

式中，$u(n)$、$y(n)$ 分别为离散时间系统的输入和输出；$y(-1) \sim y(-N)$ 为系统的 N 个初始状态，利用单边 Z 变换及其时移特性，有

$$\mathcal{Z}[y(n-k)] = z^{-k}\left[Y(z) + \sum_{l=-k}^{-1} y(l)z^{-l}\right] \tag{7-61}$$

$$\mathcal{Z}[u(n-k)] = z^{-k}\left[U(z) + \sum_{l=-k}^{-1} u(l)z^{-l}\right] = z^{-k}U(z) \tag{7-62}$$

式(7-62)的第二个等式是由于输入序列 $u(n)$ 是因果序列，有 $u(l)=0$，l：$-k \sim -1$。因此，差分方程式(7-60)的 z 域表达式为

$$\sum_{k=0}^{N} a_k z^{-k}\left[Y(z)+\sum_{l=-k}^{-1} y(l) z^{-l}\right]=\sum_{k=0}^{M} b_k z^{-k} U(z) \tag{7-63}$$

即有

$$\sum_{k=0}^{N} a_k z^{-k} Y(z)=\sum_{k=0}^{M} b_k z^{-k} U(z)-\sum_{k=0}^{N} a_k z^{-k}\left[\sum_{l=-k}^{-1} y(l) z^{-l}\right] \tag{7-64}$$

解得离散系统响应的 z 域表达式为

$$Y(z)=\frac{\sum_{k=0}^{M} b_k z^{-k}}{\sum_{k=0}^{N} a_k z^{-k}} U(z)+\frac{-\sum_{k=0}^{N} a_k z^{-k}\left[\sum_{l=-k}^{-1} y(l) z^{-l}\right]}{\sum_{k=0}^{N} a_k z^{-k}} \tag{7-65}$$

式(7-65)右边第一项仅与输入序列的 Z 变换 $U(z)$ 有关，表示了系统在零初始状态情况下对激励的响应，因此这一项表示了系统零状态响应 $y_{zs}(n)$ 的 Z 变换 $Y_{zs}(z)$。

式(7-65)右边第二项与输入信号无关，仅取决于输出的各过去时刻值 $y(-1)\sim y(-N)$，它们正是差分方程式(7-60)的 N 个非零初始状态，因此这一项表示了离散系统零输入响应 $y_{zi}(n)$ 的 Z 变换 $Y_{zi}(z)$。

显然，对 $Y_{zs}(z)$、$Y_{zi}(z)$ 和 $Y(z)$ 进行 Z 反变换，就可求得离散系统的零状态响应、零输入响应和全响应的时域表达式。

例 7-4　求差分方程为下式的离散时间系统对输入信号 $u(n)=(-3)^n$ 的零状态响应、零输入响应和全响应，系统的初始状态为 $y(-1)=0$，$y(-2)=2$。

$$y(n)-4y(n-1)+4y(n-2)=4u(n)$$

解　对系统方程取单边 Z 变换，有

$$Y(z)-4\left[z^{-1}Y(z)+y(-1)\right]+4\left[z^{-2}Y(z)+z^{-1}y(-1)+y(-2)\right]=4U(z)$$

整理得

$$(1-4z^{-1}+4z^{-2})Y(z)-(4-4z^{-1})y(-1)+4y(-2)=4U(z)$$

即有

$$Y(z)=\frac{4}{1-4z^{-1}+4z^{-2}}U(z)+\frac{(4-4z^{-1})y(-1)-4y(-2)}{1-4z^{-1}+4z^{-2}}$$

上式右边第一项为系统零状态响应的 Z 变换 $Y_{zs}(z)$，且有

$$U(z)=\mathcal{Z}[u(n)]=\mathcal{Z}[(-3)^n]=\frac{z}{z+3}$$

所以有

$$Y_{zs}(z)=\frac{4}{1-4z^{-1}+4z^{-2}}U(z)=\frac{4}{1-4z^{-1}+4z^{-2}}\cdot\frac{z}{z+3}=\frac{4}{(1-2z^{-1})^2(1+3z^{-1})}$$

$$=\frac{1.44}{1+3z^{-1}}+\frac{0.96}{1-2z^{-1}}+\frac{1.6}{(1-2z^{-1})^2}$$

对 $Y_{zs}(z)$ 进行 Z 反变换，得系统的零状态响应为

$$y_{zs}(n)=1.44\times(-3)^n+0.96\times2^n+1.6\times(n+1)\times2^n$$

$$=1.44\times(-3)^n+2.56\times2^n+1.6\times n\times2^n$$

上式右边第二项为系统零输入响应的 Z 变换 $Y_{zi}(z)$，代入系统的初始状态得

$$Y_{zi}(z)=\frac{(4-4z^{-1})y(-1)-4y(-2)}{1-4z^{-1}+4z^{-2}}=\frac{-8}{1-4z^{-1}+4z^{-2}}$$

对 $Y_{zi}(z)$ 进行 Z 反变换，得系统的零输入响应为

$$y_{zi}(n)=-8(n+1)\times 2^n=-8n\times 2^n-8\times 2^n$$

系统的完全响应为

$$\begin{aligned} y(n)&=y_{zs}(n)+y_{zi}(n)\\ &=1.44\times(-3)^n+2.56\times 2^n+1.6n\times 2^n-8\times 2^n-8n\times 2^n\\ &=1.44\times(-3)^n-5.44\times 2^n-6.4n\times 2^n \end{aligned}$$

（二）二阶离散系统分析

在已知离散系统结构和参数情况下，应用 Z 变换法分析系统动态性能时，通常假定外作用为单位阶跃函数 $1(t)$。

如果可以求出离散系统的闭环脉冲传递函数 $\Phi(z)=Y(z)/U(z)$，其中 $U(z)=z/(z-1)$，则系统输出量的 Z 变换函数

$$Y(z)=\frac{z}{z-1}\Phi(z) \tag{7-66}$$

将式(7-66)展开成幂级数，通过 Z 反变换，可以求出输出信号的脉冲序列 $y^*(t)$。$y^*(t)$ 代表线性定常离散系统在单位阶跃输入作用下的响应过程。由于离散系统时域指标的定义与连续系统相同，故根据单位阶跃响应曲线 $y^*(t)$ 可以方便地分析离散系统的动态和稳态性能。

如果无法求出离散系统的闭环脉冲传递函数 $\Phi(z)$，但由于 $U(z)$ 是已知的，$Y(z)$ 的表达式总是可以写出来的，因此求取 $y^*(t)$ 在技术上并无困难。

例 7-5 设有零阶保持器的离散系统如图 7-14 所示，其中 $u(t)=1(t)$，$T=1\text{s}$，$K=1$。试分析该离散系统的动态性能。

图 7-14　离散系统结构图

解　先求开环脉冲传递函数 $G(z)$。因为

$$G(s)=\frac{1}{s^2(s+1)}\cdot(1-e^{-s})$$

对上式取 Z 变换，并由 Z 变换的实数位移定理，可得

$$G(z)=(1-z^{-1})\mathcal{Z}\left[\frac{1}{s^2(s+1)}\right]$$

查 Z 变换表，求出

$$G(z)=\frac{0.368z+0.264}{(z-0.368)(z-1)}$$

再求闭环脉冲传递函数为

$$\Phi(z)=\frac{G(z)}{1+G(z)}=\frac{0.368z+0.264}{z^2-z+0.632}$$

通过综合长除法，将 $Y(z)$ 展开成无穷幂级数

$$Y(z)=0.368z^{-1}+z^{-2}+1.4z^{-3}+1.4z^{-4}+1.147z^{-5}+0.895z^{-6}+0.802z^{-7}+0.868z^{-8}+\cdots$$

基于 Z 变换定义，由上式求得系统在单位阶跃外作用下的输出序列 $y(n)$ 为

$y(0)=0.0000$	$y(1)=0.3680$	$y(2)=1.0000$	$y(3)=1.3994$
$y(4)=1.3994$	$y(5)=1.1470$	$y(6)=0.8946$	$y(7)=0.8017$
$y(8)=0.8683$	$y(9)=0.9937$	$y(10)=1.0769$	$y(11)=1.0809$
$y(12)=1.0323$	$y(13)=0.9812$	$y(14)=0.9608$	$y(15)=0.9727$
$y(16)=0.9975$	$y(17)=1.0147$	$y(18)=1.0163$	$y(19)=1.0070$
$y(20)=0.9967$	$\cdots$		

根据上述 $y(n)(n=0,\ 1,\ 2,\ \cdots)$ 数值，可以绘制出离散系统的单位阶跃响应 $y^*(t)$ 如图 7-15 所示。由图 7-15 可以求得给定离散系统的近似性能指标：上升时间 $t_r=2s$，峰值时间 $t_p=4s$，调节时间 $t_s=16s(\Delta=2\%)$，超调量 $\sigma\%=40\%$。

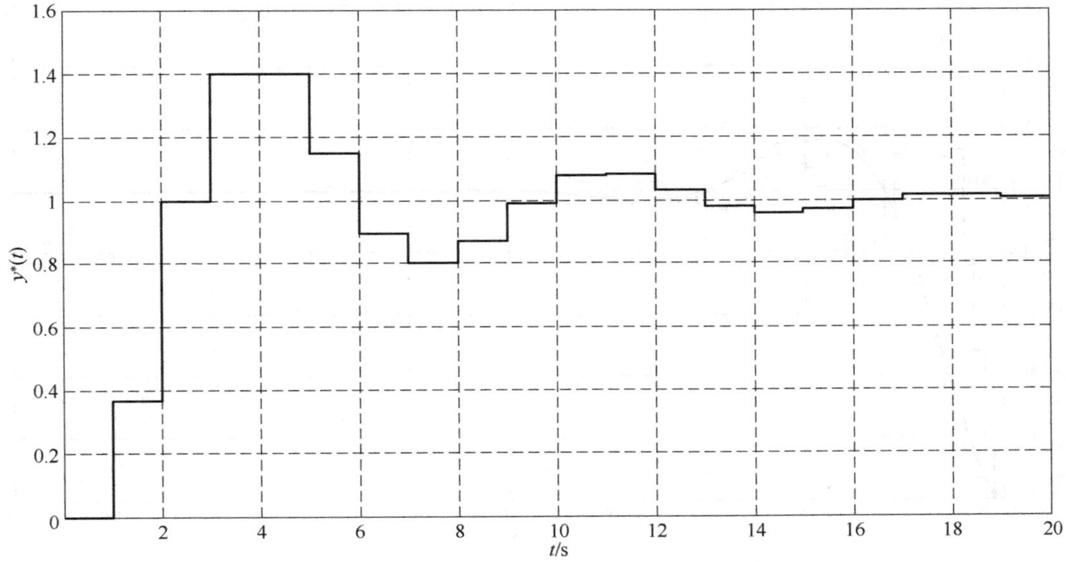

图 7-15　离散系统的单位阶跃响应

（三）采样器和保持器对系统动态特性的影响

我们知道，采样器和保持器不影响开环脉冲传递函数的极点，仅影响开环脉冲传递函数的零点。但是，对闭环离散系统而言，开环脉冲传递函数零点的变化，必然引起闭环脉冲传递函数极点的改变，因此采样器和保持器会影响闭环离散系统的动态性能。下面通过一个具体例子，定性说明这种影响。

在例 7-5 中，如果没有采样器和零阶保持器，则成为连续系统，其闭环传递函数

$$\Phi(s)=\frac{1}{s^2+s+1}$$

显然，该系统的阻尼比 $\zeta=0.5$，自然频率 $\omega_n=1$，其单位阶跃响应为

$$y(t)=1-\frac{1}{\sqrt{1-\zeta^2}}e^{-\zeta\omega_n t}\sin(\omega_n\sqrt{1-\zeta^2}\,t+\arccos\zeta)=1-1.154\sin(0.866t+60^\circ)$$

相应的时间响应曲线如图 7-16 中曲线 1 所示。

如果在例 7-5 中，$K=1$，$T=0.2\text{s}$，且只有采样器而没有零阶保持器，则系统的开环脉冲传递函数

$$G(s)=\frac{1}{s^2+s+1}$$

$$G(z)=\mathcal{Z}\left[\frac{1}{s(s+1)}\right]=\frac{0.181z}{(z-1)(z-0.819)}$$

相应的闭环脉冲传递函数

$$\Phi(z)=\frac{G(z)}{1+G(z)}=\frac{0.181z}{z^2-1.638z+0.819}$$

代入 $U(z)=z/(z-1)$，得系统输出响应，如图 7-16 中曲线 2 所示。

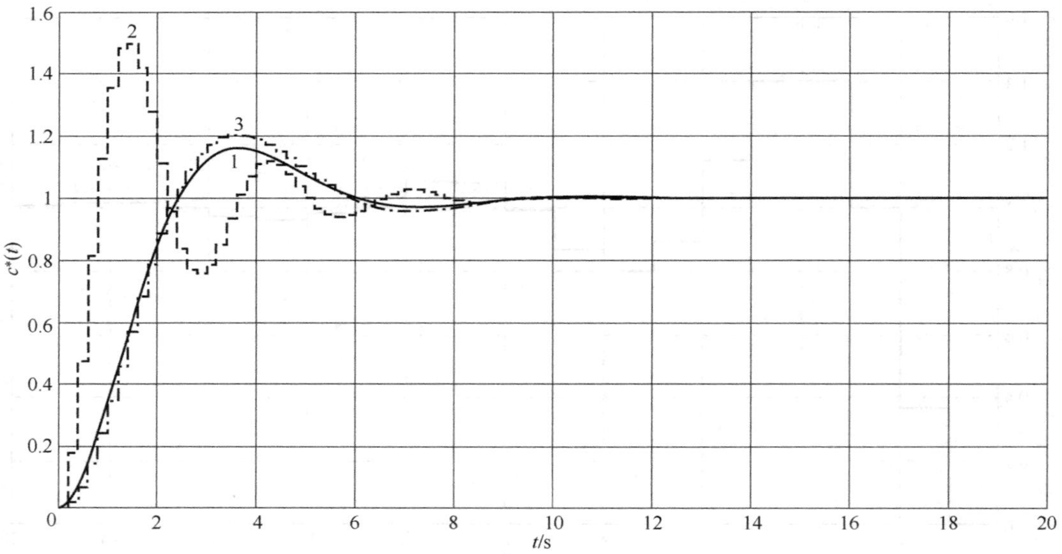

图 7-16　连续与离散系统的时间响应

在例 7-5 中，若取 $K=1$，$T=0.2\text{s}$，且既有采样器又有零阶保持器，则系统的单位阶跃响应曲线 $y^*(t)$，如图 7-16 曲线 3 所示。

根据图 7-16，可以求得各类系统的性能指标见表 7-1。

表 7-1　连续与离散系统的时域指标

系统类型	连续系统	离散系统（只有采样器）	离散系统（有采样器和保持器）
峰值时间/s	3.64	1.4	3.68
调节时间/s(取 $\Delta=2\%$)	8.08	7.60	8.40
超调量(%)	16.3	49.6	20.6
振荡次数	1	2	1

由表 7-1 可见，采样器和保持器对离散系统的动态性能有如下影响：

1）采样器可使系统的峰值时间和调节时间略有减小，但使超调量增大，故采样造成的信息损失会降低系统的稳定程度。然而，在某些情况下，例如在具有大延迟的系统中，误差采样反而会提高系统的稳定程度。

2）零阶保持器使系统的峰值时间和调节时间都加长，超调量有所增加。这是因为除了采样造成的不稳定因素外，零阶保持器的相位滞后降低了系统的稳定程度。

第三节　实例：双转子直升机系统的传递函数

由第五章第三节的分析可知，双转子直升机系统运动方程如下：

$$J_p\ddot{\theta}+D_p\dot{\theta}=\tau_p$$
$$J_y\ddot{\psi}+D_y\dot{\psi}=\tau_y \tag{7-67}$$

式中，J_p 为关于俯仰轴的总惯性力矩；D_p 为关于俯仰轴的阻尼；J_y 为关于偏航轴的总惯性力矩；D_y 为关于偏航轴的阻尼；τ_p、τ_y 分别为作用于俯仰轴和偏航轴的力矩；τ_p、τ_y 的计算公式为

$$\tau_p=K_{pp}V_p+K_{py}V_y$$
$$\tau_y=K_{yp}V_p+K_{yy}V_y$$

式中，K_{pp}为俯仰电动机转子的转矩推力增益；K_{py}为偏航电动机转子作用在俯仰轴上的交叉转矩推力增益；V_p 为俯仰电动机的输入电压；K_{yy}为偏航电动机转子的转矩推力增益；K_{yp}为俯仰电动机转子作用在偏航轴上的交叉转矩推力增益；V_y 为偏航电动机的输入电压。

因此，式(7-67)可以写成如下形式：

$$J_p\ddot{\theta}+D_p\dot{\theta}=K_{pp}V_p+K_{py}V_y$$
$$J_y\ddot{\psi}+D_y\dot{\psi}=K_{yp}V_p+K_{yy}V_y \tag{7-68}$$

将式(7-68)等式两侧进行拉普拉斯变化，可得

$$J_p[\Theta(s)s^2-\theta(0)s-\dot{\theta}(0)]+D_p[\Theta(s)s-\theta(0)]=K_{pp}V_p(s)+K_{py}V_y(s)$$
$$J_y[\Psi(s)s^2-\psi(0)s-\dot{\psi}(0)]+D_y[\Psi(s)s-\psi(0)]=K_{yp}V_p(s)+K_{yy}V_y(s)$$

由于双转子直升机系统是一个双输入双输出系统，因此，该系统有 4 个传递函数，分别为 $\Theta(s)/V_p(s)$、$\Theta(s)/V_y(s)$、$\Psi(s)/V_p(s)$ 和 $\Psi(s)/V_y(s)$。假设系统的初始状态为零，即 $\theta(0)=0$，$\dot{\theta}(0)=0$，$\psi(0)=0$ 和 $\dot{\psi}(0)=0$，则可以得到下述 4 个传递函数：

$$\frac{\Theta(s)}{V_p(s)}=\frac{K_{pp}}{J_ps^2+D_ps},\quad \frac{\Psi(s)}{V_p(s)}=\frac{K_{yp}}{J_ys^2+D_ys}$$
$$\frac{\Theta(s)}{V_y(s)}=\frac{K_{py}}{J_ps^2+D_ps},\quad \frac{\Psi(s)}{V_y(s)}=\frac{K_{yy}}{J_ys^2+D_ys}$$

也可以表示为传递函数矩阵的形式

$$\begin{bmatrix}\Theta(s)\\ \Psi(s)\end{bmatrix}=\begin{bmatrix}\dfrac{K_{pp}}{J_ps^2+D_ps} & \dfrac{K_{py}}{J_ps^2+D_ps}\\ \dfrac{K_{yp}}{J_ys^2+D_ys} & \dfrac{K_{yy}}{J_ys^2+D_ys}\end{bmatrix}\begin{bmatrix}V_p\\ V_y\end{bmatrix}$$

传递函数矩阵 $\boldsymbol{G}$ 的表达式为

$$G=\begin{bmatrix}\dfrac{K_{pp}}{J_p s^2+D_p s} & \dfrac{K_{py}}{J_p s^2+D_p s}\\ \dfrac{K_{yp}}{J_y s^2+D_y s} & \dfrac{K_{yy}}{J_y s^2+D_y s}\end{bmatrix}$$

传递函数矩阵 **G** 中的 J_p、D_p、K_{pp}、K_{py}、J_y、D_y、K_{yy}、K_{yp} 等参数的值可查表 5-1。

第四节　应用 MATLAB 的系统复频域分析

复频域分析是频域分析的拓展，所以其分析方法基本上与频域分析类似，即时域的卷积对应了复频域的相乘，所以在复频域，系统对激励信号的响应可由 $Y(s)=X(s)H(s)$ 或 $Y(z)=X(z)H(z)$ 求得，式中，$H(s)$、$H(z)$ 分别是连续系统、离散系统的传递函数，它们分别是连续系统单位冲激响应 $h(t)$ 的拉普拉斯变换、离散系统单位脉冲响应 $h(n)$ 的 Z 变换。

一、连续系统

MATLAB 提供了一些系统传递函数不同表达方式之间的转换函数，它们是：

（1）[**z**,**p**,k]=tf2zp(**num**,**den**)　系统传递函数的分子分母系数向量形式转换为零极点表示形式，其中，**num** 为系统传递函数的分子系数向量，**den** 为系统传递函数的分母系数向量。**z** 为系统的零点向量，**p** 为系统的极点向量，k 为系统增益，若有理分式为真分式，则 k=0。

（2）[**num**,**den**]=zp2tf(**z**,**p**,k)　系统传递函数的零极点表示形式转换为分子分母系数向量形式，各参数意义同上。

（3）[N,D]=numden(A)　表示将多项式 A 分解为分子多项式部分 N 和分母多项式 D 部分。

（4）a=sym2pol(P)　实现多项式系数的提取，将多项式 P 的系数作为系数向量返回。

MATLAB 也提供了多项式与它的根之间的转换函数，它们是：

（1）**r**=roots(**N**)　求出由系数向量 **N** 确定的 n 阶多项式的 n 阶根向量 **r**。

（2）**N**=poly(**r**)　将根向量 **r** 转换为对应多项式的系数向量 **N**。

（3）den=conv()　将因子相乘形式转换成多项式形式(即多项式系数向量形式)。

为了对系统进行复频域分析，MATLAB 提供了将一个有理分式的分子分母系数向量形式转换成部分分式展开形式的 residue() 函数，其函数格式为

[r,p,k]=residue(**num**,**den**)

其中，**num** 为有理分式的分子系数向量；**den** 为有理分式的分母系数向量；r 为部分分式的系数；p 为极点；k 为多项式系数。即

$$\frac{num(s)}{den(s)}=k(s)+\frac{r_1}{s-p_1}+\frac{r_2}{s-p_2}+\cdots+\frac{r_n}{s-p_n}$$

在 s 域部分分式展开形式的基础上，就很容易得出其拉普拉斯反变换形式，即系统输出的时域表达式。

MATLAB 还提供了一种简便地直接获得系统传递函数 $H(s)$ 零极点分布图的函数，其函

数格式为

$$\text{pzmap(sys)}$$

该函数直接画出系统传递函数 $H(s)$ 的零极点分布图，sys 为系统表达式，可由函数 tf( ) 转换而来，也可用输入项系数向量 **num** 和输出项系数向量 **den** 直接表示。

通过零极点分布图可以判断系统的特性，如当全部极点位于 s 左半平面时系统是稳定的；当存在位于 s 右半平面的极点时系统是不稳定的；当存在位于虚轴上的极点时系统是临界稳定的。

例 7-6　试用 MATLAB 计算

$$H(s)=\frac{s+4}{s^3+6s^2+11s+6}$$

的部分分式展开形式。

解　根据题意，例 7-6 的参考程序如下：

```
close all;clear;clc;                        %运行环境初始化
num=[1 4];                                  %设置分母多项式系数向量
den=[1,6,11,6];                             %设置分母多项式系数向量
[r,p]=residue(num,den)                      %求对应的部分分时展开项
```

运行结果如图 7-17 所示。

根据运行结果，可以获得 $H(s)$ 展开成部分分式形式为

$$H(s)=\frac{0.5}{s+3}+\frac{-2}{s+2}+\frac{1.5}{s+1}$$

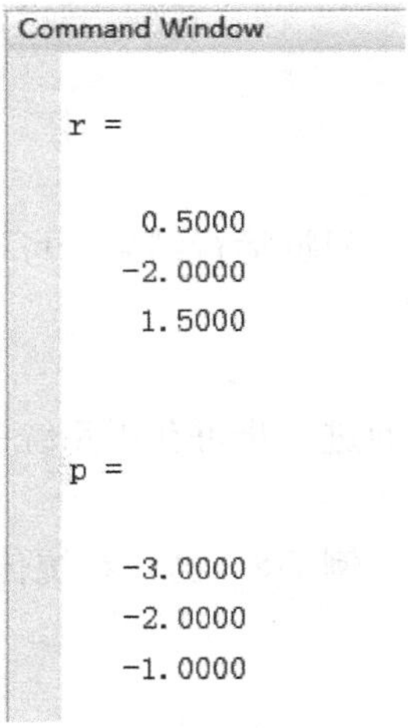

图 7-17　例 7-6 运行结果

例 7-7　已知一个因果系统的传递函数为 $H(s)=\dfrac{s+3}{s^3+6s^2+8s+6}$，作用于系统的输入信号为 $x(t)=e^{-3t}u(t)$，用 MATLAB 求系统的零状态响应信号 $y(t)$ 的数学表达式。

解　根据题意，先求出输入信号 $x(t)$ 的拉普拉斯变换形式，然后计算出系统的输出 $Y(s)$，应用 numden( ) 函数将多项式 $Y(s)$ 分解为分子多项式部分和分母多项式部分，应用 sym2pol( ) 函数实现多项式系数向量的获取，最后通过 residue( ) 函数进行因式分解。其 MATLAB 参考运行程序如下：

```
close all;clear;clc;
syms t s                                    %定义符号变量
x=exp(-3*t)*heaviside(t);                   %定义输入信号 x
L=laplace(x);                               %对 x 进行拉普拉斯变换
H=(s+3)/(s^3+6*s^2+8*s+6);                  %定义系统传递函数
Y=H*L;                                      %计算输出的拉普拉斯变换 Y(s)
[n,d]=numden(Y);                            %取得 Y(s) 的分子部分和分母部分
[r,p,k]=residue(sym2poly(n),sym2poly(d))    %获得多项式系数向量,进一步得到部分分式展开形式
```

运行结果如图 7-18 所示。

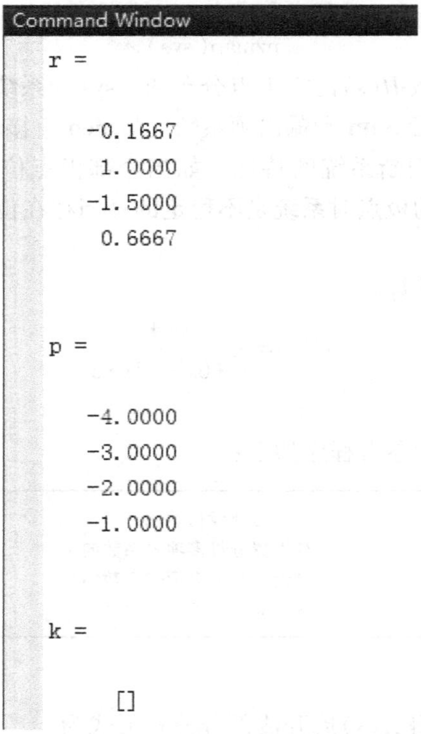

图 7-18　例 7-7 运行结果

根据运行结果，可以获得

$$Y(s)=\frac{B(s)}{A(s)}=\frac{-0.1667}{s+4}+\frac{1}{s+3}+\frac{-1.5}{s+2}+\frac{0.667}{s+1}+0$$

从而进一步可获得系统的零状态响应信号 $y(t)$ 为

$$y(t)=-0.1667\mathrm{e}^{-4t}+\mathrm{e}^{-3t}-1.5\mathrm{e}^{-2t}+0.667\mathrm{e}^{-t}$$

例 7-8　已知系统传递函数为

$$H(s)=\frac{1}{s^3+3s^2+4s+1}$$

试用 MATLAB 求出：

1）系统零极点，并画出零极点图；

2）系统的单位冲激响应 $h(t)$ 和频率特性 $H(\omega)$。

解　根据题意，MATLAB 参考运行程序如下：

```
clc;close all;clear;
num=[1];                         %系统传递函数分子多项式系数向量
den=[1,3,4,1];                   %系统传递函数分母多项式系数向量
sys=tf(num,den);                 %得出系统表达式
poles=roots(den);                %求出系统极点
figure(1)                        %打开画图 1
pzmap(sys)                       %画出系统传递函数的零极点分布图
```

（续）

```
t=0:0.01:8;                        %取时间区间及步长
h=impulse(num,den,t);              %求取单位冲激响应
figure(2)                          %打开画图 2
plot(t,h)                          %画出单位冲激响应
title('单位冲激响应')                %设置标题文本
[H,w]=freqs(num,den);              %求取系统频率特性
figure(3)                          %打开画图 3
plot(w,abs(H))                     %画出系统幅频特性
xlabel('\omega')                   %设置 x 轴显示文本
title('系统频率特性')                %设置标题文本
```

运行结果如图 7-19 所示，其中图 7-19a 为系统零极点运算结果，图 7-19b 为系统零极点图，图 7-19c 为系统的单位冲激响应 $h(t)$，图 7-19d 为系统的频率特性 $H(\omega)$。

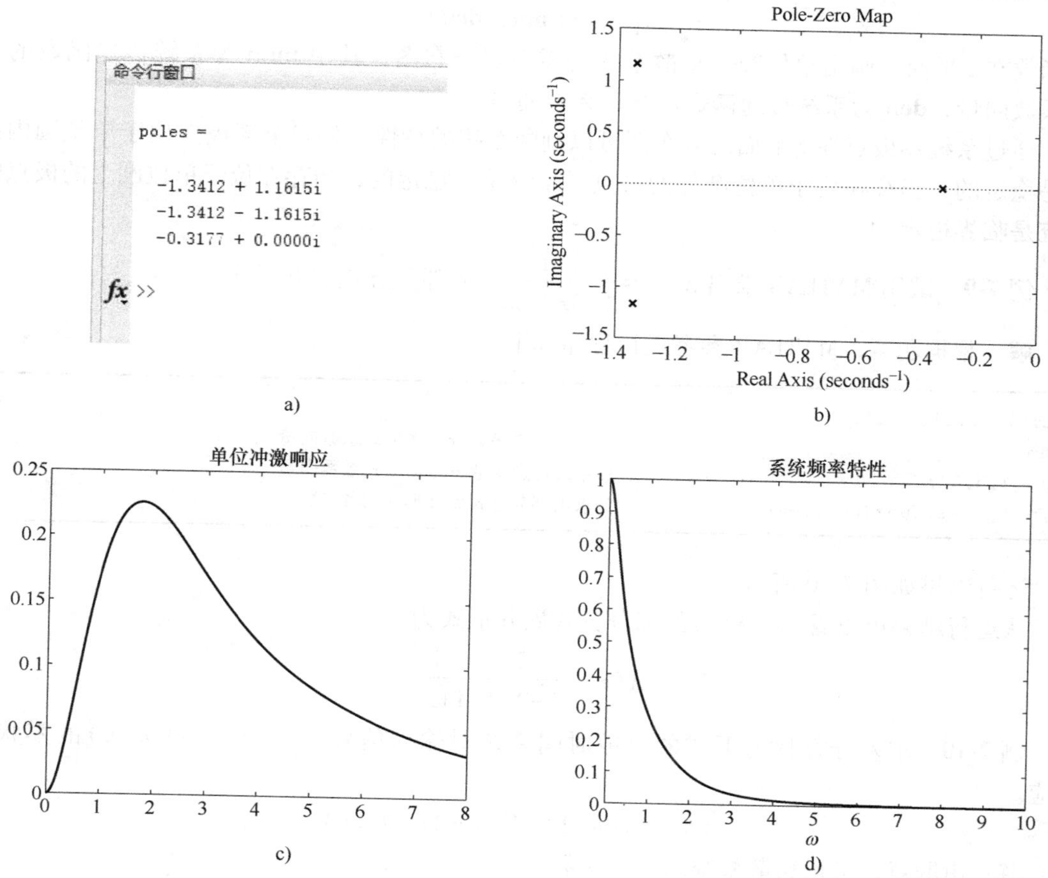

图 7-19　例 7-8 运行结果

a）零极点运算结果　b）系统零极点图　c）系统单位冲激响应　d）系统频率特性

由系统零极点图可知，系统是稳定的。

二、离散系统

为了对离散系统进行复频域分析，MATLAB 提供了将一个有理分式的分子分母系数向量形式转换成部分分式展开形式的 residuez( ) 函数，其函数格式为

[r,p,k] = residuez(**num**,**den**)

其中，**num** 为有理分式的分子系数向量；**den** 为有理分式的分母系数向量；r 为部分分式的系数；p 为极点；k 为多项式系数，若有理分式为真分式，则 k=0。

$$\frac{num(z)}{den(z)}=k(z)+\frac{r_1}{1-p_1z^{-1}}+\frac{r_2}{1-p_2z^{-1}}+\cdots+\frac{r_n}{1-p_nz^{-1}}$$

在 z 域部分分式展开形式的基础上，就很容易得出其 Z 反变换形式，即系统输出的时域表达式。

MATLAB 还提供了一种简便地直接获得离散系统传递函数 $H(z)$ 零极点分布图的函数，其函数格式为

zplane(**num**, **den**)

该函数在 z 平面上画出单位圆、离散系统的零极点分布图，其中 **num** 为系统传递函数的分子系数向量，**den** 为系统传递函数的分母系数向量。

通过系统零极点在 z 平面的分布图可以判断系统的特性，如当全部极点位于单位圆内系统是稳定的；当存在位于单位圆外的极点时系统是不稳定的；当存在位于单位圆上的极点时系统是临界稳定的。

例 7-9 试用 MATLAB 求出 $X(z)=\frac{1}{1+3z^{-1}+2z^{-2}}$的部分分式展开形式。

解 根据题意，MATLAB 参考运行程序如下：

```
clc;clear;close all;
num=[1];                          %系统传递函数分子多项式系数向量
den=[1,3,2];                      %系统传递函数分母多项式系数向量
[r,p,k]=residuez(num,den)         %求出部分分式展开形式的各参数
```

运行结果如图 7-20 所示。

从运行结果可以看出，$X(z)$的部分分式展开形式为

$$X(z)=\frac{2}{1+2z^{-1}}-\frac{1}{1+z^{-1}}$$

例 7-10 求差分方程为下式的离散时间系统对输入信号 $x(n)=(-3)^nu(n)$ 的零状态响应。

$$y(n)-4y(n-1)+4y(n-2)=4x(n)$$

解 由题意，可得离散系统的传递函数

$$H(z)=\frac{4}{1-4z^{-1}+4z^{-2}}$$

对于输入信号可求得其 Z 变换 $X(z)$，因此，输出信号的 Z 变换 $Y(z)=H(z)X(z)$，求 $Y(z)$ 的 Z 反变换，即得离散系统对输入信号 $x(n)$ 的零状态响应 $y(n)$。MATLAB 参考运行程

序如下：

```
close all;clear;clc;                        %MATLAB 运行环境初始化
syms k z;                                   %定义符号变量
H=4/(1-4*z^(-1)+2*z^(-2));                  %定义系统传递函数
x=(-3)^k*heaviside(k);                      %生成输入序列
Xz=ztrans(x);                               %对输入序列进行 z 变换
Yz=H*Xz;                                    %得到输出信号的 z 变换
[N,D]=numden(Yz);                           %取得 Y(z)的分子多项式和分母多项式
num=sym2poly(N);                            %得到分子多项式的系数向量
den=sym2poly(D);                            %得到分母多项式的系数向量
[r,p,k]=residuez(num,den)                   %得到部分分式展开形式
```

运行结果如图 7-21 所示。

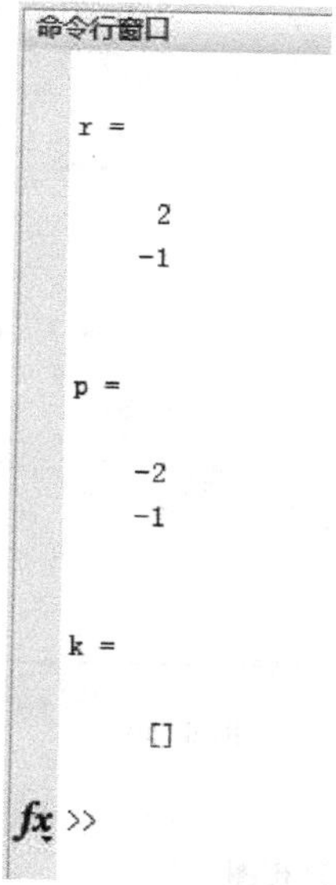

图 7-20　例 7-9 运行结果

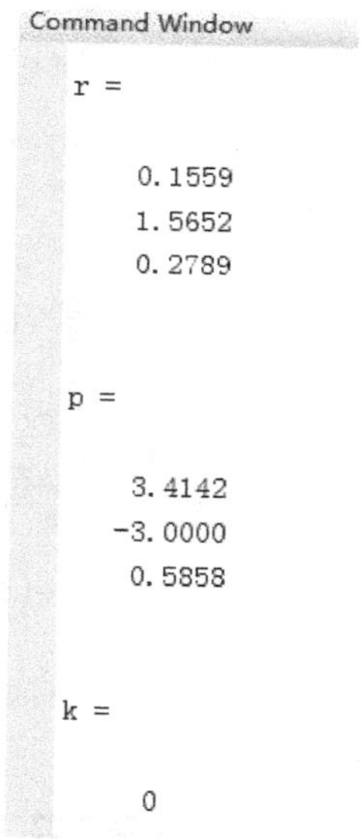

图 7-21　例 7-10 运行结果

根据运行结果，可以得出 $Y(z)$ 的部分分式展开式为

$$Y(z)=\frac{0.1559}{1-3.4142z^{-1}}+\frac{1.5652}{1+3z^{-1}}+\frac{0.2789}{1-0.5858z^{-1}}$$

从而进一步可获得系统的零状态响应信号 $y(n)$ 为

$$y(n)=[0.1559\times(3.4142)^n+1.5652\times(-3)^n+0.2789\times(0.5858)^n]u(n)$$

例 7-11　已知离散系统的传递函数为

$$H(z)=\frac{z^2+3z}{z^2+z+0.25}$$

试用 MATLAB 求出：

1）系统零极点并画出零极点图；

2）系统的单位脉冲响应 $h(n)$ 和频率特性 $H(\Omega)$。

解　首先将 $H(z)$ 写成标准形式为

$$H(z)=\frac{z^2+3z}{z^2+z+0.25}=\frac{1+3z^{-1}}{1+z^{-1}+0.25z^{-2}}$$

1）求 $H(z)$ 的零极点并画出零极点图的参考程序如下：

```
close all;clear;clc;                  %MATLAB 运行环境初始化
num=[1,3];                            %系统传递函数分子多项式系数向量
den=[1,1,0.25];                       %系统传递函数分母多项式系数向量
[r,p,k]=tf2zp(num,den)                %求得零极点
zplane(num,den)                       %画出系统传递函数的零极点分布图
```

运行结果如图 7-22 所示。

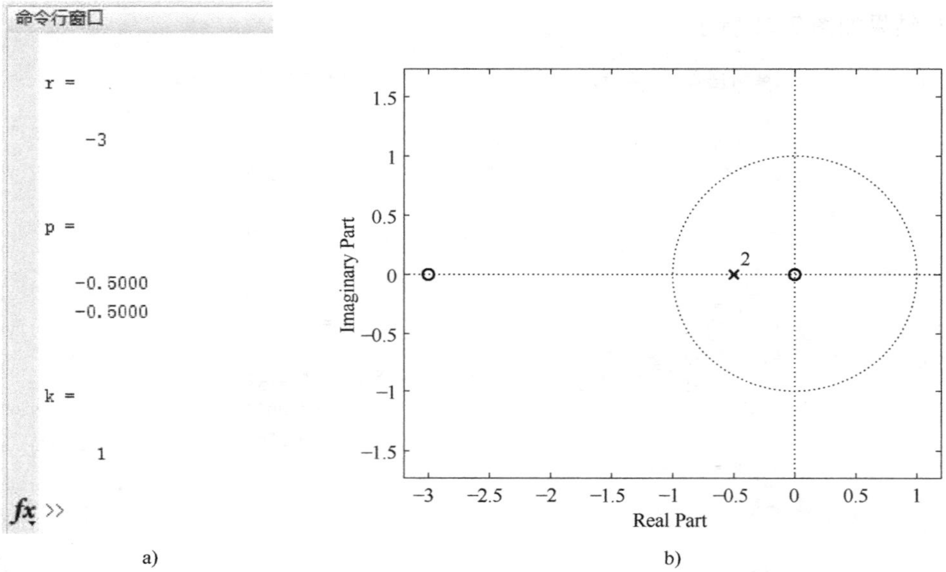

图 7-22　例 7-11 的零极点分布图

a）零极点运算结果　b）系统零极点分布图

2）系统的单位脉冲响应 $h(n)$ 和频率特性 $H(\Omega)$ 程序如下：

```
close all;clear;clc;                  %MATLAB 运行环境初始化
num=[1,2];                            %系统传递函数分子多项式系数向量
den=[1,0.5,0.25];                     %系统传递函数分母多项式系数向量
h=impz(num,den);                      %计算离散系统脉冲响应
figure(1)                             %打开画图 1
stem(h)                               %画出响应火柴梗图
xlabel('k')                           %设计 x 轴显示文本
title('脉冲响应')                      %设置标题文本
[H,w]=freqz(num,den);                 %计算系统的离散幅频响应
figure(2)                             %打开画图 2
plot(w/pi,abs(H))                     %绘制幅频曲线
xlabel('\omega')                      %设置 x 轴文本
title('频率响应')                      %设置标题文本
```

运行结果如图 7-23 所示。

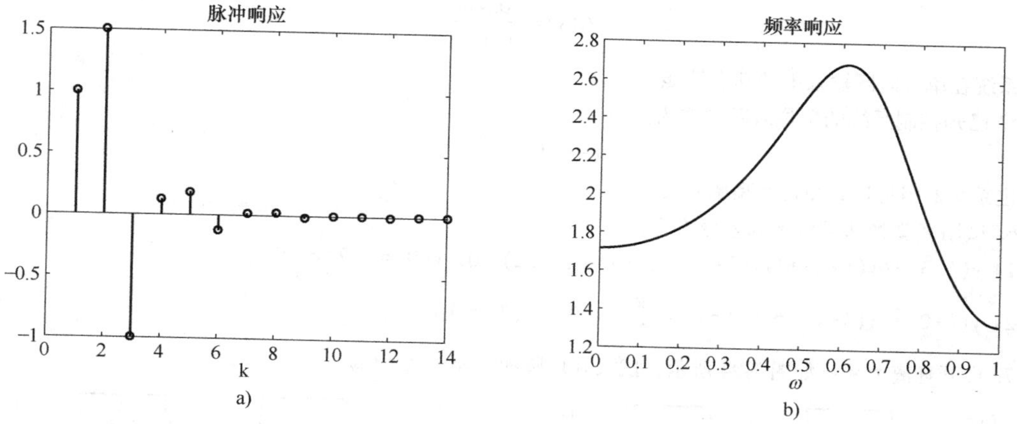

图 7-23　系统响应

a）脉冲响应　b）频率响应

本章要点

1. 系统的复频域描述是指直接描述系统输入输出关系的传递函数，对于离散系统也称为脉冲传递函数。对于多输入多输出系统，需要用传递函数矩阵来表示输入向量与输出向量之间的传递关系。

2. 非奇异变换不会改变系统的特征结构，包括系统的传递函数、特征多项式、特征方程以及系统的特征根等都不会发生改变。

3. 本章介绍了连续系统复频域分析的一般方法，着重介绍了二阶连续系统在过阻尼、临界阻尼、欠阻尼和无阻尼情况下的复频域分析方法以及相关结论。本章也讨论了上升时间、峰值时间、调节时间和超调量等欠阻尼二阶系统动态性能指标的计算方法。对于高阶连续系统的复频域分析也做了介绍。

4. 本章以二阶离散系统为例介绍了离散系统复频域分析的一般方法，对于采样器和保持器对系统动态特性的影响也做了介绍。

习　题

1. 设各系统的微分方程如下：

1）$0.2y'(t)=2x(t)$　　2）$0.04y''(t)+0.24y'(t)+y(t)=x(t)$

试求系统的单位脉冲响应 $h(t)$ 和单位阶跃响应 $y(t)$。已知全部初始条件为零。

2. 已知各系统的脉冲响应，试求系统的闭环传递函数 $\Phi(s)$。

1）$y(t)=0.0125\mathrm{e}^{-1.25t}$　　2）$y(t)=5t+10\sin(4t+45°)$　　3）$y(t)=0.1(1-\mathrm{e}^{-t/3})$

3. 已知二阶系统的单位阶跃响应为

$$y(t)=10-12.5\mathrm{e}^{-1.2t}\sin(1.6t+53.1°)$$

试求系统的超调量 $\sigma\%$、峰值时间 t_p 和调节时间 t_s。

4. 已知单位反馈系统的开环传递函数为

$$G(s)=\frac{0.4s+1}{s(s+0.6)}$$

试求系统在单位阶跃输入下的动态性能。

5. 已知控制系统的单位阶跃响应为

$$y(t)=1+0.2e^{-60t}-1.2e^{-10t}$$

试确定系统的阻尼比 ζ 和自然频率 ω_n。

6. 试用 Z 变换法求解下列差分方程：

1）$y(k+3)+6y(k+2)+11y(k+1)+6y(k)=0$，$u(2)=0$，$y(0)=y(T)=1$；

2）$y(k+2)+5y(k+1)+6y(k)=\cos k\dfrac{\pi}{2}$，$y(0)=y(T)=0$。

7. 设开环离散系统如图 7-24 所示，试求开环脉冲传递函数 $G(z)$。

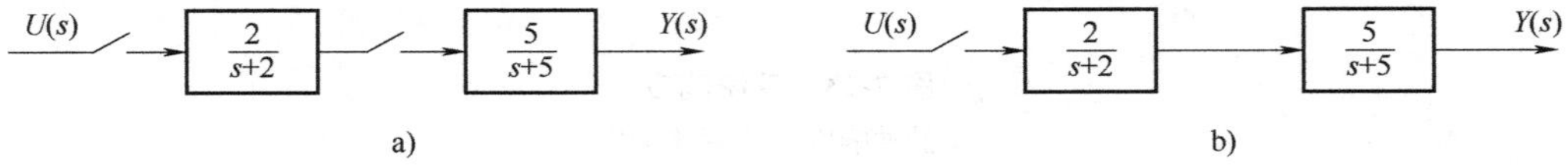

图 7-24　开环离散系统

8. 设有单位反馈误差采样的离散系统，连续部分传递函数为

$$G(s)=\frac{1}{s^2(s+5)}$$

输入 $u(t)=1(t)$，采样周期 $T=1$s。试求：

1）输出 Z 变换 $Y(z)$；

2）采样瞬时的输出响应 $y^*(t)$；

3）输出响应的终值 $y(\infty)$。

9. 试求图 7-25 所示系统的单位阶跃响应 $y(n)$。

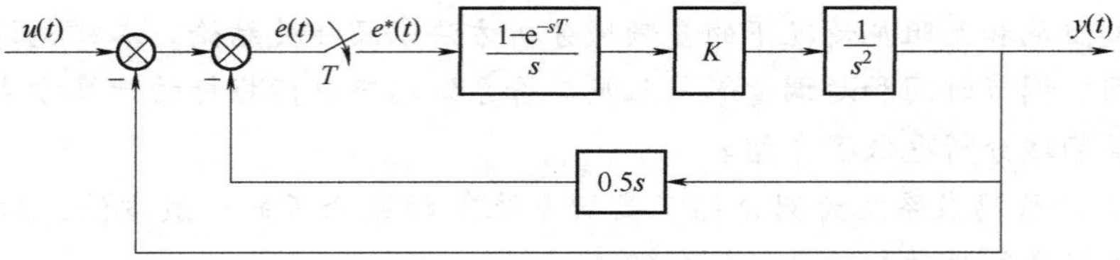

图 7-25　闭环离散系统

10. 试求图 7-26 所示系统的单位阶跃响应 $y(n)$。

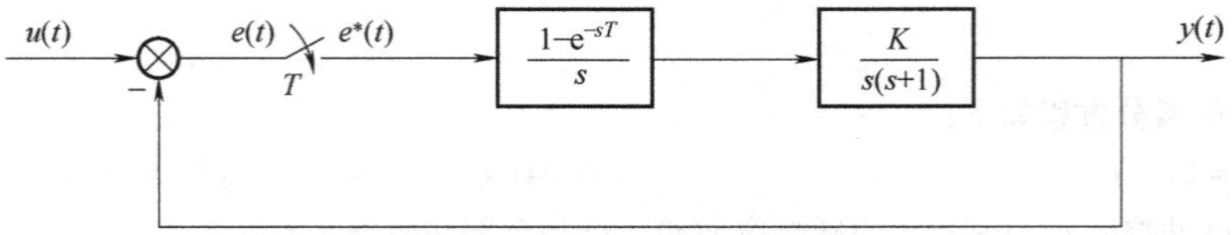

图 7-26　闭环离散系统

第八章

滤　波　器

“滤波”的概念已在前面各章中多次出现，一般的“滤波”概念是指消除或减弱干扰噪声，以强化有用信号的过程。随着信号分析、处理技术的发展以及应用领域的扩大，“滤波”的概念也得以拓展，可以把“滤波”理解为从原始信号中获取目标信息的过程。因此，除了传统的滤除噪声外，确定在干扰背景下目标信号是否存在的信号波形检测，为识别信号而确定信号参数等问题都被认为是“滤波”的内容。本章着重讨论传统的滤波概念。

第一节　滤波器概述

信号处理由系统实现，滤波也是由特定的系统来完成，把实现信号滤波功能的系统称为滤波器。

一、滤波及滤波器的基本原理

滤波的原理是根据有用信号与噪声信号所具有的不同特性实现二者有效分离，从而消除或减弱噪声信号对有用信号的影响。滤波是信号处理最基本又非常重要的任务，利用滤波技术可以从复杂的信号中提取出所需要的信息，抑制不需要的信息。可以说，滤波问题在信号传输与处理中无处不在，例如，音响系统的音调控制，通信中的干扰消除，频分复用系统中的解复用与解调等都涉及滤波问题。

对于诸如载波电话终端机等通信系统，滤波器是一种选频器件，它对某一频率(有用信号的频率分量)的电信号给予很小的衰减，使具有这一频率分量的信号比较顺利地通过，而对其他频率(如噪声的频率分量)的电信号给予较大幅度的衰减，尽可能阻止这些信号通过。

从系统的角度看，滤波器是在时域具有冲激响应 $h(t)$ 或脉冲响应 $h(n)$ 的可实现的线性时不变系统。如果利用模拟系统对模拟信号进行滤波处理则构成模拟滤波器 $h(t)$，它是一个连续线性时不变系统；如果利用离散时间系统对数字信号进行滤波处理则构成数字滤波器 $h(n)$。线性时不变系统的时域输入、输出关系如图 8-1 所示。

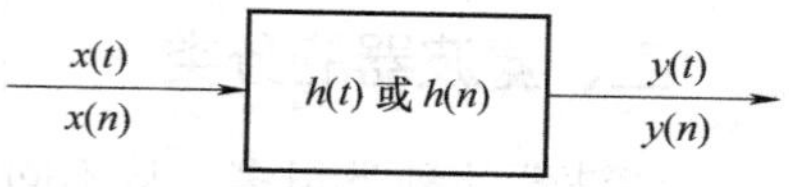

图 8-1　滤波器示意图

根据前几章的讨论，模拟滤波器的时域输入、输出关

系应为

$$y(t)=x(t)\cdot h(t) \tag{8-1}$$

其频域输入、输出关系为

$$Y(\omega)=H(\omega)X(\omega) \tag{8-2}$$

式中，$H(\omega)=|H(\omega)|e^{j\varphi_h(\omega)}$。模拟滤波器通常用硬件实现，其元件是 R、L、C 及运算放大器或开关电容等。

将模拟信号经带限滤波后通过 A/D 转换完成采样与量化，由此得到的数字信号经数字滤波器实现滤波处理，最后将处理后的数字信号经 D/A 转换和平滑滤波得到输出的模拟信号。这是目前数字滤波器的经典处理流程，如图 8-2 所示。

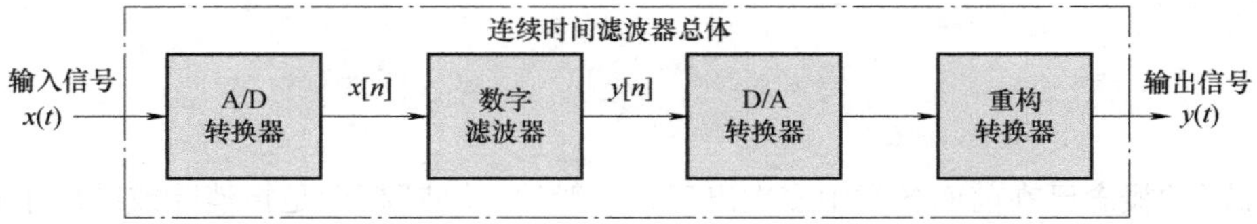

图 8-2　基于数字滤波器而用于连续信号处理的系统

数字滤波器的时域输入、输出关系为

$$y(n)=x(n)\cdot h(n) \tag{8-3}$$

其在频域的输入、输出关系为

$$Y(\Omega)=X(\Omega)H(\Omega) \tag{8-4}$$

数字滤波器既可以由硬件(延迟器、乘法器和加法器等)实现，也可以由相应的软件实现，还可以用软硬件结合来实现，因此，数字滤波器的实现要比模拟滤波器方便，且较易获得理想的滤波性能。

假设 $|X(\Omega)|$、$|H(\Omega)|$ 分别如图 8-3a、b 所示，滤波器的输出 $|Y(\Omega)|$ 则如图 8-3c 所示。输入信号 $x(n)$ 通过滤波器 $h(n)$ 的结果是使输出信号 $y(n)$ 中不再含有 $|\Omega|>\Omega_c$ 的频率成分，而使 $|\Omega|<\Omega_c$ 的频率成分“不失真”地通过，这里，Ω_c 为截止频率。因此，如果设计具有不同 $|H(\Omega)|$ 的滤波器，就可以得到不同的滤波效果。

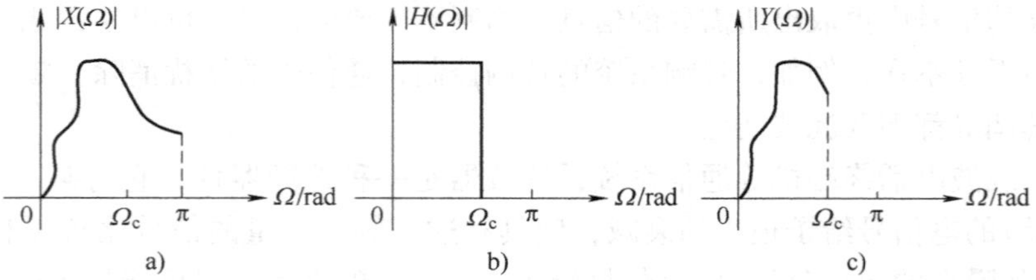

图 8-3　滤波原理图

a）输入信号频谱　b）滤波器频率特性　c）输出信号频谱

二、滤波器的分类

滤波器的种类很多，从不同的角度可得到不同的划分类型。总体来说，可分为经典滤波器和现代滤波器两大类。

经典滤波器是假定输入信号 $x(n)$ 中的有用信号和希望去掉的噪声信号具有不同的频带，这样，通过设计具有合适频率特性的滤波器，使 $x(n)$ 通过滤波器后可去掉无用的噪声信号。如果有用信号和噪声信号的频谱相互重叠，那么经典滤波器将无能为力。

现代滤波器研究的主要内容是从含有噪声的信号（如数据序列）中估计出信号的某些特征或信号本身。当信号被估计出来后，它将比原信号具有更高的信噪比。现代滤波器通常把信号和噪声都视为随机信号，通过一定的准则得出它们统计特征（如自相关函数、功率谱等）的最佳估值算法，然后利用硬件和软件实现这些算法。

对于经典滤波器，按构成滤波器元件的性质，可分为无源与有源滤波器，前者仅由无源元件（如电阻、电容和电感等）组成，后者则含有有源器件，如运算放大电路等。按滤波器的频率特性（主要是幅频特性），可分为低通、高通、带通、带阻和全通等类型，如图 8-4 所示。

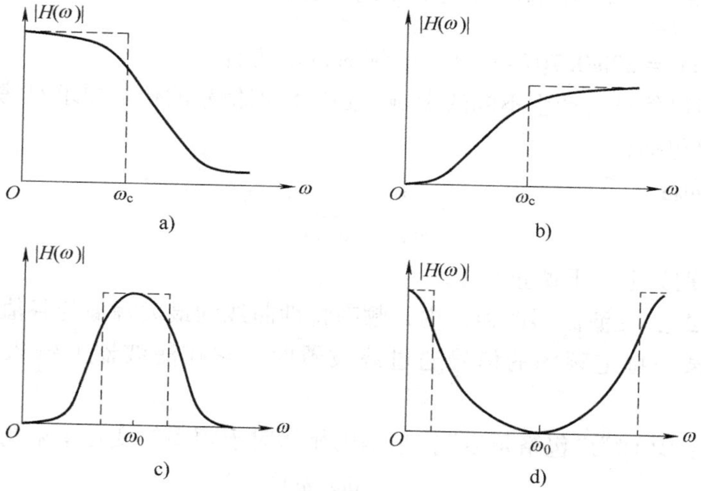

图 8-4 模拟滤波器幅频特性（实线表示实际特性，虚线表示理想特性）
a）低通滤波器 b）高通滤波器 c）带通滤波器 d）带阻滤波器

低通滤波器是使具有某一截止频率以下频带的信号能够顺利通过，而具有截止频率以上频带的信号则给予很大的衰减，阻止其通过；高通滤波器则相反，使具有截止频率以上频带的信号能够顺利通过，而具有截止频率以下频带的信号给予很大的衰减，阻止其通过；带通滤波器是使具有某一频带的信号通过，而具有该频带范围以外频带的信号给予很大的衰减，阻止其通过；抑制具有某一频带的信号，而让具有该频带以外频带的其他信号通过，这样的滤波器是带阻滤波器；全通滤波器的功能是使某一指定频带内的所有频率分量全部无衰减通过。通常将信号能通过滤波器的频率范围称为滤波器的“通频带”，简称“通带”，而阻止信号通过滤波器的频率范围称为滤波器的“阻频带”，简称“阻带”。

以上每一种滤波器又都可以分别由模拟滤波器和数字滤波器来实现。

三、滤波器的技术要求

理想滤波器所具有的矩形幅频特性不可能实际实现，其原因是不能实现从一个频带到另一个频带之间的突变。因此，为了使滤波器具有物理可实现性，通常对理想滤波器的特性做如下修改：

1）允许滤波器的幅频特性在通带和阻带有一定的衰减范围，且在衰减范围内有起伏。

2）在通带和阻带之间有一定的过渡带。

所以，信号的“通带”应理解为信号以有限的衰减通过滤波器的频率范围，物理可实现的波器特性如图 8-5 所示。

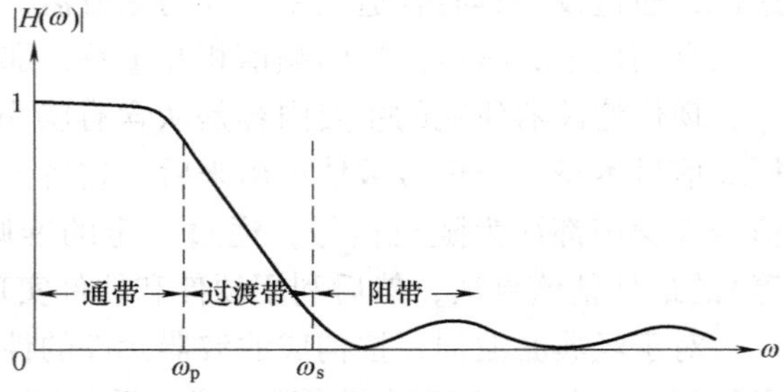

图 8-5　滤波器特性

工程上，对于频率特性函数为 $H(\omega)$ 的因果滤波器，设 $|H(\omega)|$ 的峰值为 1，通带定义为满足 $|H(\omega)|\geqslant\frac{1}{\sqrt{2}}=0.707$ 的所有频率 ω 的集合，即 $|H(\omega)|$ 从 0dB 的峰值点下降到不小于 $-3\mathrm{dB}(20\lg|H(\omega)|=20\lg 0.707=-3\mathrm{dB})$ 的频率 ω 的集合。

不同的滤波器对信号会产生不同的影响，必须根据信号的传输要求对滤波器规定一些技术指标，它们主要包括：

1）中心频率 ω_0：

$$\omega_0=\sqrt{\omega_{c1}\omega_{c2}} \tag{8-5}$$

式中，ω_{c1}、ω_{c2} 分别为上、下截止频率。

2）通带波动 Δ_α：在滤波器的通带内，频率特性曲线的最大峰值与谷值之差。

3）相移 φ：某一特定频率的信号通过滤波器时，它在滤波器的输入和输出端的相位之差。

4）群延迟 τ_g：又称为“包络延迟”，它是用相移对于频率的变化率来衡量的，即

$$\tau_g=-\frac{\mathrm{d}\varphi(\omega)}{\mathrm{d}\omega} \tag{8-6}$$

对于实际的滤波器，$\frac{\mathrm{d}\varphi(\omega)}{\mathrm{d}\omega}$ 通常为负值，因而 τ_g 为正值。

5）衰减函数 α：又称衰耗特性或工作损耗，定义为

$$\alpha=20\lg\frac{|H(0)|}{|H(\omega)|}=-20\lg|H(\omega)|=-10\lg|H(\omega)|^2 \tag{8-7}$$

α 的单位是分贝(dB)。可见，衰减函数取决于系统频率特性的幅度平方函数 $|H(\omega)|^2$。对于理想滤波器，通带衰减为 0，阻带衰减为无穷大。对于实际的低通滤波器来说，通带的最大衰减简称为通带衰减，记为 α_p；阻带的最小衰减，简称为阻带衰减，记为 α_s。通带衰减 α_p 和阻带衰减 α_s 分别定义为

$$\alpha_p=20\lg\frac{|H(0)|}{|H(\omega_p)|}=-20\lg|H(\omega_p)| \tag{8-8}$$

$$\alpha_s=20\lg\frac{|H(0)|}{|H(\omega_s)|}=-20\lg|H(\omega_s)| \tag{8-9}$$

式中，ω_p 为通带截止频率；ω_s 为阻带截止频率；$|H(0)|$ 均假定已被归一化为 1。

第二节 模拟滤波器

一、概述

模拟滤波器是用模拟系统处理模拟信号或连续时间信号的滤波器，是一种选择频率的装置，故又称为频率选择滤波器。

模拟滤波器的系统函数 $H(s)$ 决定了它允许通过某些频率分量而阻止其他频率分量的特性，因此，设计模拟滤波器的中心问题就是求出一个物理上可实现的系统函数 $H(s)$，使它的频率响应尽可能逼近理想滤波器的频率特性。

在工程实际中设计滤波器 $H(s)$ 时，给定的指标往往是通带和阻带的衰耗特性，如通带衰减 α_p、阻带衰减 α_s。上面已述，工作损耗的大小主要取决于 $|H(\omega)|^2$，因此，设计模拟滤波器的方法就是根据滤波器频率特性的幅度平方函数 $|H(\omega)|^2$，求滤波器的系统函数 $H(s)$。

如果不含有源器件，所设计的模拟滤波器应当是稳定的时不变系统，因此，物理可实现的模拟滤波器的系统函数 $H(s)$ 必须满足下列条件：

1）是一个具有实系数的 s 有理函数。

2）极点分布在 s 左半平面。

3）分子多项式的阶次不大于分母多项式的阶次。

除以上条件外，一般还希望所设计滤波器的冲激响应 $h(t)$ 为 t 的实函数，因此 $H(\omega)$ 具有共轭对称性，即 $H^*(\omega)=H(-\omega)$，所以有

$$|H(\omega)|^2=H(\omega)H^*(\omega)=H(\omega)H(-\omega) \tag{8-10}$$

当系统的冲激响应 $h(t)$ 存在傅里叶变换，则它的系统函数 $H(s)$ 的收敛域必定覆盖 $j\omega$ 轴，因此，有

$$|H(\omega)|^2=H(s)H(-s)\big|_{s=j\omega} \tag{8-11}$$

式(8-11)表明 $H(s)H(-s)$ 的零点、极点分布对 $j\omega$ 轴呈镜像对称，如图 8-6 所示。在这些零点、极点中，有一半属于 $H(s)$，另一半则属于 $H(-s)$。

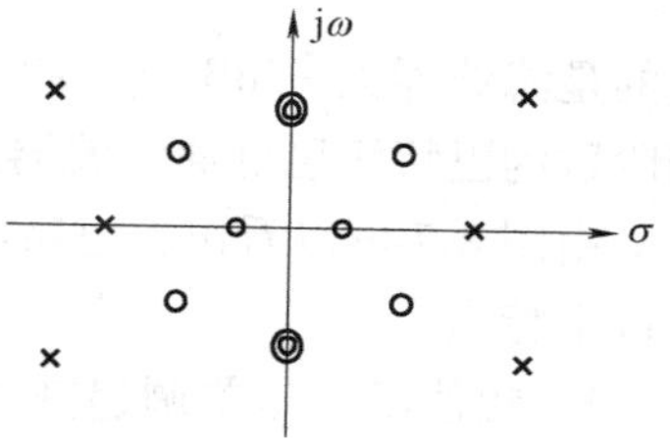

图 8-6 可实现的 $H(s)H(-s)$ 的零点、极点分布

根据 $H(s)$ 的可实现条件和 $H(s)H(-s)$ 的零点、极点分布规律，系统的幅度平方函数一定是 ω^2 的正实函数，可以将给定的幅度平方函数以 $-s^2$ 代替 ω^2，从而分别确定出 $H(s)$ 与 $H(-s)$ 的零点、极点，即 $H(s)$ 的极点必须位于 s 左半平面，$H(-s)$ 的极点必须位于 s 右半平面。零点的位置主要取决于所设计的滤波器是否要求为最小相位型的，如果是最小相位型的，则 $H(s)$ 的所有零点也应该分布在 s 左半平面或 $j\omega$ 轴上；如果不是最小相位型的，则由于零点的位置与稳定性无关可以任意选取，其对应的滤波器就不是唯一的了。若 $H(s)H(-s)$ 有零点在 $j\omega$ 轴上，则按正实性要求，在 $j\omega$ 轴上的零点必须是偶阶重零点，在这种情况下，要把 $j\omega$ 轴上的零点平分给 $H(s)$ 和 $H(-s)$。

例 8-1 给定滤波特性的幅度平方函数

$$|H(\omega)|^2=\frac{(1-\omega^2)^2}{(4+\omega^2)(9+\omega^2)}$$

求具有最小相位特性的滤波器的系统传递函数 $H(s)$。

解 根据式(8-11)，并用 $-s^2$ 替代 ω^2，有

$$H(s)H(-s)=\frac{(1+s^2)^2}{(4-s^2)(9-s^2)}=\frac{(1+s^2)^2}{(s+2)(-s+2)(s+3)(-s+3)}$$

上式有二阶重零点±j，位于虚轴上，因而 $H(s)$ 作为可实现的滤波器的系统传递函数，取其中 s 左半平面的极点及 $\mathrm{j}\omega$ 轴上一对共轭零点，可得出它的最小相位型系统传递函数为

$$H(s)=\frac{1+s^2}{(s+2)(s+3)}=\frac{1+s^2}{s^2+5s+6}$$

二、巴特沃思(Butterworth)低通滤波器

在工程上，常采用逼近理论找出一些可实现的逼近函数，这些函数具有优良的幅度逼近性能，以它们为基础可以设计出具有优良特性的低通滤波器。下面首先讨论巴特沃思(Butterworth)低通滤波器，然后讨论切比雪夫(Chebyshev)低通滤波器。

(一) 巴特沃思低通滤波器的幅频特性

巴特沃思低通滤波器是以巴特沃思函数作为滤波器的系统传递函数，该函数以最高阶泰勒级数的形式逼近滤波器的理想矩形特性。

巴特沃思低通滤波器的幅度平方函数为

$$|H(\omega)|^2=\frac{1}{1+\left(\frac{\omega}{\omega_c}\right)^{2n}} \tag{8-12}$$

式中，n 为滤波器的阶数；ω_c 为滤波器的截止角频率，当 $\omega=\omega_c$ 时，$|H(\omega_c)|^2=\frac{1}{2}$，所以 ω_c 对应的是滤波器的 -3dB 点。图 8-7 给出了具有不同阶数的巴特沃思低通滤波器的幅频特性。

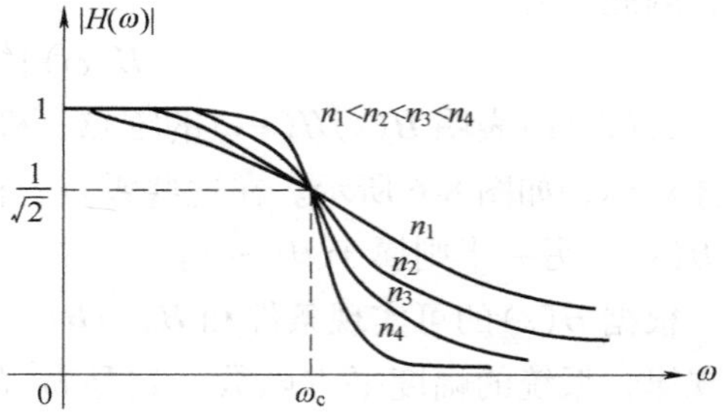

图 8-7 巴特沃思低通滤波器的幅频特性

由图 8-7 可以看出，巴特沃思低通滤波器具有以下特点：

1) 幅值函数是单调递减的，因此，在 $\omega=0$ 处，具有最大值 $|H(\omega)|=1$。

2) 在 $\omega=\omega_c$ 处，$|H(\omega_c)|=0.707=0.707|H(0)|$，即 $|H(\omega_c)|$ 比 $|H(0)|$ 下降了 3dB。

3) 当 ω 趋于 ∞ 时，幅值趋于 0，即 $|H(\infty)|=0$。

4) 当阶数 n 增加时，通带幅频特性变平，阻带幅频特性衰减加快，过渡带变窄，整个幅频特性趋于理想低通滤波特性，但 $|H(\omega_c)|=0.707|H(0)|$ 的关系并不随阶数的变化而改变。

5) 在 $\omega=0$ 处最大限度地逼近理想低通特性，可以证明：对于阶数为 n 的巴特沃思滤波器，在 $\omega=0$ 点，它的前 $2n-1$ 阶导数都等于 0，这表明巴特沃思滤波器在 $\omega=0$ 附近一段范

围内是非常平直的，它以原点的最大平坦性来逼近理想滤波器。因此，巴特沃思低通滤波器也称为最大平坦幅值滤波器。

根据式(8-7)，巴特沃思低通滤波器的衰减函数 α 为

$$\alpha=-20\lg|H(\omega)|=-20\lg\left(\frac{1}{\sqrt{1+\left(\dfrac{\omega}{\omega_c}\right)^{2n}}}\right)=-20\lg\left[1+\left(\frac{\omega}{\omega_c}\right)^{2n}\right]^{-\frac{1}{2}}=10\lg\left[1+\left(\frac{\omega}{\omega_c}\right)^{2n}\right] \quad (8\text{-}13)$$

当 $\omega=\omega_p$ 时，巴特沃思低通滤波器的通带衰减函数 α_p 为

$$\alpha_p=10\lg\left[1+\left(\frac{\omega_p}{\omega_c}\right)^{2n}\right] \quad (8\text{-}14)$$

设计低通滤波器时，通常取幅值下降 3dB 时所对应的频率为通带截止频率 ω_c，即当 $\omega=\omega_c$ 时，$\alpha=3\text{dB}$。由式(8-14)可知，此时，$\omega_p=\omega_c$，$\alpha=\alpha_p=3\text{dB}$。

当 $\omega=\omega_s$ 时，巴特沃思低通滤波器的阻带衰减函数 α_s 为

$$\alpha_s=10\lg\left[1+\left(\frac{\omega_s}{\omega_c}\right)^{2n}\right] \quad (8\text{-}15)$$

由此可以求得滤波器的阶数为

$$n\geqslant\frac{\lg\sqrt{10^{0.1\alpha_s}-1}}{\lg\left(\dfrac{\omega_s}{\omega_c}\right)} \quad (8\text{-}16)$$

的整数。

若截止频率 $\omega_c=1$，有

$$n\geqslant\frac{\lg\sqrt{10^{0.1\alpha_s}-1}}{\lg\omega_s} \quad (8\text{-}17)$$

（二）巴特沃思低通滤波器的极点分布

利用 $|H(\omega)|^2=H(s)H(-s)|_{s=j\omega}$，并根据巴特沃思低通滤波器的幅度平方函数式(8-12)，有

$$|H(s)|^2=\frac{1}{1+\left(\dfrac{s}{j\omega_c}\right)^{2n}} \quad (8\text{-}18)$$

巴特沃思低通滤波器幅度平方函数的极点为

$$s_k=j\omega_c(-1)^{\frac{1}{2n}}=\omega_c e^{j\left(\frac{2k-1}{2n}\pi+\frac{\pi}{2}\right)}\quad k=1,\ 2,\ \cdots,\ 2n \quad (8\text{-}19)$$

s_k 即为 $H(s)$ 和 $H(-s)$ 的全部极点。图 8-8 分别表示了 $n=3$ 和 $n=2$ 时巴特沃思低通滤波器的极点分布。

巴特沃思低通滤波器幅度平方函数的极点分布具有以下特点：

1) $H(s)H(-s)$ 的 $2n$ 个极点以$\dfrac{\pi}{n}$为间

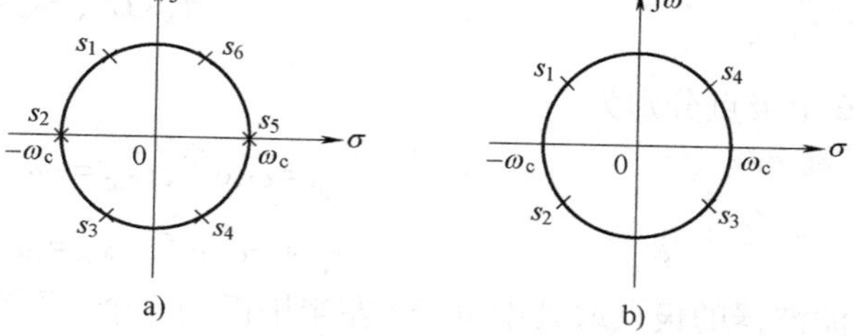

图 8-8　巴特沃思低通滤波器的极点分布

a) $n=3$　b) $n=2$

隔分布在半径为 ω_c 的圆上，该圆称为巴特沃思圆。

2）所有极点以 jω 轴为对称轴成对称分布，jω 轴上没有极点。

3）当 n 为奇数时，有两个极点分布在 $s=\pm\omega_c$ 的实轴上；n 为偶数时，实轴上没有极点。所有复数极点两两呈共轭对称分布。

（三）巴特沃思低通滤波器的系统传递函数

为得到稳定的 $H(s)$，取全部 s 左半平面的极点为 $H(s)$ 的极点，而对称分布的 s 右半平面的极点对应 $H(-s)$ 的极点，可以求出稳定的巴特沃思低通滤波器的系统传递函数为

$$H(s)=\frac{\omega_c^n}{\prod\limits_{k=1}^{n}(s-s_k)} \tag{8-20}$$

为了便于计算方便，取截止频率 $\omega_c=1$，可得到各阶归一化频率的巴特沃思多项式，具体见表 8-1。

表 8-1 归一化频率的各阶巴特沃思多项式

n	巴特沃思多项式
1	$\bar{s}+1$
2	$\bar{s}^2+\sqrt{2}\,\bar{s}+1$
3	$\bar{s}^3+2\bar{s}^2+2\bar{s}+1$
4	$\bar{s}^4+2.613\bar{s}^3+3.414\bar{s}^2+2.613\bar{s}+1$
5	$\bar{s}^5+3.236\bar{s}^4+5.236\bar{s}^3+5.236\bar{s}^2+3.236\bar{s}+1$
6	$\bar{s}^6+3.864\bar{s}^5+7.464\bar{s}^4+9.142\bar{s}^3+7.464\bar{s}^2+3.864\bar{s}+1$
7	$\bar{s}^7+4.494\bar{s}^6+10.098\bar{s}^5+14.592\bar{s}^4+14.592\bar{s}^3+10.098\bar{s}^2+4.494\bar{s}+1$
8	$\bar{s}^8+5.153\bar{s}^7+13.137\bar{s}^6+21.846\bar{s}^5+25.688\bar{s}^4+21.846\bar{s}^3+13.137\bar{s}^2+5.153\bar{s}+1$

例 8-2 求 3 阶巴特沃思低通滤波器的系统传递函数，设 $\omega_c=1\text{rad/s}$。

解 $n=3$ 为奇数，由式(8-12)，滤波器的幅度平方函数为

$$|H(\omega)|^2=\frac{1}{1+\omega^6}$$

令 $\omega^2=-s^2$，则有

$$H(s)H(-s)=\frac{1}{1-s^6}$$

6 个极点分别为

$$s_{p1}=\omega_c e^{j\frac{2\pi}{3}},\quad s_{p2}=-\omega_c,\quad s_{p3}=-\omega_c e^{j\frac{\pi}{3}},$$

$$s_{p4}=-\omega_c e^{j\frac{2\pi}{3}},\quad s_{p5}=\omega_c,\quad s_{p6}=\omega_c e^{j\frac{\pi}{3}}。$$

滤波器的极点取其中位于 s 左半平面的 3 个，可得三阶巴特沃思滤波器的系统传递函数为

$$H(s)=\frac{\omega_c^3}{(s-\omega_c e^{j\frac{2\pi}{3}})(s+\omega_c)(s+\omega_c e^{j\frac{\pi}{3}})}=\frac{1}{s^3+2s^2+2s+1}$$

例 8-3 若巴特沃思低通滤波器的频域指标为：当 $\omega_1=2\text{rad/s}$ 时，其衰减不大于 3dB；当 $\omega_2=6\text{rad/s}$ 时，其衰减不小于 30dB。求此滤波器的系统传递函数 $H(s)$。

解 令 $\omega_c=\omega_1=\omega_p=2\text{rad/s}$，$\omega_s=\omega_2=6\text{rad/s}$，则其归一化后的频域指标为

$$\bar{\omega}_c=\frac{\omega_p}{\omega_c}=1,\ \alpha_p=3\text{dB},\ \bar{\omega}_s=\frac{\omega_s}{\omega_c}=3,\ \alpha_s=30\text{dB}$$

由式(8-16)可求得该滤波器的阶数为

$$n=\frac{\lg\sqrt{10^{0.1\alpha_s}-1}}{\lg\dfrac{\omega_s}{\omega_c}}=\frac{\lg\sqrt{10^3-1}}{\lg 3}\approx 3.143$$

取 $n=4$，由表 8-1 可查得此滤波器的归一化系统传递函数为

$$H(\bar{s})=\frac{1}{\bar{s}^4+2.613\bar{s}^3+3.414\bar{s}^2+2.613\bar{s}+1}$$

通过反归一化处理，令 $s=\bar{s}\omega_c$，可求出实际滤波器的系统传递函数为

$$\begin{aligned}H(s)&=\frac{1}{\left(\dfrac{s}{\omega_c}\right)^4+2.613\left(\dfrac{s}{\omega_c}\right)^3+3.414\left(\dfrac{s}{\omega_c}\right)^2+2.613\left(\dfrac{s}{\omega_c}\right)+1}\\&=\frac{1}{\left(\dfrac{s}{2}\right)^4+2.613\left(\dfrac{s}{2}\right)^3+3.414\left(\dfrac{s}{2}\right)^2+2.613\left(\dfrac{s}{2}\right)+1}\\&=\frac{16}{s^4+5.226s^3+13.656s^2+20.904s+16}\end{aligned}$$

三、切比雪夫(Chebyshev)低通滤波器

切比雪夫滤波器由切比雪夫多项式的正交函数推导而来，它采用了在通带内等波动、在通带外衰减函数单调递增的准则去逼近理想滤波器特性，从而保证通带内误差均匀分布，是全极点型滤波器中过渡带最窄的滤波器。图 8-9 给出了三阶巴特沃思低通滤波器和同阶数切比雪夫低通滤波器的幅频特性。图中可以看出，切比雪夫低通滤波器比同阶数的巴特沃思低通滤波器具有更陡峭的过渡带和更优的阻带衰减特性。

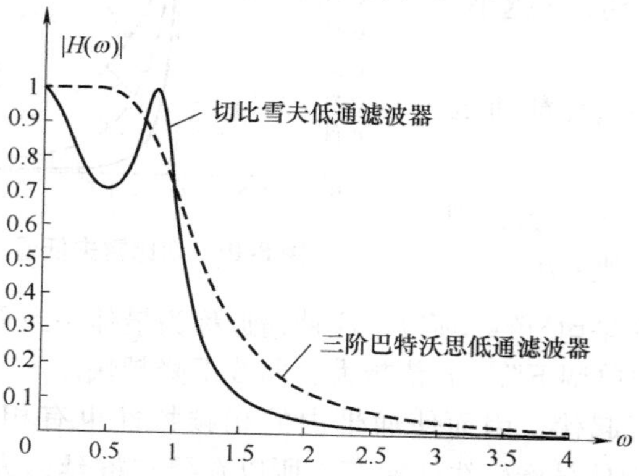

图 8-9 三阶巴特沃思低通滤波器和同阶数切比雪夫低通滤波器幅频特性

上述幅频特性在通带内等波动，在阻带内单调下降的切比雪夫滤波器称为切比雪夫Ⅰ型滤波器；还可以有切比雪夫Ⅱ型滤波器，其幅频特性在通带内单调变化，在阻带内等波动。下面以切比雪夫Ⅰ型低通滤波器为例，介绍切比雪夫滤波器的具体设计方法。

（一）切比雪夫低通滤波器的幅频特性

切比雪夫低通滤波器的幅度平方函数为

$$|H(\omega)|^2=\frac{1}{1+\varepsilon^2 T_n^2\left(\frac{\omega}{\omega_c}\right)} \tag{8-21}$$

式中，ε 为决定通带内起伏大小的波动系数，为小于 1 的正数；ω_c 为通带截止频率；$T_n(x)$ 为 n 阶切比雪夫多项式，定义为

$$T_n(x)=\begin{cases}\cos(n\cdot\cos^{-1}(x)) & |x|\leqslant 1\\ \cosh(n\cdot\cosh^{-1}(x)) & |x|>1\end{cases} \tag{8-22}$$

表 8-2 给出了不同阶数 n 的切比雪夫多项式 $T_n(x)$。可以证明，切比雪夫多项式满足下列递推公式：

$$T_{n+1}(x)=2xT_n(x)-T_{n-1}(x)\quad n=1,\ 2,\ \cdots \tag{8-23}$$

表 8-2　切比雪夫多项式

n	$T_n(x)$	n	$T_n(x)$
0	1	4	$8x^4-8x^2+1$
1	x	5	$16x^5-20x^3+5x$
2	$2x^2-1$	6	$32x^6-48x^4+18x^2-1$
3	$4x^3-3x$	7	$64x^7-112x^5+56x^3-7x$

图 8-10 和图 8-11 给出了阶数 n 分别取 2、3 和 5 时切比雪夫低通滤波器的幅频和相频特性曲线。其中幅频特性 $|H(\omega)|$ 具有以下特点：

1）当 $0\leqslant\omega\leqslant\omega_c$ 时，$|H(\omega)|$ 在 1 与 $1/\sqrt{1+\varepsilon^2}$ 之间做等幅波动，ε 越小，波动幅度越小。

2）所有曲线在 $\omega=\omega_c$ 时都通过 $1/\sqrt{1+\varepsilon^2}$ 点。

3）当 $\omega=0$ 时，若 n 为奇数，则 $|H(\omega)|=1$；若 n 为偶数，则 $|H(\omega)|=1/\sqrt{1+\varepsilon^2}$；通带内误差分布是均匀的，所以，这种逼近称为最佳一致逼近。

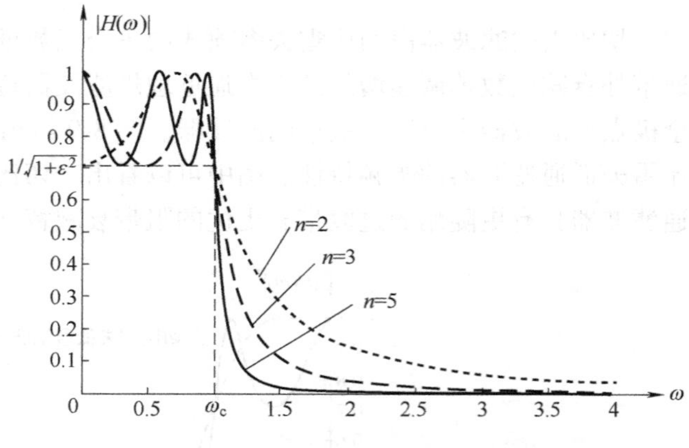

图 8-10　切比雪夫低通滤波器幅频特性曲线

4）当 $\omega>\omega_c$ 时，曲线单调下降，n 值越大，曲线下降越快。

由于滤波器通带内有起伏，因而使通带内的相频特性也有相应的起伏波动，即相位 $\varphi(\omega)$ 是非线性的，这会使信号产生线性畸变，所以在要求群延迟为常数时不宜采用这种滤波器。

Ⅰ型切比雪夫滤波器有 3 个参数需要确定：波动系数 ε、通带截止频率 ω_c 和阶数 n。通带截止频率 ω_c 一般根据实际要求给定。

ε 表示通带内最大损耗，由容许的通带最大衰减 α_{max} 确定。与巴特沃思滤波器的衰减函数有所不同，切比雪夫滤波器的衰减函数不仅与阶数 n 有关，还与波动系数 ε 有关，它的衰减函数表示为

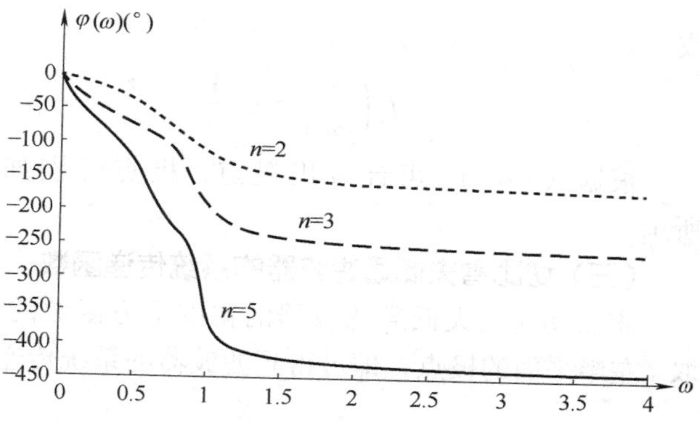

图 8-11 切比雪夫低通滤波器相频特性曲线

$$\alpha=-20\lg|H(\omega)|=10\lg\left(1+\varepsilon^2T_n^2\left(\frac{\omega}{\omega_c}\right)\right) \tag{8-24}$$

通带最大衰减 α_{max}（又称为通带波纹）定义为

$$\alpha_{max}=\alpha_p=\alpha|_{\omega=\omega_c}=10\lg[1+\varepsilon^2T_n^2(1)]=10\lg(1+\varepsilon^2) \tag{8-25}$$

式中，由上面讨论有 $T_n^2(1)=1$；所以，波动系数 ε 为

$$\varepsilon=\sqrt{10^{\frac{\alpha_{max}}{10}}-1} \tag{8-26}$$

滤波器阶数 n 为通带内等幅波动的次数，即等于通带内最大值和最小值的总数。n 为奇数时，$\omega=0$ 处为最大值；n 为偶数时，$\omega=0$ 处为最小值。

由滤波器的通带截止频率 ω_c 及通带内允许的最大衰减 α_{max} 和阻带截止频率 ω_s 及阻带内允许的最小衰减 α_{min}，可以确定滤波器所需的阶数 n。

阻带内（即 $\omega\geqslant\omega_s>\omega_c$）允许的最小衰减 α_{min} 为

$$\alpha_{min}=\alpha_s=10\lg\left(1+\varepsilon^2T_n^2\left(\frac{\omega_s}{\omega_c}\right)\right)=10\lg\left(1+\varepsilon^2\cosh^2\left(n\cdot\cosh^{-1}\left(\frac{\omega_s}{\omega_c}\right)\right)\right) \tag{8-27}$$

求解式(8-30)和式(8-32)，可得滤波器的阶数为

$$n\geqslant\frac{\cosh^{-1}\left[\sqrt{(10^{0.1\alpha_{min}}-1)/(10^{0.1\alpha_{max}}-1)}\right]}{\cosh^{-1}\left(\frac{\omega_s}{\omega_c}\right)} \tag{8-28}$$

式(8-28)中 n 应取整数。若取归一化频率 $\omega_c=1$，则

$$n\geqslant\frac{\cosh^{-1}\left[\sqrt{(10^{0.1\alpha_{min}}-1)/(10^{0.1\alpha_{max}}-1)}\right]}{\cosh^{-1}(\omega_s)} \tag{8-29}$$

（二）切比雪夫低通滤波器的极点分布

同样，将 $|H(\omega)|^2=H(s)H(-s)|_{s=j\omega}$ 代入切比雪夫低通滤波器的幅度平方函数，有

$$H(s)H(-s)=\frac{1}{1+\varepsilon^2T_n^2\left(\frac{s}{j\omega_c}\right)} \tag{8-30}$$

为求切比雪夫低通滤波器幅度平方函数的极点分布，需求解方程

$$1+\varepsilon^2T_n^2\left(\frac{s}{j\omega_c}\right)=0 \tag{8-31}$$

或

$$T_n\left(\frac{s}{j\omega_c}\right)=\pm j\frac{1}{\varepsilon} \tag{8-32}$$

根据式(8-31)可计算出极点，极点分别如图 8-12 所示。

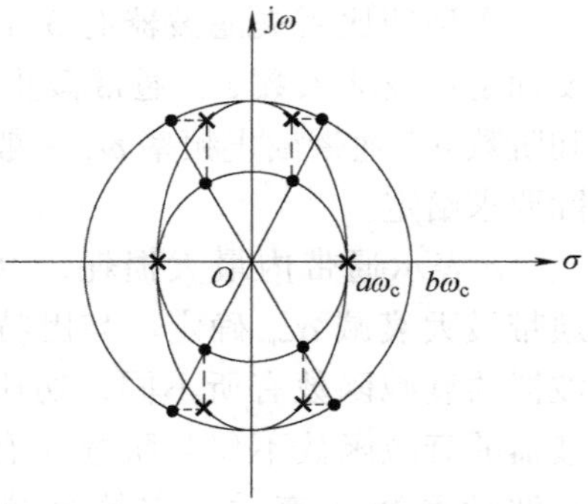

图 8-12　切比雪夫低通滤波器的极点分布($n=3$)

(三) 切比雪夫低通滤波器的系统传递函数

求出切比雪夫低通滤波器的幅度平方函数的极点后，取 s 左半平面的极点，即可得到滤波器的系统传递函数为

$$H(s)=\frac{K}{(s-s_{p1})(s-s_{p2})\cdots(s-s_{pn})} \tag{8-33}$$

式中，增益常数 K 可通过系统的低频特性求出。

对于切比雪夫低通滤波器的系统传递函数式(8-33)，如果已知阶数 n 和 ε，可以利用计算机求出其分母多项式。表 8-3 给出了不同阶数的切比雪夫低通滤波器归一化系统传递函数 $H(\bar{s})$ 的分母多项式 $D(\bar{s})$（$D(s)=D(\bar{s})=\bar{s}^n+b_{n-1}\bar{s}^{n-1}+\cdots+b_1\bar{s}+b_0$）的各系数。

表 8-3　切比雪夫低通滤波器归一化系统传递函数 $H(\bar{s})$ 的分母多项式 $D(\bar{s})$

(1) 通带波纹 0.5dB($\varepsilon=0.34931$，$\varepsilon^2=0.12202$)

n	b_0	b_1	b_2	b_3	b_4	b_5	b_6	b_7
1	2.86278							
2	1.51620	1.42562						
3	0.71569	1.53490	1.25291					
4	0.37905	1.02546	1.71687	1.19739				
5	0.17892	0.75252	1.30957	1.93737	1.17249			
6	0.09476	0.43237	1.17186	1.58976	2.17184	1.15918		
7	0.04473	0.28207	0.75565	1.64790	1.86941	2.41265	1.15122	
8	0.02369	0.15254	0.57356	1.14859	2.18402	2.14922	2.65675	1.14608

(2) 通带波纹 1dB($\varepsilon=0.50885$，$\varepsilon^2=0.25893$)

n	b_0	b_1	b_2	b_3	b_4	b_5	b_6	b_7
1	1.96523							
2	1.10251	1.09773						
3	0.49131	1.23841	0.98834					
4	0.27563	0.74262	1.45392	0.95281				
5	0.12283	0.58053	0.97440	1.68882	0.93682			
6	0.06891	0.30708	0.93935	1.20214	1.93082	0.92825		
7	0.03071	0.21367	0.54862	1.35754	1.42879	2.17608	0.92312	
8	0.01723	0.10734	0.44783	0.84682	1.83690	1.65516	2.42303	0.91981

例 8-4 试求二阶切比雪夫低通滤波器的系统传递函数，已知通带波纹为 1dB，截止频率 $\omega_c = 1\text{rad/s}$。

解 由于 $\alpha_{max} = 1\text{dB}$，由式(8-26)有

$$\varepsilon^2 = 10^{\frac{\alpha_{max}}{10}} - 1 = 0.25892541$$

因为 $\omega_c = 1\text{rad/s}$，查切比雪夫多项式表 8-2，有

$$T_2(\omega) = 2\omega^2 - 1$$

则

$$T_2^2(\omega) = 4\omega^4 - 4\omega^2 + 1$$

因此，切比雪夫滤波器的幅度平方函数为

$$|H(\omega)|^2 = \frac{1}{1.0357016\omega^4 - 1.0357016\omega^2 + 1.25892541}$$

令 $s^2 = -\omega^2$，可得

$$H(s)H(-s) = \frac{1}{1.0357016s^4 + 1.0357016s^2 + 1.25892541}$$

从分母多项式的根得出幅度平方函数的极点为

$$s_{p1} = 1.0500049e^{j58.48°}$$
$$s_{p2} = 1.0500049e^{j121.52°}$$
$$s_{p3} = 1.0500049e^{-j121.52°}$$
$$s_{p4} = 1.0500049e^{-j58.48°}$$

系统传递函数 $H(s)$ 的极点由幅度平方函数的左半平面极点(s_2，s_3)决定，由于 n 为偶数，有

$$H(0) = \frac{1}{\sqrt{1+\varepsilon^2}}$$

故可得

$$K = \frac{s_{p1}s_{p2}\cdots s_{pn}}{\sqrt{1+\varepsilon^2}} = 0.9826133$$

最后可得滤波器的系统传递函数为

$$H(s) = \frac{0.9826133}{s^2 + 1.0977343s + 1.1025103}$$

例 8-5 设计一个满足下列技术指标的归一化切比雪夫低通滤波器：通带最大衰减α_{max} = 1dB，当 $\omega_s \geqslant 4\text{rad/s}$ 时，阻带衰减 $\alpha_s \geqslant 40\text{dB}$。

解 根据式(8-26)可求得该滤波器的波动系数为

$$\varepsilon = \sqrt{10^{\frac{\alpha_{max}}{10}} - 1} = \sqrt{10^{\frac{1}{10}} - 1} = 0.5088$$

因此，由式(8-29)，切比雪夫低通滤波器的阶数为

$$n = \frac{\cosh^{-1}\left[\sqrt{(10^{0.1\alpha_{min}} - 1)/(10^{0.1\alpha_{max}} - 1)}\right]}{\cosh^{-1}(\omega_s)} = \frac{\cosh^{-1}(10^2/0.5088)}{\cosh^{-1}(4)} = 2.86$$

取 $n = 3$，则可求得三阶切比雪夫低通滤波器的极点为

$$s_{p1} = -0.2471 + j0.9660;\quad s_{p2} = -0.4942;\quad s_{p3} = s_{p1}^* = -0.2471 - j0.9660$$

故得三阶归一化切比雪夫 I 型低通滤波器的系统传递函数为

$$H(s)=\frac{-s_1s_2s_3}{(s-s_1)(s-s_2)(s-s_3)}=\frac{0.4913}{(s+0.4942)[(s+0.2471)^2+0.9660^2]}$$

$$=\frac{0.4913}{s^3+0.9883s^2+1.2384s+0.4913}$$

四、频率变换

前面讨论并解决了模拟低通滤波器的设计问题。在实际工程应用中，还需要设计出高通、低通、带通和带阻滤波器，这时我们可以通过一定的独立变量变换或者频率变换的方法，将低通滤波器转换为我们需要的这几种滤波形式。

（一）低通到高通变换

归一化低通滤波器到归一化高通滤波器的频率变换一般可表示为

$$s_L=\frac{1}{s_H} \tag{8-34}$$

该变换关系可以将 s_L 平面上的低通特性变换为 s_H 平面上的高通特性。其归一化频率之间的关系为

$$\omega_L=\frac{1}{\omega_H} \tag{8-35}$$

式中，ω_L、ω_H 分别为低通滤波器和高通滤波器的频率变量。

因此，当 ω_L 从 0→1 时，ω_H 则取值从∞→1；当 ω_L 从 1→∞ 时，ω_H 则取值从 1→0。这时滤波器低通的通带变换到高通的通带，而低通的阻带变换到高通的阻带。该设计方法只对频率进行变换而对滤波器衰减无影响，所以当低通特性变换为其他特性时，其衰减幅度与波动值均保持不变，仅仅是相应的频率位置发生了变换。

当给定高通滤波器的技术指标 ω_{Hp}、α_p、ω_{Hs}、α_s 时，可按照如下步骤进行设计：

1）对高通滤波器技术指标进行频率归一化处理。通常对巴特沃思滤波器以其衰减 3dB 频率为频率归一化因子；对切比雪夫滤波器以其等波动通带截止频率为归一化因子。

2）将高通滤波器的技术指标变换成低通滤波器的技术指标。

3）根据转换出的低通滤波器的技术指标，按照前面介绍的低通滤波器设计方法设计满足技术指标的低通滤波器。

4）对设计出的归一化低通滤波器的系统传递函数进行变换，得到归一化高通滤波器的系统传递函数。

5）将设计的归一化高通滤波器进行反归一化处理，得到实际的高通滤波器。

例 8-6 设计一个巴特沃思高通滤波器，要求：当 $f_p=4\text{kHz}$ 时，$\alpha_p\leqslant 3\text{dB}$；当 $f_s=2\text{kHz}$ 时，$\alpha_s\geqslant 15\text{dB}$。

解 对高通滤波器进行频率归一化，以 f_p 为归一化因子，有

$$\overline{\omega}_{Hp}=1 \quad （对应 f_p=4\text{kHz}）$$

$$\overline{\omega}_{Hs}=\frac{\omega_{Hs}}{\omega_{Hp}}=0.5 \quad （对应 f_s=2\text{kHz}）$$

根据式(8-35)，得到相应低通滤波器的归一化截止频率为

$$\overline{\omega}_{Lp}=\frac{1}{\overline{\omega}_{Hp}}=1$$

$$\overline{\omega}_{Ls}=\frac{1}{\overline{\omega}_{Hs}}=2$$

低通滤波器的技术指标为 $\overline{\omega}_{Lp}=1$，$\alpha_p\leqslant 3\text{dB}$；$\overline{\omega}_{Ls}=2$，$\alpha_s\geqslant 15\text{dB}$。根据式(8-17)，则得到归一化的巴特沃思低通滤波器的阶数为

$$n\geqslant\frac{\lg\sqrt{10^{0.1\alpha_s}-1}}{\lg\overline{\omega}_{Ls}}=\frac{\lg\sqrt{10^{0.1\times15}-1}}{\lg 2}=2.4683$$

取 $n=3$，查表 8-1，设计出三阶归一化低通滤波器的系统传递函数为

$$H_L(\overline{s})=\frac{1}{\overline{s}^3+2\overline{s}^2+2\overline{s}+1}$$

由式(8-34)可得归一化高通滤波器的系统传递函数为

$$H_H(\overline{s})=\frac{\overline{s}^3}{\overline{s}^3+2\overline{s}^2+2\overline{s}+1}$$

将 $\overline{s}=\dfrac{s}{\omega_c}$代入上式进行反归一化处理，得到实际的巴特沃思高通滤波器为

$$H_H(s)=\frac{s^3}{s^3+2\omega_c s^2+2\omega_c^2 s+\omega_c^3}$$

式中，截止频率为 $\omega_c=2\pi f_p=8\pi\times10^3\text{rad/s}$。

（二）低通滤波器转换成带通滤波器

从归一化低通滤波器到原型带通滤波器的频率变换比较复杂，最常用的公式为

$$\overline{s}_L=\frac{s_B^2+\omega_0^2}{Bs_B} \tag{8-36}$$

将 $s=j\omega$ 代入式(8-36)，有

$$\overline{\omega}_L=\frac{\omega_B^2-\omega_0^2}{B\omega_B} \tag{8-37}$$

式中，$\overline{\omega}_L$ 为低通滤波器的归一化频率变量；ω_B 为带通滤波器的频率变量；ω_0、B 分别为带通滤波器的通带中心频率和通带宽度，即

$$\omega_0=\sqrt{\omega_{p1}\omega_{p2}} \tag{8-38}$$

$$B=\omega_{p2}-\omega_{p1} \tag{8-39}$$

式中，ω_{p2}、ω_{p1}分别为带通滤波器的通带上边界和下边界截止频率。

由式(8-37)可以得到

$$\omega_B^2-\overline{\omega}_L B\omega_B-\omega_0^2=0 \tag{8-40}$$

解得

$$\omega_B=\frac{\overline{\omega}_L B}{2}\pm\frac{\sqrt{\overline{\omega}_L^2B^2+4\omega_0^2}}{2} \tag{8-41}$$

可见，低通滤波器中的一个频率 $\overline{\omega}_L$ 对应于带通滤波器中的两个频率 ω_{B1}、ω_{B2}。

当 $\overline{\omega}_L$ 从 0→1 时，则 ω_B 从

$$\omega_0 \to \begin{cases} \dfrac{B}{2}+\dfrac{\sqrt{B^2+4\omega_0^2}}{2}=\omega_{p2} \\ \dfrac{B}{2}-\dfrac{\sqrt{B^2+4\omega_0^2}}{2}=-\omega_{p1} \end{cases}$$

当 $\overline{\omega}_L$ 为 $1\to\infty$ 时，则 $\omega_B=\begin{cases}\omega_{p2}\to\infty \\ -\omega_{p1}\to 0\end{cases}$

以上分析说明，低通滤波器的原点通过频率变换变成带通滤波器的中心频率 ω_0，它们之间的通带、阻带有着对应关系。

例 8-7 设计一个切比雪夫带通滤波器，其衰耗特性如图 8-13 所示，需满足的技术指标如下：

1）通带中心频率 $\omega_0=10^6\text{rad/s}$；

2）3dB 带宽 $B=10^5\text{rad/s}$；

3）在通带 $0.95\times10^6\text{rad/s}\leqslant\omega\leqslant1.05\times10^6\text{rad/s}$，最大衰耗 $\alpha_{max}\leqslant1\text{dB}$；

4）在阻带 $\omega\geqslant1250\times10^6\text{rad/s}$，最小衰耗 $\alpha_{min}\geqslant40\text{dB}$。

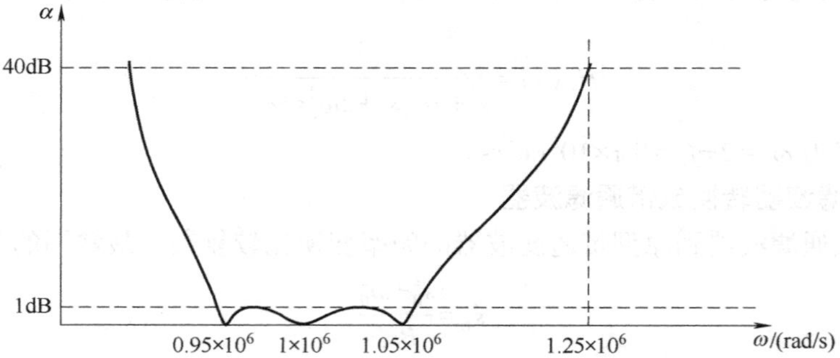

图 8-13 例 8-7 中根据给定的技术指标绘出的衰耗特性曲线

解 将给定的带通滤波器的技术指标转换为归一化低通滤波器的技术指标。由式(8-37)求得归一化低通滤波器的通带边界频率为

$$\overline{\omega}_L=\frac{\omega_{p2}^2-\omega_0^2}{B\omega_{p2}}=\frac{(1.05\times10^6)^2-(10^6)^2}{10^5\times1.05\times10^6}=0.976\approx1=\omega_c$$

这里取 $\omega_B=\omega_{p2}=1.05\times10^6\text{rad/s}$，是因为带通滤波器从中心频率 ω_0 到通带上边界截止频率 ω_{p2}，变换到低通归一化频率从 $0\to1$ 的缘故，因此，带通滤波器的通带上边界截止频率 ω_{p2}应转换为低通滤波器的通带截止频率 ω_c。

归一化低通阻带边界频率为

$$\omega_s=\frac{\omega_{p1}^2-\omega_0^2}{B\omega_{p1}}=\frac{(1.25\times10^6)^2-(10^6)^2}{10^5\times1.25\times10^6}=4.5$$

由式(8-26)可得切比雪夫低通滤波器的波动系数为

$$\varepsilon=\sqrt{10^{0.1\alpha_{max}}-1}=\sqrt{10^{0.1}-1}=0.5088$$

因此，由式(8-28)切比雪夫低通滤波器的阶数为

$$n=\frac{\cosh^{-1}\left[\sqrt{(10^{0.1\alpha_{min}}-1)/(10^{0.1\alpha_{max}}-1)}\right]}{\cosh^{-1}\left(\frac{\omega_s}{\omega_c}\right)}=\frac{6}{2.2}=2.72$$

取滤波器的阶数 $n=3$。根据切比雪夫低通滤波器的设计方法，得归一化三阶切比雪夫低通滤波器为

$$H_L(\bar{s})=\frac{0.494}{\bar{s}^3+0.9889\bar{s}^2+1.2384\bar{s}+0.4913}$$

将带通变换式(8-36)代入上式，求得六阶切比雪夫带通滤波器的系统传递函数为

$$H_B(s)=\frac{4.94\times10^{14}s^3}{s^6+9.889\times10^{14}s^5+3.012\times10^{12}s^4+1.982\times10^{17}s^3+3.012\times10^{24}s^2+9.889\times10^{28}s+10^{36}}$$

（三）低通滤波器到带阻滤波器

带阻滤波器和带通滤波器特性之间的关系，正如高通与低通滤波器之间的关系一样，只要将带通变换的关系式(8-36)颠倒一下，即可得到归一化低通滤波器变换到带阻滤波器的变换关系式

$$\bar{s}_L=\frac{Bs_R}{s_R^2+\omega_0^2} \tag{8-42}$$

式中，$\bar{s}_L$ 和 s_R 分别为归一化低通滤波器和带阻滤波器系统传递函数的复频率变量；ω_0 和 B 分别为带阻滤波器的阻带中心频率和阻带宽度。

有关带阻变换的具体设计方法和带通变换相似，有兴趣的读者可以自行推导或参阅相关文献。

五、无源滤波器

如果一个滤波器完全由无源电路元件（电感、电容、电阻）组成，则该滤波器就是无源滤波器。高频信号的无源滤波器的设计关键元件是电抗元件（电感、电容），电阻元件作为电源电阻或者负载而引入。滤波器的阶数 K 通常由电抗元件的个数决定。

图 8-14a 是一个一阶巴特沃思低通滤波器，其 3dB 截止频率为 $\omega_c=1$。滤波器由一个理想电流源驱动，电阻 1Ω 代表负载电阻，电容 1F 则表示滤波器的唯一电抗元件。

图 8-14b 是一个三阶巴特沃思低通滤波器，其 3dB 截止频率 $\omega_c=1$。与图 8-14a 相似，该滤波器由电流源驱动，1Ω 为负载。滤波器由 3 个电抗元件构成：两个分路电容和一个串联电感。

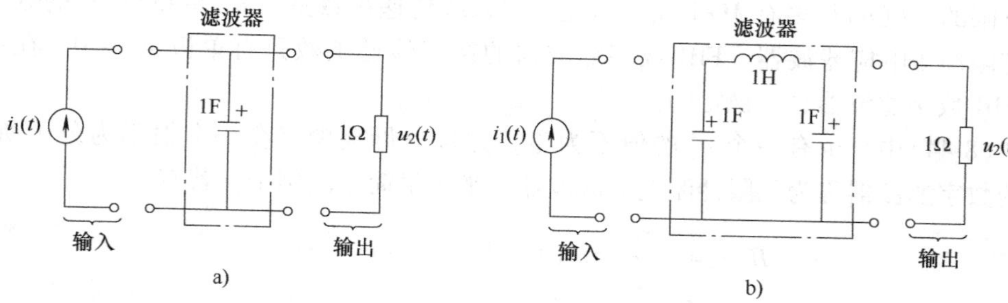

图 8-14 由理想电流源驱动的低通巴特沃思滤波器

a）阶数 $K=1$　b）阶数 $K=3$

读者可以证明图 8-14b 所示电路的传递函数就是例 8-2 中三阶巴特沃思滤波器的系统传递函数。

第三节 数字滤波器的设计

一、概述

数字滤波器是具有一定传输特性的数字信号处理装置，其输入和输出都是数字信号，它借助于数字器件和一定的数值计算方法，对输入信号的波形或频谱进行加工、处理。

数字滤波器具有精度高、可靠性好、灵活性高、便于大规模集成等优点。数字滤波器可工作于极低频率，也可比较容易地实现模拟滤波器难以实现的一些特性，如线性相位等。

数字滤波器的种类很多，若按照频率响应的通带特性，可分为低通、高通、带通和带阻滤波器；若根据其冲激响应的时间特性，可分为无限冲激响应(infinite impulse response, IIR)数字滤波器和有限冲激响应(finite impulse response, FIR)数字滤波器；若根据数字滤波器的构成方式，可分为递归型数字滤波器、非递归型数字滤波器以及用快速傅里叶变换实现的数字滤波器。

设输入序列为 $x(n)$，输出序列为 $y(n)$，则数字滤波器可用线性时不变离散系统表示为

$$y(n)+\sum_{k=1}^{N}a_k y(n-k)=\sum_{k=0}^{M}b_k x(n-k) \tag{8-43}$$

对式(8-43)两边进行 Z 变换可得到数字滤波器的系统传递函数

$$H(z)=\frac{Y(z)}{X(z)}=\frac{b_0+b_1z^{-1}+b_2z^{-2}+\cdots+b_Mz^{-M}}{1+a_1z^{-1}+a_2z^{-2}+\cdots+a_Nz^{-N}}=\frac{\sum\limits_{i=0}^{M}b_iz^{-i}}{1+\sum\limits_{i=1}^{N}a_iz^{-i}} \tag{8-44}$$

若 $a_i=0$，则有

$$H(z)=\sum_{i=0}^{M}b_iz^{-i} \tag{8-45}$$

即

$$h(n)=b_0\delta(n)+b_1\delta(n-1)+\cdots+b_M\delta(n-M) \tag{8-46}$$

可见，这时数字滤波器的系统传递函数是 z^{-1} 的多项式，其相应的单位脉冲响应的时间长度是有限的，$h(n)$ 最多有 $M+1$ 项。因此，把系统传递函数具有式(8-45)形式的数字滤波器称为有限冲激响应滤波器。FIR 数字滤波器的系统传递函数只有单极点 $z=0$，在单位圆内，故 FIR 数字滤波器总是稳定的。

若式(8-44)中至少有一个 a_i 的值不为零，并且分母至少存在一个根不为分子所抵消，则对应的数字滤波器称为无限冲激响应滤波器。举个最简单的例子，若有

$$H(z)=\frac{b_0}{1-z^{-1}}=b_0(1+z^{-1}+z^{-2}+\cdots)\quad |z|>1 \tag{8-47}$$

所以

$$h(n)=b_0[\delta(n)+\delta(n-1)+\cdots]=b_0u(n) \tag{8-48}$$

说明该数字滤波器的单位脉冲响应有无限多项，时间长度持续到无限长。所以它是无限冲激响应(IIR)滤波器。

下面分别讨论 IIR 滤波器与 FIR 滤波器的一般设计方法。

二、无限冲激响应(IIR)数字滤波器的设计方法

无限冲激响应(IIR)数字滤波器的设计任务就是用式(8-47)所示有理函数逼近给定的滤波器幅频特性$|H(\Omega)|$。设计方法有两种：直接法和间接法。直接法是一种计算机辅助设计方法，这里不做详细的讨论。间接设计法的原理是借助模拟滤波器的系统传递函数$H(s)$求出相应的数字滤波器的系统传递函数$H(z)$。具体来讲，就是根据给定技术指标的要求，先确定一个满足该技术指标的模拟滤波器$H(s)$，再寻找一种变换关系把s平面映射到z平面，使$H(s)$变换成所需的数字滤波器的系统传递函数$H(z)$。为了使数字滤波器保持模拟滤波器的特性，这种由复变量s到复变量z之间的映射关系必须满足两个基本条件：

1）s平面的虚轴$\mathrm{j}\omega$必须映射到z平面的单位圆上。

2）为了保持滤波器的稳定性，必须要求s左半平面映射到z平面的单位圆内部。

IIR 数字滤波器设计的间接法也有多种具体方法，如冲激响应不变法、阶跃响应不变法、双线性变换法及微分映射法等，其中最常用的是冲激响应不变法和双线性变换法。

(一) 冲激响应不变法

冲激响应不变法遵循的准则是，使数字滤波器的单位脉冲响应等于所参照的模拟滤波器的单位冲激响应的采样值，即

$$h(n)=h(t)\big|_{t=nT} \tag{8-49}$$

具体地说，冲激响应不变法是根据滤波器的技术指标确定出模拟滤波器$H(s)$，经过拉普拉斯反变换求出单位冲激响应$h(t)$，再由单位冲激响应不变的原则，经采样得到$h(n)$，进行$h(n)$的Z变换，最后得出数字滤波器$H(z)$。

设模拟滤波器的系统传递函数具有N个单极点

$$H(s)=\sum_{i=1}^{N}\frac{K_i}{s-p_i} \tag{8-50}$$

式中

$$K_i=(s-p_i)H(s)\big|_{s=p_i} \tag{8-51}$$

对式(8-50)取拉普拉斯反变换

$$h(t)=\sum_{i=1}^{N}K_i\mathrm{e}^{p_it}u(t) \tag{8-52}$$

对$h(t)$进行采样，有

$$h(n)=h(t)\big|_{t=nT}=\sum_{i=1}^{N}K_i\mathrm{e}^{p_inT}u(n) \tag{8-53}$$

因此，相应得数字滤波器的系统传递函数为

$$H(z)=\sum_{n=0}^{\infty}\left(\sum_{i=1}^{N}K_i\mathrm{e}^{p_inT}\right)z^{-n}=\sum_{i=1}^{N}\frac{K_i}{1-\mathrm{e}^{p_iT}z^{-1}} \tag{8-54}$$

s左半平面映射到z平面的单位圆内部，s右半平面映射到z平面的单位圆外部，s平面

的虚轴($s=\mathrm{j}\omega$)对应于 z 平面的单位圆。但是这种映射不是单值的，所有 s 平面的 $s=\sigma+\mathrm{j}k\dfrac{2\pi}{T}$(其中 k 为整数)的点都映射到 z 平面的 $z=\mathrm{e}^{\sigma T}$ 上，因此，可以将 s 平面沿着 $\mathrm{j}\omega$ 轴分割成一条条宽度为$\dfrac{2\pi}{T}$的横带，每条横带都按照前面分析的关系重叠映射成 z 平面。图 8-15 给出了 $\sigma<0$ 时，s 平面各条横带重叠映射为 z 平面单位圆内的情况。

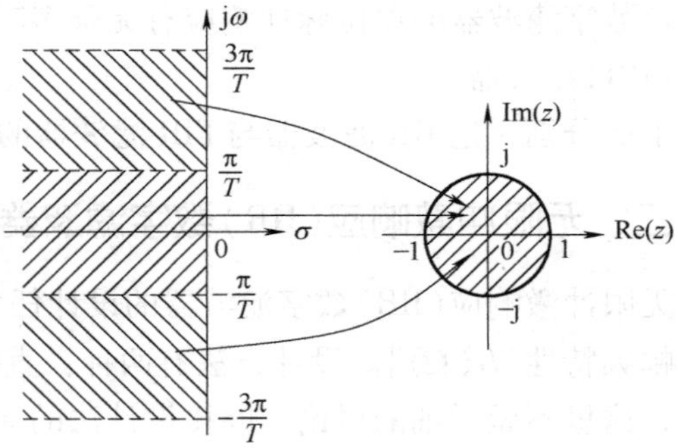

图 8-15　冲激响应不变法 s 平面与 z 平面的映射关系

采用冲激响应不变法设计 IIR 数字滤波器时具有如下特点：

1）模拟滤波器和数字滤波器之间的频率变换是线性关系，即 $\Omega=T\omega$。因此，如果模拟滤波器是线性相位的，则通过变换后得到的数字滤波器也是线性相位的。

2）具有较好的时域逼近特性。采用冲激响应不变法设计的 IIR 数字滤波器的单位脉冲响应可以很好地逼近模拟滤波器的冲激响应，这是很有实际意义的。

3）s 平面与 z 平面间映射的多值性容易造成频谱混叠现象。这也是冲激响应不变法的应用受到限制的原因。冲激响应不变法不适宜用于设计高通和带阻数字滤波器，即使对于低通和带通滤波器，由于其频率特性不可能是严格带限的，或者采样频率不可能很高而不满足采样定理，混叠效应在所难免。只有在采样频率相当高，且给定技术指标具有锐减特性时，所设计的数字滤波器才能保持良好的频率响应特性。

例 8-8　设模拟滤波器的系统传递函数为

$$H(s)=\frac{2s}{s^2+3s+2}$$

用冲激响应不变法求相应的数字滤波器的系统传递函数 $H(z)$。

解　对模拟滤波器的系统传递函数进行因式分解，得

$$H(s)=\frac{2s}{s^2+3s+2}=\frac{2s}{(s+1)(s+2)}=\frac{K_1}{s+1}+\frac{K_2}{s+2}$$

$$K_1=\left.\frac{2s}{s+2}\right|_{s=-1}=-2$$

$$K_2=\left.\frac{2s}{s+1}\right|_{s=-2}=4$$

因此

$$H(s)=\frac{-2}{s+1}+\frac{4}{s+2}$$

将 $H(s)$ 由 s 平面映射到 z 平面，即用$\dfrac{1}{1-\mathrm{e}^{p_iT}z^{-1}}$代替$\dfrac{1}{s-p_i}$，可得相应数字滤波器的系统传递函数 $H(z)$ 为

$$H(z)=\frac{-2}{1-\mathrm{e}^{-T}z^{-1}}+\frac{4}{1-\mathrm{e}^{-2T}z^{-1}}=\frac{2+(2\mathrm{e}^{-2T}-4\mathrm{e}^{-T})z^{-1}}{1-(\mathrm{e}^{-T}+\mathrm{e}^{-2T})z^{-1}+\mathrm{e}^{-3T}z^{-2}}$$

例 8-9 给定通带内具有 3dB 起伏($\varepsilon=0.9976$)的二阶切比雪夫低通模拟滤波器的系统传递函数为

$$H(s)=\frac{0.5012}{s^2+0.6449s+0.7079}$$

用冲激响应不变法求对应的数字滤波器系统传递函数 $H(z)$。

解 将 $H(s)$ 展开成部分分式形式，即

$$H(s)=\frac{0.3224\mathrm{j}}{s+0.3224+0.7772\mathrm{j}}+\frac{-0.3224\mathrm{j}}{s+0.3224-0.7772\mathrm{j}}$$

对两个分式分别求 Z 变换可得

$$\begin{aligned}H(z)&=\frac{0.3224\mathrm{j}}{1-\mathrm{e}^{-(0.3224+0.7772\mathrm{j})T}z^{-1}}+\frac{-0.3224\mathrm{j}}{1-\mathrm{e}^{-(0.3224-0.7772\mathrm{j})T}z^{-1}}\\&=\frac{2\mathrm{e}^{-0.3224T}\cdot 0.3224\sin(0.7772T)\cdot z^{-1}}{1-2\mathrm{e}^{-0.3224T}\cos(0.7772T)z^{-1}+\mathrm{e}^{-0.6449T}z^{-2}}\end{aligned}$$

由给定的 $H(s)$ 变换到数字滤波器时与采样周期 T 有关，因此，T 取值不同时，对数字滤波器的特性会产生不同的影响。

当 $T=1\mathrm{s}$ 时，有

$$H(z)=\frac{0.3276z^{-1}}{1-1.0328z^{-1}+0.5247z^{-2}}$$

当 $T=0.1\mathrm{s}$ 时，有

$$H(z)=\frac{0.0485z^{-1}}{1-1.9307z^{-1}+0.9375z^{-2}}$$

例 8-10 利用冲激响应不变法设计一个巴特沃思数字低通滤波器，满足下列技术指标：

1）3dB 带宽的数字截止频率 $\Omega_c=0.2\pi\mathrm{rad}$;

2）阻带大于 30dB 的数字边界频率 $\Omega_s=0.5\pi\mathrm{rad}$;

3）采样周期 $T=10\pi\mu\mathrm{s}$。

解 1）将给定的指标转换为相应的模拟低通滤波器的技术指标。按照 $\Omega=\omega T$，可得

$$\omega_c=0.2\pi\mathrm{rad}/(10\pi\times10^{-6}\mathrm{s})=20\times10^3\mathrm{rad/s}$$

$$\omega_s=0.5\pi\mathrm{rad}/(10\pi\times10^{-6}\mathrm{s})=50\times10^3\mathrm{rad/s}$$

2）设计归一化模拟低通滤波器。根据巴特沃思模拟低通滤波器的设计方法，已知 $\alpha_s=30\mathrm{dB}$，可求出该滤波器的阶数为

$$n=\frac{\lg\sqrt{10^{0.1\alpha_s}-1}}{\lg\left(\dfrac{\omega_s}{\omega_c}\right)}=\lg31.61/\lg(50/20)=3.769$$

取 $n=4$，查表 8-1 可得四阶归一化巴特沃思模拟低通滤波器的系统传递函数为

$$\begin{aligned}H(\bar{s})&=\frac{1}{\bar{s}^4+2.613\bar{s}^3+3.414\bar{s}^2+2.613\bar{s}+1}\\&=-\frac{0.92388\bar{s}+0.70711}{\bar{s}^2+0.76537\bar{s}+1}+\frac{0.92388\bar{s}+1.70711}{\bar{s}^2+1.84776\bar{s}+1}\end{aligned}$$

3）利用频率变换求出满足给定指标的实际模拟低通滤波器。对巴特沃思模拟低通滤波器进行反归一化处理，代入$\bar{s}=\dfrac{s}{\omega_c}$，得出

$$H(s)=-\frac{0.92388\omega_c s+0.70711\omega_c^2}{s^2+0.76537\omega_c s+\omega_c^2}+\frac{0.92388\omega_c s+1.70711\omega_c^2}{s^2+1.84776\omega_c s+\omega_c^2}$$

4）按照冲激响应不变法求满足给定技术指标的数字滤波器。代入$\omega_c=20\times10^3$，求得$H(s)$的Z变换式为

$$H(z)=\frac{10^4(-1.84776+0.88482z^{-1})}{1-1.31495z^{-1}+0.61823z^{-2}}+\frac{10^4(1.84776-0.40981z^{-1})}{1-1.08704z^{-1}+0.31317z^{-2}}$$

即为所求的巴特沃思数字低通滤波器的系统传递函数。

利用冲激响应不变法设计数字滤波器时，需将模拟滤波器的系统传递函数通过部分分式展开成多项有理分式之和的形式，并将$\dfrac{1}{s-p_i}$代之以$\dfrac{1}{1-e^{p_iT}z^{-1}}$。为了减少从拉普拉斯变换到$Z$变换的复杂计算，可直接利用以下变换的对应关系：

$$\frac{1}{s+p_i}\rightarrow\frac{1}{1-e^{-p_iT}z^{-1}}$$

$$\frac{1}{(s+p_i)^m}\rightarrow\frac{(-1)^{m-1}}{(m-1)!}\frac{d^{m-1}}{dp_i^{m-1}}\frac{1}{1-e^{-p_iT}z^{-1}}$$

$$\frac{s+a}{(s+a)^2+b^2}\rightarrow\frac{1-e^{-aT}\cos(bT)z^{-1}}{1-2e^{-aT}\cos(bT)z^{-1}+e^{-2aT}z^{-2}}$$

$$\frac{b}{(s+a)^2+b^2}\rightarrow\frac{e^{-aT}\cos(bT)z^{-1}}{1-2e^{-aT}\cos(bT)z^{-1}+e^{-2aT}z^{-2}}$$

（二）双线性变换法

由于从s平面到z平面的映射关系不是一一对应的，冲激响应不变法容易造成数字滤波器频率响应的混叠。为了消除混叠现象，必须找出一种频率特性有一一对应关系的变换，双线性变换法就是其中的一种。

双线性变换法的基本设计思想是，首先按给定的技术指标设计出一个模拟滤波器，再将模拟滤波器的系统传递函数$H(s)$通过适当的变换，把无限宽的频带，变换成频带受限的系统传递函数$H(\hat{s})$。最后再将$H(\hat{s})$进行Z变换，求得数字滤波器的系统传递函数$H(z)$。由于在数字化以前已经对频带进行了压缩，所以数字化以后的频率响应可以做到无混叠效应。

如图8-16所示，将s平面映射到$\hat{s}$平面存在下列关系式：

$$s=\frac{2}{T}\left(\frac{1-e^{-\hat{s}T}}{1+e^{-\hat{s}T}}\right) \tag{8-55}$$

在式(8-55)中，当$\hat{s}=0$时，$s=0$；当$\hat{s}=\pm j\dfrac{\pi}{T}$时，$s=\pm\infty$。因此，式(8-55)把$s$平面压缩到了$\hat{s}$平面的一条横带上，横带范围为$-j\dfrac{\pi}{T}\sim j\dfrac{\pi}{T}$。

再利用公式

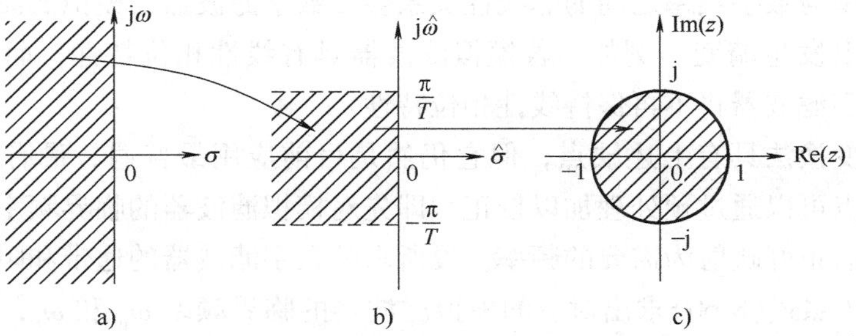

图 8-16　双线性变换的映射

a) s 平面　b) $\hat{s}$ 平面　c) z 平面

$$z=e^{\hat{s}T} \tag{8-56}$$

实现 $\hat{s}$ 平面到 z 平面的映射。由式(8-55)和式(8-56)，有

$$s=\frac{2}{T}\left(\frac{1-z^{-1}}{1+z^{-1}}\right) \tag{8-57}$$

或

$$z=\frac{1+\frac{T}{2}s}{1-\frac{T}{2}s} \tag{8-58}$$

式中，T 为采样周期。

式(8-57)或式(8-58)实现了 s 平面到 z 平面映射的一一对应，把这种变换称为双线性变换。

通过以上分析可知，双线性变换法具有如下特性：

1）双线性变换具有 s 平面到 z 平面的一一对应映射关系。

2）双线性变换将 s 平面的虚轴唯一地映射到 z 平面的单位圆，保证了 $H(z)$ 的频率响应能模仿 $H(s)$ 的频率响应，避免了频率响应混叠现象发生。

3）双线性变换将 s 左半平面全部映射到 z 平面的单位圆内，将 s 右半平面全部映射到 z 平面的单位圆外，保证了 $H(z)$ 和 $H(s)$ 相比，其稳定性不发生变化。

用双线性变换法设计数字滤波器时，如果得到了相应的模拟滤波器的系统传递函数 $H(s)$，则只要将式(8-57)代入 $H(s)$，就可以得到数字滤波器的系统传递函数 $H(z)$，即

$$H(z)=H(s)\Big|_{s=\frac{2}{T}(1-z^{-1})/(1+z^{-1})} \tag{8-59}$$

双线性变换法与冲激响应不变法相比，最主要的优点是避免了频率响应混叠现象，但是，这一优点的获得是以频率的非线性变换为代价的。在冲激响应不变法中，数字频率 Ω 与模拟频率 ω 之间的关系是线性关系，即 $\Omega=\omega T$。在双线性变换法中模拟频率与数字频率之间的关系为非线性关系，即

$$\omega=\frac{2}{T}\tan\frac{\Omega}{2} \tag{8-60}$$

这种模拟频率与数字频率之间的非线性关系会使数字滤波器与模拟滤波器在频率响应与频率的对应关系上发生畸变。例如，若模拟滤波器具有线性相位特性，而通过双线性变换后，所得到的数字滤波器将不再保持线性相位特性。

尽管双线性变换法具有上述缺点，但它仍然是目前应用最普遍、最有效的一种设计方法，而且这个缺点可以通过预处理加以校正。即先对模拟滤波器的临界频率加以畸变，使其通过双线性变换后正好映射为需要的频率。设所求的数字滤波器的通带和阻带的截止频率分别为 Ω_p 和 Ω_s，按照式(8-60)求出对应的模拟滤波器的临界频率 ω_p 和 ω_s，然后模拟滤波器按照这两个预畸变的频率 ω_p 和 ω_s 来设计，这样，用双线性变换法所得到的数字滤波器便具有希望的截止频率特性了。当然，这只能保证一些特定的频率一致，对其他频率还是会存在一定的偏离。对于频率响应起伏较大的系统，如模拟微分器等就不能使用双线性变换实现数字化。另外，如果希望得到具有严格线性相位特性的数字滤波器，那么也不能用双线性变换法进行设计。

例 8-11 用双线性变换法设计一个巴特沃思低通数字滤波器，采样周期 $T=1\text{s}$，巴特沃思低通数字滤波器的技术指标为

1）在通带截止频率 $\Omega_p=0.5\pi$ 时，衰减不大于 3dB；

2）在阻带截止频率 $\Omega_s=0.75\pi$ 时，衰减不小于 15dB。

解 1）将频率进行预畸变处理。则有

$$\omega_c=\omega_p=\frac{2}{T}\tan\frac{\Omega_p}{2}=2\tan\frac{0.5\pi}{2}=2\text{rad/s},\quad \alpha_p=3\text{dB}$$

$$\omega_s=\frac{2}{T}\tan\frac{\Omega_s}{2}=2\tan\frac{0.75\pi}{2}=4.828\text{rad/s},\quad \alpha_s=15\text{dB}$$

2）设计满足技术指标的巴特沃思模拟低通滤波器。其阶数为

$$n=\frac{\lg\sqrt{10^{0.1\alpha_s}-1}}{\lg\left(\dfrac{\omega_s}{\omega_c}\right)}\approx 1.941$$

取 $n=2$，归一化巴特沃思低通模拟滤波器的系统传递函数为

$$H(\bar{s})=\frac{1}{\bar{s}^2+1.414\bar{s}+1}$$

3）反归一化处理。代入 $\bar{s}=\dfrac{s}{\omega_c}$，巴特沃思低通模拟滤波器的实际系统传递函数为

$$H(s)=\frac{\omega_c^2}{s^2+1.414\omega_c s+\omega_c^2}=\frac{4}{s^2+2.828s+4}$$

4）利用双线性变换法求出数字滤波器的传递函数 $H(z)$。

$$H(z)=H(s)\Bigg|_{s=\frac{2}{T}\frac{1-z^{-1}}{1+z^{-1}}}=\frac{1+2z+z^2}{0.586+3.414z^2}$$

上面主要讨论了低通 IIR 数字滤波器的设计方法，对于诸如高通、带通、带阻等其他数字滤波器的设计可按如图 8-17 的方法进行。

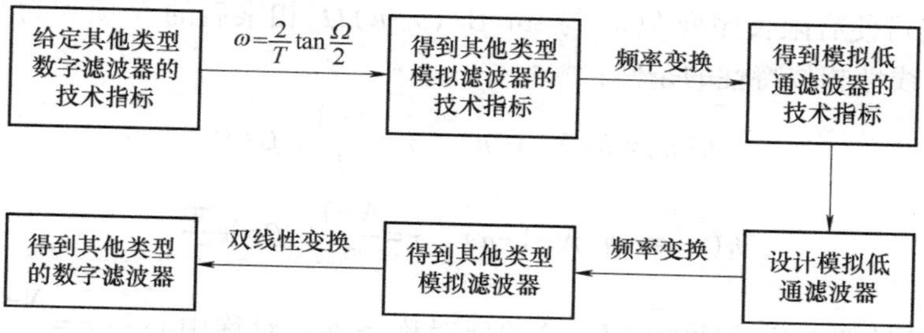

图 8-17　其他类型 IIR 数字滤波器的设计方法

三、有限冲激响应(FIR)数字滤波器

由于 IIR 数字滤波器的设计利用了模拟滤波器设计的成果，所以计算工作量小，设计方便简单，并且能得到较好的幅频特性，特别是采用双线性变换法设计 IIR 数字滤波器时不存在频谱混叠现象。但是，IIR 数字滤波器的系统传递函数是一个具有零点和极点的有理函数，它会存在系统稳定性问题，而且其相频特性在一般情况下都是非线性的。

许多信号处理系统，为了使信号传输时在通带内不产生失真，要求滤波器具有线性相频特性，FIR 数字滤波器则能够很容易获得严格的线性相频特性；其次，由于 FIR 滤波器的冲激响应是有限长的，其系统传递函数是一个多项式，它仅包含了位于原点的极点，因而一定是稳定的；此外，FIR 数字滤波器还可以用 FFT 实现，从而能极大提高滤波器的运算效率。但是，FIR 滤波器的主要缺点在于当它充分逼近锐截止滤波器时，则要求有较长的脉冲响应序列 $h(n)$，也就是 N 值要大，导致运算量大大增加。

设计 FIR 数字滤波器不能利用模拟滤波器的设计技术，它设计的目标是根据要求的频率响应 $H_d(\Omega)$，找出单位脉冲响应 $h(n)$ 为有限长的离散时间系统，使其频率响应 $H(\Omega)$ 尽可能地逼近 $H_d(\Omega)$。

由上面讨论可知，设 FIR 数字滤波器的单位脉冲响应为 $h(n)$，$0\leqslant n\leqslant N-1$，则其 Z 变换为

$$H(z)=\sum_{n=0}^{N-1}h(n)z^{-n} \tag{8-61}$$

式(8-61)是 z^{-1} 的 $N-1$ 阶多项式，它的 $N-1$ 个极点都位于 z 平面原点 $z=0$ 处。

根据式(8-61)，该滤波器的频率响应为

$$H(\Omega)=H(\mathrm{e}^{\mathrm{j}\Omega})=H(z)\Big|_{z=\mathrm{e}^{\mathrm{j}\Omega}}=\sum_{n=0}^{N-1}h(n)\mathrm{e}^{-\mathrm{j}\Omega n} \tag{8-62}$$

一个 FIR 数字滤波器可以具有严格的线性相位特性，但并不是所有的 FIR 滤波器都具有线性相位的特性，下面给出 FIR 滤波器具有线性相位特性的条件。

(一) FIR 滤波器具有线性相位特性的条件

如果 FIR 数字滤波器的单位脉冲响应 $h(n)$ 为实数，而且满足以下任一条件：

1）偶对称 $$h(n)=h(N-1-n) \tag{8-63}$$

2）奇对称 $$h(n)=-h(N-1-n) \tag{8-64}$$

对称中心在 $n=\frac{N-1}{2}$ 处，则可以证明该数字滤波器具有线性相位特性，证明过程略。

有两种情况可使有限长序列 $h(n)$ 与 $\sin[\beta-(\tau-n)\Omega]$ 相乘后的 N 项和为 0，并由此得到 FIR 滤波器具有线性相位特性的条件：

1）
$$h(n)=h(N-1-n),\ \tau=\frac{N-1}{2},\ \beta=0 \tag{8-65}$$

2）
$$h(n)=-h(N-1-n),\ \tau=\frac{N-1}{2},\ \beta=\pm\frac{\pi}{2} \tag{8-66}$$

条件 1）是滤波器单位脉冲响应 $h(n)$ 的偶对称条件，对称中心是 $n=\frac{N-1}{2}$，此时时间延迟 τ 等于 $h(n)$ 长度的一半，即 $\tau=\frac{N-1}{2}$ 个取样周期，此类 FIR 滤波器通常称为第一类线性相位滤波器。

条件 2）是滤波器单位脉冲响应 $h(n)$ 的奇对称条件，对称中心仍是 $n=\frac{N-1}{2}$，时间延迟 τ 也仍然为 $\tau=\frac{N-1}{2}$ 个取样周期，但它存在 $\beta=\pm\frac{\pi}{2}$ 的初始相位，此类 FIR 滤波器通常称为第二类线性相位滤波器。

FIR 数字滤波器的系统传递函数是 z^{-1} 的多项式，与模拟滤波器的系统传递函数之间没有对应关系，只能采取直接设计方法，即根据技术指标直接求出物理上可实现的系统传递函数。

FIR 数字滤波器的设计方法很多，如窗函数法、模块法、频率抽样法和等波纹逼近法等，这里仅讨论最常用的具有线性相频特性的窗函数法。

（二）窗函数法设计线性相位 FIR 数字滤波器

FIR 滤波器的窗函数法，又称为傅里叶级数法，其给定的技术指标一般为频域指标。如果设计要求是滤波器的频率响应 $H_d(\Omega)$，根据 DTFT，频率响应 $H_d(\Omega)$ 与对应的单位脉冲响应 $h_d(n)$ 有关系式：

$$h_d(n)=\frac{1}{2\pi}\int_{-\pi}^{\pi}H_d(\Omega)\mathrm{e}^{\mathrm{j}\Omega n}\mathrm{d}\Omega \tag{8-67}$$

$$H_d(\Omega)=\sum_{n=-\infty}^{\infty}h_d(n)\mathrm{e}^{-\mathrm{j}\Omega n} \tag{8-68}$$

窗函数法是用宽度为 N 的时域窗函数 $w(n)$ 乘以单位脉冲响应 $h_d(n)$，对无限长的单位脉冲响应序列 $h_d(n)$ 进行截断，构成 FIR 数字滤波器的单位脉冲响应序列 $h(n)$，即

$$h(n)=h_d(n)w(n) \tag{8-69}$$

可得 FIR 数字滤波器的频率响应为

$$H(\Omega)=\sum_{n=0}^{N-1}h(n)\mathrm{e}^{-\mathrm{j}\Omega n}=\sum_{n=0}^{N-1}h_d(n)\mathrm{e}^{-\mathrm{j}\Omega n} \tag{8-70}$$

由式(8-70)可知，实际设计滤波器的频率响应 $H(\Omega)$ 与技术指标所要求的频率响应 $H_d(\Omega)$ 是有差别的，前者只是后者的逼近。

由于窗函数法是由窗函数 $w(n)$ 截取无限长序列 $h_d(n)$ 得到有限长序列 $h(n)$，并用 $h(n)$ 近似 $h_d(n)$，因此，窗函数的形状和长度对系统的性能指标影响很大。常用的窗函数有矩形窗函数、三角窗函数、海宁窗函数、海明窗函数、布莱克曼窗函数和凯瑟窗函数等。

表 8-4 给出了几种常用的窗函数表达式。

表 8-4 常用的窗函数表达式

窗函数名称	时域表达式 $w(n)$，$0 \leqslant n \leqslant N-1$
矩形窗	$r_N(n)$
海宁(Hanning)窗	$\frac{1}{2}\left(1-\cos\frac{2\pi n}{N-1}\right)$
海明(Hamming)窗	$0.54-0.46\cos\left(\frac{2\pi n}{N-1}\right)$
布莱克曼(Blackman)窗	$0.42-0.5\cos\frac{2\pi n}{N-1}+0.08\cos\frac{4\pi n}{N-1}$
三角(Bartlett)窗	$1-\frac{2\left(n-\frac{N-1}{2}\right)}{N-1}$
凯瑟(Kaiser)窗	$\frac{I_0\left[a\sqrt{\left(\frac{N-1}{2}\right)^2-\left(n-\frac{N-1}{2}\right)^2}\right]}{I_0\left[a\left(\frac{N-1}{2}\right)\right]}$

表 8-4 中的凯瑟窗是利用贝塞尔函数逼近一个理想的窗。其中，a 是独立参数；I_0 是第一类零阶变型贝塞尔函数，利用下式可以根据 k 的取值达到任意需要的精度：

$$I_0(x)=1+\sum_{k=1}^{\infty}\left[\frac{1}{k!}\left(\frac{x}{2}\right)^k\right]^2$$

表 8-5 列出了 5 种窗函数特性及加权后相应滤波器达到的指标，可供设计者参考。

表 8-5 5 种窗函数特性比较

窗函数	主瓣宽度 $(2\pi/N)$	最大旁瓣电平/dB	加权后相应滤波器指标	
			过渡带宽度 $(2\pi/N)$	最小阻带衰减/dB
矩形窗	2	−13	0.9	−21
海宁窗	4	−32	3.1	−44
海明窗	4	−43	3.3	−53
布莱克曼窗	6	−58	5.5	−74
三角窗	4	−27	2.1	−25

采用窗函数法设计线性相位 FIR 滤波器的一般步骤如下：

1）根据需要确定理想滤波器的特性 $H_d(\Omega)$。

2）根据 DTFT，由 $H_d(\Omega)$ 求出 $h_d(n)$。

3）选择合适的窗函数，并根据线性相位的条件确定长度 N。

4）由 $h(n)=h_d(n)w(n)$，$0\leqslant n\leqslant N-1$，求出单位冲激响应 $h(n)$。

5）对 $h(n)$ 进行 Z 变换，得到线性相位 FIR 滤波器的系统传递函数 $H(z)$。

例 8-12 设计一个线性相位 FIR 低通滤波器，该滤波器的截止频率为 Ω_c，频率响应为

$$H_d(\Omega)=\begin{cases}e^{-j\alpha\Omega} & |\Omega|\leqslant\Omega_c\\ 0 & \Omega_c<|\Omega|\leqslant\pi\end{cases}$$

解 这实际上是一个理想低通滤波器，由 $H_d(\Omega)$ 得该滤波器的单位脉冲响应为

$$h_d(n)=\frac{1}{2\pi}\int_{-\pi}^{\pi}H_d(\Omega)e^{j\Omega n}d\Omega=\frac{1}{2\pi}\int_{-\Omega_c}^{\Omega_c}e^{-j\alpha\Omega}e^{j\Omega n}d\Omega=\frac{\sin[\Omega_c(n-\alpha)]}{\pi(n-\alpha)}$$

可见，$h_d(n)$ 是一个以 α 为中心偶对称的无限长序列，如图 8-18a 所示。

设选择的窗函数 $w(n)$ 为矩形窗，即

$$w(n)=\begin{cases}1 & 0\leqslant n\leqslant N-1\\ 0 & 其他\end{cases}$$

用窗函数 $w(n)$ 截取 $h_d(n)$ 在 $n=0$ 至 $n=N-1$ 的一段作为 $h(n)$，即

$$h(n)=h_d(n)w(n)=\begin{cases}h_d(n) & 0\leqslant n\leqslant N-1\\ 0 & 其他\end{cases}$$

在截取时，必须保证满足线性相位的约束条件，即保证 $h(n)$ 以 $\frac{N-1}{2}$ 偶对称，则必须要求 $\alpha=\frac{N-1}{2}$。这样得到的 $h(n)$ 才可以作为所设计的滤波器的单位脉冲响应。截取过程如图 8-18b、c 所示。由于 $h(n)$ 是经过窗函数将 $h_d(n)$ 截短而得，$h(n)$ 是 $h_d(n)$ 的近似。

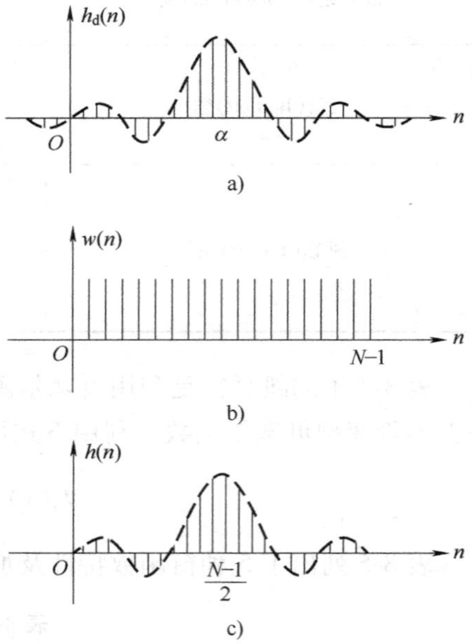

图 8-18 例 8-12 用矩形窗设计线性相位 FIR 低通数字滤波器

通过对 $h(n)$ 进行 Z 变换即可得到线性相位 FIR 滤波器的系统传递函数 $H(z)$，即

$$H(z)=\sum_{n=0}^{N-1}h(n)z^{-n}$$

在采用窗函数法进行 FIR 低通数字滤波器设计时，有几个问题值得注意：

（1）滤波器单位冲激响应序列长度 N 的选取　从数学角度看式(8-68)，可理解为周期函数 $H_d(\Omega)$ 的傅里叶级数表达式，而 $h_d(n)$ 就是所取傅里叶系数。将 $h_d(n)$ 截短为 $h(n)$，就相当于用有限项级数近似代替无穷项级数。所以窗函数法又称为傅里叶级数法。N 越大，$H(\Omega)$ 与 $H_d(\Omega)$ 的差别越小，滤波器特性越接近它的原型，但滤波运算和延迟也越大，故 N 的选择既要使 $H(\Omega)$ 满足设计要求，又要尽可能小。

（2）窗函数的影响　对于采用矩形窗的窗函数法，若 $H_d(\Omega)$、$H(\Omega)$ 和 $W(\Omega)$ 分别为 $h_d(n)$、$h(n)$ 和 $w(n)$ 的频率响应，由于 $h(n)=h_d(n)w(n)$，所以 FIR 滤波器的频率响应 $H(\Omega)$ 应等于 $H_d(\Omega)$ 与 $W(\Omega)$ 的卷积，即

$$H(\Omega)=H_d(\Omega)*W(\Omega) \tag{8-71}$$

三者之间的频率特性如图 8-19 所示，卷积后的幅频特性 $|H(\Omega)|$ 在截止频率 Ω_c 附近有很大的波动，这种现象称为吉布斯效应(gibbs effect)。吉布斯效应使过渡带变宽，阻带特性变坏。进一步分析不难发现，若采用其他形式的窗函数，如海宁窗函数或凯瑟窗函数等，将使 $H(\Omega)$ 的特性有所改善。

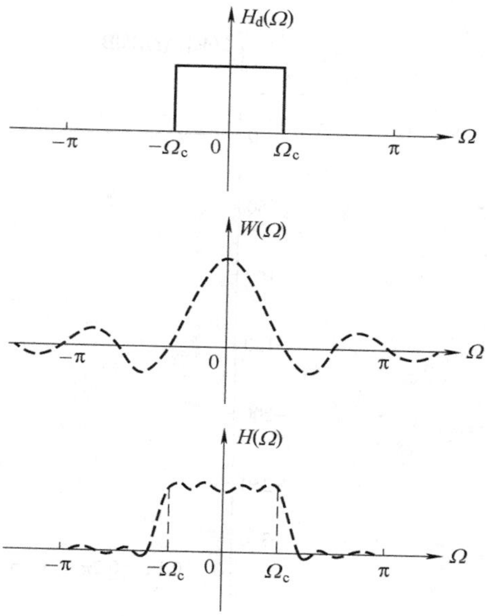

图 8-19 选择矩形窗时 $H_d(\Omega)$、$H(\Omega)$ 和 $W(\Omega)$ 之间的频率特性

例 8-13 用窗函数法设计一个线性相位 FIR 低通滤波器，其技术指标为

当 $0\leqslant\Omega\leqslant0.3\pi$ 时，通带允许起伏 1dB($\Omega_p=0.3\pi$)

当 $0.5\pi\leqslant\Omega\leqslant\pi$ 时，阻带衰减 $\alpha_s\leqslant-50$dB($\Omega_s=0.5\pi$)

解 用窗函数法设计时，截止频率不易准确控制，近似取理想低通滤波器的截止频率为

$$\Omega_c\approx\frac{1}{2}(\Omega_p+\Omega_s)=0.4\pi$$

1）由例 8-10 可知，理想低通滤波器的单位脉冲响应为

$$h_d(n)=\frac{\sin[0.4\pi(n-\alpha)]}{\pi(n-\alpha)}\quad 其中\ \alpha\ 为序列中心$$

2）确定窗函数形状及滤波器长度 N

由于阻带衰减小于−50dB，查表 8-5 选择海明窗。根据表中给出海明窗的过渡带宽度 $\Omega_s-\Omega_p=2\pi/N=3.3$，计算出滤波器长度 N 为

$$N=3.3\times\frac{2\pi}{\Omega_s-\Omega_p}=3.3\times\frac{2\pi}{0.5\pi-0.3\pi}=33$$

$$\alpha=\frac{N-1}{2}=16$$

3）所设计滤波器的单位冲激响应为

$$h(n)=h_d(n)w(n)=\frac{\sin[0.4\pi(n-16)]}{\pi(n-16)}\left[0.54-0.46\cos\left(\frac{n\pi}{16}\right)\right]$$

其中查表 8-4 得到海明窗 $w(n)=0.54-0.46\cos\left(\frac{2\pi n}{N-1}\right)=0.54-0.46\cos\left(\frac{\pi n}{16}\right)$。

4）由上式可计算出 FIR 低通滤波器单位脉冲响应 $h_d(n)$ 截短后的序列 $h(n)$，$n=0\sim32$。对 $h(n)$ 按下式求 Z 变换即可得到所设计数字滤波器的系统传递函数 $H(z)$ 为

$$H(z)=\sum_{n=0}^{N-1}h(n)z^{-n}$$

5）令 $z=e^{j\Omega}$，可求出该滤波器的频率特性如下：

$$H(\Omega)=\sum_{n=0}^{N-1}h(n)e^{-j\Omega n}$$

以 $20\lg[H(\Omega)]$ 为纵坐标绘制该滤波器的频率特性曲线如图 8-20 所示。

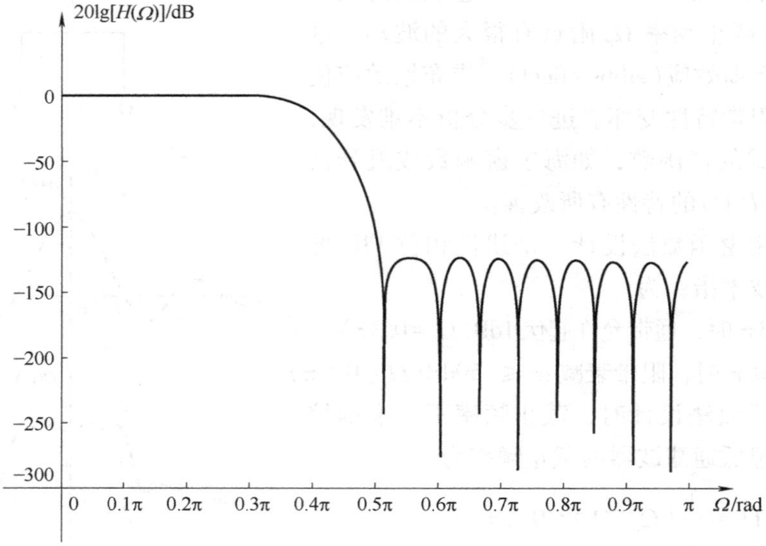

图 8-20 例 8-13 低通滤波器的频率特性曲线

第四节 应用 MATLAB 的滤波器设计

一、模拟滤波器设计

MATLAB 的信号处理工具箱提供了一系列函数用来设计模拟滤波器，分别可以设计巴特沃思滤波器、切比雪夫滤波器，以及实现滤波器之间的频率变换。在应用 MATLAB 设计模拟滤波器时，实际上是通过对连续信号的采样在离散域中进行的，MATLAB 设计时的采样频率为 Fs。

（一）巴特沃思滤波器

巴特沃思滤波器可以通过 buttord( ) 函数求出所需要的滤波器阶数和-3dB 截止频率，buttord( ) 函数的常用方式为

[n,wn]=buttord(wp,ws,rp,rs,'s')

其中，wp、ws、rp、rs 分别为通带截止频率、阻带截止频率、通带波动和阻带最小衰减；n 为返回的滤波器最低阶数；wn 为-3dB 的截止频率；'s'表示模拟滤波器设计，缺省情况表示数字滤波器设计。如果为数字滤波器设计，wp、ws 需要用归一化频率表示；如果为模拟滤波器设计，wp、ws 单位为 rad/s。

根据巴特沃思滤波器的阶数 n 以及-3dB 截止频率 wn，可以通过 butter( ) 函数设计低通、高通、带通和带阻滤波器。butter( ) 函数的常用方式为

[**b**,**a**]=butter(n,wn,'type','s')

其中，n 为滤波器的阶数；wn 为通带截止频率；'s'表示模拟滤波器设计，缺省时表示数字滤波器设计。如果为数字滤波器设计，wn 为归一化通带截止频率，取值范围为 0.0<wn<1.0，当

wn 取值 1.0 时，表示截止频率为采样频率 Fs 的一半。如果为模拟滤波器设计，wn 则为实际截止频率，单位为(rad/s)。'type'表示滤波器的类型，'high'为高通滤波器，'low'为低通滤波器，'stop'为带阻滤波器，缺省时表示低通滤波器。返回一个滤波器 H 的分式表达式，其分子多项式系数向量为 **b**，分母多项式系数向量为 **a**。

例 8-14　设计一个三阶、截止频率为 400Hz 的巴特沃思低通滤波器，设采样频率 $f_s=1000$Hz。

解　采样频率为 1000Hz，则根据香农定理，最大截止频率为 $F_a=F_s/2=500$Hz，现要求截止频率为 200Hz，其 MATLAB 参考运行程序如下：

```
close all;clear;clc;                 %初始化运行环境
Wn=300;                              %设置通带截止频率
[b,a]=butter(3,Wn,'low','s')         %设计巴特沃思低通模拟滤波器,返回滤波器的分子分母系数项
[H,F]=freqs(b,a);                    %进行模拟滤波器频谱分析
plot(F,20*log10(abs(H)))             %绘制幅频曲线
xlabel('频率/Hz')                    %设置 x 轴显示文本
ylabel('幅值/dB')                    %设置 y 轴显示文本
title('低通滤波器')                  %设置标题文本
axis([0 800 -30 5])                  %设置坐标范围
grid on                              %显示网格
Hs=tf(b,a)                           %计算模拟滤波器系统传递函数 H(s)
```

运行结果如图 8-21 所示，图 8-21a 为设计的模拟滤波器传递函数 $H(s)$，图 8-21b 为滤波器的幅频特性曲线。

（二）切比雪夫滤波器

在 MATLAB 中，可以通过 cheb1ap( )、cheb1ord( )、cheby1( )等函数来分别设计切比雪夫滤波器，它们的常用方法介绍如下：

（1）[**z**,**p**,k]=cheb1ap(n,Rp)　该函数用来设计 n 阶带通纹波为 Rp 的归一化切比雪夫Ⅰ型模拟原型滤波器，返回零点向量 **z**、极点向量 **p** 和增益值 k。切比雪夫Ⅰ型模拟滤波器将通带截止频率 ω_0 归一化为 1.0。

（2）[**b**,**a**]=cheby1(N,R,Wp,'s')　实现 N 阶切比雪夫Ⅰ型滤波器系统传递函数的分子和分母多项式系数向量 **b** 和 **a** 计算，向量长度为 N+1。其中，R 为通带纹波；'s'表示设计模拟滤波器，缺省时表示设计数字滤波器；Wp 为通带截止频率。在数字滤波器下归一化频率 Wp 取值 0.0<Wp<1.0，如果 Wp 取值 1.0，表示截止频率为采样频率的一半；在模拟滤波器下 Wp 为实际截止频率，信号单位为 rad/s。如果初期设计对 R 选择不能确定，建议从 0.5 开始选择。

例 8-15　设计一个八阶归一化切比雪夫模拟低通滤波器，要求通带纹波为 4dB，并画出该滤波器的频率特性曲线。

解　根据题意，选择 cheb1ap( )函数实现滤波器的设计，其 MATLAB 参考程序如下：

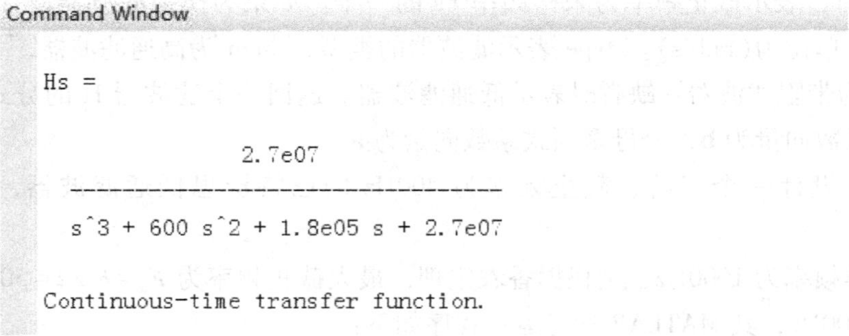

a)

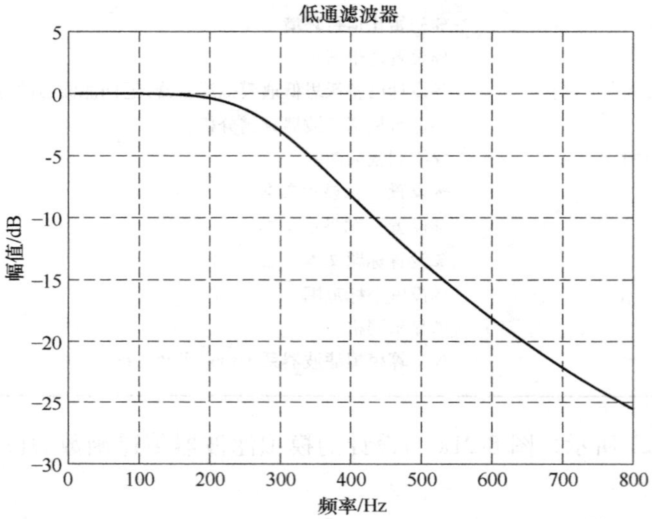

b)

图 8-21　例 8-14 运行结果

a）滤波器系统传递函数 $H(s)$　b）滤波器幅频特性曲线


```
close all;clear;clc;                  %运行环境初始化
[z,p,k]=cheb1ap(8,4);                 %进行截止频率为 1.0 的归一化滤波器设计
[num,den]=zp2tf(z,p,k);               %将 z p k 系数向量转化为分子分母系数向量
[H,W]=freqs(num,den);                 %求取滤波器的频率特性
subplot(2,1,1);                       %选择画图区域 1
plot(W,20*log10(abs(H)))              %绘制幅频特性曲线
xlabel('模拟频率/(rad/s)')            %设置 x 轴显示文本
ylabel('幅值/dB ')                    %设置 y 轴显示文本
title('低通滤波器')                   %设置标题文本
axis([0 10 -250 10])                  %设置坐标范围
grid on                               %显示网格
subplot(2,1,2);                       %选择画图区域 2
plot(W,20*log10(abs(H)))              %绘制幅频特性曲线(通带放大部分)
xlabel('模拟频率/(rad/s)')            %设置 x 轴显示文本
ylabel('幅值/dB ')                    %设置 y 轴显示文本
title('低通滤波器通带放大')           %设置标题文本
```

（续）

```
axis([0 3 -10  10])            %设置坐标轴范围
grid on                        %显示网格
Hs=tf(num,den)                 %计算模拟滤波器系统传递函数 H(s)
```

运行结果如图 8-22 所示。

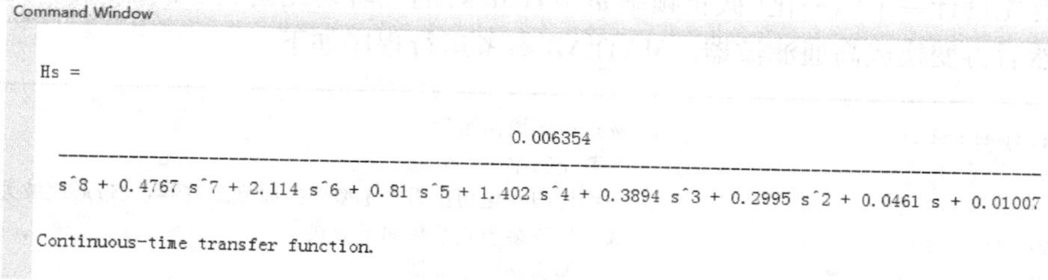
Command Window

```
Hs =

                                   0.006354
  --------------------------------------------------------------------------------------------
  s^8 + 0.4767 s^7 + 2.114 s^6 + 0.81 s^5 + 1.402 s^4 + 0.3894 s^3 + 0.2995 s^2 + 0.0461 s + 0.01007

Continuous-time transfer function.
```

a)

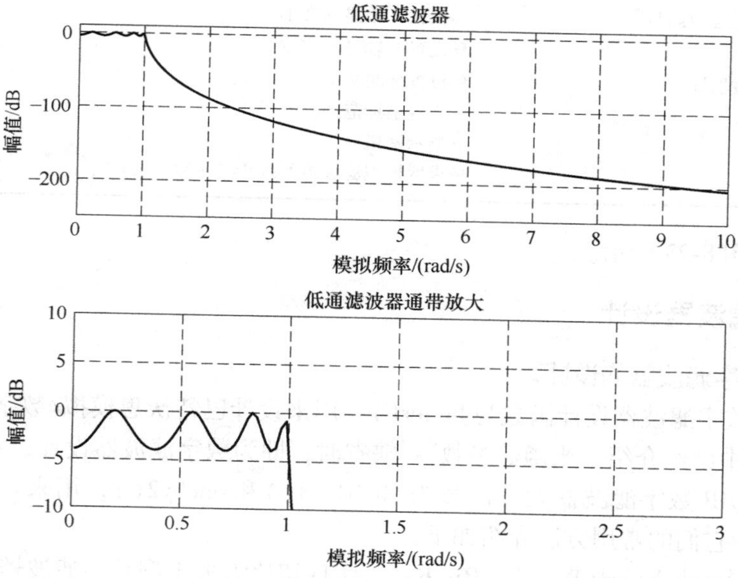

b)

图 8-22　例 8-15 运行结果

a）滤波器系统传递函数 $H(s)$　b）滤波器幅频特性曲线

（三）模拟滤波器的频率变换

MATLAB 提供了一系列实现频率变换的函数，经频率变换可以得到所要求的类型模拟滤波器(低通，高通，带通，带阻)，它们的常用方法介绍如下：

（1）[**b**,**a**]=lp2lp(**bap**,**aap**,wn)　实现低通滤波器 X 到低通模拟滤波器 Y 的变换。其中，**bap**、**aap** 为归一化低通模拟滤波器 X 的分子、分母系数向量；**b**、**a** 为低通模拟滤波器 Y 的分子、分母系数向量；wn 为截止频率，单位为 rad/s。

（2）[**b**,**a**]=lp2hp(**bap**,**aap**,wn)　实现低通滤波器 X 到高通模拟滤波器 Y 的变换。参数定义同 lp2lp 函数。

（3）［**b**,**a**］=lp2bp(**bap**,**aap**,wo,bw)　实现低通滤波器 X 到带通模拟滤波器 Y 的变换。其中，wo 为通带中心频率；bw 为带宽；其他参数同 lp2lp 函数。

（4）［**b**,**a**］=lp2bs(**bap**,**aap**,wo,bw))　实现低通滤波器 X 到带阻模拟滤波器 Y 的变换。其中，wo 为阻带中心频率；bw 为带宽；其他参数同 lp2lp 函数。

例 8-16　应用频率变换函数设计一个截止频率 $\omega=4\text{rad/s}$ 的三阶高通滤波器。

解　首先设计一个归一化（截止频率 $\omega_c=1\text{rad/s}$）的三阶切比雪夫滤波器或巴特沃思低通滤波器，然后再变换成高通滤波器。MATLAB 参考运行程序如下：

```
close all;clear;clc;                    %运行环境初始化
w0=4;                                   %截止频率
[z,p,k]=cheb1ap(3,3);                   %设计归一化切比雪夫 I 型模拟原型滤波器(设带通纹波为 3dB)
[b,a]=zp2tf(z,p,k);                     %转换为多项式系数向量形式
[b,a]=lp2hp(b,a,w0);                    %变换为高通滤波器
[H,W]=freqs(b,a);                       %求取滤波器的频率特性
plot(W,20*log10(abs(H)))                %绘制幅频特性曲线
xlabel('模拟频率/(rad/s)')              %设置 x 轴显示文本
ylabel('幅值/dB')                       %设置 y 轴显示文本
title('高通模拟滤波器')                 %设置标题文本
axis([0 10 -100 10])                    %设置坐标范围
grid on                                 %显示网格
Hs=tf(b,a)                              %求取模拟滤波器系统传递函数 H(s)
```

运行结果如图 8-23 所示。

二、数字滤波器设计

（一）IIR 数字滤波器的设计

常用的 IIR 数字滤波器设计函数为 butter()，用来设计巴特沃思模拟/数字滤波器，该函数在模拟滤波器中已经介绍，当函数参数's'缺省时，即为数字滤波器设计，不再仔细叙述。另外两个常用的 IIR 数字滤波器设计函数为 cheb1ord()和 cheby2()，用来设计切比雪夫模拟/数字滤波器，它们的常用方法介绍如下：

（1）［N,Wp］=cheb1ord(Wp,Ws,Rp,Rs)　实现切比雪夫 I 型数字滤波器的阶数 N 和通带截止频率 wp 的计算。其中，Wp 和 Ws 分别为通带截止频率和阻带截止频率的归一化值，取值 0<Wp，Ws<1；Rp 和 Rs 分别为通带最大衰减和阻带最小衰减。当 Ws<Wp 时，为高通滤波器。

（2）［**b**,**a**］=cheby2(n,Rs,**wn**,'ftype','s')　设计一个切比雪夫Ⅱ型数字滤波器。其中，n 为滤波器阶数；Rs 表示阻带最小衰减；**wn**=［w1 w2］时为带通频率，否则为阻带截止频率；'ftype'表示设计的滤波器类型，缺省时表示为低通滤波器，high 为高通滤波器，stop 为带阻滤波器；'s'表示设计模拟滤波器，缺省时表示设计数字滤波器。返回的是在 z 域表示的分子、分母多项式系数向量 **b** 和 **a**。

例 8-17　对一个以 1000Hz 采样的数据序列，设计一个低通滤波器，要求通带纹波不大于 4dB，通带截止频率为 100Hz，在阻带 200Hz 到奈奎斯特频率 500Hz 之间的最小衰减为 60dB。

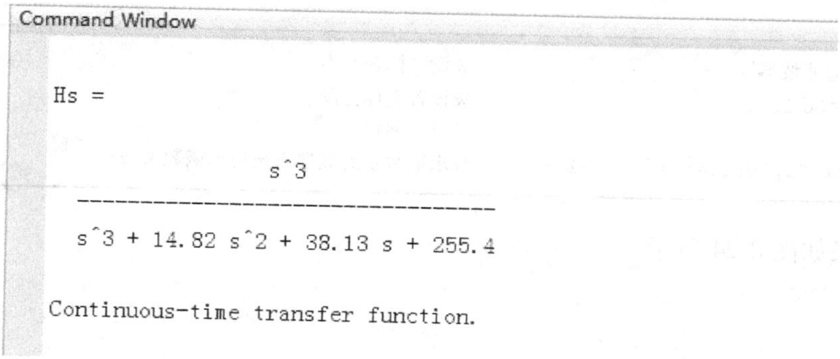

a)

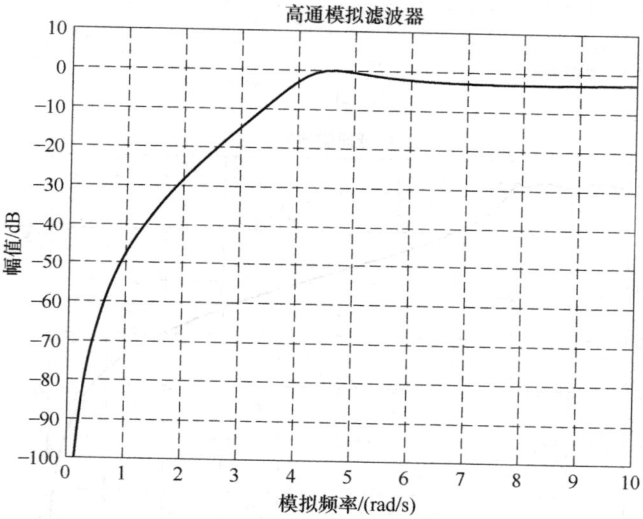

b)

图 8-23 例 8-16 运行结果

a）滤波器系统传递函数 $H(s)$ b）滤波器幅频特性曲线

解 根据题意，可选择 cheb1ord( ) 函数实现滤波器的设计，由于各频率应取归一化值，所以，Wp 取值 100/500，Ws 取值 200/500，Rp 取值 4，Rs 取值 60。其 MATLAB 参考运行程序如下：

```
close all;clear;clc;                  %运行环境初始化
Wp=100/500;                           %通带截止频率
Ws=200/500;                           %阻带截止频率
Rp=4;                                 %通带纹波
Rs=60;                                %阻带衰减
[n,Wp]=cheb1ord(Wp,Ws,Rp,Rs)          %实现切比雪夫滤波器的设计,得到滤波器的阶数和通带截止频率
[b,a]=cheby1(n,Rp,Wp);                %实现切比雪夫模拟原型滤波器的设计
[H,F]=freqz(b,a,512,1000);            %求取滤波器的频率特性
plot(F,20*log10(abs(H)))              %绘制幅频特性曲线
xlabel('频率/(rad/s)')                %设置 x 轴显示文本
ylabel('幅值/dB')                     %设置 y 轴显示文本
```

（续）

```
title('数字低通滤波器')                        %设置标题文本
axis([0 500 -400 20])                         %设置坐标范围
grid on                                       %显示网格
Hz=tf(b,a,1/1000,'Variable','z^-1')           %求取数字滤波器系统传递函数 H(z)
```

运行结果如图 8-24 所示。

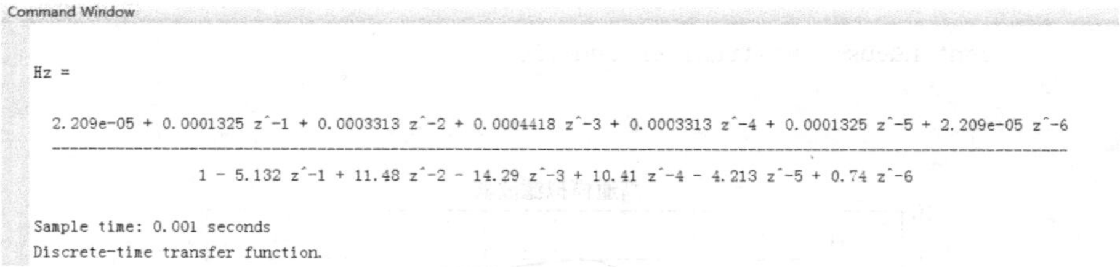
Command Window

Hz =

2.209e-05 + 0.0001325 z^-1 + 0.0003313 z^-2 + 0.0004418 z^-3 + 0.0003313 z^-4 + 0.0001325 z^-5 + 2.209e-05 z^-6
---
1 - 5.132 z^-1 + 11.48 z^-2 - 14.29 z^-3 + 10.41 z^-4 - 4.213 z^-5 + 0.74 z^-6

Sample time: 0.001 seconds
Discrete-time transfer function.

a)

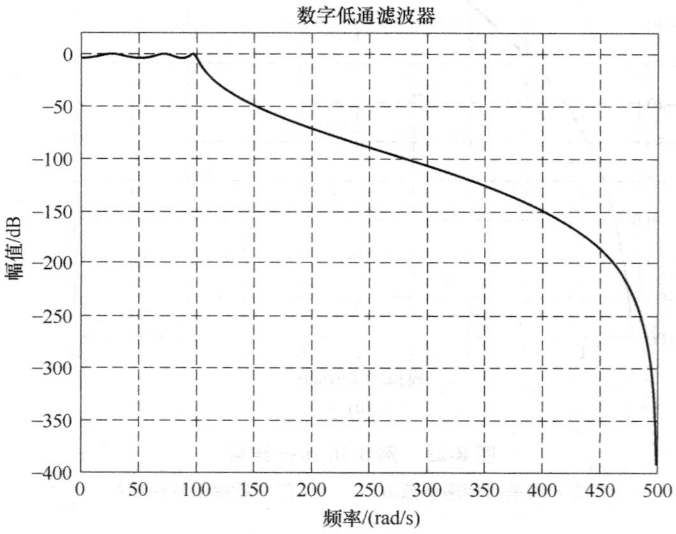

b)

图 8-24　例 8-17 运行结果

a）滤波器系统传递函数 $H(z)$　b）滤波器幅频特性曲线

例 8-18　设计一个 8 阶切比雪夫Ⅱ型数字低通滤波器，阻带截止频率为 300Hz，Rs = 50dB。设采样频率 Fs 为 1000Hz。

解　根据题意，采样频率为 1000Hz，则最高分析频率为 500Hz。其 MATLAB 参考运行程序如下：

```
close all;clear;clc;                          %运行环境初始化
[b,a]=cheby2(8,50,300/500);                   %设计滤波器
[H,F]=freqz(b,a,512,1000);                    %求得滤波器的频率特性
plot(F,20*log10(abs(H)))                      %绘制幅频特性曲线
xlabel('频率/(rad/s)')                         %设置 x 轴显示文本
ylabel('幅值/dB')                              %设置 y 轴显示文本
```

（续）

```
title('低通数字滤波器')                              %设置标题文本
axis([0 500 -100 20])                               %设置坐标范围
grid on                                             %显示网格
Hz=tf(b,a,1/1000,'Variable','z^-1')                 %求取数字滤波器系统传递函数 H(z)
```

运行结果如图 8-25 所示。

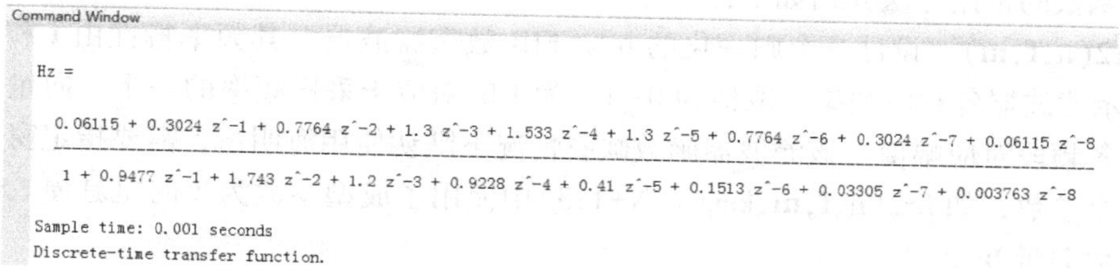

```
Command Window

Hz =

  0.06115 + 0.3024 z^-1 + 0.7764 z^-2 + 1.3 z^-3 + 1.533 z^-4 + 1.3 z^-5 + 0.7764 z^-6 + 0.3024 z^-7 + 0.06115 z^-8
  ------------------------------------------------------------------------------------------------------------------
   1 + 0.9477 z^-1 + 1.743 z^-2 + 1.2 z^-3 + 0.9228 z^-4 + 0.41 z^-5 + 0.1513 z^-6 + 0.03305 z^-7 + 0.003763 z^-8

Sample time: 0.001 seconds
Discrete-time transfer function.
```

a)

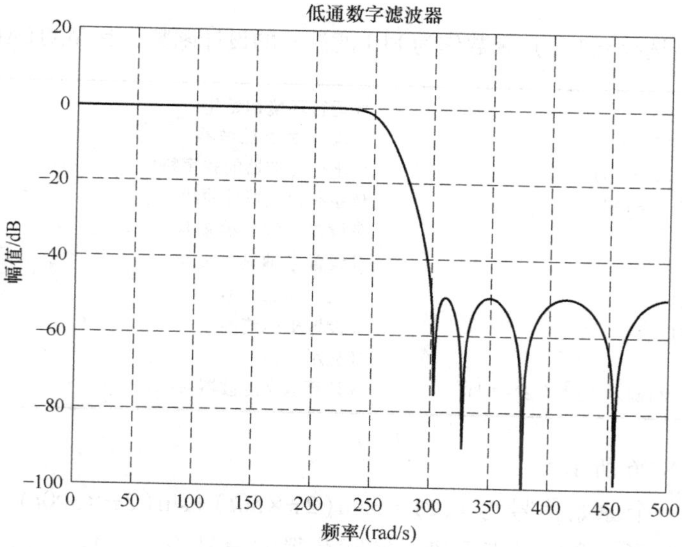

b)

图 8-25　例 8-18 运行结果

a）滤波器系统传递函数 $H(z)$　b）滤波器幅频特性曲线

（二）FIR 数字滤波器的设计

FIR 数字滤波器的设计方法很多，最常用的是具有线性相频特性的窗函数法。MATLAB 提供了基于窗函数法设计的 fir1( )、fir2( ) 函数。fir1( ) 函数实现加窗线性相位 FIR 数字滤波器的经典设计，可用于标准通带滤波器设计，包括低通、带通、高通和带阻数字滤波器。函数的常用方法介绍如下：

（1）**b**=fir1(n,**Wn**)　设计 n 阶低通 FIR 滤波器。其中，**Wn** 为归一化截止频率，滤波器默认采用海明窗函数(也可注明窗函数)。如果 **Wn** 是一个包含两个元素的向量[W1　W2]，则表示设计一个 n 阶的带通滤波器，其通带为 W1<W<W2。函数返回滤波器系数向量 **b**，即滤波器可表示为 $H(z)=\sum_{i=0}^{M} b_i z^{-i}$ 。

（2）**b**=fir1(n,**Wn**,'high')　设计一个 n 阶高通滤波器。其他参数同上。

（3）**b**=fir1(n,**Wn**,'stop')　设计一个 n 阶带阻滤波器。如果 **Wn** 是一个多元素的向量[W1　W2　W3　…　Wn]，则表示设计一个 n 阶的多带阻滤波器。b=fir1(n, **Wn**, 'DC-1')，使第一频带为通带；**b**=fir1(n, **Wn**, 'DC-0')使第一频带为阻带。

fir2()函数可以实现加窗的 FIR 滤波器设计，并且可以实现针对任意形状的分段线性频率响应。函数的常用方法介绍如下：

b=fir2(n,**f**,**m**)　设计一个归一化的 n 阶 FIR 数字滤波器，其频率特性由 **f** 和 **m** 指定。向量 **f** 表示滤波器各频段频率，取值为 0~1，为 1 时对应于采样频率的一半；向量 **m** 表示 **f** 所表示的各频段对应幅值。该滤波器函数缺省情况下默认使用海明窗，需要指定窗口时，可加入第 4 个参数，如 fir2(n,**f**,**m**,kaiser(N+1,3))中使用了成型参数为 3 的凯瑟窗。函数返回滤波器系数向量 **b**。

例 8-19　设计一个 48 阶的 FIR 带通滤波器，带通频率为 $0.35 \leqslant \omega \leqslant 0.65$，设 MATLAB 采样频率为 1000Hz。

解　根据题意，选择 fir1（）函数作为 FIR 滤波器的设计函数，其 MATLAB 参考运行程序如下：

```
close all;clear;clc;                    %运行环境初始化
b=fir1(48,[0.35 0.65]);                 %设计 FIR 滤波器
[H,F]=freqz(b,1,512,1000);              %求得滤波器的频率特性
plot(F,20*log10(abs(H)))                %绘制幅频特性曲线
xlabel('频率/(rad/s)')                   %设置 x 轴显示文本
ylabel('幅值/dB')                        %设置 y 轴显示文本
title('带通数字滤波器')                   %设置标题文本
axis([0 500 -100 20])                   %设置坐标范围
grid on                                 %显示网格
Hz=tf(b,1,1/1000,'Variable','z^-1')     %计算数字滤波器 H(z)
```


运行结果如图 8-26 所示。

例 8-20　已知一个原始信号为 $x(t)=3\sin(2\pi\times50t)+\sin(2\pi\times300t)$，采样频率为 $f_s=$ 1000Hz，信号被叠加了一个白噪声污染，实际获得的信号为 $x_n(t)=x(t)+\mathrm{randn}(\mathrm{size}(\boldsymbol{t}))$，其中 size(***t***)为采样时间向量 ***t*** 的长度，设计一个 FIR 滤波器并恢复出原始信号。

解　根据题意，应设计一个多通带滤波器。原始信号由 50Hz 和 300Hz 组成，因此考虑设计滤波器的第一个窗函数在[48/500　52/500]频段内幅值为 1，第二个窗函数在[298/500　302/500]频段内幅值为 1，而[0　46/500]、[54/500　296/500]、[304/500　1]频段内的幅值为 0，得到各频段频率范围为

f=[0　46/500　48/500　52/500　54/500　296/500　298/500　302/500　304/500　1]

对应的幅值为

m=[0　0　1　1　0　0　1　1　0　0]

对原始信号取 5s 长度的序列，由于采样频率 $f_s=1000$Hz，所以设定采样时间向量为 ***t***=0：1/Fs：5，设滤波器的阶数 n 为 300。

由于是分段窗函数，因此选择 fir2()函数实现滤波器的设计。对应的 MATLAB 参考程序如下：

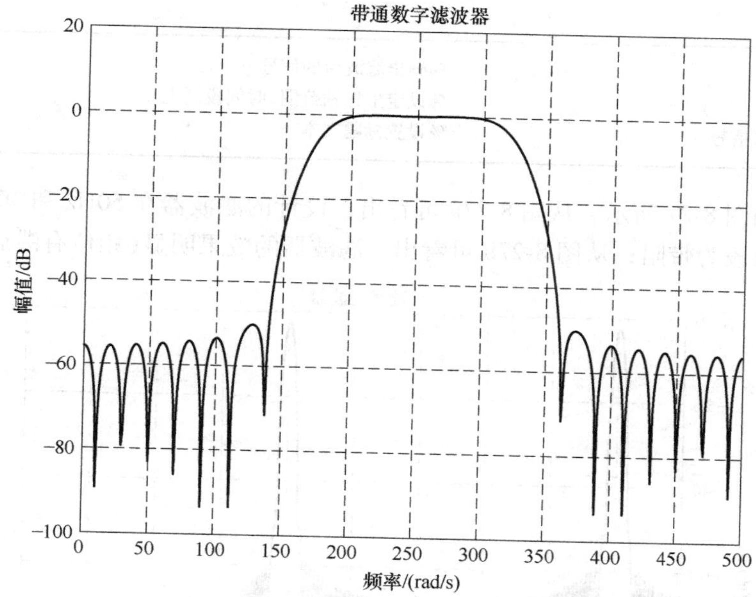

图 8-26 例 8-19 滤波器幅频特性曲线

```
close all;clear;clc;                                  %运行环境初始化
Fs=1000;                                              %采样频率为 1000Hz
t=0:1/Fs:5;                                           %生成采样时间 t 向量
x=3*sin(2*pi*50*t)+sin(2*pi*300*t);                   %生成原始信号 x
xn=x+randn(size(t));                                  %生成叠加白噪声的信号 xn
n=300;                                                %FIR 滤波器阶数 n
f=[0  46/500  48/500  52/500  54/500  296/500  298/500  302/500  304/500  1]
                                                      %生成窗函数频段
m=[0 0 1 1 0 0 1 1 0 0];                              %生成各频段窗函数的对应幅值
b=fir2(n,f,m);                                        %设计 FIR 滤波器
figure(1)                                             %打开画图 1
[H,F]=freqz(b,1,512,1000);                            %求得滤波器频率特性,FIR 滤波器分母为 1
plot(F,20*log10(abs(H)))                              %绘制幅频特性曲线
xlabel('频率/(rad/s)')                                %设置 x 轴显示文本
ylabel('幅值/dB')                                     %设置 y 轴显示文本
title('数字滤波器')                                   %设置标题文本
grid on                                               %显示网格
y=filter(b,1,xn);                                     %对 xn 信号进行滤波
figure(2)                                             %打开画图 2
subplot(3,1,1)                                        %选择画图区域 1
plot(t,x)                                             %画出原始信号 x
axis([4.2 4.5 -5  5])                                 %设定坐标轴范围,时间段为 0.2~0.3s
title('原始信号')                                     %设置标题文本
subplot(3,1,2)                                        %选择画图区域 2
plot(t,xn)                                            %画出包含白噪声的信号 xn
axis([4.2 4.5 -5  5])                                 %设定坐标轴范围,时间段同上
title('叠加白噪声信号')                               %设置标题文本
subplot(3,1,3)                                        %选择作图区域 3
```

（续）

```
plot(t,y)                          %画出滤波后的信号 y
axis([4.2 4.5 -5  5])              %设定坐标轴范围,时间段同上
title('滤波器输出信号')               %设置标题文本
```

运行结果如图 8-27 所示。从图 8-27a 可看出，设计的滤波器在 50Hz 和 300Hz 附近频段为带通，其他频段为带阻；从图 8-27b 可看出，滤波器的效果明显(相位有滞后)。

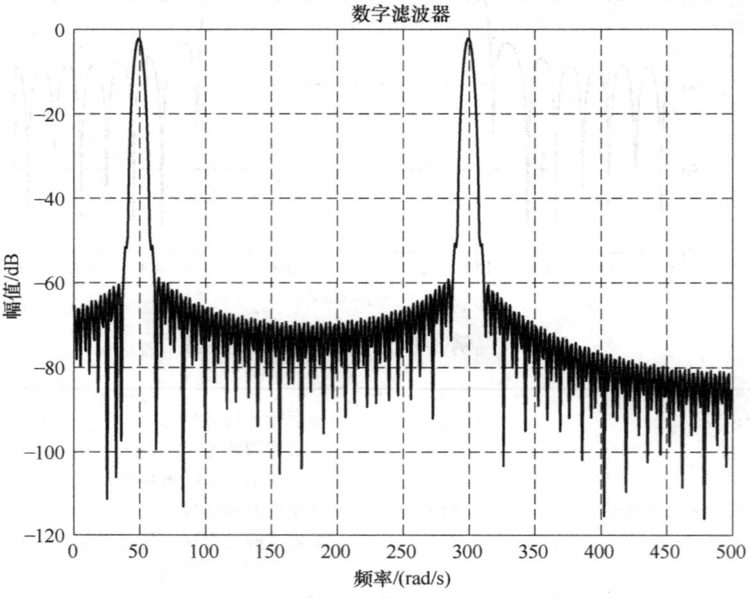

a)

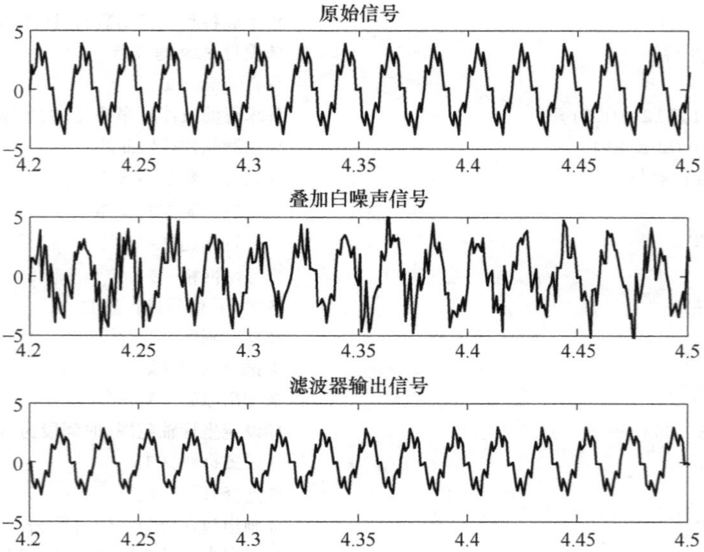

b)

图 8-27　例 8-20 运行结果

a）滤波器的幅频特性曲线　b）各信号波形

本章要点

1. 本章首先阐述了滤波器的基本原理和分类，然后就滤波器的关键技术参数展开了讨论，再详细讲解了模拟滤波器和数字滤波器的设计。

2. 模拟滤波器更加切合实际应用的物理意义，实现诸如噪声滤波的功能，又是一种选频网络。设计模拟滤波器通常先设计出低通滤波器，然后利用频率变换的方式来实现高通、带通或带阻等不同的滤波器。模拟滤波器部分重点介绍了巴特沃思滤波器和切比雪夫滤波器，注意比较两种滤波器的优缺点。

3. 数字滤波器则由于具有精度高、可靠性好、灵活性高、便于大规模集成等优点，加上电子技术的飞升发展而得到广泛应用。数字滤波器包括IIR滤波器和FIR滤波器。IIR滤波器的设计利用了模拟滤波器的设计成果，计算工作量小，也具有较好的幅频特性，但是会存在系统稳定性问题。FIR滤波器则是一种纯数字的滤波器，可以通过FFT来实现，大大提高效率，但是FIR滤波器的滤波性能受到阶数n值的影响较大，对于较长的数字信号，则要求较大的n值，这也导致了运算量的增加。

习　题

1. 已知幅度平方函数

$$|H(s)|^2=\frac{9(s^2+1)^2}{s^4-5s^2+4}$$

试求物理可实现的系统的系统传递函数$H(s)$。

2. 下列各函数是否为可实现系统的频率特性幅度平方函数？如果是，请求出相应的最小相位系统的系统传递函数；如果不是，请说明理由。

（1）$|H(\omega)|^2=\dfrac{1}{\omega^4+\omega^2+1}$

（2）$|H(\omega)|^2=\dfrac{1+\omega^4}{\omega^4-3\omega^2+2}$

（3）$|H(\omega)|^2=\dfrac{100-\omega^4}{\omega^4+20\omega^2+10}$

3. 试求二阶巴特沃思低通滤波器的冲激响应，并画出波形图。

4. 巴特沃思低通滤波器的频域指标为：当$\omega_1=1000\text{rad/s}$时，衰减不大于3dB；当$\omega_2=5000\text{rad/s}$时，衰减至少为20dB。求此滤波器的系统传递函数$H(s)$。

5. 设计巴特沃思带通滤波器，其指标为

（1）在通带$2\text{kHz}\leqslant f\leqslant 3\text{kHz}$，最大衰耗$\alpha_p=3\text{dB}$；

（2）在阻带$f>4\text{kHz}$，$f<400\text{Hz}$，最小衰耗$\alpha_s\geqslant 30\text{dB}$。

6. 设计两个切比雪夫低通滤波器，它们的技术指标分别为

（1）$f_c=10\text{kHz}$，$\alpha_p=1\text{dB}$，$f_s=100\text{kHz}$，$\alpha_s\geqslant 140\text{dB}$；

（2）$f_c=100\text{kHz}$，$\alpha_p=0.1\text{dB}$，$f_s=130\text{kHz}$，$\alpha_s\geqslant 30\text{dB}$。

7. 设计切比雪夫高通滤波器，其技术指标为

$$f_c=1\text{kHz},\ \alpha_p=1\text{dB},\ f_s=100\text{Hz},\ \alpha_s\geqslant 140\text{dB}$$

8. 进行如下巴特沃思滤波器和切比雪夫滤波器的比较。

(1) 一个二阶巴特沃思滤波器和一个二阶切比雪夫滤波器满足通带衰减 $\alpha_p \leqslant 3\text{dB}$，阻带衰减 $\alpha_s \leqslant 15\text{dB}$，若通带频率相同，试比较两个滤波器的阻带边界频率 ω_s。

(2) 若给定 $f_p = 1.5\text{MHz}$，$\alpha_p \leqslant 3\text{dB}$，$f_s = 1.7\text{MHz}$，$\alpha_s \geqslant 60\text{dB}$。试比较巴特沃思近似与切比雪夫近似的最低阶数 n。

9. 某数字滤波器为 $y(n)-0.8y(n-1)=x(n)$。求其幅频特性 $|H(\Omega)|$，并画出在 $[0, 2\pi]$ 内的幅频特性曲线。

10. 某数字滤波器为 $y(n)+0.8y(n-1)=x(n)$。求其幅频特性 $|H(\Omega)|$，并画出在 $[0, 2\pi]$ 内的幅频特性及相频特性曲线。

11. 巴特沃思低通数字滤波器要求如下：

(1) $\Omega_p = 0.2\pi/\text{rad}$，$\alpha_p \leqslant 3\text{dB}$；$\Omega_s = 0.7\pi/\text{rad}$，$\alpha_s \geqslant 40\text{dB}$；

(2) 采样周期 $T = 10\mu\text{s}$。

用冲激响应不变法与双线性变换法分别求出数字滤波器的 $H(z)$，并比较其结果。

12. 设要求的切比雪夫低通数字滤波器满足下列条件：$0 \leqslant \Omega \leqslant 200\pi\text{rad}$ 时，波纹是 0.5dB；$\Omega \geqslant 1000\pi\text{rad}$ 时，衰减函数大于 19dB；采样频率 $f = 1000\text{Hz}$。用冲激响应不变法与双线性变换法分别求 $H(z)$。

13. 用冲激响应不变法求下列传递函数 $H(s)$ 相应数字滤波器的传递函数 $H(z)$。

$$H(s) = \frac{4s}{s^2+6s+5}$$

取采样轴 $T = 0.01\text{s}$。

14. 用双线性变换法设计一个低通滤波器，要求 3dB 截止频率为 25Hz，并当频率大于 50Hz 至少衰减 15dB，采样频率为 200Hz。

15. 设计长度 $N=13$ 的 FIR 数字滤波器，要求其频率响应特性逼近理想低通滤波器的频率响应特性。

$$H_d(\Omega) = \begin{cases} e^{-j\alpha\Omega} & |\Omega| < \dfrac{\pi}{5} \\ 0 & \dfrac{\pi}{5} < |\Omega| < \pi \end{cases}$$

16. 利用窗函数法设计一个线性相位 FIR 低通滤波器，其技术指标为

$$\Omega_c = 0.2\pi\text{rad},\ \alpha_p \leqslant 3\text{dB}$$
$$\Omega_s = 0.4\pi\text{rad},\ \alpha_p \geqslant 70\text{dB}$$

17. 分别利用矩形窗、海宁窗和三角窗设计具有线性相位的 FIR 低通数字滤波器，并绘出相应的幅频特性进行比较，其技术指标为 $N=7$，$\Omega_c = 1\text{rad}$。

第九章

控制系统的稳定性分析

稳定性是控制系统的基本特性。一般情况下，任何一个不稳定的系统，在工程上都是没有实用意义的。因此，判别系统的稳定性和改善系统的稳定性是控制系统分析和综合的重要内容。

第一节　控制系统的稳定性

一、稳定性的基本概念

系统的稳定性是指系统受到扰动作用偏离平衡状态后，当扰动消失，系统经过自身调节能否以一定的准确度恢复到原平衡状态的性能。若当扰动消失后，系统能逐渐恢复到原来的平衡状态，则称系统是稳定的(见图 9-1a)，否则称系统为不稳定(见图 9-1b)。线性系统的这种稳定性只取决于系统内部的结构和参数，而与初始条件和外作用的大小无关。

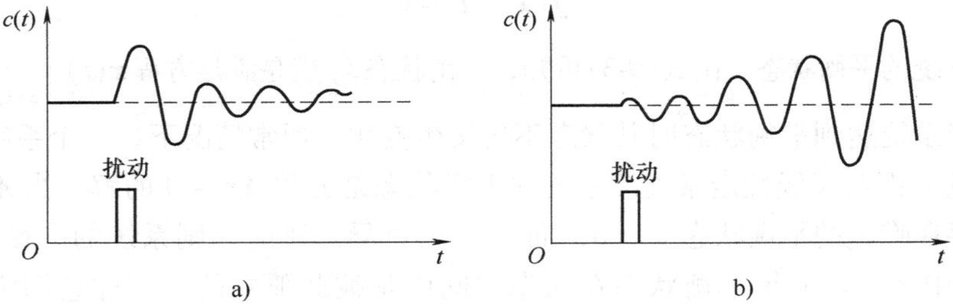

图 9-1　稳定系统与不稳定系统

a）稳定系统　b）不稳定系统

系统稳定性描述主要分为外部稳定性和内部稳定性。

二、外部稳定性及其充要条件

考虑一个以输入输出关系表征的线性因果系统，在零初始条件下，如果对任意的有界输入 $u(t)$，即

$$\|u(t)\| \leqslant k_1 < \infty \quad t \geqslant t_0 \tag{9-1}$$

对应的输出 $y(t)$ 均有界，即

$$\|y(t)\| \leqslant k_2 < \infty \quad t \geqslant t_0 \tag{9-2}$$

则称该系统是外部稳定的。式(9-1)和式(9-2)中，$\|u(t)\|$和$\|y(t)\|$分别表示了输入向量 $\boldsymbol{u}(t)$、输出向量 $\boldsymbol{y}(t)$ 的范数，它们也表示了向量的长度。上面表述中规定了零初始状态，这是为了保证系统输入输出关系描述的唯一性。

系统的外部稳定性也称为有界输入-有界输出(BIBO)稳定性，它实质上关心的是一个系统在一定输入作用下的输出稳定性，较直观地满足稳定性的工程意义需求。外部稳定性主要由系统的结构属性决定，可以证明，对于线性定常连续系统，外部稳定的充要条件如下：

对于线性定常连续系统，若其所有的特征值(分母多项式的根)都具有负实部(即它们都位于 s 左半平面)，那么该系统是稳定的，否则该系统是不稳定的。

三、内部稳定性(李雅普诺夫稳定性)

系统内部稳定性描述的是系统自由运动时的状态稳定性，一方面它能通过输出方程进一步体现系统的输出稳定性，更重要的是它更深刻地揭示了系统稳定性的本质属性。由于系统内部稳定性建立在系统状态空间描述的基础上，因此，它是一种对单变量、多变量、线性、非线性、定常、时变、连续、离散等系统都适用的通用方法。

(一) 平衡状态

按照系统内部稳定性的思想，系统稳定性问题所要表述的是，系统偏离平衡状态的受扰运动能否只依靠系统内部的结构因素由初始偏差接近或恢复到原平衡状态的能力。

如果对于系统

$$\begin{cases}\dot{\boldsymbol{x}}(t)=\boldsymbol{f}(\boldsymbol{x},\ t)\\ \boldsymbol{x}(t_0)=\boldsymbol{x}_0\end{cases} \quad t \geqslant t_0 \tag{9-3}$$

对所有的 t 总存在

$$\boldsymbol{f}(\boldsymbol{x}_e,\ t)=0 \tag{9-4}$$

则称 $\boldsymbol{x}_e$ 为该系统的平衡状态。由式(9-3)可知，平衡状态 $\boldsymbol{x}_e$ 就是满足方程 $\dot{\boldsymbol{x}}(t)\Big|_{x=x_e}=\boldsymbol{f}(\boldsymbol{x}_e,\ t)=0$ 的解，意味着系统达到平衡状态时其状态不再发生变化。通常情况下，一个系统的平衡状态 $\boldsymbol{x}_e$ 不是唯一的。而对于线性定常连续系统的平衡状态是方程 $\boldsymbol{A}\boldsymbol{x}_e=0$ 的解，当 $\boldsymbol{A}$ 为非奇异矩阵时，系统存在唯一的平衡状态 $\boldsymbol{x}_e=0$，而当 $\boldsymbol{A}$ 为奇异矩阵时，则系统的平衡状态不唯一，但 $\boldsymbol{x}_e=0$ 是其中之一。如果平衡状态在状态空间中是彼此孤立的，则称它们为孤立平衡状态，任何一个孤立的平衡状态都可以通过坐标系移动转换成零平衡状态，所以讨论零平衡状态 $\boldsymbol{x}_e=0$ 的稳定性具有普遍意义。

例 9-1 已知系统的状态方程为

$$\begin{cases}\dot{x}_1=-x_1+u^2\\ \dot{x}_2=x_1+x_2-x_2^3-3u\end{cases}$$

求系统的平衡状态 $\boldsymbol{x}_e$。

解 平衡状态是自治系统 $\dot{\boldsymbol{x}}(t)=\boldsymbol{f}(\boldsymbol{x},\ t)=0$ 的解，令 $u=0$，得平衡状态应满足的方程为

$$\begin{cases}\dot{x}_1=-x_1=0\\ \dot{x}_2=x_1+x_2-x_2^3=0\end{cases}$$

解该方程，得到系统的 3 个平衡状态，它们分别是

$$\boldsymbol{x}_{e1}=\begin{bmatrix}0\\0\end{bmatrix},\ \boldsymbol{x}_{e2}=\begin{bmatrix}0\\1\end{bmatrix},\ \boldsymbol{x}_{e3}=\begin{bmatrix}0\\-1\end{bmatrix}$$

（二）内部稳定性定义

从系统的受扰运动出发，可以定义出系统关于某一平衡状态的稳定性质。

（1）稳定　设 $\boldsymbol{x}_e$ 为系统的一个平衡状态，如果对任意给定的一个实数 $\varepsilon>0$，都对应地存在另一实数 $\delta(\varepsilon,\ t_0)>0$，使得由满足

$$\|\boldsymbol{x}_0-\boldsymbol{x}_e\|\leqslant\delta(\varepsilon,\ t_0) \tag{9-5}$$

的任一初始状态 $\boldsymbol{x}_0$ 出发的受扰运动都满足

$$\|\boldsymbol{x}(t;\ \boldsymbol{x}_0,\ t_0)-\boldsymbol{x}_e\|\leqslant\varepsilon\quad t\geqslant t_0 \tag{9-6}$$

则称平衡状态 $\boldsymbol{x}_e$ 是稳定的。当 $\boldsymbol{x}_e=0$ 时，可以将式(9-6)看成为状态空间中以 $\boldsymbol{x}_e=0$ 为球心，以 ε 为半径的一个超球体，球域记为 $S(\varepsilon)$，而把式(9-5)视为以 $\boldsymbol{x}_e$ 为球心，以 $\delta(\varepsilon,\ t_0)$ 为半径的另一个超球体，球域表示为 $S(\delta)$，显然，球域 $S(\delta)$ 依赖于给定的实数 ε 和初始时间 t_0。平衡状态 $\boldsymbol{x}_e$ 是稳定的几何解释就是，从球域 $S(\delta)$ 内任一点出发的运动 $\boldsymbol{x}(t;\ \boldsymbol{x}_0,\ t_0)$ 对所有的 $t\geqslant t_0$ 都不超越球域 $S(\varepsilon)$。一个二维状态空间中零平衡状态 $\boldsymbol{x}_e=0$ 是稳定的几何解释如图 9-2 所示。

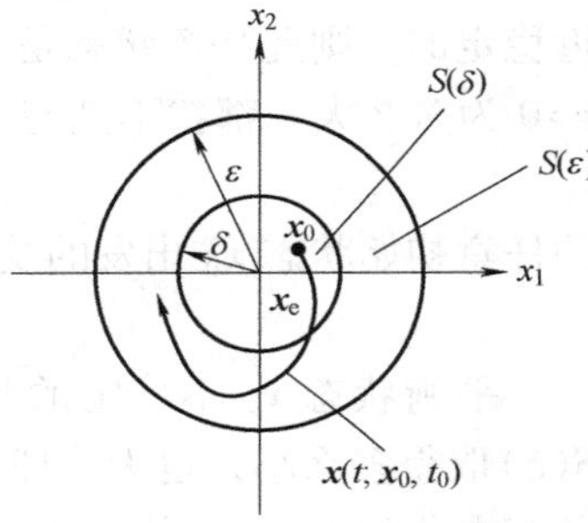

图 9-2　稳定的平衡状态

上面论述中，特别强调了 δ 的选取依赖于给定的实数 ε 和初始时间 t_0，如果 δ 的选取仅依赖于 ε 而与 t_0 无关，则上述平衡状态 $\boldsymbol{x}_e$ 的稳定是一致稳定。通常，一个定常系统的稳定和一致稳定是等价的，对于时变系统，它们不是等价的，而一致稳定较之稳定更具实际意义。

上面所述的稳定保证了系统受扰运动的有界性，这与工程意义上的稳定有一定的差别，通常，工程意义上的稳定除了有界性，还应该具有对于平衡状态的渐近性。为此，我们通常将由式(9-6)和式(9-7)定义的稳定称为李雅普诺夫意义下的稳定。

（2）渐近稳定　如果平衡状态 $\boldsymbol{x}_e$ 是李雅普诺夫意义下稳定的，并且受扰运动对于平衡状态还具有渐近性，即

$$\lim_{t\to\infty}\|\boldsymbol{x}(t;\ \boldsymbol{x}_0,\ t_0)-\boldsymbol{x}_e\|=0 \tag{9-7}$$

则称平衡状态 $\boldsymbol{x}_e$ 为渐近稳定。它的几何解释是，从上述球域 $S(\delta)$ 内任一点出发的运动 $\boldsymbol{x}(t;\ \boldsymbol{x}_0,\ t_0)$ 对所有的 $t\geqslant t_0$ 不仅不超越球域 $S(\varepsilon)$，而且当 $t\to\infty$ 时，$\boldsymbol{x}(t;\ \boldsymbol{x}_0,\ t_0)$ 最终收敛于平衡状态 $\boldsymbol{x}_e$。二维状态空间中零平衡状态 $\boldsymbol{x}_e=0$ 为渐近稳定的几何解释如图 9-3 所示。

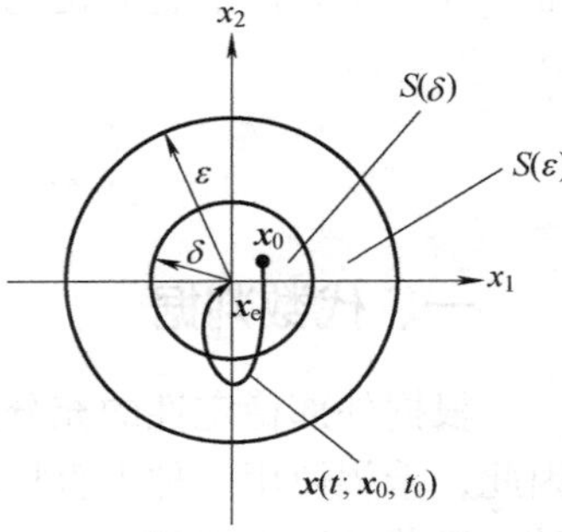

图 9-3　渐近稳定的平衡状态

类似地，当实数 ε 确定后，如果 $\delta(\varepsilon)>0$ 的选取仅依赖于 ε 而与 t_0 无关，则上述平衡状态 $\boldsymbol{x}_e$ 是一致渐近稳定的。一个定常系统的渐近稳定和一致渐近稳定是等价的，同样，

对于时变系统，一致渐近稳定也更具有实际意义。

如果满足上述渐近稳定的球域 $S(\delta)$ 扩展至整个状态空间，即从状态空间的任一有限的非零初始状态 $\boldsymbol{x}_0$ 出发的受扰运动 $\boldsymbol{x}(t;\ \boldsymbol{x}_0,\ t_0)$ 都有界，并且当 $t\to\infty$ 时，最终都收敛于平衡状态 $\boldsymbol{x}_e$，则平衡状态 $\boldsymbol{x}_e$ 为大范围渐近稳定。显然，大范围渐近稳定的必要条件是整个状态空间中只有一个平衡状态。

与大范围渐近稳定不同的另一种情况是满足渐近稳定的球域 $S(\delta)$ 只是状态空间中的有限部分，这时称平衡状态 $\boldsymbol{x}_e$ 为局部渐近稳定，并且称 $S(\delta)$ 为渐近稳定吸引区，表示只有从该区域出发的受扰运动才能被“吸引”至平衡状态 $\boldsymbol{x}_e$。

对于线性系统而言，若平衡状态 $\boldsymbol{x}_e$ 为渐近稳定，则它一定是大范围渐近稳定的；而对于非线性系统，一个平衡状态常常是局部渐近稳定的，所以需要确定出它的吸引区。

如上所述，渐近稳定既保证了系统受扰运动的有界性，又满足了运动对于平衡状态的渐近性，所以它实际上等同于工程上稳定的概念。

（3）不稳定　如果系统的一个平衡状态 $\boldsymbol{x}_e$ 既不是李雅普诺夫意义下稳定的，更不是渐近稳定的，则此平衡状态是不稳定的。它表现为对于自治系统的平衡状态 $\boldsymbol{x}_e$，不管取实数 $\varepsilon>0$ 为多么大，都找不到与之对应的另一个实数 $\delta(\varepsilon,\ t_0)>0$，使得由满足不等式

$$\|\boldsymbol{x}_0-\boldsymbol{x}_e\|\leqslant\delta(\varepsilon,\ t_0) \tag{9-8}$$

的任意初始状态 $\boldsymbol{x}_0$ 出发的受扰运动满足不等式

$$\|\boldsymbol{x}(t;\ \boldsymbol{x}_0,\ t_0)-\boldsymbol{x}_e\|\leqslant\varepsilon \quad t\geqslant t_0 \tag{9-9}$$

平衡状态 $\boldsymbol{x}_e$ 不稳定的几何意义可以理解为，无论球域 $S(\delta)$ 取得多么小，也无论球域 $S(\varepsilon)$ 取得多么大，在 $S(\delta)$ 内总存在非零点 $\boldsymbol{x}_0^*$，使得由 $\boldsymbol{x}_0^*$ 出发的运动超越球域 $S(\varepsilon)$。二维状态空间中零平衡状态 $\boldsymbol{x}_e=0$ 为不稳定的几何解释如图 9-4 所示。

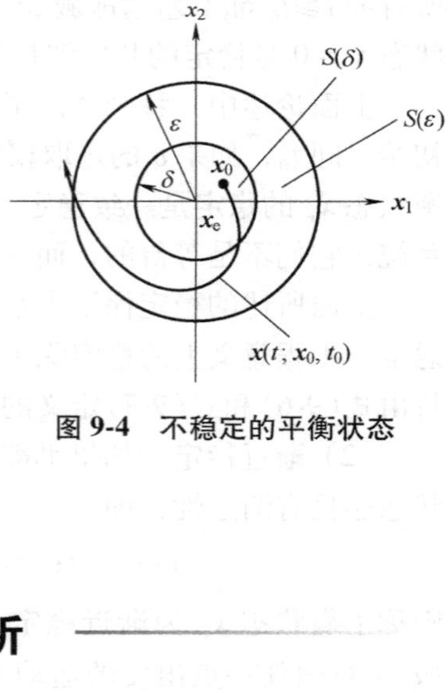

图 9-4　不稳定的平衡状态

需要指出，不稳定平衡状态的运动超越了球域 $S(\varepsilon)$ 以后，对于线性系统，理论上它一定无限远离平衡状态，即具有发散性。而对于非线性系统而言，也有可能趋于 $S(\varepsilon)$ 以外的某个平衡点或某个极限环。

系统的外部稳定性和内部稳定性从不同角度表达系统的稳定性，但是它们都反映了稳定性的系统结构属性，实际上，在一定条件下它们是完全等价的。

第二节　外部稳定性分析

一、代数判据

根据外部稳定性的充分必要条件判别线性系统的稳定性，需要求出系统的全部特征根，因此，希望使用一种不直接求解系统特征多项式就能得到有关根的位置信息的方法。劳斯和赫尔维茨分别于 1877 年和 1895 年独立提出了判断系统稳定性的代数判据，称为劳斯-赫尔维茨稳定判据。

（一）劳斯稳定判据基本原理

设线性系统的特征多项式为

$$D(s)=a_0s^n+a_1s^{n-1}+\cdots+a_{n-1}s+a_n \quad a_0>0 \tag{9-10}$$

则使线性系统稳定的必要条件是：在特征多项式(9-10)中各项系数为正数。

根据以上结论，在判别系统稳定性时可事先检查一下系统特征多项式的系数是否均为正数，若有任何系数为负数或者等于0，则无须做下一步的判别，系统必为不稳定的。

若 $a_i>0(i=0,1,2,\cdots,n)$，则对二阶以上的系统，还应确定一个劳斯阵列（劳斯表），如下所示：

$$\begin{array}{ccccc}
s^n & a_0 & a_2 & a_4 & \cdots \\
s^{n-1} & a_1 & a_3 & a_5 & \cdots \\
s^{n-2} & b_1 & b_2 & b_3 & \cdots \\
s^{n-3} & c_1 & c_2 & c_3 & \cdots \\
s^{n-4} & d_1 & d_2 & d_3 & \cdots \\
\vdots & \vdots & \vdots & \vdots & \vdots \\
s^0 & \cdots & \cdots & \cdots & \cdots
\end{array}$$

其中，

$$b_1=\frac{a_1a_2-a_0a_3}{a_1} \quad b_2=\frac{a_1a_4-a_0a_5}{a_1} \quad b_3=\frac{a_1a_6-a_0a_7}{a_1}$$

$$c_1=\frac{b_1a_3-a_1b_2}{b_1} \quad c_2=\frac{b_1a_5-a_1b_3}{b_1} \quad c_3=\frac{b_1a_7-a_1b_4}{b_1}$$

$$d_1=\frac{c_1b_2-b_1c_2}{c_1} \quad d_2=\frac{c_1b_3-b_1c_3}{c_1} \quad \cdots$$

在上述计算中，为了运算方便，可将每行中的各个数乘以某个正实数，不影响对系统稳定性的判断。

劳斯判据指出，系统稳定性的充分必要条件是劳斯阵列的第一列元素全部为正。如果劳斯阵列第一列中出现小于0的数值，系统就不稳定，且第一列各系数符号的改变次数，代表系统特征方程的正实部根的数目。

例 9-2　设系统特征方程为

$$s^4+5s^3+7s^2+2s+10=0$$

试用劳斯稳定判据判别该系统的稳定性。

解　首先，特征多项式各项系数均为正数，然后构建系统劳斯表为

$$\begin{array}{cccc}
s^4 & 1 & 7 & 10 \\
s^3 & 5 & 2 & 0 \\
s^2 & \dfrac{33}{5} & 10 & \\
s^1 & -\dfrac{184}{33} & & \\
s^0 & 10 & &
\end{array}$$

由于劳斯表第一列系数有两次变号，故该系统不稳定，且具有两个正实部根。

也可以利用劳斯判据来确定待定参数的变化范围。

例 9-3 考虑如图 9-5 所示系统，该系统的稳定性与比例增益 K 有关。确定 K 的范围以使系统稳定。

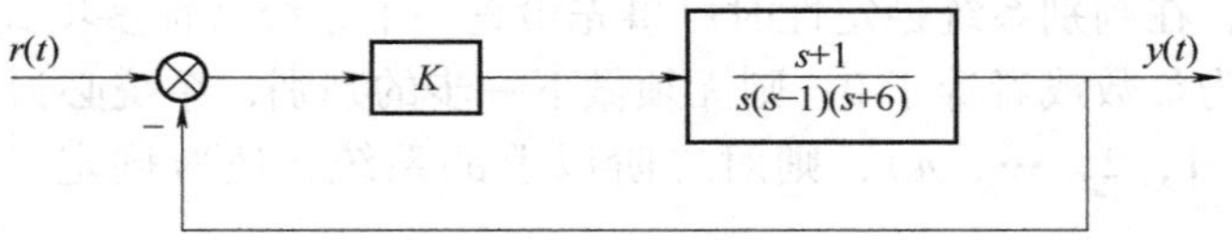

图 9-5 反馈系统结构图

解 该系统的特征方程为

$$1+K\frac{s+1}{s(s-1)(s+6)}=0$$

化简后为

$$s^3+5s^2+(K-6)s+K=0$$

根据上述特征方程表达式，构建劳斯表

$$\begin{array}{lll} s^3 & 1 & K-6 \\ s^2 & 5 & K \\ s^1 & (4K-30)/5 & \\ s^0 & K & \end{array}$$

若要使系统稳定，则必须满足劳斯表第一列的元素全大于 0，即

$$\frac{(4K-30)}{5}>0,\quad K>0$$

求得

$$K>7.5,\quad K>0$$

（二）劳斯稳定判据的特殊情况

在运用劳斯判据分析系统稳定性时，若劳斯表中某一行为 0 或者某一行全为 0，那么标准劳斯表的计算将无法进行，因此需要进行相应的数学处理。

1）劳斯表中某行的第一列项为 0，而其余各项不为 0，或不全为 0。此时，可以用一个非常小的正的常数 $\varepsilon>0$ 来代替，执行和以前一样的操作，然后通过求极限 $\varepsilon\to 0$ 来应用计算劳斯稳定判据。

例 9-4 考虑系统特征方程

$$D(s)=s^4+3s^3+s^2+3s+1=0$$

试确定该系统是否存在正实部的根。

解 根据系统特征方程，对应的劳斯表为

$$\begin{array}{llll} s^4 & 1 & 1 & 1 \\ s^3 & 3 & 3 & \\ s^2 & 0\to\varepsilon & 1 & \\ s^1 & 3-\dfrac{3}{\varepsilon} & 0 & \\ s^0 & 1 & & \end{array}$$

将表中第三行的第一个元素 0 由小正数 ε 取代。因为 $\lim_{\varepsilon\to 0}\left(3-\frac{3}{\varepsilon}\right)<0$，所以第一列变号两次，故有两个正实部根，系统不稳定。

2）劳斯表出现全为 0 的行。这种情况表明系统的特征根中存在某些绝对值相同而符号相反的特征根，如存在两个大小相等符号相异的实根或共轭虚根，或者是对称于实轴的共轭复数根。

这时，可用其上面一行的系数构建一个辅助方程 $F(s)=0$，并将辅助方程对复变量 s 求导，用所得到的导数方程的系数取代全零行的元素，便可按劳斯稳定判据的要求继续计算劳斯表，直到得出完整的结果。辅助方程的阶次通常为偶数，它表明了数值相同而符号相反的根的个数。所有那些数值相同但符号相异的根，均可由辅助方程求得。

例 9-5　考虑系统特征方程

$$D(s)=s^6+2s^5+8s^4+12s^3+20s^2+16s+16=0$$

试用劳斯判据判断系统的稳定性。

解　该系统特征方程对应的劳斯表为

s^6	1	8	20	16
s^5	2	12	16	0
s^4	2	12	16	
s^3	0	0	0	

因为劳斯表中 s^3 对应的行各项元素全为 0，为了使劳斯表的计算能够继续进行，用 s^4 行的系数构成辅助方程

$$F(s)=2s^4+12s^2+16$$

其导函数为

$$\frac{\mathrm{d}F(s)}{\mathrm{d}s}=8s^3+24s$$

用导函数的系数 8 和 24 分别代替 s^3 行相应的系数，继续计算，得到劳斯表为

s^6	1	8	20	16
s^5	2	12	16	0
s^4	2	12	16	
s^3	8	24		
s^2	6	16		
s^1	$\frac{8}{3}$			
s^0	16			

从新的劳斯表可以看出，第一列的系数全大于 0，因此，系统在 s 右半平面没有特征根。同时，由于 s^3 行的系数全为 0，表明系统有共轭虚根。这些根可以利用辅助方程求出。求特征方程 $F(s)=2s^4+12s^2+16$，得到相应的根为

$$p_{1,2}=\pm \mathrm{j}\sqrt{2}，\ p_{3,4}=\pm \mathrm{j}2$$

二、频域判据

奈奎斯特稳定性判据和对数频率稳定判据是常用的两种频域稳定判据。频域稳定判据的特点是根据开环系统频率特性曲线判定闭环系统的稳定性。频率判据使用方便，易于推广。

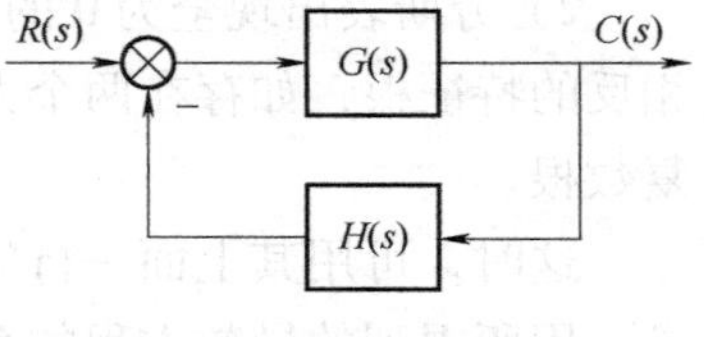

图 9-6　闭环系统结构图

设一个闭环系统如图 9-6 所示，它的开环传递函数为 $G_k(s)=G(s)H(s)$，闭环传递函数 $\Phi(s)=\dfrac{G(s)}{1+G(s)H(s)}$，闭环传递函数特征方程 $F(s)=1+G(s)H(s)=0$。

令开环传递函数 $G_k(s)=G(s)H(s)=\dfrac{M(s)}{N(s)}$，则闭环传递函数特征多项式

$$F(s)=1+G(s)H(s)=1+\frac{M(s)}{N(s)}=\frac{N(s)+M(s)}{N(s)}$$

一般情况下，一个实际系统总有 $N(s)$ 的阶次高于 $M(s)$ 阶次。所以从 $F(s)$ 的表达式可以得出：

$F(s)$ 的极点等于系统开环传递函数 $G_k(s)$ 的极点；$F(s)$ 的零点等于系统闭环传递函数 $\Phi(s)$ 的极点。

通过上述分析可知，系统稳定的判断条件可以转换为 $F(s)$ 的零点数在 s 右半平面为 0。显然，$F(s)$ 的极点容易获得，它是开环传递函数的极点。但要得到 $F(s)$ 的零点却不容易，而这些零点对判断系统的稳定性具有极其重要的作用。奈奎斯特利用复变函数中的辐角原理寻找一种确定位于 s 右半平面的 $F(s)$ 的零点的方法，建立了判断系统稳定与否的奈奎斯特稳定性判据。

（一）辐角原理

设 s 为复数变量，$F(s)$ 为 s 的有理分式函数。为讨论方便，取 $F(s)$ 为下述简单形式：

$$F(s)=\frac{K(s+z_1)(s+z_2)\cdots(s+z_m)}{(s+p_1)(s+p_2)\cdots(s+p_n)} \tag{9-11}$$

式中，$-z_i(i=1,2,\cdots,m)$ 为 $F(s)$ 的零点；$-p_j(j=1,2,\cdots,n)$ 为 $F(s)$ 的极点。对于 s 平面上任意一点 s，通过复变函数 $F(s)$ 的映射关系，在 $F(s)$ 平面上可以确定关于 s 的像。其中 s 平面上的全部零点都映射到 $F(s)$ 平面的原点；s 平面上的极点映射到 $F(s)$ 平面的无穷远点。除了 s 平面上的零、极之外的普通点，映射到 $F(s)$ 平面上除原点之外的有限点。

设复变量 s 沿闭合曲线 C_s 顺时针运动一周，研究 $F(s)$ 辐角的变化情况。在 s 平面上，用阴影表示的区域，称为 C_s 的内域。由于我们规定沿顺时针方向绕行，所以内域始终处于行进方向的右侧。在 $F(s)$ 平面上，由于 C_s 映射而得到的封闭曲线 C_F 的形状及位置，严格地取决于 C_s，如图 9-7 所示。

现考虑 s 平面上一点 s_1 映射到 $F(s)$ 平面上的点 $F(s_1)$，即当

$$F(s_1)=\frac{K\prod_{i=1}^{m}(s_1+z_i)}{\prod_{j=1}^{n}(s_1+p_j)} \tag{9-12}$$

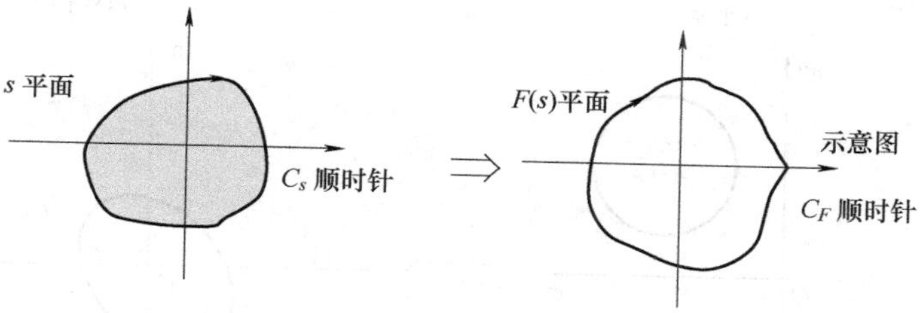

图 9-7　s 和 F(s) 平面的映射关系

时，可以用一个向量形式表示：

$$F(s_1)=|F(s_1)|e^{j\angle F(s_1)} \tag{9-13}$$

其中向量的幅值 $|F(s_1)|$ 为

$$|F(s_1)|=\frac{K\prod_{i=1}^{m}|s_1+z_i|}{\prod_{j=1}^{n}|s_1+p_j|} \tag{9-14}$$

向量的辐角 $\angle F(s_1)$ 为

$$\angle F(s_1)=\sum_{i=1}^{m}\angle(s_1+z_i)-\sum_{j=1}^{n}\angle(s_1+p_j) \tag{9-15}$$

当 s 平面上的动点 s 从 s_1 经过曲线 C_s 到达 s_2，映射到 $F(s)$ 平面的轨迹也将是一段曲线 C_F，该曲线完全由 $F(s)$ 表达式和 s 平面上的曲线 C_s 决定。若只考虑动点 s 从 s_1 到达 s_2 辐角的变化量，则有

$$\begin{aligned}
\Delta\angle F(s) &= \angle F(s_2)-\angle F(s_1)\\
&=\left[\sum_{i=1}^{m}\angle(s_2+z_i)-\sum_{j=1}^{n}\angle(s_2+p_j)\right]-\left[\sum_{i=1}^{m}\angle(s_1+z_i)-\sum_{j=1}^{n}\angle(s_1+p_j)\right]\\
&=\left[\sum_{i=1}^{m}\angle(s_2+z_i)-\sum_{i=1}^{m}\angle(s_1+z_i)\right]-\left[\sum_{j=1}^{n}\angle(s_2+p_j)-\sum_{j=1}^{n}\angle(s_1+p_j)\right]\\
&=\sum_{i=1}^{m}\Delta\angle(s+z_i)-\sum_{j=1}^{n}\Delta\angle(s+p_j)
\end{aligned}$$

考虑 s 平面一条闭合路径 C_s 包围 $F(s)$ 的一个零点 $-z_i$，当变点 s 沿 C_s 顺时针方向绕行一周，连续取值时，则在 $F(s)$ 平面上映射出一条封闭曲线 C_F，且 $\Delta\angle F(s)=-2\pi$，即 C_F 曲线顺时针绕原点一周，如图 9-8 所示。

如果考虑 s 平面一条闭合路径 C_s 包围 $F(s)$ 的一个极点 $-p_j$，当变点 s 沿 C_s 顺时针方向绕行一周，连续取值时，则在 $F(s)$ 平面上也映射出一条封闭曲线 C_F，且 $\Delta\angle F(s)=2\pi$，即 C_F 曲线逆时针绕原点一周，如图 9-9 所示。

柯西辐角原理指出，s 平面上不通过 $F(s)$ 任何奇异点的封闭曲线 C_s 包围 s 平面上 $F(s)$ 的 Z 个零点和 P 个极点。当 s 以顺时针方向沿封闭曲线 C_s 移动一周时，在 $F(s)$ 平面上映射的封闭曲线 C_F 将以顺时针方向绕原点旋转 N 圈，则有

$$N=Z-P$$

式中，P 为在 s 平面上封闭曲线顺时针包围 $F(s)$ 的极点数；Z 为在 s 平面上封闭曲线顺时针包围 $F(s)$ 的零点数。

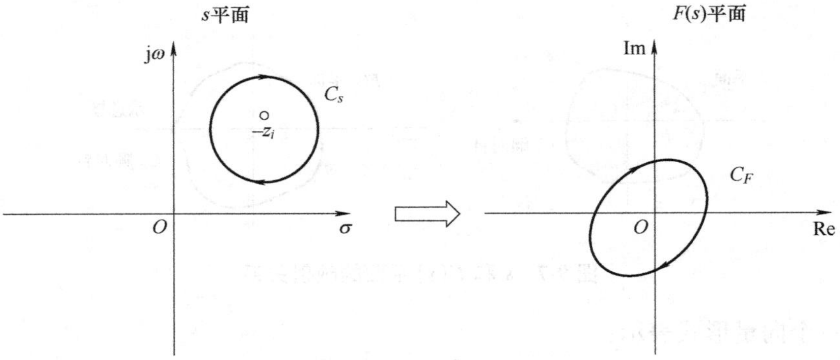

图 9-8　闭合路径 C_s 包围 $F(s)$ 的一个零点 $-z_i$

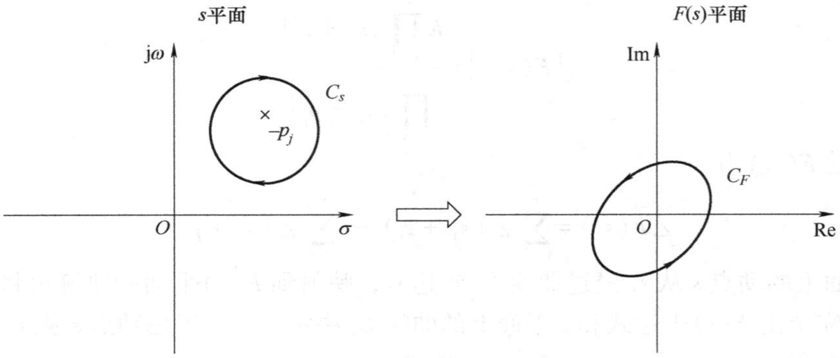

图 9-9　闭合路径 C_s 包围 $F(s)$ 的一个极点 $-p_j$

若 N 为正，表示 C_F 顺时针运动，包围原点；若 N 为 0，表示 C_F 顺时针运动，不包围原点；若 N 为负，表示 C_F 逆时针运动，包围原点。

根据柯西辐角原理，我们不需知道 s 平面围线 C_s 的确切形状和位置，只要知道它的内域所包含的零点和极点的数目，就可以预知 $F(s)$ 平面围线 C_F 是否包围坐标原点和包围原点多少次；反过来，根据已给的 $F(s)$ 平面围线 C_F 是否包围原点和包围原点的次数，也可以推测出 s 平面围线 C_s 的内域中有关零、极点数的信息。

（二）奈奎斯特稳定性判据

为了判断系统的稳定性，即检验 $F(s)$ 是否存在 s 右半平面的零点，需要将 s 平面上的闭合围线 C_s 包含整个 s 右半平面。这样，如果 $F(s)$ 存在零、极点在 s 右半平面，则它们必将被 C_s 所包围，我们将这一闭合围线称为奈奎斯特路径（简称奈氏路径），如图 9-10 所示。

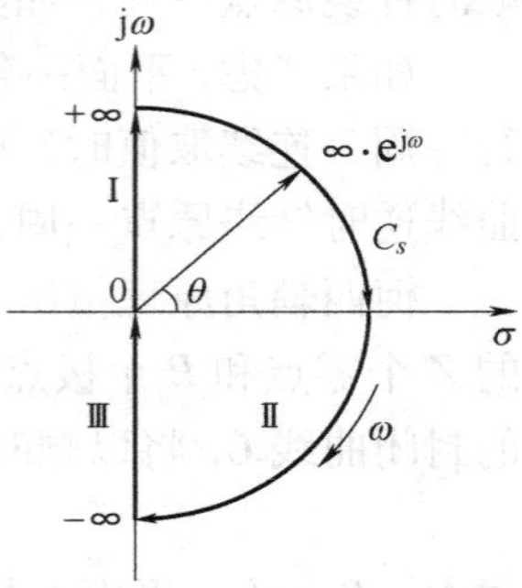

图 9-10　奈氏路径

奈氏路径由 s 平面中的整个虚轴和无穷大右半平面组成。由于开环传递函数 $G_k(s)$ 的分母阶次大于或等于分子阶次，当 s 在半径为无穷大的半圆上运动时，$\lim\limits_{s\to\infty}[1+G(s)H(s)]=$常数，所以，$s$ 平面上无穷大半圆映射到 $F(s)=1+G(s)H(s)$ 平面为常数，s 平面中的奈氏路径映射到 $F(s)$ 平面中的轨迹主要由 s 沿 $j\omega$ 轴的变化情况来确定。因此，奈奎斯特曲线（简称奈氏曲线）可看成是当 s 沿 s 平面的虚轴($s=\mathrm{j}\omega$)变化时，在 $F(s)=1+G(s)H(s)$ 平面中的映射曲线，即当 $s=\mathrm{j}\omega$，ω 从 $-\infty$ 变化到 $+\infty$ 时，在 $F(\mathrm{j}\omega)=1+G(\mathrm{j}\omega)H(\mathrm{j}\omega)$ 平面得到的曲线就是奈氏曲线。

当 s 沿 s 平面中的正虚轴和负虚轴变化时，在 $F(\mathrm{j}\omega)=1+G(\mathrm{j}\omega)H(\mathrm{j}\omega)$ 平面得到的映射曲线是关于实轴镜像对称的，因此，只要画出 ω 从 $0\to+\infty$ 变化时的奈氏曲线，另一部分奈氏曲线(ω 从 $0\to-\infty$)可根据实轴镜像对称特性画出。

同时，$F(\mathrm{j}\omega)=1+G(\mathrm{j}\omega)H(\mathrm{j}\omega)$ 是单位向量 1 和向量 $G(\mathrm{j}\omega)H(\mathrm{j}\omega)$ 的向量和，这样，$F(\mathrm{j}\omega)=1+G(\mathrm{j}\omega)H(\mathrm{j}\omega)$ 曲线对原点的包围就等效于 $G(\mathrm{j}\omega)H(\mathrm{j}\omega)$ 曲线对(-1，j0)点的包围，闭环系统的稳定性可以通过研究 $G(\mathrm{j}\omega)H(\mathrm{j}\omega)$ 曲线对(-1，j0)的包围情况进行判断，由此就建立了闭环系统稳定性与开环频率特性曲线之间的关系，即奈奎斯特稳定性判据。

奈奎斯特稳定性判据：如果系统开环传递函数 $G(s)H(s)$ 在 s 右半平面有 P 个极点，并且 $\lim\limits_{s\to\infty}G(s)H(s)=$ 常数，则为了使闭环系统稳定，当 ω 从 $-\infty\to+\infty$ 时，$G(\mathrm{j}\omega)H(\mathrm{j}\omega)$ 曲线必须逆时针包围(-1，j0)点 P 次。

例 9-6　已知系统开环传递函数为 $G(s)H(s)=\dfrac{K}{(T_1s+1)(T_2s+1)}$，其中，$T_1>0$，$T_2>0$，试用奈奎斯特稳定性判据判断闭环系统的稳定性。

解

$$G(s)H(s)\big|_{s=\mathrm{j}\omega}=\frac{K}{(\mathrm{j}\omega T_1+1)(\mathrm{j}\omega T_2+1)}$$
$$=\frac{K(1-\omega^2T_1T_2)}{[1+(\omega T_1)^2][1+(\omega T_2)^2]}-\mathrm{j}\frac{K\omega(T_1+T_2)}{[1+(\omega T_1)^2][1+(\omega T_2)^2]}$$
$$\varphi(\omega)=-\arctan\frac{\omega(T_1+T_2)}{1-\omega^2T_1T_2}$$

当 $\omega=0$ 时，$G(\mathrm{j}\omega)H(\mathrm{j}\omega)=K\angle 0°$；当 $\omega=\infty$ 时，$G(\mathrm{j}\omega)H(\mathrm{j}\omega)\big|_{\omega=\infty}=0\angle-180°$。同时奈氏曲线与虚轴的交点：

令 $\mathrm{Re}[G(\mathrm{j}\omega)H(\mathrm{j}\omega)]=0$，可得 $\omega=\dfrac{1}{\sqrt{T_1T_2}}$，$\mathrm{Im}[G(\mathrm{j}\omega)H(\mathrm{j}\omega)]=\dfrac{-K\sqrt{T_1T_2}}{T_1+T_2}$。

据此，可以画出近似的奈氏曲线如图 9-11 所示。

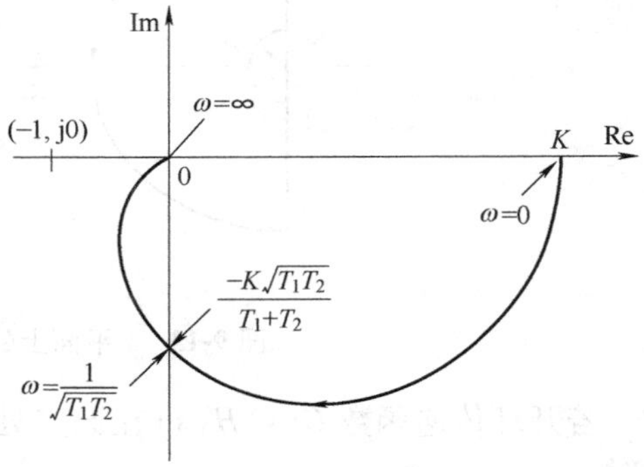

图 9-11　例 9-6 系统奈氏曲线

从图 9-11 可知，当 K 变化时，奈氏曲线将成比例扩张或缩小，但无论 K 如何变化，该奈氏曲线都不会包围(-1，j0)点，根据奈奎斯特稳定性判据 $Z=N+P$，在本例中，$P=0$，$N=0$，所以，$Z=0$，闭环系统稳定。

当系统开环传递函数 $G(s)H(s)$ 含有位于 s 平面原点上(或虚轴上其他位置)的极点和(或)零点时，系统开环传递函数 $G(s)H(s)$ 不解析。此时，若仍然以同样的方法(通过虚轴的包围整个 s 右半平面的半圆)取奈氏路径，不满足柯西辐角定理。为了使得奈氏路径不经过原点而仍能包围整个 s 右半平面，我们选择在原点附近利用具有无限小半径 ε 的半圆，绕过位于原点上的极点和零点，如图 9-12 所示。

变量 s 沿 $-j\omega$ 轴从 $-j\infty$ 运动到 $j0^-$，然后沿半径为 ε 的半圆从 $s=j0^-$ 运动到 $s=j0^+$，再沿着 $+j\omega$ 轴从 $s=j0^+$ 运动到 $s=j\infty$，最后，从 $s=j\infty$ 沿无穷大半圆返回起始点，形成一条新的闭合围线。由于 ε 的值无穷小，因此位于 s 右半平面的极点和零点仍然被包围在该封闭曲线内。

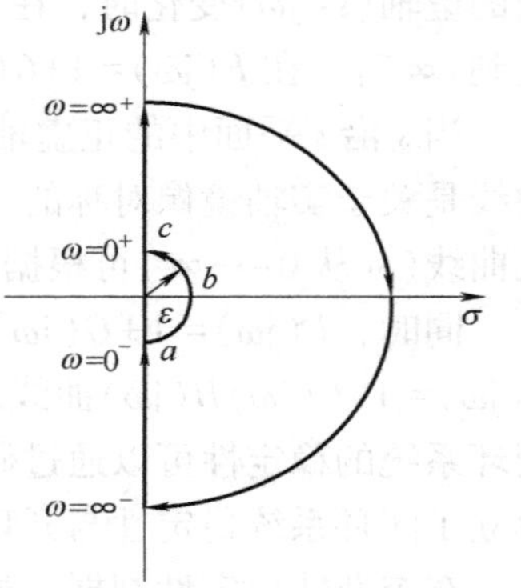

图 9-12　s 平面上绕过位于原点上的极点和零点的封闭曲线

研究具有下列开环传递函数的闭环系统：

$$G(s)H(s)=\frac{K}{s(Ts+1)}$$

当 $s=j0^+$ 和 $s=j0^-$ 时，在 $G(s)H(s)$ 平面上对应的点分别为 $-j\infty$ 和 $j\infty$。当变量 s 运动在半径为 ε 的半圆轨迹上，复变量 s 可以写成

$$s=\varepsilon e^{j\theta}$$

式中，θ 从 $-90°$ 变化到 $90°$。此时有

$$G(s)H(s)\big|_{s=\varepsilon e^{j\theta}}=\frac{K}{\varepsilon e^{j\theta}}=\frac{K}{\varepsilon}e^{-j\theta}$$

由于 $\varepsilon\to 0$，所以 $|G(s)H(s)|=\dfrac{K}{\varepsilon}\to\infty$，$\angle G(s)H(s)$ 从 $90°$ 变化到 $-90°$，即 $\angle G(s)H(s)$ 顺时针改变 $180°$。可见，围绕原点的无限小半圆映射到 $G(s)H(s)$ 平面上，就变成了具有无穷大半径的半圆。图 9-13 表示了 s 平面上的曲线和 $G(s)H(s)$ 平面的轨迹。s 平面上的 A、B、C 在 $G(s)H(s)$ 平面轨迹上的映射点分别为 A'、B'、C'。因为在 s 右半平面上没有极点，且 $G(s)H(s)$ 平面上的轨迹不包围 $(-1，j0)$ 点，所以 $1+G(s)H(s)$ 没有零点位于 s 右半平面。因此，系统稳定。

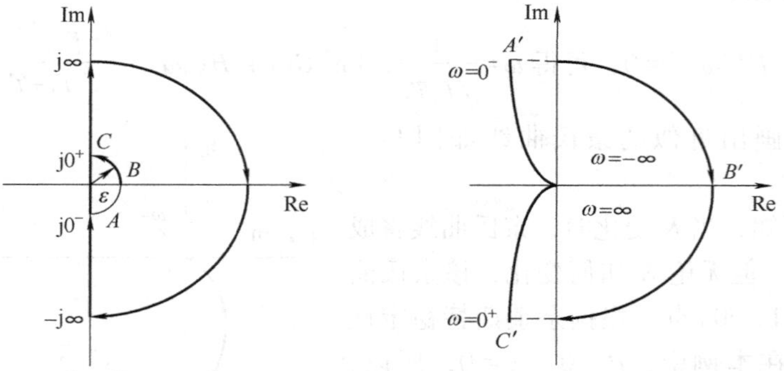

图 9-13　s 平面上的曲线和 $G(s)H(s)$ 平面的轨迹

若开环传递函数 $G(s)H(s)$ 在原点处有 n 重根，当变量 s 运动在半径为 ε 的半圆轨迹上时

$$G(s)H(s)=\frac{K}{s^n}$$

$$G(s)H(s)\big|_{s=\varepsilon e^{j\theta}}=\frac{K}{\varepsilon^n e^{jn\theta}}=\frac{K}{\varepsilon^n}e^{-jn\theta}\tag{9-16}$$

由式(9-16)可知，当 s 沿无限小半圆从 $s=j0^-$ 变化到 $s=j0^+$ 时，$\angle G(s)H(s)$ 顺时针改变 $n\times180°$。

例 9-7　已知单位负反馈系统的开环传递函数为

$$G(s)H(s)=\frac{K}{s(s-1)}\quad K>1$$

判断系统的闭环稳定性。

解　开环系统存在一个不稳定极点，因此，$P=1$。由于

$$\angle G(j\omega)H(j\omega)\big|_{\omega\to0^+}=-90°-180°=-270°$$

$$\angle G(j\omega)H(j\omega)\big|_{\omega\to\infty}=-90°$$

得到奈氏曲线如图 9-14 所示。奈氏曲线逆时针包围(-1，j0)点一圈，即 $N=-1$，而 $Z=N+P=0$。因此 s 右半平面无闭环极点，闭环系统稳定。

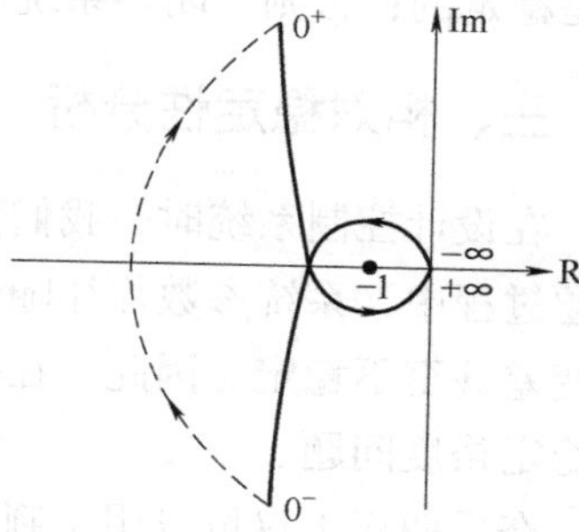

图 9-14　例 9-7 系统奈氏曲线

（三）对数频率稳定性判据

频率特性曲线对(-1，j0)点的包围情况可用频率特性的正负穿越情况来表示，如图 9-15 所示。当 ω 增加时，频率特性从 s 上半平面穿过负实轴的$(-\infty，-1)$段到 s 下半平面，称为频率特性对负实轴的$(-\infty，-1)$段的正穿越(这时随着 ω 的增加，频率特性的辐角也是增加的)；意味着逆时针包围(-1，j0)点。反之称为负穿越。

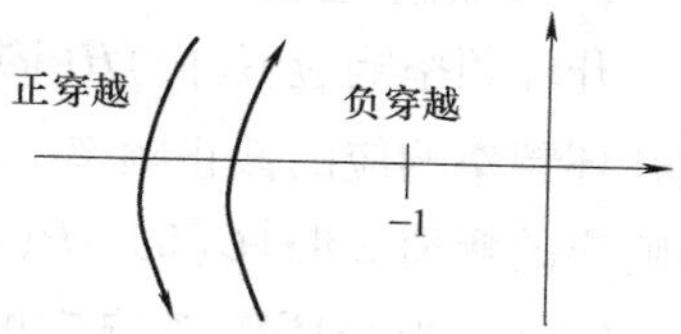

图 9-15　频率特性正穿越、负穿越示意图

这时奈奎斯特稳定性判据可以描述为：设开环系统传递函数 $G(s)H(s)$ 在 s 右半平面的极点个数为 P，则闭环系统稳定的充要条件是：当 ω 从$-\infty\to\infty$时，频率特性曲线在实轴$(-\infty，-1)$段的正负穿越次数差为 P。若只画正频率特性曲线，则正负穿越次数差为 $P/2$。

开环系统幅相频率特性与对数频率特性之间存在如下对应关系：在 $G(j\omega)H(j\omega)$ 平面上，$|G(j\omega)H(j\omega)|=1$ 的单位圆，对应于对数幅频特性的 0dB 线；$G(j\omega)H(j\omega)$ 平面上单位圆外的区域，如$(-\infty，-1)$区段，对应于对数幅频特性 0dB 以上的区域。所以，幅相频率特性 $G(j\omega)H(j\omega)$ 位于$(-\infty，-1)$范围内，对应于其对数特性 $L(\omega)$ 位于 0dB 线以上的区域。

从对数相频特性来看，$G(j\omega)H(j\omega)$ 平面上的负实轴，对应于对数相频特性上的 $\varphi(\omega)=-\pi$。当幅相特性正穿越时，产生正的相位移，这时对数相频特性应由下部向上穿越$-\pi$ 线，这称为正穿越。当幅相特性负穿越时，产生负的相位移，这时对数相频特性应由上部向下穿越$-\pi$ 线，这称为负穿越。对数相频特性正、负穿越如图 9-16 所示。

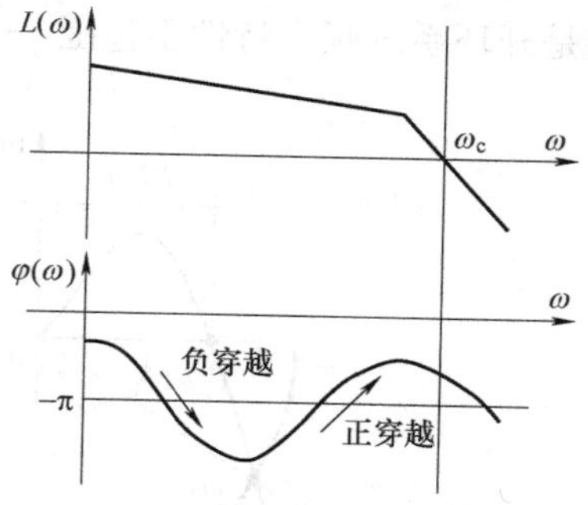

图 9-16　对数相频特性正、负穿越示意图

根据上述对应关系，利用对数频率特性判断闭环系统稳定性的奈奎斯特稳定性判据可表述如下：如果系统开环传递函数的极点全部位于 s 左半平面，即 $P=0$，则在 $L(\omega)$ 大于 0dB 的所有频段内，对数相频特性与$-\pi$ 线正穿越和负穿越次数之差为 0 时，闭环系统是稳定的；

否则，闭环系统是不稳定的。如果系统开环传递函数有 P 个极点在 s 右半平面，则在 $L(\omega)$ 大于 0dB 的所有频段内，对数相频特性与 $-\pi$ 线正穿越和负穿越次数之差为 $P/2$ 时，闭环系统是稳定的；否则，闭环系统是不稳定的。

三、相对稳定性分析

在设计控制系统时，我们要求控制系统是稳定的，即系统的绝对稳定性。但在处理实际问题过程中，系统参数往往随着时间、环境等因素的变化而变化，原先设计的控制系统的性能变差甚至不稳定。因此，在控制系统设计时需要考虑系统的稳定裕量，这就是相对稳定性或稳定裕度问题。

奈氏曲线不仅可以用于判断系统的绝对稳定性，也能够反映系统的相对稳定性。一般来说，奈氏曲线越接近(-1，j0)点，系统的振荡幅度越大，系统稳定性越差。因此，根据奈氏曲线与(-1，j0)点的接近程度可以衡量系统的相对稳定性。在频域中，通常用相位裕度和幅值裕度表示系统的相对稳定性。

（一）相位裕度

开环频率响应 $G(j\omega)H(j\omega)$ 曲线与 $G(s)H(s)$ 平面单位圆交点处的频率 ω_c，称为控制系统开环频率响应的截止频率。此时，开环频率响应的幅值 $|G(j\omega_c)H(j\omega_c)|=1$，对数开环频率响应的幅值 $20\lg|G(j\omega_c)H(j\omega_c)|=0\text{dB}$。

定义：当开环频率响应的幅值 $|G(j\omega_c)H(j\omega_c)|=1$ 或对数开环频率响应的幅值 $20\lg|G(j\omega_c)H(j\omega_c)|=0\text{dB}$ 时，开环频率响应相位 $\varphi(\omega_c)$ 距离 $-180°$ 的角度值，称为相位裕度，用 γ 或 PM 表示，如图 9-17 所示。相位裕度 γ 和相位 $\varphi(\omega_c)$ 的关系为

$$\gamma=180°+\varphi(\omega_c) \tag{9-17}$$

如果 $\gamma>0$，则相位裕度为正值，反之，则相位裕度为负值。

相位裕度 γ 的含义：如果系统是稳定的，那么系统的开环相频特性变化 γ 角度时，则系统就处于临界稳定。对于最小相位系统，根据奈奎斯特稳定性判据，闭环系统稳定的充要条件是开环系统频率特性不包围(-1，j0)点，若系统稳定，则其相位裕度 γ 必须为正值。

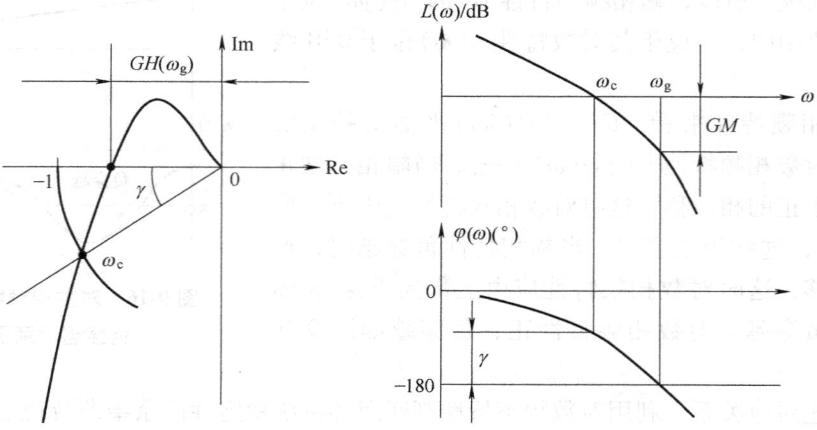

图 9-17　相位裕度和幅值裕度

（二）幅值裕度

当开环频率响应 $G(j\omega)H(j\omega)$ 相位为 $-180°$ 时，开环幅频特性幅值的倒数称为控制系统的幅值裕度，用 K_g 或 GM 表示，如图 9-17 所示，即

$$GM=\frac{1}{|G(j\omega_g)H(j\omega_g)|} \tag{9-18}$$

式中，ω_g 为 $G(j\omega)H(j\omega)$ 相位为 $-180°$ 时的角频率。若 $|G(j\omega_g)H(j\omega_g)|<1$，则开环频率响应曲线不包围 $(-1, j0)$ 点，幅值裕度 $GM>1$，称幅值裕度为正；若 $|G(j\omega_g)H(j\omega_g)|>1$，则开环频率响应曲线包围 $(-1, j0)$ 点，幅值裕度 $GM<1$，称幅值裕度为负。

在对数开环频率特性图中

$$20\lg GM=-20\lg|G(j\omega_g)H(j\omega_g)|=-L(\omega_g) \tag{9-19}$$

即 GM 的分贝值等于 $L(\omega_g)$ 与 0dB 之间的距离（0dB 下为正）。

幅值裕度 GM 的含义：如果系统是稳定的，那么系统的开环增益增大到原来的 GM 倍时，则系统就处于临界稳定。对于最小相位系统，若系统稳定，其幅值裕度 GM 必须为正值。

例 9-8　已知单位负反馈的最小相位系统，其开环对数幅频特性如图 9-18 所示，试求系统开环传递函数；计算系统的稳定裕度。

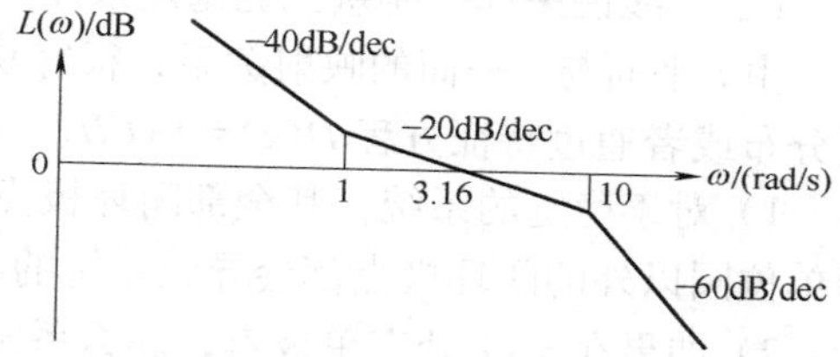

图 9-18　例 9-8 开环对数幅频特性图

解　由系统开环频率特性图可得系统开环传递函数

$$G(s)H(s)=\frac{k(s+1)}{s^2(0.1s+1)^2}$$

又因为 $\omega_c=3.16\text{rad/s}$，$G(j\omega)H(j\omega)\big|_{\omega=\omega_c}=\frac{k\cdot\omega_c}{\omega_c^2\cdot 1^2}=1$，得 $k=3.16$，从而得

$$G(s)H(s)=\frac{3.16(s+1)}{s^2(0.1s+1)^2}$$

计算系统的稳定裕度：

$$\varphi(\omega)=\arctan\omega-180°-2\arctan 0.1\omega$$

$$\gamma=180°+\varphi(\omega_c)=\arctan 3.16-2\arctan 0.316=37.4°$$

当 $\varphi(\omega_g)=-180°$ 时

$$-180°=\arctan\omega_g-180°-2\arctan 0.1\omega_g$$

$$\arctan\omega_g=2\arctan 0.1\omega_g$$

求得 $\omega_g=8.94\text{rad/s}$。

$$20\lg GM=-20\lg|G(j\omega)H(j\omega)|_{\omega=\omega_g}=-20\lg\frac{k\cdot\omega_g}{\omega_g^2\cdot 1^2}=9.03\text{dB}$$

因为 $\gamma>0$，所以闭环系统稳定。

四、离散系统的稳定性

离散系统中，采样周期的大小会直接影响系统的稳定性。采样系统稳定性分析是建立在 Z 变换的基础上，利用 Z 变换与拉普拉斯变换之间内在的数学联系，可以找出利用连续系统

稳定判据分析离散系统稳定性的方法。

（一）s 平面到 z 平面的映射

为了把连续系统在 s 平面上分析稳定性的结果移植到在 z 平面上分析离散系统的稳定性，首先需要研究 s 平面与 z 平面的映射关系。

在 Z 变换定义中 $z=e^{sT}$，由于 s 域中的任意点可表示为 $s=\sigma+j\omega$，映射到 z 平面则为

$$z=e^{sT}=e^{(\sigma+j\omega)T}=e^{\sigma T}e^{j\omega T}=e^{\sigma T}e^{j(\omega T+2\pi k)} \tag{9-20}$$

即 $|z|=e^{\sigma T}$，$\angle z=\omega T$。

由式(9-20)可见，s 平面内实部 σ 相同、虚部 ω（角频率）差值为采样频率（$2\pi/T$）整数倍的那些零点、极点，被映射到 z 平面的同一点，即一个 z 值有无穷多个对应的 s 值。

对于 s 左半平面内的任意点，实部 σ 为负值，因此 s 左半平面对应于

$$|z|=e^{\sigma T}<1$$

s 平面的虚轴对应于 $|z|=1$，即 s 平面的虚轴对应于 z 平面内的单位圆，而单位圆内部与 s 左半平面对应，单位圆外部与 s 右半平面对应。

（二）线性采样控制系统的稳定条件

由 s 平面与 z 平面的映射关系，很容易得出离散系统的稳定性可通过 z 平面内的闭环极点分布或者通过特征方程 $D(z)=1+GH(z)=0$ 的根来确定，即

1）对于稳定的系统，其全部闭环极点或特征方程的根必须位于 z 平面的单位圆内，任何单位圆以外的闭环极点都会导致系统的不稳定。

2）如果在 $z=1$ 处有单极点，那么系统是临界稳定的；当 z 平面的单位圆上仅有一对共轭复极点时，系统也是临界稳定的；若在单位圆上存在多重闭环极点，系统则是不稳定的。

3）由于闭环零点不影响系统的绝对稳定性，所以其可位于 z 平面内的任何位置。

综上所述，如果 z 平面的单位圆外存在闭环极点，或单位圆上存在多重闭环极点，就会导致单输入单输出线性定常离散系统的不稳定。

例 9-9 某闭环采样控制系统如图 9-19 所示。确定当 $K=1$ 时系统的稳定性。系统开环传递函数为

$$G(s)=\frac{1-e^{-sT}}{s}\frac{K}{s(s+1)}$$

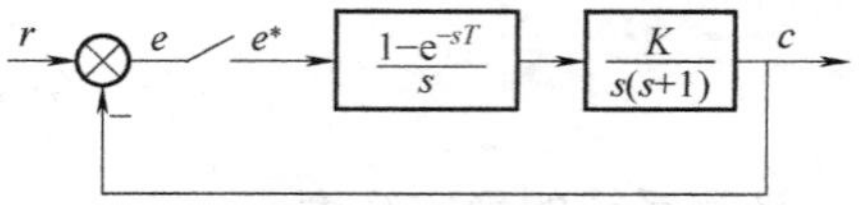

图 9-19　闭环采样控制系统结构图（$T=1$s）

解　根据闭环采样控制系统结构可知 $G(s)$ 的 Z 变换为

$$G(z)=\mathcal{Z}\left[\frac{1-e^{-sT}}{s}\frac{1}{s(s+1)}\right]=\frac{0.3679z+0.2642}{(z-0.3679)(z-1)}$$

系统的闭环脉冲传递函数为

$$\Phi(z)=\frac{G(z)}{1+G(z)}$$

故特征方程为

$$1+G(z)=0$$

将 $G(z)$ 代入上式，可得特征方程

$$(z-0.3679)(z-1)+0.3679z+0.2642=0$$

化简得

$$z^2-z+0.6321=0$$

求得该特征方程的根为

$$z_1=0.5+\mathrm{j}0.6181,\quad z_2=0.5-\mathrm{j}0.6181$$

可见

$$|z_1|=|z_2|<1$$

因此，该采样控制系统稳定。

（三）离散系统的稳定性判据

劳斯-赫尔维茨稳定判据不能直接运用于线性离散系统的稳定性分析，因为线性离散系统的稳定边界位于 z 平面的单位圆上。为了能够利用连续系统在 s 平面上特征根位置的劳斯-赫尔维茨稳定判据，必须引入一种线性变换，使得 z 平面单位圆内部分映射到新域的左半平面，z 平面单位圆映射到新域的虚轴，而 z 平面单位圆外部分映射到新域的右半平面，双线性变换（w 变换）能实现这一功能。

双线性变换定义为

$$z=\frac{w+1}{w-1}\tag{9-21}$$

得

$$w=\frac{z+1}{z-1}\tag{9-22}$$

设复变量 $z=x+\mathrm{j}y$，$w=u+\mathrm{j}v$，代入式(9-22)，得

$$u+\mathrm{j}v=\frac{x+1+\mathrm{j}y}{x-1+\mathrm{j}y}=\frac{(x^2+y^2-1)-2y\mathrm{j}}{(x-1)^2+y^2}$$

显然复变量 w 的实部为

$$u=\frac{x^2+y^2-1}{(x-1)^2+y^2}$$

由上式可知，当 $x^2+y^2=1$ 时，$u=0$，表明 z 平面上的单位圆等效于 w 平面的虚轴；当 $x^2+y^2>1$ 时，$u>0$，表明 z 平面单位圆外部分等效于 w 右半平面；当 $x^2+y^2<1$ 时，$u<0$，表明 z 平面单位圆外部分等效于 w 左半平面。z 平面与 w 平面的这种映射关系如图 9-20 所示。

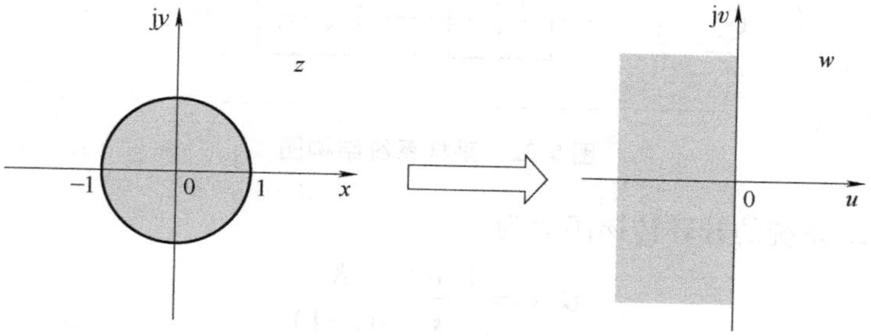

图 9-20　z 平面与 w 平面的映射关系

基于上述 z 与 w 两个平面的映射关系，闭环系统特征方程通过 w 变换由 z 平面变换到 w 平面后，符合了劳斯稳定判据的应用条件，故可以根据以复变量 w 表征的闭环系统特征方程应用劳斯稳定判据分析系统的稳定性。

例 9-10 设闭环离散系统如图 9-21 所示，其中采样周期 $T=0.1\text{s}$，试求系统稳定时 K 的临界值。

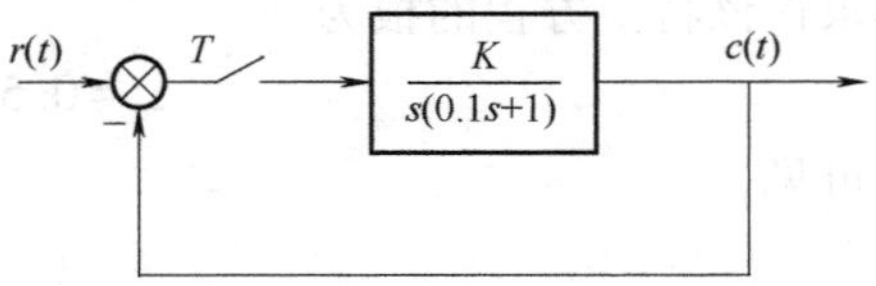

图 9-21 离散系统结构图

解 $G(s)$ 的 Z 变换为

$$G(z)=\frac{0.632Kz}{z^2-1.368z+0.368}$$

闭环脉冲传递函数为

$$G(z)=\frac{G(z)}{1+G(z)}$$

故闭环特征方程为

$$1+G(z)=z^2-1.368z+0.368+0.632Kz=0$$

令 $z=\dfrac{w+1}{w-1}$，得

$$\left(\frac{w+1}{w-1}\right)^2+(0.632K-1.368)\left(\frac{w+1}{w-1}\right)+0.368=0$$

化简后，得

$$0.632Kw^2+1.264w+(2.736-0.632K)=0$$

列出劳斯表

w^2	$0.632K$	$2.736-0.632K$
w^1	1.264	0
w^0	$2.736-0.632K$	0

从劳斯表第一列系数可以看出，为保证系统稳定，必须使 $K>0$ 和 $2.736-0.632K>0$，即 $K<4.33$。故系统稳定的临界增益 $K_c=4.33$。

（四）采样周期对系统稳定性的影响

通过一个例子来考察采样周期 T 对离散系统稳定性的影响。

例 9-11 已知一采样系统如图 9-22 所示，求 $T=1\text{s}$、2s、0.5s 时使系统稳定的 K 的范围。

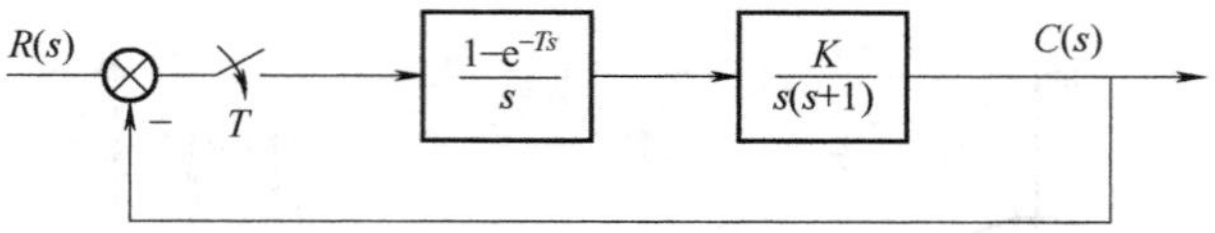

图 9-22 采样系统结构图

解 由图 9-22 系统的开环传递函数为

$$G(s)=\frac{1-e^{-Ts}}{s}\frac{K}{s(s+1)}$$

将其进行 Z 变换并代入 $T=1\text{s}$，得

$$G(z)=\frac{K(0.368z+0.264)}{(z-1)(z-0.368)}$$

于是特征方程为

$$z^2+(0.368K-1.368)z+0.368+0.264K=0$$

令 $z=(w+1)/(w-1)$ 代入特征方程中，得

$$0.632Kw^2+(1.264-0.528K)w+2.736-0.104K=0$$

若使该系统稳定，根据劳斯稳定判据，必须保证上式各项系数全为正，即

$$0.632K>0$$
$$1.264-0.528K>0$$
$$2.736-0.104K>0$$

整理可得，当 $0<K<2.4$ 时，该系统稳定。

上述情况表明开环比例系数 K 对系统稳定性有直接的影响，增大 K 对稳定性不利。

当 $T=2\text{s}$ 时，特征方程成为

$$z^2+(1.135K-1.135)z+(0.595K+0.135)=0$$

令 $z=(w+1)/(w-1)$，代入特征方程，得

$$1.73w^2+(1.73-1.19K)w+(2.27-0.54K)=0$$

要使系统稳定，上式各项系数必须全大于 0，即 $0<K<1.45$。

当 $T=0.5\text{s}$，可以算出，要使系统稳定，K 应该满足 $0<K<4.36$。

可以看出，当采样周期 T 从 1s 增大到 2s，临界开环比例系数从原来的 2.4 减少为 1.45，而当 T 减少到 0.5s 时，临界开环比例系数却增大到 4.36，说明增大采样周期对稳定不利，而减小采样周期则对稳定有利。当 T 趋向于 0，采样系统就成为连续系统了。在本例中，连续系统是二阶的，K 取任何正值系统都是稳定的。

第三节　李雅普诺夫稳定性分析

系统内部稳定性理论主要由俄国学者李雅普诺夫（A. M. Lyapunov）建立。他提出了分析系统稳定性的两种方法，即李雅普诺夫第一法和李雅普诺夫第二法，在此基础上确立了李雅普诺夫稳定性理论框架。由于李雅普诺夫稳定性理论的普适性以及基于状态空间的描述，使它成为现代控制理论的重要基础和组成部分。

一、李雅普诺夫第一法

李雅普诺夫第一法又称间接法，它通过系统状态方程的解来分析系统的稳定性，比较适用于线性系统和可线性化的非线性系统。

（一）线性系统的情况

对于线性定常系统，系统的特征值决定了系统的运动模态，对应于共轭复数对特征值 $\lambda_{i,i+1}=\sigma\pm\mathrm{j}\omega$ 的状态运动模态是以 $\mathrm{e}^{\sigma t}$ 为包络线、谐振频率为 ω 的正弦型谐振运动。所以，线性定常连续系统平衡状态 $\boldsymbol{x}_\mathrm{e}=0$ 为渐近稳定的充要条件是系统矩阵 $\boldsymbol{A}$ 的所有特征值都具有负实部。线性定常离散系统有类似的结论，即离散系统在平衡状态 $\boldsymbol{x}_\mathrm{e}=0$ 渐近稳定的充要条件是系统矩阵 $\boldsymbol{G}$ 的所有特征值的模都小于 1。以上结论与经典控制理论中关于线性定常系统稳定性的各种判据是一致的。

（二）非线性系统的情况

对于非本质性的非线性系统，可以在一定条件下用它的近似线性化模型来研究它在平衡点的稳定性。设非线性自治系统的状态方程为

$$\dot{\boldsymbol{x}}=\boldsymbol{f}(\boldsymbol{x}) \tag{9-23}$$

式中，$\boldsymbol{x}$ 为 n 维状态向量；$\boldsymbol{f}(\boldsymbol{x})$ 为 n 维非线性向量函数，并对各状态变量连续可微。将 $\boldsymbol{f}(\boldsymbol{x})$ 在平衡点 $\boldsymbol{x}_e=0$ 邻域展成台劳级数，得

$$\boldsymbol{f}(\boldsymbol{x})=\boldsymbol{f}(\boldsymbol{x}_e)+\left.\frac{\partial \boldsymbol{f}}{\partial \boldsymbol{x}^{\mathrm{T}}}\right|_{\boldsymbol{x}=\boldsymbol{x}_e}(\boldsymbol{x}-\boldsymbol{x}_e)+\boldsymbol{o}[(\boldsymbol{x}-\boldsymbol{x}_e)^2] \tag{9-24}$$

式中，$\boldsymbol{o}[(\boldsymbol{x}-\boldsymbol{x}_e)^2]$ 为高于一阶的所有高阶导数项之和，在 $\boldsymbol{x}_e=0$ 的一个小的邻域，有 $\boldsymbol{o}[(\boldsymbol{x}-\boldsymbol{x}_e)^2]\approx 0$，为高阶无尽小项，可以忽略不计。而 $\boldsymbol{f}(\boldsymbol{x}_e)=0$，因为 $\boldsymbol{x}_e=0$ 为平衡点。于是，式(9-23)可近似表示为

$$\dot{\boldsymbol{x}}\approx \boldsymbol{A}\boldsymbol{x}=\left.\frac{\partial \boldsymbol{f}}{\partial \boldsymbol{x}^{\mathrm{T}}}\right|_{\boldsymbol{x}=\boldsymbol{x}_e}\boldsymbol{x} \tag{9-25}$$

式中，$\boldsymbol{A}$ 是近似线性化模型的系统矩阵，为

$$\boldsymbol{A}=\left.\frac{\partial \boldsymbol{f}}{\partial \boldsymbol{x}^{\mathrm{T}}}\right|_{\boldsymbol{x}=\boldsymbol{x}_e}=\begin{bmatrix}\frac{\partial f_1}{\partial x_1} & \frac{\partial f_1}{\partial x_2} & \cdots & \frac{\partial f_1}{\partial x_n}\\ \vdots & \vdots & & \vdots\\ \frac{\partial f_n}{\partial x_1} & \frac{\partial f_n}{\partial x_2} & \cdots & \frac{\partial f_n}{\partial x_n}\end{bmatrix}_{\boldsymbol{x}=\boldsymbol{x}_e} \tag{9-26}$$

式中，f_1，f_2，…，f_n 是 $\boldsymbol{f}(\boldsymbol{x})$ 的 n 个分量，而矩阵 $\boldsymbol{A}$ 是一个雅可比(Jacobian)矩阵。

线性化以后系统的稳定性可参照线性定常系统的稳定性判别规则，即矩阵 $\boldsymbol{A}$ 的所有特征值具有负实部，则非线性系统(9-23)的平衡状态 $\boldsymbol{x}_e$ 是渐近稳定的；当矩阵 $\boldsymbol{A}$ 的特征值中有一个或一个以上实部为正的特征值，则非线性系统(9-23)的平衡状态 $\boldsymbol{x}_e$ 是不稳定的；但是当矩阵 $\boldsymbol{A}$ 有实部为 0 的特征值，而其余均为具负实部的特征值时，则非线性系统(9-23)的平衡状态 $\boldsymbol{x}_e$ 的稳定性要由高阶导数项 $\boldsymbol{o}[(\boldsymbol{x}-\boldsymbol{x}_e)^2]$ 决定。

通过李雅普诺夫第一法来判定一个系统在平衡状态的稳定性，需要求出系统的全部特征值，这对于诸如高阶系统等的情况存在一定的困难，经典控制理论中针对线性定常系统提出了一些有效的工程方法，可把它们视为李雅普诺夫第一法在线性定常系统中的工程应用。

二、李雅普诺夫第二法

(一) 李雅普诺夫第二法的基本思想

李雅普诺夫第二法又称直接法，它的主要结论的提出受启示于“一个系统在运动过程中总伴随着能量的变化”这样一个物理事实。如果系统在偏离平衡状态后的运动总伴随着内部能量的衰减，则运动终将到达能量的极小值点——平衡点；反之，在系统运动过程中系统所含的能量不断增加，则将形成远离平衡点的运动；如果系统运动过程中产生不改变其内部能量的现象，则会产生既不趋于平衡点又不远离平衡点的运动。它们分别对应了渐近稳定、不稳定和李雅普诺夫意义下的稳定。因此，李雅普诺夫第二法从伴随系统运动的能量变化状况出发，不需要求解系统的运动方程，直接分析、判断系统的稳定性能，因此，李雅普诺夫第二法具有很强的普适性。

但是，由于系统的复杂性和多样性，往往不能对任何系统都能找到能量函数来描述系统的能量关系。于是，李雅普诺夫引入了一个“广义能量”函数，它具备能量函数的基本属性——正的标量函数，又能给出随着系统运动反映其变化的信息，把这样的“广义能量”函

数称为李雅普诺夫函数。显然，李雅普诺夫函数比真正的能量函数更具一般性，应用也更加广泛。一般情况下，李雅普诺夫函数与状态向量 $\boldsymbol{x}$ 和时间 t 有关，表示为 $V(\boldsymbol{x},t)$，如果不显含 t，则表示为 $V(\boldsymbol{x})$。

李雅普诺夫第二法涉及函数的定号性，首先复习关于函数定号性的一些概念。

1. 标量函数的定号性

设 $V(\boldsymbol{x})$ 为关于 n 维向量 $\boldsymbol{x}$ 的标量函数，并且在 $\boldsymbol{x}=0$ 处，有 $V(\boldsymbol{x})=0$，则对于任意的非零向量 $\boldsymbol{x}\neq 0$，有

1）若 $V(\boldsymbol{x})>0$，称 $V(\boldsymbol{x})$ 为正定，例如 $V(\boldsymbol{x})=x_1^2+2x_2^2$。

2）若 $V(\boldsymbol{x})\geqslant 0$，称 $V(\boldsymbol{x})$ 为正半定，例如 $V(\boldsymbol{x})=(x_1+x_2)^2$。

3）若 $V(\boldsymbol{x})<0$，称 $V(\boldsymbol{x})$ 为负定，例如 $V(\boldsymbol{x})=-(x_1^2+2x_2^2)$。

4）若 $V(\boldsymbol{x})\leqslant 0$，称 $V(\boldsymbol{x})$ 为负半定，例如 $V(\boldsymbol{x})=-(x_1+x_2)^2$。

5）若 $V(\boldsymbol{x})$ 既可大于 0，又可小于 0，称 $V(\boldsymbol{x})$ 为不定，例如 $V(\boldsymbol{x})=x_1x_2+x_2^2$。

2. 二次型函数

设 $\boldsymbol{x}=[x_1\quad x_2\quad\cdots\quad x_n]^{\mathrm{T}}$ 为 n 个变量构成的向量，则称标量函数

$$V(\boldsymbol{x})=\boldsymbol{x}^{\mathrm{T}}\boldsymbol{P}\boldsymbol{x}=[x_1\quad x_2\quad\cdots\quad x_n]\begin{bmatrix}p_{11}&p_{12}&\cdots&p_{1n}\\p_{21}&p_{22}&\cdots&p_{2n}\\\vdots&\vdots&&\vdots\\p_{n1}&p_{n2}&\cdots&p_{nn}\end{bmatrix}\begin{bmatrix}x_1\\x_2\\\vdots\\x_n\end{bmatrix}=\sum_{\substack{i=1\\j=1}}^{n}p_{ij}x_ix_j$$

为 $\boldsymbol{x}$ 的二次型函数。其中，二次型函数的权矩阵 $\boldsymbol{P}$ 为 $n\times n$ 实对称矩阵，即 $p_{ij}=p_{ji}$，且全为实数。二次型函数 $V(\boldsymbol{x})=\boldsymbol{x}^{\mathrm{T}}\boldsymbol{P}\boldsymbol{x}$ 定号性与其权矩阵 $\boldsymbol{P}$ 是完全一致的，因此，判别 $V(\boldsymbol{x})$ 的定号性只要判别矩阵 $\boldsymbol{P}$ 的定号性，而一个矩阵的定号性由塞尔维斯特(Sylvester)准则确定。

3. 塞尔维斯特准则

设实对称矩阵

$$\boldsymbol{P}=\begin{bmatrix}p_{11}&p_{12}&\cdots&p_{1n}\\p_{21}&p_{22}&\cdots&p_{2n}\\\vdots&\vdots&&\vdots\\p_{n1}&p_{n2}&\cdots&p_{nn}\end{bmatrix}$$

的 1~n 阶顺序主子式为

$$\Delta_1=p_{11},\ \Delta_2=\begin{vmatrix}p_{11}&p_{12}\\p_{21}&p_{22}\end{vmatrix},\ \cdots,\ \Delta_n=\begin{vmatrix}p_{11}&p_{12}&\cdots&p_{1n}\\p_{21}&p_{22}&\cdots&p_{2n}\\\vdots&\vdots&&\vdots\\p_{n1}&p_{n2}&\cdots&p_{nn}\end{vmatrix}$$

则矩阵 $\boldsymbol{P}$ 的定号性判别条件为

1）若 $\Delta_i>0\ (i=1,2,\cdots,n)$，矩阵 $\boldsymbol{P}$ 为正定。

2）若 $\begin{cases}\Delta_i>0 & i\text{ 为偶数时}\\\Delta_i<0 & i\text{ 为奇数时}\end{cases}\quad(i=1,2,\cdots,n)$，矩阵 $\boldsymbol{P}$ 为负定。

3）若$\begin{cases}\Delta_i \geqslant 0 & (i=1, 2, \cdots, n-1) \\ \Delta_i = 0 & (i=n)\end{cases}$，矩阵 $\boldsymbol{P}$ 为正半定。

4）若$\begin{cases}\Delta_i \geqslant 0 & i\text{ 为偶数} \\ \Delta_i \leqslant 0 & i\text{ 为奇数} \\ \Delta_i = 0 & (i=n)\end{cases}$，矩阵 $\boldsymbol{P}$ 为负半定。

（二）李雅普诺夫第二方法稳定性判别结论

用李雅普诺夫第二法分析系统的稳定性，主要有下面一些结论：

1）设系统的状态方程为 $\dot{\boldsymbol{x}}=\boldsymbol{f}(\boldsymbol{x}, t)$，且其平衡状态为 $\boldsymbol{x}_e=0$。如果存在一个具有连续一阶偏导数的标量函数 $V(\boldsymbol{x}, t)$，并且满足条件：①$V(\boldsymbol{x}, t)$为正定，②$\dot{V}(\boldsymbol{x}, t)$为负定，则系统的平衡状态 $\boldsymbol{x}_e=0$ 是渐近稳定的，并称 $V(\boldsymbol{x}, t)$是该系统的一个李雅普诺夫函数。进一步，如果 $V(\boldsymbol{x}, t)$还满足③ $\lim\limits_{\|x\|\to\infty} V(\boldsymbol{x}, t)=\infty$，则平衡状态 $\boldsymbol{x}_e=0$ 是大范围渐近稳定的。

该结论的物理意义是明显的。条件①保证了 $V(\boldsymbol{x}, t)$具备“广义能量”函数的特性，条件②表明该“能量”函数随着系统的运动不断衰减，条件③表示了满足渐近稳定的条件可扩展至整个状态空间。

2）系统状态方程及平衡状态同上，如果存在一个具有连续一阶偏导数的标量函数 $V(\boldsymbol{x}, t)$，并且满足条件：①$V(\boldsymbol{x}, t)$为正定，②$\dot{V}(\boldsymbol{x}, t)$为负半定，但它在状态方程非零解运动轨线上不恒为零，即对于 $\boldsymbol{x}\neq 0$，$\dot{V}(\boldsymbol{x}, t)\not\equiv 0$，则系统的平衡状态 $\boldsymbol{x}_e=0$ 是渐近稳定的。同样，如果 $V(\boldsymbol{x}, t)$还满足③ $\lim\limits_{\|x\|\to\infty} V(x, t)=\infty$，则平衡状态 $\boldsymbol{x}_e=0$ 是大范围渐近稳定的。

对于条件②，由于 $\dot{V}(x, t)$为负半定，表示在 $\boldsymbol{x}\neq 0$ 某处会出现 $\dot{V}(\boldsymbol{x}, t)=0$ 但不恒为零的情况，这时系统向着“能量”越来越小方向运动过程中与某个特定的等“能量”面相切，但通过切点后并不停留而继续趋向于最小“能量”的平衡点 $\boldsymbol{x}_e=0$，即该平衡状态仍然是渐近稳定的。

3）系统状态方程及平衡状态同上，如果存在一个具有连续一阶偏导数的标量函数 $V(\boldsymbol{x}, t)$，并且满足条件：①$V(\boldsymbol{x}, t)$为正定，②$\dot{V}(\boldsymbol{x}, t)$为负半定，则系统的平衡状态 $\boldsymbol{x}_e=0$ 是李雅普诺夫意义下稳定的。

当 $\dot{V}(\boldsymbol{x}, t)$负半定，会出现在 $\boldsymbol{x}\neq 0$ 某处有 $\dot{V}(\boldsymbol{x}, t)=0$ 且恒为零的情况，这时系统向着小“能量”方向运动的过程中与某个特定的等“能量”面相切，并且不再离开该等“能量”面，形成类似于等幅振荡的运动状态，显然，这时系统的运动具有有界性，但不具有对于平衡状态的渐近性，此时的平衡状态是李雅普诺夫意义下稳定的。

4）系统状态方程及平衡状态同上，如果存在一个具有连续一阶偏导数的标量函数 $V(\boldsymbol{x}, t)$，并且满足条件：①$V(\boldsymbol{x}, t)$为正定，②$\dot{V}(\boldsymbol{x}, t)$也为正定，则系统的平衡状态 $\boldsymbol{x}_e=0$ 是不稳定的。

条件②表明“能量”函数 $V(\boldsymbol{x}, t)$随着系统的运动不断增大，即运动沿着越来越远离平衡点的大“能量”方向进行，可见，该平衡点是不稳定的。

（三）关于李雅普诺夫第二法的讨论

在应用上述结论时有一些问题值得注意，下面来讨论这些问题。

1）上述结论适用于任何性质的系统，但针对定常系统时，李雅普诺夫函数一般不显含

时间变量 t，即为 $V(\boldsymbol{x})$。

2）上述结论中关于系统平衡点稳定性的条件只是充分条件，而不是充要条件。其局限性在于，如果对给定系统找不到满足结论条件的李雅普诺夫函数 $V(\boldsymbol{x},\ t)$，并不能对系统的相应稳定性做出否定性结论。

3）上述结论中除了明确指出稳定性的大范围特性（全局性）外，都只表示了系统在平衡状态附近某个邻域内的稳定性能，即局部稳定性能。

例 9-12　分析如下系统平衡状态的稳定性

$$\dot{\boldsymbol{x}}=\begin{bmatrix}0 & 1\\-1 & -1\end{bmatrix}\boldsymbol{x}$$

解　因为系统线性定常，而且系统矩阵 $\boldsymbol{A}=\begin{bmatrix}0 & 1\\-1 & -1\end{bmatrix}$ 为非奇异，所以 $\boldsymbol{x}_e=0$ 是系统唯一的平衡状态。下面选取不同的 $V(\boldsymbol{x})$ 以分析系统在 $\boldsymbol{x}_e=0$ 的稳定性能。

1）选 $V(\boldsymbol{x})=2x_1^2+x_2^2$，它是正定的。而 $V(\boldsymbol{x})$ 对时间的导数为

$$\begin{aligned}\dot{V}(\boldsymbol{x})&=4x_1\dot{x}_1+2x_2\dot{x}_2=4x_1x_2+2x_2(-x_1-x_2)\\&=2x_1x_2-2x_2^2=2x_2(x_1-x_2)\end{aligned}$$

可见，$\dot{V}(\boldsymbol{x})$ 是不定的。根据李雅普诺夫第二法的相关定理，不能做出关于 $\boldsymbol{x}_e=0$ 的稳定性能的判断。

2）选 $V(\boldsymbol{x})=x_1^2+x_2^2$，它也是正定的。求得

$$\dot{V}(\boldsymbol{x})=2x_1\dot{x}_1+2x_2\dot{x}_2=2x_1x_2+2x_2(-x_1-x_2)=-2x_2^2$$

$\dot{V}(\boldsymbol{x})$ 是负半定的。根据上面讨论，$\boldsymbol{x}_e=0$ 是李雅普诺夫意义下稳定的。再进一步，可以考查到只有在 $\boldsymbol{x}_e=0$ 才有 $\dot{V}(\boldsymbol{x})\equiv 0$，系统其余非零解的运动轨线上 $\dot{V}(\boldsymbol{x})$ 不可能恒为零。根据上面结论，平衡状态 $\boldsymbol{x}_e=0$ 是渐近稳定的。又当 $\|\boldsymbol{x}\|\to\infty$ 时，$V(\boldsymbol{x})\to\infty$，故平衡状态 $\boldsymbol{x}_e=0$ 是大范围渐近稳定的。

3）选 $V(\boldsymbol{x})$ 为如下二次型函数：

$$V(\boldsymbol{x})=[x_1\quad x_2]\begin{bmatrix}3 & 1\\1 & 2\end{bmatrix}\begin{bmatrix}x_1\\x_2\end{bmatrix}=3x_1^2+x_1x_2+x_1x_2+2x_2^2=(x_1+x_2)^2+2x_1^2+x_2^2$$

它是正定的。求得

$$\begin{aligned}\dot{V}(\boldsymbol{x})&=2(x_1+x_2)(\dot{x}_1+\dot{x}_2)+4x_1\dot{x}_1+2x_2\dot{x}_2\\&=2(x_1+x_2)(x_2-x_1-x_2)+4x_1x_2+2x_2(-x_1-x_2)=-2(x_1^2+x_2^2)\end{aligned}$$

它是负定的。根据上面结论，平衡状态 $\boldsymbol{x}_e=0$ 是渐近稳定的。进一步，当 $\|\boldsymbol{x}\|\to\infty$ 时，$V(\boldsymbol{x})\to\infty$，故平衡状态 $\boldsymbol{x}_e=0$ 又是大范围渐近稳定的。

例 9-12 一方面表明了对于一个系统，李雅普诺夫函数的非唯一性；另一方面也说明李雅普诺夫函数的构造的确没有一般规律可循，而且它的构造会直接影响系统稳定性的判别。

三、线性定常系统渐近稳定的判别

当应用李雅普诺夫第二法分析线性定常系统稳定性时，经常选取二次型函数作为李雅普诺夫函数，并由此得出一些较之上述基本判据更有效的结论。

（一）线性定常连续系统

线性定常连续系统 $\dot{\boldsymbol{x}}(t)=\boldsymbol{A}\boldsymbol{x}(t)$（$\boldsymbol{A}$ 为非奇异常数阵）的平衡状态 $\boldsymbol{x}_e=0$ 为大范围渐近稳定的充要条件是，对任意给定的正定实对称矩阵 $\boldsymbol{Q}$，必存在正定的实对称矩阵 $\boldsymbol{P}$，满足矩阵方程

$$\boldsymbol{A}^{\mathrm{T}}\boldsymbol{P}+\boldsymbol{P}\boldsymbol{A}=-\boldsymbol{Q} \tag{9-27}$$

而 $V(\boldsymbol{x})=\boldsymbol{x}^{\mathrm{T}}\boldsymbol{P}\boldsymbol{x}$ 是系统的一个李雅普诺夫函数。

这是因为可求得

$$\dot{V}(\boldsymbol{x})=\dot{\boldsymbol{x}}^{\mathrm{T}}\boldsymbol{P}\boldsymbol{x}+\boldsymbol{x}^{\mathrm{T}}\boldsymbol{P}\dot{\boldsymbol{x}}=\boldsymbol{x}^{\mathrm{T}}\boldsymbol{A}^{\mathrm{T}}\boldsymbol{P}\boldsymbol{x}+\boldsymbol{x}^{\mathrm{T}}\boldsymbol{P}\boldsymbol{A}\boldsymbol{x}=\boldsymbol{x}^{\mathrm{T}}(\boldsymbol{A}^{\mathrm{T}}\boldsymbol{P}+\boldsymbol{P}\boldsymbol{A})\boldsymbol{x}$$

这也是一个二次型函数，其权矩阵为 $\boldsymbol{A}^{\mathrm{T}}\boldsymbol{P}+\boldsymbol{P}\boldsymbol{A}=-\boldsymbol{Q}$，$\boldsymbol{Q}$ 矩阵也是实对称矩阵。可见，如果二次型函数 $\dot{V}(\boldsymbol{x})$ 的权矩阵 $\boldsymbol{A}^{\mathrm{T}}\boldsymbol{P}+\boldsymbol{P}\boldsymbol{A}$ 为负定（即 $\boldsymbol{Q}$ 矩阵为正定），平衡状态 $\boldsymbol{x}_e=0$ 是渐近稳定的，如又有 $\lim\limits_{\|x\|\to\infty}V(\boldsymbol{x},t)=\infty$，则该平衡点是大范围渐近稳定的。

要注意的是，这个结论给出的是判别线性定常连续系统在平衡点大范围渐近稳定的充要条件。上面的讨论过程已经说明了条件的充分性，还可以证明条件的必要性。

例 9-13 应用线性定常连续系统渐近稳定判定结论分析例 9-12 中系统在平衡点的稳定性。

解 系统的系统矩阵为 $\boldsymbol{A}=\begin{bmatrix}0 & 1\\ -1 & -1\end{bmatrix}$，选取 $\boldsymbol{Q}$ 为单位矩阵 $\boldsymbol{I}$，代入矩阵方程(9-27)为

$$\begin{bmatrix}0 & -1\\ 1 & -1\end{bmatrix}\begin{bmatrix}p_{11} & p_{12}\\ p_{12} & p_{22}\end{bmatrix}+\begin{bmatrix}p_{11} & p_{12}\\ p_{12} & p_{22}\end{bmatrix}\begin{bmatrix}0 & 1\\ -1 & -1\end{bmatrix}=\begin{bmatrix}-1 & 0\\ 0 & -1\end{bmatrix}$$

式中已经应用矩阵 $\boldsymbol{P}$ 是对称阵的性质。展开矩阵方程得到联立方程

$$\begin{cases}-2p_{12}=-1\\ p_{11}-p_{12}-p_{22}=0\\ 2p_{12}-2p_{22}=-1\end{cases}$$

解得

$$\boldsymbol{P}=\begin{bmatrix}p_{11} & p_{12}\\ p_{12} & p_{22}\end{bmatrix}=\begin{bmatrix}\dfrac{3}{2} & \dfrac{1}{2}\\ \dfrac{1}{2} & 1\end{bmatrix}$$

矩阵 $\boldsymbol{P}$ 的 1~2 阶顺序主子式为

$$\Delta_1=p_{11}=\frac{3}{2}>0,\ \Delta_2=\begin{vmatrix}p_{11} & p_{12}\\ p_{21} & p_{22}\end{vmatrix}=\begin{vmatrix}\dfrac{3}{2} & \dfrac{1}{2}\\ \dfrac{1}{2} & 1\end{vmatrix}=\frac{5}{4}>0$$

由塞尔维斯特准则，可确定矩阵 $\boldsymbol{P}$ 是正定的，该系统的平衡状态 $\boldsymbol{x}_e=0$ 是渐近稳定的。而二次型函数

$$V(\boldsymbol{x})=\boldsymbol{x}^{\mathrm{T}}\boldsymbol{P}\boldsymbol{x}=[x_1\quad x_2]\begin{bmatrix}\dfrac{3}{2} & \dfrac{1}{2}\\ \dfrac{1}{2} & 1\end{bmatrix}\begin{bmatrix}x_1\\ x_2\end{bmatrix}=\frac{1}{2}(3x_1^2+2x_1x_2+2x_2^2)=x_1^2+\frac{1}{2}x_2^2+\frac{1}{2}(x_1+x_2)^2$$

是系统的一个李雅普诺夫函数，当$\|\boldsymbol{x}\|\to\infty$时，有$V(\boldsymbol{x})\to\infty$，所以平衡状态$\boldsymbol{x}_e=0$是大范围渐近稳定的。结论与上面一致。

（二）线性定常离散系统

线性定常离散系统$\boldsymbol{x}(k+1)=\boldsymbol{G}\boldsymbol{x}(k)$（$\boldsymbol{G}$为非奇异常数阵）的平衡状态$\boldsymbol{x}_e=0$为大范围渐近稳定的充要条件是对任意给定的正定实对称矩阵$\boldsymbol{Q}$，必存在正定的实对称矩阵$\boldsymbol{P}$，满足矩阵方程

$$\boldsymbol{G}^{\mathrm{T}}\boldsymbol{P}\boldsymbol{G}-\boldsymbol{P}=-\boldsymbol{Q} \tag{9-28}$$

而$V[\boldsymbol{x}(k)]=\boldsymbol{x}^{\mathrm{T}}(k)\boldsymbol{P}\boldsymbol{x}(k)$是系统的一个李雅普诺夫函数。

这也是一个二次型函数，其权矩阵为$\boldsymbol{A}^{\mathrm{T}}\boldsymbol{P}+\boldsymbol{P}\boldsymbol{A}=-\boldsymbol{Q}$，$\boldsymbol{Q}$矩阵也是实对称矩阵。可见，如果二次型函数$\dot{V}(\boldsymbol{x})$的权矩阵$\boldsymbol{A}^{\mathrm{T}}\boldsymbol{P}+\boldsymbol{P}\boldsymbol{A}$为负定（即$\boldsymbol{Q}$矩阵为正定），平衡状态$\boldsymbol{x}_e=0$是渐近稳定的，如又有$\lim\limits_{\|x\|\to\infty}V(\boldsymbol{x},t)=\infty$，则该平衡点是大范围渐近稳定的。

这是因为增量函数$\Delta V[\boldsymbol{x}(k)]$可求得

$$\begin{aligned}\Delta V[\boldsymbol{x}(k)]&=V[\boldsymbol{x}(k+1)]-V[\boldsymbol{x}(k)]=\boldsymbol{x}^{\mathrm{T}}(k+1)\boldsymbol{P}\boldsymbol{x}(k+1)-\boldsymbol{x}^{\mathrm{T}}(k)\boldsymbol{P}\boldsymbol{x}(k)\\&=\boldsymbol{x}^{\mathrm{T}}(k)\boldsymbol{G}^{\mathrm{T}}\boldsymbol{P}\boldsymbol{G}\boldsymbol{x}(k)-\boldsymbol{x}^{\mathrm{T}}(k)\boldsymbol{P}\boldsymbol{x}(k)=\boldsymbol{x}^{\mathrm{T}}(k)(\boldsymbol{G}^{\mathrm{T}}\boldsymbol{P}\boldsymbol{G}-\boldsymbol{P})x(k)\end{aligned}$$

这同样是一个二次型函数，其权矩阵为$\boldsymbol{G}^{\mathrm{T}}\boldsymbol{P}\boldsymbol{G}-\boldsymbol{P}$，$\boldsymbol{Q}$矩阵也是实对称矩阵。可见，如果二次型函数$\Delta V[\boldsymbol{x}(k)]$的权矩阵$\boldsymbol{G}^{\mathrm{T}}\boldsymbol{P}\boldsymbol{G}-\boldsymbol{P}$为负定（即$\boldsymbol{Q}$矩阵为正定），平衡状态$\boldsymbol{x}_e=0$是渐近稳定的，如果又有$\lim\limits_{\|x\|\to\infty}V[\boldsymbol{x}(k)]=\infty$，则该平衡点是大范围渐近稳定的。

例 9-14　线性定常离散系统的状态方程为

$$\boldsymbol{x}(k+1)=\begin{bmatrix}\lambda_1&0\\0&\lambda_2\end{bmatrix}\boldsymbol{x}(k)$$

试讨论系统在平衡点的渐近稳定性。

解　取$\boldsymbol{Q}=\boldsymbol{I}$，代入矩阵方程(9-28)，即

$$\begin{bmatrix}\lambda_1&0\\0&\lambda_2\end{bmatrix}\begin{bmatrix}P_{11}&P_{12}\\P_{21}&P_{22}\end{bmatrix}\begin{bmatrix}\lambda_1&0\\0&\lambda_2\end{bmatrix}-\begin{bmatrix}P_{11}&P_{12}\\P_{21}&P_{22}\end{bmatrix}=-\begin{bmatrix}1&0\\0&1\end{bmatrix}$$

展开得联立方程

$$\begin{cases}(\lambda_1^2-1)P_{11}=-1\\(\lambda_1\lambda_2-1)P_{12}=0\\(\lambda_1\lambda_2-1)P_{21}=0\\(\lambda_2^2-1)P_{22}=-1\end{cases}$$

解得

$$\boldsymbol{P}=\begin{bmatrix}\dfrac{1}{1-\lambda_1^2}&0\\0&\dfrac{1}{1-\lambda_2^2}\end{bmatrix}$$

由塞尔维斯特准则，为使$\boldsymbol{P}$是正定矩阵，则要求$|\lambda_1|<1$和$|\lambda_2|<1$。由系统的状态方程可知，λ_1和λ_2是系统的两个特征值。所以，当且仅当系统的特征值均位于单位圆内时，系统的平衡状态$\boldsymbol{x}_e=0$才是大范围渐近稳定的。这个结论与经典控制理论中关于采样控制系统的稳定性判据是一致的。

第四节　实例：双转子直升机系统稳定性分析

由于劳斯稳定性判据和奈奎斯特稳定性判据仅适合于单输入单输出线性定常系统，为了应用上述判据，现将双转子直升机系统简化为仅含俯仰角的单自由度系统，系统运动方程简化为

$$J_p\ddot{\theta}+D_p\dot{\theta}=K_{pp}V_p$$

系统状态空间模型为

$$\dot{\boldsymbol{x}}=\begin{bmatrix}0 & 1\\ 0 & -\dfrac{D_p}{J_p}\end{bmatrix}\boldsymbol{x}+\begin{bmatrix}0\\ \dfrac{K_{pp}}{J_p}\end{bmatrix}u$$

$$y=[1\quad 0]\boldsymbol{x}$$

式中，$\boldsymbol{x}=[\theta\quad \dot{\theta}]^{T}$，$u=V_p$，$y=\theta$，$D_p=0.0226V\cdot s/rad$，$J_p=0.0219kg\cdot m^2$，$K_{pp}=0.0015N\cdot m/V$。

当初始状态为零，即 $\theta(0)=0$，$\dot{\theta}(0)=0$，该系统的开环传递函数为

$$G(s)=\frac{K_{pp}}{J_ps^2+D_ps}=\frac{\dfrac{K_{pp}}{J_p}}{s\left(s+\dfrac{D_p}{J_p}\right)}=\frac{0.0685}{s(s+1.032)}$$

从系统的传递函数 $G(s)$ 表达式可知，系统有两个极点 $s_1=0$，$s_2=-1.032$，系统不稳定。

下面考虑在开环系统的基础上，增加一个比例增益环节，考察单位反馈系统相对于参数范围的稳定性。系统结构如图 9-23 所示。

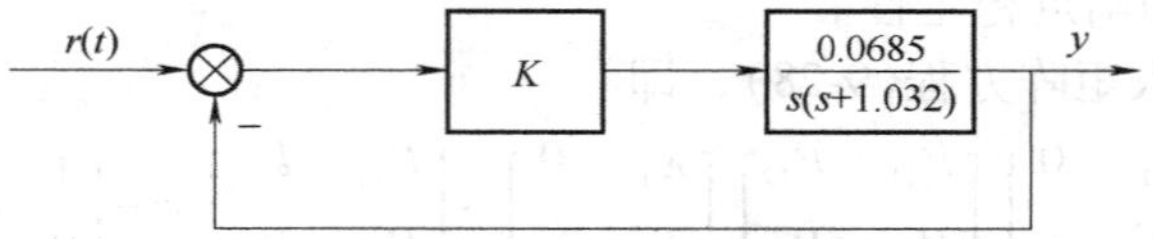

图 9-23　用于检验稳定性的反馈系统

一、代数判据分析

从图 9-23 可知，闭环系统特征方程为

$$1+\frac{0.0685K}{s(s+1.032)}=0$$

$$s^2+1.032s+0.0685K=0$$

对应劳斯表为

s^2	1	$0.0685K$
s^1	1.032	0
s^0	$0.0685K$	

由劳斯判据可知，系统若要稳定，应使 $0.0685K>0$，即 $K>0$。给定增益 K 的值，就可以通过求特征多项式的根来计算闭环极点。尽管任何满足该不等式的增益 K，都可以使系统稳定，但相应的动态响应会因 K 值的不同而不同。图 9-24 所示为 K 分别取 10、50、100 时闭环系

统的动态阶跃响应曲线。

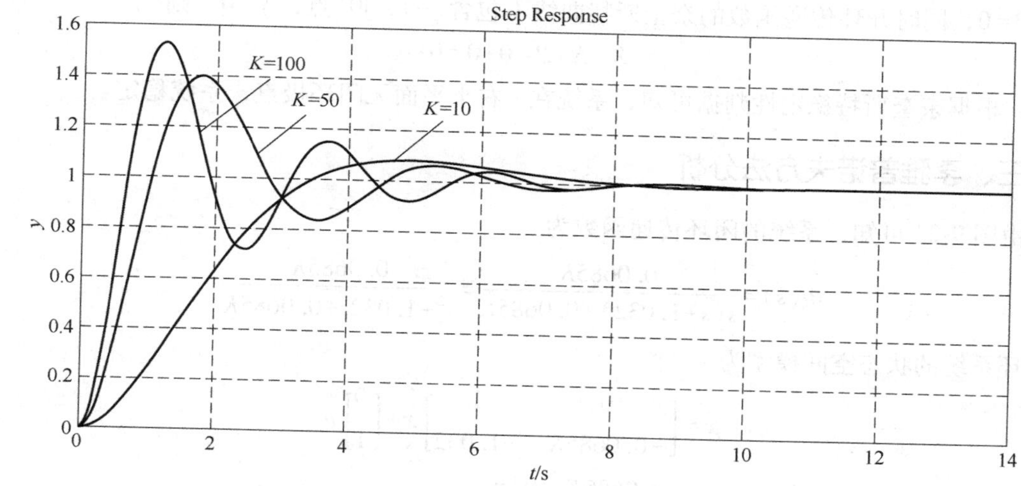

图 9-24　K 分别取 10、50、100 时闭环系统的动态阶跃响应曲线

二、奈奎斯特稳定性判据分析

由图 9-23 可知系统开环传递函数

$$G(s)H(s)=\frac{0.0685K}{s(s+1.032)}$$

其开环频率特性表达式为

$$|G(j\omega)H(j\omega)|=\frac{0.0685K}{\omega\sqrt{\omega^2+1.032^2}}$$

$$\angle G(j\omega)H(j\omega)=-90°-\arctan\frac{\omega}{1.032}$$

当 K 的值分别为 1、10、20 时开环系统的奈氏曲线如图 9-25 所示。

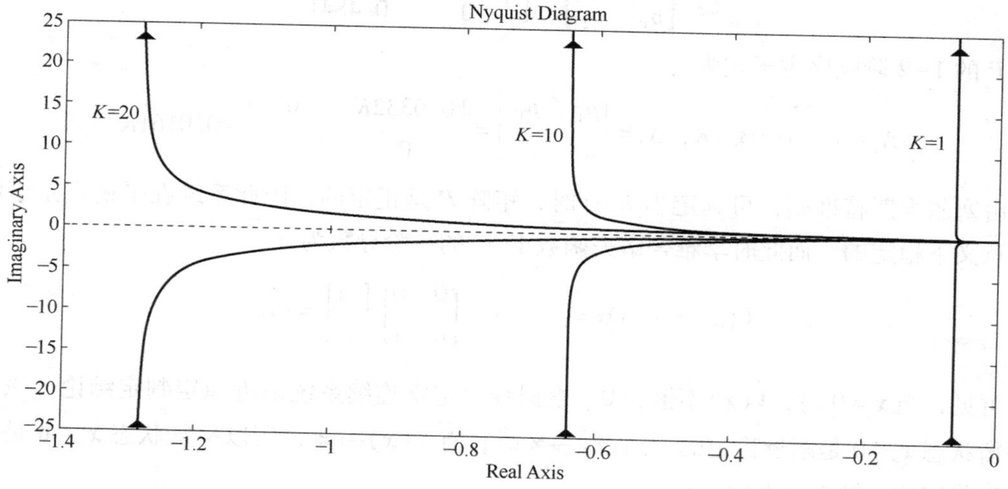

图 9-25　K 分别取 1、10、20 时开环系统的奈氏曲线

由于系统的开环传递函数的两个极点分别为 $s_1=0$，$s_2=-1.032$，其在 s 右半平面无极点，$P=0$，同时开环传递函数的奈奎斯特曲线不包含$(-1,\ \mathrm{j}0)$点，$N=0$，则

$$Z=N+P=0+0=0$$

因此，根据奈奎斯特稳定性判据可知，系统在 s 右半平面无闭环极点，系统稳定。

三、李雅普诺夫方法分析

由图 9-23 可知，系统的闭环传递函数为

$$\Phi(s)=\frac{0.0685K}{s(s+1.032)+0.0685K}=\frac{0.0685K}{s^2+1.032s+0.0685K}$$

则闭环系统的状态空间模型为

$$\dot{\boldsymbol{x}}=\begin{bmatrix}0 & 1\\ -0.0685K & -1.032\end{bmatrix}\boldsymbol{x}+\begin{bmatrix}0\\1\end{bmatrix}u$$

$$y=[0.0685K \quad 0]\boldsymbol{x}$$

系统的系统矩阵为 $\boldsymbol{A}=\begin{bmatrix}0 & 1\\ -0.0685K & -1.032\end{bmatrix}$，选取 $\boldsymbol{Q}=\begin{bmatrix}0 & 0\\ 0 & 1\end{bmatrix}$，为半正定矩阵，由式(9-28)得矩阵方程为

$$\begin{bmatrix}0 & -0.0685K\\ 1 & -1.032\end{bmatrix}\begin{bmatrix}p_{11} & p_{12}\\ p_{12} & p_{22}\end{bmatrix}+\begin{bmatrix}p_{11} & p_{12}\\ p_{12} & p_{22}\end{bmatrix}\begin{bmatrix}0 & 1\\ -0.0685K & -1.032\end{bmatrix}=\begin{bmatrix}0 & 0\\ 0 & -1\end{bmatrix}$$

式中已经应用矩阵 $\boldsymbol{P}$ 是对称阵的性质。展开矩阵方程得到联立方程

$$\begin{cases}-2\times0.0685Kp_{12}=0\\ p_{11}-1.032p_{12}-0.0685Kp_{22}=0\\ 2p_{12}-2\times1.032p_{22}=-1\end{cases}$$

解得

$$\boldsymbol{P}=\begin{bmatrix}p_{11} & p_{12}\\ p_{12} & p_{22}\end{bmatrix}=\begin{bmatrix}0.0332K & 0\\ 0 & 0.484\end{bmatrix}$$

矩阵 $\boldsymbol{P}$ 的 1~2 阶顺序主子式为

$$\Delta_1=p_{11}=0.0332K,\ \Delta_2=\begin{vmatrix}p_{11} & p_{12}\\ p_{21} & p_{22}\end{vmatrix}=\begin{vmatrix}0.0332K & 0\\ 0 & 0.484\end{vmatrix}=0.0161K$$

由塞尔维斯特准则，可确定当 $K>0$ 时，矩阵 $\boldsymbol{P}$ 是正定的，因此系统在平衡点是李雅普诺夫意义下稳定的。而此时李雅普诺夫函数 $V(x)$ 的一阶导数为

$$\dot{V}(\boldsymbol{x})=-\boldsymbol{x}^{\mathrm{T}}\boldsymbol{Q}\boldsymbol{x}=[x_1 \quad x_2]\begin{bmatrix}0 & 0\\ 0 & 1\end{bmatrix}\begin{bmatrix}x_1\\ x_2\end{bmatrix}=-x_2^2$$

可见，当 $\boldsymbol{x}\neq0$ 时，$\dot{V}(\boldsymbol{x})$ 不恒为 0。根据线性定常连续系统渐近稳定判定结论，该系统的平衡状态 $\boldsymbol{x}_e=0$ 是渐近稳定的。当 $\|\boldsymbol{x}\|\to\infty$ 时，有 $V(\boldsymbol{x})\to\infty$，所以平衡状态 $\boldsymbol{x}_e=\boldsymbol{0}$ 是大范围渐近稳定的。结论与上面一致。

第五节　应用 MATLAB 的控制系统稳定性分析

例 9-15　求如下二阶系统的性能指标：

$$G(s)=\frac{3}{s^2+2s+3}$$

解　可用如下 MATLAB 命令实现：

```
clc;clear;close all;
num=[3];                          %传递函数的分子多项式系数矩阵
den=[1 1.5 3];                    %传递函数的分母多项式系数矩阵
G=tf(num,den);                    %建立传递函数
grid on;                          %图形上出现表格
step(G)                           %绘制单位阶跃响应曲线
```

运行结果如图 9-26 所示。

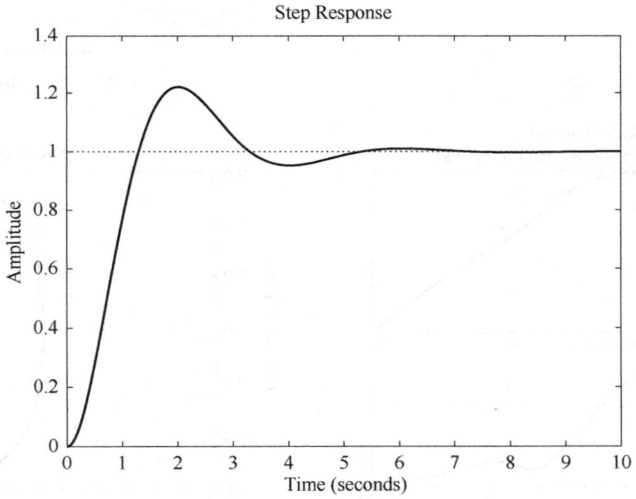

图 9-26　例 9-15 运行结果

例 9-16　已知单位负反馈系统的开环传递函数为

$$G_1(s)=\frac{s^3+7s^2+24s+24}{s^4+10s^3+35s^2+50s+24}$$

试分别从计算特征根、根轨迹图、伯德图和奈氏曲线来判断该系统的稳定性。

解　可以通过如下 MATLAB 代码实现：

```
clc;clear;close all;
num=[1 7 24 24];
den=[1 10 35 50 24];
G1=tf(num,den);
G=feedback(G1,1);
```

（续）

```
roots(G.den{1})
rlocus(G1);
margin(G1);
nyquist(num,den);
```

运行结果如图 9-27a～d 所示。

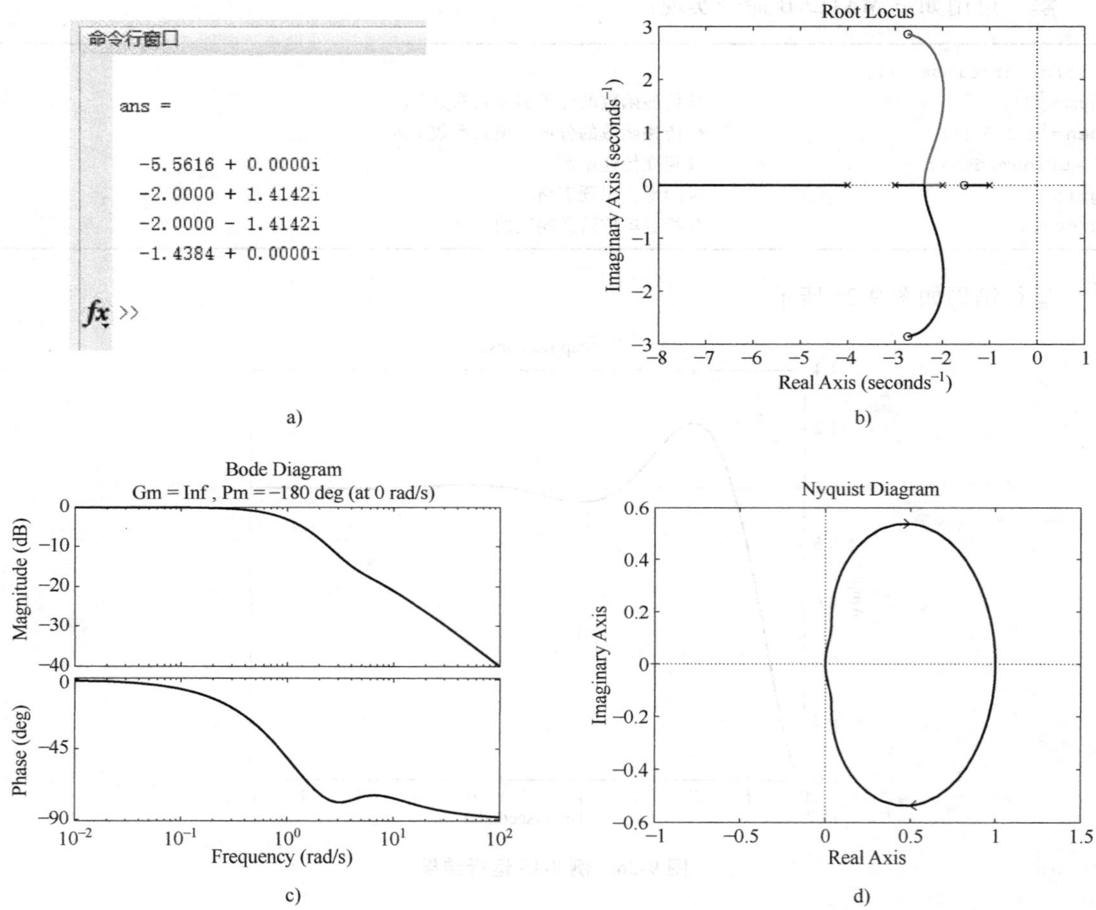

a)　b)　c)　d)

图 9-27　例 9-16 运行结果

a）计算得到的特征根　b）根轨迹图　c）系统伯德图　d）奈氏曲线

由 9-27a、b 所示运行结果得知，根据稳定充要条件：系统闭环特征根实部均在 s 左半平面，所以可判断该系统是稳定的；从图 9-27c 所示曲线可看出，幅值裕度无穷大，所以这个系统是稳定的；从图 9-27d 所示曲线可以看出，没有包围$(-1,\ j0)$点，且 $P=0$，所以这个系统是稳定的。

例 9-17　某系统的开环传递函数为 $G(s)=\dfrac{0.5s+1}{s(0.8s+1)}$，请通过计算系统零极点判断系统是否稳定。

解　可以通过如下 MATLAB 代码实现计算：

```
clc;clear;close all;
n1=[0.25 1];
d1=[0.5 1 0];
s1=tf(n1,d1);
sys=feedback(s1,1);
P=sys.den{1};
p=roots(P);
pzmap(sys);
[p,z]=pzmap(sys);
```

运行结果如图 9-28 所示。

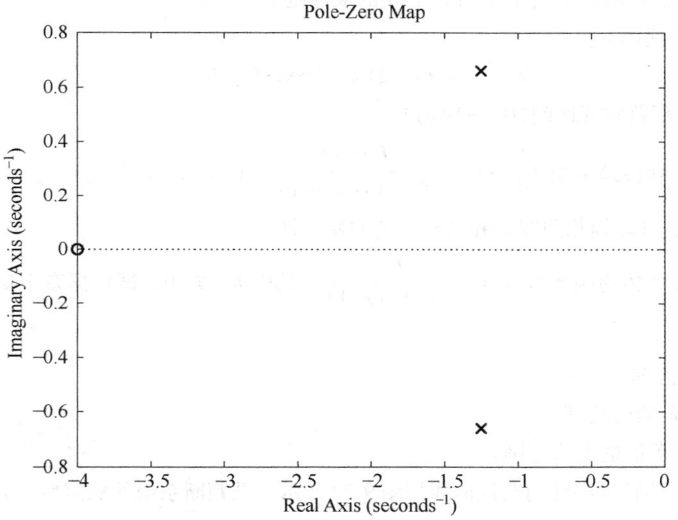

图 9-28　例 9-17 运行结果

从运行结果可知，系统闭环特征根实部均在 s 左半平面，所以可判断该系统是稳定的。

本章要点

1. 稳定是控制系统的重要性能，也是系统能够正常运行的首要条件，分为外部稳定和内部稳定，内部稳定也称为李雅普诺夫意义下的稳定。

2. 本章介绍了用于连续系统外部稳定性分析的劳斯稳定性判据(代数判据)和奈奎斯特稳定性判据(频域判据)，从相位裕度和幅值裕度两个方面对相对稳定性进行了研究。

3. 本章介绍了离散系统的稳定条件和稳定性判据，讨论了采样周期对系统稳定性的影响。

4. 本章介绍了用于内部稳定性判断的李雅普诺夫第一法和李雅普诺夫第二法，重点介绍了线性定常连续系统和线性定常离散系统的渐进稳定性判断方法。

习　题

1. 已知系统特征方程如下，试用劳斯判据判断系统的稳定性。若不稳定时确定系统在 s 右半平面的特征根数。

1）$s^5+2s^4+s^3+2s^2+4s+5=0$

2）$s^4+2s^3+s^2-2s+1=0$

3）$s^5+2s^4+3s^3+6s^2-4s-8=0$

2. 设单位负反馈系统的开环传递函数为

$$G(s)=\frac{K}{s(1+s/3)(1+s/6)}$$

若要求闭环特征方程的根的实部均小于-1，求 K 的取值范围。

3. 系统的特征方程如下：

$$126s^3+219s^2+258s+85=0$$

则其中有多少根的实部落在开区间(0，-1)内？

4. 已知系统的开环传递函数 $G(s)=\dfrac{K(T_3s+1)}{s^2(T_1s+1)(T_2s+1)}$，其中 K、T_1、T_2、$T_3>0$，试绘制当 $T_3<T_1+T_2$ 和 $T_3>T_1+T_2$ 时系统的开环幅相曲线，并判断系统的稳定性。

5. 已知系统的开环传递函数 $G(s)=\dfrac{K}{s(Ts+1)(s+1)}$，其中 K、$T>0$，试根据奈奎斯特稳定性判据，确定其闭环稳定条件。

1）K、T 的稳定范围。

2）当 $T=2$ 时，K 值的范围。

3）当 $K=10$ 时，T 值的取值范围。

6. 已知系统的开环频率特性的奈氏曲线如图 9-29 所示，试判断系统的稳定性，其中 P 为开环不稳定极点个数，v 为积分环节个数。

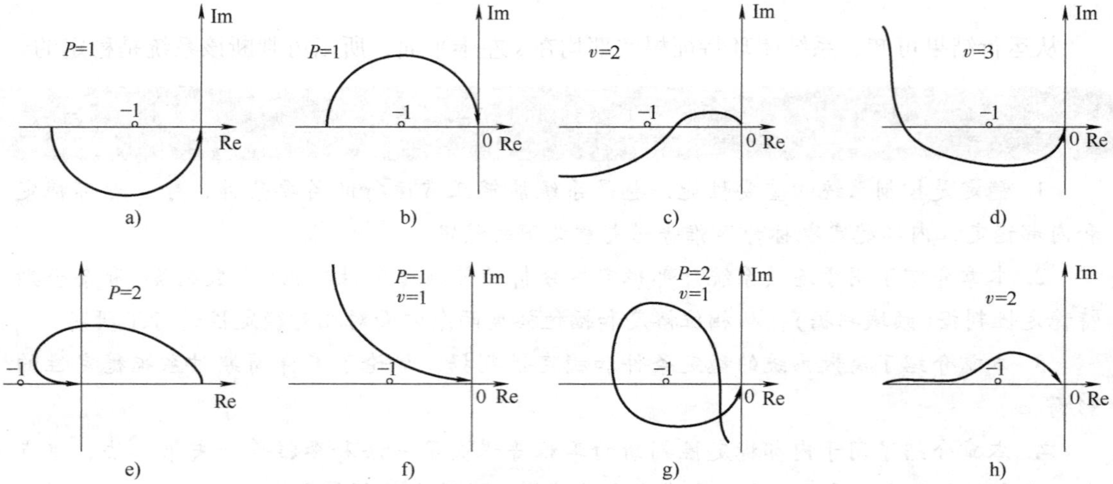

图 9-29　习题 6 图

7. 已知单位反馈的开环传递函数如下。试用对数频率稳定判据，判断闭环系统的稳定性。

1） $G(s)=\dfrac{100}{s(0.2s+1)}$　　2） $G(s)=\dfrac{100}{s(0.25s+1)(0.0625s+1)}\cdot\dfrac{0.2s^3}{0.8s+1}$

3） $G(s)=\dfrac{50}{(0.2s+1)(s+2)(s+0.5)}$　　4） $G(s)=\dfrac{1000}{s(0.2s+1)(s^2+2s)}$

8. 对于典型二阶系统，已知参数 $\omega_n=3s^{-1}$，$\zeta=0.7$，试确定截止频率 ω_c 和相位裕度 γ。

9. 对于典型二阶系统，已知参数 $\sigma\%=15\%$，$t_s=3s$，试计算相位裕度 γ。

10. 已知单位反馈系统的开环传递函数为

$$G(s)=\frac{K}{s(Ts+1)}$$

若要求将截止频率提高为原来的 α 倍，相位裕度保持不变，问 K、T 应如何变化？

11. 已知两个系统的开环传递函数分别为

1） $G(s)H(s)=\dfrac{K}{s(T_1s+1)(T_2s+1)}$，$T_1$，$T_2>0$　　2） $G(s)H(s)=\dfrac{K(Ts+1)}{s^2}$，$T>0$

试分析 $K(K>0)$ 的变化对相位裕度的影响。

12. 试检验具有下列特征方程系统的稳定性：

1） $D(z)=z^3-1.5z^2-0.25z+0.4=0$

2） $D(z)=z^3-1.1z^2-0.1z+0.2=0$

3） $D(z)=z^4-1.368z^3+0.4z^2+0.08z+0.02=0$

4） $D(z)=z^4-1.2z^3+0.07z^2+0.3z-0.08=0$

13. 已知单位反馈系统的开环脉冲传递函数为

$$G(z)=\frac{0.368z^2+0.264}{z^2-1.368z+0.368}$$

试判断该系统的稳定性。

14. 已知采样控制系统结构如图 9-30 所示，采样周期 $T=1s$。试判断该系统的稳定性。

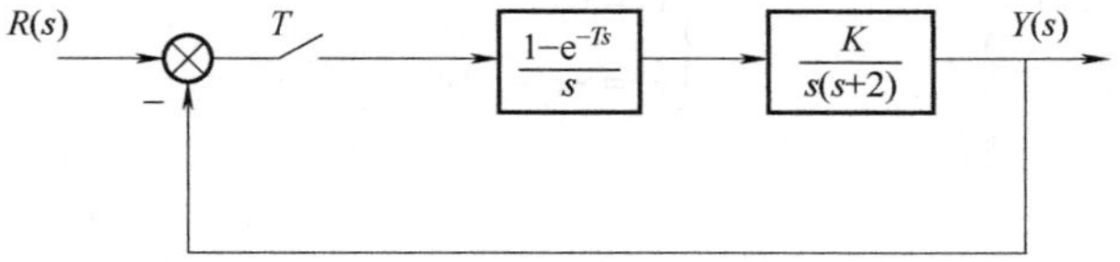

图 9-30　习题 14 图

15. 试确定下列系统的平衡状态 $\boldsymbol{x}_e$：

1） $\begin{cases}\dot{x}_1=-x_1+x_2\\ \dot{x}_2=-2x_1+x_2\end{cases}$　　2） $\begin{cases}\dot{x}_1=-x_1+x_2\\ \dot{x}_2=-2x_1+x_2(x_2-1)\end{cases}$

16. 判定下列二次型函数是否为正定函数：

1） $f(\boldsymbol{x})=x_1^2+4x_2^2+x_3^2+2x_1x_2-6x_2x_3-2x_1x_3$

2） $f(\boldsymbol{x})=-x_1^2-3x_2^2-11x_3^2+2x_1x_2-x_2x_3-2x_1x_3$

3） $f(\boldsymbol{x})=x_1^2+5x_2^2+x_3^2+4x_1x_2+2x_2x_3$

4） $f(\boldsymbol{x})=8.2x_1^2+6.8x_2^2+3x_3^2+4.8x_1x_2$

5） $f(\boldsymbol{x})=x_1^2+\dfrac{x_2^2}{1+x_2^2}$

17. 试用 $V(\boldsymbol{x})=x_1^2+x_2^2$ 研究系统

$$\begin{cases}\dot{x}_1=x_2-x_1(x_1^2+x_2^2)\\ \dot{x}_2=-x_1-x_2(x_1^2+x_2^2)\end{cases}$$

在原点的稳定性。

18. 系统的状态方程为

$$\begin{cases}\dot{x}_1=kx_2\\ \dot{x}_2=-x_1\end{cases}$$

其中，k 为大于 0 的常数。分析系统平衡状态的稳定性。

19. 系统的状态方程为

$$\begin{cases}\dot{x}_1=x_2\\ \dot{x}_2=-x_1+x_2\end{cases}$$

分析系统平衡状态的稳定性。

20. 系统的状态方程为

$$\begin{cases}\dot{x}_1=-2x_1+2x_2^4\\ \dot{x}_2=-x_2\end{cases}$$

分析系统平衡状态的稳定性。

21. 系统的状态方程为

$$\begin{cases}\dot{x}_1=x_2+cx_1(x_1^2+x_2^2)\\ \dot{x}_2=-x_1+cx_2(x_1^2+x_2^2)\end{cases}$$

其中 c 为常数，要求：

1）求出平衡状态 $\boldsymbol{x}_e$。

2）分别讨论 $c>0$，$c=0$，$c<0$ 情况下系统平衡状态的稳定性。

22. 系统的状态方程为

$$\begin{cases}\dot{x}_1=x_2\\ \dot{x}_2=-x_2-e^{-t}x_1\end{cases}$$

请分别选择：

1）$V(x)=x_1^2+x_2^2$

2）$V(x, t)=x_1^2+e^t x_2^2$

作为李雅普诺夫函数，分析系统平衡状态的稳定性。

23. 试用李雅普诺夫第二法判断下面离散系统在原点的稳定性：

$$\begin{cases}x_1(k+1)=0.8x_1(k)-0.4x_2(k)\\ x_2(k+1)=1.2x_1(k)+0.2x_2(k)\end{cases}$$

24. 给定系统的状态方程为

$$\dot{\boldsymbol{x}}=\begin{bmatrix}0 & 1 & 0\\ 0 & -2 & 1\\ -k & 0 & -1\end{bmatrix}\boldsymbol{x}+\begin{bmatrix}0\\ 0\\ k\end{bmatrix}u$$

解李雅普诺夫方程 $\boldsymbol{A}^{\mathrm{T}}\boldsymbol{P}+\boldsymbol{P}\boldsymbol{A}=-\boldsymbol{Q}$，求出使系统平衡状态渐近稳定的 k 值。

25. 设系统的状态方程为

$$\dot{\boldsymbol{x}}=\begin{bmatrix}-4k & 4k\\ 2k & -6k\end{bmatrix}\boldsymbol{x}$$

其中，$k\neq 0$。试用李雅普诺夫第二法确定使系统平衡状态渐近稳定的 k 值取值范围。

26. 试用李雅普诺夫第二法判断下列线性定常系统的稳定性。

1) $\begin{bmatrix}\dot{x}_1\\ \dot{x}_2\end{bmatrix}=\begin{bmatrix}0 & 1\\ -1 & -1\end{bmatrix}\begin{bmatrix}x_1\\ x_2\end{bmatrix}$　　2) $\begin{bmatrix}\dot{x}_1\\ \dot{x}_2\end{bmatrix}=\begin{bmatrix}-1 & 1\\ 2 & -3\end{bmatrix}\begin{bmatrix}x_1\\ x_2\end{bmatrix}$

3) $\begin{bmatrix}\dot{x}_1\\ \dot{x}_2\end{bmatrix}=\begin{bmatrix}-1 & 1\\ -1 & -1\end{bmatrix}\begin{bmatrix}x_1\\ x_2\end{bmatrix}$　　4) $\begin{bmatrix}\dot{x}_1\\ \dot{x}_2\end{bmatrix}=\begin{bmatrix}1 & 0\\ 0 & -1\end{bmatrix}\begin{bmatrix}x_1\\ x_2\end{bmatrix}$

27. 求出下列离散系统的平衡状态，并用李雅普诺夫第二法判别系统在平衡状态的稳定性。

1) $\boldsymbol{x}(k+1)=\begin{bmatrix}1 & 4 & 0\\ -3 & -2 & -3\\ 2 & 0 & 0\end{bmatrix}\boldsymbol{x}(k)$

2) $\boldsymbol{x}(k+1)=\begin{bmatrix}a & 0 & 0\\ 0 & 1 & -1\\ 1 & 2 & 0\end{bmatrix}\boldsymbol{x}(k)$，其中 a 为系统参量

28. 已知系统的状态方程为

$$\dot{\boldsymbol{x}}=\begin{bmatrix}-2 & -1-\mathrm{j}\\ -1+\mathrm{j} & -3\end{bmatrix}\boldsymbol{x}$$

试解系统的李雅普诺夫方程 $\boldsymbol{A}^{\mathrm{T}}\boldsymbol{P}+\boldsymbol{P}\boldsymbol{A}=-\boldsymbol{Q}$ 以确定系统在原点的稳定性。

29. 给定离散系统的状态方程为

$$\begin{cases}x_1(k+1)=x_1(k)+3x_2(k)\\ x_2(k+1)=-3x_1(k)-2x_2(k)-3x_3(k)\\ x_3(k+1)=x_1(k)\end{cases}$$

试解系统的李雅普诺夫方程 $\boldsymbol{G}^{\mathrm{T}}\boldsymbol{P}\boldsymbol{G}-\boldsymbol{P}=-\boldsymbol{Q}$ 以确定系统在原点的稳定性。

30. 试证明系统

$$\begin{cases}\dot{x}_1=x_2\\ \dot{x}_2=-(a_1x_1+a_2x_1^2x_2)\end{cases}$$

在 $a_1>0$、$a_2>0$ 时在平衡点是全局渐近稳定的。

31. 给定机械运动系统的状态方程为

$$\begin{cases}\dot{x}_1=x_2\\ \dot{x}_2=-\dfrac{k}{m}x_1-\dfrac{\mu}{m}x_2\end{cases}$$

其中，k 为弹簧系数；μ 为黏性阻尼系数；m 为质量，x_1 为质点的位移。试用李雅普诺夫第二法判定该系统在原点的稳定性。

第十章

控制系统的稳态性能分析

第一节 控制系统误差

一个稳定的线性控制系统，从任何初始状态开始经过一段时间的过渡过程后，将进入与初始状态无关而仅由外部输入决定的状态，即稳态。由于控制系统本身的结构、参数以及输入量的形式等原因的影响，系统在稳态时的输出不可能完全达到与输入量一致，也不可能在任何外部干扰的作用下都能够准确地恢复到预期的平衡状态。我们将稳态条件下系统输出量的期望值与实际稳态值之间的误差，称为系统的稳态误差。稳态误差的大小反映了系统的稳态性能，是衡量控制系统稳态性能的重要指标。不稳定的系统不能实现稳态，也就谈不上稳态误差，因此，我们讨论稳态误差时所指的都是稳定的系统。

一、线性定常连续系统的稳态误差

控制系统的典型结构图如图 10-1 所示。其中，$C(s)$为系统的输出量，$H(s)$为主反馈回路检测元件的传递函数，$R(s)$为输入量，它表示期望系统输出具有的变化规律，$N(s)$为外部干扰信号。

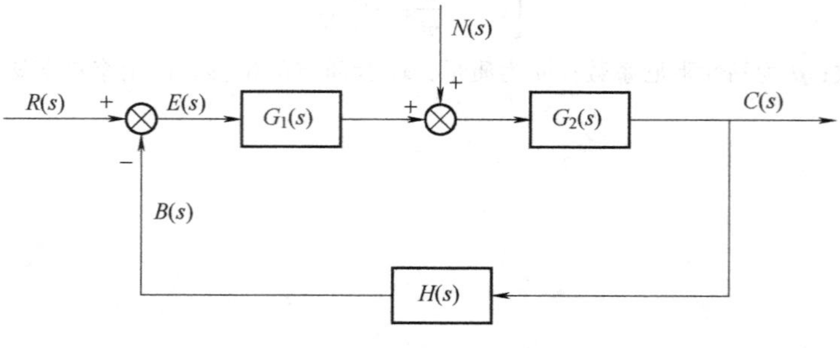

图 10-1 典型控制系统结构图

系统的误差定义为系统输出的期望值与实际值之差，即

$$e(t)=\text{期望值}-\text{实际值}$$

根据图 10-1 所示的典型控制系统结构，系统的误差定义可以有下述两种形式：

（1）在系统输出端定义误差　它定义为系统输出量的希望值与实际值之差，即

$$e(t)=r(t)-c(t) \tag{10-1}$$

式中，$e(t)$为系统的误差；$r(t)$为控制系统的输入，也是控制系统输出的期望值；$c(t)$为控制系统的实际输出值。

（2）在系统输入端定义误差　它定义为系统输出量的希望值与主反馈信号之差，即

$$e(t)=r(t)-b(t) \tag{10-2}$$

式中，$e(t)$为系统的误差；$r(t)$为控制系统的输入，也是控制系统输出的期望值；$b(t)$为控制系统的实际输出的反馈值。当$H(s)=1$时，$b(t)=c(t)$，这两种误差定义形式是一致的。

系统稳态误差是指系统稳定以后，误差信号$e(t)$的稳态值，即

$$e_{ss}(t)=\lim_{t\to\infty}e(t) \tag{10-3}$$

应用拉普拉斯变换的终值定理，误差信号$e(t)$的稳态值也可以表示成以下形式：

$$e_{ss}=\lim_{t\to\infty}e(t)=\lim_{s\to 0}sE(s) \tag{10-4}$$

式中，$E(s)$为误差信号$e(t)$的拉普拉斯变换表达式。

从图 10-1 可知，系统的误差是由输入信号$r(t)$和外部扰动信号$n(t)$共同作用引起的，根据线性系统的叠加原理，系统误差$e(t)$可以分解为以下两个部分：

$$e(t)=e_r(t)+e_n(t) \tag{10-5}$$

$$E(s)=E_R(s)+E_N(s) \tag{10-6}$$

式中，$e_r(t)$为输入信号$r(t)$引起的误差；$E_R(s)$为$e_r(t)$的拉普拉斯变换；$e_n(t)$为外部扰动信号$n(t)$引起的误差；$E_N(s)$为$e_n(t)$的拉普拉斯变换。下面以图 10-1 所示结构的系统为例，分别讨论输入信号引起的误差$e_r(t)E_R(s)$和外部扰动信号引起的误差$e_n(t)E_N(s)$的计算方法。

（一）输入信号引起的误差 $E_R(s)$

当只考虑输入信号引起的误差时，$n(t)=0$，$e_n(t)=0$，因此，$e(t)=e_r(t)$。从图 10-1 可知，该系统的闭环传递函数$\Phi(s)$、闭环误差传递函数$\Phi_e(s)$分别为

$$\Phi(s)=\frac{C(s)}{R(s)}=\frac{G_1(s)G_2(s)}{1+G_1(s)G_2(s)H(s)}$$

$$\Phi_e(s)=\frac{E_R(s)}{R(s)}=\frac{1}{1+G_1(s)G_2(s)H(s)}$$

又因为$E_R(s)=\Phi_e(s)R(s)$，所以

$$E_R(s)=\Phi_e(s)R(s)=\frac{R(s)}{1+G_1(s)G_2(s)H(s)}$$

$$e(t)=e_r(t)=\mathcal{L}^{-1}[E_R(s)]=\mathcal{L}^{-1}\left[\frac{R(s)}{1+G_1(s)G_2(s)H(s)}\right]$$

根据拉普拉斯变换的终值定理，系统稳态误差$e_{ss}=\lim_{t\to\infty}e(t)=\lim_{s\to 0}sE(s)$，所以

$$e_{ss}=\lim_{t\to\infty}e_r(t)=\lim_{s\to 0}sE_R(s)=\lim_{s\to 0}s\Phi_e(s)R(s) \tag{10-7}$$

例 10-1　已知系统结构如图 10-2 所示，试求输入信号$r(t)$分别为$1(t)$、t、$\frac{1}{2}t^2$时系统的稳态误差。

解 根据系统结构图可知，系统闭环误差传递函数

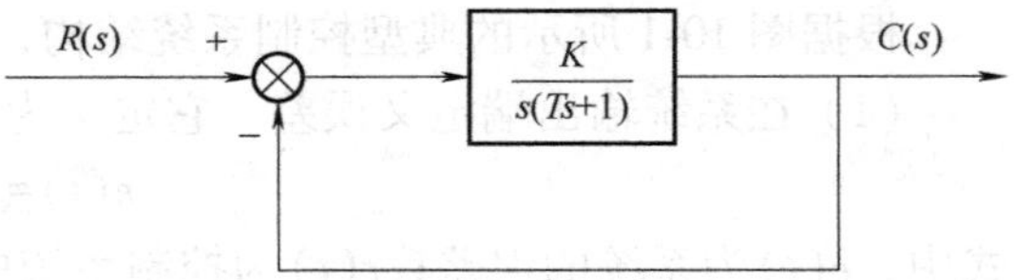

图 10-2 例 10-1 系统结构图

$$\Phi_e(s)=\frac{E(s)}{R(s)}=\frac{1}{1+\dfrac{K}{s(Ts+1)}}=\frac{s(Ts+1)}{s(Ts+1)+K}$$

当 $r(t)=1$ 时，$R(s)=\dfrac{1}{s}$，$e_{ss}=\lim\limits_{s\to 0}s\Phi_e(s)R(s)=\lim\limits_{s\to 0}s\dfrac{s(Ts+1)}{s(Ts+1)+K}\dfrac{1}{s}=0$。

当 $r(t)=t$ 时，$R(s)=\dfrac{1}{s^2}$，$e_{ss}=\lim\limits_{s\to 0}s\Phi_e(s)R(s)=\lim\limits_{s\to 0}s\dfrac{s(Ts+1)}{s(Ts+1)+K}\dfrac{1}{s^2}=\dfrac{1}{K}$。

当 $r(t)=\dfrac{1}{2}t^2$ 时，$R(s)=\dfrac{1}{s^3}$，$e_{ss}=\lim\limits_{s\to 0}s\Phi_e(s)R(s)=\lim\limits_{s\to 0}s\dfrac{s(Ts+1)}{s(Ts+1)+K}\dfrac{1}{s^3}=\infty$。

例 10-2 已知系统结构如图 10-3 所示，当 $r(t)=t$ 时，要求系统稳态误差 $e_{ss}<0.1$，求 K 的范围。

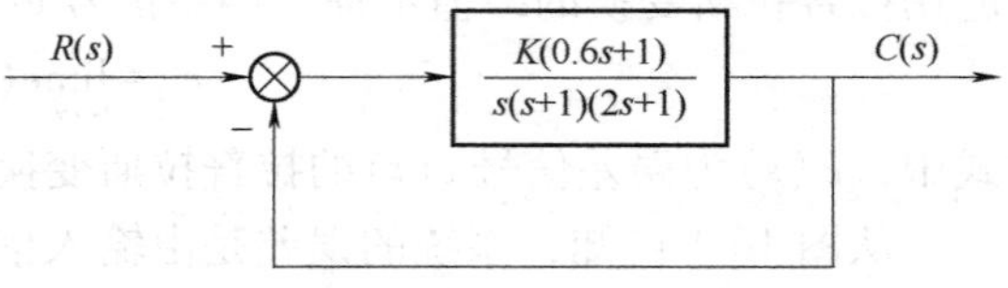

图 10-3 例 10-2 系统结构图

解 根据系统结构图，可知

$$G(s)=\frac{K(0.6s+1)}{s(s+1)(2s+1)}$$

$$\Phi(s)=\frac{G(s)}{1+G(s)}=\frac{K(0.6s+1)}{s(s+1)(2s+1)+K(0.6s+1)}$$

$$\Phi_e(s)=\frac{1}{1+G(s)}=\frac{s(s+1)(2s+1)}{s(s+1)(2s+1)+K(0.6s+1)}$$

闭环系统特征方程为

$$D(s)=s(s+1)(2s+1)+K(0.6s+1)=2s^3+3s^2+(1+0.6K)s+K=0$$

首先利用劳斯判据求出系统稳定时 K 的范围。构建系统劳斯表如下：

$$\begin{array}{lll} s^3 & 2 & (1+0.6K) \\ s^2 & 3 & K \\ s^1 & \dfrac{3(1+0.6K)-2K}{3} & 0 \\ s^0 & K & \end{array}$$

要使系统稳定，则

$$\frac{3(1+0.6K)-2K}{3}>0\Rightarrow K<15$$

$$K>0$$

可见，当系统稳定时，$0<K<15$。

另外，由于当 $r(t)=t$ 时，要求系统稳态误差 $e_{ss}<0.1$，则

$$e_{ss}(t)=\lim_{s\to 0}s\Phi_e(s)R(s)=\lim_{s\to 0}s\frac{s(s+1)(2s+1)}{s(s+1)(2s+1)+K(0.6s+1)}\frac{1}{s^2}=\frac{1}{K}<0.1$$

可得，$K>10$。

因此，K 的范围为 $10<K<15$。

（二）外部扰动信号引起的误差 $E_N(s)$

现在分析外部扰动信号 $n(t)$ 引起的误差。从图 10-1 所示的系统，假设系统是稳定的，可以求得在输入信号 $r(t)=0$ 时，从扰动信号 $n(t)$ 到误差信号 $e(t)$ 的传递函数为

$$\Phi_N(s)=\frac{E_N(s)}{N(s)}=-\frac{G_2(s)H(s)}{1+G_1(s)G_2(s)H(s)}$$

$$E_N(s)=\Phi_N(s)N(s)=-\frac{G_2(s)H(s)}{1+G_1(s)G_2(s)H(s)}N(s)$$

利用拉普拉斯变换的终值定理，可以把扰动引起的稳态误差表达为

$$e_{ss}=\lim_{t\to\infty}e_n(t)=\lim_{s\to 0}sE_N(s)=\lim_{s\to 0}s\Phi_N(s)N(s) \tag{10-8}$$

例 10-3　已知系统结构如图 10-4 所示。已知 $r(t)=\frac{1}{2}t^2$，$n(t)=t$，求系统的稳态误差。

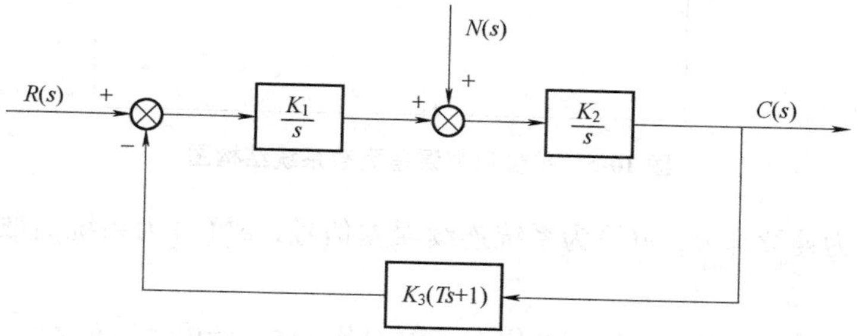

图 10-4　例 10-3 系统结构图

解　从图 10-4 可知，系统开环传递函数为

$$G(s)=\frac{K_1K_2K_3(Ts+1)}{s^2}$$

系统闭环误差传递函数为

$$\Phi_e(s)=\frac{E(s)}{R(s)}=\frac{s^2}{s^2+K_1K_2K_3(Ts+1)}$$

从扰动信号 $n(t)$ 到误差信号 $e(t)$ 的传递函数为

$$\Phi_N(s)=\frac{E(s)}{N(s)}=\frac{-K_2K_3(Ts+1)/s}{1+K_1K_2K_3(Ts+1)/s^2}=\frac{-K_2K_3(Ts+1)s}{s^2+K_1K_2K_3Ts+K_1K_2K_3}$$

闭环系统特征方程为 $D(s)=s^2+K_1K_2K_3Ts+K_1K_2K_3$，要使系统稳定，则 $K_1K_2K_3>0$，$T>0$。

由输入 $r(t)=\frac{1}{2}t^2$ 引起的稳态误差

$$e_{ssr}=\lim s\Phi_e(s)R(s)=s\frac{s^2}{s^2+K_1K_2K_3Ts+K_1K_2K_3}\frac{1}{s^3}=\frac{1}{K_1K_2K_3}$$

由扰动 $n(t)=t$ 引起的稳态误差

$$e_{ssn}=\lim_{s\to 0}s\Phi_N(s)N(s)=\lim_{s\to 0}s\frac{-K_2K_3s(Ts+1)}{s^2+K_1K_2K_3Ts+K_1K_2K_3}\frac{1}{s^2}=-\frac{1}{K_1}$$

系统总的稳态误差

$$e_{ss}=e_{ssr}+e_{ssn}=\frac{1}{K_1K_2K_3}-\frac{1}{K_1}=\frac{1-K_2K_3}{K_1K_2K_3}$$

二、线性定常离散系统的稳态误差

离散控制系统的稳态误差是系统稳态性能的一个重要指标。离散控制系统的稳态误差和连续系统一样，都与输入信号的类型有关，也与系统本身的特性有关。因此，在分析系统稳态误差时，将从系统的类型和几种典型输入信号开始，利用 Z 变换终值定理求出。

设单位反馈误差离散系统如图 10-5 所示。

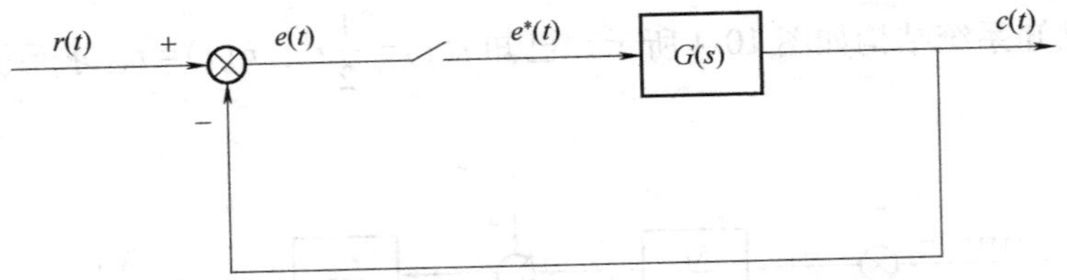

图 10-5　单位反馈误差离散系统结构图

图中，$G(s)$ 为连续部分，$e(t)$ 为系统连续误差信号，$e^*(t)$ 为系统离散误差信号，其 Z 变换函数为

$$E(z)=R(z)-C(z)=R(z)-\Phi(z)R(z)=[1-\Phi(z)]R(z)$$

因为

$$\Phi(z)=\frac{G(z)}{1+G(z)}$$

所以，离散系统误差脉冲传递函数为

$$\Phi_e(z)=\frac{E(z)}{R(z)}=1-\Phi(z)=\frac{1}{1+G(z)}$$

如果误差脉冲传递函数 $\Phi_e(z)$ 的极点全部位于 z 平面的单位圆内，即离散系统是稳定的，则可以利用 Z 变换的终值定理求出采样瞬间的稳态误差为

$$e_{ss}(\infty)=\lim_{t\to\infty}e^*(t)=\lim_{z\to1}(1-z^{-1})E(z)=\lim_{z\to1}\frac{1-z^{-1}}{1+G(z)}R(z) \tag{10-9}$$

式(10-9)表明，线性定常离散系统的稳态误差，不但与系统本身的结构和参数有关，而且与输入序列的形式和幅值有关。

第二节　连续系统的误差分析

一、连续系统的型别

所谓连续系统的型别指根据系统开环传递函数中串联的积分环节个数，将系统分为几种不同的类型。单位反馈系统的开环传递函数可以表示为

$$G(s)H(s)=\frac{K\prod_{i=1}^{m}(T_i s+1)}{s^{\nu}\prod_{j=1}^{n-\nu}(T_j s+1)} \tag{10-10}$$

式中，ν 为开环传递函数中串联的积分环节的个数；K 为系统的开环增益。

当 $\nu=0$ 时，系统称为 0 型系统；当 $\nu=1$ 时，系统称为 Ⅰ 型系统；当 $\nu=2$ 时，系统称为 Ⅱ 型系统。随着 ν 的增加，系统的稳态精度得到提高，但系统稳定性变差，需要在稳态精度和系统相对稳定性之间进行折中。

考虑图 10-6 所示的系统，其闭环传递函数为

$$\Phi(s)=\frac{G(s)}{1+G(s)H(s)}$$

误差信号 $e(t)$ 和输入信号 $r(t)$ 之间的闭环误差传递函数为

$$\Phi_e(s)=\frac{1}{1+G(s)H(s)}$$

所以系统稳态误差为

$$e_{ss}=\lim_{s\to 0}s\Phi_e(s)R(s)=\lim_{s\to 0}s\frac{1}{1+G(s)H(s)}R(s)$$

可见，系统开环传递函数写成式(10-10)的形式，当 $s\to 0$ 时，除了 s^{ν} 项外，分子分母中其他项都趋于 1，那么开环增益 K 直接与稳态误差相关。

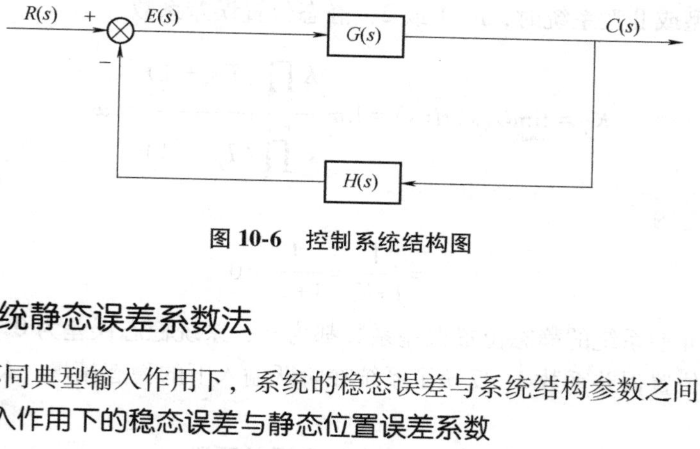

图 10-6　控制系统结构图

二、连续系统静态误差系数法

下面讨论在不同典型输入作用下，系统的稳态误差与系统结构参数之间的关系。

（一）阶跃输入作用下的稳态误差与静态位置误差系数

当输入信号为单位阶跃信号时，$R(s)=\frac{1}{s}$，此时系统稳态误差为

$$e_{ss}=\lim_{s\to 0}s\Phi_e(s)R(s)=\lim_{s\to 0}s\frac{1}{1+G(s)H(s)}\frac{1}{s}=\lim_{s\to 0}\frac{1}{1+G(s)H(s)}=\frac{1}{1+\lim\limits_{s\to 0}G(s)H(s)}$$

令 $K_p=\lim\limits_{s\to 0}G(s)H(s)$，称为静态位置误差系数，则

$$e_{ss}=\frac{1}{1+K_p} \tag{10-11}$$

可见，当输入为阶跃信号时，系统稳态误差取决于静态位置误差系数 K_p。

因为系统开环传递函数的表达式

$$G(s)H(s)=\frac{K\prod_{i=1}^{m}(T_i s+1)}{s^{\nu}\prod_{j=1}^{n-\nu}(T_j s+1)}$$

所以

$$K_p=\lim_{s\to 0}G(s)H(s)=\lim_{s\to 0}\frac{K\prod_{i=1}^{m}(T_i s+1)}{s^{\nu}\prod_{j=1}^{n-\nu}(T_j s+1)} \tag{10-12}$$

当系统为0型系统时，$\nu=0$，静态位置误差系数为

$$K_p=\lim_{s\to 0}G(s)H(s)=\lim_{s\to 0}\frac{K\prod_{i=1}^{m}(T_i s+1)}{s^{\nu}\prod_{j=1}^{n-\nu}(T_j s+1)}=K \tag{10-13}$$

系统稳态误差为

$$e_{ss}=\frac{1}{1+K_p}=\frac{1}{1+K} \tag{10-14}$$

因此，0型系统的位置稳态误差取决于系统开环增益K，K越大，系统位置稳态误差越小。

当系统为Ⅰ型或Ⅱ型系统时，$\nu=1$或2，静态位置误差系数

$$K_p=\lim_{s\to 0}G(s)H(s)=\lim_{s\to 0}\frac{K\prod_{i=1}^{m}(T_i s+1)}{s^{\nu}\prod_{j=1}^{n-\nu}(T_j s+1)}=\infty \tag{10-15}$$

系统稳态误差为

$$e_{ss}=\frac{1}{1+K_p}=\frac{1}{1+\infty}=0 \tag{10-16}$$

因此，Ⅰ或Ⅱ型系统的静态位置误差系数都为∞，系统稳态误差为0。

可见，静态位置误差系数K_p反映了系统在阶跃输入下的稳态精度，K_p越大，稳态误差越小。

（二）斜坡输入作用下的稳态误差与静态速度误差系数

当输入信号为单位斜坡信号时，$R(s)=\frac{1}{s^2}$，此时系统稳态误差为

$$e_{ss}=\lim_{s\to 0}s\Phi_e(s)R(s)=\lim_{s\to 0}s\frac{1}{1+G(s)H(s)}\frac{1}{s^2}=\lim_{s\to 0}\frac{1}{1+G(s)H(s)}\frac{1}{s}=\frac{1}{\lim_{s\to 0}sG(s)H(s)}$$

令$K_v=\lim_{s\to 0}sG(s)H(s)$，称为静态速度误差系数，则

$$e_{ss}=\frac{1}{K_v} \tag{10-17}$$

当系统为0型系统时，$\nu=0$，静态速度误差系数为

$$K_v = \lim_{s\to 0} sG(s)H(s) = \lim_{s\to 0} s\frac{K\prod_{i=1}^{m}(T_i s + 1)}{s^{\nu}\prod_{j=1}^{n-\nu}(T_j s + 1)} = 0 \tag{10-18}$$

系统稳态误差为

$$e_{ss} = \frac{1}{K_v} = \frac{1}{0} = \infty \tag{10-19}$$

因此，0 型系统的静态速度误差系数 $K_v = 0$，系统稳态误差 $e_{ss} = \infty$。

当系统为 I 型系统时，$\nu = 1$，静态速度误差系数为

$$K_v = \lim_{s\to 0} sG(s)H(s) = \lim_{s\to 0} s\frac{K\prod_{i=1}^{m}(T_i s + 1)}{s^{\nu}\prod_{j=1}^{n-\nu}(T_j s + 1)} = K \tag{10-20}$$

系统稳态误差为

$$e_{ss} = \frac{1}{K_v} = \frac{1}{K} \tag{10-21}$$

因此，I 型系统的速度稳态误差取决于系统开环增益 K，K 越大，系统位置稳态误差越小。

当系统为Ⅱ型系统时，$\nu = 2$，静态速度误差系数为

$$K_v = \lim_{s\to 0} sG(s)H(s) = \lim_{s\to 0} s\frac{K\prod_{i=1}^{m}(T_i s + 1)}{s^{\nu}\prod_{j=1}^{n-\nu}(T_j s + 1)} = \infty \tag{10-22}$$

系统稳态误差为

$$e_{ss} = \frac{1}{K_v} = \frac{1}{\infty} = 0 \tag{10-23}$$

因此，Ⅱ型系统的静态速度误差系数 $K_v = \infty$，系统稳态误差 $e_{ss} = 0$。

同理，静态速度误差系数 K_v 反映了系统在斜坡输入下的稳态精度，K_v 越大，稳态误差越小。

（三）加速度输入作用下的稳态误差与静态加速度误差系数

当输入信号为单位斜坡信号时，$R(s) = \frac{1}{s^3}$，此时系统稳态误差为

$$e_{ss} = \lim_{s\to 0} s\Phi_e(s)R(s) = \lim_{s\to 0} s\frac{1}{1+G(s)H(s)}\frac{1}{s^3} = \lim_{s\to 0}\frac{1}{1+G(s)H(s)}\frac{1}{s^2} = \frac{1}{\lim_{s\to 0} s^2 G(s)H(s)}$$

令 $K_a = \lim_{s\to 0} s^2 G(s)H(s)$，称为静态加速度误差系数，则

$$e_{ss} = \frac{1}{K_a} \tag{10-24}$$

当系统为 0 型或 I 型系统时，$\nu = 0$ 或 1，静态加速度误差系数为

$$K_a = \lim_{s\to 0} s^2 G(s)H(s) = \lim_{s\to 0} s^2 \frac{K\prod_{i=1}^{m}(T_i s+1)}{s^{\nu}\prod_{j=1}^{n-\nu}(T_j s+1)} = 0 \tag{10-25}$$

系统稳态误差为

$$e_{ss} = \frac{1}{K_a} = \frac{1}{0} = \infty \tag{10-26}$$

因此，0 型或 I 型系统的静态加速度误差系数 $K_a=0$，系统稳态误差 $e_{ss}=\infty$。

当系统为Ⅱ系统时，$\nu=2$，静态加速度误差系数为

$$K_a = \lim_{s\to 0} s^2 G(s)H(s) = \lim_{s\to 0} s^2 \frac{K\prod_{i=1}^{m}(T_i s+1)}{s^{\nu}\prod_{j=1}^{n-\nu}(T_j s+1)} = K \tag{10-27}$$

系统稳态误差为

$$e_{ss} = \frac{1}{K_a} = \frac{1}{K} \tag{10-28}$$

因此，Ⅱ型系统的加速度稳态误差取决于系统开环增益 K，K 越大，系统加速度稳态误差越小。

同理，静态加速度误差系数 K_a 反映了系统在加速度输入下的稳态精度，K_a 越大，稳态误差越小。

综上所述，静态误差系数 K_p、K_v、K_a 从系统本身的结构特征上反映了系统跟踪典型输入的能力。现将各型系统在不同输入情况下的静态误差系数和系统稳态误差汇总于表 10-1。

表 10-1　静态误差系数与系统稳态误差

系统型别	静态误差系数			输入作用形式		
	K_p	K_v	K_a	阶跃输入 $r(t)=A$	斜坡输入 $r(t)=At$	加速度输入 $r(t)=\frac{1}{2}At^2$
0 型	K	0	0	$e_{ss}=\frac{A}{1+K}$	∞	∞
Ⅰ型	∞	K	0	0	$e_{ss}=\frac{A}{K}$	∞
Ⅱ型	∞	∞	K	0	0	$e_{ss}=\frac{A}{K}$

例 10-4　已知系统结构如图 10-7 所示。当输入信号 $r(t)=2t+4t^2$ 时，试求系统稳态误差。

解　系统开环传递函数为

$$G(s)H(s)=\frac{2(s+1)}{s^2(s+4)}=\frac{0.5(s+1)}{s^2(s+1)}$$

系统闭环传递函数为

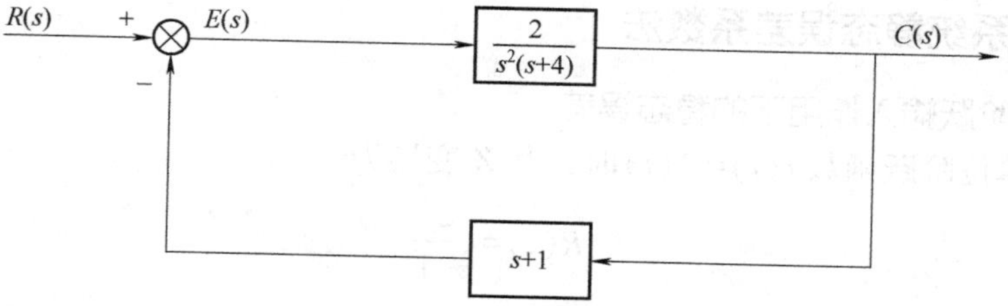

图 10-7　例 10-4 系统结构图

$$\Phi(s)=\frac{G(s)}{1+G(s)H(s)}=\frac{\frac{2}{s^2(s+4)}}{1+\frac{2(s+1)}{s^2(s+4)}}=\frac{2}{s^2(s+4)+2(s+1)}$$

闭环系统特征方程为 $D(s)=s^2(s+4)+2(s+1)=s^3+4s^2+2s+1=0$。计算该特征方程的劳斯表为

$$\begin{array}{ccc} s^3 & 1 & 2 \\ s^2 & 4 & 1 \\ s^1 & 7/4 & 0 \\ s^0 & 1 & \end{array}$$

劳斯表的第 1 列所有元素都大于 0，所以，系统稳定。

同时，根据系统开环传递函数的表达式可知，该系统为Ⅱ型系统，且开环增益 $K=0.5$。因此，当输入信号 $r(t)=2t+4t^2$ 时，由表 10-1 可知，由输入分量 $2t$ 引起的稳态误差 $e_{ss1}=0$，由输入分量 $4t^2$ 引起的稳态误差为 $e_{ss2}=\frac{A}{K}=\frac{8}{0.5}=16$，系统总的稳态误差 $e_{ss}=e_{ss1}+e_{ss2}=0+16=16$。

第三节　离散系统的误差分析

一、离散系统的型别

通常选择阶跃输入、斜坡输入和加速度输入信号作为 3 种典型信号。离散系统开环脉冲传递函数用它的零极点表示时，一般形式为

$$G(z)=\frac{K\prod_{i=1}^{m}(z+z_i)}{(z-1)^{\nu}\prod_{j=1}^{n-\nu}(z+p_j)} \tag{10-29}$$

式中，$-z_i$、$-p_j$ 分别为开环脉冲传递函数的零点和极点；$(z-1)^{\nu}$ 表示在 $z=1$ 处有 ν 个重极点；$\nu=0$、1、2 时分别表示为 0 型、Ⅰ型和Ⅱ型系统。

二、离散系统静态误差系数法

（一）单位阶跃输入作用下的稳态误差

当输入为单位阶跃函数 $r(t)=1(t)$ 时，其 Z 变换为

$$R(z)=\frac{z}{z-1}$$

则离散系统稳态误差为

$$e_{ss}(\infty)=\lim_{z\to1}\frac{1-z^{-1}}{1+G(z)}R(z)=\lim_{z\to1}\frac{1-z^{-1}}{1+G(z)}\frac{z}{z-1}=\lim_{z\to1}\frac{1}{1+G(z)}=\frac{1}{K_p} \tag{10-30}$$

式(10-30)表示当输入为单位阶跃函数时，离散系统的稳态误差表达式，其中 $K_p=\lim\limits_{z\to1}[1+G(z)]$，称为静态位置误差系数。若 $G(z)$ 没有 $z=1$ 的极点，则 $K_p\neq\infty$，从而 $e_{ss}(\infty)\neq0$，这样的系统称为0型离散系统；若 $G(z)$ 存在一个或一个以上 $z=1$ 的极点，则 $K_p=\infty$，从而 $e_{ss}(\infty)=0$。

（二）单位斜坡输入作用下的稳态误差

当输入为单位阶跃函数 $r(t)=t$ 时，其 Z 变换为

$$R(z)=\frac{Tz}{(z-1)^2}$$

则离散系统稳态误差为

$$e_{ss}(\infty)=\lim_{z\to1}\frac{1-z^{-1}}{1+G(z)}\frac{Tz}{(z-1)^2}=\lim_{z\to1}\frac{T}{(z-1)[1+G(z)]}=\frac{T}{\lim\limits_{z\to1}(z-1)G(z)}=\frac{T}{K_v} \tag{10-31}$$

式(10-31)表示当输入为单位斜坡函数时，离散系统的稳态误差表达式，其中 $K_v=\lim\limits_{z\to1}(z-1)G(z)$，称为静态速度误差系数。对于0型系统，$K_v=0$；对于Ⅰ型系统，$K_v$ 为有限值；而Ⅱ型及以上的离散系统，$K_v=\infty$。因此可以有如下结论：

0型系统不能承受单位斜坡函数作用；Ⅰ型系统在单位斜坡输入作用下存在速度误差；Ⅱ型及以上的离散系统在单位斜坡输入作用下不存在稳态误差。

（三）单位加速度输入作用下的稳态误差

当输入为单位加速度函数 $r(t)=\frac{1}{2}t^2$ 时，其 Z 变换为

$$R(z)=\frac{T^2z(z+1)}{2(z-1)^3}$$

则离散系统稳态误差为

$$e_{ss}(\infty)=\lim_{z\to1}\frac{1-z^{-1}}{1+G(z)}\frac{T^2z(z+1)}{2(z-1)^3}=\frac{T^2}{\lim\limits_{z\to1}(z-1)^2G(z)}=\frac{T^2}{K_a} \tag{10-32}$$

式(10-32)表示当输入为单位加速度函数时，离散系统的稳态误差表达式，其中 $K_a=\lim\limits_{z\to1}(z-1)^2G(z)$，称为静态加速度误差系数。对于0型、Ⅰ型系统，$K_a=0$；Ⅱ型离散系统时，$K_a$ 为常值；而Ⅲ型及Ⅲ型以上离散系统，$K_a=\infty$。因此可以有如下结论：

0型、Ⅰ型系统不能承受单位加速度函数作用；Ⅱ型系统在单位加速度输入作用下存在加速度误差；Ⅲ型及以上的离散系统在单位加速度输入作用下不存在稳态误差。

不同型别单位反馈离散系统的稳态误差见表10-2。

表 10-2　不同型别单位反馈离散系统的稳态误差

系统型别	位置误差 $r(t)=1(t)$	速度误差 $r(t)=t$	加速度误差 $r(t)=\frac{1}{2}t^2$
0 型	$\frac{1}{K_p}$	∞	∞
Ⅰ型	0	$\frac{T}{K_v}$	∞
Ⅱ型	0	0	$\frac{T^2}{K_a}$
Ⅲ型	0	0	0

由于线性定常离散系统是线性系统，3 个输入信号组和作用下系统的稳态误差计算，可以应用叠加原理，分别求出每个典型输入信号作用产生的稳态误差，然后将它们相加起来就可以得到总的稳态误差。

例 10-5　已知离散系统结构如图 10-8 所示，其中 $T=0.25\text{s}$，$r(t)=2\cdot1(t)+t$，$K=5$，求系统的稳态误差 $e_{ss}(\infty)$。

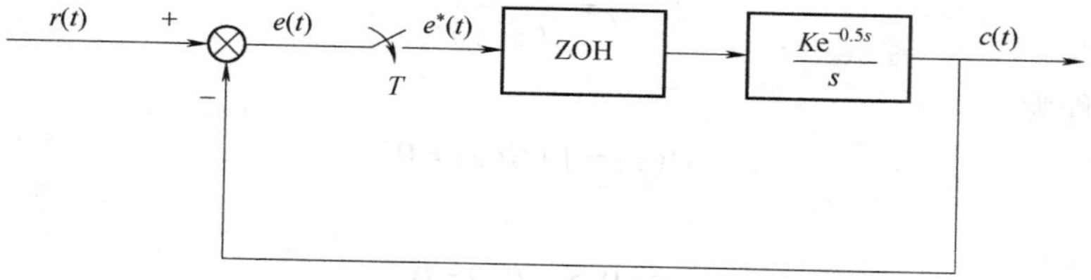

图 10-8　例 10-5 系统结构图

解　离散系统开环脉冲传递函数为

$$G(z)=\mathcal{Z}\left[\frac{1-e^{-Ts}}{s}\frac{Ke^{-2Ts}}{s}\right]$$

$$=K(1-z^{-1})z^{-2}\mathcal{Z}\left[\frac{1}{s^2}\right]$$

$$=Kz^{-2}\frac{z-1}{z}\frac{Tz}{(z-1)^2}=\frac{KT}{z^2(z-1)}$$

由上式可知，该系统为Ⅰ型系统。因此，当 $r(t)=2\cdot1(t)+t$ 时，根据叠加原理，令 $r_1(t)=2\cdot1(t)$，$r_2(t)=t$，则 $r(t)=r_1(t)+r_2(t)$，$e_{ss}(\infty)=e_1(\infty)+e_2(\infty)$。其中，$e_1(\infty)$ 和 $e_2(\infty)$ 分别表示输入为 $r_1(t)$、$r_2(t)$ 时系统的稳态误差。

由于系统为Ⅰ型系统，当输入为 $r_1(t)=2\cdot1(t)$ 时，$e_1(\infty)=0$；当输入为 $r_2(t)=t$ 时，

$$K_v=\lim_{z\to1}(z-1)G(z)=\lim_{z\to1}(z-1)\frac{KT}{z^2(z-1)}=KT$$

已知 $T=0.25\text{s}$，$K=5$，因此 $K_v=1.25$，$e_2(\infty)=T/K_v=0.25/1.25=0.2$。由此可得系统的稳态误差 $e_{ss}(\infty)$ 为

$$e_{ss}(\infty)=e_1(\infty)+e_2(\infty)=0+0.2=0.2$$

例 10-6 离散系统结构图如图 10-9 所示，设 $T=0.2\mathrm{s}$，输入信号为 $r(t)=1+t+\frac{1}{2}t^2$，求系统的稳态误差。

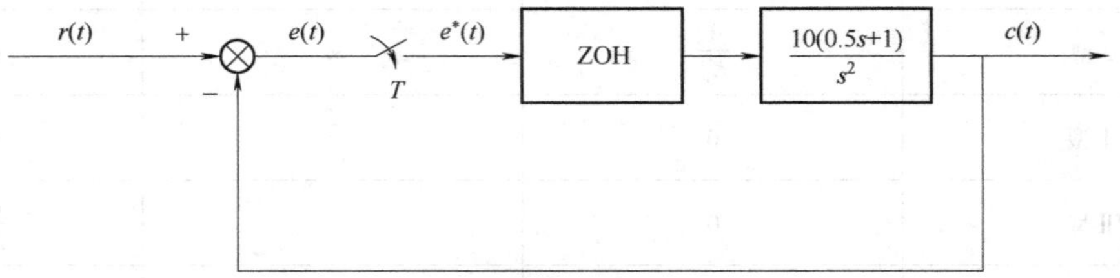

图 10-9 例 10-6 系统结构图

解 从图 10-9 所示的结构图可以得到系统的开环脉冲传递函数为

$$G(z)=(1-z^{-1})\mathcal{Z}\left[\frac{10(0.5s+1)}{s^3}\right]=\frac{z-1}{z}\left[\frac{5T^2z(z+1)}{(z-1)^3}+\frac{5Tz}{(z-1)^2}\right]$$

将 $T=0.2\mathrm{s}$ 代入上式，化简得

$$G(z)=\frac{1.2z-0.8}{(z-1)^2}$$

该系统特征方程为

$$D(z)=1+G(z)=0$$

即

$$z^2-0.8z+0.2=0$$

则特征根为 $\lambda_{1,2}=0.4\pm\mathrm{j}0.2$，可见，该系统特征值均位于 z 平面的单位圆内，所以系统稳定。

当输入信号为 $r(t)=1+t+\frac{1}{2}t^2$ 时，根据静态误差系数的定义可知

$$K_\mathrm{p}=\infty,\ K_\mathrm{v}=\infty,\ K_\mathrm{a}=0.4$$

所以，离散系统的稳态误差为

$$e(\infty)=\frac{1}{K_\mathrm{p}}+\frac{T}{K_\mathrm{v}}+\frac{T^2}{K_\mathrm{a}}=0.1$$

第四节 实例：双转子直升机系统的稳态性能分析

现在以第九章第四节中描述的仅含俯仰角的单自由度直升机系统为对象，分析该系统的稳态性能。系统结构如图 10-10 所示。

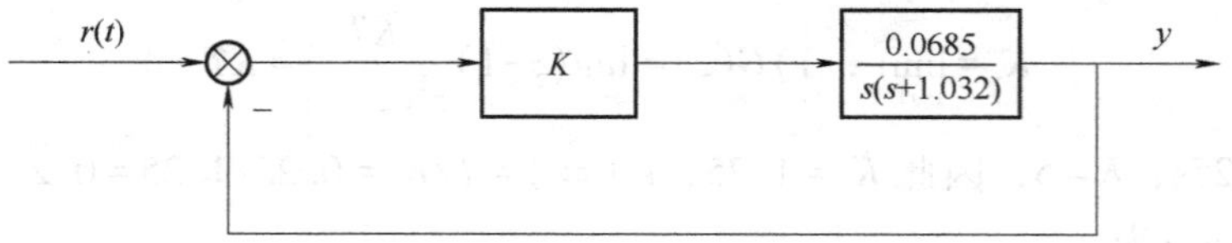

图 10-10 单自由度直升机控制系统结构图

一、按误差定义分析

从图 10-10 可知，系统的开环传递函数为 $G(s)H(s)=\dfrac{0.0685K}{s(s+1.032)}$，系统开环增益 $K'=\dfrac{0.0685K}{1.032}$。系统闭环传递函数 $\Phi(s)$ 为

$$\Phi(s)=\frac{G(s)}{1+G(s)H(s)}=\frac{0.0685K}{s^2+1.032s+0.0685K}$$

系统闭环误差传递函数 $\Phi_e(s)$ 为

$$\Phi_e(s)=1-\Phi(s)=1-\frac{0.0685K}{s^2+1.032s+0.0685K}=\frac{s^2+1.032s}{s^2+1.032s+0.0685K}$$

根据误差的定义，得

$$e_{ss}(\infty)=\lim_{s\to 0}s\Phi_e(s)R(s)$$

当输入为单位阶跃信号时，$R(s)=\dfrac{1}{s}$，此时，系统稳态误差 $e_{ss}(\infty)$ 为

$$e_{ss}(\infty)=\lim_{s\to 0}s\frac{s^2+1.032s}{s^2+1.032s+0.0685K}\frac{1}{s}=0$$

当输入为单位斜坡信号时，$R(s)=\dfrac{1}{s^2}$，此时，系统稳态误差 $e_{ss}(\infty)$ 为

$$e_{ss}(\infty)=\lim_{s\to 0}s\frac{s^2+1.032s}{s^2+1.032s+0.0685K}\frac{1}{s^2}=\frac{1.032}{0.0685K}=\frac{1}{K'}$$

可见，稳态误差为系统开环增益 K' 的倒数。

当输入为单位加速度信号时，$R(s)=\dfrac{1}{s^3}$，此时，系统稳态误差 $e_{ss}(\infty)$ 为

$$e_{ss}(\infty)=\lim_{s\to 0}s\frac{s^2+1.032s}{s^2+1.032s+0.0685K}\frac{1}{s^3}=\infty$$

二、静态误差系数法分析

由于该系统的开环传递函数为 $G(s)H(s)=\dfrac{0.0685K}{s(s+1.032)}$，因此，该系统为 Ⅰ 型系统，系统开环增益为 $K'=\dfrac{0.0685K}{1.032}$。根据表 10-1 可知，该系统的静态位置误差系数 K_p、静态速度误差系数 K_v、静态加速度误差系数 K_a 的值分别为 $K_p=\infty$，$K_v=K'$，$K_a=0$。

当输入为单位阶跃信号时，$R(s)=\dfrac{1}{s}$，此时，系统稳态误差 $e_{ss}(\infty)$ 为

$$e_{ss}=\frac{1}{1+K_p}=\frac{1}{1+\infty}=0$$

当输入为单位斜坡信号时，$R(s)=\dfrac{1}{s^2}$，此时，系统稳态误差 $e_{ss}(\infty)$ 为

$$e_{ss}=\frac{1}{K_v}=\frac{1}{K'}=\frac{1.032}{0.0685K}$$

是系统开环增益 K' 的倒数。

当输入为单位加速度信号时，$R(s)=\dfrac{1}{s^3}$，此时，系统稳态误差 $e_{ss}(\infty)$ 为

$$e_{ss}=\frac{1}{K_a}=\frac{1}{0}=\infty$$

三、扰动作用下的双转子直升机系统稳态性能分析

已知存在扰动的系统结构如图 10-11 所示。

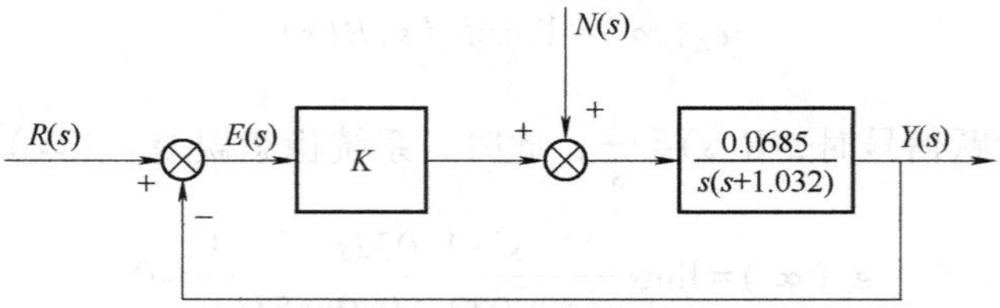

图 10-11　双转子直升机存在扰动的系统结构图

从图 10-11 中可知，扰动信号 $N(s)$ 到误差信号 $E(s)$ 的传递函数为

$$\frac{E(s)}{N(s)}=\Phi_{en}(s)=\frac{-\dfrac{0.0685}{s(s+1.032)}}{1+\dfrac{0.0685K}{s(s+1.032)}}=\frac{-0.0685}{s^2+1.032s+0.0685K}$$

根据扰动误差的定义，得

$$e_{ns}(\infty)=\lim_{s\to 0}s\Phi_{en}(s)N(s)$$

当扰动输入为单位阶跃信号时，$N(s)=\dfrac{1}{s}$，此时，系统稳态误差 $e_{ns}(\infty)$ 为

$$e_{ns}(\infty)=\lim_{s\to 0}s\frac{-0.0685}{s^2+1.032s+0.0685K}\frac{1}{s}=-\frac{1}{K}$$

当扰动输入为单位斜坡信号时，$N(s)=\dfrac{1}{s^2}$，此时，系统稳态误差 $e_{ns}(\infty)$ 为

$$e_{ns}(\infty)=\lim_{s\to 0}s\frac{-0.0685}{s^2+1.032s+0.0685K}\frac{1}{s^2}=-\infty$$

当扰动输入为单位加速度信号时，$N(s)=\dfrac{1}{s^3}$，此时，系统稳态误差 $e_{ns}(\infty)$ 为

$$e_{ns}(\infty)=\lim_{s\to 0}s\frac{-0.0685}{s^2+1.032s+0.0685K}\frac{1}{s^3}=-\infty$$

第五节　应用 MATLAB 的控制系统误差分析

例 10-7　已知一单位反馈系统的开环传递函数为 $G(s)=\dfrac{8}{(s+2)(s+5)}$，试求在单位阶跃信号、谐波信号作用下的稳态误差。

解　可以用如下 MATLAB 代码求解：

```
clc;clear;close all;
num=[8];
den=[(conv([1 2],[1 5]))];
w=tf(num,den)
ww=feedback(w,1,-1);
www=tf(ww.den{1}-ww.num{1},ww.den{1});
num2=[1 0];
den2=1;
w2=tf(num2,den2);
wwww=www*w2;
num3=[1];                               %输入为 t(1)时的稳态误差
den3=[1 0];
w3=tf(num3,den3);
dcg1=dcgain(wwww*w3)
num4=[1];                               %输入为 t 时的稳态误差
den4=[1 0 0];
w4=tf(num4,den4);
dcg2=dcgain(wwww*w4)
```

运行结果如图 10-12 所示。

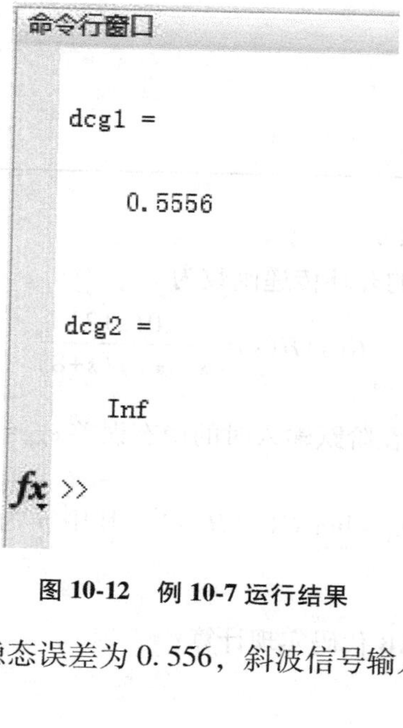

图 10-12　例 10-7 运行结果

从结果可知，单位阶跃下稳态误差为 0.556，斜波信号输入下，稳态误差为无限大。

例 10-8 已知系统的开环传递函数分别为

$$G(s)=\frac{1}{s^2+3s+2}$$

请用 MATLAB 程序计算系统在阶跃、斜坡、加速度信号输入时，10s 后的误差。

解 可用如下 MATLAB 代码实现：

```
clc;clear;close all;
num1=[1];
den1=[1 3 2];
[num,den]=cloop(num1,den1);
sys=tf(num,den);
t=0:0.1:10;
subplot(3,1,1)
step(sys,t)
y1=step(sys,t);
grid on
subplot(3,1,2)
lsim(sys,t,t)
y2=lsim(sys,t,t);
hold on
plot(t,t)
grid on
subplot(3,1,3)
lsim(sys,(1/2)*t.^2,t)
y3=lsim(sys,(1/2)*t.^2,t);
hold on
plot(t,(1/2)*t.^2)
grid on
ers=y1(length(t))-1
erv=y2(length(t))-t(length(t))
era=y3(length(t))-(1/2)*t(length(t)).^2
```


运行结果如图 10-13a、b 所示。

例 10-9 已知一控制系统的开环传递函数为

$$G(s)H(s)=\frac{10(s+3)}{s(s+2)(s+8)}$$

请利用 MATLAB 计算系统在阶跃输入时的稳态误差 $e_{ssp}=\frac{p}{1+K_p}$和斜坡输入时的误差 $e_{ssv}=\frac{V}{K_v}$，其中 $K_p=\lim\limits_{s\to 0}G(s)H(s)$，$K_v=\lim\limits_{s\to 0}sG(s)H(s)$，其中 p 为阶跃输入幅度，V 为斜坡输入幅度。

解 可以通过下述 MATLAB 代码实现计算：

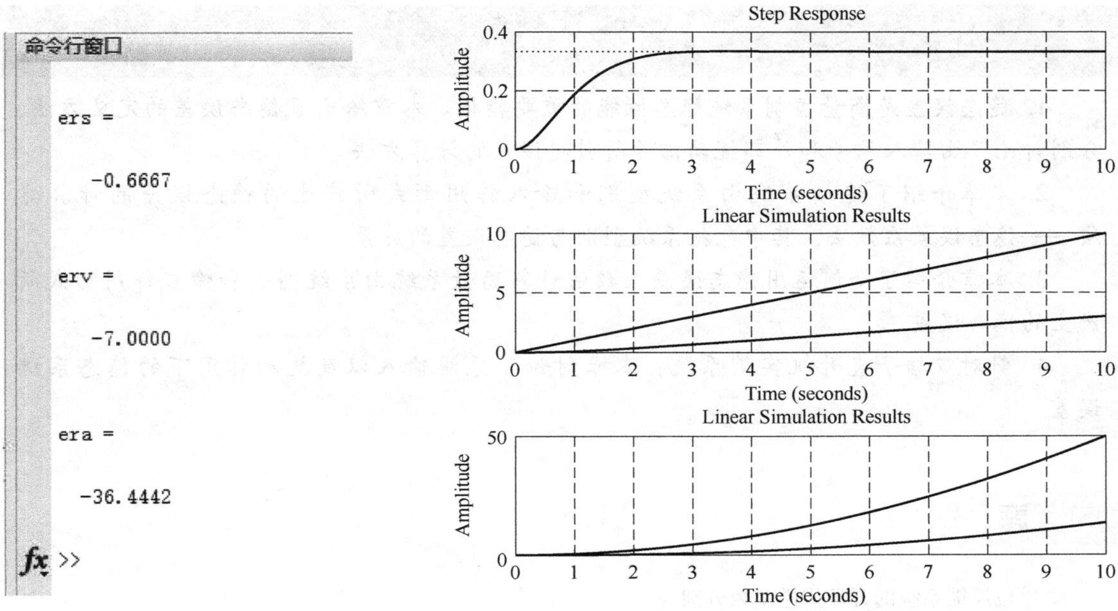

a)　　　　b)

图 10-13　例 10-8 运行结果

a）不同输入下的误差　b）阶跃、斜坡、加速度信号下的系统响应

```
clc;clear;close all;
syms s;
sys1=10*(s+3)/(s*(s+2)*(s+8));
kp=limit(sys1,s,0)
kv=limit(s*sys1,s,0)
esp=1/(1+kp)
esv=1/kv
```

运行结果如图 10-14 所示，从图中可知阶跃输入的稳态误差趋向于 0，斜坡输入的稳态误差为 8/15。

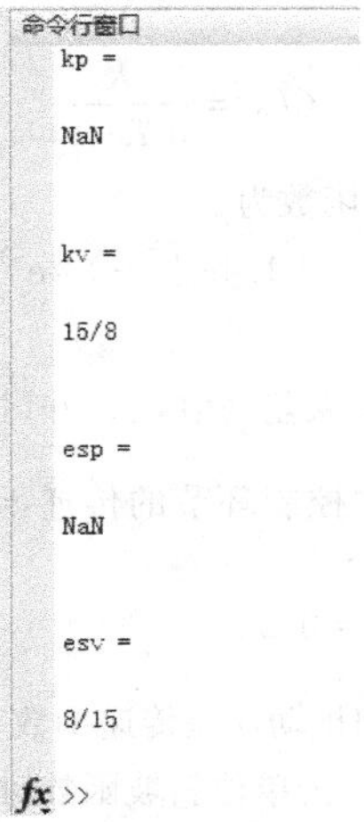

图 10-14　例 10-9 运行结果

本章要点

1. 稳态误差是衡量控制系统稳态性能的重要指标。本章给出了稳态误差的定义方法，分别讨论了由输入信号和外部扰动信号所引起误差的计算方法。

2. 本章介绍了连续系统由系统型别和输入作用形式所产生的稳态误差的计算方法——稳态误差系数法，其中包括系统型别与稳态误差的关系。

3. 本章介绍了如何运用稳态误差系数法计算离散系统由系统型别和输入作用形式所产生的稳态误差。

4. 针对双转子直升机实例系统，本章讨论了系统输入以及扰动作用下的稳态系统误差。

习 题

1. 单位反馈系统的开环传递函数分别为

1）$G(s)=\dfrac{50}{(1+0.1s)(1+2s)}$

2）$G(s)=\dfrac{K}{s(1+0.1s)(1+0.5s)}$

3）$G(s)=\dfrac{K(1+2s)(1+4s)}{s^2(s^2+2s+10)}$

4）$G(s)=\dfrac{K}{s(s^2+4s+200)}$

求各系统的静态位置、速度、加速度误差系数。

2. 单位反馈系统的开环传递函数为

$$G(s)=\frac{K}{(s+2)(s+5)}$$

求在单位阶跃信号作用下，稳态误差终值 $e_{ss}=0.1$ 时的 K 值。

3. 单位反馈系统的开环传递函数为

$$G(s)=\frac{K}{s(Ts+1)}$$

已知单位阶跃信号输入时，系统的误差函数为

$$e(t)=1.4e^{-1.7t}-0.4e^{-3.7t}$$

1）确定 K 和 T 的值。

2）求单位阶跃输入时，系统的给定稳态误差终值 e_{ss}，并讨论 e_{ss} 与 $e(t)$ 的关系。

4. 控制系统结构如图 10-15 所示。其中控制环节的传递函数 $G_c(s)=\dfrac{40}{0.05s+1}$，被控对象的传递函数 $G_o(s)=\dfrac{1}{s(2s+1)}$，反馈环节的传递函数 $H(s)=0.2$。

1）求系统的给定误差传递函数 $\Phi_e(s)$ 和扰动误差传递函数 $\Phi_n(s)$。

2）分别求给定信号 $r(t)$ 和扰动信号 $n(t)$ 为单位斜坡函数时系统的给定误差终值 e_{st} 和扰动误差终值 e_{sn}。

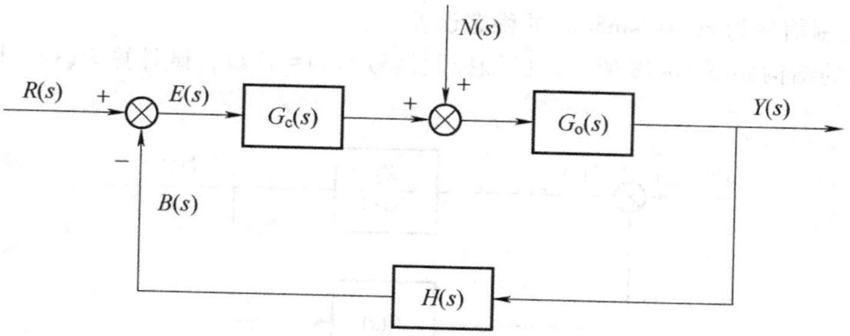

图 10-15　习题 4 图

5. 已知单位反馈控制系统，其闭环传递函数为

$$\frac{Y(s)}{R(s)}=\frac{Ks+b}{s^2+as+b}$$

试确定其开环传递函数 $G(s)$，并证明在单位斜坡响应下，系统的稳态误差为

$$e_{ss}=\frac{1}{K_v}=\frac{a-K}{b}$$

6. 已知一个单位反馈控制系统，其开环传递函数为

$$\frac{Y(s)}{R(s)}=\frac{K}{s(Js+B)}$$

试讨论在单位斜坡响应下，改变 K 和 B 的值对稳态误差的影响；并画出当 K 值较小、适中和较大时，典型的单位斜坡响应曲线。

7. 设控制系统结构如图 10-16 所示，试求当扰动输入 $n(t)=1(t)$ 输入时系统的稳态误差。

8. 一复合控制系统的结构如图 10-17 所示，图中

$$G_0(s)=\frac{10}{s(0.1s+1)(0.5s+1)}$$

如果要求系统在加速度输入信号 $r(t)=\frac{1}{2}t^2$ 作用下无稳态误差，应如何设计物理上可实现的 $G_r(s)$？

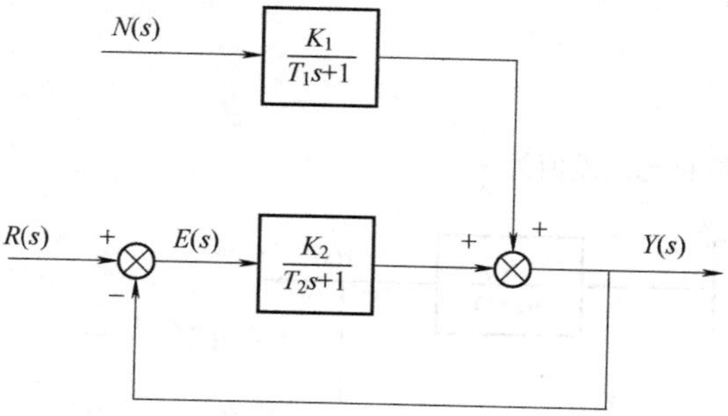

图 10-16　习题 7 图

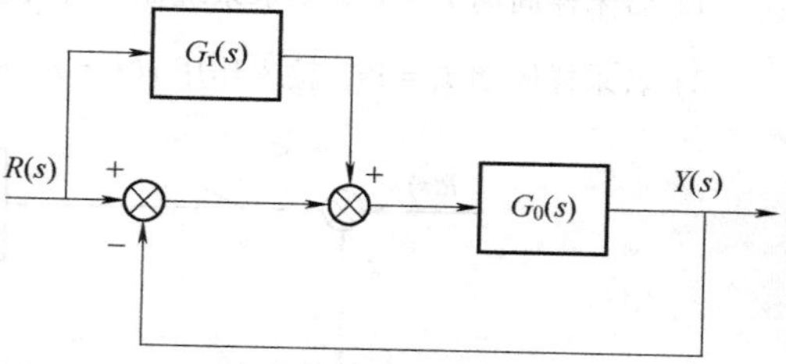

图 10-17　习题 8 图

9. 一单位反馈系统的开环传递函数为

$$G(s)=\frac{K_0K_fK_eK_t}{s(T_es+1)(T_fs+1)}$$

在输入信号 $r(t)=(a+bt)\cdot 1(t)$（a，b 为常数）作用下，欲使闭环系统的稳态误差 $e_{ss}<\varepsilon_\sigma$，试求系统各参数应满足的条件。

10. 设单位反馈系统的开环传递函数为

$$G(s)=\frac{100}{s(0.1s+1)}$$

试计算该系统响应控制信号为 $r(t)=\sin 5t$ 时的稳态误差。

11. 设控制系统的结构如图 10-18 所示。已知控制信号 $r(t)=1(t)$，试计算 $H(s)=1$ 及 0.1 时系统的稳态误差。

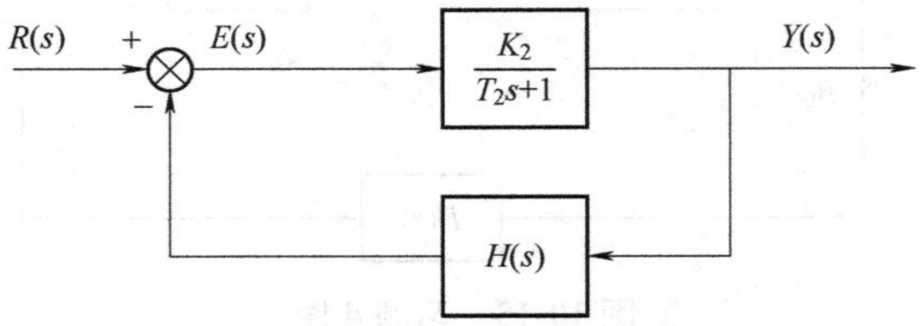

图 10-18　习题 11 图

12. 试计算图 10-19 所示线性离散系统响应 $r(t)=1(t)$、t、t^2 时的稳态误差。设采样周期 $T_0=1\text{s}$。

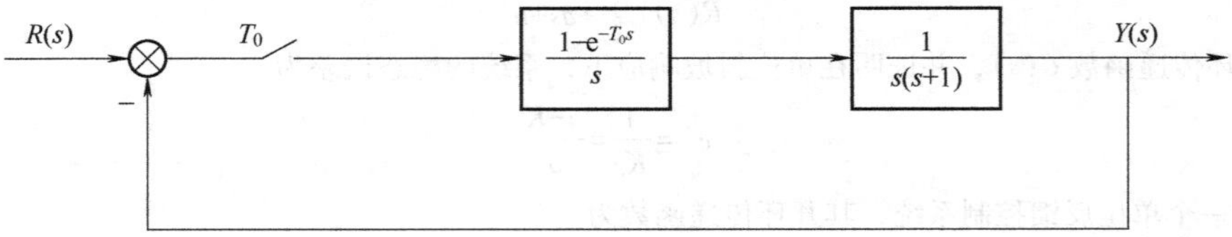

图 10-19　习题 12 图

13. 设某线性离散系统结构如图 10-20 所示，其中采样周期 $T_0=1\text{s}$。试求使系统响应输入信号 $r(t)=r_0\cdot 1(t)+r_1 t$ 时，系统的稳态误差。

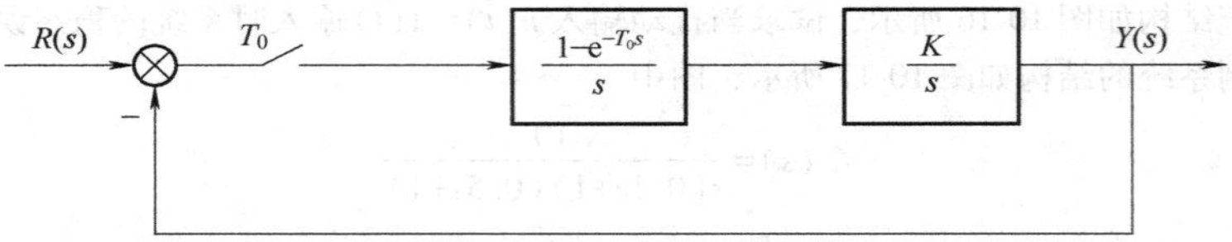

图 10-20　习题 13 图

14. 一采样系统的结构如图 10-21 所示。要求：

1）若采样周期 $T_0=1\text{s}$，试求系统临界放大系数 K_c。

2）若采样周期 $T_0=1\text{s}$，输入作用 $r(t)=t$，试证明系统稳态误差值为 $\dfrac{1}{K}$。

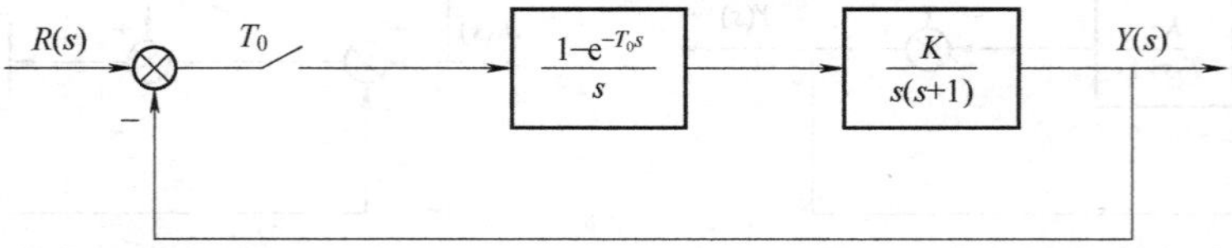

图 10-21　习题 14 图

15. 采样系统的结构如图 10-22 所示，图中采样周期 $T_0=0.1\text{s}$。试确定在输入信号 $r(t)=t$ 作用下稳态误差 $e_{ss}(\infty)=0.05$ 时的 K 的值。

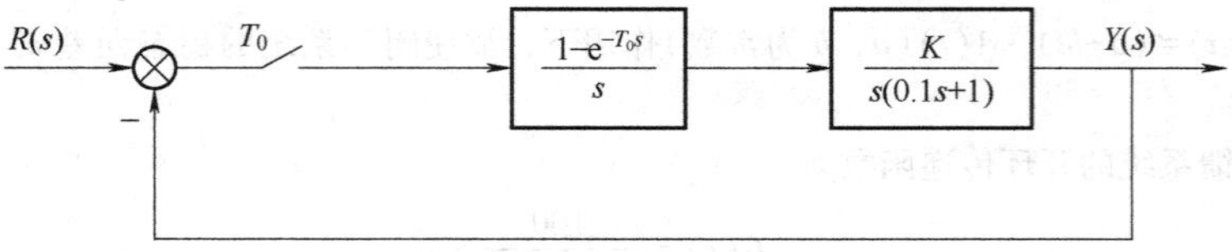

图 10-22　习题 15 图

第十一章

控制系统的动态性能分析

第一节　根轨迹法分析

闭环控制系统的稳定性及动态性能与闭环系统特征根在 s 平面的位置密切相关。所谓根轨迹是指当控制系统的某个参数从 0 到∞ 变化时，闭环特征根在 s 平面上运动的轨迹。为了更好地理解根轨迹，下面以图 11-1 所示的系统为例，讨论控制系统参数变化对闭环极点以及控制系统动态性能的影响。

例 11-1　已知控制系统结构如图 11-1 所示，试分析系统开环增益 K 对系统闭环极点的影响。

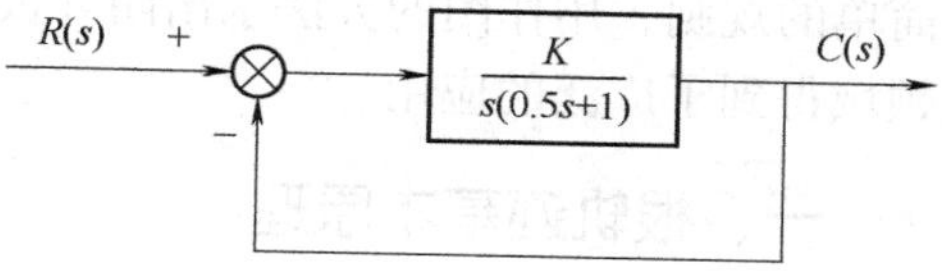

图 11-1　系统结构图

解　从图 11-1 所示系统结构图可知，系统的开环传递函数为

$$G(s)H(s)=\frac{K}{s(0.5s+1)}$$

系统的闭环传递函数为

$$\Phi(s)=\frac{K}{s(0.5s+1)+K}=\frac{K}{0.5s^2+s+K}$$

闭环系统特征方程为

$$D(s)=0.5s^2+s+K=0$$

从闭环特征方程的表达式可知，闭环特征根 $s=-1\pm\sqrt{1-2K}$，即 s 的值与开环增益 K 的取值有关。当 K 从 0→∞ 时，闭环特征根的变化值见表 11-1，同时，将闭环特征根在 s 平面的变化轨迹连接起来，所得到的曲线即称为根轨迹，如图 11-2 所示。

表 11-1　K 从 0→∞ 时闭环特征根的变化值

K	s_1	s_2
0	0	−2
0.5	−1	−1
1	−1+j1	−1−j1

（续）

K	s_1	s_2
2	$-1+j\sqrt{3}$	$-1-j\sqrt{3}$
∞	$-1+j\infty$	$-1-j\infty$

从图 11-2 可知，只要设定 K 的值，就可以从根轨迹图上得到相应的闭环极点，进而估算控制系统的动态性能。例如，当 $K=1$ 时，闭环特征根为 $-1\pm j1$。由于闭环系统没有零点，可知该二阶系统的 $\zeta=0.707$、$\omega_n=1.414$，进而可求得系统阶跃响应的超调量 $\sigma\%\approx4.33\%$，调整时间 $t_s\approx3s$（5%误差带）。反之，如果根据对控制系统的动态性能要求确定出期望的闭环极点，也可以从根轨迹图上求出相应的 K 的值。

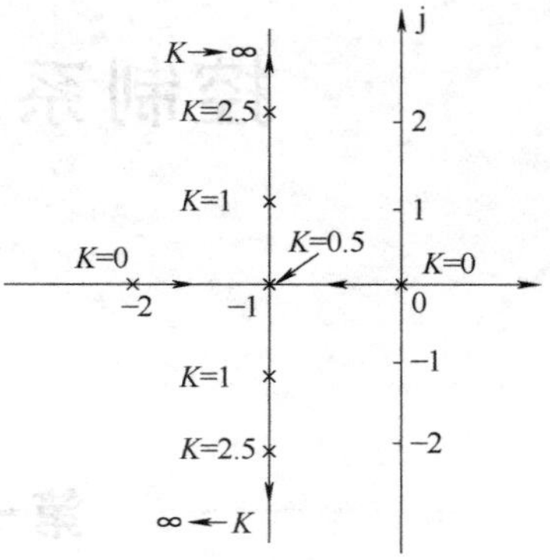

图 11-2　闭环特征根在 s 平面的变化轨迹

在例 11-1 中，由于控制系统为二阶系统，可以通过将 K 的值代入闭环特征方程，求解闭环系统相应特征根，但高阶系统特征根的求解一般比较困难，这种绘制方法并不适宜，因此需要建立一套简单的绘制规则，无须求解特征方程，也可以画出根轨迹。1948 年，伊文思（W. R. Evans）提出了一种求解闭环系统特征方程的图解方法。该方法根据系统开环极点和零点的分布，依照一些简单的规则，用作图的方法求出闭环极点的分布，避免了复杂的数学计算，从而在控制工程领域得到了广泛的应用。

一、根轨迹基本原理

系统结构如图 11-3 所示，该系统的闭环传递函数为

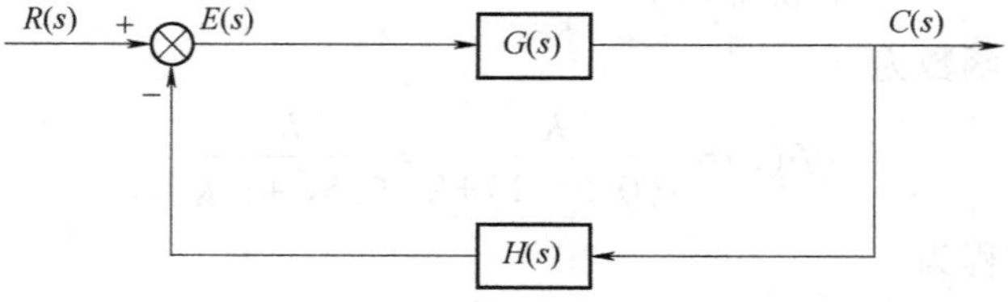

图 11-3　控制系统结构图

$$\Phi(s)=\frac{G(s)}{1+G(s)H(s)}$$

其特征方程为 $D(s)=1+G(s)H(s)=0$，也可以写成

$$G(s)H(s)=-1 \tag{11-1}$$

当 s 取某个复数时，式(11-1)中的 $G(s)H(s)$ 为一个复数，根据复变函数的概念，$G(s)H(s)$ 也可以幅值 $|G(s)H(s)|$ 和辐角 $\angle G(s)H(s)$ 表示。令上式两端的幅值和辐角分别相等，则可以得到下列两个方程：

$$|G(s)H(s)|=1 \tag{11-2}$$

$$\angle G(s)H(s)=(2k+1)\pi,\ k=0,\ \pm1,\ \pm2,\ \cdots \tag{11-3}$$

式(11-2)、式(11-3)分别被称为幅值条件和辐角条件。根轨迹上所有的点都满足幅值条件和辐角条件，反之，所有满足幅值条件和辐角条件的点都属于根轨迹。

现在，我们将幅值条件和辐角条件写成更具体的形式。首先将系统开环传递函数 $G(s)H(s)$ 写成零、极点表达形式：

$$G(s)H(s)=\frac{K^*\prod_{i=1}^{m}(s+z_i)}{\prod_{j=1}^{n}(s+p_j)} \tag{11-4}$$

式中，$-z_i$ 和 $-p_j$ 分别为开环传递函数 $G(s)H(s)$ 的零点和极点；K^* 为根轨迹增益。其中，系统根轨迹增益 K^* 与系统开环增益 K 之间存在以下关系：

$$K=\frac{K^*\prod_{i=1}^{m}z_i}{\prod_{j=1}^{n}p_j} \tag{11-5}$$

将 $G(s)H(s)$ 写成幅值和辐角形式，得到

$$|G(s)H(s)|=\frac{K^*\prod_{i=1}^{m}|(s+z_i)|}{\prod_{j=1}^{n}|(s+p_j)|},\quad \angle G(s)H(s)=\sum_{i=1}^{m}\angle(s+z_i)-\sum_{j=1}^{n}\angle(s+p_j)$$

由此，我们可以得到根轨迹具体的幅值条件和辐角条件为

$$\frac{K^*\prod_{i=1}^{m}|(s+z_i)|}{\prod_{j=1}^{n}|(s+p_j)|}=1 \tag{11-6}$$

$$\sum_{i=1}^{m}\angle(s+z_i)-\sum_{j=1}^{n}\angle(s+p_j)=(2k+1)\pi,\ k=0,\ \pm1,\ \pm2,\ \cdots \tag{11-7}$$

从式(11-6)和式(11-7)可知，辐角条件与根轨迹增益 K^* 无关。当 s 平面上的点满足辐角条件时，总有一个 $K^*\in(0,\ \infty)$ 满足幅值条件。所以，绘制根轨迹的依据辐角条件，换句话说，s 平面上所有满足辐角条件的点都在根轨迹上，所有根轨迹上的点对应的根轨迹增益 K^* 的值则可根据幅值条件公式计算得到。

例 11-2　已知系统的开环传递函数为

$$G(s)H(s)=\frac{2K^*}{(s+2)^2}$$

试证明 s 平面上的点 $s_1=-2+\mathrm{j}4$、$s_2=-2-\mathrm{j}4$ 是该系统的闭环极点。

证明　要证明 s_1、s_2 是否为系统的闭环极点，只需判断 s_1、s_2 是否满足根轨迹辐角条件即可。由系统开环传递函数的表达式可知，系统存在两个开环极点 $s=-2,\ -2$，且无开环零点。

将 $s_1=-2+\mathrm{j}4$ 代入辐角条件公式，得

$$-\angle(s_1-p_1)-\angle(s_1-p_2)=-90°-90°=-180°=(2k+1)\pi$$

其中，$k=-1$。

将 $s_1=-2-j4$ 代入辐角条件公式，得

$$-\angle(s_1-p_1)-\angle(s_1-p_2)=90°+90°=180°=(2k+1)\pi$$

其中，$k=0$。

可见，s_1、s_2 都满足根轨迹辐角条件，所以，是该系统的闭环极点。证毕。

二、根轨迹绘制规则

对于比较复杂的系统，利用试探的方法绘制根轨迹往往很困难，需要一些规则的帮助。下面介绍绘制根轨迹的一般规则。

（一）规则 1：根轨迹的起点和终点

根轨迹起始于开环极点，终止于开环零点。

已知闭环系统的特征方程为

$$1+G(s)H(s)=0$$

$$1+G(s)H(s)=1+\frac{K^*\prod_{i=1}^{m}(s+z_i)}{\prod_{j=1}^{n}(s+p_j)}=0$$

即

$$K^*\prod_{i=1}^{m}(s+z_i)+\prod_{j=1}^{n}(s+p_j)=0 \tag{11-8}$$

根轨迹起始点是指 $K^*=0$ 时，根轨迹的位置。在根轨迹的起始点，式(11-8)可简化为

$$\prod_{j=1}^{n}(s+p_j)=0$$

所以 $s=-p_j$，其中 $-p_j(j=1,2,\cdots,n)$ 为系统开环极点。可见，根轨迹的起始点为系统开环极点。

根轨迹的终点是指当根轨迹增益 $K^*=\infty$ 时，根轨迹的位置。我们首先将式(11-8)转换为

$$\prod_{i=1}^{m}(s+z_i)+\frac{1}{K^*}\prod_{j=1}^{n}(s+p_j)=0 \tag{11-9}$$

当 $K^*=\infty$ 时，式(11-9)退化为 m 次方程，而 $m\leqslant n$。为了避免丢失方程的根，我们将式(11-9)中的 s 做置换

$$s=\frac{1}{q}$$

则式(11-9)可化为

$$\prod_{i=1}^{m}\left(\frac{1}{q}+z_i\right)+\frac{1}{K^*}\prod_{j=1}^{n}\left(\frac{1}{q}+p_j\right)=0 \tag{11-10}$$

将式(11-10)两端同乘以 q^n，得

$$q^{n-m}\prod_{i=1}^{m}(1+qz_i)+\frac{1}{K^*}\prod_{j=1}^{n}(1+qp_j)=0 \tag{11-11}$$

当 $K^*=\infty$ 时，式(11-11)可以化为

$$q^{n-m}\prod_{i=1}^{m}(1+qz_i)=0 \tag{11-12}$$

式(11-12)为 n 次方程，有 n 个根，分别为

$$q=0\quad(n-m\text{ 重根}),\ -\frac{1}{z_1},\ -\frac{1}{z_2},\ \cdots,\ -\frac{1}{z_m}$$

可见，当 $K^*=\infty$ 时，根轨迹的数量为 n 条，其中，m 条的终点为开环零点，其余 $n-m$ 条的终点在无穷远点，我们将其称为无穷远开环零点。

根据上述分析可知，所有根轨迹起始于开环极点，终止于开环零点(含无穷远处零点)。

(二) 规则 2：根轨迹的分支数与对称性

根轨迹的分支数等于闭环系统特征方程的阶数，或者说根轨迹的分支数与闭环极点的个数相同。因为按照根轨迹的定义，系统根轨迹是系统极点随系统参数变化而在 s 平面移动的轨迹，当系统的阶次为 n 时，系统存在 n 个极点，因此，必然在 s 平面存在 n 条轨迹反映极点的变化。

根轨迹是连续且对称于实轴的曲线。因为所研究的上述特征方程是 s 的代数多项式，任何参数的变化连续变化都将产生连续的极点，可见根轨迹是连续的。同时，系统闭环特征方程的系数都是实数，如果系统存在复数极点，则根据复变函数理论，它们一定是共轭的。因此，根轨迹都对称于实轴。

(三) 规则 3：实轴上的根轨迹

在实轴上某线段右侧的实数开环零、极点个数之和为奇数，则该线段为根轨迹。

设系统的开环零、极点分布如图 11-4 所示。为了确定实轴上的根轨迹，首先在 $-p_4$ 和 $-z_2$ 之间取一试验点 s_1，从图 11-4 看到，s_1 和位于其右侧的零、极点向量之差 s_1+z_i 或 s_1+p_j 与实轴正方向的夹角为 180°，而 s_1 和位于其左侧的零、极点向量之差 s_1+z_i 或 s_1+p_j 与实轴正方向的夹角为 0°。从图 11-4 还可以看到，任何一个实数向量与共轭复数向量 $-p_2$、$-p_3$ 构成的差向量 s_1+p_2、s_1+p_3 与实轴正方向的夹角和为 2π。

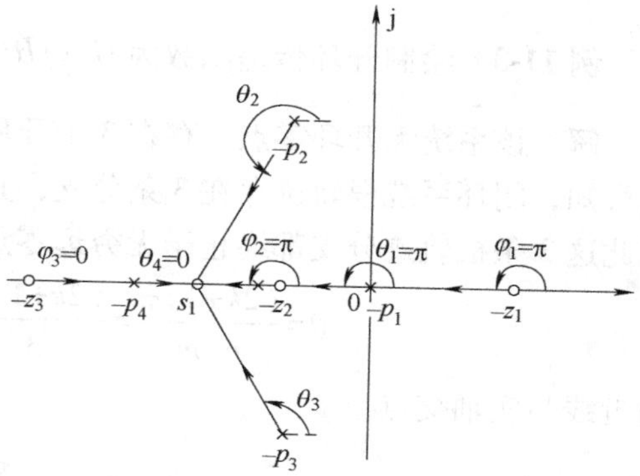

图 11-4　系统开环零、极点分布图

从上述分析中可以得出结论，在实轴上任取一点，若在其右侧的开环实数极点和开环实数零点的总数为奇数，则该点所在的线段构成了实轴上的根轨迹。例如图 11-4 中实轴上 $[-p_1,\ -z_1]$、$[-p_4,\ -z_2]$、$[-\infty,\ -z_3]$ 3 个线段都为系统在实轴上的根轨迹。

(四) 规则 4：根轨迹的渐近线

从规则 1 可知，当系统开环极点数 n 大于开环零点 m 时，随着 $K^*\to\infty$，将有 $n-m$ 条根轨迹趋向于 s 平面无穷远处，这 $n-m$ 条根轨迹的方向可由渐近线决定。根轨迹的渐近线包括渐近线的倾角和渐近线的交点。

1. 渐近线的倾角

假设在无穷远处存在系统极点 s_k，则 s 平面上系统的开环零点 $-z_i$、极点 $-p_j$ 到 s_k 的向量辐角都相等，即

$$\angle(s_k+z_i)=\angle(s_k+p_j)=\theta$$

由根轨迹辐角条件公式可得

$$\sum_{i=1}^{m}\angle(s_k+z_i)-\sum_{j=1}^{n}\angle(s_k+p_j)\angle(s_k+p_j)=m\theta-n\theta=(2k+1)\pi$$

由此，可得渐近线的倾角为

$$\theta=\frac{\mp(2k+1)\pi}{n-m},\ k=0,\ 1,\ 2,\ \cdots \tag{11-13}$$

当 $k=0$ 时，渐近线倾角最小，当 k 继续增大时，倾角将重复出现，因此独立的渐近线只有 $n-m$ 条。

2. 渐近线的交点

由于根轨迹对称于实轴，故渐近线也对称于实轴，所有渐近线必然与实轴相交。渐近线与实轴的交点为

$$\sigma=\frac{\sum_{j=1}^{n}(-p_j)-\sum_{i=1}^{m}(-z_i)}{n-m} \tag{11-14}$$

其证明从略。由于复数零、极点总是以共轭复数对的形式出现，所以在 $\sum_{j=1}^{n}(-p_j)$、$\sum_{i=1}^{m}(-z_i)$ 中虚部之和总是为0，因此，具体计算时只需要实部信息。

例 11-3 绘制开环传递函数为 $G(s)H(s)=\dfrac{K_1}{s(s+1)(s+2)}$ 的单位反馈系统的根轨迹。

解 该系统无开环零点，存在3个开环极点，分别为 $s_1=0$，$s_2=-1$，$s_3=-2$。由上述信息可知，闭环系统根轨迹存在3条分支，其出发点分别为 s_1、s_2、s_3，由于系统无开环零点，因此这3条根轨迹分支都终止于无穷远零点。其渐近线倾角

$$\theta=\frac{(2k+1)\pi}{n-m}=\frac{(2k+1)\pi}{3}=\frac{\pi}{3},\ \pi,\ -\frac{\pi}{3}(k=0,\ \pm1)$$

渐近线与实轴交点

$$\sigma=\frac{\sum_{i=1}^{n}p_i-\sum_{j=1}^{m}z_j}{n-m}=\frac{0-1-2}{3}=-1$$

在 s 平面实轴上 $[0,\ -1]$、$[-2,\ -\infty]$ 两个区间存在根轨迹。据此可以得出系统根轨迹如图 11-5 所示。

由图 11-5 可见，随着 K_1 的增加，从 $s_3=-2$ 出发的根轨迹分支将趋向无穷远处，该分支上的闭环极点都位于 s 左半平面，且都为负实根；从 $s_1=0$ 和 $s_2=-1$ 出发的两条分支将在负实轴上 $[0,\ -1]$ 区间中的某一点相遇，此时系统处于临界阻尼状态。当 K_1 继续增大，这两条分支离开负实轴分别趋近 $\frac{\pi}{3}$ 和 $-\frac{\pi}{3}$ 的渐近线向无穷远处延伸。当 $K_b<K_1<K_c$ 时，系统处于

欠阻尼状态，动态过程表现为振荡衰减特性；当 $K_1>K_c$ 时，系统根轨迹进入 s 右半平面，此时系统具有右半平面的闭环极点，系统不稳定。

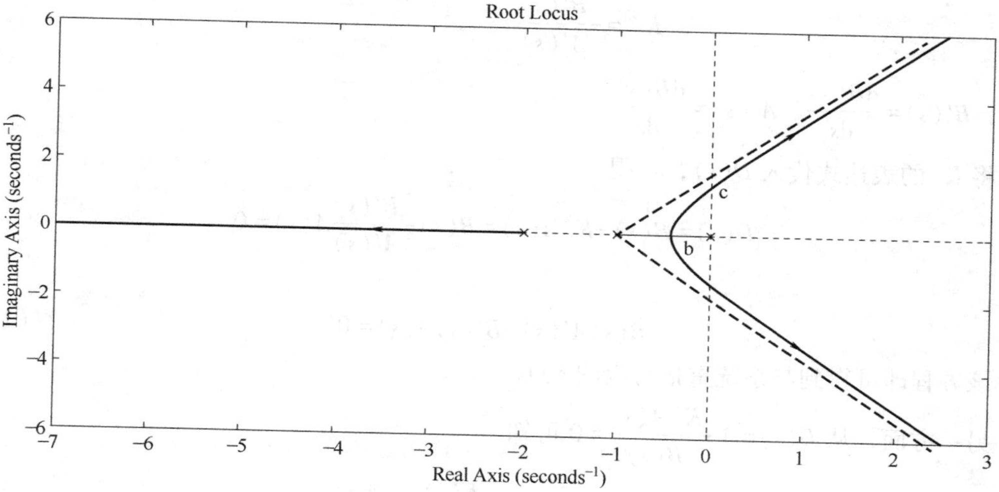

图 11-5　系统根轨迹

（五）规则 5：根轨迹的分离点和会合点

由于根轨迹的共轭对称性，因此分离点和会合点或位于实轴上，或产生于共轭复数对中。从根轨迹绘制规则 1 可知，根轨迹起始于开环极点，终止于开环零点（含无穷远处零点）。如果实轴上两个开环极点间存在根轨迹，则这两个开环极点之间至少存在一个分离点；如果实轴上两个开环零点间存在根轨迹，则这两个开环零点之间至少存在一个会合点。如果根轨迹位于实轴上一个开环极点和一个开环零点之间，则在这两个相邻极点和零点之间，或既不存在分离点也不存在会合点，或者既存在分离点又存在会合点。

下面是求分离点（或会合点）的方法。根轨迹的分离点（或会合点）就是系统特征方程在 s 平面上的重根对应的点。我们把系统特征方程写成下列形式：

$$D(s)=1+G(s)H(s)=1+\frac{K^*A(s)}{B(s)}=0 \tag{11-15}$$

式中，$A(s)$、$B(s)$ 不含根轨迹增益 K^*。式（11-15）可转换为

$$D(s)=B(s)+K^*A(s)=0$$

根据多项式重根的求解方法，当 $D(s)=0$ 有重根时，有

$$\frac{\mathrm{d}D(s)}{\mathrm{d}s}=0$$

对此可说明如下。假设 $D(s)$ 具有 r 重根，其中 $r\geqslant 2$，则 $D(s)$ 可以描述为

$$D(s)=(s-s_1)^r(s-s_2)(s-s_3)\cdots(s-s_{n-r})$$

如果对 s 微分，计算当 $s=s_1$ 时

$$\left.\frac{\mathrm{d}D(s)}{\mathrm{d}s}\right|_{s=s_1}=0$$

这说明，$D(s)$ 的重根满足上述方程。

由于

$$\frac{dD(s)}{ds}=B'(s)+K^*A'(s)=0$$

$$K^*=-\frac{B'(s)}{A'(s)}$$

式中，$B'(s)=\frac{dB(s)}{ds}$，$A'(s)=\frac{dB(s)}{ds}$。

将 K^* 的表达式代入 $D(s)$，可得

$$D(s)=B(s)+K^*A(s)=B(s)-\frac{B'(s)}{A'(s)}A(s)=0$$

即

$$B(s)A'(s)-B'(s)A(s)=0 \tag{11-16}$$

求解该方程即可得到与系统重根对应的 s 点。

另一方面，从 $D(s)=1+\frac{K^*A(s)}{B(s)}=0$ 可知

$$K^*=-\frac{B(s)}{A(s)}$$

$$\frac{dK^*}{ds}=\frac{B'(s)A(s)-B(s)A'(s)}{A^2(s)}$$

令 $\frac{dK^*}{ds}=0$，则得到的方程与式(11-16)相同。可见，分离点(或会合点)也可以从满足下列方程的根中直接求出：

$$\frac{dK^*}{ds}=0 \tag{11-17}$$

应该要注意的是，满足式(11-17)的所有的解，并不一定都对应系统根轨迹的分离点(或会合点)。只有位于根轨迹上的解，才是一个实际的分离点或会合点。

例 11-4 已知单位反馈系统开环传递函数为

$$G(s)H(s)=\frac{K^*}{s(s+1)(s+2)}$$

试求系统根轨迹的分离点(或会合点)。

解 由系统开环传递函数

$$G(s)H(s)=\frac{K^*}{s(s+1)(s+2)}$$

可得系统闭环特征方程为

$$1+\frac{K^*}{s(s+1)(s+2)}=0$$

可转换为

$$K^*=-s(s+1)(s+2)=-(s^3+3s^2+2s)$$

令 $\frac{dK^*}{ds}=0$，可得

$$\frac{dK^*}{ds}=-(3s^2+6s+2)=0$$

求得相应解

$$s_1=-0.4226,\ s_2=-1.5774$$

由于分离点(会合点)必须在0和−1之间的根轨迹上，显然 $s_1=-0.4226$ 满足条件，是系统根轨迹的分离点(或会合点)，$s_2=-1.5774$ 不在系统根轨迹上，因此，该点不是实际的分离点(或会合点)，应舍弃。

(六) 规则6：根轨迹与虚轴的交点

根轨迹与虚轴的交点，即闭环系统特征方程的纯虚根，同时意味着闭环系统在该点上处于临界稳定状态。

根轨迹与虚轴的交点，可以通过下列两种方法计算得到：①劳斯稳定性判据；②在特征方程中令 $s=j\omega$，再分别令实部和虚部为0，即可求出 ω 和 K^* 值。此处，ω 为根轨迹与虚轴交点的频率，K^* 为系统开环根轨迹增益。

例11-5 已知单位反馈系统开环传递函数为

$$G(s)H(s)=\frac{K^*}{s(s+1)(s+2)}$$

试求系统根轨迹与虚轴的交点。

解 1) 方法一：劳斯稳定性判据。

该系统的闭环特征方程为

$$1+G(s)H(s)=1+\frac{K^*}{s(s+1)(s+2)}$$

即

$$s^3+3s^2+2s+K^*=0$$

列出系统对应的劳斯表如下：

$$\begin{array}{lcc} s^3 & 1 & 2 \\ s^2 & 3 & K^* \\ s^1 & \dfrac{6-K^*}{3} & \\ s^0 & K^* & \end{array}$$

令第一列中 s^1 对应行全为0，即

$$\frac{6-K^*}{3}=0$$

得 $K^*=6$。同时利用 s^2 行构建辅助方程

$$3s^2+K^*=3s^2+6=0$$

解该方程可得根轨迹与虚轴的交点为

$$s=\pm j\sqrt{2}$$

2) 方法二：令 $s=j\omega$，分别令实部和虚部为0，求出 ω 和 K^* 值。

已知系统闭环特征方程为

$$D(s)=s^3+3s^2+2s+K^*=0$$

令 $s=\mathrm{j}\omega$，代入上式

$$D(\mathrm{j}\omega)=(\mathrm{j}\omega)^3+3(\mathrm{j}\omega)^2+2(\mathrm{j}\omega)+K^*=0$$

实部和虚部分别为 0，可得

$$-3\omega^2+K^*=0$$

$$-\omega^3+2\omega=0$$

求得

$$\begin{cases}\omega_1=0\\K^*=0\end{cases},\quad\begin{cases}\omega_{2,3}=\pm\sqrt{2}\\K^*=6\end{cases}$$

因此，根轨迹在 $\omega=\pm\mathrm{j}\sqrt{2}$ 处与虚轴系统相交，交点处开环系统根轨迹增益 $K^*=6$。此外，实轴上的根轨迹分支在 $\omega=0$ 处与虚轴相交，该点为系统根轨迹的一个起始点。根轨迹如图 11-6 所示。

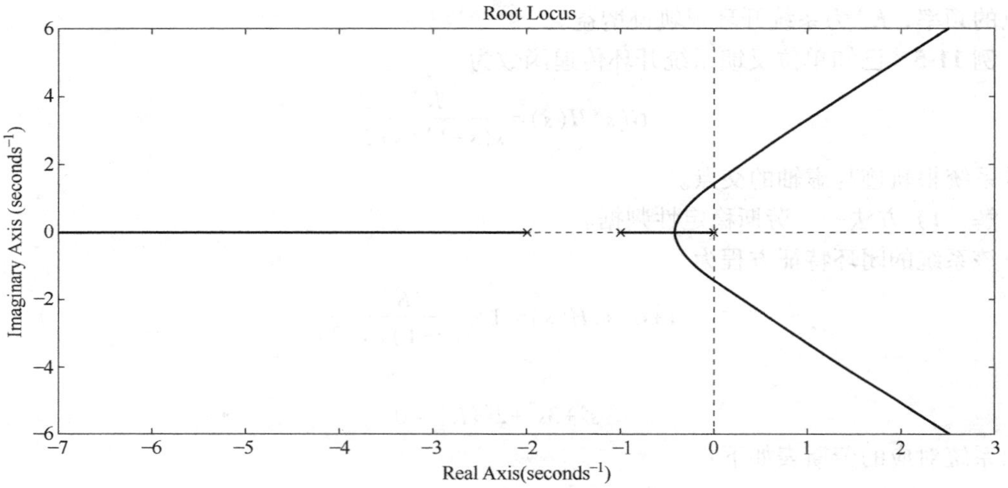

图 11-6　系统根轨迹图

（七）规则 7：根轨迹的出射角和入射角

为了充分、精确地绘制根轨迹，必须确定复数极点和复数零点附近的根轨迹。我们将始于开环极点的根轨迹，在开环极点处的切线与正实轴的方向夹角，称为根轨迹的出射角；将根轨迹进入开环零点处的切线与正实轴的方向夹角，称为根轨迹的入射角。

根轨迹出射角和入射角的计算方法如下：

假设我们在离开环极点 p_1 非常近的根轨迹上取一点 s_1。根据根轨迹辐角条件公式

$$\angle G(s)H(s)=(2k+1)\pi$$

可知

$$\sum_{i=1}^{m}\angle(s_1+z_i)-\left(\angle(s_1+p_1)+\sum_{j=2}^{n}\angle(s_1+p_j)\right)=(2k+1)\pi$$

当 $s_1\to -p_1$ 时，根轨迹离开开环极点 $-p_1$ 的出射角 θ_{-p_1} 近似等于 $\angle(s_1+p_1)$，其他开环零、极点指向 s_1 的向量的辐角 $\angle(s_1+p_i)$ 或 $\angle(s_1+z_j)$ 近似等于 $\angle(-p_1+p_j)$ 或 $\angle(-p_1+z_i)$，因此，复数极点的出射角用公式表示为

$$\theta_{px} = -(2k+1)\pi + \sum_{i=1}^{m} \angle(p_x + z_i) - \sum_{\substack{j=1\\ j\neq x}}^{n} \angle(p_x + p_j) \tag{11-18}$$

考虑复数极点的共轭性，共轭复数极点的出射角数值上正好相反。

同理可得，复数零点的入射角用公式表示为

$$\varphi_{zx} = (2k+1)\pi - \sum_{\substack{i=1\\ i\neq x}}^{m} \angle(-z_x + z_i) + \sum_{j=1}^{n} \angle(-z_x + p_j) \tag{11-19}$$

考虑复数零点的共轭性，共轭复数零点的入射角数值上正好相反。

例 11-6 设单位反馈控制系统的开环传递函数为 $G_K(s)=K_g/[s(s^2+2s+2)]$，试绘制系统的完整根轨迹，并要求计算出射角。

解 开环极点为 $-p_1=0$，$-p_2=-1+j$，$-p_3=-1-j$，无开环零点，$n=3$，$m=0$。

1）由于 $n=3$，$m=0$，所以根轨迹有 3 条分支。

2）根轨迹起始于开环极点 $-p_1=0$，$-p_2=-1+j$，$-p_3=-1-j$，终止于无穷远处。

3）3 条根轨迹的渐近线夹角和交点坐标为

$$\varphi_a = \frac{(2k+1)\pi}{n-m} = \frac{(2k+1)\pi}{3} = \begin{cases} \pi/3(60^\circ),\ k=0 \\ \pi(180^\circ),\ k=1 \\ 5\pi/3(-60^\circ,\ 300^\circ),\ k=2 \end{cases}$$

$$\sigma_a = \frac{-p_1+(-p_2)+(-p_3)}{3} = \frac{0-1+j-1-j}{3} = -\frac{2}{3}$$

4）实轴上的根轨迹为 $(-\infty, 0)$，即整个负实轴。

5）根轨迹无分离（会合）点。

6）起始于 $-p_2=-1+j$，$-p_3=-1-j$ 根轨迹分支向着 $\varphi_a=\pi/3$，$5\pi/3$ 的两条渐近线逼近。

7）根轨迹与虚轴的交点。

闭环特征方程为 $s^3+2s^2+2s+K_g=0$

令 $s=j\omega$，代入特征方程，得 $(j\omega)^3+2(j\omega)^2+2(j\omega)+K_g=0$

或
$$\begin{cases} K_g-2\omega^2=0 \\ 2\omega-\omega^3=0 \end{cases} \Rightarrow \begin{cases} \omega=\pm\sqrt{2} \\ K_g=4 \end{cases}$$

8）根轨迹出射角。

$$\theta_{p_2} = 180^\circ - \angle(-p_2+p_1) - \angle(-p_2+p_3) = 180^\circ - \angle(-1+j) - \angle[(-1+j-(-1-j)]$$
$$=-45^\circ$$

$$\theta_{p_3} = 45^\circ$$

9）绘制根轨迹如图 11-7 所示。

（八）规则 8：根之和

系统闭环特征方程为

$$D(s) = 1+G(s)H(s) = 1+K^*\frac{(s-z_1)(s-z_2)\cdots(s-z_m)}{(s-p_1)(s-p_2)\cdots(s-p_n)} = 0$$

展开后得

$$D(s) = s^n + a_1 s^{n-1} + \cdots + a_{n-1}s + a_n + K^*(s^m + b_1 s^{m-1} + \cdots + b_{m-1}s + b_m) = 0 \tag{11-20}$$

式中，$a_i(i=1, \cdots, n)$、$b_j(j=1, \cdots, m)$ 均为已知常数。当 $n-m\geqslant 2$ 时，闭环特征方程第二

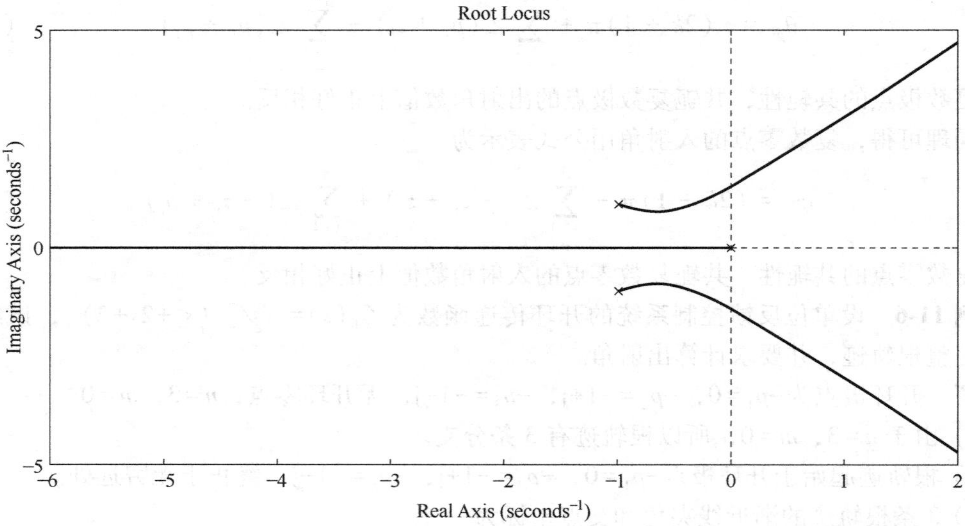

图 11-7　根轨迹图

项 s^{n-1} 系数将于 K^* 无关，实际为 a_1，于是有 $-a_1=\sum_{i=1}^{n}p_i$，为所有系统开环极点之和。同时，系统闭环特征方程可写成如下形式：

$$\prod_{i=1}^{n}(s-s_i)=s^n+\left(-\sum_{i=1}^{n}s_i\right)s^{n-1}+\cdots+\prod_{i=1}^{n}(-s_i)=0 \tag{11-21}$$

式中，s_i 为特征方程的根，即系统闭环极点。

比较式(11-20)和式(11-21)可知，当 $n-m\geqslant 2$ 时，特征方程中的第二项的系数 a_1 与 K^* 无关，n 个开环极点的和 $-a_1=\sum_{i=1}^{n}p_i$ 与闭环系统特征方程 n 个根之和，即闭环极点之和等于开环极点之和，且为常数。

由于闭环极点之和保持不变，等于 n 个开环极点之和，且为常数，则当 K^* 由 $0\to\infty$ 变化时，如果一部分闭环极点增大，那么必然存在另外一部分闭环极点变小。如果存在一部分闭环根轨迹向右移动，则必然存在另外一部分根轨迹向左移动。明确这一情况，有助于确定根轨迹的大致形状。

同时，由于根轨迹上的点都是闭环极点，满足根轨迹幅值条件，因此根轨迹上任意一点 s 相对应的 K^*，可以利用幅值条件计算得到，即

$$K^*=\frac{s\text{ 点到各开环极点之间长度的乘积}}{s\text{ 点到各开环零点之间长度的乘积}} \tag{11-22}$$

反之，如果开环传递函数的根轨迹增益 K^* 已知，则应用根轨迹幅值条件，通过试探法，可以求出与给定根轨迹增益 K^* 相应的闭环极点在根轨迹各条分支上的确切位置。

为了方便根轨迹的绘制，先将上述绘制规则进行归纳：

1）根轨迹的起点和终点。根轨迹起始于开环极点，终止于开环零点(含无穷远处的零点)。

2）根轨迹的分支数与对称性。根轨迹的分支数等于闭环系统特征方程的阶数，或者说

根轨迹的分支数与闭环极点的个数相同；根轨迹连续且对称于实轴。

3）实轴上的根轨迹。若在实轴上某线段为根轨迹，则其右侧的实数开环零、极点个数之和为奇数。

4）根轨迹的渐近线。当系统开环极点数 n 大于开环零点 m 时，随着 $K^* \to \infty$，将有 $n-m$ 条根轨迹趋向于 s 平面无穷远处，这 $n-m$ 条根轨迹的方向可由渐近线决定。其中，渐近线的倾角为

$$\theta = \frac{\mp(2k+1)\pi}{n-m},\ k=0,\ 1,\ 2,\ \cdots$$

渐近线与实轴的交点为

$$\sigma = \frac{\sum_{j=1}^{n}(-p_j) - \sum_{i=1}^{m}(-z_i)}{n-m}$$

5）根轨迹的分离点和会合点。分离点和会合点可根据闭环特征方程，利用

$$B(s)A'(s)-B'(s)A(s)=0$$

获得。将求得的解 s 代入

$$D(s)=B(s)+K^*A(s)=0$$

计算对应的 K^*。只有当 K^* 为正值时，这些 s 才是实际的分离点或会合点。

6）根轨迹与虚轴的交点。根轨迹与虚轴的交点可以利用劳斯判据或令 $s=j\omega$，同时令特征方程实部和虚部分别为 0 求出。

7）根轨迹的出射角和入射角。根轨迹的出射角可以用公式

$$\theta_{px} = -(2k+1)\pi + \sum_{i=1}^{m}\angle(p_x+z_i) - \sum_{\substack{j=1 \\ j\neq x}}^{n}\angle(p_x+p_j)$$

求出。根轨迹的入射角可以用公式

$$\varphi_{zx} = (2k+1)\pi - \sum_{\substack{i=1 \\ i\neq x}}^{m}\angle(-z_x+z_i) + \sum_{j=1}^{n}\angle(-z_x+p_j)$$

求出。

8）根之和。当 $n-m \geqslant 2$ 时，闭环极点之和等于开环极点之和，且为常数。根据这一特性，当 K^* 由 $0\to\infty$ 变化时，可以确定根轨迹的大致形状。

例 11-7　已知单位反馈系统的开环传递函数为

$$G(s)=\frac{K}{s(s+1)(0.25s+1)}$$

试画出该闭环系统的根轨迹。

解　已知系统开环传递函数的表达式为

$$G(s)=\frac{K}{s(s+1)(0.25s+1)}=\frac{4K}{s(s+1)(s+4)}=\frac{K^*}{s(s+1)(s+4)}$$

式中，$K^*=4K$，称为系统开环根轨迹增益。

1）系统的开环零、极点。求解 $s(s+1)(s+4)=0$ 可得系统的极点为 $p_1=0$，$p_2=-1$，$p_3=-4$；系统无开环零点。

2）实轴上的根轨迹。根据规则3可知，实轴上的根轨迹位于$(-\infty, -4]$和$[-1, 0]$两个线段上。

3）根轨迹渐近线。渐近线与实轴的交点

$$\sigma=\frac{-1-4}{3}=-\frac{5}{3}$$

渐近线的倾角 $\theta=\frac{(2k+1)\pi}{3}=\frac{\pi}{3},\ \pi,\ -\frac{\pi}{3}\quad (k=0,\ \pm1)$

4）根轨迹的分离点。已知

$$G(s)=\frac{4K}{s(s+1)(s+4)}=\frac{K^*}{s(s+1)(s+4)}$$

可知

$$B(s)=s^3+5s^2+4s \quad A(s)=1$$
$$B'(s)=3s^2+10s+4 \quad A'(s)=0$$
$$A(s)B'(s)-A'(s)B(s)=3s^2+10s+4=0$$

求得该表达式的解为

$$s_1=-0.465 \quad s_2=-2.87(\text{舍去})$$

5）与虚轴的交点。将 $s=\mathrm{j}\omega$ 代入 $s^3+5s^2+4s+K^*=0$，可得

$$-\mathrm{j}\omega^3-5\omega^2+4\mathrm{j}\omega+K^*=0$$

令实部和虚部分别为0，可得

$$-5\omega^2+K^*=0$$
$$-\omega^3+4\omega=0$$

解联立方程，得

$$\omega=\pm2,\ K^*=5\omega^2=20$$

画出系统的根轨迹如图11-8所示。

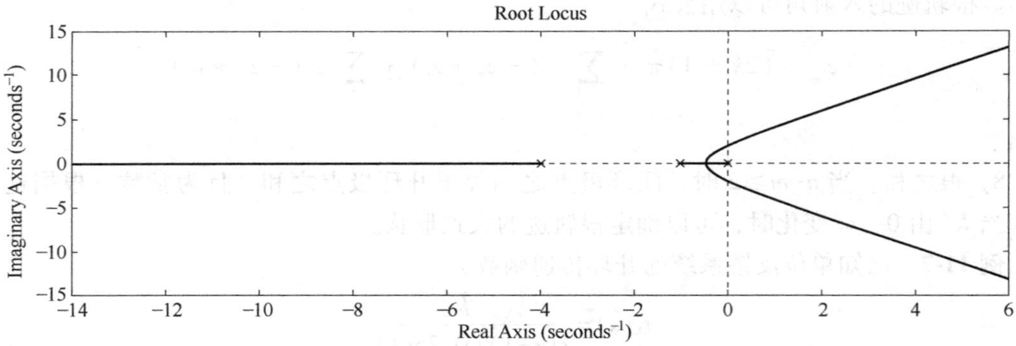

图 11-8　系统根轨迹图

三、利用根轨迹分析系统性能

（一）闭环系统零、极点分布与系统动态性能的关系

假设 n 阶系统的闭环传递函数为

$$\Phi(s)=\frac{C(s)}{R(s)}=\frac{b_ms^m+b_{m-1}s^{m-1}+\cdots+b_1s+b_0}{s^n+a_{n-1}s^{n-1}+\cdots+a_1s+a_0}$$

将上式转换为零、极点形式为

$$\Phi(s)=\frac{K^{*}\sum\limits_{i=1}^{m}(s-z_i)}{\sum\limits_{j=1}^{n}(s-p_j)}$$

当输入为阶跃信号时，$R(s)=\frac{1}{s}$，系统输出为

$$C(s)=\frac{K^{*}\sum\limits_{i=1}^{m}(s-z_i)}{\sum\limits_{j=1}^{n}(s-p_j)}\frac{1}{s}=\frac{A_0}{s}+\sum_{j=1}^{n}\frac{A_j}{s-p_j}\tag{11-23}$$

式中，系数 A_0，A_1，…，A_n 可以利用复变函数中的留数法求得，分别为

$$A_0=\frac{K^{*}\sum\limits_{i=1}^{m}(-z_i)}{\sum\limits_{j=1}^{n}(-p_j)},\quad A_i=\frac{K^{*}\sum\limits_{i=1}^{m}(p_i-z_i)}{\sum\limits_{\substack{j=1\\j\neq i}}^{n}(p_i-p_j)}\tag{11-24}$$

利用拉普拉斯反变换，得到系统输出的时域表达式为

$$c(t)=A_0+\sum_{i=0}^{n}A_i\mathrm{e}^{p_it}\tag{11-25}$$

从系统时域表达式的形式，我们可以做出以下分析：

1）要使系统稳定，则系统闭环极点必须位于 s 左半平面。

2）要使系统的动态过程能够较快结束(即系统响应的快速性)，则系统闭环极点应远离虚轴。因为此时 e^{p_it} 的衰减较快，系统输出能够快速地达到稳态值。

3）考虑系统动态性能的平稳性，振荡要小，闭环系统的阻尼比 $\zeta=0.707$，则闭环极点应位于 s 左半平面且与负实轴成±45°的射线附近。

4）系统的动态性能不仅与系统闭环极点有关，还与闭环零、极点的分布情况有关。

从系统输出的时域表达式可知，如果想获得较好的快速性，A_i 的值应该尽可能小。已知 A_i 的表达式为

$$A_i=\frac{K^{*}\sum\limits_{i=1}^{m}(p_i-z_i)}{\sum\limits_{\substack{j=1\\j\neq i}}^{n}(p_i-p_j)}$$

要使 A_i 的值尽可能小，则上式中 p_i-p_j 应尽可能大，p_i-z_i 应尽可能小，即在 s 平面中闭环极点间的距离应尽可能大，闭环极点与闭环零点间的距离应尽可能小。

从上述分析可知，闭环系统的零点、极点在 s 平面的分布情况对系统的动态性能有很大影响。闭环极点离虚轴越近，该极点对应的暂态分量 $A_i\mathrm{e}^{p_it}$ 衰减的速度越慢，对系统的动态性能影响越大；如果存在闭环零点 z_i 与该极点 p_i 距离很近，则该极点对应暂态分量的系数 A_i 将变得很小，从而使得该暂态分量对系统动态性能的影响可以忽略不计，此时系统动态性能由其他相对远离虚轴的闭环极点决定。

（二）闭环主导极点和偶极子

闭环主导极点是指对闭环系统动态性能起主导作用的极点。越靠近虚轴的闭环极点，对系统动态性能的影响越大。当系统中其他的闭环极点离虚轴较远，且与该极点距离间隔较大（其他闭环极点的实部绝对值是该极点的实部绝对值的 5 倍以上），则该极点称为闭环系统的主导极点。在实际工程计算中，可忽略其他闭环极点的影响，只利用主导极点估算系统的动态性能，从而简化计算过程。

从上面的分析中可知，判断一个闭环极点是否是主导极点，除了要看该极点是否离虚轴近，同时还要考虑该极点附近是否存在闭环零点。闭环零点的存在将大大削弱闭环极点对系统动态性能的影响。如果该闭环极点附近存在闭环零点，根据暂态分量系数 A_i 的计算公式，p_i-z_i 的值将变得很小，从而使 A_i 的值变得很小，该极点对应的暂态分量 $A_i e^{p_i t}$ 对闭环系统整体的动态性能影响就很小。我们将一对距离很近的闭环零点、极点称为偶极子。考虑到偶极子对系统的影响可以忽略不计，因此，在确定闭环主导极点时，应先将偶极子去除。

例 11-8 设单位反馈系统的开环传递函数为

$$G(s)H(s)=\frac{K^*}{s(s+4)(s+6)}$$

试判断闭环极点 $s_{1,2}=-1.2\pm j2.08$ 是否是系统的闭环主导极点。

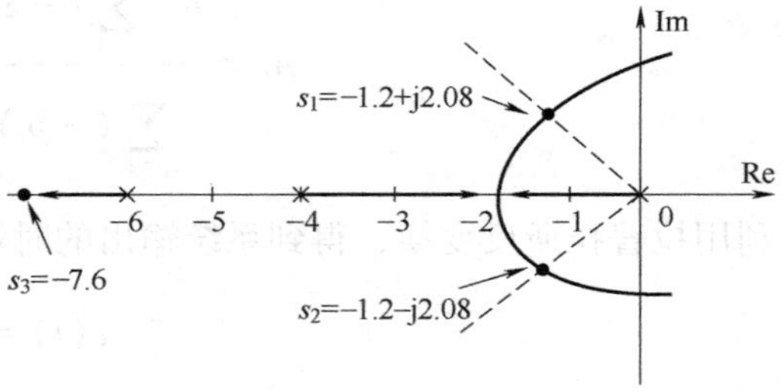

图 11-9 闭环系统根轨迹

解 1）闭环系统根轨迹如图 11-9 所示。

2）判别闭环极点 $s_{1,2}=-1.2\pm j2.08$ 是否位于根轨迹。

根据根轨迹辐角条件公式可知，s_1 的辐角 θ_{s_1} 为

$$\begin{aligned}\theta_{s_1}&=0-[\angle(s_1-p_1)+\angle(s_1-p_2)+\angle(s_1-p_3)]\\&=-[\angle(-1.2+j2.08-0)+\angle(-1.2+j2.08+4)+\angle(-1.2+j2.08+6)]\\&=-[\angle(-1.2+j2.08)+\angle(2.8+j2.08)+\angle(4.8+j2.08)]\\&=-\left[-\arctan\frac{2.08}{1.2}+\arctan\frac{2.08}{2.8}+\arctan\frac{2.08}{4.8}\right]\\&=-[180°-60°+36.6°+23.4°]=-180°\end{aligned}$$

因此，s_1 满足辐角条件，是根轨迹上的点。由于 s_1、s_2 为共轭复数点，所以 s_2 同样也是根轨迹上的点。

3）由根的和性质求第 3 个极点。

$$D(s)=s^3+10s^2+24s+K^*=0$$

由于该系统的闭环极点数为 $n=3$，零点数 $m=0$，$n-m=3>2$，因此，利用根的和性质，可知

$$s_1+s_2+s_3=-10$$

$$s_3=-10-(-1.2+j2.08-1.2-j2.08)=-7.6$$

再利用根轨迹幅值方程计算对应的根轨迹增益 K^*。

$$\frac{|K^*|}{|s(s+4)(s+6)|_{s=-7.6}}=1$$

$$K^*=7.6\times3.6\times1.6=44$$

4）确定 $s_{1,2}=-1.2\pm j2.08$ 是否是主导极点。

由于 $|s_3|/|s_{1,2}|=7.6/1.2=6.333>5$，且极点周围无零点，所以 $s_{1,2}=-1.2\pm j2.08$ 是主导极点。

例 11-9　已知系统闭环传递函数为

$$\Phi(s)=\frac{0.59s+1}{(0.67s+1)(0.01s^2+0.08s+1)}$$

试估算系统的性能指标。

解　从该系统的闭环传递函数可知，系统有 3 个极点，分别为 $p_1=-1.5$，$p_{2,3}=-4\pm j9.2$；有 1 个零点，$z_1=-1.7$。从闭环极点和闭环零点具体取值上，可以看出 p_1 和 z_1 两者非常接近，已经构成了偶极子，两者的相互作用抵消，在估算系统动态性能时，可以选 $p_{2,3}$ 作为主导极点，此时系统可以近似为一个二阶系统

$$\Phi'(s)=\frac{1}{(0.01s^2+0.08s+1)}$$

根据近似后的二阶系统传递函数，可估算系统性能指标。

无阻尼振荡频率　$$\omega_n=\sqrt{\frac{1}{0.01}}=10$$

阻尼比　$$\zeta=\frac{0.08\times10}{2}=0.4$$

系统超调量　$$\sigma\%=e^{\frac{-\pi\zeta}{\sqrt{1-\zeta^2}}}\times100\%=25\%$$

调整时间（5%误差带）　$$t_s=\frac{3}{\zeta\omega_n}=\frac{3}{4}s=0.75s$$

（三）利用根轨迹分析系统性能

本节将以例题的形式描述如何利用根轨迹分析系统性能。

例 11-10　设单位负反馈系统的开环传递函数

$$G(s)H(s)=\frac{K(s+4)}{s(s+2)}$$

试画出系统根轨迹，并求出系统具有最小阻尼比时的闭环极点和对应的增益 K。

解　系统在实轴上的根轨迹区域为[0，-2]、[-4，-∞)，在这两个区域均存在分离点或会合点。

分离点或会合点的坐标可以有以下公式：

$$\frac{1}{d}+\frac{1}{d+2}=\frac{1}{d+4}$$

求得

$$d_1=-4+2\sqrt{2}=-1.172$$

$$d_1=-4-2\sqrt{2}=-6.828$$

根据系统开环传递函数表达式，可得系统闭环特征方程为

$$D(s)=s^2+(2+K)s+4K=0$$

令 $s=\sigma+j\omega$，则

$$D(s)\big|_{s=\sigma+\mathrm{j}\omega}=(\sigma+\mathrm{j}\omega)^2+(2+K)(\sigma+\mathrm{j}\omega)+4K=0$$

整理后为

$$\sigma^2-\omega^2+(2+K)\sigma+4K+\mathrm{j}(2\sigma\omega+2\omega+\omega K)=0$$

令实部、虚部分别为 0，则

$$\sigma^2-\omega^2+(2+K)\sigma+4K=0$$
$$2\sigma\omega+2\omega+\omega K=0$$

可得

$$K=-2(\sigma+1)$$

将 K 的表达式代入实部表达式，整理后可得

$$\sigma^2+8\sigma+8+\omega^2=0$$

即

$$(\sigma+4)^2+\omega^2=8$$

可见复数根轨迹是以$(-4,\ \mathrm{j}0)$为圆心、$2\sqrt{2}$为半径的一个圆，如图 11-10 所示。

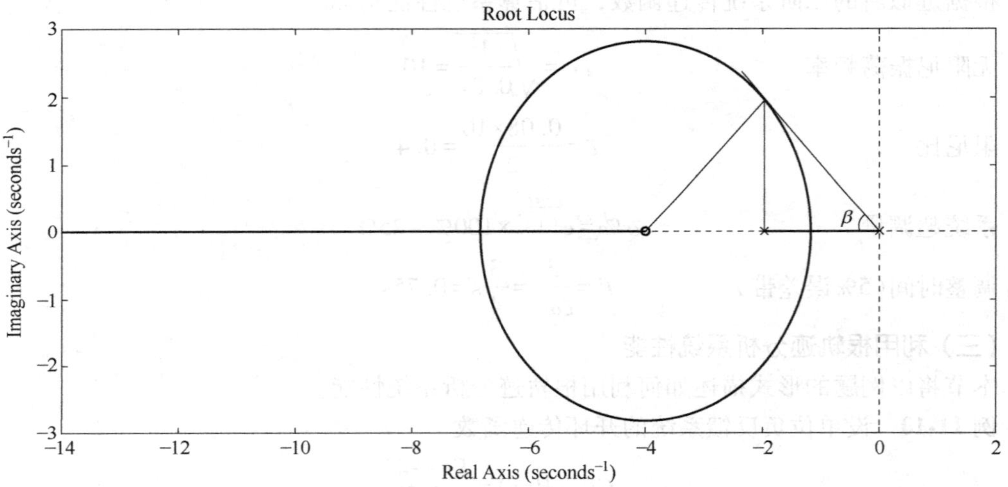

图 11-10　复数根轨迹图

在图 11-10 上，过原点作圆的切线，可得系统的最小阻尼比线。由根轨迹可知，对于等腰直角三角形，必有 $\beta=45°$，因此，最小阻尼比

$$\zeta=\cos\beta=0.707$$

相应的闭环极点

$$s_{1,2}=-2\pm2\mathrm{j}$$

由根轨迹幅值条件公式，可求得相应的 K

$$K=\frac{|-2+2\mathrm{j}|\cdot|-2+2\mathrm{j}+2|}{|-2+2\mathrm{j}+4|}=2$$

例 11-11　已知单位反馈系统的开环传递函数为

$$G(s)H(s)=\frac{K(0.5s-1)^2}{(0.5s+1)(2s-1)}$$

1) K 从 $0\to+\infty$ 时，概略绘制系统闭环根轨迹图。

2）确定保证系统稳定的 K 值范围。

3）求取系统在单位阶跃输入下稳态误差可能达到的最小绝对值 $|e_{ss}(\infty)|_{min}$。

解　1）绘制系统的闭环根轨迹图。已知系统开环传递函数为

$$G(s)H(s)=\frac{K(0.5s-1)^2}{(0.5s+1)(2s-1)}=\frac{K^*(s-2)^2}{(s+2)(s-0.5)}$$

实轴上的根轨迹为 $[-2, 0.5]$。

根轨迹的分离点为 $d=-0.182$。

根轨迹与虚轴的交点：

$$\begin{aligned}D(s)&=(s+2)(s-0.5)+K^*(s-2)^2\\&=(1+K^*)s^2+(1.5-4K^*)s+(4K^*-1)=0\end{aligned}$$

令 $s=\mathrm{j}\omega$，将其代入上式可得

$$(1+K^*)(\mathrm{j}\omega)^2+(1.5-4K^*)(\mathrm{j}\omega)+(4K^*-1)=0$$

上式整理后，令实部、虚部分别为0，可得

$$-(1+K^*)\omega^2+(4K^*-1)=0$$

$$(1.5-4K^*)\omega=0$$

可得

$$\omega=\pm0.603,\ K^*=0.375$$

同时，有

$$\omega=0,\ K^*=0.25$$

根据上述几点，可以画出系统根轨迹如图 11-11 所示。

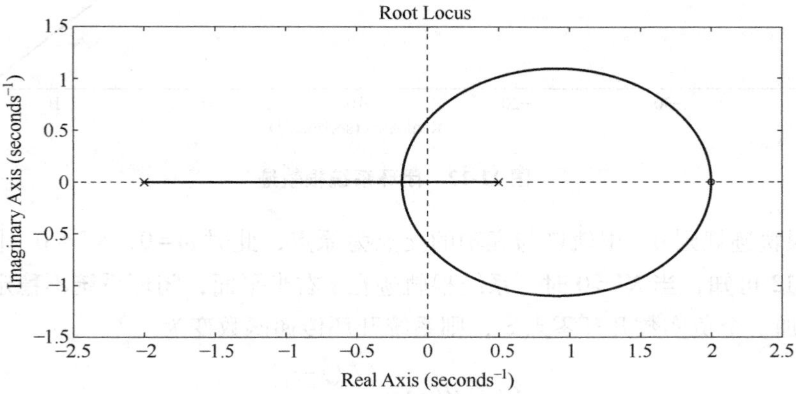

图 11-11　系统根轨迹

2）确定系统稳定的 K 的范围。由根轨迹与虚轴的交点可知，当 $0.25<K^*<0.375$ 时系统稳定，又因为

$$K^*=0.25K$$

所以，当 $1<K<1.5$ 时系统稳定。

3）系统在单位阶跃输入作用下稳态误差的最小绝对值。根据系统开环传递函数可知，该系统为 0 型系统。

在单位阶跃输入下，$K_p=-K$，此时

$$|e_{ss}(\infty)|=\frac{1}{1+K_p}=\left|\frac{1}{1-K}\right|$$

则

$$|e_{ss}(\infty)|_{\min}=2 \quad (K=1.5)$$

因此，系统在单位阶跃输入下稳态误差可能达到的最小绝对值$|e_{ss}(\infty)|_{\min}=2$。

例 11-12 单位负反馈系统的开环传递函数为

$$G(s)H(s)=\frac{K^*}{s^2(s+10)}$$

1）试绘出系统的闭环根轨迹，并分析其性能。

2）若在系统中增加一个负实数零点 z_1，试分析其对改善系统性能的作用。

解 1）从系统开环传递函数表达式可知，系统存在 3 个开环极点：$p_{1,2}=0$，$p_3=-10$，无开环零点。其闭环根轨迹如图 11-12 所示。

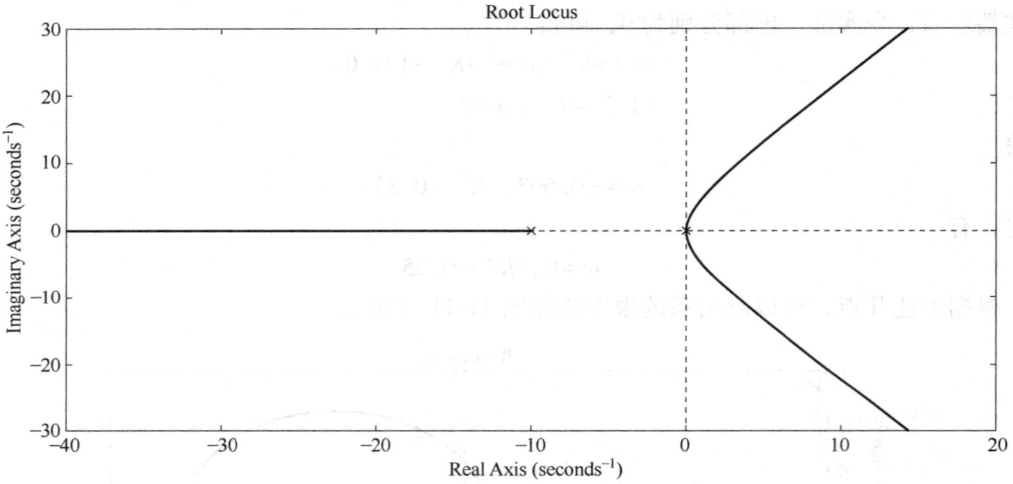

图 11-12 闭环系统根轨迹

由绘制根轨迹规则 6，根轨迹与虚轴的交点为原点，此时 $\omega=0$，$K^*=0$。同时结合系统根轨迹图 11-12 可知，当 $K^*>0$ 时，系统根轨迹在 s 右半平面，闭环系统不稳定。

2）若增加一个负实数开环零点 z_1，则系统开环传递函数变为

$$G(s)H(s)=\frac{K^*(s-z_1)}{s^2(s+10)}$$

系统根轨迹如图 11-13 所示。

此时系统根轨迹的渐近线倾角 $\theta=90°$，与实轴的交点 $\sigma=\frac{-10-z_1}{2}$。当 z_1 取值范围在 $(-10, 0)$时，无论 K^* 如何变化，系统闭环根轨迹都位于 s 左半平面，系统稳定，且 z_1 越接近-10，渐近线离虚轴越近，系统根轨迹离虚轴越近，系统动态过程振荡越激烈。当 $z_1<-10$ 时，根轨迹将位于 s 右半平面，系统不稳定。可见，增加开环零点对系统性能有很大影响。

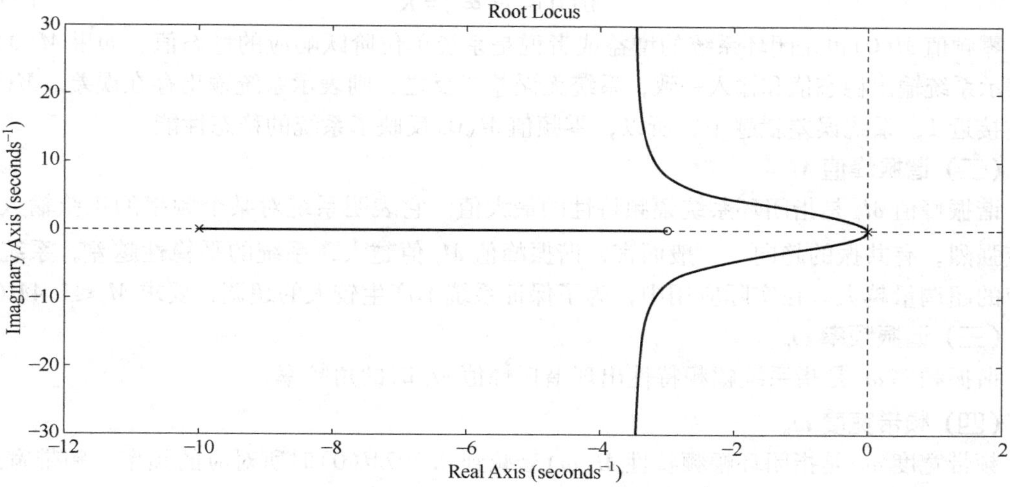

图 11-13　当增加一个负实数开环零点 z_1 时的系统根轨迹

第二节　频率法分析

一、闭环系统的频域性能指标

利用频率法分析系统动态性能时，经常会用到以下几个性能指标(见图 11-14)。

(一) 零频值 $M(0)$

零频值 $M(0)$ 是当 $\omega=0$ 时，闭环系统幅频特性的值。设系统闭环传递函数为

$$\Phi(s)=\frac{K\prod_{i=1}^{m}(T_i s+1)}{\prod_{j=1}^{n}(\tau_j s+1)}$$

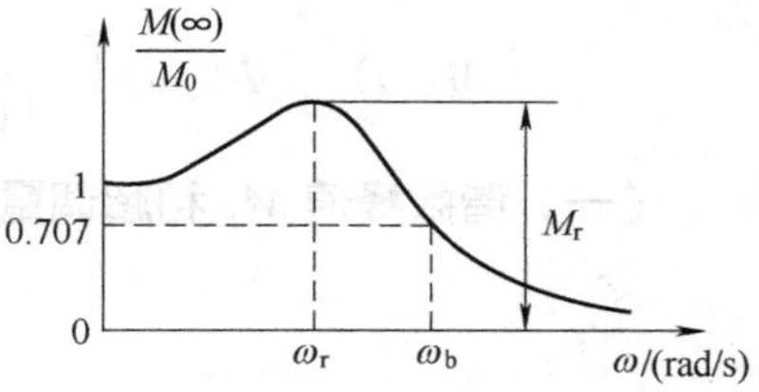

图 11-14　闭环系统幅频特性

式中，K 为系统闭环增益；$T_i(i=1,2,\cdots,m)$、$\tau_j(j=1,2,\cdots,n)$ 为系统时间常数。

当输入为单位阶跃信号时，系统输出

$$C(s)=\Phi(s)R(s)=\frac{K\prod_{i=1}^{m}(T_i s+1)}{\prod_{j=1}^{n}(\tau_j s+1)}\frac{1}{s}$$

系统输出的稳态值

$$c(\infty)=\lim_{s\to 0}s\Phi(s)R(s)=\lim_{s\to 0}\frac{K\prod_{i=1}^{m}(T_i s+1)}{\prod_{j=1}^{n}(\tau_j s+1)}=K \tag{11-26}$$

由于零频值 $M(0)$ 表示 $\omega=0$ 时闭环系统幅频特性的值，因此，从式(11-26)可以得到

$$M(0)=c(\infty)=K \tag{11-27}$$

即，零频值 $M(0)$ 也是闭环系统的增益或者说是系统单位阶跃响应的稳态值。如果 $M(0)=1$，则表示系统输出稳态值和输入一致，系统无误差，反之，则表示系统输出存在误差。$M(0)$ 的值越接近 1，系统误差就越小，所以，零频值 $M(0)$ 反映了系统的稳态性能。

（二）谐振峰值 M_r

谐振峰值 M_r 是指闭环系统幅频特性的最大值。它表明系统对某个频率的正弦输入作用反应强烈，有共振的趋向。一般而言，谐振峰值 M_r 值越大，系统的平稳性越差，系统动态响应的超调量越大。在实际应用中，为了保证系统不产生较大的超调，要求 $M_r \leqslant 1.4M(0)$。

（三）谐振频率 ω_r

谐振频率 ω_r 是指系统幅频特性出现谐振峰值 M_r 时的角频率。

（四）频带宽度 ω_b

频带宽度 ω_b 是指闭环幅频特性 $M(\omega)$ 衰减到 $0.707M(0)$ 时所对应的频率。频带宽度 ω_b 反映了系统静态噪声滤波特性，同时也用于衡量系统瞬态响应特性。ω_b 越大，意味着系统所包含频率的成分越丰富，高频信号容易通过系统，系统上升时间就短，系统快速性好。反之，系统响应较慢，系统快速性较差。

二、闭环系统频域与时域指标转换

下面以二阶单位反馈系统为例，分析闭环系统频域与时域指标间的转换关系。

设二阶单位反馈系统的闭环传递函数为

$$\Phi(s)=\frac{\omega_n^2}{s^2+2\zeta\omega_n s+\omega_n^2}$$

则系统闭环幅频特性为

$$M(\omega)=|\Phi(j\omega)|=\left|\frac{\omega_n^2}{(j\omega)^2+2\zeta\omega_n(j\omega)+\omega_n^2}\right|=\left|\frac{\omega_n^2}{\sqrt{(\omega_n^2-\omega^2)^2+(2\zeta\omega_n\omega)^2}}\right|$$

（一）谐振峰值 M_r 和超调量 $\sigma\%$ 的关系

令

$$\frac{dM(\omega)}{d\omega}=0$$

可得谐振峰值 M_r 和谐振频率 ω_r 分别为

$$M_r=\frac{1}{2\zeta\sqrt{1-\zeta^2}},\quad \omega_r=\omega_n\sqrt{1-2\zeta^2}\quad \left(\zeta\leqslant\frac{1}{\sqrt{2}}\right)$$

$$\zeta=\sqrt{\frac{1-\sqrt{1-\frac{1}{M_r^2}}}{2}}\quad (M_r\geqslant 1)$$

根据二阶系统超调量 $\sigma\%$ 和阻尼比 ζ 的关系式

$$\sigma\%=e^{-\frac{\zeta\pi}{\sqrt{1-\zeta^2}}}\times 100\%$$

可得谐振峰值 M_r 和超调量 $\sigma\%$ 的转换公式为

$$\sigma\% = e^{-\pi\sqrt{\frac{M_r-\sqrt{M_r^2-1}}{M_r+\sqrt{M_r^2-1}}}}\times 100\% \quad (M_r\geqslant 1) \tag{11-28}$$

谐振峰值 M_r 和超调量 $\sigma\%$ 的关系如图 11-15 所示。

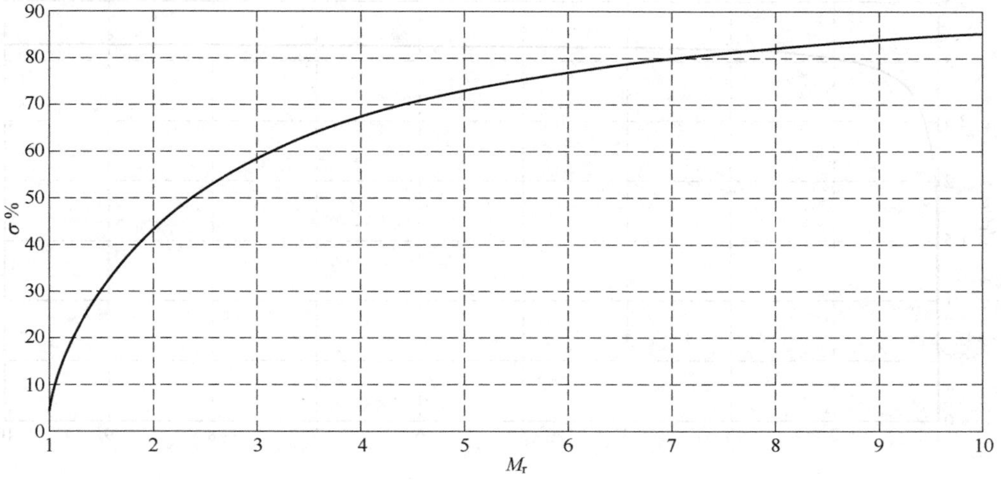

图 11-15　谐振峰值 M_r 和超调量 $\sigma\%$ 的关系图

从图 11-15 可知，当谐振峰值 $M_r=1.2\sim1.5$ 时，系统动态过程超调量 $\sigma\%=20\%\sim30\%$，此时，动态过程的平稳性和快速性均较好。

（二）谐振频率 ω_r、频带宽度 ω_b 与峰值时间 t_p、调整时间 t_s 的关系

已知二阶系统谐振频率 ω_r、峰值时间 t_p、调整时间 t_s 的计算公式分别为

$$\omega_r=\omega_n\sqrt{1-2\zeta^2}$$

$$t_p=\frac{\pi}{\omega_n\sqrt{1-\zeta^2}}$$

$$t_s=\frac{1}{\zeta\omega_n}\ln\frac{1}{\alpha\sqrt{1-\zeta^2}}$$

因此，系统谐振频率 ω_r 与峰值时间 t_p、调整时间 t_s 的关系，可以分别描述为

$$\omega_r t_p=\pi\sqrt{\frac{1-2\zeta^2}{1-\zeta^2}} \tag{11-29}$$

$$\omega_r t_s=\frac{1}{\zeta}\sqrt{1-2\zeta^2}\ln\frac{1}{\alpha\sqrt{1-\zeta^2}} \tag{11-30}$$

式中，α 通常取为 0.02 或 0.05。同时，根据谐振峰值 M_r 和阻尼比 ζ 的关系，可以进一步建立谐振峰值 M_r、谐振频率 ω_r 与峰值时间 t_p、调整时间 t_s 的关系式为

$$\omega_r t_p=\pi\sqrt{\frac{2\sqrt{M_r^2-1}}{M_r+\sqrt{M_r^2-1}}} \tag{11-31}$$

$$\omega_r t_s=\sqrt{\frac{2\sqrt{M_r^2-1}}{M_r-\sqrt{M_r^2-1}}}\ln\frac{\sqrt{2M_r}}{\alpha\sqrt{M_r+\sqrt{M_r^2-1}}} \tag{11-32}$$

谐振峰值 M_r、谐振频率 ω_r 与峰值时间 t_p 的关系如图 11-16 所示，谐振峰值 M_r、谐振频率 ω_r 与峰值时间 t_s 的关系如图 11-17 所示。

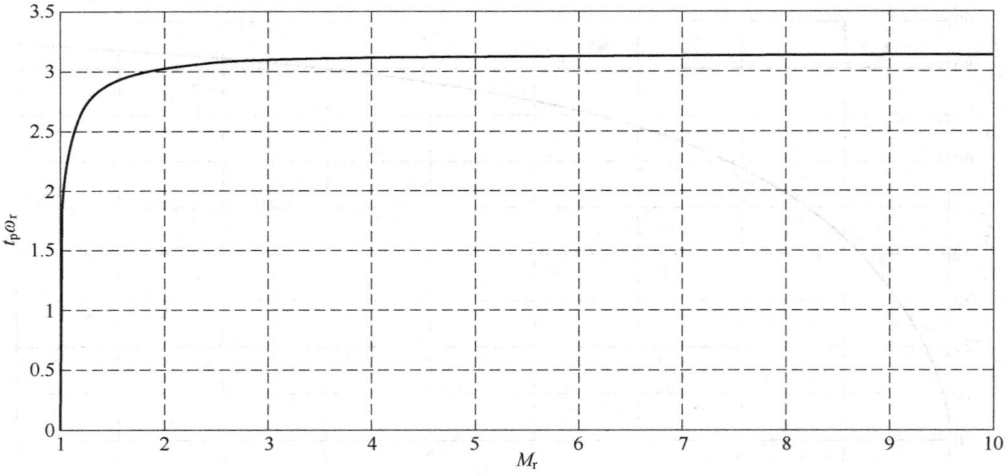

图 11-16　谐振峰值 M_r、谐振频率 ω_r 与峰值时间 t_p 的关系

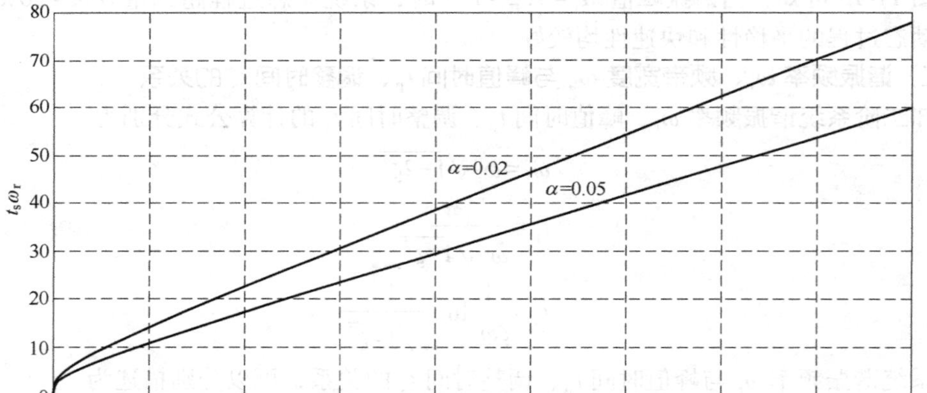

图 11-17　谐振峰值 M_r、谐振频率 ω_r 与峰值时间 t_s 的关系

（三）频带宽度 ω_b 与无阻尼振荡频率 ω_n 及阻尼比 ζ 的关系

根据频带宽度 ω_b 的定义可知

$$M(\omega_b)=\left.\frac{\omega_n^2}{\sqrt{(\omega_n^2-\omega^2)^2+(2\zeta\omega_n\omega)^2}}\right|_{\omega=\omega_b}=0.707 \tag{11-33}$$

可解出频带宽度 ω_b 与无阻尼振荡频率 ω_n 及阻尼比 ζ 的关系表达式为

$$\omega_b=\omega_n\sqrt{(1-2\zeta^2)+\sqrt{2-4\zeta^2+4\zeta^4}} \tag{11-34}$$

同理，频带宽度 ω_b 与 t_p、t_s 的关系表达式为

$$\omega_b t_p = \pi\sqrt{\frac{(1-2\zeta^2)+\sqrt{2-4\zeta^2+4\zeta^4}}{1-\zeta^2}} \tag{11-35}$$

$$\omega_b t_s = \frac{1}{\zeta}\sqrt{(1-2\zeta^2)+\sqrt{2-4\zeta^2+4\zeta^4}}\ \ln\left(\frac{1}{\alpha\sqrt{1-\zeta^2}}\right) \tag{11-36}$$

进一步，还可以得到 $\omega_b t_p$ 与 M_r、$\omega_b t_s$ 与 M_r 的关系表达式为

$$\omega_b t_p = \pi\sqrt{2\frac{\sqrt{M_r^2-1}+\sqrt{2M_r^2-1}}{M_r+\sqrt{M_r^2-1}}} \tag{11-37}$$

$$\omega_b t_s = \sqrt{\frac{2\sqrt{M_r^2-1}+\sqrt{2M_r^2-1}}{M_r-\sqrt{M_r^2-1}}}\ln\left(\frac{\sqrt{2M_r}}{\alpha\sqrt{M_r+\sqrt{M_r^2-1}}}\right) \tag{11-38}$$

$\omega_b t_p$ 与 M_r、$\omega_b t_s$ 与 M_r 的关系曲线分别如图 11-18、图 11-19 所示。对于指定的 M_r 值，峰值时间 t_p、调整时间 t_s 与频带宽度 ω_b 成反比，即系统响应的快速性与频率带宽成正比。在实际工程应用中，为了提高系统响应的快速性，希望系统具有较大的带宽，但同时也容易引入较多的噪声，需要在两者之间进行折中平衡。

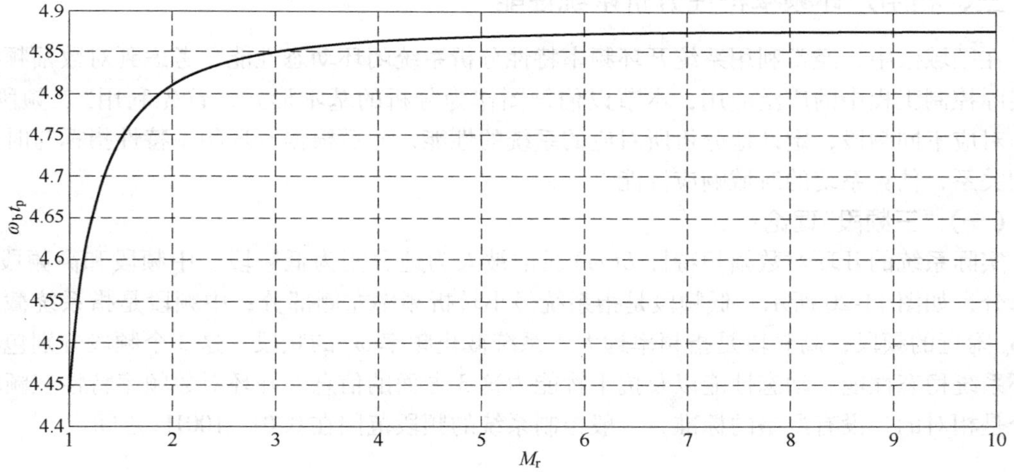

图 11-18　$\omega_b t_p$ 与 M_r 的关系曲线

对于高阶系统，闭环频率特性指标和时域指标间不存在像二阶系统那样简单定量关系。但是，若高阶系统的动态性能由一对共轭复数极点来主导时，则可以用二阶系统所建立的关系近似表示。在分析一般高阶系统时，通常采用下述经验公式估算系统动态性能（$1 \leqslant M_r \leqslant 1.8$）：

$$\sigma\% = [0.16+0.4(M_r-1)]\times 100\% \tag{11-39}$$

$$t_s = \frac{1.6\pi}{\omega_b}[2+1.5(M_r-1)+2.5(M_r-1)^2] \tag{11-40}$$

从式(11-39)和式(11-40)中可以看出，超调量 $\sigma\%$ 与 M_r 成正比，谐振峰值越大，超调量越大，系统动态过程平稳性越差。调整时间 t_s 与 M_r 成正比，与频带宽度 ω_b 成反比。谐振峰值越大，调整时间越长，系统动态过程快速性越差。

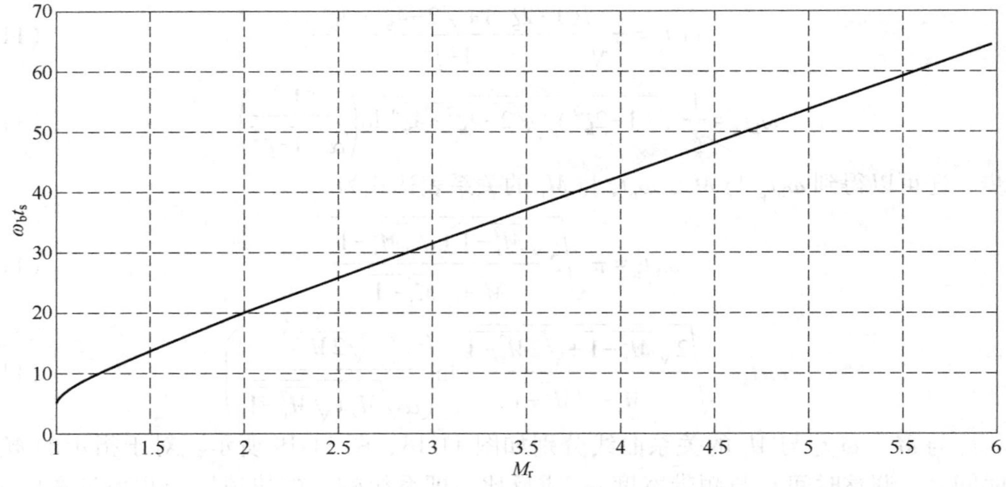

图 11-19　$\omega_b t_s$ 与 M_r 的关系曲线

三、利用开环频率特性分析系统性能

在频域法中，经常利用系统开环频率特性分析系统闭环动态性能。考虑到对数幅频特性在实际控制工程中的广泛应用，本节以伯德图作为分析的基本形式，首先利用“三频段”理论，对应不同频段，定性地分析所对应的系统的性能，然后根据开环频率特性指标与时域指标的关系，估算系统的时域响应性能。

（一）“三频段”理论

实际系统的开环对数幅频特性 $L(\omega)$ 通常被人为地分割为低频段、中频段和高频段这 3 个部分，如图 11-20 所示。低频段是指系统最小转折频率左侧部分；中频段是指系统截止频率 ω_c 附近的频段；高频段是指频率远大于系统截止频率 ω_c 的频段。这 3 个频段分别包含了闭环系统稳态性能、动态性能以及抗干扰能力这 3 方面的信息。开环对数频率特性三频段的划分是相对的，没有严格的标准，一般控制系统的频段范围在 0.01～100Hz 之间。

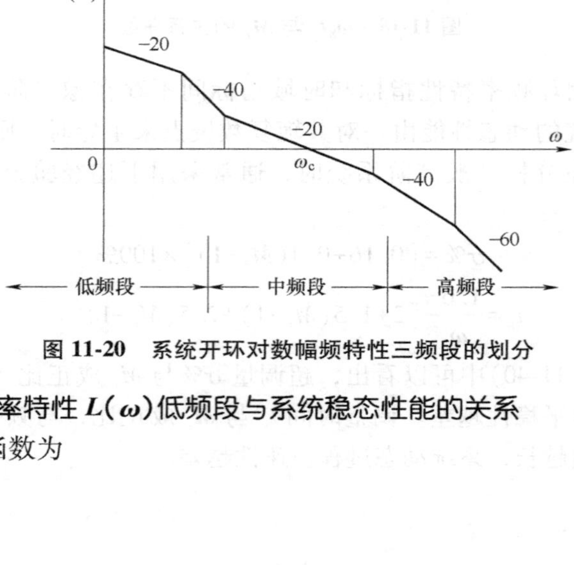

图 11-20　系统开环对数幅频特性三频段的划分

（二）开环对数频率特性 $L(\omega)$ 低频段与系统稳态性能的关系

设开环系统传递函数为

$$G(s)H(s)=\frac{K\prod_{i=1}^{m}(T_is+1)}{s^{\nu}\prod_{j=1}^{n-\nu}(\tau_js+1)} \tag{11-41}$$

则其对数频率特性表达式为

$$L(\omega)=20\lg\frac{K}{\omega^{\nu}}+20\lg\frac{\prod_{i=1}^{m}\sqrt{(T_i\omega)^2+1}}{\prod_{i=1}^{n-\nu}\sqrt{(\tau_j\omega)^2+1}} \tag{11-42}$$

开环对数频率特性 $L(\omega)$ 低频段通常指系统最小转折频率左侧部分，此时，开环对数频率特性 $L(\omega)$ 可近似表示为

$$L(\omega)=20\lg\frac{K}{\omega^{\nu}}=20\lg K-20^{\nu}\lg\omega \tag{11-43}$$

此时，开环对数频率特性 $L(\omega)$ 低频段的斜率与系统的型别相关，即与积分环节的个数 ν 相关。ν 越大，$L(\omega)$ 低频段的斜率越小。另外，开环频率特性 $L(\omega)$ 低频段在伯德图中位置的高度与开环增益 K 相关。K 越大，开环频率特性 $L(\omega)$ 位置越高。在系统稳定的条件下，系统稳态性能与开环增益 K 和系统型别数 ν 有关，且 K 和 ν 越大，系统稳态误差越小，稳态性能越好。因此，可以根据开环对数频率特性 $L(\omega)$ 低频段获得系统开环增益 K 和系统型别数 ν，然后再利用静态误差系数法求得系统稳态误差。

（三）开环对数频率特性 $L(\omega)$ 中频段与系统动态性能的关系

开环对数频率特性 $L(\omega)$ 中频段是指系统截止频率 ω_c 附近的频段。在 ω_c 处，$L(\omega)$ 曲线的斜率对相位裕度 γ 的影响最大，越远离 ω_c 处的 $L(\omega)$ 斜率对 γ 的影响就越小。

1）若 $L(\omega)$ 曲线中频段的斜率为−20dB/dec，并且占据较宽的频率范围，如图 11-21 所示。此时，整个系统开环对数频率特性可近似认为时一条斜率为−20dB/dec 的直线，对应的开环传递函数可以近似为 $G(s)H(s)\approx\frac{\omega_c}{s}$，中频段的宽度 $h=\frac{\omega_2}{\omega_1}$。

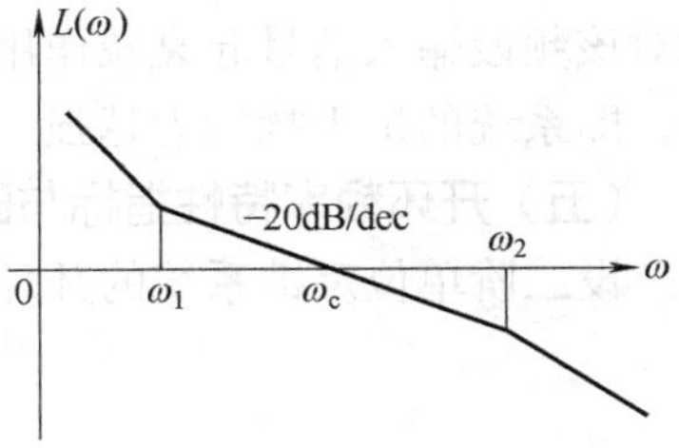

图 11-21　$L(\omega)$ 曲线中频段的斜率为−20dB/dec

对于单位反馈系统，则有

$$\Phi(s)=\frac{\frac{\omega_c}{s}}{1+\frac{\omega_c}{s}}=\frac{1}{\frac{s}{\omega_c}+1} \tag{11-44}$$

此时，整个闭环系统近似于一个一阶系统，其阶跃响应输出无超调；系统的相位裕度 $0°<\gamma\leqslant 90°$，稳定性较好；同时，根据 $t_s=3T=\frac{3}{\omega_c}$ 可知，当截止频率 ω_c 增大时，调整时间 t_s 减少，系统动态过程快速性增加。

2）若 $L(\omega)$ 曲线中频段的斜率为−40dB/dec，并且占据较宽的频率范围，如图 11-22 所

示。此时，整个系统开环对数频率特性可近似认为是一条斜率为-40dB/dec 的直线，对应的开环传递函数可以近似为 $G(s)H(s)\approx\frac{\omega_c^2}{s^2}$。

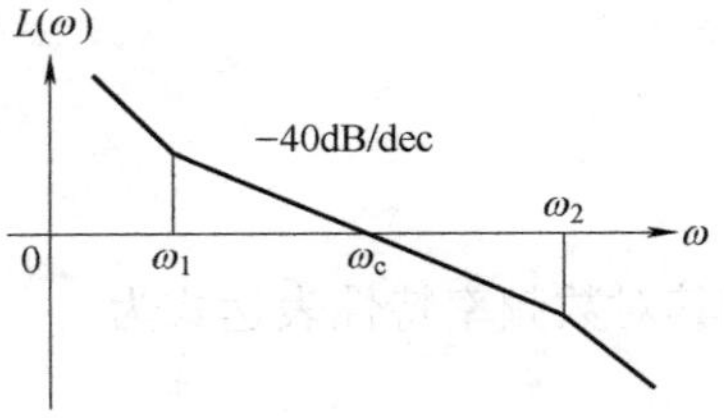

图 11-22　L(ω)曲线中频段的斜率为-40dB/dec

对于单位反馈系统，则有

$$\Phi(s)=\frac{\frac{\omega_c^2}{s^2}}{1+\frac{\omega_c^2}{s^2}}=\frac{1}{\frac{s^2}{\omega_c^2}+1} \tag{11-45}$$

此时，整个闭环系统近似于一个二阶系统，阻尼比 $\zeta=0$，其阶跃响应输出为等幅振荡，此时系统的超调量 $\sigma\%$ 和 t_s 一般都比较大；系统相位裕度 $\gamma\approx0°$，稳定性较差。基于此，在实际系统中，为了保证系统具有满意的动态性能，希望 $L(\omega)$ 以-20dB/dec 的斜率穿越 0dB 线，并保持较宽的中频范围。

（四）开环对数频率特性 $L(\omega)$ 高频段与系统抗干扰能力的关系

开环对数频率特性 $L(\omega)$ 高频段是指频率远大于系统截止频率 ω_c 的频段。由于这些频段已远离截止频率 ω_c，因此对系统的动态性能影响很小。对于单位反馈系统，$H(s)=1$，所以

$$G(s)H(s)=G(s),\ \Phi(s)=\frac{G(s)}{1+G(s)H(s)}=\frac{G(s)}{1+G(s)}$$

在 $L(\omega)$ 高频段，一般都存在 $L(\omega)\ll0$，即 $|G(j\omega)H(j\omega)|=|G(j\omega)|\ll1$，则

$$|\Phi(j\omega)|=\frac{|G(j\omega)|}{|1+G(j\omega)|}\approx|G(j\omega)| \tag{11-46}$$

这意味着，在高频段开环幅频特性近似等于闭环幅频特性。由于在高频段 $|G(j\omega)|\ll1$，系统对该频段输入信号起衰减作用，因此 $L(\omega)$ 的分贝值越低，系统对高频信号的衰减能力越强，即系统的抗干扰能力越强。

（五）开环频率特性指标与时域指标的关系

设二阶单位反馈系统的开环传递函数为

$$G(s)H(s)=\frac{\omega_n^2}{s(s+2\zeta\omega_n)}$$

则系统的开环幅频特性表达式为

$$|G(j\omega)H(j\omega)|=\frac{\omega_n^2}{\omega\sqrt{\omega^2+(2\zeta\omega_n)^2}}$$

系统的开环相频特性表达式为

$$\angle G(j\omega)H(j\omega)=-90°-\arctan\frac{\omega}{2\zeta\omega_n}$$

1. 相位裕度 γ 与超调量 $\sigma\%$ 的关系

计算二阶系统的截止频率 ω_c 和相位裕度 γ，即由

$$|G(j\omega)H(j\omega)|_{\omega=\omega_c}=1\Rightarrow\frac{\omega_n^2}{\omega_c\sqrt{\omega_c^2+(2\zeta\omega_n)^2}}=1\Rightarrow\omega_c=\omega_n\sqrt{-2\zeta^2+\sqrt{4\zeta^4+1}}$$

$$\gamma=180^\circ+\angle G(j\omega_c)H(j\omega_c)=180^\circ-90^\circ-\arctan\frac{\omega_c}{2\zeta\omega_n}$$

$$=90^\circ-\arctan\frac{\omega_c}{2\zeta\omega_n}$$

$$=\arctan\frac{2\zeta\omega_n}{\omega_c}$$

$$=\arctan\frac{2\zeta}{\sqrt{-2\zeta^2+\sqrt{4\zeta^4+1}}}$$

γ 和 ζ 的关系曲线如图 11-23 所示。

由于时域性能指标超调量为

$$\sigma\%=e^{\frac{-\pi\zeta}{\sqrt{1-\zeta^2}}}\times100\%$$

因此，时域性能指标 $\sigma\%$ 和开环频域指标 γ 之间的关系，可以利用阻尼比 ζ，通过上述两个公式进行计算后得到。$\sigma\%$、γ 以及 ζ 间的关系曲线如图 11-24 所示。

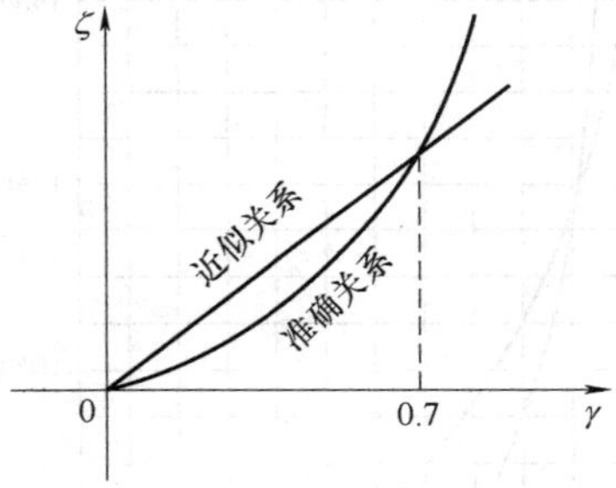

图 11-23　γ 和 ζ 的关系曲线

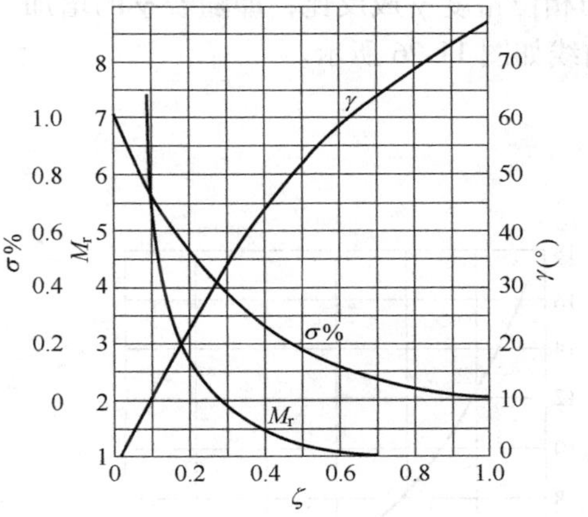

图 11-24　$\sigma\%$、γ 以及 ζ 间的关系曲线

2. 相位裕度 γ、截止频率 ω_c 与调整时间 t_s 的关系

已知

$$\omega_c=\omega_n\sqrt{-2\zeta^2+\sqrt{4\zeta^4+1}}$$

$$\gamma=\arctan\frac{2\zeta}{\sqrt{-2\zeta^2+\sqrt{4\zeta^4+1}}}$$

$$t_s=\frac{3}{\zeta\omega_n}\text{（5\%误差带，}\zeta<0.9\text{）}$$

可得

$$t_s\omega_c=\frac{3}{\zeta}\sqrt{-2\zeta^2+\sqrt{4\zeta^4+1}}$$

$$t_s\omega_c=\frac{6}{\tan\gamma}\tag{11-47}$$

调整时间 t_s、相位裕度 γ 以及截止频率 ω_c 间的关系曲线如图 11-25 所示。

可见，调整时间 t_s 与相位裕度 γ 和截止频率 ω_c 相关。当截止频率 ω_c 一定时，γ 越大，t_s 越小，系统动态过程快速性越好。当相位裕度 γ 一定时，ω_c 越小，t_s 越大，系统动态过程快速性越差。要注意，虽然增加系统截止频率 ω_c 可以减少 t_s 的值，提高系统动态过程的快速性，但 ω_c 的增加引入了更多的高频信号，减少了系统的抗干扰能力。因此，在实际工程应用中，需要在动态过程快速性与抗干扰能力间进行平衡。

3. 高阶系统开环频域特性指标与时域指标的关系

对于一般三阶或三阶以上的系统，很难推导出开环频域特性指标与时域指标的精确关系。在实际控制工程应用中，通常采用下面两个经验公式进行计算：

$$\sigma\% = \left[0.16+0.4\left(\frac{1}{\sin\gamma}-1\right)\right]\times 100\% \quad (35°\leqslant\gamma\leqslant 90°) \tag{11-48}$$

$$t_s = \frac{\pi}{\omega_c}\left[2+1.5\left(\frac{1}{\sin\gamma}-1\right)+2.5\left(\frac{1}{\sin\gamma}-1\right)^2\right] \quad (35°\leqslant\gamma\leqslant 90°) \tag{11-49}$$

从式(11-48)和式(11-49)中可以得知，当 ω_c 一定时，高阶系统的超调量 $\sigma\%$ 和调整时间 t_s 与相位裕度 γ 成反比，即随着 γ 的增加，$\sigma\%$ 和 t_s 都将减少。高阶系统 $\sigma\%$、t_s 与 γ 的关系曲线如图 11-26 所示。

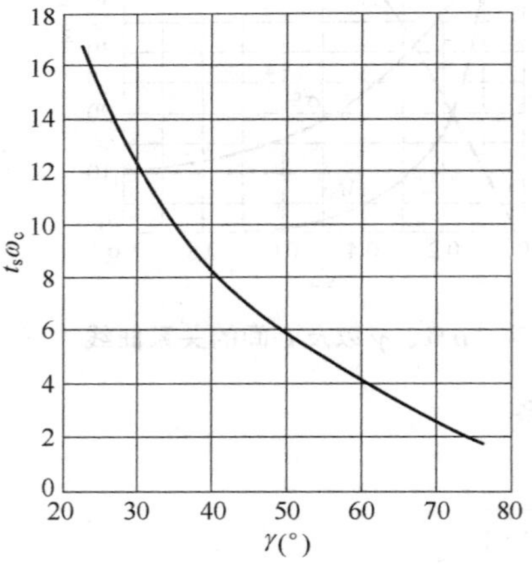

图 11-25　t_s、γ 以及 ω_c 间的关系曲线

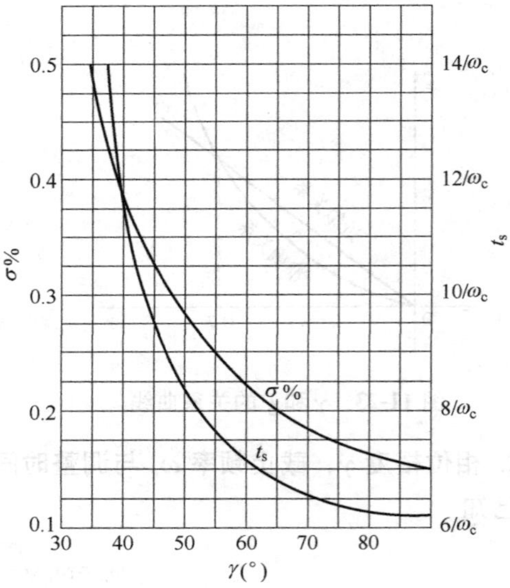

图 11-26　高阶系统 $\sigma\%$、t_s 与 γ 的关系曲线

例 11-13　已知二阶系统结构如图 11-27 所示。试分析系统开环频域指标与时域指标的关系。

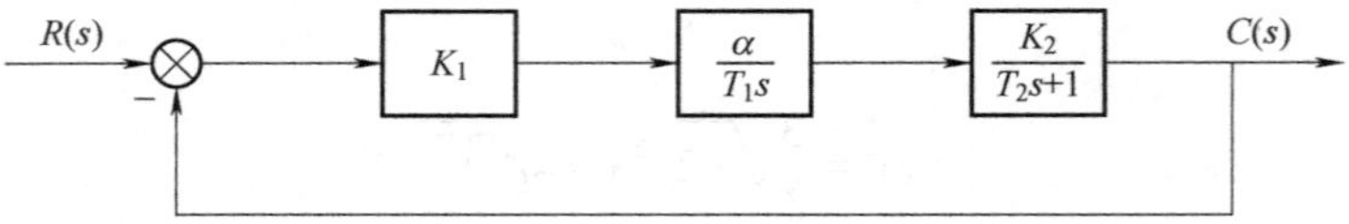

图 11-27　例 11-13 系统结构图

解　从图 11-27 可知，系统开环传递函数为

$$G(s)H(s)=\frac{\alpha K_1K_2}{T_1s(T_2s+1)}=\frac{K}{s(T_2s+1)}$$

式中，$K=\dfrac{\alpha K_1K_2}{T_1}$，为系统开环增益，转折频率$\omega_2=\dfrac{1}{T_2}$。若取

$$\omega_c=\frac{1}{2T_2}=\frac{\omega_2}{2}$$

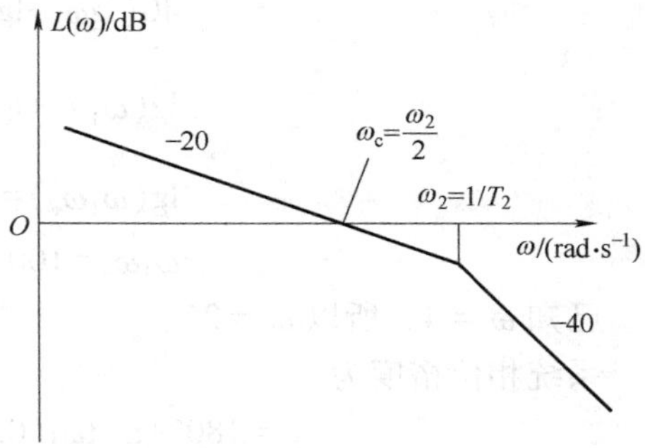

图 11-28　系统的对数幅频特性

则开环对数幅频特性如图 11-28 所示。系统的相位裕度为

$$\gamma=180°+(-90°-\arctan\omega_cT_2)=180°+\left(-90°-\arctan\frac{1}{2T_2}T_2\right)=63.4°$$

根据γ的值可得，$\zeta=0.707$，$\sigma\%=4.3\%$。同时，查图 11-25 得，$t_s\omega_c=3.5$，得 $t_s=\dfrac{3.5}{\omega_c}=7T_2$。若增加开环增益，则图 11-28 中的 $L(\omega)$将向上平移，截止频率 ω_c 增加，向右平移，系统相位裕度减少，超调量变大。

例 11-14　已知最小相位系统伯德图的渐近幅频特性如图 11-29 所示。试计算该系统在 $r(t)=\dfrac{1}{2}t^2$ 作用下的稳态误差和相位裕度。

解　由图 11-29 可知，系统开环传递函数为

$$G(s)H(s)=\frac{K(0.25s+1)}{s^2(0.005s+1)}$$

由于当 $\omega=1$ 时，$L(\omega)=40\text{dB}$，因此

$$L(\omega)=(20\lg K-20\lg\omega^2)\big|_{\omega=1}=40\text{dB}$$

可得

$$20\lg K=40$$

$$K=100$$

因此，系统的开环传递函数为

$$G(s)H(s)=\frac{100(0.25s+1)}{s^2(0.005s+1)}$$

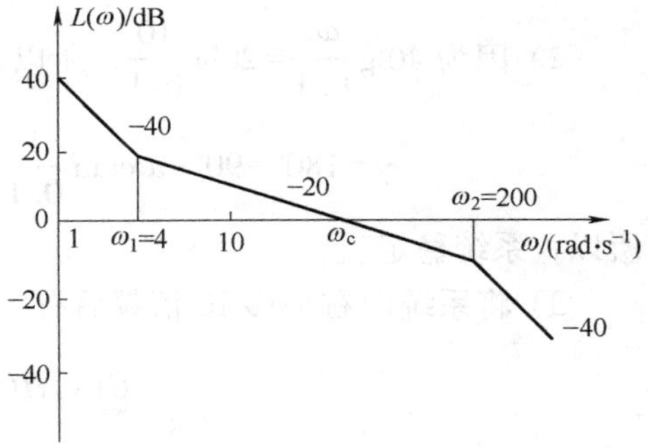

图 11-29　例 11-14 系统渐近幅频特性图

从系统开环传递函数可知，该系统有两个积分环节，为Ⅱ型系统。当输入为 $r(t)=\dfrac{1}{2}t^2$ 时，根据静态误差系数法可得，系统加速度误差系数 $K_a=K=100$，系统稳态误差 $e_{ss}(\infty)=\dfrac{1}{K_a}=\dfrac{1}{100}=0.01$。

为了求系统相位裕度 γ，首先需求的系统截止频率 ω_c。从图 11-29 中可知

$$40(\lg\omega_1-\lg 1)+20(\lg\omega_c-\lg\omega_1)=40$$

$$\lg(\omega_1)^2+\lg\frac{\omega_c}{\omega_1}=2$$

$$\lg(\omega_1\omega_c)=2$$

$$\omega_1\omega_c=100$$

已知 $\omega_1=4$，所以 $\omega_c=25$。

系统相位裕度为

$$\begin{aligned}\gamma&=180°+\arctan(0.25\omega_c)-180°-\arctan(0.005\omega_c)\\&=\arctan(0.25\times25)-\arctan(0.005\times25)\\&=73.9°\end{aligned}$$

例 11-15 已知最小相位系统的开环对数频率特性 $L(\omega)$ 如图 11-30 所示，试确定：

1）该系统的开环传递函数 $G(s)H(s)$。

2）由相位裕度 γ 确定系统的稳定性。

3）将 $L(\omega)$ 右移 10 倍频，讨论对系统的影响。

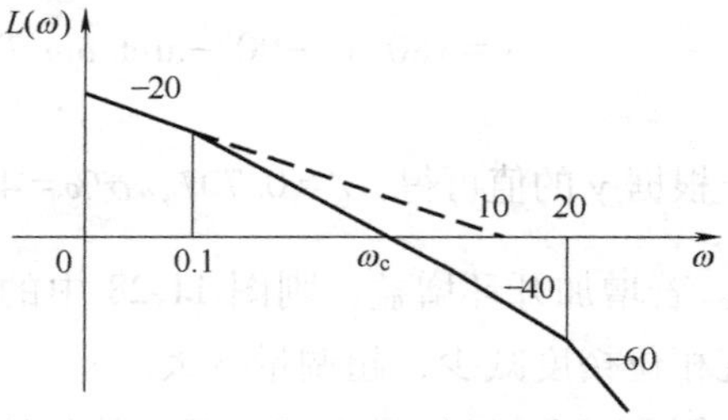

图 11-30 例 11-15 系统开环对数频率特性图

解 1）由系统开环对数频率特性的伯德图可知，开环传递函数拥有一个积分环节，转折频率 $\omega_1=0.1$，$\omega_2=20$；低频段斜率为 -20dB/dec，且延长线与半对数横坐标轴的交点处 $\omega=10$，因此，系统开环增益为 $K=10$。系统开环传递函数为

$$G(s)H(s)=\frac{10}{s(10s+1)(0.05s+1)}$$

2）因为 $40\lg\frac{\omega_c}{0.1}=20\lg\frac{10}{0.1}$，所以，$\omega_c=\sqrt{0.1\times10}=1$。系统相位裕度为

$$\gamma=180°-90°-\arctan\frac{1}{0.1}-\arctan\frac{1}{20}=90°-84.3°-2.86°=2.8°>0°$$

所以，系统稳定。

3）将系统向右平移 10 倍频后有

$$G(s)H(s)=\frac{100}{s(s+1)(0.005s+1)}$$

$$\omega_c=\sqrt{1\times100}=10$$

$$\gamma=180°-90°-\arctan\frac{10}{1}-\arctan\frac{10}{200}=90°-84.3°-2.86°=2.8°>0°$$

此时，系统相位裕度 γ 不变，系统稳定性不变，系统动态过程超调量 $\sigma\%$ 不变。由于 ω_c 增大，系统调整时间 t_s 变小，系统动态过程快速性增加。

第三节 实例：双转子直升机控制系统的动态性能分析

本节以第九章第四节中描述的仅含俯仰角的单自由度直升机系统为对象，分析当参数 K 变化时，该系统的动态性能。系统结构如图 11-31 所示。

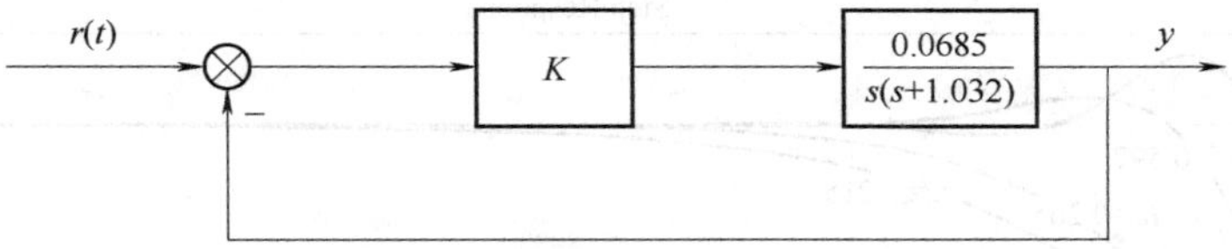

图 11-31　单自由度直升机控制系统结构图

一、根轨迹法分析

从图 11-31 可知，系统开环传递函数 $G(s)H(s)=\dfrac{0.0685K}{s(s+1.032)}$，令 $K'=0.0685K$，则

$$G(s)H(s)=\frac{0.0685K}{s(s+1.032)}=\frac{K'}{s(s+1.032)}$$

开环传递函数存在两个极点 $s_1=0$，$s_2=-1.032$，无开环零点。根据根轨迹的绘制规则可知，该系统有两条根轨迹分支，起始点分别为 $s_1=0$，$s_2=-1.032$，终止点为无穷远零点，渐近线的倾角 $\theta=\dfrac{(2k+1)\pi}{n-m}=\dfrac{(2k+1)\pi}{2-0}=\dfrac{\pi}{2}$，$-\dfrac{\pi}{2}(k=0,\ -1)$，渐近线与实轴的交点为 $\sigma=\dfrac{\sum\limits_{i=1}^{n}p_i-\sum\limits_{j=1}^{m}z_j}{n-m}=\dfrac{-1.032}{2}=-0.516$。当 $K'=0\to\infty$ 时的根轨迹如图 11-32 所示。

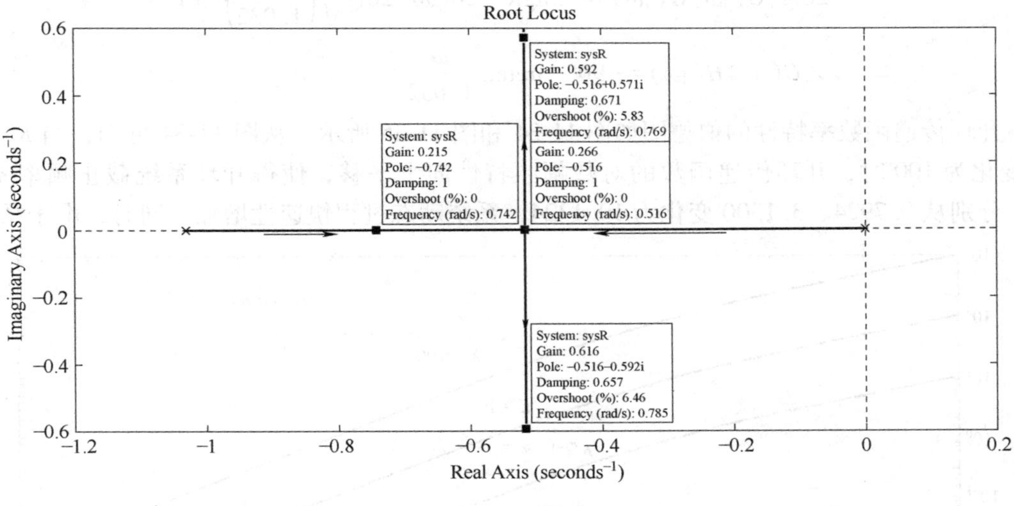

图 11-32　系统根轨迹图

从系统根轨迹图上可以得出，当 $0\leqslant K'\leqslant 0.266$ 时，系统根轨迹位于负实轴，系统的闭环极点为负实数，此时系统处于过阻尼状态，超调量 $\sigma\%=0$；当 $0.266<K'<\infty$ 时，系统闭环极点为共轭复数，此时系统处于欠阻尼状态，超调量 $\sigma\%>0$。当 K' 取不同值时，系统的单位阶跃响应如图 11-33 所示。

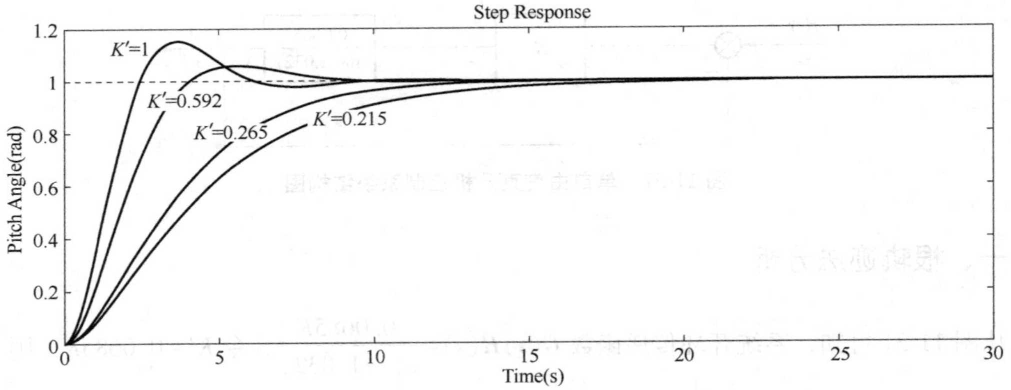

图 11-33　当 K' 取不同值时，系统的单位阶跃响应曲线

二、频率法分析

系统开环传递函数为

$$G(s)H(s)=\frac{K'}{s(s+1.032)}=\frac{K''}{s\left(\frac{1}{1.032}s+1\right)}$$

式中，K'' 为系统开环增益，且 $K''=K'/1.032$，则开环对数频率特性为

$$20\lg|G(\mathrm{j}\omega)H(\mathrm{j}\omega)|=20\lg K''-20\lg\omega-20\lg\sqrt{\left(\frac{\omega}{1.032}\right)^2+1}$$

$$\angle G(\mathrm{j}\omega)H(\mathrm{j}\omega)=-90°-\arctan\frac{\omega}{1.032}$$

开环传递函数率特性的伯德图如图 11-34 和图 11-35 所示。从图 11-34 可知，当 K'' 从 1、10 变化为 100 时，开环传递函数的对数幅频特性向上平移，使得开环系统截止频率 ω_c 增大，分别从 0. 7924、3. 1300 变化为 10. 1324，系统动态过程快速性增加。同时，由于系统开

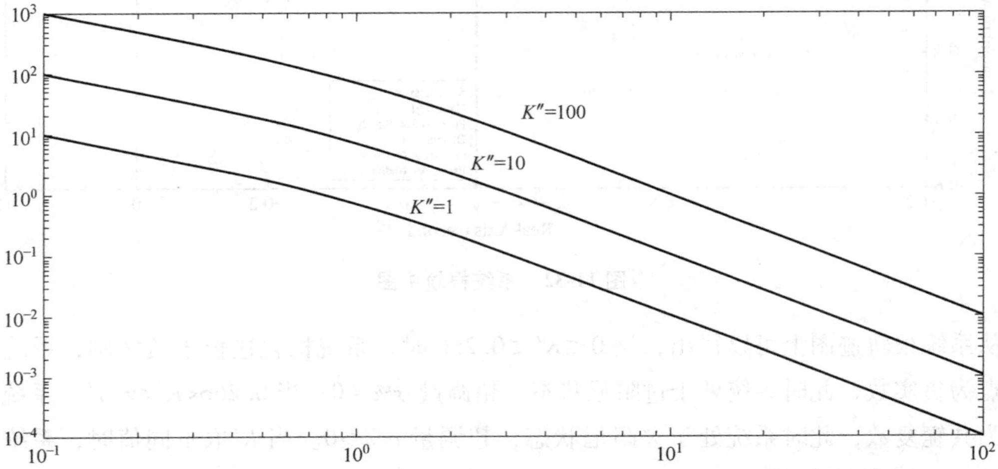

图 11-34　系统开环传递函数幅频特性伯德图

环增益 K''的变化并不改变开环系统的对数频率特性，因此，当 K''从 1、10 变化为 100 时，开环系统频率特性不变，而开环系统截止频率 ω_c 的右移，使得开环系统的相位裕度 γ 从 52.4664、18.2813 变化为 5.8261，即开环系统相位裕度 γ 变小，系统的相对稳定性变差。因此，在实际工程设计中，需要在系统动态过程快速性和系统相对稳定性间折中均衡。

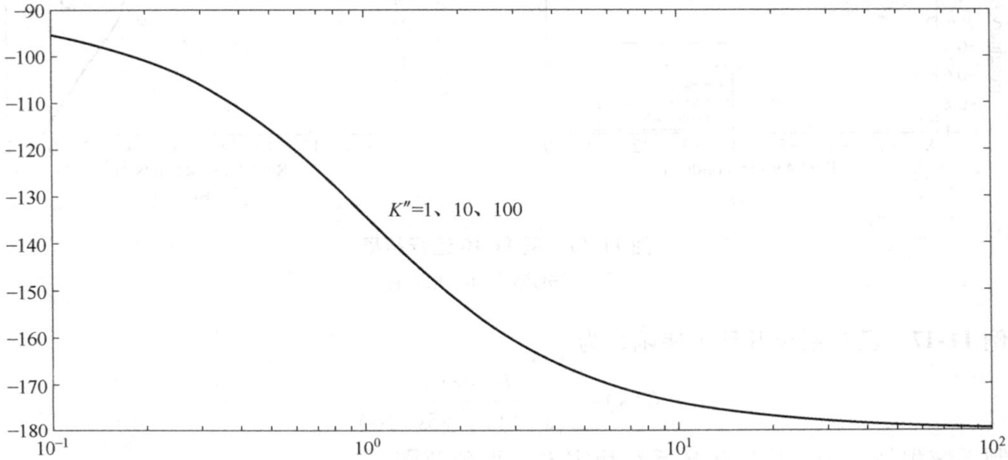

图 11-35　系统开环传递函数相频特性伯德图

第四节　应用 MATLAB 的控制系统动态性能分析

例 11-16　已知系统的开环传递函数为

$$G(s)=\frac{K(s^2+2s+2)}{s(s+4)(s+8)(s^2+4s+3)}$$

请计算系统的开环零极点，绘制开环零极点图，绘制系统的根轨迹图，确定根轨迹的分离点和响应的根轨迹增益。

解　可以通过如下 MATLAB 代码实现系统功能：

```
clc;clear;close all;
k=1;
num=[1 2 2];
den=conv([1,0],conv([1,4],conv([1,8],[1,4,3])));
[p,z]=pzmap(num,den);
G=zpk(z,p,k);
figure(1),pzmap(G)
figure(2),rlocus(G)
title('系统 G(s)=k(s+1)/s*(s+3)*(s+6)*(s^2+4*s+5)根轨迹图')
```

运行结果如图 11-36a、b 所示，从图中可知，对应的根轨迹分离点对应增益为 1.36，分离点为-3.47。

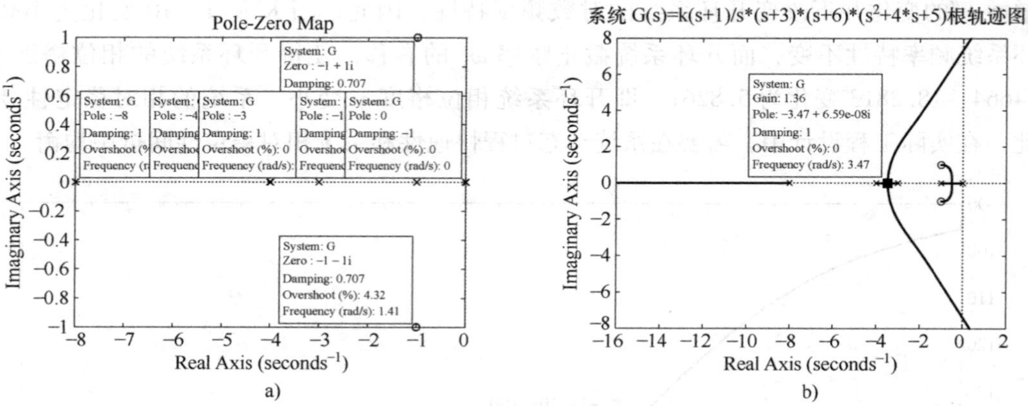

图 11-36　例 11-16 运行结果

a）系统零极点图　b）根轨迹图

例 11-17　已知系统开环传递函数为

$$G(s)=\frac{K(s+1)}{s(s-3)(s^2+5s+16)}$$

试绘制系统根轨迹图，确定闭环系统稳定 K 的取值范围。

解　可以通过如下 MATLAB 代码实现系统需求：

```
clc;clear;close all;
num=[1 1];
den=conv([1,0],conv([1,-1],[1,4,16]));
rlocus(num,den)
[k,p]=rlocfind(num,den)
```

运行结果如图 11-37a、b 所示，从图中可知系统与虚轴交点的 K 值，可得与虚轴交点的 K 值为 38.8091，故系统稳定的 K 的范围为(0, 38.8091)。

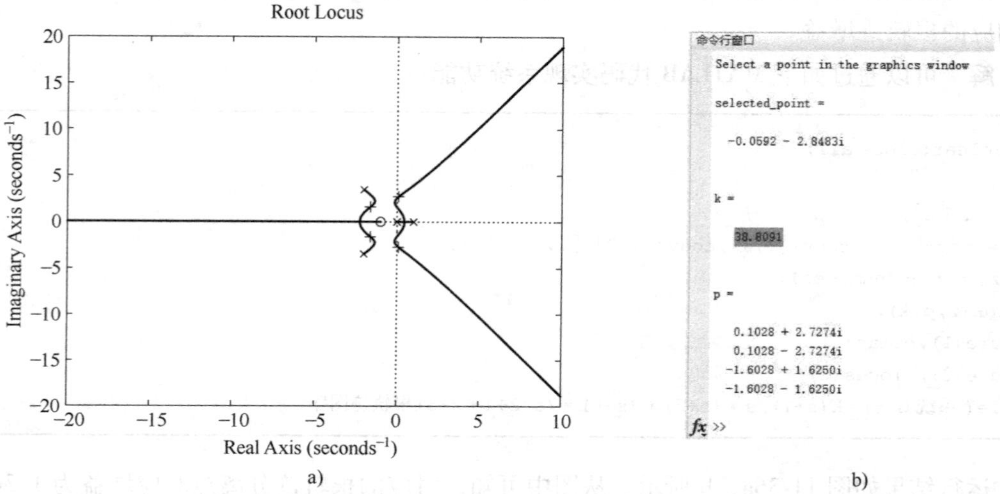

图 11-37　例 11-17 运行结果

a）根轨迹图，其中选择与系统虚轴交叉点　b）系统选择点信息，其中 $K=38.8091$

例 11-18　已知一单位负反馈控制系统开环传递函数为

$$G(s)=\frac{K}{s(s+3)(s+6)}$$

请绘制系统的根轨迹图，判断闭环系统的稳定性；同时，如果附加一个开环零点-0.8，请判断系统的稳定性。

解　可以通过如下 MATLAB 代码实现系统要求：

```
clc;clear;close all;
z=[];
p=[0 -3 -6];
k=[1];
[num,den]=zp2tf(z,p,k);
figure(1),rlocus(num,den)
z1=[-0.8];
[num1,den1]=zp2tf(z1,p,k);
figure(2),rlocus(num1,den1)
```

运行结果如图 11-38a、b 所示。由 11-38a 所知，$K<169$ 时系统稳定。由图 11-38b 所知，当加入一个-0.8 的零点后，系统永久稳定。

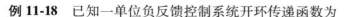

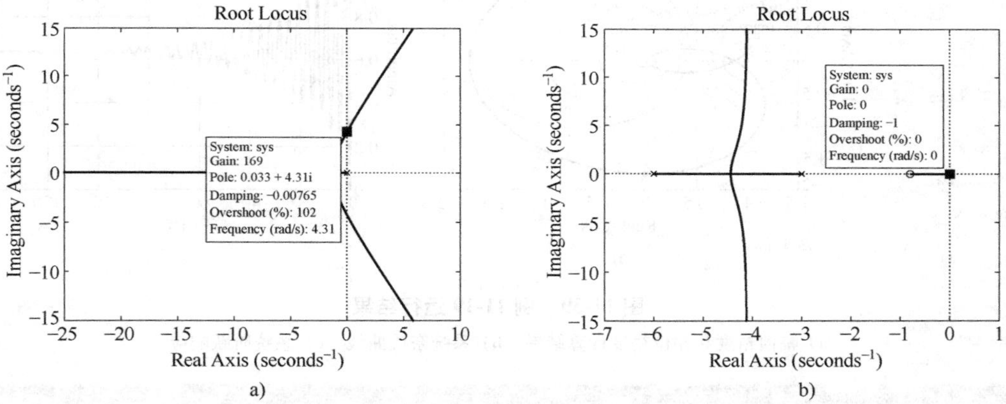

图 11-38　例 11-18 运行结果

a）原始反馈系统根轨迹图　b）加上零点后的系统根轨迹图

例 11-19　已知三阶系统开环传递函数为

$$G(s)=\frac{8}{3(s^3+3s^2+3s+2)}$$

请利用 MATLAB 程序，画出系统的奈氏曲线，并且，求出相应的幅值裕度和相位裕度，并求出闭环单位阶跃响应曲线。

解　可以通过如下 MATLAB 代码实现系统需求：

```
clc;clear;close all;
G=tf(3.5,[1,2,3,2]);
figure(1)
```

（续）

```
% 第一个图为奈氏曲线
nyquist(G)
grid
xlabel('Real Axis')
ylabel('Imag Axis')
% 第二个图为时域响应图
[Gm,Pm,Wcg,Wcp]=margin(G)
G_c=feedback(G,1);
figure(2)
step(G_c)
grid
xlabel('t/s')
ylabel('Amplitude')
```

运行结果如图 11-39 所示。

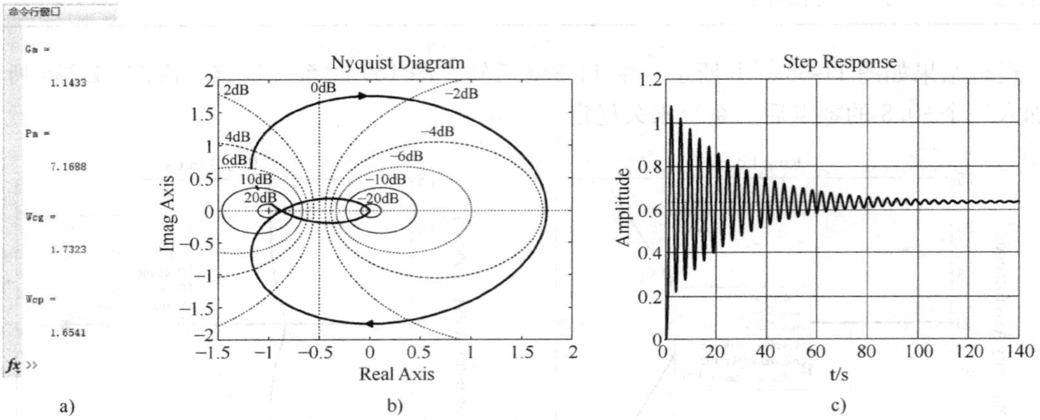

图 11-39　例 11-19 运行结果

a）幅值裕度和相位裕度计算结果　b）系统奈氏曲线　c）系统阶跃响应

本 章 要 点

1. 本章主要介绍了控制系统动态特性分析的根轨迹法和频率特性法。

2. 根轨迹法是分析和设计线性定常系统的图解方法。在给出根轨迹基本概念的基础上，推导了根轨迹的幅值条件和相角条件，给出了绘制根轨迹的 8 条基本规则，引出了闭环主导极点和偶极子的概念，讨论了闭环系统零、极点分布与系统动态性能的关系，利用根轨迹分析闭环系统性能。

3. 在频率法中，介绍了闭环系统的主要频域性能指标，讨论了闭环系统频域性能指标与时域性能指标之间的转换关系，给出了利用开环频率特性分析系统性能的“三频段”理论和分析方法。

4. 针对双转子直升机实例系统，运用根轨迹法和频率法对系统进行了动态特性分析，分别获取系统的时域性能指标和频域性能指标。

习　题

1. 设单位反馈系统的开环传递函数为

$$G(s)=\frac{K(3s+1)}{s(2s+1)}$$

试用解析法绘出开环增益 K 从 0 增加到∞时的闭环根轨迹图。

2. 已知开环零、极点的分布如图 11-40 所示，试概略绘出相应的闭环根轨迹图。

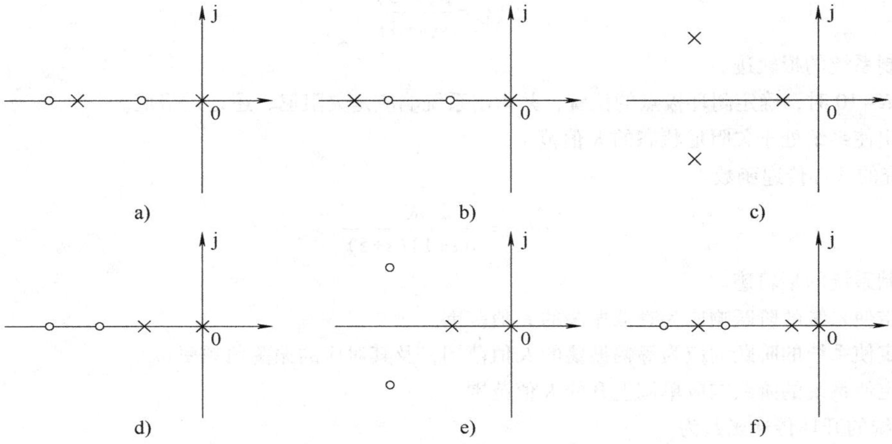

图 11-40　习题 2 图

3. 系统的开环传递函数为

$$G(s)=\frac{K_1(s+0.125)}{s^2(s+5)(s+20)}$$

1）验证试验点 $s_d=-1.6+j4.98$ 是根轨迹上的点。

2）试确定 s_d 对应的 K_1 值。

4. 设负反馈系统开环传递函数为

$$G(s)=\frac{K^*(s+a)}{s(s+b)}\quad(a>b)$$

1）试作 K^* 从 0→∞ 的闭环根轨迹。

2）证明其轨迹是圆，并求出圆的半径和圆心。

5. 已知开环传递函数如下，试绘制闭环系统根轨迹。

1）$G(s)=\dfrac{K^*}{s(s+3)}$

2）$G(s)=\dfrac{K^*(s+1)}{s^2(s+3.6)}$

3）$G(s)=\dfrac{K^*(s^2+1)}{s(s+2)}$

4）$G(s)=\dfrac{K^*}{s(s^2+2s+3)}$

6. 已知某负反馈系统前向通道和反馈通道传递函数分别为

$$G(s)=\frac{K^*(s-1)}{s^2+4s+4},\quad H(s)=\frac{5}{s+5}$$

1）绘制 K^* 从 $0\to\infty$ 的闭环根轨迹，并确定使闭环系统稳定的 K^* 值的范围。

2）若已知系统闭环极点中有一实数极点 $s_1=-1$，试确定系统的闭环传递函数。

7. 系统的开环传递函数为

$$G(s)=\frac{K}{s^2(s+2)}$$

1）绘制系统的根轨迹，并对系统的稳定性分析。

2）若增加零点 $z=-1$，根轨迹有何变化？对系统稳定性有影响？

8. 系统的开环传递函数为

$$G(s)=\frac{K(s+5)}{s(s+3)}$$

1）绘制系统的根轨迹。

2）当 $K=10$ 时，确定闭环极点的位置，并指出系统响应是欠阻尼，还是过阻尼。

3）求出使系统处于欠阻尼状态的 K 值范围。

9. 系统的开环传递函数为

$$G(s)=\frac{K}{s(s+1)(s+5)}$$

1）绘制系统的根轨迹。

2）确定使系统的阶跃响应为衰减振荡的 K 值范围。

3）确定使系统的阶跃响应为等幅振荡的 K 值范围，及其对应的振荡角频率 ω_n。

4）确定使系统的阶跃响应单调上升的 K 值范围。

10. 系统的开环传递函数为

$$G(s)=\frac{K}{(s+2)^2(s+3)}$$

1）绘制系统的根轨迹。

2）当 $K=50$ 时，确定闭环极点的位置。

3）当 $K=50$ 时，是否存在闭环主导极点？若存在，试确定主导极点的阻尼比。

11. 系统结构如图 11-41 所示。

1）绘制系统的根轨迹。

2）确定使系统稳定的 K 值范围。

3）确定 $\zeta=0.5$ 时，闭环极点的位置，并写出闭环传递函数。

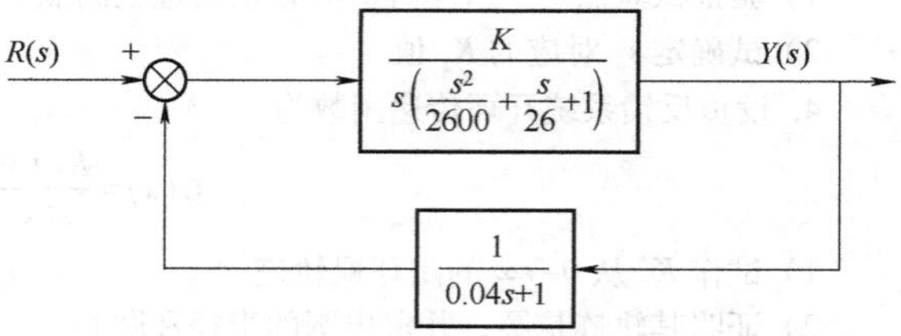

图 11-41　习题 11 图

12. 单位反馈系统的开环传递函数为

$$G(s)=\frac{K}{s(s^2+2s+5)}$$

1）绘制系统的根轨迹。

2）确定使系统的单位斜坡响应的稳态误差终值为 $e_{ss}=0.625$ 的 K 值。

3）确定在该 K 值下，系统一对共轭复数极点的阻尼比。

4）若想使阻尼比增大，则 e_{ss} 应有何变化？

13. 单位反馈系统的开环传递函数为

$$G(s)=\frac{K}{s(s+2)}$$

1）绘制系统的根轨迹。

2）试确定同时满足超调量 $\sigma\%\leqslant5\%$、$t_s\leqslant8\text{s}$ 的 K 值范围。

14. 一单位反馈最小相位系统的开环对数特性如图 11-42 所示，试求：

1）单位阶跃输入时的稳态误差。

2）系统的闭环传递函数。

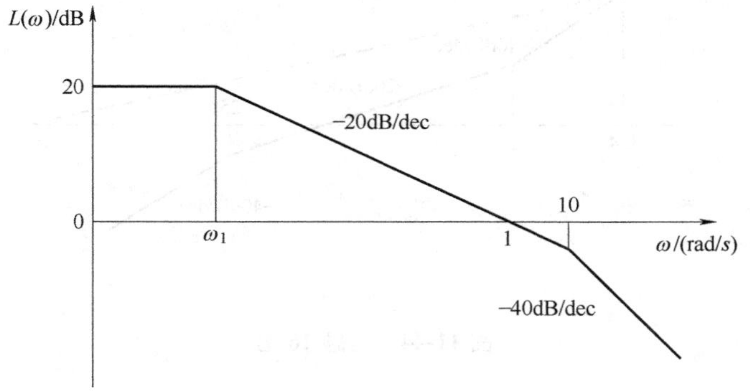

图 11-42　习题 14 图

15. 一单位反馈最小相位系统的开环对数幅频特性如图 11-43 所示，试求：

1）写出系统的开环传递函数。

2）判断闭环系统的稳定性。

3）如果系统是稳定的，确定 $r(t)=t$ 时，系统的稳态误差。

4）幅频特性向右平移，分析系统性能有何变化。

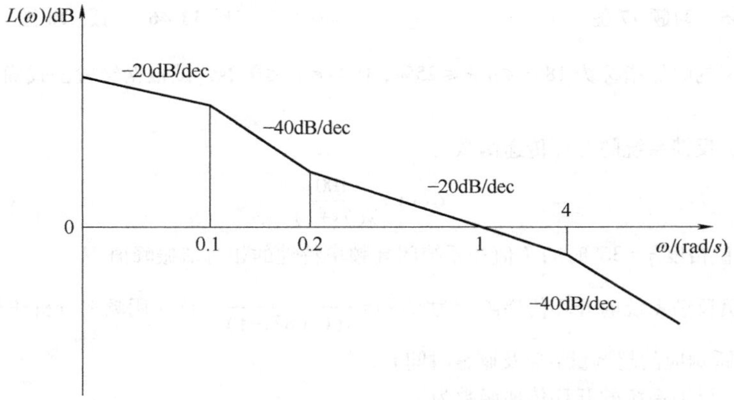

图 11-43　习题 15 图

16. 一单位反馈最小相位系统的开环对数幅频特性如图 11-44 所示，试求：

1）写出系统的开环传递函数。

2）计算系统的相位裕度 γ。

3）如果增大系统的开环增益，图中曲线有何变化，对系统性能有何影响？

17. 设单位反馈系统的开环幅相特性曲线如图 11-45 所示。当 $K=50$ 时，系统的幅值裕度 $h=1$，穿越频率 $\omega_g=1$，试求输入为 $r(t)=t^2+5\sin\omega_g t$，幅值裕度为下述值时，系统的系统的稳态误差。

1）$h=0.5$　　　　　　2）$h=3$

18. 设单位反馈系统如图 11-46 所示，其中，$K=10$。当 $T=0.1\text{s}$ 时，截止频率 $\omega_c=5\text{rad/s}$。若要求 ω_c 不变，问 K 与 T 如何变化才能使系统的相位裕度提高 45°？

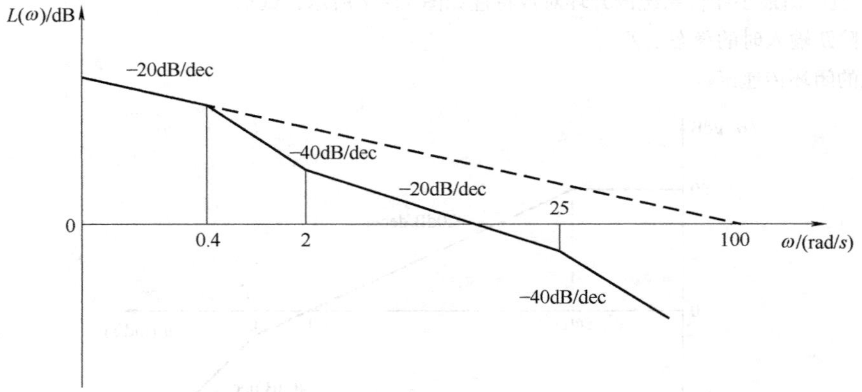

图 11-44　习题 16 图

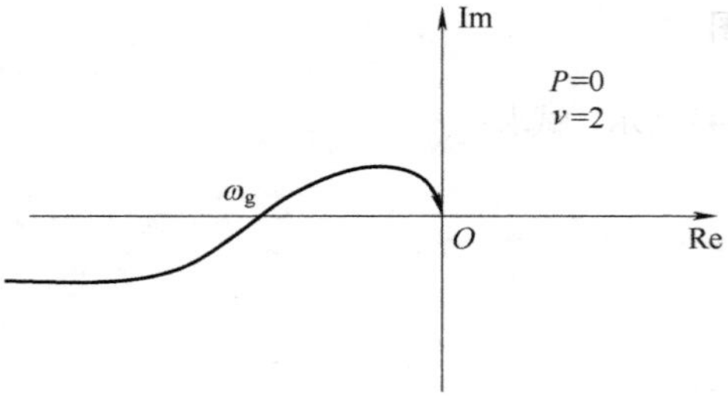

图 11-45　习题 17 图

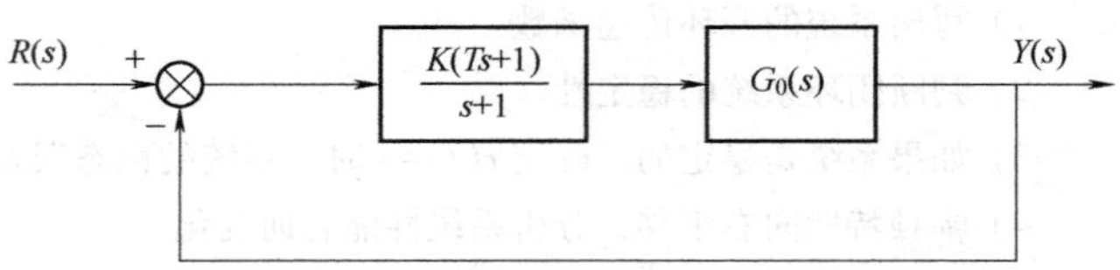

图 11-46　习题 18 图

19. 若高阶系统的时域指标为 $18\% \leqslant \sigma\% \leqslant 25\%$，$0.1\text{s} \leqslant t_s \leqslant 0.2\text{s}$，试根据经验公式确定系统的截止频率和相位裕度的范围。

20. 已知单位负反馈系统的开环传递函数为

$$G(s)=\frac{100}{s(Ts+1)}$$

试计算当系统的相位裕度 $\gamma=36°$时的 T 值和系统闭环频率特性的相对谐振峰值 M_r。

21. 已知单位负反馈系统的开环传递函数为 $G(s)=\dfrac{7}{s(0.087s+1)}$，试应用频率分析法计算该系统的以下时域指标：单位阶跃响应的超调量 $\sigma\%$及调整时间 t_s。

22. 已知单位负反馈系统的开环传递函数为

$$G(s)=\frac{48(s+1)}{s(8s+1)\left(\dfrac{1}{20}s+1\right)}$$

试计算系统的截止频率 ω_c 及相位裕度 γ，并应用经验公式计算该系统的频域指标 M_r 及时域指标 $\sigma\%$、t_s。

第十二章

控制系统的综合

上述章节的控制系统分析是对于结构和参数已知的系统，通过建立数学模型，定性或定量分析系统的各项性能指标。作为控制系统分析的逆命题，控制系统的综合所需要解决的问题是：对于给定的被控对象，根据对系统运动形式或性能指标的具体要求，在工程可实现或可行的前提下，研究如何通过确定控制器的结构和参数等系统控制规律，来实现系统所期望的运动形式或满足预期的性能指标要求。若需要进一步考虑控制器实际电路选择、元器件参数及规格的选取等系统控制规律的实际物理实现问题，则是控制系统的设计问题。

第一节　控制系统的设计和校正问题

一、校正的概念

自动控制系统的任务就是实现对被控对象的控制，往往根据被控制对象的运行工况、技术工艺、经济成本以及可靠性等方面的要求提出控制系统的相关性能指标，在确定了合理的系统性能指标之后，就可以通过选择执行元件、比较元件、放大元件、测量反馈元件等系统的基本功能元件进行系统的初步设计。大多数情况下，初步设计的反馈控制系统，其动、稳态特性较差，甚至不能正常工作。为了使控制系统满足各项性能指标，就必须在此基础上添加新的环节。这种为改善系统的动、稳态性能而引入的新装置，称为校正装置，符号记为 $G_c(s)$。相应地，加入校正装置改善系统性能的过程称为系统的校正。

二、校正的基本方式

根据校正装置在系统中的安装位置，即与未校正系统其他部分的连接方式，通常可分成3种基本的校正方式：串联校正、反馈校正和前馈校正。

（一）串联校正

校正装置与未校正系统的前向通道的环节相串联，这种方式称为串联校正（见图 12-1）。串联校正是最常用的设计方法，其设计与具体实现均比较简单。在串联校正中，根据校正装置对系统开环频率特性相位的影响，又可分为超前校正、滞后校正和滞后-超前校正。串联校正的主要问题是系统对参数变化的敏感性较强。

(二) 反馈校正

校正装置与未校正系统前向通道的部分环节按反馈方式连接构成局部反馈回路，这种方式称为反馈校正(见图 12-2)。适当地选择反馈校正回路的校正装置 $G_c(s)$，可使校正后的性能主要取决于校正装置。因此，反馈校正可以有效抑制系统的参数波动及非线性因素对系统性能的影响。但反馈校正的设计相对较为复杂。

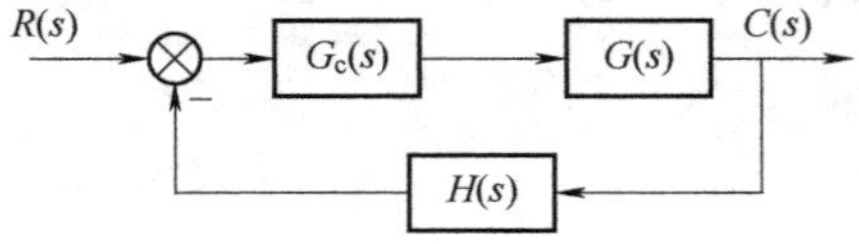

图 12-1　串联校正

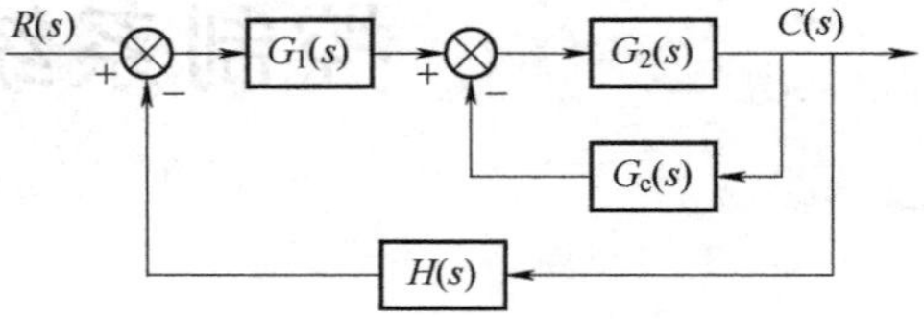

图 12-2　反馈校正

(三) 前馈校正

校正方式也可采用如图 12-3 所示的前馈校正。前馈校正的信号取自闭环外的系统输入信号，由输入直接去校正系统，故称为前馈校正，是一种开环补偿的方式。前馈校正可分为按给定量顺馈补偿和按扰动量前馈补偿两种方法。

前馈校正一般不单独使用，而是和其他校正方式结合构成复合控制系统，以保证自动控制系统按照偏差调节的原则。

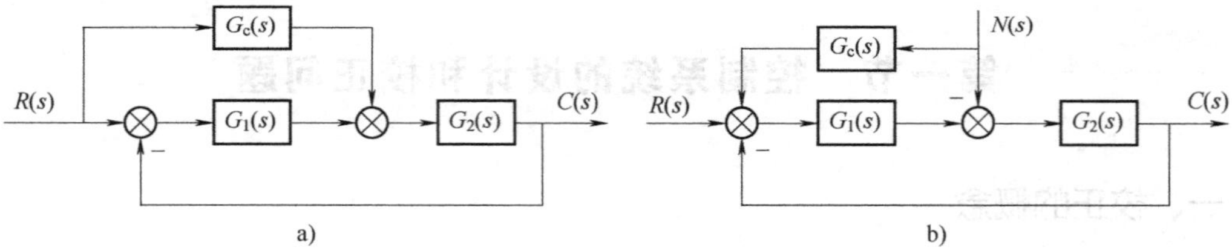

图 12-3　前馈校正

a）按给定量顺馈补偿　b）按扰动量前馈补偿

另外根据校正装置是否另接有电源，又可分为无源校正和有源校正。无源校正装置通常是由 *RC* 元件组成的二端口网络，装置电路简单，无须外加电源；但本身没有增益，其负载效应将会减弱校正作用，需要解决阻抗匹配的问题，在实际使用中常常需要附加隔离放大器。有源校正装置是由运算放大器组成的控制器，参数调节方便，适用面广，可以克服无源校正装置的缺陷，但使用时一般需要串联反相器。

第二节　串 联 校 正

一、频率法串联校正

(一) 超前校正

1. 设计步骤

利用超前校正网络进行串联校正的基本原理是利用超前网络的相位超前特性，通过适当

选择参数 a 和 T，将超前网络的交接频率$\frac{1}{aT}$和$\frac{1}{T}$选在校正前系统截止频率的两旁，使得校正后系统的截止频率和相位裕度满足性能指标的要求，从而改善闭环系统的动态性能。闭环系统的稳态性能要求可通过选择校正后系统的开环增益来保证。

如果所研究的系统为单位反馈最小相位系统，则用频域法设计无源超前网络的步骤如下：

1）根据稳态误差 e_{ss}等已知要求，确定开环增益 K 的值。

2）绘制校正前系统的开环对数幅频特性曲线 $L'(\omega)$，并确定（计算）校正前系统的相位裕度 $\gamma(\omega_c')$。

3）根据截止频率 ω_c'' 要求，计算超前网络参数 a 和 T：

为保证系统的响应速度，并充分利用网络的相位超前特性，选 $\omega_m=\omega_c''$，从而由

$$-L'(\omega_c'')=10\lg a \tag{12-1}$$

确定 a 的值，再由

$$T=\frac{1}{\sqrt{a}\,\omega_m} \tag{12-2}$$

确定 T，由此确定无源超前网络的传递函数为

$$aG_c(s)=\frac{1+aTs}{1+Ts}$$

若是系统设计问题，还需进一步确定超前网络的元件值（注意标称化）。

4）绘制校正后的对数幅频特性 $L''(\omega)$。

5）验算校正后系统的相位裕度 $\gamma''(\omega_c'')$。

由于超前网络的参数是根据满足系统截止频率要求选择的，所以相位裕度是否满足要求，必须进行验算：

$$\gamma''(\omega_c'')=\varphi_m+\gamma(\omega_c'') \tag{12-3}$$

式中，校正前系统在 ω_c'' 时的相位裕度 $\gamma(\omega_c'')$可由作图法确定，而

$$\varphi_m=\arcsin\frac{a-1}{a+1} \tag{12-4}$$

当验算结果 $\gamma''(\omega_c'')$不满足指标要求时，需重选 ω_m 值，一般使 $\omega_m(=\omega_c'')$值增大，然后重复以上计算步骤，直至相位裕度满足要求为止。

6）将放大器增益提高至原来的 a 倍。

2. 应用实例

例 12-1　设控制系统如图 12-4 所示。若要求系统在单位斜坡输入信号作用时，位置输出稳态误差 $e_{ss}(\infty)\leqslant 0.1\text{rad}$，开环系统截止频率 $\omega_c''\geqslant 4.4\text{rad/s}$，相位裕度 $\gamma''\geqslant 45°$，幅值裕度 $h''\geqslant 10\text{dB}$，试设计串联无源超前网络。

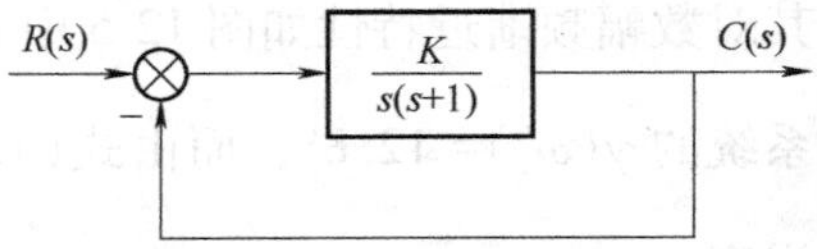

图 12-4　控制系统

解　(1) 设计时，首先确定开环增益 K。因为

$$e_{ss}(\infty)=\frac{1}{K}\leqslant 0.1$$

故取 $K=10\text{rad}^{-1}$，则校正前系统开环传递函数为

$$G(s)=\frac{10}{s(s+1)}$$

此为最小相位系统。

（2）绘制校正前系统的开环对数幅频渐近特性曲线，如图 12-5 中 $L'(\omega)$所示。

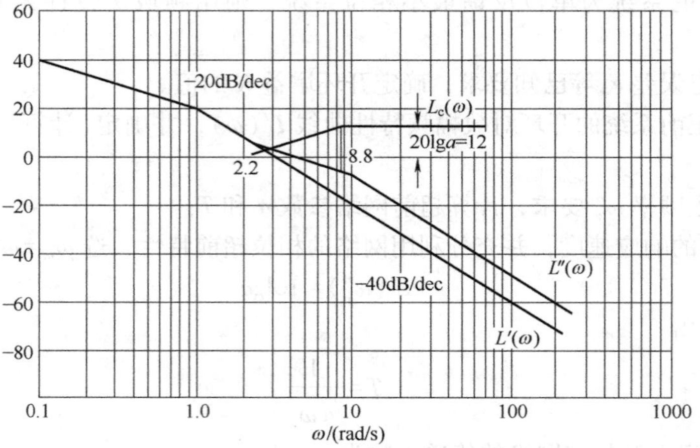

图 12-5　系统开环对数幅频渐进特性曲线

由图 12-5 得校正前系统的 $\omega_c'=3.1\text{rad/s}$，算出校正前系统的相位裕度为

$$\gamma(\omega_c')=180°-(90°+\arctan\omega_c')=17.9°$$

而二阶系统的幅值裕度必为$+\infty$ dB。相位裕度小的原因，是因为校正前系统的对数幅频渐近特性中频区的斜率为-40dB/dec。由于截止频率和相位裕度均低于指标要求，故采用串联超前校正是合适的。

（3）计算超前网络参数 a 和 T。

试选 $\omega_m=\omega_c''=4.4\text{rad/s}$，由图 12-5 查得 $L'(\omega_c'')=-6\text{dB}$，根据式(12-1)和式(12-2)分别计算得 $a=4$，$T=0.114\text{s}$。由此得到超前网络传递函数为

$$4G_c(s)=\frac{1+0.456s}{1+0.114s}$$

为了补偿无源超前网络产生的增益衰减，放大器的增益需提高至原来的 4 倍，否则不能保证稳态误差要求。

超前网络参数确定后，校正后系统的开环传递函数为

$$G_c(s)G_o(s)=\frac{10(1+0.456s)}{s(1+0.114s)(1+s)}$$

其对数幅频渐近特性如图 12-5 中 $L''(\omega)$所示。显然，校正后系统 $\omega_c''=4.4\text{rad/s}$，算得校正前系统的 $\gamma(\omega_c'')=12.8°$，而由式(12-4)算出的 $\varphi_m=\arcsin\frac{a-1}{a+1}=36.9°$，故校正后系统的相位裕度

$$\gamma''(\omega_c'')=\varphi_m+\gamma(\omega_c'')=36.9°+12.8°=49.7°>45°$$

校正后系统的幅值裕度仍为$+\infty$ dB，因为其对数相频特性不可能以有限值与$-180°$线相交。此时，全部性能指标均已满足。

例 12-1 表明：系统经串联校正后，中频区斜率变为-20dB/dec，并占据 6.6rad/s 的频带范围，从而使系统相位裕度增大，动态过程超调量下降。因此，在实际运行的控制系统中，其中频区斜率大多具有-20dB/dec 的斜率。由本例可见，串联超前校正可使开环系统截止频率增大，从而闭环系统带宽也增大，使响应速度加快。

（二）滞后校正

1. 设计步骤

在系统的响应速度要求不高而抑制噪声电平性能要求较高的情况下，可考虑采用串联滞后校正。此外，如果校正前系统已具备满意的动态性能，仅稳态性能不满足指标要求，则可以采用串联滞后校正以提高系统的稳态精度。利用滞后校正网络进行串联校正的基本原理是利用滞后网络的高频幅值衰减特性，使校正后系统的截止频率下降，从而使系统获得足够的相位裕度。因此，滞后网络的最大滞后角应力求避免发生在系统截止频率附近。

如果所研究的系统为单位反馈最小相位系统，则应用频域法设计串联无源滞后网络的步骤如下：

1）根据稳态误差 e_{ss} 等已知要求，确定开环增益 K 的值。

2）绘制校正前系统的开环对数频率特性曲线 $L'(\omega)$ 和 $\varphi'(\omega)$，并确定校正前系统的截止频率 ω_c'，相位裕度 $\gamma(\omega_c')$ 和幅值裕度 h。

3）选择不同的 ω_c''，计算或查出相应的 $\gamma(\omega_c'')$，并绘制 $\gamma(\omega_c'')$ 曲线。

4）根据相位裕度 γ'' 要求，计算

$$\gamma''=\varphi_c(\omega_c'')+\gamma(\omega_c'') \tag{12-5}$$

式中，γ'' 为指标要求值；$\varphi_c(\omega_c'')$ 在确定 ω_c'' 前可取为-6°。然后，根据式(12-5)的计算结果，在 $\gamma(\omega_c'')$ 曲线上查出相应的 ω_c'' 值。

5）确定滞后网络参数 b 和 T。要保证校正后系统的截止频率为步骤 4）所选的 ω_c'' 值，就必须使滞后网络的衰减量 $20\lg b$ 在数值上等于校正前系统在新截止频率 ω_c'' 上的对数幅频值 $L'(\omega_c'')$，即有

$$20\lg b+L'(\omega_c'')=0 \tag{12-6}$$

$L'(\omega_c'')$ 值在校正前系统的对数幅频曲线上可以查出，于是由式(12-6)可以计算得 b。

选择滞后网络参数时，为使网络的交接频率 $\frac{1}{bT}$ 远小于 ω_c''，可先取

$$\frac{1}{bT}=0.1\omega_c'' \tag{12-7}$$

此时，滞后网络在 ω_c'' 处产生的相角滞后按式(12-8)确定：

$$\varphi_c(\omega_c'')=\arctan bT\omega_c''-\arctan T\omega_c'' \tag{12-8}$$

由两角和的三角函数公式，得

$$\tan\varphi_c(\omega_c'')=\frac{bT\omega_c''-T\omega_c''}{1+bT^2(\omega_c'')^2} \tag{12-9}$$

代入式(12-7)及 $b<1$ 关系，式(12-8)可化简为

$$\varphi_c(\omega_c'')=\arctan\frac{10(b-1)}{b+100}\approx\arctan[0.1(b-1)] \tag{12-10}$$

b 与 $\varphi_c(\omega_c'')$ 及 $20\lg b$ 的关系曲线如图 12-6 所示。为便于使用，图 12-6 所示曲线画在对

数坐标系中。

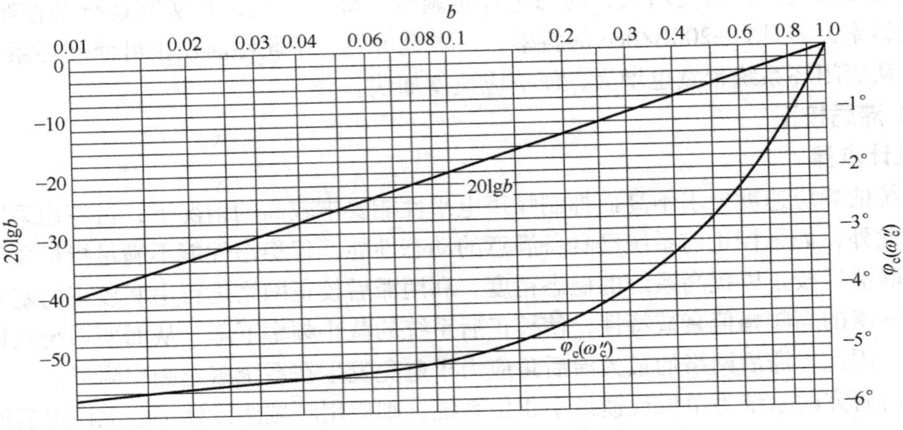

图 12-6 无源滞后网络关系曲线$\left(\frac{1}{bT}=0.1\omega''_c\right)$

由上述的 b 值和 ω''_c 值，根据式(12-7)可计算得滞后网络的 T。如果求得的 T 过大难以实现，则可将式(12-7)中的系数 0.1 适当加大，例如在 0.1~0.25 范围内选取，而 $\varphi_c(\omega''_c)$ 的估计值可相应在$-6°\sim-14°$范围内确定。

由此得到滞后网络的传递函数为

$$G_c(s)=\frac{1+bTs}{1+Ts}$$

6）绘制校正网络 $L_c(\omega)$ 以及校正后系统 $L''(\omega)$，校验相位裕度 γ'' 和幅值裕度 h。

7）对于系统设计问题，还需进一步选择并确定滞后网络的元件值。

2. 应用实例

例 12-2 设控制系统如图 12-7 所示。若要求校正后系统的静态速度误差系数等于 30s^{-1}，相位裕度不低于 40°，幅值裕度不小于 10dB，截止频率不小于 2.3rad/s，试设计串联校正装置。

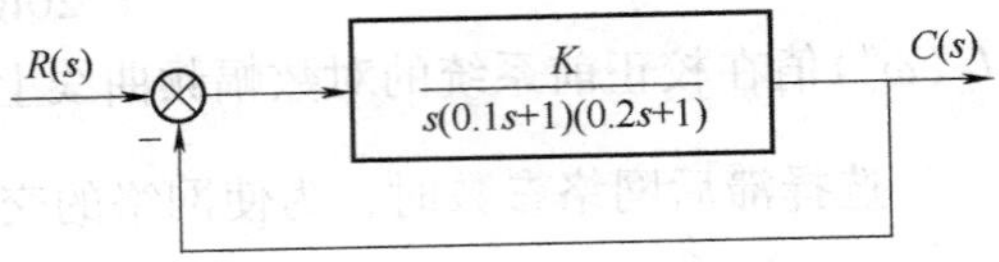

图 12-7 控制系统

解 (1)首先，确定开环增益 K。由于

$$K_v=\lim_{s\to 0}sG(s)=K=30\text{s}^{-1}$$

故校正前系统开环传递函数应取

$$G(s)=\frac{30}{s(1+0.1s)(1+0.2s)}$$

(2) 画出校正前系统的对数幅频渐近特性，如图 12-8 所示。由 $\omega'_c=12\text{rad/s}$ 算出

$$\gamma=180°-[90°+\arctan(0.1\omega'_c)+\arctan(0.2\omega'_c)]=-27.6°$$

说明校正前系统不稳定，且截止频率远大于要求值。在这种情况下，采用串联超前校正是无效的。可以证明，当超前网络的 a 值取到 100 时，系统的相位裕度仍不满 30°，而截止频率却增至 26rad/s。考虑到本例对系统截止频率值要求不大，故选用串联滞后校正可以满足需要的性能指标。

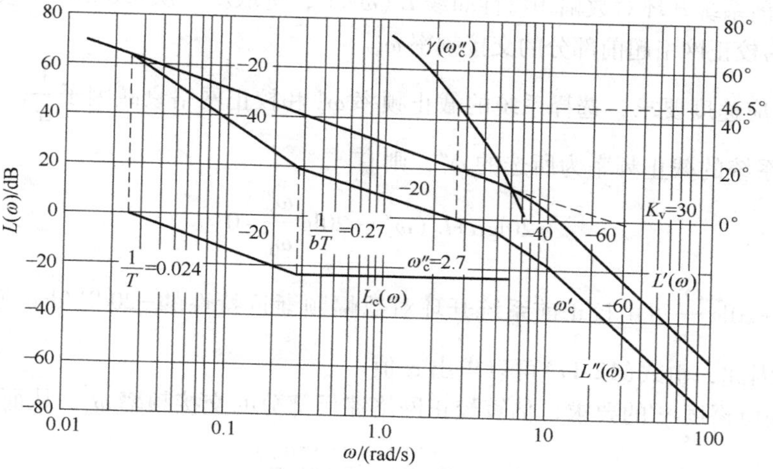

图 12-8　系统开环对数幅频渐近特性曲线

（3）做如下计算：

$$\gamma(\omega_c'')=180°-[90°+\arctan(0.1\omega_c'')+\arctan(0.2\omega_c'')]$$

并将 $\gamma(\omega_c'')$ 曲线绘制在图 12-8 中。

（4）根据 $\gamma''\geqslant 40°$ 的要求和 $\varphi_c(\omega_c'')=-6°$ 的估值，按式(12-5)求得 $\gamma(\omega_c'')\geqslant 46°$。于是，由 $\gamma(\omega_c'')$ 曲线查得 $\omega_c''=2.7\text{rad/s}$。由于指标要求 $\omega_c''\geqslant 2.3\text{rad/s}$，故 ω_c'' 可在 2.3～2.7rad/s 范围内任取。考虑到 ω_c'' 取值较大时，校正后系统响应速度较快，且滞后网络时间常数 T 值较小，便于实现，故选取 $\omega_c''=2.7\text{rad/s}$。

（5）在图 12-8 上查出当 $\omega_c''=2.7\text{rad/s}$ 时，有 $L'(\omega_c'')=21\text{dB}$，故可由式(12-6)求出 $b=0.09$，再由式(12-7)算出 $T=41\text{s}$，则滞后网络的传递函数为

$$G_c(s)=\frac{1+bTs}{1+Ts}=\frac{1+3.7s}{1+41s}$$

（6）将校正网络的 $L_c(\omega)$ 和校正后系统的 $L''(\omega)$ 绘制在图 12-8 中。

最后校验相位裕度和幅值裕度。由式(12-10)及 $b=0.09$ 算得 $\varphi_c(\omega_c'')=-5.2°$，于是求出 $\gamma''=41.3°$，满足指标要求。然后用试算法可得校正后系统对数相频特性为 $-180°$ 时的频率为 6.8rad/s，求出校正后系统的幅值裕度为 10.5dB，完全符合要求。

（三）滞后-超前校正

1. 设计步骤

滞后-超前校正方法兼有滞后校正和超前校正的优点，即校正后系统响应速度较快、超调量较小、抑制高频噪声的性能也较好。当校正前系统不稳定，且要求校正后系统的响应速度、相位裕度和稳态精度较高时，以采用串联滞后-超前校正为宜。其基本原理是利用滞后-超前网络的超前部分来增大系统的相位裕度，同时利用滞后部分来改善系统的稳态性能。

对于单位反馈最小相位系统，串联滞后-超前校正的设计步骤如下：

1）根据稳态误差 e_{ss} 等已知要求，确定开环增益 K 的值。

2）绘制校正前系统的开环对数频率特性曲线 $L'(\omega)$，确定校正前系统的截止频率 ω_c'、相位裕度 $\gamma(\omega_c')$ 和幅值裕度 h。

3）在校正前系统开环对数幅频特性曲线 $L'(\omega)$ 上，选取斜率从−20dB/dec 变为−40dB/dec 的交接频率作为校正网络超前部分的交接频率 ω_b。

4）根据响应速度要求，选择系统的截止频率 ω_c'' 和校正网络衰减因子$\frac{1}{\alpha}$。

若校正后系统的截止频率为所选的 ω_c''，则有

$$-20\lg\alpha+L'(\omega_c'')+20\lg\frac{\omega_c''}{\omega_b}=0 \tag{12-11}$$

式中，$L'(\omega_c'')+20\lg\frac{\omega_c''}{\omega_b}$可由校正前系统开环对数幅频渐近特性的−20dB/dec 延长线在 ω_c'' 处的数值确定。因此，由式(12-11)可以求出 α 值。

5）根据相位裕度 γ''的要求，估算校正网络滞后部分的交接频率 ω_a，从而得到

$$G_c(s)=\frac{(s+\omega_a)(s+\omega_b)}{\left(s+\frac{\omega_a}{\alpha}\right)(s+\alpha\omega_b)}$$

6）绘制校正网络 $L_c(\omega)$ 以及校正后系统 $L''(\omega)$，校验相位裕度 γ''和幅值裕度 h。

7）对于系统设计问题，还需进一步选择并确定滞后-超前网络的元件值。

2. 应用实例

例 12-3 设控制系统如图 12-9 所示。

要求设计校正装置，使系统满足下列性能指标：

1）在最大指令速度为 180°/s 时，位置滞后误差不超过 1°；

2）相位裕度为 45°±3°；

3）幅值裕度不低于 10dB；

4）动态过程调节时间不超过 3s。

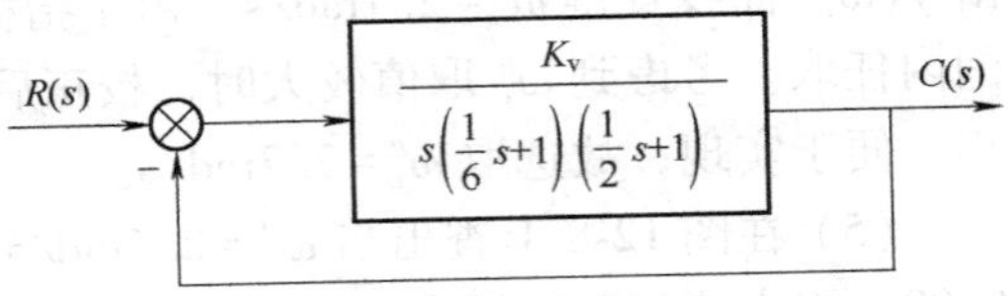

图 12-9 控制系统

解 (1)首先确定开环增益。由题意，取

$$K=K_v=180s^{-1}$$

(2)绘制校正前系统的开环对数幅频渐近特性曲线 $L'(\omega)$，如图 12-10 所示。图中，最低频段为−20dB/dec 斜率直线，其延长线交 ω 轴于 180rad/s，该值即 K_v 的数值。由图得校正前系统截止频率 $\omega_c'=12.6$rad/s，算出校正前系统的相位裕度 $\gamma=-55.5°$，幅值裕度 $h=-30$dB，表明校正前系统不稳定。

由于校正前系统在截止频率处的相角滞后远小于−180°，且响应速度有一定要求，故应优先考虑采用串联滞后-超前校正。

(3) 为了利用滞后-超前网络的超前部分微分段的特性，研究图 12-10 发现，可取 $\omega_b=2$rad/s，于是校正前系统对数幅频特性在 $\omega\leqslant6$rad/s 区间，其斜率均为−20dB/dec。

(4) 根据 $t_s\leqslant3$s 和 $\gamma''=45°$的指标要求，不难算得 $\omega_c''\geqslant3.2$rad/s。考虑到要求中频区斜率为−20dB/dec，故 ω_c'' 应在 3.2~6rad/s 范围内选取。由于−20dB/dec 的中频区应占据一定宽度，故选 $\omega_c''=3.5$rad/s，相应地，$L'(\omega_c'')+20\lg T_b\omega_c''=34$dB。由式(12-11)可算出$\frac{1}{\alpha}=0.02$，此时，滞后-超前校正网络的频率特性可写为

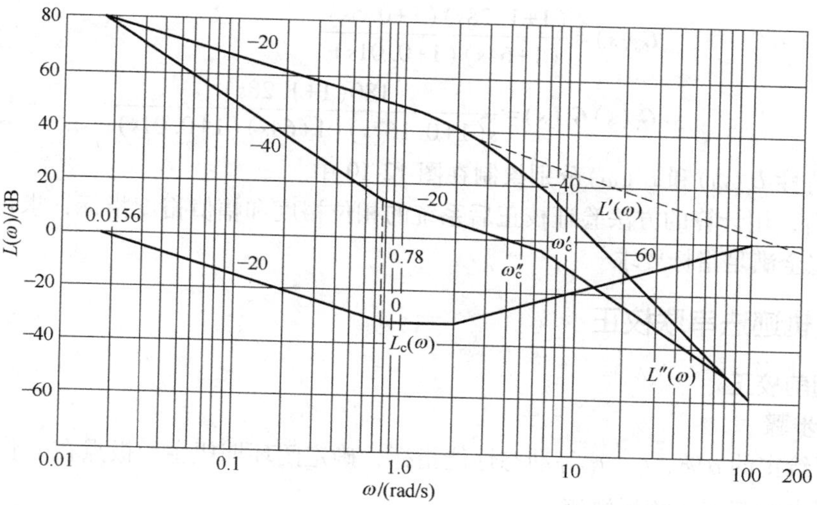

图 12-10　系统开环对数幅频渐进特性曲线

$$G_c(j\omega)=\frac{\left(1+\frac{j\omega}{\omega_a}\right)\left(1+\frac{j\omega}{\omega_b}\right)}{\left(1+\frac{j\alpha\omega}{\omega_a}\right)\left(1+\frac{j\omega}{\alpha\omega_b}\right)}=\frac{\left(1+\frac{j\omega}{\omega_a}\right)\left(1+\frac{j\omega}{2}\right)}{\left(1+\frac{j50\omega}{\omega_a}\right)\left(1+\frac{j\omega}{100}\right)}$$

相应的校正后系统的频率特性为

$$G_c(j\omega)G_o(j\omega)=\frac{180\left(1+\frac{j\omega}{\omega_a}\right)}{j\omega\left(1+\frac{j\omega}{6}\right)\left(1+\frac{j50\omega}{\omega_a}\right)\left(1+\frac{j\omega}{100}\right)}$$

（5）根据上式，利用相位裕度指标要求，可以确定校正网络参数 ω_a。校正后系统的相位裕度为

$$\begin{aligned}\gamma''&=180°+\arctan\frac{\omega''_c}{\omega_a}-\left(90°+\arctan\frac{\omega''_c}{6}+\arctan\frac{50\omega''_c}{\omega_a}+\arctan\frac{\omega''_c}{100}\right)\\&=57.7°+\arctan\frac{3.5}{\omega_a}-\arctan\frac{175}{\omega_a}\end{aligned}$$

考虑到 $\omega_a<\omega_b=2\text{rad/s}$，故可取 $-\arctan\frac{175}{\omega_a}\approx-90°$。因为要求 $\gamma''=45°$，所以上式可简化为

$$\arctan\frac{3.5}{\omega_a}=77.3°$$

从而求得 $\omega_a=0.78\text{rad/s}$。这样，校正后系统 -20dB/dec 斜率的中频区宽度 $H=\frac{6}{0.78}=7.69$，满足在期望特性校正法中导出的中频区宽度近似关系式

$$H\geqslant\frac{1+\sin\gamma''}{1-\sin\gamma''}=\frac{1+\sin45°}{1-\sin45°}=5.83$$

于是，校正网络和校正后系统的传递函数分别为

$$G_c(s)=\frac{(1+1.28s)(1+0.5s)}{(1+64s)(1+0.01s)}$$

$$G_c(s)G_o(s)=\frac{180(1+1.28s)}{s(1+0.167s)(1+64s)(1+0.01s)}$$

将对数幅频特性 $L_c(\omega)$ 和 $L'(\omega)$ 分别绘制在图 12-10 中。

（6）最后，用计算的方法验证校正后系统的相位裕度和幅值裕度指标，求得 $\gamma''=45.5°$，$h''=27\text{dB}$，完全满足指标要求。

二、根轨迹法串联校正

（一）超前校正

1. 设计步骤

1）根据给定的 $\sigma\%$、t_s、t_r 等动态性能指标，确定闭环期望主导极点在 s 平面上的位置。

2）绘制未校正前系统根轨迹。

若期望的主导极点不在此根轨迹上，则说明不能只靠调节增益 K_g（开环传递系数 K）使系统的动态性能满足要求；当期望的闭环主导极点位于校正前系统根轨迹的左方时，可以选用超前校正装置改造根轨迹，利用校正装置提供的开环零点使根轨迹左移通过所期望的主导极点。

3）计算校正装置需要提供的相位超前角 φ_c。

设校正后系统开环传递函数为

$$G(s)=G_c(s)G_o(s) \tag{12-12}$$

式中，$G_c(s)$ 和 $G_o(s)$ 分别为超前校正装置传递函数和未校正系统的开环传递函数。若要使校正后系统根轨迹通过期望的闭环主导极点 s_1，则校正后 s_1 必须满足的相位条件为

$$\angle G(s_1)=\angle G_c(s_1)+\angle G_o(s_1)=\pm180°(2k+1) \tag{12-13}$$

取 $k=1$，则超前校正装置应提供的相位超前角为

$$\varphi_c=\angle G_c(s_1)=-180°-\angle G_o(s_1) \tag{12-14}$$

显然，能够提供定值 φ_c 角度的 $G_c(s)$ 不是唯一的。在选择 $G_c(s)$ 时，要注意保证使 s_1 在校正后具有主导作用。

4）确定超前网络零点位置 z_c 和极点位置 p_c。

5）确定超前网络的参数 a 和 T 以及超前校正装置的传递函数。

$$a=\frac{p_c}{z_c} \tag{12-15}$$

$$T=-\frac{1}{p_c} \tag{12-16}$$

为保持系统原有的稳态精度，应由放大器抵消掉校正装置传递系数的衰减，可选超前校正装置为

$$G_c(s)=K_c\frac{1+aTs}{1+Ts} \tag{12-17}$$

6）绘制校正后系统根轨迹。

7）检验校正后系统的性能指标。

确定实际主导极点，并与期望主导极点进行比较。由幅值条件验算系统增益，若小于系统性能指标所要求的 K，则可改变 K_c 或调整 p_c、z_c。

8）对于系统设计问题，还需进一步确定超前网络的元件值。

2. 应用实例

例 12-4　设控制系统如图 12-11 所示。要求设计一串联校正装置 $G_c(s)$，使阶跃响应的超调量 $\sigma\%<25\%$，过渡过程时间 $t_s\leqslant 15s$，静态速度误差系数 $K_v\geqslant 5s^{-1}$。

解　(1) 根据给定的动态指标选择期望的闭环主导极点。由 $\sigma\%<25\%$，并留有一定的裕量，选 $\zeta=0.5$（此时 $\sigma\%=16.3\%$），使主导极点的阻尼角 $\beta=\arccos\zeta=60°$。再由经验公式

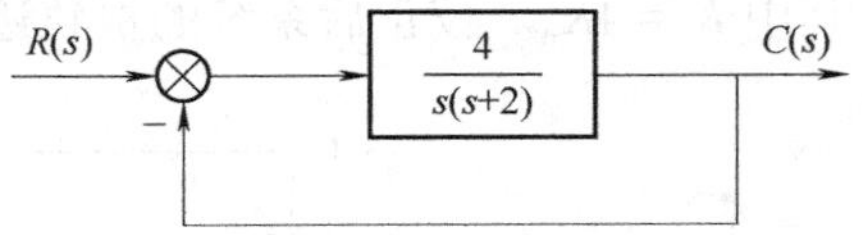

图 12-11　控制系统

$$t_s=\frac{3}{\zeta\omega_n}\leqslant 1.5s$$

选取 $\omega_n=4rad/s$。于是期望的闭环主导极点为

$$s_{1,2}=-\zeta\omega_n\pm j\omega_n\sqrt{1-\zeta^2}=-2\pm j2\sqrt{3}$$

其中 s_1 点位于图 12-12 中的 A 点。

(2) 绘制未校正系统的根轨迹。未校正系统根轨迹如图 12-12 所示，不通过期望的闭环主导极点，未校正的系统不能满足要求。由于期望主导极点位于校正前系统根轨迹的左方，因此可以选用串联超前校正装置加以改造。

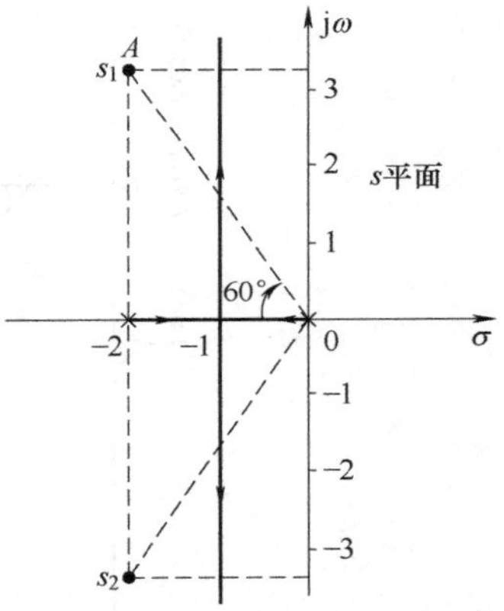

图 12-12　未校正系统根轨迹与期望闭环主导极点

(3) 计算校正装置需要提供的相位超前角 φ_c。原系统开环零极点对于 A 点所产生的相位为

$$\angle G_o(s_1)=\angle\frac{4}{s_1(s_1+2)}=-\angle s_1-\angle(s_1+2)=-120°-90°=-210°$$

则超前校正装置应提供的相位超前角为

$$\varphi_c=\angle G_c(s_1)=-180°-\angle G_o(s_1)=-180°-(-210°)=30°$$

(4) 确定超前网络零点位置 z_c 和极点位置 p_c。为保证期望极点在响应中的主导作用，一般的做法是，由 A 点作水平线 AB，然后作 $\angle OAB$ 的平分线 AC，再按 $\angle CAE=\angle CAD=\frac{\varphi_c}{2}=15°$，作直线 AE、AD，使 AE、AD 之间的夹角为 $\varphi_c=30°$。将 AE、AD 与负实轴的交点 z_c、p_c 作为校正装置的零点和极点，按这种方法可得 $z_c=-2.9$、$p_c=-5.4$（见图 12-13）。

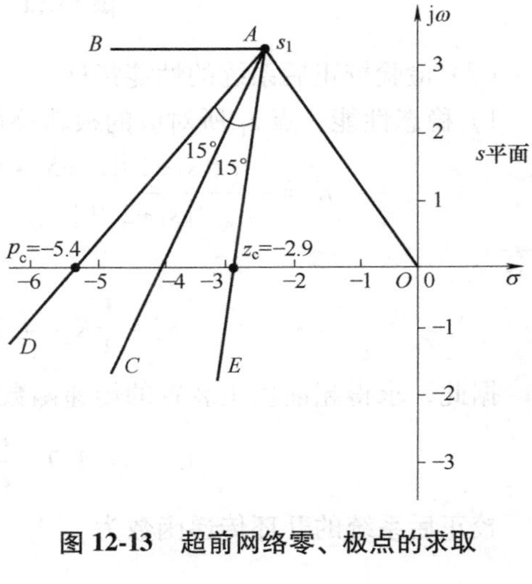

图 12-13　超前网络零、极点的求取

(5) 确定超前网络的参数 a 和 T。根据式(12-15)和式(12-16)有

$$a=\frac{p_c}{z_c}=\frac{-5.4}{-2.9}=1.862$$

$$T=-\frac{1}{p_c}=-\frac{1}{-5.4}=0.185$$

则由式(12-17)选取超前校正装置为

$$G_c(s)=K_c\frac{1+aTs}{1+Ts}=K_c\frac{1+0.345s}{1+0.185s}=K_c'\frac{s+2.9}{s+5.4}$$

式中，$K_c'=1.862K_c$。

(6) 绘制校正后系统的根轨迹。加入校正装置后系统的开环传递函数为

$$G_K(s)=G_c(s)G_o(s)=\frac{4K_c'(s+2.9)}{s(s+2)(s+5.4)}=\frac{K_g(s+2.9)}{s(s+2)(s+5.4)}$$

其中 $K_g=4K_c'$。校正后系统的根轨迹如图 12-14 所示，通过了期望的闭环主导极点。

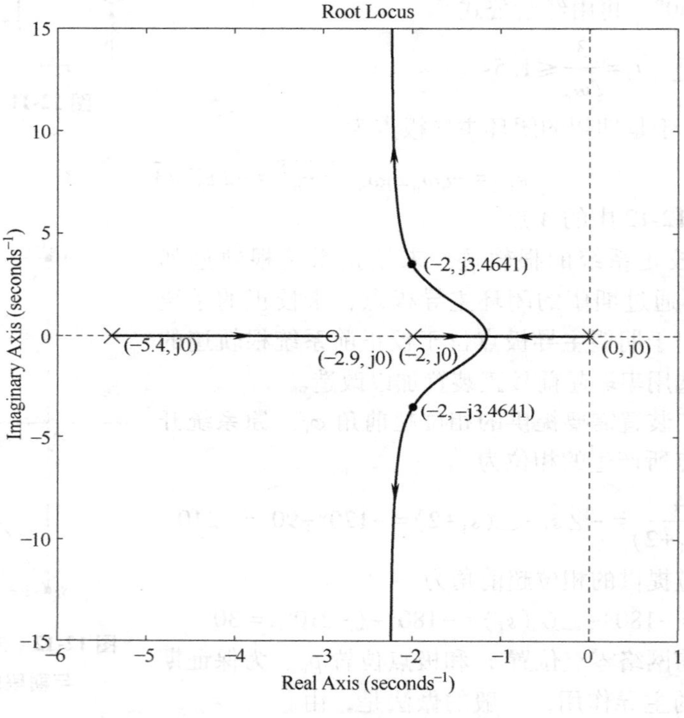

图 12-14　校正后系统的根轨迹

(7) 检验校正后系统的性能指标。

1) 稳态性能。点 s_1 所对应的根轨迹增益为

$$K_g=\left.\frac{|s_1||s_1+2||s_1+5.4|}{|s_1+2.9|}\right|_{s_1=-2+j2\sqrt{3}}=\frac{4\times3.464\times4.854}{3.579}\approx18.8$$

则有

$$K_c'=\frac{1}{4}K_g=4.7,\ K_c=\frac{1}{1.862}K_c'=2.524$$

据此，求得超前校正装置的传递函数为

$$G_c(s)=4.7\cdot\frac{s+2.9}{s+5.4}=2.524\cdot\frac{0.345s+1}{0.185s+1}$$

校正后系统的开环传递函数为

$$G_{\mathrm{K}}(s)=\frac{18.8(s+2.9)}{s(s+2)(s+5.4)}=\frac{5.05(0.345s+1)}{s(0.5s+1)(0.185s+1)}$$

由于系统含有一个积分环节，所以有 $K_{\mathrm{v}}=5.05\mathrm{s}^{-1}>5\mathrm{s}^{-1}$，满足稳态性能的要求。

2）动态性能。校正后系统上升为三阶系统，除了期望的闭环主导极点 s_1、s_2，还有一个闭环零点-2.9(等于开环零点)，并可根据闭环极点之和等于开环极点之和的规律求出非主导极点 s_3 为-3.4，其影响将使超调量略有增加。但由于在确定阻尼比时已留有裕量，且此极点与闭环零点距离很近，因此闭环零点可以基本抵消掉非主导极点对动态性能的响应。因此，所求的一对共轭复数极点确实是校正后系统的闭环主导极点，系统动态性能满足要求。

通过计算机仿真，校正后系统的单位阶跃响应如图 12-15 所示，可得校正后系统最大超调量为 $\sigma\%=21\%<25\%$，过渡过程时间 $t_{\mathrm{s}}=1.32\mathrm{s}<1.5\mathrm{s}$，满足动态性能的要求。

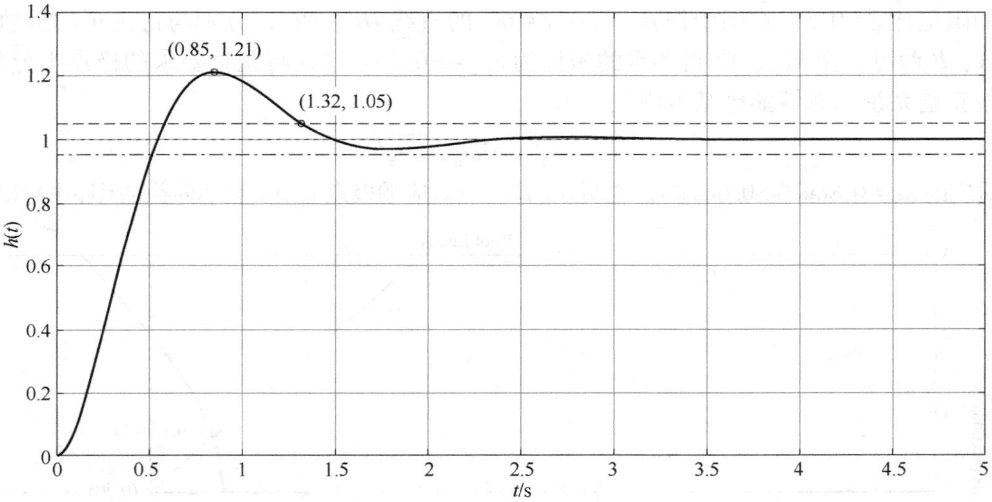

图 12-15　校正后系统的单位阶跃响应

（二）滞后校正

1. 设计步骤

1）根据给定的动态性能指标，确定 s 平面上期望的闭环主导极点 s_1、s_2 的位置。

2）绘制未校正系统的根轨迹，由于系统动态性能已经满足，则期望的主导极点应该位于或靠近未校正系统的根轨迹。

3）计算未校正系统在期望极点处的根轨迹增益 K_{g}，如果系统稳态精度不满足要求，则可在原点附近增加开环偶极子来提高根轨迹增益 K_{g}，同时保持根轨迹仍通过期望的主导极点，由此，可选用滞后校正装置提高稳态精度，并保持原动态性能。

4）根据要求的静态误差系数与未校正系统的静态误差系数之比，确定滞后校正装置的 b 值，并留有一定的裕量。

5）选择滞后校正所需的零极点，确保$\dfrac{z_{\mathrm{c}}}{p_{\mathrm{c}}}=b$，所加零极点相对于期望主导极点应该是一对开环偶极子，开环偶极子距离原点越近越好，为避免校正装置出现过大的时间常数，以利于校正装置得以物理实现，一般取$|\varphi_{\mathrm{z}}-\varphi_{\mathrm{p}}|<10°$。

6）绘制校正后系统的根轨迹，检验系统的静态和动态性能指标。

7）对于系统设计问题，还需进一步确定滞后网络的元件值。

2. 应用实例

例 12-5 设控制系统如图 12-16 所示。要求系统闭环主导极点特征参数为 $\zeta \geqslant 0.5$，$\omega_n \geqslant 0.6\text{rad/s}$，$K_v \geqslant 5\text{s}^{-1}$，试设计所需的串联校正装置 $G_c(s)$。

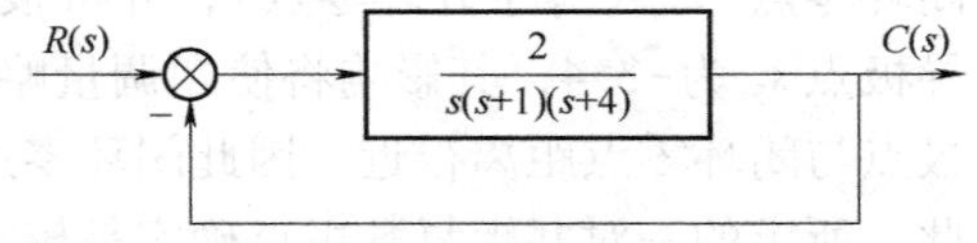

图 12-16 控制系统

解 （1）根据系统闭环主导极点特征参数的要求，初选 $\zeta=0.5$、$\omega_n=1$，则期望的主导闭环极点为

$$s_{1,2}=-\zeta\omega_n \pm j\omega_n\sqrt{1-\zeta^2}=-0.5\pm j0.87$$

（2）绘制校正前系统的根轨迹。待校正系统的根轨迹如图 12-17 所示，取期望闭环主导极点的阻尼比 $\zeta=0.5$，在图中作 $\beta=\arccos\zeta=60°$ 的直线 OL、OL'，分别与待校正的根轨迹相交于 A、B 两点。由图 12-17 得两点的坐标为 $s_{1,2}=-0.4\pm j0.7$，与题意要求的极点十分靠近，说明校正前系统动态性能已基本满足。由

$$s_{1,2}=-\zeta\omega_n \pm j\omega_n\sqrt{1-\zeta^2}$$

求出对应的 $\omega_n=0.8\text{rad/s}>0.6\text{rad/s}$，说明 A、B 两点对应的极点 $s_{1,2}$ 可作为期望的闭环主导极点。

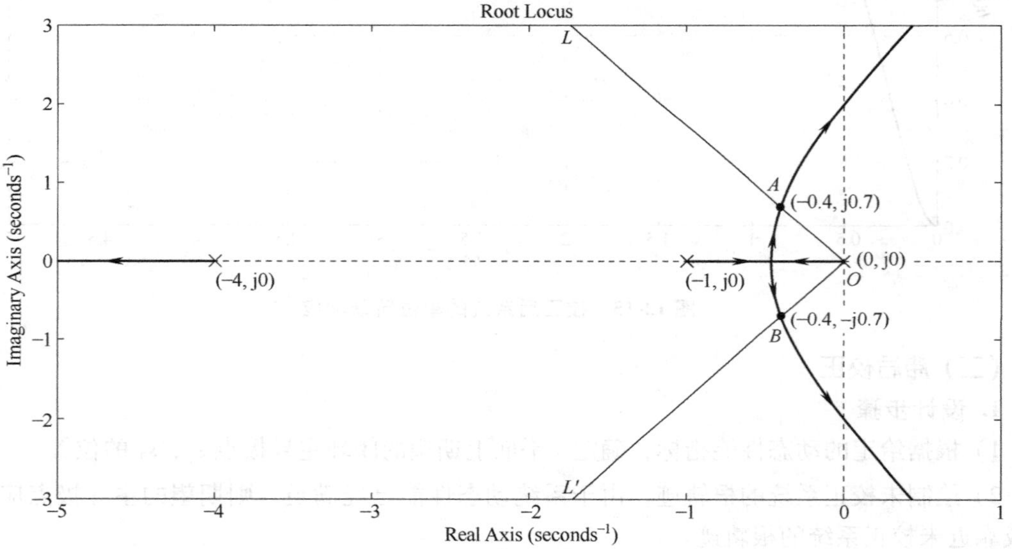

图 12-17 校正前系统的根轨迹与闭环主导极点

（3）计算极点 $s_{1,2}$ 对应的根轨迹增益。由根轨迹的幅值条件方程求出待校正系统在 $s_{1,2}$ 的根轨迹增益为

$$K_g=\sqrt{(-0.4)^2+(0.7)^2}\times\sqrt{[-0.4-(-1)]^2+(0.7)^2}\times\sqrt{[-0.4-(-4)]^2+(0.7)^2}=2.7$$

则校正前系统的静态速度误差系数为

$$K_v'=\frac{K_g}{4}=0.675\text{s}^{-1}$$

稳态误差不满足要求。

（4）确定滞后校正装置的 b 值。校正装置的零极点之比应为

$$b=\frac{K_v}{K_v'}=\frac{5}{0.675}=7.4$$

式中，K_v 为期望的静态速度误差系数；K_v' 为校正前的静态速度误差系数。考虑到串联滞后装置本身在 $s_{1,2}$ 处会引起相位滞后，故选择 $b=10$，以保证有一定的裕量。

（5）求取滞后校正装置的零极点。由前面的分析可知，滞后校正装置的零极点应该是靠近原点的一对开环偶极子。为减小增加的开环偶极子对期望主导极点的影响，可以由点 $A(s_1)$ 作一条与线段 OA 夹角小于 10°的直线 OC，此处夹角选为 6°。直线 OC 与负实轴的交点可选为校正装置的零点 z_c，由图 12-18 可知，零点 $z_c=-0.1$，极点 $p_c=\frac{z_c}{b}=-0.01$，并且这对开环偶极子对主导极点造成的附加总相位为 6°，基本上无影响。则校正装置的传递函数为

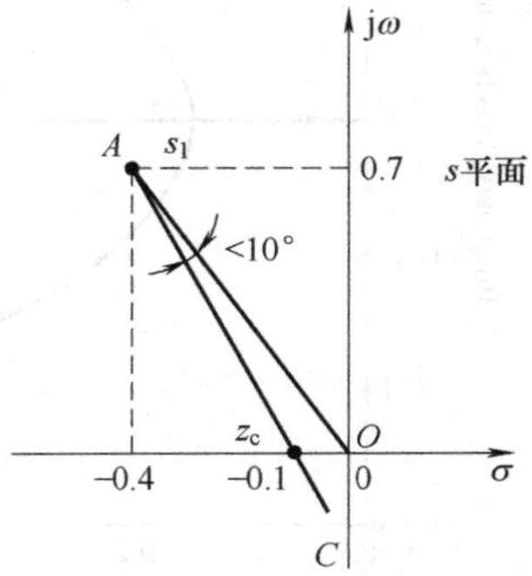

图 12-18　滞后校正装置零极点的求取

$$G_o(s)=\frac{K_c(s+0.1)}{s+0.01}$$

校正后系统的开环传递函数为

$$G_K(s)=\frac{2K_c(s+0.1)}{s(s+1)(s+4)(s+0.01)}$$

图 12-19a 中的粗实线为校正后系统的根轨迹，除虚线框内部分根轨迹外基本上仍与图 12-17中相同，虚线框内即原点附近的根轨迹如图 12-19b、c 所示。同时校正装置的开环极点的作用使复平面上的根轨迹略向右偏移，虚线为校正前系统在复平面上的根轨迹。

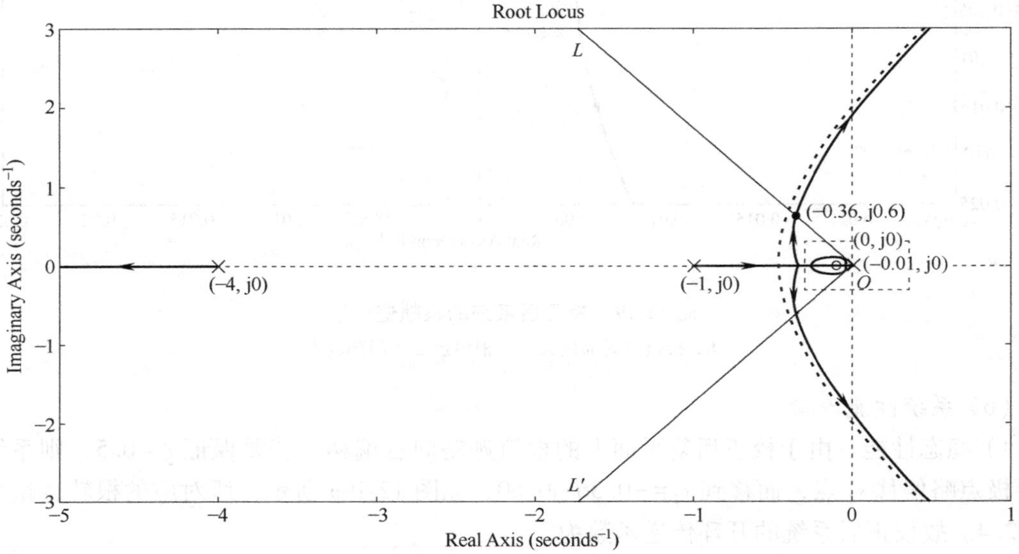

a)

图 12-19　校正后系统的根轨迹

a）根轨迹全图

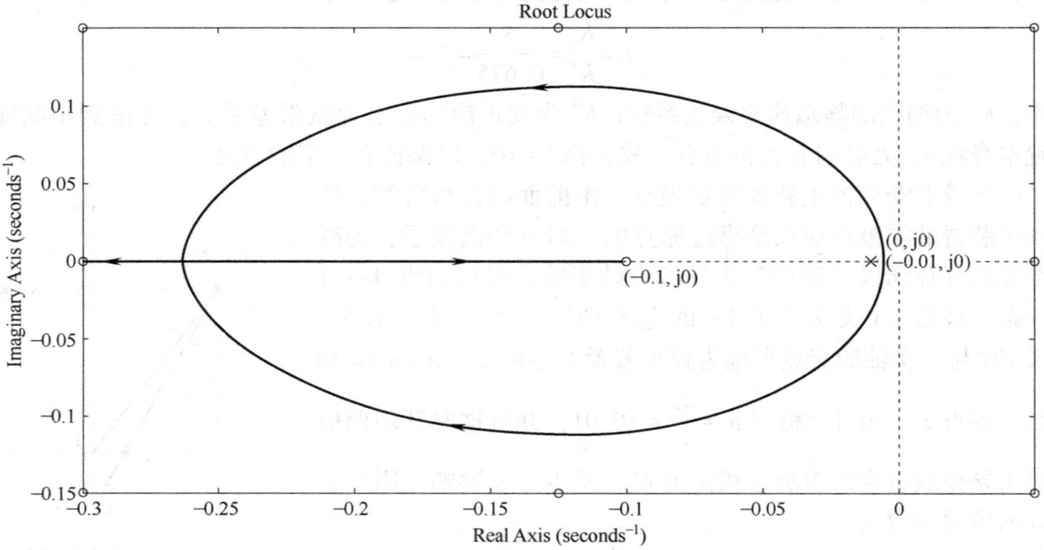

b)

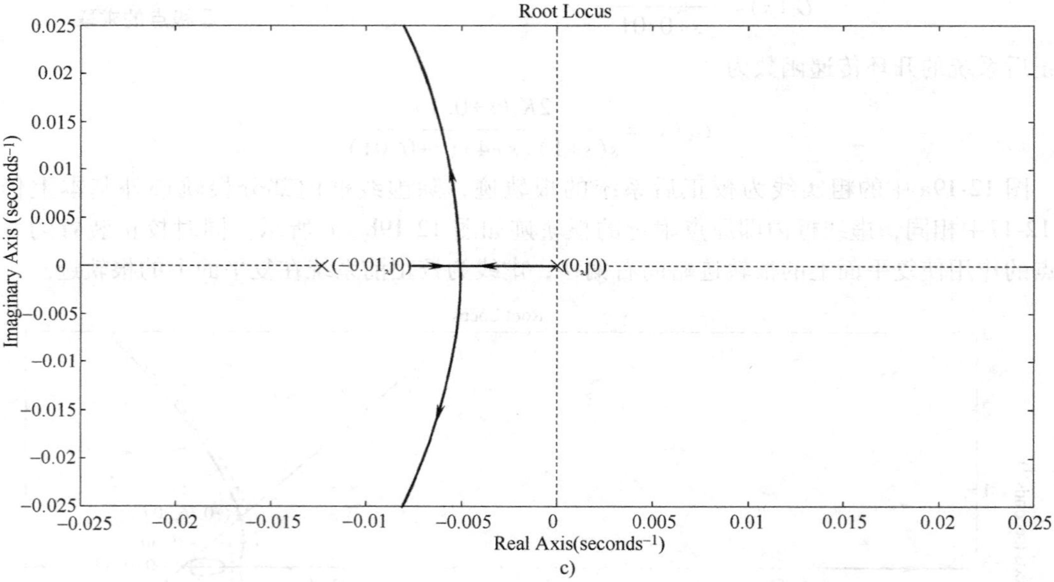

c)

图 12-19　校正后系统的根轨迹（续）

b）根轨迹局部放大　c）根轨迹二次局部放大

（6）系统性能校验。

1）稳态性能。由于校正后复平面上的根轨迹略向右偏移，若要保证 $\zeta=0.5$，则系统的主导极点略偏移 s_1 点，而移到 $s_1'=-0.36+\mathrm{j}0.60$，如图 12-19a 所示，所对应的根轨迹增益为 $K_g=2.4$。故校正后系统的开环传递函数为

$$G_K(s)=\frac{2.4(s+0.1)}{s(s+1)(s+4)(s+0.01)}$$

校正后系统的静态速度误差系数为

$$K_v=\frac{2.4\times0.1}{1\times4\times0.01}=6>5$$

系统稳态精度满足要求。所需校正装置的传递函数为

$$G_c(s)=\frac{1.2(s+0.1)}{s+0.01}=\frac{12(10s+1)}{100s+1}$$

2）动态性能。校正后系统的闭环主导极点为 $s_1'=-0.36+j0.60$，对应的阻尼比 $\zeta=0.51$，$\omega_n=0.70s^{-1}$，特征参数均满足要求。

校正后系统除两个主导极点 s_1'、s_2' 外，另有两个闭环极点 S_3、s_4。通过仿真软件(MATLAB)可以求得 $s_3=-0.12$、$s_4=-4.18$，且 S_3 与闭环零点-0.1 构成一对闭环偶极子，它们对动态响应的影响可忽略不计，而 s_4 较其他闭环极点 s_1'、s_2'、s_3 离虚轴远得多，它对动态响应的影响也较小。所以系统的动态响应主要由主导极点 s_1'、s_2' 决定，保证了系统的动态性能。

（三）滞后-超前校正

1. 设计步骤

利用根轨迹法设计串联滞后-超前校正装置的一般步骤如下：

1）根据对系统性能的要求，确定满足动态性能的期望闭环主导极点。

2）对系统进行超前校正，确定超前校正部分的零极点，使满足系统动态性能的主导极点落在超前校正后的根轨迹上。

3）计算主导极点对应的根轨迹增益与开环传递系数，并根据系统稳态性能的要求，按照滞后校正的方法，确定滞后部分的零极点。

4）绘制滞后-超前校正后系统的根轨迹，并校验动态与稳态性能。

5）对于系统设计问题，还需进一步确定滞后-超前网络的元件值。

2. 应用实例

如果在例 12-4 中其他要求不变，但要求开环传递系数 $K\geq20$，此时设计校正装置的步骤应先按例 12-4 的步骤进行。使用了超前校正装置后系统动态性能满足，但 K 仅为 5.05，稳态性能不能满足要求，开环传递系数需放大为原来的 4 倍以上。在这种情况下，可以依照滞后校正的方法，在原点附近增加一对开环偶极子。例如，取 $z_1=-0.1$，$p_1=-0.02$，即$\frac{z_1}{p_1}=5=b$，则新加的滞后校正装置的传递函数为

$$G_1(s)=\frac{s+z_1}{s+p_1}=\frac{s+0.1}{s+0.02}=\frac{5(10s+1)}{50s+1}$$

系统所需滞后-超前校正装置的传递函数为

$$G_c(s)=\frac{12.75(0.345s+1)(10s+1)}{(0.185s+1)(50s+1)}$$

校正后系统传递函数为

$$G_K(s)=\frac{25.25(0.345s+1)(10s+1)}{s(0.185s+1)(0.5s+1)(50s+1)}$$

仿真结果(见图 12-20)表明：校正后系统最大超调量为 $\sigma\%=23.5\%<25\%$，过渡过程时间 $t_s=1.36s<1.5s$，满足动态性能的要求；同时，系统的开环传递系数 $K=25.25$，系统稳态性能满足要求。

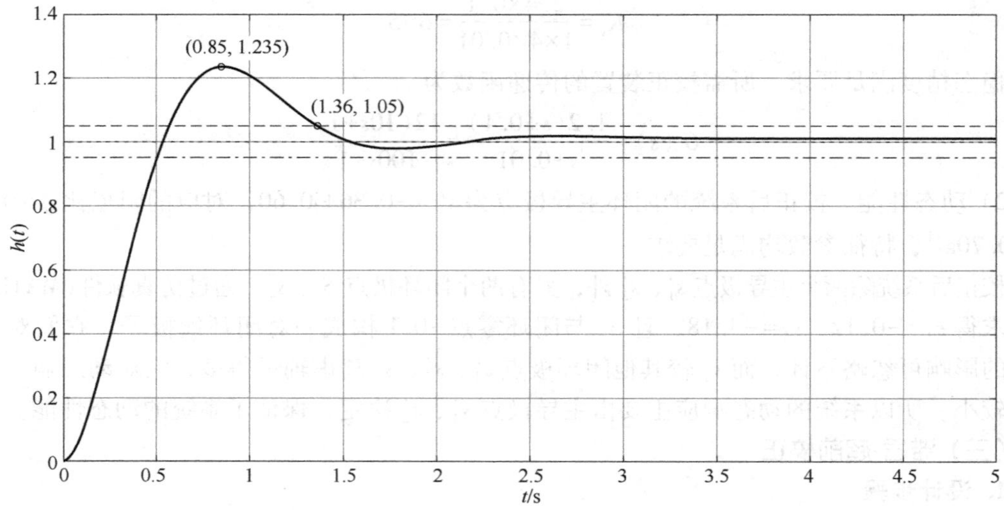

图 12-20　校正后系统的单位阶跃响应

因此，当系统的性能指标要求较高时，需同时串入超前校正装置和滞后校正装置，即串联滞后-超前校正装置。

第三节　PID 控制

一、PID 控制概述

控制系统的控制器（包括校正装置）常常采用比例、微分、积分等基本控制规律，或者采用这些基本控制规律的某些组合，形成比例微分、比例积分、比例积分微分等组合控制规律，以实现对被控对象的有效控制。

（一）比例（P）控制规律

具有比例控制规律的控制器，称为 P 控制器。图 12-21 为有源 P 控制器的电路图。它的传递函数为

$$G_c(s)=\frac{R_2}{R_1}=K_p \tag{12-18}$$

图 12-21 中，A_2 作为反相器，它改变 A_1 输出的符号。

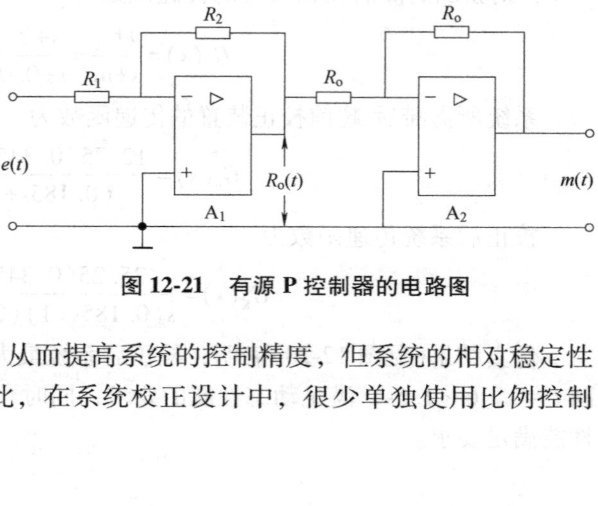

图 12-21　有源 P 控制器的电路图

P 控制器实质上是一个具有可调增益的放大器。在信号变换过程中，P 控制器只改变信号的增益而不影响其相位。在串联校正中，加大控制器增益 K_p 可以提高系统的开环增益，减小系统稳态误差，从而提高系统的控制精度，但系统的相对稳定性变差，甚至可能造成闭环系统不稳定。因此，在系统校正设计中，很少单独使用比例控制规律。

(二) 比例微分(PD)控制规律

具有比例微分控制规律的控制器，称为 PD 控制器。图 12-22 为有源 PD 控制器的电路图。它的传递函数为

$$G_c(s)=\frac{R_2}{R_1}(1+R_1Cs)=K_p+K_ds \tag{12-19}$$

式中，$K_p=\frac{R_2}{R_1}$，$K_d=R_2C$。

PD 控制器中的微分控制规律，能反映输入信号的变化趋势，产生有效的早期修正信号，以增强系统的阻尼程度，从而改善系统的稳定性。在串联校正时，可使系统增加一个开环零点，使系统的相位裕度提高，因而有助于系统动态性能的改善。

需要指出，因为微分控制作用只对动态过程起作用，而对稳态过程没有影响，且对系统噪声非常敏感，所以单一的 D 控制器在任何情况下都不宜与被控对象串联起来单独使用。通常，实际的控制系统中，微分控制规律总是与比例控制规律或比例积分控制规律搭配使用，即表现为 PD 控制器或 PID 控制器。

PD 控制器的伯德图如图 12-23 所示。由图 12-23 可以清楚地看到，PD 控制器也是一个超前校正装置，因此可按前面已讲述的方法去设计 PD 控制器的参数。

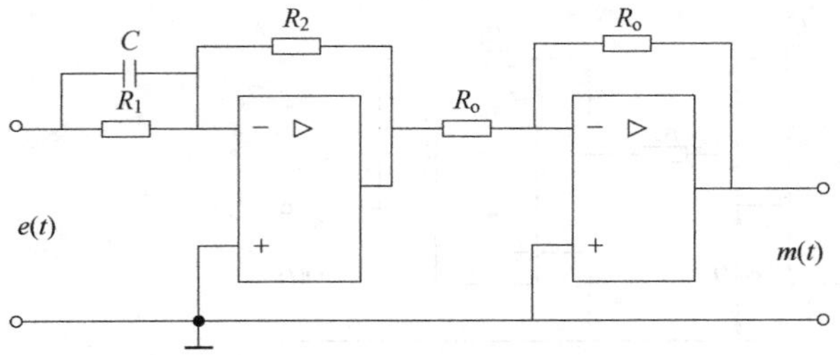

图 12-22　有源 PD 控制器的电路图

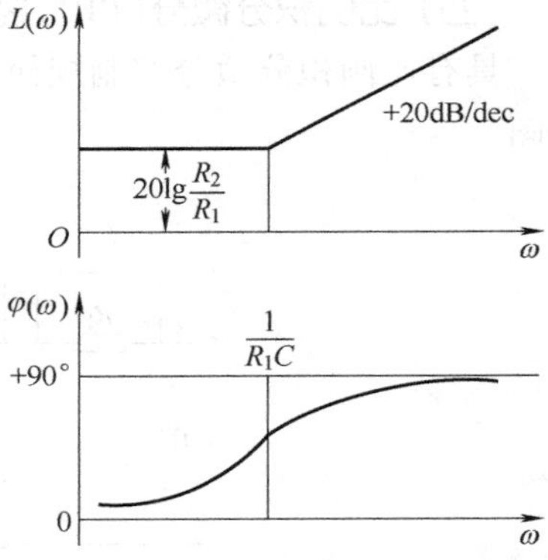

图 12-23　PD 控制器的伯德图

(三) 比例积分(PI)控制规律

具有比例积分控制规律的控制器，称为 PI 控制器。图 12-24 为有源 PI 控制器的电路图。

它的传递函数为

$$G_c(s)=\frac{1+R_2Cs}{R_1Cs}=\frac{R_2}{R_1}\cdot\frac{1+R_2Cs}{R_2Cs}=\frac{K_p(1+T_is)}{T_is} \tag{12-20}$$

式中，$K_p=\frac{R_2}{R_1}$，$T_i=R_2C$。

在串联校正中，PI 控制器相当于在系统中增加了一个位于原点的开环极点，同时也增加了一个位于 s 左半平面的开环零点。位于原点的极点可以提高系统的型别，以消除或减小系统的稳态误差，改善系统的稳态性能；而增加的负实零点则用来提高系统的阻尼程度，改

善 PI 控制器极点对系统稳定性产生的不利影响。只要积分时间常数 T_i 足够大，PI 控制器对系统稳定性的不利影响可大为减弱。在控制工程实践中，PI 控制器主要用来改善控制系统的稳态性能。

PI 控制器的伯德图如图 12-25 所示。由图 12-25 可以清楚地看到，PI 控制器也是一个滞后校正装置，因此可以按前面已讲述的方法去设计 PI 控制器的参数。

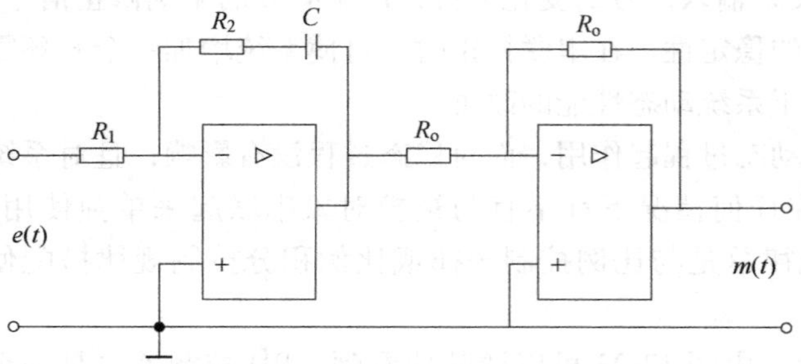

图 12-24 有源 PI 控制器的电路图

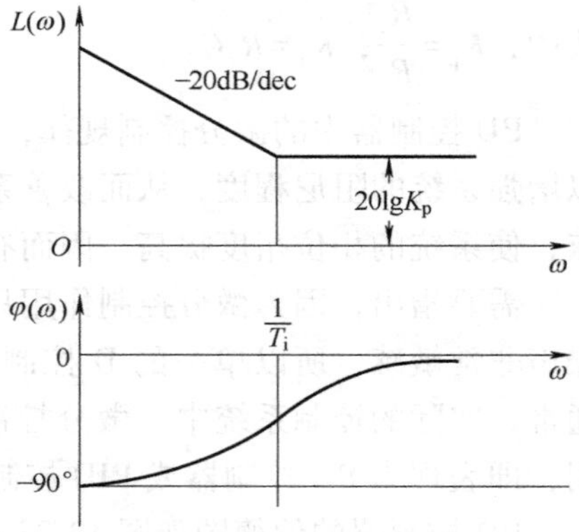

图 12-25 PI 控制器的伯德图

(四) 比例积分微分(PID)控制规律

具有比例积分微分控制规律的控制器称为 PID 控制器。图 12-26 为有源 PID 控制器的电路图。

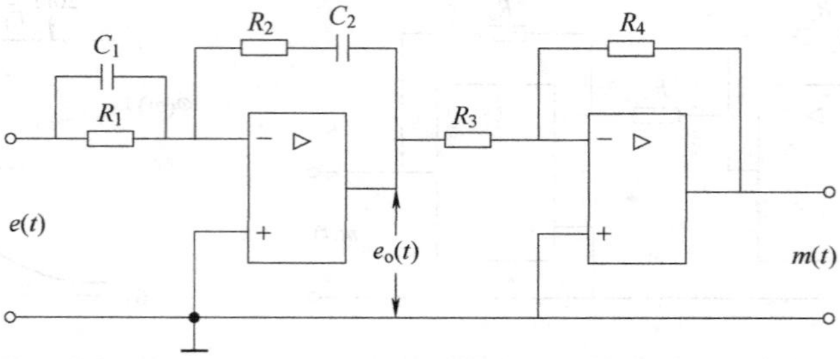

图 12-26 有源 PID 控制器的电路图

其传递函数为

$$
\begin{aligned}
G_c(s)=\frac{M(s)}{E(s)}&=\frac{R_4R_2}{R_3R_1}\frac{(R_1C_1s+1)(R_2C_2s+1)}{R_2C_2s}\\
&=\frac{R_2R_4}{R_1R_3}\left(\frac{R_1C_1+R_2C_2}{R_2C_2}+\frac{1}{R_2C_2s}+R_1C_1s\right)\\
&=\frac{R_4(R_1C_1+R_2C_2)}{R_1R_3C_2}\left[1+\frac{1}{(R_1C_1+R_2C_2)s}+\frac{R_1C_1R_2C_2}{R_1C_1+R_2C_2}s\right]\\
&=K_p\left(1+\frac{1}{T_is}+T_ds\right)
\end{aligned}
\tag{12-21}
$$

式中，

$$K_p=\frac{R_4(R_1C_1+R_2C_2)}{R_1R_3C_2} \tag{12-22}$$

$$T_i=R_1C_1+R_2C_2 \tag{12-23}$$

$$T_d=\frac{R_1C_1R_2C_2}{R_1C_1+R_2C_2} \tag{12-24}$$

若 $4\frac{T_d}{T_i}<1$，式(12-21)还可以写成

$$G_c(s)=\frac{K_p}{T_i}\cdot\frac{T_iT_ds^2+T_is+1}{s}=\frac{K_p}{T_i}\cdot\frac{(\tau_1s+1)(\tau_2s+1)}{s} \tag{12-25}$$

式中，

$$\tau_1=\frac{1}{2}T_i\left(1+\sqrt{1-\frac{4T_d}{T_i}}\right) \tag{12-26}$$

$$\tau_2=\frac{1}{2}T_i\left(1-\sqrt{1-\frac{4T_d}{T_i}}\right) \tag{12-27}$$

由式(12-25)可见，当利用 PID 控制器进行串联校正时，除了可使系统的型别提高一级外，还将提供两个负实零点。与 PI 控制器相比，除了同样具有提高系统的稳态性能的优点外，还多提供一个负实零点，从而在提高系统动态性能方面，具有更大的优越性。因此，在工业过程控制系统中，广泛使用 PID 控制器。通常，PID 控制器各部分参数的选择应使 I 部分发生在系统频域特性的低频段，以提高系统的稳态性能；而使 D 部分发生在系统频域特性的中频段，以改善系统的动态性能。

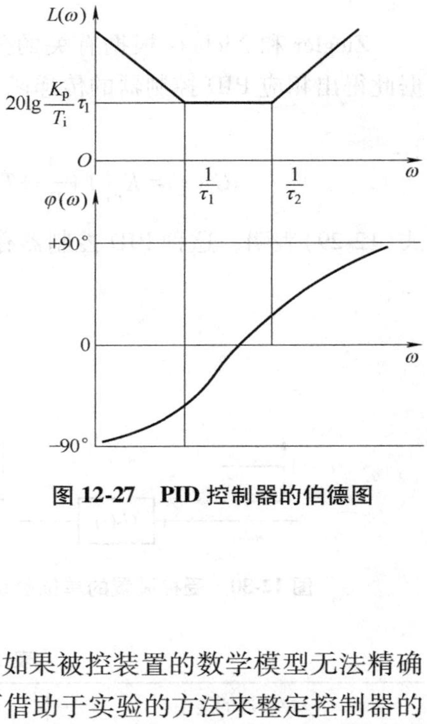

图 12-27　PID 控制器的伯德图

PID 控制器的伯德图如图 12-27 所示。由图 12-27 可以清楚地看到，PID 控制器也是一个滞后-超前校正装置。当系统中被控装置的数学模型为已知时，则可以按前面所述的方法去设计 PID 控制器的参数。

二、PID 控制器参数设计

对于如图 12-28 所示的具有 PID 控制器的控制系统，如果被控装置的数学模型无法精确获得，则不能用解析法去设计控制器。对于这种情况，可借助于实验的方法来整定控制器的参数。为满足系统性能的需要，对控制器参数的选择过程称为对控制器的整定。齐格勒(Ziegler)和尼科尔斯(Nichols)在大量实验的基础上，提出了控制器整定的经验公式，简称 Z-N 规则。当不知道被控装置的数学模型时，应用 Z-N 规则去整定控制器的参数是非常方便和实用的。

Z-N 规则有两种实施的方法，它们的共同的目标都是使被控系统的阶跃响应具有 25%的超调量，如图 12-29 所示。

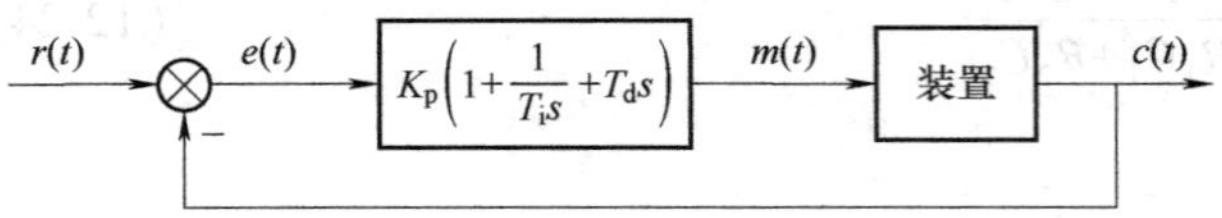

图 12-28　具有 PID 控制器的控制系统

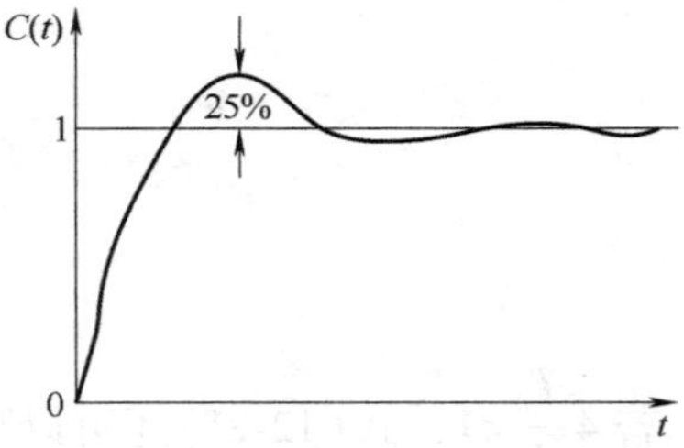

图 12-29　具有 25%超调量的单位阶跃响应曲线

第一种方法是在装置的输入端加一单位阶跃信号，测量其输出响应曲线，如图 12-30 所示。如果被测的装置既无积分环节，又无主导复数极点存在，则相应的阶跃响应曲线可视为 S 形曲线，如图 12-31 所示。这种曲线的特征可用滞后时间 τ 和时间常数 T 来表征。通过 S 形曲线的拐点作一正切直线，并使之分别与横坐标轴和 $c(t)=K$ 的线相交，由所得的两个交点确定 τ 和 T。具有 S 形阶跃响应曲线的装置，其传递函数可用下式近似地描述：

$$\frac{C(s)}{M(s)}=\frac{K\mathrm{e}^{-\tau s}}{Ts+1} \tag{12-28}$$

Ziegler 和 Nichols 根据有关的公式，提出了控制器参数整定的第一种方法，见表 12-1，据此得出相应 PID 控制器的传递函数为

$$G_c(s)=K_p\left(1+\frac{1}{T_i s}+T_d s\right)=1.2\frac{T}{\tau}\left(1+\frac{1}{2\tau s}+0.5\tau s\right)=0.6T\frac{\left(s+\frac{1}{\tau}\right)^2}{s} \tag{12-29}$$

式(12-29)表明，这种 PID 控制器有一个极点在坐标原点，两个零点都在 $s=-1/\tau$ 处。

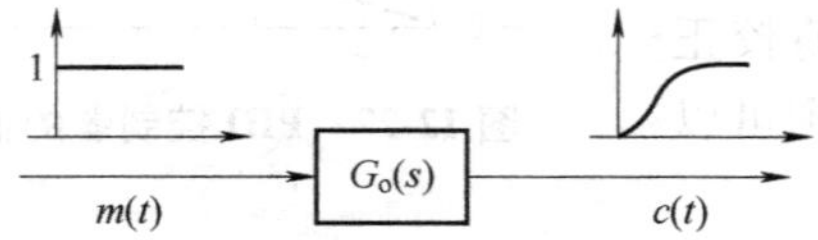

图 12-30　受控装置的单位阶跃响应曲线

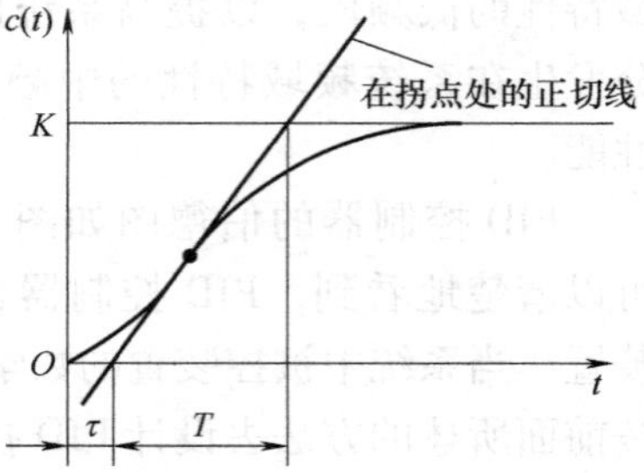

图 12-31　S 形响应曲线

表 12-1　Z-N 规则的第一种方法

控制器的类型	K_p	T_i	T_d
P	$\frac{T}{\tau}$	∞	0
PI	$0.9\frac{T}{\tau}$	$\frac{\tau}{0.3}$	0
PID	$1.2\frac{T}{\tau}$	2τ	0.5τ

第二种方法是假设 $T_i=\infty$，$T_d=0$，即采用 P 控制器，相应试验系统的框图如图 12-32 所

示。具体做法是：将 K_p 值由 0 逐渐增大到系统的输出呈现持续的等幅振荡，此时对应的 K_p 值称为临界增益，用 K_c 表示，并记下振荡的周期 T_c，如图 12-33 所示。表 12-2 给出了 Z-N 规则的第二种方法。

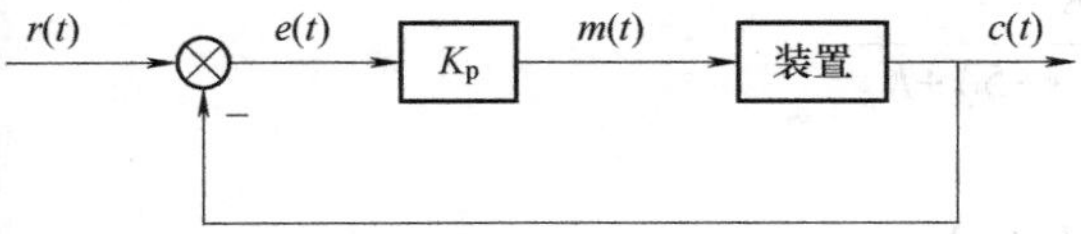

图 12-32　带有 P 控制器的闭环系统

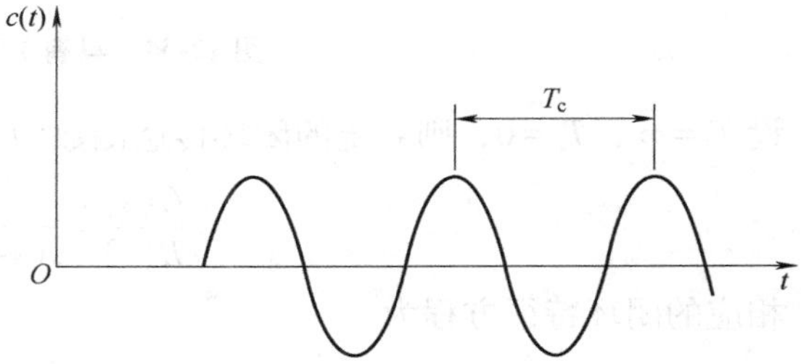

图 12-33　具有周期 T_c 的持续振荡

表 12-2　Z-N 规则的第二种方法

控制器的类型	K_p	T_i	T_d
P	$0.5K_c$	∞	0
PI	$0.45K_c$	$\frac{T_c}{1.2}$	0
PID	$0.6K_c$	$0.5T_c$	$0.125T_c$

根据表 12-2，求得相应 PID 控制器的传递函数为

$$G_c(s)=K_p\left(1+\frac{1}{T_i s}+T_d s\right)=0.6K_c\left(1+\frac{1}{0.5T_c s}+0.125T_c s\right)=0.075K_c T_c\frac{\left(s+\frac{4}{T_c}\right)^2}{s} \tag{12-30}$$

必须指出，Z-N 规则的第二种方法只适用于图 12-32 所示的系统能产生持续等幅振荡的场合。

Z-N 规则已广泛应用于过程控制系统中的 PID 控制器，其中装置的数学模型不能精确地知道。经过多年的实践，证明这种规则非常有用特别是当装置的数学模型未知时，更显出它的实用价值。显然，这一规则也可应用于装置的数学模型已知的场合，即用解析法求出装置的阶跃响应或解出图 12-33 所示系统的临界增益 K_c 和振荡周期 T_c，然后，用表 12-1 或表 12-2 确定 PID 控制的参数。

最后还需指出，用 Z-N 规则整定 PID 控制器的参数，应使系统的超调量在 10%～60%之间，它的平均值为 25%（对许多不同系统试验的结果），这是易于理解的，因为表 12-1 和表 12-2 中的参数值也是在平均值的基础上得出的。因此可知，Z-N 的整定规则仅是控制器参数整定的一个初步环节。若要进一步提高系统的动态性能，则必须在此基础上对相关的参数做进一步的调整。

例 12-6　一具有 PID 控制器的控制系统如图 12-34 所示，PID 控制器的传递函数为

$$G_c(s)=K_p\left(1+\frac{1}{T_i s}+T_d s\right)$$

试用 Z-N 规则确定 PID 的参数 K_p、T_i 和 T_d。

解　由于装置的传递函数中含有积分环节，因而要用 Z-N 规则的第二种方法来整定。假

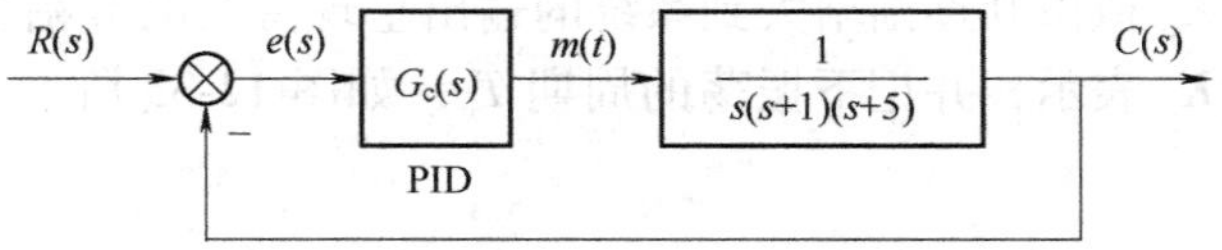

图 12-34　具有 PID 控制器的控制系统

设 $T_i=\infty$，$T_d=0$，则系统的闭环传递函数为

$$\frac{C(s)}{R(s)}=\frac{K_p}{s(s+1)(s+5)+K_p}$$

相应的闭环特征方程为

$$s^3+6s^2+5s+K_p=0$$

令 $s=j\omega$，则上式变为

$$j\omega(5-\omega^2)+K_p-6\omega^2=0$$

于是得方程

$$\begin{cases}5-\omega^2=0\\K_p-6\omega^2=0\end{cases}$$

解方程，求得 $K_p=K_c=30$，$\omega=\sqrt{5}$，$T_c=\dfrac{2\pi}{\omega}=2.81$。根据所求的 K_c 和 T_c 值，由表 12-2 查得

$$K_p=0.6K_c=18$$
$$T_i=0.5T_c=1.405$$
$$T_d=0.125T_c=0.351$$

参数整定后的 PID 控制器传递函数为

$$G_c(s)=18\left(1+\frac{1}{1.405s}+0.351s\right)=6.316\frac{(s+1.425)^2}{s}$$

整定后控制系统的框图如图 12-35 所示，相应的闭环传递函数为

$$\frac{C(s)}{R(s)}=\frac{6.316s^2+18s+12.811}{s^4+6s^3+11.316s^2+18s+12.811}$$

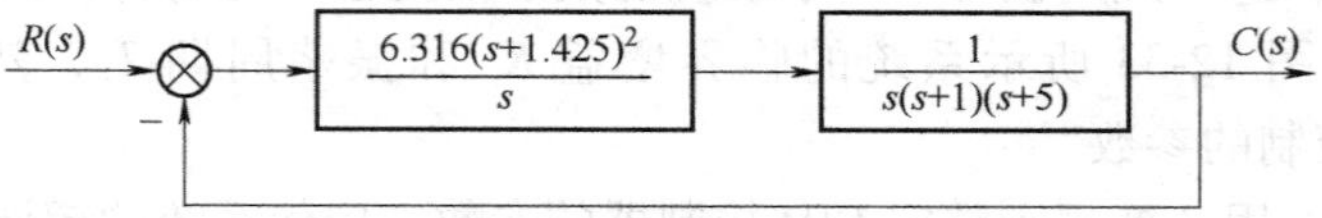

图 12-35　整定后控制系统的框图

若用计算机对整定后系统进行仿真，可求得该系统的单位阶跃响应曲线如图 12-36 所示。由图可知，超调量约为 62%，显然，这个量太大。为此，必须对 PID 控制器的参数做进一步的调整。若保持 $K_p=18$，把 PID 控制器的双重零点移至 $s=-0.65$ 处，则 PID 控制器的传递函数变为

$$G_c(s)=18\left(1+\frac{1}{3.077s}+0.769s\right)=13.846\frac{(s+0.65)^2}{s}$$

此时仿真出来的单位阶跃响应曲线如图 12-37 所示。由图 12-37 可见，系统的超调量已降至 18%。

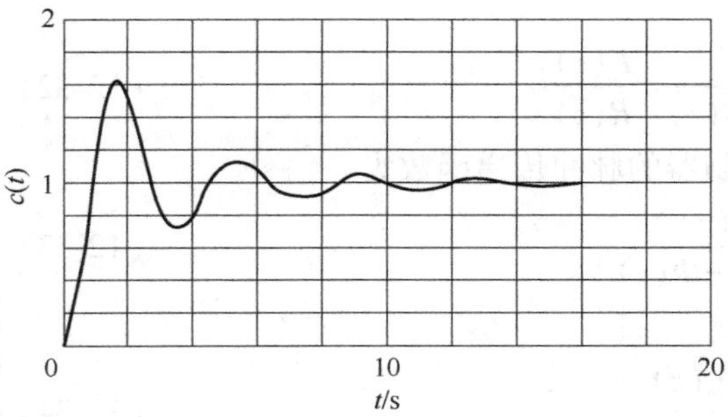

图 12-36　具有 PID 控制系统的单位阶跃响应曲线

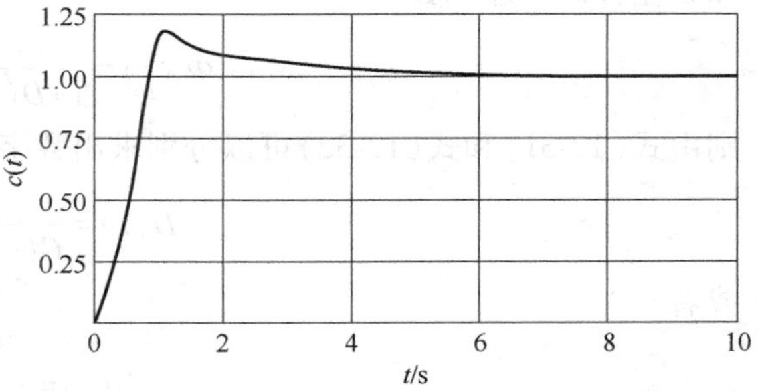

图 12-37　图 12-36 所示控制系统仿真出来的单位阶跃响应曲线

第四节　控制系统的数字校正

线性离散系统的设计方法主要有模拟化设计和离散化设计两种。模拟化设计方法是把控制系统按模拟化进行分析，求出数字部分的等效连续环节，然后按连续系统理论设计校正装置，再将该校正装置数字化；离散化设计方法又称直接数字设计法，是把控制系统按离散化（数字化）进行分析，求出系统的脉冲传递函数，然后按离散系统理论设计数字控制器。由于直接数字设计法比较简便，可以实现比较复杂的控制规律，因此更具有一般性。

本节主要介绍直接数字设计法，研究数字控制器的脉冲传递函数、最少拍控制系统的设计，以及数字控制器的确定等问题。

一、数字化模拟控制器

（一）数字化 PID 控制器

1. 数字控制器的脉冲传递函数

设离散系统如图 12-38 所示，$D(z)$ 为数字控制器（数字校正装置）的脉冲传递函数，$G(s)$ 为保持器与被控对象的传递函数，$H(s)$ 为反馈测量装置的传递函数。

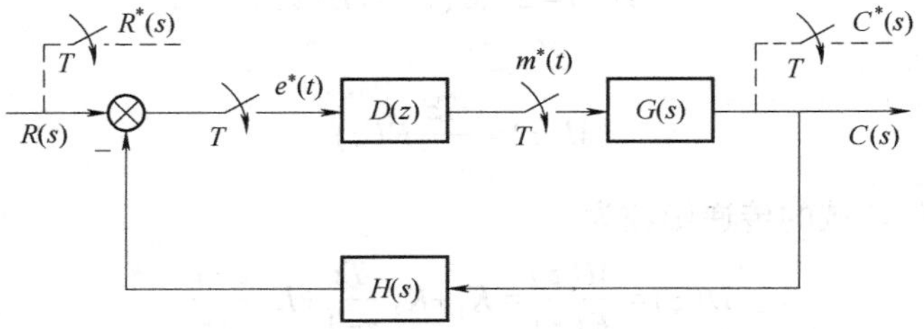

图 12-38　具有数字控制器的离散系统

设 $H(s)=1$，$G(s)$ 进行 Z 变换后为 $G(z)$，由图 12-38 可以求出系统的闭环脉冲传递函数

$$\Phi(z)=\frac{D(z)G(z)}{1+D(z)G(z)}=\frac{C(z)}{R(z)} \tag{12-31}$$

和误差脉冲传递函数

$$\Phi_e(z)=\frac{1}{1+D(z)G(z)}=\frac{E(z)}{R(z)} \tag{12-32}$$

则由式(12-31)和式(12-32)可以分别求出数字控制器的脉冲传递函数为

$$D(z)=\frac{\Phi(z)}{G(z)[1-\Phi(z)]} \tag{12-33}$$

或者

$$D(z)=\frac{1-\Phi_e(z)}{G(z)\Phi_e(z)} \tag{12-34}$$

显然

$$\Phi_e(z)=1-\Phi(z) \tag{12-35}$$

离散系统的数字校正问题是：根据对离散系统性能指标的要求，确定闭环脉冲传递函数 $\Phi(z)$ 或误差脉冲传递函数 $\Phi_e(z)$，然后利用式(12-33)或式(12-34)确定数字控制器的脉冲传递函数 $D(z)$，并加以实现。

2. 数字 PID 控制器的实现

在数字校正装置 $D(z)$ 的实现方法中，常采用数字 PID 控制器。PID 控制器的传递函数为

$$D(s)=\frac{M(s)}{E(s)}=K_1+\frac{K_2}{s}+K_3 s \tag{12-36}$$

将其中的微分项和积分项进行离散化处理，就可以确定 PID 控制器的数字实现。

对微分项，应用向后差分法，有

$$m(kT)=\left.\frac{\mathrm{d}e}{\mathrm{d}t}\right|_{t=kT}=\frac{e(kT)-e[(k-1)T]}{T} \tag{12-37}$$

式(12-37)进行 Z 变换为

$$M(z)=\frac{1-z^{-1}}{T}E(z)=\frac{z-1}{Tz}E(z) \tag{12-38}$$

对积分项，同样有

$$m(kT)=m[(k-1)T]+Te(kT) \tag{12-39}$$

式(12-39)进行 Z 变换为

$$M(z)=z^{-1}M(z)+TE(z) \tag{12-40}$$

整理得

$$M(z)=\frac{Tz}{z-1}E(z) \tag{12-41}$$

因此，PID 控制器在 Z 域的传递函数为

$$D(z)=\frac{M(z)}{E(z)}=K_1+K_2\frac{Tz}{z-1}+K_3\frac{z-1}{Tz} \tag{12-42}$$

若记 $e(kT)=e(k)$，则可得 PID 控制器的差分方程为

$$\begin{aligned} m(k)&=K_1e(k)+K_2[m(k-1)+Te(k)]+\frac{K_3}{T}[e(k)-e(k-1)] \\ &=\left(K_1+K_2T+\frac{K_3}{T}\right)e(k)-\frac{K_3}{T}e(k-1)+K_2m(k-1) \end{aligned} \tag{12-43}$$

采用计算机软件，可以方便地实现上述 PID 数字控制器。显然，分别令 K_2 或 K_3 为 0，即可得到 PD 或 PI 数字控制器。

3. 数字 PID 控制算法

数字 PID 控制算法在实际应用中又可分为两种：位置式 PID 控制算法和增量式 PID 控制算法。控制理论上两者是相同的，但在数字量化后的实现上会存在差别，以下分别对其进行介绍。

（1）位置式 PID 控制　图 12-28 所示 PID 控制器的输入偏差 $e(t)$ 与输出控制信号 $m(t)$ 的关系可表示为

$$m(t)=K_pe(t)+\frac{K_p}{T_i}\int_0^t e(t)\,dt+K_p\tau_d\frac{de(t)}{dt} \tag{12-44}$$

式中，K_p 为比例系数；T_i 为积分时间常数；τ_d 为微分时间常数。

对式(12-44)进行离散化处理就可以得到位置式数字 PID 控制算法，即以一系列的采样时刻点 kT 代表连续时间 t，以矩形法数值积分近似代替积分，以一阶后向差分近似代替微分，可得到其 kT 采样时刻的离散 PID 表达式为

$$\begin{aligned} m(kT)&=K_p\left\{e(k)+\frac{T}{T_i}\sum_{j=0}^{k}e(j)+\frac{T_d[e(k)-e(k-1)]}{T}\right\}\\ &=K_pe(k)+K_iT\sum_{j=0}^{k}e(j)+K_d\frac{e(k)-e(k-1)}{T}\end{aligned} \tag{12-45}$$

式中，$K_i=K_p/T_i$；$K_d=K_pT_d$；T 为采样周期；k 为采样序号，$k=1，2，\cdots$；$e(k-1)$ 和 $e(k)$ 分别为第 $k-1$ 和第 k 个采样时刻所得到的系统偏差信号。

典型的位置式 PID 控制系统如图 12-39 所示，其中，$r(k)$ 为第 k 个采样时刻的给定值，$m(k)$ 为第 k 个采样时刻的控制量输出，$c(k)$ 为第 k 个采样时刻的实际输出，$e(k)=r(k)-c(k)$。

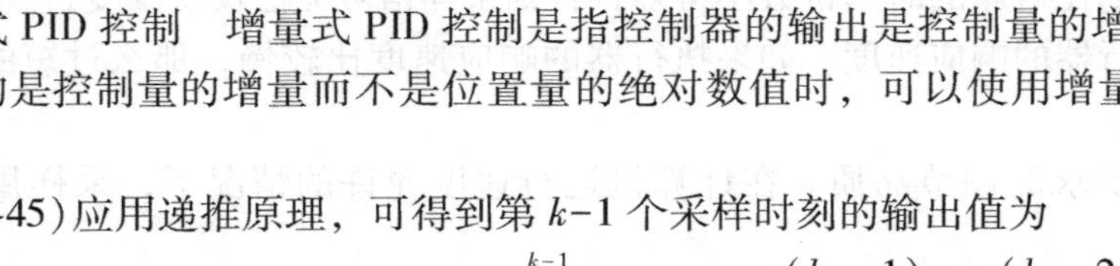

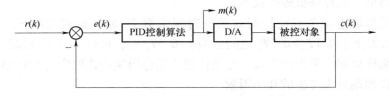

图 12-39　典型的位置式 PID 控制系统

（2）增量式 PID 控制　增量式 PID 控制是指控制器的输出是控制量的增量 $\Delta m(k)$，当执行机构需要的是控制量的增量而不是位置量的绝对数值时，可以使用增量式 PID 控制算法进行控制。

根据式(12-45)应用递推原理，可得到第 $k-1$ 个采样时刻的输出值为

$$m(k-1)=K_pe(k-1)+K_iT\sum_{j=0}^{k-1}e(j)+K_d\frac{e(k-1)-e(k-2)}{T} \tag{12-46}$$

将式(12-45)与式(12-46)相减，经整理后，可以得到增量式 PID 控制算法公式为

$$\begin{aligned}\Delta m(k)&=m(k)-m(k-1)\\ &=K_p[e(k)-e(k-1)]+K_iTe(k)+\frac{K_d[e(k)-2e(k-1)+e(k-2)]}{T}\end{aligned} \tag{12-47}$$

式中，$K_i=K_p/T_i$；$K_d=K_pT_d$；T 为采样周期；k 为采样序号，$k=1, 2, \cdots$；$e(k-2)$、$e(k-1)$ 以及 $e(k)$ 分别为第 $k-2$、第 $k-1$ 和第 k 个采样时刻所得到的系统偏差信号。

以上两种算法各有各的优缺点，在增量式 PID 算法中，控制增量 $\Delta m(k)$ 仅与最近 3 次的采样有关，所以误动作影响较小，但是增量式 PID 算法的每次增量可能由于数字量化的处理带来相对较大的截断误差，这种误差的积累会使输出量与理论计算存在较大的偏差。

需要说明的是，单纯的位置式 PID 算法或是增量式 PID 算法在控制算法中都是相对底层和常规的，而且随着计算机以及微处理芯片的大量应用，越来越多非标准的改进 PID 算法都在基于这两种常规算法的基础上得以发展起来，以满足不同控制系统的需要。

（二）实时采样频率的选取

数字 PID 控制系统和模拟 PID 控制系统一样，需要通过参数整定才能正常运行。所不同的是除了整定比例带 δ（比例增益值 K_p）、积分时间常数 T_i、微分时间常数 T_d 和微分增益 K_d 外，还要确定系统的采样频率或者采样（控制）周期 T。

根据采样定理，采样周期 $T \leqslant \pi \leqslant \omega_{max}$，由于被控制对象的物理过程及参数的变化比较复杂，致使模拟信号的最高角频率 ω_{max} 是很难确定的。采样定理仅从理论上给出了采样周期的上限，实际采样周期的选取要受到多方面因素的制约。

（1）系统控制品质的要求　由于过程控制中通常用电动调节阀或气动调节阀，它们的响应速度较低，如果采样周期过短，那么执行机构来不及响应，仍然达不到控制目的，所以采样周期也不能过短。

（2）控制系统抗扰动和快速响应的要求　要求采样周期短些，从计算工作量来看，则又希望采样周期长些，这样可以控制更多的回路，保证每个回路有足够的时间来完成必要的运算。

（3）计算机的成本　计算机成本也希望采样周期长些，这样计算机的运算速度和采集数据的速率也可降低，从而降低硬件成本。

采样周期的选取还应考虑被控制对象的时间常数 T_p 和纯延迟时间 τ，当 $\tau=0$ 或 $\tau<0.5T_p$ 时，可选 T 介于 $0.1T_p \sim 0.2T_p$ 之间；当 $\tau>0.5T_p$ 时，可选 T 等于或接近 τ。

（4）选取采样周期应考虑的因素　必须注意，采样周期的选取应与 PID 参数的整定综合考虑，选取采样周期时应考虑的几个因素：

1）采样周期应远小于对象的扰动信号周期。

2）采样周期比对象的时间常数小得多，否则采样信号无法反映瞬变过程。

3）考虑执行器的响应速度。如果执行器的响应速度比较慢，那么过短的采样周期将失去意义。

4）对象所要求的调节品质。在计算机运行速度允许的情况下，采样周期短，调节品质好。

5）性能价格比。从控制性能来考虑，希望采样周期短，但计算机运算速度以及 A/D 和 D/A 的转换速度要相应地提高，导致计算机的费用增加。

6）计算机所承担的工作量。如果控制的回路数多，计算量大，则采样周期要加长；反之，可以缩短。

由上述分析可知，采样周期受各种因素的影响，有些是相互矛盾的，必须是具体情况和主要的要求做出折中的选择。在具体选择采样周期时，可参照表 12-3 所示的经验数据，在通过现场试验最后确定合适的采样周期，表 12-3 仅列出几种经验采样周期 T 的上限，随着计算机技术的进步及其成本的下降，一般可以选取较短的采样周期，使数字控制系统近似连续控制系统。

表 12-3　经验采样周期

被控量	采样周期/s
流量	1~2
压力	3~5
温度	10~15
液位	6~8
成分	15~20

二、最少拍控制系统

(一) 最少拍控制的概念

在采样过程中，通常称一个采样周期为一拍。所谓最少拍系统，是指在典型输入作用下，能以有限拍结束响应过程，且在采样时刻上无稳态误差的离散系统。

最少拍系统的设计，是针对典型输入作用进行的。常见的典型输入，有单位阶跃函数、单位速度函数和单位加速度函数，其 Z 变换分别为

$$\mathcal{Z}[1(t)]=\frac{z}{z-1}=\frac{1}{1-z^{-1}}$$

$$\mathcal{Z}[t]=\frac{Tz}{(z-1)^2}=\frac{Tz^{-1}}{(1-z^{-1})^2}$$

$$\mathcal{Z}\left[\frac{1}{2}t^2\right]=\frac{T^2z(z+1)}{2(z-1)^3}=\frac{\frac{1}{2}T^2z^{-1}(1+z^{-1})}{(1-z^{-1})^3}$$

因此，典型输入可表示为如下一般形式：

$$R(z)=\frac{A(z)}{(1-z^{-1})^m} \tag{12-48}$$

式中，$A(z)$是不含$(1-z^{-1})$因子的z^{-1}多项式。例如，当$r(t)=1(t)$时，有$m=1$，$A(z)=1$；当$r(t)=t$时，有$m=2$，$A(z)=Tz^{-1}$；当$r(t)=\frac{t^2}{2}$时，有$m=3$，$A(z)=\frac{T^2[(z^{-1})^2+z^{-1}]}{2}$。

最少拍系统的设计原则是：若系统广义被控对象$G(z)$无延迟且在z平面单位圆上及单位圆外无零极点，要求选择闭环脉冲传递函数$\Phi(z)$，使系统在典型输入作用下，经最少采样周期后能使输出序列在各采样时刻的稳态误差为0，达到完全跟踪的目的，从而确定所需要的数字控制器的脉冲传递函数$D(z)$。

根据设计原则，需要求出稳态误差$e_{ss}(\infty)$的表达式。由于误差信号$e(t)$的Z变换为

$$E(z)=\Phi_e(z)R(z)=\frac{\Phi_e(z)A(z)}{(1-z^{-1})^m} \tag{12-49}$$

由 Z 变换定义，式(12-49)可写为

$$E(z)=\sum_{n=0}^{\infty} e(nT)z^{-n} = e(0) + e(T)z^{-1} + e(2T)z^{-2} + \cdots \tag{12-50}$$

最少拍系统要求式(2-50)自某个 k 开始，在 $k \geqslant n$ 时，有

$$e(kT)=e[(k+1)T]=e[(k+2)T]=\cdots=0 \tag{12-51}$$

此时系统的动态过程在 $t=kT$ 时结束，其调节时间 $t_s=kT$。

根据 Z 变换的终值定理，离散系统的稳态误差为

$$e_{ss}(\infty)=\lim_{z\to 1}(1-z^{-1})E(z)=\lim_{z\to 1}(1-z^{-1})\frac{A(z)}{(1-z^{-1})^m}\Phi_e(z) \tag{12-52}$$

式(12-52)表明，使 $e_{ss}(\infty)=0$ 的条件是 $\Phi_e(z)$ 中包含有 $(1-z^{-1})^m$ 的因子，即

$$\Phi_e(z)=(1-z^{-1})^m F(z) \tag{12-53}$$

式中，$F(z)$ 为不含 $(1-z^{-1})$ 因子的多项式。为了使求出的 $D(z)$ 简单，阶数最低，可取 $F(z)=1$。

下面讨论最少拍系统在不同典型输入作用下，数字控制器脉冲传递函数 $D(z)$ 的确定方法。

1. 单位阶跃输入

由于 $r(t)=1(t)$ 时有 $m=1$，$A(z)=1$，故由式(12-35)及式(12-53)可得

$$\Phi_e(z)=1-z^{-1},\quad \Phi(z)=z^{-1}$$

于是，根据式(12-33)求出

$$D(z)=\frac{z^{-1}}{(1-z^{-1})G(z)} \tag{12-54}$$

由式(12-49)知

$$E(z)=\frac{A(z)}{(1-z^{-1})^m}\Phi_e(z)=1 \tag{12-55}$$

表明：$e(0)=1$，$e(T)=e[2T]=\cdots=0$。可见，最少拍系统经过一拍便可完全跟踪输入 $r(t)=1(t)$，如图 12-40 所示。这样的离散系统称为一拍系统，其 $t_s=T$。

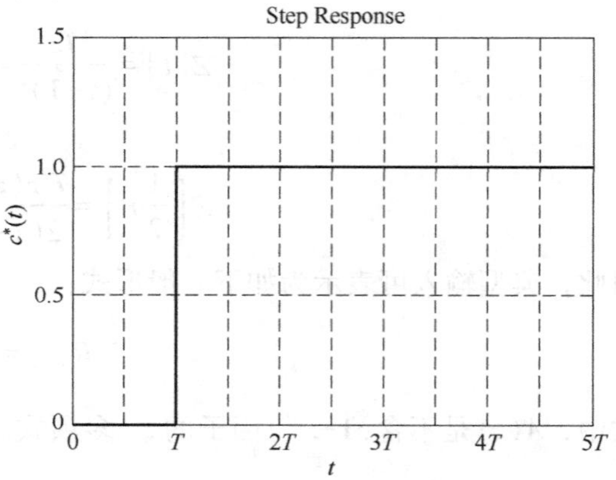

图 12-40　最少拍系统的单位阶跃响应(MATLAB)

2. 单位斜坡输入

由于当 $r(t)=t$ 时，有 $m=2$，$A(z)=Tz^{-1}$，故

$$\Phi_e(z)=(1-z^{-1})^m F(z)=(1-z^{-1})^2$$

$$\Phi(z)=1-\Phi_e(z)=2z^{-1}-z^{-2}$$

于是

$$D(z)=\frac{\Phi(z)}{G(z)\Phi_e(z)}=\frac{z^{-1}(2-z^{-1})}{(1-z^{-1})^2 G(z)} \tag{12-56}$$

且有

$$E(z)=\frac{A(z)}{(1-z^{-1})^m}\Phi_e(z)=Tz^{-1} \tag{12-57}$$

表明：$e(0)=0$，$e(T)=T$，$e(2T)=e(3T)=\cdots=0$。可见，最少拍系统经过二拍便可完全跟踪输入

$r(t)=t$，如图 12-41 所示。这样的离散系统称为二拍系统，其调节时间$t_s=2T$。

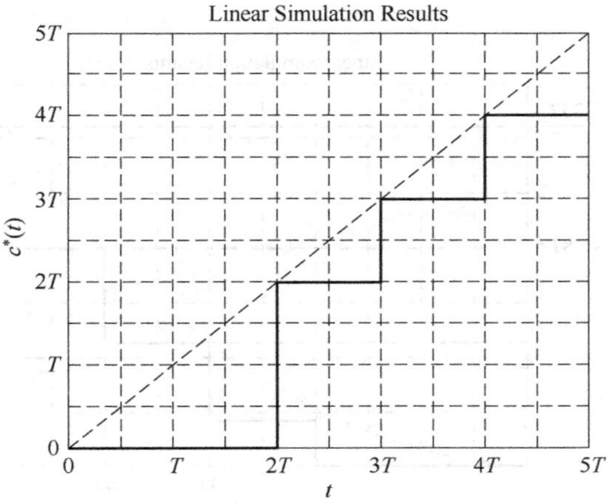

图 12-41　最少拍系统的单位斜坡响应(MATLAB)

图 12-41 所示的单位斜坡响应序列为

$$C(z)=\Phi(z)R(z)=(2z^{-1}-z^{-2})\frac{Tz^{-1}}{(1-z^{-1})^2}$$

$$=2Tz^{-2}+3Tz^{-3}+\cdots+nTz^{-n}+\cdots$$

基于 Z 变换定义，得到最少拍系统在单位斜坡作用下的输出序列 $c(nT)$ 为 $c(0)=0$，$c(T)=0$，$c(2T)=2T$，$c(3T)=3T$，…，$c(nT)=nT$，…。

3. 单位加速度输入

由于当 $r(t)=\dfrac{t^2}{2}$时，有 $m=3$，$A(z)=\dfrac{T^2[(z^{-1})^2+z^{-1}]}{2}$，故可得闭环脉冲传递函数为

$$\Phi_e(z)=(1-z^{-1})^3$$

$$\Phi(z)=3z^{-1}-3z^{-2}+z^{-3}$$

因此，数字控制器脉冲传递函数为

$$D(z)=\frac{z^{-1}(3-3z^{-1}+z^{-2})}{(1-z^{-1})^3G(z)} \tag{12-58}$$

误差脉冲序列及输出脉冲序列的 Z 变换分别为

$$E(z)=A(z)=\frac{1}{2}T^2z^{-1}+\frac{1}{2}T^2z^{-2} \tag{12-59}$$

$$C(z)=\Phi(z)A(z)=\frac{3}{2}T^2z^{-2}+\frac{9}{2}T^2z^{-3}+\cdots+\frac{n^2}{2}T^2z^{-n}+\cdots \tag{12-60}$$

于是有

$$e(0)=0,\ e(T)=\frac{1}{2}T^2,\ e(2T)=\frac{1}{2}T^2,\ e(3T)=e(4T)=\cdots=0$$

$$c(0)=c(T)=0,\ c(2T)=1.5T^2,\ c(3T)=4.5T^2,\ \cdots$$

可见，最少拍系统经过三拍便可完全跟踪输入 $r(t)=\dfrac{t^2}{2}$。根据 $c(nT)$ 的数值，可以绘出

最少拍系统的单位加速度响应序列，如图 12-42 所示。这样的离散系统称为三拍系统，其调节时间为 $t_s = 3T$。

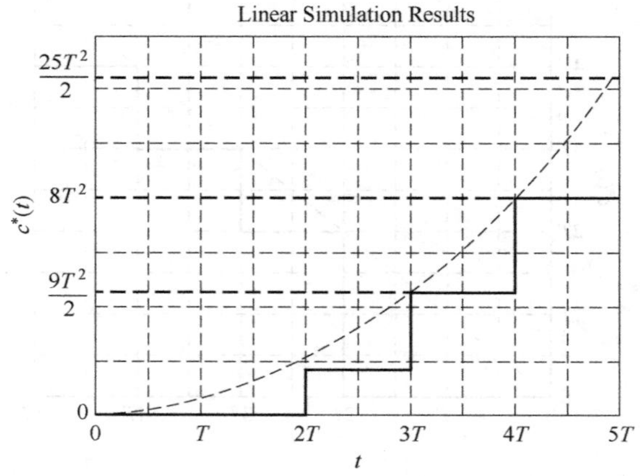

图 12-42　最少拍系统的单位加速度响应(MATLAB)

各种典型输入作用下最少拍系统的设计结果列于表 12-4 中。

表 12-4　最少拍系统的设计结果

典型输入		闭环脉冲传递函数		数字控制器脉冲传递函数	调节时间
$r(t)$	$R(z)$	$\Phi_e(z)$	$\Phi(z)$	$D(z)$	t_s
$1(t)$	$\dfrac{1}{1-z^{-1}}$	$1-z^{-1}$	z^{-1}	$\dfrac{z^{-1}}{(1-z^{-1})G(z)}$	T
t	$\dfrac{Tz^{-1}}{(1-z^{-1})^2}$	$(1-z^{-1})^2$	$2z^{-1}-z^{-2}$	$\dfrac{z^{-1}(2-z^{-1})}{(1-z^{-1})^2G(z)}$	$2T$
$\dfrac{1}{2}t^2$	$\dfrac{T^2z^{-1}(1+z^{-1})}{2(1-z^{-1})^3}$	$(1-z^{-1})^3$	$3z^{-1}-3z^{-2}+z^{-3}$	$\dfrac{z^{-1}(3-3z^{-1}+z^{-2})}{(1-z^{-1})^3G(z)}$	$3T$

应当指出，最少拍系统的调节时间，只与所选择的闭环脉冲传递函数 $\Phi(z)$ 的形式有关，而与典型输入信号的形式无关。例如，针对单位斜坡输入设计的最少拍系统，可选择

$$\Phi(z) = 2z^{-1}-z^{-2} \tag{12-61}$$

则不论在何种输入形式作用下，系统均有二拍的调节时间。具体说明如下：

当 $r(t)=1(t)$ 时，相应的 Z 变换函数为

$$R(z)=\frac{1}{1-z^{-1}}=1+z^{-1}+z^{-2}+z^{-3}+\cdots \tag{12-62}$$

系统输出 Z 变换函数为

$$C(z)=\Phi(z)R(z)=\frac{2z^{-1}-z^{-2}}{1-z^{-1}}=0+2z^{-1}+z^{-2}+z^{-3}+\cdots \tag{12-63}$$

当 $r(t)=t$ 时，有

$$R(z)=\frac{Tz^{-1}}{(1-z^{-1})^2}=0+Tz^{-1}+2Tz^{-2}+3Tz^{-3}+4Tz^{-4}+\cdots \tag{12-64}$$

$$C(z)=\Phi(z)R(z)=\frac{Tz^{-1}(2z^{-1}-z^{-2})}{(1-z^{-1})^2}=0+0+2Tz^{-2}+3Tz^{-3}+4Tz^{-4}+\cdots \tag{12-65}$$

当 $r(t)=\frac{1}{2}t^2$ 时，有

$$R(z)=\frac{T^2z^{-1}(1+z^{-1})}{2(1-z^{-1})^2}=0+0.5T^2z^{-1}+T^2z^{-2}+3.5T^2z^{-3}+7T^2z^{-4}+\cdots \tag{12-66}$$

$$C(z)=\frac{T^2z^{-1}(1+z^{-1})(2z^{-1}-z^{-2})}{2(1-z^{-1})^3}=0+0+T^2z^{-2}+3T^2z^{-3}+7T^2z^{-4}+\cdots \tag{12-67}$$

比较各种典型输入下的 $R(z)$ 与 $C(z)$ 可以发现，它们都是仅在前二拍出现差异，从第三拍起实现完全跟踪，因此均为二拍系统，其 $t_s=2T$。在各种典型输入作用下，最少拍系统的输出响应列，如图 12-43 所示。由图 12-43 可以看出，如下几点结论成立：

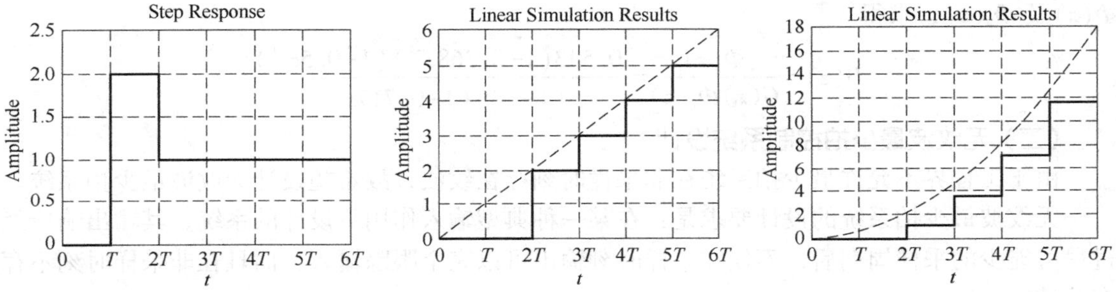

图 12-43　二拍系统对典型输入的时间响应(MATLAB)

1）从快速性而言，按单位斜坡输入设计的最少拍系统，在各种典型输入作用下，其动态过程均为二拍。

2）从准确性而言，系统对单位阶跃输入和单位斜坡输入，在采样时刻均无稳态误差，但对单位加速度输入，采样时刻上的稳态误差为常量 T^2。

3）从动态性能而言，系统对单位斜坡输入下的响应性能较好，这是因为系统本身就是针对此而设计的，但系统对单位阶跃输入响应性能较差，有 100%的超调量，故按某种典型输入设计的最少拍系统适应性较差。

4）从平稳性而言，在各种典型输入作用下系统进入稳态以后，在非采样时刻一般均存在纹波，从而增加系统的机械磨损，故上述最少拍系统的设计方法只有理论意义，并不实用。

例 12-7　设单位反馈线性定常离散系统的连续部分和零阶保持器的传递函数分别为

$$G_0(s)=\frac{10}{s(s+1)},\quad G_h(s)=\frac{1-e^{-sT}}{s}$$

其中采样周期 $T=1s$。若要求系统在单位斜坡输入时实现最少拍控制，试求数字控制器脉冲传递函数 $D(z)$。

解　系统开环传递函数

$$G(s)=G_0(s)G_h(s)=\frac{10(1-e^{-sT})}{s^2(s+1)}$$

由于 $$\mathcal{Z}\left[\frac{1}{s^2(s+1)}\right]=\frac{Tz}{(z-1)^2}-\frac{(1-e^{-T})z}{(z-1)(z-e^{-T})}$$

故有 $$G(z)=10(1-z^{-1})\left[\frac{Tz}{(z-1)^2}-\frac{(1-e^{-T})z}{(z-1)(z-e^{-T})}\right]=\frac{3.68z^{-1}(1+0.717z^{-1})}{(1-z^{-1})(1-0.368z^{-1})}$$

根据 $r(t)=t$，由表 12-4 查出最少拍系统应具有的闭环脉冲传递函数和误差脉冲传递函数为

$$\Phi(z)=2z^{-1}(1-0.5z^{-1}),\quad \Phi_e(z)=(1-z^{-1})^2$$

由式(12-33)和式(12-34)可见，$\Phi_e(z)$ 的零点 $z=1$ 正好可以补偿 $G(z)$ 在单位圆上的极点 $z=1$；$\Phi(z)$ 已包含 $G(z)$ 的传递函数延迟 z^{-1}。因此，上述 $\Phi(z)$ 和 $\Phi_e(z)$ 满足对消 $G(z)$ 中的传递延迟 z^{-1} 及补偿 $G(z)$ 在单位圆上极点 $z=1$ 的限制性要求，故按式(12-33)算出的 $D(z)$，可以确保给定系统成为在 $r(t)=t$ 作用下的最少拍系统。根据给定的 $G(z)$ 和查出的 $\Phi(z)$ 及 $\Phi_e(z)$，求得

$$D(z)=\frac{\Phi(z)}{G(z)\Phi_e(z)}=\frac{0.543(1-0.368z^{-1})(1-0.5z^{-1})}{(1-z^{-1})(1+0.717z^{-1})}$$

（二）无纹波最少拍控制系统设计

由于工程界不允许最少拍系统在非采样时刻存在纹波，故希望设计无纹波最少拍系统。

无纹波最少拍系统的设计要求是：在某一种典型输入作用下设计的系统，其输出响应经过尽可能少的采样周期后，不仅在采样时刻输出可以完全跟踪输入，而且在非采样时刻不存在纹波。

1. 最少拍系统产生纹波原因

设单位反馈离散系统如图 12-44 所示，它是按单位斜坡输入设计的最少拍系统，其采样周期 $T=1$s。

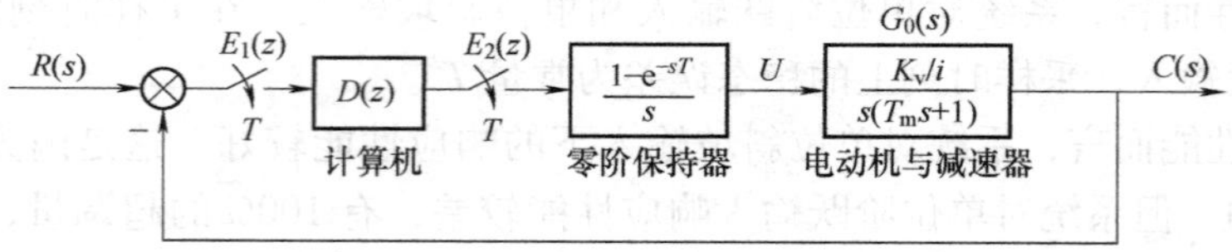

图 12-44　最少拍系统对典型输入的时间响应(MATLAB)

假定 $T_m=1$，$\frac{K_v}{i}=10$，则 $G_0(s)=\frac{10}{s(s+1)}$。根据例 12-7 结果，有

$$D(z)=\frac{0.543(1-0.368z^{-1})(1-0.5z^{-1})}{(1-z^{-1})(1+0.717z^{-1})}$$

$$E_1(z)=\Phi_e(z)R(z)=(1-z^{-1})^2\frac{Tz^{-1}}{(1-z^{-1})^2}=Tz^{-1}$$

可得零阶保持器的输入序列 Z 变换为

$$E_2(z)=D(z)E_1(z)=\frac{0.543z^{-1}-0.471z^{-2}+0.1z^{-3}}{1-0.283z^{-1}-0.717z^{-2}}$$
$$=0.543z^{-1}-0.317z^{-2}+0.4z^{-3}-0.111z^{-4}+$$
$$0.255z^{-5}-0.01z^{-6}+0.18z^{-7}-\cdots$$

显然，经过二拍以后，零阶保持器的输入序列 $e_2(nT)$ 并不是常值脉冲，而是围绕平均值上下波动，从而保持器的输出电压 U 在二拍以后也围绕均值波动。这样的电压 U 加在电动机上，必然使电动机转速不平稳，产生输出纹波。图 12-44 所示系统中的各点波形如图 12-45 所示。因此，无纹波输出就必须要求序列 $e_2(nT)$ 在有限个采样周期后，达到相对稳定(不波动)。要满足这一要求，除了采用前面介绍的最少拍系统设计方法外，还需要对被控对象传递函数 $G_0(s)$ 以及闭环脉冲传递函数 $\Phi(z)$ 提出相应的要求。

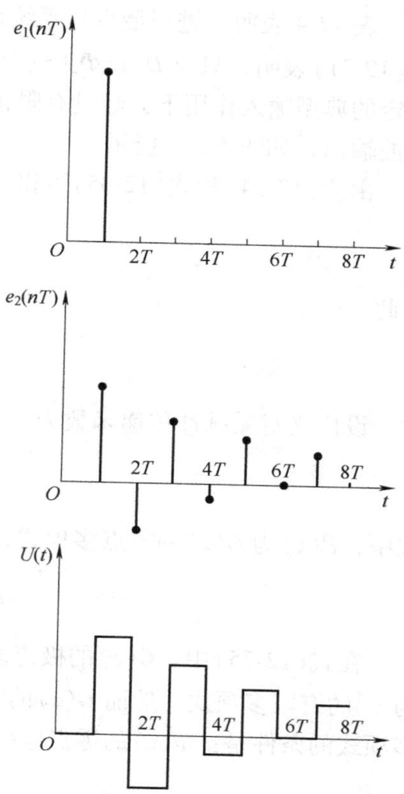

图 12-45 最少拍系统各点波形

2. 无纹波最少拍系统的必要条件

为了在稳态过程中获得无纹波的平滑输出 $c^*(t)$，被控对象 $G_0(s)$ 必须有能力给出与输入 $r(t)$ 相同的平滑输出 $c(t)$。

若针对单位斜坡输入 $r(t)=t$ 设计最少拍系统，则 $G_0(s)$ 的稳态输出也必须是斜坡函数，因此 $G_0(s)$ 必须至少有一个积分环节，使被控对象在零阶保持器常值输出信号作用下，稳态输出为等速变化量；同理，若针对单位加速度输入 $r(t)=\frac{1}{2}t^2$ 设计最少拍系统，则 $G_0(s)$ 至少应包含两个积分环节。

一般地说，若输入信号为

$$r(t)=R_0+R_1t+\frac{1}{2}R_2t^2+\cdots+\frac{1}{(q-1)!}R_{q-1}t^{q-1} \tag{12-68}$$

则无纹波最少拍系统的必要条件是：被控对象传递函数 $G_0(s)$ 中，至少应包含 $q-1$ 个积分环节。

上述条件是不充分的，即当 $G_0(s)$ 满足上述条件时，最少拍系统不一定无纹波，例 12-7 就是如此。

在以下的讨论中，我们总是假定这一必要条件是成立的。

3. 无纹波最少拍系统的附加条件

根据 Z 变换定义，有

$$E_2(z)=\sum_{n=0}^{\infty}e_2(nT)z^{-n}=e_2(0)+e_2(T)z^{-1}+\cdots+e_2(lT)z^{-l}+\cdots \tag{12-69}$$

如果经过 l 个采样周期后，脉冲序列 $e_2(nT)$ 进入稳态，有

$$e_2(lT)=e_2[(l+1)T]=\cdots=\text{常值(可以是零)} \tag{12-70}$$

则根据最少拍系统产生纹波的原因可知，此时最少拍系统无纹波。因此，无纹波最少拍系统要求 $E_2(z)$ 为 z^{-1} 的有限多项式。

由图 12-44 可知

$$E_2(z)=D(z)E_1(z)=D(z)\Phi_e(z)R(z) \tag{12-71}$$

表 12-4 表明，进行最少拍系统设计时，$\Phi_e(z)$ 的零点可以完全对消 $R(z)$ 的极点。因此式(12-71)表明，只要 $D(z)\Phi_e(z)$ 为 z^{-1} 的有限多项式，$E_2(z)$ 就是 z^{-1} 的有限多项式。此时在确定的典型输入作用下，经过有限拍后，$e_2(nT)$ 就可以达到相应的稳态值，从而保证系统无纹波输出，如图 12-45 所示。

由式(12-34)和式(12-35)可得

$$D(z)=\frac{\Phi(z)}{G(z)\Phi_e(z)} \tag{12-72}$$

因此

$$D(z)\Phi_e(z)=\frac{\Phi(z)}{G(z)} \tag{12-73}$$

设广义对象脉冲传递函数为

$$G(z)=\frac{P(z)}{Q(z)} \tag{12-74}$$

式中，$P(z)$ 为 $G(z)$ 的零点多项式；$Q(z)$ 为 $G(z)$ 的极点多项式，则有

$$D(z)\Phi_e(z)=\frac{\Phi(z)Q(z)}{P(z)} \tag{12-75}$$

在式(12-75)中，$G(z)$ 的极点多项式 $Q(z)$ 总是有限的多项式，不会妨碍 $D(z)\Phi_e(z)$ 成为 z^{-1} 的有限多项式，然而 $G(z)$ 的零点多项式 $P(z)$ 则不然。所以，$D(z)\Phi_e(z)$ 成为 z^{-1} 有限多项式的条件是：$\Phi(z)$ 的零点应抵消 $G(z)$ 的全部零点，即应有

$$\Phi(z)=P(z)M(z) \tag{12-76}$$

式中，$M(z)$ 为待定 z^{-1} 多项式，可根据其他条件确定。式(12-76)就是无纹波最少拍系统的附加条件。由此得到以下结论：

1）当要求最少拍系统无纹波时，闭环脉冲传递函数 $\Phi(z)$ 除应满足最少拍要求的形式外，其附加条件是 $\Phi(z)$ 还必须包含 $G(z)$ 的全部零点，而不论这些零点在 z 平面的何处。

2）由于最少拍系统设计前提是 $G(z)$ 在单位圆上及单位圆外无零极点，或可被 $\Phi(z)$ 及 $\Phi_e(z)$ 所补偿，所以附加条件式(12-76)要求的 $\Phi(z)$ 包含 $G(z)$ 在单位圆内的零点数，就是无纹波最少拍系统比有纹波最少拍系统所增加的拍数。

4. 无纹波最少拍系统设计

无纹波最少拍系统的设计方法，除应增加附加条件外，基本与最少拍系统设计方法相同，也是针对具体的典型输入来设计的。

当输入为单位阶跃函数时，设

$$D(z)\Phi_e(z)=\frac{E_2(z)}{R(z)}=a_0+a_1z^{-1}+a_2z^{-2} \tag{12-77}$$

则

$$E_2(z)=\frac{a_0+a_1z^{-1}+a_2z^{-2}}{1-z^{-1}}=a_0+(a_0+a_1)z^{-1}+(a_0+a_1+a_2)(z^{-2}+z^{-3}+\cdots) \tag{12-78}$$

显然

$$e_2(0)=a_0 \tag{12-79}$$

$$e_2(T)=\alpha_0+a_1 \tag{12-80}$$

$$e_2(2T)=e_2(3T)=\cdots=a_0+a_1+a_2 \tag{12-81}$$

表明从第二拍开始，$e_2(nT)$就稳定为一个常数。当被控对象 $G_0(s)$ 含有积分环节时，常数 $a_0+a_1+a_2=0$。

当输入为单位斜坡函数时，设

$$D(z)\Phi_e(z)=\frac{E_2(z)}{R(z)}=a_0+a_1z^{-1}+a_2z^{-2} \tag{12-82}$$

则

$$\begin{aligned}E_2(z)&=\frac{Tz^{-1}(a_0+a_1z^{-1}+a_2z^{-2})}{(1-z^{-1})^2}\\&=Ta_0z^{-1}+T(2a_0+a_1)z^{-2}+T(3a_0+2a_1+a_2)z^{-3}+T(4a_0+3a_1+2a_2)z^{-4}+\cdots\end{aligned} \tag{12-83}$$

显而易见，当 $n\geqslant3$ 时，由 Z 变换实数位移定理，有

$$e_2(nT)=e_2[(n-1)T]+T(a_0+a_1+a_2) \tag{12-84}$$

在无纹波最少拍系统必要条件成立时，$a_0+a_1+a_2=0$，此时有 $e_2(nT)=e_2[(n-1)T](n\geqslant3)$，故序列 $e_2(nT)$ 为

$$e_2(0)=0,\ e_2(T)=Ta_0,\ e_2(2T)=T(2a_0+a_1),$$

$$e_2(3T)=e_2(4T)=\cdots=T(2a_0+a_1)$$

即从第三拍起，$e_2(nT)$ 保持为常数。若 $G_0(s)$ 不含积分环节，则从 $n=3$ 起，$e_2(nT)$ 斜坡增加。

对于单位加速度输入，也可以做同样分析。

应当指出，在上面分析中，$D(z)\Phi_e(z)$ 只取 3 项是为了便于讨论。一般地说，只要 $D(z)\Phi_e(z)$ 的展开项取有限项，结果不变，即仍然可以得到无纹波输出。

无纹波最少拍系统的具体设计方法可参考例 12-8。

例 12-8 在例 12-7 所示系统中，若要求在单位斜坡输入时实现无纹波最少拍控制，试求 $D(z)$。

解 广义对象脉冲传递函数已由例 12-7 求出为

$$G(z)=\frac{3.68z^{-1}(1+0.717z^{-1})}{(1-z^{-1})(1-0.368z^{-1})}$$

可见，$G(z)$ 有一个零点 $z=-0.717$，有一个延迟因子 z^{-1}，且在单位圆上有一个极点 $z=1$。

根据最少拍系统设计前提，$G(z)$ 中的 z^{-1} 因子应包含在 $\Phi(z)$ 零点中，$z=1$ 极点应被 $\Phi_e(z)$ 零点补偿；根据无纹波附加条件，$G(z)$ 中的 $z=-0.717$ 零点应被 $\Phi(z)$ 零点对消。故在式(12-76)中，令 $M(z)=a+bz^{-1}$，其中 a 和 b 待定，选择

$$\Phi(z)=z^{-1}(1+0.717z^{-1})(a+bz^{-1})$$

由最少拍条件，在单位斜坡输入下

$$\Phi_e(z)=(1-z^{-1})^2,\ \Phi(z)=2z^{-1}(1-0.5z^{-1})$$

因无纹波时，要求 $\Phi(z)$ 比有纹波时增加一阶，而由式(12-34)确定的 $D(z)$ 的可实现条件，是 $D(z)$ 的零点数应不大于其极点数，所以 $\Phi_e(z)$ 也应提高一阶。在要求最少拍条件下，应选择

$$\Phi_e(z)=(1-z^{-1})^2(1+cz^{-1})$$

其中 c 待定，故可得

$$1-\Phi_e(z)=(2-c)z^{-1}+(2c-1)z^{-2}-cz^{-3}$$

$$\Phi(z)=z^{-1}(1+0.717z^{-1})(a+bz^{-1})=az^{-1}+(b+0.717a)z^{-2}+0.717bz^{-3}$$

令上两式对应项系数相等，解出

$$a=1.408,\ b=-0.826,\ c=0.592$$

所以

$$\Phi(z)=1.408z^{-1}(1+0.717z^{-1})(1-0.587z^{-1})$$

$$\Phi_e(z)=(1-z^{-1})^2(1+0.592z^{-1})$$

$$D(z)=\frac{\Phi(z)}{G(z)\Phi_e(z)}=\frac{0.383(1-0.368z^{-1})(1-0.587z^{-1})}{(1-z^{-1})(1+0.592z^{-1})}$$

不难验算

$$E_2(z)=D(z)\Phi_e(z)R(z)=0.383z^{-1}+0.0172z^{-2}+0.1(z^{-3}+z^{-4}+\cdots)$$

数字控制器的输出序列为

$$e_2(0)=0,\ e_2(T)=0.383,\ e_2(2T)=0.0172,$$

$$e_2(3T)=e_2(4T)=\cdots=0.1$$

系统从第三拍起，$e_2(nT)$ 达到稳态，输出没有纹波，说明所求出的控制器 $D(z)$ 是合理的。此时系统为三拍系统。与最少拍设计相比，所增加的一拍正好是 $G(z)$ 在单位圆内的零点数。

第五节　实例：双转子直升机控制系统校正

如前所述，为简化分析过程，可将双转子直升机控制系统简化为仅含俯仰角控制的单自由度系统，其开环传递函数为 $G(s)=\dfrac{0.0685}{s(s+1.0)}$，引入比例放大环节并构成单位负反馈后形成如图 12-46 所示的闭环控制系统。

上述系统当 $K>0$ 时都是稳定的（详见第九章第四节），系统的稳态性能分析结果见表 12-5（具体分析过程详见第十章第四节）；当 $K=10$，输入 $r(t)=1(t)$ 时，系统动态过程的各项指标分别为超调量 $\sigma\%=8.16\%$，峰值时间 $t_p=4.9\text{s}$，上升时间 $t_r=3.6\text{s}$，调整时间 $t_s=7.3\text{s}$（详见第五章第三节）；系统的开环系统截止频率 $\omega_c=3.13\text{rad/s}$，相位裕度 $\gamma=18°$，幅值裕度为 $+\infty\text{dB}$（详见第十一章第三节）。

表 12-5　系统稳态性能分析

系统型别	静态误差系数			单位阶跃输入	单位斜坡输入	单位加速度输入
	K_p	K_v	K_a	位置误差	速度误差	加速度误差
Ⅰ型系统	∞	K	0	0	$\dfrac{1}{K}$	∞

为提高系统性能指标引入串联校正，相应的串联校正控制系统如图 12-47 所示。

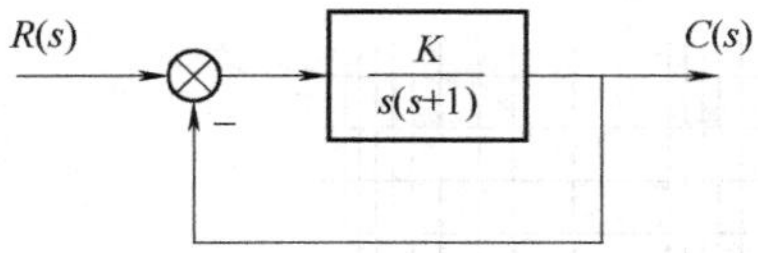

图 12-46 闭环控制系统结构图

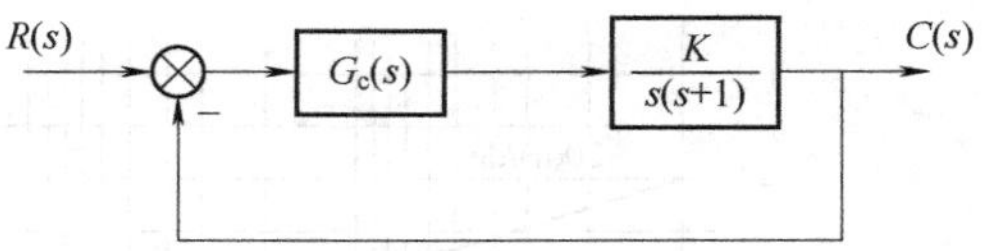

图 12-47 串联校正控制系统结构图

一、频率法串联校正

若要求系统在单位斜坡输入信号作用时，位置输出稳态误差 $e_{ss}(\infty)\leqslant 0.1\text{rad}$，开环系统截止频率 $\omega_c''\geqslant 5\text{rad/s}$，相位裕度 $\gamma''\geqslant 45°$，幅值裕度 $h''\geqslant 10\text{dB}$，可以根据超前校正的设计步骤来选取无源超前网络。

1. 确定开环增益 *K*

由于

$$e_{ss}(\infty)=\frac{1}{K}\leqslant 0.1$$

取 $K=10\text{rad}^{-1}$，则校正前系统开环传递函数为

$$G(s)=\frac{10}{s(s+1)}$$

此为最小相位系统。

2. 绘制校正前系统的开环对数幅频渐近特性曲线

校正前系统开环对数幅频渐近特性曲线如图 12-48 中 $L'(\omega)$ 所示。

由图 12-48 得校正前系统的 $\omega_c'=3.2\text{rad/s}$，算出校正前系统的相位裕度为

$$\gamma(\omega_c')=180°-(90°+\arctan\omega_c')=180°-(90°+72.6°)=17.4°$$

作为二阶系统，其幅值裕度必为$+\infty$dB。

由于校正前系统对数幅频渐近特性中频区的斜率为−40dB/dec，因此导致相位裕度偏小。由于截止频率和相位裕度均低于指标要求，故采用串联超前校正。

3. 计算超前校正网络的参数 *a* 和 *T*

试选 $\omega_m=\omega_c''=5\text{rad/s}$，由图 12-48 查得 $L'(\omega_c'')=-7\text{dB}$，根据式(12-1)和式(12-2)分别计算得 $a=5$，$T=\dfrac{1}{\sqrt{a}\,\omega_m}=0.09$。由此得到超前校正网络的传递函数为

$$aG(s)=\frac{1+aTs}{1+Ts}=\frac{1+0.45s}{1+0.09s}$$

为了补偿无源超前网络产生的增益衰减，放大器的增益需提高至原来的 5 倍($a=5$)，否则不能保证稳态误差要求。

超前网络参数确定后，校正后系统的开环传递函数为

$$G_c(s)G_o(s)=\frac{10(1+0.45s)}{s(1+s)(1+0.09s)}$$

其对数幅频渐近特性如图 12-48 中 $L''(\omega)$ 所示。显然，校正后系统 $\omega_c''=5\text{rad/s}$，算得校正前系

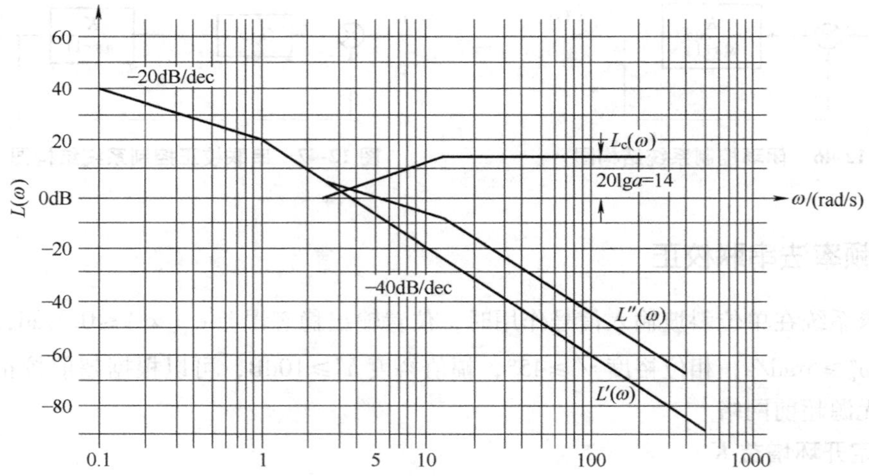

图 12-48　系统开环对数幅频渐近特性曲线

统的 $\gamma(\omega_c'')=12.5°$，而由式(12-4)算出的 $\varphi_m=\arcsin\dfrac{a-1}{a+1}=41.8°$，故校正后系统的相位裕度

$$\gamma''(\omega_c'')=\varphi_m+\gamma(\omega_c'')=41.8°+12.5°=54.3°>45°$$

校正后系统的幅值裕度仍为 $+\infty$dB，因为其对数相频特性不可能以有限值与 $-180°$ 线相交。此时，全部性能指标均已满足。

为完成系统设计，还需进一步确定超前校正网络的阻容元件参数。一般地，先预选电容元件的参数，然后再根据参数 a 和 T 的取值确定电阻元件的参数。为保证超前校正网络的参数 a 和 T 的精度，电阻元件可选用阻值可调的电位器，也可以选用普通电阻元件的串并联来合成所需要的阻值。比如，可选电容元件 C 为容值为 68nF(683)的钽电容，电阻 R_1 选用 3 个阻值为 2.2MΩ 的精度为 1%的金属膜电阻的串联(等效阻值为 6.6MΩ)，电阻 R_2 选用 3 个阻值分别为 1MΩ、430kΩ 和 220kΩ 且精度为 1%的金属膜电阻的串联(等效阻值为 1.65MΩ)。从而，有

$$a=\frac{R_1+R_2}{R_1}=\frac{6.6\times10^6+1.65\times10^6}{1.65\times10^6}=5$$

$$T=\frac{R_1R_2}{R_1+R_2}C=\frac{1.65\times10^6\times6.6\times10^6}{1.65\times10^6+6.6\times10^6}\times68\times10^{-9}\,\text{s}=0.08976\text{s}\approx0.09\text{s}$$

符合超前校正网络的参数要求。

二、根轨迹法串联校正

根据前面章节的分析图 12-49，当 $K=10$、输入 $r(t)=1(t)$ 时，系统调整时间 $t_s=7.3$s，过渡过程时间显然过长，无法满足系统实时控制要求，需要对系统进行校正设计。若使系统在保持阶跃响应超调量 $\sigma\%\leqslant15\%$、静态速度误差系数 $K_v\geqslant2$rad/s 的前提下，将调整时间由原来的

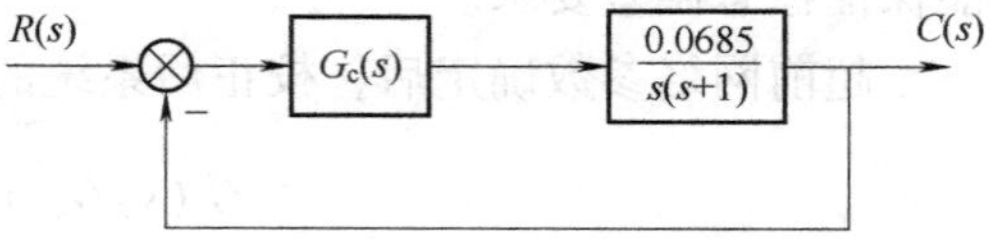

图 12-49　串联校正控制系统结构图

$t_s=7.3\text{s}$ 缩短到 $t_s \leqslant 3.0\text{s}$，则可以根据超前校正的设计步骤来选取无源超前网络。

（1）根据给定的动态指标选择期望的闭环主导极点　由 $\sigma\% \leqslant 15\%$，为留有一定的裕量，选 $\zeta=0.6$（此时 $\sigma\%=9.5\%$），使主导极点的阻尼角 $\beta=\arccos\zeta=53.1°$。再由经验公式

$$t_s=\frac{3}{\zeta\omega_n}\leqslant 3.0\text{s}$$

选取 $\omega_n=2\text{rad/s}$。于是期望的闭环主导极点为

$$s_{1,2}=-\zeta\omega_n \pm j\omega_n\sqrt{1-\zeta^2}=-1.2\pm j1.6$$

其中 s_1 点位于图 12-50 中的 A 点。

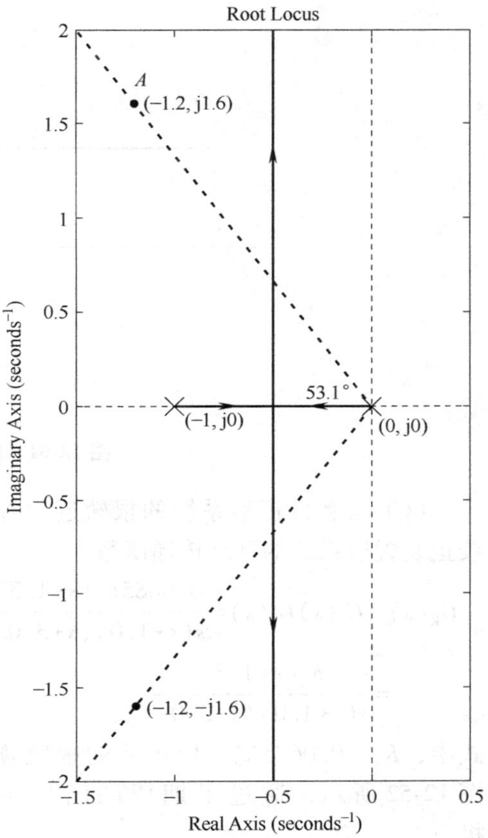

图 12-50　未校正系统根轨迹与期望闭环主导极点

（2）绘制未校正系统的根轨迹　未校正系统根轨迹如图 12-50 所示，不通过期望的闭环主导极点，未校正的系统不能满足要求。由于期望主导极点位于校正前系统根轨迹的左方，可以选用串联超前校正装置加以改造。

（3）计算校正装置需要提供的相位超前角 φ_c　原系统开环零极点对于 A 点所产生的相位为

$$\begin{aligned}\angle G_o(s_1) &= \angle\frac{0.0685}{s_1(s_1+1)}\\ &= -\angle s_1-\angle(s_1+1)\\ &= -127°-97°=-224°\end{aligned}$$

则超前校正装置应提供的相位超前角为

$$\begin{aligned}\varphi_c &= \angle G_c(s_1)=-180°-\angle G_0(s_1)\\ &= -180°-(-224°)=44°\end{aligned}$$

（4）确定超前网络零点位置 z_c 和极点位置 p_c　为保证期望极点在响应中的主导作用，一般的做法是，由 A 点作水平线 AB，然后作 $\angle OAB$ 的平分线 AC，再按 $\angle CAE=\angle CAD=\dfrac{\varphi_c}{2}=22°$，作直线 AE、AD，使 AE、AD 之间的夹角为 $\varphi_c=44°$。将 AE、AD 与负实轴的交点 z_c、p_c 作为校正装置的零点和极点，按这种方法可得 $z_c=-1.3$、$p_c=-3.0$（见图 12-51）。

（5）确定超前网络的参数 a 和 T　根据式（12-15）和式（12-16）有

$$a=\frac{p_c}{z_c}=\frac{-3.0}{-1.3}=2.31$$

$$T=-\frac{1}{p_c}=-\frac{1}{-3.0}=0.33$$

则由式（12-17）选取超前校正装置为

$$G_c(s)=K_c\frac{1+aTs}{1+Ts}=K_c\frac{1+0.76s}{1+0.33s}=K_c'\frac{s+1.3}{s+3.0}$$

式中，$K_c'=2.3K_c$。

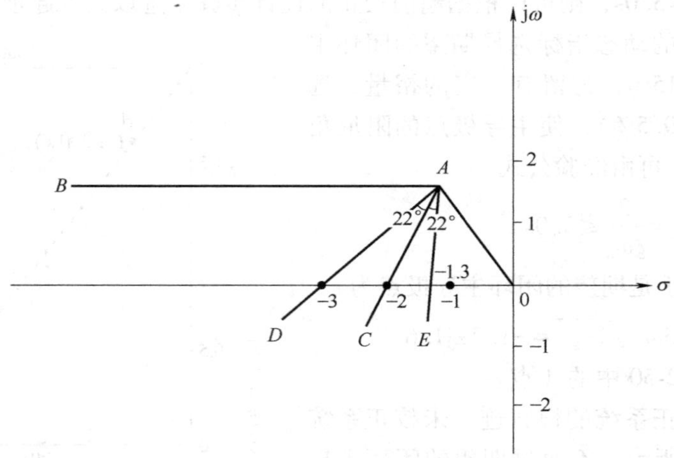

图 12-51　超前网络零、极点的求取

(6) 绘制校正后系统的根轨迹　加入校正装置后系统的开环传递函数为

$$G_K(s)=G_c(s)G_o(s)=\frac{0.0685K_c'(s+1.3)}{s(s+1.0)(s+3.0)}$$

$$=\frac{K_g(s+1.3)}{s(s+1.0)(s+3.0)}$$

式中，$K_g=0.0685K_c'$。校正后的根轨迹如图 12-52 所示，通过了期望的闭环主导极点。

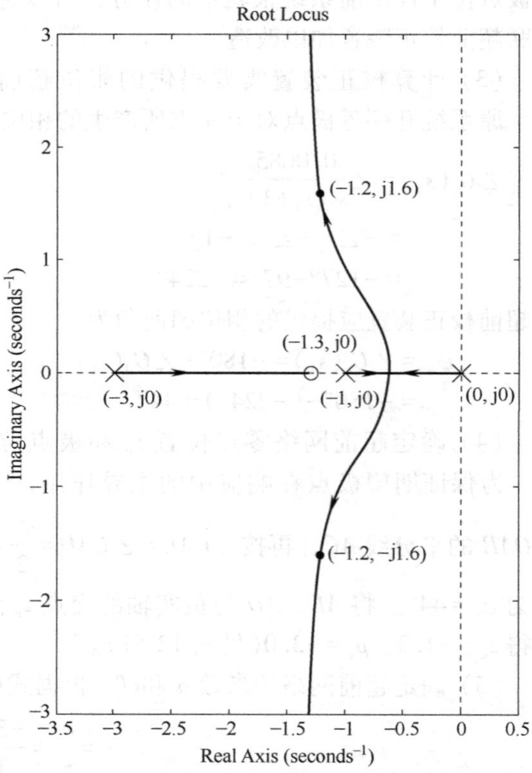

图 12-52　校正后系统的根轨迹

(7) 检验校正后系统的性能指标

1) 稳态性能。点 s_1 所对应的根轨迹增益为

$$K_g=\left.\frac{|s_1||s_1+1.0||s_1+3.0|}{|s_1+1.3|}\right|_{s_1=-2+j1.5}$$

$$=\frac{2.5\times1.80\times1.80}{1.66}=4.88$$

则有

$$K_c'=\frac{1}{0.0685}K_g=71.24,\quad K_c=\frac{1}{2.3}K_c'=30.97$$

据此，求得超前校正装置的传递函数为

$$G_c(s)=K_c\cdot\frac{1+aTs}{1+Ts}=30.97\times\frac{1+0.76s}{1+0.33s}=71.24\times\frac{s+1.3}{s+3.0}$$

校正后系统的开环传递函数为

$$G_K(s)=\frac{4.88(s+1.3)}{s(s+1.0)(s+3.0)}=\frac{2.12(0.76s+1)}{s(s+1)(0.33s+1)}$$

由于系统含有一个积分环节，所以有 $K_v=2.12\text{rad/s}>2\text{rad/s}$，满足稳态性能的要求。

2）动态性能。校正后系统上升为三阶系统，除了期望的闭环主导极点 s_1、s_2，还有一个闭环零点-1.3（等于开环零点），并可根据闭环极点之和等于开环极点之和的规律求出非主导极点 s_3 为-1.6，其影响将使超调量略有增加。但由于在确定阻尼比时已留有裕量，且此极点与闭环零点距离很近，闭环零点可以基本抵消掉非主导极点对动态性能的响应。因此，所求的一对共轭复数极点确实是校正后系统的闭环主导极点，系统动态性能满足要求。

通过计算机仿真，校正后系统的单位阶跃响应如图 12-53 所示，可得校正后系统最大超调量为 $\sigma\%=13.8\%<15\%$，过渡过程时间 $t_s=2.69\text{s}<3.0\text{s}$，满足动态性能的要求。

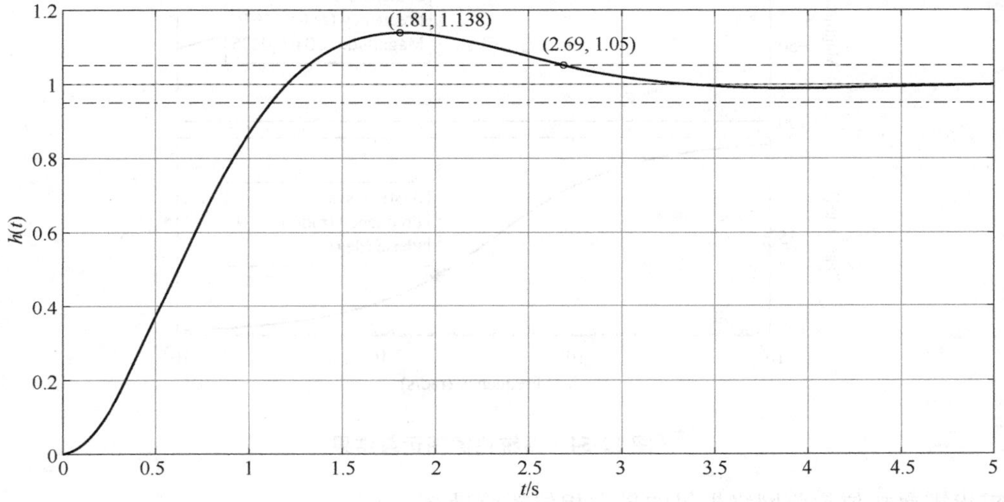

图 12-53　校正后系统的单位阶跃响应

第六节　应用 MATLAB 的控制系统综合

例 12-9　已知一单位负反馈控制系统的开环传递函数为 $G(s)=\dfrac{2500K_g}{s(s+25)}$，试设计一个相位超前校正装置，且满足：

1）相位裕度大于 45°。

2）对单位速度函数输入，输出的稳态误差小于或等于 0.01rad。

解　对Ⅰ型系统 $e_{ss}=R/K_v$，现有 $R=1$，按照要求，$e_{ss}=\dfrac{1}{100K_g}<0.01$，即 $K_g\geqslant 1$，则取 $K_g=1$。通过如下代码，画出 $K_g=1$ 为校正系统伯德图，确定 ω_{c1} 和 γ。

```
clc;clear;close all;
num=[2500];
den=[conv([1 0],[1 25])];
sys=tf(num,den);
margin(sys)
```

运行结果如图 12-54 所示。从图中可知

$$\omega_{c1} \approx 47\text{rad/s}$$

$$\gamma = 180° + \varphi(\omega_{c1}) = 180° - 90° - \arctan 0.04\omega_{c1} = 28°$$

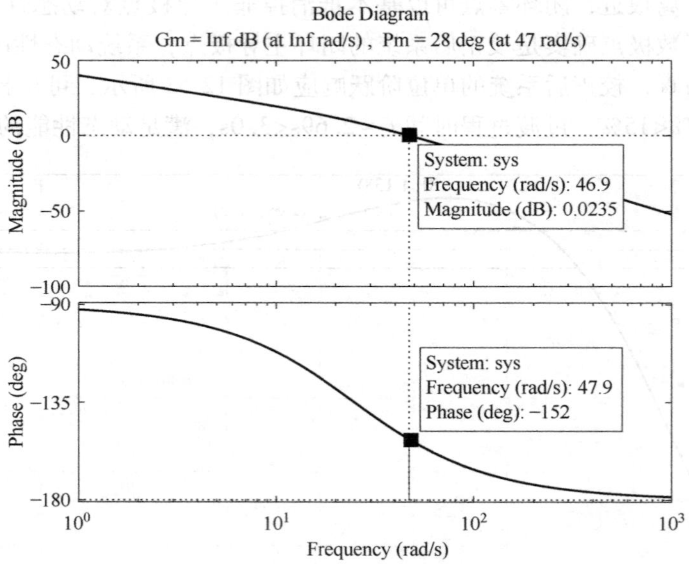

图 12-54　系统伯德图运算结果

求出需要相位超前网络提供的最大相位超前量 φ_m 为

$$\varphi_m = \gamma_0 - \gamma_1 + (5° \sim 10°) \approx 45° - 28° + 5° = 22°$$

有

$$a = \frac{1+\sin\varphi_m}{1-\sin\varphi_m} = 2.2$$

为了最大限度利用相位超前网络的相位超前量，ω_{c2}应与 ω_m 相重合，即 ω_{c2}应选在未校正系统的 $L(\omega) = -10\lg a$ 处，则有

$$L(\omega_{c2}) = 20\lg 100 - 20\lg\omega\sqrt{1+(0.04\omega)^2} = -10\lg a$$

得出

$$20\lg\frac{100\sqrt{a}}{\omega\sqrt{1+(0.04\omega)^2}} = 0$$

得到

$$\omega^4 + 625\omega^2 - 6250000 \times a = 0$$

得出

$$\omega_m = \omega_{c2} \approx 58$$

由 $\omega_m = \dfrac{1}{\sqrt{a}T}$得出

$$aT \approx 0.02557 \approx \frac{1}{39}$$

则得到校正控制器

$$G_c(s)=\frac{1}{a}\frac{1+aTs}{1+Ts}=\frac{1}{2.2}\frac{1+0.02557s}{1+0.01162s}=\frac{s+39}{s+86}$$

得到校正后的伯德图，通过如下 MATLAB 代码实现：

```
clc;clear;close all;
num=[conv(2500,[1 39])];
den=[conv(conv([1 0],[1 25]),[1 86])];
sys=tf(num,den);
margin(sys)
```

例 12-10　假设某弹簧(阻尼系统)如图 12-55 所示，其中 $M=1\text{kg}$，$f=10\text{N}\cdot\text{s/m}$，$k=20\text{N/m}$。请设计 P、PD、PI、PID 校正装置，构成反馈系统。要求系统满足如下要求：

1）较快的上升时间和过渡过程时间。

2）较小的超调。

3）无静差。

解　根据系统建模，可以得到的模型为

$$G(s)=\frac{X(s)}{F(s)}=\frac{1}{Ms^2+fs+k}$$

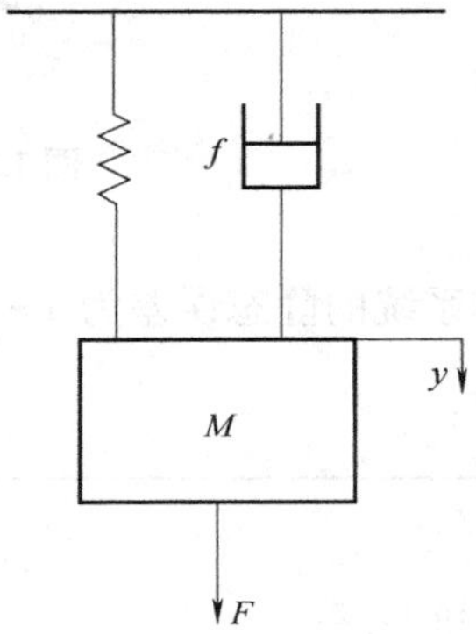

图 12-55　弹簧阻尼系统

计算未加入校正装置的系统开环阶跃响应曲线，可以通过如下 MATLAB 代码实现：

```
clc;clear;close all;
t=0:0.01:2;
num=1;
den=[1 10 20];
c=step(num,den,t);
plot(t,c)
xlabel('t')
ylabel('y')
title('Step Response')
grid
```

运行结果如图 12-56 所示。

1）加入 P 校正装置。加入 K_p 以后，系统的闭环传递函数为

$$G_c(s)=\frac{K_p}{s^2+10s+(20+K_p)}$$

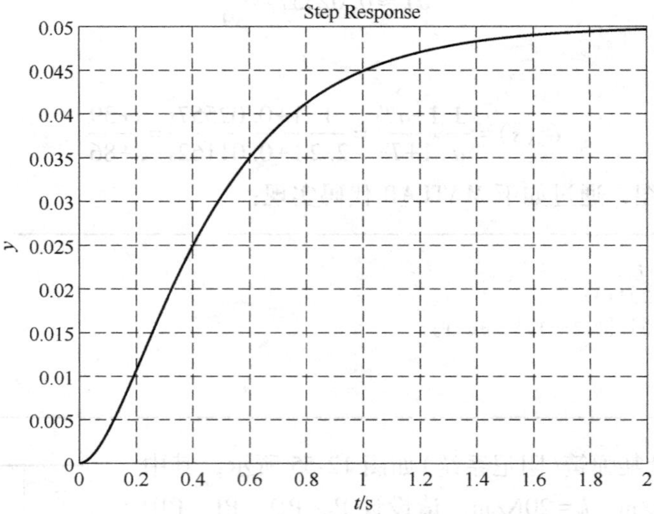

图 12-56　未加入校正装置时系统的开环阶跃响应曲线

系统的静态误差为 $1-\frac{K_p}{K_p+20}$，选择系统的比例增益为 $K_p=300$。加入 P 校正后，程序如下：

```
clear;
t=0:0.01:2;
Kp=300;
num=[Kp];
den=[1 10(20+Kp)];
c=step(num,den,t);
plot(t,c)
xlabel('t')
ylabel('y')
title('Step Response')
grid
```

运行结果如图 12-57 所示。从图中可以看出，系统的稳定值在 0.94 左右，静差约为 0.06。基本符合系统的需要。

2）加入 PD 校正装置设计。在系统中加入一个比例放大器和一个微分放大器，实现 PD 校正，则系统的闭环函数变为

$$G_c(s)=\frac{K_d s+K_p}{s^2+(10+K_d s)+(20+K_p)}$$

选择 $K_p=300$，$K_d=10$，则可以通过如下 MATLAB 代码实现：

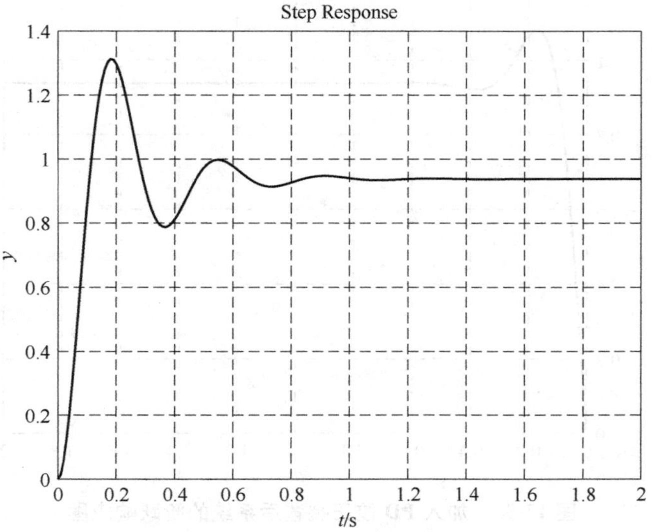

图 12-57　加入 P 校正装置后系统的阶跃响应图

```
clc;clear;close all;q
t=0:0.01:2;
Kp=300;
Kd=10;
num=[Kd Kp];
den=[1(10+Kd)(20+Kp)];
c=step(num,den,t);
plot(t,c)
xlabel('t')
ylabel('y')
title('Step Response')
grid
```

运行结果如图 12-58 所示。由图中可以看出，加入 PD 校正，系统的曲线仍然是呈衰减振荡，但衰减次数显著减少，比且超调量也降低了不少，而且对系统的上升时间和静差来说影响不大。

3）加入 PID 校正装置设计。加入 K_p、K_i、K_d，并且通过调节这 3 个参数，并使用 MATLAB 绘图进行逐步校正，最终取 $K_p=500$，$K_i=200$，$K_d=30$。此时系统的闭环传递函数为

$$G_c(s)=\frac{K_d s^2+K_p s+K_i}{s^3+(10+K_d)s^2+(20+K_p s)+K_i}$$

则可以通过如下 MATLAB 程序进行实现：

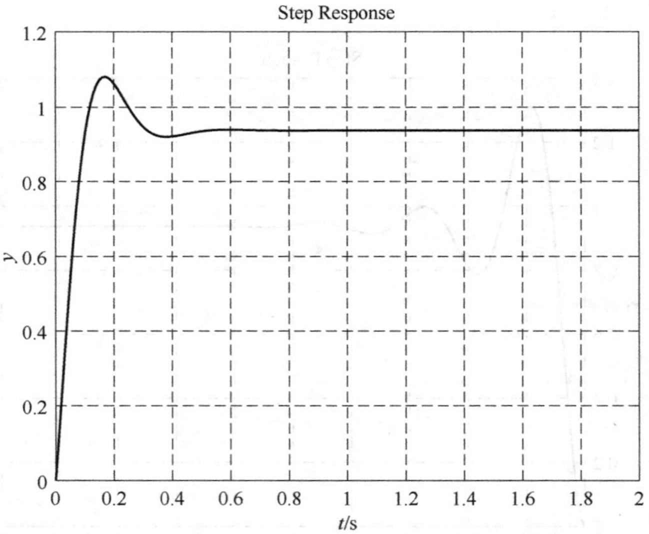

图 12-58　加入 PD 校正装置后系统的阶跃响应图

```
clc;clear;close all;
t=0:0.01:2;
Kp=500;
Ki=200;
Kd=30;
num=[Kd Kp Ki];
den=[1 (10+Kd) (20+Kp) Ki];
c=step(num,den,t);
plot(t,c)
xlabel('t')
ylabel('y')
title('Step Response')
grid
```

运行结果如图 12-59 所示。如图所知，系统响应速度较快、有较小的超调，无静差。

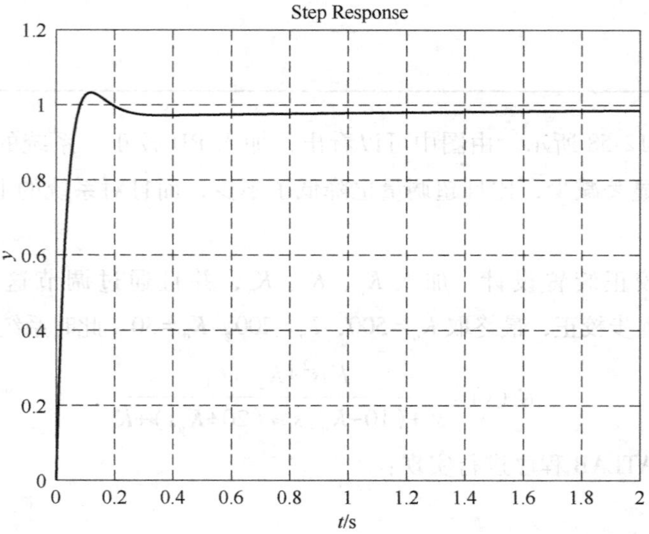

图 12-59　加入 PID 校正装置后系统的阶跃响应图

本章要点

1. 控制系统综合是控制系统分析的逆命题，根据校正装置在系统中的安装位置，可分成 3 种基本的校正方式：串联校正、反馈校正和前馈校正。其中，串联校正较为常用。

2. 系统校正的实质是在系统中引入校正装置，分别通过改变系统的开环伯德图形状(频率法)、系统的零极点分布(根轨迹法)，使系统达到满意的性能指标。其中，频率法应用较为普遍。

3. 典型的 PID 控制是根据反馈误差信号的比例、微分和积分运算的组合来构成校正装置，产生控制系统的实际控制信号。可以用 Z-N 规则完成 PID 控制器的参数整定。

习　题

1. 设一单位反馈系统的开环传递函数为

$$G(s)=\frac{K}{s(s+1)}$$

若要使系统在单位斜坡函数输入信号作用下，稳态误差 $e_{ss}\leqslant 0.1$，相位裕度 γ'不小于 45°，幅值穿越频率 ω_c' 不小于 4.4rad/s，试求系统所需的串联超前校正装置及其参数。

2. 设单位反馈系统的开环传递函数为

$$G(s)=\frac{K}{s(s+1)(0.5s+1)}$$

要求设计一串联校正网络，使校正后系统的开环增益 $K=5$，相位裕度不低于 40°，幅值裕度不小于 10dB。

3. 设单位反馈系统的开环传递函数为

$$G(s)=\frac{40}{s(0.2s+1)(0.0625s+1)}$$

1）若要求校正后系统的相位裕度为 30°，幅值裕度为 10~12dB，试设计串联超前校正装置。

2）若要求校正后系统的相位裕度为 50°，幅值裕度为 30~40dB，试设计串联滞后校正装置。

4. 单位负反馈系统开环传递函数为

$$G(s)=\frac{K}{s(0.1s+1)(0.2s+1)}$$

1）要求系统响应斜坡信号 $r(t)=t$，稳态误差 $e_{ss}\leqslant 0.01$。

2）要求系统相位裕度 $\gamma'\geqslant 40°$。

试设计一个串联滞后-超前校正装置。

5. 设单位反馈系统的开环传递函数为

$$G(s)=\frac{K}{s(s+1)(0.5s+1)}$$

要求设计一串联校正网络，使校正后系统的开环增益 $K=5$，相位裕度不低于 40°，幅值裕度不小于 10dB。

6. 设单位反馈系统的开环传递函数为

$$G(s)=\frac{8}{s(2s+1)}$$

若采用滞后-超前校正装置

$$G_c(s)=\frac{(10s+1)(2s+1)}{(100s+1)(0.2s+1)}$$

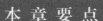

对系统进行校正，试绘制系统校正前后的对数幅频渐近特性，并计算系统校正前后的相位裕度。

7. 设单位反馈系统的开环传递函数为

$$G(s)=\frac{K}{s(s+1)(0.25s+1)}$$

1）若要求校正后系统的静态速度误差系数 $K_v \geqslant 5s^{-1}$，相位裕度 $\gamma \geqslant 45°$，试设计串联校正装置。

2）若上述指标要求不变，还要求系统校正后的截止频率 $\omega_c \geqslant 2rad/s$，试设计串联校正装置。

8. 设单位反馈系统的开环传递函数为

$$G(s)=\frac{K}{s(0.1s+1)(0.2s+1)}$$

试设计校正装置，使系统的静态速度误差系数 $K_v=100s^{-1}$，相位裕度 $\gamma \geqslant 40°$。

9. 设一单位负反馈控制系统的开环传递函数为

$$G(s)=\frac{K}{s(s+4)(s+6)}$$

1）若要求闭环系统单位阶跃响应的超调量 $\sigma\% \leqslant 18\%$，试用根轨迹法确定系统的开环传递系数。

2）若希望系统的开环传递系数 $K \geqslant 15$，而动态性能不变，试用根轨迹法确定校正装置的传递函数。

10. 设单位负反馈系统开环传递函数为

$$G(s)=\frac{1.06}{s(s+1)(s+2)}$$

若要求校正后系统的 $K_v=30s^{-1}$，阻尼比 $\zeta=0.707$，并保证原主导极点位置基本不变，试用根轨迹法设计滞后校正装置。

11. 已知单位反馈系统的前向通道传递函数为

$$G(s)=\frac{K}{s(s+1)(s+4)}$$

试设计一个滞后校正装置，使系统具有如下性能指标：阻尼比 $\zeta=0.5$；调节时间 $t_s=12s$；$K_v=5s^{-1}$。

12. 设一单位负反馈控制系统，其前向通道传递函数为

$$G(s)=\frac{K}{s(s+1)(s+7)}$$

试利用根轨迹法设计滞后-超前校正装置，使系统性能指标为：阻尼比 $\zeta=0.5$；无阻尼自振角频率 $\omega_n=2rad/s$；$K_v=5s^{-1}$。

第十三章

状态空间法综合

系统的状态空间法综合主要是状态反馈控制和状态观测器问题。状态反馈控制由于引入了表征系统完全运动信息的状态量，它较之其他控制方法具有明显的优越性。但是状态量中的某些量，在工程实际中往往不能直接通过量测获取它们，形成了状态获取的必要性与不可实现性之间的矛盾。通过状态观测器实现对状态的重构，是解决这一矛盾的重要方法。

所以，本章内容主要介绍状态反馈控制和状态观测器问题。

第一节　状态反馈控制系统

一、状态反馈控制系统构成

假设被控对象(或开环系统)$\Sigma_o(\boldsymbol{A}, \boldsymbol{B}, \boldsymbol{C})$为

$$\begin{cases} \dot{\boldsymbol{x}} = \boldsymbol{A}\boldsymbol{x} + \boldsymbol{B}\boldsymbol{u} \\ \boldsymbol{y} = \boldsymbol{C}\boldsymbol{x} \end{cases} \tag{13-1}$$

式中，$\boldsymbol{x}$ 为 n 维状态向量；$\boldsymbol{u}$ 为 p 维输入(控制)向量；$\boldsymbol{y}$ 为 q 维输出向量；$\boldsymbol{A}$ 为 $n\times n$ 维系统矩阵；$\boldsymbol{B}$ 为 $n\times p$ 维输入矩阵；$\boldsymbol{C}$ 为 $q\times n$ 维输出矩阵。

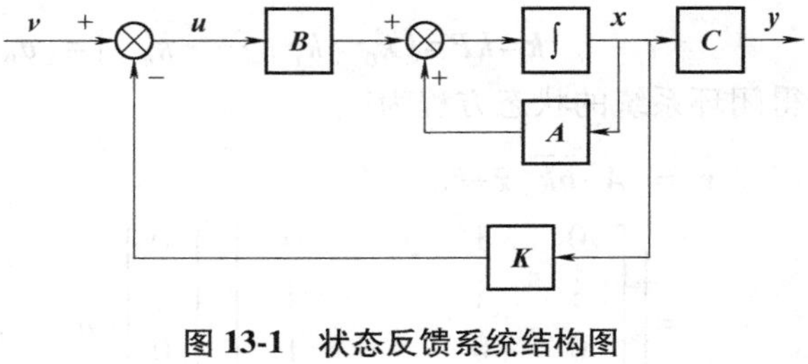

图 13-1　状态反馈系统结构图

在如图 13-1 所示的状态反馈控制系统中，系统的控制量为

$$\boldsymbol{u} = -\boldsymbol{K}\boldsymbol{x} + \boldsymbol{v} \tag{13-2}$$

式中，$\boldsymbol{K}$ 为 $p\times n$ 维状态反馈矩阵，它将 n 维状态向量 $\boldsymbol{x}$ 负反馈至 p 维输入向量 $\boldsymbol{u}$ 处，而 $\boldsymbol{v}$ 是 p 维参考输入向量。当 $\boldsymbol{v}=0$，系统属克服初始状态影响的调节问题；当 $\boldsymbol{v}$ 为常值向量时，系统属恒值控制问题；当 $\boldsymbol{v}$ 为时间函数向量时，系统属跟踪问题。

将式(13-1)的控制量用式(13-2)代入，即得采用状态反馈后的闭环系统的状态空间表达式为

$$
\begin{cases} \dot{\boldsymbol{x}} = (\boldsymbol{A}-\boldsymbol{B}\boldsymbol{K})\boldsymbol{x}+\boldsymbol{B}\boldsymbol{v} \\ \boldsymbol{y}=\boldsymbol{C}\boldsymbol{x} \end{cases} \tag{13-3}
$$

闭环系统记作 $\Sigma_k(\boldsymbol{A}-\boldsymbol{B}\boldsymbol{K}, \boldsymbol{B}, \boldsymbol{C})$，其系统矩阵为$(\boldsymbol{A}-\boldsymbol{B}\boldsymbol{K})$，改变反馈矩阵 $\boldsymbol{K}$ 的选取将影响系统闭环极点的分布，从而影响系统状态的运动形式，这是状态反馈控制的基本原理。

对于一个控制性能优良的闭环系统而言，其所有闭环极点应该是可以任意配置的。如此就需要研究如下两个问题：

1）系统可以通过状态反馈任意配置其闭环极点的条件是什么？

2）系统如何通过状态反馈将其闭环极点配置到所期望的位置？

二、状态反馈控制系统实现极点任意配置的条件

结论：线性定常系统可通过状态反馈控制实现全部 n 个极点任意配置的充要条件是被控系统 $\Sigma_o(\boldsymbol{A}, \boldsymbol{B}, \boldsymbol{C})$状态完全能控。

下面仅就单输入单输出系统对上述结论加以说明，多输入多输出系统的情况类似。

假设单输入单输出线性定常系统 $\Sigma_o(\boldsymbol{A}, \boldsymbol{b}, \boldsymbol{c})$状态完全能控，对于 n 个任意指定的期望极点 $\lambda_i^*(i=1, 2, \cdots, n)$，可以得到对应的闭环系统特征多项式

$$
\varphi^*(s) = \prod_{i=1}^{n}(s-\lambda_i^*) = s^n + a_{n-1}^* s^{n-1} + \cdots + a_1^* s + a_0^* \tag{13-4}
$$

由关于能控规范型的描述，该系统一定可通过非奇异变换 $\boldsymbol{x}=\boldsymbol{P}\bar{\boldsymbol{x}}$化为能控规范型，即在新状态空间中系统的状态方程为

$$
\dot{\bar{\boldsymbol{x}}} = \bar{\boldsymbol{A}}\bar{\boldsymbol{x}}+\bar{\boldsymbol{b}}u = \begin{bmatrix} 0 & 1 & \cdots & 0 \\ \vdots & \vdots & & \vdots \\ 0 & 0 & \cdots & 1 \\ -a_0 & -a_1 & \cdots & -a_{n-1} \end{bmatrix}\bar{\boldsymbol{x}} + \begin{bmatrix} 0 \\ \vdots \\ 0 \\ 1 \end{bmatrix} u \tag{13-5}
$$

引入状态反馈

$$
u = -\boldsymbol{k}\boldsymbol{x}+v = -\boldsymbol{k}\boldsymbol{P}\bar{\boldsymbol{x}}+v = -\bar{\boldsymbol{k}}\bar{\boldsymbol{x}}+v \tag{13-6}
$$

设状态反馈行向量取值为

$$
\bar{\boldsymbol{k}} = \boldsymbol{k}\boldsymbol{P} = [\bar{k}_0 \quad \bar{k}_1 \quad \cdots \quad \bar{k}_{n-1}] = [a_0^*-a_0 \quad a_1^*-a_1 \quad \cdots \quad a_{n-1}^*-a_{n-1}] \tag{13-7}
$$

得闭环系统的状态方程为

$$
\begin{aligned}
\dot{\bar{\boldsymbol{x}}} &= (\bar{\boldsymbol{A}}-\bar{\boldsymbol{b}}\bar{\boldsymbol{k}})\bar{\boldsymbol{x}}+\bar{\boldsymbol{b}}u \\
&= \left(\begin{bmatrix} 0 & 1 & \cdots & 0 \\ \vdots & \vdots & & \vdots \\ 0 & 0 & \cdots & 1 \\ -a_0 & -a_1 & \cdots & -a_{n-1} \end{bmatrix} - \begin{bmatrix} 0 \\ \vdots \\ 0 \\ 1 \end{bmatrix} [a_0^*-a_0 \quad a_1^*-a_1 \quad \cdots \quad a_{n-1}^*-a_{n-1}] \right)\bar{\boldsymbol{x}} + \begin{bmatrix} 0 \\ \vdots \\ 0 \\ 1 \end{bmatrix} u \\
&= \begin{bmatrix} 0 & 1 & \cdots & 0 \\ \vdots & \vdots & & \vdots \\ 0 & 0 & \cdots & 1 \\ -a_0^* & -a_1^* & \cdots & -a_{n-1}^* \end{bmatrix}\bar{\boldsymbol{x}} + \begin{bmatrix} 0 \\ \vdots \\ 0 \\ 1 \end{bmatrix} u
\end{aligned} \tag{13-8}
$$

对应的闭环系统特征多项式为

$$\det[sI-(A-bk)]=\det[sI-(\overline{A}-\overline{b}\overline{k})]$$
$$=s^n+a_{n-1}^*s^{n-1}+\cdots+a_1^*s+a_0^*=\varphi^*(s) \tag{13-9}$$

与任意指定的 n 个期望极点 $\lambda_i^*(i=1, 2, \cdots, n)$ 所对应的闭环系统特征多项式(13-4)一致，即按式(13-7)取状态反馈行向量总能使闭环系统的 n 个极点位于任意指定的位置上。所以，只要开环系统 $\Sigma_o(A, b, c)$ 能控，总存在状态反馈可以任意地配置闭环系统的全部极点。

当然，按式(13-7)所取的状态反馈行向量是在新状态空间的 $\overline{k}$，而在原状态空间实现状态反馈时，其状态反馈行向量应为 $k=\overline{k}p^{-1}$。

三、单输入系统极点配置算法

单输入系统极点配置算法就是在给定被控对象 $\Sigma_o(A, b, c)$ 和一组任意的期望极点 $\lambda_i^*(i=1, 2, \cdots, n)$ 情况下，求解使系统在状态反馈 $u=-kx+v$ 作用下系统闭环极点位于期望极点的状态反馈行向量 k。下面介绍两种求得 k 的方法。

(一) 方法一：联立方程求解法

通过解联立方程求状态反馈矩阵各元素的值。该方法比较直观，适合于被控对象 $\Sigma_o(A, b, c)$ 阶次较低时的情况。其具体步骤是：

1）判断被控对象 $\Sigma_o(A, b, c)$ 的能控性，若能控，则往下进行，否则结束计算，因为不符合极点任意配置的条件。

2）由给定的一组期望极点 $\lambda_i^*(i=1, 2, \cdots, n)$，求得期望的特征多项式

$$\varphi^*(s)=\prod_{i=1}^{n}(s-\lambda_i^*)=s^n+a_{n-1}^*s^{n-1}+\cdots+a_1^*s+a_0^*$$

3）由闭环系统动态方程写出闭环系统的特征多项式

$$\varphi(s)=\det[sI-(A-bk)]=\varphi(s, k_0, k_1, \cdots, k_{n-1})$$

由于状态反馈行向量 $k=[k_0 \quad k_1 \quad \cdots \quad k_{n-1}]$ 是待求量，所以 $\varphi(s)$ 中包含了 k 的各元素。

4）由 $\varphi(s)=\varphi^*(s)$，利用两个多项式对应系数相等，可以得到 n 个联立的代数方程，并解得 n 个待定量 $k_0, k_1, \cdots, k_{n-1}$，即求得状态反馈行向量 $k=[k_0 \quad k_1 \quad \cdots \quad k_{n-1}]$。

例 13-1　已知被控对象状态方程为

$$\dot{x}=\begin{bmatrix}0 & 0 & 0\\ 1 & -6 & 0\\ 0 & 1 & -12\end{bmatrix}x+\begin{bmatrix}1\\0\\0\end{bmatrix}u$$

求出使系统极点位于 $\lambda_1^*=-2$，$\lambda_{2,3}^*=-1\pm j$ 的状态反馈行向量 k。

解　1）由系统的能控性矩阵

$$\text{rank}Q_c=\text{rank}[b \quad Ab \quad A^2b]=\text{rank}\begin{bmatrix}1 & 0 & 0\\ 0 & 1 & -6\\ 0 & 0 & 1\end{bmatrix}=3$$

可判定被控对象能控，可以通过状态反馈实现极点任意配置。

2）由给定的期望极点求得期望的特征多项式为

$$\varphi^*(s)=\prod_{i=1}^{3}(s-\lambda_i^*)=(s+2)(s+1-j)(s+1+j)=s^3+4s^2+6s+4$$

3）闭环系统的特征多项式为

$$\varphi(s)=\det[s\boldsymbol{I}-(\boldsymbol{A}-\boldsymbol{bk})]$$

$$=\det[s\boldsymbol{I}-(\boldsymbol{A}-\boldsymbol{bk})]=\det\left(\begin{bmatrix}s&0&0\\0&s&0\\0&0&s\end{bmatrix}-\begin{bmatrix}0&0&0\\1&-6&0\\0&1&-12\end{bmatrix}+\begin{bmatrix}1\\0\\0\end{bmatrix}[k_0\quad k_1\quad k_2]\right)$$

$$=\det\begin{bmatrix}s+k_0&k_1&k_2\\-1&s+6&0\\0&-1&s+12\end{bmatrix}=s^3+(18+k_0)s^2+(72+18k_0+k_1)s+(72k_0+12k_1+k_2)$$

4）由 $\varphi(s)=\varphi^*(s)$，有

$$s^3+(18+k_0)s^2+(72+18k_0+k_1)s+(72k_0+12k_1+k_2)=s^3+4s^2+6s+4$$

得联立方程

$$\begin{cases}18+k_0=4\\72+18k_0+k_1=6\\72k_0+12k_1+k_2=4\end{cases}$$

解联立方程，得 $k_0=-14$，$k_1=186$，$k_2=-1220$，即状态反馈行向量为

$$\boldsymbol{k}=[-14\quad 186\quad -1220]$$

可画出闭环系统的状态变量图如图 13-2 所示。

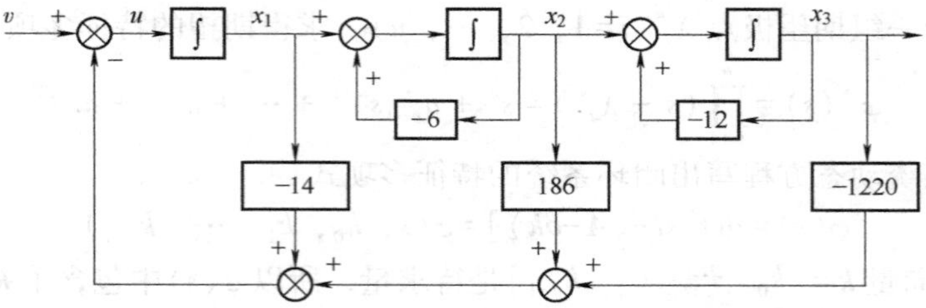

图 13-2　闭环系统的状态变量图

（二）方法二：化为能控规范型法

由上面的讨论已知，对于单输入系统，先变换为能控规范型给求解状态反馈行向量 $\boldsymbol{k}$ 带来方便。其具体步骤是：

1）同样要先判断被控对象 $\Sigma_o(\boldsymbol{A},\ \boldsymbol{b},\ \boldsymbol{c})$ 的能控性，若能控，则往下进行，否则结束计算。

2）求得开环系统的特征多项式

$$\det[s\boldsymbol{I}-\boldsymbol{A}]=s^n+a_{n-1}s^{n-1}+\cdots+a_1s+a_0$$

3）由给定的一组期望极点 $\lambda_i^*(i=1,\ 2,\ \cdots,\ n)$，求得期望的特征多项式

$$\varphi^*(s)=\prod_{i=1}^{n}(s-\lambda_i^*)=s^n+a_{n-1}^*s^{n-1}+\cdots+a_1^*s+a_0^*$$

4）按式(13-7)求得被控对象具有能控规范型形式的状态空间中的状态反馈行向量

$$\bar{\boldsymbol{k}}=[\bar{k}_0\quad \bar{k}_1\quad \cdots\quad \bar{k}_{n-1}]=[a_0^*-a_0\quad a_1^*-a_1\quad \cdots\quad a_{n-1}^*-a_{n-1}]$$

5）求取将被控对象 $\Sigma_o(\boldsymbol{A},\ \boldsymbol{b},\ \boldsymbol{c})$ 化为能控规范型 $\Sigma_o(\bar{\boldsymbol{A}},\ \bar{\boldsymbol{b}},\ \bar{\boldsymbol{c}})$ 的变换矩阵 $\boldsymbol{P}$ 及其

逆 $\boldsymbol{P}^{-1}$。

6）由 $\boldsymbol{k}=\bar{\boldsymbol{k}}\boldsymbol{P}^{-1}$求得状态反馈行向量 $\boldsymbol{k}$。

对于例 13-1，用方法二求解的过程是：

1）同上，能控性可做判别。

2）求得开环系统的特征多项式

$$\det(s\boldsymbol{I}-\boldsymbol{A})=\det\begin{bmatrix} s & 0 & 0 \\ -1 & s+6 & 0 \\ 0 & -1 & s+12 \end{bmatrix}=s^3+18s^2+72s$$

3）期望的特征多项式已求，为

$$\varphi^*(s)=s^3+4s^2+6s+4$$

4）求得新状态空间中的状态反馈行向量为

$$\begin{aligned}\bar{\boldsymbol{k}}&=[\bar{k}_0 \quad \bar{k}_1 \quad \bar{k}_2]=[a_0^*-a_0 \quad a_1^*-a_1 \quad a_2^*-a_2]\\ &=[4-0 \quad 6-72 \quad 4-18]=[4 \quad -66 \quad -14]\end{aligned}$$

5）由式(5-90)，一个将能控的单输入系统变换为具有能控规范型形式的变换矩阵 $\boldsymbol{P}$ 为

$$\boldsymbol{P}=[\boldsymbol{b} \quad \boldsymbol{Ab} \quad \boldsymbol{A}^2\boldsymbol{b}]\begin{bmatrix} a_1 & a_2 & 1 \\ a_2 & 1 & 0 \\ 1 & 0 & 0 \end{bmatrix}=\begin{bmatrix} 1 & 0 & 0 \\ 0 & 1 & -6 \\ 0 & 0 & 1 \end{bmatrix}\begin{bmatrix} 72 & 18 & 1 \\ 18 & 1 & 0 \\ 1 & 0 & 0 \end{bmatrix}=\begin{bmatrix} 72 & 18 & 1 \\ 12 & 1 & 0 \\ 1 & 0 & 0 \end{bmatrix}$$

6）求得状态反馈行向量为

$$\begin{aligned}\boldsymbol{k}&=\bar{\boldsymbol{k}}\boldsymbol{P}^{-1}=[4 \quad -66 \quad -14]\begin{bmatrix} 72 & 18 & 1 \\ 12 & 1 & 0 \\ 1 & 0 & 0 \end{bmatrix}^{-1}\\ &=[4 \quad -66 \quad -14]\begin{bmatrix} 0 & 0 & 1 \\ 0 & 1 & -12 \\ 1 & -18 & 144 \end{bmatrix}=[-14 \quad 186 \quad -1220]\end{aligned}$$

显然，与方法一求得的结果一样。

四、输出反馈控制系统的局限性

前面几章我们讨论了输出反馈问题，它是将系统的输出量通过反馈矩阵引入到系统输入端的一种控制形式，由此构成的控制系统称为输出反馈控制系统。这时，取系统的控制量为

$$\boldsymbol{u}=-\boldsymbol{H}\boldsymbol{y}+\boldsymbol{v} \tag{13-10}$$

式中，$\boldsymbol{H}$ 为 $p\times q$ 维输出反馈矩阵，它将 q 维输出向量 $\boldsymbol{y}$ 负反馈至 p 维输入向量 $\boldsymbol{u}$ 处，而 $\boldsymbol{v}$ 是 p 维参考输入向量。输出反馈控制系统的结构如图 13-3 所示。

将式(13-1)的控制量用式(13-10)代入，并应用输出方程，即得采用输出反馈后的闭环系统的状态空间表达式为

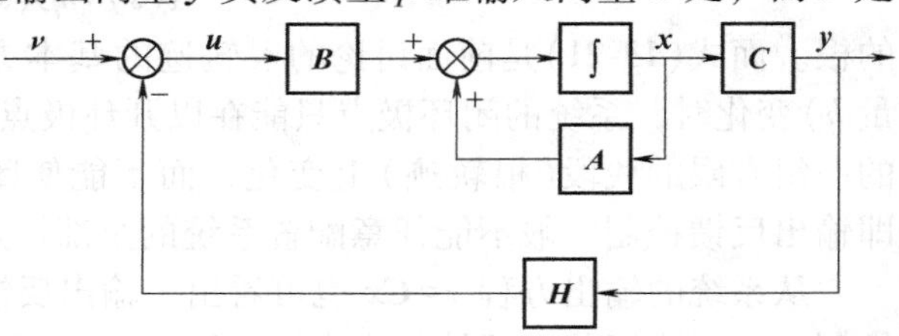

图 13-3　输出反馈控制系统结构图

$$\begin{cases}\dot{\boldsymbol{x}}=(\boldsymbol{A}-\boldsymbol{BHC})\boldsymbol{x}+\boldsymbol{Bv}\\ \boldsymbol{y}=\boldsymbol{Cx}\end{cases} \tag{13-11}$$

式中，系统矩阵由开环系统的 $\boldsymbol{A}$ 变为 $(\boldsymbol{A}-\boldsymbol{BHC})$，与状态反馈控制系统类似，输出反馈的引入也改变了系统矩阵，而反馈矩阵 $\boldsymbol{H}$ 的选取将影响系统极点的分布，从而影响系统状态的运动形式。但是，输出反馈控制是否能与状态反馈控制一样实现系统极点的任意配置呢？回答是否定的。

以单输入单输出系统为例，可以更清楚地说明输出反馈控制系统极点配置的局限性。由单输入单输出反馈控制系统

$$\begin{cases}\dot{\boldsymbol{x}}=(\boldsymbol{A}-\boldsymbol{b}h\boldsymbol{c})\boldsymbol{x}+\boldsymbol{b}v\\ y=\boldsymbol{cx}\end{cases} \tag{13-12}$$

可得系统的闭环传递函数为

$$g_{\mathrm{h}}(s)=c(s\boldsymbol{I}-\boldsymbol{A}+\boldsymbol{b}h\boldsymbol{c})^{-1}\boldsymbol{b} \tag{13-13}$$

而闭环系统的特征多项式为

$$\varphi_{\mathrm{h}}(s)=\det(s\boldsymbol{I}-\boldsymbol{A}+\boldsymbol{b}h\boldsymbol{c}) \tag{13-14}$$

注意到

$$(s\boldsymbol{I}-\boldsymbol{A}+\boldsymbol{b}h\boldsymbol{c})=(s\boldsymbol{I}-\boldsymbol{A})[\boldsymbol{I}+(s\boldsymbol{I}-\boldsymbol{A})^{-1}\boldsymbol{b}h\boldsymbol{c}] \tag{13-15}$$

并利用关系式

$$\det[\boldsymbol{I}+\boldsymbol{G}_2(s)\boldsymbol{G}_1(s)]=\det[\boldsymbol{I}+\boldsymbol{G}_1(s)\boldsymbol{G}_2(s)] \tag{13-16}$$

可得

$$\begin{aligned}\varphi_{\mathrm{h}}(s)&=\det(s\boldsymbol{I}-\boldsymbol{A})\cdot\det[\boldsymbol{I}+(s\boldsymbol{I}-\boldsymbol{A})^{-1}\boldsymbol{b}h\boldsymbol{c}]\\&=\det(s\boldsymbol{I}-\boldsymbol{A})\cdot\det[1+h\boldsymbol{c}(s\boldsymbol{I}-\boldsymbol{A})^{-1}\boldsymbol{b}]\\&=\det(s\boldsymbol{I}-\boldsymbol{A})\cdot[1+h\boldsymbol{c}(s\boldsymbol{I}-\boldsymbol{A})^{-1}\boldsymbol{b}]\end{aligned} \tag{13-17}$$

记式中的

$$\det(s\boldsymbol{I}-\boldsymbol{A})=\alpha(s) \tag{13-18}$$

是开环系统的特征多项式，$\alpha(s)=0$ 的根是开环极点，以及

$$c(s\boldsymbol{I}-\boldsymbol{A})^{-1}\boldsymbol{b}=g(s)=\frac{\beta(s)}{\alpha(s)} \tag{13-19}$$

是开环系统的传递函数，则 $\beta(s)$ 是开环系统传递函数的分子多项式，$\beta(s)=0$ 的根是开环零点。式(13-17)可改写为

$$\varphi_{\mathrm{h}}(s)=\alpha(s)\left[1+h\frac{\beta(s)}{\alpha(s)}\right]=\alpha(s)+h\beta(s) \tag{13-20}$$

这表明，闭环极点是方程

$$\alpha(s)+h\beta(s)=0 \tag{13-21}$$

的根。而式(13-21)是前面讨论的根轨迹的基本方程式，可见，当输出反馈矩阵(这里是标量 h)变化时，系统的闭环极点只能在以开环极点为“始点”以开环零点或无穷远处为“终点”的一组有限的线段(根轨迹)上变化，而不能使闭环极点落在这些线段以外的期望位置上，即输出反馈控制一般不能任意配置系统的全部极点。

从系统的输出方程 $y=\boldsymbol{Cx}$ 也可看出，输出反馈是将状态变量按一定规则组合以后的反馈控制，它减小了状态反馈的自由度，因此可以说，输出反馈是系统结构信息的不完全反馈，对应地，状态反馈是系统结构信息的完全反馈。

第二节　状态观测器

本章第一节说明了状态反馈控制是实现系统极点任意配置的手段，前面也已指出，状态变量组中的某些量，或者由于不具明确的物理意义，或者由于量测手段在经济性或适用性上的限制，在工程实际中往往不能直接通过测量获取它们。通过状态观测器实现对状态的重构，是解决这一问题的重要方法。

一、状态观测器

（一）全维状态观测器

全维状态观测器是最基本的状态观测器，也是其他观测器设计的基础。

1. 观测器的构成

考虑线性定常系统

$$\begin{cases}\dot{\boldsymbol{x}}=\boldsymbol{Ax}+\boldsymbol{Bu}\\ \boldsymbol{y}=\boldsymbol{Cx}\end{cases} \tag{13-22}$$

构造一个结构、参数与原系统 $\Sigma(\boldsymbol{A},\ \boldsymbol{B},\ \boldsymbol{C})$ 相同，并与原系统具有相同输入量 $\boldsymbol{u}(t)$ 的系统 $\hat{\Sigma}(\boldsymbol{A},\ \boldsymbol{B},\ \boldsymbol{C})$

$$\begin{cases}\dot{\hat{\boldsymbol{x}}}=\boldsymbol{A}\hat{\boldsymbol{x}}+\boldsymbol{Bu}\\ \hat{\boldsymbol{y}}=\boldsymbol{C}\hat{\boldsymbol{x}}\end{cases} \tag{13-23}$$

式中，$\hat{\boldsymbol{x}}$ 对应了原系统的 n 维状态向量 $\boldsymbol{x}$；$\hat{\boldsymbol{y}}$ 对应了原系统的 q 维输出向量 $\boldsymbol{y}$。当存在 $\hat{\boldsymbol{x}}(0)=\boldsymbol{x}(0)$ 时，由解的唯一性，必有 $\hat{\boldsymbol{x}}(t)=\boldsymbol{x}(t)$，理论上可以认为 $\hat{\boldsymbol{x}}(t)$ 是 $\boldsymbol{x}(t)$ 的重构值，系统(13-23)是系统(13-22)的全维状态观测器。由于这种观测器不存在任何反馈，所以称为开环型全维状态观测器。

比较式(13-22)和式(13-23)，可得

$$\dot{\tilde{\boldsymbol{x}}}=\dot{\boldsymbol{x}}-\dot{\hat{\boldsymbol{x}}}=\boldsymbol{A}(\boldsymbol{x}-\hat{\boldsymbol{x}})=\boldsymbol{A}\tilde{\boldsymbol{x}} \tag{13-24}$$

式中，$\tilde{\boldsymbol{x}}=\boldsymbol{x}-\hat{\boldsymbol{x}}$ 为状态观测误差。

式(13-24)的解为

$$\tilde{\boldsymbol{x}}(t)=\mathrm{e}^{\boldsymbol{A}t}\tilde{\boldsymbol{x}}(0)=\mathrm{e}^{\boldsymbol{A}t}[\boldsymbol{x}(0)-\hat{\boldsymbol{x}}(0)] \tag{13-25}$$

由式(13-25)可知，在实际应用中这种开环型状态观测器存在如下问题：

1）状态观测误差 $\tilde{\boldsymbol{x}}(t)$ 的动态过程由原系统的系统矩阵 $\boldsymbol{A}$ 决定。当 $\boldsymbol{A}$ 包含有不稳定的特征值时，即使很小的初始偏差 $\tilde{\boldsymbol{x}}(0)$，也会使 $\tilde{\boldsymbol{x}}(t)$ 发散，即 $\hat{\boldsymbol{x}}(t)$ 远离 $\boldsymbol{x}(t)$，不能达到渐近等价目标。当 $\boldsymbol{A}$ 的特征值全部为稳定时，尽管 $\hat{\boldsymbol{x}}(t)$ 与 $\boldsymbol{x}(t)$ 最终达到渐近等价，但其收敛速度完全由系统矩阵 $\boldsymbol{A}$ 决定，而不能进行设计。

2）观测器参数对原系统参数的任何偏离或摄动都会对状态观测产生不利影响。

解决上述问题的办法是利用输出偏差 $\tilde{\boldsymbol{y}}(t)=\boldsymbol{y}(t)-\hat{\boldsymbol{y}}(t)$ 进行反馈，反馈矩阵为 $\boldsymbol{M}$，它是 $n\times q$ 维的常数矩阵。所构成的闭环型观测器 $\hat{\Sigma}_{\mathrm{M}}$ 结构如图 13-4 所示。而观测器的状态方程式为

$$\dot{\hat{x}}=A\hat{x}+Bu+M\tilde{y}=A\hat{x}+Bu+M(y-C\hat{x})=(A-MC)\hat{x}+Bu+My \tag{13-26}$$

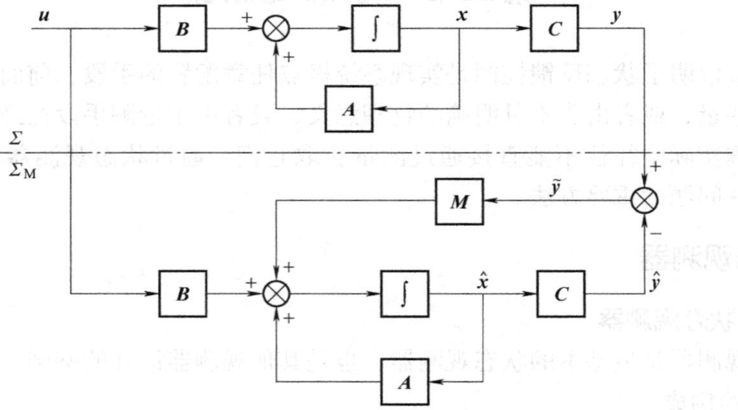

图 13-4　全维状态观测器结构图

这时，状态观测误差的方程由式(13-24)变为

$$\dot{\tilde{x}}=(A-MC)\tilde{x} \tag{13-27}$$

方程的解为

$$\tilde{x}(t)=e^{(A-MC)t}\tilde{x}(0) \tag{13-28}$$

显然，有望通过设计合适的偏差反馈矩阵 M 来调整全维状态观测器系统矩阵 $A-MC$ 的特征值(也称为全维状态观测器的极点)，实现渐近等价指标下的状态重构。

全维状态观测器的结构也可等价地表示成图 13-5 所示的形式。图中更直观地表示出了全维状态观测器具有两个输入量 u 和 y，它们是原系统的输入量 u 和输出量 y，显然是可量测的，全维状态观测器的输出量就是状态重构值 $\hat{x}(t)$。

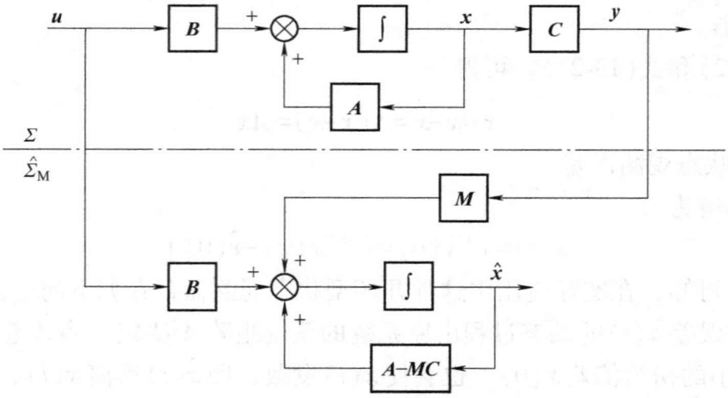

图 13-5　全维状态观测器结构图的另一种形式

2. 极点任意配置条件

全维状态观测器极点的位置决定了观测器的输出对原系统状态量渐近等价的可能性及其收敛速度，一个性能优良的全维状态观测器应该是所有极点可以任意配置的。因此，也需要研究满足什么样条件的系统才能构成极点任意配置的全维状态观测器的问题。对此，有如下结论：系统能采用全维状态观测器[见式(13-26)]重构其状态，并通过偏差反馈矩阵 M 任意

配置全维状态观测器极点的充要条件是原系统完全能观。

该结论通过对偶性原理很容易得到证明。

3. 极点配置算法

全维状态观测器的极点配置算法就是在给定被观测系统 $\Sigma(\boldsymbol{A},\ \boldsymbol{B},\ \boldsymbol{C})$ 和一组任意指定的期望极点 $\lambda_i^*(i=1,\ 2,\ \cdots,\ n)$ 情况下，求解使全维状态观测器 $\dot{\hat{\boldsymbol{x}}}=(\boldsymbol{A}-\boldsymbol{MC})\hat{\boldsymbol{x}}+\boldsymbol{Bu}+\boldsymbol{My}$ 极点为期望极点的偏差反馈矩阵 $\boldsymbol{M}$。对于单输出系统，除了通过对偶系统求解外，也有类似于单输入系统状态反馈极点配置的两种算法，即联立方程求解法和化为能观规范型法。下面仅以题例说明两种算法。

例 13-2　已知线性定常系统

$$\begin{cases}\dot{\boldsymbol{x}}=\begin{bmatrix}1 & 3\\0 & -1\end{bmatrix}\boldsymbol{x}+\begin{bmatrix}0\\1\end{bmatrix}u\\ y=\begin{bmatrix}1 & 1\end{bmatrix}\boldsymbol{x}\end{cases}$$

试设计一个极点为-2、-2 的全维状态观测器。

解　1）系统的能观性矩阵为

$$\boldsymbol{Q}_o=\begin{bmatrix}\boldsymbol{c}\\ \boldsymbol{cA}\end{bmatrix}=\begin{bmatrix}1 & 1\\1 & 2\end{bmatrix}$$

满秩，系统能观，所以能设计极点任意配置的全维观测器。

2）由给定的期望极点 $\lambda_1^*=-2$，$\lambda_2^*=-2$，求得期望的特征多项式为

$$\varphi^*(s)=(s-\lambda_1^*)(s-\lambda_2^*)=(s+2)^2=s^2+4s+4$$

3）由观测器方程 $\dot{\hat{\boldsymbol{x}}}=(\boldsymbol{A}-\boldsymbol{mc})\hat{\boldsymbol{x}}+\boldsymbol{Bu}+\boldsymbol{m}y$ 写出观测器的特征多项式

$$\varphi(s)=\det[s\boldsymbol{I}-(\boldsymbol{A}-\boldsymbol{mc})]=\det\left\{\begin{bmatrix}s & 0\\0 & s\end{bmatrix}-\left(\begin{bmatrix}1 & 3\\0 & -1\end{bmatrix}-\begin{bmatrix}m_0\\m_1\end{bmatrix}\begin{bmatrix}1 & 1\end{bmatrix}\right)\right\}$$

$$=\det\begin{bmatrix}s-1+m_0 & -3+m_0\\m_1 & s+1+m_1\end{bmatrix}=s^2+(m_0+m_1)s+(m_0+2m_1-1)$$

4）由 $\varphi(s)=\varphi^*(s)$，得到联立方程

$$\begin{cases}m_0+m_1=4\\m_0+2m_1-1=4\end{cases}$$

解得：$m_0=3$，$m_1=1$。

5）代入 $\boldsymbol{m}=\begin{bmatrix}3\\1\end{bmatrix}$，得全维观测器为

$$\dot{\hat{\boldsymbol{x}}}=(\boldsymbol{A}-\boldsymbol{mc})\hat{\boldsymbol{x}}+\boldsymbol{Bu}+\boldsymbol{m}y=\left(\begin{bmatrix}1 & 3\\0 & -1\end{bmatrix}-\begin{bmatrix}3\\1\end{bmatrix}\begin{bmatrix}1 & 1\end{bmatrix}\right)\hat{\boldsymbol{x}}+\begin{bmatrix}0\\1\end{bmatrix}u+\begin{bmatrix}3\\1\end{bmatrix}y$$

即

$$\dot{\hat{\boldsymbol{x}}}=\begin{bmatrix}-2 & 0\\-1 & -2\end{bmatrix}\hat{\boldsymbol{x}}+\begin{bmatrix}0\\1\end{bmatrix}u+\begin{bmatrix}3\\1\end{bmatrix}y$$

可画出被观测系统以及全维状态观测器的状态变量如图 13-6 所示。

也可先将单输出系统变换为能观规范型，然后求偏差反馈向量 $\boldsymbol{m}$，其具体步骤是：

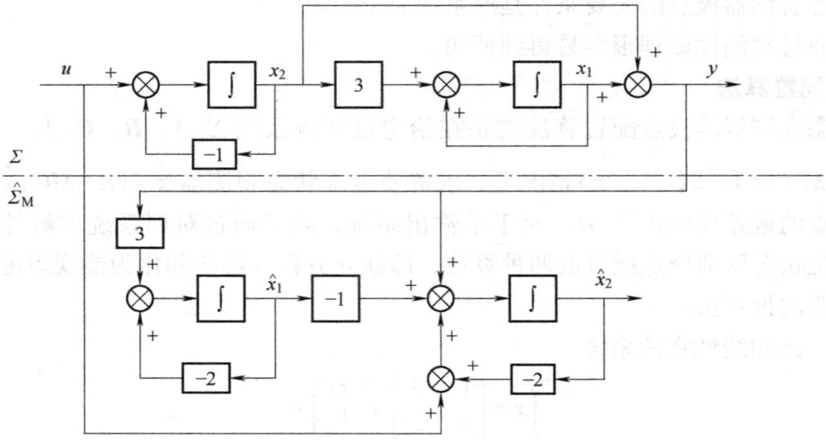

图 13-6　全维状态观测器状态变量图

1）同上，能观性可做判别。

2）求得开环系统的特征多项式

$$\det(s\boldsymbol{I}-\boldsymbol{A})=\det\begin{bmatrix}s-1 & -3\\ 0 & s+1\end{bmatrix}=s^2-1$$

3）期望的特征多项式已求，为

$$\varphi^*(s)=s^2+4s+4$$

4）求得新状态空间中的偏差反馈矩阵为

$$\overline{\boldsymbol{m}}=\begin{bmatrix}\overline{m}_0\\ \overline{m}_1\end{bmatrix}=\begin{bmatrix}a_0^*-a_0\\ a_1^*-a_1\end{bmatrix}=\begin{bmatrix}4-(-1)\\ 4-0\end{bmatrix}=\begin{bmatrix}5\\ 4\end{bmatrix}$$

5）由式(5-95)，一个将能观的单输出系统变换为具有能观规范型形式的变换矩阵 $\boldsymbol{P}$ 的逆阵为

$$\boldsymbol{P}^{-1}=\begin{bmatrix}a_1 & 1\\ 1 & 0\end{bmatrix}\begin{bmatrix}\boldsymbol{c}\\ \boldsymbol{cA}\end{bmatrix}=\begin{bmatrix}0 & 1\\ 1 & 0\end{bmatrix}\begin{bmatrix}1 & 1\\ 1 & 2\end{bmatrix}=\begin{bmatrix}1 & 2\\ 1 & 1\end{bmatrix}$$

并求得变换矩阵 $\boldsymbol{P}$ 为

$$\boldsymbol{P}=\begin{bmatrix}1 & 2\\ 1 & 1\end{bmatrix}^{-1}=\begin{bmatrix}-1 & 2\\ 1 & -1\end{bmatrix}$$

6）求得状态反馈矩阵为

$$\boldsymbol{m}=\boldsymbol{P}\overline{\boldsymbol{m}}=\begin{bmatrix}-1 & 2\\ 1 & -1\end{bmatrix}\begin{bmatrix}5\\ 4\end{bmatrix}=\begin{bmatrix}3\\ 1\end{bmatrix}$$

代入观测器方程 $\dot{\hat{\boldsymbol{x}}}=(\boldsymbol{A}-\boldsymbol{mc})\hat{\boldsymbol{x}}+\boldsymbol{B}u+\boldsymbol{m}y$，得全维观测器为

$$\dot{\hat{\boldsymbol{x}}}=\begin{bmatrix}-2 & 0\\ -1 & -2\end{bmatrix}\hat{\boldsymbol{x}}+\begin{bmatrix}0\\ 1\end{bmatrix}u+\begin{bmatrix}3\\ 1\end{bmatrix}y$$

显然，与上面求得的结果一样。

前面已经提到，观测器的极点位置决定了 $\hat{\boldsymbol{x}}(t)$ 对 $\boldsymbol{x}(t)$ 的渐近收敛速度，单从这一特性看，显然希望极点尽量远离虚轴。但是，如果极点太远离虚轴，使观测器频带过宽，不利于

扼制观测器输入量（系统输入量和输出量）的高频干扰。所以，观测器极点位置的选择需要在快速性与抗干扰性之间根据工程实际折中考虑。

（二）降维状态观测器

实际上，对一个系统而言，系统的 n 个状态变量中完全有可能存在一部分状态变量，它们不需要通过观测器重构的办法得出，因此，我们只需构造维数小于 n 的观测器来得出另一部分状态变量。这就是降维状态观测器的基本思想。观测器维数的减少为其工程实现带来方便。

对于状态完全能观的系统，如果有 $\operatorname{rank}\boldsymbol{C}=q$，则 q 个输出变量是相互独立的，那么根据输出方程就应当从中得出 q 个状态变量。例如极端情况 $\boldsymbol{C}=[0\quad \boldsymbol{I}_q]$，则有 $\boldsymbol{y}=[x_{n-q+1}\quad \cdots\quad x_{n-1}\quad x_n]^{\mathrm{T}}$，后 q 个状态变量可由输出量得到，只需重构前 $n-q$ 个状态变量 $x_1\sim x_{n-q}$。一般情况下，降维状态观测器的最小维数为 $n-\operatorname{rank}\boldsymbol{C}$。

按此思路，对于一个 $\operatorname{rank}\boldsymbol{C}=q$ 的状态完全能观的系统 $\boldsymbol{\Sigma}(\boldsymbol{A},\ \boldsymbol{B},\ \boldsymbol{C})$，我们引入非奇异变换，使新状态空间的状态量为

$$\bar{\boldsymbol{x}}=\begin{bmatrix}\bar{\boldsymbol{x}}_1\\ \bar{\boldsymbol{x}}_2\end{bmatrix}=\begin{bmatrix}\bar{\boldsymbol{x}}_1\\ \boldsymbol{y}\end{bmatrix}=\begin{bmatrix}\boldsymbol{D}\\ \boldsymbol{C}\end{bmatrix}\boldsymbol{x}=\boldsymbol{Q}\boldsymbol{x} \tag{13-29}$$

非奇异变换矩阵的逆阵 $\boldsymbol{P}^{-1}$（即矩阵 $\boldsymbol{Q}$）中，$\boldsymbol{C}$ 为 $q\times n$ 维系统输出矩阵，$\boldsymbol{D}$ 为 $(n-q)\times n$ 维保证 $\boldsymbol{Q}$ 非奇异的任意矩阵，实际选取时当然应尽量简单。这样的非奇异变换使新状态空间的输出矩阵为

$$\bar{\boldsymbol{C}}=\boldsymbol{C}\boldsymbol{P}=[0\quad \boldsymbol{I}_q] \tag{13-30}$$

这是因为，$\boldsymbol{C}=\bar{\boldsymbol{C}}\boldsymbol{P}^{-1}=\bar{\boldsymbol{C}}\boldsymbol{Q}=\bar{\boldsymbol{C}}\begin{bmatrix}\boldsymbol{D}\\ \boldsymbol{C}\end{bmatrix}$，而又有 $\boldsymbol{C}=[0\quad \boldsymbol{I}_q]\begin{bmatrix}\boldsymbol{D}\\ \boldsymbol{C}\end{bmatrix}$。

于是得出系统在新状态空间的表达式为

$$\begin{cases}\dot{\bar{\boldsymbol{x}}}=\begin{bmatrix}\dot{\bar{\boldsymbol{x}}}_1\\ \dot{\bar{\boldsymbol{x}}}_2\end{bmatrix}=\begin{bmatrix}\bar{\boldsymbol{A}}_{11} & \bar{\boldsymbol{A}}_{12}\\ \bar{\boldsymbol{A}}_{21} & \bar{\boldsymbol{A}}_{22}\end{bmatrix}\begin{bmatrix}\bar{\boldsymbol{x}}_1\\ \bar{\boldsymbol{x}}_2\end{bmatrix}+\begin{bmatrix}\bar{\boldsymbol{B}}_1\\ \bar{\boldsymbol{B}}_2\end{bmatrix}\boldsymbol{u}\\ \boldsymbol{y}=[0\quad \boldsymbol{I}_q]\begin{bmatrix}\bar{\boldsymbol{x}}_1\\ \bar{\boldsymbol{x}}_2\end{bmatrix}=\bar{\boldsymbol{x}}_2\end{cases} \tag{13-31}$$

在新状态空间中，q 维分状态向量 $\bar{\boldsymbol{x}}_2$ 直接由输出量 $\boldsymbol{y}$ 得出，$(n-q)$ 维分状态向量 $\bar{\boldsymbol{x}}_1$ 需要通过观测器重构。由 $\bar{\boldsymbol{x}}_2=\boldsymbol{y}$，式(13-31)的第一式又可写为

$$\begin{cases}\dot{\bar{\boldsymbol{x}}}_1=\bar{\boldsymbol{A}}_{11}\bar{\boldsymbol{x}}_1+\bar{\boldsymbol{A}}_{12}\boldsymbol{y}+\bar{\boldsymbol{B}}_1\boldsymbol{u}\\ \dot{\boldsymbol{y}}=\bar{\boldsymbol{A}}_{21}\bar{\boldsymbol{x}}_1+\bar{\boldsymbol{A}}_{22}\boldsymbol{y}+\bar{\boldsymbol{B}}_2\boldsymbol{u}\end{cases} \tag{13-32}$$

式(13-32)可视为以 $\bar{\boldsymbol{x}}_1$ 为状态量的 $(n-q)$ 维子系统的状态空间表达式，子系统的输入量 $\boldsymbol{v}$、输出量 $\boldsymbol{w}$ 分别为

$$\boldsymbol{v}=\bar{\boldsymbol{A}}_{12}\boldsymbol{y}+\bar{\boldsymbol{B}}_1\boldsymbol{u} \tag{13-33}$$

和

$$w=\dot{y}-\overline{A}_{22}y-\overline{B}_2u \tag{13-34}$$

即子系统表为

$$\begin{cases}\dot{\overline{x}}_1=\overline{A}_1\overline{x}_1+v\\ w=\overline{A}_{21}\overline{x}_1\end{cases} \tag{13-35}$$

为了重构$(n-q)$维分状态向量$\overline{x}_1$，只需构造子系统[式(13-35)]的全维状态观测器即可。由于系统$\Sigma(A,B,C)$状态完全能观，非奇异变换后$\Sigma(\overline{A},\overline{B},\overline{C})$状态仍完全能观，由其中的部分状态变量构成的子系统当然也是状态完全能观的，所以对子系统(13-35)确能构造极点可任意配置的全维状态观测器。根据式(13-26)，该观测器的方程为

$$\begin{aligned}\dot{\hat{\overline{x}}}_1&=(\overline{A}_{11}-M\overline{A}_{21})\hat{\overline{x}}_1+v+Mw\\ &=(\overline{A}_{11}-M\overline{A}_{21})\hat{\overline{x}}_1+(\overline{A}_{12}y+\overline{B}_1u)+M(\dot{y}-\overline{A}_{22}y-\overline{B}_2u)\\ &=(\overline{A}_{11}-M\overline{A}_{21})\hat{\overline{x}}_1+(\overline{B}_1-M\overline{B}_2)u+(\overline{A}_{12}-M\overline{A}_{22})y+M\dot{y}\end{aligned} \tag{13-36}$$

该观测器由原系统的输入量u和输出量y及其导数$\dot{y}$作为输入，输出为$\overline{x}_1$的重构值$\hat{\overline{x}}_1$。考虑到导数$\dot{y}$会增大原系统输出的高频噪声，为此，采用变量替换

$$z=\hat{\overline{x}}_1-My \tag{13-37}$$

代入式(13-36)，得出在新状态空间中降维状态观测器的方程为

$$\dot{z}=(\overline{A}_{11}-M\overline{A}_{21})z+(\overline{B}_1-M\overline{B}_2)u+[\overline{A}_{12}-M\overline{A}_{22}+(\overline{A}_{11}-M\overline{A}_{21})M]y \tag{13-38}$$

或者写为

$$\dot{z}=(\overline{A}_{11}-M\overline{A}_{21})(z+My)+(\overline{B}_1-M\overline{B}_2)u+(\overline{A}_{12}-M\overline{A}_{22})y \tag{13-39}$$

在此基础上，可得出新状态空间中状态量$\overline{x}$的重构值为

$$\hat{\overline{x}}_1=\begin{bmatrix}\hat{\overline{x}}_1\\ \hat{\overline{x}}_2\end{bmatrix}=\begin{bmatrix}z+My\\ y\end{bmatrix} \tag{13-40}$$

若将非奇异变换矩阵表示为$P=Q^{-1}=[P_1\quad P_2]$，其中P_1为$n\times(n-q)$维块矩阵，P_2为$n\times q$维块矩阵。则在原状态空间中状态量x的重构值为

$$\hat{x}=P\,\hat{\overline{x}}=[P_1\quad P_2]\begin{bmatrix}z+My\\ y\end{bmatrix}=P_1(z+My)+P_2y \tag{13-41}$$

于是，得出降维状态观测器的结构如图 13-7 所示。

总结上面的讨论，可得出降维状态观测器的设计步骤如下：

1）判别被观测系统$\Sigma(A,B,C)$的能观性；并根据$\text{rank}C=q$确定观测器的维数为$n-q$。

2）构造非奇异变换阵的逆阵$P^{-1}=Q=\begin{bmatrix}D\\ C\end{bmatrix}$，其中$D$为$(n-q)\times n$维保证$Q$非奇异的任意矩阵；并求出$P=Q^{-1}=[P_1\quad P_2]$。

3）对被观测系统$\Sigma(A,B,C)$实施非奇异变换$x=P\overline{x}=Q^{-1}\overline{x}$，在新状态空间中的各系数矩阵为

$$\overline{A}=P^{-1}AP=\begin{bmatrix}\overline{A}_{11}&\overline{A}_{12}\\ \overline{A}_{21}&\overline{A}_{22}\end{bmatrix},\ \overline{B}=P^{-1}B=\begin{bmatrix}\overline{B}_1\\ \overline{B}_2\end{bmatrix},\ \overline{C}=CP=[0\quad I_q]$$

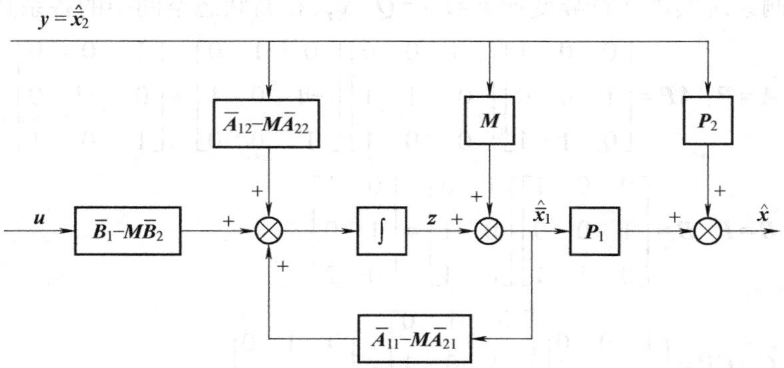

图 13-7　降维状态观测器结构图

式中，$\bar{A}_{11}$为$(n-q)\times(n-q)$维块矩阵；$\bar{A}_{12}$为$(n-q)\times q$维块矩阵；$\bar{A}_{21}$为$q\times(n-q)$维块矩阵；$\bar{A}_{22}$为$q\times q$维块矩阵；$\bar{B}_1$为$(n-q)\times p$维块矩阵；$\bar{B}_2$为$q\times p$维块矩阵。

4）对于降维观测器方程式(13-38)，按极点配置算法求出矩阵 M，并得出降维观测器的方程式。

5）对于新状态空间中状态量 $\bar{x}$ 的重构值

$$\hat{\bar{x}}=\begin{bmatrix}\hat{\bar{x}}_1\\ \hat{\bar{x}}_2\end{bmatrix}=\begin{bmatrix}z+My\\ y\end{bmatrix}$$

代入矩阵 M，得出重构值的具体式子。

6）经反变换得出原状态空间中状态量 x 的重构值

$$\hat{x}=[P_1\quad P_2]\begin{bmatrix}z+My\\ y\end{bmatrix}=P_1(z+My)+P_2y$$

例 13-3　已知线性定常系统

$$\begin{cases}\dot{x}=\begin{bmatrix}-1&0&0\\0&1&1\\0&0&1\end{bmatrix}x+\begin{bmatrix}1&0\\0&1\\0&1\end{bmatrix}u\\ y=\begin{bmatrix}1&0&0\\0&1&1\end{bmatrix}x\end{cases}$$

试设计一个期望极点为−3 的降维状态观测器。

解　1）由系统的能观性矩阵满秩可判定其能观，并由 rank$C=2$ 可知降维观测器的维数为 1。

2）构造非奇异变换矩阵的逆阵为

$$P^{-1}=Q=\begin{bmatrix}D\\C\end{bmatrix}=\begin{bmatrix}0&0&1\\ \hdashline 1&0&0\\0&1&1\end{bmatrix}$$

并求出

$$P=Q^{-1}=\begin{bmatrix}0&0&1\\ \hdashline 1&0&0\\0&1&1\end{bmatrix}^{-1}=\left[\begin{array}{c:cc}0&1&0\\-1&0&1\\1&0&0\end{array}\right]=[P_1\quad P_2]$$

3）对被观测系统实施非奇异变换 $\boldsymbol{x}=\boldsymbol{P}\bar{\boldsymbol{x}}=\boldsymbol{Q}^{-1}\bar{\boldsymbol{x}}$，在新状态空间中的各系数矩阵分别为

$$\overline{\boldsymbol{A}}=\boldsymbol{P}^{-1}\boldsymbol{A}\boldsymbol{P}=\begin{bmatrix}0&0&1\\1&0&0\\0&1&1\end{bmatrix}\begin{bmatrix}-1&0&0\\0&1&1\\0&0&1\end{bmatrix}\begin{bmatrix}0&1&0\\-1&0&1\\1&0&0\end{bmatrix}=\begin{bmatrix}1&0&0\\0&-1&0\\1&0&1\end{bmatrix}$$

$$\overline{\boldsymbol{B}}=\boldsymbol{P}^{-1}\boldsymbol{B}=\begin{bmatrix}0&0&1\\1&0&0\\0&1&1\end{bmatrix}\begin{bmatrix}1&0\\0&1\\0&1\end{bmatrix}=\begin{bmatrix}0&1\\1&0\\0&2\end{bmatrix}$$

$$\overline{\boldsymbol{C}}=\boldsymbol{C}\boldsymbol{P}=\begin{bmatrix}1&0&0\\0&1&1\end{bmatrix}\begin{bmatrix}0&1&0\\-1&0&1\\1&0&0\end{bmatrix}=\begin{bmatrix}0&1&0\\0&0&1\end{bmatrix}$$

式中，$\overline{\boldsymbol{A}}_{11}=1$；$\overline{\boldsymbol{A}}_{12}=[0\quad 0]$；$\overline{\boldsymbol{A}}_{21}=\begin{bmatrix}0\\1\end{bmatrix}$；$\overline{\boldsymbol{A}}_{22}=\begin{bmatrix}-1&0\\0&1\end{bmatrix}$；$\overline{\boldsymbol{B}}_1=[0\quad 1]$；$\overline{\boldsymbol{B}}_2=\begin{bmatrix}1&0\\0&2\end{bmatrix}$。

4）降维观测器方程为

$$\begin{aligned}\dot{z}&=(\overline{\boldsymbol{A}}_{11}-\boldsymbol{m}\overline{\boldsymbol{A}}_{21})z+(\overline{\boldsymbol{B}}_1-\boldsymbol{m}\overline{\boldsymbol{B}}_2)\boldsymbol{u}+[\overline{\boldsymbol{A}}_{12}-\boldsymbol{m}\overline{\boldsymbol{A}}_{22}+(\overline{\boldsymbol{A}}_{11}-\boldsymbol{m}\overline{\boldsymbol{A}}_{21})\boldsymbol{m}]\boldsymbol{y}\\&=\left(1-[m_0\quad m_1]\begin{bmatrix}0\\1\end{bmatrix}\right)z+\left([0\quad 1]-[m_0\quad m_1]\begin{bmatrix}1&0\\0&2\end{bmatrix}\right)\boldsymbol{u}+\\&\quad\left\{[0\quad 0]-[m_0\quad m_1]\begin{bmatrix}-1&0\\0&1\end{bmatrix}+\left(1-[m_0\quad m_1]\begin{bmatrix}0\\1\end{bmatrix}\right)[m_0\quad m_1]\right\}\boldsymbol{y}\\&=(1-m_1)z+[-m_0\quad 1-2m_1]\begin{bmatrix}u_1\\u_2\end{bmatrix}+(2m_0-m_0m_1\quad -m_1^2)\begin{bmatrix}y_1\\y_2\end{bmatrix}\end{aligned}$$

由 $\varphi(s)=\varphi^*(s)$ 得 $s-1+m_1=s+3$，解得 $m_1=4$，而 m_0 是任取的，如取 $m_0=0$，则有

$$\boldsymbol{m}=[0\quad 4]$$

可写出降维观测器方程为

$$\dot{z}=-3z+[0\quad -7]\begin{bmatrix}u_1\\u_2\end{bmatrix}+[0\quad -16]\begin{bmatrix}y_1\\y_2\end{bmatrix}=-3z-7u_2-16y_2$$

5）新状态空间中状态量 $\bar{\boldsymbol{x}}$ 的重构值为

$$\hat{\bar{\boldsymbol{x}}}=\begin{bmatrix}\hat{\bar{x}}_1\\\hat{\bar{\boldsymbol{x}}}_2\end{bmatrix}=\begin{bmatrix}z+\boldsymbol{m}\boldsymbol{y}\\\boldsymbol{y}\end{bmatrix}=\begin{bmatrix}z+[0\quad 4]\begin{bmatrix}y_1\\y_2\end{bmatrix}\\\begin{bmatrix}y_1\\y_2\end{bmatrix}\end{bmatrix}=\begin{bmatrix}z+4y_2\\y_1\\y_2\end{bmatrix}$$

6）原状态空间中状态量 $\boldsymbol{x}$ 的重构值为

$$\hat{\boldsymbol{x}}=\boldsymbol{P}_1(z+\boldsymbol{m}\boldsymbol{y})+\boldsymbol{P}_2\,\boldsymbol{y}=\begin{bmatrix}0\\-1\\1\end{bmatrix}(z+4y_2)+\begin{bmatrix}1&0\\0&1\\0&0\end{bmatrix}\begin{bmatrix}y_1\\y_2\end{bmatrix}=\begin{bmatrix}y_1\\-z-3y_2\\z+4y_2\end{bmatrix}$$

可画出降维状态观测器的状态变量如图 13-8 所示。

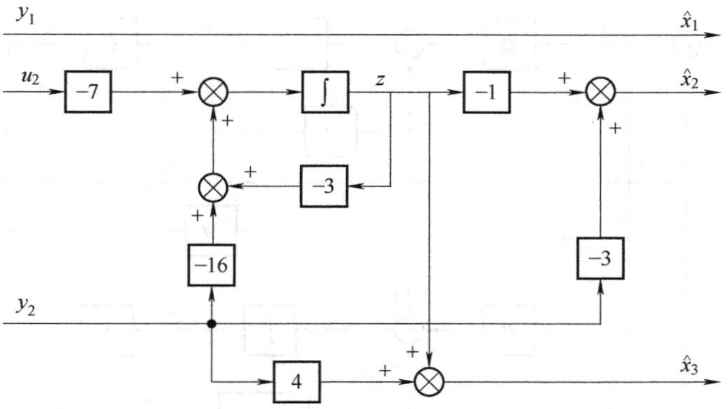

图 13-8　降维状态观测器状态变量图

二、引入观测器的状态反馈控制系统

观测器的引入解决了系统的状态重构问题，为不能直接量测的状态变量实行状态反馈控制提供了可能性。但是，采用重构的状态量实现状态反馈控制的系统从结构上、特性上具有什么特点，它与直接采用状态量实现状态反馈控制的系统有什么区别，都是需要进一步讨论的问题。

（一）系统的构成

从结构上看，引入观测器的状态反馈控制系统由 3 部分组成，它们分别是：

（1）被控对象（或开环系统）$\Sigma_o(\boldsymbol{A},\ \boldsymbol{B},\ \boldsymbol{C})$

$$\begin{cases}\dot{\boldsymbol{x}}=\boldsymbol{Ax}+\boldsymbol{Bu}\\ \boldsymbol{y}=\boldsymbol{Cx}\end{cases} \tag{13-42}$$

式中，$\boldsymbol{x}$ 为 n 维状态向量；$\boldsymbol{u}$ 为 p 维输入（控制）向量；$\boldsymbol{y}$ 为 q 维输出向量；$\boldsymbol{A}$ 为 $n\times n$ 维系统矩阵；$\boldsymbol{B}$ 为 $n\times p$ 维输入矩阵；$\boldsymbol{C}$ 为 $q\times n$ 维输出矩阵。

（2）观测器　为讨论方便取全维状态观测器 $\hat{\Sigma}_{\mathrm{M}}$，其表达式为

$$\dot{\hat{\boldsymbol{x}}}=(\boldsymbol{A}-\boldsymbol{MC})\hat{\boldsymbol{x}}+\boldsymbol{Bu}+\boldsymbol{My} \tag{13-43}$$

（3）状态反馈控制作用　这里被反馈的状态量是由状态观测器提供的状态量重构值，即

$$\boldsymbol{u}=\boldsymbol{v}-\boldsymbol{K}\hat{\boldsymbol{x}} \tag{13-44}$$

将上述 3 部分组合到一起，得到引入观测器的状态反馈控制系统 Σ_{KM} 的结构如图 13-9 所示。系统的表达式是上面 3 个表达式的组合，即

$$\begin{cases}\begin{bmatrix}\dot{\boldsymbol{x}}\\ \dot{\hat{\boldsymbol{x}}}\end{bmatrix}=\begin{bmatrix}\boldsymbol{A} & -\boldsymbol{BK}\\ \boldsymbol{MC} & \boldsymbol{A}-\boldsymbol{MC}-\boldsymbol{BK}\end{bmatrix}\begin{bmatrix}\boldsymbol{x}\\ \hat{\boldsymbol{x}}\end{bmatrix}+\begin{bmatrix}\boldsymbol{B}\\ \boldsymbol{B}\end{bmatrix}\boldsymbol{v}\\ \boldsymbol{y}=[\boldsymbol{C}\quad 0]\begin{bmatrix}\boldsymbol{x}\\ \hat{\boldsymbol{x}}\end{bmatrix}\end{cases} \tag{13-45}$$

（二）系统的特性

引入观测器的状态反馈控制系统 Σ_{KM} 具有一系列重要的特性，它们对于认识及设计这类

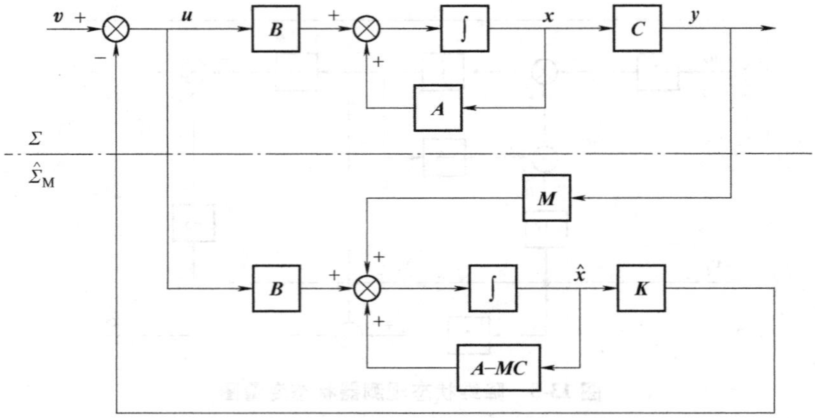

图 13-9　引入观测器的状态反馈控制系统结构图

系统具有重要意义。这里仍然以全维状态观测器为基础讨论引入观测器的状态反馈控制系统的特性，可以证明，对于降维状态观测器也可得出同样的结论。

1）系统 Σ_{KM}的维数是原系统 $\Sigma_o(\boldsymbol{A},\ \boldsymbol{B},\ \boldsymbol{C})$的维数与观测器 $\hat{\Sigma}_M$ 维数的和，并且，系统 Σ_{KM}的特征值(极点)集合是状态反馈控制系统 Σ_K 与观测器 $\hat{\Sigma}_M$ 的特征值(极点)的集合。

2）系统 Σ_{KM}综合的分离性。上面讨论已经表明，状态反馈控制系统的极点集合由状态反馈矩阵 $\boldsymbol{K}$ 确定，而与观测器偏差反馈矩阵 $\boldsymbol{M}$ 无关；同样，观测器的极点集合完全由观测器偏差反馈矩阵 $\boldsymbol{M}$ 确定，而与状态反馈矩阵 $\boldsymbol{K}$ 无关。因此，在系统综合时，状态反馈综合与观测器综合之间相互分离，即在求取状态反馈矩阵 $\boldsymbol{K}$ 和求取观测器偏差反馈矩阵 $\boldsymbol{M}$ 时，分别依照各自的条件和要求独立地进行。分离性原理给具有观测器的状态反馈控制系统的综合带来极大的方便。

3）观测器的引入不改变原状态反馈控制系统的传递函数矩阵，即观测器对系统传递函数矩阵不起作用。

4）引入观测器的状态反馈与直接状态反馈的等效性讨论。观测器的引入不改变原状态反馈控制系统的传递函数矩阵，似乎闭环系统的动态行为不受观测器的影响，其实不然。传递函数矩阵是在初始条件为零的前提下求得的，所以在求取传递函数矩阵时有 $\hat{\boldsymbol{x}}(0)=\boldsymbol{x}(0)=0$，实际上，正如前面所述，不可能真正存在 $\hat{\boldsymbol{x}}(0)=\boldsymbol{x}(0)$，我们是通过设计合适的偏差反馈矩阵 $\boldsymbol{M}$ 来实现 $\hat{\boldsymbol{x}}(t)$ 对 $\boldsymbol{x}(t)$ 的渐近等价的。实际上，观测器的动态特性势必影响闭环系统的动态特性，从引入观测器的状态反馈控制的结构和控制过程看，要求观测器的动态过程快于闭环系统的动态过程显然是合理的。在工程中，通常把观测器特征值的负实部取为状态反馈系统特征值的负实部的 2~3 倍。

基于同样的原因，一般地，观测器的引入会使状态反馈控制系统的鲁棒性变坏，但可以采用回路传递函数矩阵恢复技术等方法加以改善。

第三节 实例：双转子直升机控制系统状态反馈控制

一、状态反馈控制

遵循第五章第三节时域分析的思路，将双转子直升机的尾旋翼锁定，只考虑主旋翼的时域性能。系统简化为仅有俯仰角的单自由度系统，系统的状态空间模型为

$$\dot{\boldsymbol{x}}=\begin{bmatrix}0 & 1\\ 0 & -\dfrac{D_{\mathrm{p}}}{J_{\mathrm{p}}}\end{bmatrix}\boldsymbol{x}+\begin{bmatrix}0\\ \dfrac{K_{\mathrm{pp}}}{J_{\mathrm{p}}}\end{bmatrix}u$$

$$y=[1\quad 0]\boldsymbol{x}$$

式中，$\boldsymbol{x}=[\theta\quad\dot{\theta}]^{\mathrm{T}}$，$u=V_{\mathrm{p}}$，$y=\theta$，$D_{\mathrm{p}}=0.0226\mathrm{V}\cdot\mathrm{s/rad}$，$J_{\mathrm{p}}=0.0219\mathrm{kg}\cdot\mathrm{m}^2$，$K_{\mathrm{pp}}=0.0015\mathrm{N}\cdot\mathrm{m/V}$。即 $\boldsymbol{A}=\begin{bmatrix}0 & 1\\ 0 & -1.03\end{bmatrix}$，$\boldsymbol{B}=\begin{bmatrix}0\\ 0.07\end{bmatrix}$，$\boldsymbol{C}=[1\quad 0]$。

由系统的能控性矩阵

$$\mathrm{rank}\boldsymbol{Q}_{\mathrm{c}}=\mathrm{rank}[\boldsymbol{b}\quad\boldsymbol{Ab}\quad\boldsymbol{A}^2\boldsymbol{b}]=\mathrm{rank}\begin{bmatrix}0 & 0.07 & -0.0721\\ 0.07 & -0.0721 & 0.07426\end{bmatrix}=2\quad 满秩$$

可判定被控对象能控，因此可以通过状态反馈实现系统极点的任意配置。

在第十二章中，通过根轨迹法对原系统进行串联校正，校正后系统的闭环极点为 $s_{1,2}=-1.2\pm\mathrm{j}1.6$，使系统在保持阶跃响应超调量 $\sigma\%\leqslant15\%$、静态速度误差系数 $K_{\mathrm{v}}\geqslant2\mathrm{rad/s}$ 的前提下，将调整时间由原来的 $t_{\mathrm{s}}=7.3\mathrm{s}$ 缩短到 $t_{\mathrm{s}}\leqslant3.0\mathrm{s}$。这里将利用状态反馈将系统的闭环极点配置到 $s_{1,2}=-1.2\pm\mathrm{j}1.6$，改善系统的动态性能。

由给定的期望极点得到期望的特征多项式为

$$\varphi^*(s)=\prod_{i=1}^{2}(s-\lambda_i^*)=(s+1.2-\mathrm{j}1.6)(s+1.2+\mathrm{j}1.6)=s^2+2.4s+4$$

而闭环系统的特征多项式为

$$\begin{aligned}\varphi(s)&=\det[s\boldsymbol{I}-(\boldsymbol{A}-\boldsymbol{bk})]\\ &=\det(s\boldsymbol{I}-\boldsymbol{A}+\boldsymbol{bk})=\det\left(\begin{bmatrix}s & 0\\ 0 & s\end{bmatrix}-\begin{bmatrix}0 & 1\\ 0 & -1.03\end{bmatrix}+\begin{bmatrix}0\\ 0.07\end{bmatrix}[k_0\quad k_1]\right)\\ &=\det\begin{bmatrix}s & -1\\ 0.07k_0 & s+1.03+0.07k_1\end{bmatrix}=s^2+(1.03+0.07k_1)s+0.07k_0\end{aligned}$$

由 $\varphi(s)=\varphi^*(s)$，有

$$s^2+(1.03+0.07k_1)s+0.07k_0=s^2+2.4s+4$$

得联立方程

$$\begin{cases}1.03+0.07k_1=2.4\\ 0.07k_0=4\end{cases}$$

解联立方程，得 $k_0=\dfrac{400}{7}$，$k_1=\dfrac{137}{7}$，即状态反馈行向量为

$$k=\begin{bmatrix}\dfrac{400}{7} & \dfrac{137}{7}\end{bmatrix}$$

可画出如图 13-10 所示的闭环系统状态变量图。

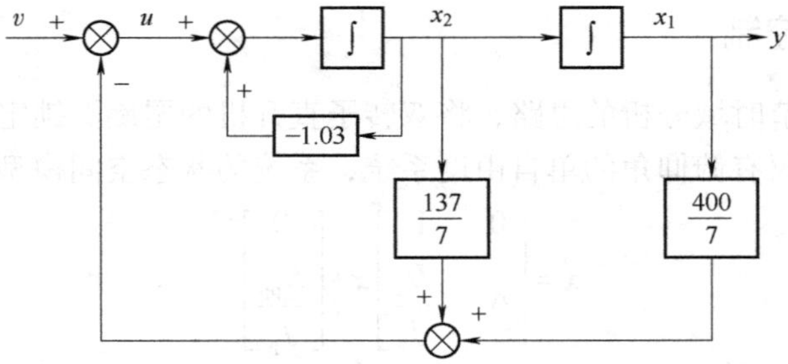

图 13-10　闭环系统的状态变量图

二、具有状态观测器的状态反馈控制

由系统的能观性矩阵 $Q_o=\begin{bmatrix}C\\CA\end{bmatrix}=\begin{bmatrix}1&0\\0&1\end{bmatrix}$ 满秩可判定其能观，并由 $\operatorname{rank}C=\operatorname{rank}[1\quad 0]=1$ 可知降维观测器的维数为 1。

构造非奇异变换矩阵的逆阵为

$$P^{-1}=Q=\begin{bmatrix}D\\C\end{bmatrix}=\begin{bmatrix}0&1\\1&0\end{bmatrix}$$

并求出

$$P=Q^{-1}=\begin{bmatrix}0&1\\1&0\end{bmatrix}^{-1}=\begin{bmatrix}0&1\\1&0\end{bmatrix}=[p_1\quad p_2]$$

对被观测系统实施非奇异变换 $x=P\bar{x}=Q^{-1}\bar{x}$，在新状态空间中的各系数矩阵分别为

$$\bar{A}=P^{-1}AP=\begin{bmatrix}0&1\\1&0\end{bmatrix}\begin{bmatrix}0&1\\0&-1.03\end{bmatrix}\begin{bmatrix}0&1\\1&0\end{bmatrix}=\begin{bmatrix}-1.03&0\\1&0\end{bmatrix}$$

$$\bar{B}=P^{-1}B=\begin{bmatrix}0&1\\1&0\end{bmatrix}\begin{bmatrix}0\\0.07\end{bmatrix}=\begin{bmatrix}0.07\\0\end{bmatrix}$$

$$\bar{C}=CP=[1\quad 0]\begin{bmatrix}0&1\\1&0\end{bmatrix}=[0\quad 1]$$

式中，$\bar{A}_{11}=-1.03$，$\bar{A}_{12}=0$，$\bar{A}_{21}=1$，$\bar{A}_{22}=0$；$\bar{B}_1=0.07$，$\bar{B}_2=0$。

得降维观测器方程为

$$\begin{aligned}\dot{z}&=(\bar{A}_{11}-m\bar{A}_{21})z+(\bar{B}_1-m\,\bar{B}_2)u+[\bar{A}_{12}-m\bar{A}_{22}+(\bar{A}_{11}-m\bar{A}_{21})m]y\\&=(-1.03-m\cdot 1)z+(0.07-m\cdot 0)u+\{0-m\cdot 0+(-1.03-m\cdot 1)\cdot m\}y\\&=(-1.03-m)z+0.07u+(-1.03m-m^2)y\end{aligned}$$

假设降维状态观测器的期望极点为−3，则由 $\varphi(s)=\varphi^*(s)$ 得 $s-(-1.03-m)=s+3$，解得 $m=1.97$。可写出降维观测器方程为

$$\dot{z}=-3z+0.07u-5.91y$$

新状态空间中状态量 $\bar{\boldsymbol{x}}$ 的重构值为

$$\hat{\bar{\boldsymbol{x}}}=\begin{bmatrix}\hat{\bar{x}}_1\\ \hat{\bar{x}}_2\end{bmatrix}=\begin{bmatrix}z+my\\ y\end{bmatrix}=\begin{bmatrix}z+1.97y\\ y\end{bmatrix}$$

原状态空间中状态量 $\boldsymbol{x}$ 的重构值为

$$\hat{\boldsymbol{x}}=\boldsymbol{P}_1(z+my)+\boldsymbol{P}_2y=\begin{bmatrix}0\\1\end{bmatrix}(z+1.97y)+\begin{bmatrix}1\\0\end{bmatrix}y=\begin{bmatrix}y\\ z+1.97y\end{bmatrix}$$

可画出降维状态观测器的状态变量图如图 13-11 所示。

引入观测器的状态反馈控制系统如图 13-12 所示。

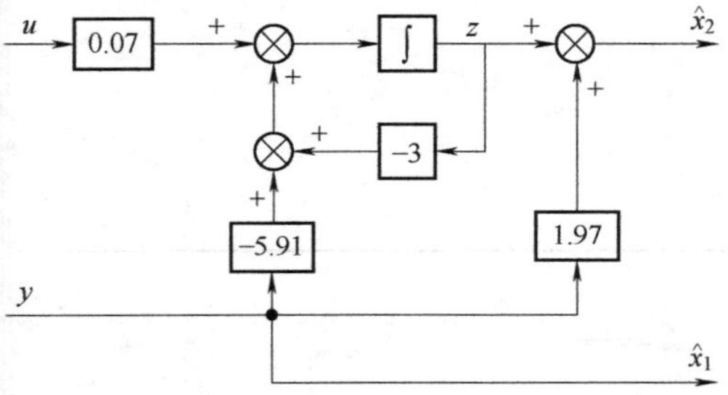

图 13-11　降维状态观测器状态变量图

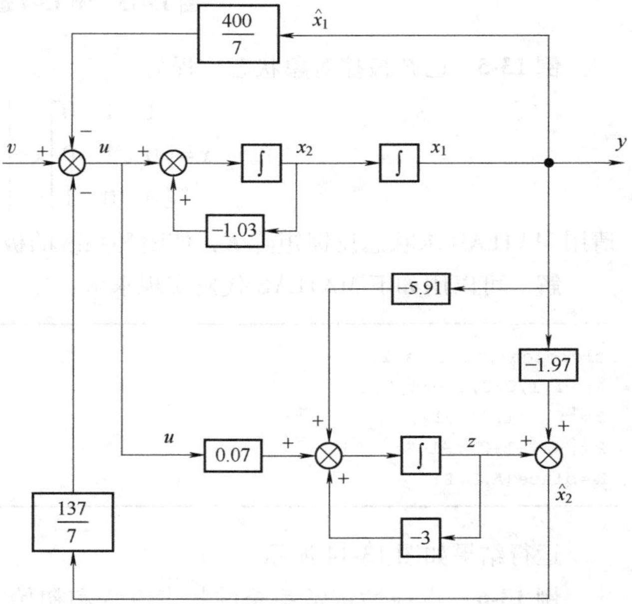

图 13-12　引入观测器的状态反馈控制系统状态变量图

第四节　应用 MATLAB 的状态空间法综合

例 13-4　已知被控对象状态方程为

$$\dot{\boldsymbol{x}}=\begin{bmatrix}0&0&0\\1&-6&0\\0&1&-12\end{bmatrix}\boldsymbol{x}+\begin{bmatrix}1\\0\\0\end{bmatrix}u$$

请用 MATLAB 求出使系统极点位于 $\lambda_1^*=-2$，$\lambda_{2,3}^*=-1\pm \mathrm{j}$ 的状态反馈行向量 $\boldsymbol{k}$。

解　已知系统极点，则可以利用 MATLAB 的 acker( ) 函数求解，可用如下代码实现：

```
clc;clear;close all;
A=[0,0,0;1,-6,0;0,1,-12];
B=[1;0;0];
P=[-2,-1+i,-1-i];
K=acker(A,B,P)
```

运行结果如图 13-13 所示。

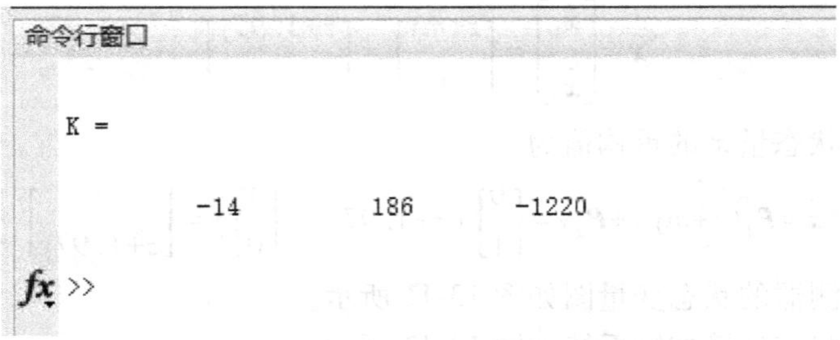

图 13-13　例 13-4 运行结果

例 13-5　已知被控对象状态方程为

$$\dot{\boldsymbol{x}}=\begin{bmatrix}1&1&0\\0&1&0\\0&0&1\end{bmatrix}\boldsymbol{x}+\begin{bmatrix}0&1\\1&0\\1&1\end{bmatrix}\boldsymbol{u}$$

请用 MATLAB 求状态反馈矩阵 $\boldsymbol{K}$，使闭环系统的极点为−2、−1±j2。

解　可以用如下 MATLAB 代码实现求解：

```
clc;clear;close all;
A=[1,1,0;0,1,0;0,0,1];
B=[0,1;1,0;1,1];
P=[-2,-1+2i,-1-2i];
K=place(A,B,P)
```

运行结果如图 13-14 所示。

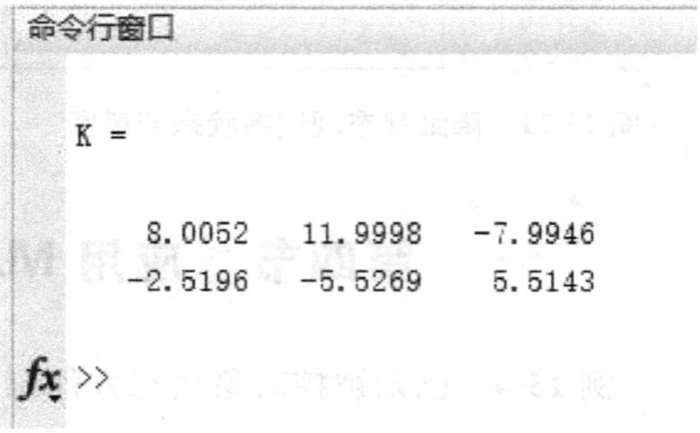

图 13-14　例 13-5 运行结果

例 13-6　设线性定常系统的状态方程和初始条件为

$$\begin{cases}\dot{\boldsymbol{x}}=\begin{bmatrix}0&0\\1&0\end{bmatrix}\boldsymbol{x}+\begin{bmatrix}1\\0\end{bmatrix}u\\ \boldsymbol{x}(0)=\begin{bmatrix}0\\1\end{bmatrix}\end{cases}$$

性能指标为

$$J=\int_0^{\infty}\left[\frac{1}{2}x_2^2(t)+\frac{1}{8}u^2(t)\right]\mathrm{d}t$$

请用 MATLAB 求最优控制 $\boldsymbol{u}^*(t)$ 及最优性能指标值 J^*。

解　由性能指标的式子可得权矩阵 $\boldsymbol{Q}$ 和 $\boldsymbol{R}$ 分别为

$$\boldsymbol{Q}=\begin{bmatrix}0&0\\0&1\end{bmatrix},\ \boldsymbol{R}=\frac{1}{4}$$

因此利用 MATLAB 的 lqr( ) 函数，通过如下 MATLAB 代码实现：

```
clc;clear;close all;
A=[0,0;1,0];
B=[1;0];
Q=[0,0;0,1];
R=[0.25];
[K,P,l]=lqr(A,B,Q,R)
```

运行结果如图 13-15 所示。

由运行结果可知

$$P=\begin{bmatrix}0.5 & 0.5\\0.5 & 1\end{bmatrix}$$

是正定对称的常数矩阵，最优控制的状态反馈矩阵为

$$k=[2\quad 2]$$

最优控制为

$$u^*(t)=-kx(t)=-[2\quad 2]x(t)$$

闭环系统的极点为-1±j。

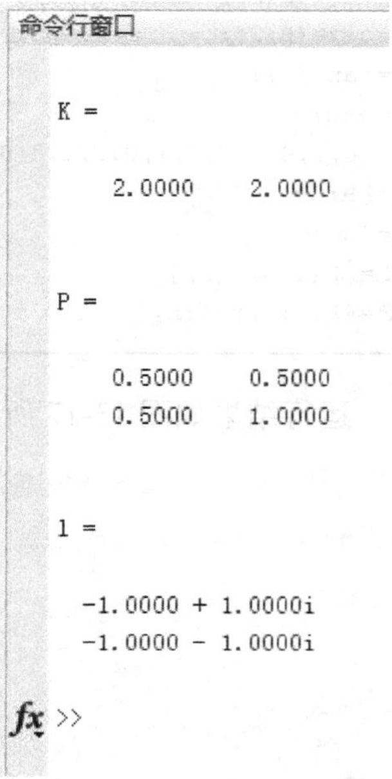

图 13-15　例 13-6 运行结果

例 13-7　已知线性定常系统

$$\begin{cases}\dot{x}=\begin{bmatrix}0 & 1 & 0 & 0\\0 & 0 & -2 & 0\\0 & 0 & 0 & 1\\0 & 0 & 4 & 0\end{bmatrix}x+\begin{bmatrix}0\\1\\0\\-1\end{bmatrix}u\\ y=[1\quad 0\quad 0\quad 0]x\end{cases}$$

试应用 MATLAB 设计具有极点为-3、-3±j2 的降维状态观测器。

解　1) 首先通过 MATLAB 编程判别系统的能观性，具体代码为：

```
clc;clear;close all;
A=[0,1,0,0;0,0,-2,0;0,0,0,1;0,0,4,0];
B=[0;1;0;-1];
C=[1,0,0,0];
D=[0];
Qo=obsv(A,C);
no=rank(Qo)
```

运行结果如图 13-16 所示。

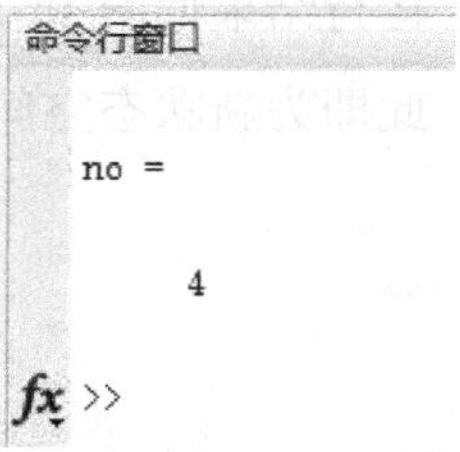

图 13-16　计算例 13-7 能观性

系统能观性矩阵满秩，系统能观，可以设计极点任意配置的降维状态观测器。

2) 由于 $q=\text{rank}\boldsymbol{C}=1$，所以所设计的降维状态观测器为 $n-q=3$ 维。构造非奇异变换阵的逆阵 $P^{-1}=Q=\begin{bmatrix}D\\C\end{bmatrix}$，其中 D 为 $(n-q)\times n$ 维保证 Q 非奇异的任意矩阵；并求出 $P=Q^{-1}=[P_1\quad P_2]$。可编

程如下：

```
clc;clear;close all;
A=[0,1,0,0;0,0,-2,0;0,0,0,1;0,0,4,0];
B=[0;1;0;-1];
C=[1,0,0,0];
D=[0];
n=length(A);
p=size(B,2);
q=rank(C);
r=n-q;
R=[0,0,0,1;0,0,1,0;0,1,0,0];
Q=[R;C]
P=inv(Q)
P1=[P(1:n,1:r)]
P2=[P(1:n,r+1:n)]
```

运行结果如图 13-17 所示。

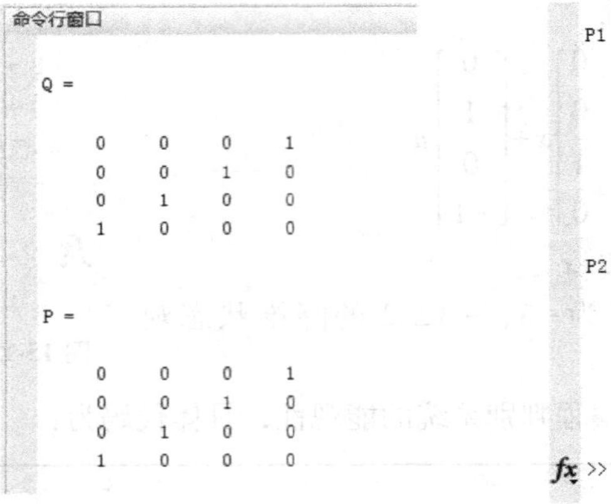

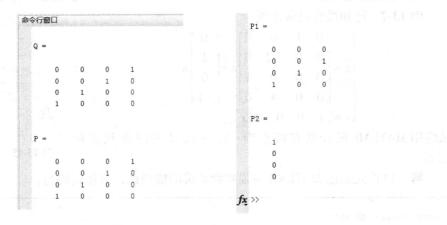

图 13-17　非奇异变换阵计算结果

3）对被观测系统 $\Sigma(\boldsymbol{A},\ \boldsymbol{B},\ \boldsymbol{C})$ 实施非奇异变换 $\boldsymbol{x}=\boldsymbol{P}\bar{\boldsymbol{x}}$，应用 MATLAB 的 ss2ss( ) 函数，在步骤 2)代码上，可编程如下：

```
[A1,B1,C1,D1]=ss2ss(A,B,C,D,Q)
```

运行结果如图 13-18 所示。

此即为新状态空间系统模型 $\Sigma(\bar{\boldsymbol{A}},\ \bar{\boldsymbol{B}},\ \bar{\boldsymbol{C}},\ \bar{\boldsymbol{D}})$，各相应矩阵可以表示为

$$\begin{cases}\dot{\bar{\boldsymbol{x}}}=\left[\begin{array}{ccc|c}0 & 4 & 0 & 0\\ 1 & 0 & 0 & 0\\ 0 & -2 & 0 & 0\\ \hline 0 & 0 & 1 & 0\end{array}\right]\bar{\boldsymbol{x}}+\left[\begin{array}{c}-1\\ 0\\ 1\\ \hline 0\end{array}\right]u\\ y=\left[\begin{array}{ccc|c}0 & 0 & 0 & 1\end{array}\right]\bar{\boldsymbol{x}}\end{cases}$$

```
命令行窗口

A1 =

     0     4     0     0
     1     0     0     0
     0    -2     0     0
     0     0     1     0

B1 =

    -1
     0
     1
     0

C1 =

     0     0     0     1

D1 =

     0

fx >>
```

图 13-18　运行结果

4）对于降维观测器方程，可用如下公式：

$$\dot{\boldsymbol{z}}=(\overline{\boldsymbol{A}}_{11}-\boldsymbol{M}\overline{\boldsymbol{A}}_{21})\boldsymbol{z}+(\overline{\boldsymbol{B}}_1-\boldsymbol{M}\overline{\boldsymbol{B}}_2)\boldsymbol{u}+[\overline{\boldsymbol{A}}_{12}-\boldsymbol{M}\overline{\boldsymbol{A}}_{22}+(\overline{\boldsymbol{A}}_{11}-\boldsymbol{M}\overline{\boldsymbol{A}}_{21})\boldsymbol{M}]\boldsymbol{y}$$

按极点配置算法求出反馈矩阵 $\boldsymbol{M}$。需先得出上面式子的各相应矩阵，在前面代码的基础上，可编程如下：

```
A11=[A1(1:r,1:r)]
A12=[A1(1:r,r+1:n)]
A21=[A1(r+1:n,1:r)]
A22=[A1(r+1:n,r+1:n)]
B11=[B1(1:r,1:p)]
B12=[B1(r+1:n,1:p)]
```

运行结果如图 13-19 所示。

```
命令行窗口

A11 =

     0     4     0
     1     0     0
     0    -2     0

A12 =

     0
     0
     0

A21 =

     0     0     1

A22 =

     0

B11 =

    -1
     0
     1

B12 =

     0

fx >>
```

图 13-19　计算反馈矩阵 *M* 的各相应矩阵结果

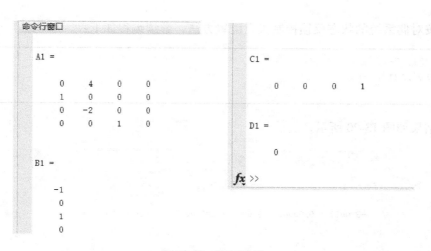

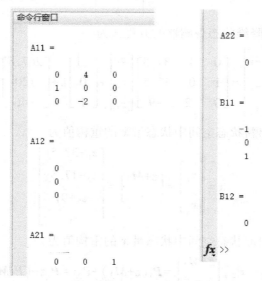

然后按对偶系统的状态反馈控制极点配置方法，继续编程如下：

```
Po=[-3,-3+2i,-3-2i]
K=acker(A11',A21',Po)
M=K'
```

运行结果如图 13-20 所示。

```
命令行窗口

Po =

  -3.0000 + 0.0000i  -3.0000 + 2.0000i  -3.0000 - 2.0000i


K =

  -37.5000  -17.5000    9.0000


M =

  -37.5000
  -17.5000
    9.0000

fx >>
```

图 13-20　运行结果

由运行结果可得降维状态观测器的反馈矩阵为

$$M=\begin{bmatrix}-37.5\\-17.5\\9\end{bmatrix}$$

代入式(13-39)，得降维状态观测器的方程式为

$$\begin{bmatrix}\dot{z}_1\\\dot{z}_2\\\dot{z}_3\end{bmatrix}=\begin{bmatrix}0&4&37.5\\1&0&17.5\\0&-2&-9\end{bmatrix}\begin{bmatrix}z_1\\z_2\\z_3\end{bmatrix}+\begin{bmatrix}-1\\0\\1\end{bmatrix}u+\begin{bmatrix}267.5\\120\\-46\end{bmatrix}y$$

5）由式(13-40)得出新状态空间中状态量 $\bar{\boldsymbol{x}}$ 的重构值为

$$\hat{\bar{\boldsymbol{x}}}=\begin{bmatrix}\hat{\bar{\boldsymbol{x}}}_1\\\hat{\bar{\boldsymbol{x}}}_2\end{bmatrix}=\begin{bmatrix}z+\boldsymbol{M}y\\y\end{bmatrix}=\begin{bmatrix}z_1-37.5y\\z_2-17.5y\\z_3+9y\\y\end{bmatrix}$$

6）由式(13-41)得出原状态空间中状态量 $\boldsymbol{x}$ 的重构值为

$$\hat{\boldsymbol{x}}=[\boldsymbol{P}_1\quad\boldsymbol{P}_2]\begin{bmatrix}z+\boldsymbol{M}y\\y\end{bmatrix}=\boldsymbol{P}_1(z+\boldsymbol{M}y)+\boldsymbol{P}_2y=\boldsymbol{P}_1z+(\boldsymbol{P}_1\boldsymbol{M}+\boldsymbol{P}_2)y$$

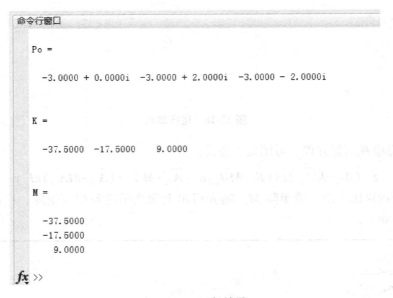

即

$$\hat{\boldsymbol{x}}=\begin{bmatrix}\hat{x}_1\\ \hat{x}_2\\ \hat{x}_3\\ \hat{x}_4\end{bmatrix}=\boldsymbol{P}_1\boldsymbol{z}+(\boldsymbol{P}_1\boldsymbol{M}+\boldsymbol{P}_2)y=\begin{bmatrix}0&0&0\\0&0&1\\0&1&0\\1&0&0\end{bmatrix}\begin{bmatrix}z_1\\z_2\\z_3\end{bmatrix}+\left(\begin{bmatrix}0&0&0\\0&0&1\\0&1&0\\1&0&0\end{bmatrix}\begin{bmatrix}-37.5\\-17.5\\9\end{bmatrix}+\begin{bmatrix}1\\0\\0\\0\end{bmatrix}\right)y=\begin{bmatrix}y\\z_3+9y\\z_2-17.5y\\z_1-37.5y\end{bmatrix}$$

本章要点

1. 状态反馈控制是状态空间描述法中最基本的控制形式，是系统结构信息的完全反馈，可以实现对系统极点的任意配置。状态反馈控制比较输出反馈控制具有明显的优越性。

2. 系统闭环极点能任意配置的充要条件是被控对象能控。本章介绍了单输入线性定常系统闭环极点的几种配置算法。

3. 状态观测器可以对那些不能直接获取的状态变量进行重构，使得状态反馈控制得以实现。观测器极点能任意配置的充要条件是被控对象能观。本章介绍了全维状态观测器和降维状态观测器设计方法，也讨论了引入观测器的状态反馈控制系统的结构及其主要特性。

习　题

1. 受控系统 $\Sigma_o(\boldsymbol{A},\ \boldsymbol{b})$ 的系数矩阵为

$$\boldsymbol{A}=\begin{bmatrix}-2&-3\\4&-9\end{bmatrix},\ \boldsymbol{b}=\begin{bmatrix}3\\1\end{bmatrix}$$

试求状态反馈矩阵，使闭环系统的极点配置在 $\lambda_{1,2}=-1\pm j2$。

2. 已知系统的开环传递函数为

$$G_o(s)=\frac{20}{s^3+4s^2+3s}$$

1）写出系统的状态方程。

2）求出状态反馈矩阵，使闭环系统的极点为−5 和−2±j2。

3）画出反馈系统状态变量图。

3. 已知系统的传递函数为

$$G(s)=\frac{(s-1)(s+2)}{(s+1)(s-2)(s+3)}$$

试问能否利用状态反馈将系统的传递函数变为

$$G_K(s)=\frac{(s-1)}{(s+2)(s+3)}\text{和 }G_K(s)=\frac{(s+2)}{(s+1)(s+3)}$$

若可能，试分别求出状态反馈矩阵 $\boldsymbol{K}$，并画出相应的状态变量图。

4. 已知系统状态方程为

$$\dot{\boldsymbol{x}}=\begin{bmatrix}1&0\\0&1\end{bmatrix}\boldsymbol{x}+\begin{bmatrix}1&1\\0&1\end{bmatrix}\boldsymbol{u}$$

试计算状态反馈矩阵，使闭环系统的极点为-1 和-2，并画出反馈控制系统的状态变量图。

5. 已知系统状态方程为

$$\dot{\boldsymbol{x}}=\begin{bmatrix}1&1&0\\0&1&0\\0&0&2\end{bmatrix}\boldsymbol{x}+\begin{bmatrix}0&0\\1&0\\0&-2\end{bmatrix}\boldsymbol{u}$$

求出状态反馈矩阵，使闭环系统的极点为-2 和-1±j2，并画出反馈控制系统的状态变量图。

6. 双输入单输出系统的系数矩阵分别为

$$\boldsymbol{A}=\begin{bmatrix}0&0&5\\1&0&-1\\0&1&3\end{bmatrix},\ \boldsymbol{B}=\begin{bmatrix}-2&0\\1&-4\\0&2\end{bmatrix},\ \boldsymbol{c}=[0\quad 0\quad 1]$$

1）验证系统是不稳定的，$\{\boldsymbol{A},\boldsymbol{B}\}$完全可控，$\{\boldsymbol{A},\boldsymbol{c}\}$完全可观测。

2）试设计输出反馈$\begin{bmatrix}u_1\\u_2\end{bmatrix}=\begin{bmatrix}h_1\\h_2\end{bmatrix}y$，使闭环系统渐近稳定。

3）利用 2)的结果说明，输出反馈不能任意配置闭环极点。

7. 双输入单输出系统的系数矩阵分别为

$$\boldsymbol{A}=\begin{bmatrix}0&0&5\\1&0&-1\\0&1&-3\end{bmatrix},\ \boldsymbol{B}=\begin{bmatrix}-2&0\\1&-2\\0&1\end{bmatrix},\ \boldsymbol{c}=[0\quad 0\quad 1]$$

1）验证系统状态完全可观测，且对每一个输入分量均可控。

2）试设计输出反馈$\begin{bmatrix}u_1\\u_2\end{bmatrix}=\begin{bmatrix}h_1\\h_2\end{bmatrix}y$，使闭环系统具有渐近稳定的特征多项式

$$\varphi^*(s)=s^3+s^2+2s+1$$

8. 已知受控系统的传递函数为

$$G_o(s)=\frac{10}{s(s+2)^2}$$

设计状态反馈和输入变换控制律 $u=-\boldsymbol{kx}+lv$，使系统的闭环极点为-1、-2 和-3，且闭环静态放大倍数为 1。

9. 已知系统的传递函数为

$$G(s)=\frac{(s+1)}{s^2(s+3)}$$

试设计一个状态反馈阵，将闭环系统的极点配置在-2、-2 和-1，并说明所得闭环系统的能观性。

10. 已知受控系统的系数矩阵分别为

$$\boldsymbol{A}=\begin{bmatrix}1&0\\0&0\end{bmatrix},\ \boldsymbol{b}=\begin{bmatrix}1\\1\end{bmatrix},\ \boldsymbol{c}=[2\quad -1]$$

试设计受控系统的全维状态观测器，使观测器具有重极点-1。

11. 已知受控系统的系数矩阵分别为

$$\boldsymbol{A}=\begin{bmatrix}0&1\\-2&-3\end{bmatrix},\ \boldsymbol{b}=\begin{bmatrix}0\\1\end{bmatrix},\ \boldsymbol{c}=[2\quad 0]$$

试设计受控系统的全维状态观测器，使观测器具有重极点-10。

12. 已知系统的状态空间表达式为

$$\begin{cases}\dot{\boldsymbol{x}}=\begin{bmatrix}0&1\\0&0\end{bmatrix}\boldsymbol{x}+\begin{bmatrix}0\\1\end{bmatrix}u\\ y=[1\quad 0]\boldsymbol{x}\end{cases}$$

试设计系统的全维状态观测器，使观测器的极点为$-r$和$-2r$，其中$r>0$，并画出系统状态变量图。

13. 已知受控系统的传递函数为

$$G_o(s)=\frac{1}{s(s+1)}$$

试设计系统的全维状态观测器，使观测器的极点为-8和-10。

14. 设计下列系统的降维状态观测器，并使观测器的极点为给定值：

1) $\begin{cases}\dot{\boldsymbol{x}}=\begin{bmatrix}-1 & 0\\ 1 & -2\end{bmatrix}\boldsymbol{x}+\begin{bmatrix}1\\0\end{bmatrix}u\\ y=\begin{bmatrix}0 & 1\end{bmatrix}\boldsymbol{x}\end{cases}$，极点为$\lambda=-3$。

2) $\begin{cases}\dot{\boldsymbol{x}}=\begin{bmatrix}2 & 1 & 1\\ 1 & -1 & 1\\ 0 & 0 & 0\end{bmatrix}\boldsymbol{x}+\begin{bmatrix}1\\0\\0\end{bmatrix}u\\ y=\begin{bmatrix}1 & 0 & 0\end{bmatrix}\boldsymbol{x}\end{cases}$，极点为$\lambda=-1$，$-2$。

3) $\begin{cases}\dot{\boldsymbol{x}}=\begin{bmatrix}0 & 1 & 0\\ 0 & 0 & 1\\ -6 & -11 & -6\end{bmatrix}\boldsymbol{x}+\begin{bmatrix}0\\0\\1\end{bmatrix}u\\ \boldsymbol{y}=\begin{bmatrix}1 & 0 & 0\\ 0 & 1 & 0\end{bmatrix}\boldsymbol{x}\end{cases}$，极点为$\lambda=-5$。

15. 伺服电动机的传递函数为

$$G_o(s)=\frac{50}{s(s+2)}$$

1）采用降维状态观测器重构其速度值，观测器极点为-15。

2）采用状态反馈，使闭环传递函数为$50/(s^2+10s+50)$（阻尼比$\zeta=0.707$）。

3）画出整个系统的状态变量图。

16. 设被控系统的传递函数为

$$G_o(s)=\frac{4}{s^2-4}$$

试设计闭环极点位于$-2\pm j2$的状态反馈控制；设计状态量的重构误差不慢于e^{-5t}的规律衰减的全维及降维状态观测器；构成带有状态观测器的状态反馈控制系统，并画出系统状态变量图。

17. 设被控系统的传递函数为

$$G_o(s)=\frac{1}{s^3}$$

1）试设计状态反馈控制，使闭环系统具有-3和$-\frac{1}{2}\pm j\sqrt{\frac{3}{2}}$的极点。

2）如令$y=x_3$，试设计极点为-5、-5的降维状态观测器。

3）画出带有状态观测器的状态反馈控制系统的状态变量图。

18. 已知系统的状态空间表达式为

$$\begin{cases}\dot{\boldsymbol{x}}=\begin{bmatrix}1 & 2 & 0\\ 3 & -1 & 1\\ 0 & 2 & 0\end{bmatrix}\boldsymbol{x}+\begin{bmatrix}0\\0\\1\end{bmatrix}u\\ y=\begin{bmatrix}1 & 1 & 1\end{bmatrix}\boldsymbol{x}\end{cases}$$

1）能否通过状态反馈将系统的闭环极点配置在-3、-4、-5处？若能，则求出状态反馈矩阵。

2）能否设计该系统的状态观测器？若能则设计出一个极点位于-3、-4、-5处的全维状态观测器。

3）系统的最小阶状态观测器是几阶？设计一个所有极点均位于-5处的最小阶状态观测器。

4）分别以1）、2）的结果和1）、3）的结果画出带有状态观测器的状态反馈控制系统的状态变量图。

5）分别写出4）中带有状态观测器的状态反馈控制系统的表达式。

参考文献

[1] 赵光宙. 信号分析与处理[M]. 3 版. 北京：机械工业出版社，2018.
[2] 吴湘淇. 信号与系统[M]. 3 版. 北京：电子工业出版社，2009.
[3] 潘仲明. 信号、系统与控制基础教程[M]. 北京：高等教育出版社，2012.
[4] 邱天爽，郭莹. 信号处理与数据分析[M]. 北京：清华大学出版社，2015.
[5] 郑君里，应启珩，杨为理. 信号与系统[M]. 3 版. 北京：高等教育出版社，2011.
[6] 张贤达. 现代信号处理[M]. 3 版. 北京：清华大学出版社，2015.
[7] 陈后金. 信号与系统[M]. 2 版. 北京：高等教育出版社，2019.
[8] 曹继国，孟庆国，杨旭. 离散信号处理与应用[M]. 北京：机械工业出版社，2013.
[9] 徐守时，谭勇，郭武. 信号与系统：理论、方法和应用[M]. 2 版. 合肥：中国科学技术大学出版社，2010.
[10] 吴大正. 信号与线性系统分析[M]. 4 版. 北京：高等教育出版社，2006.
[11] 徐科军. 信号分析与处理[M]. 北京：清华大学出版社，2006.
[12] 奥本海姆 A V，威尔斯基 A S，纳瓦布 S H. 信号与系统：第 2 版[M]. 刘树棠，译. 北京：电子工业出版社，2013.
[13] 管致中，夏恭恪，孟桥. 信号与线性系统[M]. 5 版. 北京：高等教育出版社，2011.
[14] 程佩青. 数字信号处理教程[M]. 4 版. 北京：清华大学出版社，2015.
[15] 奥本海姆 A V，谢弗 R W. 离散时间信号处理：第 3 版[M]. 黄建国，刘树棠，张国梅，译. 北京：电子工业出版社，2015.
[16] 胡广书. 数字信号处理：理论、算法与实现[M]. 3 版. 北京：清华大学出版社，2012.
[17] 罗鹏飞，张文明. 随机信号分析与处理[M]. 2 版. 北京：清华大学出版社，2012.
[18] 伯勒斯 C S，GOPINATH R A，GUO H T. 小波与小波变换导论[M]. 芮国胜，程正兴，王文，译. 北京：电子工业出版社，2013.
[19] ÅSTRÖM K J，WITTENMARK B. Adaptive Control：第 2 版[M]. 北京：科学出版社，2003.
[20] NEKOOGAR F，MORIARTY G. Digital Control Using Digital Signal Processing[M]. 北京：科学出版社，2002.
[21] LJUNG L. System Identification：Theory for the User：第 2 版[M]. 北京：清华大学出版社，2002.
[22] MITRE S K. Digital Signal Processing：A Computer-Based Approach[M]. 北京：清华大学出版社，2001.
[23] HAYKIN S，VEEN B V. Signals and Systems：第 2 版[M]. 北京：电子工业出版社，2012.
[24] PROAKIS J G，MANOLAKIS D G. 数字信号处理：原理、算法与应用[M]. 4 版. 北京：电子工业出版社，2012.
[25] 刘丁. 自动控制理论[M]. 2 版. 北京：机械工业出版社，2016.
[26] 胡寿松. 自动控制原理[M]. 6 版. 北京：科学出版社，2013.
[27] 胡寿松. 自动控制原理题海大全[M]. 北京：科学出版社，2008.
[28] 李友善. 自动控制原理[M]. 3 版. 北京：国防工业出版社，2005.

[29] FRANKLIN G F, POWELL J D, EMAMI-NAEINI A. 自动控制原理与设计：第 6 版[M]. 李中华，等译. 北京：人民邮电出版社，2014.
[30] 翁贻方. 自动控制理论例题习题集：考研试题解析[M]. 北京：机械工业出版社，2007.
[31] 王建辉，顾树生. 自动控制原理[M]. 2 版. 北京：清华大学出版社，2014.
[32] 夏德钤，翁贻方. 自动控制理论[M]. 3 版. 北京：机械工业出版社，2012.
[33] 吴麒，王诗宓. 自动控制原理[M]. 2 版. 北京：清华大学出版社，2006.
[34] 薛定宇. 控制系统计算机辅助设计：MATLAB 语言与应用[M]. 3 版. 北京：清华大学出版社，2012.
[35] ASTROM K J, MURRAY R M. 自动控制：多学科视角[M]. 尹华杰，等译. 北京：人民邮电出版社，2010.
[36] OGATA K. 现代控制工程：第 5 版[M]. 卢伯英，佟明安，译. 北京：电子工业出版社，2017.
[37] DORF R C, BISHOP R H. 现代控制系统：第 12 版[M]. 谢红卫，孙志强，宫二玲，等译. 北京：电子工业出版社，2015.
[38] 加拿大 QUANSER 公司. QUANSER AERO Laboratory Guide[Z]. 2017.
[39] 赵光宙. 现代控制理论[M]. 北京：机械工业出版社，2013.
[40] 刘豹，唐万生. 现代控制理论[M]. 北京：机械工业出版社，2011.
[41] 张莲，胡晓倩，余成波. 自动控制原理[M]. 北京：中国铁道出版社，2008.
[42] 滕青芳，范多旺，董海鹰，等. 自动控制原理[M]. 北京：机械工业出版社，2015.
[43] 余成波，张莲，胡晓倩，等. 自动控制原理[M]. 北京：清华大学出版社，2006.